DESIGNER

Design that Connects... Interior Design and Construction, Space Identity & Design Consulting, Experience Solution, Exhibition Space design and Brand Identity.

최신판 2026
실내건축기사
필기

강혜진, 한석우 저

70+
4주

실내건축 분야
YouTube
공간살롱

YouTube
공간살롱
저자의 실내건축
유튜브 채널
#공간살롱

e·passkorea

머리말

2026 실내건축기사 필기

Preface

Background

새로운 도전의 조건
1. 전망이 있는 분야인가?
2. 자격증의 가치가 어느정도 인가?

Trend

Space Transformation

의 식 주★

공간에 대한 중요도 확대

Concept

70점 목표 !
과감하게 버리자 !
공부시간 최소로 !
핵심기출문제 3회독 !

실내건축 지식이 없어도! 누구나! 쉽게!
4주 or 6주…Pass

실내디자이너가 될 후배님들을 생각하며…
저자 한석우, 강혜진

저자의 실내건축 인기 유튜브 채널

#공간살롱

"구독하시면 많은 정보와 혜택이 있습니다."

실내디자이너 선배가 알려주는
실내건축기사
Orientation

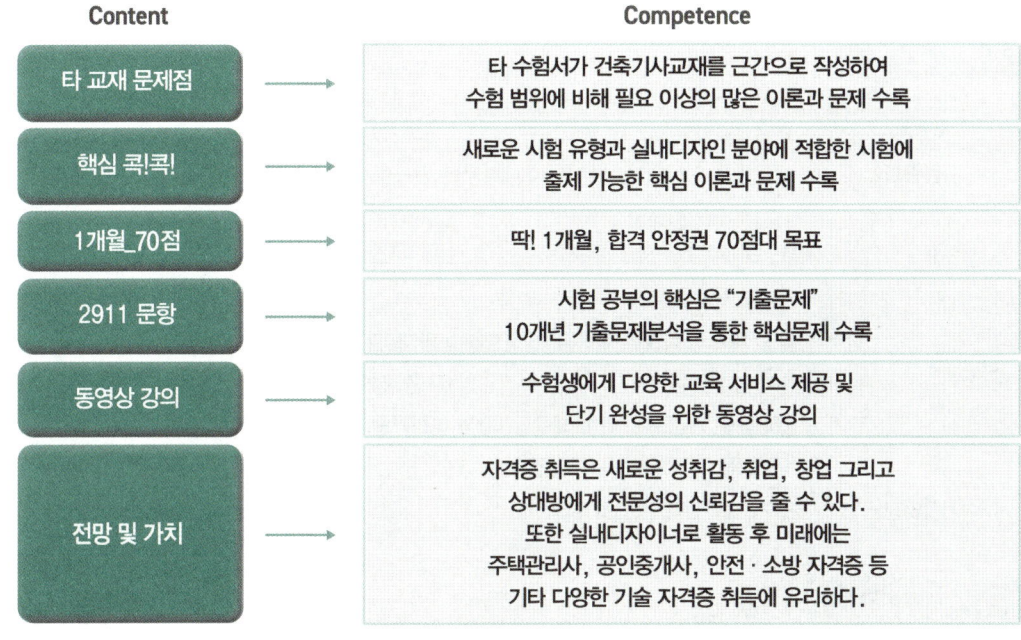

2026년 합격전략

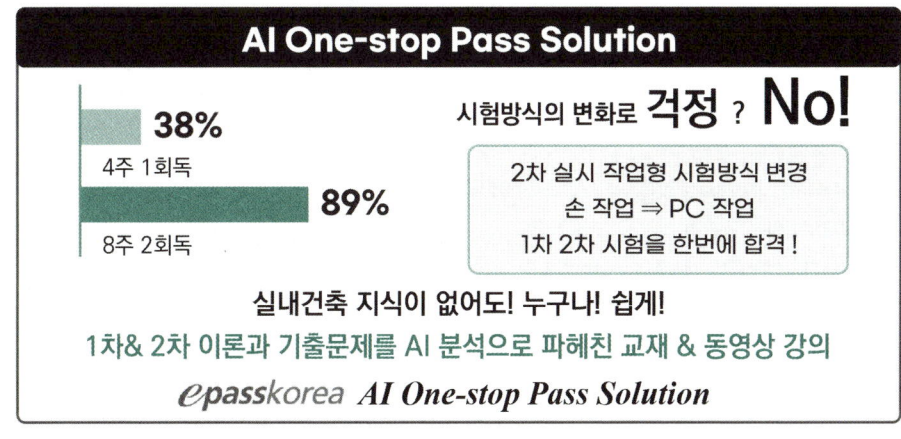

출제경향분석

2026 실내건축기사 필기

실내디자이너 선배가 알려주는
실내건축기사
Orientation

수험정보

시행처		한국산업인력공단
관련학과		전문대학 이상의 실내건축, 실내디자인 건축설계디자인공학, 건축설계학 관련학과
시험과목	필기	1. 실내디자인계획 2. 실내디자인 색채 및 사용자 행태분석 3. 실내디자인 시공 및 재료 4. 실내디자인환경
	실기	실내디자인 실무
검정방법	필기	객관식 4지 택일형 과목당 20문항(과목당 30분)
	실기	복합형(필답형(1시간, 40점) + 작업형(6시간 정도, 60점))
합격기준	필기	100점을 만점으로 하여 과목당 40점 이상, 전과목 평균 60점 이상
	실기	100점을 만점으로 하여 60점 이상
시험일정		필기, 실기 각 년 3회 실시

과목별 출제 경향 분석

1. 실내디자인 계획

Chapter 01 실내디자인 기획	17.5%
Chapter 02 실내디자인 기본계획	35%
Chapter 03 실내디자인 세부 공간계획	40%
Chapter 04 실내디자인 설계도서 작성	7.5%

2. 실내디자인 색채 및 사용자 행태분석

Chapter 01 실내디자인 프리젠테이션	0%
Chapter 02 실내디자인 색채계획	50%
Chapter 03 실내디자인 가구계획	10%
Chapter 04 사용자 행태분석	10%
Chapter 05 인체계측	30%

3. 실내디자인 시공 및 재료

Chapter 01 실내디자인 마감계획 및 협력공사	85%
Chapter 02 실내디자인 시공관리	7.5%
Chapter 03 실내디자인 실무도서작성	7.5%

4. 실내디자인 환경

Chapter 01 실내환경 분석	25%
Chapter 02 건축관계 법령 분석	49.5%
Chapter 03 실내디자인 조명계획	2.5%
Chapter 04 실내디자인 설비계획	23%

좀 더 자세한 내용 및 수험정보 등은 당사 홈페이지(www.epasskorea.com) 참조

학습전략

필기시험 출제 기준

| 직무분야 | 건설 | 중직무분야 | 건축 | 자격종목 | 실내건축기사 | 적용기간 | 2025.1.1. ~ 2027.12.31. |

○ 직무내용 : 기능적, 미적요소를 고려하여 건축 실내공간을 계획하고, 제반 설계도서를 작성하며, 완료된 설계도서에 따라 시공 및 공정관리를 총괄하는 직무이다.

| 필기검정방법 | 객관식 | 문제수 | 80 | 시험시간 | 2시간 |

필기과목명	문제수	주요항목	세부항목	세세항목
1. 실내디자인 계획	20	1. 실내디자인 기획	1. 사용자 요구사항 파악	1. 조사방법(문헌, 현장, 관찰, 인터뷰) 2. 실내디자인 역사 및 트렌드 3. 사용자 요구사항 분석
			2. 설계 개념 설정	1. 설계 기본개념 설정 2. 세부공간 개념 설정 3. 디자인 프로세스
		2. 실내디자인 기본 계획	1. 디자인 요소	1. 점, 선, 면, 형태 2. 질감, 문양, 공간 등
			2. 디자인 원리	1. 스케일과 비례 2. 균형, 리듬, 강조 3. 조화, 대비, 통일 등
			3. 공간 기본 구상 및 계획	1. 죠닝 계획 2. 동선 계획
			4. 실내디자인 요소	1. 고정적 요소(1차적 요소) 2. 가동적 요소(2차적 요소)
		3. 실내디자인 세부공간계획	1. 주거세부공간 계획	1. 주거세부공간별 계획
			2. 업무세부공간 계획	1. 업무세부공간별 계획
			3. 상업세부공간 계획	1. 상업세부공간별 계획
			4. 전시세부공간 계획	1. 전시세부공간별 계획
		4. 실내디자인 설계도서 작성	1. 실시설계 도서작성 수집	1. 실내디자인 설계도서의 종류
			2. 실시설계도면 작성	1. 설계도면 작성 기준 2. KS제도통칙 3. 도면의 표시방법

학습전략

2026 실내건축기사 필기

필기과목명	문제수	주요항목	세부항목	세세항목
2. 실내디자인 색채 및 사용자행태 분석	20	1. 실내디자인 프레젠테이션	1. 프레젠테이션 기획	1. 프레젠테이션 방법 2. 커뮤니케이션 방법
			2. 프레젠테이션 작성	1. 프레젠테이션 표현기법
			3. 프레젠테이션	1. 단계별 프레젠테이션
		2. 실내디자인 색채계획	1. 색채 구상	1. 부위 및 공간별 색채구상 2. 도료 색채 구상 3. 색채 트렌드
			2. 색채 적용 검토	1. 부위 및 공간별 색채구상 2. 색채 지각 3. 색채 분류 및 표시 4. 색채 조화 5. 색채 심리 6. 색채 관리
			3. 색채 계획	1. 부위 및 공간별 색채계획 2. 도료 색채 계획
		3. 실내디자인 가구계획	1. 가구 자료 조사	1. 가구 디자인 역사·트렌드 2. 가구 구성 재료
			2. 가구 적용 검토	1. 사용자의 행태적·심리적 특성 2. 가구의 종류 및 특성
			3. 가구 계획	1. 공간별 가구계획 2. 업종별 가구계획
		4. 사용자 행태 분석	2. 인간-기계시스템과 인간요소	1. 인간-기계시스템의 정의 및 유형 2. 인간의 정보처리와 입력 3. 인터페이스 개요
			3. 시스템 설계와 인간요소	1. 시스템 정의와 분류 2. 시스템의 특성
			4. 사용자 행태분석 연구 및 적용	1. 인간변수 및 기준 2. 기본설계 3. 계면설계 4. 촉진물설계 5. 사용자 중심설계 6. 시험 및 평가 7. 감성공학
			1. 신체활동의 생리적 배경	1. 인체의 구성 2. 대사 작용 3. 순환계 및 호흡계 4. 근골격계 해부학적 구조

필기과목명	문제수	주요항목	세부항목	세세항목
3. 실내디자인 시공 및 재료	20		5. 인체계측	2. 신체반응의 측정 및 신체역학	1. 신체활동의 측정원리 2. 생체신호와 측정 장비 3. 생리적 부담척도 4. 심리적 부담척도 5. 신체동작의 유형과 범위 6. 힘과 모멘트
			3. 근력 및 지구력, 신체활동의 에너지 소비, 동작의 속도와 정확성	1. 생체 역학적 모형 2. 근력과 지구력 3. 신체활동의 부하측정 4. 작업부하 및 휴식시간
			4. 신체계측	1. 인체 치수의 분류 및 측정원리 2. 인체측정 자료의 응용원칙
		1. 실내디자인 시공관리	1. 공정 계획 관리	1. 설계도 해석·분석 2. 소요 예산 계획 3. 공정계획서 4. 공사 진도관리 5. 자재 성능 검사
			2. 안전 관리	1. 안전관리 계획 수립 2. 안전관리 체크리스트 작성 3. 안전시설 설치 4. 안전교육 5. 피난계획 수립
			3. 실내디자인 협력 공사	1. 가설공사 2. 콘크리트공사 3. 방수 및 방습공사 4. 단열 및 음향공사 5. 기타 공사
			4. 시공 감리	1. 공사 품질관리 기준 2. 자재 품질 적정성 판단 3. 공사 현장 검측 4. 시공 결과 적정성 판단 5. 검사장비 사용과 검·교정
		2. 실내디자인 마감계획	1. 목공사	1. 목공사 조사 분석 2. 목공사 적용 검토 3. 목공사 시공 4. 목공사 재료
			2. 석공사	1. 석공사 조사 분석 2. 석공사 적용 검토 3. 석공사 시공 4. 석공사 재료

필기과목명	문제수	주요항목	세부항목	세세항목
			3. 조적공사	1. 조적공사 조사 분석 2. 조적공사 적용 검토 3. 조적공사 시공 4. 조적공사 재료
			4. 타일공사	1. 타일공사 조사 분석 2. 타일공사 적용 검토 3. 타일공사 시공 4. 타일공사 재료
			5. 금속공사	1. 금속공사 조사 분석 2. 금속공사 적용 검토 3. 금속공사 시공 4. 금속공사 재료
			6. 창호 및 유리공사	1. 창호 및 유리공사 조사 분석 2. 창호 및 유리공사 적용 검토 3. 창호 및 유리공사 시공 4. 창호 및 유리공사 재료
			7. 도장공사	1. 도장공사 조사 분석 2. 도장공사 적용 검토 3. 도장공사 시공 4. 도장공사 재료
			8. 미장공사	1. 미장공사 조사 분석 2. 미장공사 적용 검토 3. 미장공사 시공 4. 미장공사 재료
			9. 수장공사	1. 수장공사 조사 분석 2. 수장공사 적용 검토 3. 수장공사 시공 4. 수장공사 재료
		3. 실내디자인 실무도서 작성	1. 실무도서 작성	1. 물량 산출 적산 기준 2. 물량산출서 3. 공정별 내역서 4. 원가계산서 5. 표준품셈 활용 6. 일위대가 7. 시방서

필기과목명	문제수	주요항목	세부항목	세세항목
4. 실내디자인 환경	20	1. 실내디자인 자료 조사 분석	1. 주변 환경 조사	1. 열 및 습기 환경 2. 공기환경 3. 빛환경 4. 음환경
			2. 건축법령 분석	1. 총칙 2. 건축물의 구조 및 재료 3. 건축설비 4. 보칙
			3. 건축관계법령 분석	1. 건축물의 설비기준 등에 관한 규칙 2. 건축물의 피난·방화구조 등의 기준에 관한 규칙 3. 장애인·노인·임산부 등의 편의증진 보장에 관한 법률
			3. 화재예방, 소방시설 설치·유지 및 안전관리에 관한 법령 분석	1. 총칙 2. 소방시설의 설치 및 유지관리 등 3. 소방대상물의 안전관리
		2. 실내디자인 조명계획	1. 실내조명 자료 조사	1. 조명 방법 2. 조도 분포와 조도 측정
			2. 실내조명 적용 검토	1. 조명 연출
			3. 실내조명 계획	1. 공간별 조명 2. 조명 설계도서 3. 조명기구 시공계획 4. 물량 산출
		3. 실내디자인 설비계획	1. 기계설비 계획	1. 기계설비 조사·분석 2. 기계설비 적용 검토 3. 각종 기계설비 계획
			2. 전기설비 계획	1. 전기설비 조사·분석 2. 전기설비 적용 검토 3. 각종 전기설비 계획
			3. 소방설비 계획	1. 소방설비 조사·분석 2. 소방설비 적용 검토 3. 각종 소방설비 계획

학습전략

2026 실내건축기사 필기

Study Plan

SELF-PASS PLANNER

| 나의 목표
4주 2회독 | 20(　)년 [　/　] ~ 20(　)년 [　/　] | D-DAY [　/　] |

> 시작하는 방법은 생각과 말을 멈추고 즉시 행동하는 것이다.
> — Walt Disney

PART	CHAPTER	중요도	1회독	2회독
1. 실내디자인 계획	01 실내디자인 기획	17.5%	/	/
	02 실내디자인 기본계획 ★★	35%	/	/
	03 실내디자인 세부 공간계획 ★★★	40%	/	/
	04 실내디자인 설계도서 작성	7.5%	/	/
2. 실내디자인 색채 및 사용자 행태분석	01 실내디자인 프리젠테이션	0%	/	/
	02 실내디자인 색채계획 ★★★	50%	/	/
	03 실내디자인 가구계획	10%	/	/
	04 사용자 행태분석	10%	/	/
	05 인체계측 ★★	30%	/	/
3. 실내디자인 시공 및 재료	01 실내디자인 마감계획 및 협력공사 ★★★	85%	/	/
	02 실내디자인 시공관리	7.5%	/	/
	03 실내디자인 실무도서작성	7.5%	/	/
4. 실내디자인 환경	01 실내환경 분석 ★★	25%	/	/
	02 건축관계 법령 분석 ★★★	49.5%	/	/
	03 실내디자인 조명계획	2.5%	/	/
	04 실내디자인 설비계획 ★★	23%	/	/

좀 더 자세한 내용 및 수험정보 등은 당사 홈페이지(www.epasskorea.com) 참조

Index

PART 01 실내디자인 계획

Chapter 1 실내디자인 기획 … 19
01 실내디자인 일반 … 20
02 설계 개념 설정 … 26
03 실내디자인 역사 및 트랜드 … 34

Chapter 2 실내디자인 기본계획 … 69
01 디자인 요소 … 70
02 디자인 원리 … 87
03 공간 기본 구상 및 계획 … 99
04 실내디자인의 요소 … 105

Chapter 3 실내디자인 세부 공간계획 … 125
01 주거 세부 공간계획 … 126
02 업무 세부 공간계획 … 144
03 상업 세부 공간계획 … 157
04 전시 세부 공간계획 … 172

Chapter 4 실내디자인 설계도서 작성 … 185
01 실시 설계도서 작성 및 수집 … 186
02 실시 설계도면 작성 … 190

차례 CONTENTS

2026 실내건축기사 필기

PART 02 실내디자인 색채 및 사용자 행태분석

Chapter 1 실내디자인 프리젠테이션 — 215
01 프리젠테이션 기획 — 216
02 프리젠테이션 작성 — 219
03 프리젠테이션 — 222

Chapter 2 실내디자인 색채 계획 — 227
01 색채 구상 — 228
02 색채 적용 검토 — 240
02-1 색채 지각 — 240
02-2 색채 분류 및 표시 — 254
02-3 색채 조화 — 285
02-4 색채 심리 — 305
02-5 색채 관리 — 324
03 색채 계획 — 329

Chapter 3 실내디자인 가구 계획 — 349
01 가구 자료 조사 — 350
02 가구 적용 검토 — 364
03 가구 계획 — 373

Chapter 4 사용자 행태분석 — 383
01 인간-기계 시스템과 인간 요소 — 384
02 시스템 설계와 인간 요소 — 391
03 사용자 행태분석 연구 및 적용 — 396

Chapter 5 인체계측 — 405
01 신체활동의 생리적 배경 — 406
02 신체반응의 측정 및 신체역학 — 421
03 근력 및 지구력, 신체활동의 에너지 소비, 동작의 속도와 정확성 — 429
04 신체계측 — 440

PART 03 실내디자인 시공 및 재료

Chapter 1 실내디자인 마감계획 및 협력공사 — 449
01 목공사 — 450
02 석공사 — 476
03 조적공사 — 484
04 타일공사 — 500
05 금속공사 — 510
06 유리 및 창호공사 — 527
07 도장공사 — 540
08 미장 및 수장공사 — 552
09 실내디자인 협력공사 — 570
09-1 가설공사 — 570
09-2 콘크리트공사 — 575
09-3 방수 및 방습공사 — 604
09-4 단열 및 음향공사 — 613
09-5 합성수지 공사 — 619

Chapter 2 실내디자인 시공관리 — 633
01 공정 계획 관리 — 634
02 안전 관리 — 640
03 시공 감리 — 646

Chapter 3 실내디자인 실무도서작성 — 651
01 실무도서 작성 — 652

차례 CONTENTS

2026 실내건축기사 필기

PART 04 실내디자인 환경

Chapter 1 실내환경 분석 667
- 01 열 및 습기 환경 668
- 02 공기 환경 694
- 03 빛 환경 707
- 04 음 환경 719

Chapter 2 건축관계 법령 분석 739
- 01 건축법 총칙 740
- 02 건축물 설비규정 760
- 03 피난·방화규정 775
- 04 장애인·노인·임산부 등의 편의증진 보장에 관한 법률 800
- 05 화재예방, 소방시설 설치·유지 및 안전관리에 관한 법령 분석 807

Chapter 3 실내디자인 조명계획 833
- 01 실내조명 자료 조사 834
- 02 실내조명 계획 847

Chapter 4 실내디자인 설비계획 857
- 01 급수 및 급탕 설비 858
- 02 공기조화 설비 879
- 03 전기 설비 898
- 04 소방 설비 910

PART 05

과년도 기출문제

01	2023년 실내건축기사 1회	920
02	2023년 실내건축기사 2회	932
03	2023년 실내건축기사 3회	943
04	2024년 실내건축기사 1회	954
05	2024년 실내건축기사 2회	965
06	2024년 실내건축기사 3회	976
07	2025년 실내건축기사 1회	987
08	2025년 실내건축기사 2회	998
09	2025년 실내건축기사 3회	1009

정답 및 해설

01	2023년 실내건축기사 1회	1020
02	2023년 실내건축기사 2회	1029
03	2023년 실내건축기사 3회	1038
04	2024년 실내건축기사 1회	1046
05	2024년 실내건축기사 2회	1053
06	2024년 실내건축기사 3회	1060
07	2025년 실내건축기사 1회	1067
08	2025년 실내건축기사 2회	1076
09	2025년 실내건축기사 3회	1083

PART 01

실내디자인 계획

Chapter 01 실내디자인 기획   17.5%
Chapter 02 실내디자인 기본계획   35%
Chapter 03 실내디자인 세부 공간계획   40%
Chapter 04 실내디자인 설계도서 작성   7.5%

Chapter 01

실내디자인 기획

최근 10개년 출제문항수 **58**개

New_ 2022년 이후 평균 출제비중 **17.5**%

Chapter 출제경향분석

Section	출제비율
01 실내디자인 일반	0%
02 설계 개념 설정	7.5%
03 실내디자인 역사 및 트랜드	10%

01 실내디자인 일반

Pass Note

예상출제문항		키워드
0~1	- 실내디자인의 목표 - 실내디자인 조건	

1. 실내디자인 개념

실내디자인은 인간이 생활하는 실내공간을 보다 아름답고 능률적이며 쾌적한 환경으로 창조하는 디자인 행위 일체를 말한다.

① 실내디자인은 내부공간에 대한 계획 및 실행과정이며 그 결과이다.
② 실내디자인은 목적을 위한 행위로 그 자체가 목적이 아니라 특정한 효과를 얻기 위한 수단이다.
③ 실내디자인은 실내공간의 사용 효율을 증대시킨다.
④ 실내디자인은 건축 및 환경과의 상호성을 고려하여 계획한다.
⑤ 디자인 요소를 반영하여 인간 환경을 구축하는 작업이다.

 실내디자인의 개념에 관한 설명으로 옳지 않은 것은? [21]
① 기능보다 장식을 고려한 심미적 공간 창조 행위이다.
② 디자인 요소를 반영하여 인간 환경을 구축하는 작업이다.
③ 디자인의 한 분야로서 인간생활의 쾌적성을 추구하는 활동이다.
④ 목적을 위한 행위이지만 그 자체가 목적이 아니고 특징한 효과를 얻기 위한 수단이다.

정답 ①

2. 실내디자인의 목표

① 인간에게 적합한 환경을 추구한다.
② 인간을 존중하고 인간 생활환경의 질을 향상시킨다.
③ 인간의 생활 기능(작업, 휴식, 취침, 취식)을 충족시킨다.

예제 02 실내디자인의 궁극적인 목적으로 가장 알맞은 것은? [19]
① 공간의 품격을 높이는 것이다.
② 경제성 있는 공간을 창조하는 것이다.
③ 인간생활의 쾌적성을 추구하는 것이다.
④ 공간예술로서 모든 분야의 통합에 의한 감성적 요소의 부여에 있다.

정답 ③

3. 실내디자인의 조건

조건	특성
기능적 조건	공간의 규모, 공간배치, 동선, 사용빈도 등 고려
심미적 조건	예술성, 시대성, 문화성
물리적·환경적 조건	기후, 기상 상태로 부터 보호
경제적 조건	최소의 비용으로 최대의 효과
창조적 조건	독창성

예제 03 다음 설명에 알맞은 실내디자인의 조건은? [20,16]

> 최소의 자원을 투입하여 공간의 사용자가 최대로 만족할 수 있는 효과가 이루어지도록 하여야 한다.

① 기능적 조건
② 심미적 조건
③ 경제적 조건
④ 물리·환경적 조건

정답 ③

4. 실내디자인의 영역 및 분류

1) 실내디자인의 영역

① 주거 공간 : 주거공간이란 의식주를 해결해주는 주생활공간으로 취침, 식사 등의 생활행위를 공간에 대응하는 것이다.
② 업무 공간 : 사무공간이란 사무 효율성과 경제성, 쾌적성 등을 고려한 공간을 계획하는 것으로 사무소, 은행, 관공서 등이 이에 속한다.
③ 상업 공간 : 상업공간이란 실내공간을 창조적으로 계획하여 판매신장을 높이는 공간을 말하며 상점, 백화점, 식당 등이 이에 속한다.
④ 전시 공간 : 전시공간이란 기업의 홍보, 판매 촉진을 위한 영리 전시공간과 교육, 문화적 사고 개발을 위한 비영리 전시공간으로 나뉜다.

2) 실내디자인의 작업에 따른 분류

① 실내디자이너(interior designer) : 생활공간을 설계하고 디자인하는 사람
② 실내장식가(interior decorator) : 생활공간을 변화 있고 분위기를 살리기 위해 가구, 장식, 소품 등으로 실내를 장식하는 사람
③ 가구디자이너(furniture designer) : 생활공간의 가구를 디자인하는 사람
④ 디스플레이어(displayer) : 상업 공간, 전시공간에서 상품 진열, 쇼윈도우 디자인을 하는 사람

예제 04 실내디자인의 영역에 관한 설명으로 옳지 않은 것은? [15,13]
① 건축 구조물에 의해 형성된 내부공간만을 대상으로 한다.
② 영리성 유무에 따라 영리공간과 비영리공간으로 구분할 수 있다.
③ 가구 디자인도 실내 디자인의 영역에 포함되나 독립적으로 이루어질 수도 있다.
④ 대상 공간의 생활 목적에 따라 주거 공간, 사무 공간, 상업 공간, 전시 공간, 특수 공간 등으로 나눌 수 있다.

정답 ①

핵심 기출문제

01 실내디자인 일반

1 실내디자인 개념

01 ▶12

실내디자인에 관한 설명으로 옳지 않은 것은?

① 실내디자인은 내부공간에 대한 계획 및 실행과정이며 그 결과이다.
② 실내디자인은 목적을 위한 행위로 그 자체가 목적이 아니라 특정한 효과를 얻기 위한 수단이다.
③ 실내디자인은 미술의 한 분야로 미적인 측면에서 실내를 아름답게 꾸미는 것만을 의미한다.
④ 실내디자인은 인간이 생활하는 실내공간을 보다 아름답고 능률적이며 쾌적한 환경으로 창조하는 디자인 행위 일체를 말한다.

해설 | 실내디자인은 미술적인 부분이 있긴 하지만 순수 예술만은 아니다. 미적인 부분 뿐 만 아니라 기능성, 실용성, 경제성 등도 포함한 창조적인 디자인 행위이다.

02 ▶15

실내디자인에 관한 설명으로 옳지 않은 것은?

① 실내디자인은 디자인요소를 반영하여 인간 환경을 구축하는 작업이다.
② 실내디자인은 예술에 속하므로 미적인 관점에서만 그 성공여부를 판단할 수 있다.
③ 실내디자인은 목적을 위한 행위나 그 자체가 목적이 아니고 특정한 효과를 얻기 위한 수단이다.
④ 실내디자인은 실내공간을 보다 편리하고 쾌적한 환경으로 창조해 내는 문제해결의 과정과 그 결과이다.

해설 | 문제 1번 해설참조

03 ▶17

다음 중 실내디자인의 개념과 가장 거리가 먼 것은?

① 순수예술
② 실행과정
③ 전문과정
④ 디자인 활동

해설 | 실내디자인은 미술적인 부분이 있긴 하지만 순수 예술만은 아니다.

04 ▶14

실내디자인의 개념에 관한 설명으로 옳지 않은 것은?

① 실내디자인은 실내공간의 사용효율을 증대시킨다.
② 실내디자인은 건축 및 환경과의 상호성을 고려하여 계획되는 것이 좋다.
③ 실내디자인은 인간의 활동을 도와주며 동시에 미적인 만족을 주는 환경을 창조한다.
④ 실내디자인은 일반 이용자의 영향을 벗어나 공간 예술 창조의 자유가 보장되어야 한다.

해설 | 실내디자인은 이용자를 고려한 공간의 창조적인 활동이다.

05 ▶17

실내디자인에 관한 설명으로 옳은 것은?

① 사회의 다원화와 더불어 공간의 질적, 양적 향상이 필요하지만 대중성은 중요하지 않다.
② 실내공간은 인위적인 공간이므로 정서적 분위기를 수용하는 디자인은 중요한 요소가 아니다.
③ 상업공간 디자인은 수익성을 위한 실내 공간 창출이 가장 중요한 가치이나 다른 요소도 고려한다.
④ 실내공간은 목적에 따라 기능성, 수익성, 심미성 등으로 구분할 수 있으며 명확한 구분이 항상 가능하다.

정답 | 01 ③ 02 ② 03 ① 04 ④ 05 ③

해설 | 실내디자인은 대중성, 정서적 조건을 추구하며, 항상 목표를 명확하게 구분하기 어렵다.

2 실내디자인 목표

06 ▸14

실내 디자인의 목표에 대한 설명 중 틀린 것은? [14]
① 인간에게 적합한 환경을 추구한다.
② 인간의 편리성을 위해 좌식의 실내디자인을 추구한다.
③ 인간을 존중하고 인간생활환경의 질을 향상시킨다.
④ 인간의 생활 기능(작업, 휴식, 취침, 취식)을 충족시킨다.

해설 | 인간의 편리성을 위해 좌식만을 추구하지는 않는다. 기능과 조건에 따라 입식과 좌식을 선택하여 디자인 한다.

3 실내디자인의 조건

07 ▸13

다음 설명과 관련된 실내디자인의 조건은?

- 전체 공간구성이 합리적이어야 한다.
- 공간의 사용목적에 적합하도록 인간공학, 공간규모, 배치 및 동선, 사용빈도 등 제반 사항을 고려해야 한다.

① 예술적 조건 ② 심미적 조건
③ 경제적 조건 ④ 기능적 조건

해설 | 실내디자인의 조건
　㉠ 기능적조건 : 공간의 규모, 공간배치, 동선, 사용빈도 등 고려
　㉡ 심미적 조건 : 예술성, 시대성, 문화성
　㉢ 물리적. 환경적 조건 : 기후, 기상 상태로 부터 보호
　㉣ 경제적 조건 : 최소의 비용으로 최대의 효과
　㉤ 창조적 조건 : 독창성

08 ▸12,20

다음 중 실내디자인의 평가 시 고려하여야 할 사항과 가장 거리가 먼 것은?
① 심미성 ② 기능성
③ 경제성 ④ 유행성

해설 | 문제 7번 해설참조

09 ▸16

인간이 생활하기 위한 실내공간은 물리적, 환경적, 기능적 조건에 영향을 받는데, 다음 중 기능적 조건에 속하는 것은?
① 기후 ② 기상
③ 예술성 ④ 공간규모

해설 | 문제 7번 해설참조

10 ▸21

실내디자인에 관한 설명으로 옳은 것은?
① 실내공간을 사용목적에 따라 편리하고 쾌적한 분위기가 되도록 설계하는 것이다.
② 실내공간의 기능적, 정서적 측면을 다루는 분야로 환경적, 기술적인 부분은 제외된다.
③ 사용자를 위한 기능적 공간의 완성보다는 예술적 공간의 창조에 더 많은 가치를 둔다.
④ 사용자의 심미적이고 심리적인 면을 충족시키기 위하여 디자이너의 독창성과 개성은 배제한다.

해설 | 실내디자인의 목표
　㉠ 인간에게 적합한 환경을 추구한다.
　㉡ 인간을 존중하고 인간생활환경의 질을 향상시킨다.
　㉢ 인간의 생활 기능(작업, 휴식, 취침, 취식)을 충족시킨다.

정답 | 06 ② 07 ④ 08 ④ 09 ④ 10 ①

11

다음 중 실내디자인을 평가하는 기준과 가장 거리가 먼 것은?

① 기능성 ② 경제성
③ 심미성 ④ 주관성

해설 | 실내디자인의 목표는 기능성, 심미성, 실용성, 창의성, 조형성, 기술성, 경제성 등을 고려한 인간의 쾌적한 생활공간을 추구한다.

12

다음 중 좋은 디자인을 판단하는 기준과 가장 거리가 먼 것은?

① 재료의 선택 ② 시대성의 반영
③ 기능성의 부여 ④ 상징적 표현의 비율

해설 | 문제 11번 해설참조

13

실내디자인의 영역에 관한 설명으로 옳은 것은?

① 실내디자인의 영역은 건축물의 실내공간을 주 대상으로 하며, 도시환경이나 가로공간에서도 발견된다.
② 실내디자인은 인간의 물리적 조건, 환경적 조건, 기능적 조건을 충족함을 목표로 하며, 정서적 조건은 전적으로 의뢰인의 몫이다.
③ 실내디자인은 건축공간의 심리적 문제해결이나 독자적인 표현을 대상으로 하며 건축물의 매스나 형태의 디자인을 주 영역으로 한다.
④ 실내디자인은 인간생활에 적합한 환경을 구성함에 있어 건축공간의 기능적 측면은 건축의 영역에 해당되므로 이를 고려할 필요는 없다.

해설 | 실내디자인 영역은 순수한 실내 내부공간 뿐 아니라 인간이 점유하는 광범위한 공간, 건축물의 주변 환경까지 포함한다.

14

실내디자인의 영역에 관한 설명으로 옳지 않은 것은?

① 사무공간이란 사무 효율성과 경제성, 쾌적성 등을 고려한 공간을 계획하는 것으로 연구소, 호텔 등이 이에 속한다.
② 주거공간이란 의식주를 해결하는 주생활 공간으로 취침, 식사 등의 생활행위를 공간에 대응하는 것이다.
③ 상업공간이란 실내공간을 창조적으로 계획하여 판매신장을 높이는 공간을 말하며 백화점, 식당 등이 이에 속한다.
④ 전시공간이란 기업의 홍보, 판매촉진을 위한 영리 전시 공간과 교육, 문화적 사고개발을 위한 비영리전시공간으로 나뉜다.

해설 | 실내디자인의 영역
  ㉠ 주거공간 : 주거공간이란 의식주를 해결해주는 주생활공간으로 취침, 식사 등의 생활행위 공간이다.
  ㉡ 업무공간 : 사무공간이란 사무 효율성과 경제성, 쾌적성 등을 고려한 공간을 계획하는 것으로 사무소, 공장, 작업공간인 관청 등이 속한다.
  ㉢ 상업공간 : 상업공간이란 실내공간을 창조적으로 계획하여 판매신장을 높이는 공간을 말하며 백화점, 식당, 판매공간 등이 속한다.
  ㉣ 전시공간 : 전시공간이란 기업의 홍보, 판매 촉진을 위한 영리 전시공간과 교육, 문화적 사고 개발을 위한 비영리 전시공간으로 나뉜다.

15

실내디자인의 프로젝트 분류와 대상의 연결이 옳지 않은 것은?

① 업무공간 - 관공서, 은행
② 전시공간 - 박물관, 기념관
③ 의료공간 - 종합병원, 재활시설
④ 문화공간 - 도서관, 클럽하우스

해설 | 클럽하우스는 체육 위락시설 공간이다.

정답 | 11 ④ 12 ④ 13 ① 14 ① 15 ④

02 설계 개념 설정

> Pass Note

예상출제문항		키워드
1~2	- 실내디자인 프로세스 - 조건 설정(프로그래밍) - 설계 단계 내용	- POE의 개념 - 디자인 이미지 구축 - 디자인 프로세스

1. 실내디자인 프로세스

1) 실내디자인 프로그래밍(디자인 전개과정)

(1) 문제점 인식(identify)

디자인 프로젝트의 문제점을 인식하는 단계로 공간의 위치, 규모, 면적, 내부 상태, 기존건물의 구조와 마감재 상태, 출입구의 위치와 형태, 설비의 상태, 예산 및 디자인 의뢰자의 의도를 파악한다.

(2) 아이디어 수집(gathering)

디자인 프로세스 과정 중 중요한 단계로 디자인 의뢰자의 요구사항을 고려하여 문제점 조사, 자료수집, 아이디어를 구상하고 사례 등을 조사한다.

(3) 아이디어 정선(refine)

수집한 자료를 요구조건과 기준에 맞춰 구상한 아이디어를 정리하고 정선한다.

(4) 분석(analysis)

정선된 디자인 안을 토대로 요구조건과 기준에 부합하는가를 충분히 분석한다.

(5) 결정(decide)

여러 단계의 검토를 거친 후 실행에 옮길 디자인 안을 결정한다.

(6) 실행(implement)
디자인 의뢰자의 요구조건에 부합하는 실행될 안을 결정한다.

2) 실내디자인 프로세스

> 기획(조사·분석) → 계획, 설계 → 시공 → 감리 → 평가

1) 기획 및 조건 설정(프로그래밍)
공간의 사용 목적, 공사 예산, 완공 후 운영에 이르기까지의 전체 사항을 종합적으로 검토하는 단계이며 조건설정 단계에서는 기능성이 우선되어야 한다.

① 조건 설정의 과정(프로그래밍 과정)

> 목표 설정 → 조사 → 분석 → 종합 → 결정

② 조건 설정의 요소
   기존 공간의 제반 사항 및 주변 환경, 고객의 요구 사항, 고객의 예산
   ㉠ **내부적 조건** : 고객의 요구 사항, 고객의 경제적 조건, 설계 대상의 계획 목적, 사용자의 행위 및 개성 조건, 주변 환경 등
   ㉡ **외부적 조건** : 입지적 조건, 건축적 조건, 설비적 조건, 법규적 조건 등

입지적 조건	• 계획대상에 대한 교통조건, 도로 관계, 상권 등 주위 환경 조사 • 방위, 일조건, 기후 등의 자연적 조건
건축적 조건	• 공간의 형태 및 규모, 건물의 주출입구 진입조건, 천장 고, 층고, 천장 내부 상태, 개구부의 위치와 치수, 기둥·보·벽의 위치와 간격 등 • 채광상태, 방음상태 등과 전체 건물에 대한 층수, 규모, 구조, 마감재, 파사드(facade), 비상구 등의 긴급피난시설 등 • 기존 건물의 용도, 법적 규정
설비적 조건	• 위생설비, 급배수설비의 위치, 환기상태, 냉난방 설비, 소화설비 위치와 방화구획 등 • 전기설비 시설에 대한 조건, 비상 전력 공급 가능성

   ㉢ **기타조건** : 임차 계약 조건, 등기상 문제, 건물관리자의 요구사항, 공사대금의 결재 조건 등

예제 01 실내디자인의 계획조건을 외부적 조건과 내부적 조건으로 구분할 경우, 다음 중 외부적 조건에 속하지 않는 것은? [22]

① 입지적 조건　　　　　　② 경제적 조건
③ 건축적 조건　　　　　　④ 설비적 조건

정답 ②

예제 02 실내디자인의 계획 조건을 외부적 조건과 내부적 조건으로 구분할 경우, 다음 중 내부적 조건에 속하는 것은? [24,20,15,12]
① 일조 조건　　　　　　　　② 개구부의 위치
③ 소화설비의 위치　　　　　 ④ 의뢰인의 공사예산

정답 ④

(2) 설계
① 기획 설계 : 규모, 법규 검토
② 계획 설계 : 조건 설정을 반영한 아이디어를 잡는 설계의 기초 단계
③ 기본 설계 : 요구 사항에 대한 기본 구상, 방향 설정, 기본 도면의 작성
④ **실시 설계 : 최종 공사도면, 상세도면, 시방서, 견적서의 작성**

(3) 감리
① 공사가 설계도에 따라 진행되고 있는지 관리, 감독하는 것
② **감리보고서**는 공사 완료 후 디자인 책임자가 시공이 설계에 따라 성공적으로 진행되었는지의 여부를 확인할 수 있는 것이다.

(4) 시공 및 거주 후 평가(POE)
실시설계에 따라 시공 완성 후 거주 후 평가를 한다.

예제 03 실내디자인의 프로그래밍 진행단계로 가장 알맞은 것은? [13,12]
① 조사 - 분석 - 결정 - 종합 - 목표설정
② 목표설정 - 조사 - 분석 - 종합 - 결정
③ 목표설정 - 분석 - 조사 - 종합 - 결정
④ 조사 - 분석 - 종합 - 목표설정 - 결정

정답 ②

예제 04 POE(Post-Occupancy Evaluation)의 의미로 가장 알맞은 것은? [24,23,21,18]
① 건축물을 사용해 본 후에 평가하는 것이다.
② 낙후 건축물의 이상 유무를 평가하는 것이다.
③ 건축물을 사용해 보기 전에 성능을 예상하는 것이다.
④ 건축도면 완성 후 건축주가 도면의 적정성을 평가하는 것이다.

정답 ①

거주 후 평가(POE : Post Occupancy Evaluation)
① 거주 후 평가의 개념
인터뷰, 현지답사, 관찰 등의 방법을 이용하여 사용자들의 반응을 연구하고, 사용 중인 건물을 평가하여 향후 디자인 작업에 도움을 줄 수 있으며, 또한 건물을 개조하거나 유사한 건물을 신축 할 때 중요한 지침이 될 수 있다. 이러한 최적 환경을 창출하기위해 연구하는 과정을 거주 후 평가라 한다.
② 목적
  ㉠ 유사 건물의 건축 계획에 직접적인 지침 제공
  ㉡ 앞으로의 건축 계획 및 평가에 필요한 이론 및 정보를 제공
③ 거주 후 평가 요소
환경장치, 사용자, 주변 환경, 디자인 활동

2. 사용자 요구사항 분석

실내 디자인에 있어서 기획 작업단계인 사용자의 요구 사항 분석은 매우 중요한 부분이다. 사용자의 요구 분석을 위해 직접적으로 설문조사, 현장 참여 조사, 탐문 등의 방법을 통해 요구사항 정보를 파악한다.

1) 조사 방법

조사 방법	내 용
문헌조사	기존에 있는 문헌들을 통하여 자료를 수집하는 가장 많이 사용하는 방법으로 비용과 시간을 줄일 수 있는 점이 유리하나 자료 수집에는 한계가 있다.
면담법	응답자로부터 사회 현상에 관한 정보나 의견, 신념, 태도 등의 표현을 얻기 위해 서로 대면하여 실시하는 언어적인 상호 작용으로 표준적 면접과 비표준적 면접이 있다.
설문지법	개인의 지각, 신념, 감정, 동기, 기대 등 사적 정보를 얻는데 유용하며, 조사 대상자의 언어적 표현에 의존하는 방법으로 직접 질문과 간접 질문의 방법이 있다.
관찰법	사물의 현상에 대하여 일정한 목적을 정해 자연 현상을 그대로 주의하여 파악하는 것으로 참여 관찰 방법과 비 참여 관찰 방법이 있으며, 관찰 자료의 효과적인 분석을 위해 행태도, 궤적 관찰(자취 관찰법), 활동 일지, 동선 조사 등이 있다.
실험법	재료나 구조물의 특성에 관한 실험이나 인위적 환경 조건 속에서의 인간 행동이나 심리적 반응을 조사하는 방법으로 특수한 문제를 해결하기 위해 사용한다.

2) 사용자 요구 사항 파악

공간 사용자와의 충분한 협의를 통하여 실제 프로젝트에서 요구되어지는 조건사항(문제점)들을 정하고 이들의 실행 가능 여부를 미리 파악하며 이에 대한 디자이너와 클라이언트 사이에 프로젝트의 완전한 이해를 확립하는 것이 중요하다.

(1) 사용자 요구사항 조사
① 합리적 생활행위를 위한 기능적 측면, 생활자의 심리를 고려한 정서적 측면 조사, 분석
② 공간 사용자의 수, 행위의 흐름, 빈도, 시간대, 성격과 개성 등을 조사 분석
③ 정서적 분위기의 작용 측면, 마감재료, 환경 등 파악
④ 생산성, 내구성, 안전성, 관리성, 경제성 분석

(2) 사용자 요구사항 분석
　① 사용자 요구사항의 특성, 설계의 목적 및 용도, 형태 및 기능 등 디자인 결정 요소를 분석한다.
　② 문제 항목을 나열하고 항목별 특정 변수에 대해 검토하기 위한 체크 리스트를 작성한다.
　③ 용도에 따른 디자인 요소 분석
　④ 문제점 파악 및 현장조사 분석

3. 설계 기본개념 설정

　디자인 컨셉 ▶ 설계 방향 ▶ 동선, 색채, 조명 기획

1) 디자인 컨셉
　① 디자인 컨셉과 스토리텔링
　② 요구에 맞는 컨셉 설정
　③ 컨셉에 맞는 디자인 제시

2) 설계 방향
　① 아이디어 스케치 : 디자이너의 생각을 스케치로 표현하다.
　② 도면화 : 아이디어 스케치를 발전시켜 도면화 한다.
　③ 디자인 컨셉에 부합한 공간 제시

4. 세부 공간 개념 설정

1) 세부 공간의 레이아웃
　레이아웃(layout)이란 공간 배분 계획에 따른 배치를 말한다.
　공간 사용자의 특성, 사용목적, 사용시간, 사용빈도, 행위의 연결 등을 고려하여 전체공간을 몇 개의 생활권으로 구분하는 것을 조닝(zoning)이라고 하며, 그 구분된 공간을 구역(zone)이라 한다.

(1) 실내 디자인의 레이아웃(layout) 단계에서 고려해야 할 내용
　① 출입형식 및 동선체계
　② 인체공학적 치수와 가구의 크기(가구의 크기와 점유면적)
　③ 공간 상호간의 연계성(zoning)

2) 세부 공간 개념 설정(디자인 이미지 구축)
　① 디자인 이미지(design image)를 구축한다는 것은 계획 대상 공간의 **표상성**을 나타내는 것을 말한다.
　② 실내공간은 기능이나 용도 및 목적에 맞는 그 공간 특유의 디자인 이미지를 구축하여야 한다.
　③ 디자이너의 개인적인 기호나 취향을 지나치게 자기중심적으로 부각시키거나 지나친 유행의 추종은 피하는 것이 좋다.

핵심 기출문제

02 설계 개념 설정

1 실내디자인 프로세스

01 ▶11

실내 디자인의 프로세스 과정으로 옳은 것은?

① 기획 → 계획·설계 → 시공 → 감리 → 평가
② 기획 → 감리 → 계획·설계 → 시공 → 평가
③ 계획·설계 → 기획 → 시공 → 감리 → 평가
④ 계획·설계 → 평가 → 기획 → 감리 → 시공

해설 | 실내 디자인의 프로세스 과정
기획 → 계획·설계 → 시공 → 감리 → 평가

02 ▶14

실내디자인 과정을 기획, 구상, 설계, 구현, 완공의 다섯 단계로 구분할 경우, 문제에 대한 인식과 규명 및 정보의 조사, 분석, 종합을 하는 단계는?

① 기획   ② 구상
③ 설계   ④ 구현

해설 | 기획 단계 : 공간의 사용 목적, 예산, 완성 후 운영에 이르기 까지의 전체 관련 사항을 종합 검토하는 단계

03 ▶13

실시 단계 이전의 과정에 속하는 작업의 범위가 다음과 같을 때, 그 순서가 옳게 된 것은?

① 기획자료검토
② 프리젠테이션
③ 실시설계를 위한 리포트
④ 기본설계
⑤ 기본계획

① ①-②-③-④-⑤   ② ①-③-⑤-②-④
③ ①-⑤-②-④-③   ④ ①-④-③-⑤-②

해설 | 실시설계 이전 단계
기획자료 검토 → 기본계획 → 프리젠테이션 → 기본설계 → 실시설계를 위한 리포트 → 실시설계

04 ▶12,19

실내디자인의 과정을 "프로그래밍 – 디자인 – 시공 – 사용 후 평가"로 볼 때 사용 후 평가에 관한 설명으로 옳지 않은 것은?

① 문제점을 발견하고 다음 작업의 기초자료로 활용한다.
② 시공 후 실내디자인에 대한 거주자의 만족도를 조사하는 것이다.
③ 다음 작업의 시행착오를 줄이기 위하여 디자이너가 평가하는 것이 보통이다.
④ 입주 후 충분한 시간이 경과한 후 실시하는 것이 결과의 정확도를 높일 수 있다.

해설 | 다음 작업의 시행착오를 줄이기 위하여 거주자가 평가하는 것이 보통이다.
거주 후 평가(POE:Post Occupancy Evaluation)
㉠ 거주 후 평가의 개념
인터뷰, 현지답사, 관찰 등의 방법을 이용하여 사용자들의 반응을 연구하고, 사용 중인 건물을 평가하여 향후 디자인 작업에 도움을 줄 수 있으며, 또한 건물을 개조하거나 유사한 건물을 신축 할 때 중요한 지침이 될 수 있다.이러한 최적 환경을 창출하기위해 연구하는 과정을 거주 후 평가라 한다.
㉡ 목적
ⓐ 유사 건물의 건축 계획에 직접적인 지침 제공
ⓑ 앞으로의 건축 계획 및 평가에 필요한 이론 및 정보를 제공.
㉢ 거주 후 평가 요소
환경장치, 사용자, 주변 환경, 디자인 활동

정답 | 01 ① 02 ① 03 ③ 04 ③

05 ▶21
실내디자인 진행과정에 있어서, 조건설정 단계의 프로젝트별 조사 내용으로 옳지 않은 것은?

① 미술관 - 전시벽면의 마감과 조명형식
② 주택 - 거주자의 가족구성 및 생활양식
③ 상점 - 취급상품의 성격과 소비자의 취향
④ 레스토랑 - 취급하는 음식의 종류와 고객의 연령층

해설 | 마감재 및 조명 선정은 실시 설계 단계에서 고려하는 사항이다.

06 ▶15,18
실내디자인 프로세스의 기본계획 단계에 포함되지 않는 것은?

① 내부적 요구 분석
② 계획의 평가기준 설정
③ 기본계획 대안들의 도면화
④ 건축적 요소와 설비적 요소의 분석

해설 | 기본계획 단계에서는 내부적 요구 분석, 계획의 평가 기준설정, 건축적 요소와 설비적 요소의 분석을 한다.

07 ▶16
다음 중 실내디자인 과정에서 실시설계 단계의 내용에 속하지 않는 것은?

① 창호도 작성
② 평면도 작성
③ 재료 마감표 작성
④ 스터디 모델링(study modeling) 작업 실시

해설 | 실시설계 단계
결정 안에 대한 시공 및 제작을 위한 설계도 작성하는 단계이다.

08 ▶14,20
공사 완료 후 디자인 책임자가 시공이 설계에 따라 성공적으로 진행되었는지의 여부를 확인할 수 있는 것은?

① 계약서   ② 시방서
③ 공정표   ④ 감리보고서

해설 | 감리보고서
공사감리 보고서에서는 공사 완료 후 디자인 책임자가 시공이 설계에 따라 성공적으로 진행되었는지의 여부를 확인 한다.

2 사용자 요구사항 분석

09 ▶18
실내디자인의 계획조건을 외부적 조건과 내부적 조건으로 구분할 경우, 다음 중 외부적 조건에 속하지 않는 것은?

① 입지적 조건   ② 경제적 조건
③ 건축적 조건   ④ 설비적 조건

해설 | 외부적 조건
입지적 조건, 건축적 조건, 설비적 조건, 개구부의 위치와 치수, 교통수단, 소화 설비의 위치와 방화 구획

10 ▶12
실내디자인 전개에서 계획조건 중 외부적 조건에 속하지 않는 것은?

① 개구부의 위치
② 소화설비의 위치
③ 도로관계 및 상권
④ 공간 사용자들의 행태

해설 | 문제 9번 해설참조

정답 | 05 ① 06 ③ 07 ④ 08 ④ 09 ② 10 ④

3 설계 기본 개념 설정

11 ▶11

실내디자인 계획에 사용되는 버블 다이어그램(bubble diagram)에서 일반적으로 표현하지 않는 것은?

① 공간간의 관계
② 공간의 상대적인 크기
③ 공간의 상대적인 위치
④ 공간의 구체적인 형태

해설 | 버블 다이어그램(bubble diagram)에서 일반적으로 표현하는 것은 공간간의 관계, 공간의 상대적인 위치 및 크기 등을 표현한다.

4 세부 공간 개념 설정

12 ▶04

디자인 이미지(design image) 구축과 상관되는 것은?

① 디자이너의 개성 표출이 우선하여 강력해야 한다.
② 오랜 설계 경험과 연구는 이미지 발상과 직접 연관될 수 없다.
③ 공간의 표상성이 디자인 이미지이다.
④ 의장 계획 자체가 서구적이어야 한다.

해설 | 디자인 이미지(design image) 구축
㉠ 디자인 이미지(design image) 구축한다는 것은 계획 대상 공간의 표상성을 나타내는 것을 말한다.
㉡ 실내공간은 기능이나 용도 및 목적에 맞는 그 공간 특유의 디자인 이미지를 구축하여야 한다.
㉢ 디자이너의 개인적인 기호나 취향을 지나치게 자기중심적으로 부각시키거나 지나친 유행의 추종은 피하는 것이 좋다.

13 ▶16

다음 설명에 알맞은 실내디자인 프로세스에 있어서의 아이디어 창출기법은?

전체구성원을 소그룹으로 나누고 각각의 소그룹이 개별적인 토의를 벌인 뒤 각 그룹의 결론을 패널형식으로 토론하고, 전체적인 결론을 내리는 방법이다.

① 시네틱스
② 버즈 세션
③ 롤 플레잉
④ 브레인 스토밍

해설 | 실내디자인 프로세스에 있어서의 아이디어 창출기법
㉠ 브레인스토밍(brainstorming)
　ⓐ 일정한 테마에 관하여 회의형식을 채택하고, 참여자의 자유발언을 통한 아이디어의 제시를 요구하여 발상을 찾아내는 방법
　ⓑ 개념화 과정에서 형식에 구애받지 않고 많은 아이디어를 만들어 내는 작업에 사용되는 방법
㉡ 시네틱스(Synectics) : 서로 관련이 없어 보이는 것들을 조합하여 새로운 것을 도출해내는 집단 아이디어 발상법
㉢ 롤플레잉(role-playing) : 역할 연기법이라 하며 등장인물에 일정한 역할을 주어 일상적인 장면으로 연기를 한다. 롤플레잉이 끝난 뒤 자유롭게 토론하도록 하거나, 녹화한 비디오를 보여주면 기술을 빨리 습득할 수 있다.

정답 | 11 ④　12 ③　13 ②

03 실내디자인 역사 및 트랜드

Pass Note

예상출제문항		키워드
2~3	- 한국 조형 의장 특징 - 공포양식 - 지역별 한옥 특징	- 서양건축사 역사 순서 - 서양사 시대별 특징, 대표 작가 - 고전 기둥 양식

1. 한국 실내디자인 역사

1) 한국 건축의 조형 의장적 특징

(1) 자연과의 조화

　① 배치 : 풍수지리설(환경과의 조화)

　② 목재의 사용 : 자연적으로 휘어지고 구부러진 목재를 자연 그대로의 모습으로 사용

(2) 친근감을 주는 인간적 척도

(3) 시각적 착시 현상 교정 기법

　① 기둥 - 배흘림, 안쏠림(오금법), 우주(隅柱)의 귀솟음

　② 처마 - 후림, 조로

(4) 비대칭적 평면구성

① 배흘림기둥 : 건축물 기둥의 중간은 굵고 위아래로 가면서 점차 가늘게 된 주형으로, 구조상의 안정과 착시현상 교정기법, 서양건축의 엔타시스와 동일하다.
② 안쏠림 기법 : 건축물 기둥을 만들 때 수직으로 올리는 것이 아니라 기둥을 약간 안쪽으로 기울여 만든 착시현상 교정기법
③ 귀솟음기법 : 건축물 기둥과 모서리 기둥의 높이를 같게 할 경우 양쪽 끝이 중심보다 낮게 보이는 착시현상 교정기법
④ 후림 : 평면에서 처마의 안쪽으로 휘어 들어오는 것
⑤ 조로 : 입면에서 처마의 양끝이 들려 올라가는 것

2) 목조 건축 양식 특징

(1) 공포

① 전통 목조 건축에서 처마의 무게를 받치기 위해 기둥머리에 짜 맞추어 댄 부재
② 한국의 전통사찰 본당에서 내부 공간 구성의 1차 인지요소로서 주두, 소로, 첨차 등으로 이루어져 있으며 심리적이고 극적인 효과를 유도하는 구성요소
③ 공포의 양식에 따라 주요 건축물의 상징성을 표현하므로 시대에 따라 화려한 공포 양식도 나타난다.

> **Note**
> 소로 : 주두와 유사하게 생겼지만 작은 형태, 소로의 밑 사면을 굽이라 하고, 소로를 받치는 판을 굽받침이라 한다.
> 첨차 : 주두나 소로 위에 도리 방향으로 얹히는 부재

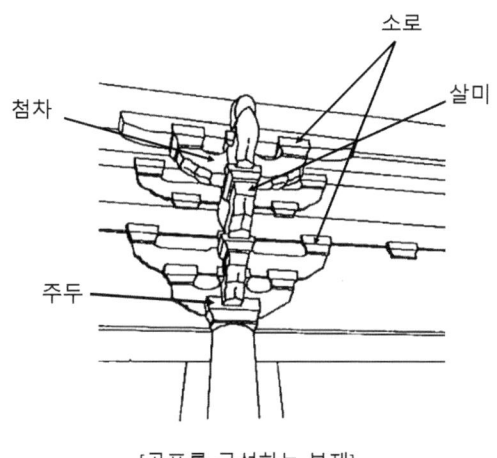

[공포를 구성하는 부재]

(2) 목조건축 공포 양식

양식	특징	그림
주심포식	⊙ 남송에서 고려 중기에 전래 됨. **가장 오래된 양식** ⓒ 기둥 위에 주두를 놓고 배치함(**평방이 없다.**) ⓒ 기둥 위에만 공포가 있는 형식 ② 맞배지붕과 연등천장이 주로 사용 됨 ⑩ 봉정사 극락전(가장 오래됨), 부석사 무량수전, 수덕사 대웅전, 강릉 객사문	

구분	특징
다포식	㉠ 원나라에서 고려 말 전래됨. ㉡ 기둥위에 창방과 평방을 놓고 그 위에 공포 배치 ㉢ 공포를 기둥과 기둥 사이에도 배치함. ㉣ 주심포형식에 비해 화려하고, 익공 형식에 비해 격이 높아 궁궐의 정전 등에 주로 사용됨. ㉤ 심원사 보광전(다포식으로 가장 오래됨), 봉정사 대웅전, 남대문
익공식	㉠ 기둥 위에만 공포가 있는 형식 ㉡ 소규모 건축 성행 ㉢ 서울 명륜당, 강릉 오죽헌, 서원 건물 및 주거 건축물에 주로 사용됨

3) 한국 단청의 특징
① 권위와 위풍, 장엄과 의식을 위함
② 부재의 부식을 방지하여 건물의 수명 연장 내지는 영구보존을 위함
③ 재질의 조악성(粗惡性) 은폐 목적
④ 기념물의 전시, 기록을 위함
⑤ 단청기법 : 모로 단청, 가장 화려한 금단청, 가장 단순한 가칠단청이 사용

4) 한국 전통주택
(1) 한옥의 특징

구분	특징
안채	• 여성들의 공간으로 대문으로부터 가장 안쪽에 위치하며 가장 폐쇄적 • 구성은 안방 – 안대청 – 건넌방 – 부엌의 구조이다.
사랑채	• 외부 손님에게 숙식을 대접하는 공간인 사랑채는 이웃, 친지들의 친목을 도모하는 공간이며, 자녀의 학문, 교양을 교육하는 공간 • 접객 공간으로 활용되어 주 공간 중 개방적인 곳이며, 규모가 큰 주택의 경우에는 마루와 온돌방으로 구성되는 사랑채로 독립된 형태를 취하기도 한다.
행랑채	• 하인들의 거처로 대문에 연결되어 담에 붙여 방들이 설치된다. 곡식의 저장 창고 이다
사당채	• 조상 숭배의식의 의례 공간 • 대문으로부터 가장 안쪽에 위치하며 안채의 안대청 뒤쪽, 사랑채 뒤쪽의 가장 높은 공간에 위치한다.
별당채	• 규모가 있는 집안의 가옥에는 집의 뒤쪽, 안채의 뒤쪽에 위치한다. • 이용하는 사람에 따라 불리는 이름이 다르며, 결혼 전의 딸이 기거하면 초당, 결혼 전의 남자들의 글 공부방은 서당으로 불린다.
반빗간	• 일반 사대부 집안에서 별채로 만든 부엌간

(2) 지역별 한옥의 특징

종류	특징
서울 형	대지 주변에 따라 안채와 대문채를 연결한 하나의 건물로 만드는 것이 일반적이며, 건물 평면 형태는 규모에 따라 ㄱ, ㄴ, ㅁ자형을 이룬다.
북부 형 (함경도, 평안 북부 지방)	**평면 형태는 주로 田자형을 이루며, 부엌 쪽으로 개방된 장지(정주간)가 있는 것이 특징. 후면이 북향이 되므로 균등한 일조, 일사를 이루지 못한다.**
서부 형 (평안도와 황해도 북부)	사랑방은 사랑채로 독립시켜 설치하는 경우가 많다.
중부 형 (경기도, 황해도 남부, 강원도 남부, 충청도 지방)	서울 형과 비슷한 형태를 취하나 부엌의 위치가 차이 난다. 사랑채는 안채와 독립된 건물로 설치
남부 형 (전라도, 경상도 지방)	부엌, 안방, 마루방, 건넌방이 일렬로 배치된 ━ **자형**이 일반적이다.
제주도형	남부 형과 비슷한 형태를 취하나 방 뒤에 폭이 좁은 광을 설치하는 것이 특징이다.

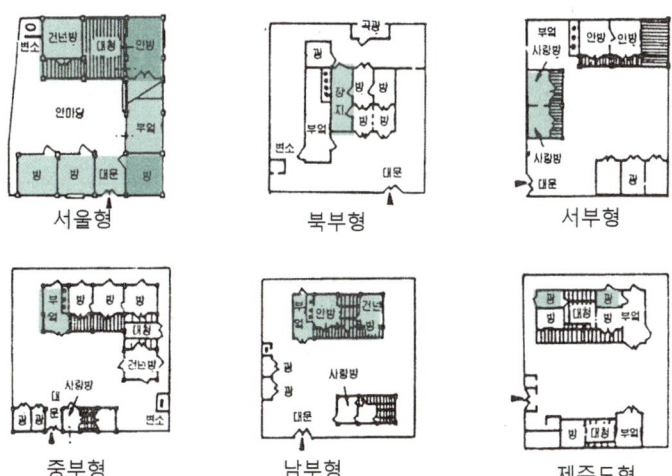

서울형　　북부형　　서부형

중부형　　남부형　　제주도형

5) 한국 전통주택의 벽 및 창호

(1) 벽체

① 정면은 대부분 창호로, 측면과 배면은 대개 벽체로 구성
② 벽체의 양식은 모두 심벽 구조로 되어있다.
③ 서민주택의 실내 벽면 마감은 일반적으로 토벽 그대로 두거나 굴림백토로 마감
④ 상류 주택의 실내마감은 일반적으로 회벽이나 벽지로 마감

(2) 창호
① 창호란 창과 문을 가리키는 말로, 한국 건축의 창호는 이 한계가 모호할 때가 많다.
② 창호지는 실내에 면한 부분에 바르기 때문에 내부에서 창살의 아름다운 모습이 그대로 보인다.
③ 한국 창호의 특성은 중국과 일본이 창호지를 바깥으로 붙이는 것이 일반적인 데 대하여 한국은 안으로 붙인다.

창의 종류	특 징
화창	부엌의 부뚜막 측면의 윗벽을 뚫어 만든 일종의 배기구멍 역할을 하는 창
광창	실내에 빛이 들어오게 하기 위해 방의 벽 위쪽이나 출입문 위쪽에 설치하는 창
교창	부엌의 벽이나 곳간 벽에 높이 설치하여 통풍이나 환기 역할을 하는 창
눈꼽재기 창	여닫이 옆에 작은 창을 만들어 문을 열지 않고도 밖을 볼 수 있게 만든 창

Note 머름
머름은 한옥의 창문 하단에 설치된 높은 문지방으로 출입을 위한 문에는 설치하지 않는다.
• 실내의 프라이버시 보호 역할
• 추운 겨울에 찬바람이 들어오는 것을 막아준다.
• 머름대의 높이는 앉은 사람의 겨드랑이 높이 정도이다.

6) 한국 전통건축의 지붕양식

양식	특징	그림
합각지붕 (팔작지붕)	우진각지붕 위에 맞배지붕을 올려놓은 것과 같은 형태의 지붕이다. 현존하는 권위건물의 지붕형태 중에서 가장 많은 형태의 지붕으로 가장 화려하고 장식적인 지붕이다.	
우진각 지붕	네 면에 모두 지붕면이 만들어진 형태이다. 전, 후면에서 볼 때는 사다리꼴 모양이고 양 측면에서 볼 때는 삼각형의 지붕형태이다.	
맞배지붕	건물의 앞뒤에서만 지붕면이 보이고 주로 주심포집에서 많이 사용되었다. 맞배지붕은 측면에는 지붕이 없기 때문에 추녀라는 부재가 없으며 측면이 노출되기 때문에 풍판을 사용하였다.	
모임지붕	용마루 없이 하나의 꼭지점에서 지붕골이 만나는 지붕형태이다. 모임지붕은 평면의 형태에 따라서 달라지는데 사모지붕, 육모지붕, 팔모지붕 등이 있다.	

예제 01 우리나라의 한옥에 관한 설명으로 옳지 않은 것은? [24,20,15]
① 창과 문은 좌식생활에 따른 인체치수를 고려하여 만들어졌다.
② 기단을 높여 통풍이 잘 되도록 하여 땅의 습기를 제거하였다.
③ 미닫이문, 들문 등의 사용으로 내부공간의 융통성을 도모하였다.
④ 남부지방의 경우 겨울철 난방을 고려하여 기밀하고 폐쇄적인 내부공간구성으로 계획하였다.

정답 ④

 예제 02 다음은 한국 근대 건축 중 고딕 양식을 취하고 있는 것은?
① 명동성당　　　　　　　　② 덕수궁 정관헌
③ 서울 성공회 성당　　　　　④ 한국은행

해설 | 우리나라 근대 건축물의 양식
　㉠ 명동성당 – 고딕양식
　㉡ 덕수궁 정관헌 – 전통목조건축 요소 + 서양적인 요소
　㉢ 서울 성공회성당 – 로마네스크양식
　㉣ 한국은행 본점 구관 – 르네상스양식

정답 ①

Note 우리나라 근·현대건축가와 작품
• 박길용 : 화신백화점, 문예 진흥원
• 박동진 : 고려대학교 본관 및 도서관, 조선일보 구 사옥
• 김중업 : 삼일로 빌딩, 명보극장, 주불대사관
• 김수근 : 국회의사당, 국립부여박물관, 자유센터, 경동교회, 남산타워
• 이광노 : 어린이회관, 주중대사관

2. 서양 실내디자인 역사

① 고대

이집트 〉 그리스 〉 로마

② 중세

초기 기독교 〉 비잔틴 〉 로마네스크 〉 고딕

③ 근세

르네상스 〉 바로크 〉 로코코

④ 근대 과도기

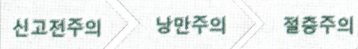
신고전주의 〉 낭만주의 〉 절충주의

⑤ 근대

> 미술공예운동 → 아르누보 → 세제션 → 표현주의 → 데 스틸 → 바우하우스 → 구성주의 → 시카고학파 → 국제주의 양식 → 신조형주의

⑥ 현대

> 포스트 모더니즘(Post Modernism) → 레이트 모더니즘 → 해체주의 → 하이테크

1) 고대

이집트 > 그리스 > 로마

(1) 이집트 건축(Egyptian Architecture)

특징	• 나일강 유역에서 형성된 고대 이집트 문명을 배경으로 전개되었던 건축양식 • 현세는 일시적 주거이고 사후의 분묘가 영원한 주거라 믿었던 이집트인들의 독특한 종교관에 의해 분묘 건축과 신전건축이 성행 • 조적식 구조와 가구식 구조를 주로 사용 • 갈대나 파피루스, 종려나무 등의 재료에 진흙을 발라 만들었다. 이집트 디자인의 모티브가 됨
대표 건축물	마스타바, 피라미드, 암굴 분묘, 암몬 대신전, 오벨리스크, 스핑크스

> **Note**
>
> **마스타바(Mastaba)**
> 이집트 왕조 초기에 왕, 왕족, 귀족의 분묘로서 건설하였으며 후에 피라미드로 발전
>
> **피라미드(Pyramid)**
> 왕의 분묘로서 이집트 고대문명을 대표하는 상징적 건축물로 신과 같이 절대적인 왕의 권력을 상징하고자 건설하였으며, 내부에 왕의 사체와 사후생활에 필요한 물품을 보유
>
> **오벨리스크(Obelisk)**
> 신전의 정면에 위치한 단순 기둥 형태의 석조 탑
>
> **스핑크스(Sphinx)**
> 피라미드 또는 신전에서 수호신이나 제단의 역할

예제 03 서양건축양식의 역사 순서를 옳게 나열한 것은? [16]
① 그리스 - 로마 - 비잔틴 - 로마네스크 - 고딕 - 르네상스 - 바로크
② 그리스 - 로마 - 비잔틴 - 로마네스크 - 르네상스 - 고딕 - 바로크
③ 그리스 - 로마 - 비잔틴 - 르네상스 - 로마네스크 - 고딕 - 바로크
④ 그리스 - 로마 - 비잔틴 - 고딕 - 로마네스크 - 르네상스 - 바로크

정답 ①

예제 04 고대 이집트 건축의 특징이 아닌 것은? [16]
① 이집트 건축은 갈대나 파피루스, 종려나무 등 쉽게 구할 수 있는 재료에 진흙을 발라 만들었다.
② 원형 평면의 건축물에는 비슷한 구조로 된 둥근 지붕이 씌워졌다.
③ 한때는 목재가 풍부하였으나 목재는 고급건축물에만 사용되었다.
④ 대표적인 건축물로는 지구라트가 있다.

정답 ④

(2) 그리스 건축(Greek Architecture)

특징	• 그리스 헬레니즘 문화를 배경으로 전개된 건축 양식 • 활발한 야외활동을 수용하는 개방적인 외부공간이 발달 • 건물자체의 내부공간보다는 건물에 의해 형성되는 외부공간에 관심 • 기둥에는 엔타시스를 두어 착시교정 효과를 만듦
대표 건축물	• 파르테논(Parthenon) 신전 – 도리아식 주범 • 렉테이온(Erectheion) 신전 – 이오니아식의 대표적 신전 • 올림피에이온(Olympieion) 신전 – 코린트식 신전 • 스토아, 아고라, 아크로폴리스, 디오니소스(Dionysos)극장, 에피다우로스 극장

그리스 주범양식(Order Style)

양식	특징	그림
도리아식 주범 (Doric Order)	가장 오래된 주범양식, 가장 단순하고 간단한 양식으로 직선적이고 장중하며 남성적인 느낌	
이오니아식 주범 (Ionic Order)	우아, 경쾌, 유연 감을 주며 곡선적이며 여성적인 소용돌이 형상의 주두와 소용돌이 눈에 보석이나 색 대리석으로 장식	
코린트식 주범 (Corinthian Order)	주두를 아칸더스 나뭇잎 형상으로 장식, 세 가지 주범 양식 중 가장 장식적이고 화려한 느낌	

착시교정 기법
① **배흘림(Entasis)** : 기둥의 중앙부가 가늘어 보이는 것을 교정하기 위해 기둥 중앙부의 직경을 기둥 상, 하부의 직경보다 약간 크게 하는 기법
② **라이즈(Rise)** : 건물외관의 수평적 요소인 기단과 엔타블러처의 중앙부를 약간씩 솟아오르게 하는 기법
③ **안 쏠림** : 건물 모서리에 위치한 기둥의 상단이 외측으로 벌어져 보이는 착시를 교정하고 건물에 안정감을 주기 위해 양측 모서리에 위치한 기둥을 약간씩 안쪽으로 기울이는 기법
④ **기둥 간격** : 건물을 정면에서 볼 때, 기둥의 간격이 양측 모서리로 갈수록 넓어 보이는 착시 교정을 위해 모서리로 갈수록 기둥의 간격을 좁게 조정
⑤ **기둥직경** : 건물 자체를 배경으로 하는 중앙부의 기둥들에 비해 허공을 배경으로 하는 모서리의 기둥들이 가늘어 보이는 착시 교정을 위해 기둥의 직경을 3~5cm 크게 하는 기법

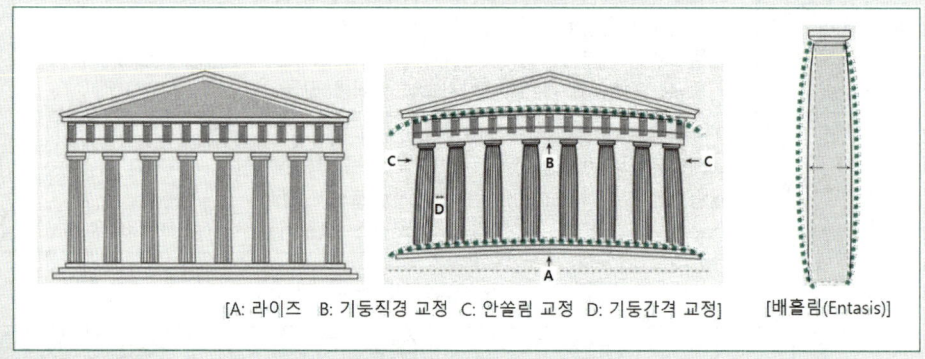

[A: 라이즈 B: 기둥직경 교정 C: 안쏠림 교정 D: 기둥간격 교정] [배흘림(Entasis)]

 그리스의 오더 중 기단 부는 단 사이에 수평 홈이 있으며, 주두는 소용돌이 형태의 나선형인 볼류트로 구성된 것은? [22]

① 도릭 오더
② 이오닉 오더
③ 터스칸 오더
④ 코린티안 오더

정답 ②

 기둥의 중간 부분이 가늘어 보이는 착시현상을 교정하기 위해 기둥을 약간 배부르게 처리하여 시각적으로 안정감을 부여하는 수법은? [17]

① 콜로네이드(Colonnade)
② 아케이드(Arcade)
③ 니치(Niche)
④ 엔타시스(Entasis)

정답 ④

(3) 로마건축(Roman Architecture)

특징	• 여러 양식의 혼합 : 그리스 건축+에트루스칸의 구조+이집트 및 아시아의 요소 • 실용적 건축의 발달 : 상수도, 도로 등 • 건축구조의 발전 : 조적식과 가구식의 혼용 • 아치와 볼트 구법의 발달 • 콘크리트의 발명 • 공간구성은 대규모 내부 공간 형성 • 그리스의 3주범 + 2개 주범 추가 도리아, 이오니아, 코린트식 + **터스칸식, 콤포지트식**
대표 건축물	• 판테온 신전, 콜로세움, 바실리카, 카라칼라 욕장, 콘스탄티누스 개선문

> **Note** 판테온(Pantheon) 신전
> 로마의 대표적 건축물로 서양건축 역사상 내부공간의 형성과 발전의 출발점
> ⓒ 로툰다(Rotunda)라 불리는 원통형의 벽체와 돔형의 지붕으로 구성
> ⓒ 전면의 열주현관은 코린트식 주범의 기둥 8개로 구성

> **Note** 로마 주범 양식
>
> **터스칸식 주범(Tuscan Order)**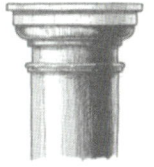
> • 그리스의 도리아식 주범을 단순화 시킨 주범양식
> • 주신에 플루팅(수직홈) 없음
> • 단순하여 소박, 간소한 느낌
>
> **콤포지트 주범(Composite Order)**
> • 이오니아식 주범과 코린트식 주범을 복합시킨 주범양식
> • 매우 장식적이고 화려한 느낌을 주며 개선문과 같이 화려한 건물에 주로 이용

예제 07 로마건축의 5가지 오더(order)에 속하지 않는 것은? [21, 12]
① 도릭(doric)식
② 터스칸(tuscan)식
③ 콤포지트(composite)식
④ 로마네스크(romanesque)식

정답 ④

> **예제 08** 로마건축의 판테온에 관한 설명으로 옳지 않은 것은? [16]
> ① 사각형 평면과 원형 평면으로 이루어진다.
> ② 채광은 벽에 설치된 7개의 니치(niche)에서 한다.
> ③ 현관에 8개의 코린티안 주범의 기둥이 있다.
> ④ 원형평면 부분을 로툰다(rotunda)라고 한다.
>
> 정답 ②

2) 중세

초기 기독교 → 비잔틴 → 로마네스크 → 고딕

(1) 초기기독교 건축(Early Christian Architecture)

특징	• 대부분의 건축 활동이 기독교에 집중되어 교회, 세례당 등의 기독교 건축물이 발달 • 로마에서 사용된 가구식 구조, 아케이드 구법의 구조방식 사용 • 바실리카식 교회 건축양식의 정립 : 로마시대의 공공건물이었던 바실리카를 교회 건물로 전용 • 바실리카 교회는 중세 교회건축의 원형으로 로마네스크 양식을 거쳐 고딕 양식에 이르러 완성됨
대표 건축물	• 구 성 베드로 성당, 바실리카식 교회당, 성 칼리스 투스 카타콤

> **Note 카타콤(Catacomb)**
> 기독교 박해 시 순교자의 유해 안치를 위한 지하 분묘의 용도였지만 기독교 박해시대에 신도들의 비밀 집회장으로 이용

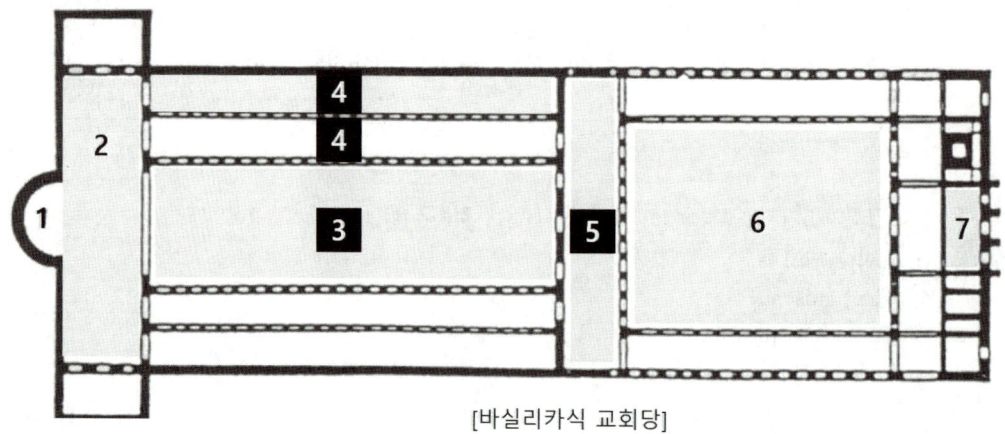

[바실리카식 교회당]

[1. 엡스 2. 트랜셉트 3. 네이브 4. 아일 5. 나르텍스 6. 아트리움 7. 입구]

예제 09 중세의 건축양식이 시대 순으로 바르게 나열된 것은? [25,19,14]
① 초기기독교양식 - 르네상스양식 - 비잔틴양식 - 고딕양식
② 초기기독교양식 - 고딕양식 - 르네상스양식 - 비잔틴양식
③ 초기기독교양식 - 고딕양식 - 비잔틴양식 - 르네상스양식
④ 초기기독교양식 - 비잔틴양식 - 고딕양식 - 르네상스양식

정답 ④

(2) 비잔틴 건축(Byzantine Architecture)

특징	• 동양양식과 서양양식의 혼합 : 동양의 사라센 건축양식의 영향을 받음 • 아케이드(Arcade)구법의 발달 : 로마의 영향으로 **아치**, 볼트와 열주에 의한 아케이드를 널리 사용 • **펜던티브 돔(Pendentive Dome)** : 사각형 평면위에 원형평면의 돔을 가설하는 비잔틴양식의 독특한 기법, 대표적인 예로 성 소피아 성당이 있다. • 스테인드 글라스 : 비잔틴 양식에서 처음 사용 하였으며, 고딕 양식에 가서 전성기를 이룸
대표 건축물	소피아 성당, 성 마르크 성당, 메트로플 성당

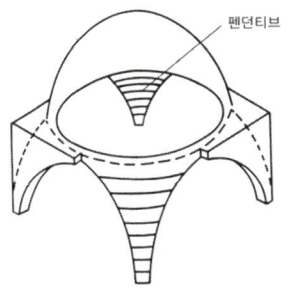
[돔의 모형도]

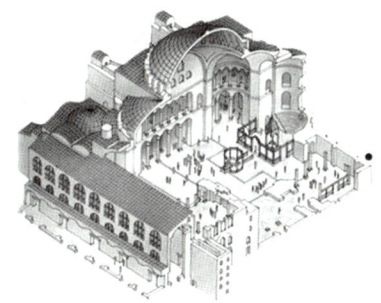
[펜던티브 돔 형식(성 소피아 성당)]

(3) 로마네스크 건축(Romanesque Architecture)

특징	• 건축특성은 Romanesque = Roman(로마) + esque(풍)의 의미 　　　　　　　　　　　　= 로마건축기법 + 게르만적 요소 + 기독교 정신 • 구조기술과 의장에 있어서 로마시대에 쓰이던 아치, 볼트 등이 주로 사용됨 • 높은 천장 고를 형성하기 위한 구조적 기초가 닦였다. • 3차원적인 기둥간격의 단위로 구성되어졌다. • 교차 그로인 볼트를 볼 수 있다.
대표 건축물	피사 성당, 성 미카엘 성당

[피사의 대성당 전경과 종탑]

(4) 고딕 건축

특징	• 북부 유럽에서 전개된 중세의 건축양식으로 초기 기독교 시대, 로마네스크 시대에 걸쳐 형성된 중세 교회건축을 완성함으로써 역사상 종교건축의 최고 절정기를 이룸 • 고딕양식의 구조체계는 서양건축사를 통해 구조적, 역학적 문제를 가장 완벽하게 합리적으로 해결 함 • **첨두형 아치(Pointed Arch)** : 아치의 반지름을 자유로이 가감함으로서 아치의 정점의 위치가 자유로이 변화 • **리브 볼트(Ribbed Vault)** : 로마네스크의 교차 볼트(Cross Vault)에 첨두형 아치의 리브(Rib)를 덧대어 구조적으로 결점을 보강한 것 • **플라잉 버트레스(Flying Buttress)** : 신랑 상부의 리브 볼트와 측랑의 부축벽을 연결하는 반아치 형태의 부재 • 벽체가 하중으로부터 해방되어 고측 창을 넓게 형성하고 스테인드 글라스로 장식
대표 건축물	• 성 드니(St. Denis) 수도원 성당 : 프랑스 최초의 고딕양식 건물 • 노틀담 성당(Notre Dame Cathedral) : 플라잉 버트레스가 최초로 사용된 최초의 완벽한 고딕양식 건물 • 아미앵 성당(Amiens Cathedral) : 프랑스 고딕성당 중 최대 규모, 7개의 앱스, 성당계획의 표준이 됨 • 쾰른 대성당(독일)

   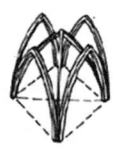  

[반원형 아치와 첨두형 아치(Pointed Arch)]   [리브 볼트(Ribbed Vault) 구조, 리브볼트 천장]

[플라잉 버트레스(Flying Buttress)]   [노틀담 성당 파사드 및 내부]

예제 10 고딕 건축양식의 특징이 아닌 것은? [13]
① 첨두아치(pointed arch)   ② 리브볼트(rib vault)
③ 파일론(pylon)   ④ 플라잉버트레스(flying buttress)

정답 ③

 예제 11 고딕건축양식에 관한 설명으로 옳지 않은 것은? [24,18]
① 플라잉 버트레스를 사용함으로써 구조적인 문제를 해결하였다.
② 반원형 아치를 사용하고 창에는 스테인드 글래스로 장식하였다.
③ 독일의 쾰른 대성당과 프랑스의 노트르담 대성당은 대표적인 고딕양식의 건물이다.
④ 독특한 장식적 수법이 발휘된 트레이서리가 발달하였다.

정답 ②

3) 근세

르네상스 > 바로크 > 로코코

(1) 르네상스 건축

특징	• 인본주의(Humanism) : 종교적 속박이 없는 인간적이며 자유정신이 넘치는 인본주의적 세계에 대한 동경에서 출발하여 이탈리아에서 시작됨 • 복고주의 : 주범, 코니스, 박공, 아치, 아케이드 등의 고전적 요소들을 장식적 요소로서 이용 • 중세 때보다 훨씬 광범위하게 가구가 사용되었다.
대표 건축물	• 성 로렌조사원, 성 베드로 사원, 플로렌스 대성당, 루브르 궁

 Note 건축가와 작품
㉠ 브루넬레스키(Filippo Brunelleschi, 1377-1446년)
  • 르네상스 최초의 건축가로서 초기에 르네상스 건축양식을 정립
  • 건축물에 이전시대의 고전적 요소 도입
㉡ 미켈란젤로(Michelangelo Buonarroti, 1475-1564년) : 르네상스의 거장이자 매너리즘 및 바로크 건축의 선구자이며, 화가, 조각가를 거쳐 건축가로 활동. 캄피돌리오 광장, 성 베드로(St. Peter)성당

[피렌체 대성당 정면, 내부]

르네상스에 관한 설명 중 옳지 않은 것은? [15]
① 이탈리아에서 발생하여 각지에 전파되었다.
② 양식의 특징은 포인티드 아치, 프라잉 버트레스, 리브볼트로 압축될 수 있다.
③ 인본주의에서 출발하였다.
④ 중세 때보다 훨씬 광범위하게 가구가 사용되었다.

정답 ②

(2) 바로크 건축

특징	• 바로크의 어원은 포르투갈어로 일그러진 진주라는 뜻으로 부정적인 의미를 가지고 있다. • 르네상스에 비해 건축의 규모가 커지고 곡면 형태에 바탕을 두어 새로운 평면형식과 공간을 창조하였다. • 강렬한 극적 효과를 추구하였다. • 고전주의 건축양식의 대칭, 비례, 질서, 조화 등의 정적이고 2차원적인 건축구성 원리 무시함 • 이성보다는 감성, 정신보다는 감각, 불규칙성, 율동감, 음영의 장식적 효과 추구
대표 건축물	• 베르사이유 궁전, 성 로렌조 성당

 바로크 건축에 관한 설명으로 옳지 않은 것은? [20]
① 바로크의 어원은 포르투갈어로 일그러진 진주라는 뜻으로 부정적인 의미를 가지고 있다.
② 르네상스에 비해 건축의 규모가 커지고 곡면 형태에 바탕을 두어 새로운 평면형식과 공간을 창조하였다.
③ 강렬한 극적 효과를 추구하였다.
④ 비례와 균형을 중시한 건축 사조이다.

정답 ④

(3) 로코코 건축

특징	• 18세기 프랑스를 중심으로 발전된 양식 • 부드러운 곡선이 디자인 구성의 주조가 됨 • 프랑스 바로크 연장선상에서 발생된 하나의 장식으로 로코코 양식에서는 세련미로 나타남
대표 건축물	• 팬턴하우스, 조지안 하우스, 포츠담의 산스시궁

 로코코 양식의 특징에 대한 설명 중 거리가 먼 것은? [23,12]
① 공적인 생활을 위주로 한 실내장식에 중점을 둔 양식이다.
② 18세기 프랑스를 중심으로 발전된 양식이다.
③ 부드러운 곡선이 디자인 구성의 주조가 되었다.
④ 바로크 양식의 장중함이 로코코 양식에서는 세련미로 바뀌었다.

정답 ①

4) 근대 과도기

신고전주의 → 낭만주의 → 절충주의

바로크 건축양식이 쇠퇴하기 시작한 18세기 말로부터 현대건축이 발생한 19세기말 이전까지의 양식적 혼란기에 전개된 과도기적인 건축양상으로서 신고전주의 건축, 낭만주의 건축, 절충주의 건축의 세 가지 경향으로 전개

(1) 신고전주의(Neo-Classicism) 건축(고전주의)

특징	• 시대를 초월하는 절대적 미는 그리스와 로마의 건축이라고 믿고 그리스와 로마양식을 모방 • 르네상스 건축을 로마건축 규범으로 하여 창조적으로 이용한 반면, 신고전주의 건축은 **그리스와 로마의 건축을 정확하게 복원**하는데 주력 • 신고전주의 건축가들은 **고대건축과 같은 장대한 규모와 순수 기하학적 입방체를 결합한 단순 거대한 건축을 추구** 하였다.
대표 건축물	• 베를린 왕립 극장, 베를린 고대 미술관, 성 쥬느비에 교회

예제 15 그리스, 로마건축에 대한 추억, 지성 및 아름다운 기품 재현을 목표로 18세기 중엽이후 발생된 사조는?
[18]

① 르네상스　　　　　　　　　② 낭만주의
③ 고전주의　　　　　　　　　④ 절충주의

정답 ③

(2) 낭만주의(Romanticism) 건축

특징	• 신고전주의 건축이 그리스와 로마의 고전건축에 열중한 반면 낭만주의 건축은 **중세의 고딕건축에 관심** • 자신들의 국가와 민족의 기원이 중세에 있는 것을 보고 중세를 낭만주의의 이상으로 삼음 • 구조와 재료의 정직한 표현이라는 진실성이 반영된 고딕건축이 양식과 방법을 그대로 유지하려고 시도
대표 건축물	• 영국 국회의사당, 보티브 성당

(3) 절충주의(Eclecticism) 건축

특징	• 그리스, 로마 위주의 신고전주의 건축과 고딕위주의 낭만주의 건축처럼 일정한 양식에 국한되지 않고 **과거의 모든 양식을 이용** • 과거양식의 절충을 통하여 새로운 양식의 창조를 시도 • 일정한 기준이 없이 건축가의 주관에 의해 각종 양식을 선택하거나 종합
대표 건축물	• 파리 오페라 하우스, 파리의 국립 박물관, 로얄 파빌리온, 웨스트민스트 사원

5) 근대

미술공예운동→아르누보→세제션→표현주의→데 스틸→바우하우스→구성주의→시카고학파
→ 국제주의 양식→신조형주의

(1) 미술공예 운동(Arts and Crafts, 아트 앤 그래프트 운동)

특징	• 19세기 중반 일용품을 비롯한 응용미술 전반의 질적 향상과 예술성 회복의 필요성의 대두로 나타난 운동 • 수공예의 부흥을 통한 일용품과 공산품의 예술성과 질적 향상을 주장 • 과학과 산업혁명의 사회적 변혁에 대응하지 못하였으며, 사회전체 운동으로 확산되지 못함
대표 건축물	• 윌리암 모리스의 **'붉은 집(red house)'**

Note 대표 건축가
- ㉠ 존 러스킨(John Ruskin, 1819-1900)
  - 19세기 영국의 사회학자이자 예술평론가
  - 예술창조 수단으로서 기계를 부정하고 중세의 수공예의 이용을 주장
  - 존 러스킨의 사상은 미술공예운동에 철학적, 사상적 배경을 제공
  - 주요 저서는 건축의 7등, 베니스의 돌
- ㉡ William Morris(1834-1896 / 영국)
  - 기계생산으로 인한 예술의 질적 저하에 반대하여 중세의 미학적, 정신적인 원리의 부흥을 시도 대중성으로서의 민중을 위한 예술
  - 실용적 가치를 지닌 예술을 주장
  - 예술에 대한 미학적 관점에서 사회적 관점으로의 변화
  - **붉은 집(red house)** - 미술공예운동의 상징적인 출발점이 되는 작품

예제 16 윌리엄 모리스 등에 의하여 주도되었던 건축운동은 무엇인가? [12]
① 세제션 ② 데 스틸
③ 예술과 수공예 ④ 바우하우스

정답 ③

(2) 아르누보 건축

특징	• 19세기말의 절충주의와 고전주의에 대한 반작용으로 생긴 아르누보 건축은 자연물의 형체에서 볼 수 있는 길고 굽어진 선이 특징 • 아르누보는 유기적 건축이론에서 영향을 받음 • 철과 유리를 건축 표현수단으로 사용 • **정직한 디자인과 장인정신 강조** • **색감이 풍부한 일본 예술의 영향** • **바로크의 조형적 형태와 로코코의 비대칭원리 적용**

대표 건축물	• 안토니오 가우디 : **사그라다 파밀리아 성당(성 가족 대성당)**, 카사 밀라 • 찰스 레니 매킨토시 : 영국 글래스고 미술학교 • 엑토르 기마르 : 파리 지하철 역사 출입구 • 빅토르 오르타 : 타셀 주택

[안토니오 가우디 성 가족 대 성당 외관 및 내부]

예제 17 아르누보 디자인에 관한 설명으로 옳지 않은 것은? [22,14]
① 정직한 디자인과 장인정신 강조
② 색감이 풍부한 일본 예술의 영향
③ 지역의 문화적 전통을 디자인에서 배제
④ 바로크의 조형적 형태와 로코코의 비대칭원리 적용

정답 ③

(3) 세제션(빈 분리파)건축

특징	• '분리하다'라는 어원으로 분리파라고도 함 • 과거 역사주의적인 양식 건축에서의 분리 • 주로 직선과 단순한 형식으로 장식을 중점적으로 사용 • 보수적이고 패쇄적인 과학 예술에서 분리하여 개성적인 창조를 목적으로 함
대표 건축물	• 오토 바그너 : 빈 우체국 • 조셉 호프만 : 브뤼셀의 슈토클레 주택

(4) 표현주의

특징	• 1910년대적인 것을 중요시 함 • 신 재료를 통한 엔지니어링 건축 • 조형미학을 생각하는 공장건축으로 라멘 구조 등의 생산성 중심 • 작가의 주관적인 표현을 중시함 • 반 양식, 반 기계 문명적인 태도
대표 건축물	• 한스 펠치히의 베를린 필하모닉, 에릭 멘델존의 아인슈타인 탑

(5) 데 스틸(De Stijl)

특징	• 네덜란드(1917-1928)에서 시작 : 예술을 근본적으로 새롭게 바꾸는 것을 목표 • 데 스틸은 양식이란 뜻으로 선과 색에 관한 관계로서의 스타일을 의미함 • 점, 선, 면을 기본 조형 어휘로 구성 • **몬드리안의 수평과 수직에 의한 기하학적 질서를 건축 구성원리로 삼음** • 데 스틸의 실내공간에 대한 개념 즉, 벽이 공간을 분리만 시키는 것이 아니라는 개념은 후에 국제적 스타일의 기본 윤리가 됨
대표 건축물	• 게리트 리트벨트(Gerrit Rietveld) : 쉬뢰더 주택, 레드 블루 의자

예제 18 데 스틸(De Stijl)에서 추구했던 건축 디자인의 가치가 아닌 것은? [14]
① 철골을 이용한 롱 스팬(Long span) ② 삼원색
③ 점, 선, 면을 기본 조형 어휘로 구성 ④ 토탈 디자인(Total Design)

정답 ①

(6) 바우하우스(Bauhaus)

특징	• 1919년 월터 그로피우스를 중심으로 독일 바이마르에 창설된 조형학교 명칭 • **예술적 창작과 공학적 기술을 통합하려는 목표로서 새로운 조형이념 출발** • 기하학적 질서, 규격화와 합리화를 추구하며 대량생산을 위한 원형 제작을 지향
대표 건축물	• 월터그로피우스, 미스 반 데로에, 마르셀 브로이어

예제 19 바우하우스(Bauhaus)에 관한 설명으로 가장 거리가 먼 것은? [18]
① 20세기 아방가르드의 운동이나 양식들을 장식적이고 감각적으로 현대 감각에 맞도록 표현하기 위한 운동
② 1919년 그로피우스(W. Gropius)를 중심으로 독일의 바이마르(Weimar)에 창설된 조형 학교의 명칭
③ 예술적 창작과 공학적 기술을 통합하려는 목표로서 새로운 조형이념에 근거한 교육기관
④ 건축, 조각, 회화뿐만 아니라 현대 디자인의 발전에 결정적인 영향을 주었으며, 대량 생산을 위한 원형제작을 지향

정답 ①

(7) 구성주의

특징	• 러시아 혁명기의 대표적인 아방가르드 운동의 하나로서 1920~30년대에 러시아에서 일어난 추상주의 예술운동 • 구조가 모든 면에서 최대라고 강조 러시아의 구성주의는 특히 독일의 바우하우스에 큰 영향을 주었다. • 기계적 또는 기하학적인 형태를 중시하여 역학적인 미를 창조하고자 하였다.
대표 건축물	• 르 꼬르뷔지에

(8) 시카고 학파

특징	• 미국의 시카고에서 19세기말 시작했으며, 재래의 양식주의 건축과 달리 합리주의적, 기능주의적 사상을 주장했다. • 철골구조의 건축물, 단순한 벽면구성, 개구부를 넓은 유리창으로 함. • 수직과 수평 등 가장 단순하고 가장 명확한 논리적 해결을 추구 • 미국의 마천루인 고층 사무소 건축 발전에 큰 공헌
대표 건축물	• 홈 인슈어런스 빌딩(1885) : 제니 • 릴라이언스 빌딩(1894) : 루우드 & 번함 • 웨인 라이트 빌딩(1891) & 개런티 빌딩(1895) : 루이스 설리반

(9) 국제주의 양식(International Style)

특징	• 월터 그로피우스가 제창한 1920년대 이후 기능주의에 입각하여 순수 형태를 추구하는 양식 • 기능주의적 특성 • 순수 형태미를 추구하는 조형성 : 장식의 금지 • 질량보다는 부피개념의 새로운 건축개념 • 축대칭보다는 규칙성이라는 디자인 원리 : 규격화, 합리화
대표 건축물	• 르 꼬르뷔지에, 월터그로피우스, 미스 반 데로에, 알바알토, 프랭크 로이드 라이트

> **Note** 아르데코(Art Deco)
> • 근대의 새로운 재료였던 철, 철근콘크리트, 플라스틱, 유리 등의 도입
> • 기계에 의한 대량생산 체계에 디자인을 적용
> • 아르데코 양식의 건축 특성은 장식적이고 색채가 풍부하다.
> • 대표적인 아르데코 형식의 건물 : 헬싱키 중앙역, 클라이슬러 빌딩, 엠파이어 스테이트 빌딩 등

(10) 신 조형주의(neo plasticism)

특징	• 입체파에서 나타난 대상의 단순화, 순수화, 추상화의 개념을 발전시켜 완성한 몬드리안의 기하학적 추상이론이다. • 수평면, 수직면, 수직선과 수평선 및 기본색을 근간으로 하여 순수 기하학적 추상주의를 표방하는 사조이다. • 기하학적 형태의 공간 구성과 4차원적 공간 개념으로 20세기 합리주의 건축에 영향을 주었다. • 명쾌한 비례와 재료의 진실한 사용 중시함

6) 현대

> 포스트 모더니즘(Post Modernism) → 레이트 모더니즘 → 해체주의 → 하이테크

(1) 포스트 모더니즘(Post Modernism)

특징	• 현대건축에서 배제되었던 건축의 상징성, 의미, 장식과 지역 문화, 역사와 전통을 연계시킴으로써 새로운 건축양식을 모색하려는 건축 사조 • 매너리즘적인 디자인 수법 • 토착적이고 대중적인 디자인 요소의 사용 • 기념비적인 형상과 익살스런 형태의 구사

대표 건축물	• 주요 건축가 로버트 벤츄리(Robert Venturi), 찰스 무어(Charles Moore), 마이클 그레브스(Michael Graves), 알도 로시(Aldo Rossi)

(2) 레이트 모더니즘

특징	• 근대건축의 구조, 기능, 기술 등의 합리적 해결방식을 받아들여 현대의 기술과 함께 극도로 발전시킴으로써 새로운 미학을 창조하려는 건축 사조 • **기계미학** • 공업기술을 바탕으로 하며 기술적 이미지를 과장되게 표현함. • 미래파, 풀러(B. Fuller), 아키그램(Archigram) 등의 영향을 받음 • 규격화, 표준화, 공업화되고 극단적으로 분절된 부재를 사용함. • 유리, 반사 금속판 등으로 건물을 피복함으로써 기술적 이미지를 과장함.
대표 건축물	• 주요 건축가 노먼포스터(Noman Foster), 리차드 로저스(Richard Rogers), 아이 엠 페이(I.M.Pei), 케빈 로쉬(Kevin Roche), 시저 펠리(Cesar Pelli), 존 포트만(John Portman)

(3) 해체주의(Deconstructivism)

특징	• 해체주의 건축의 이념은 데리다(Jacques Derrida)와 푸코(M. Fuco)등 후기(後期) 구조주의(構造主義) 계열의 철학이론에 바탕 • 서구사회를 지배해 온 합리성과 이성적 논리에 대한 도전으로 **고정 관념의 해체를 목적으로 함** • 디자인이나 형태적 측면에서 1920년대의 **러시아 구성주의에 영향을 받음**
대표 건축물	• 베르나르 츄미, 피터 아이젠만, 프랭크 게리, 자하 하디드, 쿱 힘멜브라우, 렘 쿨하스

(4) 하이테크(Hightech)

특징	• **건축으로써의 첨단이미지를 표현하려는 운동** • **설비구조를 노출하고자 함.** • 생산성을 소비개념으로 재해석하여 생산성을 강화하려는 이미지 등장 • 대량생산의 관점에서 효율성이 가장 높은 표준화 개념 모델 추구
대표 건축물	• 홍콩 상하이 은행 : 노만 포스터 • 퐁피두 센터 : 리차드 로저스

7) 4대 거장

(1) 프랭크 로이드 라이트(Frank Lloyd Wright)

① 미국의 풍토와 자연에 근거한 자연과 건물의 조화 추구
② 시간의 흐름, 장소적 특성, 인간적 요구(기능)를 표현한 **유기적 건축 추구**
③ 주요 작품 : 라킨 빌딩, 유니티 교회, 도쿄 국제호텔, 존슨 왁슨 빌딩, 카프만주택(**낙수장**), **구겐하임 미술관**

(2) 르 꼬르뷔지에(Le Corbusier)

① 르 꼬르뷔제의 건축사상은 합리주의적 사상과 낭만주의 사상이 기초
② 르 꼬르뷔제의 근대 건축의 5원칙 필로티, 옥상정원, 자유로운 평면, 수평 띠창, 자유로운 입면

③ 도미노 이론(DOMINO) : 내부공간에 무수한 조합을 가능하게 하였으며 의도한 만큼의 채광을 가능하게 할 수 있었기 때문에 건축조형에 새로운 표현을 가능하게 한 시스템
④ 모듈러라는 표준화와 프리패브리케이션의 방법을 통해서 주택의 대량생산 추구
⑤ 주요작품 : 사보아 주택, 마르세이유 집합주택, UN 본부 빌딩, 롱샹교회, 라투레트 수도원

> **Note** 프리패브리케이션(prefabrication)
> 미리 만들어 조합하는 방식. 도미노 시스템 주택을 위한 철근콘크리트의 골조

(3) 미스 반데로에(Mies van der Rohe, 1886-1969)
① less is more : "적을수록 더 많은 것이다." - 장식을 배제한 단순성 강조
② 유니버셜 공간(Universal space) : 보편적 공간 개념, 다목적 공간 사용 - 내부 공간 구획을 파티션으로 자유롭게 구획하여 사용
③ 철과 유리만 사용
④ 구조적 요소와 비구조적 요소들을 명확하게 구분하여 설계. 요소들 사이에 있는 조화로운 질서를 유지
⑤ 주요작품 : 바르셀로나 파빌리온, 투겐하트 주택, I.I.T대학 마스터 플랜, 시그램 빌딩, 베를린 국립박물관

(4) 월터 그로피우스(Walter Groupies, 1883-1969)
① 독일 공작연맹 바우하우스를 통하여 국제주의 양식을 확립 함.
② 건축에 있어서 표준화 대량생산 시스템과 합리적 기능주의 추구
③ 예술과 공업의 통합이라는 바우하우스 교육이념을 확립
④ 주요 작품 : 데사우 바우하우스 교사, 아테네 미국 대사관, 파구스 공장, 하버드 대학교 대학원

 19세기말부터 20세기초에 걸쳐 벨기에와 프랑스를 중심으로 모리스와 미술·공예운동의 영향을 받아서 과거의 양식과 결별하고 식물이 갖는 단순한 곡선 형태를 인테리어 가구 구성에 이용한 예술운동은? [23,20,15]
① 아르데코　　② 아르누보
③ 아방가르드　　④ 컨템포러리

정답 ②

 "Less is More"와 "Universal Space(보편적 공간)"의 개념을 주장한 건축가는? [23,22]
① 르 꼬르뷔지에　　② 루이스 설리반
③ 미스 반 데어 로에　　④ 프랭크 로이드 라이트

정답 ③

3. 실내디자인 트랜드

1) 유니버셜 디자인
① 유니버셜 디자인 이란 장애나 연령에 상관없이 우리가 접하는 제품, 가구, 실내 공간, 정보시스템 등을 누구나 쉽게 사용할 수 있도록 디자인하는 것이다.
② 모든 사용자를 고려하여 보편적으로 디자인해야 한다는 개념
③ 유니버셜 디자인 목표는 지원성, 적응성, 접근성, 안전성이다.

2) 친환경 디자인
① 친환경 디자인 이란 육체적, 정신적으로 건강하고 쾌적한 일상생활과 환경을 제공하기 위해 자연적, 인위적 방법을 동원하여 인간에게 자연 생태학적 환경 보전 의식과 그 응용방법을 디자인에 적용시키는 것
② 환경 문제를 해결하기 위해 세계적으로 동시대적인 대안으로 대두
③ 환경 요인을 고려하여 지속적으로 개발하여 미래지향적인 특성을 지님

3) 유기적 디자인
① 19세기후반 매킨토쉬(Charles Rennie Mackintosh)와 프랭크 로이드 라이트(Frank Lloyd Wright)에 의해 건축에서 처음으로 시도된 유기적인 디자인(Organic Design)은 자연의 영감으로부터 무언가 얻기를 바라며, 전체론적이고 인간적인 접근을 근간으로 한다.
② 자연과의 내부관련성과 그 정신은 유기적 건축에 있어 가장 중심에 있는 사상이다.
③ 유기적 디자이너는 알바 알토(Alvar Aalto), 에로 사리넨, 안토니오 가우디
④ 자연 생명체의 원리와 질서를 적용하는 디자인

4) 버내큘러 디자인(Vernacular Design)
① 문학적인 사물에 나타난 그 지역의 민속적 특성을 일컫는 표현이다.
② 일반 민중 생활 속에서 자연스럽게 생겨난 토속적인 디자인 형태
③ 디자인 과정이 다소 불투명하고 익명성을 갖는다.
④ 전통적인 도구(도끼 망치 등), 철물 류(경첩, 자물쇠), 가사도구 등도 해당한다.

5) 미니멀 디자인
① 1960년대 후반 미국의 젊은 작가들이 최소한의 조형수단과 표현방법으로 제작한 회화, 조각분야 등에서 연유됨
② 간결한 직선과 면을 강조
③ 최소한의 기능성 가구와 대용량 붙박이 수납장을 설치하는 심플한 경향
④ 미니멀리즘의 표현경향은 지역성을 바탕으로 단순성, 반복성, 순수성, 폐쇄성 등의 기본원리와 재료 자체의 본질에 극단적 추구를 지향

예제 22 버내큘러 디자인에 관한 설명으로 옳지 않은 것은? [18,13]
① 디자인 과정이 다소 불투명하고 익명성을 갖는다.
② 디자인의 기능성보다는 미적 측면을 강조한 디자인이다.
③ 문화적인 사물에 나타난 그 지역의 민속적 특성을 일컫는 표현이다.
④ 전통적인 도구(도끼, 망치 등, 철물류(경첩, 자물쇠 등), 가사도구 등도 해당한다.

정답 ②

 예제 23 다음 중 유니버셜 공간의 개념적 설명으로 가장 알맞은 것은? [24,21,14]
① 상업공간　　　　　　　　　② 표준화된 공간
③ 모듈이 적용된 공간　　　　　④ 공간의 융통성이 극대화된 공간

정답 ④

 예제 24 다음 중 유기적(organic) 디자인의 포괄적인 의미로 가장 알맞은 것은? [24,16]
① 천연재료를 사용하는 디자인
② 자연 생명체의 원리와 질서를 적용하는 디자인
③ 자연형태에 가까운 곡선 형태를 많이 사용하는 디자인
④ 나무, 눈의 결정체 등 자연생명체의 형태를 적용하는 디자인

정답 ②

핵심 기출문제

03 실내디자인 역사 및 트랜드

1 한국 실내디자인 역사

01 ▶18

한국건축의 조형 의장 상 특징과 거리가 먼 것은?

① 친근감을 주는 척도
② 착시현상 조정
③ 자연과의 조화
④ 인위적인 기교

해설 | 한국 건축의 조형 의장적 특징
  ㉠ 자연과의 조화
    ⓐ 배치 : 풍수지리설(환경과의 조화)
    ⓑ 목재의 사용 : 자연적으로 휘어지고 구부러진 목재를 자연 그대로의 모습으로 사용.
  ㉡ 친근감을 주는 인간적 척도
  ㉢ 시각적 착시 현상 교정 기법
    ⓐ 기둥 - 배흘림, 안쏠림(오금법), 우주(隅柱)의 귀솟음
    ⓑ 처마 - 안허리(후림), 앙곡(조로)
  ㉣ 비대칭적 평면구성

02 ▶21

한국의 목조건축에서 기둥을 위한 외장기법이 아닌 것은?

① 민도리   ② 귀솟음
③ 안쏠림   ④ 배흘림

해설 | 한국전통 목조건축에서 기둥의 의장 기법
  ㉠ 배흘림 : 착시현상 교정
  ㉡ 귀솟음 : 건물의 우주(隅柱)보다 높게 하는 일
  ㉢ 기둥의 안쏠림(오금법) : 시각적으로 건물 전체에 안정감을 준다.
  * 우주(隅柱)는 건물 모서리에 세워진 기둥

03 ▶17

한국의 전통건축에서 주두의 일반적인 기능과 가장 거리가 먼 것은?

① 구조적 불안정의 교정
② 조형미의 교정
③ 시각적 불안감의 교정
④ 권위성의 교정

해설 | 한국전통 목조건축 주두의 기능
  ㉠ 구조적 불안정의 교정
  ㉡ 조형미의 교정
  ㉢ 시각적 불안감의 교정

04 ▶21

우리나라에 현존하는 전통 목조건축 중에서 가장 오래된 건축물의 양식은?

① 주심포양식
② 다포양식
③ 익공양식
④ 민도리식

해설 | 주심포식
  ㉠ 남송에서 고려 중기에 전래 됨. 가장 오래된 양식
  ㉡ 기둥 위에 주두를 놓고 배치함(평방이 없다)
  ㉢ 기둥 위에만 공포 있는 형식
  ㉣ 맞배지붕과 연등천장이 주로 사용 됨
  ㉤ 봉정사 극락전(가장 오래됨), 부석사 무량수전, 수덕사 대웅전, 강릉 객사문

정답 | 01 ④ 02 ① 03 ④ 04 ①

05 ▶14
주심포계 양식에 관한 설명으로 옳지 않은 것은?

① 고려시대 건물이 주류를 이룬다.
② 기둥 상부에만 공포를 배치한 것이다.
③ 우리나라 공포양식 중 가장 오래된 것이다.
④ 익공 양식에서 유래된 것이다.

해설 | 문제 4번 해설참조

06 ▶12
주심포식 건물의 구성부재가 아닌 것은?

① 보아지
② 평방
③ 종도리
④ 외목도리

해설 | 다포계 양식에서 창방위에 평방을 놓고 그 위에 주두와 첨차, 소로들로 구성되는 공포 양식이다.

07 ▶12
다음 중 다포계 양식의 특징이 아닌 것은?

① 창방 위에 평방을 놓아 구조적인 안정을 취한다.
② 외부출목은 2출목 이하이고 대부분 연등천장이다.
③ 기둥과 기둥 사이에도 공포를 배치한다.
④ 조선시대 궁궐이나 사찰의 전각에서 많이 사용되었다.

해설 | 다포계 양식
  ㉠ 원나라에서 고려 말 전래됨.
  ㉡ 기둥 위에 창방과 평방을 놓고 그 위에 공포 배치
  ㉢ 공포를 기둥과 기둥 사이에도 배치함.
  ㉣ 주심포형식에 비해 화려하고, 익공 형식에 비해 격이 높아 궁궐의 정전 등에 주로 사용됨.
  ㉤ 심원사 보광전(다포식으로 가장 오래됨), 봉정사 대웅전
  ※ 외부출목은 2출목 이하이고 대부분 연등천장인 것은 주심포 양식이다.

08 ▶14
다음과 같은 특징을 갖는 한국 전통건축의 공포 양식은?

- 기둥 상부 이외에 기둥 사이에도 공포를 배열한 양식
- 고려 말에 나타나서 조선시대에 널리 사용
- 주로 궁궐이나 사찰 등의 주요 정전에 사용

① 주심포계 양식
② 민도리 양식
③ 다포계 양식
④ 익공계 양식

해설 | ※다포계 양식

09 ▶12,16
한국의 전통사찰 본당에서 내부공간 구성의 1차 인지 요소로서 주두, 소로, 첨차 등으로 이루어져 있으며 심리적이고 극적인 효과를 유도하는 구성요소는?

① 마루
② 개구부
③ 천장
④ 공포

해설 | 공포의 양식에 따라 주요 건축물의 상징성을 표현하므로 시대에 따라 화려한 공포 양식도 나타난다.

정답 | 05 ④ 06 ② 07 ② 08 ③ 09 ④

10
한국전통목구조에 대한 설명으로 옳은 것은?

① 3량집 구조는 한국건축에 가장 많이 사용된 구조이다.
② 부석사 무량수전과 수덕사 대웅전은 7량집 구조이다.
③ 도리수와 건축규모는 비례하지 않는다.
④ 한국 전통건축물은 일반적으로 짝수의 도리를 가지고 있다.

해설 | ㉠ 한국 전통 건축은 일반적으로 홀수 도리를 가지고 있으며, 도리가 몇 줄로 걸쳐있는가에 따라 3량집, 5량집, 7량집, 9량집, 11량집 구조라 한다.
㉡ 일반 한옥에서는 5량집을 가장 많이 사용하며 7량집 이상은 사찰이나 궁궐 등 규모가 큰 건축물에 사용한다.
㉢ 부석사 무량수전과 수덕사 대웅전은 9량 집구조이다.

11
전통가옥의 명칭에 따른 설명으로 틀린 것은?

① 굴피집 : 소나무를 켜서 나무토막을 지붕에 덮은 집
② 초가집 : 짚으로 엮은 이엉을 지붕에 덮은 집
③ 샛집 : 들이나 산에서 나는 야생풀을 지붕에 덮은 집
④ 기와집 : 제작된 기와를 지붕에 덮은 집

해설 | 굴피집은 두꺼운 굴참나무껍질로 지붕을 이은 집으로 태백산맥과 소백산맥을 비롯한 산간지방 화전민들의 가옥에 널리 사용되었다.

12
田자형 주택에 관한 설명 중 옳지 않은 것은?

① 대청이나 마루 공간이 없다.
② 부엌, 정주간, 방의 온돌기능을 최대한 활용한 주택이다.
③ 후면이 북향이 되므로 균등한 일조, 일사를 이루지 못한다.
④ 제주도 지방의 독특한 평면 형태이다.

해설 | 북부 형(함경도, 평안 북부 지방) : 평면 형태는 주로 田자형을 이루며, 부엌 쪽으로 개방된 장지가 있는 것이 특징
제주도형 : 남부 형과 비슷한 형태를 취하나 방 뒤에 폭이 좁은 광을 설치하는 것이 특징이다.

13
한옥의 창문 하단에 있는 머름에 관한 설명으로 옳지 않은 것은?

① 머름은 머름대(하방)와 상머름대 사이를 흙으로 채운다.
② 추운 겨울에 찬바람이 들어오는 것을 막아준다.
③ 실내의 프라이버시 보호 역할을 한다.
④ 머름대의 높이는 앉은 사람의 겨드랑이 높이 정도이다.

해설 | 머름
머름은 창 아래 설치된 높은 문지방으로 출입을 위한 문에는 설치하지 않는다.
㉠ 실내의 프라이버시 보호 역할
㉡ 추운 겨울에 찬바람이 들어오는 것을 막아준다.
㉢ 머름대의 높이는 앉은 사람의 겨드랑이 높이 정도이다.

14
한국 전통주택의 벽, 창호에 대한 설명 중 거리가 먼 것은?

① 창호지는 실외에 면한 부분에 바르기 때문에 내부에서 창살의 아름다운 모습이 그대로 보인다.
② 서민주택의 실내면 면은 일반적으로 토벽 그대로 두거나 굴림백토로 마감하였다.
③ 상류주택의 실내 벽면은 일반적으로 회벽이나 벽지로 마감하였다.
④ 벽은 정면이 대부분 창호로 구성되고 옆면과 뒷면이 벽체로 구성 되었다.

해설 | 중국과 일본이 창호지를 바깥으로 붙이는 것이 일반적인 데 반해 한국은 창호지를 실내에 면한 부분에 바르기 때문에 내부에서 창살의 아름다운 모습이 그대로 보인다.

정답 | 10 ③ 11 ① 12 ④ 13 ① 14 ①

15
한옥에서 추녀를 걸지 않는 지붕구조는? ▶12

① 팔작지붕 ② 맞배지붕
③ 우진각지붕 ④ 사모지붕

해설 | 맞배지붕 : 건물의 앞뒤에서만 지붕면이 보이고 주로 주심포집에서 많이 사용되었다. 맞배지붕은 측면에는 지붕이 없기 때문에 추녀라는 부재가 없으며 측면이 노출되기 때문에 풍판을 사용하였다.

16
조선시대 건축에서 사용된 실내 장식물이 아닌 것은? ▶12,17

① 잡상 ② 닫집
③ 일월오악병 ④ 보개(寶蓋)

해설 | 잡상은 한국 전통 건축물의 지붕에서 주술적 의미로 사용 됨

17
한국 전통건축에서 수장(修粧)공사에 해당하지 않는 것은? ▶14

① 보아지 꽂기
② 인방, 중방, 하방 드리기
③ 마루 깔기
④ 구들 드리기

해설 | 보아지
기둥머리나 대접받침에 끼워 들보의 짜임새를 보태고 채워서 튼튼하게 만드는 짧은 철재나 목재 부재

18
무늬 없이 부재 전체를 녹색 계열로 칠한 가장 단순한 단청은? ▶20

① 모로단청 ② 긋기단청
③ 가칠단청 ④ 금단청

해설 | 한국 전통건축의 단청
㉠ 권위와 위풍, 장엄과 의식을 위함
㉡ 부재의 부식을 방지하여 건물의 수명 연장 내지는 영구보존을 위함.
㉢ 재질의 조악성(粗惡性)은폐
㉣ 기념물의 전시, 기록을 위함.
㉤ 단청기법에는 모로단청, 가장 화려한 금단청, 가장 단순한 가칠단청이 사용되었다.

19
한국 전통건축으로 지어진 주거건물에서 마루를 구성하는 부재와 가장 거리가 먼 것은? ▶17

① 머름 ② 장귀틀
③ 사래 ④ 청판

해설 | 사래는 겹처마의 귀에서 추녀 끝에 잇대어 단 네모지고 짧은 서까래

20
한식 목조지붕틀에서 종보 또는 들보위에 세워 마룻대를 받는 부재는? ▶17

① 개판 ② 우미량
③ 대공 ④ 서까래

해설 | 대공
㉠ 마룻대를 받는 짧은 기둥이다.
㉡ 대들보 위에 얹어 중종보, 종보, 도리 등을 받치는 부재

21
한국 전통건축의 실내에서 연등천장의 경우 천장을 보았을 때 보이지 않는 건축부재는? ▶13,20

① 서까래 ② 합각벽
③ 보아지 ④ 마룻대공

해설 | 연등천장은 별도로 천장을 만들지 않고 서까래를 그대로 노출시켜 만든 천장.
합각벽은 박공머리의 세모꼴로 된 벽이다.

정답 | 15 ② 16 ① 17 ① 18 ③ 19 ③ 20 ③ 21 ②

22 ▶13
현존하는 우리나라 목조건축물 중 가장 오래된 것은?

① 서울 남대문
② 봉정사 극락전
③ 경복궁 근정전
④ 창덕궁 인정전

해설 | 봉정사 극락전은 고려시대의 건축으로 현존하는 목조건축 중 가장 오래된 건축물이다.

23 ▶21
우리나라 근대 건축물의 양식적 경향이 틀린 것은?

① 명동성당 – 고딕
② 서울역 – 르네상스
③ 경성 부민관 – 합리주의
④ 한국은행 본점 구관 – 로마네스크

해설 | 우리나라 근대 건축물의 양식
㉠ 명동성당 – 고딕양식
㉡ 덕수궁 정관헌 – 전통목조건축 요소 + 서양적인 요소
㉢ 서울 성공회성당 – 로마네스크양식
㉣ 한국은행 본점 구관 – 르네상스양식
㉤ 서울역 – 르네상스양식 + 비잔틴 풍 돔 양식

2 서양 실내디자인 역사

24 ▶13,19
고대 이집트 건축의 형성배경과 가장 거리가 먼 것은?

① 석재가 풍부하다.
② 적은 우량으로 인한 지붕의 형태는 평지붕이다.
③ 강한 햇빛이 짙은 그림자를 만들어 형태의 윤곽을 뚜렷하게 한다.
④ 내세관 및 혼령의 중요성이 기념 건조물에는 반영되지 않았다.

해설 | 이집트 건축특징
㉠ 강우량이 적으므로 지붕은 평지붕 형태
㉡ 단순한 기하학적 형태
㉢ 이집트건축은 갈대나 파피루스, 종려나무 등을 재료에 진흙을 발라 만들었다. 이집트 디자인의 모티브가 됨
㉣ 장식이 단순하고 화려하지 않지만 강렬한 햇빛에 의해 풍부한 장식효과를 표현
㉤ 기둥형식은 석조 가구식 기법이 발달하여 다양한 장식을 부가한 독특한 형식의 석재기둥을 사용
㉥ 현세는 일시적 주거이고 사후의 분묘가 영원한 주거라 믿었던 이집트인들의 독특한 종교관에 의해 분묘건축과 신전건축이 성행
㉦ 건축실례 – 마스타바, 피라미드, 암굴 분묘, 암몬 대신전, 오벨리스크, 스핑크스

25 ▶16
기둥에 안정감을 주기 위해 착시효과를 이용한 것은?

① 볼트(Vault)
② 엔타시스(Entasis)
③ 버트레스(Buttress)
④ 니치(Niche)

해설 | 배흘림(Entasis) : 기둥의 중앙부가 가늘어 보이는 것을 교정하기 위해 기둥 중앙부의 직경을 기둥 상, 하부의 직경보다 약간 크게 하는 착시 기법

26 ▶20
서양고전건축에서 엔타블리처(Entablature)의 구성요소가 아닌 것은?

① 스타일로베이트(Stylobate)
② 아키트레이브(Architrave)
③ 프리즈(Frieze)
④ 코니스(Cornice)

해설 | 스타일로베이트(Stylobate) : 기둥을 받치는 기단이자 바닥면 이다.
엔타블리처(Entablature)의 구성요소 : 코니스, 프리즈, 아키트레이브

정답 | 22 ② 23 ④ 24 ④ 25 ② 26 ①

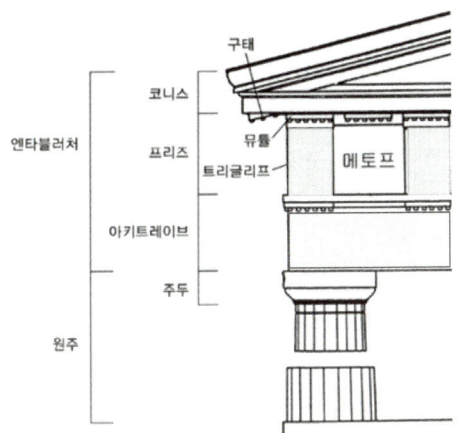

27
다음 그림의 오더 형식은? ▶13

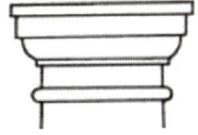

① 터스칸(Tuscan)식
② 콤포지트(Composit)식
③ 이오닉(Ionic)식
④ 코린티안(Corinthian)식

해설 | 터스칸식 주범(Tuscan Order)
  ㉠ 그리스의 도리아식 주범을 단순화 시킨 주범양식
  ㉡ 주신에 플루팅(수직홈) 없음
  ㉢ 단순하여 소박, 간소한 느낌

28
판테온(Pantheon)에 나타난 디자인의 특징이 아닌 것은? ▶13,17

① 그리스 헬레니즘의 영향이 남아있다.
② 완전수라 여겨지던 6을 디자인의 출발점으로 삼았다.
③ 벽화나 그림을 제외한 실내 공간의 골격은 대칭으로 구성되었다
④ 원과 정사각형을 도형적 기초로 삼았다.

해설 | 판테온(Pantheon) 신전
  ㉠ 로마의 대표적 건축물로 서양건축 역사상 내부공간의 형성과 발전의 출발점
  ㉡ 로툰다(Rotunda)라 불리는 원통형의 벽체와 돔형의 지붕으로 구성
  ㉢ 전면의 열주현관은 코린트식 주범의 기둥 8개로 구성

29
스테인드 글라스(Stained Glass)에 대한 설명을 중 옳지 않은 것은? ▶12,22

① 르네상스시대가 스테인드글라스 예술의 전성기다.
② 아르누보를 통해 스테인드글라스 예술이 부활하였으나 곧 근대건축운동에 의해 쇠퇴하였다.
③ 스테인드글라스는 빛의 투과광을 주로 이용한다.
④ 스테인드글라스의 기원은 로마시대 초기의 교회 건물내부에서 찾아볼 수 있다.

해설 | 스테인드 글라스는 비잔틴 건축에서 처음 사용하였고 로마네스크 건축에서는 고측창에 착색유리를 장식용으로 사용하였으며 고딕 건축에서 전성기를 이룸

30
아라베스크(Arabesque) 장식문양과 거리가 먼 내용은? ▶12

① 식물의 잎, 꽃, 열매 등이 우아한 곡선으로 연결된 장식문양
② 이슬람 건축이나 공예품이 특징인 환상적인 분위기를 형성하는 장식요소
③ 괴기스러울 정도로 복잡하게 조립한 부자연스러운 장식요소
④ 아라비아 풍의 장식요소

해설 | 괴기스러울 정도로 복잡하게 조립한 부자연스러운 장식요소는 바로크 양식이다.

정답 | 27 ① 28 ② 29 ① 30 ③

31
▶21

다음 중 바실리카식 교회의 평면과 관계가 없는 것은?

① 아일
② 나르텍스
③ 네이브
④ 나오스

해설 | 나오스(Naos)는 신전의 신상을 모시는 곳이다.

32
▶15

비잔틴 건축의 특징적인 구성요소와 가장 거리가 먼 것은?

① 펜덴티브(Pendentive)
② 아치(Arch)
③ 부주두(Dosseret)
④ 플라잉 버트레스(Flying buttress)

해설 | 플라잉 버트레스(Flying buttress)는 고딕 양식의 특징이다.

33
▶15

다음 중 비잔틴 양식의 건축물은?

① 성 소피아성당　② 랭스성당
③ 아미앵성당　　④ 노틀담성당

해설 | 비잔틴 건축 특징
　㉠ 동양양식과 서양양식의 혼합 : 동양의 사라센 건축 양식의 영향을 받음
　㉡ 아케이드(Arcade)구법의 발달 : 로마의 영향으로 아치, 볼트와 열주에 의한 아케이드를 널리 사용
　㉢ 펜덴티브 돔(Pendentive Dome) : 사각형 평면위에 원형평면의 돔을 가설하는 비잔틴양식의 독특한 기법, 대표적인 예로 성 소피아 성당이 있다.
　㉣ 스테인드 글라스 : 비잔틴 양식에서 처음 사용 하였으며, 고딕 양식에 가서 전성기를 이룸.
　㉤ 건축물 예 : 성 소피아 성당, 성 마르크 성당, 메트로플 성당

34
▶20

로마네스크 건축(Romanesque Architecture)의 실내 공간 디자인의 특징에 대한 설명으로 틀린 것은?

① 네이브 부분의 천장에 목조 트러스가 주로 사용되었다.
② 높은 천장고를 형성하기 위한 구조적 기초가 닦였다.
③ 3차원적인 기둥간격의 단위로 구성되어졌다.
④ 교차 그로인 볼트를 볼 수 있다.

해설 | 네이브(Nave) : 초기 기독교 건축의 바실리카 중앙 부분을 말한다.

35
▶16,19

고딕 양식의 주요 요소와 가장 거리가 먼 것은?

① 첨두아치
② 돔
③ 트레이서리
④ 플라잉 버트레스

해설 | 고딕 건축 양식 특징
　㉠ 첨두아치(Pointed arch)
　㉡ 플라잉 버트레스(Flying buttress)
　㉢ 트레이서리(Tracery)
　㉣ 리브볼트(Rib vault)
　㉤ 장미창(Rose window)

36
▶12

다음 중 프랑스 고딕양식의 건축물이 아닌 것은?

① 랭스 대성당
② 아미앵 대성당
③ 링컨 성당
④ 노트르담 성당

해설 | 고딕양식 건축물은 노트르담 성당, 아미앵 대성당, 랭스 대성당, 퀼른성당, 밀라노 성당, 샤르트르 성당 등이 있다.

정답 | 31 ④　32 ④　33 ①　34 ①　35 ②　36 ③

37 ▶16
플라잉 버트레스(flying buttress)와 가장 관계가 깊은 양식은?

① 로마네스크(Romanesque)양식
② 로마(Rome)양식
③ 르네상스(Renaissance)양식
④ 고딕(Gothic)양식

해설 | 문제 35번 해설참조

38 ▶19
고딕건축 양식의 특징과 관련 없는 것은?

① 첨두아치(Pointed arch)
② 트레이서리(Tracery)
③ 플라잉 버트레스(Flying buttress)
④ 펜덴티브(Pendentive)

해설 | 문제 35번 해설참조

39 ▶19
르네상스(Renaissance)건축을 시작한 대표적인 건축가는?

① 미켈란젤로(Michelangelo)
② 팔라디오(Palladio)
③ 퓨진(A.W. Pugin)
④ 브루넬레스키(Brunelleschi)

해설 | 브루넬레스키(Filippo Brunelleschi, 1377~1446년)
  ㉠ 르네상스 최초의 건축가로서 초기에 르네상스 건축양식을 정립
  ㉡ 건축에 이전시대의 고전적 요소들을 도입
  ㉢ 원근법 / 투시도법 창안
  ㉣ 주요작품은 플로렌스 성당의 돔, 파찌 예배당

40 ▶18
15세기 초 르네상스 건축의 발생지로 옳은 것은?

① 이탈리아   ② 프랑스
③ 독일   ④ 영국

41 ▶12,21
아르누보 건축가와 작품의 연결이 틀린 것은?

① 빅토르 오르타(Victor Horta) - 타셀 저택
② 안토니오 가우디(Antonio Gaudi) - 카사 밀라
③ 핵토르 귀마르(Hector Guimard) - 파리 지하철역 입구
④ 피터 베렌스(Peter Berens) - 귀엘 공원

해설 | 안토니오 가우디(Antonio Gaudi)-귀엘공원
      피터 베렌스(Peter Berens)-베를린의 터빈공장

42 ▶16
주철과 유리로 만들어졌으며 조셉 팩스톤(Joseph Paxton)이 1851년 런던 대박람회 건물로 설계한 대형 건축물은?

① 수정궁(Crystal Palace)
② 브라이튼 궁전(Brighton Palace)
③ 퐁피두 센터(Pompidou Center)
④ 대영박물관

43 ▶12
네덜란드에서 암스테르담파와 대립한 것으로 단순, 명쾌, 획일, 간결, 객관성을 미학적, 윤리적 기초로 삼은 근대운동은?

① Art Nouveau   ② De stijl
③ Jugendstil   ④ Chicago School

정답 | 37 ④ 38 ④ 39 ④ 40 ① 41 ④ 42 ① 43 ②

해설 | 데 스틸(De stijl)
㉠ 네덜란드(1917-1928)에서 시작 : 예술을 근본적으로 새롭게 바꾸는 것을 목표
㉡ 데 스틸은 양식이란 뜻으로 선과 색에 관한 관계로서의 스타일을 의미함
㉢ 몬드리안의 수평과 수직에 의한 기하학적 질서를 건축 구성원리로 삼음.
㉣ 데 스틸의 실내공간에 대한 개념 즉, 벽이 공간을 분리만 시키는 것이 아니라는 개념은 후에 국제적 스타일의 기본 윤리가 됨

44 ▶18
수평면, 수직면, 수직선과 수평선 및 기본색을 근간으로 하여 순수 기하학적 추상주의를 표방하는 사조는?
① 신조형주의(Neo Plasticism)
② 요소주의(Elementalism)
③ 순수주의(Purism)
④ 절대주의(Suprematism)

해설 | 신조형주의
㉠ 입체파에서 나타난 대상의 단순화, 순수화, 추상화의 개념을 발전 시켜 완성한 몬드리안의 기하학적 추상이론이다.
㉡ 수평면, 수직면의 순수 기하학적 구성에 의한 비대칭적 균형과 조화를 추구하고 추상주의를 표방하는 사조이다.
㉢ 기하학적 형태의 공간 구성과 4차원적 공간 개념으로 20세기 합리주의 건축에 영향을 주었다.
㉣ 명쾌한 비례와 재료의 진실한 사용 중시함

45 ▶12,20
르 꼬르뷔제(Le Corbusier)의 근대건축 5원칙과 거리가 먼 것은?
① 필로티
② 옥상정원
③ 철과 유리의 사용
④ 수평띠창

해설 | 르 꼬르뷔제의 근대 건축의 5원칙
㉠ 필로티
㉡ 옥상정원
㉢ 자유로운 평면
㉣ 수평 띠창
㉤ 자유로운 입면

46 ▶17
르 꼬르뷔지에(Le Corbusier)의 스승으로서 구조의 대가이며 평지붕, 옥상정원을 그의 프랭클린가의 저택에서 설계했던 건축가는?
① 토니 가르니에(Tony Garnier)
② 어거스트 페레(August Perret)
③ 피레 쟌네레(Pirre Janneret)
④ 오쟝팡(A.Ozeafaut)

해설 | 어거스트 페레(August Perret)
프랑스의 건축가로 철근콘크리트구조의 개척자로 르 꼬르뷔제의 스승이다. 구조의 대가이며 평지붕, 옥상정원을 그의 프랭클린가의 저택에서 설계하였다.

47 ▶16
다음과 가장 관계가 깊은 사람은?

- "less is more"
- 인테리어의 엄격한 단순성
- 바르셀로나 파빌리온

① 루이스 설리번
② 르 꼬르뷔지에
③ 미스 반 데어 로에
④ 프랭크 로이드 라이트

해설 | 미스 반데로에(Mies van der Rohe, 1886-1969)
㉠ less is more : 적을수록 더 많은 것이다 – 장식을 배제한 단순성 강조
㉡ 유니버설공간(Universal space) : 보편적 공간 개념, 다목적 공간 사용 – 내부 공간 구획을 파티션으로 자유롭게 구획하여 사용
㉢ 철과 유리만 사용
㉣ 구조적 요소와 비구조적 요소들을 명확하게 구분하여 설계. 요소들 사이에 있는 조화로운 질서를 유지
㉤ 주요작품
바르셀로나 파빌리온, 투겐하트 주택, I.I.T대학 마스터 플랜, 시그램 빌딩, 베를린 국립박물관

정답 | 44 ① 45 ③ 46 ② 47 ③

3 트렌드

48 ▶13,19

유니버설 디자인(Universal Design)의 개념과 가장 거리가 먼 것은?

① 공용화 설계
② 범용 디자인
③ 독창적 디자인
④ 모든 사람을 위한 디자인

해설 | 유니버설 디자인
  ㉠ 유니버설 디자인 이란 장애나 연령에 상관없이 누구나 쉽게 사용할 수 있도록 디자인 하는 것이다. 범용 디자인 공용 디자인이라 할 수 있다.
  ㉡ 모든 사용자를 고려하여 보편적으로 디자인해야 한다는 개념.
  ㉢ 유니버설 디자인 목표는 지원성, 적응성, 접근성, 안전성이다.

49 ▶11

인테리어 이미지에 대한 설명 중 옳지 않은 것은?

① 댄디(Dandy)는 강하고 분명한 디자인으로 활동감과 약동감을 갖게 한다.
② 자연스러움(Nature)은 단순하면서 소박함과 따스함이 있는 형태를 기본으로 한다.
③ 고저스(Gorgeous)는 호화롭고 사치스런 이미지로 전통적인 표현은 물론 현대적 표현도 능하다.
④ 캐주얼(Causal)은 자유롭고 편한 이미지를 나타내며, 신선함, 활동감, 즐거움 등이 연출 포인트가 된다.

해설 | 댄디란 '멋쟁이 신사'라는 뜻으로 복장에서 최고의 엘레강스를 대표하는 19세기 남성을 뜻하며 이들의 우아하고 세련된 생활태도를 댄디즘이라고 한다.

50 ▶13,18

버내큘러 디자인에 관한 설명으로 옳지 않은 것은?

① 디자인 과정이 다소 불투명하고 익명성을 갖는다.
② 디자인의 기능성보다는 미적 측면을 강조한 디자인이다.
③ 문화적인 사물에 나타난 그 지역의 민속적 특성을 일컫는 표현이다.
④ 전통적인 도구(도끼, 망치 등), 철물류(경첩, 자물쇠 등), 가사도구 등도 해당한다.

해설 | 버내큘러 디자인(Vernacular Design)
  ㉠ 보통 전문가가 만든 프로페셔널 디자인에 대비되는 개념으로 일반 민중의 생활 속에서 자연스럽게 생겨난 자생적이고 토속적인 디자인을 말한다.
  ㉡ 미학적인 세련미는 덜하더라도 나름의 인간미를 가진 주변 환경을 말한다.
  ㉢ 버내큘러 디자인은 삶과 맥락이 닿아있는 부분에서 찾을 수 있다.

51 ▶11

다음 중 디자인에 있어 대중적이거나 저속하다는 의미를 나타내는 말은?

① 퓨전(Fusion)
② 키치(Kitsch)
③ 미니멀(Minimal)
④ 데지그나레(Designare)

해설 | 키치(Kitsch) : 키치 현상을 보편적인 사회현상, 인간과 사물 사이를 연결하는 하나의 유형, 일정한 틀에 얽매이지 않고 기능적이며 편안한 것을 추구하는 사회적 경향

정답 | 48 ③ 49 ① 50 ② 51 ②

Chapter 02

실내디자인 기본계획

최근 10개년 출제문항수 **234**개

New_ 2022년 이후 평균 출제비중 **35%**

Chapter 출제경향분석

Section	출제비율
01 디자인 요소	10%
02 디자인 원리	10%
03 공간 기본구상 및 계획	0%
04 실내디자인의 요소	15%

01 디자인 요소

> Pass Note

예상출제문항		키워드
2~3	- 점, 선의 특징 - 형태의 종류 특징 - 형태지각심리 특성 - 착시 종류 특징	- 다의 도형 착시, 역리 도형착시 - 공간구획 종류, 방법 - 질감의 특성

1. 점·선·면·형태

1) 점(point)

① 기하학적으로 **크기가 없고 위치만 있다**.
② 선의 교차, 선의 굴절, 면과 선의 교차에서 나타난다.
③ 점의 장력(인장력) : 2점을 가까운 거리에 놓아두면, 서로간의 장력으로 선으로 인식되는 효과
④ 점의 집중효과 : 공간에 놓여있는 한 점은 시선을 집중시키는 효과가 있다.
⑤ 시선의 이동 : 크기가 다른 두 점이 함께 놓여있을 때 큰 점에서 작은 점으로 시선이 이동한다.
⑥ 많은 점을 근접시키면 면으로 지각하는 효과가 있다.
⑦ 다수의 점은 면으로 지각되며, 점의 크기가 다를 때에는 동적인 면이 지각되며, 같을 때에는 정적인 면이 지각된다.

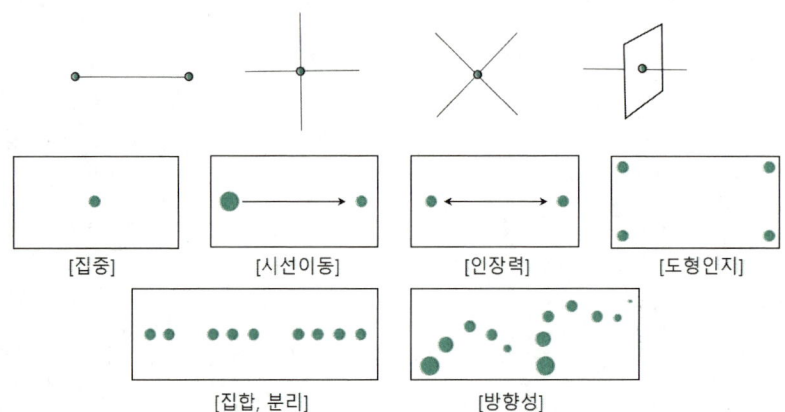

예제 01 디자인 요소 중 점에 관한 설명으로 옳지 않은 것은? [20,12]
① 기하학적으로 크기가 없고 위치만 존재한다.
② 어떤 형상을 규정하거나 한정하고, 면적을 분할한다.
③ 선의 교차, 선의 굴절, 면과 선의 교차에서 나타난다.
④ 면 또는 공간에 하나의 점이 놓이면 주의력이 집중되는 효과가 있다.

정답 ②

예제 02 디자인 요소 중 점에 관한 설명으로 옳은 것은? [19]
① 면의 한계, 면들의 교차에서 나타난다.
② 기하학적으로 크기가 없고 위치만 있다.
③ 두 점의 크기가 같을 때 주의력은 한 점에만 작용한다.
④ 배경의 중심에 있는 점은 동적인 효과를 느끼게 한다.

정답 ②

2) 선(line)
① 길이와 위치, 방향성을 갖고 있으며 폭과 부피는 갖지 않는다.
② 점이 이동한 궤적을 선이라 할 수 있는데, 이것을 포지티브(Positive)선이라 하며 많은 선의 근접은 면으로 지각되는 효과가 있다.
③ 선은 길이와 위치만 있고, 폭과 부피는 없다. 점이 이동한 궤적이며 면의 한계, 교차에서 나타난다.
④ 선은 어떤 형상을 규정하거나 한정하고 면적을 분할한다.
⑤ 운동감, 속도감, 방향 등을 나타낸다.
⑥ 선은 점이 이동된 궤적으로 점이 확장되어 선이 된다. 선을 나란히 놓으면 면으로 지각된다.
⑦ 선의 조형 심리적 효과

선의 종류	조형효과
수직선	상승감, 엄숙함, 존엄성, 남성적인 느낌
수평선	영원, 안정, 무한, 정적인 느낌
사선	운동감, 속도감, 불안, 변화하는 활동적 느낌
곡선	유연, 복잡, 동적, 부드러움, 경쾌, 여성적인 느낌

예제 03 선의 종류에 따른 조형 효과에 관한 설명으로 옳지 않은 것은? [19]
① 사선은 운동감, 속도감 등의 느낌을 준다.
② 수직선은 심리적으로 상승감, 엄숙함 등의 느낌을 준다.
③ 수평선은 영원, 안정 등 주로 정적인 느낌을 준다.
④ 곡선은 위험, 긴장, 변화 등의 불안정한 느낌을 준다.

정답 ④

3) 면(surface)

① 점이나 선의 집합, 면의 절단에 의해 생성되며, 입체의 한계와 공간의 경계이기도 하다.
② 길이와 넓이는 있으나 두께가 없고 위치나 방향을 가지는 선의 집합체
③ 선이 이동한 궤적
④ 절단에 의해서 여러 가지 면이 생긴다.
⑤ 곡면과 평면의 결합으로 대비 효과를 얻을 수 있으며, 공간의 구성에는 극히 효과적이다.
⑥ 면의 구성방법에는 지배적 구성, 분리 구성, 일렬 구성, 자유 구성 등이 있다.
⑦ 면의 심리적 인상은 그 면이 놓인 위치, 질감, 색, 패턴 또는 다른 면과의 관계 등에 따라 차이를 나타낸다.

예제 04 면에 관한 설명으로 옳지 않은 것은? [21]
① 곡면과 평면의 결합으로 대비 효과를 얻을 수 있다.
② 면의 구성방법에는 지배적 구성, 분리 구성, 일렬 구성, 자유 구성 등이 있다.
③ 실내 공간에서의 모든 형태는 면의 요소로 간주되며, 크게 이념적 면과 현실적 면으로 대별된다.
④ 면의 심리적 인상은 그 면이 놓인 위치, 질감, 색, 패턴 또는 다른 면과의 관계 등에 따라 차이를 나타낸다.

정답 ③

4) 형태(form)

형태는 모양, 부피, 구조로 정의 된다.

① **이념적 형태(negative form)** : 인간의 지각, 즉, 시각과 촉각 등으로는 직접 느낄 수 없고 개념적으로만 제시될 수 있는 형태로서 상징적 형태라고도 한다.
② **현실적 형태(positive form)** : 실재 존재하는 모든 물상
　㉠ 자연형태 : 자연계에 존재하는 모든 것으로부터 보이는 형태를 말하며, 조형의 원형으로서 작용하며 기능과 구조의 모델이 되기도 한다. 단순한 부정형의 형태를 취하기도 하지만 경우에 따라서는 체계적인 기하학적인 특징을 갖는다.
　㉡ 인위형태 : 3차원적인 모양, 구조를 갖는 인위적 형태로 휴먼스케일과 일정한 관계를 갖는다.
③ **오가닉 형태(Organic form)** : 합리적, 수리적, 유기적인 형태로 재현이 가능한 형태이다.
④ **액시던트 형태(accident form)** : 재현이 불가능한 형태. 우연적 방법

예제 05 현실적 형태 중 자연형태에 관한 설명으로 옳지 않은 것은? [18,14,12]
① 기하학적으로 취급한 점, 선, 면, 입체 등이 속한다.
② 자연계에 존재하는 모든 것으로부터 보이는 형태를 말한다.
③ 조형의 원형으로서 작용하며 기능과 구조의 모델이 되기도 한다.
④ 단순한 부정형의 형태를 취하기도 하지만 경우에 따라서는 체계적인 기하학적인 특징을 갖는다.

정답 ①

예제 06 인간의 지각, 즉, 시각과 촉각 등으로는 직접 느낄 수 없고 개념적으로만 제시될 수 있는 형태로서 상징적 형태라고도 하는 것은? [24, 21, 20, 16]
① 현실적 형태
② 인위적 형태
③ 이념적 형태
④ 자연적 형태

정답 ③

5) 형태의 지각심리(게슈탈트의 지각심리)

(1) 근접성
가까이 있는 유사한 요소들을 패턴이나 그룹으로 지각

[수평으로 지각]

[수직으로 지각]

(2) 유사성
유사한 형태와 색깔, 크기 등이 함께 모여 있는 것처럼 보이는 지각심리

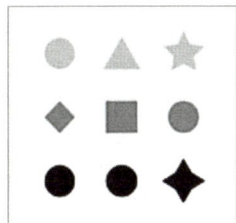

(3) 연속성
유사한 배열의 묶음이 하나로 인식되는 지각심리

(4) 폐쇄성

불완전한 시각요소들을 하나의 형태로 지각하는 심리

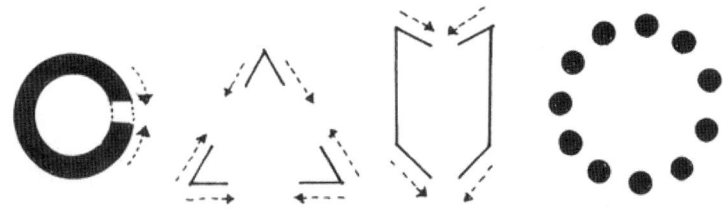

(5) 단순화

복잡한 형태를 보다 단순화 형태로 지각하려는 심리

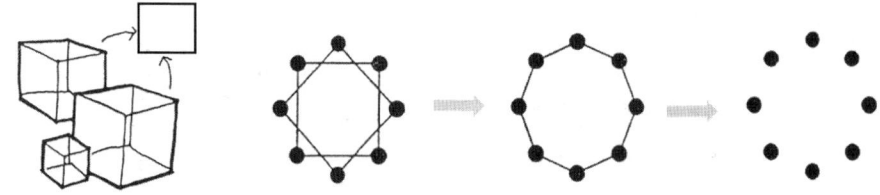

(6) 도형과 배경의 법칙

도형과 배경 중 하나로만 인식되는 심리

[루빈의 항아리 - 다의 도형 착시]

(7) 착시현상

길이착시(뮐러-라이어)	방향착시(체르너)	면적착시	거리착시
선 끝의 처리에 따라서 길이가 다르게 보인다.	평행선의 각도가 다르게 느껴진다.	배경색에 따라 면적이 다르게 느껴진다.	크기다 작은 것이 멀리 느껴진다.

만곡 착시(헤링도형)	포겐도르프(방향착시)	분트도형	역리도형(펜로즈)
평행선이 만곡 되어 보인다.	직선이 이어져 보이지 않는다.	수직선이 수평선보다 길어 보인다.	모순도형, 불가능한 도형

형태(form)의 지각심리에 관한 설명으로 옳지 않은 것은? [25,24,20,13]
① 연속성은 유사배열로 구성된 형들이 연속되어 보이는 하나의 그룹으로 지각되는 법칙이다.
② 반전도형(反轉圖形)은 루빈의 항아리로 설명되며, 배경과 도형이 동시에 지각되는 법칙이다.
③ 유사성은 비슷한 형태, 색채, 규모, 질감, 명암, 패턴의 그룹을 하나의 그룹으로 지각하려는 경향을 말한다.
④ 폐쇄성은 불완전한 형이나 그룹을 폐쇄하거나 완전한 하나의 형, 혹은 그룹으로 완성하여 지각되는 법칙을 말한다.

정답 ②

포겐도르프 도형과 관련된 착시의 유형은? [22,14]
① 방향의 착시
② 길이의 착시
③ 다의도형 착시
④ 역리도형 착시

정답 ①

2. 질감·문양·공간

1) 질감(texture)

① 모든 물체가 갖고 있는 **촉각 또는 시각으로 지각되는 물체 표면상의 특징**을 말한다.
② 매끄러운 질감은 빛을 반사하는 특성이 있고, 거친 질감은 반대로 흡수하는 특성을 갖는다.
③ 목재와 같은 자연재료의 질감은 따뜻함과 친근감을 부여한다.
④ 질감의 성격에 따라 공간의 통일성을 살릴 수도 있고 파괴시킬 수도 있으므로 공간에서의 영향력이 있으며, 재료의 질감대비를 통해 실내공간의 변화와 다양성을 꾀할 수 있다.
⑤ 질감 선택 시 고려해야 할 사항은 색, 빛의 반사와 흡수, 촉감이다

예제 09 질감(texture)에 관한 설명으로 옳지 않은 것은? [22,17]
① 시각적으로만 지각할 수 있는 어떤 물체 표면상의 특징을 말한다.
② 질감의 선택에서 중요한 것은 스케일, 빛의 반사와 흡수 등이다.
③ 효과적인 질감 표현을 위해서는 색채와 조명을 동시에 고려해야 한다.
④ 나무, 돌, 흙 등의 자연 재료는 인공적인 재료에 비해 따뜻함과 친근감을 준다.

정답 ①

2) 문양(pattern)

① 2차원 또는 3차원적인 장식의 질서를 부여하는 배열로서 점, 선, 형태, 공간, 조명, 색채 등을 도형화 한 것
② 일반적으로 연속성을 지니며, 연속성이 있는 패턴은 리듬감이 생긴다. 이때 리듬은 공간의 성격이나 스케일에 맞게 적용한다.
③ 규모가 크든, 작든, 추상적이든 간에 운동감을 지닌다.
④ 문양을 선정하는 모티브(Motive)는 자연적인 것, 양식화된 것, 추상적인 것 등이 있으며, 문양의 패턴을 선정하는데 문제 시 된다.

예제 10 공간 내 패턴의 사용에 관한 설명으로 옳지 않은 것은? [21]
① 수평의 줄무늬는 공간을 넓고 낮게 보이게 한다.
② 패턴은 선, 형태, 조명, 색채 등의 사용으로 만들어진다.
③ 지루하게 긴 벽체는 수직의 패턴을 이용하여 지루함을 줄인다.
④ 작은 공간에서 여러 패턴을 혼용하여 사용할 경우, 공간이 크게 넓게 보이게 된다.

정답 ④

3) 공간(space)

공간은 점, 선, 면의 구성으로 이루어지며, 모든 물체의 안쪽을 말한다. 규칙적 형태와 불규칙 형태로 구분된다.

(1) 공간의 분할
① 차단적 구획(물리적 구획) : 칸막이(고정 벽) 등으로 수평, 수직 방향으로 분리(커튼, 열주, 유리창)
② 심리, 도덕적 구획(상징적 구획) : 가구, 기둥, 식물 같은 실내 구성요소로 가변적으로 분할(바닥, 천장면의 단차의 변화)
③ 지각적 구획 : 조명, 마감, 재료의 변화, 통로나 복도 공간 등의 공간 형태의 변화로 분할

예제 11 공간의 차단 적 구획방법에 속하지 않는 것은? [21,17]
① 커튼　　　　　② 열주
③ 조명　　　　　④ 유리창

정답 ③

핵심 기출문제

01 디자인 요소

1 점, 선, 면, 형태

01 ▶13

점의 조형 효과에 관한 설명으로 옳지 않은 것은?

① 가까운 거리에 있는 점은 도형으로 인지된다.
② 일정한 간격으로 배열된 점은 선으로 인지된다.
③ 점은 형태의 외곽을 시각적으로 설명하는데 사용할 수 없다.
④ 나란히 있는 점은 간격에 따라 집합, 분리의 효과를 얻는다.

해설 | 점의 조형 효과
  ㉠ 점의 집중효과 : 공간에 놓여있는 한 점은 시선을 집중시키는 효과가 있다.
  ㉡ 시선의 이동 : 크기가 다른 두 점이 함께 놓여있을 때 큰 점에서 작은 점으로 시선이 이동한다.
  ㉢ 많은 점을 근접시키면 면으로 지각하는 효과가 있다.
  ㉣ 다수의 점은 면으로 지각되며, 점의 크기가 다를 때에는 동적인 면이 지각되며, 같을 때에는 정적인 면이 지각된다.

02 ▶14

점에 관한 설명으로 옳지 않은 것은?

① 면의 한계, 면들의 교차에서 주로 나타난다.
② 기하학적으로 위치나 장소만을 갖는 것으로 간주된다.
③ 하나의 점은 관찰자의 시선을 화면 안의 특정한 위치로 이끈다.
④ 화면 안에 있는 두 점의 크기가 같은 경우 주의력은 균등하게 작용한다.

해설 | 면의 한계, 면들의 교차에서 주로 나타나는 것은 선이다.

03 ▶15

점에 관한 설명으로 옳지 않은 것은?

① 점을 연속해서 배열하면 선의 느낌을 받는다.
② 많은 점을 근접시켜 배열하면 면으로 느껴진다.
③ 어떤 물체든지 확대하거나, 가까이서 보면 점으로 보인다.
④ 나란히 있는 점의 간격에 따라 집합, 분리의 효과를 얻는다.

해설 | 어떤 물체든지 축소하거나, 멀리서 보면 점으로 보인다.

04 ▶17

다음 중 점의 집합, 분리의 효과를 가장 잘 나타낸 것은?

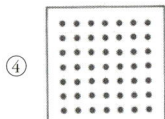

해설 | 점의 조형효과
  ①번 : 시선 이동
  ②번 : 집합, 분리효과
  ③번 : 도형 인지
  ④번 : 형태의 근접효과

정답 | 01 ③ 02 ① 03 ③ 04 ②

05 ▶14

디자인 요소로서 선에 관한 설명으로 옳지 않은 것은?

① 어떤 형상을 규정하거나 한정하고 면적을 분할한다.
② 점이 이동한 궤적이며 면의 한계, 교차에서 나타난다.
③ 기하학적인 관점에서 길이의 개념은 있으나 폭과 부피의 개념은 없다.
④ 선은 수직선, 수평선, 사선, 곡선이 있으며 이중에서 사선이 가장 안정적 이다.

해설 | 선(line)
 ㉠ 길이와 위치, 방향성을 갖고 있으며 폭과 부피는 갖지 않는다.
 ㉡ 점이 이동한 궤적을 선이라 할 수 있는데, 이것을 포지티브(Positive)선이라 하며 많은 선의 근접은 면으로 지각되는 효과가 있다.
 ㉢ 선은 길이와 위치만 있고, 폭과 부피는 없다. 점이 이동한 궤적이며 면의 한계, 교차에서 나타난다.
 ㉣ 선은 어떤 형상을 규정하거나 한정하고 면적을 분할한다.
 ㉤ 운동감, 속도감, 방향 등을 나타낸다.
 ㉥ 선은 점이 이동된 궤적으로 점이 확장되어 선이 된다. 선을 나란히 놓으면 면으로 지각된다.

06 ▶15

선에 관한 설명으로 옳지 않은 것은?

① 사선은 너무 많이 사용하면 불안정한 느낌을 줄 수 있다.
② 수직선은 무한, 확대, 영원, 안정, 고요 등 주로 정적인 느낌을 준다.
③ 여러 개의 선을 이용하여 움직임, 속도감, 방향을 시각적으로 표현할 수 있다.
④ 반복되는 선의 굵기와 간격, 방향을 변화시키면 2차원에서 부피와 깊이를 느끼게 표현할 수 있다.

해설 | 수평선은 무한, 확대, 영원, 안정, 고요 등 주로 정적인 느낌을 준다.

07 ▶12,14,18

선의 조형 효과에 관한 설명으로 옳은 것은?

① 수평선은 깊이, 엄숙, 영원을 나타낸다.
② 사선은 정적이며, 단순하고 직접적이다.
③ 곡선은 유연, 우아, 풍요, 여성스런 느낌을 준다.
④ 수직선은 영원, 안정감, 고요함, 휴식감을 나타낸다.

해설 | 조형 심리적 효과
 ㉠ 수직선은 심리적으로 상승감, 엄숙함, 존엄성 등의 느낌을 준다.
 ㉡ 수평선은 영원, 안정, 무한 등 주로 정적인 느낌을 준다.
 ㉢ 사선은 운동감, 속도감 등의 느낌을 준다.(불안, 변화하는 활동적 느낌)
 ㉣ 곡선은 유연, 복잡, 동적, 부드러움, 경쾌하며 여성적인 느낌을 들게 한다.

08 ▶16,17

선의 종류별 조형효과에 관한 설명으로 옳은 것은?

① 사선은 약동감, 생동감의 느낌을 준다.
② 수평선은 상승감, 존엄성의 느낌을 준다.
③ 곡선은 미묘함, 불명료함 등 남성적인 느낌을 준다.
④ 수직선은 평화, 침착, 고요 등 주로 정적인 느낌을 준다.

해설 | 문제 7번 해설참조

09 ▶12

선이 갖는 조형 심리적 효과에 관한 설명으로 옳은 것은?

① 곡선을 경쾌하며 남성적인 느낌을 들게 한다.
② 수직선을 구조적인 높이와 존엄성을 느끼게 한다.
③ 사선은 생동감이 넘치는 에너지를 느끼게 하며, 동시에 안정되고 편안함을 준다.
④ 수평선은 확대, 무한 등의 느낌을 줌과 동시에 감정을 동요시키는 특성이 있다.

해설 | 문제 7번 해설참조

정답 | 05 ④ 06 ② 07 ③ 08 ① 09 ②

10 ▶14,15
약동감과 생동감 있는 분위기를 표현하는데 가장 적합한 선의 종류는?

① 곡선
② 사선
③ 수평선
④ 수직선

해설 | 문제 7번 해설참조

11 ▶18
선의 종류별 조형 효과가 옳지 않은 것은?

① 수직선 - 위엄, 절대
② 사선 - 약동감, 속도감
③ 곡선 - 유연함, 미묘함
④ 수평선 - 우아함, 풍요로움

해설 | 문제 7번 해설참조

12 ▶15,16,19
현실적 형태에 관한 설명으로 옳지 않은 것은?

① 디자인에 있어서 형태는 대부분이 자연형태이다.
② 인위적 형태들은 휴먼스케일과 일정한 관계를 갖는다.
③ 인위적 형태는 그것이 속해 있는 시대성을 갖는다.
④ 자연형태는 자연계에 존재하는 모든 것으로부터 보이는 형태를 말한다.

해설 | 현실적 형태 : 실재 존재하는 모든 물상
　　㉠ 자연형태 : 단순한 부정형의 형태를 갖는 자연적인 문양으로, 인간의지에 관계없이 변화한다.
　　㉡ 인위형태 : 3차원적인 모양, 구조를 갖는 인위적 형태로 휴먼스케일과 일정한 관계를 갖는다.

13 ▶20
형태에 관한 설명으로 옳지 않은 것은?

① 인위적 형태들은 휴먼스케일과 일정한 관계를 지닌다.
② 기하학적인 형태는 불규칙한 형태보다 가볍게 느껴진다.
③ 인위적 형태는 개념적으로만 제시 될 수 있는 형태로서 상징적 형태라고도 한다.
④ 자연형태는 단순한 부정형의 형태를 취하기도 하지만 경우에 따라서는 체계적인 기하학적인 특징을 갖는다.

해설 | ③ 은 이념적 형태이다. 이념적 형태(negative form) : 인간의 지각, 즉, 시각과 촉각 등으로는 직접 느낄 수 없고 개념적으로만 제시될 수 있는 형태로서 상징적 형태라고도 한다.

14 ▶15
기하학적 형태에 관한 설명으로 옳지 않은 것은?

① 유기적 형태를 가진다.
② 인공적 형태의 특징을 느끼게 한다.
③ 규칙적이며 단순 명쾌한 감각을 준다.
④ 수학적인 법칙과 함께 생기며 뚜렷한 질서를 가진다.

해설 | 기하학적 형태 : 수학적 법칙의 뚜렷한 질서를 가진 삼각형, 사각형, 원, 타원 등 간단한 형태를 가진 평면구조 형태

15
다음 설명에 알맞은 형태의 종류는?

• 인간의 지각, 즉, 시각과 촉각 등으로는 직접 느낄 수 없고 개념적으로만 제시 될 수 있는 형태이다.
• 순수 형태 또는 상징적 형태라고도 한다.

① 자연형태　　② 인위형태
③ 이념적 형태　　④ 추상적 형태

해설 | 이념적 형태(negative form) : 인간의 지각, 즉, 시각과 촉각 등으로는 직접 느낄 수 없고 개념적으로만 제시될 수 있는 형태로서 상징적 형태라고도 한다.

정답 | 10 ② 11 ④ 12 ① 13 ③ 14 ① 15 ③

16
추상적 형태에 관한 설명으로 옳은 것은?

① 순수형태 또는 상징적 형태라고도 한다.
② 기하학적으로 취급되는 점, 선, 면, 입체 등이 속한다.
③ 구체적 형태를 생략 또는 과장의 과정을 거쳐 재구성한 형태이다.
④ 인간에 의해 인위적으로 만들어진 모든 사물, 구조체에서 볼 수 있는 형태이다.

해설 | 추상적 형태 : 이념적 형태로 구체적 형태를 생략 또는 과장의 과정을 거쳐 재구성한 형태이다. 이렇게 재구성된 형태는 원형을 알아보거나 유추하기가 어렵다.

17
공간의 형태에 관한 설명으로 옳은 것은?

① 천장 면이 모아진 삼각형의 공간에서는 높이에 대한 집중도와 중심성이 상대적으로 떨어진다.
② 원형이나 정사각형의 평면 중심에 강한 요소를 도입하면 공간형태를 더욱 강조할 수 있다.
③ 공간의 형태는 일관성이나 축에 따라 자연적인 것과 유기적인 형태의 것으로 구분할 수 있다.
④ 천장 면이 곡면일 경우 공간의 방향성은 공간의 중심으로 모이게 되며 정적인 분위기가 된다.

해설 | 원형이나 정사각형의 평면 중심에 강한 요소를 도입하면 공간형태를 더욱 강조할 수 있다. 천장 면이 모아진 삼각형의 공간에서는 높이에 대한 집중도와 중심성이 상대적으로 높아진다.

18
형태 심리학의 지각 원리에 관한 설명으로 옳지 않은 것은?

① 폐쇄성이란 완전히 시각 요소들을 불완전한 것으로 지각하는 성향을 말한다.
② 유사성은 형태, 규모, 색 등의 시각적 요소가 유사할 때 서로 연관되어 보이는 현상이다.
③ 도형과 배경의 법칙은 도형과 배경이 번갈아 보이면서 다른 형태로 지각되는 심리이다.
④ 근접성은 가까이 있는 시각적 요소들을 패턴이나 그룹으로 인지되는 특성을 말한다.

해설 | 폐쇄성 : 불완전한 시각요소들을 하나의 형태로 지각하는 심리

19
형태의 지각심리(게슈탈트 심리학)에 따른 그룹핑의 법칙에 속하지 않는 것은?

① 근접성   ② 유사성
③ 연속성   ④ 개방성

해설 | ㉠ 접근성 : 가까이 있는 지각요소들을 패턴이나 그룹으로 인지하게 되는 지각심리.
㉡ 유사성 : 형태와 색깔, 크기 등이 유사할 경우 함께 모여있는 것처럼 보이는 지각심리.
㉢ 연속성 : 점들의 연속이 선으로 지각되어 형태를 만드는 지각심리.
㉣ 폐쇄성 : 불완전한 시각요소들을 완전한 형태로 지각하려는 심리.
㉤ 단순화 : 어떤 형태를 접했을 때, 복잡한 형태보다는 단순화 형태로 지각하려는 심리.
㉥ 도형과 배경의 법칙 : 도형과 배경이 순간적으로 번갈아 보이면서 다른 형태로 지각되는 심리

20
다음 설명에 알맞은 형태의 지각심리는?

| 두 개 또는 그 이상의 유사한 시각요소들이 서로 가까이 있으면 하나의 그룹으로 보려는 경향 |

① 근접성   ② 유사성
③ 연속성   ④ 폐쇄성

정답 | 16 ③ 17 ② 18 ① 19 ④ 20 ①

21 ▶14,17
형태의 지각심리 중 불완전한 형을 사람들에게 순간적으로 보여줄 때 이를 완전한 형으로 지각한다는 사실과 관련된 것은?

① 근접성 ② 유사성
③ 연속성 ④ 폐쇄성

해설 | 문제 19번 해설참조

22 ▶12,15,17
펜로즈의 삼각형에서 나타나는 착시의 유형은?

① 거리의 착시 ② 크기의 착시
③ 역리도형 착시 ④ 다의도형 착시

해설 | 역리도형 착시 : 모순도형, 불가능한 도형(펜로즈의 삼각형)

23 ▶16,18
다음 중 다의도형 착시의 사례로 가장 알맞은 것은?

① 루빈의 항아리 ② 펜로즈의 삼각형
③ 쾨니히의 목걸이 ④ 포겐도르프 도형

해설 | 다의도형착시(루빈의 항아리)

24 ▶18
형태의 지각 심리 중 형과 배경의 법칙에 관한 설명으로 옳지 않은 것은?

① 형은 가깝게 느껴지고 배경은 멀게 느껴진다.
② 명도가 낮은 것보다는 높은 것이 배경으로 인식되기 쉽다.
③ 대체적으로 면적이 작은 부분이 형이 되고, 큰 부분은 배경이 된다.
④ 형과 배경이 순간적으로 번갈아 보이면서 다른 형태로 지각되는 심리의 대표적인 예로 '루빈의 항아리'를 들 수 있다.

해설 | 명도가 낮은 것이 배경으로 인식되기 쉽다.

25 ▶12,20
다음 그림이 나타내는 형태지각의 원리는?

① 유사성
② 접근성
③ 폐쇄성
④ 도형과 배경의 법칙

해설 | 도형과 배경의 법칙(루빈의 항아리) : 도형과 배경이 순간적으로 번갈아 보이면서 다른 형태로 지각되는 심리

26 ▶16
착시 현상 중 포겐도르프 도형을 가장 올바르게 표현한 것은?

① 같은 길이의 수직선이 수평선보다 길어 보인다.
② 같은 길이의 직선이 화살표에 의해 길이가 다르게 보인다.
③ 사선이 2개 이상의 평행선으로 중단되면 서로 어긋나 보인다.
④ 같은 크기의 도형이 상하로 겹쳐져 있을 때 위의 것이 커 보인다.

해설 | 포겐도르프 도형

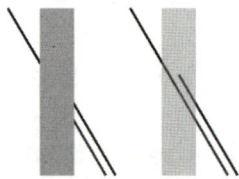

정답 | 21 ④ 22 ③ 23 ① 24 ② 25 ④ 26 ③

27 ▶16,19
사선이 2개 이상의 평행선으로 중단되면 서로 어긋나 보이는 방향의 착시 사례에 속하는 것은?

① 쾨니히 목걸이   ② 펜로즈 삼각형
③ 자스트로 도형   ④ 포겐도로프 도형

해설 | 문제 26번 해설참조

28 ▶13,18
뮐러-리어 도형과 관련된 착시의 종류는?

① 방향의 착시
② 길이의 착시
③ 다의도형 착시
④ 위치에 의한 착시

해설 | 뮐러-리어 도형은 길이의 착시 이다. 선 끝의 처리에 따라서 길이가 다르게 보인다.

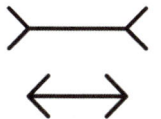

29 ▶15,21
착시 현상의 사례 중 분트 도형의 내용으로 옳은 것은?

① 같은 길이의 수직선이 수평선보다 길어 보인다.
② 같은 길이의 직선이 화살표에 의해 길이가 다르게 보인다.
③ 사선이 2개 이상의 평행선으로 중단되며 서로 어긋나 보인다.
④ 같은 크기의 2개의 부채꼴에서 아래쪽의 것이 위의 것보다 커 보인다.

해설 | 분트 도형
같은 길이의 수직선이 수평선보다 길어 보인다.

2 질감, 문양, 공간

30 ▶14,18,20,21
질감(texture)에 관한 설명으로 옳지 않은 것은?

① 물체가 갖고 있는 표면상의 특징이다.
② 촉각적 질감과 시각적 질감으로 구분할 수 있다.
③ 매끄러운 질감은 빛을 흡수하며, 거친 질감은 빛을 반사한다.
④ 효과적인 질감 표현을 위해서는 색채와 조명을 동시에 고려하여야 한다.

해설 | 질감(texture)
㉠ 모든 물체가 갖고 있는 촉각 또는 시각으로 지각되는 물체 표면상의 특징을 말한다.
㉡ 매끄러운 질감은 빛을 반사하는 특성이 있고, 거친 질감은 반대로 흡수하는 특성을 갖는다.
㉢ 목재와 같은 자연재료의 질감은 따뜻함과 친근감을 부여한다.
㉣ 질감의 성격에 따라 공간의 통일성을 살릴 수도 있고 파괴시킬 수도 있으므로 공간에서의 영향력이 있으며, 재료의 질감대비를 통해 실내공간의 변화와 다양성을 꾀할 수 있다.
㉤ 질감 선택 시 고려해야 할 사항은 스케일, 빛의 반사와 흡수, 촉감이다.

31 ▶13
질감(Texture)에 관한 설명으로 옳지 않은 것은?

① 목재와 같은 자연 재료의 질감은 따뜻함과 친근함을 부여한다.
② 재료의 질감 대비를 통해 실내 공간의 변화와 다양성을 꾀할 수 있다.
③ 질감의 선택에서 중요한 것은 스케일, 빛의 반사와 흡수, 촉감 등이다.
④ 좁은 실내 공간을 넓게 느껴지도록 하기 위해서는 거친 질감의 울퉁불퉁한 표면을 가진 재료를 사용하는 것이 좋다.

해설 | 좁은 실내공간을 넓게 느껴지도록 하기 위해서는 매끄러운 질감의 재료를 사용하는 것이 효과적이다.

정답 | 27 ④ 28 ② 29 ① 30 ③ 31 ④

32 ▶15
질감에 관한 설명으로 옳지 않은 것은?

① 시각적 질감과 촉각적 질감으로 분류할 수 있다.
② 질감은 재료 자체가 주는 느낌으로서 조명의 효과에 영향을 받지 않는다.
③ 질감은 시각적 환경에서 여러 종류의 물체들을 구분하는데 큰 도움을 줄 수 있는 중요한 특성 중 하나이다.
④ 좁은 실내 공간을 넓게 느껴지도록 하기 위해서는 밝은 색을 선택하고, 표면이 곱고 매끄러운 재료를 사용한다.

해설 | 매끄러운 질감은 빛을 반사하는 특성이 있고, 거친 질감은 반대로 흡수하는 특성을 갖는다.

33 ▶17, 18
질감에 관한 설명으로 옳은 것은?

① 재료표면이 빛을 흡수하는 정도는 질감에 영향을 미치지 않는다.
② 시각으로 인식되는 질감과 촉각으로 인식되는 질감에는 차이가 없다.
③ 효과적인 질감 표현을 위해서는 색채와 조명을 동시에 고려해야 한다.
④ 질감은 재료의 표면상태에 대한 느낌으로 흡음성과는 상관관계가 없다.

해설 | 문제 30번 해설참조

34 ▶20
질감(texture)에 관한 설명으로 옳은 것은?

① 질감의 형성은 인공적으로만 이루어진다.
② 촉각에 의한 질감과 시각에 의한 질감으로 구분된다.
③ 유리, 거울 같은 재료는 낮은 반사율을 나타내며 차갑게 느껴진다.
④ 좁은 실내 공간을 넓게 느껴지도록 하기 위해서는 어둡고 거친 질감의 재료를 사용한다.

해설 | 문제 30번 해설참조

35 ▶19
다음 중 텍스츄어 선택 시 고려할 사항과 가장 거리가 먼 것은?

① 촉감 ② 스케일
③ 공간의 방향성 ④ 빛의 반사와 흡수

해설 | 질감 선택 시 고려해야 할 사항은 스케일, 빛의 반사와 흡수, 촉감이다.

36 ▶15
디자인 요소 중 패턴에 관한 설명으로 옳지 않은 것은?

① 인위적인 패턴의 구성은 반복을 명확히 함으로써만 이루어진다.
② 패턴을 취급할 때 중요한 것은 그 공간속에 있는 모든 패턴성을 갖는 것과의 조화방법이다.
③ 연속성 있는 패턴은 리듬감이 생기는데 그 리듬이 공간의 성격이나 스케일과 맞도록 해야 한다.
④ 패턴은 인위적으로 구성되는 것도 있으나 어떤 단위화된 재료가 조합될 때 저절로 생기는 것이다.

해설 | 문양(pattern)
㉠ 2차원보다 3차원적인 장식의 질서를 부여하는 배열로서 점, 선, 형태, 공간, 조명, 색채 등을 도형화한 것
㉡ 일반적으로 연속성을 지니며, 연속성이 있는 패턴은 리듬감이 생긴다. 이때 리듬은 공간의 성격이나 스케일에 맞게 적용한다.
㉢ 규모가 크든, 작든, 추상적이든 간에 운동감을 지닌다.
㉣ 문양을 선정하는 모티브(Motive)는 자연적인 것, 양식화된 것, 추상적인 것 등이 있으며, 문양의 패턴을 선정하는데 문제시 된다.

37 ▶13, 21
다음 중 공간이 가지는 3차원적 입체감을 가장 적합하게 표현한 용어는?

① 점과 선 ② 기둥과 보
③ 질감과 색채 ④ 볼륨과 매스

해설 | 볼륨과 매스는 3차원적 입체감을 갖는다.

정답 | 32 ② 33 ③ 34 ② 35 ③ 36 ① 37 ④

38 ▸12
정육면체 공간에 관한 설명으로 옳은 것은?

① 깊이에 관심이 집중된다.
② 높이에 관심이 집중된다.
③ 방향성은 중립성을 유지하고 긴장감이 없다.
④ 강한 방향성에 따른 극적인 분위기를 갖는다.

39 ▸13
공간에 관한 설명으로 옳지 않은 것은?

① 공간은 단순한 한 덩이가 아니라, 매우 다채로운 위계의 차원이 있다.
② 공간은 고정된 물적 대상으로서, 항시 정적 대상으로 이해하여야 한다.
③ 공간은 엄밀한 의미에서 시각 요소들로 정의되는 2차원 또는 3차원의 영역을 말한다.
④ 한국의 전통적인 공간 구조는 다목적성이라는 효용성으로 인해 뛰어난 가변성을 가지고 있다.

해설 | 공간은 사용자가 보는 관점에 따라 다양하게 변화하며, 실내공간은 부피로서 체적의 개념으로 이해되어야 한다.

40 ▸20
공간에 관한 설명으로 옳지 않은 것은?

① 모든 사물을 담고 있는 무한한 영역을 의미한다.
② 실내 디자인에 있어서 가장 기본적인 요소이다.
③ 실내의 공간은 건축의 구조물에 의해 그 영역이 한정될 수 있다.
④ 사용자의 시각적인 위치에 따라 공간의 형태와 느낌은 변화하지 않는다.

해설 | 사용자의 시각적인 위치에 따라 공간의 형태와 느낌은 변화한다.

41 ▸14
공간의 분할 방법은 차단적 구획, 심리·도덕적 구획, 지각적 구획으로 구분할 수 있다. 다음 중 지각적 구획에 속하는 것은?

① 커튼의 사용
② 마감재료의 변화
③ 천장면의 높이 변화
④ 바닥면의 높이 변화

해설 | 공간 구획
  ㉠ 차단적 구획(물리적 구획) : 칸막이(고정 벽) 등으로 수평, 수직 방향으로 분리(커튼, 열주, 유리창)
  ㉡ 심리, 도덕적 구획(상징적 구획) : 가구, 기둥, 식물 같은 실내 구성요소로 가변적으로 분할(바닥, 천장면의 단차의 변화)
  ㉢ 지각적 구획 : 조명, 마감, 재료의 변화, 통로나 복도 공간 등의 공간 형태의 변화로 분할

42 ▸15
공간의 분할 중 심리, 도덕적 구획의 방법에 속하지 않는 것은?

① 커튼
② 낮은 칸막이
③ 바닥면의 변화
④ 천장면의 변화

해설 | 커튼-차단적 구획

43 ▸19
공간의 분할 방법을 차단적, 상징적, 지각적(심리적) 분할로 구분할 경우, 다음 중 상징적 분할에 속하는 것은?

① 조명에 의한 분할
② 고정 벽에 의한 분할
③ 식물 화분에 의한 분할
④ 마감재의 변화에 의한 분할

해설 | 문제 41번 해설참조

정답 | 38 ③ 39 ② 40 ④ 41 ② 42 ① 43 ③

44 ▶12

공간을 분할하는 방법에 관한 설명으로 옳지 않은 것은?

① 열주를 이용한 구획은 기둥의 간격과 높이에 관계없이 동일한 공간분할의 효과가 있다.
② 이동 스크린 벽을 사용할 경우 필요에 따라 공간을 구획할 수 있으므로 공간 사용에 융통성이 있다.
③ 공간을 어떤 요소로 구획하느냐에 따라 차단적 구획, 심리·도덕적 구획, 지각적 구획으로 구분할 수 있다.
④ 마감 재료의 재질감, 패턴, 색 등을 이용한 변화나 서로 다른 재료를 사용하여 공간분할의 효과를 얻을 수 있다.

해설 | 열주(줄기둥)는 건축의 평면에서 균형 있는 형태로 전면, 측면, 후면에 설치된다.

정답 | 44 ①

02 디자인 원리

Pass Note

예상출제문항	키워드	
2~3	- 균형의 원리 - 르 꼬르뷔지에와 황금비, 모듈러, 비례와 함께 이해 - 휴먼스케일	- 리듬의 특징 - 통일과 균형 - 조화의 특징

1. 스케일과 비례

1) 스케일

① 라틴어에서 유래된 것으로 도구를 나타내는 것. 즉, 계단, 사다리를 뜻하는 고어이다.
② 스케일은 디자인이 적용되는 공간에서 인간과 공간 내의 사물과의 종합적인 연관을 고려하는 공간관계 형성의 측정 기준에서 쾌적한 활동 반경 측정에 두어야 한다.
③ 가구, 실내, 건축물 등 물체와 인체와의 관계 및 물체 상호간의 관계를 말한다. 이때 물체 상호간에는 서로 같은 비율로 규정되어야 한다.
④ **휴먼스케일(Human Scale)** : 인간의 신체를 기준으로 파악하고 측정되는 척도 기준이다. 생활 속의 모든 스케일 개념은 인간중심으로 결정되어야 한다. 휴먼스케일이 잘 적용된 실내는 안정되고 안락한 느낌을 준다.

 예제 01 휴먼스케일(Human Scale)에 관한 설명으로 옳지 않은 것은? [17]
① 휴먼스케일은 실내 공간계획에만 국부적으로 적용된다.
② 휴먼스케일은 인간의 신체를 기준으로 파악, 측정되는 척도 기준이다.
③ 휴먼스케일이 적절히 적용된 공간은 안정되고 안락감을 주는 환경이 된다.
④ 휴먼스케일은 인간을 기준으로 계산하여 공간에 대해 감각적으로 가장 쾌적한 비율이다.

정답 ①

2) 비례

물리적 크기를 선으로 측정하는 기하학적 개념이다. 디자인의 형태의 부분과 부분, 부분과 전체 사이의 크기, 모양 등의 시각적 질서, 균형을 결정하는데 효과적이다.

(1) 황금비

고대 그리스인들이 창안한 기하학적 분할 방식이다. 면적을 나누었을 때 작은 부분과 큰 부분의 비율이 큰 부분과 전체에 대한 비율과 동일하게 되는 기하학적 분할 방식으로 1:1.618의 비율을 갖는 가장 균형 잡힌 비례이다.

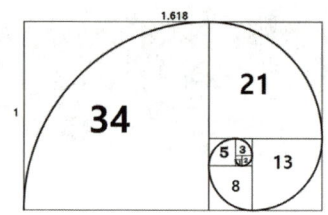

(2) 모듈러(Le modulor)

르 꼬르뷔제(Le corbusier)는 황금비를 바탕으로 한 대수 개념의 모듈 체계인 모듈러(modulor)의 개념을 만들었다.

(3) M.C(Modular Coordination)

① 설계 작업이 단순해지고 간편해진다.
② 현장작업이 단순해지고 공기가 단축된다.
③ 대량생산이 가능하며 생산비가 낮아진다.
④ 다양한 형태에 따른 개성 있는 디자인, 인간성 상실의 우려가 있다.

> **예제 02** 다음 중 르 꼬르뷔제(Le Corbusier)의 "모듈러(Modulor)"와 가장 관련이 깊은 디자인 원리는? [14,13]
> ① 리듬 ② 비례
> ③ 대비 ④ 강조
>
> 정답 ②

> **예제 03** 황금비례에 관한 설명으로 옳지 않은 것은? [17,13]
> ① 1 : 1.618의 비율이다.
> ② 고대 로마인들이 창안했다.
> ③ 몬드리안의 작품에서 예를 들 수 있다.
> ④ 건축물과 조각 등에 이용된 기하학적 분할 방식이다.
>
> 정답 ②

2. 균형·리듬·강조

1) 균형

(1) 균형의 원리

① 디자인 요소들의 상호작용이 하나의 지점에서 역학적으로 평형을 갖거나 전체의 그룹 안에서 서로 균등함을 이루고 있는 상태를 말한다.
② 시각적 무게의 평행상태로 실내에서 감지되는 시각적 무게의 균형을 말한다.
③ 기하학적 형태는 불규칙한 형태보다 가볍게 느껴진다.
④ 작은 것은 큰 것보다 가볍게 느껴진다.
⑤ 부드럽고 단순한 것은 거칠거나 복잡한 것보다 가볍게 느껴진다.

⑥ 사선은 수직, 수평선보다 가볍게 느껴진다.
⑦ 밝은 색은 어두운 색보다 시각적 중량감이 작다.

(2) 균형의 유형

대칭적 균형	① 대칭적 균형은 형, 형태의 크기, 위치, 형식, 집합의 정렬 등이 축을 중심으로 서로 대칭적인 관계로 구성되어 있는 경우를 말한다. ② 대칭 균형은 균형에서 정형균형(**완전한 균형**)이라고도 한다. ③ 완고하거나 여유, 변화가 없이 엄격, 경직될 수 도 있다. ④ 통일과 질서감을 얻기 쉽고 때로는 표현효과가 단순하므로 딱딱한 형태감을 준다.
비대칭적 균형	① **자연스러우며 풍부한 개성을 표현할 수 있어 능동의 균형**이라고도 한다. ② 비정형균형, 신비의 균형, 대칭균형보다 자연스럽다. ③ 균형의 중심점으로부터 양측은 가능한 모든 배열이 다르게 배치된다. ④ 시각적인 결합에 의해 동적인 안정감과 변화가 풍부한 개성 있는 형태를 준다. ⑤ 물리적으로는 불균형이지만 시각 상으로는 균형을 이루는 것으로 흥미로움을 주며 율동감, 역동감이 있다.

예제 04 균형의 원리에 관한 설명으로 옳지 않은 것은? [24,21,18,15]
① 크기가 큰 것이 작은 것보다 시각적 중량감이 크다.
② 색의 중량감은 색의 속성 중 명도, 채도에 영향을 받는다.
③ 불규칙적인 형태가 기하학적 형태보다 시각적 중량감이 크다.
④ 단순하고 부드러운 질감이 복잡하고 거친 질감보다 시각적 중량감이 크다.

정답 ④

2) 리듬

(1) 리듬의 특징
① 규칙적인 요소들의 반복에 의해 통제된 운동감이다.
② 디자인에 시각적인 질서를 부여하며, 음악적 감각인 **청각적 원리를 시각적으로 표현**하는 것으로 리듬의 원리는 **반복, 점이, 대립, 변이, 방사**로 이루어진다.

(2) 리듬의 원리

반복 (repetition)	• 색채, 질감, 형태, 문양의 반복을 통해 시각적으로 조화를 이루는 것이 리듬의 중점적인 원리이다.
점이 (점진 : gradation)	• 공간, 형태, 색상 등의 점차적인 변화로 생기는 리듬, 어떠한 조형요소가 시간적 또는 공간적인 간격을 두고 다른 형태로 변해가는 과정적인 의미.
대조 (대립 : opposition)	• 갑작스러운 형태 · 색깔 등의 변화로 생기는 느낌으로, 전체의 벽과 창, 문의 구성과 배치에 따라 변화된다.
변이 (transition)	• 원형 아치, 둥근 의자의 배치를 통해 느껴지는 리듬감이다.
방사 (radiation)	• 디자인 요소가 중심으로부터 외부로 퍼져나가는 리듬감으로, 생동감 있는 분위기를 느끼게 한다.

예제 05 다음 중 리듬의 효과를 위해 사용되는 요소와 가장 거리가 먼 것은? [21,20,16,13,12]
① 반복　　　② 강조　　　③ 방사　　　④ 점이

정답 ②

3) 강조

① 디자인의 일부에 주어진 초점이나 의도적인 변화이다.
② 균형과 리듬이 만들어지는 과정에서 강조가 필요하므로 강조는 균형과 리듬의 기초가 된다.
③ 구성의 구조 안에서 각 요소들의 시각적 계층 관계를 기본으로 한다.
④ 단조로움의 극복, 관심의 초점을 조성하거나 흥분을 유도할 때 적용한다.
⑤ 강조의 원리가 적용되는 시각적 초점은 주위가 대칭적 균형일 때 더욱 효과적이다.
⑥ 시각적 중량감이나 지배적인 시각적 힘 등에 의해서 강조되는 정도를 측정 한다.
⑦ 공간에서 색채나 형태를 강조함으로써 전체의 성격을 명백하게 규정하며, 강한 통일감을 준다.

 예제 06 디자인 원리 중 강조에 관한 설명으로 옳지 않은 것은? [21]
① 힘의 조절로서 전체 조화를 파괴하는 역할을 한다.
② 구성의 구조 안에서 각 요소들의 시각적 계층 관계를 기본으로 한다.
③ 단조로움의 극복, 관심의 초점을 조성하거나 흥분을 유도할 때 적용한다.
④ 강조의 원리가 적용되는 시각적 초점은 주위가 대칭적 균형일 때 더욱 효과적이다.

정답 ①

3. 조화·대비·통일

1) 조화

(1) 조화의 특징

① 전체적인 조립이 모순 없이 질서를 갖는 것으로 다양성의 통일이다.
② 디자인 요소의 상호관계에 미적 현상을 발생시킨다. 즉, 형태, 질감, 조명, 색, 선 등의 디자인 요소들 중 대부분이 일관성을 띠면서도 한두 개씩 다를 때 이루어지며, 통합적으로 일체감을 느끼게 되는 상태이다.
③ 둘 이상의 요소들이 상호 관련성에 의해 어울림을 느끼게 되는 상태이다.

(2) 조화의 종류

구분	내용
단순조화 (유사조화)	㉠ 형식적, 외형적으로 시각적인 동일한 요소의 조합 ㉡ 온화하며 부드럽고 여성적인 안정감 있는 이미지 전달 ㉢ 통일과 변화에 있어 통일의 개념에 가깝다.
대비조화 (복합조화)	㉠ 질적, 양적으로 서로 전혀 다른 2개의 요소가 편성되었을 때 서로 다른 반대성에 의해 미적 효과를 자아내는 것 ㉡ 강함, 화려함, 남성적 이미지 전달

예제 07 디자인 원리 중 조화를 가장 적절히 표현한 것은? [19]
① 중심축을 경계로 형태의 요소들이 시각적으로 균형을 이루는 상태
② 전체적인 구성 방법이 질적, 양적으로 모순 없이 질서를 이루는 것
③ 저울의 원리와 같이 중심축을 경계로 양측이 물리적으로 힘의 안정을 구하는 현상
④ 규칙적인 요소들의 반복으로 디자인에 시각적인 질서를 부여하는 통제된 운동감

정답 ②

2) 대비
① 질적, 양적으로 전혀 다른 둘 이상의 요소가 동시적 혹은 계속적으로 배열될 때 상호의 특징이 한층 강하게 느껴지는 통일적 현상
② 상반되는 요소가 인접될수록 대비효과는 커진다.
③ 디자인에서는 절대적 통일성이 필요하나 대비를 통해서 강력함, 남성적인 성격을 갖게 된다.
④ 조형 요소로서의 대비 개념에는 직선과 곡선, 대소, 장단, 무거움과 가벼움, 딱딱함과 부드러움, 투명과 불투명 등이 있다.

예제 08 다음 설명에 알맞은 디자인 원리는? [23,21,17]

> 질적, 양적으로 전혀 다른 둘 이상의 요소가 동시적 혹은 계속적으로 배열될 때 상호의 특징이 한층 강하게 느껴지는 통일적 현상.

① 균형　　② 대비　　③ 리듬　　④ 비례

정답 ②

3) 통일
① 이질(異質)의 각 구성요소들이 전체로서 동일한 이미지를 갖게 하는 것으로, 변화와 함께 모든 조형에 대한 미의 근원이 되는 원리
② 대비인 통일과 변화는 상반되는 성질을 지니고 있으면서도 서로 긴밀한 유기적 관계를 유지
③ 정적 통일(교육 공간, 기념 공간), 동적 통일(상업 시설, 레저 시설), 양식통일(휴양 공간, 교통 공간) 등이 있다.
④ 디자인에 미적 질서를 주는 기본 원리로 모든 디자인 원리의 구심점이 된다.
⑤ 강하고 분명한 자극을 주는 디자인에서 느껴진다.
⑥ 동일성이나 반복성·유사성 등의 방법에 의해 연출되어 진다.

예제 09 이질(異質)의 각 구성요소들이 전체로서 동일한 이미지를 갖게 하는 것으로, 변화와 함께 모든 조형에 대한 미의 근원이 되는 원리는? [24,22,20,13]
① 조화　　② 강조　　③ 통일　　④ 균형

정답 ③

핵심 기출문제

02 디자인 원리

1 스케일과 비례

01 ▶12
실내디자인의 원리 중 스케일과 비례에 관한 설명으로 옳지 않은 것은?

① 비례는 물리적 크기를 선으로 측정하는 기하학적 개념이다.
② 스케일을 검토하는데 있어 가장 중요한 대상이 되는 것은 공간이다.
③ 공간 내의 비례관계는 평면, 입면, 단면에 있어서 입체적으로 평가되어야 한다.
④ 스케일은 인간과 물체와의 관계이며, 비례는 물체와 물체 상호간의 관계를 갖는다.

해설 | 스케일을 검토하는데 있어 가장 중요한 대상이 되는 것은 물체와 인체와의 관계 및 물체 상호간의 관계를 말한다.

02 ▶13
스케일에 관한 설명으로 옳지 않은 것은?

① 기념비적 스케일은 엄숙함, 경건함 등의 분위기를 창출하는데 사용된다.
② 휴먼 스케일은 인간의 신체를 기준으로 파악되고 측정되는 척도 기준이다.
③ 휴먼 스케일의 적용은 기능적이 아닌 추상적, 상징적 척도를 추구하는 것이다.
④ 휴먼 스케일이 잘 적용된 실내공간은 심리적, 시각적으로 안정되고 편안한 느낌을 준다.

해설 | 휴먼 스케일의 적용은 기능적이다.

03 ▶14
스케일(scale)에 관한 설명으로 옳지 않은 것은?

① 스케일은 상대적인 크기 즉, 척도를 의미한다.
② 공간에 있어 스케일의 유형은 다양한 공간지각을 가져온다.
③ 휴먼 스케일이 잘 적용된 건축물은 안정되고 안락한 감을 주는 환경이 된다.
④ 실내디자인에서 의도된 디자인의 목적을 달성하기 위해서는 휴먼 스케일만이 의미가 있다.

해설 | 스케일
- ㉠ 라틴어에서 유래된 것으로 도구를 나타내는 것, 즉, 계단, 사다리를 뜻하는 고어이다.
- ㉡ 스케일은 디자인이 적용되는 공간에서 인간과 공간 내의 사물과의 종합적인 연관을 고려하는 공간관계 형성의 측정 기준에서 쾌적한 활동 반경 측정에 두어야 한다.
- ㉢ 가구, 실내, 건축물 등 물체와 인체와의 관계 및 물체 상호간의 관계를 말한다. 이때 물체 상호간에는 서로 같은 비율로 규정되어야 한다.
- ㉣ 휴먼스케일(Human Scale) : 인간의 신체를 기준으로 파악하고 측정되는 척도 기준이다. 생활 속의 모든 스케일 개념은 인간중심으로 결정되어야 한다. 휴먼스케일이 잘 적용된 실내는 안정되고 안락한 느낌을 준다.

04 ▶14
휴먼 스케일에 관한 설명으로 옳지 않은 것은?

① 인간의 신체를 기준으로 파악되고 측정되는 척도 기준이다.
② 휴먼 스케일은 기념비적 건축물에 주로 적용되며, 엄숙, 경건한 공간을 형성한다.
③ 휴먼 스케일의 적용은 추상적, 상징적이 아닌 기능적인 척도를 추구하는 것이다.
④ 휴먼 스케일이 잘 적용된 실내공간은 심리적, 시각적으로 안정되고 편안한 느낌을 준다.

정답 | 01 ② 02 ③ 03 ④ 04 ②

해설 | 휴먼스케일 : 인간의 신체를 기준으로 파악하고 측정되는 척도 기준이다.
생활 속의 모든 스케일 개념은 인간중심으로 결정되어야 한다. 휴먼스케일이 잘 적용된 실내는 안정되고 안락한 느낌을 준다.

05 ▶12,15
다음의 실내디자인 원리 중 인간생활의 기능적 해결과 가장 관계가 깊은 것은?

① 비례 ② 패턴
③ 조화 ④ 척도

해설 | 척도는 사물이나 사람의 특성을 수량화하기 위해 체계적인 단위를 가지고 특성에 숫자를 부여한 것으로 인간생활의 기능적 해결과 밀접한 관계가 있다.

06 ▶14
디자인 원리 중 비례에 관한 설명으로 옳지 않은 것은?

① 황금비례는 1 : 1.618의 비율을 갖는다.
② 일반적으로 A : B로 표현되며 두 개만의 양적 비교를 의미한다.
③ 황금비례는 고대 그리스인들이 창안한 기하학적 분할방식이다.
④ 디자인에서 형태의 부분과 부분, 부분과 전체 사이의 크기, 모양 등의 시각적 질서, 균형을 결정하는데 사용된다.

해설 | 비례(proportion):비례 또는 비(ratio)는 부분과 전체 사이의 크기, 길이, 넓이 등의 관계이며 비교이다.

07 ▶16
다음 중 디자인에서 형태의 부분과 부분, 부분과 전체 사이의 크기, 모양 등의 시각적 질서, 균형을 결정하는 데 가장 효과적으로 사용되는 디자인 원리는?

① 강조 ② 비례
③ 리듬 ④ 통일

08 ▶12,14,16
황금비를 바탕으로 한 대수 개념의 모듈 체계인 모듈러(modulor)의 개념을 만든 건축가는?

① 알바 알토 ② 르 꼬르뷔제
③ 미스 반데 로에 ④ 프랭크 로이드 라이트

09 ▶21
한 선분을 길이가 다른 두 선분으로 분할했을 때 긴 선분에 대한 짧은 선분의 길이의 비가 전체 선분에 대한 긴 선분의 길이의 비와 같을 때 이루어지는 비례는?

① 황금비 ② 정수비례
③ 비대칭 분할 ④ 피보나치 비율

해설 | 황금비
고대 그리스 인들이 창안한 기하학적 분할 방식이다. 면적을 나누었을 때 작은 부분과 큰 부분의 비율이 큰 부분과 전체에 대한 비율과 동일하게 되는 기하학적 분할 방식으로 1:1.618의 비율을 갖는 가장 균형 잡힌 비례이다.

10 ▶12
M.C(Modular Coordination)에 관한 설명으로 옳지 않은 것은?

① 설계 작업이 단순해지고 간편해진다.
② 현장작업이 단순해지고 공기가 단축된다.
③ 다양한 형태에 따른 개성 있는 디자인을 창출 할 수 있다.
④ 건축 재료 부품에서 설계시공에 이르기까지 건축생산 전반에 걸쳐 치수상의 유기적 연계성을 만들어 내는 것이다.

해설 | M.C(Modular Coordination)
㉠ 설계 작업이 단순해지고 간편해진다.
㉡ 현장작업이 단순해지고 공기가 단축된다.
㉢ 대량생산이 가능하며 생산비가 낮아진다.
㉣ 다양한 형태에 따른 개성 있는 디자인, 인간성 상실의 우려가 있다.

정답 | 05 ④ 06 ② 07 ② 08 ② 09 ① 10 ③

11
다음의 원리 중 그 성격이 다른 것은? ▶12

① 카논(canon)
② 모듈러(modulor)
③ 점이(gradation)
④ 황금 분할(golden section)

해설 | 점이(gradation)는 리듬의 디자인 원리이다.

2 균형, 리듬, 강조

12
균형의 원리에 관한 설명으로 옳지 않은 것은? ▶13,17

① 수평선이 수직선보다 시각적 중량감이 크다.
② 크기가 큰 것이 작은 것보다 시각적 중량감이 크다.
③ 기하학적 형태가 불규칙적인 형태보다 시각적 중량감이 크다.
④ 색의 중량감은 색의 속성 중 명도, 채도에 따라 크게 작용한다.

해설 | 균형의 원리
   ㉠ 기하학적 형태는 불규칙한 형태보다 가볍게 느껴진다.
   ㉡ 작은 것은 큰 것보다 가볍게 느껴진다.
   ㉢ 부드럽고 단순한 것은 거칠거나 복잡한 것보다 가볍게 느껴진다.
   ㉣ 사선은 수직, 수평선보다 가볍게 느껴진다.

13
균형의 원리에 관한 설명으로 옳지 않은 것은? ▶14,15

① 크기가 큰 것이 작은 것보다 시각적 중량감이 크다.
② 불규칙적인 형태가 기하학적 형태보다 시각적 중량감이 크다.
③ 복잡하고 거친 질감이 단순하고 부드러운 것보다 시각적 중량감이 크다.
④ 색의 명도가 같을 경우, 고채도의 색이 저채도의 색보다 시각적 중량감이 크다.

해설 | 색의 중량감은 명도가 낮은 경우 무겁게 느껴지고 높을수록 가볍게 느껴진다. 명도가 같을 경우 고채도의 색이 저채도의 색보다 시각적 중량감이 작다.

14
비대칭 균형에 관한 설명으로 옳은 것은? ▶17

① 완고하거나 여유, 변화가 없이 엄격, 경직될 수 있다.
② 가장 완전한 균형의 상태로 공간에 질서를 주기가 용이하다.
③ 자연스러우며 풍부한 개성을 표현할 수 있어 능동의 균형이라고도 한다.
④ 형이 축을 중심으로 서로 대칭적인 관계로 구성되어 있는 경우를 말한다.

해설 | 비대칭적 균형
   ㉠ 자연스러우며 풍부한 개성을 표현할 수 있어 능동의 균형이라고도 한다.
   ㉡ 비정형균형, 신비의 균형, 대칭균형보다 자연스럽다.
   ㉢ 균형의 중심점으로부터 양측은 가능한 모든 배열이 다르게 배치된다.
   ㉣ 시각적인 결함에 의해 동적인 안정감과 변화가 풍부한 개성 있는 형태를 준다.
   ㉤ 물리적으로는 불균형이지만 시각 상으로는 균형을 이루는 것으로 흥미로움을 주며 율동감, 역진감이 있다.

15
균형의 유형 중 대칭적 균형에 관한 설명으로 옳은 것은? ▶19

① 완고하거나 여유, 변화가 없이 엄격, 경직될 수 도 있다.
② 가장 완전한 균형의 상태로 공간에 질서를 주기가 어렵다.
③ 자연스러우며 풍부한 개성을 표현할 수 있어 능동의 균형이라고도 한다.
④ 물리적으로 불균형이지만 시각 상 힘의 정도에 의해 균형을 이루는 것을 말한다.

정답 | 11 ③ 12 ④ 13 ④ 14 ③ 15 ①

해설 | 대칭적 균형
- ㉠ 대칭적 균형은 형, 형태의 크기, 위치, 형식, 집합의 정렬 등이 축을 중심으로 서로 대칭적인 관계로 구성되어 있는 경우를 말한다.
- ㉡ 대칭 균형은 균형에서 정형균형이라고도 한다.
- ㉢ 완고하거나 여유, 변화가 없이 엄격, 경직될 수 도 있다.
- ㉣ 통일감을 얻기 쉽고 때로는 표현효과가 단순하므로 딱딱한 형태감을 준다.

16 ▶20
디자인 원리 중 균형에 관한 설명으로 옳지 않은 것은?
① 비대칭적 균형은 대칭적 균형보다 질서가 있고 안정된 느낌을 준다.
② 인간의 주의력에 의해 감지되는 시각적 무게의 평형상태를 의미한다.
③ 대칭적 균형은 형, 형태의 크기, 위치, 형식, 집합의 정렬 등이 축을 중심으로 서로 대칭적인 관계로 구성되어 있는 경우를 말한다.
④ 디자인 요소들의 상호작용이 하나의 지점에서 역학적으로 평형을 갖거나 전체의 그룹 안에서 서로 균등함을 이루고 있는 상태를 말한다.

해설 | 대칭적 균형은 비대칭적 균형보다 질서가 있고 안정된 느낌을 준다.

17 ▶19
디자인 표현 중에서 반복, 교체, 점진 등을 통해 나타나는 디자인 원리는?
① 균형   ② 강조
③ 리듬   ④ 대비

해설 | 리듬
- ㉠ 균형이 잡힌 후에 나타나는 선, 색, 형태 등의 규칙적인 요소들의 반복으로 통일화 원리의 하나인 통제된 운동감을 말한다.
- ㉡ 리듬은 음악적 감각인 청각적 원리를 시각적으로 표현하는 것으로 리듬의 원리는 반복, 점이, 대립, 변이, 방사로 이루어진다.

18 ▶15
실내디자인의 구성원리 중 규칙적인 요소들의 반복으로 디자인에 시각적인 질서를 부여하는 통제된 운동감각은?
① 비례   ② 리듬
③ 균형   ④ 통일

해설 | 문제 17번 해설참조

19 ▶12
리듬의 유형 중 어떠한 조형요소가 시간적 또는 공간적인 간격을 두고 다른 형태로 변해가는 과정적인 의미를 지닌 것은?
① 반복   ② 교체
③ 점이   ④ 회전

해설 | 점진(점이:gradation) : 공간, 형태, 색상 등의 점차적인 변화로 생기는 리듬, 어떠한 조형요소가 시간적 또는 공간적인 간격을 두고 다른 형태로 변해가는 과정적인 의미.

20 ▶14,17
디자인 원리 중 점이(gradation)에 관한 설명으로 가장 알맞은 것은?
① 서로 다른 요소들 사이에서 평형을 이루는 상태
② 공간, 형태, 색상 등의 점차적인 변화로 생기는 리듬
③ 이질의 각 구성요소들이 전체로서 동일한 이미지를 갖게 하는 것
④ 시각적 형식이나 한정된 공간 안에서 하나 이상의 형이나 형태 등이 단위로 계속 되풀이 되는 것

해설 | 문제 19번 해설참조

정답 | 16 ① 17 ③ 18 ② 19 ③ 20 ②

21
아동실을 더욱 생동감 있게 만들어 주려고 한다. 다음 중 가장 효과적인 디자인 원리는?

① 리듬
② 조화
③ 통일
④ 대칭

해설 | 리듬은 반복되는 악센트, 순환하는 강약, 시각적 자극을 효과적으로 응용하여 공간에 생동감을 줄 수 있다.

3 조화, 대비, 통일

22
디자인의 원리 중 조화(harmony)에 관한 설명으로 가장 적합한 것은?

① 인간의 주의력에 의해 감지되는 시각적 무게의 평형상태를 의미한다.
② 디자인 요소들의 규칙적인 순환으로 나타나는 통제된 운동감을 의미한다.
③ 전체적인 구성 방법이 질적, 양적으로 모순 없이 질서를 이루는 것이다.
④ 중심점으로부터 확산되거나 집중된 양상을 구성하여 리듬을 이루는 것이다.

해설 | 조화
  ⊙ 전체적인 조립이 모순 없이 질서를 갖는 것으로 다양성의 통일이다.
  ⓒ 디자인 요소의 상호관계에 미적 현상을 발생시킨다. 즉, 형태, 질감, 조명, 색, 선 등의 디자인 요소들 중 대부분이 일관성을 띠면서도 한두 개씩 다를 때 이루어지며, 통합적으로 일체감을 느끼게 되는 상태이다.
  ⓒ 둘 이상의 요소들이 상호 관련성에 의해 어울림을 느끼게 되는 상태이다.

23
조화에 관한 설명으로 옳은 것은?

① 단순조화는 대체적으로 온화하며 부드럽고 안정감이 있다.
② 유사조화는 통일보다 대비에 더 치우쳐 있다고 볼 수 있다.
③ 단순조화는 다양한 주제와 이미지들이 요구될 때 주로 사용하는 방식이다.
④ 대비조화는 형식적, 외형적으로 시각적인 동일 요소의 조합을 통하여 주로 성립된다.

해설 | 단순조화(유사조화)
  ⊙ 형식적, 외형적으로 시각적인 동일한 요소의 조합
  ⓒ 온화하며 부드럽고 여성적인 안정감 있는 이미지 전달
  ⓒ 통일과 변화에 있어 통일의 개념에 가깝다.

24
디자인 원리 중 대비에 관한 설명으로 옳지 않은 것은?

① 극적인 분위기를 연출하는데 효과적이다.
② 상반된 요소의 거리가 멀수록 대비의 효과는 증대된다.
③ 지나치게 많은 대비의 사용은 통일성을 방해할 우려가 있다.
④ 모든 시각적 요소에 대하여 상반된 성격의 결합에서 이루어진다.

해설 | 대비
  ⊙ 질적, 양적으로 전혀 다른 둘 이상의 요소가 동시적 혹은 계속적으로 배열될 때 상호의 특징이 한층 강하게 느껴지는 통일적 현상.
  ⓒ 상반되는 요소가 인접될수록 대비효과는 커진다.
  ⓒ 디자인에서는 절대적 통일성이 필요하나 대비를 통해서 강력함, 남성적인 성격을 갖게 된다.
  ⓔ 조형 요소로서의 대비 개념에는 직선과 곡선, 대소, 장단, 무거움과 가벼움, 딱딱함과 부드러움, 투명과 불투명 등이 있다.

정답 | 21 ① 22 ③ 23 ① 24 ②

25 ▶19
디자인 원리 중 통일에 관한 설명으로 옳지 않은 것은?

① 통일은 변화와 함께 모든 조형에 대한 미의 근원이 된다.
② 통일과 변화는 서로 대립되는 관계가 아니라 상호 유기적인 관계 속에서 성립된다.
③ 동적 통일은 균일한 대상물이 연속적으로 배치됨으로써 안정감을 확보할 수 있게 해준다.
④ 양식 통일(style unity)은 동시대적 양식을 나열하거나 관련된 기능의 유사성을 이용하여 통일성을 형성하는 방법이다.

해설 | 동적 통일 : 능동적이며 수학적이며 변화와 상징성이 있는 디자인 요소가 작용되는 경우에 사용된다.

26 ▶20
디자인 원리 중 통일에 관한 설명으로 가장 알맞은 것은?

① 대립, 변이, 점층 등의 방법이 사용된다.
② 상반된 성격의 결합으로 극적인 분위기를 조성한다.
③ 규칙적인 요소들의 반복으로 시각적인 질서를 이루게 한다.
④ 각각 다른 구성요소들이 전체로서 동일한 이미지를 이루게 한다.

해설 | 통일
㉠ 이질(異質)의 각 구성요소들이 전체로서 동일한 이미지를 갖게 하는 것으로, 변화와 함께 모든 조형에 대한 미의 근원이 되는 원리.
㉡ 대비인 통일과 변화는 상반되는 성질을 지니고 있으면서도 서로 긴밀한 유기적 관계를 유지
㉢ 정적 통일(교육 공간, 기념 공간), 동적 통일(상업시설, 레저 시설), 양식통일(휴양 공간, 교통 공간) 등이 있다.
㉣ 디자인에 미적 질서를 주는 기본 원리로 모든 디자인 원리의 구심점이 된다.
㉤ 강하고 분명한 자극을 주는 디자인에서 느껴진다.
㉥ 동일성이나 반복성·유사성 등의 방법에 의해 연출되어 진다.

27 ▶14
디자인 원리 중 디자인 대상의 전체에 미적 질서를 부여하는 것으로 변화와 함께 모든 조형에 대한 미의 근원이 되는 것은?

① 리듬   ② 통일
③ 강조   ④ 대비

해설 | 문제 26번 해설참조

28 ▶13
디자인의 원리에 관한 설명으로 옳은 것은?

① 동일성이 높은 요소들의 결합은 조화를 이루기 어렵지만 생동적이고 활발할 수 있다.
② 비정형 균형은 물리적으로는 불균형이지만 시각적으로 힘의 정도에 의해 균형을 이룬 것을 말한다.
③ 리듬은 성질이나 질량이 전혀 다른 둘 이상의 것이 동일한 공간에 배열될 때 서로의 특질을 한층 돋보이게 하는 현상이다.
④ 시각적으로 동일한 요소 간에 이루어지는 유사조화는 남성적인 화려하고 강력한 감정의 경직성, 강인성 등을 느끼게 한다.

해설 | ㉠ 동일성이 높은 요소들의 결합은 조화를 이루기 쉽지만 단조롭다.
㉡ 유사조화는 부드럽고 안정된 느낌을 준다.

29 ▶15
디자인의 원리에 관한 설명으로 옳은 것은?

① 객관적이고 과학적인 판단만이 중요하다.
② 다수의 사람들에 의한 보편적 객관성을 따른다.
③ 점, 선, 척도, 비례, 조형, 조화, 통일 등을 포함한다.
④ 조형요소를 결합하여 착시현상을 유도하는 것이 대부분이다.

해설 | 객관적이고 과학적인 판단 뿐 아니라 인간의 감성 등이 중요하다. 점, 선은 기본적 조형 요소이다. 착시 현상을 유도하는 것이 아니라 조형요소를 보정하고 활용한다.

정답 | 25 ③ 26 ④ 27 ② 28 ② 29 ②

30 ▶18,22
디자인의 원리에 관한 설명으로 옳은 것은?

① 균형은 정적인 경우에만 시각적 안정성을 가져올 수 있다.
② 강조는 힘의 조절로서 전체 조화를 파괴하는데 주로 사용된다.
③ 리듬은 청각의 원리가 시각적으로 표현된 것이라 할 수 있다.
④ 통일과 변화는 서로 대립되는 관계로, 동시 사용이 불가능하다.

해설 | ㉠ 균형은 비대칭과 같은 동적인 경우에서도 시각적 안정성을 가져올 수 있다.
㉡ 강조는 힘의 조절로서 전체 조화를 의도적으로 초점을 주거나 의도적인 변화에 주로 사용된다.
㉢ 통일과 변화는 서로 대립되는 성질을 가지고 있으며 동시에 서로 긴밀한 유기적인 관계를 가진다.

정답 | 30 ③

03 공간 기본구상 및 계획

Pass Note

예상출제문항	키워드	
0~1	- 공간 레이아웃 - 동선 계획시 고려사항	- 주택의 동선계획 - 전시 공간 동선 계획

1. 조닝(zoning) 계획

1) 조닝(zoning)

조닝이란 단위 공간 사용자의 특성, 사용 목적, 사용 시간, 사용빈도, 행위의 연결 등을 고려하여 전체 공간을 몇 개의 행동권으로 구분하는 것을 말한다.

① 조닝은 사용자의 특성 등을 고려하여 행위가 유사한 것, 시간적 요소가 같은 요소는 인접하여 배치하는 것이 좋다.
② 상호간 요소가 다른 것, 수단이 유사하더라도 목적이 다른 것은 서로 격리 배치한다.

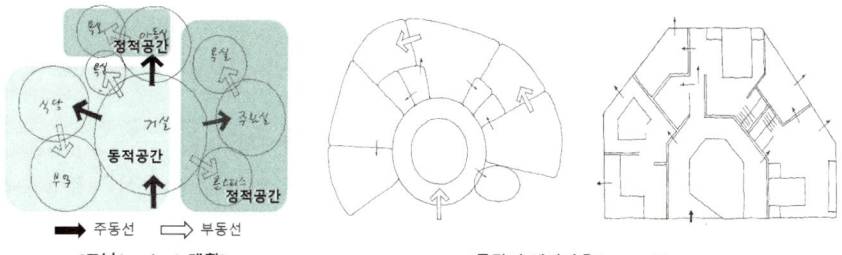

[조닝(zoning) 계획]   [공간의 레이아웃(lay-out)]

2) 공간의 레이아웃(lay-out)

평면상의 배치 계획으로서 기능적 공간의 배분계획을 통칭하여 공간의 레이아웃(lay-out)이라 한다.

① 실내공간의 구성 요소를 구분하면 공간을 형성하는 바닥, 벽, 천장 부분과 가구, 기구 등 설치되는 물체가 있는데 이것들의 위치를 정하는 단계이다.
② **공간을 구성하는 요소의 배치는 공간 상호간의 연계성, 출입형식 및 동선체계, 인체공학적 치수와 가구설치 등을 고려**한다.
③ 실내공간의 **레이아웃(lay-out)에서 가장 우선 고려해야 할 사항은 공간의 동선계획**이다.
④ 동선계획의 원칙은 동선의 형은 가능한 한 단순하며 명쾌하게 한다. 동선이 짧으면 효율적이지만 공간의 성격에 따라 길게 처리하기도 한다.

> **예제 01** 다음 중 공간의 레이아웃에 관한 설명으로 가장 알맞은 것은? [23,17,15]
> ① 조형적 아름다움을 부각하는 작업이다.
> ② 생활행위를 분석해서 분류하는 작업이다.
> ③ 공간에서의 이동패턴을 계획하는 동선계획이다.
> ④ 공간을 형성하는 부분과 설치되는 물체의 평면상 배치 계획이다
>
> 정답 ④

3) 디자인 이미지 구축

① 쾌적한 실내공간 창출은 기능의 해결로서 완결되는 것은 아니다. 즉, 조형적 아름다움이 부가됨으로써 즐거움을 수반한 쾌적함이 확보되는 것이다.
② 공간의 목적에 부합되는 주제를 선정하여 개성 있고 독특한 디자인 이미지를 구축함으로써 정서적 기능(emotional function)과 심미성을 높여야 하는 것이다.
③ 능률적인 공간이 조성이 되도록 기능적, 정서적, 환경적 측면과 디자인의 기본원리 등을 고려하여 사용자에게 가장 바람직한 생활공간을 만드는 것이다.
④ 기능이나 용도, 목적에 맞는 그 공간 특유의 디자인 이미지를 구축하여야 하며 설계 의뢰자의 요구사항을 고려하여야 한다.
⑤ 실내디자인은 실용예술의 한 분야이기 때문에 실내디자이너 개인의 기호와 취향, 개성 등이 너무 강하게 표출되어 자기중심적인 이미지가 부각되거나 지나친 유행을 추종하지 않아야 한다.

2. 동선계획

1) 동선

사람이나 물건이 움직인 궤적을 선으로 나타낸 것을 동선이라 한다.

① **동선의 3요소는 속도, 빈도, 하중** 이다.
② 평면계획에서 가장 우선 고려해야 할 사항은 공간의 동선계획이다.
③ 생산 현장의 작업동선, 주거공간의 가사노동 동선, 상업공간의 종업원 동선은 짧을수록 효율성과 쾌적성을 높일 수 있다.
④ 백화점과 같은 상업공간 경우는 예외적으로 고객의 동선을 길게 유도하여 매장의 진열효과를 높인다.
⑤ 동선의 흐름은 공간기능에 따라 연속되는 경우와 분리되는 경우가 있다.
  ㉠ 미술관이나 박물관의 관람동선은 의식하지 않더라도 관람을 시작한 곳으로부터 마지막 공간까지 물 흐르듯 연속되어야 한다.
  ㉡ 공간의 성격이나 사용자 구분이 뚜렷한 백화점의 물품동선과 고객동선, 은행의 종업원 동선과 고객 동선은 공간적으로 서로 분리해야 한다.

2) 동선 계획
   ① 동선은 **가능한 간단하고 직선 처리** 한다.
   ② 동선은 가능한 **분리시키고 교차를 피한다.**
   ③ 동선이 짧으면 효과적이지만 공간의 성격에 따라 길게 처리하기도 한다.
   ④ **성격이 다른 동선은 서로 교차시키지 말아야 한다.**
   ⑤ 동선이 복잡해 질 경우 별도의 통로공간을 두어 동선을 독립시킨다.
   ⑥ 동선은 **통행량, 동선의 방향, 차 및 이동시의 동작 등을 고려**하여 계획한다.

> **예제 02** 실내공간의 동선에 관한 설명으로 옳지 않은 것은? [24,13]
> ① 동선은 사람이나 물건이 움직이는 선을 연결한 것을 말한다.
> ② 동선은 성격이 다른 동선일지라도 교차시켜서 계획하는 것이 바람직하다.
> ③ 동선은 짧으면 효율적이지만 공간의 성격에 따라 길게 처리하기도 한다.
> ④ 동선은 빈도, 속도, 하중의 3요소를 가지며, 이들 요소의 정도에 따라 거리의 장단, 폭의 대소가 결정되어 진다.
>
> 정답 ②

> **예제 03** 동선의 3요소에 속하지 않는 것은? [20,15]
> ① 시간   ② 하중
> ③ 속도   ④ 빈도
>
> 정답 ①

3) 주택의 동선계획
   ① 단순, 명쾌하게 한다.(특히 **빈도가 높은 동선은 짧게** 한다.)
   ② 서로 다른 종류의 동선은 가능한 한 분리시키고 필요 이상의 교차는 피한다.
   ③ 낮 공간의 동선과 밤 공간의 동선은 분리시킨다.
   ④ **개인권, 사회권, 가사 노동권은 유기적으로 분산시키며 서로 독립성을 유지해야 한다.**
   ⑤ 동선에는 공간(space)이 필요하며 가구를 둘 수 없다.

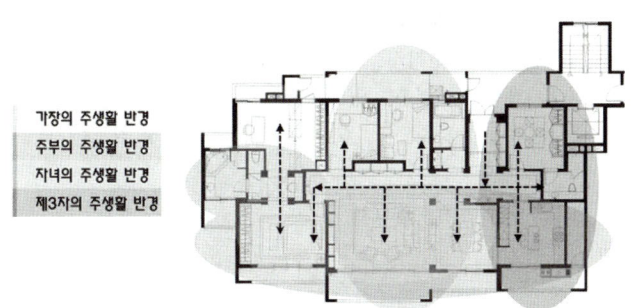

예제 04 주택의 동선계획에 관한 설명으로 옳지 않은 것은?
① 가사노동의 동선은 가능한 남측에 위치시키도록 한다.
② 사용빈도가 높은 공간은 동선을 길게 처리하는 것이 좋다.
③ 동선이 교차하는 곳은 공간적 두께를 크게 하는 것이 좋다.
④ 개인, 사회, 가사노동권 등의 동선은 상호간 분리하는 것이 좋다.

정답 ②

4) 상점의 동선계획

① 종업원의 동선은 짧게 하고 고객의 동선은 길게 하는 경우가 많다.
② **고객동선과 종업원 동선은 분리**한다.
③ 상품관리 동선은 상품의 반입, 보관, 포장, 발송 등의 작업을 위한 동선이므로 다른 공간과 최단 거리로 연결하여 계획 한다.
④ 고객을 위한 통로 폭은 최소 900mm 이상으로 한다.
⑤ 상점의 동선은 통로 공간을 확보하는 것뿐 만 아니라 매장 전체가 잘 보이도록 입체적으로 계획 한다.

5) 전시공간의 동선계획

① 일반적으로 **전시공간에서의 동선은 관람객동선, 사무 관리자동선, 자료동선**으로 이루어진다.
② 자료를 보고 해석을 읽으면서 다시 돌아오지 않도록 전시품을 레이아웃 하는 것이 중요하며, 지그재그식의 동선이 발생되지 않도록 한다.
③ 감상의 방향과 이동의 방향이 일치되도록 한다. 보통의 전시자료는 왼쪽에서 오른쪽으로 이동하면서 감상하도록 계획한다.
④ 관람객이 피로를 느끼지 않도록 해야 하며, 다음 전시영역의 관람 여부를 판단할 수 있도록 계획되는 것이 바람직하다.
⑤ 관람객이 피로하지 않게 동선을 조정하는 것이 좋다.
⑥ 전시 공간 내에서 전후, 좌우를 다볼 수 있게 하는 것이 좋다.

 예제 05 미술관 전시부분의 동선계획에 관한 설명으로 옳지 않은 것은?
① 관람객의 흐름에 막힘이 없도록 배려하는 것이 좋다
② 관람객이 피로하지 않게 동선을 조정하는 것이 좋다.
③ 전시 공간 내에서 전후, 좌우를 다볼 수 있게 하는 것이 좋다.
④ 내용이 다른 모든 전시실의 전시물을 선택 없이 연속적으로 볼 수 있도록 구성하는 것이 좋다.

정답 ④

핵심 기출문제

03 공간 기본 구상 및 계획

1 조닝계획

01 ▶13,14,18

다음 중 공간의 레이아웃(lay-out) 과정에서 고려하여야 할 사항과 가장 거리가 먼 것은?

① 동선
② 공간별 그룹 핑
③ 가구의 크기와 점유면적
④ 재료의 마감과 색채계획

해설 | 공간을 구성하는 요소의 배치는 공간 상호간의 연계성, 출입 형식 및 동선체계, 인체공학적 치수와 가구설치 등을 고려한다.

02 ▶14,18

다음 중 주거공간의 조닝(zoning) 방법과 가장 거리가 먼 것은?

① 융통성에 의한 구분
② 주 행동에 의한 구분
③ 사용시간에 의한 구분
④ 프라이버시 정도에 따른 구분

해설 | 주거공간의 조닝은 생활공간, 주 행동에 의한 구분, 사용시간에 의한 구분, 프라이버시 정도에 따른 구분, 사용 빈도에 의한 분류 등으로 구분한다.

03 ▶13,19

다음 중 조닝(zoning)에서 존(zone)의 설정시 고려할 사항과 가장 거리가 먼 것은?

① 사용빈도   ② 사용시간
③ 사용행위   ④ 사용재료

해설 | 조닝이란 단위 공간 사용자의 특성, 사용 목적, 사용시간, 사용빈도, 행위의 연결 등을 고려하여 전체 공간을 몇 개의 행동권으로 구분하는 것을 말한다.

04 ▶19

다음 중 주거공간의 영역 구분(zoning) 방법과 가장 거리가 먼 것은?

① 행동의 목적에 따른 구분
② 공간의 분위기에 따른 구분
③ 사용자의 범위에 따른 구분
④ 공간의 사용시간에 따른 구분

해설 | 문제 2번 해설참조

05 ▶12

실내공간에 설치될 가구, 기구, 집기들의 위치를 결정하는 행위와 관련된 실내디자인 용어는?

① 조닝(Zoning)
② 드로잉(Drawing)
③ 레이아웃(Lay Out)
④ 프로그래밍(Programming)

해설 | 레이아웃은 실내공간의 구성 요소를 구분하면 공간을 형성하는 바닥, 벽, 천장 부분과 가구, 기구 등 설치되는 물체가 있는데 이것들의 위치를 정하는 단계이다.

정답 | 01 ④ 02 ① 03 ④ 04 ② 05 ③

2 동선계획

06 ▶12,17
다음 중 실내공간의 평면계획에서 가장 우선적으로 고려해야 할 것은?

① 마감재료 ② 공간의 동선
③ 공간의 색채 ④ 공간의 환기

해설 | 실내공간의 레이아웃(lay-out)에서 가장 우선 고려해야 할 사항은 공간의 동선계획이다.

07 ▶04
동선에 관한 설명으로 옳지 않은 것은?

① 동선이란 사람이나 물건이 이동하는 궤적을 연결하여 만든 긴 공간 개념의 선을 말한다.
② 동선은 통행량, 동선의 방향, 차 및 이동 시의 동작 등을 고려하여 계획한다.
③ 각 실내에서의 동선은 융통성이 없으므로 조절하기 어렵다.
④ 동선계획의 요점은 특수한 경우를 제외하고는 짧고 직선적이어야 한다.

해설 | 각 실내에서의 동선은 융통성이 있으므로 조절가능하다.

08 ▶13
실내공간의 동선계획에 관한 설명으로 옳지 않은 것은?

① 동선의 빈도가 높으면 안정감을 얻기 쉽다.
② 동선은 빈도, 속도, 하중의 3요소를 가진다.
③ 주택에서 가사노동의 동선은 가능한 남측에 위치시키는 것이 좋다.
④ 동선이 짧으면 효율적이지만 공간의 성격에 따라 길게 처리할 수도 있다.

해설 | 동선의 빈도가 높으면 공간 이동 량이 많아 안정감을 얻기 어렵다.

09 ▶19
동선계획에 관한 설명으로 옳은 것은?

① 동선의 속도가 빠른 경우 단 차이를 두거나 계단을 만들어 준다.
② 동선의 빈도가 높은 경우 동선 거리를 연장하고 곡선으로 처리한다.
③ 동선이 복잡해 질 경우 별도의 통로공간을 두어 동선을 독립시킨다.
④ 동선의 하중이 큰 경우 통로의 폭을 좁게 하고 쉽게 식별할 수 있도록 한다.

해설 | ㉠ 동선의 속도가 빠른 경우 단 차이를 두거나 계단을 두면 위험 하다.
㉡ 동선의 빈도가 높은 경우 동선 거리를 짧게 하고 직선으로 처리한다.
㉢ 동선의 하중이 큰 경우 통로의 폭을 넓게 하고 쉽게 식별할 수 있도록 한다.

정답 | 06 ② 07 ③ 08 ① 09 ③

04 실내디자인의 요소

> **Pass Note**

예상출제문항		키워드
2~3	- 벽의 기능과 구분 - 천장 - 창의 종류와 특징	- 고정적 요소(1차적 요소) - 커튼, 블라인드 종류

① 고정적 요소(1차적 요소) : 바닥, 벽, 천장, 기둥, 개구부, 통로, 실내환경 시스템
② 가동적 요소(2차적 요소) : 커튼, 블라인드, 가구, 조명, 액서서리

1. 고정적 요소(1차적 요소)

1) 바닥(Floor)
인간의 감각 중 **시각적, 촉각적 요소와 밀접한 관계**를 가지고 있고 일반적으로 접촉빈도가 가장 높다.

(1) 바닥의 기능
① 천장과 더불어 공간을 구성하는 수평선 요소로서 생활을 지탱하는 기본적 요소이다.
② 외부로부터 추위와 습기를 차단하고 사람의 보행과 가구 배치를 위한 기준면을 제공한다.
③ 바닥은 고저차가 가능하므로 필요에 따라 공간의 영역을 조정 할 수 있다.

(2) 바닥 형성시 고려사항
① 안전성, 구조적 견고성이 가장 먼저 고려
② 내구성, 관리성, 유지성, 마모 성, 차단성(내화, 방화, 내열, 방수, 차음 등)
③ 신체와 직접 접촉하므로 촉각적으로 만족 할 수 있어야 한다.
④ 바닥 재료의 색채는 저 명도에 중 채도나 저 채도를 선택하는 것이 좋다.
⑤ 바닥의 모서리는 때에 따라서는 형태나, 색채, 질감, 마감재를 다르게 하거나 조명을 설치함으로써 시각적인 구분을 명확하게 하는 경우도 있다.

예제 01 실내공간 구성요소 중 바닥에 관한 설명으로 옳지 않은 것은? [24,20]
① 바닥차가 없는 경우 색, 질감, 재료 등으로 공간의 변화를 줄 수 있다.
② 신체와 직접 접촉되는 요소로서 촉각적인 만족감을 중요시 해야 한다.
③ 상승된 바닥면은 공간의 흐름이 연속되고 주위 공간과 연계성이 강조된다.
④ 다른 요소들이 시대와 양식에 의한 변화가 현저한데 비해 매우 고정적이다.

정답 ③

2) 벽(Wall)

(1) 벽의 개념 및 기능
① 공간을 에워싸는 **수직적 요소**로 **수평방향을** 차단하여 공간을 형성한다.
② 천장과 바닥에 대해 구조적인 지지역할을 하고 있다.
③ 시각적 대상물이 되거나 **공간에 초점적요소**가 된다.
④ 벽의 높이에 따라 시각적, 심리적으로 다른 효과를 준다.
⑤ 인간의 시선이나 동선을 차단한다.
⑥ 공기의 움직임, 소리의 전파, 열의 이동을 제어한다.
⑦ 외부로부터의 **방어와 프라이버시 확보의 기능**을 한다.
⑧ 가구, 조명 등 실내에 놓이는 설치물에 대해 **배경적 요소**가 된다.

(2) 벽의 종류
① **구조적 기능에 따른 종류**
  ㉠ 내력벽
    ⓐ 상부로 부터의 하중을 벽 자체가 받아 하부 구조에 전달하는 벽
    ⓑ 변화를 함부로 주어서는 안 되므로 실내공간의 구성이나 동선의 영향 등을 고려하여 계획
  ㉡ 비 내력벽
    벽 자체만의 하중만 받는 벽체이기 때문에 비교적 설치와 해체 시 구조적 검토가 용이하다.(경량 칸막이, 유리 칸막이, 스크린 월(screen wall), 이동 칸막이)

② **높이에 따른 종류**

구분	내용
높이 600mm 이하	• **상징적 경계** : 통행과 시선이 자유롭다. 영역표시나 경계표시 등으로 사용한다.
높이 1,200mm	• **시각적 개방** : 주변공간에 시각적 연속성을 부여 한다.
높이 1,500mm	• **공간의 분할 시작** : 인체 기준으로 보았을 때 눈높이 정도를 의미한다.
높이 1,800mm 이상	• **시각적 차단** : 공간의 영역이 완전히 차단되는 높이로 프라이버시를 유지할 수 있다.

[상징적 경계의 벽]

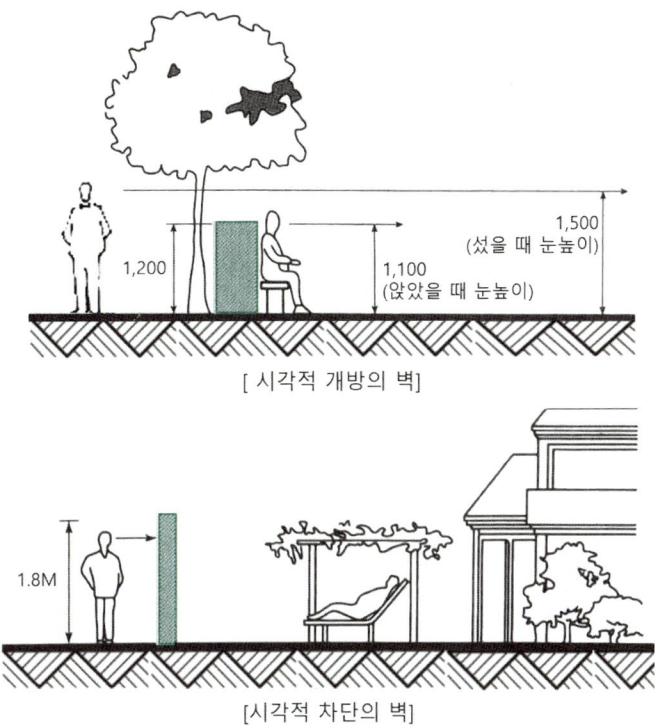

[시각적 개방의 벽]

[시각적 차단의 벽]

| 예제 02 | 실내공간 구성요소 중 벽에 관한 설명으로 옳지 않은 것은? [24,19,12]

① 높이 600mm 이하의 벽은 상징적 경계로서 두 공간을 상징적으로 분할한다.
② 높이 1200mm 정도의 벽은 통행은 어려우나 시각적으로 개방된 느낌을 준다.
③ 실내공간 구성요소 중 가장 많은 면적을 차지하며 일반적으로 가장 먼저 인지된다.
④ 인간의 시선과 동작을 차단하며 소리의 전파, 열의 이동을 차단하는 수평적 요소이다.

정답 ④

| 예제 03 | 실내공간 구성요소 중 벽(Wall)에 관한 설명으로 옳지 않은 것은? [22,15]

① 시각적 대상물이 되거나 공간에 초점적 요소가 되기도 한다.
② 가구, 조명 등 실내에 놓이는 설치물에 대해 배경적요소가 되기도 한다.
③ 벽은 공간을 에워싸는 수직적 요소로 수평방향을 차단하여 공간을 형성한다.
④ 다른 요소들이 시대와 양식에 의한 변화가 현저한데 비해 벽은 매우 고정적이다.

정답 ④

3) 천장

바닥과 함께 실내공간을 형성하는 수평적 요소로서 다양한 형태나 패턴의 처리가 가능하면서 바닥과는 달리 하중을 싣지 않으므로 형태에 있어 자유롭다.

① **바닥과 함께 실내공간을 형성하는 수평적 요소로서 바닥과 천장 사이에 있는 내부공간을 규정한다.**

② 천장의 형태를 강조하여 **요철**을 주거나 **경사지게 처리하면 공간을 활기 있게** 하고 공간의 실제 용적을 증가시키므로 **확장감과 방향성**을 줄 수 있다.
③ 시각적 흐름이 최종적으로 멈추는 곳으로 지각의 느낌에 영향을 준다. **낮은 천장은 아늑한 느낌, 높은 천장은 확장감을 준다.**
④ 수평 천장은 가장 일반적인 것으로 단순하여 시선을 거의 끌지 않으며, 경사진 천장은 활기찬 느낌을 준다.
⑤ 낮은 천장을 높게 보이게 하려면 천장의 색을 벽보다 밝은 색으로 사용한다.

예제 04 실내공간을 구성하는 요소에 관한 설명으로 옳지 않은 것은? [17,13]
① 상승된 바닥은 다른 부분보다 중요한 공간이라는 것을 나타낸다.
② 벽과 천장은 시대와 양식에 의한 변화가 현저한데 비해 천장은 매우 고정적이다.
③ 벽, 문틀, 문과의 관계에서 색상은 실내분위기연출에 영향을 주는 중요한 요소가 된다.
④ 벽의 높이가 가슴 정도이면 주변공간에 시각적 연속성을 주면서도 특정 공간을 감싸주는 느낌을 준다.

정답 ②

예제 05 실내공간을 구성하는 기본요소에 관한 설명으로 옳은 것은? [20,15]
① 바닥은 공간의 영역 조정 기능이 없다.
② 천장을 낮추면 친근하고 아늑한 공간이 되고 높이면 확대 감을 줄 수 있다.
③ 눈높이보다 낮은 벽은 공간을 차단하고 높은 벽은 상징적인 경계를 나타낸다.
④ 천장은 공간을 에워싸는 수직적 요소로 수평방향을 차단하여 공간을 형성하는 기능을 한다.

정답 ②

예제 06 실내 기본요소 중 천장에 관한 설명으로 옳은 것은? [22,16]
① 바닥에 함께 실내공간을 구성하는 수직적 요소이다.
② 바닥이나 벽에 비해 접촉빈도가 높으며 공간의 크기에 영향을 끼친다.
③ 바닥은 시대와 양식에 의한 변화가 현저한데 비해 천장은 매우 고정적이다.
④ 천장을 낮추면 친근하고 아늑한 공간이 되고 높이면 확대감을 줄 수 있다.

정답 ④

4) 기둥 및 보

기둥의 특징	① 선형의 **수직 요소**로 크기, 형상을 가지고 있다. ② 구조적 요소로 하중을 떠받들기도 하고 또는 하중에 관계없이 강조적, 상징적 요소로도 사용된다. ③ 건축물의 구성요소로서 보나 도리, 바닥판과 같은 가로재의 하중을 받아 기초에 전달한다.
보의 특징	① 바닥에 작용하는 하중을 기둥이나 벽에 전달하는 **수평적 요소**이다. ② 천장과 조명계획에 있어서 보는 제한적 요소지만 그대로 노출시켜 실내공간의 패턴을 주는 개성을 강조 할 수 있다.

5) 통로
   ① 건물의 외부와 내부를 연결하거나 내부와 내부를 연결하는 공간을 의미한다.
   ② 직선통로는 연속공간을 위한 최우선의 구성 형태이다.
   ③ 통로의 넓이와 높이는 통행량과 통로의 사용목적에 따라 달라질 수 있다.
   ④ 통로의 종류

통로의 종류	내 용
복도	• 공간을 연결시켜주는 연결공간이면서 독립성을 준다.
홀	• 동선이 집중되었다가 분산되는 곳으로 홀을 중심으로 통로를 구성한다.
출입구	• 건축물의 주 출입을 위한 개구부이며, 파사드 역할을 한다.
계단	• 수직방향으로 공간을 연결하는 상하 통행 공간이다. • **통행자의 밀도, 빈도, 연령 등을 고려**하여 설계한다. • 계단의 재료나 구조방법에 따라 실내에 도입하여 시각적, 공간적 흐름을 연속시키는 효과를 얻을 수 있다. • 주택의 경우 단 너비(발판)은 150mm 이상, 단 높이(챌판)는 230mm 이하로 한다. • 계단의 **각도**는 일반적으로 30 ~ 35도를 사용한다. • 계단 난간의 **높이**는 800~900mm 정도가 적당하다.

실내공간의 계단에 관한 설명으로 옳지 않은 것은? [12]
① 계단의 경사도는 30~35° 정도가 일반적이다.
② 계단의 난간 높이는 500~650mm 정도가 일반적이다.
③ 계단은 수직방향으로 공간을 연결하는 상하 통행공간이다.
④ 계단은 통행자의 밀도, 빈도, 연령 등에 따른 사용상의 고려가 필요하다.

정답 ②

6) 개구부
   ① 개구부는 출입구와 창문을 말한다.
   ② **동선과 가구배치에 영향**을 준다.
   ③ 개구부의 기능은 공간과 **인접된 공간을 연결**시킨다.
   ④ 채광, 통풍이 가능하게 한다.
   ⑤ 전망과 프라이버시를 확보한다.

개구부에 관한 설명으로 옳지 않은 것은? [24,16,12]
① 한 공간과 인접된 공간을 연결시킨다.
② 가구배치와 동선계획에 영향을 미친다.
③ 벽체를 대신하여 건축구조 요소로 사용된다.
④ 창의 크기와 위치, 형태는 창에서 보이는 시야의 특징을 결정한다.

정답 ③

7) 문(door)

(1) 문의 기능

① 출입구는 사람이나 물건이 드나드는 곳을 말한다.
② 공간과 다른 공간을 연결시킨다.
③ 출입문의 위치를 결정할 때 출입 동선, 가구를 배치할 공간, 통행을 위한 공간을 고려해야 한다.

(2) 문의 종류

여닫이 문	창, 문의 한쪽에 경첩 또는 피벗 힌지를 달아서 여닫을 수 있게 하는 창호이다. ㉠ 문 너비가 1m까지는 외여닫이로 하고 그 이상일 때 쌍여닫이로 하며, 개폐 시 실내 유효면적을 차지하여 집기류를 놓을 수 없다. ㉡ 문의 너비 100%만큼 개폐가 가능하며 외기를 차단하고 방음에 효과적이다.
미서기문	**문틀의 홈으로 2~4개의 문이 미끄러져 닫히는 문으로 문짝이 서로 겹치는 것이 특징이다.** ㉠ 시공이 간편하고 가격이 저렴하여 가장 널리 사용된다. ㉡ 밑틀의 홈을 파지 않을 때는 레일을 깔기도 하며, 문의 50% 정도만 개폐가 된다.
미닫이문	위, 아래 홈을 파서 창호를 끼워 넣어 옆 벽이나 벽 속에 미닫는 형식이다. ㉠ 밑틀의 홈을 파지 않을 때는 레일을 깔기도 하며, 방음과 기밀이 좋지 않고 시공이 불편하다. ㉡ 문 전체를 열 수 있으며 여닫을 때 실내 유효면적이 필요 없다.
회전문	회전문의 너비는 0.8~1m 가 적당하며 문짝을 + 자로 만들어 회전하는 문이다. ㉠ 출입 인원 조절이 가능하며 **많은 사람이 출입하는 곳에는 적당하지 않으며, 외풍과 먼지, 기류 등을 막는 데 유리**하다. ㉡ **호텔이나 은행 등 사람의 출입이 많은 장소**에 설치된다.
자재문	자유 경첩을 달아서 안쪽과 바깥쪽으로 자유로이 열 수 있으며, 여닫기는 편리하나 문이 기밀하지 못하고 문단속이 불안전하다.
접이문	간이 문이나 칸막이의 용도로 사용한다.

예제 09 다음과 같은 특징을 갖는 문의 종류는? [21,20,18,13]

• 출입하는 사람이 충돌할 위험이 없으며 방풍실을 겸 할 수 있는 장점이 있다.
• 호텔이나 은행 등 사람의 출입이 많은 장소에 설치된다.

① 회전문 ② 접이문 ③ 미닫이문 ④ 여닫이문

정답 ①

8) 창문(window)

(1) 창문의 기능

① 채광, 통풍, 조망, 환기의 역할을 한다.
② 사용목적이나 의장에 따라 모양과 크기를 정한다.
③ 실내공간과 실외공간을 시각적으로 연결한다.
④ 창은 실내의 조명계획과 밀접한 관련성이 있다.
⑤ 전망과 프라이버시를 고려해야 한다.

(2) 창문의 개폐방식에 의한 분류
  ① **고정 창** : 열리지 않고 빛만 유입되는 기능으로 크기와 형태에 제약 없이 자유롭게 디자인 할 수 있다.

픽쳐 윈도우	바닥부터 천장까지 닿은 커다란 창문으로 베란다 창이 있다.
베이 윈도우	평면이 돌출된 형태의 창으로 장식품을 두거나 간이 휴식 공간을 마련 할 수 있는 창
보우 윈도우	돌출 창(활 모양의 창)
윈도우 월	벽면 전체를 창으로 처리해 개방감이 아주 좋다.
고창	천장 가까이 있는 벽에 위치하며, 좁고 긴 창문으로 지하실의 창 또는 미술관에 설치한다.

[픽쳐 윈도우]

[베이 윈도우]

[보우 윈도우]

② 이동창
  ㉠ **미서기창** : 2짝 이상의 창문이 좌우로 개폐되며, 개폐에 있어 실내 공간을 고려할 필요가 없다.
  ㉡ 미닫이창 : 창문을 옆으로 밀어 열고 닫는 창문이다.
  ㉢ 여닫이창 : 열리는 범위를 조절할 수 있고, 전체를 모두 열수도 있어 관리가 용이하며, 환기가 유리하다.
  ㉣ 들창 : 밖으로 밀어 경사지게 열리는 창으로 건물의 외부창문에 많이 사용된다.
  ㉤ 오르내리기창 : 2짝 미서기 창을 위, 아래로 오르내릴 수 있게 한 것이다.

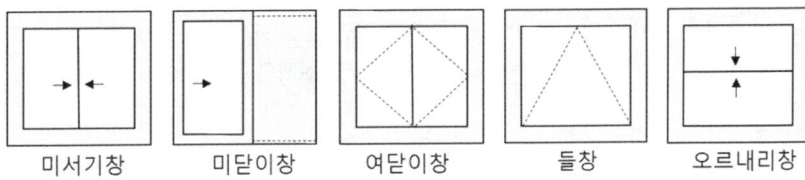

예제 10. 다음 설명에 알맞은 창의 종류는? [20]

> 평면이 돌출된 형태의 창으로 장식품을 두거나 간이 휴식 공간을 마련 할 수 있는 창

① 고창(clerestory) ② 윈도우 월(window wall)
③ 베이 윈도우(bay window) ④ 픽쳐 윈도우(picture window)

정답 ③

(3) 창문의 위치에 의한 분류

분 류	특 성
천창	• 지붕면에 있는 수평 또는 수평에 가까운 창을 말한다. • 인접 건물에 대한 프라이버시 침해가 적고, 채광 량이 많고, 조도 분포가 균일하다. • 통풍과 열 조절이 불리하다. • 건축계획의 자유도가 증가하나, 시공, 관리가 어렵고, 빗물이 새기 쉽다. • 벽면 이용을 개구부에 상관없이 다양하게 활용할 수 있으며, 시야가 차단되므로 폐쇄된 분위기가 되기 쉽다.
측창	• 창의 면이 수직 벽면에 설치되는 창으로 일반 주택이나 소규모 건물에 적합하다. • 구조적, 시공이 용이하고 바람과 비에 강하며, 청소, 관리가 쉬우며, 통풍과 실내 온도 조절에 유리하고 개폐와 조작이 쉽다. • 측면에서 빛이 들어오기 때문에 천창에 비해 눈부심이 적고 개방감과 전망이 좋다. • 편측채광의 경우 실내의 조도분포가 불균일하고 실 깊이에 제한을 받아서 넓은 실내에 불리하다. • 양측창은 실의 분위기가 둘로 나누어질 수 있다.
고측창	• 천장 면 가까이에 높게 위치한 창으로 주로 환기를 목적으로 설치된다.
정측창	• 지붕 면 가까이 위치한 수직 창으로 개폐, 청소, 수리, 관리가 어렵다 • 창턱의 높이가 눈높이보다 높게 설치되어 있어 미술관, 박물관 등에 이용된다.

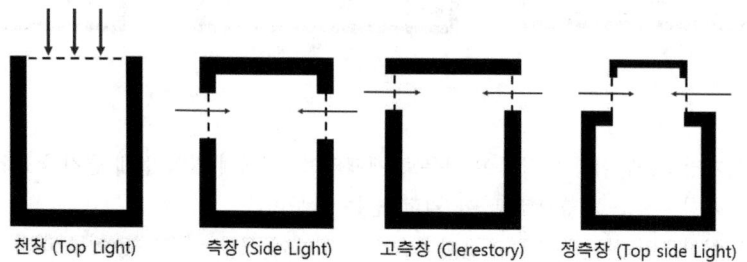

 설치위치에 따른 창의 종류에 관한 설명으로 옳지 않은 것은? [22,13]
① 천창은 같은 면적의 측창보다 광량이 많으며 조도분포도 비교적 균일하다.
② 고창은 천장면 가까이에 높게 위치한 창으로 주로 환기를 목적으로 설치된다.
③ 정측창은 직사광선의 실내 유입이 많아 미술관, 박물관에서는 사용이 곤란하다.
④ 편측창은 실의 구석부분은 조도가 부족하고 실 전체의 조도 분포가 비교적 균일하지 못한 것이 단점이다.

정답 ③

 고정창에 관한 설명으로 옳지 않은 것은? [22,18]
① 적정한 자연 환기량 확보를 위해 사용된다.
② 크기에 관계없이 자유롭게 디자인할 수 있다.
③ 형태에 관계없이 자유롭게 디자인할 수 있다.
④ 유리와 같이 투명재료일 경우 창이 있는 것을 알지 못해 부딪힐 위험이 있다.

정답 ①

2. 가동적 요소(2차적 요소)

1) 커튼

① **글라스 커튼** : 유리 바로 앞에 치는 투명한 얇은 천으로 실내에 들어오는 빛을 부드럽게 하며 프라이버시를 제공 한다
② **새시 커튼** : 창문 전체를 커튼으로 처리하지 않고 반 정도만 친 형태를 갖는 커튼을 말한다.
③ **드로우 커튼** : 반투명하거나 불투명한 직물로 창문위에 설치하는 일반적인 형태를 말한다.
④ **드레퍼리 커튼** : 창문에 느슨하게 걸려 있는 중량감 있는 무거운 커튼을 말한다.

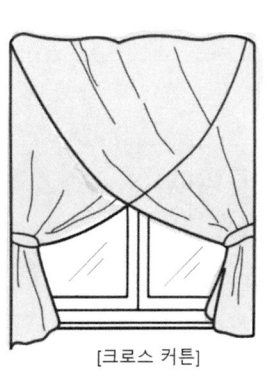
[크로스 커튼]

[새시 커튼]

[글라스 커튼]

[커튼의 유형]

2) 블라인드

① **베니션 블라인드**(venetian blind) : 수평 블라인드
② **버티컬 블라인드**(vertical blind) : 수직 블라인드
③ **롤 블라인드**(roll blind) : 천을 감아올리는 블라인드
④ **로만 블라인드**(roman blind) : 상부의 줄을 당기면 단이 생기면서 접히는 형식의 블라인드.

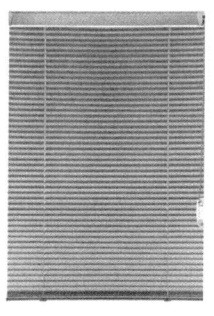
[베니션 블라인드]

[버티컬 블라인드]

[롤 블라인드]

[로만 블라인드]

예제 13 블라인드(blind)에 관한 설명으로 옳지 않은 것은? [21,14]
① 롤 브라인드는 쉐이드라고도 한다.
② 베네시안 브라인드는 수평형 브라인드이다.
③ 로만 브라인드는 날개의 각도로 채광 량을 조절한다.
④ 베네시안 브라인드는 날개 사이에 먼지가 쌓이기 쉽다.

정답 ③

예제 14 다음 설명에 알맞은 블라인드의 종류는? [23,21,18,17]
- 쉐이드(shade)라고도 한다
- 창 이외에 칸막이나 스크린으로도 효과적으로 사용할 수 있다.

① 롤(roll) 블라인드 ② 로만(roman) 블라인드
③ 버티컬(vertical) 블라인드 ④ 베니션(venetian) 블라인드

정답 ①

예제 15 날개의 각도를 조절하여 일광, 조망 그리고 시각의 차단 정도를 조정하는 수평형 블라인드는? [20,17]
① 롤 블라인드(roll blind) ② 로만 블라인드(roman blind)
③ 버티컬 블라인드(vertical blind) ④ 베네시안 블라인드(venetian blind)

정답 ④

예제 16 창문 전체를 커튼으로 처리하지 않고 반 정도만 친 형태를 갖는 커튼의 종류는? [23,17,15,14]
① 새시 커튼 ② 글라스 커튼
③ 드로우 커튼 ④ 드레퍼리 커튼

정답 ①

3) 루버

고정식과 개폐식이 있으며 평평한 부재를 전면에 설치하여 일조를 차단하는 것으로 수평형, 수직형, 격자형 루버가 있다.

4) 장식물(액서서리, accessory)

장식물이란 실내를 구성요소 가운데 시각적인 효과를 강조하는 장식적 요소로 일반적으로 비교적 작고 움직이기 쉬운 오브제(object)를 말한다.

① 실내디자인을 완성하게 하는 보조적인 역할을 한다.
② 실내 공간의 성격, 크기, 마감재료, 색채 등을 고려하여 그 종류를 선정한다.
③ 디자인의 의도에 따라 실의 분위기나 시각적 효과를 좌우하는 요소가 될 수 있다.

④ 기능적 장식품 : 생활에 있어 실질적인 기능을 담당하고 장식 효과까지 발휘하는 물품(조명 기기, 가전제품, 화초, 병풍, 시계)
⑤ 장식적 장식품 : 실생활의 사용보다는 실내 분위기를 더욱 북돋아 주는 감상 위주의 물품(그림, 조각, 사진, 수석, 어항)

예제 17

장식품(accessory)에 관한 설명으로 옳지 않은 것은? [23,20,12]
① 실내디자인을 완성하게 하는 보조적인 역할을 한다.
② 실내 공간의 성격, 크기, 마감재료, 색채 등을 고려하여 그 종류를 선정한다.
③ 디자인의 의도에 따라 실의 분위기나 시각적 효과를 좌우하는 요소가 될 수 있다.
④ 디자인의 완성도를 높이기 위하여 도입하는 것으로서 심미적 감상 목적의 물품만을 말한다.

정답 ④

핵심 기출문제

04 실내디자인의 요소

1 고정적 요소(1차적 요소)

01 ▶18

실내공간을 구성하는 기본 요소 중 바닥에 관한 설명으로 옳지 않은 것은?

① 천장과 더불어 공간을 구성하는 수평적 요소이다.
② 외부로부터 추위와 습기를 차단하고 사람과 물건을 지지한다.
③ 바닥은 고저차가 가능하므로 필요에 따라 공간의 영역을 조정할 수 있다.
④ 인간의 시선이나 동선을 차단하고 공기의 움직임, 소리의 전파, 열의 이동을 제어한다.

해설 | 벽은 인간의 시선이나 동선을 차단하고 공기의 움직임, 소리의 전파, 열의 이동을 제어한다.

02 ▶19

실내공간을 수평 방향으로 구획할 때 다음 중 구획의 효과가 가장 큰 방법은?

① 바닥 색채를 달리한다.
② 천장 장식의 변화를 준다.
③ 바닥 마감 재료를 달리한다.
④ 바닥면의 높이 차이를 두어 단으로 처리한다.

해설 | 상승된 바닥은 다른 부분보다 중요한 공간이라는 것을 나타낸다.

03 ▶17

실내공간을 형성하는 기본요소로 공간을 구성하는 수직적 요소는?

① 벽   ② 보
③ 천장 ④ 바닥

해설 | 벽은 공간을 에워싸는 수직적 요소이며, 수평방향을 차단하여 공간을 형성한다.

04 ▶19

공간의 구성요소 중 일반적으로 가장 먼저 인지되는 요소로, 시각적 대상물이 되거나 공간에 초점적 요소가 되기도 하는 것은?

① 천장 ② 바닥
③ 벽   ④ 보

05 ▶14

실내공간을 구성하는 기본 요소 중 벽에 관한 설명으로 옳지 않은 것은?

① 선형의 수직요소로 크기, 형상을 가지고 있다.
② 수평방향을 차단하여 공간을 형성하는 기능을 갖는다.
③ 시각적 대상물이 되거나 공간에 초점적 요소가 되기도 한다.
④ 실내 분위기를 형성하여 색, 패턴, 질감, 조명 등에 의해 그 분위기가 조절된다.

정답 | 01 ④ 02 ④ 03 ① 04 ③ 05 ①

해설 | 벽의 개념 및 기능
　㉠ 공간을 에워싸는 수직적 요소로 수평방향을 차단하여 공간을 형성한다.
　㉡ 천장과 바닥에 대해 구조적인 지지역할을 하고 있다.
　㉢ 시각적 대상물이 되거나 공간에 초점적 요소가 된다.
　㉣ 벽의 높이에 따라 시각적, 심리적으로 다른 효과를 준다.
　㉤ 인간의 시선이나 동선을 차단한다.
　㉥ 공기의 움직임, 소리의 전파, 열의 이동을 제어한다.
　㉦ 외부로부터의 방어와 프라이버시 확보의 기능을 한다.
　㉧ 가구, 조명 등 실내에 놓이는 설치물에 대해 배경적 요소가 된다.

06　▶16
실내기본요소 중 벽에 관한 설명으로 옳지 않은 것은?

① 공간의 형태에 영향을 끼치는 윤곽적 요소이다.
② 시점보다 낮은 벽은 공간의 폐쇄성이 요구되는 곳에 사용된다.
③ 가구, 조명 등 실내에 놓이는 설치물에 대한 배경적 요소이다.
④ 공간을 에워싸는 수직적 요소로 수평방향을 차단하여 공간을 형성하는 기능을 갖는다.

해설 | 시점보다 높은 벽은 공간의 폐쇄성이 요구되는 곳에 사용된다.

07　▶17
실내공간 구성요소 중 벽(wall)에 관한 설명으로 옳지 않은 것은?

① 공간을 에워싸는 수직적 요소이다.
② 다른 요소에 비해 조형적으로 가장 자유롭다.
③ 외부세계에 대한 침입 방어의 기능을 갖는다.
④ 가구, 조명 등 실내에 놓이는 설치물에 대해 배경적 요소가 된다.

해설 | 문제 5번 해설참조

08　▶12,19
벽에 관한 설명으로 옳지 않은 것은?

① 공간을 둘러싸는 수직적 요소이다.
② 공간의 형태와 크기를 결정하는 요소이다.
③ 벽의 높이가 600mm 정도이면 공간을 시각적으로 차단하는 기능을 한다.
④ 공간과 공간을 구분하고 분리함으로써 시각적, 청각적 프라이버시를 제공할 수 있다.

해설 | 벽 높이에 따른 종류
　㉮ 600mm 정도의 벽 : 상징적 경계로 통행과 시선이 자유롭다. 단, 영역표시나 경계표시 등으로 사용한다.
　㉯ 1,200mm 정도의 벽 : 시각적 개방으로 주변공간에 시각적 연속성을 부여한다.
　㉰ 1,500mm 정도의 벽 : 한 공간이 다른 공간과 차단적으로 분할되기 시작하는 높이로 인체 기준으로 보았을 때 눈높이 정도를 의미한다.
　㉱ 1,800mm 정도의 벽 : 심리적인 영향을 주는데, 공간의 영역이 완전히 차단되는 높이로 프라이버시를 유지할 수 있다.

09　▶20
실내공간을 구성하는 기본 요소에 관한 설명으로 옳지 않은 것은?

① 벽은 다른 요소들에 비해 조형적으로 가장 자유롭다.
② 바닥은 고저차를 통해 공간의 영역을 조정할 수 있다.
③ 다른 요소들이 시대와 양식에 의한 변화가 현전한 데 비해 바닥은 매우 고정적이다.
④ 천장은 시각적 흐름이 최종적으로 멈추는 곳이기에 지각의 느낌에 영향을 미친다.

해설 | 조형적으로 가장 자유로운 요소는 천장이다.

정답 | 06 ② 07 ② 08 ③ 09 ①

10
벽에 관한 설명으로 옳지 않은 것은?

① 실내공간의 형태와 규모를 결정하는 기본적인 요소이다.
② 외부환경으로부터 인간을 보호하고 프라이버시를 지켜준다.
③ 다른 요소들에 비해 시대와 양식에 의한 변화가 거의 없다.
④ 일반적으로 벽의 높이가 600mm 정도이면 공간을 한정할 수 있지만 감싸는 효과는 없다.

해설 | 벽은 다른 요소들에 비해 시대와 양식에 의한 변화가 많다.

11
다음 설명에 알맞은 벽의 높이에 따른 공간 구획 방법은?

> 공간상호 간에는 통행이 용이하며 자유로이 시선이 통과하므로 영역을 표시하거나 경계를 나타낸다.

① 시각적 개방 ② 상징적 경계
③ 시각적 차단 ④ 칸막이 벽체

해설 | 600mm 정도의 벽 : 상징적 경계로 통행과 시선이 자유롭다. 단, 영역표시나 경계표시 등으로 사용한다.

12
실내공간을 구성하는 기본요소 중 천장에 관한 설명으로 옳은 것은?

① 천장의 형태는 실내공간의 음향에 영향을 주지 않는다.
② 내부공간의 어느 요소보다도 조형적으로 제약을 많이 받는다.
③ 천장의 일부를 높이거나 낮추는 것을 통해 공간의 영역을 한정할 수 있다.
④ 천장은 시각적 흐름이 시작되는 곳이기에 지각의 느낌에 영향을 주지 않는다.

해설 | ⊙ 실내공간의 음향은 천장형태에 영향을 많이 받는다.
ⓒ 내부공간의 어느 요소보다도 조형적으로 제약을 적게 받는다.
ⓒ 천장은 시각적 흐름이 시작되는 곳이기에 지각의 느낌에 많은 영향을 준다.

13
개구부에 관한 설명으로 옳지 않은 것은?

① 가구배치와 동선계획에 영향을 미친다.
② 고정 창은 크기와 형태에 제약 없이 자유로이 디자인할 수 있다.
③ 측창은 같은 크기의 천창보다 3배 정도의 많은 빛을 실내로 유입시킨다.
④ 회전문은 출입하는 사람이 충돌할 위험이 없으며 방풍 실을 겸할 수 있는 장점이 있다.

해설 | 천창은 같은 크기의 측창보다 3배 정도의 많은 빛을 실내로 유입시킨다.

14
실내공간을 형성하는 기본구성요소에 관한 설명으로 옳지 않은 것은?

① 개구부는 벽체를 대신하여 건축 구조 요소로 사용된다.
② 벽은 공간을 에워싸는 수직적 요소로 수평 방향을 차단하여 공간을 형성하는 기능을 갖는다.
③ 천장은 시각적 흐름이 최종적으로 멈추는 곳으로 내부 공간 요소 중 조형적으로 가장 자유롭다.
④ 바닥은 천장과 함께 공간을 구성하는 수평적 요소이며 고저 차로써 공간의 영역을 조정할 수 있다.

해설 | 개구부는 구조적 부담을 받지 않아야 한다.

정답 | 10 ③ 11 ② 12 ③ 13 ③ 14 ①

15

방풍 및 열손실을 최소로 줄여주면서 통행의 흐름을 완만하게 해주는 문의 형태는?

① 자동문　　② 회전문
③ 접이문　　④ 여닫이문

해설 | 회전문
ⓐ 회전문의 너비는 0.8~1m 가 적당하며 문짝을 +자로 만들어 회전하는 문이다.
ⓑ 출입 인원 조절이 가능하며 많은 사람이 출입하는 곳에는 적당하지 않으며, 외풍과 먼지, 기류 등을 막는 데 유리하다.

16

실내구성요소 중 문에 관한 설명으로 옳지 않은 것은?

① 실내에서의 문의 위치는 내부공간에서의 동선을 결정한다.
② 사람이 출입하는 문의 폭은 일반적으로 900mm 정도이다.
③ 문의 치수는 기본적으로 사람의 출입을 기준으로 결정된다.
④ 여닫이문은 문틀의 홈으로 2~4개의 문이 미끄러져 닫히는 문으로 일반적으로 슬라이딩 도어라고 한다.

해설 | 여닫이 문 : 창, 문의 한쪽에 경첩 또는 피벗 힌지를 달아서 그것을 축으로 여닫을 수 있게 하는 문이다.

17

창의 기본적 기능과 가장 거리가 먼 것은?

① 채광
② 통풍
③ 장식
④ 환기

해설 | 창의 기능은 채광, 통풍, 환기 이다.

18

다음 설명에 알맞은 창의 종류는?

> 벽면 전체를 창으로 처리하는 것으로 어떤 창보다도 큰 조망과 보다 많은 투과광량을 얻는다.

① 윈도우 월　　② 보우 윈도우
③ 베이 윈도우　　④ 픽처 윈도우

해설 | 고정창
열리지 않고 빛만 유입되는 기능으로 크기와 형태에 제약 없이 자유롭게 디자인 할 수 있다.
ⓐ 픽처 윈도우 : 바닥부터 천장까지 닿은 커다란 창문으로 베란다 창이 있다
ⓑ 윈도우 월 : 벽면 전체를 창으로 처리해 개방감이 아주 좋다.
ⓒ 고창 : 천장 가까이 있는 벽에 위치하며, 좁고 긴 창문으로 지하실의 창 또는 미술관에 설치한다.
ⓓ 베이 윈도우 : 일명 돌출 창으로 벽면보다 돌출된 형태의 창을 말한다.

19

창(window)에 관한 설명으로 옳은 것은?

① 고정창은 일반적으로 형태에 제약 없이 자유로이 디자인할 수 있다.
② 미서기창은 경사지게 열리므로 비나 눈이 올 때도 창을 열수 있는 장점이 있다.
③ 여닫이창은 2짝 이상의 창문이 좌우로 개폐되며, 개폐에 있어 실내 공간을 고려할 필요가 없다.
④ 윈도우 월(window wall)은 밖으로 창과 함께 평면이 돌출된 형태로 아늑한 구석공간을 형성할 수 있다.

해설 | ⓐ 고정창 : 열리지 않고 빛만 유입되는 기능으로 크기와 형태에 제약 없이 자유롭게 디자인 할 수 있다.
ⓑ 들창 : 경사지게 열리므로 비나 눈이 올 때도 창을 열수 있는 장점이 있다.
ⓒ 미서기창 : 2짝 이상의 창문이 좌우로 개폐되며, 개폐에 있어 실내 공간을 고려할 필요가 없다.
ⓓ 베이 윈도우 : 밖으로 창과 함께 평면이 돌출된 형태로 아늑한 구석공간을 형성할 수 있다.

정답 | 15 ② 16 ④ 17 ③ 18 ① 19 ①

20 ▶17
천창을 건축에 사용했을 때 장점으로 옳지 않은 것은?

① 건축계획의 자유도가 증가한다.
② 비막이 및 유지보수가 용이하다.
③ 벽면을 더욱 다양하게 활용할 수 있다.
④ 밀집된 건물에 둘러싸여 있어도 일정량의 채광을 확보할 수 있다.

해설 | 천창 : 지붕면에 있는 수평 또는 수평에 가까운 창을 말한다.
  ㉠ 인접 건물에 대한 프라이버시 침해가 적고, 채광량이 많고, 조도 분포가 균일하다.
  ㉡ 통풍과 열 조절이 불리하다.
  ㉢ 건축계획의 자유도가 증가하나, 시공, 관리가 어렵고, 빗물이 새기 쉽다
  ㉣ 벽면 이용을 개구부에 상관없이 다양하게 활용할 수 있으며, 시야가 차단되므로 폐쇄된 분위기가 되기 쉽다.

21 ▶19
천창(天窓)에 관한 설명으로 옳지 않은 것은?

① 차열, 통풍에 유리하다.
② 벽면의 활용성을 높일 수 있다.
③ 건축계획의 자유도가 증가한다.
④ 밀집된 건물에 둘러싸여 있어도 일정량의 채광을 확보할 수 있다.

해설 | 문제 20번 해설참조

22 ▶15
천창에 관한 설명으로 옳지 않은 것은?

① 채광량이 많다.
② 전망과 통풍에 유리하다.
③ 벽면을 다양하게 이용할 수 있다.
④ 실내 조도 분포를 균일하게 할 수 있다.

해설 | 문제 20번 해설참조

23 ▶17
측창에 관한 설명으로 옳지 않은 것은?

① 천창에 비해 채광량이 많다.
② 천창에 비해 비막이에 유리하다.
③ 편측창의 경우 실내 조도분포가 불균일하다.
④ 근린의 상황에 의한 채광 방해의 우려가 있다.

해설 | 측창 :
  ㉠ 창의 면이 수직 벽면에 설치되는 창으로 일반 주택이나 소규모 건물에 적합하다.
  ㉡ 구조적, 시공이 용이하고 바람과 비에 강하며, 청소, 관리가 쉬우며, 통풍과 실내 온도 조절에 유리하고 개폐와 조작이 쉽다.
  ㉢ 측면에서 빛이 들어오기 때문에 천창에 비해 눈부심이 적고 개방감과 전망이 좋다.
  ㉣ 편측채광의 경우 실내의 조도분포가 불균일하고 실 깊이에 제한을 받아서 넓은 실내에 불리하다.
  ㉤ 양측창은 실의 분위기가 둘로 나누어질 수 있다.

2 가동적 요소(2차적 요소)

24 ▶14,19
다음 설명에 알맞은 블라인드의 종류는?

- 셰이드 블라인드라고도 한다.
- 천을 감아 올려 높이 조정이 가능하며 칸막이나 스크린의 효과도 얻을 수 있다.

① 롤 블라인드
② 로만 블라인드
③ 버티컬 블라인드
④ 베니션 블라인드

해설 | 블라인드
  ㉠ 베니션 블라인드(venetian blind) : 수평 블라인드
  ㉡ 버티컬 블라인드(vertical blind) : 수직 블라인드
  ㉢ 롤 블라인드(roll blind) : 천을 감아올리는 블라인드
  ㉣ 로만 블라인드(roman blind) : 상부의 줄을 당기면 단이 생기면서 접히는 형식의 블라인드.

정답 | 20 ② 21 ① 22 ② 23 ① 24 ①

25 ▶19
장식물의 선정과 배치상의 일반적인 주의사항으로 옳지 않은 것은?

① 좋고 귀한 것은 돋보일 수 있도록 많이 진열한다.
② 계절에 따른 변화를 시도할 수 있는 여지를 남긴다.
③ 여러 장식품들이 서로 균형을 유지하도록 배치한다.
④ 형태, 스타일, 생상 등이 실내공간과 어울리도록 한다.

해설 | 장식물의 기능과 역할
　　ⓐ 계절에 따른 변화를 시도할 수 있는 여지를 남긴다.
　　ⓑ 여러 장식품들이 서로 균형을 유지하도록 배치한다.
　　ⓒ 형태, 스타일, 생상 등이 실내공간과 어울리도록 한다.
　　ⓓ 실 사용자의 개성을 표현하는 자기표현의 수단이 될 수 있다.
　　ⓔ 공간을 강조하고 흥미를 높여 주는 효과가 있다.
　　ⓕ 주변 물건들과의 조화 등을 고려하여 선택한다.

26 ▶16
실내장식물에 관한 설명으로 옳지 않은 것은?

① 수석이나 수족관은 감상위주의 장식물에 속한다.
② 실내장식물은 기능이 없으므로 장식적인 효과만을 고려한다.
③ 실내장식물은 공간을 강조하고 흥미를 높여주는 효과가 있다.
④ 실내장식물은 개성을 나타내는 자기표현의 수단이 될 수 있다.

해설 | 문제 25번 해설참조

27 ▶18
실내장식물에 관한 설명으로 옳지 않은 것은?

① 공간을 강조하고 흥미를 높여 주는 효과가 있다.
② 주변 물건들과의 조화 등을 고려하여 선택한다.
③ 개성을 표현하는 자기표현의 수단이 될 수 있다.
④ 기능은 없고 미적 효용성을 더해 주는 물품을 말한다.

해설 | 문제 25번 해설참조

28 ▶16
다음 중 기능성과 가장 관련이 먼 장식물(accessories)은?

① 수석　　　　　② 화초
③ 벽시계　　　　④ 조명기기

해설 | 기능적 장식품 : 생활에 있어 실질적인 기능을 담당하고 장식 효과까지 발휘하는 물품을 말한다.

29 ▶15
계단에 부딪치며 떨어지는 계단식 폭포를 무엇이라 하는가?

① 벽천　　　　　② 브라켓
③ 타피스트리　　④ 캐스케이드

30 ▶16
실내의 채광조절을 위한 장치에 속하지 않는 것은?

① 루버　　　　　② 커튼
③ 블라인드　　　④ 벤틸레이터

해설 | 벤틸레이터는 환기 장치이다.

정답 | 25 ① 26 ② 27 ④ 28 ④ 29 ④ 30 ④

31 ▶20
다음 중 일광조절장치에 속하지 않는 것은?

① 커튼 ② 루버
③ 코니스 ④ 블라인드

해설 | 코니스는 커튼이 걸리는 장대와 코튼을 감추기 위한 고정 띠 이다.

32 ▶16
다음 중 실내공간에서 공간의 성격과 분위기를 형성하는 요소와 가장 거리가 먼 것은?

① 설비 ② 조명
③ 색채 ④ 질감

해설 | 설비는 실내공간의 기술적 요소이다.

Chapter 03

실내디자인 세부 공간 계획

최근 10개년 출제문항수 **195개**

New_ 2022년 이후 평균 출제비중 **40%**

Chapter 출제경향분석

Section	출제비율
01 주거 세부 공간 계획	15%
02 업무 세부 공간 계획	10%
03 상업 세부 공간 계획	10%
04 전시 세부 공간 계획	5%

01 주거 세부 공간 계획

> **Pass Note**

예상출제문항	키워드	
3~4	- 주택 현관 - 거실 배치 유형, 크기 결정 요인 - 부엌 크기 결정 요인	- 부엌의 계획, 부엌의 작업 삼각형의 작업대 - ㄷ자형 부엌 가구배치 특징

1. 주거공간의 개념과 기능

① 주거는 인간이 개인으로서의 생활, 가족의 일원으로서 가족생활 등을 영위하기 위한 가장 기본적인 안식처이다.
② 주거는 외부로부터의 방어, 노동력의 재생산, 자녀의 양육 등 가족 일상생활의 기능이 충실히 수행될 수 있어야 한다.
③ 휴식, 취침, 배설, 영양섭취 등 생리적 욕구와 가족의 단란, 유희, 독서 등 정신적 욕구를 만족시키는 것을 최우선으로 한다.
④ 개인의 프라이버시나, 개인생활이 존중되도록 계획한다.

2. 단독주택

1) 생활양식에 의한 분류

(1) 한식 주택과 양식 주택의 비교

분류	한식주택	양식주택
평면의 차이	㉠ 실의 조합(은폐적) ㉡ 위치별 분화(안방, 건넌방, 사랑방) ㉢ 실의 혼용도	㉠ 실의 분화(개방적) ㉡ 기능별 분화(거실, 식당, 침실) ㉢ 실의 단일 용도
구조의 차이	㉠ 목조 가구식 ㉡ 바닥이 높고 개구부가 크다.	㉠ 벽돌 조적식 ㉡ 바닥이 낮고 개구부가 작다.
습관의 차이	좌식 생활(온돌)	입식 생활(의자)
용도의 차이	방의 혼용 용도(사용 목적에 따라 달라진다.) 융통적	방의 단일용도(침실, 공부방)
가구의 차이	가구는 부차적 존재(가구에 관계없이 각 실의 크기, 설비가 결정되며 점유면적이 작다.)	가구는 중요한 내용물(가구의 종류와 형태에 따라 실의 크기와 폭이 결정)

예제 01 주거공간에 관한 설명으로 옳은 것은? [12]
① 한식 침실이 양식 침실보다 가구의 점유 면적이 크다.
② 한식 침실은 소박하고 안정되기 보다는 화려하고 복잡하다.
③ 양식 침실이 한식 침실보다 용도 면에 있어서 융통성이 크다.
④ 전통 한옥의 공간구조는 남성과 여성의 생활공간이 분리되어 있다.

정답 ④

3. 주거 공간 계획

1) 공간의 조닝(zoning)

(1) 조닝 계획시 고려 사항
① 구성원 행위가 유사한 것은 서로 접근시킨다.
② 시간적 요소가 같은 것끼리 서로 접근시킨다.
③ 유사한 요소는 서로 공용시킨다.
④ 상호간의 요소가 다른 것은 서로 격리시킨다.

(2) 조닝 방법
① 생활공간 의한 분류(기능. 용도)
  ㉠ 개인 공간 : 침실, 자녀실, 노인실, 서재
  ㉡ 가사, 노동 공간(작업 공간) : 주방, 가사실
  ㉢ 사회 공간 : 거실, 식당
  ㉣ 보건, 위생 공간 : 욕실, 화장실
② 주 행동에 의한 분류
  ㉠ 주부의 생활 행동 : 요리, 세탁, 재봉, 유아 목욕 등
  ㉡ 주인의 생활 행동 : 생활, 휴식, 행동
  ㉢ 아동의 생활 행동 : 공부, 유희 등
③ 사용 시간별 분류
  ㉠ 낮에 사용되는 공간 : 거실, 식당, 부엌
  ㉡ 낮과 밤에 사용되는 공간 : 화장실, 욕실
  ㉢ 밤에 사용되는 공간 : 침실
④ 행동 반사에 의한 분류
  ㉠ 정적 공간 : 침실, 서재, 노인실
  ㉡ 동적 공간 : 거실, 식당, 부엌, 현관

 예제 02 다음 각 공간의 관계가 주택 평면계획 시 고려되는 인접의 원칙에 속하지 않는 것은? [22,18]
① 거실 - 현관   ② 식당 - 주방   ③ 거실 - 식당   ④ 침실 - 다용도실

정답 ④

예제 03 주거공간을 주 행동에 따라 개인 공간, 작업 공간, 사회적 공간으로 구분할 때, 다음 중 개인공간에 속하는 것은? [17,13]
① 부엌　　　② 서재　　　③ 창고　　　④ 식당

정답 ②

2) 동선(動線) 계획

(1) 동선의 3요소
　　① 속도 ② 빈도 ③ 하중

(2) 동선의 원칙
　　① **사용빈도가 높은 공간은 동선을 짧게** 처리하는 것이 좋다.
　　② **단순, 명쾌**하게 한다.
　　③ 다른 종류의 동선 가능한 한 분리시키고 필요 이상의 교차는 피한다.
　　④ **개인권, 사회권, 가사 노동권은 독립성을 유지** 한다.
　　⑤ **동선이 교차하는 곳은 공간적 두께를 크게** 하는 것이 좋다.
　　⑥ 가사노동의 동선은 가능한 남측에 위치시키도록 한다.

예제 04 주택의 동선계획에 관한 설명으로 옳지 않은 것은? [22,21,18]
① 가사노동의 동선은 가능한 남측에 위치시키도록 한다.
② 사용빈도가 높은 공간은 동선을 길게 처리하는 것이 좋다.
③ 동선이 교차하는 곳은 공간적 두께를 크게 하는 것이 좋다.
④ 개인, 사회, 가사노동권 등의 동선은 상호간 분리하는 것이 좋다.

정답 ②

3) 각 실의 방위
① 동쪽 : 침실, 식당 – 오전에 햇빛이 실내에 깊이 들어오며 오후는 춥다.
② 서쪽 : 욕실, 건조실, 탈의실 – 오후에 햇빛 깊이 입사하므로 오후에는 무덥다.
③ 남쪽 : 노인실, 아동실, 거실 – 여름철은 햇빛이 실내까지 깊이 입사하지 않으며 겨울철은 깊이 입사하여 따뜻하다.
④ 북쪽 : 화장실, 보일러실 – 실내의 빛이 거의 유입되지 않아 춥다.

4. 각실의 세부 공간 계획

1) 거실(living room)

(1) 기능
　　① 가족 생활의 중심이 되는 곳
　　② 가족의 단란, 휴식, 오락(TV 시청, 음악 감상, 게임 등), 어린이 놀이 공간
　　③ 주부의 가사 작업 공간

④ 손님의 접객 공간
⑤ 소주택일 경우 : 서재, 응접, 리빙 키친으로 이용한다.

(2) 크기
① 거실의 1인당 소요 바닥 면적 : 최소 4~6m² 정도
② 거실의 면적 구성비 : 건축 연면적의 30% 정도

(3) 위치
① 남향, 남동향, 남서향으로서 **일조, 통풍이 좋은** 곳
② 통로에 의해 **실이 분할되지 않는** 곳
③ **침실과 대칭**되는 곳
④ 다른 방의 **중심적 위치**가 되는 곳
⑤ **다른 한쪽 방과 접속하게 되면 유리함**

(4) 가구
① 가구 배치 변화가 가장 심한 곳으로 가구를 배치할 때 가구들의 윗부분과 남아 있는 벽부분의 선이 지나치게 복잡한 형태가 되지 않도록 하는 것이 좋다.
② TV를 설치할 때에는 화면과의 각도가 60° 이내가 되도록 의자를 배치한다.
③ **가구배치 유형**(배치유형 그림은 chapter 3.3가구계획 참조)
  ㉠ **ㄱ자형** : 시선이 마주치지 않아 안정감이 있다. 비교적 적은 면적을 차지하기 때문에 공간 활용이 높고 동선이 자연스럽게 이루어지는 장점이 있다.
  ㉡ **일자형** : 거실의 폭이 좁은 경우에 많이 이용된다.
  ㉢ **ㄷ자형** : 단란한 분위기를 주며 여러 사람과의 대화 시에 적합하다.
  ㉣ **대면형** : 좌석이 서로 마주보게 배치하는 형식. 일자형에 비해 가구 자체가 차지하는 면적이 넓다.
  ㉤ **코너형** : 소파를 서로 직각이 되도록 연결해서 배치하는 형식으로, 시선이 마주치지 않아 안정감이 있다.

예제 05 거실의 가구 배치에 관한 설명으로 옳지 않은 것은? [19]
① ㄱ자형은 시선이 마주치지 않아 안정감이 있다.
② 일자형은 거실의 폭이 좁은 경우에 많이 이용된다.
③ 대면형은 일자형에 비해 가구 자체가 차지하는 면적이 작다.
④ ㄷ자형은 단란한 분위기를 주며 여러 사람과의 대화 시에 적합하다.

정답 ③

2) 식당(Dining room)
(1) 위치별 구분
① 분리형 : 거실이나 부엌과 완전히 분리된 형식
② 개방형
  ㉠ **다이닝 키친 DK형**(dining kitchen) : 부엌의 일부에 식탁을 놓은 것. 가사노동이 단축됨

  ⓒ 리빙 다이닝 LD형(living dining) : 거실 + 식당을 한 공간에 놓은 형태. 식사 중 거실의 고유 기능 분리 어려움
  ⓓ 리빙 다이닝 키친 LDK형(living dining kitchen) : 거실 + 식사실 + 부엌을 한 공간에 놓은 것 소규모, 핵가족 공간에 적합

(2) 식당의 크기
 ① 4~5인 가족의 경우 최소 크기 : 3m×3.6m 정도
 ② 1인당 필요한 식탁의 크기 : 길이 60~70cm, 폭 40~50cm 정도

 예제 06 주택에서 부엌의 일부에 간단한 식탁을 설치하거나 식당과 부엌을 한 공간에 구성한 형식은? [17]
 ① 독립형   ② 다이닝 키친
 ③ 리빙 다이닝   ④ 다이닝 테라스
                       정답 ②

3) 부엌(kitchen)

(1) 위치
 ① 남쪽 또는 동쪽 모퉁이 부분으로 외기에 접할 수 있도록 배치
 ② 일사가 긴 **서쪽은 음식물이 부패하기 쉬우므로 피해야 함**

(2) 크기
 ① 보통 건축 연면적의 8~12% 정도 필요함.
 ② 주택의 규모가 큰 경우(100m² 이상)는 7% 이하도 가능함

(3) 부엌의 크기 결정 요인
 ① **작업대의 면적**
 ② **작업인(주부)의 동작**에 필요한 공간
 ③ 수납공간(식기, 식품, 조리용 기구)
 ④ 연료의 종류와 공급 방법
 ⑤ **주택의 연면적**, 가족 수, 평균 작업인 수, 경제 수준

(4) 부엌의 유형
 ① **독립형** : 부엌이 일실로 독립된 형태로 다른 유형에 비해 부엌의 기능성과 청결함을 크게 할 수 있다. 음식을 식탁까지 운반해야 하는 불편이 있으며 주부가 작업 할 때 가족 간의 대화가 단절되기 쉽다.
 ② **반 독립형** : 부엌이 인접한 거실이나 식사공간과 겸하는 LK, DK 형식이 해당된다. 작업동선이 짧으며 좁은 공간에 효율적이다.
 ③ **오픈키친** : 칸막이 구획이 없이 완전히 개방된 형식이다. 여러 기능이 한곳에 모아지므로 환기, 통풍, 난방, 부엌의 설비에 유의한다.
 ④ **아일랜드키친** : 취사용 작업대가 하나의 섬처럼 실내에 설치되는 형태

⑤ **키친네트** : 작업대 길이가 2m 정도인 소형 주방가구가 배치된 간이 부엌 형식이다. 사무실이나 독신자 아파트에 주로 설치된다.
⑥ **클로젯 키친** : 단일 가구 형태로 통합된 주방 시스템

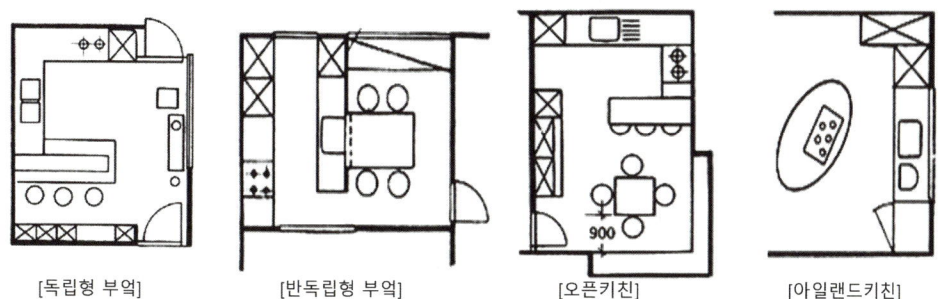

[독립형 부엌]   [반독립형 부엌]   [오픈키친]   [아일랜드키친]

(5) 부엌의 작업 순서
① 작업 순서 : 작업대는 능률적인 작업을 위해 **준비대 →개수대→조리대→가열대→배선대** 순서로 배치한다.
② **작업 삼각형(work triangle)** : **냉장고와 개수대** 그리고 **가열대**를 잇는 작업 삼각형의 길이는 3.6 ~6.6m로 하는 것이 능률적이며 개수대는 창에 면하는 것이 좋다.

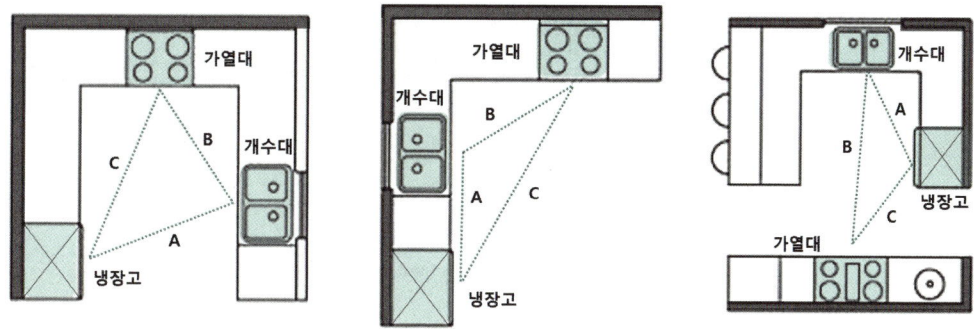

[작업 삼각형(work triangle) : A+B+C= 3.6 ~ 6.6m]

> **예제 07**
> 단독주택의 부엌에 관한 설명으로 옳은 것은? [22,21,17]
> ① 작업대의 배치유형 중 일렬형은 대규모 부엌에 가장 적당하다.
> ② 일반적으로 부엌의 크기는 주택 연면적의 3% 정도가 가장 적당하다.
> ③ 일반적으로 작업대의 높이는 500 ~ 600mm, 깊이는 750 ~ 800mm가 적당하다.
> ④ 작업대는 일반적으로 준비대 → 개수대 → 조리대 → 가열대 → 배선대 순서로 배치한다.
>
> 정답 ④

| 예제 08 | 주택 부엌에서 작업삼각형(Work Triangle)의 꼭지점에 해당하지 않는 것은? [19,17,15,14]
① 냉장고 ② 가열대
③ 배선대 ④ 개수대

정답 ③

(6) 부엌의 배치 유형

① 직선형(일자형) : 좁은 면적 이용에 효과적이므로 소규모 부엌에 주로 이용되는 형식이다. 동선의 혼란이 없는 반면 움직임이 많아 동선이 길어지는 경향이 있다.
② L자형(ㄱ자형) : 한 쪽 면에 싱크대를, 다른 면에 가스레인지를 설치하면 능률적이다.
작업을 위한 동작 범위가 일정한 범위에 놓이므로 편리하다. 부엌과 식당을 겸할 경우 많이 활용된다.
③ U 자형(ㄷ자형) : 인접한 세 벽면에 작업대를 붙여 배치한 형태이다. 작업 면이 넓어 작업 효율이 가장 좋다. ㄷ자형의 작업대의 통로 폭은 1200~1500mm가 적당하다. 평면계획상 부엌에서 외부로 통하는 출입구의 설치가 곤란하다.
④ 병렬형 : 직선형에 비해 작업 동선이 줄어들지만 작업 시 몸을 앞뒤로 바꿔야 하므로 불편하다. 식당과 부엌이 개방되지 않고 외부로 통하는 출입구가 필요한 경우에 많이 쓰인다.
⑤ 분리형(아일랜드형) : 부엌 내 다른 작업대와 독립된 형태의 작업대를 갖는 형태로서 모든 방향에서 접근할 수 있는 독립된 작업대에는 보통 레인지나 싱크대를 설치하며, 간단한 식사를 위한 카운터를 설치하기도 한다.

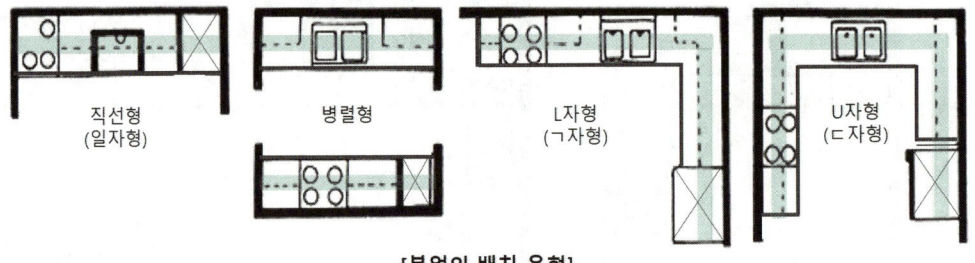

[부엌의 배치 유형]

(7) 작업대의 크기

일반적으로 작업대의 깊이는 500~600mm, 높이는 750~800mm가 적당하다.

| 예제 09 | 주방 작업대의 배치유형 중 ㄷ자형에 관한 설명으로 옳은 것은? [24,22,19,14]
① 인접한 세 벽면에 작업대를 붙여 배치한 형태이다.
② 두 벽면을 따라 작업이 전개되는 전통적인 형태이다.
③ 작업동선이 길고 조리면은 좁지만 다수의 인원이 함께 작업할 수 있다.
④ 가장 간결하고 기본적인 설계 형태로 길이가 4.5m 이상 되면 동선이 비효율적이다.

정답 ①

4) 침실

(1) 기능상 분류

① 부부 침실 : 주침실(master bedroom) 또는 안방이라고 하며 취침과 의류 수납, 화장, 독서, 목욕 등을 고려하고 부부용 침실로서의 독립성이 확보되어야 한다.
② 노인 침실 : 건강 유지를 위해서 일조가 충분하고 조용한 곳으로, 가족 단란을 위한 공간들과 가깝게 배치하며 화장실로부터 가깝게 배치하거나 전용의 화장실을 설치한다.
③ 아동실 : 취침, 학습, 놀이, 휴식 등의 다목적 공간으로 성장 속도에 따른 대응과 융통성이 있도록 계획 한다.

(2) 침실의 크기

① 사용 인원수에 의한 공간의 크기
② 가구의 점유 면적
③ 공간 형태에 의한 심리적 작용

(3) 침대의 배치 방법

① 침대 **상부 머리 쪽은 외벽에 면하도록** 한다.
② 침대 배치는 **실의 크기와 침대와의 균형, 통로 부분의 확보** 등을 고려한다.
③ 주요 **통로 쪽 폭은 90cm 이상** 띄운다.
④ 침대 양쪽에 통로를 두고 한쪽을 75cm 이상 되게 한다.
⑤ 침대에 누운 채로 출입문이 보이도록 하는 것이 좋다.
⑥ 침실의 **출입문은 안여닫이**로 하는 것이 좋다.
⑦ 침대 하부(머리 부분의 반대편)는 통행에 불편하지 않도록 **90cm 이상의 여유 공간**을 둔다.
⑧ 침대의 머리 부분(head)에 조명기구를 둘 경우 **빛이 눈에 직접 들어오지 않도록** 한다.

(4) 침대의 규격

① 싱글 배드(single bed) : 1,000mm × 2,000mm
② 더블 배드(double bed) : (1,350~1,400mm) × 2,000mm
③ **퀸 배드(queen bed) : 1,500mm × 2,000mm**
④ 킹 배드(king bed) : 2,000mm × 2,000mm

예제 10 주택의 침실계획에 관한 설명으로 옳지 않은 것은? [24,21,17,15]
① 침대의 측면을 외벽에 붙이는 것이 이상적이다.
② 침대 배치는 실의 크기와 침대와의 균형, 통로 부분의 확보 등을 고려한다.
③ 침대의 머리 부분(head)에 조명기구를 둘 경우 빛이 눈에 직접 들어오지 않도록 한다.
④ 침대 하부(머리 부분의 반대편)는 통행에 불편하지 않도록 여유 공간을 두는 것이 좋다.

정답 ①

5) 욕실(bath room)

① 위치 : 북쪽에 면하게 하여 급배수 설비시설에 근접한 곳에 배치
② 규모 : 욕조, 세면기, 변기를 한 공간에 둘 경우 4m² 정도, 세탁을 겸용한 경우 5m² 정도가 필요하다.
③ 방수성, 방오성이 큰 마감 재료를 사용한다.
④ 욕실의 조명은 방습형 조명기구를 사용한다.
⑤ 욕실은 침실전용으로 설치하는 것이 이상적이다.

> **설비적 코어시스템(core system)**
> 욕실과 화장실은 가능한 한 부엌과 식사 실 등의 배관과 인접시켜 배관을 하나의 블록으로 형성 하도록 집중 배치함으로써 설비비가 절약되며 이것은 큰 규모에 적합함

 주택의 욕실 계획에 관한 설명으로 옳지 않은 것은? [18, 15]
① 방수성, 방오성이 큰 마감 재료를 사용한다.
② 욕실의 조명은 방습형 조명기구를 사용한다.
③ 욕실은 침실전용으로 설치하는 것이 이상적이다.
④ 모든 욕실에는 기능상 욕조, 변기, 세면기가 통합적으로 갖추어지게 하여야 한다.

정답 ④

6) 현관·복도·계단

(1) 현관(entrance)

① **거실, 계단, 화장실과 가까이 위치**하는 것이 좋다.
② 거실의 일부를 현관으로 만드는 것은 지양하도록 한다.
③ 현관의 위치는 **도로의 위치와 대지의 형태** 등에 의해 결정된다.
④ **현관의 크기는 주택의 규모와 가족의 수, 방문객의 예상 수** 등을 고려한 출입량에 중점을 두어 계획하는 것이 바람직하다.
⑤ 바닥 마감 재료는 내수성이 강한 석재, 타일, 인조석 등이 바람직하다.
⑥ 면적 구성비 : **연면적의 7% 정도**(최소 폭 : 1.2m, 깊이 : 0.9m)

(2) 복도(corridor)

① 소규모 주택에는 비경제적이다.
② 크기
  ㉠ 폭 : 최소 90cm 이상(일반적으로 110~120cm 정도가 적당하다.)
  ㉡ 면적 구성비 : 연면적의 10% 정도

(3) 계단(stair)

① 현관, 홀, 식당, 욕실, 화장실과 인접하게 배치
② 계단의 평면상 길이는 270cm 정도가 적당
③ 계단 높이 16~17cm, 단 너비 25~29cm 기울기는 29~35°
④ 난간 높이 80~90cm

예제 12 단독주택의 현관에 관한 설명으로 옳지 않은 것은? [23,22,21,16,13]
① 거실이나 침실의 내부와 직접 연결되도록 배치한다.
② 현관의 위치는 도로와의 관계, 대지의 형태 등에 의해 결정된다.
③ 바닥 마감 재료는 내수성이 강한 석재, 타일, 인조석 등이 바람직하다.
④ 현관의 크기는 주택의 규모와 가족의 수, 방문객의 예상 수 등을 고려한 출입 량에 중점을 두어 계획하는 것이 바람직하다.

정답 ①

5. 아파트

1) 아파트 평면 형식상의 분류

(1) 계단실(홀)형(direct access hall system)

계단실이나 엘리베이터홀로 부터 직접 각 주호에 들어가는 형식
① 동선이 짧으므로 출입이 편하다.
② 각 세대의 채광 및 통풍이 양호하다.
③ 각 세대의 **프라이버시 확보가 용이하다.**
④ 통행 부 면적이 작은 관계로 건축물의 이용도가 높다.
⑤ 고층 아파트일 경우 시설비가 많이 든다.

(2) 편복도(갓복도)형(side corridor system, balcony system)

일반적으로 동서를 축으로 한쪽 복도를 통해 각 주호로 들어가는 형식
① **거주성이 균일한 배치구성이 가능하다.**
② 복도 개방 시 채광 환기 유리
③ 고층·고밀도 아파트에 적합하다.
④ 복도 개방 시 외부에 노출(위험)
⑤ 복도 폐쇄 시 채광, 환기 불리
⑥ 고층 아파트의 경우 난간을 높게 해야 한다.

(3) 중복도(속복도)형(middle corridor system)

복도 양측에 각 주호를 배치된 형식
① 고층·고밀도 아파트에 가장 유리
② **엘리베이터 이용 효율이 높다.**
③ 도심지 내의 독신자용 공동주택에 주로 사용된다.
④ 부지의 이용률이 높다.
⑤ 프라이버시가 나쁘고 소음이 많다.
⑥ 통풍, 채광 상 불리하다.
⑦ 복도의 면적이 넓어진다.
⑧ 건물 설계 시 남북으로 길게 하는 것이 좋다.

(4) 집중형

계단실과 엘리베이터를 중심으로 다수의 주호를 배치한 형식

① **부지의 이용률이 가장 높다.**
② 많은 주호를 집중시킬 수 있다.
③ 세대별 규모 변화가 가능
④ 프라이버시가 가장 나쁘다.
⑤ 통풍 채광 상 극히 불리하다.
⑥ 복도 부분의 환기 등의 문제점 : 고도의 설비 시설이 필요

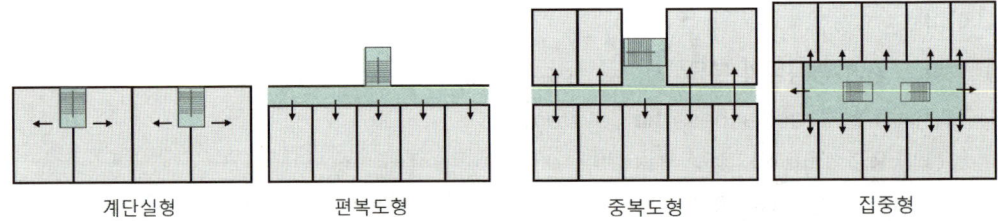

계단실형   편복도형   중복도형   집중형

[아파트 평면형식]

구분	프라이버시	연면적에 대한 전용 면적비	환경 조건	대지 이용률
계단실형	가장 좋다	가장 높다	가장 좋다	가장 낮다
편복도형	별로 좋지 않다	조금 낮다	양호하다	낮다
중복도형	나쁘다	낮다	나쁘다	높다
집중형	가장 나쁘다	가장 낮다.	가장 나쁘다	가장 높다

 예제 13 아파트의 평면형식 중 중복도형에 관한 설명으로 옳지 않은 것은? [24,20,16,12]
① 부지의 이용률이 높다.
② 프라이버시가 좋지 않다.
③ 각 주호의 일조조건이 동일하다.
④ 도심지내의 독신자용 아파트에 적용된다.

정답 ③

2) 입체 형식(단면형식)상의 분류

(1) 단층형(flat type, simplex type) : 각 주호가 한 개 층으로 구성되는 형식
① 평면 구성에 제약이 적다.
② 작은 면적에서도 설계가 가능하다.
③ 각 실에 인접하게 되어 프라이버시 유지가 어렵다.
④ 공용 부분에 면하는 부분이 많으므로 주호의 프라이버시 유지가 어렵다.

⑤ 주호 규모가 커지면 호당 공용 부분 면적이 커진다.

(2) 메조넷(복층)형(duplex, maisonnette) : 한 주호가 2개 층 이상에 걸쳐 구성되는 형식
① 엘리베이터의 정지 층수를 적게 할 수 있다.(**효율적이고 경제적**)
② **다양한 평면구성**이 가능하다.
③ **소규모 주택에서는 비경제적**이다.
④ 각 세대의 **프라이버시 확보가 용이**하다.
⑤ 통로면적이 감소되어 유효면적이 증가된다.
⑥ 복도가 없는 층은 남, 북면이 트여 **채광 유리**
⑦ 복도가 없는 층은 **피난 상 불리**
⑧ 스킵 플로어형 계획시 구조 및 설비 상 복잡하고, 설계가 어려움

(3) 스킵 플로어형(skip floor type) : 반 층 높이 차이
① 엘리베이터와 연결하는 복도가 2층 또는 3층마다 있고 2층에서 상하층에 계단으로 연결한다.
② 구조 및 설비계획상 복잡하다.
③ 일반적으로 복층 형으로 보나 단층 형과 복층 형이 존재 한다.

예제 14 공동주택의 단면형식 중 메조넷 형에 관한 설명으로 옳지 않은 것은? [25,19]
① 다양한 평면구성이 가능하다.
② 주로 소규모 주택에 적용된다.
③ 각 세대의 프라이버시 확보가 용이하다.
④ 통로면적이 감소되어 유효면적이 증가된다.

정답 ②

예제 15 아파트의 2세대 이상이 공동으로 사용하는 복도의 유효 폭은 최소 얼마 이상이어야 하는가? (단, 갓복도의 경우) [14]

① 90cm ② 120cm
③ 150cm ④ 180cm

정답 ②

해설 | 공동주택의 2세대 이상이 공동으로 사용하는 복도 유효 폭
  ㉠ 갓복도(편복도) : 120cm이상
  ㉡ 중복도 : 180cm이상

핵심 기출문제

01 주거 세부 공간 계획

01 ▶13
주거공간을 개인 공간, 사회 공간, 노동 공간, 보건·위생 공간 등으로 구분할 때, 다음 중 사회공간에 속하는 것은?

① 현관, 욕실
② 침실, 욕실
③ 서재, 침실
④ 거실, 식당

해설 | 생활공간에 의한 분류
㉠ 개인 생활공간 : 침실, 자녀실, 노인실, 서재
㉡ 가사 노동 공간 : 주방, 가사실
㉢ 사회 공간 : 거실, 식당
㉣ 보건, 위생 공간 : 욕실, 화장실

02 ▶18, 21
다음 중 주거공간의 효율을 높이고, 데드 스페이스(dead space)를 줄이는 방법과 가장 거리가 먼 것은?

① 플랫폼 가구를 활용한다.
② 기능과 목적에 따라 독립된 실로 계획한다.
③ 침대, 계단 밑 등을 수납공간으로 활용한다.
④ 가구와 공간의 치수체계를 통합하여 계획한다.

해설 | 데드 스페이스(dead space)를 줄이기 위해서는 기능과 목적이 유사한 실은 근접시키거나 통합하여 가변적인 공간 활용을 하는 것이 바람직하다.

03 ▶13
주택의 현관에 관한 설명으로 옳지 않은 것은?

① 거실이나 침실의 내부와 직접 연결되도록 배치한다.
② 복도나 계단실 같은 연결 통로에 근접시켜 배치한다.
③ 현관의 위치는 도로와의 관계, 대지의 형태 등에 의해 결정된다.
④ 바닥 마감재로는 내수성이 강한 석재, 타일, 인조석 등이 바람직하다.

해설 | 현관
㉠ 거실, 계단, 화장실과 가까이 위치하는 것이 좋다.
㉡ 거실의 일부를 현관으로 만드는 것은 지양하도록 한다.
㉢ 현관의 위치는 도로의 위치와 대지의 형태에 영향을 받는다.
㉣ 현관의 크기는 주택의 규모와 가족의 수, 방문객의 예상 수 등을 고려한 출입 량에 중점을 두어 계획하는 것이 바람직하다.
㉤ 면적 구성비 : 연면적의 7% 정도(최소 폭 : 1.2m, 깊이 : 0.9m)
㉥ 바닥 마감 재료는 내수성이 강한 석재, 타일, 인조석 등이 바람직하다.

04 ▶18, 20
단독주택의 현관에 관한 설명으로 옳지 않은 것은?

① 거실, 계단, 화장실과 가까이 위치하는 것이 좋다.
② 거실의 일부를 현관으로 만드는 것은 지양하도록 한다.
③ 현관의 위치는 도로의 위치와 대지의 형태에 영향을 받는다.
④ 주택 측면에 현관을 배치한 경우 동선처리가 편리하고 복도 길이가 짧아진다.

해설 | 주택 측면에 현관을 배치한 경우 동선처리가 복잡해지고 동선이 길어진다.

05 ▶20
다음 중 단독주택의 현관 위치결정에 가장 주된 영향을 끼치는 것은?

① 용적률
② 건폐율
③ 도로의 위치
④ 주택의 규모

해설 | 현관의 위치는 도로의 위치와 대지의 형태에 영향을 받는다.

정답 | 01 ④ 02 ② 03 ① 04 ④ 05 ③

06
단독주택의 거실에 관한 설명으로 옳지 않은 것은?

① 정원에 면한 창은 가능한 크게 하여 시각적 개방감을 얻도록 한다.
② 현관에서 가까운 곳에 위치하되 직접 면하는 것은 피하는 것이 좋다.
③ 거실의 규모는 가족 수, 주택의 규모, 접객 빈도, 주생활양식 등에 의해 결정된다.
④ 각 실에서의 접근이 용이하도록 각 실을 연결하는 동선의 분기점이면서 각 실로의 통로 역할을 하도록 한다.

해설 | 거실의 위치
㉠ 통로에 의해 실이 분할되지 않는 곳.
㉡ 남향, 남동향, 남서향으로서 일조, 통풍이 좋은 곳.
㉢ 침실과 대칭되는 곳.
㉣ 다른 방의 중심적 위치가 되는 곳.
㉤ 다른 한쪽 방과 접속하게 되면 유리함.

07
다음과 같은 주택의 거실의 가구배치유형은?

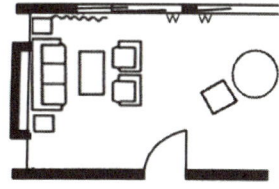

① 대면형
② U자형
③ 직선형
④ 코너형

해설 | 대면형
좌석이 서로 마주보게 배치하는 형식. 일자형에 비해 가구 자체가 차지하는 면적이 넓다.

08
거실의 가구배치 형식 중 소파를 서로 직각이 되도록 연결해서 배치하는 형식으로, 시선이 마주치지 않아 안정감이 있는 것은?

① 대면형
② 코너형
③ U자형
④ 복합형

해설 | 거실 가구배치 유형
㉠ ㄱ자형은 시선이 마주치지 않아 안정감이 있다.
㉡ 일자형은 거실의 폭이 좁은 경우에 많이 이용된다.
㉢ ㄷ자형은 단란한 분위기를 주며 여러 사람과의 대화 시에 적합하다.
㉣ 대면형은 일자형에 비해 가구 자체가 차지하는 면적이 넓다.
㉤ 코너형은 소파를 서로 직각이 되도록 연결해서 배치하는 형식으로, 시선이 마주치지 않아 안정감이 있다.

09
다음 설명에 알맞은 거실의 가구배치 방법은?

• 시선이 마주치지 않아 안정감이 있다.
• 비교적 적은 면적을 차지하기 때문에 공간 활용이 높고 동선이 자연스럽게 이루어지는 장점이 있다.

① 대면형
② ㄱ자형
③ ㄷ자형
④ 자유형

해설 | 문제 8번 해설참조

10
거실의 가구 배치에 관한 설명으로 옳지 않은 것은?

① ㄱ자형은 시선이 마주치지 않아 안정감이 있다.
② 일자형은 거실의 폭이 좁은 경우에 많이 이용된다.
③ 대면형은 일자형에 비해 가구 자체가 차지하는 면적이 작다.
④ ㄷ자형은 단란한 분위기를 주며 여러 사람과의 대화시에 적합하다.

해설 | 문제 8번 해설참조

정답 | 06 ④ 07 ① 08 ② 09 ② 10 ③

11 ▶17
다음 중 단독주택의 거실 크기를 결정하는 요소와 가장 거리가 먼 것은?

① 가족구성 ② 생활방식
③ 거실의 조도 ④ 주택의 규모

해설 | 단독주택 거실크기 결정 요인
　　㉠ 가족의 구성
　　㉡ 생활방식
　　㉢ 주택의 규모
　　㉣ 손님의 방문 빈도

12 ▶21
주택에서 부엌의 일부에 간단한 식탁을 설치하거나 식당과 부엌을 한 공간에 구성한 형식은?

① 독립형
② 다이닝 키친
③ 리빙 다이닝
④ 다이닝 테라스

해설 | 다이닝 키친DK형(dining kitchen) : 부엌의 일부에 식탁을 놓은 것. 가사 노동이 단축됨

13 ▶12,19
단독주택에서 부엌의 합리적인 규모 결정 시 고려할 사항과 가장 관계가 먼 것은?

① 작업대의 면적
② 주택의 연면적
③ 가족구성원의 연령
④ 작업인의 동작에 필요한 공간

해설 | 단독주택 부엌 크기 결정 요인
　　㉠ 작업대의 면적
　　㉡ 주택의 연면적
　　㉢ 작업인의 동작에 필요한 공간
　　㉣ 수납공간

14 ▶12
주택의 부엌에서 작업 삼각형(work triangle)의 구성에 해당 하지 않는 것은?

① 냉장고 ② 배선대
③ 가열대 ④ 개수대

해설 | 작업 삼각형 : 냉장고와 개수대 그리고 가열기를 잇는 작업 삼각형의 길이는 3.6~6.6m로 하는 것이 능률적이며 개수대는 창에 면하는 것이 좋다.

15 ▶13,18
부엌에서의 작업순서에 따른 작업대의 효율적인 배치 순서로 가장 알맞은 것은?

① 준비대 - 조리대 - 개수대 - 가열대 - 배선대
② 준비대 - 개수대 - 조리대 - 가열대 - 배선대
③ 준비대 - 배선대 - 개수대 - 조리대 - 가열대
④ 준비대 - 조리대 - 개수대 - 배선대 - 가열대

해설 | 작업대는 부엌에서 취사가 행해지는 곳으로 준비대 → 개수대 → 조리대 → 가열대 → 배선대 순서로 연결된다.

16 ▶21
주택의 부엌가구 배치에 관한 설명으로 옳지 않은 것은?

① ㄷ자형의 작업대의 통로 폭은 1200~1500mm가 적당하다.
② 작업 면이 넓어 작업효율이 가장 좋은 작업대의 배치는 ㄴ자형 배치이다.
③ 작업대는 준비대, 개수대, 조리대, 가열대, 배선대의 순으로 배열한다.
④ 냉장고, 개수대, 가열대를 연결하는 작업 삼각형의 각 변의 합은 6600mm를 넘지 않도록 한다.

해설 | 작업면이 넓어 작업효율이 가장 좋은 작업대의 배치는 ㄷ자형 배치이다.

정답 | 11 ③ 12 ② 13 ③ 14 ② 15 ② 16 ②

17 ▶20
주택의 부엌가구 배치 유형에 관한 설명으로 옳지 않은 것은?

① ㄷ자형은 작업 면이 넓어 작업 효율이 좋다.
② 一자형은 좁은 면적 이용에 효과적이므로 소규모 부엌에 주로 이용되는 형식이다.
③ 병렬형은 작업대 사이에 식탁을 설치하여 부엌과 식당을 겸할 경우 많이 활용된다.
④ ㄴ자형은 두 벽면을 이용하여 작업대를 배치한 형태로 한 쪽 면에 싱크대를, 다른 면에는 가스레인지를 설치하면 능률적이다.

해설 | 병렬형 : 직선형에 비해 작업 동선이 줄어들지만 작업 시 몸을 앞뒤로 바꿔야 하므로 불편하다. 식당과 부엌이 개방되지 않고 외부로 통하는 출입구가 필요한 경우에 많이 쓰인다.
작업대 사이에 식탁을 설치하기 힘들다.

18 ▶15, 17
다음 설명에 알맞은 주택 부엌가구의 배치 유형은?

- 작업 면이 넓어 작업 효율이 좋다.
- 평면계획상 부엌에서 외부로 통하는 출입구의 설치가 곤란하다.

① 일렬형　　② ㄷ자형
③ 병렬형　　④ ㄱ자형

해설 | U 자형(ㄷ자형)
벽면을 이용하여 작업대를 배치한 형식으로 작업 면이 넓어 작업 효율이 가장 좋다. 인접한 세 벽면에 작업대를 붙여 배치한 형태이다. ㄷ자형의 작업대의 통로 폭은 1200~1500mm가 적당하다. 평면계획상 부엌에서 외부로 통하는 출입구의 설치가 곤란하다.

19 ▶20
다음 주택 부엌가구 배치유형 중 벽면을 이용하여 작업대를 배치한 형식으로 작업 면이 넓어 작업 효율이 가장 좋은 것은?

① 일자형　　② L자형
③ ㄷ자형　　④ 병렬형

해설 | 문제 18번 해설참조

20 ▶16
부엌 작업대의 배치 유형 중 ㄱ자형에 관한 설명으로 옳지 않은 것은?

① 일반적으로 작업대의 길이는 1,500mm 미만이 적합하다.
② 작업을 위한 동작 범위가 일정한 범위에 놓이므로 편리하다.
③ 한 쪽 면에 싱크대를, 다른 면에 가스레인지를 설치하면 능률적이다.
④ 여유 공간에 식탁을 배치하여 식당 겸 부엌으로 사용하는 경우에 적합하다.

해설 | L자형(ㄱ자형)
한 쪽 면에 싱크대를, 다른 면에 가스레인지를 설치하면 능률적이다.
작업을 위한 동작 범위가 일정한 범위에 놓이므로 편리하다.
부엌과 식당을 겸할 경우 많이 활용된다.

21 ▶19
부엌 작업대의 배치 유형 중 ㄱ자형에 관한 설명으로 옳지 않은 것은?

① 부엌과 식당을 겸할 경우 많이 활용된다.
② 다른 유형에 비해 작업 면이 넓어 작업 효율이 가장 높다.
③ 작업을 위한 동작 범위가 일정한 범위에 놓이므로 편리하다.
④ 한 쪽 면에 싱크대를, 다른 면에 가스레인지를 설치하면 능률적이다.

해설 | 문제 20번 해설참조

정답 | 17 ③　18 ②　19 ③　20 ①　21 ②

Chapter 03 실내디자인 세부 공간 계획

22 ▶19
다음과 같은 특징을 갖는 부엌의 유형은?

- 다른 유형에 비해 부엌의 기능성과 청결감을 크게 할 수 있다.
- 음식을 식탁까지 운반해야 하는 불편이 있으며 주부가 작업할 때 가족 간의 대화가 단절되기 쉽다.

① 오픈 키친
② 독립형 부엌
③ 다이닝 키친
④ 반 독립형 부엌

23 ▶20
다음 설명에 알맞은 주택 부엌의 유형은?

- 작업대 길이가 2m 정도인 소형 주방가구가 배치된 간이 부엌 형식이다.
- 사무실이나 독신자 아파트에 주로 설치된다.

① 키친네트 ② 오픈 키친
③ 독립형 부엌 ④ 다용도 부엌

24 ▶12
주택의 침실계획에 관한 설명으로 옳지 않은 것은?

① 입구에서 옷장 등 수납공간까지의 동선을 쉽게 하는 것이 좋다.
② 침실의 독립성 확보에 있어서 출입문과 창문의 위치는 매우 중요하다.
③ 문은 옷을 갈아입는 공간과 똑바로 일치되지 않는 것이 프라이버시 확보를 위해 유리하다.
④ 문이 두 개인 경우 멀리 분산되는 것이 가구배치와 독립성 확보를 위해 보다 효과적이다.

해설 | 침실 문이 두 개인 경우 멀리 분산되는 것은 가구배치와 독립성확보에 불리하다.

25 ▶14, 21
침대의 종류 중 퀸(queen)의 크기로 가장 알맞은 것은?

① 1200mm × 2000mm
② 1350mm × 2000mm
③ 1500mm × 2000mm
④ 2000mm × 2000mm

해설 | 침대의 규격
㉠ 싱글 베드(single bed) : 1,000mm × 2,000mm
㉡ 더블 베드(double bed) : (1,350 ~ 1,400mm) × 2,000mm
㉢ 퀸 베드(queen bed) : 1,500mm × 2,000mm
㉣ 킹 베드(king bed) : 2,000mm × 2,000mm

26 ▶12
주택의 공간구성 기법 중 원룸 시스템에 관한 설명으로 옳지 않은 것은?

① 수납공간의 부족하므로 이에 대한 고려가 필요하다.
② 공간사용에 있어 융통성이 부족하므로 붙박이 가구 등의 도입이 요구된다.
③ 데드 스페이스를 만들지 않음으로써 공간사용의 극대화를 도모할 수 있다.
④ 실내에 통행에 필요한 공간을 별도로 구획하지 않으므로 그로 인한 공간손실이 없다.

해설 | 원룸 시스템은 좁은 공간에 여러 기능을 포함해야 하는 특성 상 간편하고 이동이 용이한 조립식 가구나 다양한 기능을 가진 다목적 가구 계획을 한다.

27 ▶18
다음 중 주택의 실내 치수 계획으로 가장 부적절한 것은?

① 현관의 폭 : 1200mm
② 세면기의 높이 : 550mm
③ 부엌 작업대의 높이 : 800mm
④ 주택 내부의 복도 폭 : 900mm

해설 | 세면기의 높이 : 750mm 정도

정답 | 22 ② 23 ① 24 ④ 25 ③ 26 ② 27 ②

28 ▶17, 20
공동주택의 평면형식에 관한 설명으로 옳지 않은 것은?

① 계단실형은 거주의 프라이버시가 높다.
② 중복도형은 엘리베이터 이용 효율이 높다.
③ 편복도형은 거주성이 균일한 배치구성이 가능하다.
④ 집중형은 대지의 이용률은 낮으나 대규모 세대의 집중적 배치가 가능하다.

해설 | 집중형
계단실과 엘리베이터를 중심으로 다수의 주호를 배치한 형식
㉠ 부지의 이용률이 가장 높다.
㉡ 많은 주호를 집중시킬 수 있다
㉢ 세대별 규모 변화가 가능
㉣ 프라이버시가 가장 나쁘다.
㉤ 통풍 채광상 극히 불리하다.
㉥ 복도 부분의 환기 등의 문제점 : 고도의 설비 시설이 필요

29 ▶19
공동주택의 평면형식 중 계단실형에 관한 설명으로 옳지 않은 것은?

① 각 세대의 채광 및 통풍이 양호하다.
② 각 세대의 프라이버시 확보가 용이하다.
③ 도심지 내의 독신자용 공동주택에 주로 사용된다.
④ 통행부 면적이 작은 관계로 건축물의 이용도가 높다.

해설 | 계단실(홀)형(direct access hall system) : 계단실이나 엘리베이터홀로 부터 직접 각 주호에 들어가는 형식
㉠ 주거성과 독립성(privacy)이 좋다.
㉡ 동선이 짧으므로 출입이 편하다.
㉢ 통행부의 면적이 작으므로 건물의 이용도가 높다.
㉣ 고층 아파트일 경우 시설비가 많이 든다.
*도심지 내의 독신자용 공동주택에 주 사용되는 것은 중복도식이다.

30 ▶16
호텔 객실의 평면계획에서 침대 및 가구의 배치에 영향을 끼치는 요인과 가장 거리가 먼 것은?

① 객실의 층수
② 욕실의 위치
③ 반침의 위치
④ 실의 폭과 길이의 비

해설 | 평면계획에서 침대 및 가구의 배치에 영향을 끼치는 요인은 욕실의 위치, 실의 폭과 길이의 비, 반침의 위치이다.
*객실의 층수는 호텔 기능 계획에 영향을 준다.

31 ▶21
호텔의 실내계획에 관한 설명으로 옳은 것은?

① 현관은 퍼블릭 스페이스의 중심으로 로비, 라운지와 분리하지 않고 통합시킨다.
② 호텔의 동선은 이동하는 대상에 따라 고객, 종업원, 물품 등으로 구분되며 물품동선과 고객동선은 교차시키는 것이 좋다.
③ 프론트 오피스는 수평동선이 수직 동선으로 전이되는 공간으로, 외관과 함께 호텔의 전체적인 인상을 보여주는 역할을 한다.
④ 주 식당(main dining room)은 숙박 객 및 외래객을 대상으로 하며 외래객이 편리하게 이용할 수 있도록 출입구를 별도로 설치하는 것이 좋다.

해설 | ㉠ 현관은 호텔의 외부 접객 장소로서 프론트 데스크와의 접속이 원활하여야 하며, 기능적으로 로비, 라운지와 연속되게 계획한다.
㉡ 호텔의 동선은 이동하는 대상에 따라 고객, 종업원, 물품 등으로 구분되며 물품동선과 고객동선은 교차하지 않도록 한다.
㉢ 프론트 오피스(front office)는 호텔 운영의 중심부이므로 외래객이 알기 쉬운 장소로 자유롭게 출입할 수 있고 고객의 실내 동향을 쉽게 관찰할 수 있어야 한다. 프런트 데스크를 중심으로 하여 현관과 엘리베이터의 삼각관계에서 고객의 동선이 원활하게 한다.
㉣ 식당은 숙박 객 뿐 만 아니라 외래객이 대상이므로 접근과 개방성이 좋은 위치이어야 한다.

정답 | 28 ④ 29 ③ 30 ① 31 ④

02 업무 세부 공간 계획

> **Pass Note**
>
> | 예상출제문항 | 키워드 |
> |---|---|
> | 2~3 | – 코어의 역할, 종류와 특징
– 개실형, 개방형 오피스의 장단점 비교 | – 오피스 랜드스케이프의 특징과 장단점
– 아트리움 |

1. 업무공간의 특징적 요소

1) 코어(Core)

① 사무소 공간의 효율성, 유효면적을 높이기 위해 교통공간과 각 층의 서비스부분을 집약시킨 공간으로 오피스 빌딩의 핵이 되는 부분
② 공용 부분을 한 곳에 집약시킴으로 사무소의 유효 면적이 증대된다.
③ 주 내력적 구조체로 외곽이 내진 역할을 한다.
④ 설비 시설 등을 집약시킴으로써 설비 계통의 순환이 좋아지며, 각 층에서의 계통 거리가 최단이 되므로 설비비를 절약할 수 있다.
⑤ 코어에 해당되는 제실과 기능은 일반적으로 계단실, 엘리베이터, 화장실, 설비 관계(각종 덕트 및 샤프트)등이다.

2) 코어의 종류

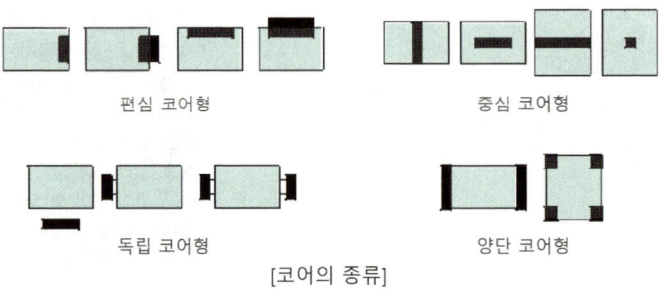

[코어의 종류]

(1) 편심 코어형(평단 코어)

① 코어의 위치를 사무소 평면상의 어느 한쪽에 편중하여 배치한 유형이다.
② 기준층 바닥 면적이 적은 경우에 적합하다.
③ 바닥 면적이 커지면 코어 이외에 피난 시설, 설비 샤프트 등이 필요해진다.
④ 너무 저층인 경우 구조상 좋지 않게 된다.

(2) 독립 코어형(외코어)
   ① 편심코어 형에서 발전된 형이며, 편심코어 형과 거의 같은 특징을 가진다.
   ② **설비 덕트나 배관을 코어로부터 사무실 공간으로 연결하는데 제약이 많다.**
   ③ 자유로운 사무실 공간을 코어와 관계없이 마련할 수 있다.
   ④ 방재상 불리하고 바닥 면적이 커지면 피난 시설을 포함한 서브 코어가 필요해진다.
   ⑤ 코어의 접합부 변형이 과대해지지 않도록 계획할 필요가 있다.
   ⑥ 사무실 부분의 내진 벽은 외주부에서만 하게 되는 경우가 많다.
   ⑦ 코어 부분은 그 형태에 맞는 구조 방식을 취할 수 있다.
   ⑧ 내진 구조에는 불리하다.

(3) 중심 코어형(중앙 코어)
   ① **유효율이 높은 계획이 가능한 형식이다.**
   ② 내진 구조가 가능하므로 바닥 면적이 큰 고층, 초고층 사무소에 적합하다.

(4) 양단 코어형(분리 코어)
   단일 용도의 큰 공간을 필요로 하는 전용 사무소에 적합하며, 2방향 피난에 이상적이며, 방재상 유리하다.

3) 코어 계획 시 고려 사항
   ① 계단과 엘리베이터 및 화장실은 가능한 한 접근시킨다.(단, 피난용 특별 계단은 법적 거리 한도 내에서 가급적 멀리 둔다.)
   ② 코어내의 공간과 임대 사무실 사이의 동선이 간단해야 한다.
   ③ 코어내 공간의 위치를 명확히 한다.
   ④ 엘리베이터 홀이 출입구면에 근접해 있지 않도록 한다.
   ⑤ 엘리베이터는 가급적 중앙에 집중시킨다.
   ⑥ 코어내 각 공간이 각 층마다 공통의 위치에 있어야 한다.
   ⑦ 잡용실, 급탕실, 더스트 슈트는 가급적 접근시킨다.

다음 설명에 알맞은 사무소 건축의 코어 유형은? [21, 17]

- 유효율이 높은 계획이 가능한 형식이다.
- 내진 구조가 가능함으로서 구조적으로 바람직한 형식이다.

① 편심 코어형　　② 독립 코어형
③ 중심 코어형　　④ 양단 코어형

정답 ③

2. 업무공간의 구성

1) 업무공간의 유형

(1) 개실형(싱글 오피스)

복도에 의해 각 층의 여러 부분으로 들어가는 방식

① 독립성과 쾌적성 및 자연 **채광이 우수하다.**
② 개방식 배치에 비해 **공사비가 높다.**
③ 방 길이에 변화를 줄 수 있지만, 연속된 복도 때문에 방 깊이에는 변화를 줄 수 없다.

(2) 개방형(오픈 오피스)

개방된 큰 방으로 설계하고 중역들을 위해 분리된 작은 방을 두는 방법

① 자연채광에 인공조명이 필요하다.
② **전면적을 유효하게 이용할 수 있다.**
③ 방의 길이나 깊이에 변화를 줄 수 있다.
④ 개인의 **프라이버시가 결여**되기 쉽다.
⑤ 칸막이벽이 없는 관계로 공사비가 낮다.

(3) 오피스 랜드스케이프(office landscape)

계급, 서열에 의한 획일적인 배치에 대한 반성으로서 사무의 흐름이나 작업의 성격을 중시하여 능률적으로 배치한 방법

① 소음이 발생하기 쉽다.
② 공간의 **독립성 확보가 어렵다.**
③ 고정된 칸막이를 사용하지 않고 이동식을 사용한다.
④ 변화하는 업무의 흐름이나 작업 패턴에 신속하게 대응할 수 있다.
⑤ 개방식에 속하며 공간의 절약, 공사비(칸막이 벽, 공조, 소화 설비, 조명 설비 등) 절약이 가능하다.

> **Note** 사무공간의 아트리움(atrium)
> ㉠ 고대 로마 건축의 실내에 넓은 마당 또는 주위에 건물이 둘러 있는 안마당을 의미 한다.
> ㉡ 실내 조경을 통해 자연 요소의 도입이 가능하다.
> ㉢ 빛 환경의 관점에서 전력 에너지의 절약이 이루어진다.
> ㉣ 내부 공간의 긴장감을 이완시키는 지각적 카타르시스가 가능하다.
> ㉤ 아트리움은 개방형업무공간이 아닌 휴식 공간으로 활용 된다.

 사무소 건축의 실 단위 계획 중 개실시스템에 관한 설명으로 옳지 않은 것은? [25,23,22,19,17]
① 독립성이 우수하다.
② 개방식 배치에 비해 공사비가 높다.
③ 전면적을 유효하게 이용할 수 있어 공간 절약 상 유리하다.
④ 방 길이에 변화를 줄 수 있지만, 연속된 복도 때문에 방 깊이에는 변화를 줄 수 없다.

정답 ③

예제 03 사무소의 실 단위 계획 중 개방식 배치에 관한 설명으로 옳지 않은 것은? [20]
① 커뮤니케이션에 융통성이 있다.
② 개인 업무 공간의 독립성이 좋아진다.
③ 모든 면적을 유용하게 이용할 수 있다.
④ 실의 길이나 깊이에 변화를 줄 수 있다.

정답 ②

예제 04 오피스 랜드스케이프(office landscape)에 관한 설명으로 옳지 않은 것은? [24,21,15]
① 소음이 발생하기 쉽다.
② 공간의 독립성 확보가 용이하다.
③ 고정된 칸막이를 사용하지 않고 이동식을 사용한다.
④ 변화하는 업무의 흐름이나 작업 패턴에 신속하게 대응할 수 있다.

정답 ②

예제 05 사무소 건축과 관련하여 다음 설명에 알맞은 용어는? [23,22]

- 고대 로마 건축의 실내에 넓은 마당 또는 주위에 건물이 둘러 있는 안마당을 의미 한다.
- 실내에 자연광을 유입시켜 여러 환경적 이점을 갖게 할 수 있다.

① 코어 ② 바실리카
③ 아트리움 ④ 오피스 랜드 스케이프

정답 ③

2) 복도형에 의한 분류

분류	특징
단일지역 배치 (single zone layout) 편복도식	• 복도의 한 쪽에만 사무실을 둔 형식(소규모)으로 자연 채광이 좋으며, 비교적 고가이다. • 통풍이 유리하고 경제성보다 건강, 분위기 등이 필요한 곳에 적용된다.
2중 지역 배치 **(double zone layout)** **중복도식**	• 동서 방향으로 사무실을 둔 형식(중규모 사무소) • 주 계단, 부 계단을 두어 사용 할 수 있고, 유틸리티 코어의 설계에 주의를 요한다.
3중 지역배치 2중 복도식	• 방사선 형태의 평면 형식으로 **고층 전용 사무실에 주로 사용된다.** • 교통 시설, 위생 설비는 건물 내부의 제 3 또는 중심 지역에 위치하며 사무실은 외벽을 따라서 배치한다. • 사무소 내부지역에 인공조명, 기계 환기 설비가 필요하다. • 경제적이며 미적, 구조적 견지에서 많은 이점이 있다.

사무소 건축의 평면유형에 관한 설명으로 옳지 않은 것은? [22,18]
① 2중지역 배치는 중복도식의 형태를 갖는다.
② 3중지역 배치는 저층의 소규모 사무소에 주로 적용된다.
③ 2중지역 배치에서 복도는 동서 방향으로 하는 것이 좋다.
④ 단일지역 배치는 경제성보다는 쾌적한 환경이나 분위기 등이 필요한 곳에 적합한 유형이다.

정답 ②

3. 업무 공간 세부 계획

1) 사무실 실내계획

(1) 실내계획의 고려조건

사무실의 사용 인원수, 업무의 성격과 작업의 흐름, 운영 방법 및 기능 등이 충분히 검토되어야 한다.

(2) 동선계획

① 동일한 층의 모든 사무영역은 코어에 기능적으로 집약되도록 한다.
② 동선은 원칙적으로 교차되지 않도록 하는 동시에 단위 그룹 사이에 순환 동선을 배치하도록 한다.
③ 주 통로의 폭은 2,000mm 이상, 일반 통로의 폭은 1,000mm 이상, 단위 그룹간의 통로는 700mm 이상이 되도록 한다.

(3) O.A(Office Automation)

O.A의 기본개념은 사무기능의 합리화, 정보의 효율화, 정보의 시스템화, 사무작업의 기계화로 요약될 수 있다.

(4) 책상배치 유형

① **동향형**
책상을 같은 방향으로 배치하는 형태로 비교적 프라이버시의 침해가 적다.

② **대향형**
책상을 마주 보도록 배치하는 형태로 **면적 효율이 좋고** 각종 배선의 처리가 용이하며, **커뮤니케이션 형성에 유리하여 공동작업의 형태로 업무가 이루어지는 영업 관리에 적합**하나 대면 시선에 의해 프라이버시를 침해할 우려가 있다.

③ **좌우 대향형(좌우대칭형)**
- 조직의 화합을 도모하기 쉽고 정보처리나 집무동작에 효율이 높기 때문에 생산관리 업무, 독립성 있는 데이터 처리 업무에 적합하다.
- 비교적 면적 손실이 크며 커뮤니케이션 형성도 다소 힘들다.

④ **십자형**
- 일반적으로 4개의 책상이 맞물려 십자를 이루도록 배치하는 형태
- 팀 작업이 요구되는 전문직 업무에 적용할 수 있다.

⑤ **자유형**
개개인의 작업을 위하여 한 사람의 독립된 영역이 주어지는 형태로 독립성이 요구되는 전문 직종 혹은 중간 간부급에 많이 적용된다.

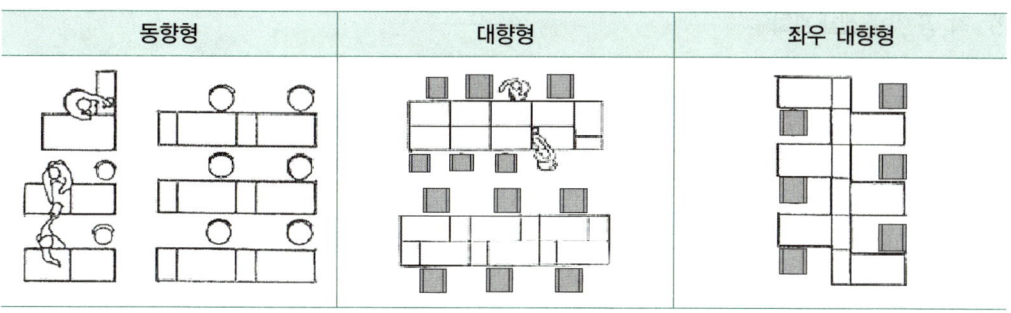

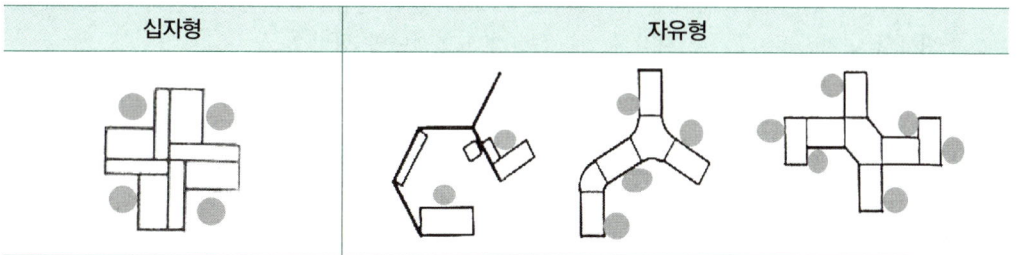

(5) 가구계획

① 높이는 단순히 바닥에서 책상 상판까지의 거리가 아니라 바닥에서 좌골 점까지와 좌골 점에서 책상의 상판까지의 거리를 합한 치수를 말한다.

② 일반적으로 사무용 책상의 높이는 남자의 경우 680~700mm, 여자의 경우 660~680mm로 산정한다.

예제 07 업무공간의 책상배치 유형에 관한 설명으로 옳지 않은 것은? [24,23,21,18]
① 십자형은 팀 작업이 요구되는 전문직 업무에 적용할 수 있다.
② 좌우대향(대칭)형은 비교적 면적 손실이 크며 커뮤니케이션 형성도 다소 힘들다.
③ 동향형은 책상을 같은 방향으로 배치하는 형태로 비교적 프라이버시의 침해가 적다.
④ 대향형은 커뮤니케이션 형성이 불리하여, 주로 독립성 있는 데이터 처리 업무에 적용된다.

정답 ④

예제 08 사무실의 책상배치 유형 중 면적효율이 좋고 커뮤니케이션(communication)형성에 유리하여 공동작업의 형태로 업무가 이루어지는 사무실에 적합한 유형은? [23,21,19]
① 동향형　　　　　　　　　　② 대향형
③ 자유형　　　　　　　　　　④ 좌우대칭형

정답 ②

2) 각 공간별 실내계획

(1) 로비(Lobby)
① 로비는 근무자, 방문자 등을 처음 맞이하는 공간이며 내·외부를 유기적으로 연결시켜 주는 전이공간이다.
② 개방감, 기업의 이미지 표현이 중요한 부분이다.
③ 도로와의 관계, 건물의 평면, 코어의 위치 등을 고려하여 계획하여야 한다.

(2) 응접 공간(Reception Area)
① 응접공간은 일반적으로 안내원이 근무하는 데스크 부분과 손님이 대기하는 공간 두 부분으로 나뉜다.
② 회사의 이미지, 스타일을 시각적으로 적절히 표현하여야 한다.
③ 데스크 근무자가 방문객을 아래로 내려다보게 되는 식으로 바닥의 레벨 차를 두어서는 절대 안 된다.
④ 일반적으로 복잡한 업무공간으로부터 떨어져 있는 것이 좋으며 사무실 내부의 분위기, 마감 재료와 상이한 것이 좋다.

(3) 화장실
① 위치는 각 사무실에서 가능하면 동선이 간결해야 하며, 계단 및 엘리베이터 홀에 근접한 곳에 각 층의 공동 위치에 있어야 한다.
② 대변기의 문은 밖에서 안으로 여는 안여닫이로 한다.
③ 복도에서 변기가 보이지 않도록 한다.
④ 화장실은 복도를 사이에 두고 사무실과 서로 마주보고 있지 않도록 한다.
⑤ 바닥은 흡수성이 작은 자기질 타일, 모자이크 타일로 마감한다.

(4) 엘리베이터
① 교통동선의 중심에 설치하여 보행거리가 짧도록 배치한다.
② 대면배치 시 대면거리는 동일 군 관리의 경우는 3.5 ~ 4.5m로 한다.
③ 여러 대의 엘리베이터를 설치하는 경우, 그룹 별 배치와 군 관리 운전방식으로 한다.
④ **일렬 배치는 4대를 한도로 하고, 엘리베이터간 거리는 8m 이하가 되도록 한다.**
⑤ 엘리베이터 홀은 정원 합계의 50% 정도를 수용 할 수 있어야 한다.
⑥ 1인당 점유 면적은 0.5 ~ 0.8m² 적당하다.
⑦ 승객의 층별 대기시간은 평균 운전간격 이하가 되게 한다.

Note 사무실 유효율(rentable ratio)렌터블비
연면적에 대한 대실면적의 비율

$$유효율 = \frac{대실면적}{연면적} \times 100\%$$

사무소 건축에서 엘리베이터 배치에 관한 설명으로 옳지 않은 것은? [24,17]

① 교통동선의 중심에 설치하여 보행거리가 짧도록 배치한다.
② 대면배치 시 대면거리는 동일 군 관리의 경우는 3.5~4.5m로 한다.
③ 여러 대의 엘리베이터를 설치하는 경우, 그룹 별 배치와 군 관리 운전방식으로 한다.
④ 일렬 배치는 8대를 한도로 하고, 엘리베이터 중심 간거리는 8m 이하가 되도록 한다.

정답 ④

4. 은행

1) 은행 실내디자인 방향

은행은 서비스가 영업의 근본이기 때문에 실내디자인은 **능률화, 쾌적성, 신뢰감, 친근감, 통일성 있게 계획** 한다.

2) 동선 계획시 고려사항

① 서비스의 흐름이 정체되지 않도록 하기 위하여 고객 부문과 내부 객실과의 긴밀한 관계가 요구된다.
② 소요시간의 장단점에 의해 동선을 분류, 계획한다.
③ 고객의 동선은 창구 위치에 의해 유도된다.
④ 자동기기의 위치와 고객 동선이 고려되어야 한다.
⑤ **은행 측의 동선은 업무의 흐름을 고객이 알 수 없도록** 해야 한다.
⑥ **고객이 지나는 동선은 되도록 짧게** 한다.
⑦ 큰 건물의 경우 고객 출입구를 별도로 설치하며 현금 반송 통로는 신중하게 설계하여야 하고 감시가 쉬워야 한다.

3) 영업장

(1) 기본 계획

① 은행의 영업장은 점포 고유의 기능과 사무 고유의 기능을 동시에 갖는 은행 내에서 가장 중요한 부분으로 **실내 전체가 보이도록 하는 것이 이상적**이다.
② 작업의 흐름이 정체하지 않도록 하기 위해 고객 부문과 업무 부문과의 긴밀한 관계가 요구되나 내부업무는 되도록 고객에게 알기 어렵게 한다.

(2) 영업장의 배치

① 사무의 흐름을 고려하여 서로 상관관계가 깊은 부분은 가능한 접근 배치한다.
② 책임자석은 담당계가 보이는 위치에 배치한다.
③ 고객좌석과 관계가 깊은 담당자는 응접좌석에 위치한다.
④ 출입구와 통로에의 흐름을 구분하며, 공용공간은 가능한 중심에 배치한다.
⑤ 시선을 차단시키는 구조벽체나 기둥은 피하여 배치한다.

(3) 영업 카운터

① 영업 카운터는 업무부분과 고객부분의 경계를 우선 고려하고 이를 분리하여 범죄 방지, 작업 테이블로서의 기능을 가진다.
② 영업 카운터 높이는 고객의 방향에서는 100~105cm, 폭은 60~75cm, 길이는 150~180cm로 하며 카운터의 길이는 일반적으로 영업장 면적 1m²당 대략 10cm 정도, 창구 하나에 대해서는 150~170cm로 산정한다.

4) 출입구

도난방지를 위해 이중문 가운데 바깥문은 외여닫이 또는 자재문 또는 회전문을 쓰며, 안쪽 문은 반드시 안여닫이로 한다.

5) 금고

① 금고의 구조는 벽, 천장은 모두 철근 콘크리트로 하고, 구조체의 두께는 30~45cm, 대규모 은행은 60cm 이상을 표준으로 한다.
② 금고의 배치는 도난 방지상, 방재상 안전하고 사용상 편리한 위치여야 한다.
③ 금고 실을 지하의 외부에 직접 접속하는 부분에 배치할 때는 외벽을 2중으로 하여 다습한 환경에 대처해야 한다.

예제 10 은행의 실내계획에 관한 설명으로 옳지 않은 것은? [23,16,14]

① 은행의 고유의 색채, 심볼 마크 등을 실내에 도입하여 이미지를 부각시킨다.
② 객장은 대기공간으로 고객에게 안전하고 편리한 서비스를 제공하는 시설을 구비하도록 한다.
③ 영업장과 객장의 효율적 배치로 사무 동선을 단순화하여 업무가 신속히 처리되도록 한다.
④ 도난방지를 위해 고객에게 심리적 긴장감을 주도록 영업장과 객장은 시각적으로 차단시킨다.

정답 ④

핵심 기출문제

02 업무 세부 공간 계획

01 ▶18,19
다음과 같은 특징을 갖는 사무소 건축의 코어 유형은?

- 단일용도의 대규모 전용사무소에 적합한 유형
- 2방향 피난에 이상적인 관계로 방재/피난상 유리

① 양단코어 ② 독립코어
③ 편심코어 ④ 중심코어

해설 | 양단코어 형(분리코어 형)
한 개의 대 공간을 필요로 하는 전용 사무소에 적합하며, 2방향 피난에 이상적이며, 방재상 유리하다.

02 ▶17
사무소 건축의 코어에 관한 설명으로 옳은 것은?

① 양단코어 형은 2방향 피난에 이상적인 관계로 방재상 유리하다.
② 편심코어 형은 기준층 바닥 면적이 작은 경우에 적용이 불가능하다.
③ 독립코어 형은 고층, 초고층의 대규모 사무소 건축에 주로 사용된다.
④ 중심코어 형은 외 코어라고도 하며 코어를 업무 공간에서 별도로 분리시킨 유형이다.

해설 | 문제 1번 해설참조

03 ▶16,19
사무소 건축의 코어 유형에 관한 설명으로 옳지 않은 것은?

① 중심코어 형은 유효율이 높은 계획이 가능한 형식이다.
② 편심코어 형은 기준층 바닥 면적이 작은 경우에 적합하다.
③ 양단코어 형은 2방향 피난에 이상적이며, 방재상 유리하다.
④ 독립코어 형은 코어 프레임을 내진구조로 할 수 있어 구조적으로 가장 바람직한 유형이다.

해설 | 독립 코어 형(외코어형)
㉠ 편심 코어 형에서 발전된 형이며, 편심 코어 형과 거의 같은 특징을 가진다.
㉡ 자유로운 사무실 공간을 코어와 관계없이 마련할 수 있다.
㉢ 설비 덕트나 배관을 코어로부터 사무실까지 끌어내는데 제약이 있다.
㉣ 방재상 불리하고 바닥 면적이 커지면 피난 시설을 포함한 서브 코어가 필요해진다.
㉤ 코어의 접합부 변형이 과대해지지 않도록 계획할 필요가 있다.
㉥ 사무실 부분의 내진 벽은 외주부에서만 하게 되는 경우가 많다.
㉦ 코어 부분은 그 형태에 맞는 구조 방식을 취할 수 있다.
㉧ 내진 구조에는 불리하다.

04 ▶18
사무소 건축의 코어 유형에 관한 설명으로 옳지 않은 것은?

① 중앙코어 형은 기준층 바닥 면적이 작은 경우에 주로 사용된다.
② 양단코어 형은 2방향 피난에 이상적인 관계로 피난상 유리하다.
③ 편단코어 형은 코어의 위치를 사무소 평면상의 어느 한쪽에 편중하여 배치한 유형이다.
④ 외코어형은 설비 덕트나 배관을 코어로부터 사무실 공간으로 연결하는데 제약이 많다.

해설 | 중심코어 형(중앙코어 형)
바닥 면적이 큰 고층, 초고층 사무소에 적합하다.

정답 | 01 ① 02 ① 03 ④ 04 ①

05 ▶13,14,18,19,20

사무소 건축에서 개방식 배치의 한 형식으로 업무와 환경을 경영관리 및 환경적 측면에서 개선하여 배치를 의사전달과 작업 흐름의 실제적 패턴에 기초를 두는 것은?

① 아트리움(atrium)
② 싱글 오피스(single office)
③ 스마트 시스템(smart system)
④ 오피스 랜드스케이프(office landscape)

해설 | 오피스 랜드스케이프
　㉠ 시각적인 프라이버시 확보가 어렵고, 소음상의 문제가 발생할 수 있다.
　㉡ 산만하고 인위적인 분위기를 정리하기 위해 고정된 칸막이벽으로 구획한다.
　㉢ 오피스 작업을 사람의 흐름과 정보의 흐름을 매체로 효율적인 네트워크가 되도록 배치하는 방법이다.
　㉣ 사무공간의 능률향상을 위한 배려와 개방공간에서의 근무자의 심리적 상태를 고려한 사무 공간 계획 방식이다.

06 ▶15

오피스 랜드스케이프에 관한 설명으로 옳은 것은?

① 복도를 사이에 두고 양쪽에 작은 방들을 배치한 사무소 평면계획이다.
② 사무실에 업무능률 상승을 위해 조경을 도입한 방식을 말한다.
③ 배치는 의사전달과 작업흐름과 같은 실제적 패턴을 고려한다.
④ 세포형 오피스라고도 하며 개인별 공간을 확보하여 스스로 작업공간의 연출과 구성이 가능하다.

해설 | 문제 5번 해설참조

07 ▶12,19

오피스 랜트스케이프(office landscape)에 관한 설명으로 옳지 않은 것은?

① 시각적인 프라이버스 확보가 어렵고, 소음상의 문제가 발생할 수 있다.
② 산만하고 인위적인 분위기를 정리하기 위해 고정된 칸막이벽으로 구획한다.
③ 오피스 작업을 사람의 흐름과 정보의 흐름을 매체로 효율적인 네트워크가 되도록 배치하는 방법이다.
④ 사무공간의 능률향상을 위한 배려와 개방공간에서의 근무자의 심리적 상태를 고려한 사무 공간 계획 방식이다.

해설 | 문제 5번 해설참조

08 ▶16,18,19

사무소 건축의 실 단위 계획 중 개방식 배치에 관한 설명으로 옳지 않은 것은?

① 독립성과 쾌적성이 우수하다.
② 자연채광에 인공조명이 필요하다.
③ 전 면적을 유효하게 이용할 수 있다.
④ 방의 길이나 깊이에 변화를 줄 수 있다.

해설 | 개방 시스템
　㉠ 자연채광에 인공조명이 필요하다.
　㉡ 전 면적을 유효하게 이용할 수 있다.
　㉢ 방의 길이나 깊이에 변화를 줄 수 있다.
　㉣ 개인의 프라이버시가 결여되기 쉽다.
　㉤ 칸막이벽이 없는 관계로 공사비가 낮다.

09 ▶13

사무소 건축의 실 단위계획 중 개실시스템에 대한 설명으로 옳은 것은?

① 공용의 커뮤니티 형성이 쉽다.
② 독립성과 쾌적감의 이점이 있다.
③ 전 면적을 유용하게 이용할 수 있다.
④ 칸막이벽이 없어 공사비가 저렴하다.

정답 | 05 ④　06 ③　07 ②　08 ①　09 ②

해설 | 개실형(싱글 오피스)
복도에 의해 각 층의 여러 부분으로 들어가는 방식
㉠ 독립성과 쾌적성 및 자연 채광이 우수하다.
㉡ 개방식 배치에 비해 공사비가 높다.
㉢ 방 길이에 변화를 줄 수 있지만, 연속된 복도 때문에 방 깊이에는 변화를 줄 수 없다.

10 ▶12,15

책상을 같은 방향으로 배치하는 형태로 비교적 프라이버시의 침해가 적은 사무실 책상 배치의 유형은?

① 동향형
② 대향형
③ 십자형
④ 자유형

해설 | 책상배치 유형
㉠ 동향형
책상을 같은 방향으로 배치하는 형태로 비교적 프라이버시의 침해가 적다.
㉡ 대향형
책상을 마주보도록 배치하는 형태로 면적 효율이 좋고 각종 배선의 처리가 용이하며, 커뮤니케이션 형성에 유리하여 공동작업의 형태로 업무가 이루어지는 영업 관리에 적합하나 대면 시선에 의해 프라이버시를 침해할 우려가 있다.
㉢ 좌우대향형(좌우대칭형)
ⓐ 조직의 화합을 도모하기 쉽고 정보처리나 집무 동작에 효율이 높기 때문에 생산관리 업무, 독립성 있는 데이터 처리 업무에 적합하다.
ⓑ 비교적 면적 손실이 크며 커뮤니케이션 형성도 다소 힘들다.
㉣ 십자형
ⓐ 일반적으로 4개의 책상이 맞물려 십자를 이루도록 배치하는 형태
ⓑ 팀 작업이 요구되는 전문직 업무에 적용할 수 있다.
㉤ 자유형
개개인의 작업을 위하여 한 사람의 독립된 영역이 주어지는 형태로 독립성이 요구되는 전문 직종 혹은 중간 간부급에 많이 적용된다.

11 ▶16

사무실의 책상배치 유형 중 면적효율이 좋고 커뮤니케이션(communication) 형성에 유리하여 공동작업의 형태로 업무가 이루어지는 사무실에 적합한 유형은?

① 동향형
② 대향형
③ 자유형
④ 좌우대칭형

해설 | 문제 10번 해설참조

12 ▶17,21

사무소 건축에서 유효율(rentable ratio)의 의미로 알맞은 것은?

① 연면적에 대한 대실면적의 비율
② 연면적에 대한 건축면적의 비율
③ 대지면적에 대한 바닥면적의 비율
④ 대지면적에 대한 건축면적의 비율

해설 | 유효율(rentable ratio)렌터블비 : 연면적에 대한 대실면적의 비율
유효율 = 대실면적 / 연면적 × 100%

13 ▶17

업무공간에 칸막이(partition)를 계획할 때 주의 할 사항으로 옳지 않은 것은?

① 흡음을 고려한 마감재를 사용한다.
② 기둥과 보의 위치를 고려해야 한다.
③ 창의 중간에 배치되는 것을 피한다.
④ 설비적인 분포에 차별화를 두어야 한다.

해설 | 업무공간에 칸막이(partition)를 계획할 때 주의 할 사항
㉠ 흡음을 고려한 마감재를 사용한다.
㉡ 기둥과 보의 위치를 고려해야 한다.
㉢ 창의 중간에 배치되는 것을 피한다.

정답 | 10 ① 11 ② 12 ① 13 ④

14 ▶16,20,21
사무소 공간 구성 중 아트리움(atrium)에 관한 설명으로 옳지 않은 것은?

① 실내 조경을 통해 자연 요소의 도입이 가능하다.
② 빛 환경의 관점에서 전력 에너지의 절약이 이루어진다.
③ 개방형 업무공간으로 작업중심의 레이아웃으로 구성된다.
④ 내부 공간의 긴장감을 이완시키는 지각적 카타르시스가 가능하다.

해설 | 아트리움(atrium)
  ㉠ 고대 로마 건축의 실내에 넓은 마당 또는 주위에 건물이 둘러 있는 안마당을 의미 한다.
  ㉡ 실내 조경을 통해 자연 요소의 도입이 가능하다.
  ㉢ 빛 환경의 관점에서 전력 에너지의 절약이 이루어진다.
  ㉣ 내부 공간의 긴장감을 이완시키는 지각적 카타르시스가 가능하다.

15 ▶22
사무소 건축과 관련하여 다음 설명에 알맞은 용어는?

> · 고대 로마 건축의 실내에 넓은 마당 또는 주위에 건물이 둘러 있는 안마당을 의미 한다.
> · 실내에 자연광을 유입시켜 여러 환경적 이점을 갖게 할 수 있다.

① 코어
② 바실리카
③ 아트리움
④ 오피스 랜드스케이프

해설 | 문제 14번 해설참조

16 ▶19
은행의 영업장 계획에 관한 설명으로 옳지 않은 것은?

① 고객이 지나는 동선은 되도록 짧게 한다.
② 책임자석은 담당계가 보이는 위치에 배치한다.
③ 사무의 흐름을 고려하여 서로 상관관계가 깊은 부분은 가능한 접근 배치한다.
④ 시선을 차단시키는 구조벽체나 기둥을 사용하여 고객부문과 업무부문을 차단한다.

해설 | 은행의 영업장은 점포 고유의 기능과 사무 고유의 기능을 동시에 갖는 은행 내에서 가장 중요한 부분으로 실내 전체가 보이도록 하는 것이 이상적이다.

정답 | 14 ③ 15 ③ 16 ④

03 상업 세부 공간 계획

Pass Note

예상출제문항		키워드
2~3	- 소비자의 구매심리 5단계 - 고객동선과 판매원 동선 - 쇼 윈도우 현휘 방지법	- 상품의 유효 진열 골든 스페이스 - VMD의 구성 요소

1. 상업공간 개요

생산과 소비를 연결하는 공간으로 소규모인 소매점에서 대규모의 쇼핑센터, 백화점 등 상업공간의 영역에 해당 된다.

① 업태별 분류 : 백화점, 쇼핑센터, 슈퍼마켓, 편의점, 소매점, 재래시장
② 업종별 분류 : 음식점, 일반상점(의류점, 잡화점, 문화용품점, 식료품점, 스포츠용품점)

2. 상업공간의 실내계획

1) 일반 상점의 실내계획

(1) 소비자의 구매심리 5단계

- A (주의, Attention) : 주목시킬 수 있는 배려
- I (흥미, Interest) : 공감을 주는 호소력
- D (욕망, Desire) : 욕구를 일으키는 연상
- M (기억, Memory) : 인상적인 변화
- A (행동, Action) : 구매동기, 행동을 불러일으키는 구성

① AIDMA 법칙
　주의(Attention) → 흥미(Interest) → 욕망(Desire) → 기억(Memory) → 행동(Action)
② AIDCA 법칙
　주의(Attention) → 흥미(Interest) → 욕망(Desire) → 확신(Conviction) → 행동(Action)
③ AIDCS 법칙
　주의(Attention) → 흥미(Interest) → 욕망(Desire) → 확신(Conviction) → 만족(Satisfaction)

> **예제 01** 상점계획에서 파사드 구성에 요구되는 소비자 구매심리 5단계에 속하지 않는 것은? [25,22,21,15]
> ① 욕망(desire) ② 기억(memory)
> ③ 주의(attention) ④ 유인(attraction)
>
> 정답 ④

(2) 상점의 공간 구성
  ① **판매부분 : 도입 공간, 상품전시공간, 통로 공간, 서비스 공간**
    ㉠ 도입 공간 : 외부에서 판매 공간까지 진입하는 부분으로서 공공 공간으로 개방시키며 상품전시나 서비스 공간으로도 사용 될 수 있다.
    ㉡ 통로 공간 : 판매부분 가운데 고객 또는 종업원의 통행공간이다.
    ㉢ 상품 전시 공간 : 상품이 전시되는 부분과 판매되는 부분으로 구성
    ㉣ 서비스 공간 : 안내카운터, 고객화장실, 포장대, 응접실 등 고객에게 서비스를 제공하는 부분
  ② **부대부분**
    ㉠ 부대부분은 영업 목적(판매)을 위한 관리 공간
    ㉡ 상품 관리 공간, 종업원 공간, 시설 관리 공간, 영업 관리 공간
  ③ **파사드**
    ㉠ **쇼윈도우, 출입구 및 홀의 입구부분을 포함한 평면적인 구성요소와 아케이드, 광고판, 사인, 외부 장치를 포함한 입체적인 구성 요소의 총체**이다.
    ㉡ 상점내의 내용과 결부된 개성적인 계획으로 **고객의 구매 욕구를 유도**하게 한다.
    ㉢ **개성적, 인상적으로 표현**하며 통행 객을 상점으로 유도하도록 하며, **상점의 취급 상품, 업종 등을 쉽게 인지하도록 표현**한다.

> **예제 02** 상점의 공간구성 중 판매부분에 속하지 않는 것은? [23,17,16]
> ① 통로 공간 ② 서비스 공간
> ③ 상품 관리공간 ④ 상품전시공간
>
> 정답 ③

> **예제 03** 상점건축에서 쇼윈도우, 출입구 및 홀의 입구 부분을 포함한 평면적인 구성요소와 아케이드, 광고판, 사인, 외부장치를 포함한 입체적인 구성요소의 총체를 의미하는 것은? [19,16,13]
> ① 파사드(facade)
> ② 스테이지(stage)
> ③ 쇼 케이스(show case)
> ④ P.O.P(point of purchase)
>
> 정답 ①

(3) 상점의 동선계획

① 기능으로서의 동선

주동선	주 통로에서 이루어지며, 고객을 쉽게 유도할 수 있는 유도 동선의 역할을 한다.
부동선	보조통로에서 이루어지며, 부 동선은 체류를 목적으로 하는 체류동선의 역할을 한다.

② 형태로서의 동선

고객동선	• 입구에서 점내에 이르기까지 고객의 흐름을 말하며, 고객의 접근에 편리해야 하고 부담감이 없어야 하며 가능한 길게 배치하는 것이 좋다. • 자연스런 상품의 접근, 즉, 고객의 움직임에 따른 상품의 유기적인 연관 진열이 될 수 있도록 하며 시선 계획을 함께 고려한다. • 주동선의 최소 폭은 시설의 규모에 따라 상이하지만 일반적으로 900mm 이상으로 한다.
판매원동선	• 종업원 동선과 고객 동선은 교차하지 않도록 하며 교차부에는 카운터, 쇼 케이스를 배치하는 것이 바람직하다. • 판매형식, 점의 특성에 따라 차이는 있으나 판매동선은 고객동선과는 반대로 종업원의 피로도, 능률을 고려하여 최대한 짧은 것이 효과적이다.
관리 동선 (상품동선)	• 상품동선은 관리 동선이라고도 하며 상품의 반입, 보관, 포장, 발송 등이 이루어지는 동선이다. • 판매관계 이외의 사람들의 동선을 의미하며, 사무실을 중심으로 매장, 창고, 작업장, 종업원실 등이 최단거리로 연결되어 있는 것이 이상적이다.

예제 04

상점의 동선계획에 관한 설명으로 옳지 않은 것은? [17,14]
① 고객동선과 종업원동선은 서로 교차되지 않도록 한다.
② 고객동선을 가능한 짧게 하여 쇼핑으로 인한 피로도를 적게 한다.
③ 고객동선과 종업원동선이 만나는 곳에 카운터나 쇼 케이스를 배치하는 것이 좋다.
④ 상품동선은 관리 동선이라고도 하며 상품의 반입, 보관, 포장, 발송 등이 이루어지는 동선이다.

정답 ②

(4) 판매형식

판매형식	특징	장점	단점
대면 판매	• 매장에서 판매원과 고객이 쇼케이스를 사이에 두고 1:1 상담 판매하는 형식 예 주로 고가품이나 상품의 설명이 필요한 시계, 카메라, 화장품, 귀금속 등이 속한다.	• 설명하기가 편리하다. • 종업원의 위치를 정하기가 용이하다. • 포장하기가 편리하다.	• 종업원에 의해 통로가 소요되므로 진열면적이 감소된다. • 진열장이 많아지면 상점의 분위기가 딱딱해진다.
측면 판매	• **고객이 상품을 직접 접촉**하여 소비자의 충동구매를 유도하는 판매형식 예 서적, 의류, 문방구류, 침구 등이 속한다.	• 충동적 구매와 선택이 용이하다. • 진열면적이 커진다. • 상품에 대해 친근감이 있다.	• 종업원의 위치를 정하기가 어렵고 불안정하다. • 상품의 설명, 포장 등이 불편하다.

예제 05 상점의 판매형식 중 대면판매에 관한 설명으로 옳지 않은 것은? [20, 18]
① 포장대나 계산대를 별도로 둘 필요가 없다.
② 귀금속과 같은 소형 고가품 판매점에 적합하다.
③ 고객과 마주 대하기 때문에 상품 설명이 용이하다.
④ 진열된 상품을 자유롭게 직접 접촉하므로 선택이 용이하다.

정답 ④

 예제 06 다음 중 상업공간의 매장 내 진열장(show case) 배치를 계획할 때 가장 우선적으로 고려해야 할 사항은? [19, 15]
① 진열장의 수　　　　　　② 조명의 조도
③ 고객의 동선　　　　　　④ 바닥의 재질

정답 ③

(5) 진열대의 평면 배치 형식

배치유형	특징	그림
굴절 배치형	• 진열대 등의 배치와 고객의 동선을 굴절 또는 곡선형으로 구성시킨 형식이다. • 대면 판매와 측면 판매의 조합에 의해서 이루어진다. • 양품점, 모자점, 안경점, 문방구	
직렬 배치형	• 진열대 등을 입구부터 안을 향해 직선적으로 구성하는 형식이다. • 통로가 직선으로 구성되므로 고객의 이동 흐름이 빠른 반면 고객의 통행량에 따라 부분적으로 통로 폭을 조절하기 어렵다. • 진열대의 설치가 간단하여 경제적이고 판매대의 매장면적을 최대로 확보하여 이용할 수 있는 반면, 매장이 단조롭거나 국부적인 혼란을 일으킬 우려가 있다. • 침구점, 실용 의복점, 가전 제품점, 식기점, 서점	
환상 배열형	• 중앙에 진열대 등에 의한 직선 또는 곡선에 의한 고리모양 부분을 설치하고 이 안에 레지스터, 포장대 등을 놓는 형식이다. • 상점의 넓이에 따라 고리의 모양, 개수 등을 조절하며, 고리모양의 대면 판매 부분에서는 일반적으로 소형, 고가의 상품을 진열, 판매한다. • 수예점, 민예품점	
복합형	• 직렬, 굴절, 환상, 사향 배치 형식을 적절히 조합시킨 형식 • 피혁 제품점, 서점 등	

예제 07 다음과 같은 특징을 갖는 상점 진열대의 배치 형식은? [20, 13]

- 진열대의 설치가 간단하며 경제적이다.
- 매장이 단조로워지거나 국부적인 혼란을 일으킬 우려가 있다.

① 복합형 ② 직렬 배치형
③ 환상 배열형 ④ 굴절 배치형

정답 ②

(6) 쇼윈도우

① 쇼윈도우의 평면 형식

㉠ 평면형 : 점두의 외면에 출입구를 낸 가장 일반적인 형으로 채광이 좋고 점내를 넓게 사용할 수 있어 유리하다.
㉡ 돌출형 : 점내의 일부를 돌출시킨 형으로 특수 도매상에 쓰인다.
㉢ **만입형** : 점두의 일부를 만입시킨 형으로 점두 진열 면이 크며, 점내 면적과 자연 채광이 감소된다.
㉣ 홀형 : 만입부를 넓게, 깊게 하여 홀을 만드는 형식으로 상점의 면적이 작아진다.

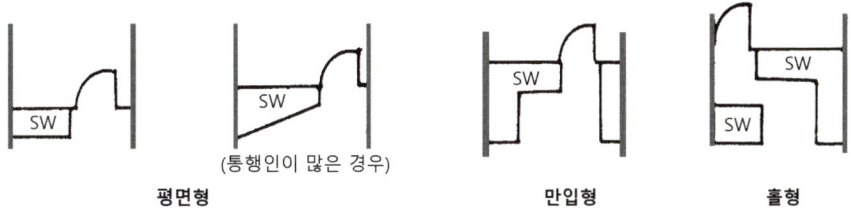

[쇼윈도우 평면 형식]

② 쇼윈도우 단면 형식 : 단층형, 다층형, 오픈스페이스형

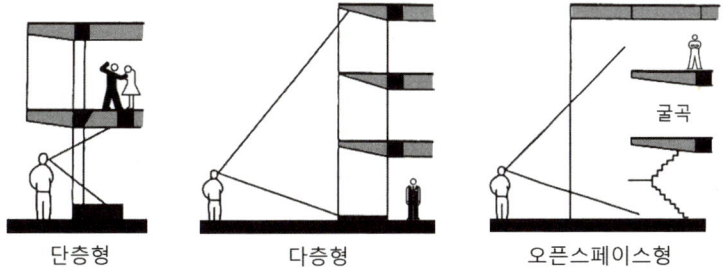

 다층형

㉠ 2층 또는 그 이상의 층을 연속되게 취급한 형으로 가구점, 의류점에 유리하다.
㉡ 다층 형은 넓은 도로 폭을 지닌 상점에 적용하는 것이 좋다.

③ 쇼윈도우의 배면처리 형식

배면처리 형식	특 징
개방형 (Open Type)	• 손님이 잠시 머무르는 곳이나 **손님이 많은 곳에 적합**하다. (서점, 제과점, 철물점, 지물포) • 일반적으로 쇼윈도우 배면을 모두 오픈시켜 쇼윈도우에 진열된 상품뿐만 아니라 매장 내부까지 볼 수 있는 형식이다. • 상점 내부의 디자인을 고려한 쇼윈도우 진열이 이루어져야 하며 실내디자인이 상점의 파사드로 투영되기 때문에 전달되는 정보의 양이 많다.
폐쇄형 (Close Type)	• 손님이 비교적 오래 머무르는 곳이나 손님이 적은 곳에 사용된다.(이발소, 미용실, 보석상, 카메라점, 귀금속상 등) • 쇼윈도우 배면을 모두 차단하여 상점의 내부가 보이지 않도록 한 형식이다. 쇼윈도우 진열 자체에 대한 **주목성이 강조**된다.
반개방형 (Semi-open Type)	• 개방형과 폐쇄형이 혼합된 형태로 쇼윈도우 배면을 부분적으로 폐쇄시키거나 반대로 부분적으로 오픈시킨 형식이다.

④ 쇼윈도우 조명
  ㉠ 상품의 재질감, 입체감, 색채를 효과적으로 전달하기 위해 국부조명을 사용하여 주시성과 주목성을 높인다.
  ㉡ 상점 내 조명보다 2~4배 높은 조도로 하며, 자연광에서 보는 것과 같은 연색성이 좋아야 한다.

> **Note** 쇼윈도우의 현휘 현상 방지책
> ㉠ **쇼윈도우의 내부 조도를 외부보다 더 밝게** 한다.
> ㉡ 차양을 설치하여 외부에 그늘을 만든다.
> ㉢ 유리면을 경사지게 하고 특수한 곡면 유리를 사용한다.
> ㉣ 가로수를 심어 건너편의 건물이 비치는 것을 방지한다.
> ㉤ 야간에는 광원을 감추고, 눈에 입사하는 광속을 적게 한다.

예제 08 상점의 쇼윈도우에 관한 설명으로 옳지 않은 것은? [22]
① 쇼윈도우의 평면 형식 중 만입형은 점두의 진열면이 크다.
② 쇼윈도우의 진열 바닥 높이는 일반적으로 상품의 종류에 따라 결정된다.
③ 쇼윈도우의 단면 형식 중 다층형은 넓은 도로 폭을 지닌 상점에 적용하는 것이 좋다.
④ 쇼윈도우의 배면 처리 형식 중 개방형은 폐쇄형에 비해 쇼윈도우 진열 자체에 대한 주목성이 강조된다.

정답 ④

예제 09 상점 쇼윈도우의 눈부심 방지 방법으로 옳지 않은 것은? [23, 16]
① 곡면유리를 사용한다.
② 쇼윈도우 상부에 차양을 설치하여 햇빛을 차단한다.
③ 내부 조도를 외부 도로면의 조도보다 어둡게 처리한다.
④ 유리를 경사지게 처리하여 외부영상이 시야에 들어오지 않게 한다.

정답 ③

(7) VMD(Visual MerchanDising)
　① VMD의 개념
　　㉠ VMD는 V(Visual : 전달 기술로서의 시각화)와 MD(Merchandising : 상품 계획)의 조합
　　㉡ 상점 구성의 기본이 되는 **상품 계획을 시각적으로 구체화시켜 상점 이미지를 경영 전략적 차원에서 고객에게 인식시키는 표현전략**
　　㉢ 상점의 이미지 형성, 다른 상점과의 차별화, 당해 상점의 이미지 주장 과정으로 전개된다.
　② VMD의 3요소

VP (Visual Presentation)	• 상품과 상품의 아이덴티티 확립을 위한 계획 • 매력적인 연출로 상점 점두, 쇼윈도우의 이미지 형성 전반에 대한 계획
PP (Point of sale Presentation)	• 매장의 상품 진열, 상품의 포인트 연출 • 매장내의 상품정보를 시각적으로 보여주며 관련 상품과의 자연스러운 코디네이트로 생활을 제안한다.
IP (Item Presentation)	• 상품을 분류, 정리하여 관리하며, 일관성 있는 연출법으로 고객이 쉽게 알아볼 수 있도록 진열하여 쾌적한 매장 구성을 한다. • 상품의 분류, 행거, 선반, 진열장

상점의 디스플레이 기법으로서 VMD(Visual merchandising)의 구성 요소에 속하지 않는 것은?
[22,20,18]
① IP(Item Presentation)
② VP(Visual Presentation)
③ SP(Special Presentation)
④ PP(Point of sale Presentation)

정답 ③

(8) 상품진열 유효 범위
　① 눈높이 1,500mm기준으로 시야 범위는 상향 10°에서 하향 20° 사이가 가장 좋다.
　② 상품의 진열 범위는 바닥에서 600~2,100mm이지만 **가장 편안한 높이는 850~1,250mm**이며 이 범위를 골든 스페이스(golden space)라고 한다.

상품의 유효진열 범위 내에서 고객의 시선이 가장 편하게 머물고 손으로 잡기에도 가장 편안한 높이인 골든 스페이스의 범위로 가장 알맞은 것은? [23,20,18,14]
① 450~850mm
② 850~1250mm
③ 1300~1500mm
④ 1500~1700mm

정답 ②

3. 백화점

1) 공간구성

(1) 고객부분
① 쇼윈도우, 고객용 출입구, 에스컬레이터, 통로, 계단, 휴게실, 식당 등의 서비스부분을 말한다.
② 대부분은 판매부분과 결합하며 그 종류에 따라 종업원부분과도 접하게 된다.

(2) 판매부분
① 백화점의 가장 중요한 부분인 매장, 즉, 상품을 진열·판매하는 공간이다.
② 고객의 구매욕과 동시에 종업원의 영업 능률이 좋은 환경으로 계획한다.

(3) 상품부분
① 상품의 반입, 검수, 가격표시, 보관, 운반, 발송, 배달이 이루어지는 부분이다.
② 판매부분과 접하며 고객부분과는 반드시 분리시킨다.

(4) 종업원부분
① 종업원의 출입구, 출퇴근 관리 공간, 통로, 계단, 사무실, 화장실, 식당 및 휴식 공간 등이 이에 속한다.
② 고객부분과는 별개의 계통으로 독립되고 매장 내에 접하고 있어야 하며 상품부분과도 접하도록 한다.

2) 층별 구성 및 상품 배치 계획

(1) 층별 구성

수직 구분	특 성
지하층	• 목적성이 강하고 일반적으로 고객이 마지막에 구매하는 상품 • 식료품, 주방용품 등을 배치
1층	• 백화점 이미지를 좌우하는 전략 상품을 우선 배치 • 상품 선택에 시간이 많이 걸리지 않고 손쉽게 구매할 수 있는 상품 • 화장품, 구두, 핸드백, 액세서리, 잡화 등 배치
중층부	• 안정된 분위기로 비교적 선택에 시간이 걸리고 시대성이 높으며 매출면에서 최대 판매 군이 되는 상품 • 의류, 고급 잡화 등 배치
상층부	• 목적성이 강한 상품 • 카메라, 문구, 식기 및 도기류, 침구류, 장난감류, 등을 하부 배치 • 면적을 넓게 차지하는 상품인 가전제품, 악기류, 가구류 및 고가의 제품 등을 상부 배치
최상부층	• 식당가, 문화 공간, 이벤트 공간 배치

(2) 상품 배치
① **전략적 상품군은 일반적으로 에스컬레이터, 엘리베이터와 근접된 부분에 배치**하거나 주동선상에 위치시킨다.
② 서로 관련된 상품 군을 그룹핑하여 매장간의 연결이 자연스럽고 구매동선을 길게 유도하도록 한다.

③ 수직적으로 동선이 분기하는 부분이나 **출입구 부분에 인기품목을 배치할 경우** 혼잡이 발생될 뿐만 아니라 구매 동선이 짧아질 우려가 있기 때문에 이에 주의한다.
④ 충동구매가 이루어질 수 있는 상품군은 휴게 공간, 수직적 이동 공간 주변에 배치시킨다.

3) 동선계획 고려 사항
① 점내 체류시간 및 이동의 방향, 분포 특성 고려
② 정지 부분과 이동 부분, 주동선과 보조동선, 입장객 수에 의한 통로 너비 고려
③ 매장의 면적, 계단, 엘리베이터, 에스컬레이터 등 수직 이동 수단과의 연계성
④ 마케팅, MD와의 적합성
⑤ 화재 시 대피시간과의 관계성 등

4) 매장 배치 방법

배치방법	특징
직교(직각) 배치법	• 가구를 열을 지어 직각 배치함으로써 직교하는 통로가 나게 하는 가장 간단한 배치 방법 • 판매장의 면적을 최대한으로 이용할 수 있다. • 단조로운 배치로 통행량에 따른 폭을 조절하기 어려워 혼란을 일으키기 쉽다.
사행(사교) 배치법	• 주 통로를 직각 배치하고 부 통로를 45°경사지게 배치하는 방법 • 좌우 주 통로에 가까운 길을 택할 수 있다. • 주 통로에서 부 통로의 상품이 잘 보인다. • 판매대가 많이 필요하다.
방사 배치법	• 판매장의 통로를 방사형을 배치하는 방법으로 일반적으로 적용하기가 곤란한 방식이다.
자유 유동(유선) 배치법	• 통로를 고객의 유동 방향에 따라 자유로운 곡선으로 배치하는 방법 • 전시에 변화를 주고 판매장의 특수성을 살릴 수 있다. • 판매대나 유리 케이스가 특수한 형태가 필요 하므로 비용이 많이 든다.

5) 엘리베이터
① 최상층 급행용 이외에는 보조 수단으로 이용된다.
② 크기 : 연면적 2,000 ~ 3,000m²에 대해서 15 ~ 20인승 1대꼴 정도로 한다.
③ 가급적 집중 배치하며 6대 이상인 경우 분산 배치한다.
④ 고객용, 화물용, 사무용으로 구분 배치한다.

6) 에스컬레이터
백화점에 있어서 가장 적합한 수송 기관이며 엘리베이터에 비해 10배 이상의 용량을 보유하고 있으며, 고객을 기다리게 하지 않는다.

(1) 장점
① 수송량이 크며 수송량에 비해 점유 면적이 작다.
② 수송 설비의 종업원이 적다.
③ 고객이 매장을 여러 각도에서 보면서 오르내린다.

(2) 단점
① 점유 면적이 크고 설비비가 고가이다.
② 층고, 보의 간격(7~8m 이상) 등의 구조적 제약을 받는다.

(3) 위치
엘리베이터 군(群)과 주출입구의 중간에 위치하는 것이 좋으며 매장의 중앙에 가까운 곳에 설치하여 매장 전체를 쉽게 볼 수 있게 한다.

(4) 배치 형식

형식	특징
직렬 형	점유 면적이 크고 승객의 시야가 좋다. 승객의 시선이 한 방향으로 고정된다.
병렬 단속식	백화점 내를 내려다보기가 좋다.
병렬 연속식	많은 공간이 필요하다.
교차식	**점유 면적이 적다. 매장의 전망이 나쁘다.**

7) 색채 계획
① 색상은 조명효과와 고객의 시각 심리를 함께 고려하여 정한다.
② 밝은 색조를 사용하면 어두운 색보다 공간의 크기가 확장되어 보인다.
③ 다양한 상품색이 혼합되어 있는 곳에서는 중채도의 색을 위주로 한 배색을 한다.
④ 전체 색의 배분은 **주조색이 60%, 보조색이 30%, 구매 욕구를 북돋우기 위해 악센트 색을 10%정도 적용**한다.

> **예제 12**
> 백화점의 에스컬레이터 배치 유형 중 교차식 배치에 관한 설명으로 옳은 것은? [20,17]
> ① 연속적으로 승강할 수 없다.
> ② 점유면적이 다른 유형에 비해 작다.
> ③ 고객의 시야가 다른 유형에 비해 넓다.
> ④ 고객의 시선이 1방향으로만 한정된다는 단점이 있다.
>
> 정답 ②

4. 음식점의 공간계획

1) 공간 구성
① 영업 부분 : 입구, 식당, 라운지, 화장실 등으로 구성되며 총 면적의 약 50~70%
② 조리 부분 : 주방, 배선실, 세척실, 창고 등으로 구성되며 총 면적의 약 20~40%
③ 관리 부분 : 접수, 사무실, 라커룸, 종업원 화장실 등으로 구성되며 총 면적의 약 10~20%

2) 평면 및 동선 계획
① 고객동선과 주방과 연관된 서비스 동선이 서로 접근, 교차되지 않도록 한다.
② 고객 동선은 주 통로의 경우 900~1,200mm, 부 통로는 600~900mm정도가 일반적이다.

③ 영업부분의 경우 음식 서비스에는 왜건(wagon)을 사용하는 경우도 있으므로 통로에는 바닥의 레벨차가 생기지 않도록 해야 한다.
④ 조리부분은 객석의 요리 서비스 흐름과 식사 후의 식기 반납 흐름을 분리하여 체증이 생기지 않도록 하며 종업원의 동선은 가능한 짧게 계획한다.
⑤ 출입구 주위에 카운터를 설치할 경우 출입 고객과 대금 지불 고객들로 혼잡이 일어나기 쉬우므로 공간 배분, 출입문의 개폐방법에 유의하여야 한다.

3) 가구의 계획 및 배치

① 4인용 테이블 : 정사각형인 경우 850~960mm 정도가 쓰이고 직사각형의 경우 1000~1200×700~800mm 정도
② 2인용 테이블 : 600~750mm 정도
③ 6인용 테이블 : 1350~1800×650~800mm 정도
④ 의자의 높이는 식탁에서 30cm, 바닥면에서 45cm의 높이
⑤ 테이블 배치유형

배치유형	특징	그림
가로 배치형	• 테이블과 의자를 병렬로 배치시키는 유형이다. • 일반적으로 다른 유형과 복합시켜 사용하며 병렬로 배치된 좌석들은 그 사이에 충분한 공간을 확보하거나 스크린, 칸막이를 이용하기도 한다.	
세로 배치형	• 근접된 각 좌석의 의자가 서로 배면으로 접하도록 배치시키는 유형이다. • 각 좌석들의 의자가 배면으로 접하는 부분은 그 사이에 충분한 공간을 확보하거나 스크린, 칸막이를 이용하기도 한다. • 이용객의 좌석 선택이 용이하고 시선의 흐름이 자유롭다.	
부스형	• 일반적으로 3면 정도를 긴 쇼파 형태의 의자로 구성하고 그 영역 내에 테이블과 의자를 배치시키는 유형이다. • 좌석 구성에 변화가 다양하고 칸막이를 조합하여 개성적인 공간을 연출할 수 있으며 차지하는 면적이 큰 단체 석에 접합한 배치 형이다.	
점재형	• 비교적 면적당 좌석수가 적으며 식사를 전문으로 하는 레스토랑에 많이 사용하는 배치 형으로 자유 배치형과 일정 간격으로 배치하는 방법이 있다.	

핵심 기출문제

03 상업 세부 공간 계획

01 ▶14
상업공간의 설계 시 고려되는 고객의 구매심리(AIDMA)에 속하지 않는 것은?
① Attention
② Interest
③ Design
④ Memory

해설 | 소비자의 구매심리 5단계
- A (주의, Attention) : 주목시킬 수 있는 배려
- I (흥미, Interest) : 공감을 주는 호소력
- D (욕망, Desire) : 욕구를 일으키는 연상
- M (기억, Memory) : 인상적인 변화
- A (행동, Action) : 구매동기, 행동을 불러일으키는 구성

02 ▶21
다음 중 상점의 점두(shop facade) 디자인에서 고려할 사항과 가장 거리가 먼 것은?
① 경제성을 배제한 시각효과
② 개성적이고 인상적인 표현
③ 상점내부로의 고객유도 효과
④ 취급상품에 대한 시각적 표현

해설 | 파사드
㉠ 쇼윈도우, 출입구 및 홀의 입구부분을 포함한 평면적인 구성요소와 아케이드, 광고판, 사인, 외부 장치를 포함한 입체적인 구성 요소의 총체이다.
㉡ 상점내의 내용과 결부된 개성적인 계획으로 고객의 구매 욕구를 유도하게 한다.
㉢ 개성적, 인상적으로 표현하며 통행 객을 상점으로 유도하도록 하며, 상점의 취급 상품, 업종 등을 쉽게 인지하도록 표현한다.

03 ▶12,15,21
상점의 동선계획에 관한 설명으로 옳지 않은 것은?
① 고객동선은 상품 구매 시간 단축을 위해 가능한 한 짧게 계획한다.
② 판매원동선은 가능한 한 짧게 만들어 일의 능률이 저하되지 않도록 한다.
③ 고객동선은 접근하기 쉽고 고객의 움직임이 자연스럽게 유도될 수 있도록 계획한다.
④ 관리 동선은 사무실을 중심으로 종업원실, 창고, 매장 등이 최단거리로 연결되도록 한다.

해설 | 상점의 동선계획
㉠ 판매원 동선은 가능한 한 짧게 만들어 일의 능률이 저하되지 않도록 한다.
㉡ 고객 동선은 접근하기 쉽고 고객의 움직임이 자연스럽게 유도될 수 있도록 계획한다.
㉢ 고객동선은 흐름의 연속성이 상징적, 지각적으로 분할되지 않는 수평적 바닥이 되도록 한다.
㉣ 관리 동선은 사무실을 중심으로 종업원실, 창고, 매장 등이 최단거리로 연결되도록 한다.
㉤ 동선의 흐름은 공간적, 물리적인 흐름뿐만이 아니라 시각적인 흐름도 원활하도록 한다.
㉥ 동선은 고객동선, 종업원동선, 상품동선으로 구분할 수 있으며, 각각의 동선은 교차되지 않도록 한다.

04 ▶12,19
상점의 매장계획에 관한 설명으로 옳지 않은 것은?
① 고객에게 상품이 효과적으로 보이도록 진열장을 배치한다.
② 고객 동선은 가능한 한 길어야 상품 구매력 향상에 유리하다.
③ 진열장의 내부조명은 고객이 서 있는 부분보다 밝게 하는 것이 좋다.
④ 판매 서비스의 효율성을 위해 종업원 동선과 고객 동선은 서로 중복시킨다.

정답 | 01 ③ 02 ① 03 ① 04 ④

해설 | 동선은 고객동선, 종업원동선, 상품동선으로 구분할 수 있으며, 각각의 동선은 교차되지 않도록 한다.

05 ▶18
상점의 실내계획에 관한 설명으로 옳지 않은 것은?

① 고객의 동선은 가능한 길게 배치하는 것이 좋다.
② 바닥, 벽, 천장은 상품에 대해 배경 역할을 할 수 있도록 한다.
③ 실내의 바닥면은 큰 요철을 두어 공간의 변화를 연출하는 것이 좋다.
④ 전체 색의 배분에서 분위기를 지배하는 주조색은 약 60% 정도로 적용하는 것이 좋다.

해설 | 상점의 실내 바닥면에 요철을 두는 것은 고객이 상품에 집중할 수 없으며 고객이 위험할 수 있다.

06 ▶12
상점의 공간 구성 중 판매 공간에 해당하지 않는 것은?

① 통로 공간   ② 서비스 공간
③ 파사드 공간   ④ 상품전시공간

해설 | 판매부분 : 도입 공간, 상품전시공간, 통로 공간, 서비스공간

07 ▶13,14,15,17,19
상품의 유효진열범위로서 골든 스페이스(golden space)라고 불리는 높이는?

① 300~750mm   ② 600~900mm
③ 850~1250mm   ④ 900~1400mm

해설 | 상품진열 유효 범위
  ㉠ 눈높이 1,500mm기준으로 시야 범위는 상향 10°에서 하향 20° 사이가 가장 좋다.
  ㉡ 상품의 진열 범위는 바닥에서 600~2,100mm이지만 가장 편안한 높이는 850~1,250mm이며 이 범위를 골든 스페이스(golden space)라고 한다.

08 ▶14,16,17
상점의 가구 배치에 따른 평면 유형 중 직렬형에 관한 설명으로 옳지 않은 것은?

① 부분별로 상품 진열이 용이하다.
② 협소한 매장에서는 적용이 곤란하다.
③ 쇼 케이스를 일직선 형태로 배열한 형식이다.
④ 상품의 전달 및 고객의 동선 상 흐름이 빠르다.

해설 | 직렬배치형(직각 배치형) : 침구점, 실용 의복점, 가전점, 식기점, 서점 등
  ㉠ 진열대 등을 입구부터 안을 향해 직선적으로 구성하는 형식이다.
  ㉡ 통로가 직선으로 구성되므로 고객의 이동 흐름이 빠른 반면 고객의 통행량에 따라 부분적으로 통로 폭을 조절하기 어렵다.
  ㉢ 진열대의 설치가 간단하여 경제적이고 판매대의 매장면적을 최대로 확보하여 이용할 수 있는 반면 매장이 단조롭거나 국부적인 혼란을 일으킬 우려가 있다.

09 ▶14,17,22
상점의 디스플레이 기법으로서 VMD(Visual merchandising)의 구성요소에 속하지 않는 것은?

① IP(Item Presentation)
② VP(Visual Presentation)
③ SP(Special Presentation)
④ PP(Point of sale Presentation)

해설 | VMD의 3요소
  ㉠ VP(Visual Presentation) : 상품과 상품의 아이덴티티 확립을 위한 계획, 매력적인 연출로 상점 점두, 쇼윈도우의 이미지 형성 전반에 대한 계획
  ㉡ PP(Point of sale Presentation) : 매장의 상품 진열, 상품의 포인트 연출
  매장내의 상품정보를 시각적으로 보여주며 관련 상품과의 자연스러운 코디네이트로 생활을 제안 한다.
  ㉢ IP(Item Presentation) : 상품의 분류, 행거, 선반, 진열장 등 상품을 분류, 정리하여 관리하며, 일관성 있는 연출법으로 고객이 쉽게 알아볼 수 있도록 진열하여 쾌적한 매장 구성을 한다.

정답 | 05 ③ 06 ③ 07 ③ 08 ② 09 ③

10 ▶20

상업공간에서 비주얼 머천다이징(VMD) 전개시스템에 관한 설명으로 옳은 것은?

① 아이템 프레젠테이션(IP)은 테이블, 벽면 상단이나 상판 등에서 기본 상품을 표현한다.
② 아이템 프레젠테이션(IP)은 블록별 상품의 포인트를 표현하며, 블록의 이미지를 높인다.
③ 비쥬얼 프레젠테이션(VP)은 고객의 시선이 처음 닿는 곳을 중심으로 상점 이미지를 표현한다.
④ 포인트 프레젠테이션(PP)은 쇼 윈도우, 층별 메인 스테이지 등에서 블록 이미지를 표현한다.

해설 | 문제 9번 해설참조

11 ▶14,19,21

VMD(visual merchandising) 전개를 위한 상품 제안(merchandising presentation)의 세 가지 형식 중 IP(Item presentation)의 설명으로 옳지 않은 것은?

① 색상, 사이즈, 스타일, 분류하여 진열한다.
② 개개의 상품을 분류, 정리하여 보기 쉽고 고르기 쉽게 진열한다.
③ 행거, 쇼케이스, 선반류 등 매장 내의 모든 집기류를 활용하여 진열한다.
④ 상반신, 소도구류 등을 활용하여 품목, 스타일, 색상 등을 중점적으로 표현한다.

해설 | PP(Point of Presentation) : 한 유닛에서 대표되는 상품진열, 상반신, 소도구류 등을 활용

12 ▶19

VMD에 관한 설명으로 옳지 않은 것은?

① VMD는 Visual Merchandising의 약자이다.
② VMD는 고객이 지향하는 이미지를 구체화 시키는 판매 전략으로서 디스플레이와 동일한 개념이다.
③ VMD는 상품계획에서부터 광고, 판매에 이르기까지 각 기능이 체계적으로 움직여야 하는 전략 수단이다.
④ 성공적인 VMD 전개는 VP(Visual Presentation), PP(Point of Presentation), IP(Item Presentation)가 충실할 때 가능하다.

해설 | VMD의 개념
㉠ VMD는 V(Visual : 전달 기술로서의 시각화)와 MD(Merchandising : 상품 계획)를 조합한 말로서 점 구성의 기본이 되는 상품 계획을 시각적으로 구체화시켜 점 이미지를 경영 전략적 차원에서 고객에게 인식시키는 표현전략이다.
㉡ 일반적으로 상점의 이미지 형성, 다른 상점과의 차별화, 당해 상점의 이미지 주장 과정으로 전개된다.

13 ▶16

상품계획, 상점계획, 판촉, 접객서비스 등의 제반 요소를 시각적으로 구체화시켜 상점이미지를 고객에게 인식시키는 표현전략을 무엇이라 하는가?

① POP
② VMD
③ TOKEN DISPLAY
④ VOLUME SPACE DISPLAY

해설 | 문제 12번 해설참조

14 ▶20

VMD(visual merchandising)에 관한 설명으로 옳지 않은 것은?

① 쇼윈도우와 VP는 하나의 통일성 있는 방법으로 상점 정책에 맞게 표현되도록 한다.
② 다른 상점과 차별화하여 상업공간을 아름답고 개성 있게 하는 것도 VMD의 기본 전개방법이다.
③ VMD의 구성요소 중 VP는 점포의 주장을 강하게 표현하며 IP는 구매 시점 상에 상품 정보를 설명한다.
④ 상점의 영업방침을 기본으로 고객의 시각에 비치는 파사드만을 상점의 개성에 따라 통일 된 이미지를 만들어 전개한다.

해설 | 파사드는 건물의 정면을 의미함과 동시에 디자인에 있어서 건축물의 출입구 및 홀의 입구, 벽 마감재, 쇼윈도우, 간판, 광고판, 네온사인 등을 포함한 점포 전체의 이미지로 공간의 첫 인상을 결정하는 부분이다.

정답 | 10 ③ 11 ④ 12 ② 13 ② 14 ④

15
상품제안(merchandise presentation)을 위한 페이싱(facing)의 형태에 속하지 않는 것은?

① 스톡(stock)
② 폴디드(folded)
③ 페이스 아웃(face out)
④ 슬리브 아웃(sleeve out)

해설 | • 상품제안(merchandise presentation)을 위한 페이싱(facing)의 형태 : 폴디드(folded), 페이스 아웃(face out), 슬리브 아웃(sleeve out)
• 스톡(stock) : 비축량, 재고품

16
다음 중 상점 내 진열장 배치계획에서 가장 우선적으로 고려하여야 할 사항은?

① 동선의 흐름
② 조명의 조도
③ 바닥 마감재료
④ 진열장의 치수

해설 | 상점 내 진열장 배치계획에서 가장 우선적으로 고려하여야 할 사항은 동선의 흐름이다.

17
상점의 실내디자인에서 진열장의 유효진열 범위에 관한 설명으로 옳지 않은 것은?

① 고객의 흥미를 유지시키면서 보기 쉽고 사기 쉽도록 진열하는 것이 중요하다.
② 신체조건과 시선을 고려하여 상품의 종류와 특성에 따라 합리적인 진열이 되도록 한다.
③ 사람의 시각적 특성은 우측에서 좌측으로, 큰 상품에서 작은 상품으로 이동하므로 진열의 흐름도 이에 준하는 것이 필요하다.
④ 유효진열범위 내에서도 고객의 시선이 가장 편하게 머물고 손으로 잡기에도 가장 편안한 높이는 850~1250mm이며, 이 범위를 골든 스페이스(golden space)라 한다.

해설 | 사람의 시각적 특성은 좌측에서 우측으로 이동한다.

18
상점 매장의 상품구성과 배치에 관한 설명으로 옳지 않은 것은?

① 중점상품은 주 통로에 접하는 부분에 배치한다.
② 전략상품은 상점 내에서 가장 눈에 잘 띄는 곳에 배치한다.
③ 고객을 위한 휴게시설은 충동구매상품과 격리하여 배치한다.
④ 진열대가 굴절 또는 곡선으로 처리된 곳에는 소형 상품을 배치한다.

해설 | 고객을 위한 휴게시설은 충동구매상품과 인접하여 배치한다.

19
연면적 200m²을 초과하는 판매시설에 설치하는 계단의 너비는 최소 얼마 이상으로 하여야 하는가?

① 90cm
② 120cm
③ 150cm
④ 180cm

해설 | 판매시설, 문화 및 집회 시설 등 용도의 건축물은 계단 및 계단참의 유효 너비가 120cm 이상이어야 한다.

20
백화점 실내공간의 색채계획에 관한 설명으로 옳지 않은 것은?

① 색상은 조명효과와 고객의 시각 심리를 함께 고려하여 정한다.
② 구매 욕구를 북돋우기 위해 악센트 색을 넓은 면적에 적용한다.
③ 밝은 색조를 사용하면 어두운 색보다 공간의 크기가 확장되어 보인다.
④ 다양한 상품색이 혼합되어 있는 곳에서는 중채도의 색을 위주로 한 배색을 한다.

해설 | 전체 색의 배분은 주조색이 60%, 보조색이 30%, 구매 욕구를 북돋우기 위해 악센트 색을 10%정도 적용한다.

정답 | 15 ① 16 ① 17 ③ 18 ③ 19 ② 20 ②

04 전시 세부 공간 계획

Pass Note

예상출제문항	키워드
1~2	– 쇼룸 – 전시공간의 동선 계획 – 전시공간의 순회유형	– 쇼윈도우 – 특수 전시 유형

1. 전시 공간의 유형

전시는 영리적인 측면에서 보면 비영리적인 전시와 영리적 전시와 구분된다. 영리적 전시는 전시자의 명성과 상품의 선전 효과를 이용하여 판매를 촉진하기 위한 것이나 비영리적인 전시는 예술 작품의 발표나 일반 대중의 문화적 사고 개발, 교육을 목적으로 열리는 것이다.

① 미술관 : 조각, 공예, 회화와 같이 미를 표현하여 시각화한 창작예술작품을 전시하는 공간
② 박물관 : 예술, 역사, 미술, 과학, 기술 등에 관한 수집품 및 식물원, 동물원 등 문화적 가치가 있는 자료, 표본 등을 표현, 전시하는 공간
③ 박람회 : 대규모 전시로 공공의 이익 증진을 목적으로 하여 인류의 문명, 문화를 총결산하는 전시회
④ 전람회 : 일정기간을 통해 전시하고 관객에게 이해시켜주는 시설로 박람회보다 소규모 성격의 전시
⑤ 쇼룸 : 기업의 홍보, 판매를 위한 상업적 목적의 성격을 갖고 상설 전시 공간

예제 01 전시공간에 관한 설명으로 옳지 않은 것은? [16]
① 전시의 성격은 영리적 전시와 비영리적 전시로 나눌 수 있다.
② 공간의 형태와 규모에 관련된 물리적 요건들이 전시 공간 특성을 좌우한다.
③ 전체 동선체계는 이용자 동선과 관리자 동선으로 대별되며 서로 통합되도록 계획한다.
④ 전시실 순회 유형에 따라 전시실 상호간 결합 형식이 결정되며 전체의 전시 계획에 영향을 미친다.

정답 ③

2. 전시공간의 동선 계획

① 전시공간에서의 동선은 관람객 동선, 사무. 관리자 동선, 자료동선으로 구성
② 자료를 보고 해석을 읽으면서 다시 돌아오지 않도록 전시품도 레이아웃 하는 것이 중요하며, 지그재그의 동선이 발생되지 않도록 한다.
③ 감상의 방향과 이동의 방향이 일치되도록 한다.

④ 관람객의 동선은 **좌에서 우로, 우회전**을 원칙으로 한다.
⑤ 관람객이 피로를 느끼지 않도록 해야 하며, 다음 전시영역의 관람 여부를 판단할 수 있도록 계획하는 것이 바람직하다.
⑥ 관람객의 동선은 일반적으로 **접근→입구→전시실→출구→야외전시**의 순으로 진행된다.

> **예제 02** 일종의 전시공간인 쇼룸(show room)의 계획에 관한 설명으로 옳지 않은 것은? [16]
> ① 관람의 흐름은 막힘이 없어야 한다.
> ② 입구에는 세심한 디스플레이를 피한다.
> ③ 관람자가 한 번 지나간 곳을 다시 지나가도록 한다.
> ④ 관람에 있어 시각적 혼란을 초래하지 않도록 전후좌우를 한꺼번에 다 보게 해서는 안 된다.
>
> 정답 ③

3. 전시공간의 순회 유형

1) 연속순회 형식
① 긴 직사각형 또는 다각형 평면의 전시실이 연속적으로 연결된 형식
② 전시 벽면이 최대화되고 **공간 절약 효과**가 있다.
③ 관람객은 **연속적으로 이어진 동선**을 따라 관람하게 된다.
④ 비교적 **동선이 단순**하며 다소 지루하고 피곤한 느낌을 줄 수 있다.

2) 갤러리 및 복도형
① 연속된 전시실의 한쪽 복도에 의해서 각 실을 배치한 형식
② 관람자가 각 전시실을 자유로이 선택하여 직접 들어가고 필요에 따라 독립적으로 폐쇄시킬 수 있는 장점이 있다.

3) 중앙홀 형
① 중심부에 하나의 큰 홀을 두고 그 주위에 각 전시실을 배치하여 자유로이 출입하는 형식
② 중앙홀이 크면 동선의 혼란은 없으나 장래의 확장에 무리가 있는 것이 단점
③ 프랭크로이드 라이트의 구겐하임미술관에 이 형식을 기본으로 발전시켜 나선램프로 입체화 하여 채광, 인공조명, 동선 등을 명쾌히 해결, 오늘날까지 획기적인 미술관 계획으로 평가

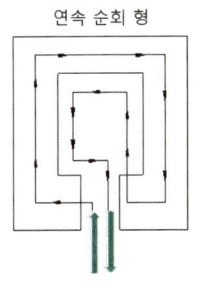
연속 순회 형

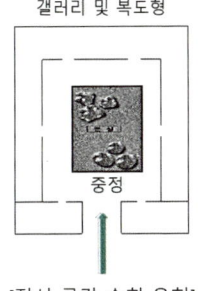
갤러리 및 복도형
중정

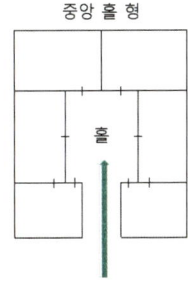
중앙 홀 형
홀

[전시 공간 순회 유형]

전시공간의 순회 유형 중 연속순회형식에 관한 설명으로 옳지 않은 것은? [24,20,14]
① 각 실을 필요에 따라 독립적으로 폐쇄할 수 있다.
② 전시 벽면이 최대화되고 공간 절약 효과가 있다.
③ 관람객은 연속적으로 이어진 동선을 따라 관람하게 된다.
④ 비교적 동선이 단순하며 다소 지루하고 피곤한 느낌을 줄 수 있다.

정답 ①

4. 전시공간의 평면 형태

1) 부채꼴형
① 형태가 복잡하여 한눈에 전체를 파악하는 것이 어려우며 일반적으로 전체적인 조망이 가능한 규모에 적합하다.
② 많은 관람객이 밀집할 경우 입구에서 병목 현상이 발생 할 수 있다.

2) 사각형
일반적인 형태로 공간형태가 단순하고 분명한 성격을 지니고 있기 때문에 지각이 쉽고 명쾌하여 변화 있는 전시계획이 시도 될 수 있다.

3) 원형
① 고정된 축이 없이 안정된 상태에서 지각하기 어려움
② 방향감각을 잃어버리기 쉬움
③ 중앙에 핵이 되는 전시물을 중심으로 주변에 그와 관련되거나 유사한 성격의 전시물 전시로 극복

4) 자유형
① 형태가 복잡하여 한눈에 전체를 파악하기 어려워 큰 규모의 전시공간에는 부적합
② 전체적인 조망이 가능한 한정된 공간에 적합, 예각이 생기는 것을 피함

5) 작은 실의 조합형
관람자가 자유롭게 관람 할 수 있도록 공간의 형태에 의한 동선의 유도가 요구된다.

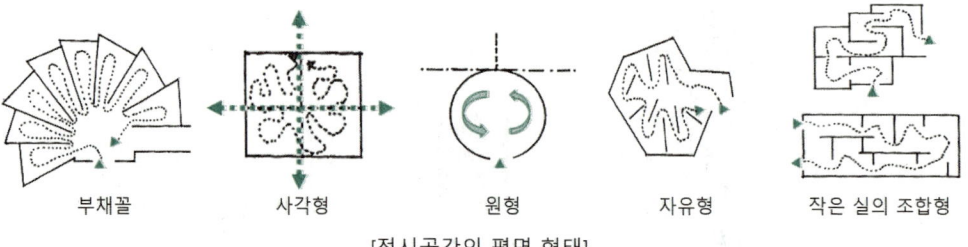

[전시공간의 평면 형태]

전시공간의 평면 형태에 관한 설명으로 옳지 않은 것은? [24,14]
① 직사각형은 공간 형태가 단순하고 분명한 성격을 지니기 때문에 지각이 쉽다.
② 부채꼴형은 관람자의 자유로운 선택이 가능하므로 대규모 전시공간에 적합하다.
③ 원형은 고정된 축이 없어 안정된 상태에서 지각이 어려워 방향감각을 잃을 수도 있다.
④ 자유형은 형태가 복잡하여 전체를 파악하기 곤란하므로 큰 규모의 전시공간에는 부적당하다.

정답 ②

5. 전시 공간의 조명 계획

① 조명은 눈부심이 없어야 한다.
② 전시물은 항시 적당한 조도로 균등하게 조명하되 전시물이 입체물인 경우 입체감이 있도록 조명해야한다.
③ 실내의 조도 및 휘도 분포가 적당해야 한다.
④ 관람자의 그림자가 전시물에 떨어지지 않도록 한다.
⑤ 화면 또는 쇼케이스, 진열장의 유리에 다른 영상이 나타나지 않도록 한다.
⑥ 국부조명의 경우 전시물에 따라 적절한 광원, 방향성, 투사 각도를 고려한다.
⑦ 연색성이 좋아야하며 빛의 변화가 없어야 한다.
⑧ 조명으로 인한 방사열은 전시물의 손상을 가져올 수 있으므로 전시물의 보존관계에 유의 한다.
⑨ 전시물 고유의 성격 즉, 형상, 재질감, 색 등을 강조할 수 있는 조명이어야 한다.

 박물관 및 미술관의 전시조명계획에 관한 설명으로 옳지 않은 것은? [12]
① 주광에 근접한 색채 감각을 재현한다.
② 시야 내 고휘도 광원이나 주광창을 설치하지 않는다.
③ 자연광의 영향을 강하게 받는 곳은 색온도가 낮은 광원을 사용한다.
④ 전시물의 전반조도를 낮추고 균제도를 높여 부분적으로 고 휘도가 되지 않도록 한다.

정답 ③

6. 전시방법

1) 개별전시

① 벽면전시
  가장 보편적인 방법으로 벽면뿐만 아니라 진열장, 진열대와 결합하여 다양한 방법으로 전시
  벽면전시판, 알코브 벽 전시, 벽면진열장 전시, 알코브 진열장전시, 돌출진열대 전시, 돌출 진열장 전시
② 바닥 전시
  바닥면을 이용하거나 바닥면의 요철을 이용하여 전시하는 방법
  바닥면 전시, 선큰 된 바닥면 전시, 경사 바닥면 전시, 바닥면과 입체복합 전시

③ 천장전시

천장을 이용하여 천장 면을 그대로 전시 면으로 사용하거나 전시물을 붙이기도 하여 천장 면에 전시물을 달아매기도 하는 전시방법

달아매기 전시, 천장 면 전시, 동적 전시

2) 입체 전시

벽체와 독립되어 전시하는 방법. 진열장, 전시대, 전시스크린 등

3) 특수 전시

디오라마전시	• 하나의 사실 도는 주제의 시간 상황을 고정시켜 연출시키는 형식 • **가장 현장감 있게 입체적으로 공간속에 전시** • 사실을 모형으로 연출, 관람시키는 방법 • 현장 모형으로 재현하되 보조매체로 게시판 설명 부착시키는 방법
파노라마전시	• 벽면전시와 입체물을 병행하여 실감을 보는듯한 감각을 주는 기법 • 단일 정황을 파노라마로 연출 • **시간의 연속성을 가지고 선형으로 중심주제 연출** • 사건 인물의 맥락전시 연출
아일랜드전시	• **사방에서 감상할 필요가 있는 조각물이나 모형을 전시하기 위해 벽면에서 띄워서 전시하는 기법** • 관람동선이 전시물 사이를 지나갈 수 있도록 한다. • 동선은 계획된 회로로서 전시 내용의 순서와 맥락을 유도 한다. • 보존은 쇼 케이스화 하거나 노출 • 전시물 그룹 핑 맥락은 밀도에 따라 배치
하모니카전시	• **통일된 주제의 전시 내용이 규칙적 혹은 반복적으로 배치되는 기법** • 경량 파티션으로 벽 구획 • 공간의 한계성에 따라 개방, 반개방, 폐쇄방법
영상전시	• 현물을 직접 전시 할 수 없는 경우에 영상 매체를 사용하는 전시방법

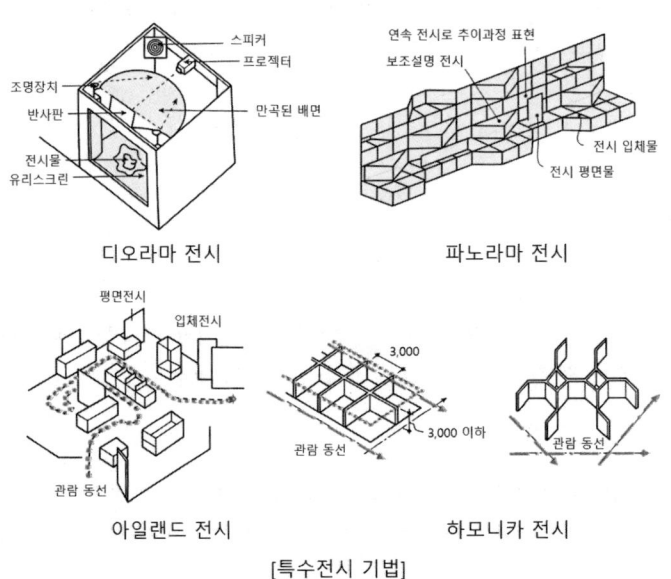

디오라마 전시   파노라마 전시

아일랜드 전시   하모니카 전시

[특수전시 기법]

연속적인 주제를 시간적인 연속성을 가지고 선형으로 연출하는 전시방법은? [20,18,16,14]
① 하모니카 전시
② 파노라마 전시
③ 아일랜드 전시
④ 아이맥스 전시

 정답 ②

 현장감을 가장 실감나게 표현하는 방법으로 하나의 사실 또는 주제의 시간상황을 일정한 시간에 고정시켜 연출하는 전시공간의 특수 전시기법은? [21,17,13]
① 디오라마 전시
② 파노라마 전시
③ 아일랜드 전시
④ 하모니카 전시

 정답 ①

7. 쇼룸(show room)

① 기업체가 자사제품의 홍보, 판매 촉진 등을 위해 제품 및 기업에 관한 자료를 소비자들에게 직접 호소하여 제품의 우위성을 인식시키는 전시공간이다.

② 기업과 소비자의 교류의 장이며 개개의 상품 또는 서비스에 관한 정보전달과 함께 기업의 사회적 공헌이나 명성에 대해 소비자뿐 만아니라 기업과 관계되는 모든 집단으로 하여금 호의적인 감정을 갖도록 하여 기업과 상품에 대한 신뢰감을 형성시키는 전시유형의 하나이다.

1) 쇼룸의 공간구성

(1) 상품진열 공간

전시상품을 디스플레이하기 위한 공간으로 진열장(쇼 케이스), 진열대, 연출 기구 등이 필요하다.

(2) 어트랙션 공간

① 입구에서 관람객의 시선을 집중시켜 쇼룸의 내부로 관람객을 유인하는 역할을 한다.
② 입구부분과 전시 공간 내에서 비중이 크므로 중심이 되는 곳에 배치하는 것이 일반적이다.

(3) 서비스 공간

① 전시장의 전시 상품에 대한 정보를 알리거나 고객에게 서비스를 제공하는 장소
② 진열대, 안내 카운터, 테이블 등이 배치되는 공간

(4) 상담 공간

관람객에게 상품에 대한 지식, 효용성 등의 정보를 설명하거나 구매 상담을 하기 위한 공간

(5) 파사드

쇼윈도우, 출입구, 홀의 입구뿐만 아니라 광고판, 광고탑, 사인 등으로 기업 및 상품에 대한 첫인상을 주는 곳이며 강한 이미지를 줄 수 있도록 한다.

쇼룸의 공간구성은 상품전시공간, 상담 공간, 어트랙션(attraction)공간, 서비스 공간, 통로 공간, 출입구를 포함한 파사드로 구성되어진다. 다음 중 어트랙션(attraction)공간에 관한 설명으로 가장 알맞은 것은? [23,20,13]
① 구매상담을 도와주고 관람자를 통제하는 공간이다.
② 전시상품에 대한 정보를 알리거나 관람자를 안내하기 위한 공간이다.
③ 입구에서 관람객의 시선을 집중시켜 쇼룸의 내부로 관람객을 유인하는 역할을 한다.
④ 진열되는 상품을 디스플레이하기 위한 공간으로 진열대와 진열가구, 연출기구 등이 필요하다.

정답 ③

8. 극장

1) 극장의 평면형

(1) 프로세니움(Proscenium Stage)형

① 프로세니움(Proscenium) 벽이 연기공간과 관객공간을 분리하여 프로세니움 아치의 개구부를 통해 무대를 보는 가장 일반적인 형식으로 픽쳐 프레임 스테이지(Picture frame stage)라고도 한다.
② 투시도법을 무대 공간에 응용함으로써 발생한 것으로 연극의 내용을 한정된 고정액자 속에서 보는 듯한 하나의 구성화(構成畵)와 같은 느낌이 들게 한다.
③ 배경은 한 폭의 그림과 같은 느낌을 주게 되어 전체적인 통일의 효과를 얻는데 가장 좋은 형태이다.
④ 연기자와 관객의 접촉면이 한정되어 있으므로 많은 관람석을 두려면 거리가 멀어져 객석 수용 능력에 있어서 제한을 받는다.
⑤ **강연, 콘서트, 독주, 연극 등에 가장 많이 사용된다.**

(2) 애리나형(Arena Stage)

① **중앙무대(센트럴 스테이지 : central stage)형이라고도 하며 관객이 연기자를 360° 둘러싸고 관람하는 형식이다.**
② **무대의 배경을 만들지 않으므로 경제적이지만 무대장치의 설치에 어려움**이 따른다.
③ 무대와 가까운 거리에서 관람할 수 있으며, 가장 많은 관객을 수용할 수 있다.

(3) 오픈 스테이지(Open Stage)

① 프로세니움 형보다 관객이 연기자에게 가까이 할 수 있다.
② 애리나 형과 마찬가지로 무대장치의 설치에 어려움이 따른다.
③ 무대의 배경을 만들지 않으므로 경제적이지만 무대장치의 설치에 어려움이 따른다. 평면의 특성상 무대 장치나 소품은 주로 낮은 것으로 구성한다.
④ 관객이 무대 주위를 둘러싸기 때문에 연기자를 가리게 되는 단점이 있다.

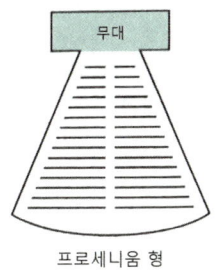 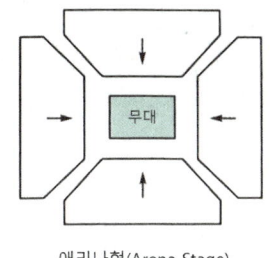 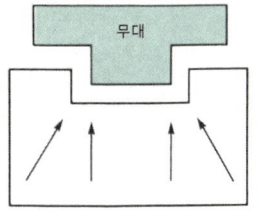

프로세니움 형   애리나형(Arena Stage)   오픈 스테이지(Open Stage)

[극장 평면 유형]

(4) 가변형(Adaptable Stage)

공연 작품의 성격에 따라 무대와 관람석의 크기, 모양, 배열 등을 필요에 따라 변경할 수 있다.

2) 객석의 설계기준

(1) 가시거리의 한계

① 생리적 한계 : 연기자의 세밀한 표정, 동작을 자세히 감상, 15m 정도 (인형극, 아동극)

② 제1차 허용한도 : 많은 관객을 수용. 22m까지를 허용한도 (국악, 실내악, 소규모 오페라)

③ 제2차 허용한도 : 일반적 동작만 보이는 거리. 최대 35m의 범위 (오페라, 발레, 뮤지컬, 대규모 국악)

(2) 시각의 평면계획

극장 관람석에서 무대 중심 허용한계는 중심선에서 60° 이내 범위이다.

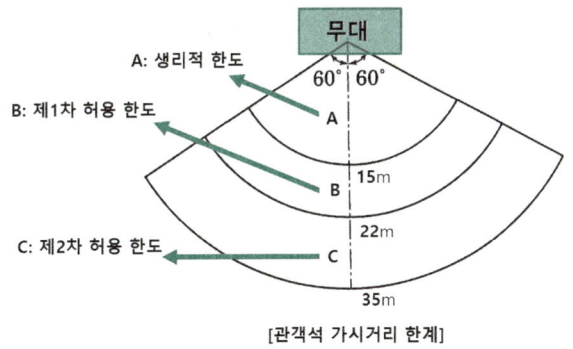

[관객석 가시거리 한계]

예제 09 다음과 같은 특징을 갖는 극장의 평면형은? [24,15,12]

- 중앙무대형이라고도 하며 관객이 연기자를 360° 둘러싸고 관람하는 형식이다.
- 무대의 배경을 만들지 않으므로 경제적이지만 무대장치의 설치에 어려움이 따른다.

① 가변형   ② 애리나형
③ 프로세니움형   ④ 오픈 스테이지형

정답 ②

핵심 기출문제

04 전시 세부 공간 계획

01 ▶18
미술관 전시실의 순회유형에 관한 설명으로 옳은 것은?
① 연속 순회형식은 각 전시실을 독립적으로 폐쇄할 수 있다.
② 연속 순회형식은 각각의 전시실에 바로 들어갈 수 있다는 장점이 있다.
③ 중앙홀 형식에서 중앙 홀이 크면 동선의 혼란은 없으나 장래의 확장에는 무리가 있다.
④ 갤러리 및 코리도 형식은 하나의 전시실을 폐쇄시키면 전체 동선의 흐름이 막히게 되므로 비교적 소규모 전시실에 적합하다.

해설 | 전시공간의 순회 유형
  ㉠ 연속순회 형식:
    ㉮ 긴 직사각형 또는 다각형 평면의 전시실이 연속적으로 연결된 형식
    ㉯ 동선이 단순하고 공간을 절약할 수 있는 장점, 자칫 지루하고 피곤한 감상이 될 수 있거나 하나의 전시실을 폐쇄시켰을 때 전체동선이 막히게 된다는 문제점이 있다.
  ㉡ 갤러리 및 복도형
    연속된 전시실의 한쪽 복도에 의해서 각 실을 배치한 형식. 관람자가 각 전시실을 자유로이 선택하여 직접 들어가고 필요에 따라 독립적으로 폐쇄시킬 수 있는 장점이 있다.
  ㉢ 중앙홀 형
    중심부에 하나의 큰 홀을 두고 그 주위에 각 전시실을 배치하여 자유로이 출입하는 형식.
    중앙홀이 크면 동선의 혼란은 없으나 장래의 확장에 무리가 있는 것이 단점

02 ▶16,17
전시공간의 순회 유형 중 연속순회형식에 관한 설명으로 옳지 않은 것은?
① 전시실이 연속적으로 연결된 형식이다.
② 많은 작품을 연속하여 전시할 수 있는 대규모 전시실에 적합하다.
③ 비교적 동선이 단순하여 다소 지루하고 피곤한 느낌을 줄 수 있다.
④ 한 실을 폐쇄하면 다음 공간으로의 이동이 불가한 단점이 있다.

해설 | 연속순회 형식
  긴 직사각형 또는 다각형의 각 전시실이 연속적으로 동선을 형성하고 있으며 비교적 소규모 대지에서 효율적인 전시 공간

03 ▶17
전시공간의 순회형식 중 중앙 홀 형식에 관한 설명으로 옳은 것은?
① 대지 이용률이 낮아 소규모 전시공간에 주로 사용된다.
② 중앙 홀이 크면 동선의 혼잡이 없으나 장래의 확장에 무리가 따른다.
③ 직사각형 또는 다각형 평면의 전시실이 연속적으로 연결된 형식이다.
④ 중앙의 중정이나 오픈 스페이스를 중심으로 형성된 복도를 따라 각 실이 배치된다.

해설 | 중앙홀 형
  중심부에 하나의 큰 홀을 두고 그 주위에 각 전시실을 배치하여 자유로이 출입하는 형식
  중앙홀이 크면 동선의 혼란은 없으나 장래의 확장에 무리가 있는 것이 단점

정답 | 01 ③ 02 ② 03 ②

04 ▶12
다음 설명과 같은 특징을 갖는 전시공간의 평면형태는?

- 형태가 복잡하여 한눈에 전체를 파악하는 것이 어려우며 일반적으로 전체적인 조망이 가능한 규모에 적합하다.
- 많은 관람객이 밀집할 경우 입구에서 병목 현상이 발생 우려가 높다.

① 원형
② 사각형
③ 자유형
④ 부채꼴형

해설 |

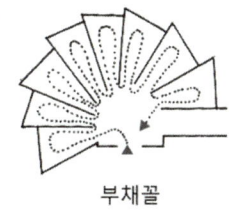

부채꼴

05 ▶13
전시공간의 조명계획에 관한 설명으로 옳지 않은 것은?

① 실내의 조도 및 휘도 분포가 적당해야 한다.
② 전체조명은 모험이나 메모하기에 적당한 범위로 한다.
③ 전체조명과 국부조명의 비율은 1:5 이상이 되도록 한다.
④ 전시물의 대상에 따라 국부조명(spot light)의 방향성, 연색성 등을 고려한다.

해설 | 전시 공간의 조명 계획
　㉠ 조명은 눈부심이 없어야 한다.
　㉡ 전시물은 항시 적당한 조도로 균등하게 조명하되 전시물이 입체적인 경우, 입체감이 있도록 조명해야 한다
　㉢ 실내의 조도 및 휘도 분포가 적당해야 한다.
　㉣ 관람자의 그림자가 전시물에 떨어지지 않도록 한다.
　㉤ 화면 또는 쇼 케이스, 진열장의 유리에 다른 영상이 나타나지 않도록 한다.
　㉥ 국부조명의 경우 전시물에 따라 적절한 광원, 방향성, 투사 각도를 고려한다.
　㉦ 연색성이 좋아야 하며 빛의 변화가 없어야 한다.

06 ▶13
쇼룸의 실내계획에 관한 설명으로 옳지 않은 것은?

① 동선 계획 시 관람자가 한 번 지났던 곳은 다시 지나지 않도록 한다.
② 전시상품에 대한 정보를 알리거나 관람자를 안내하기 위한 서비스 공간이 필요하다.
③ 입구에는 관람자의 시선을 끌기 위해 많은 양의 전시물과 세심한 디스플레이를 한다.
④ 파사드는 실내에 대한 기대감과 기업 및 상품에 대한 첫인상을 좌우하는 곳이므로 강한 이미지를 줄 수 있도록 한다.

해설 | 입구에서 관람자를 쇼룸 내부로 유도하고 관람객의 시선을 끌어 전시에 흥미를 갖게 하는 공간이며 동선에 방해가 되는 많은 양의 전시물은 피한다.

07 ▶15
기업체가 자사제품의 홍보, 판매 촉진 등을 위해 제품 및 기업에 관한 자료를 소비자들에게 직접 호소하여 제품의 우위성을 인식시키고자 하는 전시공간은?

① 캐럴
② 쇼룸
③ 애리나
④ 랜드스케이프

해설 | 쇼룸(show room)
　㉠ 기업체가 자사제품의 홍보, 판매 촉진 등을 위해 제품 및 기업에 관한 자료를 소비자들에게 직접 호소하여 제품의 우위성을 인식시키는 전시공간이다.
　㉡ 기업과 소비자의 교류의 장이며 개개의 상품 또는 서비스에 관한 정보전달과 함께 기업의 사회적 공헌이나 명성에 대해 소비자뿐 만 아니라 기업과 관계되는 모든 집단으로 하여금 호의적인 감정을 갖도록 하여 기업과 상품에 대한 신뢰감을 형성시키는 전시 유형의 하나이다.

정답 | 04 ④ 05 ③ 06 ③ 07 ②

08 ▶18

다음 그림과 같이 연속적인 주제를 연관성 있게 표현하기 위해 선(線)형으로 연출하는 특수전시 기법은?

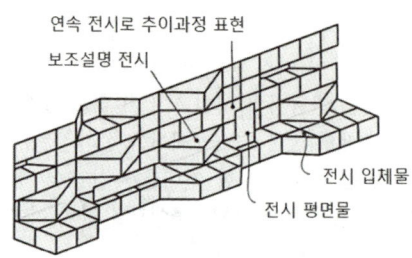

① 디오라마 전시 ② 파노라마 전시
③ 아일랜드 전시 ④ 하모니카 전시

해설 | 파노라마전시
㉠ 벽면전시와 입체물을 병행하여 실감을 보는듯한 감각을 주는 기법
㉡ 단일 정황을 파노라마로 연출
㉢ 시간의 연속성을 가지고 선형으로 중심주제 연출
㉣ 사건 인물의 맥락전시 연출

09 ▶12,15

전시공간의 특수전시기법에 관한 설명으로 옳은 것은?

① 하모니카 전시는 통일된 전시내용이 규칙적으로나 반복적으로 나타날 때 적용이 용이하다.
② 파노라마 전시는 벽이나 천장을 직접 이용하지 않고 전시공간의 중앙에 전시물을 배치하는 전시 기법이다.
③ 아일랜드 전시는 현장감을 가장 실감나게 표현하는 기법으로 한정된 공간 속에서 배경스크린과 실물의 종합 전시가 이루어진다.
④ 디오라마 전시는 연속적인 주제를 연관성 깊게 표현하기 위해 선형으로 연출하는 전시기법으로 맥락이 중요하다고 생각될 때 사용된다.

해설 | 특수 전시
㉠ 디오라마전시
 ⓐ 하나의 사실 도는 주체의 시간 상황을 고정시켜 연출시키는 형식
 ⓑ 단순히 현장매체로 현장감 있게 입체적으로 공간속에 전시
 ⓒ 사실을 모형으로 연출, 관람시키는 방법
 ⓓ 현장 모형으로 재현하되 보조매체로 게시판 설명 부착시키는 방법
㉡ 파노라마전시
 ⓐ 벽면전시와 입체물을 병행하여 실감을 보는듯한 감각을 주는 기법
 ⓑ 단일 정황을 파노라마로 연출
 ⓒ 시간의 연속성을 가지고 선형으로 중심주제 연출
 ⓓ 사건 인물의 맥락전시 연출
㉢ 아일랜드전시
 ⓐ 사방에서 감상할 필요가 있는 조각물이나 모형을 전시하기 위해 벽면에서 띄워서 전시하는 기법
 ⓑ 관람동선이 전시물 사이를 지나갈 수 있도록 한다.
 ⓒ 동선은 계획된 회로로서 전시 내용의 순서와 맥락을 유도 한다.
 ⓓ 보존은 쇼 케이스화 하거나 노출
 ⓔ 전시물 그룹 핑 맥락은 밀도에 따라 배치
㉣ 하모니카전시
 ⓐ 통일된 주제의 전시 내용이 규칙적 혹은 반복적으로 배치되는 기법
 ⓑ 사각형, 평면 기본, 45°, 135° 사각구성
 ⓒ 경량 파티션으로 벽 구획
 ⓓ 공간의 한계성에 따라 개방, 반개방, 폐쇄방법
㉤ 영상전시
 현물을 직접 전시 할 수 없는 경우에 영상 매체를 사용하는 전시방법

10 ▶19

전시공간의 특수전시 방법 중 사방에서 감상해야 할 필요가 있는 조각물이나 모형을 전시하기 위해 벽면에서 띄어놓아 전시하는 방법은?

① 디오라마 전시
② 파노라마 전시
③ 하모니카 전시
④ 아일랜드 전시

해설 | 아일랜드전시
  ㉠ 사방에서 감상할 필요가 있는 조각물이나 모형을 전시하기 위해 벽면에서 띄워서 전시하는 기법
  ㉡ 관람동선이 전시물 사이를 지나갈 수 있도록 한다.
  ㉢ 동선은 계획된 회로서 전시 내용의 순서와 맥락을 유도 한다.
  ㉣ 보존은 쇼 케이스화 하거나 노출
  ㉤ 전시물 그룹 핑 맥락은 밀도에 따라 배치

11 ▶20
강연, 콘서트, 독주, 연극공연 등에 가장 많이 사용되며, 연기자가 일정한 방향으로만 관객을 대하는 극장의 평면형은?

① 애리나(arena)형
② 프로시니엄(proscenium)형
③ 오픈 스테이지(open stage)형
④ 센트럴 스테이지(central stage)형

해설 | 프로세니움(Proscenium Stage)형
  ㉠ 프로세니움(Proscenium) 벽이 연기공간과 관객공간을 분리하여 프로세니움 아치의 개구부를 통해 무대를 보는 가장 일반적인 형식으로 픽처 프레임 스테이지(Picture frame stage)라고도 한다.
  ㉡ 투시도법을 무대 공간에 응용함으로써 발생한 것으로 연극의 내용을 한정된 고정액자 속에서 보는듯한 하나의 구상화와 같은 느낌이 들게 한다.
  ㉢ 배경은 한 폭의 그림과 같은 느낌을 주게 되어 전체적인 통일의 효과를 얻는데 가장 좋은 형태이다.
  ㉣ 연기자와 관객의 접촉면이 한정되어 있으므로 많은 관람석을 두려면 거리가 멀어져 객석 수용 능력에 있어서 제한을 받는다.
  ㉤ 강연, 콘서트, 독주, 연극 등에 가장 많이 사용된다.

12 ▶15
다음의 평면형이 나타내는 극장의 유형은?

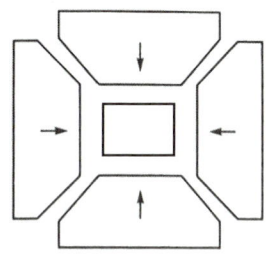

① 애리나형
② 가변 무대형
③ 프로세니엄형
④ 오픈스테이지형

해설 | 애리나 형(Arena Stage)
  ㉠ 중앙무대(센트럴 스테이지 : central stage)형이라고도 하며 관객이 연기자를 360°둘러싸고 관람하는 형식이다.
  ㉡ 무대와 가까운 거리에서 관람할 수 있으며, 가장 많은 관객을 수용할 수 있다.
  ㉢ 관람석과 무대가 하나의 공간으로 형성되므로 관객에게는 친근감을 연기자에게는 긴장감을 주는 공간을 형성한다.
  ㉣ 무대의 배경을 만들지 않으므로 경제적이지만 무대장치의 설치에 어려움이 따른다. 평면의 특성상 무대 장치나 소품은 주로 낮은 것으로 구성한다.
  ㉤ 관객이 무대를 둘러앉기 때문에 시점(視點)이 현저하게 다르게 되고, 연기자가 전체적인 통일 효과를 얻기 위한 극을 구성하기가 곤란하다.
  ㉥ 관객이 무대 주위를 둘러싸기 때문에 연기자를 가리게 되는 단점이 있다.

13 ▶15
극장의 관객석에서 무대 위 연기자의 세밀한 표정이나 몸동작을 볼 수 있는 시선거리의 생리적 한도는?

① 10m
② 15m
③ 22m
④ 35m

해설 | 생리적 한계
  무대 위 연기자의 세밀한 표정이나 몸동작을 볼 수 있는 생리적 한계는 일반적으로 15m 정도이며 인형극, 아동극에 해당된다.

정답 | 11 ② 12 ① 13 ②

Chapter 04

실내디자인 설계도서 작성

최근 10개년 출제문항수 **0**개

New_ 2022년 이후 평균 출제비중 **7.5%**

Chapter 출제경향분석	
Section	출제비율
01 실시설계도서 작성 및 수집	0%
02 실시 설계도면 작성	7.5%

01 실시설계도서 작성 및 수집

Pass Note

예상출제문항	키워드	
0~1	- 설계 도면 종류 - 설계도면 조건	- 전개도

1. 실내디자인 설계도서의 종류

1) 계획 설계도
① 구상도 : 설계에 대한 최초의 생각을 자유롭게 표현하는 스케치 작업을 한다.
② 동선도 : 사람이나 화물, 또는 차량의 흐름을 도식화하는 작업을 말한다.
③ 조직도 : 설계초기에 평면의 공간구성 단계에서 각 실의 목적에 맞게 용도나 내용의 관련성을 정리하여 조직화 한다.
④ 면적도표 : 각 소요실의 면적 비율을 산출하여 각 실의 관련성을 검토한다.

설계도면의 종류 중 계획 설계도에 해당되지 않는 것은?
① 구상도　　　　　　　　　② 조직도
③ 전개도　　　　　　　　　④ 동선도

정답 ③

2) 기본 설계도
건축주에게 설계 계획의 내용을 전달하기 위한 도면으로 계획 설계도를 바탕으로 작성한 평면도, 입면도, 배치도, 투시도 등이 이에 속한다.

 설계도면이 갖추어야 할 조건
① 정확하고 명료하고 합리적으로 표현해야 한다.
② 일정한 규칙과 도법에 따라야 한다.
③ 객관적으로 쉽게 이해되어야 한다.
④ 모든 도면의 축척은 용도에 맞게 사용한다.

3) 실시 설계도

(1) 일반도

　① 배치도 : 대지 안에서 건물이나 부대시설의 배치를 나타낸 도면
　② 평면도 : 각 실의 배치 및 크기를 나타낸 도면
　③ 입면도 : 건물 외부나 내부를 수직적으로 절단하여 투상화시켜 나타낸 도면
　④ 단면도 : 건물을 수직으로 절단한 모양을 나타낸 도면
　⑤ 부분 상세도 : 부재의 형상, 치수 등 주요 구조 부분을 상세히 나타낸다.
　⑥ 전개도 : 각 실내의 입면을 전개하여 그리며 벽의 형상, 치수, 마감 상태를 나타낸 도면
　⑦ 창호도 : 창호의 개폐방법, 재료, 마감, 창호철물, 유리 등을 나타낸 도면

 설계도면의 종류 중 실시 설계도에 해당되는 것은?
　① 구상도　　　　　　　② 조직도
　③ 전개도　　　　　　　④ 동선도

정답 ③

(2) 구조설계도

　① 기초, 기둥, 벽, 보, 바닥 평면도
　② 기초, 기둥, 벽, 보, 바닥판 일람표

(3) 골조도

(4) 각 부 상세도

(5) 설비 설계도

　① 전기 설비도
　② 위생 설비도
　③ 환기 설비도
　④ 냉·난방설비도
　⑤ 승강기 설비도

4) 시공도

시공자가 작성하며 시공 상세도, 시공계획도, 시방서 등 공사를 진행하는데 필요한 도면으로 설계도에 나타내기 어려운 시공 내용을 표현한 것이다.

> **Note** 설계도서의 종류
> ① 계획설계도
>   ㉠ 구상도, 조직도, 동선도, 면적도표 등
>   ㉡ 기본설계도, 계획도, 스케치도
> ② 실시설계도
>   ㉠ 일반도 : 배치도, 평면도, 입면도, 단면도, 전개도, 창호도, 현치도, 투시도
>   ㉡ 구조도 : 기초평면도, 바닥틀평면도, 지붕틀평면도, 골조도, 기초, 기둥, 보, 바닥판일람표, 배근도, 각부상세 등
>   ㉢ 설비도 : 전기, 위생, 냉·난방, 환기, 승강기, 소화설비도 등
> ③ 시공도
>   시공상세도, 시공계획도서, 시방서 등
>   ※ 시방서 : 설계자의 의도를 시공자에게 전달을 목적으로 설계도에 기재할 수 없는 사항을 기재하는 문서

 예제 03 각종 도면에 대한 설명 중 옳지 않은 것은?
① 배치도는 전체를 파악하는 중요한 도면으로 대지인의 건물의 위치 등을 표현한다.
② 전개도는 건물 내부의 입면을 정면에서 바라보고 그리는 내부 입면도이다.
③ 평면도는 건축물을 건축물의 바닥면으로부터 2m 이상의 높이에서 수평으로 절단하여 그린 것이다.
④ 단면도는 건축물을 수직으로 절단하여 수평방향에서 바라보고 그린 것이다.

정답 ③

 예제 04 설계도에 나타내기 어려운 시공내용을 문장으로 표현한 것은? [25, 24]
① 시방서　　　　　　② 견적서
③ 설명서　　　　　　④ 계획서

정답 ①

핵심 기출문제

01 실시설계도서 작성 및 수집

01
설계도면이 갖추어야 할 요건에 대한 설명 중 옳지 않은 것은?

① 객관적으로 이해되어야 한다.
② 일정한 규칙과 도법에 따라야 한다.
③ 정확하고 명료하게 합리적으로 표현되어야 한다.
④ 모든 도면의 축척은 하나로 통일되어야 한다.

해설 | 설계도면이 갖추어야 할 조건
  ㉠ 정확하고 명료하고 합리적으로 표현해야 한다.
  ㉡ 일정한 규칙과 도법에 따라야 한다.
  ㉢ 객관적으로 쉽게 이해되어야 한다.
  ㉣ 모든 도면의 축척은 용도에 맞게 사용한다.

02
건축물의 설계도면 중 사람이나 차, 물건 등이 움직이는 흐름을 도식화한 도면은?

① 구상도 ② 조직도
③ 평면도 ④ 동선도

해설 | 동선도는 사람, 차량, 화물 등의 움직이는 흐름을 도식화한 작업을 말한다.

03
설계 도면의 종류 중 계획 설계도에 해당되지 않는 것은?

① 구상도 ② 조직도
③ 전개도 ④ 동선도

해설 | 전개도는 일반도로 실시설계도에 포함된다.

04
설계도에 나타내기 어려운 시공내용을 문장으로 표현한 것은?

① 시방서 ② 견적서
③ 설명서 ④ 계획서

해설 | 시공 상세도, 시공계획서, 시방서 등 공사를 진행하는 데 필요한 도면으로 설계도에 나타내기 어려운 시공내용을 문장으로 표현한 것으로 시공자에 의해 작성된다.

05
동선계획을 가장 잘 나타낼 수 있는 실내계획은?

① 천장계획 ② 입면계획
③ 평면계획 ④ 구조계획

해설 | 평면계획에서 동선의 흐름을 알 수 있다.

06
실시 설계도에서 일반도에 속하지 않는 것은?

① 기초 평면도 ② 전개도
③ 부분 상세도 ④ 배치도

해설 | 일반도
  ㉠ 배치도 : 대지 안에서 건물이나 부대시설의 배치를 나타낸 도면
  ㉡ 평면도 : 각 실의 배치 및 크기를 나타낸 도면.
  ㉢ 입면도 : 건물 외부나 내부를 수직적으로 절단하여 투상화시켜 나타낸 도면
  ㉣ 단면도 : 건물을 수직으로 절단한 모양을 나타낸 도면
  ㉤ 부분 상세도 : 부재의 형상, 치수 등 주요 구조 부분을 상세히 나타낸다.
  ㉥ 전개도 : 각 실내의 입면을 전개하여 그리며 벽의 형상, 치수, 마감 상태를 나타낸 도면
  ㉦ 창호도 : 창호의 개폐방법, 재료, 마감, 창호철물, 유리 등을 나타낸 도면

정답 | 01 ④ 02 ④ 03 ③ 04 ① 05 ③ 06 ①

02 실시 설계도면 작성

Pass Note

예상출제문항		키워드
1~2	- 평면도 기재 사항 - 전개도 - 단면도	- 도면의 표시 방법 - 표제란 - 선, 글자 표시 방법

1. 설계 도면 작성 기준

1) 배치도

① 전체를 파악하는데 중요한 도면으로 대지 안에서 건물의 위치와 부대시설 등을 나타낸다.
② 대지와 도로와의 관계, 도로의 넓이, 고저 차, 등고선 등을 기입한다.
③ 축척은 1/100~1/600 정도로 한다.
④ 대지의 경계선과 건물과의 거리를 표시하고 부대설비를 표시한다.
⑤ 인접대지의 경계와 주변의 담장, 대문 등의 위치를 표시한다.
⑥ 대지 내 건물의 위치와 방위를 표시한다.(위쪽을 북쪽으로)
⑦ 정화조, 맨홀, 배수구 등 설비의 위치나 크기를 그린다.

 예제 01
다음 중 배치도에 명시되어야 하는 것은?
① 대지 내 건물의 위치와 방위
② 기둥, 벽, 창문 등의 위치
③ 건물의 높이
④ 승강기의 위치

해설 | 대지와 도로와의 관계, 도로의 넓이, 고저차, 등고선, 방위, 위치, 정화조, 배수구 등을 기입한다.

정답 ①

2) 평면도

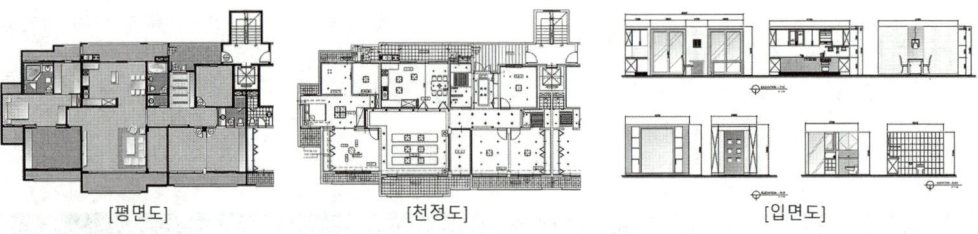

[평면도]　　[천정도]　　[입면도]

① 바닥면(기준층)으로부터 1.2m~1.5m 높이에서 수평으로 절단하여 내려다본 도면
② 설계, 시공 기본이 되는 도면으로 1/50~300의 축척을 사용
③ 각 층마다 별개의 평면도를 작도하고 북쪽을 위로 하여 작도함을 원칙으로 한다.
④ 실의 배치와 면적, 창문과 출입구의 위치 및 구분 등이 표현된다.
⑤ 평면도에는 기둥과 벽체의 두께, 개구부의 위치와 크기, 실의 면적, 바닥의 높낮이, 위생기구배치, 가구배치, 바닥패턴표시, 도면 명 및 축척, 방위표시, 공간의 용도, 치수, 재료표시, 창문과 출입구의 구별을 표시한다.

 평면도 그리는 순서
㉠ 도면의 여백을 고려하여 평면의 위치를 잡고 벽체의 중심선을 긋는다.
㉡ 중심선을 기준으로 벽체, 문, 창문 등에 대한 보조선을 가는 선으로 표시한다.
㉢ 중심선과 보조선을 참고로 하여 벽체 선은 굵은 선으로 표시한다.
㉣ 창문과 문을 정확하게 표시한다.
㉤ 벽체, 창문, 문을 다 그린 후, 칸막이 벽, 집기, 가구를 배치한다.
㉥ 가구, 집기 등을 다 배치한 이후 공간의 용도, 바닥의 높낮이 및 패턴, 재료기입, 치수 등 표기되어야 할 문자와 도면기호를 기입한다.
㉦ 바닥패턴과 단면재료 등을 나타내는 해칭 선을 그리고 도면을 마무리 짓는다.

 평면도에 기입해야 할 사항
㉠ 실 배치와 넓이
㉡ 개구부의 위치나 크기
㉢ 창문과 출입구의 구별
㉣ 기둥, 벽, 바닥, 계단 이외의 부대설비 및 마무리 등을 표시

예제 02 다음 중 설계 진행상 기본이 되는 것은?
① 배치도　　② 평면도
③ 단면도　　④ 상세도

정답 ②

예제 03 건축물을 각 층마다 창틀 위에서 수평으로 자른 수평 투상도로서 실의 배치 및 크기를 나타내는 도면은?
① 입면도　　② 평면도
③ 단면도　　④ 전개도

정답 ②

3) 입면도

① 건물 외형의 동서남북 각 면에 대하여 직각으로 투시한 도면이다.
② 벽, 기둥 등 수직부재의 두께를 표시한다.
③ 창과 문(개구부)의 위치와 크기를 표시 한다.
④ 실의 면적, 가구 및 집기의 위치와 모양 크기를 표현한다.
⑤ 축척 : 1/50, 1/100, 1/200 등이 있으며 되도록 같은 축척으로 그린다.

> **Note** 입면도 그리는 순서
> ㉠ 도면 배치도에 따라 굵은 선으로 지반선을 그린다.
> ㉡ 수평방향의 각 층 높이와 창 높이를 그린다.
> ㉢ 기둥과 벽의 중심선을 정한 다음 수직 방향재 까지의 거리를 그린다.
> ㉣ 문과 창의 형태를 그린다.
> ㉤ 외벽 선을 진하게 하고 재료 표시의 간격을 정확히 한다.
> ㉥ 지붕, 옥상 등의 경계선을 명확히 하고 마감재와 조경을 표시한다.
> ㉦ 음영을 표시하여 효과를 내고 자동차나 사람을 그려 건물의 크기를 알 수 있게 한다.

예제 04 입면도에 사용되는 축척이 아닌 것은?
① 1/50　　　　　　　　② 1/100
③ 1/200　　　　　　　④ 1/600

정답 ④

예제 05 내부 입면도 작도에 관한 설명으로 옳지 않은 것은?
① 집기와 가구의 높이를 정확하게 표현한다.
② 벽면의 마감 재료를 표현한다.
③ 몰딩이 있으면 정확하게 작도한다.
④ 기둥과 창호의 위치가 가장 중요한 표현요소이므로 진하게 표시한다.

정답 ④

4) 단면도

① 건물을 수직으로 절단하여 수평방향으로 바라본 도면이다.
② 축척 : 1/30, 1/50, 1/100, 1/200 등이 있으며, 입면도와 같은 축척으로 하는 것이 편리하다.
③ 단면도에 표시해야 할 사항
　㉠ 건물의 높이, 층 높이, 처마 높이, 창 높이
　㉡ 지반에서 바닥까지의 높이
　㉢ 계단의 치수(계단의 디딤판, 철판의 치수)
　㉣ 지붕의 물매

단면도 그리는 순서
  ㉠ 구조체의 바닥중심선과 천장의 중심선에 보조선을 가는 선으로 그린다.
  ㉡ 벽의 중심선에 보조선을 가는 선으로 그린다.
  ㉢ 보조선을 기준으로 해서 구조체를 그린 다음 마감 재료를 그린다.
  ㉣ 재료기입, 마감방법, 치수 등 표기되어야 할 문자, 치수 그리고 도면기호를 기입
  ㉤ 마감재료 등을 나타내는 선을 그리고 도면을 마무리 한다.

 • 단면도의 축척은 일반적으로 1/100, 1/200 축척이 사용된다.
  • 단면도에 표시하여야 할 사항
    ㉠ 건물의 높이 ㉡ 층높이 ㉢ 처마높이 ㉣ 창턱높이, 창높이 ㉤ 지반에서 1층바닥 까지의 높이
    ㉥ 계단치수 ㉦ 지붕물매

 예제 06 단면도에 표기하여야 할 사항에 해당되지 않는 것은?
① 처마 높이　　　　　　　② 창대 높이
③ 지붕 물매　　　　　　　④ 도로 길이

정답 ④

5) 기초 평면도
① 축척은 평면도와 같게 한다.
② 그리는 순서
  ㉠ 평면도에 따라 기초의 중심선을 그린다.
  ㉡ 기초구조 매설물(예 앵커볼트)의 위치를 정하고 표현한다.
  ㉢ 기초의 크기와 모양을 그린다.
  ㉣ 각 위치와 지반선에서의 높이를 기입한다.
  ㉤ 각 부분의 치수를 기입한다.

6) 전개도
① 각 실의 내부 의장을 나타내기 위한 도면이다.
② 축척은 1/20~1/50 정도로 한다.
③ 내부 벽면의 형상, 길이, 높이 등을 표시한다.
④ 내부 벽면에 설치된 집기, 가구, 설비를 표시한다.
⑤ 내부 벽면과 걸레받이, 각종 몰딩의 형태와 재료를 표시한다.

 예제 07 각 실의 내부의장을 나타내기 위한 도면은?
① 단면도　　　　　　　② 기초평면도
③ 전개도　　　　　　　④ 지붕틀 평면도

정답 ③

예제 08 건축설계도면에서 전개도에 관한 설명 중 옳지 않은 것은?
① 각 실 내부의 의장을 명시하기 위해 작성하는 도면이다.
② 각 실에 대하여 벽체 및 문의 모양을 그려야 한다.
③ 축척은 1/200 정도로 한다.
④ 벽면의 마감재료 및 치수를 기입하고, 창호의 종류와 치수를 기입한다.

정답 ③

7) 천장도
① 천장 면을 천장 위에서 투영해 내려다본 도면이다.
② 축척은 1/20~1/100 정도로 하고 방위는 평면도와 같게 배치한다.
③ 천장의 마감재를 표시하고, 환기구, 조명기구의 위치를 표시한다.
④ 마감재의 명칭과 재료, 치수, 규격을 기입한다.

예제 09 바닥에서 천장을 올려다 본 그림을 무엇이라 하는가?
① 전개도　　　　　　　　　② 지붕틀 평면도
③ 천장 평면도　　　　　　　④ 창호도

정답 ③

8) 창호도
① 사용하는 창호 전부에 대하여 종류별로 일람표를 작성한 것이다.
② 축척은 1/50~1/100 정도이다.
③ 형태, 개폐방법, 재종, 치수, 개수, 사용장소 등의 항을 만들고 창호철물, 유리의 종류, 마무리 도장 방법 등을 기입한다.
④ 창호의 위치는 평면도에 직접 표시하거나 약식 평면도에 표시한다.
⑤ 창호의 모양과 크기를 기입한다.
⑥ 창호 재질의 종류를 기입하고, 문틀 모양과 크기 등을 기입한다.

2. KS제도 통칙

1) 제도용지의 규격
① 제도 용지의 크기는 한국공업 규격(KS A 5201)에 따라 A열을 따른다.
② 제도에는 주로 A0 ~ A4의 것을 사용한다. 제도용지의 크기는 A 다음에 오는 번호가 커짐에 따라 용지 크기는 작아진다.
③ 테두리를 만들 때에는 아래 표와 같이 한다.

[제도용지의 크기]

단위(mm)	A0	A1	A2	A3	A4
가로 × 세로	1,189 × 841	841 × 594	594 × 420	420 × 297	297 × 210
테두리 (철하지 않을 때)	10	10	10	5	5
테두리(철할 때)	25				

예제 10 A2 제도 용지의 크기로 옳은 것은? (단, 단위는 mm)
① 210 × 297　　② 297 × 420
③ 420 × 594　　④ 594 × 841

정답 ③

예제 11 KS F 1501에 따른 도면의 크기에 대한 설명으로 바른 것은? [24]
① 접은 도면의 크기는 B4의 크기를 원칙으로 한다.
② 제도지를 묶기 위한 여백은 35mm로 하는 것이 기본이다.
③ 도면은 그 길이 방향을 좌우방향으로 놓은 것을 정 위치로 한다.
④ 제도 용지의 크기는 KS M ISO 216의 B열의 B0~B6에 따른다.

정답 ③

2) 표제란

① **위치는 오른 쪽이나 하단**에 둔다.
② **표제란에 포함할 사항** : 도면번호, 공사명칭, 축척, 설계자의 성명, 도면작성 연월일, 도면의 분류번호
③ 시공자의 성명과 감리자의 성명은 기입하지 않는다.

예제 12 도면의 표제란에 기입할 사항과 가장 거리가 먼 것은?
① 기관 정보　　② 프로젝트 정보
③ 도면 번호　　④ 도면 크기

정답 ④

3) 선

① 건축물을 도면에 나타내고자 할 때 가장 많이 사용되는 것이 선이다.
② 선은 표현의 성질과 모양 및 굵기에 따라 사용하는 것이 중요하다.
③ **선의 우선순위** : 단면선, 외형선 - 숨은선 - 절단선 - 중심선 - 무게중심선 - 치수보조선

④ 선의 종류와 용도

명 칭	용 도
굵은 실선	단면선, 외형선 등 단면의 윤곽 표시
가는 실선	치수선, 치수 보조선, 지시선 등 표시
파선(점선)	보이지 않는 부분 표시
일점쇄선	중심선 및 기준선 표시
이점쇄선	가상선, 무게중심선 표시

> **Note** 선 그릴 때 유의 사항
> ① 용도에 따라 선의 굵기를 구분 사용
> ② 시작에서 끝까지 일정한 힘을 주어 일정한 속도로 긋는다.
> ③ 축척과 도면의 크기에 따라 선의 굵기를 다르게 사용한다.
> ④ 파선의 끊어진 부분은 길이와 간격을 일정하게 한다.
> ⑤ 각을 이루어 만나는 선은 정확하게 작도한다.
> ⑥ 한번 그은 선은 중복해서 긋지 않는다.

예제 13 중심선, 절단선, 기준선으로 사용되는 선의 종류는?
① 2점 쇄선 ② 1점 쇄선
③ 파선 ④ 실선

정답 ②

예제 14 물체가 있는 것으로 가상되는 부분을 표현할 때 사용되는 선은?
① 가는 실선 ② 파선
③ 일점쇄선 ④ 이점쇄선

정답 ④

예제 15 다음의 선긋기에 대한 설명 중 옳지 않은 것은?
① 용도에 다라 선의 굵기를 구분하여 사용한다.
② 시작부터 끝까지 일정한 힘을 주어 일정한 속도로 긋는다.
③ 축척과 도면의 크기에 상관없이 선의 굵기는 동일하게 한다.
④ 한 번 그은 선은 중복해서 긋지 않도록 한다.

정답 ③

4) 척도

① 실제 크기에 대한 도면의 비율로서 도면 작성시 반드시 기재하여야 한다. 표시방법은 1/10, 1:10 등으로 표시한다.
② 치수에 비례하지 않을 경우 "N.S"(None Scale)로 표시한다.
③ 종류
   ㉠ 실척 : 실물과 같은 크기로 그리는 것(1/1)
   ㉡ 축척 : 실물을 일정한 비율로 축소하는 것(1/2,1/30,1/50,1/100, ...)
   ㉢ 배척 : 실물을 일정한 비율로 확대하는 것(건축제도에서는 사용 안함.)
④ 척도가 다른 도면을 1장에 기입할 경우 각각 기재하고 표제란에도 기입한다.

5) 글자

① 도면의 이해를 돕기 위해 문자를 써 넣는 것을 주기라 하며, 명확하고 깨끗하게 쓴다.
② **문장은 왼쪽에서부터 가로쓰기를 원칙으로 한다.**
③ 글자는 수직 또는 15° 경사의 고딕체로 쓰는 것을 원칙으로 한다.
④ 글자의 크기는 높이로 표시된다.
⑤ **숫자는 아라비아 숫자를 원칙으로 한다.**
⑥ 4자 이상의 숫자는 3자리마다 자릿점을 찍든지 간격을 두어야 한다. 다만 4자리 이하는 이에 따르지 않아도 된다.

글자 쓰기 시 유의사항
① 언제나 문자의 크기를 일정하게 한다.
② 도면이 완성될 때까지 동일한 글자체가 되도록 한다.
③ 시작에서 끝까지 선을 일정하게 그리도록 한다.

예제 16 도면에 사용되는 문자의 크기는 무엇으로 표시하는가?
① 문자의 폭
② 문자와 문자 사이의 폭
③ 문자의 종류
④ 문자의 높이

정답 ④

예제 17 건축제도의 글자 및 치수에 관한 설명으로 옳지 않은 것은? [25,24,22]
① 숫자는 아라비아 숫자를 원칙으로 한다.
② 문장은 왼쪽에서부터 가로쓰기를 원칙으로 한다.
③ 치수 기입은 치수선 중앙 윗부분에 기입하는 것이 원칙이다.
④ 글자체는 수직 또는 15° 경사의 명조체로 쓰는 것을 원칙으로 한다.

정답 ④

6) 치수

① 치수의 **단위는** mm로 하고, 기호는 붙이지 않는다.
② 각도의 단위는 °(도)로 나타내며 필요에 따라 분, 초를 함께 사용한다.
③ 보는 사람의 입장에서 명확한 치수를 기입한다.
④ 필요한 치수의 기재가 누락되는 일이 없도록 한다.
⑤ 계산하지 않으면 알 수 없는 정도로 치수를 기입해서는 안 된다.
⑥ 치수는 필요한 것은 충분하게 기입하고 중복을 피한다.
⑦ 치수의 기입은 원칙적으로 치수선에 따라 도면에 평행하게 쓴다.
⑧ 치수는 도면의 **아래로부터 위로, 또는 왼쪽에서 오른쪽으로** 읽을 수 있도록 한다.
⑨ 치수를 기입할 **여백이 없을 때에는 인출선을 그어 수평선을 긋고 그 위에 치수를 기입**한다.
⑩ 치수는 특별히 명시하지 않는 한 마무리 치수를 표시한다.
⑪ 치수 기입은 항상 치수선 중앙 윗부분에 기입하는 것이 원칙이다.
⑫ **전체 치수는 바깥쪽에, 부분 치수는 안쪽에 기입**한다.

예제 18 건축도면 제도 시 치수 기입 법에 대한 설명 중 옳지 않은 것은?
① 전체 치수는 안쪽에, 부분 치수는 바깥쪽에 기입한다.
② 치수는 치수선의 중앙에 기입한다.
③ 치수는 mm단위를 원칙으로 한다.
④ 마무리 치수로 기입한다.

정답 ①

예제 19 도면의 치수기입 방법으로 옳지 않은 것은? [24]
① 치수는 특별히 명시하지 않는 한, 마무리 치수로 표시한다.
② 치수기입은 치수선에 평행하게 도면의 왼쪽에서 오른쪽으로, 아래로부터 위로 읽을 수 있도록 기입한다.
③ 치수기입은 치수선 아랫부분에 기입하는 것이 원칙이다.
④ 좁은 간격이 연속될 때에는 인출선을 사용하여 치수를 기입한다.

정답 ③

3. 도면의 표시 방법

1) 재료 구조 평면 표시 기호

구분 표시사항		축척 1/100 or 1/200	축척 1/20 or 1/50
일반벽			
벽돌벽			
블록벽			축척 1/50 축척 1/20
철골철근콘크리트 기둥 및 철근콘크리트벽			
철골기둥 및 장막벽			
목조벽	양쪽심벽		
	안심벽 밖평벽		통재 기둥
	안팎평벽		

2) 재료 단면 표시 기호

표시사항	원칙 사용	준용사용
지반		
잡석다짐		
자갈, 모래	자갈 모래	
석재		

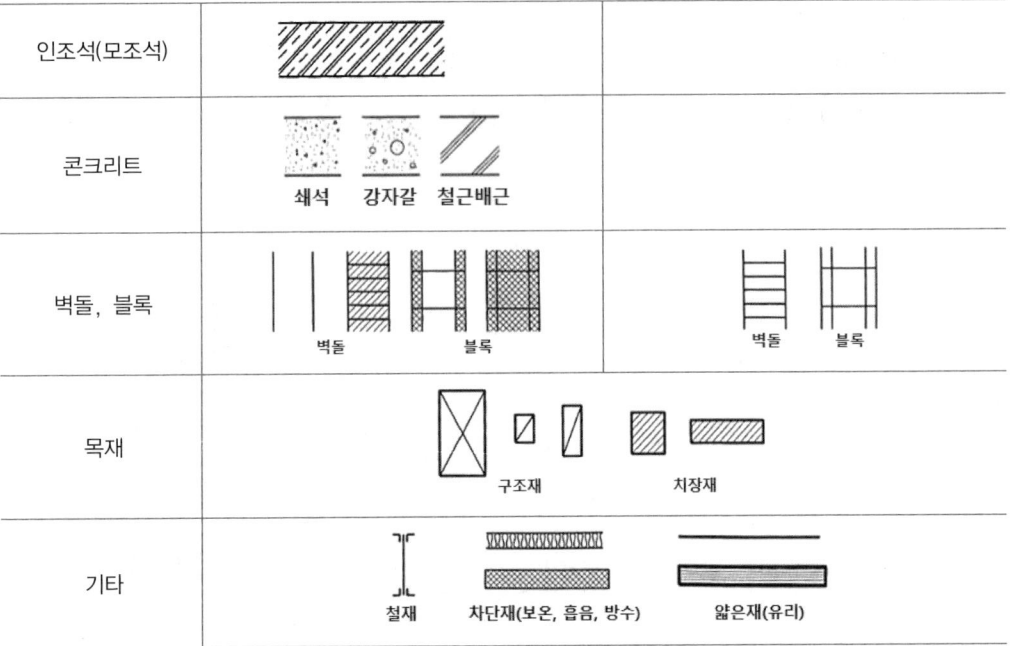

3) 출입구 평면표시

4) 창호 표시 기호

(1) 평면 창호 표시 기호

종류	평면	종류	평면
창일반	일반	회전창	
여닫이창	외여닫이창	붙박이창	
	쌍여닫이창	망사창	
미닫이창	미닫이창	셔터달린 창	
미서기창	두 짝 미서기창	오르내리창	
	네 짝 미서기창	미들창	

(2) 창호 기호(KS F 1502)

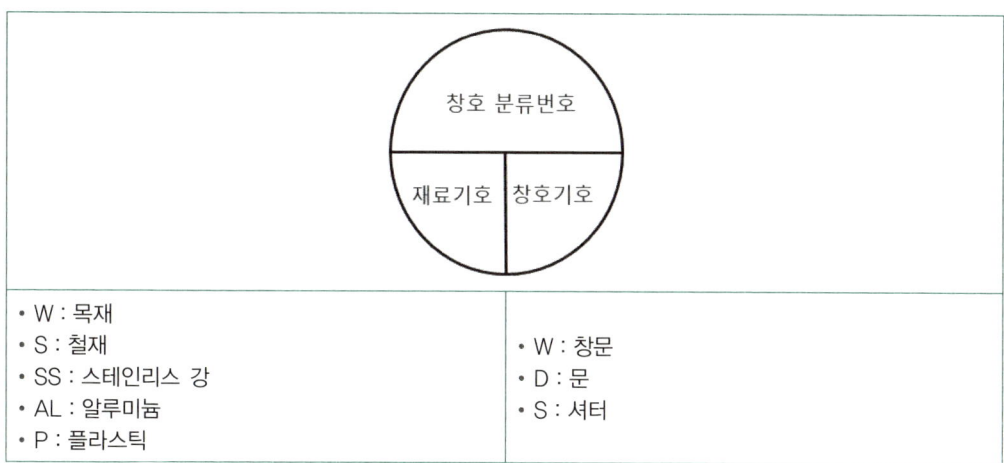

- W : 목재
- S : 철재
- SS : 스테인리스 강
- AL : 알루미늄
- P : 플라스틱

- W : 창문
- D : 문
- S : 셔터

① SD	② SSD	③ ALW	④ WW
1번 철재 문	2번 스테인리스 문	3번 알루미늄 창	4번 목재 창

5) 옥내 배선용 표시

표시기호	명칭	표시기호	명칭
○	백열등	⊢●	벽등
▭	형광등(20W×1개)	⊕	비상등
▭	형광등(20W×2개)	----------	네온등
⊕	매입등	⊖	콘센트
⊞	직부등	▱	배전반
⊕	강조 조명	S	단극스위치

예제 20 건축제도에서 다음과 같은 재료 구조 표시 기호(단면용)가 의미하는 것은? [24,22]

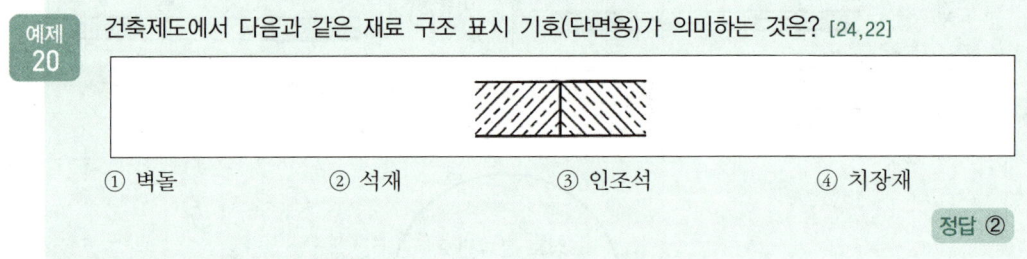

① 벽돌　　② 석재　　③ 인조석　　④ 치장재

정답 ②

예제 21 다음의 건축제도 평면표시기호 중 미닫이창을 나타내는 것은? [22]

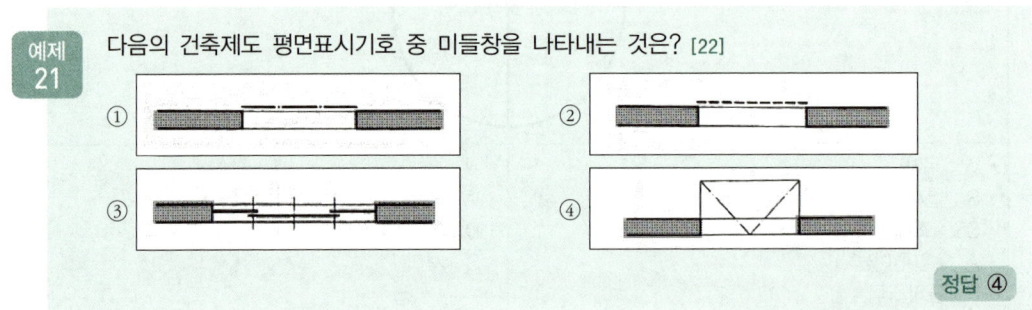

정답 ④

핵심 기출문제

02 실시 설계도면 작성

1 설계 도면 작성 기준

01
다음의 각종 설계도면에 대한 설명 중 옳지 않은 것은?

① 계획 설계도에는 구상도, 조직도, 동선도 등이 있다.
② 기초 평면도의 축척은 평면도와 같게 한다.
③ 단면도는 건축물을 각 층마다 창틀 위에서 수평으로 자른 수평투상도로서, 실의 배치 및 크기를 나타낸다.
④ 전개도는 건물 내부의 입면을 정면에서 바라보고 그리는 내부 입면도이다.

해설 | 단면도
  ㉠ 건물을 수직으로 절단하여 수평방향으로 바라본 도면이다.
  ㉡ 축척 : 1/30, 1/50, 1/100, 1/200 등이 있으며, 입면도와 같은 축척으로 하는 것이 편리하다.
  ㉢ 단면도에 표시해야 할 사항
    ⓐ 건물의 높이, 층 높이, 처마 높이, 창 높이
    ⓑ 지반에서 바닥까지의 높이
    ⓒ 계단의 치수(계단의 디딤판, 철판의 치수)
    ⓓ 지붕의 물매

02
다음 각 도면에 관한 설명으로 틀린 것은?

① 평면도에서는 실의 배치와 넓이, 개구부의 위치나 크기를 표시한다.
② 천장 평면도는 절단하지 않고 단순히 건물을 위에서 내려다 본 도면이다.
③ 단면도는 건물을 수직으로 절단한 수, 그 앞면을 제거하고 건물을 수평방향으로 본 도면이다.
④ 입면도는 건물의 외형을 각 면에 대하여 직각으로 투사한 도면이다.

해설 | 천장평면도
  ㉠ 천장면을 천장 위에서 투영해 내려다본 도면이다.
  ㉡ 축척은 1/20~1/100 정도로 하고 방위는 평면도와 같게 배치한다.
  ㉢ 천장의 마감재를 표시하고, 환기구, 조명기구의 위치를 표시한다.
  ㉣ 마감재의 명칭과 재료, 치수, 규격을 기입한다.

03
다음 중 배치도에 특히 명시되어야 하는 것은?

① 방위
② 층고
③ 대지의 높이
④ 각부 형상 및 치수

해설 | 배치도에는 위치, 축척, 방위, 간격, 인지경계선, 지반의 기준 위치, 부지의 고저, 정원 계획, 지붕 윤곽, 장래 증축부분 표시 등을 나타낸다.
  ※ 기본 설계도 : 계획 설계를 바탕으로 어느 정도 상세하게 그린 도면
  ㉠ 배치도 : 방위 및 경계선, 인접도로의 너비, 부지의 고저, 건축물의 위치 등을 나타낸다.
  ㉡ 평면도 : 가장 기본이 되는 도면으로 공간과 공간과의 관계, 실의 배치 및 크기, 개구부의 위치 및 크기, 창문과 출입구의 구별, 동선, 가구배치 등을 알 수 있는 도면이다.
  ㉢ 입면도 : 건물의 외부와 내부를 수직적으로 절단하여 투상화 시켜 나타낸 도면으로 정면도, 측면도, 배면도로 나누어진다.
  ㉣ 단면도 : 건물을 수직으로 절단한 모양을 나타낸 도면으로 천장의 반자부분과 바닥, 벽의 단면상태를 나타내어 건물의 내부구조를 보여 주는 도면이다.

정답 | 01 ③ 02 ② 03 ①

04
배치도에 포함되어야 할 사항과 관계가 먼 것은?

① 정원계획
② 인지 경계선
③ 창문 및 출입문 위치
④ 장래 증축부분 표시

해설 | 배치도에는 위치, 축척, 방위, 간격, 인지경계선, 지반의 기준 위치, 부지의 고저, 정원 계획, 지붕 윤곽, 장래 증축부분 표시 등을 나타낸다.

05
건축물을 각 층마다 창틀 위에서 수평으로 자른 수평 투상도로서 실의 배치 및 크기를 나타내는 도면은?

① 평면도
② 입면도
③ 단면도
④ 전개도

06
평면도는 도면의 가장 기본이 되는 도면으로 보통 바닥면으로부터 몇 m 높이에서 수평으로 절단한 것인가?

① 0.5m   ② 1.2m   ③ 2.0m   ④ 2.2m

해설 | 평면도는 기준 층의 바닥 면에서 1.2~1.5m 높이에서 수평 절단하여 내려다 본 도면이다.

07
평면도에서 절단하는 높이는 바닥에서 1.2 ~ 1.5m 정도로 가정한다. 그 이유로 가장 거리가 먼 것은?

① 벽체 두께를 잘 나타낼 수 있다.
② 각종 개구부의 위치나 형태를 잘 나타낼 수 있다.
③ 인간의 생활공간 중에서 실생활과 가장관련이 높다.
④ 건물의 외부를 잘 표현할 수 있다.

해설 | 건물의 외부는 배치도에서 표현한다.

08
다음 중 평면도에 나타내야 할 사항이 아닌 것은?

① 벽 중심선
② 출입구 및 창호의 위치
③ 벽두께
④ 층고

해설 | 층고는 단면도에서 나타낸다.
단면도 : 기초 지반, 바닥, 처마, 층높이와 지붕의 물매, 처마의 나온 길이 등 주요 부분의 단면을 나타낸다.

09
평면도와 배치도의 도면 작도방향에 대한설명 중 옳은 것은?

① 동쪽을 위로 하여 작도함을 원칙으로 한다.
② 서쪽을 위로 하여 작도함을 원칙으로 한다.
③ 남쪽을 위로 하여 작도함을 원칙으로 한다.
④ 북쪽을 위로 하여 작도함을 원칙으로 한다.

해설 | 대지 내 건물의 위치와 방위를 표시하고 위쪽을 북쪽으로 놓고 작도한다.

10
실내디자인의 도면 중 벽을 바라본 수직적 실내의 그림은?

① 평면도
② 투시도
③ 입면도
④ 배치도

해설 | 입면도는 건물 외부나 내부를 수직적으로 절단하여 투상화 시켜 나타낸 도면이다.

11
다음 중 건축물의 입면도를 작도할 때 표시하지 않는 것은?

① 방위표시
② 건물의 전체높이
③ 처마높이
④ 벽 및 기타 마감재료

해설 | 방위표시는 배치도에 표시된다.

정답 | 04 ③ 05 ① 06 ② 07 ④ 08 ④ 09 ④ 10 ③ 11 ①

12
단면도에 대한 설명으로 옳은 것은?

① 건축물을 수평으로 절단하였을 때의 수평 투상도이다.
② 건축물의 외형을 각 면에 대해 직각으로 투사한 도면이다.
③ 건축물을 수직으로 절단하여 수평방향에서 본 도면이다.
④ 실의 넓이, 기초 판의 크기, 벽체의 하부 구조를 표현한 도면이다.

해설 | 단면도는 건물을 수직으로 절단한 모양을 나타낸 도면으로 천장의 반자부분과 바닥, 벽의 단면상태를 나타내주므로 내부구조를 보여주는 도면이다.

13
단면도를 그려야 하는 경우가 아닌 것은?

① 평면상으로 이해하기 힘든 곳
② 전체 구조의 이해를 돕는 부분
③ 설계자의 강조 부분
④ 지붕 경사를 나타내고자 할 때

해설 | 지붕 경사를 나타내고자 할 때는 부분 상세도를 그린다.

14
다음 중 특히 부분 상세도에서 상세하게 나타내어야 할 것은?

① 각 부의 높이
② 지붕의 물매
③ 각 부재의 형상치수
④ 추녀의 내민 길이

해설 | 부분 상세도
부재의 형상, 치수 등 주요 구조 부분을 상세하게 나타낸다.

15
건축도면 중 전개도에 대한 설명으로 알맞은 것은?

① 부대시설의 배치를 나타낸 도면
② 각 실 내부의 의장을 명시하기 위해 작성하는 도면
③ 지반, 바닥, 처마 등의 높이를 나타낸 도면
④ 실의 배치 및 크기를 나타낸 도면

해설 | 전개도
  ㉠ 각실의 내부 의장을 나타내기 위한 도면이다.
  ㉡ 축척은 1/20~1/50 정도로 한다.
  ㉢ 내부 벽면의 형상, 길이, 높이 등을 표시한다.
  ㉣ 내부 벽면에 설치된 집기, 가구, 설비를 표시한다.
  ㉤ 내부 벽면과 걸레받이, 각종 몰딩의 형태와 재료를 표시한다.

16
각 실내의 입면을 그려 벽면의 형상, 치수, 끝마감 등을 나타내는 도면은?

① 평면도
② 투시도
③ 단면도
④ 전개도

해설 | 문제 15번 해설참조

17
건축설계도면에서 창호도에 관한 설명 중 옳지 않은 것은?

① 축척은 보통 1/50~1/100 로 한다.
② 창호의 위치는 평면도에 직접 표시하거나 약식 평면도에 표시한다.
③ 치수선의 양 끝 표시는 화살 또는 점으로 표시할 수 있으며, 같은 도면에서 2종을 혼용할 수 있다.
④ 협소한 간격이 연속될 때에는 인출선을 사용하여 치수를 쓴다.

정답 | 12 ③ 13 ④ 14 ③ 15 ② 16 ④ 17 ③

해설 | 창호도
  ㉠ 사용하는 창호 전부에 대하여 종류별로 일람표를 작성한 것이다.
  ㉡ 축척은 1/50~1/100 정도이다.
  ㉢ 형태, 개폐방법, 재종, 치수, 개수, 사용장소 등의 항을 만들고 창호철물, 유리의 종류, 마무리 도장방법 등을 기입한다.
  ㉣ 창호의 위치는 평면도에 직접 표시하거나 약식 평면도에 표시한다.
  ㉤ 창호의 모양과 크기를 기입한다.
  ㉥ 창호 재질의 종류를 기입하고, 문틀 모양과 크기 등을 기입한다.

18
다음 중 건축설계도면에서 배경을 표현하는 목적과 가장 관계가 먼 것은?

① 건축물의 스케일감을 나타내기 위해서
② 건축물의 용도를 나타내기 위해서
③ 건축물 내부 평면상의 동선을 나타내기 위해서
④ 주변대지의 성격을 표시하기 위해서

해설 | 건축물 내부 평면상의 동선을 나타내기 위해서는 평면도를 사용한다.

2 KS제도 통칙

19
다음의 건축도면에 대한 설명 중 옳지 않은 것은?

① 도면은 그 길이 방향을 좌우 방향으로 놓은 위치를 정 위치로 한다.
② 도면에는 척도를 기입하여야 한다.
③ 평면도, 배치도 등은 남쪽을 위로 하여 작도함을 원칙으로 한다.
④ 도면을 접을 경우 접은 도면의 크기는 A4의 크기를 원칙으로 한다.

해설 | 평면도, 배치도 등은 북쪽을 위로 하여 작도함을 원칙으로 한다.

20
다음 중 제도할 때의 설명으로 틀린 것은?

① 수평선은 왼쪽에서 오른쪽으로 긋는다.
② 삼각자끼리 맞댈 경우 틈이 생기지 않고 면이 곧고 흠이 없어야 한다.
③ 선긋기는 시작부터 끝까지 굵기가 일정하게 한다.
④ 조명은 우측 상단이 좋다.

해설 | 조명은 왼쪽 상단이 좋다.

21
다음의 제도용지 크기 중에서 A1에 해당되는 치수로 옳은 것은? (단위 : mm)

① 841 × 1189
② 594 × 841
③ 420 × 594
④ 297 × 420

해설 | 제도용지 크기

단위(mm)	A0	A1	A2	A3	A4
가로 ×세로	1,189 ×841	841 ×594	594 ×420	420 ×297	297 ×210
테두리 (철하지 않을 때)	10	10	10	5	5

22
도면의 테두리를 만들 때 여백은 최소 얼마나 두어야 하는가? (단, A1 제도용지, 묶지 않을 경우)

① 5mm
② 10mm
③ 15mm
④ 20mm

해설 | ㉠ 묶지 않을 경우 : A0 ~ A2 까지는 10mm A3~A6은 5mm
  ㉡ 묶을 경우 : 25mm

23
도면의 크기에 관한 설명 중 옳지 않은 것은?

① A0 크기는 841×1,189mm 이다.
② 제도 용지의 크기는 A 다음에 오는 번호가 커짐에 따라 작아진다.
③ 도면은 그 길이 방향을 좌우 방향으로 놓은 위치를 정 위치로 한다.
④ A1 크기 도면의 여백은 최소 5mm 이상 두어야 한다.

해설 | A1 크기 도면의 여백은 최소 10mm 이상 두어야 한다.

24
건축 제도 통칙(KS F 1501)에 제시되지 않은 축척은?

① 1/5   ② 1/15
③ 1/20   ④ 1/25

해설 | 척도의 종류

1/1, 1/2, 1/5, 1/10	부분상세도, 시공도
1/5, 1/10, 1/20, 1/30	부분상세도, 단면상세도
1/50, 1/100, 1/200, 1/300	평면도, 입면도, 기초평면도, 구조도, 설비도
1/500, 1/600, 1/1,000, 1/2,000	배치도, 대규모건물 평면도

25
다음 도면의 표제란의 위치는?

① 도면 우측 상단
② 도면 우측 하단
③ 도면 좌측 상단
④ 도면 좌측 하단

해설 | 투시도나 스케치를 제외한 모든 도면은 우측 하단에 만든다.

26
다음중 표제란에 기입하는 것이 아닌 것은?

① 축척   ② 도면번호
③ 방위   ④ 공사명칭

해설 | 표제란에 기입하는 사항
도면번호, 공사명, 축척, 도면작성 연월일, 설계자의 성명

27
다음 중 1점 쇄선으로 표기할 수 없는 것은?

① 중심선   ② 치수선
③ 경계선   ④ 기준선

해설 | 1점쇄선 : 중심선 및 기준선, 경계선 표시

28
다음 선의 종류 중 인출선, 치수 보조선 등으로 사용되는 것은?

① 실선   ② 파선
③ 1점 쇄선   ④ 2점 쇄선

해설 | 가는 실선 : 치수선, 치수보조선, 지시선 등 표시
굵은 실선 : 단면선, 외형선등 단면의 윤곽 표시

29
선의 종류 중 대상물의 보이지 않는 부분을 나타내는 선은?

① 굵은 실선   ② 가는 실선
③ 파선   ④ 1점 쇄선

정답 | 23 ④ 24 ② 25 ② 26 ③ 27 ② 28 ① 29 ③

30
다음 중 선의 표시가 옳지 않은 것은? ▶10,13

① 숨은선 - 실선
② 중심선 - 일점쇄선
③ 치수선 - 가는 실선
④ 상상선 - 이점쇄선

해설 | 숨은선 – 파선(점선)

31
아래 보기에서 선에 대한 설명으로 옳은 것을 모두 고르면?

> A. 실선은 단면 또는 중심선 등에 사용된다.
> B. 파선 또는 점선은 보이지 않는 부분이나 절단면보다 앞면 또는 윗면에 있는 부분의 표시에 사용된다.
> C. 일점쇄선은 절단선, 경계선 등에 사용한다.

① A   ② B
③ B, C   ④ A, B, C

해설 | 1점 쇄선 : 중심선(가는선), 절단선 및 기준선, 경계선 표시

32
제도에서 사용하는 선에 관한 설명 중 틀린 것은?

① 이점 쇄선은 물체의 절단한 위치를 표시하거나 경계선으로 사용한다.
② 가는 실선은 치수선, 치수보조선, 격자선 등을 표시할 때 사용한다.
③ 일점 쇄선은 중심선, 참고선 등을 표시할 때 사용한다.
④ 굵은 실선은 단면의 윤곽 표시에 사용한다.

해설 | 이점쇄선 : 가상선, 무게중심선 표시

33
다음 중 선 그리기 내용으로 옳지 않은 것은?

① 용도에 따라 선의 굵기를 구분한다.
② 하나의 선을 그을 때 속도와 힘을 다르게 하여 긋는다.
③ 하나의 선을 그을 때 중복하여 긋지 않는다.
④ 연필은 진행되는 방향으로 약간 기울여서 그린다.

해설 | 하나의 선을 그을 때 속도와 힘을 균일하게 하여 긋는다.

34
다음 중 척도에 대한 설명으로 옳은 것은?

① 척도는 배척, 실척, 축척 3종류가 있다.
② 배척은 실물과 같은 크기로 그리는 것이다.
③ 축척은 일정한 비율로 확대하는 것이다.
④ 축척은 1/1, 1/15, 1/100, 1/250, 1/350이 주로 사용된다.

해설 | 척도
 ㉠ 실제 크기에 대한 도면의 비율로서 도면 작성시 반드시 기재하여야 한다. 표시방법은 1/10, 1:10 등으로 표시한다.
 ㉡ 치수에 비례하지 않을 경우 NS(None Scale)로 표시한다.
 ㉢ 종류
  ㉮ 실척 : 실물과 같은 크기로 그리는 것(1/1)
  ㉯ 축척 : 실물을 일정한 비율로 축소하는 것(1/2, 1/30, 1/50, 1/100....)
  ㉰ 배척 : 실물을 일정한 비율로 확대하는 것(건축제도에서는 사용 안함)
  ㉱ 척도가 다른 도면을 1장에 기입할 경우 각각 기재하고 표제란에도 기입한다.

35
척도에 관한 설명으로 옳은 것은?

① 축척은 실물보다 크게 그리는 척도이다.
② 실척은 실물보다 작게 그리는 척도이다.
③ 배척은 실물과 같게 그리는 척도이다.
④ NS(No Scale)는 그림의 형태가 치수에 비례하지 않는 것을 뜻한다.

해설 | 문제 34번 해설참조

36
건축에서 사용되는 척도에 대한 설명으로 옳지 않은 것은?

① 도면에는 척도를 기입하여야 한다.
② 그림(도면)의 형태가 치수에 비례하지 않을 때는 NS(No Scale)로 표시한다.
③ 사진 및 복사에 의해 축소 또는 확대되는 도면에는 그 척도에 따라 자의 눈금 일부를 기입한다.
④ 한 도면에 서로 다른 척도를 사용하였을 경우 척도를 표시하지 않는다.

해설 | 한 도면에 서로 다른 척도를 사용하였을 경우 각각의 척도를 기재해주고 표제란에 척도를 기입한다.

37
건축도면에 쓰이는 글자에 관한 설명 중 옳지 않은 것은?

① 글자의 크기는 각 도면의 상황에 맞추어 알아보기 쉬운 크기로 한다.
② 문장은 왼쪽부터 세로쓰기를 원칙으로 한다.
③ 글자체는 수직 또는 15도 경사의 고딕체로 쓰는 것을 원칙으로 한다.
④ 숫자는 아라비아 숫자를 원칙으로 한다.

해설 | 글자
㉠ 글자의 크기는 각 도면의 상황에 맞추어 알아보기 쉬운 크기로 한다.
㉡ 문장은 왼쪽에서부터 가로쓰기를 원칙으로 한다.
㉢ 글자는 수직 또는 15° 경사의 고딕체로 쓰는 것을 원칙으로 한다.
㉣ 글자의 크기는 높이로 표시된다.
㉤ 숫자는 아라비아 숫자를 원칙으로 한다.
㉥ 4자 이상의 숫자는 3자리마다 자릿점을 찍든지 간격을 두어야 한다. 다만 4자리 이하는 이에 따르지 않아도 된다.

38
치수표기에 관한 설명 중 옳지 않은 것은?

① 협소한 간격이 연속될 때에는 인출선을 사용한다.
② 필요한 치수의 기재가 누락되는 일이 없도록 한다.
③ 치수는 특별히 명시하지 않는 한 마무리 치수로 표시한다.
④ 치수는 치수선을 중단하고 선의 중앙에 기입하여서는 안 된다.

해설 | 치수
㉠ 치수의 단위는 mm로 하고, 기호는 붙이지 않는다.
㉡ 각도의 단위는 °(도)로 나타내며 필요에 따라 분, 초를 함께 사용한다.
㉢ 보는 사람의 입장에서 명확한 치수를 기입한다.
㉣ 필요한 치수의 기재가 누락되는 일이 없도록 한다.
㉤ 치수는 필요한 것은 충분하게 기입하고 중복을 피한다.
㉥ 치수의 기입은 원칙적으로 치수선에 따라 도면에 평행하게 쓴다.
㉦ 치수는 도면의 아래로부터 위로, 또는 왼쪽에서 오른쪽으로 읽을 수 있도록 한다.
㉧ 치수를 기입할 여백이 없을 때에는 인출선을 그어 수평선을 긋고 그 위에 치수를 기입한다.
㉨ 치수는 특별히 명시하지 않는 한 마무리 치수를 표시한다.
㉩ 치수 기입은 항상 치수선 중앙 윗부분에 기입하는 것이 원칙이다.
㉪ 전체 치수는 바깥쪽에, 부분 치수는 안쪽에 기입한다.

정답 | 35 ④ 36 ④ 37 ② 38 ④

39
다음의 도면에서 치수기입 방법이 틀린 것은?

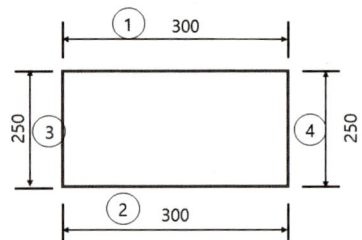

① ①
② ②
③ ③
④ ④

해설 | ㉠ 치수 기입은 항상 치수선 중앙 윗부분에 기입하는 것이 원칙이다.
㉡ 전체 치수는 바깥쪽에, 부분 치수는 안쪽에 기입한다.

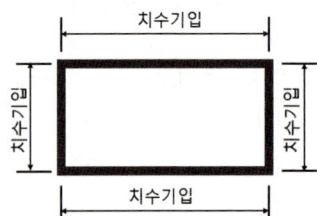

3. 도면의 표시 방법

40 ▶06, 12
다음의 재료표시기호에서 목재의 구조재 표시 기호는?

①   ②
③   ④

41
건축제도에서 다음 평면 표시 기호가 의미하는 것은?

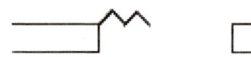

① 미닫이문
② 주름문
③ 접이문
④ 연속문

42
다음 그림은 무엇을 표시하는 것인가?

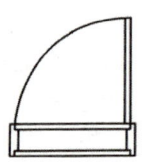

① 외여닫이문
② 미닫이문
③ 미닫이창
④ 미서기문

43
다음 평면표시기호는 무엇을 의미하는가?

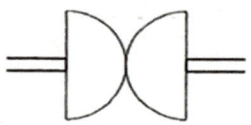

① 자재여닫이문
② 쌍미닫이문
③ 회전문
④ 외여닫이문

정답 | 39 ④ 40 ① 41 ③ 42 ① 43 ①

44

다음 그림은 무엇을 표시하는 평면표시 기호인가?

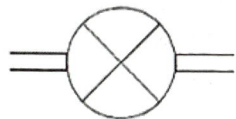

① 쌍여닫이문 ② 쌍미닫이문
③ 회전문   ④ 접이문

45

다음 기호가 나타내는 것은?

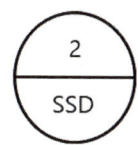

① 강철 문, 창호번호 2번
② 스테인리스 문, 창호번호 2번
③ 스테인리스 창, 창호 모듈 호칭 치수 20×20
④ 강철 창, 창호 모듈 호칭 치수 20×20

해설 |

㉠ 재료기호
  W : 목재
  S : 철재
  SS : 스테인리스 강
  AL : 알루미늄
  P : 플라스틱
㉡ 창호기호
  W : 창문
  D : 문
  S : 셔터

46

강철제문을 나타내는 표시기호로 적합한 것은?

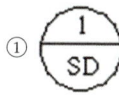

해설 | 문제45번 해설참조

47

다음의 평면 표시 기호가 나타내는 것은?

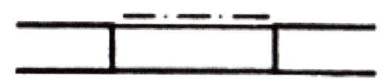

① 셔터달린창 ② 오르내리창
③ 주름문   ④ 미들창

PART 02

실내디자인 색채 및 사용자 행태분석

Chapter 01	실내디자인 프리젠테이션	0%
Chapter 02	실내디자인 색채계획	50%
Chapter 03	실내디자인 가구계획	10%
Chapter 04	사용자 행태분석	10%
Chapter 05	인체 계측	30%

Chapter 01

실내디자인 프리젠테이션

최근 10개년 출제문항수 **0개**

New_ 2022년 이후 평균 출제비중 **0%**

Chapter 출제경향분석

Section	출제비율
01 프리젠테이션 기획	0%
02 프리젠테이션 작성	0%
03 프리젠테이션	0%

01 프리젠테이션 기획

Pass Note

예상출제문항		키워드
0~1	– 프리젠테이션 개념 – 프리젠테이션 원리	– 프리젠테이션 표현 방법

1. 프리젠테이션 프로세스

프리젠테이션이란 내가 원하는 결과를 청중으로부터 얻어내기 위하여, 내가 말하고자 하는 바를 청중에게 표현하는, 커뮤니케이션의 한 유형이다.

디자인 프리젠테이션은 실내디자인 프로세스의 기본 설계의 한 단계이다.

① 디자이너와 고객 간의 긴요한 의사전달 방법이다.
② 2차원, 3차원 도면이나 모델 등을 활용하여 고객의 이해를 돕는다.
③ 컴퓨터나 멀티미디어 등 최신의 표현기법이 점차 일반화되는 경향이다.

Presentation Process

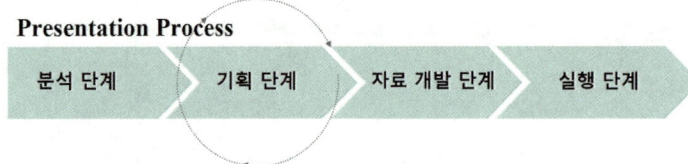

1) 프레젠테이션 분석 단계
① 프레젠테이션 기획에 들어가기에 앞서 프레젠테이션의 3요소인 목적·청중·환경을 분석하여 프레젠테이션 개요서를 작성한다.
② 프레젠테이션 개요서를 작성하는 것은 여러 명의 팀원들이 프레젠테이션의 목적과 주제, 그리고 서로의 역할을 공유함으로써 방향성을 잃지 않고 프로젝트를 효과적으로 진행하기 위해서다.

2) 프레젠테이션 기획 단계
① 프레젠테이션의 주제를 명확히 하고, 그 주제를 풀어낼 논리적 구상을 하는 단계이다.
② 관련된 자료를 조사하고, 프레젠테이션의 전체 흐름을 정리한다.
③ 프레젠테이션의 기획 단계는 우리가 집을 지을 때 설계도를 그리는 것에 비유할 수 있다. "어떤 집을 짓고 싶은가?, 몇 명이 살 것인가?, 어떤 콘셉트를 원하는가?" 등을 고려하여 그에 맞는 설계를 한다.

④ 프레젠테이션 기획도 마찬가지다. 무엇을 발표할 것인가? 발표 내용을 어떤 순서로 전개해 나갈 것인가? 등을 구체적으로 정하는 것이 기획 단계이다.
⑤ 기획 단계에서의 결과물은 프레젠테이션을 위한 스토리보드 작성이라고 할 수 있다.

3) 프레젠테이션 자료 개발 단계
① 프레젠테이션 기획이 마무리되었다면 그에 맞추어 프레젠테이션 자료를 만든다.
② 설계도에 따라 실제로 집을 짓는 단계라 할 수 있다.
③ 템플릿과 레이아웃을 통해 전체적으로 일관성을 유지하고 깔끔한 느낌을 줄 수 있도록 한다.
④ 청중 설득에 도움이 되는 동영상 자료를 개발하기도 한다.

4) 프레젠테이션 실행 단계
설계도에 따라 제대로 집을 지었다면 이제 그 집을 마음껏 활용하면서 누릴 차례다. 편안하면서도 당당하게, 자신감 있게 프레젠테이션을 하려면 철저한 준비 과정에 대한 점검과 반복적인 연습이 필수적이다.

2. 프리젠테이션 전개방법

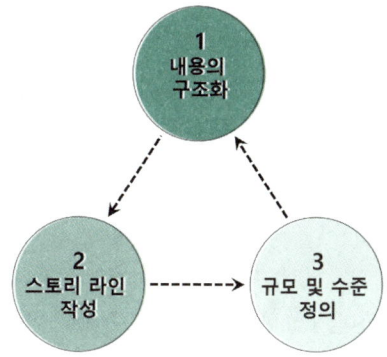

1) 내용의 구조화
① 도입 부분
앞으로 무엇에 대해서 이야기할 것인지, 어떤 내용을 어떤 순서로 설명할 것인지, 어떤 결론을 도출시킬 것인지에 대하여 언급한다.
② 전개 부분
구체적인 사실로부터 어떠한 과정을 통해서 결론에 이르게 되는지를 명확한 논리 전개에 의하여 설명한다.
③ 정리 부분
중요한 핵심을 강조하고 결론적으로 청중이 무엇을 어떻게 해야 하는지 언급한다.

2) 스토리 라인 작성
스토리 라인은 스토리가 진행되는 흐름을 별도의 문서나 저장 매체에 기록해 두는 것을 말한다.

(1) 아이디어 제시
① 클라이언트의 요구를 고려한 아이디어가 필요하다.
② 클라이언트의 변화를 이끌어낼 수 있는 명확한 목표와 목적에 의거한 아이디어를 제시한다.

(2) 시나리오 작성
① 프레젠테이션에 들어갈 내용에 대한 스토리 구상 및 자료 수집이 완료된 후, 스토리를 바탕으로 시나리오를 작성한다.
② 프레젠테이션의 내용을 알기 쉽게 전달할 수 있는 시나리오를 작성하기 위해 프레젠테이션의 목적이 무엇인지, 어떤 메시지로 설득할 것인지, 내용을 어떻게 조합하는 것이 가장 효과적일 것인지를 생각한다.
③ 시나리오 작성 시 전체 내용에 대한 줄거리 요약하여 자료의 방향과 틀을 잡는다.

(3) 스토리 보드(Story Board) 제작
① 슬라이드를 디자인하기 전에 시나리오를 바탕으로 청중이 알기 쉽도록 슬라이드를 스케치하는 작업을 말한다.
② 스토리 보드를 작성하면 슬라이드 작업 시간이 단축되고, 전체 슬라이드에 대한 구조를 한눈에 파악할 수 있어 통일성 있는 프레젠테이션을 준비할 수 있다.
③ 스토리 보드를 사용하면 다이어그램이나 브레인스토밍 등의 스토리 구상을 통해 나온 각종 아이디어를 반영할 수 있다.

3) 규모 및 수준 정의

(1) 자료 준비 분석
① 전 단계에서 정리한 사항 중 불필요한 내용이나 보충해야 할 부분이 있는지 등을 확인 한다.
② 프레젠테이션의 일관성과 명확성을 높일 수 있게 자료준비를 한다.

(2) 단계별 전달 사항 및 내용 정리
프레젠테이션의 단계와 진행 상황에 따른 필요한 내용과 툴이 다르므로 프레젠테이션의 단계마다 전달사항들과 필요한 내용 등을 정리한다.

(3) 체크 리스트 자료 준비

체크리스트 항목	내용
내용적 측면	3P[People(청중), Purpose(목적), Place(장소)]를 통해 어느 것 하나라도 소홀함 없이 균형 있게 비중을 두고 분석하여 사전에 준비해야 한다.
환경적 측면	프레젠테이션 실정을 미리 파악해 청중의 수, 참여 형태, 매체나 장비 설치 여부, 상호 작용, 레이아웃 거리 조절, 장소, 배치, 시간, 여건 등의 요소를 고려한다.
프레젠테이션의 마음가짐	클라이언트의 요구를 이해하고, 누구에게 전달하는 것인지를 생각한다. 또한 콘셉트를 충분하게 전달할 수 있도록 충분한 준비와 연습을 한다.

02 프리젠테이션 작성

1. 프리젠테이션 표현기법

1) 프레젠테이션 제작 준비

(1) 클라이언트의 분석

클라이언트가 전문가 집단이라면 디자이너는 디자인의 의도를 충분히 설명할 수 있는 전문 용어를 사용해도 좋다. 디자인 전문회사 고객을 대상으로 프레젠테이션을 하는 경우 자신 있게 전문성과 다양한 논리적 문장을 사용하여 발표할 수 있다.

(2) 논리적 문장 선택

프레젠테이션에 있어 디자이너는 프로젝트에 대한 충분한 연구와 조사·분석을 통해 클라이언트에게 자신감을 보여줄 수 있어야 한다.

> **Note** 프리젠테이션 PREP 기법
> Point : (요점)에서는 자신이 말하고자 하는 것을 제시
> Reason : (이유)에서는 '왜?' 그렇게 생각하는지, 간결하게 나타낸다.
> Example : (사례)에서는 Reason에 대한 구체적인 것을 언급, 구체화한다.
> Point : (요점)에서는 처음에 있었던 Point(요점)를 한 번 더 강조한다.

2. 표현 매체 활용

1) 프리핸드 스케치

① 디자인의 초기단계에서 아이디어를 재빨리 시각화 하는 방법
② 다양한 드로잉 기법과 조형 원리를 적용한 스케치 능력은 실질적인 프레젠테이션 자료를 시각화한다.
③ 설계 의도를 명확하게 전달하고 습득하는 인지전달능력 으로, 프레젠테이션 보조 표현 기법으로 활용하여 디자인 전달을 명확하게 한다.
④ 의도된 조형이나 전달하려는 디자인을 드로잉으로서 시각화하고, 프레젠테이션 할 수 있다.

> **Note** 아이디어 스케치 방법
> ① 스크래치 스케치(scratch sketch)
>   ㉠ 원칙적으로 제3자에게 보이는 것을 목적으로 하지 않기 때문에 정확도는 요구되지 않으며 불완전하므로 문자적 표시와 병용하는 것이 좋다.
>   ㉡ 난필(亂筆)의 의미로 아이디어 발상 과정에서 하는 간단한 메모 수준의 초기 단계 스케치이다.
>   ㉢ 전체의 이미지나 구성을 연구하기 위해 세부적인 것은 생략하고 프리핸드로 선에 의한 약화 형식으로 표현한다.

② 스타일 스케치(style sketch)
  ㉠ 가장 정밀한 스케치로 주로 외관상의 상태에 대해 섬세하게 연구하며 전체 및 부분에 대한 형상, 재질, 패턴, 색채 등을 정확하게 나타낸다.
  ㉡ 러프 스케치에서는 다소의 비례(proportion) 오차가 인정되지만, 스타일 스케치에서는 치명적인 결점이 된다. 또한 평면상에서 표현되지 않는 부분, 즉, 보이지 않는 부분을 없애기 위해 가급적 여러 각도에서 본 모습을 스케치한다.
③ 러프 스케치(rough sketch)
  ㉠ 구성, 조형 등에 대하여 여러 아이디어를 비교, 검토하기 위한 개략적인 스케치이다.
  ㉡ 선에 의한 표현 및 간단한 그림자의 재질 표현을 병용함으로써 효과적으로 입체 표현하며, 스크래치 스케치보다 구체적이고 이해하기 쉽게 표시된다.

2) 캐드(CAD : Computer Aided Design)
컴퓨터에 기억되어 있는 설계정보를 그래픽 디스플레이 장치로 추출하여 화면을 보면서 설계하는 것으로 90년대 이후 컴퓨터 기술의 발달로 컴퓨터 그래픽을 이용하여 도면을 그리고 있다.

3) 컴퓨터 활용 스케치업(SketchUp)
디자인의 능력을 보조하는 툴로 표현하고 싶은 디자인을 모델링할 때 간편한 인터페이스로 쉽게 모델링 할 수 있는 것이 특징이다.

4) 3D 모델링
토목, 건축 분야부터 단순히 도면 작성의 한계를 넘어 계획 단계에서부터 3차원 개념을 적용하여 계획성 향상, 통합 협업 업체의 구축, 시공성 향상, 경제성 향상을 목적으로 3D 작업을 적용해 이해를 돕는다.

[러프 스케치 + 컬러링]

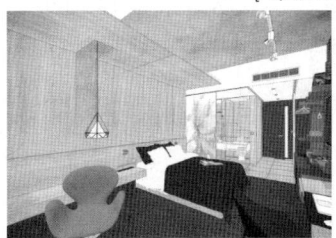
[스케치업(Sketch Up)]

[3D 모델링]

렌더링(rendering)
- ㉠ 표현, 묘사, 연출이라는 뜻으로 디자인한 대상물의 완성을 예측하여 실물처럼 충실히 표현한 것으로 2차원의 화상을 3차원의 화상으로 만드는 과정이다.
- ㉡ 렌더링은 정확한 투시도로서 디자이너의 구체적 언어와 마찬가지이다.
- ㉢ 완성 예상도로 쓰이는 렌더링은 최종 결정단계에서 스타일을 확인하고 설명하기 위한 것이다.

3. 구성 요소 제작 및 표현

1) 레이아웃
① 구성 요소를 조화롭고 균형 있게 배열하여, 조형미를 고려한 시각전달을 목적으로 한다.
② 내용을 논리적으로 전달하여 효과적인 의사소통이 가능할 수 있도록 구성되어야 한다.
③ 서체 및 폰트, 그래픽 요소 및 일러스트레이션, 색상 등의 구성 요소를 제한된 공간 안에 시각적, 기능적 조화를 효과적으로 배열, 배치하는 것이다.

2) 색상
① 색상은 정보를 효과적으로 인지하고 기억할 수 있도록 시각적 주목성을 높여 준다.
② 색상 선택의 핵심은 수용자를 중심으로 계획되고 디자인되어야 한다.
③ 프레젠테이션은 시각적으로 효율적인 전달이 가능한 시각 언어의 역할을 한다.
④ 프레젠테이션 슬라이드의 메인 색상과 보조 색상을 선정하여 전체적인 통일감을 유지하도록 한다.

3) 시각자료
① 복잡한 정보를 쉽고 정확하게 전달한다.
② 많은 정보를 보다 빠르게 전달한다.
③ 청중의 주의를 집중시킨다.
④ 오래 기억에 남는다.
⑤ 발표자와 발표내용에 대한 신뢰도를 증진시킨다.

4) 사운드 및 효과
① 사운드는 프레젠테이션 진행 시 주의와 주목을 끌 수 있는 요소로 내용 전달 시 청중을 몰입시키는 효과가 있다.
② 애니메이션, 화면 전환 등의 효과는 크기, 비례, 각도 등의 변화를 통해서 내용의 집중과 주목을 이끌어내고 흥미를 유발함으로써 전달하려는 내용을 현실감 있게 표현할 수 있다.
③ 과한 효과의 사용은 오히려 역효과를 일으킬 수 있으므로 적절한 곳에 포인트로 사용해야 한다.

03 프리젠테이션

1. 프레젠테이션 방법
① 고객의 관심사에 들어맞는 주제를 선정한다.
② 명확하고 간결한 구성을 한다.
③ 흥미로운 내용으로 구성한다.
④ 가급적 적은 수의 글머리 기호를 사용한다.
⑤ 주제에 어울리고, 고객의 관심사에 맞는 시각 자료를 선택한다.
⑥ 내용은 부각시키고 집중력은 분산시키지 않는 애니메이션을 사용한다.
⑦ 화면에 보이는 것보다 더욱 풍성한 내용을 담은 구두 발표를 한다.
⑧ 대화하듯 고객과 호흡을 맞추는 느낌을 준다.
⑨ 충분한 연습을 통해 잘 준비된 프리젠테이션을 한다.
⑩ 격이 있는 유머를 사용한다.

2. 프레젠테이션 디자인의 원리

원 리	내 용
명확성 (Clarity)	핵심을 위주로 간단명료하게, 구체적으로 표현한다.
관련성 (Reference)	아이디어나 도표는 발표 주제와 관련이 있어야 한다. 고객(client)의 관심사에 맞추어 이야기를 구성하고, 발표 내용과 그 전달 방식이 상황에 적절해야 한다.
애니메이션 (Animation)	애니메이션 전환 효과를 적절하게 활용하면 발표 내용을 더욱 명확하게 만들 수 있다.
플롯 (Plot)	발표에는 스토리가 있어야 한다. 이야기를 어떻게 구상하여 전개하려고 하는지, 이야기의 목적이 무엇인지 분명하게 정의한다. 스토리는 도입과 결말이 있어야 하며 발표 목적에 부합하는 구성으로 고객(client)을 절정으로 이끌 수 있어야 한다.

3. 프레젠테이션 시각 디자인의 원리

원 리	내 용
대비의 원리	대비는 궁금증을 일으키고 흥미를 유발하고 눈길을 끈다. 대비는 극적인 효과를 가져 온다.
반복의 원리	슬라이드 쇼 내내 반복되는 요소는 프레젠테이션에 통일성을 준다. 전체의 흐름을 같이 하며 반복되는 디자인 요소를 만든다.
정렬의 원리	각 요소는 슬라이드상의 다른 요소와 정렬되는 것이 효과적이다.
근접의 원리	물리적인 근접성은 관계를 의미하므로 서로 관계있는 요소들은 근접하여 배치한다. 슬라이드 상에서 정보를 무리지어 배치하면 의미 전달이 효과적이다.

핵심 기출문제

실내디자인 프리젠테이션

01 ▶04,10,13
실시 단계 이전의 과정에 속하는 작업의 범위가 다음과 같을 때, 그 순서가 옳게 된 것은?

① 기획자료 검토 ② 프레젠테이션
③ 실시설계를 위한 리포트 ④ 기본설계
⑤ 기본계획

① ①-②-③-④-⑤
② ①-③-⑤-②-④
③ ①-⑤-②-④-③
④ ①-④-③-⑤-②

해설 | ㉠ 기획단계 : 기획자료 검토
㉡ 기본계획
㉢ 프리젠테이션 : 기본 계획 후 디자이너는 고객에게 디자인적 제안, 정보, 아이디어를 제시하고 설명한다.
㉣ 기본설계 : 프리젠테이션 후 고객의 요구를 반영한 기본 설계를 진행한다.
㉤ 실시 설계를 위한 리포트

02 ▶09
다음 중 디자인 프레젠테이션에 대한 설명과 가장 관계가 먼 것은?

① 디자이너와 고객 간의 긴요한 의사전달 방법이다.
② 2차원, 3차원 도면이나 모델 등을 활용하여 고객의 이해를 돕는다.
③ 디자이너가 1개의 디자인을 결정하여 고객에게 전달하는 과정이다.
④ 컴퓨터나 멀티미디어 등 최신의 표현기법이 점차 일반화되는 경향이다.

해설 | 프리젠테이션
㉠ 디자이너와 고객 간의 긴요한 의사전달 방법이다.
㉡ 2차원, 3차원 도면이나 모델 등을 활용하여 고객의 이해를 돕는다.
㉢ 디자이너가 2~3개의 디자인을 결정하여 고객에게 전달하는 과정이다.
㉣ 컴퓨터나 멀티미디어 등 최신의 표현기법이 점차 일반화되는 경향이다.

03 ▶06
디자인 프레젠테이션에 대한 설명으로 부적합한 것은?

① 프레젠테이션에서 디자이너는 고객에게 디자인적 제안, 정보, 아이디어를 제시하고 설명한다.
② 오늘날의 컴퓨터 그래픽과 같이 프레젠테이션 매체와 기술의 변화는 프레젠테이션의 형태에 영향을 미친다.
③ 디자인상의 약점을 감추고 강점을 부각시키기 위해 화려한 프레젠테이션을 준비하는 것이 유리하다.
④ 디자인 프레젠테이션을 통하여 고객과 주요한 디자인 결정을 만들어 나간다.

해설 | 고객(client)의 의도, 프로젝트의 위치, 면적, 프로젝트의 예산 등 클라이언트의 요구 사항에 부합되는가를 확인할 수 있도록 성실히 프레젠테이션을 준비하는 것이 유리하다.

04
프레젠테이션 디자인의 4대 원리에 해당되지 않는 것은?

① 명확성(Clarity)
② 반복성(Repetitive)
③ 애니메이션(Animation)
④ 관련성(Reference)

해설 | 프레젠테이션 디자인의 4대 원리
㉠ 명확성(Clarity)
㉡ 관련성(Reference)
㉢ 애니메이션(Animation)
㉣ 플롯(Plot)

정답 | 01 ③ 02 ③ 03 ③ 04 ②

05
프레젠테이션 시각 디자인의 네 가지 원리에 해당되지 않는 것은?

① 대비의 원리 ② 정렬의 원리
③ 비례의 원리 ④ 근접의 원리

해설 | 프레젠테이션 시각 디자인의 4 가지 원리
  ㉠ 대비의 원리   ㉡ 반복의 원리
  ㉢ 정렬의 원리   ㉣ 근접의 원리

06
디자인의 초기단계에서 아이디어를 재빨리 시각화 하는 방법으로 가장 적합한 것은?

① 프리핸드 스케치   ② 컴퓨터 애니메이션
③ 도면 작도   ④ 모델 제작

해설 | 프리핸드 스케치
  ㉠ 디자인의 초기단계에서 아이디어를 재빨리 시각화 하는 방법
  ㉡ 다양한 드로잉 기법과 조형 원리를 적용한 스케치 능력은 실질적인 프레젠테이션 자료를 시각화한다.
  ㉢ 설계 의도를 명확하게 전달하고 습득하는 인지전달 능력 으로, 프레젠테이션 보조 표현 기법으로 활용하여 디자인 전달을 명확하게 한다.
  ㉣ 의도된 조형이나 전달하려는 디자인을 드로잉으로서 시각화하고, 프레젠테이션 할 수 있다.

07
스크래치 스케치(scratch sketch)에 대한 설명이 옳지 않은 것은?

① 원칙적으로 제3자에게 보이는 것을 목적으로 하지 않기 때문에 정확도는 요구되지 않으며 불완전하므로 문자적 표시와병용하는 것이 좋다.
② 난필(亂筆)의 의미로 아이디어 발상 과정에서 하는 간단한 메모 수준의 초기 단계 스케치이다.
③ 전체의 이미지나 구성을 연구하기 위해 세부적인 것은 생략하고 프리핸드로 선에 의한 약화 형식으로 표현한다.
④ 구성, 조형 등에 대하여 여러 아이디어를 비교, 검토하기 위한 개략적인 스케치이다.

해설 | 스크래치 스케치(scratch sketch)
  ㉠ 난필(筆)의 의미로 아이디어 발상 과정에서 하는 간단한 메모 수준의 초기 단계 스케치이다.
  ㉡ 전체의 이미지나 구성을 연구하기 위해 세부적인 것은 생략하고 프리핸드로 선에 의한 약화 형식으로 표현한다.
  ㉢ 원칙적으로 제3자에게 보이는 것을 목적으로 하지 않기 때문에 정확도는 요구되지 않으며 불완전하므로 문자적 표시와 병용하는 것이 좋다.

08
전체의 이미지나 구성을 연구하기 위해 세부적인 것은 생략하고 프리핸드로 선에 의한 약화 형식으로 표현하는 아이디어 스케치는?

① 프레젠테이션 모델 스케치(presentation model sketch)
② 스크래치 스케치(scratch sketch)
③ 스타일 스케치(style sketch)
④ 러프 스케치(rough sketch)

해설 | 문제 7번 참조

09
가장 정밀한 스케치로 주로 외관상의 상태에 대해 섬세하게 연구하며 전체 및 부분에 대한 형상, 재질, 패턴, 색채 등을 정확하게 나타내는 아이디어 스케치는?

① 스크래치 스케치(scratch sketch)
② 러프 스케치(rough sketch)
③ 스타일 스케치(style sketch)
④ 프레젠테이션 모델 스케치(presentation model sketch)

해설 | 스타일 스케치(style sketch)
  ㉠ 가장 정밀한 스케치로 주로 외관상의 상태에 대해 섬세하게 연구하며 전체 및 부분에 대한 형상, 재질, 패턴, 색채 등을 정확하게 나타낸다.
  ㉡ 러프 스케치에서는 다소의 비례(proportion) 오차가 인정되지만, 스타일 스케치에서는 치명적인 결점이 된다. 또한 평면상에서 표현되지 않는 부분, 즉, 보이지 않는 부분을 없애기 위해 가급적 여러 각도에서 본 모습을 스케치한다.

정답 | 05 ③ 06 ① 07 ④ 08 ② 09 ③

10

프레젠테이션을 위한 드로잉 과정에 대한 설명 중 적합하지 않는 것은?

① 아이디어의 프레젠테이션을 위한 드로잉 과정은 문제의 요구 사항과 복잡성에 따라 몇 가지 단계를 거치게 된다.
② 간단한 스케치는 아이디어를 표현하거나 물체나 환경을 묘사하기 위해 필요한 간단한 선으로 구성된다.
③ 드로잉 진행에서 물체의 중요한 부분이 시각적으로 가장 잘 묘사되기 위해서는 가장 좋은 시점을 선택해야 한다.
④ 렌더링은 내부 개념을 전달하기 위해 주로 사용되며 빠른 평가와 수정이 장점이다.

해설 | 렌더링(rendering)이란 표현, 묘사, 연출 이라는 뜻으로 디자인한 대상물의완성을 예측하여 실물처럼 충실히 표현한 것으로 2차원의 화상을 3차원의 화상으로 만드는 과정이다.

11

렌더링(rendering)에 관한 설명으로 옳지 않은 것은?

① 표현, 묘사, 연출이라는 뜻으로 디자인한 제품의 완성을 예측하여 실물처럼 충실히 표현한 것이다.
② 도면을 보지 못하는 상대방을 쉽게 이해시킬 수 있는 간단한 자료로서 프로토타입을 제작한다.
③ 렌더링은 정확한 투시도로서 디자이너의 구체적 언어와 마찬가지이다.
④ 완성 예상도로 쓰이는 렌더링은 최종 결정단계에서 스타일을 확인하고 설명하기 위한 것이다.

해설 | 렌더링은 도면을 보지 못하는 상대방을 쉽게 이해시킬 수 있는 간단한 자료로서 프로토타입을 제작하지 않고 실물과 최대한 유사하도록 적절하게 표현해야 한다.

12

다음 중 렌더링(rendering)의 의미로 가장 알맞은 것은?

① 아이디어 스케치
② 설계도
③ 완성예상도
④ 연구모형

해설 | 완성 예상도로 쓰이는 렌더링은 최종 결정단계에서 스타일을 확인하고 설명하기 위한 것이다.

13

표현, 묘사, 연출이라는 뜻으로 디자인한 제품의 완성을 예측하여 실물처럼 충실히 표현한 것을 무엇이라고 하는가?

① 스크래치 스케치(scratch sketch)
② 프로토타입(prototype)
③ 렌더링(rendering)
④ 프리젠테이션 모델 스케치(presentation model sketch)

해설 | 렌더링(rendering)
표현, 묘사, 연출이라는 뜻으로 디자인한 제품의 완성을 예측하여 실물처럼 충실히 표현한 것으로 도면을 보지 못하는 상대방을 쉽게 이해시킬 수 있는 간단한 자료로서 프로토타입을 제작하지 않고도 형상, 재질, 색채, 스타일 등을 실물과 최대한 유사하도록 적절하게 표현해야 한다.

정답 | 10 ④ 11 ② 12 ③ 13 ③

Chapter 02

실내디자인 색채 계획

최근 10개년 출제문항수 **496개**

New_ 2022년 이후 평균 출제비중 **50%**

Chapter 출제경향분석

Section		출제비율
01	색채 구상	2.5%
02	색채 적용 검토	
02-1	색채 지각	7.5%
02-2	색채 분류 및 표시	5.0%
02-3	색채 조화	7.5%
02-4	색채 심리	7.5%
02-5	색채 관리	7.5%
03	색채 계획	12.5%

01 색채 구상

> **Pass Note**

예상출제문항		키워드
0~1	- 색채디자인 프로세스 - 색채 심리분석 - 색채 계획시 필요 능력사항	- 서양 시대별 색책 특징 - 한국전통 색채 특징 - 오방색

1. 부위 및 공간별 색채 구상

색채 계획은 디자인의 대상이나 용도에 적합한 배색을 적용하고 기능적으나 심미적으로 효과적인 배색효과를 얻을 수 있도록 미리 설계하는 것이다.

1) 색채 디자인의 목적
① 상품의 이미지를 보다 효과적으로 만들어 낸다.
② 사용자의 감성적 요구를 반영하여 상품 구매율을 높인다.
③ 색채의 체계적인 사용을 통하여 상품의 부가가치를 높인다.

2) 색채 디자인 프로세스

색채환경분석 → 색채심리분석 → 색채전달계획 → 디자인 적용

(1) 색채 환경 분석
① 대상공간의 입지 분석
② 건축적 환경
③ 빛 환경
④ 실내 구성 요소 분석
⑤ 색채 판별 능력, 색채 조절 능력 요구 된다.

(2) 색채심리 분석
① 공간의 특성과 사용 목적에 따라 요구되는 색채의 기능적, 심리적 효과에 대해 조사·분석한다.
② 사용자의 사회적 특성(성별, 나이, 교육 수준 등)과 라이프스타일을 분석 하고 이를 토대로 **색채 이미지를 추출**한다.
③ 사용자의 행태분석을 통하여 심리적·물리적 색채 기능 데이터의 상관성을 조사, 분석한다.
④ **기업, 상품, 유행 이미지를 측정**한다.

⑤ 심리조사 능력, 색채구성 능력 요구 됨.

> **예제 01** 색채계획의 과정에서 색채 심리 분석에 해당하지 않는 것은? [25,19,15]
> ① 색채 이미지 측정
> ② 유행 이미지 측정
> ③ 상품 이미지 측정
> ④ 경영 이미지 측정
>
> 정답 ④

(3) 색채 전달 계획
① 공간을 어떠한 이미지로 표현할 것인가를 결정한다.
② 대상공간과 연계되는 전통, 관습, 스타일, 지역이나 기업의 이미지, 색채, 상품색, 광고색 등을 분석하고 색채 계획을 한다.
③ 주조색과 보조색, 강조색의 색채 범위를 계획한다.
④ 사용될 실내의 조형적 특성, 인접한 색과의 대비, 면적 관계, 색채 대상의 시각거리, 광원의 특성 및 조명 환경 등을 고려한다.
⑤ 차별화된 마케팅 능력과 색채 구성 능력이 요구 된다.

(4) 디자인 적용
① 제일 먼저 **이미지를 계획**하고 색채 팔레트에 근거하여 **색채조닝과 색채블록 플랜**을 세운다.
② 전체의 방향을 결정한 뒤 각 **부분별 디자인**을 전개해 나간다.
③ 색채디자인의 전개를 수시로 점검할 수 있도록 **체크리스크를 만드는 것이 중요**하다.
④ 색채의 규격과 **시방서의 작성 및 컬러 매뉴얼 작성**을 한다.
⑤ 컬러 매뉴얼을 작성 하는 데는 **아트 디렉션의 능력이 요구** 된다.

> **예제 02** 색채 계획을 세우기 위하여 어떤 연구 단계를 거치는 것이 좋은가? [24,17]
> ① 색채환경분석 → 색채전달계획 → 색채심리분석 → 디자인 적용
> ② 색채전달계획 → 색채환경분석 → 색채심리분석 → 디자인 적용
> ③ 색채환경분석 → 색채심리분석 → 색채전달계획 → 디자인 적용
> ④ 색채심리분석 → 색채환경분석 → 색채전달계획 → 디자인 적용
>
> 정답 ③

> **예제 03** 색채계획 과정에서 디자인에 적용하기 위하여 컬러 메뉴얼(color manual)을 작성하는데 가장 필요한 능력은? [22]
> ① 색채조색 능력
> ② 색채구성 능력
> ③ 컬러이미지의 계획 능력
> ④ 아트디렉션의 능력
>
> 정답 ④

3) 부위 및 공간별 색채 구상

(1) 공간에서 색 표면의 위치
① 색 표면의 위치에 따라 색채는 다르게 작용하므로 색채 위치는 매우 중요하다.
② 벽, 바닥, 천장, 창문, 기둥 등의 실내구성 요소들을 고려하여 주조색, 보조색, 강조색으로 계획한다.
③ 건축의 조형적 특성, 마감의 선, 시각적 거리 등을 고려한다.
④ 색채 지각 속성을 고려하여 색채의 위치를 정하고 명도와 채도의 색채관계를 조절 한다.

(2) 형태의 표면적 특성
① 색채 구성은 표면과 색의 관계, 형태와 색의 관계를 동시에 고려한다.
② 공간의 건축적 디테일과 재료의 특성을 잘 인식하여 색채를 선택한다.
③ 재료의 재질감, 빛과 함께 시각의 위치를 고려하여 색채 표현을 한다.
④ 표면적이 넓고 형태가 다양할수록 이미지가 강한 색은 사용하지 않는 것이 좋다.

(3) 색채비례
공간에서 주조색, 보조색, 강조색의 적절한 배분을 의미한다.
① 주조색은 공간의 가장 넓은 면적을 차지하며, 주된 분위기를 유도하며 강렬한 유채색 사용은 부적당 하다. 적절한 배경이 되도록 해야 한다.
② 보조색은 주조색과 조화되는 것으로 차별화를 주되 너무 강조되지 않으며, 통일성과 다양성의 개념으로 사용한다.
③ 강조색은 주조색과 보조색에서 구분되며, 강조와 활기를 주는 요소로서 최소 비율로 사용하는 것이 효과적이다.

(4) 공간기능과 색채
① 공간에서 색채는 공간의 기능을 상징화하고, 모든 용도의 공간에 적합한 분위기를 연출한다.
② 색에 의해 기능성과 정체성을 갖는 공간은 분명한 이미지를 갖는다.
③ 오랜 시간 체류하는 공간의 색채 구성은 자극적이지 않으면서도 풍부한 표현력을 가져야 한다.
④ 색채는 공간 기능의 영역을 구별하고 동선을 유도하는 역할을 한다.

(5) 색채와 공간요소
① 색채는 건축적 요소와 실내 공간의 요소들을 시각적으로 구별하거나 조절하는 기능을 한다.
② 색은 질서 요소가 되고, 공간을 쉽게 인지 할 수 있게 해주며, 시각적 우위성을 갖는다.
③ 색채는 집중과 강조의 요소를 조화롭게 조절하는 능력이 있다.
④ 색채는 공간 요소들에 대한 디자인 효과를 최대한 쉽게 끌어들일 수 있다.

(6) 색채의 다양성과 색채대비 효과
① 인간에게 어느 정도의 색자극과 변화는 중요하다.
② 단조로움과 자극의 결여는 지나친 자극과 마찬가지로 인간에게 부정적 영향을 준다.
③ 의미 있는 색채 구성은 통일된 질서 속에서 변화와 자극의 정도를 적절히 조절한다.
④ 대비현상은 색상대비, 명도대비, 채도대비, 동시대비, 면적대비 등에서 표현되며, 공간 조형에 있어서의 색채결합에는 여러 가지 대비효과를 활용하여 조화를 이룬다.

(7) 조명(照明)과 색채
   ① 광택이나 반사에 의한 간접 눈부심과 빛에 의한 직접 눈부심으로부터 보호한다.
   ② 공간과 물체색 표현에 적합한 밝기를 한다.
   ③ 적절한 휘도(輝度)의 분배에 의한 음영대비 효과를 연출한다.
   ④ 공간의 기능과 분위기에 적합한 조명의 색을 선택한다.
   ⑤ 색 표현을 위한 광원의 연색성 고려한다.

(8) 색채의 심미적 효과
   ① 공간 구성의 모든 요소는 심미적 조화의 결과로 색채 각 요소들과 중요한 의미를 갖는다.
   ② 주조색 선택의 방향, 배색 조화의 방향, 재료와 촉감에 대한 방향, 색의 절제, 다양성, 통일감 등을 고려한다.
   ③ 의미 있는 색채디자인은 유행과 시대를 초월하여 아이덴티티 요소로서 공간의 생명력을 가진다.

 요하네스 이텐(Johannes Itten)의 색채미학
요하네스 이텐의 색채미학은 화가의 경험과 직관에 바탕을 둔 미학적 색채이론으로 색채미학은 인상(시각적), 표현(감정적), 구성(상징적)의 3가지 방향에서 접근할 수 있다.
* 색채 미학의 3가지 사고방식
   ㉠ 인상 – 시각적으로 ㉡ 표현 – 감정적으로 ㉢ 구성 – 상징적으로

 색채미학은 세 가지 사고방식에 의해 탐구된다고 한다. 다음 중 이 사고방식과 관계가 없는 것은? [16]
① 인상 – 시각적으로   ② 표현 – 감정적으로
③ 구성 – 상징적으로   ④ 사고 – 감각적으로

정답 ④

2. 색채 트랜드

1) 색채 서양사

(1) 이집트(Egyptian Style)
   ① 이집트 시대의 색채와 장식은 상징적인 의미가 강했다. 이집트의 생활은 강하고 다양한 색이 규범처럼 사용
   ② 금빛은 햇빛과 창조의 색이며, 색은 여러 신들을 상징
   ③ 사원의 천장은 하늘을 상징하는 파란색으로, 바닥은 초원과 유사한 초록색으로 자주색은 땅을 상징 색으로 사용되었고 특히 빨강의 사용이 특징적이다.

(2) 그리스(Greek Style)
   ① 그리스 색채는 디자인의 통일성을 나타내기 위해 사용
   ② 강한 색이 널리 사용된 것으로 크레타 섬의 궁전벽화에서는 검정색 주두와 몰딩, 강한 빨강색 기둥을 사용하였다.
   ③ 벽은 짙은 빨간색, 흰색, 파란색, 녹색 톤으로 장식적 채색이 대리석으로 이루어짐
   ④ 건축에서는 균형, 비례, 조화, 색채 등이 섬세하고 발달된 아름다움을 보여줌

(3) 로마(Rome Style)
   ① 로마신화를 바탕으로 하는 벽화에서 회백색 배경에 검정, 갈색, 빨강, 황금색이 사용
   ② 대리석, 설화석고, 반암, 벽옥과 같은 재료가 재료 자체의 질감과 색채로서 그대로 사용

(4) 중세(Middle Age)
   ① 대성당의 실내는 주로 회색의 석재가 사용
   ② 스테인 글라스의 밝은 빨간색과 파란색의 총천연색의 유리조각들은 교회에 강한 색채감이 특징적
   ③ 주택 실내는 중세 회화에서 채도가 높은 빨강, 녹색, 파란색과 같은 강한 색이 널리 사용
   ④ 나무와 돌의 자연적인 색채는 선명한 색의 배경으로 사용

(5) 르네상스(Renaissance)
   ① 초기 이탈리아에서는 직물의 선명한 색에 대한 배경으로 갈색과 회색 톤의 천연나무와 돌을 사용하는 중세전통이 이어졌다.
   ② 벽은 황갈색 회반죽이나 모래의 황토색을 썼다.
   ③ 금박은 부와 지위를 나타내는 장식으로 사용
   ④ 채색된 벽은 짙은 녹색이나 어두운 빨간색을 사용

(6) 바로크(Baroque Style)
   ① 엄격성에 대한 반발로 생겨난 바로크는 정열적인 분위기를 지닌다.
   ② **왕의 위엄과 장려한 남성적인 분위기를 지니며 짙은 붉은 색과 녹색 등 강렬한 색을 사용했고 굵은 선을 사용**
   ③ 색채는 선명한 회색과 강한 색조가 사용되고 주로 금색, 회초록색, 회파란색, 베이지 등의 밝은 톤이 사용되었다.

(7) 로코코(Rococo Style)
   ① 루이 15세 때 마담 퐁파도르의 영향이 실내와 여러 장식품에 나타나 여성적인 성향을 강하게 나타낸다.
   ② 현대적 기호에 보다 가까운 것들로 색채는 파스텔의 연한 색조가 주로 사용
   ③ 색채는 장밋빛 베이지, 담녹색 등의 중성색이 주로 사용
   ④ 가구의 표면은 크림색, 하늘색, 진홍색, 살구색 등의 밝은 색조로 채색되었다.

(8) 엠파이어 양식(Empire Style)
   ① 프랑스 혁명 후 파리를 중심으로 전개된 양식
   ② 나폴레옹의 영광을 위하여 그의 퐁텐블로 궁전에서는 '앙피르 양식'으로 고대 로마의 양식에 호화스런 양식을 더함
   ③ 빨간색, 검정과 금색은 엠파이어 양식을 상징하는 색채가 되었다.
   ④ 비로드 빨간 융단, 마호가니에 금의 브론즈 표장을 한 왕좌로 장식되었다.
   ⑤ 장식품에도 짙고 풍부한 색채가 사용

(9) 빅토리안(Victorian Style)
  ① 영국 빅토리아 여왕의 통치기간에 나타난 양식
  ② 고대, 중세, 근세를 모방하고, 혼란의 시기이다.
  ③ 색채는 억제되고 벽과 천장의 황갈색 톤으로 그림 액자와 거울의 금박이 강조
  ④ 바닥은 다소 짙은 천연나무로 벽까지 이어지고 꽃무늬 및 다양한 기하학적 문양의 카펫을 사용
  ⑤ 짙은 색은 어두운 톤과 낮은 명도의 짙은 빨간색, 녹색을 선호

(10) 미술공예운동(Arts and Craft Movement)
  ① 빅토리아 시대 후기에 윌리엄 모리스가 모방을 버리고 실용적 디자인 창조를 주장
  ② 가구형태의 단순화와 기능적인 아름다움을 추구
  ③ 골든 오크(GoldenOak) 디자인이라는 자연색채에 새로운 관심을 가지며 유럽의 디자인 운동에 영향을 줌

(11) 식민지양식(Colonial Style)
  ① 18세기말부터 19세기 후반까지 유행한 아메리카의 인테리어나 가구의 양식을 총칭하는 양식
  ② 천장과 대부분의 벽 패턴을 이루는 자연적인 나무의 색이 지배적
  ③ 자연벽돌은 벽난로에 사용되고 베이지 및 황갈색의 회반죽이 사용
  ④ 유채색은 직물에 나타나고 은은한 올리브 그린, 회색, 연한 청색이나 녹색, 적갈색 톤이 사용
  ⑤ 성조기의 선명한 색채들 사용

(12) 아르누보(Art Nouveau), 아르데코(Art Deco)
  ① 과거의 양식과 결별하고 식물이 갖는 단순한 곡선형태를 인테리어 및 가구 디자인에 이용
  ② 고유의 형태를 강조하는 단색을 사용
  ③ 복숭아 빛과 엷은 녹색과 같은 파스텔 색조와 바닥의 검정과 백색 타일의 강한 대비 사용
  ④ 시각적으로 현대성을 강조하는 극장, 호텔, 초고층 빌딩, 전시 건물 등에 선호됨

(13) 바우하우스(Bauhaus Style)
  ① 디자인에 합리적인 사고방식을 도입하여 형태의 기능성, 구조의 단순성, 작품의 양산성 과제를 가지고 독일공작연맹에서 진행되었다.
  ② 색채는 흰색, 검정색, 회색, 중성색으로 실내 기초를 이루고 자연적인 색채와 강한 유사색이 제한된 강조와 함께 사용
  ③ 금속성, 크롬과 스테인리스스틸, 갈색의 불투명 유리, 파랑과 주황색의 옅은 색의 거울, 녹색과 어두운 회색의 강한 톤의 대리석 등이 사용되고 기하학적 문양으로 사용

(14) 모더니즘(Modernism)
  ① 예술가의 추상적인 색채가 실내디자인에 적용
  ② 빨간색, 노란색, 파란색의 순수원색으로 된 작은 부분의 디테일들이 흰색, 검정, 회색의 무채색들과 함께 사용
  ③ '흰색벽'은 근대 건축의 트레이드마크가 되었다.
  ④ 대리석과 유리 등의 자연색채를 이용하여 간결한 선과 과감한 높은 채도의 사용은 흰색의 엄격한 사용과 함께 합리적 이미지를 표현

(15) 포스트모더니즘(Post Modernism)
   ① 모더니즘의 질서와 논리에 대항
   ② 다양한 형식의 더 자유로운 수용, 역사적 디자인에 대한 선호를 드러내며 포괄적인 색채 사용을 시도
   ③ 모더니스트들이 천박하다고 여겨왔던 2차색 파스텔과 다양한 색조가 사용
   ④ 1980년 이탈리아의 멤피스는 충격적이고 비속한 방식으로 선명한 색과 강한 문양을 대담하게 사용하여 자유롭고 다양한 방식의 색채 사용이 특징
   ⑤ 마이클 그레이브스(Michael Graves, 1934~)는 '나의 작품은 색채의 훈련이다.'라고 말하며 그의 2중성 개념(내부와 외부, 현실과 이상 등)을 도입하여 파스텔과 2차색의 톤으로 실험하였다.

(16) 하이테크(Hi-Tech : High Art + Technology)
   ① 1970년대 후반의 과학과 공학기술이 요구하는 기계미학의 이미지를 대변함.
   ② 디자인의 특징을 과장된 구조적 소재와 노출된 첨단 공학적 장비의 장식적 효과이다.
   ③ 퐁피두센터의 회색, 검정 엘리베이터, 녹색, 파랑의 덕트, 주황의 금속 캐비닛 등은 그 대표적인 예이다.
   ④ 알루미늄 패널, 유리, 스틸, 파이프 등의 산업적 이미지의 재료 사용
   ⑤ 강렬한 원색의 인공적 색채 사용

(17) 해체주의(Deconstruction)
   ① 1980년대를 전후로 건축과 전통적 미학을 부정하고, 과거 모든 형태, 질서의 기본원리를 해체하려는 새로운 디자인 방향을 모색
   ② 완벽성, 일관성, 획일성에 새로운 긴장감을 주는 파괴적, 미완성 성향을 나타냄
   ③ 해체, 분리, 중첩, 삽입의 형태를 띠며 금속, 플라스틱, 유리, 와이어, 섬유질 등 이질적 재료를 혼합 사용하여 일상 개념에서 벗어난 새로운 공간을 지향
   ④ 색채는 분리. 해체되어가는 형태를 강조하기 위하여, 분리 채색하거나 강렬한 색채를 주제로 사용함
   ⑤ 자하 하디드(Zaha Hadid 1950~2016)는 매우 강렬한 에너지를 느낄 수 있도록 검정 배경 위에 빨강, 노랑, 파랑 등의 강렬한 색 등을 사용

> **Note** 현대 예술 사조
> ① 아방가르드(avant-garde) : 20세기 초 유럽에서 일어난 다다이즘이나 초현실주의, 기성 예술의 관념이나 형식을 부정한 혁신적인 예술 운동을 통틀어 이르는 말이다.
> ② 다다이즘(dadaism) : 기존의 모든 가치나 질서를 철저히 부정하고 야유하면서, 비이성적, 비심미적, 비도덕적인 것을 지향하는 예술 사조이다.
> ③ 팝아트(pop art) : 현대 미술에 나타난 양식의 하나. 1950년대 중후반에 주로 미국과 영국을 중심으로 전개되었다. 전통적인 예술 개념의 타파를 시도하는 전위적 미술 운동으로 광고 디자인, 만화, 사진, 텔레비전 영상을 그대로 그림의 주제로 삼는 것이 특징이다. 주요 예술가로는 리히텐슈타인(Lichtenstein, R.), 올덴버그(Oldenburg, E.), 엔디워홀(Warhol, A.) 등이 있다.
> ④ 미니멀리즘(minimalism) : 디자인에서 미니멀은 '최소한의, 최소의, 극미의' 뜻으로서 일반적인 '최소한 주의'를 말한다. 즉, 심플의 극치로 직선적인 라인이나 필요한 것만을 사용하여 표현한 단순미를 지향한다.

예제 05
디자인 사조에서의 양식과 색채의 관계를 묶은 것이다. 잘못된 조합은?
① 미니멀리즘 – 단순한 기하학적 형태를 사용하지만 색채는 다양하게 사용
② 팝아트 – 전체적으로 어두운 색조를 사용하고 그 위에 혼란한 강조색 사용
③ 데스틸 – 검정, 흰색과 빨강, 노랑, 파랑의 순수한 원색
④ 아르누보 – 연한 파스텔 계통의 부드러운 색조

정답 ①

2) 한국 전통 색채 특징

(1) 특성
① 자연환경에 순응하는 배색을 선호
② 음양오행사상에 기인한 색채에 대한 개념이 뚜렷하였다.
③ 소재 색에 기인한 무채색의 명도 대비 조화가 우수
④ 배색의 효과 중시 : 다양한 색채의 효과는 색채의 혼합이 아닌 배색으로 효과
⑤ 제한된 색채 사용 : 오방색과 몇 개의 중간색에 국한된 색을 사용
⑥ 백색의 효과적 사용으로 색채의 표현성을 높이며 전체적으로 맑고 산뜻한 느낌
⑦ 내부는 저채도, 고명도의 색조가 지배적
⑧ 외부는 저채도, 중명도의 색조가 지배적

(2) 자연과의 조화
① 한국 전통의 주요 특성 중 하나로 공간의 위치 선정, 구조, 의장, 조경 등에서 나타남.
② 단청을 제외하면 인위적으로 색채를 사용하지 않고 소재가 가지고 있는 자연색을 이용
③ 실내 공간에서는 목재의 무늬와 형태를 활용
④ 주택 내부의 연등천장에서는 목재의 색과 백색의 회벽이 명쾌한 대비조화

(3) 한국인의 생활에 나타난 색채의식
① 색채 생활화의 기본 – 오방색(伍方色)
② 계급표현 수단으로서의 색채
③ 의식주 생활에 나타난 색채의식
④ 금기(禁忌), 주술(呪術), 의식(儀式)에 나타난 색채의식
⑤ 의미(意味) 중심의 색채의식
⑥ 청색지향(靑色志向) 및 백색지향(白色志向)의 색채의식

(4) 한국 전통 오방색
오방 정색이라 하며 오방색 사이의 중간색이 오방간색이다.
① 황(黃) : 토(土)로 우주 중심에 해당하고 오방색의 중심. 가장 고귀한 색으로 임금만이 황색 옷을 입을 수가 있었다.
② 청(靑) : 목(木)으로써 동쪽에 해당하고 만물이 생성하는 봄의 색으로 창조, 생명, 신생을 상징
③ 백(白) : 금(金)으로 서쪽에 해당되고 결백과 진실, 삶, 순결 등을 뜻하며, 우리 민족이 흰 옷을 즐겨 입으며 백의민족이라고 함.

④ 적(赤) : 화(火)를 상징하며 만물이 무성한 남쪽을 뜻하며, 태양, 불, 피 등과 같이 생성과 창조, 정열과 애정, 적극성을 뜻한다.
⑤ 흑(黑) : 수(水)를 상징하고, 북쪽이며 인간의 지혜를 관장

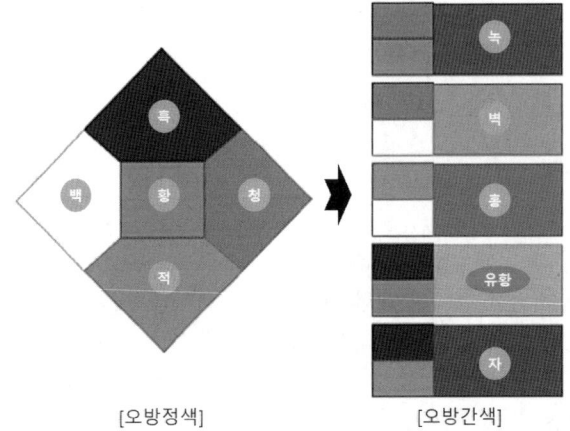

[오방정색]   [오방간색]

예제 06

한국의 오방색과 방향의 연결로 옳은 것은? [23,18]
① 청색 - 동
② 적색 - 서
③ 황색 - 남
④ 백색 - 북

정답 ①

핵심 기출문제

01 색채 구상

1 부위 및 공간별 색채구상

01 ▶17
색채 디자인의 목적으로 적합하지 않은 것은?
① 상품의 이미지를 보다 효과적으로 만들어 낸다.
② 사용자의 감성적 요구를 반영하여 상품 구매율을 높인다.
③ 색채의 체계적인 사용을 통하여 상품의 부가가치를 높인다.
④ 최대의 다양한 색상 조합을 통하여 소비자의 시선을 유도한다.

해설 | 색채 계획의 목적
  ㉠ 상품의 이미지를 보다 효과적으로 만들어 낸다.
  ㉡ 사용자의 감성적 요구를 반영하여 상품 구매율을 높인다.
  ㉢ 색채의 체계적인 사용을 통하여 상품의 부가가치를 높인다.

02 ▶16
다음 색채계획 과정 중 옳은 것은?
① 색채환경분석 → 색채심리분석 → 색채전달계획 → 디자인의 적용
② 색채심리분석 → 색채환경분석 → 색채전달계획 → 디자인의 적용
③ 색채환경분석 → 색채전달계획 → 색채심리분석 → 디자인의 적용
④ 색채심리분석 → 색채전달계획 → 색채환경분석 → 디자인의 적용

해설 | 색채 디자인 프로세스
  ㉠ 색채 환경 분석 : 대상공간의 입지 분석, 건축적 환경, 빛 환경, 실내 구성 요소 분석
  ㉡ 색채심리분석 : 사용자의 행태분석을 통하여 심리적·물리적 색채 기능 데이터의 상관성을 조사, 분석한다. 기업, 상품, 유행 이미지를 측정한다.
  ㉢ 색채전달계획 : 대상공간과 연계되는 전통, 관습, 스타일, 지역이나 기업의 이미지, 색채, 상품색, 광고색 등을 분석하고 색채 계획을 한다.
  ㉣ 디자인의 적용 : 색채의 규격과 시방서의 작성 및 컬러 매뉴얼 작성을 한다. 아트 디렉션의 능력이 요구 된다.

03 ▶16
색채판별능력, 색채조절능력을 요구하며 색채계획에서 가장 먼저 진행해야 할 단계는?
① 색채환경분석   ② 색채심리분석
③ 색채전달계획   ④ 디자인에 적용

해설 | 색채 계획 시 필요 능력 사항
  ㉠ 색채 환경 분석 : 색채 예측 데이터의 수집 능력, 색채의 변별, 조색 능력 요구됨
  ㉡ 색채심리분석 : 심리조사 능력, 색채구성 능력 요구 됨
  ㉢ 색채전달계획 : 타사 제품과 차별화시키는 마케팅 능력과 컬러 컨설턴트 능력 요구됨
  ㉣ 디자인의 적용 : 아트디렉션의 능력 요구됨

04 ▶17
디자인의 대상이나 용도에 적합한 배색을 적용하고 기능적으로나 심미적으로 효과적인 배색효과를 얻을 수 있도록 미리 설계하는 것은?
① 색채조절   ② 색채관리
③ 색채응용   ④ 색채계획

해설 | 색채계획은 제품 디자인이나 시각디자인, 환경디자인 등에서 그 디자인의 적용 상황 등을 연구하여 색채를 선정하고 적용하는 과정이다.

정답 | 01 ④ 02 ① 03 ① 04 ④

05 ▶16
색채계획에 있어서 가장 요구되는 디자이너의 자질은?

① 즉흥적이고 연상적인 감각을 가져야 한다.
② 기능성에 주안을 둔 과학적, 이성적 처리 능력이 필요하다.
③ 감각적인 것에 치중하여야 한다.
④ 심미적인 관점에서 계획해야 한다.

해설 | 색채 계획의 수립과정을 행하는 디자이너는 감각적이 아닌 기능적 색채계획을 위한 과학적이고 이성적인 능력이 요구된다.

06 ▶13
크리스마스 파티를 위한 데코레이션 색채계획으로 적합한 것은?

① 축제 분위기의 주조색을 빨강과 초록으로 하였다.
② 짙은 회색으로 아쉬움을 표현하였다.
③ 복잡한 시기이므로 짙은 청색의 단순한 색채계획을 하였다.
④ 식욕을 저하시키는 색채를 신중히 선정하였다.

해설 | 크리스마스 파티와 같은 축제 분위기의 주조색은 산타 복장을 연상시키는 빨강과 크리스마스트리를 연상시키는 초록색으로 색채계획을 하는 것이 좋다.

2 색채 트랜드

07 ▶13
장려하고 남성적인 분위기를 지니며 짙은 붉은 색과 녹색 등 강렬한 색을 사용했고 굵은 선을 사용했던 양식은?

① 바로크 양식   ② 로코코 양식
③ 엠파이어 양식 ④ 아르누보 양식

해설 | 바로크 양식은 굵은 선을 사용하여 남성적인 장엄한 분위기에 짙은 녹색, 짙은 붉은색, 남색, 금색 등 강렬한 색이 사용되었다.

08 ▶13
파스텔의 색조를 주로 사용하고 여성적 성향을 강하게 나타냈던 양식은?

① 르네상스   ② 로코코 양식
③ 바우하우스   ④ 모더니즘

해설 | 로코코(Rococo Style)
  ㉠ 루이 15세 때 마담 퐁파도르의 영향이 실내와 여러 장식품에 나타나 여성적인 성향을 강하게 나타낸다.
  ㉡ 현대적 기호에 보다 가까운 것들로 색채는 파스텔의 연한 색조가 주로 사용.
  ㉢ 색채는 장밋빛 베이지, 담녹색 등의 중성색이 주로 사용.
  ㉣ 가구의 표면은 크림색, 하늘색, 진홍색, 살구색 등의 밝은 색조로 채색되었다.

09 ▶18
도시의 잡다하고 상스럽고 저속한 양식에 대한 숭배로부터 비롯되었으며 전체적으로 어두운 톤을 사용하고 그 위에 혼란한 강조색을 사용하는 예술사조는?

① 아방가르드
② 다다이즘
③ 팝아트
④ 포스트모더니즘

해설 | 팝아트(pop art) : 현대 미술에 나타난 양식의 하나. 1950년대 중후반에 주로 미국과 영국을 중심으로 전개되었다. 전통적인 예술 개념의 타파를 시도하는 전위적 미술 운동으로 광고 디자인, 만화, 사진, 텔레비전 영상을 그대로 그림의 주제로 삼는 것이 특징이다. 주요 예술가로는 리히텐슈타인(Lichtenstein, R.), 올덴버그(Oldenburg, E.), 엔디 워홀(Warhol, A.) 등이 있다.

정답 | 05 ② 06 ① 07 ① 08 ② 09 ③

10 ▶18

흰색·검정·회색의 무채색과 함께 강한 채도의 원색으로 간결함을 가지고 표현했던 양식은?

① 포스트모더니즘
② 모더니즘
③ 아르누보
④ 식민지 양식

해설 | 모더니즘(Modernism)
㉠ 예술가의 추상적인 색채가 실내디자인에 적용.
㉡ 빨간색, 노란색, 파란색의 순수원색으로 된 작은 부분의 디테일들이 흰색, 검정, 회색의 무채색들과 함께 사용
㉢ '흰색벽'은 근대 건축의 트레이드마크가 되었다.
㉣ 대리석과 유리 등의 자연색재를 이용하여 간결한 선과 과감한 높은 채도의 사용은 흰색의 엄격한 사용과 함께 합리적 이미지를 만듦

11 ▶14

한국의 전통색 중 오정색이 아닌 것은?

① 빨강   ② 파랑
③ 검정   ④ 녹색

해설 | 한국 전통 오방색
오방정색이라 하며 오방색 사이의 중간색이 오방간색이다.
㉠ 황(黃) : 토(土)로 우주 중심에 해당하고 오방색의 중심. 가장 고귀한 색으로 임금만이 황색 옷을 입을 수가 있었다.
㉡ 청(靑) : 목(木)으로써 동쪽에 해당하고 만물이 생성하는 봄의 색으로 창조, 생명, 신생을 상징.
㉢ 백(白) : 금(金)으로 서쪽에 해당되고 결백과 진실, 삶, 순결 등을 뜻하며, 우리 민족이 흰 옷을 즐겨 입으며 백의민족 이라고 함.
㉣ 적(赤) : 화(火)를 상징하며 만물이 무성한 남쪽을 뜻하며, 태양, 불, 피 등과 같이 생성과 창조, 정열과 애정, 적극성을 뜻한다.
㉤ 흑(黑) : 수(水)를 상징하고, 북쪽이며 인간의 지혜를 관장.

12 ▶16

한국의 전통색 중 동쪽, 봄을 의미하는 오정색은?

① 녹색
② 청색
③ 백색
④ 홍색

해설 | 오방색
화(火 : 빨강–남쪽–여름–양기), 수(水 : 검정–북쪽–겨울), 목(木 : 파랑–동–봄–양기), 금(金 : 흰색–서–가을–음기), 토(土 : 노랑–중앙)이다.

13 ▶16

한국의 전통색 중 금속, 호랑이, 가을을 상징하는 색채는?

① 백색
③ 흑색
② 청색
④ 녹색

해설 | 한국의 전통색 중 백색은 금(金), 서쪽, 가을 등을 상징한다.

정답 | 10 ② 11 ④ 12 ② 13 ①

02 색채 적용 검토

02-1 색채 지각

Pass Note

예상출제문항	키워드	
2~3	- 빛의 성질 - 물체색 - 연색성 - 조건등색(메타메리즘)	- 푸르킨예 현상 - 색채 지각설 원리 - 색순응

1. 색채지각의 기본 원리

1) 빛

① 가시광선
- 인간의 눈으로 지각되는 빨강에서 보라까지 범위를 말한다.
- 파장 범위 : 380nm~780nm

② 적외선
780nm 이상 긴 파장인 빨강 계열의 열선인 적외선, 라디오에 사용되는 전파

③ 자외선
380nm 이하 짧은 파장, 보라 계열의 의료에 사용되는 자외선(살균, 퇴색), X선 등, 보건 위생적 효과, 광합성효과, 화학적 작용

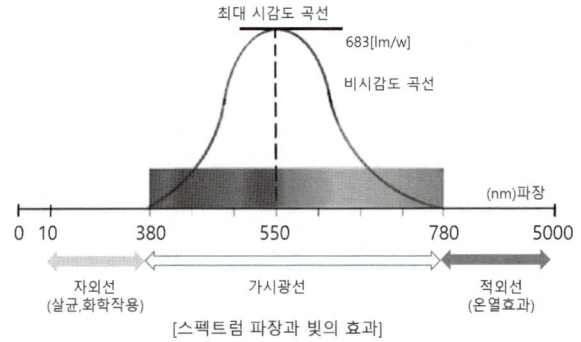

[스펙트럼 파장과 빛의 효과]

2) 빛의 성질

① 인간의 눈은 빛이 물체에 **산란, 반사**, 투과할 때 물체를 지각하며, 물체에 **흡수** 될 때는 빛을 지각하지 못한다.
② **장파장일수록 굴절률이 작고 산란하기 어렵다. 단파장은 굴절률이 크고 산란하기 쉽다.**
③ 빛의 산란은 거친 표면에 빛이 입사하였을 때 여러 방향으로 빛이 분산되어 퍼져 나가는 것을 말한다.
④ 빛의 반사는 산란의 한 형태로 매끈한 표면에 빛이 입사하였을 때 빛이 방향을 바꾸어 되돌아가는 것을 말한다.
⑤ 특정 파장은 반사하고 그 밖의 빛은 흡수하는데, 우리는 반사되는 색을 인지하게 된다.
⑥ 인간의 눈은 물체에 흡수될 때는 빛을 지각하지 못하기 때문에 **바나나 색이 노랗게 보이는 이유는 다른 색은 흡수하고, 노란 색광만 반사하기 때문**이다.

3) 스펙트럼 현상

① 스펙트럼은 1666년 Newton이 프리즘으로 실험하여 광학적으로 증명하였다.
② 스펙트럼이란 무지개의 색과 같이 연속된 색의 띠를 말한다.
③ 모든 발광체의 스펙트럼은 모두 같지 않으며, 그 빛의 성질에 따라 파장의 범위를 지닌다.
④ 파장이 길면 굴절률은 작고 파장이 짧을수록 굴절률은 크다.
⑤ 장파장이 적색광이고 단파장이 자색광이다.

예제 01 단색광과 파장의 범위가 틀리게 짝지어진 것은? [20,17]
① 파랑 : 약 450 ~ 500nm
② 빨강 : 약 360 ~ 450nm
③ 초록 : 약 500 ~ 570nm
④ 노랑 : 약 570 ~ 590nm

정답 ②

예제 02 빛의 성질과 색의 지각에 관한 설명 중 틀린 것은? [22]
① 노란 바나나의 색을 지각하는 것은 빛의 반사와 관계가 있다.
② 파란 셀로판지를 통해 색을 지각하는 것은 빛의 투과와 관계가 있다.
③ 검은 도화지의 색을 지각하는 것은 빛의 흡수와 관계가 있다.
④ 하늘의 무지개 색을 지각하는 것은 빛의 회절과 관계가 있다.

정답 ④

4) 물체의 색

① 빛을 대부분 반사시키면 흰색이 된다.
② 빛을 완전히 흡수하면 이상적인 검정색이 된다.
③ 빛의 일부는 반사하고 일부는 흡수하면 회색이 된다.
④ 빛에너지가 사물에 부딪쳐 일어나는 표현색이다.

예제 03 물체색에 대한 설명 중 틀린 것은? [24,20,15]
① 빛을 대부분 반사시키면 흰색이 된다.
② 빛을 완전히 흡수하면 이상적인 검정색이 된다.
③ 빛의 일부는 반사하고 일부는 흡수하면 회색이 된다.
④ 빛의 반사율은 0% ~ 100%가 현실적으로 존재한다.

정답 ④

 예제 04 색의 속성에 관한 설명 중 틀린 것은? [18,12]
① 여러 파장의 빛이 고루 섞이면 백색이 된다.
② 무채색 이외의 모든 색은 유채색이다.
③ 무채색은 채도가 0인 상태인 것을 말한다.
④ 물체색에는 백색, 회색, 흑색이 없다.

정답 ④

표면색	㉠ 물체 표면의 색으로, 물체의 표면이 빛을 받아 반사되는 색이다. ㉡ 거울 같은 표면에 비쳐 나타나는 표면색과 금속의 표면에 나타나는 금속색 등이 있다.
투명색	㉠ 물체를 투과하여 색 자체만을 느끼는 색으로, 공간색과 간섭색이 있다. ㉡ 공간색 : 3차원 공간에 투명한 물질로 차 있는 듯이 부피감을 느끼게 하는 색 ㉢ 간섭색 : 빛이 확산 및 반사되어 무지개 같은 빛이 나타나는 것
광원색	㉠ 광원으로부터 방출되는 빛의 색(조명 색) ㉡ 태양의 빛이나 형광등, 백열전구, 수은등
투과색	색유리와 같이 빛을 투과함으로써 나타나는 색
면색	㉠ 맑고 푸른 하늘과 같이 순수하게 색만이 보이는 상태 ㉡ 표면지각이나 용적지각이 없는 색(개구색, 평면색) ㉢ 넓이의 느낌은 있으나 거리감이 불확실하고 물체감 없이 색채만을 느끼게 하는 색
경영색 (mirrored color)	거울과 같이 불투명한 물질의 광택 면에 비친 대상물의 색이다.(거울색)
공간색	㉠ 유리컵 속의 물처럼 용적지각을 수반하는 색(용적색) ㉡ 부피감으로 느껴지는 색

예제 05 하늘의 색과 같이 넓이의 느낌은 있으나 거리감이 불확실하고 물체감 없이 색채만을 느끼게 하는 색은? [21,12]
① 표면색　　　　　　　　　② 공간색
③ 광원색　　　　　　　　　④ 면색

정답 ④

2. 시각의 특성

1) 시감도
① 똑같은 에너지를 가진 각 파장의 단색광에 의하여 생기는 밝기의 감각
② 가시광선이 주는 밝기의 감각이 파장에 따라서 달라지는 정도를 나타내는 것

예제 06 똑같은 에너지를 가진 각 파장의 단색광에 의하여 생기는 밝기의 감각은? [21,19,15]
① 시감도　　　　　　　② 명순응
③ 색순응　　　　　　　④ 항상성

정답 ①

2) 색순응
① 자극의 정도에 따라 감각 기관이 변화되는 상태를 순응이라고 한다.
② 색순응 : 눈이 조명에 대해 익숙해가면서 순응해지는 상태

> **Note**
> • 명순응 : 밝은 장소에서 강한 빛에 반응하여 정상적인 감각을 가지는 것
> • 암순응 : 어두운 곳에서 시각적으로 사물을 관찰할 수 있도록 빛을 감지하는 능력

예제 07 터널의 출입구 부분에 조명이 집중되어 있고, 중심부에 갈수록 광원의 수가 적어지며 조도수준이 낮아지고 있다. 이것은 어떤 순응을 고려한 설계인가? [25,21,18,17,15]
① 색순응　　　　　　　② 명순응
③ 암순응　　　　　　　④ 무채순응

정답 ③

3) 푸르킨예(Purkinje) 현상
① 눈의 **추상체**가 낮에만 반응하기 때문에 생기는 현상이다.
② 밝은 곳에서 어두운 곳으로 갈수록 단파장의 감도가 높아진다.
③ '**명소시에서 암소시**'로 옮겨갈 때 붉은색은 어둡게 보이고, 녹색과 황색은 상대적으로 밝게 변화되는 **현상**이다.
④ 조명이 어두워지면 청색보다 적색이 먼저 사라지므로 비상구 표시 등은 파란색 계통이 붉은색 계통보다 식별이 용이하다.
⑤ 빨강→주황→노랑→초록→파랑→청색 순으로 사라진다.

> **Note**
> • 명소시 : 밝은 장소에서 눈의 보통 상태
> • 암소시 : 어두운 곳에서 우리의 눈이 암순응 하는 시각의 상태

명소시에서 암소시로 이행할 때 붉은색은 어둡게 되고, 청색은 상대적으로 밝아지는 것과 관련이 있는 것은? [23,21]
① 메타메리즘 ② 색각이상
③ 푸르킨예 현상 ④ 착시현상

정답 ③

4) 박명시(薄明視 : mesopic vision)
① 망막 상에 추상체와 간상체가 모두 활동하므로 시각적인 정확성을 기대하기 어려운 상태
② 어둠이 깔리기 시작하면 추상체와 간상체가 작용하여 상이 흐릿하게 보이는 상태

5) 광원의 연색성과 조건등색

(1) 연색성(color rendering)
① **조명에 의하여 물체의 색을 결정하는 광원의 성질**
② 물체를 조명하는 광원색의 성질(분광분포)에 따라서 같은 물체라도 색이 달라져 보이게 되는 것이다.
③ 연색성은 상품을 돋보이게 할 때 많이 이용된다.
④ 백열전구의 빛에는 주황색이 많아 난색계 물체를 조명하면 선명하게 보이고, 형광등의 빛은 청색이 많아 흰색·한색계의 물체가 선명하게 보인다.
⑤ 정육점에서 싱싱해 보이던 고기가 집에서는 그 색이 다르게 보이는 이유

 조명에 의하여 물체의 색을 결정하는 광원의 성질은? [22,19,17]
① 조명성 ② 기능성
③ 연색성 ④ 조색성

정답 ③

(2) 조건등색(metamerism)
① **서로 다른 두 가지 색이 하나의 광원 아래서 같은 색으로 보이는 현상으로, 메타메리즘** 이라고 한다.
② 분광반사율의 분포가 서로 다른 두 개의 색자극이 광원의 종류와 관찰자 등의 관찰조건을 일정하게 할 때만 같은 색으로 보이는 경우

예제 10 광원에 따라 물체의 색이 달라 보이는 것과는 달리 서로 다른 두 색이 어떤 광원 아래서는 같은 색으로 보이는 현상은? [18,13]
① 연색성 ② 잔상
③ 분광반사 ④ 메타메리즘

정답 ④

6) 항상성(Color constancy)

① 조명이나 관측 조건이 달라도 주관적 색채지각으로는 물체색의 변화를 느끼지 못하는 현상으로 항상성 혹은 색각 항상 이라고 한다.
② 조명 색(태양광선, 형광등, 백열등)이 다르더라도 물체의 색은 항상 일정하게 보이는 현상이다.

> **Note** 항상성 예시
> - 밝은 태양 아래에 있는 석탄은 어두운 곳에 있는 백지보다 빛을 많이 반사하고 있는데도 불구하고 석탄은 검게, 백지는 희게 보이는 현상
> - 밝은 곳에 있는 백지와 어두운 곳에 있는 백지를 비교해 볼 때 분명히 후자의 것이 어둡게 보이는데도 불구하고 우리는 둘 다 백지로 받아들이는 현상

 예제 11 조명이나 관측 조건이 달라도 주관적 색채지각으로는 물체색의 변화를 느끼지 못하는 현상은? [19]
① 색의 항상성 ② 색의 시인성
③ 색의 주목성 ④ 색의 연색성

정답 ①

 예제 12 밝은 곳에 있는 백지와 어두운 곳에 있는 백지를 비교해 볼 때 분명히 후자의 것이 어둡게 보이는데도 불구하고 우리는 둘 다 백지로 받아들인다. 이것은 어떠한 성질 때문인가? [14]
① 명시성 ② 항상성
③ 상징성 ④ 유목성

정답 ②

 예제 13 색을 띤 그림자라는 의미로 주변색의 보색이 중심에 있는 색에 겹쳐서 보이는 현상은? [20]
① 색음현상 ② 메타메리즘
③ 애브니효과 ④ 메카로효과

정답 ①

> **Note** 색음현상
> - 주위색의 보색이 중심에 있는 색에 겹쳐져 보이는 현상을 말한다.
> - 작은 면적의 회색이 채도가 높은 유채색으로 둘러싸일 때 회색이 유채색의 보색의 색조를 띠는 현상을 말한다.
> - 색을 띤 그림자라는 '**괴테 현상**'이라고도 한다.
>
> 색맹
> - 망막의 결함에 의해 색을 지각하는데 정상적으로 색을 느끼지 못하는 경우
> - 제3색맹은 청색, 황색을 느끼지 못하는 경우로 청황색맹이라고 한다.

3. 색채 지각설

1) 영·헬름홀츠의 3원색설
   ① 색각의 기본이 되는 색은 3종류라 하고, 눈의 구조 중 망막 조직에는 **빨강, 녹색, 파랑**의 색각 세포와 색광을 감지하는 시신경 섬유가 있다는 가설
   ② 혼색과 색각 이상을 잘 설명하는 이론이다.
   ③ 빨강과 초록의 수용기가 동등하게 자극되었을 때 노란색이 지각되고, 빨강과 파랑색 일 때는 자주색이 감지되며, 파랑과 초록일 때는 청록색이 지각된다.
   ④ 빛이 망막에 이르면 각각의 특성을 지닌 **세 종류의 빛이 모두 반응하면 백색**이 되며, **모두 반응하지 않으면 검은색**이 된다.
   ⑤ 추상체의 기능이 없고, 간상체의 기능만 있는 상태를 전색맹이라 한다.

영·헬름홀츠(Young-Helmholtz)의 3원색설에 관한 설명 중 옳은 것은? [23,21]
① 추상체의 기능이 없고, 간상체의 기능만 있는 상태를 전색맹이라 한다.
② 황색과 백색의 감각과 대비 잔상을 잘 설명할 수 있다.
③ 동화작용에 의하여 백, 적, 황색의 감각이 생긴다.
④ 적, 녹, 황색이 기본색이어서 3원색설이라고 한다.

정답 ①

2) 헤링의 4원색설(반대색설)
   ① **빨강-초록, 노랑-파랑, 하양-검정**의 세 개의 짝을 이루는 방식이다.
   ② 빛은 두 짝을 이루는 세 종류의 시세포질에서 여섯 종류의 빛으로 수용한 뒤에 망막의 신경 과정에서 합성된다고 주장하였다.
   ③ 각각의 물질은 빛에 따라 동화(합성), 이화(분해)라고 하는 대립되는 화학적 변화를 일으킨다고 주장 함
   ④ 보색이나 대비의 현상을 설명 하는 데는 부합되지만 혼색이나 색맹을 설명 하는 데는 부적당하다.

 동화작용(합성) : 녹 , 청, 흑의 감각
이화작용(분해) : 적. 황. 백의 감각

헤링의 반대색설은 4원색설이라고도 한다. 무채색을 제외한 4색이 짝을 이뤄 동화 또는 이화작용을 일으키는데, 4색이 올바르게 짝을 이룬 것은? [19]
① 빨강-노랑, 파랑-초록
② 노랑-파랑, 빨강-초록
③ 파랑-빨강, 노랑-초록
④ 빨강-파랑, 검정-보라

정답 ②

핵심 기출문제

2-1 색채 지각

1 색채지각의 기본 원리

01 ▶13
빛에 대한 설명으로 옳은 것은?

① 분광된 빛을 프리즘에 통과시키면 또 분광이 된다.
② 가시광선에서 파장이 긴 부분은 푸른색을 띤다.
③ 가시광선의 범위는 380nm에서 780nm라고 한다.
④ 자외선은 열작용을 하므로 열선이라고도 한다.

해설 | ㉠ 가시광선
  • 인간의 눈으로 지각되는 범위를 말한다.
  • 파장 범위 : 380nm ~ 780nm
㉡ 적외선
  780nm 이상, 열선인 적외선, 라디오에 사용되는 전파
㉢ 자외선
  380nm 이하, 의료에 사용되는 자외선(살균, 퇴색), X선 등

02 ▶12,21
색 지각을 일으키는 가장 기본적인 요건은?

① 속성   ② 프리즘
③ 빛   ④ 망막

해설 | 색채지각을 일으키는 것은 물체 표면에 반사하는 파장의 빛을 감지하는 것이다.

03 ▶17
물체의 색을 지각하는 것은 빛의 어떤 성질과 가장 관계가 깊은가?

① 확산   ② 투과
③ 입사   ④ 반사

해설 | 물체의 색을 지각하는 것은 빛이 물체 표면에 반사하는 특정 파장의 색광 때문이다.

04 ▶17,20
빛의 파장 단위로 사용되는 nm(nanometer)의 단위를 올바르게 나타낸 것은?

① 1nm = 1/1만 mm
② 1nm = 1/10만 mm
③ 1nm = 1/100만 mm
④ 1nm = 1/1000만 mm

해설 | 나노미터는 10억분의 1m를 나타낸다.
  1nm = 1/100만 mm

05 ▶18,20
가시광선은 파장 380 ~ 780nm의 전자파를 말하는데 380nm 이하의 파장을 갖고 있으면서 화학작용 및 살균작용을 하는 전자파는?

① 적외선   ② 자외선
③ 휘선   ④ 흑선

해설 | 자외선-380nm이하, 의료에 사용되는 자외선(살균, 퇴색), X선 등

06 ▶13,18
다음 중 가시광선의 파장영역은?

① 약 380~780nm
② 약 300~600nm
③ 약 300~650nm
④ 약 490~900nm

해설 | 우리가 눈으로 지각할 수 있는 가시광선은 380nm ~ 780nm 이다.

정답 | 01 ③ 02 ③ 03 ④ 04 ③ 05 ② 06 ①

07
▶12,16

다음 중 우리 눈으로 지각할 수 있는 파장은?

① 110nm ② 250nm
③ 510nm ④ 820nm

해설 | 우리가 눈으로 지각할 수 있는 가시광선은 380nm~780nm 이다

08
▶12

다음 중 우리가 지각할 수 없는 파장은? (단, 1nm = 10^{-9}m)

① 320nm ② 440nm
③ 560nm ④ 680nm

해설 | 문제 7번 참조

09
▶17

다음은 빨강, 노랑, 초록, 파랑의 분광분포 곡선이다. 노랑(Yellow)의 분광분포 곡선은?

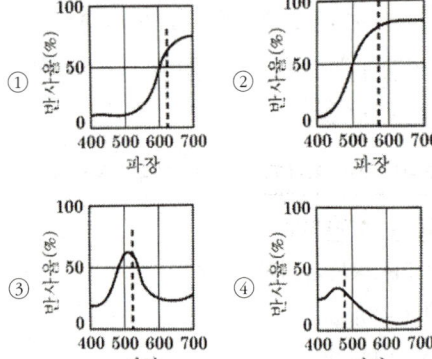

해설 | ①번은 빨강, ②번은 노랑, ③번은 초록, ④번은 파랑 분광분포 곡선이다.

10
▶16

스펙트럼(Spectrum)에 관한 설명으로 틀린 것은?

① 파장이 길면 굴절률도 크고 파장이 짧으면 굴절률도 적다.
② 스펙트럼은 1666년 Newton이 프리즘으로 실험하여 광학적으로 증명하였다.
③ 스펙트럼이란 무지개의 색과 같이 연속된 색의 띠를 말한다.
④ 모든 발광체의 스펙트럼은 모두 같지 않으며, 그 빛의 성질에 따라 파장의 범위를 지닌다.

해설 | 스펙트럼 현상
  ㉠ 스펙트럼은 1666년 Newton이 프리즘으로 실험하여 광학적으로 증명하였다.
  ㉡ 스펙트럼이란 무지개의 색과 같이 연속된 색의 띠를 말한다.
  ㉢ 모든 발광체의 스펙트럼은 모두 같지 않으며, 그 빛의 성질에 따라 파장의 범위를 지닌다.
  ㉣ 파장이 길면 굴절률은 작고 파장이 짧을수록 굴절률은 크다.
  ㉤ 장파장이 적색 광이고 단파장이 자색광이다.

11
▶13,17,20

다음 중 가장 짧은 파장의 빛은?

① 녹색 ② 파랑
③ 빨강 ④ 노랑

해설 | 장파장은 적색 광이고 단파장이 자색광이다

12
▶12

스펙트럼의 색채에서 가장 파장이 긴 것은?

① 청색 ② 청록색
③ 황록색 ④ 적색

해설 | 장파장은 적색 광이다.

13 ▶14,18
바나나의 색이 노랗게 보이는 이유는?

① 다른 색은 흡수하고, 노란 색광만 반사하기 때문
② 다른 색은 반사하고, 노란 색광만 흡수하기 때문
③ 다른 색은 굴절하고, 노란 색광만 투과하기 때문
④ 다른 색은 반사하고, 노란 색광만 투과하기 때문

해설 | 인간의 눈은 물체에 흡수될 때는 빛을 지각하지 못하기 때문에 바나나 색이 노랗게 보이는 이유는 다른 색은 흡수하고, 노란 색광만 반사하기 때문이다.

14 ▶13
다음 중 빨강 사과를 빨갛게 느끼는 이유로 옳은 것은?

① 사과 표면에 빛 중 빨강 파장은 흡수, 나머지는 반사하기 때문
② 사과 표면에 비친 빛 중 빨강 파장은 투과, 나머지는 굴절하기 때문
③ 사과 표면에 비친 빛 중 빨강 파장은 반사, 나머지는 흡수하기 때문
④ 사과 표면에 비친 빛 중 빨강 파장은 굴절, 나머지는 반사하기 때문

해설 | 문제 13번과 동일한 이유 때문이다.

15 ▶16
풋고추가 녹색으로 보이는 이유는?

① 녹색 광만 굴절하기 때문
② 녹색 광만 반사하기 때문
③ 녹색 광만 투과하기 때문
④ 녹색 광만 흡수하기 때문

해설 | 풋고추가 녹색으로 보이는 이유는 다른 색은 흡수하고 녹색 색광만 반사하기 때문이다.

16 ▶19
다음 중 색에 대한 설명으로 틀린 것은?

① 물체의 색이 눈의 망막에 의해 지각된다.
② 반사, 흡수, 투과를 거쳐 지각된다.
③ 인간의 눈을 통해 지각되는 물리적 현상이다.
④ 연상과 상징 등과 함께 경험되는 심리적 현상과 관계가 없다.

해설 | 색 지각은 색 연상과 상징 등과 함께 경험되는 심리적 현상과 관계가 많다.

17 ▶17
다음 색에 관한 설명 중 틀린 것은?

① 푸르킨에 현상이란 명소시에서 암소시로 바뀔 때 단파장에 대한 효율이 높아지는 것이다.
② 적록색맹이란 적색과 녹색을 식별할 수 없는 색각 이상자를 말한다.
③ 색약은 채도가 낮은 색과 밝은데서 보이는 색은 이상 없으나 채도가 높고 원거리의 색을 분별하는 능력이 부족한 것을 말한다.
④ 색맹이란 색을 지각하는 추상체의 결함으로 색을 분별하지 못하는 것을 말한다.

해설 | 색약
색 분별 능력이 정상보다 부족한 증상을 말한다. 망막 추상체가 손상되거나 시각 경로의 이상으로 정상적인 색 분별 능력이 부족하다. 밝은 곳에서 채도가 높은 색을 볼 때에는 정상인과 차이가 없으나, 채도가 낮은 경우에는 식별을 못 하거나 단시간의 색 분별이 어렵다.

18 ▶12
다음 중 물체색에 대한 설명으로 옳은 것은?

① 빛에너지가 사물에 부딪쳐 일어나는 표현색
② 빛에너지가 공간에 부딪쳐 일어나는 공간색
③ 에너지가 사물을 투과하여 일어나는 현상
④ 광원의 책에서 보여 지는 색

정답 | 13 ① 14 ③ 15 ② 16 ④ 17 ③ 18 ①

해설 | 물체색
　㉠ 빛을 대부분 반사시키면 흰색이 된다.
　㉡ 빛을 완전히 흡수하면 이상적인 검정색이 된다.
　㉢ 빛의 일부는 반사하고 일부는 흡수하면 회색이 된다.
　㉣ 빛에너지가 사물에 부딪쳐 일어나는 표현색

해설 | 시감도
　㉠ 똑같은 에너지를 가진 각 파장의 단색광에 의하여 생기는 밝기의 감각
　㉡ 가시광선이 주는 밝기의 감각이 파장에 따라서 달라지는 정도를 나타내는 것

19 ▶13
다음 색에 대한 설명 중 틀린 것은?
① 색의 3속성은 색상, 명도, 채도이다.
② 섞어서 만들 수 없는 색을 기본색이라고 한다.
③ 물체색은 빛에 관계없이 고유한 것이다.
④ 감산혼합에 있어 보색간의 혼합은 검정에 가까운 회색을 나타낸다.

해설 | 문제 18번 참조

22 ▶18
어둠이 깔리기 시작하면 추상체와 간상체가 작용하여 상이 흐릿하게 보이는 상태는?
① 시감도　② 박명시
③ 항상성　④ 색순응

해설 | 박명시
　㉠ 망막 상에 추상체와 간상체가 모두 활동하므로 시각적인 정확성을 기대하기 어려운 상태
　㉡ 어둠이 깔리기 시작하면 추상체와 간상체가 작용하여 상이 흐릿하게 보이는 상태

20 ▶18
유리컵과 같은 투명체 속의 일정한 공간이 꽉 차 있는 듯 한 부피감을 느끼게 해주는 색은?
① 투명면색　② 투과색
③ 공간색　④ 물체색

해설 | 공간색
　㉠ 유리컵 속의 물처럼 '용적지각'을 수반하는 색으로, 용적색이라고도 한다.
　㉡ 부피감으로 느껴지는 색이다.

23 ▶14
표면 지각이나 용적 지각이 없는 색으로 구름 한 점 없이 맑고 푸른 하늘을 볼 때의 느낌처럼 순수하게 색만이 보이는 상태를 말하는 것은?
① 면색　② 표면색
③ 공간색　④ 거울색

해설 | 면색
　㉠ 맑고 푸른 하늘과 같이 순수하게 색만이 보이는 상태로 표면지각이나 용적지각이 없는 색이다.
　㉡ 넓이의 느낌은 있으나 거리감이 불확실하고 물체감이 없다.
　㉢ 개구색이나 평면색이라고도 한다.

2 시각의 특성

21 ▶16
가시광선이 주는 밝기의 감각이 파장에 따라서 달라지는 정도를 나타내는 것은?
① 비시감도　② 시감도
③ 명시도　④ 암시도

24 ▶12
다음 중 프르킨예 현상으로 밝은 곳에서 가장 밝게 느껴지는 색은?
① 노랑　② 파랑
③ 보라　④ 청록

정답 | 19 ③　20 ③　21 ②　22 ②　23 ①　24 ①

해설 | 푸르킨예(Purkinje) 현상
  ㉠ 눈의 추상체가 낮에만 반응하기 때문에 생기는 현상이다.
  ㉡ 밝은 곳에서 어두운 곳으로 갈수록 단파장의 감도가 높아진다.
  ㉢ 명소시에서 암소시로 옮겨갈 때 붉은색은 어둡게 보이고, 녹색과 청색은 상대적으로 밝게 변화되는 현상이다.
  ㉣ 조명이 어두워지면 청색보다 적색이 먼저 사라지므로 비상구 표시 등은 파란색 계통이 붉은색 계통보다 식별이 용이하다.
  ㉤ 빨강→주황→노랑→초록→파랑→청색 순으로 사라진다.

25 ▶13,15,18
낮에 빨간 물체가 날이 저물어 어두워지면 어둡게 보이고, 또 낮에 파랗게 보이는 물체는 밝게 보이는 것은 무엇 때문인가?

① 연색성
② 메타메리즘
③ 푸르킨예 현상
④ 색각항상

해설 | 문제 24번 참조

26 ▶14,16
푸르킨예 현상으로 옳은 것은?

① 밝은 곳에서 어두운 곳으로 갈수록 장파장의 감도가 높아진다.
② 밝은 곳에서 어두운 곳으로 갈수록 단파장의 감도가 높아진다.
③ 밝은 곳에서 어두운 곳으로 갈수록 단파장의 색이 먼저 사라진다.
④ 어두운 곳에서 밝은 곳으로 갈수록 장파장과 단파장의 감도가 떨어진다.

해설 | 문제 24번 참조

27 ▶17
조명등과 연색성에 관한 설명 중 틀린 것은?

① 청색은 백열등에서 약간 녹색을 띤다.
② 청색은 형광등에서 크게 변하지 않는다.
③ 나트륨등에서는 빨강이 강조된다.
④ 빨강은 백열등에서 더욱 선명하다.

해설 | 연색성(color rendering)
  ㉠ 조명에 의하여 물체의 색을 결정하는 광원의 성질
  ㉡ 물체를 조명하는 광원색의 성질(분광분포)에 따라서 같은 물체라도 색이 달라져 보이게 되는 것이다.
  ㉢ 연색성은 상품을 돋보이게 할 때 많이 이용된다.
  ㉣ 백열전구의 빛에는 주황색이 많이 있어 난색계 물체를 조명하면 선명하게 보이고, 형광등의 빛은 청색이 많이 있어 흰색·한색계의 물체가 선명하게 보인다.
  ㉤ 정육점에서 싱싱해 보이던 고기가 집에서는 그 색이 다르게 보이는 이유.

28 ▶14,18
정육점에서 싱싱해 보이던 고기가 집에서는 그 색이 다르게 보이는 이유는?

① 색의 순응현상
② 색의 동화현상
③ 색의 연색성
④ 색의 항상성

해설 | 문제 27번 참조

29 ▶13
물체를 조명하는 광원색의 성질(분광분포)에 따라서 같은 물체라도 색이 달라져 보이게 되는 것은?

① 명시성(明視性)
② 연색성(演色性)
③ 메타메리즘
④ 프르킨예 현상

해설 | 문제 27번 참조

정답 | 25 ③ 26 ② 27 ③ 28 ③ 29 ②

30 ▶12,16
물체표면의 색은 빛이 각 파장에 어떠한 비율로 반사되는가에 따라 판단되는데 이것을 무엇이라 하는가?

① 분광분포율   ② 분광반사율
③ 분광조성   ④ 분광

해설 |
분광반사율(spectral reflection factor)
물체색이 스펙트럼 효과에 의해 빛을 반사하는 각파장별(단색) 세기, 물체의 색은 표면에서 반사되는 빛의 각 파장별 분광분포(분광반사율)에 따라 여러 가지 색으로 정의되며, 조명에 따라 다른 분광반사율이 나타난다.

31 ▶12,19
분광반사율의 분포가 서로 다른 두 개의 색자극이 광원의 종류와 관찰자 등의 관찰조건을 일정하게 할 때에만 같은 색으로 보이는 경우는?

① 조건등색   ② 연색성
③ 색각이상   ④ 발광성

해설 | 조건등색(metamerism)
㉠ 서로 다른 두 가지 색이 하나의 광원 아래서 같은 색으로 보이는 현상으로, 메타메리즘 이라고 한다.
㉡ 분광반사율의 분포가 서로 다른 두 개의 색자극이 광원의 종류와 관찰자 등의 관찰조건을 일정하게 할 때만 같은 색으로 보이는 경우

32 ▶14
밝은 태양 아래에 있는 석탄은 어두운 곳에 있는 백지보다 빛을 많이 반사하고 있는데도 불구하고 석탄은 검게, 백지는 희게 보이는 현상은?

① 비시감도   ② 명암순응
③ 시감 반사율 ④ 항상성

해설 | 항상성(Color constancy)
㉠ 조명이나 관측 조건이 달라도 주관적 색채지각으로는 물체색의 변화를 느끼지 못하는 현상으로 항상성 혹은 색각항상 이라고 한다.
㉡ 조명색(태양광선, 형광등, 백열등)이 다르더라도 물체의 색은 항상 일정하게 보이는 현상이다.

33 ▶14,20
색을 띤 그림자라는 의미로 주변색의 보색이 중심에 있는 색에 겹쳐져 보이는 현상은?

① 색음현상   ② 메타메리즘
③ 애브니효과 ④ 메카로효과

해설 | 색음현상
㉠ 주위색의 보색이 중심에 있는 색에 겹쳐져 보이는 현상을 말한다.
㉡ 작은 면적의 회색이 채도가 높은 유채색으로 둘러싸일 때 회색이 유채색의 보색의 색조를 띠는 현상을 말한다.
㉢ 색을 띤 그림자라는 '괴테 현상'이라고도 한다.

34 ▶19
조명 광이나 물체색을 오랫동안 계속 쳐다보고 있을 때 색의 지각이 약해져서 생기는 현상은?

① 색온도   ② 색순응
③ 박명시   ④ 푸르킨예 현상

해설 | 색순응
㉠ 자극의 정도에 따라 감각 기관이 변화되는 상태를 순응이라고 한다.
㉡ 색순응 : 눈이 조명에 대해 익숙해가면서 순응해지는 상태.
㉢ 명순응 : 밝은 장소에서 강한 빛에 반응하여 정상적인 감각을 가지는 것.
㉣ 암순응 : 어두운 곳에서 시각적으로 사물을 관찰할 수 있도록 빛을 감지하는 능력.

35 ▶14,18
빛의 강도가 바뀌거나 눈의 순응상태가 바뀌어도 눈에 보이는 색은 변하는 것이 아니라는 것을 경험하는 현상은?

① 색순응   ② 암순응
③ 명순응   ④ 무채순응

해설 | 문제 34번 참조

정답 | 30 ② 31 ① 32 ④ 33 ① 34 ② 35 ①

36 ▶13
제3색맹은 다음 어떤 색에 대한 지각이 결손된 것인가?

① 초록, 파랑
② 빨강, 초록
③ 파랑, 노랑
④ 빨강, 노랑

해설 | 색맹
  ㉠ 망막의 결함에 의해 색을 지각하는데 정상적으로 색을 느끼지 못하는 경우.
  ㉡ 제3색맹은 청색, 황색을 느끼지 못하는 경우로 청황색맹이라고 한다.

37 ▶15,16,19,20
비누 거품이나 전복 껍질 등에서 무지개 같은 색이 나타나는 것은 빛의 어떠한 현상에 의한 것인가?

① 왜곡현상
② 투과현상
③ 간섭현상
④ 직진현상

해설 | 간섭현상 : 비누 거품이나 수면에 뜬 기름, 전복 껍데기 등에서 무지개 같은 색처럼 나타나는 색으로 빛을 받아 반사나 투과에 의해서 생기는 현상.

3 색채지각설

38 ▶19
영·헬름홀츠의 3원색 설에 관한 설명으로 옳은 것은?

① 세 가지 시세포가 망막에 분포하여 여러 가지 색 지각이 일어난다는 설이다.
② 반대색설이라고도 한다.
③ 이화작용과 동화작용에 의해서 색 감각이 이루어진다.
④ 순응, 대비, 잔상현상으로 색각 현상을 설명할 수 있다.

해설 | 영·헬름홀츠의 3원색 설
  ㉠ 색각의 기본이 되는 색은 3종류라 하고, 눈의 구조 중 망막. 조직에는 빨강, 녹색, 파랑의 색각 세포와 색광을 감지하는 시신경 섬유가 있다는 가설

㉡ 빨강과 초록의 수용기가 동등하게 자극되었을 때 노란색이 지각되고, 빨강과 청자색 일 때는 자주색이 감지되며, 청자와 초록일 때는 청록색이 지각된다.
㉢ 빛이 망막에 이르면 각각의 특성을 지닌 세 종류의 빛이 모두 반응하면 백색이 되며, 모두 반응하지 않으면 검은색이 된다.
㉣ 혼색과 색각 이상을 잘 설명하는 이론이다.

39 ▶15
영·헬름홀츠의 삼원색 설에 관한 설명 중 맞는 것은?

① 색의 단계와 관계있다.
② 빛의 흡수와 관계있다.
③ 색의 보색과 관계있다.
④ 색은 망막의 시세포와 관계있다.

해설 | 문제 38번 참조

40 ▶12,13
영국의 과학자 영(T. Young 1773-1829)과 헬름홀츠가 발표한 색각의 기본이 되는 3가지 색은?

① 적, 청, 황
② 적, 황, 녹
③ 적, 청, 녹
④ 적, 청, 흑

해설 | 영·헬름홀츠의 3원색 설
  색각의 기본이 되는 색은 3종류라 하고, 눈의 구조 중 망막. 조직에는 빨강, 녹색, 청자의 색각 세포와 색광을 감지하는 시신경 섬유가 있다는 가설

41 ▶15
헤링의 4원색이 아닌 것은?

① Blue
② Yellow
③ Purple
④ Green

해설 | 헤링의 4원색 설(반대색설)
  빨강-초록, 노랑-파랑, 하양-검정의 세 개의 짝을 이루는 방식을 취한다. 즉, 빛은 두 짝을 이루는 세 종류의 시세포질에서 여섯 종류의 빛으로 수용한 뒤에 망막의 신경 과정에서 합성된다고 주장 하였다. 각각의 물질은 빛에 따라 동화(합성), 이화(분해)라고 하는 대립되는 화학적 변화를 일으킨다고 주장 함

정답 | 36 ③ 37 ③ 38 ① 39 ④ 40 ③ 41 ③

02-2 색채분류 및 표시

> **Pass Note**

예상출제문항	키워드
2~3	– 색의 분류 – 색의 속성 – 색의 혼합 종류	– 먼셀 표색계 – 오스트발트 표색계 – CIE 표색계

1. 색의 분류

1) 무채색(achromatic color)
① 흰색, 회색 및 검정색을 통틀어 무채색이라 한다.
② 흰색, 회색, 검정 등 **색상이나 채도가 없고 명도만 있는 색**이다.
③ 반사율이 약 85%인 경우 흰색이고, 약 30% 정도면 회색, 약 3% 정도는 검정색이다.

2) 유채색(chromatic color)
① 순수한 무채색을 제외한, 색감을 가지고 있는 모든 색을 말한다.
② 빨강, 주황, 노랑, 녹색, 파랑, 보라색 등과 그 중간색은 물론, 이러한 색들의 색감을 조금이라도 가지고 있으면 모두 유채색이라 한다.
③ **색상, 명도, 채도의 속성을 가지고 있는 색**을 말한다.

 예제 01
색의 속성에 관한 설명 중 틀린 것은? [25, 21]
① 빨강, 파랑, 노랑 등 다른 색과 구별되는 그 색만의 고유한 성질을 색상이라고 한다.
② 무채색 이외의 모든 색은 유채색이다.
③ 무채색은 채도가 0인 상태인 것을 말한다.
④ 물체색에는 백색, 회색, 흑색이 없다.

정답 ④

2. 색의 3속성

1) 색상(Hue)
① 색명으로 구별되며 색명은 색채를 구별하기 위해 필요한 색채의 명칭이다.
② 유사색, 반대색, 보색 등이 있다.
③ **보색인 두 색을 혼합하면 무채색**이 된다.
④ 색상의 성질이 유사한 것끼리 둥글게 배열한 것을 색상환이라고 한다.

2) 명도(Value, lightness)
① 명도란 색상 간의 명암 상태와 색채의 밝기를 나타내는 성질이다.
② 인간의 눈은 명도에 가장 민감하며 그다음으로 색상, 채도 순으로 민감하다.
③ 수직선 방향으로 위로 올라갈수록 명도가 높고, 아래로 갈수록 명도가 낮아진다.
④ 검정은 0, 백색은 10을 가리킨다.

> **Note**
> • 고명도 : 10 ~ 7도 (4단계) – tint
> • 중명도 : 6 ~ 4도 (3단계) – pure
> • 저명도 : 3 ~ 0도 (4단계) – shade

3) 채도(Chroma, saturation)
① 색의 탁하고 선명한 강약의 정도를 나타내는 척도이다.
② 채도 단계는 1~14단계로 되어 있다.
③ 순색으로 반사율이 높은 색이 채도가 높다.
④ 색의 강약에 따라 순색, 청색, 탁색으로 분류된다.
⑤ 순색에 무채색이 많을수록 채도는 낮아지고, 무채색이 적을수록 채도는 높아진다.
⑥ 색의 채도가 높으면 명도는 낮게, 채도가 낮으면 명도를 높게 하는 것이 좋다.

> **Note** 순색에 가까울수록 채도는 높아지고, 색이 혼합되면 채도는 낮아진다.
> 예 순색에 백색, 검정을 섞으면 채도가 낮아진다. 순색에 회색을 섞으면 탁색이 된다.

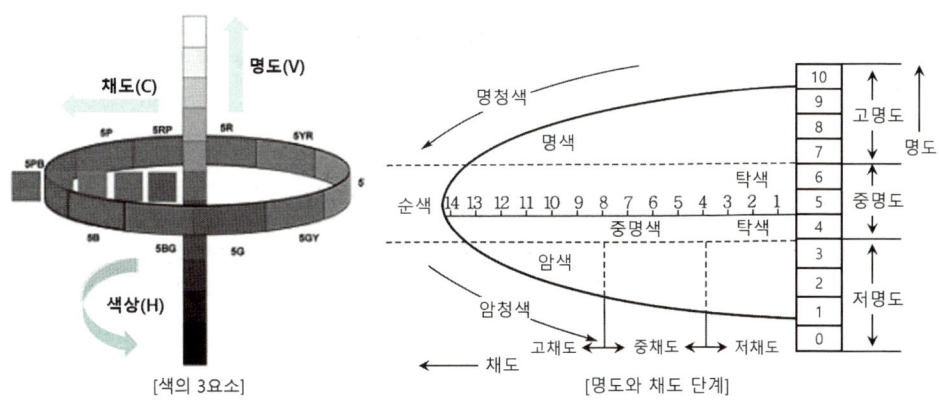

[색의 3요소]   [명도와 채도 단계]

예제 02 채도에 따른 색의 구분을 할 때 명도는 높고 채도가 낮은 색은? [23, 21, 18]
① 청색   ② 명청색
③ 암청색   ④ 탁색

정답 ②

채도에 관한 설명 중 틀린 것은? [24,15]
① 색이 순수할수록 채도가 높고, 탁하거나 흐릴수록 채도가 낮다.
② 무채색이 포함되지 않은 색이 채도가 가장 높고 이를 순색이라 한다.
③ 순색에 흰색을 섞는 양이 많아질수록 채도는 높아진다.
④ 무채색은 채도가 없다.

정답 ③

3. 색의 혼합

① 2개 이상의 색광이나 색 필터 또는 색료를 서로 혼합하여 다른 색채 감각을 일으키는 것
② 혼합하여 밝아지는 혼색(가법혼색), 혼합하여 어두워지는 혼색(감법혼색), 혼합하여 중간 밝기를 나타내는 혼색(중간혼색)의 세 가지가 있다.

1) 가산혼합(가법혼색, 색광혼합)

① **빨강(R), 초록(G), 파랑(B)의 3원색으로 이루어진다.** 물감의 혼색과는 반대로 더욱 밝아지고 맑아지므로 가법혼색 또는 플러스 현상이라 한다.
② 빛의 색을 서로 더해서 빛이 점점 밝아지는 원리를 이용하는 것으로, 색을 더할수록 점점 밝아지는 방법으로 이들 **색을 모두 혼합하면 백색광**이 된다. 색광 혼합은 명도가 높아진다.
③ 무대조명처럼 빛으로 색을 표현하는 매체에 주로 해당하는 원리이다.
④ 혼합된 색(2차색)의 명도는 혼합하려는 색의 명도보다 높아지며, **보색끼리의 혼합은 무채색**이 된다.

 가산혼합 2차색 – 노랑(Yellow), 시안(Cyan), 마젠타(Magenta)

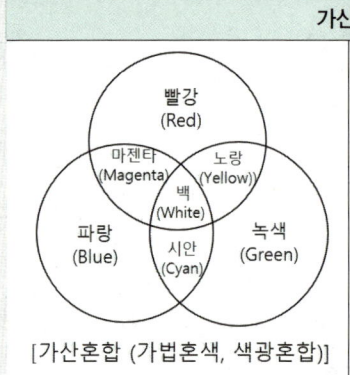

※ 파랑(Blue) + 녹색(Green) = 시안(Cyan)
  녹색(Green) + 빨강(Red) = 노랑(Yellow)
  파랑(Blue) + 빨강(Red) = 마젠타(Magenta)
  파랑(Blue) + 녹색(Green) + 빨강(Red) = 백색(White)

[가산혼합 (가법혼색, 색광혼합)]

혼합되는 각각의 색 에너지(energy)가 합쳐져서 더 밝은 색을 나타내는 혼합은? [25,19,15,12]
① 감산혼합   ② 중간혼합
③ 가산혼합   ④ 색료혼합

정답 ③

예제 05 보색의 색광을 혼합한 결과는? [18,14]
① 흰색 ② 회색
③ 검정 ④ 보라

정답 ①

2) 감산혼합(감법혼색, 색료혼합)

① 색료 혼합, 감법 혼합, 마이너스 혼합이라고 한다.
② 색료 혼합의 3원색은 청색(Cyan), 자주(Magenta), 노랑(Yellow)이다.
③ 2차색의 명도와 채도는 원색보다 낮아진다.
④ 색료 혼합의 3원색은 시안(Cyan), 마젠타(Magenta), 노랑(Yellow)을 모두 혼합하면 흑색(Black)이 된다.
⑤ 근거리의 혼합은 중간색이 되고, 원거리 색이나 보색 혼합은 검정색에 가까운 어두운 회색이 된다.
⑥ 컬러사진, 옵셋 인쇄, 수채화 등에 이 원리가 사용된다.

> **Note** 옵셋(offset)
> 인쇄옵셋 인쇄방식은 컬러 편집물을 제작할 때 4가지색(C,M,Y,K)을 조합해 인쇄하는 평판 인쇄방식을 말한다.

감산혼합(감법혼색, 색료혼합)

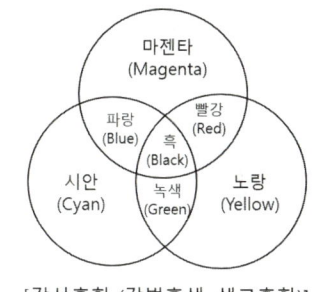

※ 마젠타(Magenta) + 노랑(Yellow) = 빨강(Red)
노랑(Yellow) + 시안(Cyan) = 녹색(Green)
시안(Cyan) + 마젠타(Magenta) = 파랑(Blue)
마젠타(Magenta) + 노랑(Yellow) + 시안(Cyan) = 검정(Black)

[감산혼합 (감법혼색, 색료혼합)]

 예제 06 감법혼색으로 틀린 것은? [20,15]
① magenta + yellow = red
② cyan + magenta = blue
③ yellow + cyan = green
④ yellow + blue = white

정답 ④

3) 중간혼합(중간혼색)

직접적인 혼합이 아니고 주위 조건에 따라 혼합효과가 나타나는 것으로 명도, 채도가 크게 달라지지 않아 중간혼합이라고 한다. 혼합하면 중간명도에 가까워지는 병치혼합과 회전혼합을 말한다. 두 색의 명도가 합쳐진 것의 평균 명도가 된다.

(1) 회전혼합
① 망막의 동일부에 2개 이상의 색자극이 매우 빠르게 번갈아 도달하면 각각의 색자극을 구별하지 못하고 혼색된 상태로 지각한다.
② 팽이에 절반은 빨간색, 절반은 파란색을 칠하여 회전시키면 보라색으로 보인다.
③ 혼색 결과는 칠해진 색의 면적대비에 의한 평균값으로 나타난다.
④ **회전원판을 이용한 맥스웰(Maxwell)의 혼색법**이 가장 대표적이다.

(2) 병치혼합
① 작은 색 점을 섬세하게 병치시키는 방법으로 적(Red), 청(Blue), 녹(Green) 3색의 작은 점들을 멀리 떨어져서 보면 혼색되어 보이는 현상
② 화면에 빨간 점과 파란 점을 무수히 많이 찍으면 멀리서 보라색으로 보인다.
③ **신인상파 화가인 쇠라와 시냑이 점묘화를 통해 표현한 방식**이다.
④ 빛의 혼색 : 컬러 TV혼색
⑤ 색료의 혼색 : 직물의 컬러 인쇄
⑥ 하나의 색만을 변화시키거나 더함으로서 디자인 전체의 배색을 변화시킬 수 있다는 '**베졸드(Willhelm Von Bezold)의 효과**'는 병치 혼합 원리를 이용한 것이다.

[쇠라의 ' 드랑드자트섬의 일요일 오후']

예제 07 신인상파 화가들의 점묘화 기법과 관련이 있는 것은? [17,14]
① 계시 혼합
② 감산 혼합
③ 회전 혼합
④ 병치 혼합

정답 ④

맥스웰 디스크(Maxwell's Disk)와 관계가 있는 것은? [21,19,15]
① 병치혼합
② 회전혼합
③ 감산혼합
④ 색료혼합

정답 ②

Note 맥스웰 디스크(Maxwell's disk)
맥스웰의 원판, 색의 혼합을 시험하는 장치

4. 색의 표시

1) 색채 표준 체계

(1) 현색계
① 색채를 표시하는 표색계이다.
② 일정한 번호나 기호를 붙여서 색채를 표시한다.
③ 색채지각의 심리적인 속성인 색상, 명도, 채도에 따라 이루어진다.
④ 먼셀 표색계, 오스트발트 표색계가 해당된다.
⑤ 색편의 배열 및 색채 수를 용도에 맞게 조정할 수 있다.
※ 오스트 발트 표색계는 현색계로 분류되지만 혼색계의 특징도 가지고 있다.

(2) 혼색계
① 색광을 표시하는 표색계이다.
② 물리적인 변색이 일어나지 않는다.
③ 색표계로 변환이 가능하며 오차를 적용할 수 있다.
④ 광원의 영향을 받지 않고 심리적·물리적인 빛의 혼색실험에 기초를 두고 있다.
⑤ 측색기로 측색하여 출력된 데이터의 수치나 좌표로 표현한다.
⑥ CIE 표색계가 해당된다.

 심리·물리적인 빛의 혼색실험에 기초하여 색을 표시하는 색체계에 해당하는 것은? [20,16]
① 혼색계
② 현색계
③ 먼셀 색체계
④ 물체 색체계

정답 ①

2) 먼셀 표색계

(1) 개요
- 미국의 화가 먼셀(Munsell)에 의해 1905년에 창안되었다.
- 우리나라는 한국산업규격(KS)에서 색채표기법으로 채택하고 있다.
- 물체 표면의 색 지각을 기초로 심리적인 색의 속성을 **색상(H), 명도(V), 채도(C)의 세 가지 속성으로 나누고, HV/C로 표기**한다.

(2) 먼셀 색상환
① 적(Red), 황(Yellow), 녹(Green), 청(Blue), 자(Purple)가 기본 5색이다.
② 기본색에 5가지 중간색인 YR(주황), BG(청록), PB(청자), RP(적자)를 더하여 10가지 색상으로 하였다.
③ 각 색상마다 5를 중심 색으로 0 ~ 10까지 등 간격으로 표시하여 100 색상으로 분할하였다.
④ 색상은 원으로, 명도는 직선으로, 채도는 방사선으로 배열한다.
⑤ 보색(色)은 색상환에서 180도 반대편에 있는 색으로 자주(magenta)의 보색은 초록(green)이다.
⑥ 명도 단계는 N0(검정), N1, N2, N9.5(흰색)까지 11단계로 되어 있다.
⑦ 무채색의 경우 N4와 같이 명도만을 나타내고 앞에 N을 표기하여 무채색임을 명시한다.
⑧ 채도 단위는 2단위를 기본으로 하였으나 저채도 부분에서는 실용적으로 1과 3을 추가하였다.

> **Note** 먼셀 표색계 표시 예
> 5GY 6/4는 색상이 연두색의 5GY에 명도가 6이며 채도가 4인 색채로 표시한다.

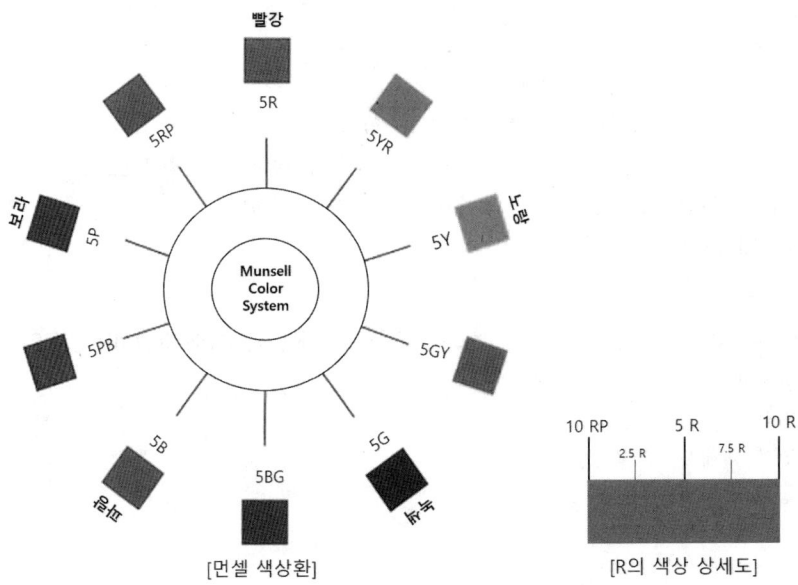

[먼셀 색상환]   [R의 색상 상세도]

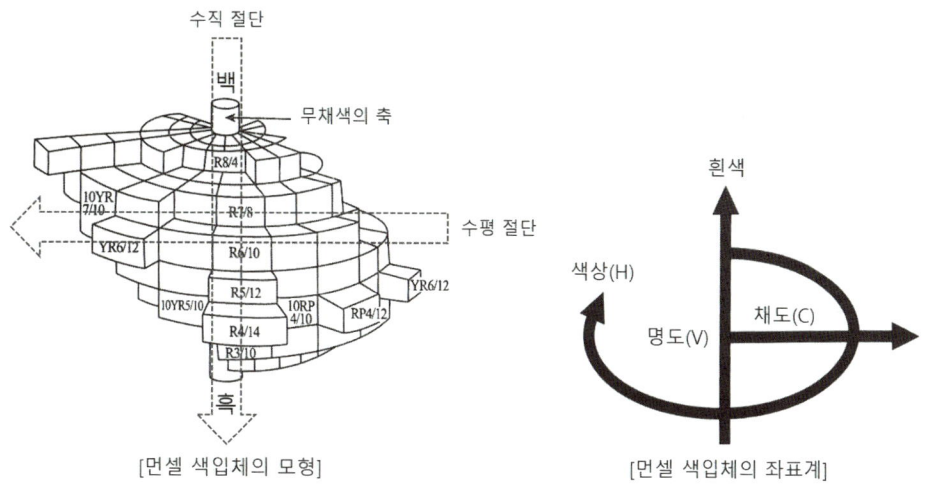

[먼셀 색입체의 모형]   [먼셀 색입체의 좌표계]

> **Note** 먼셀 색입체
> 색을 색상, 명도 채도의 3가지 속성 또는 기본 차원에 따라 공간적으로 배열하고 기호 또는 번호로 표시한 입체도라 한다.
> ㉠ 색입체를 무채색 축을 중심으로 **수직으로 자르면** 무채색 축 좌우에 보색 관계를 가진 2가지 동일한 색상 면이 보인다.(등색 단면)
> ㉡ 채도는 무채색에 축에 들어가면 저채도, 바깥 둘레로 나오면 고채도가 되도록 배열한 것을 말한다. (중심부로 갈수록 채도가 낮아진다.)
> ㉢ 빨강(5R 4/14)을 기준으로 세로로 자르면 반대편은 청록(5BG 5/10)이 된다.
> ㉣ 동일 색상의 명도, 채도의 변화를 한눈에 볼 수 있는 장점이 있다.
> ㉤ 각 색상 중 가장 바깥의 색은 순색이다.

예제 10 먼셀 색체계에 관한 설명 중 잘못된 것은? [24,22]
① R, Y, G, B, P의 5색과 그 보색인 5색을 추가하여 10 색상을 기본으로 만든 것이다.
② 무채색의 명도는 숫자 앞에 N을 붙인다.
③ 채도 단위는 2단위를 기본으로 하였으나 저채도 부분에서는 실용적으로 1과 3을 추가하였다.
④ 유채색의 명도는 0.5 단위로 배열되어 0.5부터 9.5까지 19단계로 하였다.

정답 ④

예제 11 먼셀(Munsell)의 색체계에 대한 설명이 틀린 것은? [25,23,21,18,14]
① 중심축은 무채색으로 명도를 나타낸다.
② 중심부로 갈수록 채도가 높아진다.
③ 색상마다 최고 채도의 위치는 다르다.
④ 중심부에서 하단으로 내려가면 명도는 낮아진다.

정답 ②

예제 12 | 먼셀 기호 5YR 7/2의 의미는? [22]
① 색상은 주황의 중심색, 채도 7, 명도 2
② 색상은 빨간 기미를 띤 노랑, 명도 7, 채도 2
③ 색상은 노란 기미를 띤 빨강, 명도 2, 채도 7
④ 색상은 주황의 중심색, 명도 7, 채도 2

정답 ④

3) 오스트발트 표색계

- 1909년 노벨 화학상을 수상한 독일의 화학자 오스트발트가 창안한 색체계이다.
- 오스트발트의 색체계는 E.헤링의 4원색 이론을 기초로 한다.

(1) 오스트발트 색상환

① 황(Yellow), 적(Red), 녹(Sea Green), 청(Ultramarine Blue)의 헤링 색상을 기초로 하여 중간색은 주황(Orange), 연두(Leaf Green), 청록(Turquoise), 보라(Purple)를 배치하였다.
② 8가지 주요 색상이 3분할되어 24색상환이 된다.
③ 24색상환의 보색은 반드시 12번째 색이다.

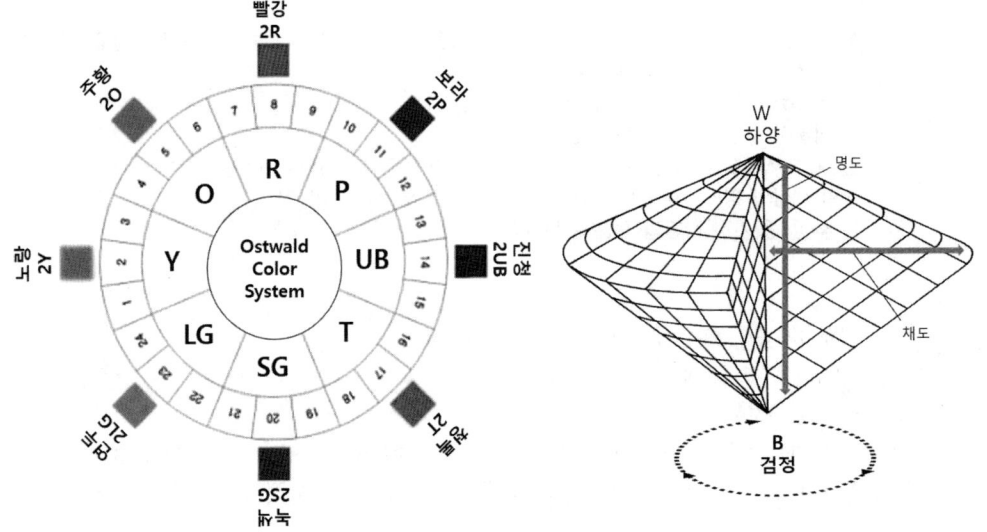

(2) 기본 색채

① 기본이 되는 색채는 B(Black), W(White), C(Full Color)이다.
- B : 빛을 완전히 100% 흡수하는 이상적인 흑색
- W : 빛을 완전히 100% 반사하는 이상적인 백색
- C : 특정 파장 영역의 빛만을 완전하게 100% 반사하고 나머지 파장 영역을 완전하게 흡수하는 이상적인 순색

② 순색량이 있는 유채색은 B + W + C=100%로 표시되고, 완전 무채색은 B + W=100%로 구성된다.

(3) 등 색상 삼각형
① W, B, C가 정점이 되어 각 변이 8단계로 나눈 삼각형이다.
② 등 색상 삼각형의 무채색 혹은 W와 B 사이에 a-c-e-g-i-l-n-p의 8단계로 구분된다.
- 등 백색 계열 : 앞 글자가 같은 색 배열 (pn-pl-pg)
- 등 흑색 계열 : 뒷 글자가 같은 색 배열 (la-na-pa)
- 등 순색 계열 : 무채색 축에 평행하는 수직배열 (ga-ic-le)
③ a는 가장 밝은 백색이며, p는 가장 어두운 회색(흑) 이다.
④ 오스트발트 색 기호

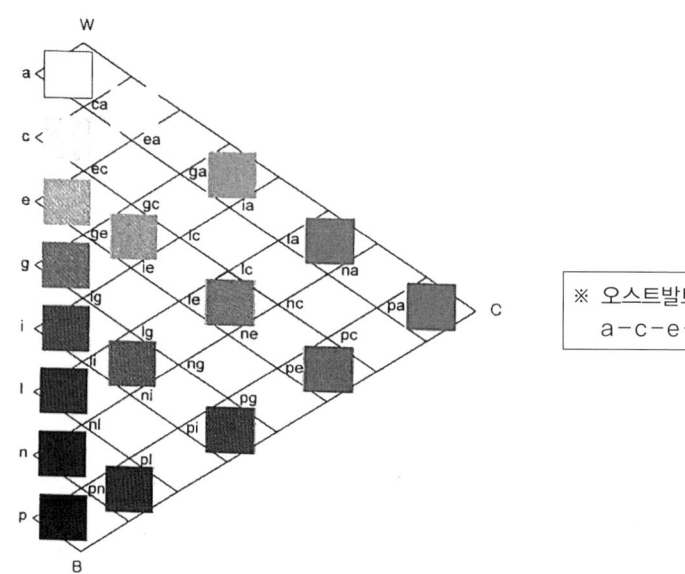

※ 오스트발트 색 기호 알파벳
a-c-e-g-i-l-n-p

[백색량, 흑색량의 함량 비율]

기호	a	c	e	g	i	l	n	p
백색량(W)	89	56	35	22	14	8.9	5.6	3.5
흑색량(B)	11	44	65	78	86	91.1	94.4	96.5

Note 오스트발트 표색계 표시 예
- 색상번호-백색량-흑색량 순으로 표기 한다.
예) 17lc 는 색상번호가 17이고, 백색량은 8.9%, 흑색량은 44%로 순색량 C는 100-(W+B) 이므로 100-(8.9+44)=47.1%의 회색빛이 도는 청록색이다.

(4) 오스트발트 표색계의 특징
① 정성적 취급 방법으로 '조화는 질서와 같다'라는 생각에서 시작된다.
② 예술과 디자인에 많은 영향을 미쳐 왔는데, 이들 단위는 색의 조화를 표현하기 위해 이용되었다.
③ 먼셀 표색계에 비해 직관적이지 못하고, 이해하기 어려운 단점이 있다.

④ 혼합하는 색량의 비율에 의해 만들어진 체계이다.
⑤ 논리적인 색의 혼합, 배열, 배색이 완전한 조화를 이룬다. 혼합하는 색량의 비율에 의해 만들어진 체계이다.

> **예제 13** 오스트발트 색체계의 색상에 대한 설명이 틀린 것은? [23,21,18,13]
> ① 24색상환으로 1~24로 표기한다.
> ② 색상은 헤링의 4원색을 기본으로 한다.
> ③ Red의 보색은 Sea Green 이다.
> ④ Red는 1R~3R로, 색상번호는 1~3에 해당된다.
>
> 정답 ④

> **예제 14** 오스트발트의 등색상면에서 밝은→어두운 순서대로 나열된 것은? [14]
> ① pn-ig-ca
> ② li-ge-ca
> ③ ec-nl-ge
> ④ ca-ec-ig
>
> 정답 ④

4) CIE 표색계

국제조명위원회(CIE)에서 개발한 색체계로, 색을 정량화하여 수치로 나타낸 것이다. 분광광도계를 이용하여 색편의 분광반사율을 측정했을 때 가장 정확하게 색 좌표가 계산되는 색체계이다

(1) 기본 색채

- 적, 녹, 청의 3색광을 혼합하여 3개 자극치에 따른 표색방법 이다.
- 색채를 XYZ 좌표계를 사용한다.
- 색채를 X·Y·Z 세 가지 자극 값으로 나타내어 입체적인 색채공간을 형성하였는데, X는 빨강의 자극값을 나타내고, Y는 초록의 자극 값, Z는 파랑의 자극 값을 나타낸다.

(2) CIE 색도도

① 빛의 혼색실험에 기초한 것이다.
② 백색광은 색도도 중앙에 위치한다.
③ 순수파장의 색은 바깥 둘레에 위치한다.
④ W점은 백색점을 나타낸다.
⑤ 실존하는 모든 색을 나타낸다.
⑥ 색도도 안에 있는 점은 혼합 색을 나타내며, 말발굽형의 바깥 둘레는 순수 파장의 색을 나타낸다.

(3) CIE L*a*b* 색공간
① 1976년 CIE가 추천하여 지각적으로 거의 균등한 간격을 가진 색공간이다.
② CIE LAB 색공간(L*a*b* 색공간)은 인간이 색채를 감지하는 노랑-파랑, 초록-빨강의 반대색설에 기초하여 CIE에서 정의한 색공간이다.

- L은 명도, a와 b는 색도 좌표를 나타낸다.
- +a*는 적색 방향, -a*는 녹색 방향, +b*는 황색방향, -b*는 청색 방향을 나타낸다. 중앙은 무색이다.

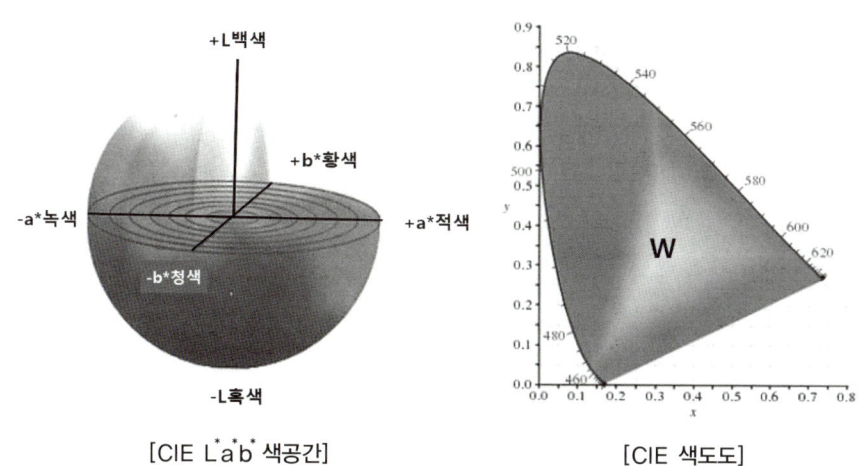

[CIE L*a*b* 색공간]   [CIE 색도도]

예제 15
CIE 표색방법에 관한 설명 중 옳은 것은? [25,24,21,18,12]
① 적, 녹, 청의 3색광을 혼합하여 3자 극치에 따른 표색방법
② 색 필터의 중심으로 인한 다른 색상의 표색방법
③ 일정한 원색을 혼합하여 얻는 방법
④ 주관적인 색채 표시방법

정답 ①

5) NCS(Natural Color System) 표색계
① 스웨덴의 색채 표준으로 채용된 색체계로 헤링의 심리 4원색이론을 바탕으로 한다.
② 다른 색체계가 빛의 강도를 토대로 색을 표기하는 데 반하여 심리적인 비율척도를 사용해 색 지각량을 표로 나타낸 것이다.
③ 백색(W), 검정(B), 노랑(Y), 빨강(R), 파랑(B), 초록(G)을 기준으로 6가지 색을 원색으로 구성한다.
④ NCS 표기는 뉘앙스와 색상으로 표시한다.

> **Note** NCS 표기법
> 예 S2030-Y90R에 대한 표기 설명
> • NCS색 견본 두 번째 판(second edition)을 뜻한다.
> • 20%의 검정색도와 30%의 유채색도이다.
> • YR의 혼합비율로 90%의 빨강 색도를 띤 노란색이다.

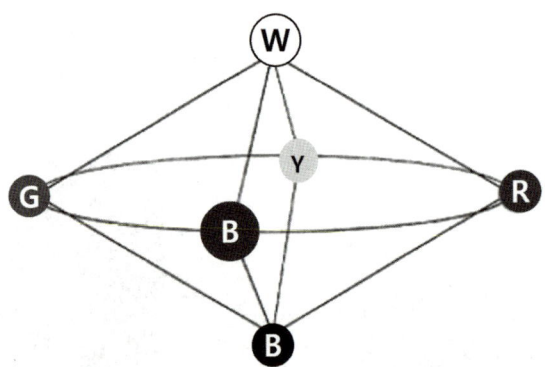

[NCS(Natural Color System) 표색계]

예제 16 NCS 색체계에 대한 설명이 옳은 것은? [24,19,14]
① 독일 색채 연구소에서 만들어졌다.
② NCS 표기법은 미국에서 많이 사용되고 있다.
③ 기본적인 색은 Y, R, G의 3색이다.
④ 헤링의 4원색 이론을 바탕으로 한다.

정답 ④

5. 색명

1) 색명의 개요

① 색명이란 색에 이름을 붙여서 색을 표시하는 것이며, 크게 기본색명, 관용색명(고유색명), 계통색명(일반색명)으로 나뉜다.
② 숫자나 기호보다 색을 연상하기 쉽고 부르기 쉬우며 기억하기 쉬워서 많이 사용한다.
③ 현색계인 먼셀 표색계, 오스트발트 표색계나 혼색계인 CIE 표색계처럼 정량적이고 정확하지 않으며 감성적이고 부정확한 성질을 가지고 있다.

2) 색명의 분류

(1) 기본색명
① 한국산업규격(KS)에서 사용되는 기본색명은 먼셀의 10가지 색상환을 바탕으로 유채색과 무채색을 서술하는 총 15색이다.

② 기본색명은 색상을 중심으로 구분하여 현재는 국내에서 12개의 색명을 기본색으로 정하고 있다. 12개의 색명은 빨강(적), 주황, 노랑(황), 연두, 초록(녹), 청록, 파랑(청), 남색, 보라, 자주(자), 분홍, 갈색이다.

(2) 관용색명(고유색명)
① 기원을 알 수 없는 고유색명 : 순수한 우리말로 된 하양, 빨강, 노랑, 보라 등과 흑, 백, 적
② 동물과 관련 있는 고유색명 : 살색, 쥐색, buff, salmon, peacock
③ 식물과 관련 있는 고유색명 : 귤색, 밤색, 가지색, 살구색, 복숭아 색, 팥색
④ 광물 또는 보석과 관련 있는 고유색명 : 금색, 은색, 호박색, 고동색
⑤ 고유명사와 관련 있는 고유색명 : 담배색, 포도주색, magenta
⑥ 자연 대상에서 따온 고유색명 : 하늘색, 바다색, 땅색, 황토색, 무지개색

(3) 계통색명(일반색명)
색의 3속성에 따라 색채를 분류한 유채색, 무채색의 기본 색명이다.

① 유채색의 기본색 이름(10개)

기본 색이름	영어 표기	기본 색이름	영어 표기
빨강(적)	red	청록	blue green
주황	orange	파랑(청)	blue
노랑(황)	yellow	남색	violet, purple blue
연두	yellow green	보라(자)	purple
녹색	green	자주(적자)	red purple, magenta

② 무채색의 기본색 이름(5개)

기본 색이름	영어 표기	기본 색이름	영어 표기
흰색	white	어두운 회색	dark gray
밝은 회색	light gray	검은색	black
회색	gray		

③ 색 이름에 사용하는 수식형용사

기본 색이름	영어 표기	기본 색이름	영어 표기
선명한	vivid	연(한)	pale
흐린	soft	흰	whitish
탁한	dull	검은	blackish
밝은	light	밝은 회	light grayish
어두운	dark	회	grayish
진(한)	deep	어두운 회	dark grayish

(4) ISCC-NBS 색명법
① 미국 ISCC(색채협의회)와 NBS(미국립표준국)이 공동으로 제정한 계통색 이름법이다.
② 먼셀의 색 입체를 267개단위로 나눈 색 이름이다.
③ 색 이름을 계통적으로 체계화 시켜서 실제 생활에 쓰고 있는 이름과 일치하도록 만들어 세계 여러 나라의 색 이름 기준으로 사용된다.
④ KS A 0011(한국산업규격 규정 색명)에는 일반 색명에 대하여 자세히 규정하고 있으며 미국의 ISCC-NBS 색명 법에 근거를 두고 있다.

예제 17

다음 중 '박하색'과 관련이 없는 것은? [20,17,14]
① Mint
② 2.5PB 9/2
③ 흰 파랑
④ Indigo blue

정답 ④

핵심 기출문제

2-2 색채분류 및 표시

1 색의 분류

01 ▶13
다음 중 무채색에 대한 설명으로 옳은 것은?

① 채도는 없고 색상, 명도만 있다.
② 색상은 없고 명도, 채도만 있다.
③ 색상, 명도가 없고 채도만 있다.
④ 색상, 채도가 없고 명도만 있다.

해설 | 무채색(achromatic color)
㉠ 흰색, 회색 및 검정색을 통틀어 무채색이라 한다.
㉡ 흰색, 회색, 검정 등 색상이나 채도가 없고 명도만 있는 색이다.
㉢ 반사율이 약 85%인 경우 흰색이고, 약 30% 정도면 회색, 약 3% 정도는 검정색이다.

02 ▶15,22
다음 중 두 색료를 혼합하여 무채색이 되는 것은?

① 검정 + 보라
② 주황 + 노랑
③ 회색 + 초록
④ 청록 + 빨강

해설 | 색상환에서 반대편에 있는 색을 보색이라 하며 보색끼리의 혼합은 무채색이 된다.

03 ▶13
색을 다른 말로 표현할 때 적당하지 않은 것은?

① 빛깔
② 색상
③ 컬러
④ 색깔

해설 | 색상(hue)
㉠ 색은 유채색들끼리 서로 비교하는 데 필요한 색명을 가지고 있다. 일반적으로 색상의 이름으로 색의 이름을 부른다.
㉡ 유사색, 반대색, 보색 등이 있고, 보색인 두 색을 혼합하면 무채색이 된다.
㉢ 색상의 성질이 유사한 것끼리 둥글게 배열한 것을 색상환이라고 한다.

04 ▶18
다음 색 중 무채색은?

① 황금색
② 회색
③ 적색
④ 밤색

해설 | 흰색, 회색 및 검정색을 통틀어 무채색이라 한다.

05 ▶16,20
청색에 흰색물감을 혼합하였을 때의 변화는?

① 청색보다 명도, 채도 모두 높아졌다.
② 청색보다 명도는 높아졌고 채도는 낮아졌다.
③ 청색보다 명도는 낮아졌고 채도는 높아졌다.
④ 청색보다 명도, 채도 모두 낮아졌다.

해설 | 어떠한 색상에 무채색(흰색, 검정색)을 혼합하면 그 혼합량이 많을수록 채도가 낮아진다.
㉠ 순색+검정색=암청색
㉡ 순색+흰색=명 청색

정답 | 01 ④ 02 ④ 03 ② 04 ② 05 ②

Chapter 02 실내디자인 색채 계획 | 269

2 색의 3속성

06 ▶16

색의 3속성에 관한 설명 중 틀린 것은?

① 순도란 채도의 개념이다.
② 명도는 색의 밝고 어둡기를 의미하며 V로 표기한다.
③ 먼셀 색체계에서 채도 0은 무채색이고, 최고 채도 값은 10이다.
④ 색의 3속성은 색상, 명도, 채도이다.

해설 | 색의 3속성
  ㉠ 색상(hue)
    • 색명으로 구별되며 색명은 색채를 구별하기 위해 필요한 색채의 명칭이다.
    • 유사색, 반대색·보색 등 이다.
    • 보색인 두 색을 혼합하면 무채색이 된다.
  ㉡ 명도(value, lightness)
    • 명도란 색상 간의 명암 상태와 색채의 밝기를 나타내는 성질이다.
    • 인간의 눈은 명도에 가장 민감하며 그다음으로 색상, 채도 순으로 민감하다.
    • 수직선 방향으로 위로 올라갈수록 명도가 높고, 아래로 갈수록 명도가 낮아진다.
    • 검정은 0, 흰색은 10을 가리킨다.
  ㉢ 채도(chroma, saturation)
    • 색의 탁하고 선명한 강약의 정도를 나타내는 척도이다.
    • 채도 단계는 1～14단계로 되어 있다.
    • 색의 강약에 따라 순색, 청색, 탁색으로 분류된다.

07 ▶16

먼셀 색체계에서 명도의 설명으로 틀린 것은?

① 명도가 0에 해당하는 검정은 존재하지 않는다.
② 색의 밝고 어두움을 나타낸다.
③ 인간의 눈은 색의 삼속성 중에서 명도에 대한 감각이 가장 둔하다.
④ 명도가 10에 해당하는 물체색은 존재하지 않는다.

해설 | 명도(value, lightness)
  ㉠ 명도란 색상 간의 명암 상태와 색채의 밝기를 나타내는 성질이다.
  ㉡ 인간의 눈은 명도에 가장 민감하며 그다음으로 색상, 채도 순으로 민감하다.
  ㉢ 수직선 방향으로 위로 올라갈수록 명도가 높고, 아래로 갈수록 명도가 낮아진다.
  ㉣ 검정은 0, 흰색은 10을 가리킨다.
  ㉤ 고명도 : 10～7도(4단계), 중명도 : 6～4도(3단계), 저명도 : 3～0도(4단계)

08 ▶15, 19

색의 삼속성이 아닌 것은?

① 색상 - Hue   ② 명도 - Value
③ 채도 - Chroma ④ 색조 - Tone

해설 | 색의 3속성은 색상, 명도, 채도이다.

09 ▶15, 21

먼셀(Munsell) 색체계의 색 표기 방법 중 명도가 가장 높은 색은?

① 2.5R 2/8   ② 10R 9/1
③ 5R 4/14   ④ 75.Y 7/12

해설 | 먼셀 기호 표기법 : 색상, 명도, 채도의 기호는 H, V, C이며 HV/C로 표기한다. 그러므로 10R 9/1 색상이 명도가 제일 높다.

10 ▶13, 18

색채의 강약감과 관련이 있는 색의 속성은?

① 채도   ② 명도
③ 색상   ④ 배색

해설 | 채도는 색채의 탁하고 선명한 강약의 정도를 나타내는 척도이다.

정답 | 06 ③ 07 ③ 08 ④ 09 ② 10 ①

11
채도에 대한 설명으로 옳은 것은?

① 순색으로 반사율이 높은 색이 채도가 높다.
② 반사량이 적은 색이 채도가 높다.
③ 채도에서는 포화도가 존재하지 않는다.
④ 무채색도 채도 값이 있다.

해설 | 채도(chroma, saturation)
  ㉠ 색의 탁하고 선명한 강약의 정도를 나타내는 척도이다.
  ㉡ 채도 단계는 1~14단계로 되어 있다.
  ㉢ 순색으로 반사율이 높은 색이 채도가 높다.
  ㉣ 색의 강약에 따라 순색, 청색, 탁색으로 분류된다.
  ㉤ 순색에 가까울수록 채도는 높아지고, 색이 혼합되면 채도는 낮아진다.
    예 순색에 흰색, 검정을 섞으면 채도가 낮아진다.
       순색에 회색을 섞으면 탁색이 된다.
  ㉥ 순색에 무채색이 많을수록 채도는 낮아지고, 무채색이 적을수록 채도는 높아진다.
  ㉦ 색의 채도가 높으면 명도는 낮게, 채도가 낮으면 명도를 높게 하는 것이 좋다.

12
채도에 관한 설명 중 옳은 것은?

① 채도는 흰색을 섞으면 높아지고 검정색을 섞으면 낮아진다.
② 채도는 색의 선명도를 나타낸 것으로 무채색을 섞으면 낮아진다.
③ 채도는 색의 밝은 정도를 말하는 것이며, 유채색끼리 섞으면 높아진다.
④ 채도는 그림물감을 칠했을 때 나타나는 효과이며, 흰색을 섞으면 높아진다.

해설 | 문제 11번 참조

13
다음 중 색의 채도가 가장 높은 색상은?

① 5R 4/14   ② 5G 5/8
③ 5B 6/6   ④ 5P 3/10

해설 | 먼셀의 색 표기법에서 5R 4/14는 색상이 빨강의 5R, 명도가 4이며, 채도가 14인 색이다. 채도가 높은 색의 배색은 화려하고 자극적인 느낌을 주며, 채도가 낮은 배색은 평온하고 검소한 느낌을 준다.

14
순색의 채도가 높은 것끼리 짝지어진 것은?

① 노랑, 주황   ② 회색, 초록
③ 연두, 청록   ④ 초록, 파랑

해설 | 채도(chroma, saturation)
  ㉠ 색의 탁하고 선명한 강약의 정도를 나타내는 척도이다.
  ㉡ 가장 채도가 높은 색을 순색이라 하며 혼색 될수록 채도가 낮아진다.

15
포스터컬러를 사용하여 빨강에 흰색을 섞어 분홍을 만들었을 때의 결과로 옳은 것은?

① 분홍은 빨강보다 명도가 낮다.
② 분홍은 흰색보다 명도가 높다.
③ 분홍은 빨강보다 채도가 높다.
④ 분홍은 흰색보다 채도가 높다.

해설 | 빨강에 흰색을 혼색시켰을 때 분홍이 되는데 빨강보다 명도는 높아지고 채도는 낮아진다.
분홍은 흰색보다 명도는 낮고, 채도는 높다.

16
다음 중 채도의 변화가 가장 적은 것은?

① 순색에 밝은 회색을 섞는다.
② 순색에 보색 관계의 색을 섞는다.
③ 순색에 어두운 회색을 섞는다.
④ 순색에 유사 색상의 색을 섞는다.

해설 | 채도 변화 : 순색에 유사 색상의 색을 섞으면 채도의 변화는 작으며, 흰색, 회색, 검정색을 섞으면 채도가 낮아진다.

정답 | 11 ① 12 ② 13 ① 14 ① 15 ④ 16 ④

3 색의 혼합

17 ▶16,21
빛의 3원색의 설명으로 옳은 것은?

① 다른 색으로 분해 가능하다.
② 다른 색광의 혼합에 의해 만들 수 있다.
③ 이들 색을 모두 혼합하면 백색광이 된다.
④ 이들로부터 모든 색을 만들 수 없다.

해설 | 가산혼합(가법혼색, 색광혼합)
  ㉠ 빨강(R), 초록(G), 파랑(B)의 3원색으로 이루어진다. 물감의 혼색과는 반대로 더욱 밝아지고 맑아지므로 가법혼색 또는 플러스 현상이라 한다.
  ㉡ 빛의 색을 서로 더해서 빛이 점점 밝아지는 원리를 이용하는 것으로, 색을 더할수록 점점 밝아지는 방법으로 이들 색을 모두 혼합하면 백색광이 된다. 명도가 높아진다.
  ㉢ 무대조명처럼 빛으로 색을 표현하는 매체에 주로 해당하는 원리이다.
  ㉣ 혼합된 색(2차색)의 명도는 혼합하려는 색의 명도보다 높아지며, 보색끼리의 혼합은 무채색이 된다.

18 ▶15
색의 혼합에 관한 설명으로 틀린 것은?

① 색료 혼합의 3원색은 magenta, yellow, cyan 이다.
② 색광 혼합의 2차색은 색료 혼합의 3원색이 된다.
③ 색료 혼합은 혼합하면 할수록 채도가 낮아진다.
④ 색광 혼합은 혼합하면 할수록 명도와 채도가 높아진다.

해설 | 색광 혼합은 혼합하면 할수록 명도가 높아진다.

19 ▶19
다음 색의 혼합 설명으로 옳은 것은?

① C+M+Y를 가법혼색하면 암회색이 된다.
② C+M+Y를 감법혼색하면 백색이 된다.
③ R+G+B를 감법혼색하면 백색이 된다.
④ R+G+B를 가법혼색하면 백색이 된다.

해설 | 가산혼합(가법혼색, 색광혼합)
  ㉠ 빨강(R), 초록(G), 파랑(B)의 3원색으로 이루어진다. 물감의 혼색과는 반대로 더욱 밝아지고 맑아지므로 가법혼색 또는 플러스 현상이라 한다.
  ㉡ 빛의 색을 서로 더해서 빛이 점점 밝아지는 원리를 이용하는 것으로, 색을 더할수록 점점 밝아지는 방법으로 이들 색을 모두 혼합하면 백색광이 된다. 명도가 높아진다.

20 ▶13,17
다음은 가법혼색(색광)의 3원색을 나타낸 것이다. 빈칸 A, B, C 순서대로 맞게 나열한 것은?

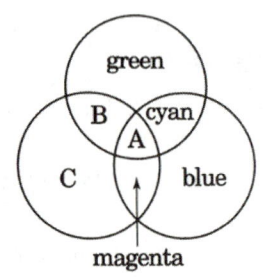

① A : white   B : yellow   C : red
② A : white   B : red   C : yellow
③ A : black   B : yellow   C : red
④ A : black   B : red   C : yellow

해설 | 가산혼합(가법혼색, 색광혼합)
  ㉠ 빨강(R), 초록(G), 파랑(B)의 3원색으로 이루어진다.
  ㉡ 빛의 색을 서로 더해서 빛이 점점 밝아지는 원리를 이용하는 것으로, 색을 더할수록 점점 밝아지는 방법으로 이들 색을 모두 혼합하면 백색광이 된다.
  ㉢ Red + Green = Yellow

정답 | 17 ③ 18 ④ 19 ④ 20 ①

21
▶13,15,17,18,19,20,21

다음 가법혼색 중 틀린 것은?

① green + blue = cyan
② red + blue = magenta
③ green + red = black
④ red + green + blue = white

해설 | 가법혼색
 파랑(Blue) + 녹색(Green) = 시안(Cyan)
 녹색(Green) + 빨강(Red) = 노랑(Yellow)
 파랑(Blue) + 빨강(Red) = 마젠타(Magenta)
 파랑(Blue) + 녹색(Green) + 빨강(Red) = 백색(White)

22
▶17

다음 색의 혼합 결과 가장 큰 탁색은?

① 흰색 + 순색   ② 회색 + 순색
③ 명청색 + 순색 ④ 청색 + 순색

해설 | 탁색(dull color) : 색상의 순색에 무채색의 포함량이 많아 채도가 낮아 저채도가 된 색이다. 회색에 순색을 혼합하면 가장 큰 탁색이 된다.

23
▶18

다음 중 감산혼합에 대한 설명 중 틀린 것은?

① 원색인 시안과 마젠타를 섞으면 2차색은 파랑색이 된다.
② 그 예로 인쇄 출력물 등이 있다.
③ 2차색들은 색광혼합의 3원색과 동일하다.
④ 2차색들은 명도는 낮아지고 채도가 높아진다.

해설 | 감산혼합(감법혼색, 색료혼합)
 ㉠ 색료 혼합, 감법 혼합, 마이너스 혼합이라고 한다.
 ㉡ 색료 혼합의 3원색은 청색(Cyan), 자주(Magenta), 노랑(Yellow)이다.
 ㉢ 2차색의 명도와 채도는 원색보다 낮아진다.
 ㉣ 색료 혼합의 3원색은 청색(Cyan), 자주(Magenta), 노랑(Yellow)을 모두 혼합하면 흑색(Black)이 된다.
 ㉤ 자주(마젠타)·노랑·청색(시안)을 여러 강도로 섞으면 어떤 색이라도 만들 수 있다.
  • 자주(M) + 노랑(Y) = 빨강(R)
  • 노랑(Y) + 파랑(C) = 초록(G)
  • 파랑(C) + 자주(M) = 청자(B)
  • 자주(M) + 노랑(Y) + 파랑(C) = 검정(B)
 ㉥ 근거리의 혼합은 중간색이 되고, 원거리 색이나 보색 혼합은 검정색에 가까운 어두운 회색이 된다.
 ㉦ 컬러사진, 옵셋 인쇄, 수채화 등에 이 원리가 사용된다.

24
▶17,20

컬러 인화 사진은 대부분 어떤 혼색방법을 이용한 것인가?

① 가법혼색   ② 평균혼색
③ 감법혼색   ④ 색광혼색

해설 | 컬러사진, 옵셋 인쇄, 수채화 등에 감법혼색의 원리가 사용된다.

25
▶13

감법혼색에 대한 설명 중 틀린 것은?

① 물감의 혼합, 컬러영화필름 등이 그 예이다.
② 감법혼색의 삼원색은 시안(C), 마젠타(M), 옐로우(Y) 이다.
③ 혼합하면 할수록 명도가 낮아진다.
④ 혼합하면 할수록 채도가 높아진다.

해설 | 색료 혼합은 하면 할수록 채도가 낮아진다.

26
▶14,20

감법혼색의 3원색이 아닌 것은?

① blue   ② cyan
③ yellow ④ magenta

해설 | 감법혼색의 삼원색은 시안(C), 마젠타(M), 옐로우(Y)이다.

정답 | 21 ③ 22 ② 23 ④ 24 ③ 25 ④ 26 ①

27
색료의 3원색을 혼합한 이론상의 결과는? ▶22

① 초록　　　② 검정
③ 하양　　　④ 시안

해설 | 색료 혼합의 3원색은 청색(Cyan), 자주(Magenta), 노랑(Yellow)을 모두 혼합하면 흑색(Black)이 된다.

28
다음 중 색료를 혼합하여 만들 수 없는 색은? ▶14, 19

① 주황　　　② 노랑
③ 연두　　　④ 남색

해설 | 노랑색은 색료의 혼합으로 얻을 수 없는 기본색이다.

29
감산혼합의 결과 중 올바른 것은? ▶16

① 자주 + 노랑 = 빨강
② 시안 + 자주 = 초록
③ 시안 + 노랑 = 파랑
④ 빨강 + 자주 = 주황

해설 |
㉠ 자주(M) + 노랑(Y) = 빨강(R)
㉡ 노랑(Y) + 파랑(C) = 초록(G)
㉢ 파랑(C) + 자주(M) = 청자(B)
㉣ 자주(M) + 노랑(Y) + 파랑(C) = 검정(B)

30
오프셋 인쇄 과정에 있어서 기본 색도는? ▶16

① 6도　　　② 5도
③ 4도　　　④ 3도

해설 |
• 감법혼색은 컬러사진, 옵셋 인쇄, 수채화 등에 이 원리가 사용된다.
• 옵셋(offset) 인쇄 : 옵셋 인쇄방식은 컬러 편집물을 제작할 때 4가지색(C,M,Y,K)을 조합해 인쇄하는 평판 인쇄방식을 말한다.

31
감법혼색에 관한 설명 중 옳은 것은? ▶12

① 무대 조명에 많이 사용한다.
② 컬러 인쇄에 많이 사용한다.
③ 컬러 TV에 많이 사용한다.
④ 흑백 TV에 많이 사용한다.

해설 | 감법혼색은 컬러사진, 옵셋(offset) 인쇄, 수채화 등에 이 원리가 사용된다.

32
다음 중 감법혼색과 관련이 있는 것은? ▶19

① 옵셋(offset) 인쇄
② 3원색은 Red, Green, Blue
③ 3원색의 혼합색은 백색
④ 색광의 혼합

해설 | 감법혼색은 컬러사진, 옵셋(offset) 인쇄, 수채화 등에 이 원리가 사용된다.

33
광원 앞에 투명한 색유리판을 계속 겹쳐 점점 어두워지는 것과 같은 색채 혼색법은? ▶16

① 감법혼색　　　② 가법혼색
③ 중간혼색　　　④ 연속혼색

해설 | 색료를 혼합하여 색 필터를 겹치거나 그림물감을 혼합하는 방법을 감산혼합, 또는 감법혼색이라 한다.

34
다음 중 시안이 되는 RGB 코드는? ▶14

① (0, 255, 255)　　② (255, 255, 0)
③ (255, 0, 255)　　④ (255, 0, 0)

정답 | 27 ② 28 ② 29 ① 30 ③ 31 ② 32 ① 33 ① 34 ①

해설 | RGB 코드
- ㉠ 시안(0, 255, 255)
- ㉡ 노랑(255, 255, 0)
- ㉢ 파랑(0,0,255)
- ㉣ 흰색(255,255,255)
- ㉤ 검정(0,0,0)

35 ▶13,14,19,21
텔레비전의 모니터나 액정모니터 등과 같이 R, G, B로 색을 표현하는 혼색방법은?

① 동시감법 혼색
② 계시가법 혼색
③ 병치가법 혼색
④ 색료감법 혼색

해설 | 병치혼합
- ㉠ 작은 색 점을 섬세하게 병치시키는 방법으로 적(Red), 청(Blue), 녹(Green) 3색의 작은 점들을 멀리 떨어져서 보면 혼색되어 보이는 현상
- ㉡ 화면에 빨간 점과 파란 점을 무수히 많이 찍으면 멀리서 보라색으로 보인다.
- ㉢ 신인상파 화가인 쇠라와 시냑이 점묘화를 통해 표현한 방식이다.
- ㉣ 빛의 혼색 : 컬러 TV혼색
- ㉤ 색료의 혼색 : 직물의 컬러 인쇄

36 ▶17
모자이크, 직물 등의 병치혼합에 특징이 아닌 것은?

① 회전혼합과 같은 평균혼합이다.
② 중간혼색으로 가법혼색에 속한다.
③ 채도가 낮아지는 상태에서 중간색을 얻을 수 있다.
④ 병치혼합 원리를 이용한 효과를 '배졸드효과(Bezold effect)'라고 한다.

해설 | 중간혼색은 명도와 채도는 혼합되는 색의 중간 값을 얻는다.

37 ▶12,15
점묘법으로 그린 그림이 일정 거리에서 보면 혼색되어 보인다. 이와 관련 있는 적합한 혼색은?

① 색료혼색
② 감법혼색
③ 병치혼색
④ 계시가법혼색

해설 | 문제35번 참조

38 ▶12,17
병치혼합은 다음 중 어떤 화가의 작품에서 주로 사용되었는가?

① 피카소
② 뭉크
③ 달리
④ 쇠라

해설 | 병치혼합은 신인상파 화가인 쇠라와 시냑이 점묘화를 통해 표현한 방식이다.

39 ▶12
4도 오프셋 인쇄에 적용된 색채 혼합의 원리는?

① 감법혼색과 가법혼색
② 병치혼색과 가법혼색
③ 감법혼색과 병치혼색
④ 연속혼색과 감법혼색

해설 | ㉠ 감법혼색 : 물감, 인쇄잉크의 혼합으로 섞을수록 명도가 낮아진다.
㉡ 병치혼색 : 작은 색 점을 섬세하게 병치시키는 방법이며, 적(Red), 청(Blue), 녹(Green) 3색의 작은 점들이 규칙적으로 배열, 혼색되어 인쇄되는 현상을 말한다.

40 ▶17
다음 중 회전 혼합과 관계가 없는 것은?

① 가법 혼합
② 색광 혼합
③ 색료 혼합
④ 중간 혼합

정답 | 35 ③ 36 ③ 37 ③ 38 ④ 39 ③ 40 ③

해설 | ㉠ 회전혼합
- 하나의 면이 두 개 이상의 색을 붙인 후 빠른 속도로 회전하며, 두 색이 혼합되어 보이는 현상이다.
- 평균혼합으로 명도와 채도가 평균값으로 지각이 되고 색료에 의해서 혼합되는 것이 아니라 계시가법혼색에 속한다.

㉡ 중간혼합(중간혼색)
직접적인 혼합이 아니고 주위 조건에 따라 혼합효과가 나타나는 것으로 명도, 채도가 크게 달라지지 않아 중간혼합이라고 한다. 혼합하면 중간명도에 가까워지는 병치혼합과 회전혼합을 말한다. 두 색의 명도가 합쳐진 것의 평균 명도가 된다.

해설 | 혼색계
㉠ 색광을 표시하는 표색계이다.
㉡ 물리적인 변색이 일어나지 않는다.
㉢ 색표계로 변환이 가능하며 오차를 적용할 수 있다.
㉣ 광원의 영향을 받지 않고 심리적, 물리적인 빛의 혼색실험에 기초를 두고 있다.
㉤ 측색기로 측색하여 출력된 데이터의 수치나 좌표로 표현된다.
㉥ CIE 표색계가 해당된다.

4 색의 표시

41 ▶13,17,21
다음 중 색입체에 관한 설명으로 틀린 것은?

① 색의 3속성을 3차원 공간에 계통적으로 배열한 것이다.
② 오스트발트 색체계의 색입체는 원형이다.
③ 먼셀 색체계의 색입체는 나무의 형태를 닮아 color tree 라고 한다.
④ 색입체의 중심축은 무채색 축이다.

해설 | 오스트발트 색체계의 색입체는 주판알 모양 같은 복원추체 형이다.

43 ▶13,16
현색계에 대한 설명으로 옳은 것은?

① 정확한 측정이 가능하다.
② 빛의 혼색실험 결과에 기초를 둔 것이다.
③ 색편의 배열 및 색채 수를 용도에 맞게 조정할 수 있다.
④ 색 사이의 간격이 좁아 정밀한 색 좌표를 구할 수 있다.

해설 | 현색계
㉠ 색채를 표시하는 표색계이다.
㉡ 일정한 번호나 기호를 붙여서 색채를 표시한다.
㉢ 색채지각의 심리적인 속성인 색상, 명도, 채도에 따라 이루어진다.
㉣ 먼셀 표색계, 오스트발트 표색계가 해당된다.
㉤ 색편의 배열 및 색채 수를 용도에 맞게 조정할 수 있다.

42 ▶14,17
다음 중 혼색계에 대한 설명으로 틀린 것은?

① 물리적인 변색이 일어나지 않는다.
② 색표계로 변환이 가능하며 오차를 적용할 수 있다.
③ 광원의 영향에 따라 다르게 지각 될 수 있다.
④ 측색기로 측색하여 출력된 데이터의 수치나 좌표로 표현한다.

44 ▶16,18
먼셀 표색계에 대한 설명 중 옳은 것은?

① 모든 색은 흑(B) + 백(W) + 순색(C) = 100%가 되는 혼합비에 의하여 구성되어 있다.
② 먼셀의 색상에서 기본색은 빨강, 노랑, 녹색, 파랑, 보라의 5색이다.
③ 먼셀 표색계는 복원추체 모양이다.
④ 무채색 축을 중심으로 24 색상을 가진 등색상 삼각형이 배열되어 있다.

정답 | 41 ② 42 ③ 43 ③ 44 ②

해설 | 먼셀 표색계
  ㉠ 미국의 화가 먼셀(Munsell)에 의해 1905년에 창안되었다.
  ㉡ 우리나라는 한국산업규격(KS)에서 색채표기법으로 채택하고 있다.
  ㉢ 적(R),황(Y),녹(G),청(B),자(P)가 기본 5색이다.
  ㉣ 물체 표면의 색지각을 기초로 심리적인 색의 속성을 색상(H), 명도(V), 채도(C)의 세 가지 속성으로 나누고, HV/C로 표기한다.
  ㉤ 5GY 6/4는 색상이 연두색 5GY에 명도가 6이며 채도가 4인 색채이다.
  ㉥ 무채색의 경우 N4와 같이 명도만을 나타내고 앞에 N을 표기하여 무채색임을 명시한다.
  ㉦ 색상은 원으로, 명도는 직선으로, 채도는 방사선으로 배열한다.

45 ▶20
먼셀기호의 표기 방법이 옳은 것은?
① 명도 축은 1단계로 나뉘어져 있다.
② 표기 방법은 H V/C이다.
③ 평행선상에 있는 색은 순색이다.
④ 무채색축의 스케일은 S로 표시한다.

해설 | 먼셀 기호는 물체 표면의 색 지각을 기초로 심리적인 색의 속성을 색상(H), 명도(V), 채도(C)의 세 가지 속성으로 나누고, HV/C로 표기한다.

46 ▶13,20
먼셀 색입체에 관한 설명 중 틀린 것은?
① 색상은 명도 축을 중심으로 원주상에 구성되어 있다.
② 명도는 직선적으로 변한다.
③ 채도는 수평선으로 배열된다.
④ 명도는 위로 올라갈수록, 채도는 색입체의 중심에 가까울수록 증가한다.

해설 | 먼셀 색입체에서 명도는 위로 올라갈수록, 채도는 색입체의 아래로 내려갈수록 증가한다.

47 ▶18
먼셀 색체계에 관한 설명 중 틀린 것은?
① 모든 색상의 채도 위치가 같아 배색이 용이하다.
② 색상, 명도, 채도의 3속성을 기호로 한 3차원 체계이다.
③ 먼셀 색상은 R, Y, G, B, P를 기본색으로 한다.
④ 한국산업표준으로 제정되고 교육용으로 제정된 색체계이다.

해설 | 채도는 무채색 축으로 가면 저채도, 바깥으로 나오면 고채도의 배열을 보인다.

48 ▶21
먼셀 색체계에서 색의 3속성에 대한 설명으로 틀린 것은?
① 기본 5색은 R, Y, G, B, P 이다.
② KS에서는 20색상환을 채택하고 있다.
③ 색의 포화도와 채도는 비례 관계에 있다.
④ 유채색 중 가장 명도가 낮은 색은 남색이다.

해설 | KS 규정에서는 기본 10색상환을 기준으로 하며, 20, 50, 100 색상환으로 세분화 할 수 있다.

49 ▶12,15
색입체를 수평으로 절단하면 중심축의 회색 주위에 나타나는 모양은? (단, 먼셀색체계기준)
① 같은 채도의 여러 색상
② 같은 색상의 채도 변화
③ 같은 명도의 여러 색상
④ 같은 명도의 같은 색상

해설 | 먼셀(Munsell)의 색채 단면도
  ㉠ 색입체를 수직으로 자르면 같은 색상이 나타나므로 등색상면이라 한다.
  ㉡ 색입체를 수평으로 자르면 방사형태의 색상이 나타나며 같은 명도의 색이 나타나므로 등명도면이라 한다.

정답 | 45 ② 46 ④ 47 ① 48 ② 49 ③

50
먼셀 색입체를 무채색 축을 통하여 수직으로 절단한 단면은?

① 등색상면
② 등명도면
③ 등채도면
④ 등명도면과 등채도면

해설 | 색입체를 수직으로 자르면 같은 색상이 나타나므로 등색상면이라 한다.

51
먼셀 색입체의 종단면도에서 볼 수 없는 것은?

① 색상환의 변화
② 명도의 변화
③ 채도의 변화
④ 순도의 변화

해설 | 먼셀 색입체를 종단면으로 자르면 명도, 채도의 변화를 볼 수 있다.

52
먼셀 색체계의 5가지 기본 색상으로 틀린 것은?

① R
② Y
③ G
④ C

해설 | 적(R), 황(Y), 녹(G), 청(B), 자(P)가 기본 5색이다.

53
다음 중 한국산업표준(KS)을 기준으로 기본색 빨강의 색상범위에 해당하는 것은?

① 5RP 3.5/4.5
② 5YR 8/4
③ 10R 9/5
④ 7.5R 4/14

해설 | 한국산업표준(KS)을 기준

색명	빨강	주황	노랑	청록
색상범위	2.5R-7.5R	10R-10YR	10YR-7.5Y	7.5BG-7.5B

54
먼셀기호 "5R 8/3"이 나타내는 의미는?

① 색상 5R, 채도 8, 명도 3
② 색상 5R, 명도 8, 채도 3
③ 색상 3R, 명도 8, 채도 5
④ 색상 5R, 채도 11, 명도 3

해설 | 먼셀 표색계의 색표기
먼셀 표색계의 색표기(KS 규격)는 색상(H), 명도(V), 채도(C)의 순으로 HV/C로 표기한다. 5R 8/3은 5R은 중심이 되는 순색 빨강(red), 8은 명도, 3은 채도를 표시한다.

55
먼셀(Munsell)표기법에 맞는 물체색의 3속성은?

① 색채, 혼색, 현색
② 색상, 명도, 채도
③ 색각, 색감, 색약
④ 색상, 순도, 흰색도

해설 | 물체 표면의 색 지각을 기초로 심리적인 색의 속성을 색상(H), 명도(V), 채도(C)의 세 가지 속성으로 나누고, HV/C로 표기한다.

56
먼셀(Munsell) 표색계에 기본을 둔 표준색표의 구성에서 R의 경우 1R, 2R, 3R … 10R로 10등분하여 나눈다. 다음 중 5R에 해당되는 색은?

① 연지에 가까운 색
② 다홍색
③ 중간밝기의 빨강색
④ 빨강의 순색

해설 | 기호 5의 색은 순색을 의미한다.

정답 | 50 ① 51 ① 52 ④ 53 ④ 54 ② 55 ② 56 ④

57 ▶14,19
7YR에 대한 설명으로 옳은 것은?

① Y와 R의 중간 색상으로 R에 더 가깝다.
② Y와 R이 같은 비율로 혼합되어 있다.
③ Y와 R의 중간 색상으로 Y에 더 가깝다.
④ 직관적 표기법으로 알 수가 없다.

해설 | 두 기본색의 중간색은 각각5가 중심이 되며, 숫자가 커질수록 앞 글자 색에 가까워진다.

58 ▶15
먼셀 색체계에서 색상기호 앞에 붙는 숫자로 각 색상의 대표 색상을 의미하는 숫자는?

① 2
② 5
③ 8
④ 3

해설 | 먼셀 표색계는 우리나라 교육용으로 채택된 표색계이다. 기본 5색(빨강, 노랑, 녹색, 파랑, 보라)과 간색 5색(10)과 각 간색의 5색(20)으로 총100단계까지 나누어 표기하며, 10색까지는 대표숫자 5가 붙는다.

59 ▶13,18,21
먼셀(Munsell)의 색체계에서 5R의 보색은?

① 5Y
② 5G
③ 5PB
④ 5BG

해설 | 보색은 색상환에서 반대편에 있는 색을 말한다.
5R-5BG / 5Y-5PB / 5G-5RP / 5B-5YR / 5P-5GY

60 ▶16,20
오스트발트 색체계에 대한 설명으로 틀린 것은?

① B에서 W방향으로 a, c, e, g, i, l, n, p로 나누어 표기한다.
② 등색상 삼각형에서 BC와 평행선상에 있는 색들은 백색량이 같은 색 계열이다.
③ 등색상 삼각형에서 WB와 평행선상에 있는 색들은 순색량이 같은 색 계열이다.
④ 순색량(C)+백색량(W)+흑색량(B)=100%가 되는 3색 혼합에 의하여 물체색을 체계화하였다.

해설 | 오스트발트 색체계에서 무채색은 W에서 B방향으로 a, c, e, g, i, l, n, p 순이다.

61 ▶17
오스트발트(Ostwald) 표색계에 관한 설명 중 틀린 것은?

① 색의 합리적인 계획보다 색채계획이나 색채조화에 장점을 가지고 있다.
② 색상환은 24색상을 원칙으로 한다.
③ 최상단은 검정, 최 하단은 하양으로 하여 정삼각형을 만들었다.
④ W+B+C=100이라는 이론이다.

해설 | 오스트발트의 정삼각형은 최상단은 흰색, 최 하단은 검정 만들었다.

62 ▶15,18
오스트발트 색체계의 설명으로 틀린 것은?

① 3색 이상의 회색은 채도가 등간격이면 조화롭다.
② 색입체가 대칭구조를 이루고 있다.
③ 기본색은 노랑, 빨강, 파랑, 초록이다.
④ la-na-pa는 등흑색계열을 나타낸다.

해설 | 3색 이상의 회색은 명도가 등간격 이면 조화롭다.

정답 | 57 ③ 58 ② 59 ④ 60 ① 61 ③ 62 ①

63 ▶15
오스트발트 색체계에 관한 설명으로 틀린 것은?

① 노랑을 기준으로 전체 24색상으로 이루어져 있다.
② 톤은 무채색을 제외하고 각 색상 당 28색으로 이루어져 있다.
③ 원래 색채의 배색을 위한 조화를 목적으로 제작되었다.
④ 색채조화매뉴얼(CHM)에는 모두 40색상으로 구성된다.

해설 | 색채조화매뉴얼(CHM)에는 모두 30색상으로 구성된다.

64 ▶15
오스트발트 색상환은 무엇을 기본으로 하여 만들어졌는가?

① 먼셀의 5원색
② 뉴턴의 프리즘
③ 헤링의 4원색
④ 영·헬름홀츠의 3원색

해설 | 오스트발트(Ostwald)의 색체계는 E. 헤링의 4원색 이론, 즉, 빨강(red), 노랑(yellow), 파랑(ultramarine blue), 녹색(sea green)의 색상을 기초로 하고 각각의 사이에 주황(orange), 청록(turquoise), 보라(purple), 연두(leaf green)를 더하여 8가지 색상을 기본으로 하고 있다. 이 8가지 색상을 각각 3단계로 분할하여 24색상으로 구성된다.

65 ▶12,16
혼색원판의 색채 분할 면적의 비율을 변화함으로써 여러 색채를 만들어 이것을 색표로 구현하여 백색량과 흑색량의 기호로 색을 표시한다는 원리는 무슨 표색계인가?

① 오스트발트
② 먼셀
③ 그래이브스
④ 비렌

66 ▶16
오스트발트 표색계에서 무채색을 나타내는 원리는?

① 순색량 + 백색량 = 100%
② 백색량 + 흑색량 = 100%
③ 순색량 + 회색량 = 100%
④ 순색량 + 흑색량 + 백색량 = 100%

해설 | 오스트발트 표색계는 먼셀 표색계에 비해 직관적이지 못하고, 이해하기 어려운 단점이 있다. 무채색은 W+B=100%가되게 하고, 순색량이 있는 유채색은 W+B+C=100%가 된다.

67 ▶15,20
"C+W+B=100"이란 이론을 만들어낸 학자는?

① 먼셀
② 뉴턴
③ 오스트발트
④ 맥스웰

해설 | 문제 66번 참조

68 ▶16
오스트발트 표색계의 순색량은 무엇으로 표기하는가?

① C
② W
③ H
④ B

해설 | 기본 색채
기본이 되는 색채는 B(Black), W(White), C(Full Color)이다.
㉠ B : 빛을 완전히 100% 흡수하는 이상적인 흑색
㉡ W : 빛을 완전히 100% 반사하는 이상적인 백색
㉢ C : 특정 파장 영역의 빛만을 완전하게 100% 반사하고 나머지 파장 영역을 완전하게 흡수하는 이상적인 순색

69 ▶19,20
오스트발트 색체계의 색표기 방법인 '8pa' 중 'p'가 의미하는 것은?

① 색상기호
② 흑색량
③ 백색량
④ 순색량

해설 | 8은 색상번호, p는 백색량, a는 흑색량

정답 | 63 ④ 64 ③ 65 ① 66 ② 67 ③ 68 ① 69 ③

70

오스트발트 색입체를 명도를 축으로 하여 수직으로 절단했을 때의 단면 모양은?

① 삼각형   ② 타원형
③ 직사각형   ④ 마름모형

해설 | 오스트발트의 색입체는 수직, 수평의 배치를 가지고 있는 먼셀의 색입체와는 달리, 정 삼각구도의 사선배치로 이루어져 전체적으로 복원추체의 마름모 형태로 구성되어 있다.

71

CIE 색체계에 대한 설명 중 옳은 것은?

① 국제색채위원회에서 정한 표색법이다.
② 현색계의 가장 대표적인 색체계이다.
③ XYZ 좌표계를 사용한다.
④ 적, 황, 청의 원색광을 적절히 혼합하여 모든 색을 만들 수 있다는 것에 기초한다.

해설 | CIE 표준 표색계(XYZ 표색계)에서 혼색계는 색광을 표시하는 표색계로 심리적이고 물리적인 빛의 혼색 실험에 의하여 기초를 두는 것으로 현재 측색학의 근본을 이루고 있다. 빛의 3원색인 R(적)/G(녹)/B(청)를 X/Y/Z의 양으로 나타낸다. 이중에서 X와 Y를 각각 X축, Y축으로 하여 도표로 만든 것이 색도도(色度圖)이다.

72

분광광도계를 이용하여 색편의 분광반사율을 측정했을 때 가장 정확하게 색좌표가 계산되는 색체계는?

① Munsell 색체계   ② Hering 색체계
③ CIE 색체계   ④ Ostwald 색체계

해설 | 분광 광도계는 분광 반사율을 측정하여 색채 값을 1931년 이후부터 CIE 표준 표색계에 의하여 그 단위와 체계가 완전히 정립하여 색광을 표시하는 표색계로 현재 측색학의 근본을 이루며 오늘날은 CIE 표준 표색계를 사용한다.

73

CIE 색도도에 관한 설명 중 틀린 것은?

① 빛의 혼색실험에 기초한 것이다.
② 백색광은 색도도 중앙에 위치한다.
③ 순수파장의 색은 바깥 둘레에 위치한다.
④ 색도도의 모양은 타원형으로 되어 있다.

해설 | CIE 색도도
㉠ 빛의 혼색실험에 기초한 것이다.
㉡ 백색광은 색도도 중앙에 위치한다.
㉢ 순수파장의 색은 바깥 둘레에 위치한다.
㉣ C점은 백색 점을 나타낸다.
㉤ 실존하는 모든 색을 나타낸다.
㉥ 색도도 안에 있는 점은 혼합 색을 나타내며, 말발굽형의 바깥 둘레는 순수 파장의 색을 나타낸다.

74

CIE(국제조명위원회)에서 규정한 표준광(光) 중 맑은 하늘의 평균 낮 광선을 대표하는 광원은?

① 표준광 A
② 표준광 D
③ 표준광 C
④ 표준광 B

해설 | CIE(국제조명위원회)의 표준광원(CIE standard source)
㉠ 표준광원 A : 분포온도가 약 2856 K가 되도록 점등한 투명밸브 가스가 들어 있는 텅스텐 코일 전구이다.
㉡ 표준광원 B : 표준광원 A에 규정한 데이비스-깁슨 필터를 걸어서 상관 색온도를 약 4874K로 한 광원으로 직사태양광이다.
㉢ 표준광원 C : 표준광원 A에 데이비스-깁슨 필터를 걸어서 상관색온도를 약 6774°K로 한 광원으로 맑은 하늘의 평균 낮 광선을 대표하는 광원이다.
㉣ 표준광원 D : 국제실용온도 눈금표시용 광원이다.

정답 | 70 ④ 71 ③ 72 ③ 73 ④ 74 ③

75 ▶19
육안검색의 조건으로 알맞지 않은 것은?

① 육안검색 시 측정 각은 45/0과 0/45 방식을 사용한다.
② 주변 환경을 먼셀 명도기호 N4로 갖춘다.
③ 측색광원은 1000LX, D65 광원으로 검사한다.
④ 먼셀색표와의 비교를 위해 C광원을 사용한다.

해설 | 육안 검색
시료 표면의 색상을 육안으로 검색하는 방법. 벽면이 N7 정도인 공간의 부스 안에서 기준색상과 시료색상을 비교한다. 거리는 50cm 정도, 각도는 45도 또는 90도에서 검색한다. 측색광원은 1000LX D65 광원으로 검사하며, 먼셀 색표와의 비교를 위해 C광원을 사용 한다

76 ▶20
스웨덴의 색채 표준으로 채용된 색체계로 헤링의 심리 4원색과 백, 흑 등 6색을 원색으로 하는 색체계는?

① 먼셀 색체계
② 오스트발트 색체계
③ NCS 색체계
④ PCCS 색체계

해설 | NCS(Natural Color System) 표색계
㉠ 스웨덴의 색채 표준으로 채용된 색체계로 헤링의 심리 4원색이론을 바탕으로 한다.
㉡ 다른 색체계가 빛의 강도를 토대로 색을 표기하는 데 반하여 심리적인 비율척도를 사용해 색지각량을 표로 나타낸 것이다.
㉢ 백색(W), 검정(S), 노랑(Y), 빨강(R), 파랑(B), 초록(G)을 기준으로 6가지 색을 원색으로 구성 한다.
㉣ NCS 표기는 뉘앙스와 색상으로 표시한다.

77 ▶12,18
NCS 표기법의 "S2030-Y90R"에 대한 설명 중 틀린 것은?

① NCS색 견본 두 번째 판(second edition)을 뜻한다.
② 20%의 검정색도와 30%의 유체색도이다.
③ YR의 혼합비율로 90%의 빨강 색도를 띤 노란색이다.
④ 90%의 노란 색도를 띤 빨간색을 뜻한다.

해설 | NCS(Natural Color System) 표색계
색은 6가지 심리 원색인 흰색(W), 검정(B), 노랑(Y), 빨강(R), 파랑(B), 초록(G)을 기본으로 각각의 구성비로 나타내고, 흰색량, 검정량, 순색량의 세 가지 속성 가운데 검정량(blackness)와 순색량(chromaticness)의 뉘앙스(nuance)만 표기한다. Y90R에서 Y는 색상을 말하며, YR의 혼합비율로 90%의 빨강 색도를 띤 노란색이다.

5 색명

78 ▶14,19
[보기]는 어떤 기준의 색명인가?

> sepia, prussian blue, lavender, emerald green

① 계통색명
② 표준색명
③ 관용색명
④ 일반색명

해설 | 관용색명(고유색명)
㉠ 기원을 알 수 없는 고유색명 : 순수한 우리말로 된 하양, 빨강, 노랑, 보라 등과 흑, 백, 적
㉡ 동물과 관련 있는 고유색명 : 살색, 쥐색, buff, salmon, peacock
㉢ 식물과 관련 있는 고유색명 : 귤색, 밤색, 가지색, 살구색, 복숭아색, 팥색
㉣ 광물 또는 보석과 관련 있는 고유색명 : 금색, 은색, 호박색, 고동색
㉤ 고유명사와 관련 있는 고유색명 : 담배색, 포도주색, magenta
㉥ 자연 대상에서 따온 고유색명 : 하늘색, 바다색, 땅색, 황토색, 무지개색

79 ▶13,18
관용색명 '베이비핑크'와 관련이 없는 것은?

① 흐린 분홍
② 5R 8/4
③ 7Y.8.5/4
④ baby pink

정답 | 75 ② 76 ③ 77 ④ 78 ③ 79 ③

해설 | 베이비핑크(baby pink)
연한 분홍보다 빨간 빛이 조금 더 많은 색으로 어린아이 볼의 발그스레한 색이다.
㉠ 대표색 : 흐린 분홍
㉡ 대표 : 5R 8/4

80 ▶13
다음 관용색명 중 동물의 이름과 관련된 색명은?

① prussian blue   ② peach
③ cobalt blue   ④ salmon pink

해설 | 동물과 관련 있는 고유색명 : 살색, 쥐색, buff, salmon, peacock 등이 있다.
salmon pink : 연어살색-연어의 속살과 같이 노란빛을 띤 분홍색.

81 ▶15, 21
먼셀(Munsell) 기호 중 신록이나 목장, 신선한 기운을 상징하기에 가장 적절한 색은?

① 10R 6/2   ② 10G 2/3
③ 5GY 7/6   ④ 10B 4/3

해설 | 연두(GY)색의 상징
신성, 새싹, 잔디, 목장, 성장, 푸른 대나무, 피로회복을 상징

82 ▶21
다음 중 수식형용사를 적용한 색채표현이 옳은 것은? (KS한국산업표준기준)

① 어두운 보랏빛 회색
② 노란 밝은 주황
③ 자줏빛 흐린 분홍
④ 맑은 자주

해설 | 한국산업표준의 색상에 관한 수식어
㉠ 수식어 순서 : 수식어는 일반적으로 기본 색이름을 앞에 관한 수식어, 명도와 채도에 관한 수식어의 순으로 붙인다.
㉡ 예 빨강 기미의 보라, 노랑 기미의 녹색

83 ▶20
한국산업표준 KS에 의한 관용색명과 색계열의 연결이 틀린 것은?

① 벽돌색(copper brown) - R 계열
② 올리브그린(olive green) - GY 계열
③ 라벤더(lavender) - RP 계열
④ 크림색(cream) - Y 계열

해설 | 라벤더(lavender) - 7.5PB 7/6

84 ▶15
KS의 일반 색명이 근거를 두고 있는 국제표준은?

① ASA   ② CIE
③ ISCC-NBS   ④ NCS

해설 | ISCC-NBS 색명법
㉠ 미국 ISCC(색채협의회)와 NBS(미국립표준국)이 공동으로 제정한 계통색 이름법이다.
㉡ 먼셀의 색입체를 267개단위로 나눈 색 이름이다.
㉢ 색 이름을 계통적으로 체계화 시켜서 실제생활에 쓰고 있는 이름과 일치하도록 만들어 세계 여러 나라의 색 이름 기준으로 사용된다.
㉣ KS A 0011(한국산업규격 규정 색명)에는 일반 색명에 대하여 자세히 규정하고 있으며 미국의 ISCC-NBS 색명법에 근거를 두고 있다.

85 ▶12, 19, 21
다음 중 페일(pale) 톤과 가장 가까운 것은?

① 저명도 저채도의 색
② 강하고 힘 있는 고채도의 색
③ 우아하고 부드러운 고명도와 저채도의 색
④ 탁하고 침울한 저명도와 고채도의 색

해설 | ㉠ 저명도 저채도의 색 : dark
㉡ 강하고 힘 있는 고채도의 색 : vivid
㉢ 우아하고 부드러운 고명도와 저채도의 색 : pale
㉣ 탁하고 침울한 저명도와 고채도의 색 : deep

정답 | 80 ④ 81 ③ 82 ① 83 ③ 84 ③ 85 ③

86 ▶14
다음 중 색조를 표현한 것은?

① Red ② Vivid
③ Blue ④ Red Purple

해설 | 톤(tone)
색의 명암, 강약, 농담 등 색조를 말한다.

※ 명도 및 채도에 관한 수식어
㉠ Vivid : 선명하다/고채도/중명도/순색
㉡ Light : 연하다/중채도/고명도/순색+회색량
㉢ Deep : 진하다/고채도/저명도/순색+흑색량
㉣ Pale : 엷다/저채도/고명도/순색+백색량

87 ▶13
다음 중 비비드(vivid)를 말하는 것은?

① 가장 채도가 낮은 영역
② 가장 채도가 높은 영역
③ 가장 영도가 낮은 영역
④ 가장 영도가 높은 영역

해설 | Vivid : 선명하다/고채도/중명도/순색

88 ▶18
관용색명 중 원료에 따른 색명으로 맞는 것은?

① 피콕그린 ② 베이지
③ 라벤더 ④ 세피아

해설 | 세피아 : 보랏빛이 도는 갈색 안료

정답 | 86 ② 87 ② 88 ④

02-3 색채 조화

Pass Note

예상출제문항	키워드	
1~2	- 색채 조화의 공통원리 - 색채 조화론의 종류와 특성 - 문·스펜서의 조화론 - 저드의 색채 조화론	- 배색 방법 - 윤성조화 - 미도 - 배색 응용 방법

1. 색채 조화의 공통원리

구분	내용
질서의원리 (principle of Order)	색채조화는 의식할 수 있고 효과적인 반응을 일으키는 질서 있는 계획에 따라 선택된 색채들에서 생긴다.
비모호성의 원리 (principle of Unambiguity)	색채조화는 두 색 이상의 배색에 있어서 석연한 점이 없는 명료한 배색 에서만 얻어진다.
동류의 원리 (principle of familiarity)	가장 가까운 색채끼리의 배색은 보는 사람에게 친근감을 주며 조화를 느끼게 된다.
유사의 원리 (principle of similarity)	배색된 색채들이 서로 공통되는 상태와 속성을 가질 때 그 색채군은 조화된다.
대비의 원리 (principle of contrast)	배색된 색채들의 상태와 속성이 서로 반대되면서도 모호한 점이 없을 때 조화를 느낀다.

예제 01 색채조화의 공통되는 원리가 아닌 것은? [20,14]
① 질서의 원리
② 유사의 원리
③ 대비의 원리
④ 모호성의 원리

정답 ④

2. 조화의 원리와 배색의 효과

원리	내용
동일, 유사색상의 조화	무난하기는 하나 변화가 작으므로 명도차, 채도차를 둠으로써 대비효과를 준다.
반대색의 조화	대비조화에 있어서 순색끼리의 배색은 너무 강렬하므로 명도를 높이거나 채도를 낮추어 조화시킨다.
무채색의 조화	무채색은 거의 모든 색과 조화되므로 그것을 유사색과 적당히 배색하여 조화효과를 높일 수 있다.

예제 02 색채조화에 관한 설명 중 틀린 것은? [23,18,12]
① 동일·유사조화는 강렬한 느낌을 준다.
② 보색배색은 색상대비가 크다.
③ 대비조화는 동적인 느낌을 준다.
④ 배색된 색채들의 상태와 속성이 서로 반대되면서도 모호한 점이 없을 때 조화된다.

정답 ①

3. 오스트발트의 색채조화론

1) 특징

① 정성적 취급방법을 연구하였다.
② 오스트발트의 색 입체에 의하여 공간속에 정연하게 배열한 것을 조화의 조건이라 생각하고 대표 색을 24 주요색으로 선택하였다.
③ "채도가 높을수록 면적을 좁게 해야 한다."라는 이론을 내세웠다.

2) 색채 조화의 법칙

(1) 무채색의 조화

① a, c, e, g, i, l, n, p의 무채색 단계 속에서 같은 간격으로 선택된 배색은 조화롭다.
② 간격을 바꾸어 보면 조화의 효과도 변하고 대비의 효과도 달라진다.

> **Note** 무채색의 조화 예시
> 명도 단계 축 a, c, e, g, i, l, n, p의 같은 간격 배색
> a, c, e / e, g, l / a-e-l / e-l-n / a-g-n / c-l-p

(2) 등색상 3각형에 있어서의 조화

① 등백색(Isotint) 계열의 조화
  • 등색상 3각형 속에서 등백 계열 선상의 색은 조화 한다.
  • 백색량이 같다고 하는 공통점으로 질서가 생긴다. 앞의 문자가 같은 기호 색 선택
     i-ie-ia, ni-ne-na

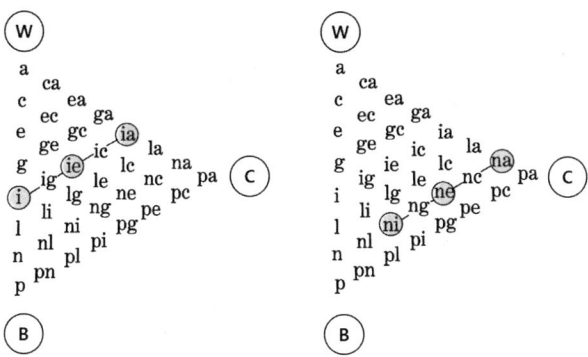

② 등흑색(Isotone) 계열의 조화
- 등색상 3각형 속에서 등흑 계열 선상의 색은 조화
- 흑색량이 같다고 하는 점에서 뒤의 문자가 같은 기호 색 선택
  예) c-gc-lc, ec-ic-nc)

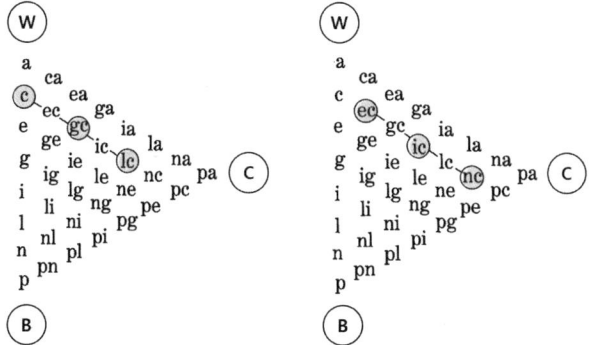

③ 등순색(Isochrome) 계열의 조화
- 등색상 3각형의 수직 방향의 등순 계열 선상의 색은 조화(무채색 축의 수직배열)
- 순색이 같다고 하는 공통성에 의하여 조화
  예) ia-ne-pg, ca-ge-li-pn, gc-lg-pl

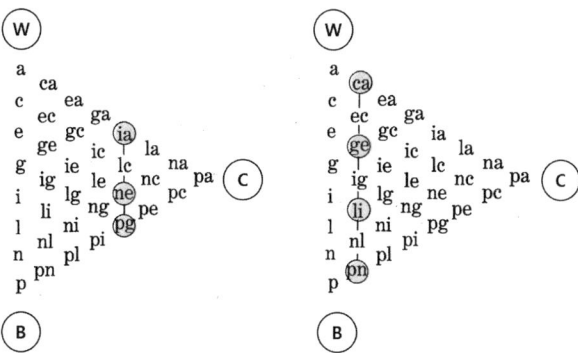

④ 등색상의 조화
  - **등백, 등흑, 등순계열을 모두 조합**시키면 그림과 같은 선택법이 된다.
  - 등순 계열 속에서 2색(gc,lg)을 선택하고, 이들의 등백 1계열, 등흑 계열의 교차점에 해당하는 색(lc)을 선택하면 된다.
    예 gc-lg-lc, ie-ni-i

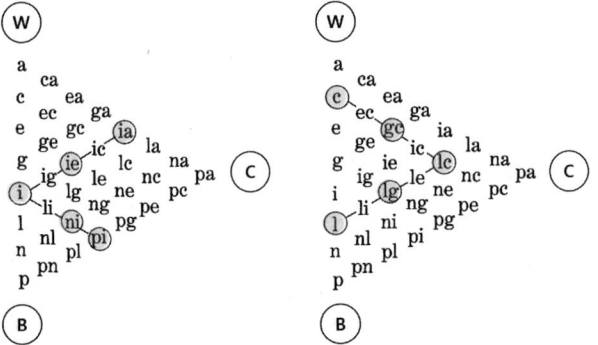

> **Note** 등가치색 계열의 조화
> - 색상기호의 두 글자는 같고 색상번호만 다른 색들의 조화
> - 유사색 조화 : 색상차가 4이하인 경우 약한 대비 조화(예 2ic-4ic, 6ni-10 ni)
> - 이색조화 : 색상차가 6~8일 경우의 중간 대조의 배색(예 4pg-12pg)
> - 보색조화 : 오스트 발트의 색환은 24색상이기 때문에 색상차가 12가 되며 보색조화가 된다.
>   (예 2Pa-14Pa)

(3) 윤성 조화(다색 조화)
 ① 색입체의 3각형속의 하나의 색(ic)을 지나는 수직선의 등순 계열, 위 사변에 평행하는 선 등흑계열, 아래 사변에 평행하는 선 등백 계열 및 수평으로 자른 원 등가 색상환에 놓인 색은 모두 조화롭다.
 ② 윤성(Ring Star)에 의하여 등백, 흑백, 등순 계열 어디에서도 새로운 등가 색상환을 그을 수 있으므로 조화색은 37색의 다색조화를 이룬다.

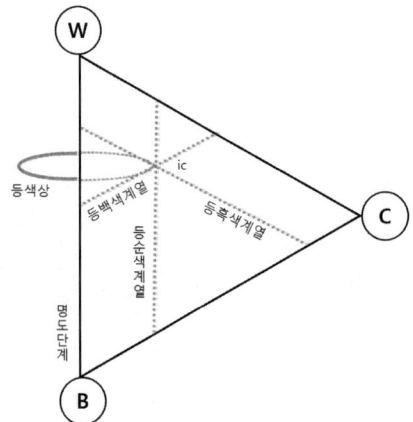

[다색 조화(윤성조화) 선택의 예]

예제 03 오스트발트 색채 조화의 설명으로 틀린 것은? [19,14]
① 유사색 가운데 색상 간격이 2 ~ 4인 2색의 배색은 약한 대비의 조화가 된다.
② 순도가 같은 계열의 색은 조화된다.
③ 흰 색량이 같은 색은 조화된다.
④ 색생환의 중심에 대하여 반대 위치에 있는 2색의 배색을 이색조화라고 한다.

정답 ④

 예제 04 오스트발트(Ostwald) 조화론의 등색상 삼각형의 조화가 아닌 것은? [21,19,13]
① 등순색계열의 조화
② 등백색계열의 조화
③ 등흑색계열의 조화
④ 등명도계열의 조화

정답 ④

3) 오스트발트 조화론의 단점
① 색채의 면적 관계를 고려하지 않았으며, 명도에 따른 배색을 고려하지 않은 단점이 있다.
② 고명도의 어두운색과 저명도의 중간색의 혼합이 어렵다.
③ 조화의 기호가 알파벳이므로 숫자로 기억하기 어렵다.

4. 문·스펜서(Moon·Spencer)의 조화론
- 미국의 건축학자인 문과 스펜서는 종래의 감성적이던 색채이론을 보다 **과학적인** 입장에서 설명
- 정량적 색좌표(Methc color space)상에서 색채조화의 방법을 수학적 공식에 따라 구한다.
- 먼셀의 색 입체와 흡사한 개념으로 설명되어 **동색상의 것이 가장 무난한 조화**를 이룬다.

1) 색채조화(조화와 부조화)
(1) 색채조화의 원칙
① 두 색의 간격이 애매하지 않는 배색
② 색 입체에 있어서 간단한 기하학적 관계에 있도록 선택된 배색은 서로 조화된다.
③ **균형 있게 선택된 무채색의 배색은 아름다움을 나타낸다.**

(2) 조화

동등조화(Identity)	같은 배색은 조화된다.
유사조화(similarity)	유사한 배색은 조화된다.
대비조화(Contrast)	대비 관계에 있는 배색은 조화된다.

(3) 부조화

제1부조화(First Ambiguity)	• 아주 유사한 배색(서로 판단하기 어려운 배색)은 부조화 된다. • 채도 1~3 차이는 자극을 못 느끼는 제1부조화에 해당한다.
제2부조화(Second Ambiguity)	약간 다른 색의 배색은 부조화 된다.
눈부심(Glare)	극단적인 반대색의 배색은 부조화 된다.

> **예제 05** 문·스펜서(Moon·Spencer)의 색채 조화론에서 조화가 되는 색의 관계에 해당되지 않는 것은?
> [22,19,15]
> ① 통일조화 ② 대비조화
> ③ 동일조화 ④ 유사조화
>
> 정답 ①

2) 문·스펜서의 면적 효과
① 작은 면적의 강한 색과 큰 면적의 약한 색은 잘 어울린다.
② 무채색의 중간 지점이 되는 N5를 순응점으로 한다.
③ 색의 균형점으로 배색의 심미적 효과를 결정한다.
④ 순응점으로 부터 지정된 색까지의 입체적 거리는 **스칼라 모멘트**이다.

3) 미도(美度)
① 버크호프(G. D. Birkhoff)의 (미감의 척도)에서 보여준 공식을 사용하여 수량적으로 취급한 것이다.
② 색채 조화론에서는 배색의 아름다움을 계산적으로 구하는 것이 가능
   → 그 수치에 의해서 조화의 정도를 비교하는 정량적 처리 가능
③ 미도공식

$$M = \frac{O}{C}$$ (M : 미도, O : 질서의 요소, C : 복잡성의 요소)

• 미감의 척도
• **복잡성의 요소가 최소일 때 미도는 최대**
• 아름다움은 복잡한 것을 피하고 질서를 확립 해 나갈 때 얻어 진다는 것을 의미
• M의 값이 클수록 조화는 잘된다.

Note 미도에 의한 조화론
• 균형 있게 잘 선택된 무채색의 배색은 유채색의 배색에 비해 뒤떨어지지 않는 미도의 값을 나타낸다.
• 등색상의 조화는 매우 쾌적한 경향이 있다.
• **등명도의 배색은 미도가 낮다.**
• 등색상 및 등채도의 단순한 디자인은 색상을 많이 사용한 복잡한 디자인보다 더 아름답다.
• 대비 관계도 중요한 요소가 된다.

4) 문·스펜서 색채 조화론의 단점
① **표면색**에 대해서만 거론되고 있다.
② 면적 효과를 **색의 3속성 관계**에 의해서만 결정하는 것은 부적합하다.
③ 대비가 **질서의 요소**라고 보는 논리는 무의미 하다.
④ 색의 연상, 기호, 상징성은 고려하지 않았다.

문·스펜서의 조화분류에서, 미도(美度)를 설명한 것으로 틀린 것은? [25,19,12]
① 균형 있게 선택된 무채색의 배색은 아름다움을 나타낸다.
② 동일색상은 조화롭다.
③ 같은 명도의 조화는 미도가 높다.
④ 색상, 채도를 일정하게 하고 명도만 변화시키는 경우 많은 색상 사용 시 보다 미도가 높다.

정답 ③

5. 저드의 조화론

원리	내용
질서의 원리	• 질서가 있는 계획에 의해서 선택될 때 색채는 조화롭다.
친근성(숙지)의 원리	• 관찰자에게 잘 알려져 있는 배색이 조화를 이룬다. • 자연계의 색으로 쉽게 접하는 색은 조화된다.
동류(유사)의 원리	• 두 색이 부조화한 색일 경우, 공통의 양상과 성질을 가진 것으로 배색하면 조화롭다. • 색상이 같으면 공통성이 가장 뚜렷해진다. • 공통성은 실용상 네 가지 원리 가운데 가장 기본적인 것
명백성의 원리 (비모호성의 원리)	• 색채조화는 두색 이상의 배색에 있어서 애매하지 않은 명료한 배색에서만 조화롭다.

저드(D. B. Judd)의 색채 조화론 에서 '친근성의 원리'를 옳게 설명한 것은? [25,20,17,12]
① 공통점이나 속성이 비슷한 색은 조화된다.
② 자연계의 색으로 쉽게 접하는 색은 조화된다.
③ 규칙적으로 선택된 색들끼리 잘 조화된다.
④ 색의 속성차이가 분명할 때 조화된다.

정답 ②

6. 슈브뢸(M E.Chevereul)의 조화론

원리	내용
인접색의 조화	가까운 관계에 있거나 유사할 때 또는 보색 관계에 있거나 강한 대비 상태일 때 조화롭다.
반대색의 조화	보색이나 반대하는 색의 관계를 통한 대비는 조화롭다.

근접 보색의 조화	근접 보색 관계를 통한 대조는 조화롭다.
등간격 3색의 조화	색상환에서 등 간격 3색의 배열에 있는 3색의 배합을 가리키는 말이다.
주조색의 조화	지배적인 한 가지색이 전체에 부드럽게 깔리면 여러 색들을 효과적으로 종합 유도해 낼 수 있다.

 예제 08 슈브릴(M. E. Chevreul)의 색채 조화론과 관계가 없는 것은? [23,21,19,15,13]
① 도미넌트 컬러 ② 보색 배색의 조화
③ 세퍼레이션 컬러 ④ 동일 색상의 조화

정답 ④

7. 비렌(F. birren)의 색채조화론

① 오스트발트 조화론의 복잡한 기호 표시법에 의한 이론을 색 이름의 톤 분류법 등에 의해 단순화시켰다.
② 오스트발트 조화론을 실용화시키는데 공헌하였다.
③ 색 3각형을 작도하고, 순색, 흰색, 검정색을 꼭지점에 위치시킨 뒤 각 연장선상에 색상의 변화를 주었다.
④ 장파장의 색상은 시간의 경과를 길게 느끼고 단파장의 색상은 시간의 경과를 짧게 느낀다는 색채의 기능주의적 사용법을 역설하였다.
⑤ 비렌은 흰색, 검정색, 순색(빨강)을 꼭지점으로 하는 색삼각형은 Color(순색), White(흰색), Black(검정색), Gray(회색), Tint(밝은 색조), Shade(어두운 색조), Tone(톤)의 7가지 색조군으로 분류하였다.
⑥ 비렌의 색삼각형은 검정색과 흰색를 각각 100으로 놓고 이 두 색의 값을 뺀 나머지가 순색의 값이 된다.

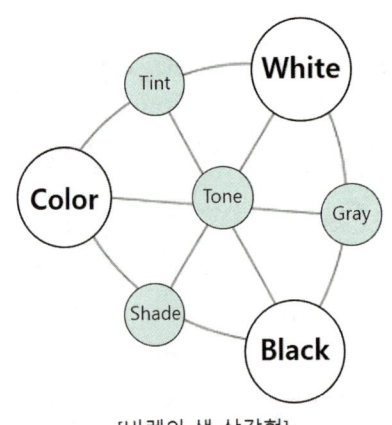

※ 비렌의 색조군
• 순색 + 흰색=명색조(Tint)
• 흰색 + 검정색=회색(Gray)
• 검정색 + 순색=암색조(Shade)
• 순색 + 흰색 + 검정색=톤(tone)

[비렌의 색 삼각형]

예제 09 비렌의 색채 조화론에서 사용되는 색조군에 대한 설명 중 옳은 것은? [24,21,18,13]
① Tint : 흰색과 검정이 합쳐진 밝은 색조
② Tone : 순색과 흰색이 합쳐진 톤
③ Shade : 순색과 검정이 합쳐진 어두운 색조
④ Gray : 순색과 흰색 그리고 검정이 합쳐진 회색조

정답 ③

8. 색채의 배색

1) 배색의 고려사항

① 심리적 작용 및 인간의 행동, 작업능률을 고려한다.
② 사용하는 목적과 환경에 적합하도록 할 것
③ 색료의 광학성, 조명에 의한 영향을 고려해야 한다.
④ 색의 배치나 면적을 고려하여 목적하는 효과를 얻도록 할 것
⑤ 사용되는 재질과 형체를 고려하여 조화되도록 할 것
⑥ 밝은 배색인지 어두운 배색인지를 미리 계획할 것
⑦ 유행에 맞는 배색을 고려해야 한다.

2) 배색방법

차이	배색	특징
색상 차이	동일색상의 배색	• 서로 인접한 색에 의한 배색 • 따뜻함, 차가움, 부드러움, 딱딱함 등 일관된 통일감을 형성한다. • 적색과 주황색, 황색과 적자색 등
	유사색상(인근색)의 배색	• 색상 차가 유사한 배색방법이며 명도 차, 채도 차를 크게 하면 조화된 배색이 된다. • 적색 · 주황색 · 황색 · 자주색의 유사는 즐거운 느낌을 주고, 녹색 · 청색 · 남색은 쓸쓸한 느낌을 준다.
	반대색상의 배색	• 서로 대비가 되는 색상 차가 큰 배색방법으로서 화려하고 강한 느낌을 준다. • 따뜻함과 차가움, 부드러움과 딱딱함 등 상대적인 이미지를 가지는 색상끼리의 배색이다. • 분명하고 동적인 화려함의 이미지를 느끼게 한다.
명도 차이	명도 차가 작은 배색	• 고명도 + 고명도 : 밝고 경쾌한 느낌 • 중명도 + 중명도 : 변화가 적고 단조로운 느낌 • 저명도 + 저명도 : 무겁고 어두운 느낌
	명도 차가 중간인 배색	• 고명도 + 중명도 : 경쾌하고 온건하며 비교적 밝은 느낌 • 중명도 + 저명도 : 다소 어두우나 안정된 느낌
	명도 차가 큰 배색	• 고명도 + 저명도 : 명확하고 명쾌한 느낌
채도 차이	채도 차가 작은 배색	• 고채도 + 고채도 : 자극적이며 강하고 화려한 느낌 • 중채도 + 중채도 : 안정감이 있고 점잖은 느낌 • 저채도 + 저채도 점잖고 약한 느낌

채도 차가 중간인 배색	• 고채도 + 중채도, 중채도 + 저채도 : 점잖고 안정된 느낌
채도 차가 큰 배색	• 고채도 + 저채도 화려하지만 안정된 느낌

예제 10 다음 중 동일색상의 배색은? [18,14]
① 주황 갈색　　　　　　　　② 주황 빨강
③ 노랑 연두　　　　　　　　④ 노랑 검정

정답 ①

예제 11 다음 배색 중 인접색의 조화에 가장 가까운 것은? [20,17,12]
① 연두-보라-빨강　　　　　② 주황-청록-자주
③ 빨강-파랑-노랑　　　　　④ 자주-보라-남색

정답 ④

예제 12 다음 중 가장 가벼운 느낌을 주는 배색은? [25,22]
① 파랑-검정　　　　　　　　② 노랑-흰색
③ 빨강-보라　　　　　　　　④ 청록-초록

정답 ②

예제 13 다음 배색에서 명도차가 가장 큰 배색은? [19,13]
① 빨강, 파랑　　　　　　　　② 노랑, 검정
③ 빨강, 녹색　　　　　　　　④ 노랑, 주황

정답 ②

예제 14 배색에 대한 설명으로 틀린 것은? [15]
① 화려하고 강렬한 느낌을 위해서는 색상차를 크게 하여 배색한다.
② 채도차가 큰 배색은 면적을 조절하여 안정감을 주어야 한다.
③ 유사색상 배색 시에는 명도차, 채도차를 비슷하게 하여 조화되게 한다.
④ 명쾌한 배색이 되기 위해서는 명도차를 크게 하여 배색한다.

정답 ③

3) 배색의 응용

배색	내용
도미넌트 (dominant)	• 색이나 형태, 질감 등에 공통조건을 만들어 전체에 통일감을 주는 배색기법이다. 색상, 채도, 명도, 톤 도미넌트 배색의 4종류가 있다. • 공통적, 통일감이 느껴지는 배색
톤 온 톤 (tone on tone)	• 동일 색상 내에서 '톤을 겹친다.' 라는 의미로 두 가지 색의 명도 차를 비교적 크게 두어 배색하는 방법 • 화합적, 평화적, 안정적, 차분한 느낌의 배색
톤 인 톤 (tone in tone)	• 비슷한 톤의 조합에 의한 배색으로, 색상은 동일한 톤을 원칙으로 하여 인접 또는 유사색상의 범위 내에서 선택한다.
까마이외 (Camaieu)	• 거의 동일한 색상에 미세한 명도차를 주는 배색 • 온화한 이미지 배색
포 까마이외 (Faux camaieu)	• 까마이외(Camaieu) 배색과 거의 동일하나 주위의 톤으로 배색하는 차이점이 있다. • 통일감있는 조화로운 배색
분리 (separation)	• 색상과 톤이 비슷할 때나 전체 배색에서 희미하고 애매한 인상이 들 때 접합된 색과 색 사이에 분리 색 한 가지를 삽입함으로써 조화시키는 기법이다. • 분리색으로 주로 무채색 사용 예 흰색, 검정의 무채색에 금색 은색 등의 메탈릭 색을 삽입하여 배색의 미적 효과를 높일 수 있다.
토널 (tonal)	• 톤 인 톤 배색과 비슷하며 중명도·중채도의 중간색의 덜(dull) 톤을 사용하는 배색기법이다. • 소극적, 안정, 편안함이 느껴지는 배색
연속 (gradation)	• 점점 명도가 낮아지거나 순차적으로 색상이 변하는 등 연속적인 변화의 방법이 점이적인 배색이다. • 색채의 조화로운 배열에 의해 시각적인 유목감(사람의 시선을 끄는)을 준다.
반복 (repetition)	• 두 색의 배색을 하나의 유닛 단위로 하여 그것을 되풀이하면서 조화의 효과를 내는 배색기법이다. • 리듬감이 느껴지는 배색
강조 (accent)	• 단조로운 배색에 대조적인 색을 소량 삽입하여 전체의 상태를 돋보이게 하는 방법이다. • 주조색을 돋보이게 하기 위한 보조색으로 주로 무채색을 사용한다. • 강조색은 주조색과 대조적인 색상이나 톤을 사용 • 시선 집중 효과

예제 15 소극적인 인상을 주는 것이 특징으로 중명도, 중채도인 중간색조의 덜(dull) 톤을 사용하는 배색기법은? [18,15,12]

① 포 까마이외 배색　　② 까마이외 배색
③ 토널 배색　　　　　　④ 톤 온 톤 배색

정답 ③

핵심 기출문제

2-3 색채 조화

1 색채조화의 공통원리

01 ▶14, 18, 21
색채조화에 관한 설명 중 틀린 것은?

① 색의 3속성을 고려한다.
② 색채조화에서 명도는 중요하지 않다.
③ 색상이 다르면 색조를 유사하게 한다.
④ 면적비에 따라 조화의 느낌이 달라질 수 있다.

해설 | 색채 조화의 공통원리
㉠ 질서의 원리(Principle of Order)
색채조화는 의식할 수 있고 효과적인 반응을 일으키는 질서 있는 계획에 따라 선택된 색채들에서 생긴다.
㉡ 비모호성의 원리(Principle of Unambiguity)
색채조화는 두 색 이상의 배색에 있어서 석연한 점이 없는 명료한 배색에서만 얻어진다.
㉢ 동류의 원리(Principle of familiarity)
가장 가까운 색채끼리의 배색은 보는 사람에게 친근감을 주며 조화를 느끼게 된다.
㉣ 유사의 원리(Principle of similarity)
배색된 색채들이 서로 공통되는 상태와 속성을 가질 때 그 색채군은 조화된다.
㉤ 대비의 원리(Principle of contrast)
배색된 색채들의 상태와 속성이 서로 반대되면서도 모호한 점이 없을 때 조화된다.

02 ▶15
서로 조화되지 않는 두 색을 조화되게 하기 위한 일반적인 방법으로 가장 타당한 것은?

① 두 색의 사이에 백색 또는 검정색을 배치하였다.
② 두 색 중 한 색과 반대되는 색을 두 색의 사이에 배치하였다.
③ 두 색 중 한 색과 유사한 색을 두 색의 사이에 배치하였다.
④ 두 색의 혼합 색을 만들어 두 색의 사이에 배치하였다.

해설 | 두 색의 사이에 백색 또는 검정색 등의 무채색을 배치하여 조화시킨다.

03 ▶13, 15, 21
배색된 색채들이 서로 공통되는 상태와 속성을 가질 때의 조화 원리는?

① 질서의 원리
② 비모호성의 원리
③ 유사의 원리
④ 대비의 원리에 배치하였다.

해설 | 색채조화의 공통원리
㉠ 질서의 원리 : 질서 있는 계획
㉡ 비모호성(명료성)의 원리 : 명료한 배색
㉢ 동류의 원리 : 친근감을 주는 조화
㉣ 유사의 원리 : 서로 공통되는 상태와 속성
㉤ 대비의 원리 : 상태와 속성이 반대되면서 모호한 점이 없을 때의 조화

04 ▶15
정성적(定性的) 색채 조화론에서 공통되는 원리의 조합으로 올바른 것은?

① 질서성 - 친근성 - 동류성 - 명료성
② 질서성 - 자연성 - 동류성 - 상대성
③ 주관성 - 동류성 - 비모호성 - 객관성
④ 동류성 - 비모호성 - 자연성 - 합리성

해설 | 3번 참조

정답 | 01 ② 02 ① 03 ③ 04 ①

2 오스트발트의 색채 조화론

05 ▶12,16,18,21

오스트발트 색채 조화론의 내용과 관련된 용어가 아닌 것은?

① 등백계열의 조화
② 등순계열의 조화
③ 동등조화
④ 윤성조화

해설 | 오스트발트의 색채 조화론의 등색상 삼각형(등색상 삼각형에서의 조화)
㉠ 등백색 계열의 조화 : 등색상 삼각형에서 백색량(W)이 같은 평행선상에 있는 색들, 백색량이 모두 같은 색의 계열로 색 표기에서 백색량을 나타내는 앞의 기호가 같다.
㉡ 등흑색 계열의 조화 : 등색상 삼각형에서 흑색량(B)이 같은 평행선상에 있는 모든 색. 흑색량이 모두 같은 색의 계열로 색 표기에서 흑색량을 나타내는 뒤의 기호가 같다.
㉢ 등순색 계열의 조화 : 등색상 삼각형에서 무채색 축과 평행한 선상에 있는 모든 색. 순색의 양이 모두 같아 보이는 계열을 말한다.
㉣ 등색상 계열의 조화 : 먼저 등순색 계열 속에서 2색을 선택하고 이들의 등백계열, 등흑계열의 교점에 해당하는 색을 선택하면 된다.

06 ▶12

오스트발트의 색채 조화론과 관계있는 것은?

① 동등조화, 유사조화
② 등백색 계열 조화, 등순색 계열 조화
③ 대비조화, 유사조화
④ 제1부조화, 제2부조화

해설 | 5번 참조

07 ▶16,17,20,21

오스트발트의 등색상 삼각형에 있어서 등백색계열을 나타내는 것은?

① pl - pi - pg
② la - na - pa
③ nl - ni - pi
④ lg - ni - pl

해설 | 등백색(Isotint) 계열의 조화
㉠ 등색 상 3각형 속에서 등백 계열 선상의 색은 조화한다
㉡ 백색량이 같다고 하는 공통점으로 질서가 생긴다. 앞의 문자가 같은 기호 색 선택
예 i-ie-ia, ni-ne-na

08 ▶16

오스트발트의 색채조화에서 등색상 3각형의 C와 B의 평행선상에 있는 색은?

① 등백 계열
② 등흑 계열
③ 등순 계열
④ 등흑 계열과 무채색

해설 | 등백색(Isotint) 계열의 조화
• 등색 상 3각형 속에서 등백 계열 선상의 색은 조화한다.
• 백색량이 같다고 하는 공통점으로 질서가 생긴다. 앞의 문자가 같은 기호 색 선택

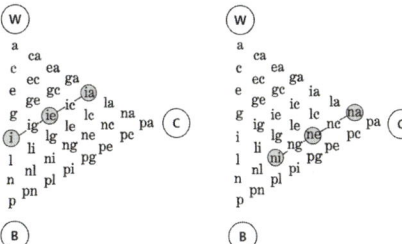

정답 | 05 ③ 06 ② 07 ① 08 ①

09

오스트반트의 색채 조화론에 관한 설명 중 틀린 것은?

① 무채색 단계에서 같은 간격으로 선택한 배색은 조화된다.
② 등색상 3각형의 아래쪽 사변에 평행한 선상의 색들은 조화된다.
③ 색입체의 중심축에 대해 수평으로 잘라진 색들은 조화된다.
④ 색상 일련번호의 차가 6~8일 때 반대색 조화가 생긴다.

해설 | ㉠ 보색조화 : 오스트발트의 색환은 24색상이기 때문에 색상차가 12가 되며 보색조화가 된다.
㉡ 색상 일련번호의 차가 6~8일 때 이색 조화가 생긴다.

10

오스트발트의 색채 조화론에 관한 설명으로 틀린 것은?

① 무채색의 여러 단계 속에서 같은 간격으로 선택된 배색은 조화를 이루게 된다.
② 색입체를 수평으로 자르면 백색량, 흑색량, 순색량이 같은 28개의 등가색환이 된다.
③ 윤성조화(輪星調和)란 다색조화를 설명하는 것이며, 37개의 조화색을 얻어낼 수 있다.
④ 배색의 아름다움을 계산으로 구하고 수치적으로 미도(美度)를 비교할 수 있다.

해설 | 미도(美度)
㉠ 버크호프(G. D. Birkhoff)의 (미감의 척도)에서 보여준 공식을 사용하여 수량적으로 취급한 것이다.
㉡ 색채 조화론에서는 배색의 아름다움을 계산적으로 구하는 것이 가능. 그 수치에 의해서 조화의 정도를 비교하는 정량적 처리 가능

11

오스트발트의 색채조화론 중에서 틀린 것은?

① 색의 기호가 동일한 두 색은 조화한다.
② 색의 기호 중 앞의 문자가 동일한 두 색은 조화한다.
③ 색상이 동일한 두 색은 조화한다.
④ 색의 기호 중 앞의 문자와 뒤의 문자가 동일한 색은 조화하지 않는다.

해설 | 오스트발트의 색채조화에서 색의 기호 중 앞과 뒤의 문자가 동일한 색상으로 조화를 이루는 것은 무채색에 의한 조화이다.

12

오스트발트(Ostwald) 등가색환에 있어서의 조화를 기호로 나타낸 것 중 보색조화에 해당하는 것은?

① 2ic - 4ic
② 8ni - 14ni
③ 4Pg - 12Pg
④ 2Pa - 14Pa

해설 | 오스트발트의 조화(24색상 기준)
㉠ 보색조화 : 오스트발트의 색환은 24색상이기 때문에 색상차가 12가 되며 보색조화가 된다.
㉡ 유사색 조화 : 색상차가 4이하인 경우
㉢ 이색조화 : 색상차가 6~8일 경우의 중간 대조의 배색

13

오스트발트 색채조화에서 gc-lg-pl의 기호는 어떤 조화에 해당하는가?

① 등백계열조화
② 등흑계열조화
③ 등순계열조화
④ 무채색의 조화

해설 | 등순(Isochrome)계열의 조화
㉠ 등색상 3각형의 수직 방향의 등순 계열 선상의 색은 조화
㉡ 순색이 같다고 하는 공통성에 의한 조화
(예 ia-ne-pg, ca-ge-li-pn)

정답 | 09 ④ 10 ④ 11 ④ 12 ④ 13 ③

3 문·스펜서 색채 조화론

14 ▶14,18

다음이 설명하는 색채조화론은?

- 과학적이고, 정량적인 방법의 조화론을 주장하였다.
- 균형 있게 선택된 무채색의 배색은 아름다움을 나타낸다.
- 동일 색상은 조화롭다.

① 오스트발트 ② 비렌
③ 문·스펜서 ④ 먼셀

15 ▶14,17,20

복잡한 가운데 질서의 요소를 미(美)의 기준으로 보고, 색의 3속성을 고려한 독자적인 색공간을 가정하여 조화관계를 주장한 사람은?

① W. Ostwald
② Munsell
③ P. Moon & D. E. Spencer
④ Faber Birren

16 ▶13,18

스컬러 모멘트(scalar moment)라는 면적 비례를 적용하여 조화론을 전개한 학자는?

① 오스트발트 ② 먼셀
③ 문·스펜서 ④ 비렌

해설 | 문·스펜서의 면적 효과
㉠ 작은 면적의 강한 색과 큰 면적의 약한 색은 잘 어울린다.
㉡ 무채색의 중간 지점이 되는 N5를 순응점으로 한다.
㉢ 색의 균형점으로 배색의 심미적 효과를 결정한다.
㉣ 순응점으로 부터 지정된 색까지의 입체적 거리는 스칼라 모멘트이다.

17 ▶13,18

문·스펜서의 색채 조화론에서 사용되지 않는 용어는?

① 동일의 조화
② 유사의 조화
③ 대비의 조화
④ 등색상의 조화

해설 | 문·스펜서의 색채 조화론
㉠ 동등조화(Identity) – 같은 배색은 조화된다.
㉡ 유사조화(similarity) – 유사한 배색은 조화된다.
㉢ 대비조화(Contrast) – 대비 관계에 있는 배색 은 조화된다.

18 ▶16

문·스펜서의 색채조화에 적용되는 미도의 일반적 논리가 아닌 것은?

① 균형 있게 잘 선택된 무채색의 배색은 미도가 높다.
② 등색상의 조화는 매우 쾌적한 경향이 있다.
③ 등색상 및 등채도의 단순한 배색이 미도가 높다.
④ 명도차이가 작을수록 미도가 높다.

해설 | 등색상 및 등채도의 배색이 미도가 높다.

19 ▶15,20

문·스펜서 조화론의 단점으로 옳은 것은?

① 무채색과의 관계를 생략하고 있다.
② 전통적 조화론을 무시하고 있다.
③ 명도, 채도를 고려하지 않았다.
④ 색의 연상, 기호, 상징성은 고려하지 않았다.

해설 | 문·스펜서 색채 조화론의 단점
㉠ 표면색에 대해서만 거론되고 있다.
㉡ 면적 효과를 색의 3속성 관계에 의해서만 결정하는 것은 부적합하다.
㉢ 대비가 질서의 요소라고 보는 논리는 좋지 않다.
㉣ 색의 연상, 기호, 상징성은 고려하지 않았다.

정답 | 14 ③ 15 ③ 16 ③ 17 ④ 18 ④ 19 ④

20 ▶14,17
문·스펜서의 면적효과에 관한 설명 중 틀린 것은?

① N5 순응점을 중심으로 한다.
② 균형점(balance point)에 의해서 배색의 심리적 효과가 결정된다.
③ 순응점을 중심으로 높은 채도의 색은 넓게 배색하는 것이 조화롭다.
④ 순응점으로부터 지정된 색까지의 입체적 거리는 스칼라 모멘트이다.

해설 | 문·스펜서의 면적 효과
  ㉠ 작은 면적의 강한 색과 큰 면적의 약한 색은 잘 어울린다.
  ㉡ 무채색의 중간 지점이 되는 N5를 순응점으로 삼았다.
  ㉢ 색의 균형점으로 배색의 심미적 효과를 결정한다.
  ㉣ 순응점으로부터 지정된 색까지의 입체적 거리는 스칼라 모멘트이다.

21 ▶13,16
정량적 색채 조화론으로 1944년에 발표되었으며, 고전적인 색채조화의 기하학적 공식화, 색채조화의 면적, 색채조화에 적용되는 심미도 등의 내용으로 구성되어 있는 것은?

① 슈브릴(M.E.Chevreul)의 조화론
② 저드(judd)의 조화론
③ 문(P.Moon)과 스펜서(D.E.Spencer)의 조화론
④ 그레이브스(M.Graves)의 조화론

22 ▶21
미도(美度) M = O / C 라는 버크호프(G. D. Birkhoff) 공식에서 O는 질서성의 요소일 때 C는?

① 복잡성의 요소   ② 대비성의 요소
③ 색온도의 요소   ④ 색의 중량적 요소

해설 | 미도(美度)M = O/C (M : 미감의 정도(미도), O 질서성의 요소, C . 복잡성의 요소)
  ㉠ 미감의 척도
  ㉡ 복잡성의 요소가 최소일 때 미소는 최대

㉢ 아름다움은 복잡한 것을 피하고 질서를 확립해 나갈 때 얻어 진다는 것을 의미

23 ▶20
문·스펜서의 색상에 대한 균형점(balance point)에서 채도의 경우 자극을 못 느끼는 수치는?

① 3 이하   ② 3 이상
③ 7 이하   ④ 7 이상

해설 | 문·스펜서의 색상에 대한 균형점(balance point)
문·스펜서는 배색된 색을 면적 비에 따라 원판 위에 놓고 회전 혼색할 때 나타나는 색을 균형점이라 하였다. 이 색에 의하여 배색이 심리적 효과가 결정되는데, 이에 따르면 채도 1~3 차이는 자극을 못 느끼는 제부 조화에 해당한다.

4 저드의 색채 조화론

24 ▶12,13,14,17,18,19,20
저드(D. B. Judd)의 색채 조화론과 관련이 없는 것은?

① 질서의 원리   ② 모호성의 원리
③ 유사성의 원리   ④ 친근감의 원리

해설 | 저드(D.B. Judd)의 색채 조화론
  ㉠ 질서의 원리 : 질서 있는 계획에 따라 선택될 때 색채는 조화된다.
  ㉡ 친근성(숙지)의 원리 : 관찰자에게 잘 알려져 있는 배색이 조화를 이룬다. 자연계의 색으로 쉽게 접하는 색은 조화된다.
  ㉢ 동류(유사)의 원리 : 두 색이 부조화한 색일 경우, 공통의 양상과 성질을 가진 것으로 배색하면 조화한다. 색상이 같으면 공통성이 가장 뚜렷해진다. 공통성은 실용상 네 가지 원리 가운데 가장 기본적인 것
  ㉣ 비모호성(명료성)의 원리 : 색채조화는 두색 이상의 배색에 있어서 애매하지 않은 명료한 배색에서만 조화롭다.

정답 | 20 ③ 21 ③ 22 ① 23 ① 24 ②

25 ▶17
저드(D. B. Judd)의 색채조화론 중 다음 내용이 설명하는 것은?

> 색채조화는 두 색 이상의 배색에 있어서 애매하지 않은 명료한 배색에서만 조화롭다.

① 질서의 원리 ② 비모호성의 원리
③ 유사의 원리 ④ 친근성의 원리

해설 | 문제 24번 참조

26 ▶14
두 색이 부조화한 색일 경우, 공통의 양상과 성질을 가진 것으로 배색하면 조화한다는 저드의 색채 조화원리는?

① 질서의 원리 ② 숙지의 원리
③ 유사의 원리 ④ 비모호성의 원리

해설 | 문제 24번 참조

5 비렌의 색채 조화론

27 ▶13,17,19,20
비렌(Birren)의 색과 형의 연결로 틀린 것은?

① 빨강 - 정사각형 ② 노랑 - 삼각형
③ 파랑 - 오각형   ④ 주황 - 직사각형

해설 | 파랑 - 원형

28 ▶17,18,20
비렌의 색채조화론 중 순색과 흰색의 조화로 이루어지는 용어는?

① TINT   ② SHADE
③ TONE   ④ GRAY

해설 | 비렌의 색채조화론
㉠ 오스트발트 조화론의 복잡한 기호 표시법에 의한 이론을 색 이름의 톤 분류법 등에 의해 단순화시켰다.
㉡ 오스트발트 조화론을 실용화시키는데 공헌하였다.
㉢ 색 3각형을 작도하고, 순색, 흰색, 검정색을 꼭지점에 위치시킨 뒤 각 연장선상에 색상의 변화를 주었다.
㉣ 장파장의 색상은 시간의 경과를 길게 느끼고 단파장의 색상은 시간의 경과를 짧게 느낀다는 색채의 기능주의적 사용법을 역설하였다.
㉤ 비렌은 흰색, 검정색, 순색(빨강)을 꼭지점으로 하는 색삼각형은 Color(순색), White(흰색), Black(검정색), Gray(회색), Tint(밝은 색조), Shade(어두운 색조), Tone(톤)의 7가지 기본 범주에 의한 조화이론을 펼치고 있다.
㉥ 비렌의 색 삼각형은 검정색과 흰 색을 각각 100으로 놓고 이 두 색의 값을 뺀 나머지가 순색의 값이 된다.
• 순색 + 흰색 = 명색조(Tint)
• 흰색 + 검정색 = 회색(Gray)
• 검정색 + 순색 = 암색조(Shade)
• 순색 + 흰색 + 검정색 = 톤(tone)

29 ▶19
아래 그림은 비렌의 색채조화론이다. A에 들어갈 용어는?

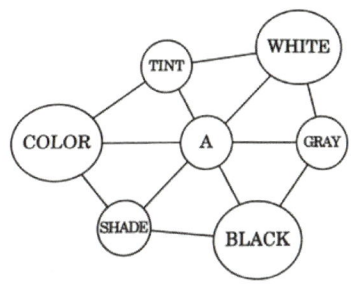

① Tone   ② Hue
③ Chroma ④ Gray

해설 | 비렌은 흰색, 검정색, 순색(빨강)을 꼭지점으로 하는 색삼각형은 Color(순색), White(흰색), Black(검정색), Gray(회색), Tint(밝은 색조), Shade(어두운 색조), Tone(톤)의 7가지 기본 범주에 의한 조화이론을 펼치고 있다.

정답 | 25 ② 26 ③ 27 ③ 28 ① 29 ①

30 ▶21

장파장의 색상은 시간의 경과를 길게 느끼고 단파장의 색상은 시간의 경과를 짧게 느낀다는 색채의 기능주의적 사용법을 역설한 사람은?

① 하버드 리드   ② 오토와그너
③ 파버 비렌   ④ 요하네스 이텐

해설 | 28번 참조

31 ▶16

다음 설명 중에서 옳은 것은?

① 일반적으로 조화는 질서 있는 배색에서 생긴다.
② 문·스펜서 조화론은 오스트발트 표색계를 사용한 것이다.
③ 색채의 조화, 부조화는 주관적인 것이기 때문에 인간 공통의 어떠한 법칙을 찾아내는 것은 불가능하다.
④ 오스트발트 조화론은 CIE 표색계를 사용한 것이다.

해설 | ㉠ 문·스펜서 조화론은 먼셀 표색계를 사용한 것이다.
   ㉡ 색채의 조화, 부조화는 과학적으로 미도에 의해 설명된다.
   ㉢ 오스트발트 조화론은 오스트발트 표색계를 사용한 것이다.

6 색채의 배색

32 ▶13,16

동일 색상 내에서 '톤을 겹친다.'라는 의미로 두 가지 색의 명도 차를 비교적 크게 두어 배색하는 방법은?

① 톤 온 톤(Tone on Tone) 배색
② 톤 인 톤(Tone in Tone) 배색
③ 리피티션(Repetition) 배색
④ 세퍼레이션(Separation) 배색

해설 | ㉠ 톤 인 톤(Tone in Tone) 배색
  • 비슷한 톤의 조합에 의한 배색으로, 색상은 동일한 톤을 원칙으로 하여 인접 또는 유사색상의 범위 내에서 선택한다.
 ㉡ 반복(Repetition) 배색
  • 두 색의 배색을 하나의 유닛 단위로 하여 그것을 되풀이하면서 조화의 효과를 내는 배색기법이다.
  • 리듬감이 느껴지는 배색
 ㉢ 분리(Separation) 배색
  • 색상과 톤이 비슷할 때나 전체 배색에서 희미하고 애매한 인상이 들 때 접합된 색과 색 사이에 분리색 한 가지를 삽입함으로써 조화시키는 기법이다.
  • 분리 색으로 주로 무채색 사용

33 ▶16,21

다음 중 가장 명도차가 큰 배색은?

① 파랑 - 빨강   ② 연두 - 청록
③ 파랑 - 주황   ④ 노랑 - 녹색

해설 | 명도 차가 큰 배색
 고명도 + 저명도 : 명확하고 명쾌한 느낌
 각 색상마다 명도 차는
 ㉠ 빨강-4, 파랑-4
 ㉡ 연두-7, 청록-5
 ㉢ 파랑-4, 주황-7
 ㉣ 노랑-8.5, 녹색-5

34 ▶13

다음 색의 배색에서 명도차가 가장 적은 것은? (KS 기준)

① 빨강, 파랑   ② 노랑, 파랑
③ 노랑, 빨강   ④ 빨강, 주황

해설 | 명도 차가 작은 배색
 ㉠ 고명도+고명도 : 밝고 경쾌한 느낌
 ㉡ 중명도+중명도 : 변화가 적고 단조로운 느낌
 ㉢ 저명도+저명도 : 무겁고 어두운 느낌
 각 색상마다 명도차는
 ㉠ 빨강-4, 파랑-4
 ㉡ 노랑-8.5, 파랑-4
 ㉢ 노랑-8.5, 빨강-4
 ㉣ 빨강-4, 주황-7

정답 | 30 ③ 31 ① 32 ① 33 ④ 34 ①

35 ▶17

배색된 색채들이 서로 공통되는 상태와 속성을 가질 때, 즉, 유사(類似)의 원리가 있을 때 그 색채들은 조화가 된다. 다음 중 유사의 원리에 의하여 조화가 되는 것은?

① 노랑-주황 ② 노랑-빨강
③ 노랑-보라 ④ 노랑-파랑

해설 | 유사색상(인근색)의 배색
　색상 차가 유사한 배색방법이며 명도 차, 채도 차를 크게 하면 조화된 배색이 된다. 적색·주황색·황색·자주색의 유사는 즐거운 느낌을 주고, 녹색 청색 남색은 쓸쓸한 느낌을 준다.

36 ▶13

유사색상 배색의 특징은?

① 자극적이다.　　② 극적이며 동적이다.
③ 원만하며 부드럽다.　④ 진출적이다.

해설 | 유사색상 배색의 느낌은 화합적, 평화적, 안정적이며 원만하고 부드럽다.

37 ▶12,14

다음 중 노란색과 배색하였을 때 가장 부드러운 느낌으로 조화되는 색은?

① 회색 ② 빨강
③ 보라 ④ 남색

해설 | 무채색과 배색하였을 때 부드러운 느낌을 줄 수 있다.

38 ▶19

다음 중 노란색과 배색하였을 때 가장 부드러운 느낌으로 조화되는 색은?

① 주황 ② 빨강
③ 보라 ④ 남색

해설 | 노란색과 가장 근접 색상인 주황색과의 배색이 부드러운 느낌을 준다.

39 ▶16,17

반대색상의 배색은 어떤 느낌을 주는가?

① 화합적이고 고요하다.
② 정적이고 차분하다.
③ 박력 있고 동적인 느낌을 준다.
④ 대비가 약하고 안정감을 준다.

해설 | 반대색상의 배색
　㉠ 서로 대비가 되는 색상 차가 큰 배색방법으로서 화려하고 강한 느낌을 준다.
　㉡ 따뜻함과 차가움, 부드러움과 딱딱함 등 상대적인 이미지를 가지는 색상끼리의 배색이다.
　㉢ 분명하고 동적인 화려함의 이미지를 느끼게 한다.

40 ▶14,20

색채의 공감각 중에서 쓴맛이 나는 배색은?

① red, pink
② brown-maroon, olive green
③ green, gray
④ yellow, yellow green

해설 | 색채의 공감각
　㉠ 색채의 공감각은 시각적 자극과 함께 맛, 냄새, 소리, 질감을 연상하게 하는 작용이다.
　　예 황색이나 레몬 색에서 과일냄새를 느끼는 것과 같은 감각
　㉡ 색과 맛의 연상

단맛	짠맛	신맛	쓴맛
빨강, 분홍	청록, 회색, 흰색	노랑, 연두	밤색, 올리브 그린

41 ▶14

다음 색채배색 중 신맛의 느낌을 수반하는 배색은?

① 노랑, 연두 ② 빨강, 주황
③ 파랑, 갈색 ④ 초록, 회색

해설 | 문제 40번 해설참조

정답 | 35 ①　36 ③　37 ①　38 ①　39 ③　40 ②　41 ①

42
▶18,21

다음 색채배색 중 단맛의 느낌을 수반하는 배색은?

① 빨강, 핑크
② 브라운, 올리브
③ 파랑, 갈색
④ 초록, 회색

해설 | 문제 40번 해설참조

43
▶14,19

점진적인 변화를 주어 리듬감을 얻는 배색법은?

① 액센트
② 그라데이션
③ 세퍼레이션
④ 도미넌트

해설 | 연속(gradation)배색
㉠ 점점 명도가 낮아지거나 순차적으로 색상이 변하는 등 연속적인 변화의 방법이 점이적인 배색이다.
㉡ 색채의 조화로운 배열에 의해 시각적인 주목성을 준다.

44
▶13

먼셀 색채조화의 원리로 틀린 것은?

① 명도는 같으나 채도가 다른 반대색끼리는 강한 채도에 넓은 면적을 주면 조화된다.
② 채도가 같고 명도가 다른 반대색끼리는 회색척도에 관하여 정연한 간격을 주면 조화된다.
③ 중간 채도의 반대색끼리는 중간 회색 N5에서 연속성이 있으며, 같은 넓이로 배합하면 조화된다.
④ 명도와 채도가 모두 다른 반대색끼리는 회색척도에 준하여 정연한 간격을 주면 조화된다.

해설 | 먼셀 색채조화의 원리
㉠ 저채도인 색의 면적을 넓게 하고 고채도의 색을 좁게 하면 균형이 맞고 수수한 느낌이 된다.
㉡ 고 채도를 넓게 저 채도를 좁게 하면 매우 화려한배색이 된다.
㉢ 색을 넓게 하고 난색계의 색을 좁게 하면 침정적인 배색, 고명도의 색을 좁게 하고 저명도의 색을 넓게 하면 명시도가 높아 보이고, 이와 반대의 경우는 명시도가 낮아진다.
㉣ 같은 명도나 채도인 색이라도 면적이 커지면 고명도, 고채도로 보이고, 면적이 작아지면 저명도, 저채도로 보이는 성질이 있다.
㉤ 명도 차이가 클 때는 채도 차이가 작고, 채도 차이가 클 때는 명도 차이가 작은 것이 조화되기 쉽다.

정답 | 42 ① 43 ② 44 ①

02-4 색채 심리

> Pass Note

예상출제문항	키워드	
1~2	- 색채 대비 종류와 특징 - 잔상	- 색의 감정적인 효과와 특성

1. 색의 지각적 효과

1) 색의 감각

(1) 동시대비

- 두 색 이상을 볼 때 나타나는 현상
- 어떤 색이 다른 색의 영향으로 **실제와 다른 색으로 변해 보이는 현상**

종류	내용
색상대비	• 두 가지 이상의 색을 동시에 볼 때 각 색상의 차이가 실제의 색과는 달라 보이는 현상 • 배경이 되는 색이나 근접색의 보색 잔상의 영향으로 색상이 몇 단계 이동된 느낌을 받는다. • 빨간 바탕위의 주황색은 노란색의 느낌이, 노란색 바탕 위의 주황색은 빨간색의 느낌이 난다. • 무채색의 대비, 유채색의 대비, 무채색과 유채색의 대비가 일어나지 않는다.
명도대비	• 명도가 다른 색을 조합했을 때 밝은 색은 보다 밝게 어두운 색은 보다 어둡게 보이는 현상
채도대비	• 어떤 색의 주위에 그것보다 선명한 색이 있으면 그 색의 채도가 원래 가지고 있는 채도보다 낮게 보이는 현상 • 배경색의 채도가 낮으면 도형의 색이 더욱 선명해 보인다.
보색대비	• 색상차가 가장 큰 보색끼리 조합 했을 때 서로 다른 색의 채도를 강조하기 위해 더 선명하게 보이는 현상

예제 01

주황색 위에 초록색을 놓으면 주황색은 더욱 붉게 보이고 초록색은 파랑 기미가 있는 초록으로 보이는 현상은? [21]

① 색상대비
② 명도대비
③ 연변대비
④ 면적대비

정답 ①

> **예제 02** 어두운 색 가운데서 대비되어진 밝은 색은 한층 더 밝게 느껴지고, 밝은 색 가운데 있는 어두운 색은 더욱 어둡게 느껴지는 현상은? [19]
> ① 동화 현상 ② 색상 대비
> ③ 명도 대비 ④ 채도 대비
>
> 정답 ③

> **예제 03** 어떤 색이 같은 색상의 선명한 색 위에 위치하면 원래의 색보다 훨씬 탁한 색으로 보이고 무채색 위에 위치하면 원래의 색보다 맑은 색으로 보이는 대비현상은? [25,18,14]
> ① 명도대비 ② 채도대비
> ③ 색상대비 ④ 연변대비
>
> 정답 ②

(2) 동시대비의 변화
　① 색상 대비 : 무채색의 대비, 유채색의 대비, 무채색과 유채색의 대비가 일어나지 않는다.
　② 명도 대비 : 무채색의 대비, 유채색의 대비, 무채색과 유채색의 대비가 일어난다.
　③ 채도 대비 : 유채색의 대비, 무채색과 유채색의 대비가 일어난다.
　④ 보색 대비 : 유채색의 대비, 무채색과 유채색의 대비가 일어난다.

(3) 계시대비(successive contrast)
　① 어떤 색을 본 후에 다른 색을 보면 단독으로 볼 때와는 다르게 보이는 현상
　② 보색잔상의 영향으로 먼저 본 색의 보색이 나중에 보는 색에 혼합되어 보이는 것과 관련된 대비이며, 계속대비 또는 연속대비라고도 한다.
　③ 예를 들면 빨간색을 본 후 흰색을 보면 순간적으로 청록색으로 보이는 현상

> **예제 04** 보색잔상의 영향으로 먼저 본 색의 보색이 나중에 보는 색에 혼합되어 보이는 것과 관련된 대비는? [14]
> ① 동시대비 ② 채도대비
> ③ 명도대비 ④ 계시대비
>
> 정답 ④

(4) 연변대비
　① 이웃한 색이 서로 인접한 부근에서 더 강한 대비가 느껴지는 현상
　② 무채색은 명도 단계 배열시, 유채색은 색상별로 배열 시 나타난다.
　③ 두 색의 경계부분에서 색의 3속성별로 대비현상이 더욱 강하게 나타나는 현상

(5) 면적대비(Area Contrast)
　① 면적의 크고 작음에 의해서 색이 다르게 보이는 현상이다.

② 큰 면적의 색은 실제보다 명도와 채도가 높아 보이며 밝고 선명하게 보이나, 작은 면적의 색은 실제보다 명도와 채도가 낮아 보인다.
③ 매스 효과 : 동일 색상의 경우, 큰 면적의 색은 작은 면적의 색 견본을 보는 것보다 화려하고 박력이 가해진 인상으로 보이는 것

(6) 한난대비

차고 따뜻한 색을 서로 같이 놓았을 때를 말한다. 한난대비는 고도의 회화적인 효과를 생성시키는데 이용된다. 풍경화의 경우 멀리 있는 물체일수록 한색을 사용하고 가까이 있는 물체일 때는 난색을 많이 사용한다. 이것은 표현적인 효과나 원근의 효과를 내는데 중요한 표현수단이 된다. 계절색도 한난대비로 나타난다.

예제 05 검정 사각형 사이로 백색 띠가 교차하는 공간 중앙에 회색 잔상이 느껴지게 되는데 이와 같은 현상은? [19]

① 푸르킨예 현상 ② 동화현상
③ 융합현상 ④ 허먼 그리드 현상

정답 ④

Note 허먼(헤르만) 그리드 현상(Hermann Grid Illusion)
근접해 있는 색을 망막 세포가 지각할 때 두 색의 차이가 원래보다 강조된 상태로 지각되는 경우가 있는데, 이는 교차되는 지점에 잔상이 생겨 대비 효과를 보이기 때문이다. 이를 허먼 그리드 현상이라 하며 일종의 연변대비라 할 수 있다. 그림처럼 백색 띠가 교차하는 곳에 그림자가 보이는데, 이는 백색교차 부분이 다른 곳에 비해 검은색으로부터 멀어지므로 대비가 약해져 거무스름하게 보이는 것이다.

(7) 동화 현상
① 옆에 있는 색이나 주위의 색과 닮아 보이는 현상
② 전파효과 : 하나의 색이 다른 색 위에서 넓혀 가려는 것처럼 보이는 효과
③ 혼색효과 : 혼색되려는 효과
   예 검정에 싸인 흰색은 주위의 흰색보다 어둡게 보인다. 가는 줄무늬 패턴의 면은 배경색이 줄무늬 색 기미를 띠어 보인다.

예제 06 색과 색의 관계가 가까워져 색의 차이를 좁히는 현상은? [20]
① 잔상 ② 리프만 효과
③ 동화현상 ④ 푸르킨예현상

정답 ③

2) 색의 효과

(1) 잔상

- 잔상이란 자극을 주어 색각이 생긴 후, 자극을 제거하면 제거한 후에도 그 흥분이 남아서 원자극과 동질, 또는 이질의 감각 경험을 일으키는 것을 말한다.
- 색의 대비 중 계시대비와 밀접한 관련이 있는 것으로 잔상의 현상이 있다.

종류	내용
부의 잔상 (음성잔상)	잔상이 원자극의 형상과 닮았지만 밝기는 원자극의 반대이다. (예 검정 원을 한참 보다가 벽을 보면 흰 원이 나타나 보이고, 흰 원을 한참 보다가 벽을 보면 검정 원이 나타나 보인다.)
정의 잔상 (양성잔상)	망막의 흥분상태의 지속성에 의한 것으로 이는 자극 후에도 그 충동이 시신경에 계속되고 있기 때문에 앞서 지각된 이미지가 계속되는 현상 (예 영화, 팽이 등)
보색 잔상	원 자극상의 보색으로 잔상이 나타나는 잔상으로 부의 잔상에 속한다. (예 적색자극의 잔상은 보색인 청록색으로, 청색 자극의 잔상은 보색인 주황색으로 나타난다.)

예제 07 횃불놀이, TV나 영화 등에서 나타나는 색의 현상은? [21, 17]
① 정의 잔상   ② 부의 잔상   ③ 연변 대비   ④ 색상 동화

정답 ①

예제 08 흰 종이위에 있는 빨간 사과를 한참 보다가 치워 버렸다. 그 자리에 같은 모양의 어떠한 색이 연상되어 보이는가? [20]
① 청록   ② 파랑   ③ 보라   ④ 자주

정답 ①

예제 09 색의 지각현상에 대한 설명 중 틀린 것은? [24, 23, 16]
① 명시도는 그 색 고유의 특성이라기보다는 배경과의 관계에 의해 결정된다.
② 장파장 쪽의 색상은 진출·팽창해 보이고, 단파장 쪽의 색상은 후퇴·수축해 보인다.
③ 부의 잔상이란 자극을 제거한 후에도 원자극과 동일한 감각 경험을 일으키는 것이다.
④ 고명도, 고채도, 난색이 일반적으로 주목성이 높다.

정답 ③

예제 10 다음 중 보색 관계가 아닌 색은? [21]
① 빨강 – 청록   ② 노랑 – 남색   ③ 연두 – 보라   ④ 자주 – 주황

정답 ④

(2) 항상성

밝기나 조명등의 물리적 변화에 망막의 자극 변화가 비례하지 않는 현상

예 백지는 어두워져도 백지로 기억된다.

예제 11 주광 아래서나 어떤 색광 아래서 흰 종이를 같은 흰색으로 지각하는 현상은? [16]
① 색각항상
② 베졸드효과
③ 색순응
④ 잔상

정답 ①

(3) 색의 면적효과
① 색의 시각반응은 색의 면적에 따라 다르게 느껴진다. 색의 면적이 크면 더욱 밝고 강하게 느껴지고, 색의 면적이 작으면 분별력이 떨어진다.
② 윤곽이 뚜렷하면 채도는 높고 명도는 낮게 보인다.
③ 윤곽이 희미하면 채도는 낮고 명도는 높게 보인다.

(4) 색의 명시도(시인성)
① 시인성이란 대상의 존재나 형상이 보이기 쉬운 정도를 뜻한다.
② 시인성에 가장 영향력을 미치는 것은 그 배경과의 명도의 차를 크게 하는 것이다.
③ 교통표지판, 안전사고 방지시설은 명시성을 이용한 것이다.

Note 명시성이 높은 배경색과 주조색
- 검정색 배경 : 노랑, 주황이 명시도가 높고, 자주, 파랑 등은 낮다.
- 흰색 배경 : 노랑, 주황이 명시도가 낮고, 자주, 파랑 등은 높다.
- 유채색끼리일 때는 노랑, 주황과 파랑, 자주와의 보색관계가 명시도가 높다.

(5) 주목성(유목성)
① 특별히 주의를 갖지 않아도 색이 눈에 잘 띄는 성질을 뜻한다.
② 시인성이 높은 색은 대체로 유목성도 높아진다.
③ 난색 계통이 주목성이 높다.
④ 고명도, 고채도의 색이 유목성이 높으며, 시인성에 비해 주관적인 경험 등이 작용한다.

예제 12 색의 명시성에 주요인이 되는 것은? [22,18]
① 연상의 차이
② 색상의 차이
③ 채도의 차이
④ 명도의 차이

정답 ④

예제 13 색의 주목성에 관한 설명 중 틀린 것은? [23, 21, 16]
① 한색 계통이 주목성이 높다.
② 난색 계통이 주목성이 높다.
③ 고채도의 색이 주목성이 높다.
④ 명시도가 높은 색이 주목성이 높다.

정답 ①

(6) 색의 진출, 후퇴
① 난색계는 한색계보다 진출성이 있다.
② 배경색의 채도보다 높을 경우 색은 진출성이 있다.
③ 배경색보다 명도차를 크게 한 밝은 색은 진출성이 있다
④ 순색 중에서도 **황색이 진출색**이며 주황 > 녹색 > 적색 > 자색의 순이다.

> **Note**
> • 진출색 : 고명도, 고채도, 따뜻한 느낌의 색
> • 후퇴색 : 저명도, 저채도, 차가운 느낌의 색

(7) 팽창, 수축
① 같은 형태, 같은 면적이라도 색채에 따라 크기가 다르게 보인다.
② **순색에서는 파랑 < 보라 < 빨강 < 녹색 < 주황 < 노랑**으로, 대체로 명도의 순서와 같다.
③ **따뜻한 색 쪽이 차가운 색보다 크게 보인다.** (어두운색 < 밝은색)
④ 배경색이 밝으면 그림은 작아 보인다.
⑤ 홀쭉한 사람은 팽창색의 옷을 입고, 뚱뚱한 사람은 수축색의 옷을 입어야 효과적이다.

> **Note**
> • 팽창색 : 고명도, 고채도, 따뜻한 느낌의 색
> • 수축색 : 저명도, 저채도, 차가운 느낌의 색

예제 14 같은 형태(形態), 같은 면적에서 그 크기가 가장 크게 보이는 색은? (단, 그 색이 동일한 배경색 위에 있을 때) [22, 13]
① 고명도의 청색　　　　② 고명도의 녹색
③ 고명도의 황색　　　　④ 고명도의 자색

정답 ③

예제 15 다음 중 진출팽창과 후퇴수축을 가장 크게 나타내는 관계는? [12]
① 검정과 흰색　　　　② 노랑과 초록
③ 빨강과 초록　　　　④ 파랑과 보라

정답 ①

2. 색의 감정적 효과

1) 색채와 감정

(1) 온도감

난색(따뜻한 느낌)	• 빨강, 주황, 노랑 등의 장파장 색상 • 무채색 중 저명도색 • 팽창성, 진출성, 느슨함, 여유
한색(차가운 느낌)	• 파랑, 청록, 남색 등의 단파장 색상 • 무채색 중 고명도색 • 수축성, 후퇴성, 긴장감
중성색	• 초록과 보라. 무채색 중 중명도인 회색

예제 16 광원의 온도가 높아짐에 따라 광원의 색이 변한다. 색온도 변화의 순으로 옳게 짝지어진 것은? [24,17,14]

① 빨간색 → 주황색 → 노란색 → 파란색 → 흰색
② 빨간색 → 주황색 → 노란색 → 흰색 → 파란색
③ 빨간색 → 주황색 → 파란색 → 보라색 → 흰색
④ 빨간색 → 주황색 → 노란색 → 파란색 → 보라색

정답 ②

(2) 중량감

① 무게감은 색의 명도에 의해 좌우된다.
② 고명도일수록 가볍게, 저명도일수록 무겁게 느껴진다.
③ 색상, 채도의 영향은 작은 편이나, 난색은 비교적 가볍고 한색은 비교적 무겁게 느껴진다.
④ 밝은색의 팽창색은 가벼운 느낌의 색이고, 어두운색의 수축색은 무거운 느낌의 색이다. 흑, 청, 적, 자, 주황, 녹색, 황, 백의 순으로 가볍게 느껴진다.

예제 17 다음 중 가장 가벼운 느낌을 주는 배색은? [23,21,17,12]

① 녹색 - 검정　　② 주황 - 노랑
③ 빨강 - 파랑　　④ 청록 - 녹색

정답 ②

예제 18 다음 중 무겁게 느껴지는 색은? [13]

① 보라　　② 초록
③ 노랑　　④ 주황

정답 ①

| 예제 19 | 색에 관한 설명 중 잘못된 것은? [22,16]
① 황색은 녹색보다 진출하여 보인다.
② 주황색은 녹색보다 따뜻하게 느껴진다.
③ 황색은 청색보다 커 보인다.
④ 황색은 녹색보다 무겁게 느껴진다.

정답 ④

(3) 강약감
① 색의 강약감은 색에 의해서 강한 느낌이나 약한 느낌을 주는 것으로, 주로 채도의 높낮이에 의해 결정된다.
② 채도가 높을수록 자극적이며 강한 느낌을 준다.
③ 단색의 강·약감에는 배경색도 영향을 준다.

(4) 경연감
① 딱딱하고 부드러운 느낌은 채도 및 명도의 영향을 받는다.
② 고명도 저채도 색은 부드러운 느낌을 준다.
③ 저명도 고채도의 색은 딱딱한 느낌을 준다. (예 황색을 띤 채도가 낮은 색)
④ 색상에서는 난색이 한색보다 부드러운 느낌을 준다.
⑤ 대비가 강한 배색 일수록 딱딱한 느낌을 준다.

| 예제 20 | 다음 중 가장 딱딱한 느낌의 색은? [17]
① 녹색을 띤 명도가 높은 색
② 황색을 띤 채도가 낮은 색
③ 청색을 띤 명도가 낮은 색
④ 황색을 띤 명도가 높은 색

정답 ③

(5) 색채의 흥분과 진정
① 난색계의 고채도는 흥분을 일으킨다.
② 한색계의 저채도는 마음을 진정시켜 주는 색이다.

| 예제 21 | 색이 주는 감정적 효과와 색의 3속성과의 관계에서 가장 타당성이 낮은 것은? [15]
① 온도감 - 색상
② 중량감 - 명도
③ 경연감 - 채도
④ 흥분과 침정 - 명도

정답 ④

(6) 시간의 장단(파버 비렌의 이론)
① 장파장 계통(적색 계통) : 시간의 경과가 길게 느껴진다.
② 단파장 계통(청색 계통) : 시간이 경과하는 느낌이 짧게 느껴진다.
③ 빠른 속도감 : 고명도, 고채도, 난색, 장파장 색
④ 느린 속도감 : 저명도, 저채도, 한색, 단파장 색

예제 22 장파장의 색상은 시간의 경과를 길게 느끼고 단파장의 색상은 시간의 경과를 짧게 느낀다는 색채의 기능주의적 사용법을 역설한 사람은? [23,16]
① 먼셀
② 문·스펜서
③ 파버비렌
④ 오스트발트

정답 ③

예제 23 색채의 시간성과 속도감에 대한 설명 중 옳은 것은? [25,19,16]
① 3속성 중 명도가 주로 큰 영향을 미친다.
② 장파장의 색은 시간이 길게 느껴진다.
③ 단파장의 색은 속도가 빠르게 느껴진다.
④ 저명도의 색은 속도가 빠르게 느껴진다.

정답 ②

색채의 공감각
① 색채의 공감각은 시각적 자극과 함께 맛, 냄새, 소리, 질감을 연상하게 하는 작용이다.
  예 황색이나 레몬 색에서 과일냄새를 느끼는 것과 같은 감각
② 색과 맛의 연상

단맛	짠맛	신맛	쓴맛
빨강, 분홍	청록, 회색, 흰색	노랑, 연두	밤색, 올리브 그린

예제 24 황색이나 레몬색에서 과일냄새를 느끼는 것과 같은 감각현상은? [16]
① 시인성
② 상징성
③ 공감각
④ 시감도

정답 ③

2) 색채와 이미지

색채가 여러 가지 연상을 일으키고 상징적인 의미와 내용을 가지고 있다는 것은 오래전부터 지적되어 온 사실이다. 수반감정은 색채가 인간에게 미치는 기본적인 효과이기 때문에 개인차가 별로 없지만 이 연상이나 상징은 생활양식이나 문화적 배경, 지역과 풍토에 따라 개인차가 심하다.

색채	이미지	연상
빨강	불, 열, 위험, 혁명, 분노 등 감정을 고조시키는 색	태양, 피, 불, 장미
주황	원기, 만족, 풍부, 건강 등 따뜻하고 활기찬 느낌	노을, 석양, 오렌지
노랑	희망, 광명, 유쾌 등 명랑하고 힘찬 느낌	개나리, 봄
초록	안식, 안정, 평화, 이상 등 자연스러운 색	풀, 에메랄드, 풋과일
청록	이지적, 냉철, 바다, 질투 등 이성적인 색	호수, 바다
파랑	청결, 냉혹, 젊음, 차가움, 신비, 지혜, 이성	하늘, 물, 남성
보라	우아함, 예술, 고귀함, 신비, 독창성, 판타지, 영웅	나팔꽃, 가지
자주	사랑, 화려함, 불안, 슬픔, 흥분	자두, 팥
흰색	청결, 순수, 순결, 결백, 정직, 거룩함, 가벼움	병원, 겨울, 눈
검은색	암흑, 엄중함, 진지함, 무게감, 단순함, 죽음, 비밀	어두운 밤, 가톨릭

> **Note**
> 올림픽 마크의 5 대양주 상징 이미지 색
> 청-유럽, 황-아시아, 흑-아프리카, 녹-오세아니아, 적-아메리카

예제 25
색채의 감정에 대한 설명으로 옳은 것은? [20]
① 주황색, 황색등의 색상은 수축감을 느끼게 하며 생리적, 심리적으로 긴장감을 준다.
② 붉은색 통의 색은 시간의 경과가 짧게 느껴지고, 푸른색 계통은 시간의 경과가 길게 느껴진다.
③ 난색계통의 고명도·고채도를 사용하면 흥분감을 준다.
④ 색의 중량감은 주로 채도에 의하여 좌우된다.

정답 ③

예제 26
불안감을 느끼는 사람에게 안정을 취하게 할 수 있는 공간색으로 적합한 것은? [21]
① 파랑   ② 흰색   ③ 회색   ④ 노랑

정답 ①

예제 27
다음 중 식당에서 식욕을 증진시키기 위한 색으로 사용하기 가장 적절한 것은? [18,13]
① R-RP 계통의 명도 4정도   ② Y-GY 계통의 명도 4정도
③ B-PB 계통의 채도 6정도   ④ R-YR 계통의 채도 6정도

정답 ④

3) 언어척도법(SD법 : Sematic Differential Method)
① 형용사를 사용하면서 반대어에 대한 것을 스케일로서 측정하여 색채의 감정적인 면을 다룬다.
② 오스굿의 언어 척도법은 서로 상반되는 형용사군을 이용하여 그 사이를 5 ~ 7단계로 척도화 한다.
③ 부드럽다-딱딱하다, 따뜻하다-차갑다, 동적이다-정적이다, 화려하다-수수하다

예제 28 SD법으로 제품의 색채 이미지를 조사하려고 한다. 단어의 이미지가 잘못 짝지어진 것은? [24,16]
① 부드럽다-딱딱하다
② 따뜻하다-차갑다
③ 동적이다-정적이다
④ 화려하다-아름답다

정답 ④

핵심 기출문제

2-4 색채 심리

1 색의 지각적 효과

01 ▶17,21
동시 대비 중 무채색과 유채색 사이에 일어나지 않는 대비는?

① 명도 대비
② 색상 대비
③ 채도 대비
④ 보색 대비

해설 | 색상대비
㉠ 두 가지 이상의 색을 동시에 볼 때 각 색상의 차이가 실제의 색과는 달라 보이는 현상
㉡ 배경이 되는 색이나 근접색의 보색 잔상의 영향으로 색상이 몇 단계 이동된 느낌을 받는다.
㉢ 빨간 바탕위의 주황색은 노란색의 느낌이, 노란색 바탕위의 주황색은 빨간색의 느낌이 난다.
㉣ 무채색의 대비, 유채색의 대비, 무채색과 유채색의 대비가 일어나지 않는다.

02 ▶15,19
흰색 바탕에 검은색 정방형을 일정한 간격으로 나열하면 격자의 교차부분에서 검은색 점이 지각된다. 이와 같은 현상을 설명할 수 있는 색채대비 현상은?

① 명도대비
② 보색대비
③ 색상대비
④ 계시대비

해설 | 명도대비
명도가 다른 색을 조합했을 때 밝은 색은 보다 밝게 어두운 색은 보다 어둡게 보이는 현상

03 ▶21
빨강 위에 노랑 보다 회색 위의 노랑이 더욱 선명하게 보이는 현상은?

① 색상 대비
② 계속 대비
③ 채도 대비
④ 보색 대비

해설 | 채도대비
㉠ 어떤 색의 주위에 그것보다 선명한 색이 있으면 그 색의 채도가 원래 가지고 있는 채도보다 낮게 보이는 현상
㉡ 배경색의 채도가 낮으면 도형의 색이 더욱 선명해 보인다.

04 ▶16
색의 대비현상에 관한 설명으로 틀린 것은?

① 명도대비 : 명도가 다른 두 색이 서로의 영향으로 명도차가 더 크게 나타나는 현상
② 연변대비 : 두 색의 경계부분에서 색의 3속성별로 대비현상이 더욱 강하게 나타나는 현상
③ 계시대비 : 어떤 색이 다른 색에 둘러 싸여 일정한 거리 이상에서 주변색과 같아 보이는 현상
④ 보색대비 : 보색관계인 두 색이 서로의 영향으로 각각의 채도가 더 높게 보이는 현상

해설 | 계시대비(successive contrast)
㉠ 어떤 색을 본 후에 다른 색을 보면 단독으로 볼 때와는 다르게 보이는 현상
㉡ 보색잔상의 영향으로 먼저 본 색의 보색이 나중에 보는 색에 혼합되어 보이는 것과 관련된 대비이며, 계속대비 또는 연속대비라고도 한다.
㉢ 예를 들면 빨간색을 본 후 흰색을 보면 순간적으로 청록색으로 보이는 현상

정답 | 01 ② 02 ① 03 ③ 04 ③

05

색의 지각현상에 관한 설명 중 틀린 것은?

① 난색이 한색보다 팽창되어 보인다.
② 검정색 배경 위의 고명도 색이 저명도 색보다 명시도가 높다.
③ 한색이 난색보다 주목성이 높다.
④ 고명도 색이 저명도 색보다 팽창되어 보인다.

해설 | 난색이 한색보다 주목성이 높다.

06

이웃한 색이 서로 인접한 부근에서 더 강한 대비가 느껴지는 현상은?

① 푸르킨예 현상　② 연변대비
③ 계시대비　　　④ 한난대비

해설 | 연변대비 : 경계 부분의 대비가 더 강해보임
어떤 두 색이 맞붙어 있을 때 그 경계 언저리에는 그곳에서 멀리 떨어져 있는 부분보다 색상, 명도, 채도 대비의 현상이 강하게 일어남

07

그림과 같이 9개의 검정 정사각형 사이의 교차되는 흰 부분에 약간 희미한 점이 나타나 보이는 착각이 일어난다. 이와 같은 현상은?

① 한난대비　　② 채도대비
③ 계시대비　　④ 연변대비

해설 | 허먼(헤르만) 그리드 현상(Hermann Grid Illusion)
근접해 있는 색을 망막 세포가 지각할 때 두 색의 차이가 원래보다 강조된 상태로 지각되는 경우가 있는데, 이는 교차되는 지점에 잔상이 생겨 대비 효과를 보이기 때문이다. 이를 허먼 그리드 현상이라 하며 일종의 연변대비라 할 수 있다. 그림처럼 백색 띠가 교차하는 곳에 그림자가 보이는데, 이는 백색교차 부분이 다른 곳에 비해 검은색으로부터 멀어지므로 대비가 약해져 거무스름하게 보이는 것이다.

08

면적대비에 관한 설명 중 옳은 것은?

① 같은 색이라도 면적이 작은 쪽이 큰 쪽보다 명도가 높게 느껴진다.
② 같은 색이라도 면적이 작은 쪽이 큰 쪽보다 채도가 높게 느껴진다.
③ 실제 적용한 색이 견본의 색보다 채도가 낮아 보이므로 이를 고려하여 색을 선택해야 한다.
④ 면적의 크고 작음에 의해서 색이 다르게 보이는 현상이다.

해설 | 면적대비(Area Contrast)
㉠ 같은 색이라도 면적의 크고 작음에 따라 색의 명도 채도가 다르게 보이는 현상
㉡ 큰 면적의 색은 실제보다 명도와 채도가 높아 보이며 밝고 선명하게 보이나, 작은 면적의 색은 실제보다 명도와 채도가 낮아 보인다.

09

대비현상과는 달리 인접된 색과 닮아 보이는 현상은?

① 잔상현상　② 퇴색현상
③ 동화현상　④ 연상감정

해설 | 동화 현상
옆에 있는 색이나 주위의 색과 닮아 보이는 현상
전파효과 : 하나의 색이 다른 색 위에서 넓혀 가려는 것처럼 보이는 효과
혼색효과 : 혼색되려는 효과
예 검정에 싸인 흰색은 주위의 흰색보다 어둡게 보인다. 가는 줄늬 패턴의 면은 배경색이 줄늬 색 기미를 띠어 보인다.

정답 | 05 ③　06 ②　07 ④　08 ④　09 ③

10 ▶14, 18
잔상이나 대비현상을 간단하게 설명할 수 있는 색각 이론을 만든 사람은?

① 영·헬름홀츠 ② 헤링
③ 오스트발트 ④ 먼셀

해설 | 헤링의 반대색설
헤링이 1872년에 영·헬름홀츠의 3원색 설에 대해 발표한 반대색설로 3종의 망막 시세포, 백흑 시세포, 적록 시세포, 황청 시세포의 3대 6감각을 색의 기본감각으로 하고, 이것들의 시세포는 빛의 자극을 받는 것에 따라서 각각 동화작용 또는 이화작용이 일어나고 모든 색의 감각이 생긴다고 주장하였다.

11 ▶13, 16
다음 색 중 보색 관계가 아닌 것은?

① 빨강 - 청록
② 노랑 - 남색
③ 연두 - 보라
④ 자주 - 주황

해설 | 보색 조합은 적-청록, 녹-자주, 황-남색 이다.

12 ▶13
다음 중 가장 강한 대비효과가 나타나는 배색은?

① 빨강, 보라
② 주황, 연두
③ 녹색, 청록
④ 노랑, 남색

해설 | 대비효과의 특징
㉠ 대비효과는 두 색이 떨어져 있는 경우에 나타나지만, 두 색 사이의 간격이 클수록 효과는 감소된다.
㉡ 대비효과는 색의 차이가 커질수록 증대된다.
㉢ 명도대비가 최소일 때 색대비가 최대가 된다.
㉣ 명도가 같을 경우 유도야색(색의 자극 유도의 채도가 증가되면 색대비도 증대된다.

13 ▶15
색채 대비실험에서 빨강 색지를 보다가 흰 색지를 볼 때 희미하게 보이는 색은?

① 노란색 ② 자주색
③ 청록색 ④ 보라색

해설 | 계시대비(successive contrast)
㉠ 어떤 색을 본 후에 다른 색을 보면 단독으로 볼 때와는 다르게 보이는 현상
㉡ 보색잔상의 영향으로 먼저 본 색의 보색이 나중에 보는 색에 혼합되어 보이는 것과 관련된 대비
㉢ 계속대비 또는 연속대비라고도 한다.
㉣ 예를 들면 빨간색을 본 후 흰색을 보면 순간적으로 청록색으로 보이는 현상

14 ▶20
주황색을 강한 인상으로 보여주려 할 때, 그 전에 어떤 색을 15초간 보여주는 것이 효과적인가?

① 주황색 ② 빨강색
③ 녹색   ④ 감청색

해설 | 보색관계의 색은 강한 대비효과를 보여준다.

15 ▶12
실제의 위치보다 가깝게 있는 것처럼 보이는 색을 뜻하는 것은?

① 후퇴색 ② 수축색
③ 무채색 ④ 진출색

해설 | 색의 진출, 후퇴와 팽창, 수축
㉠ 색은 색채에 따라 거리감이 다르게 느껴진다. 고명도, 채도는 진출색이고, 저명도, 저채도는 후퇴색이다.
㉡ 같은 형태, 같은 면적이라도 색채에 따라 크기가 다르게 보이는데, 밝은 색이 어두운색보다 크게 보인다. 즉, 명도가 높은 색은 팽창성이 있고, 명도가 낮은 색은 수축성이 있다.
㉢ 순색 중에서도 황색이 진출색이며 주황 > 녹색 > 적색 > 자색의 순이다.

정답 | 10 ② 11 ④ 12 ④ 13 ③ 14 ④ 15 ④

16 ▶12,15,19
우리가 영화 화면을 볼 때 규칙적으로 화면이 연결되어 언제나 지속되어 보이는 것과 관련 있는 것은?

① 정의 잔상　　② 부의 잔상
③ 대비 효과　　④ 동화 효과

해설 | 잔상
색의 대비중 계시대비와 밀접한 관련이 있는 것으로 잔상의 현상이 있다. 잔상이란 자극을 주어 색각이 생긴 후, 자극을 제거하면 제거한 후에도 그 흥분이 남아서 원자극과 동질, 또는 이질의 감각 경험을 일으키는 것을 말한다.
　㉠ 부의 잔상
　　잔상이 원자극의 형상과 닮았지만 밝기는 원자극의 반대이다.
　　예 검정 원을 한참 보다가 벽을 보면 흰 원이 나타나 보이고, 흰 원을 한참 보다가 벽을 보면 검정 원이 나타나 보인다.
　㉡ 정의 잔상
　　망막의 흥분상태의 지속성에 의한 것으로 이는 자극 후에도 그 충동이 시신경에 계속되고 있기 때문에 앞서 지각된 이미지가 계속되는 현상
　　예 영화, 팽이 등

17 ▶15
부의 잔상(negative after image)에 대한 설명으로 맞는 것은?

① 어떤 색을 응시하다가 눈을 옮기면 먼저 본 색의 반대색이 잔상으로 생긴다.
② 빨간 성냥불을 어두운 곳에서 돌리면 길고 선명한 빨간 원이 그려진다.
③ 사진원판과 같이 원자극의 흑색은 흑색으로, 백색은 백색으로 변화를 갖지 않는다.
④ 원자극과 흡사한 잔상으로 등색 잔상이 있다.

해설 | 부의 잔상(음성잔상)
잔상이 원자극의 형상과 닮았지만 밝기는 원자극의 반대이다.
　예 검정 원을 한참 보다가 벽을 보면 흰 원이 나타나 보이고, 흰 원을 한참 보다가 벽을 보면 검정 원이 나타나 보인다.

18 ▶17
음성적 잔상이란?

① 원래의 감각과 반대의 밝기 또는 색상을 가지는 잔상
② 원래의 감각과 같은 질의 밝기 또는 색상을 가지는 잔상
③ 원래의 색상과 다른 무채색으로 나타나는 잔상
④ 원래색상의 밝기 또는 색상이 약하게 나타나는 잔상

해설 | 문제 17번 해설참조

19 ▶14
잔상에 대한 설명 중 옳은 것은?

① 잔상은 색의 대비와는 전혀 관계없이 일어난다.
② 수술실 벽면을 청록색으로 칠하는 것은 잔상을 막기 위해서이다.
③ 자극이 끝난 후에도 보고 있던 상을 그대로 계속하여 볼 수 있는 경우는 음성적 잔상에 속한다.
④ 계시대비는 잔상의 영향을 받지 않는다.

해설 | 수술실의 경우 장시간 수술로 빨간색의 피를 오랫동안 보기 때문에 눈의 피로를 감소하기 위해 보색이 되는 청록색 계통의 색으로 칠하는 것이다.

20 ▶16
잔상에 대한 설명 중 잘못된 것은?

① 부의 잔상은 망막의 자극이 사라진 후 원래의 자극과 반대되는 색을 느낀다.
② 정의 잔상의 예로 빨간 성냥불을 어두운 곳에서 계속 돌리면 길고 선명한 빨간 원을 그리는 것으로 느낀다.
③ 잔상이란 어떤 자극을 주어 색각이 생긴 뒤에 자극을 제거한 후에도 그 흥분이 남아서 감각 경험을 일으키는 것을 말한다.
④ 보색잔상은 빨간 색을 보다가 흰색 면을 보면 청록으로 느껴지는 것으로 일종의 정의 잔상이다.

정답 | 16 ① 17 ① 18 ① 19 ② 20 ④

해설 | 보색 잔상
원 자극상의 보색으로 잔상이 나타나는 잔상으로 부의 잔상에 속한다.

21 ▶15,19

보색에 관한 설명으로 옳은 것은?

① 두 색을 혼합했을 때 무채색이 되는 색을 보색이라 한다.
② 색상환에서 서로 인접한 색이다.
③ 먼셀 색상환에서 빨강의 보색은 파랑이다.
④ 가법혼색에서 초록의 보색은 노랑이다.

해설 | 보색
㉠ 서로 반대되는 색상, 즉, 색상환에서 180도 반대편에 있는 색이다.
㉡ 색상이 다른 두 색을 적당한 비율로 혼합하여 무채색이 된다. 빨강과 녹색, 노랑과 파랑, 녹색과 보라 등의 색광은 서로 보색이다.

22 ▶13,16

보색에 대한 설명으로 틀린 것은?

① 보색인 2색은 색상환상에서 90° 위치에 있는 색이다.
② 두 가지 색광을 섞어 백색광이 될 때 이 두 가지 색광을 서로 상대 색에 대한 보색이라고 한다.
③ 두 가지 색의 물감을 섞어 회색이 되는 경우, 그 두색은 보색관계이다.
④ 물감에서 보색의 조합은 빨강 – 청록, 초록 – 자주이다.

해설 | 보색인 2색은 색상환에서 180° 위치에 있는 반대편 색이다.

23 ▶18

다음 중 색의 시인성을 높이기 위한 가장 좋은 방법은?

① 난색보다는 한색을 선택한다.
② 배경색과 명도차를 동일하게 한다.
③ 흰색바탕의 빨강색을 흰색바탕의 보라색으로 바꾼다.
④ 바탕색에 비하여 명도와 채도 차이를 크게 한다.

해설 | 색의 명시도(시인성)
㉠ 시인성이란 대상의 존재나 형상이 보이기 쉬운 정도를 뜻한다.
㉡ 시인성에 가장 영향력을 미치는 것은 그 배경과의 명도의 차를 크게 하는 것이다
㉢ 검정색 배경일 때는 노랑, 주황이 명시도가 높고, 자주, 파랑 등은 낮으며, 흰색 배경일 때는 이와 반대이다. 유채색끼리일 때는 노랑, 주황과 파랑, 자주와의 보색관계가 명시도가 높다.
㉣ 교통표지판, 안전사고 방지시설은 명시성을 이용한 것이다.

24 ▶17

다음 중 교통 표지판에 주로 이용된 시각적 성질은?

① 명시성　　② 심미성
③ 반사성　　④ 편의성

해설 | 문제 23번 해설참조

25 ▶16

명시도가 가장 높은 배색은?

① 흰 종이 위의 노란색 글씨
② 빨간색 종이 위의 보라색 글씨
③ 노란색 종이 위의 검은색 글씨
④ 파란색 종이 위의 초록색 글씨

해설 | 명시성이 높은 배경색과 주조색
• 검정색 배경 : 노랑, 주황이 명시도가 높고, 자주, 파랑 등은 낮다
• 흰색 배경 : 노랑, 주황이 명시도가 낮고, 자주, 파랑 등은 높다
• 유채색끼리일 때는 노랑, 주황과 파랑, 자주와의 보색관계가 명시도가 높다.

정답 | 21 ① 22 ① 23 ④ 24 ① 25 ③

26 ▶12
다음 중 글자가 가장 가늘게 보이는 배색은?

① 노랑 배경색 위의 파랑 글자
② 검정 배경색 위의 연두 글자
③ 진회색 배경색 위의 흰 글자
④ 녹색 배경색 위의 노랑 글자

해설 | 저명도, 저채도의 색이 후퇴, 수축되어 보인다.

27 ▶19
황색의 심벌(symbol)을 눈에 잘 뜨이게 하려면 배경색은 다음 중 어느 색이 가장 좋은가?

① 밝은 회색　　② 백색
③ 청색　　　　④ 흑색

해설 | 검정색 배경일 때는 노랑, 주황이 명시도가 높고, 자주, 파랑 등은 낮으며, 흰색 배경일 때는 이와 반대이다. 유채색끼리일 때는 노랑, 주황과 파랑, 자주와의 보색 관계가 명시도가 높다.

28 ▶20
색의 시각적 특성에 대한 설명 중 옳은 것은?

① 난색계는 한색계보다 후퇴해 보인다.
② 배경색과 명도차가 적은 어두운 색은 진출해 보인다.
③ 저채도의 배경색에 고채도의 색은 후퇴해 보인다.
④ 고명도, 고채도의 색은 진출해 보인다.

해설 | ㉠ 난색계는 한색계보다 진출해 보인다.
　　　㉡ 배경색과 명도차가 적은 어두운 색은 후퇴해 보인다.
　　　㉢ 저채도의 배경색에 고채도의 색은 진출해 보인다.

29 ▶19
녹색 잔디 구장 위에서 가장 눈에 잘 띄는 유니폼 색은?

① 자주　　　　② 주황
③ 파랑　　　　④ 연두

해설 | 녹색 잔디 구장 위에서 보색인 자주색이 가장 눈에 잘 띄는 유니폼 색이다.

2 색의 감정적 효과

30 ▶13
색의 온도감에 관한 내용으로 옳은 것은?

① 빨강, 노란색은 한색이다.
② 무채색에서 높은 명도의 색은 난색이다.
③ 자주, 청록색은 중성색이다.
④ 보라색은 중성색이고, 파란색은 한색이다.

해설 | 온도감
　㉠ 색상에 따라서 따뜻하고 차갑게 느껴지는 감정효과를 말한다.
　㉡ 온도감은 색상에 의한 효과가 가장 강한데 저채도, 저명도는 찬 느낌이 강하고, 무채색의 경우 저명도는 따뜻한 느낌을 주며, 고명도는 차가운 느낌을 준다.
　㉢ 난색계(따뜻한 느낌)
　　• 빨강, 주황, 노랑 등의 장파장 색상
　　• 무채색 중 저명도색
　　• 팽창성, 진출성, 느슨함, 여유
　㉣ 한색계(차가운 느낌)
　　• 파랑, 청록, 남색 등의 단파장 색상
　　• 무채색 중 고명도색
　　• 수축성, 후퇴성, 긴장감
　㉤ 중성색
　　초록과 보라. 무채색 중 중명도인 회색

31 ▶12
무채색 계통의 색의 온도감의 요인으로 가장 강하게 작용하는 것은?

① 색상　　　　② 채도
③ 명도　　　　④ 순도

해설 | 온도감은 무채색의 경우 저명도는 따뜻한 느낌을 주며, 고명도는 차가운 느낌을 준다.

정답 | 26 ① 27 ④ 28 ④ 29 ① 30 ④ 31 ③

32 ▶18
다음 중 속도감이 가장 둔한 느낌의 색상은?

① 노랑
② 빨강
③ 주황
④ 청록

해설 | 시간의 장단(파버 비렌의 이론)
- ㉠ 장파장 계통(적색 계통) : 시간의 경과가 길게 느껴진다.
- ㉡ 단파장 계통(청색 계통) : 시간이 경과하는 느낌이 짧게 느껴진다.
- ㉢ 빠른 속도감 : 고명도, 고채도, 난색, 장파장 색
- ㉣ 느린 속도감 : 저명도, 저채도, 한색, 단파장 색

33 ▶15
스피드감을 내는 자동차의 배색으로 가장 적합한 것은?

① 저명도의 장파장색
② 중명도의 단파장색
③ 고명도의 장파장색
④ 고명도의 단파장색

해설 | 빠른 속도감 : 고명도, 고채도, 난색, 장파장 색

34 ▶19
다음 중 가장 무겁게 느껴지는 색은?

① 회색
② 초록
③ 노랑
④ 주황

해설 | 중량감
- ㉠ 무게감은 색의 명도에 의해 좌우된다.
- ㉡ 고명도일수록 가볍게, 저명도일수록 무겁게 느껴진다.

35 ▶13
다음 중 가장 가벼운 느낌을 주는 색은?

① 10R 3/8
② 10R 4/4
③ 10R 6/3
④ 10R 8/1

해설 | 중량감
- ㉠ 무게감은 색의 명도에 의해 좌우된다.
- ㉡ 고명도일수록 가볍게, 저명도일수록 무겁게 느껴진다.
- ㉢ 색상, 채도의 영향은 작은 편이나, 난색은 비교적 가볍고 한색은 비교적 무겁게 느껴진다.
- ㉣ 밝은색의 팽창색은 가벼운 느낌의 색이고, 어두운 색의 수축색은 무거운 느낌의 색이다. 흑, 청, 적, 자, 주황, 녹색, 황, 백의 순으로 무겁게 느껴진다.

36 ▶19
색의 진출과 후퇴 현상에 관한 설명으로 틀린 것은?

① 적색, 황색과 같은 난색은 진출해 보인다.
② 단파장 쪽의 색이 후퇴해 보인다.
③ 고명도의 색이 진출해 보인다.
④ 진출색은 수축색이 되고, 후퇴색은 팽창색이 된다.

해설 | 진출색은 팽창색이 되고, 후퇴색은 수축색이 된다.

37 ▶12
색채의 감정에 대한 설명으로 옳은 것은?

① 주황색, 황색등의 색상은 수축감을 느끼게 하며 생리적, 심리적으로 긴장감을 준다.
② 붉은색 계통의 색은 시간의 경과가 짧게 느껴지고, 푸른색 계통은 시간의 경과가 길게 느껴진다.
③ 난색계통의 고명도 고채도를 사용하면 흥분감을 준다.
④ 색의 중량감은 주로 채도에 의하여 좌우된다.

해설 | 흥분색과 진정 색
- ㉠ 흥분색 : 적극적인 색-빨강, 주황, 노랑-난색계통의 채도가 높은 색
- ㉡ 진정색 : 소극적인 색, 침정색-청록, 파랑, 남색-한색계통의 채도가 낮은 색
- ㉢ 흥분감 : 난색계통의 고명도, 고채도의 색상
- ㉣ 중량감(무게감)-색의 3속성 중 주로 명도에 요인
- ㉤ 가벼운 색 : 명도가 높은 색
- ㉥ 무거운 색 : 명도가 낮은 색

정답 | 32 ④ 33 ③ 34 ① 35 ④ 36 ④ 37 ③

38 ▶20
파란색의 감정효과에 가장 근접한 것은?

① 흥분되는 색이다.
② 혁명을 나타낸다.
③ 냉담, 냉정의 색이다.
④ 자연, 평범, 안일 등을 상징한다.

해설 | 파란색은 냉담, 냉정, 청결함, 젊음을 상징한다.

39 ▶17
무거운 상품을 가볍게 보이기 위해 포장하려 한다면 색의 어떤 속성을 조정해야 하냐?

① 색상　　② 명도
③ 채도　　④ 색도

해설 | 중량감은 명도의 영향이 가장 크다. 명도 5~6을 중심으로 그 이상은 가볍게 느껴지고, 그 이하는 무겁게 느껴진다.

40 ▶19,21
다음 중 음식점에서 가장 식욕을 돋우는 색상은?

① 10YR　　② 5G
③ 2.5B　　④ 7.5PB

해설 | 빨강과 주황 등은 식욕을 증진시키는데 효과가 있다.

41 ▶21
미각과 색채의 관계로 연결된 것 중 잘못된 것은?

① 쓴맛 : 회색　　② 단맛 : 빨강
③ 신맛 : 연두　　④ 짠맛 : 청록

해설 |

단맛	짠맛	신맛	쓴맛
빨강, 분홍	청록, 회색, 흰색	노랑, 연두	밤색, 올리브 그린

42 ▶18,21
색과 색의 상징이 잘못 연결된 것은?

① 빨강 - 정열, 사랑
② 노랑 - 신앙, 소박
③ 파랑 - 젊음, 성실
④ 초록 - 희망, 휴식

해설 | 노랑은 희망, 광명, 유쾌 등 명랑하고 힘찬 느낌

43 ▶12
오륜기에서 유럽을 상징하는 색은?

① 녹색　　② 황색
③ 적색　　④ 청색

해설 | 색의 상징성
㉠ 하나의 색을 보았을 때 특정한 형상이나 뜻이 상징되어 느껴지는 것
㉡ 국기의 상징색채, 신분계급의 구분, 방위의 표시, 지역의 구분, 기업의 상징색, 학문의 구분 등
㉢ 올림픽 마크의 5대양주 색
　청-유럽, 황-아시아, 흑-아프리카, 녹-오세아니아, 적-아메리카

44 ▶12
다음 유채색의 수식 형용사 중 가장 채도가 높은 것은?

① 연한　　② 선명한
③ 흐린　　④ 밝은

45 ▶17
다음 중 난색계의 특징으로 틀린 것은?

① 따뜻함　　② 진출색
③ 활동색　　④ 차분함

해설 | 차분함을 느끼는 색은 중성색이다.

정답 | 38 ③　39 ②　40 ①　41 ①　42 ②　43 ④　44 ②　45 ④

02-5 색채 관리

Pass Note

예상출제문항	키워드	
1~2	- 색채관리 순서 - 색채조절의 개념 - 공간별 색채 조절 특징	- 색채 조절시 고려사항 - 안전 색채

1. 색채 관리

1) 색채 관리 개념
① 색채관리는 색채 계획의 실행 문제로서 재료의 특성 및 시공과의 연계성, 현장에서의 배색 효과 등 현장감리에 대한 것이다.
② 색채의 심리적, 물리적 효과를 이용하여 각 공간을 쾌적하고 능률적인 환경을 만들고, 작업 환경을 개선하는 통합적인 활용 방법이다.

2) 색채 관리의 진행순서
색채 관리의 진행순서는 다음과 같다.
① 색의 설정(디자인)
② 시색(발색 및 착색)
③ 검사(시감측색, 계기측색)
④ 판매(광고 및 세일즈)

예제 01 제품의 색채관리는 통상 4단계로 나눌 수 있는데 3단계에 해당되는 것은? [12]

1. 색의 설정(디자인) → 2. 시색(발색 및 착색) → 3. (3단계) → 4. 판매(광고 및 세일즈)

① 색 이미지 조사　　　　　② 기호색 조사
③ 검사(시감측색, 계기측색)　④ 색의 감정효과 적용

정답 ③

---

2. 색채 조절
색채가 가지고 있는 심리적, 생리적 또는 물리적 성질을 이용하여 인간의 생활이나 작업의 분위기 또는 환경을 쾌적하게, 보다 능률적으로 만들기 위한 색의 배색 기술을 색채조절(color conditioning)이라고 한다.

1) 색채 조절의 효과
   ① **마음의 안정**을 찾는다.
   ② 일의 **능률을 향상**시킨다.
   ③ 눈과 정신의 피로를 완화시킨다.
   ④ 보다 빠른 판단을 할 수 있다.
   ⑤ 사고나 재해를 감소시킨다.
   ⑥ 능률이 향상되어 생산력이 높아진다.
   ⑦ 정리, 정돈 및 청결을 유지하도록 한다.
   ⑧ 유지, 관리가 경제적이며 쉽다.

2) 색채 조절의 계획 방법
   ① 건축이나 그 밖에 필요한 장소에 따른 기능을 철저히 추구
   ② 공간 기능을 만족시키는 데 필요한 시각상의 모든 요구를 확실히 파악
   ③ 기능을 추구하는 데는 그 장소에서 어떤 사람이, 어떤 행위를, 무엇에 대하여 하는 것인가를 알아야 하는 것이 중요하다.

> **예제 02** 색채가 지닌 심리적, 생리적, 물리학적 성질을 잘 활용하는 일을 색채조절(Color Conditioning)이라고 한다. 다음 중 색채조절이 특히 중요시되는 곳은? [23,22]
> ① 옷가게　　　　　　　　　② 공부방
> ③ 식료품점　　　　　　　　④ 생산공장
>
> 정답 ④

3) 색채 조절 시 고려해야 할 점
   ① 눈부심과 피로를 감소시켜야 한다.
   ② 작업자의 활동적인 의욕을 높일 수 있도록 계획해야 한다.
   ③ 각종 사고나 재해의 위험에 대해 이를 방지하고, 안전하며, 주변 환경과의 관계를 잘 고려하여 능률성을 높이는 색채를 선택해야 한다.
   ④ 심리적 특성을 고려하여 쾌적한 실내 이미지를 만들어야 한다.
   ⑤ 공간 사용 목적에 맞는 기능을 고려하여 시각전달의 목적에 부합되는 감각성과 명시성이 이루어져야 한다.

> **예제 03** 다음 중 색채조절의 목표가 아닌 것은? [22]
> ① 안정성　　　　　　　　　② 독창성
> ③ 능률성　　　　　　　　　④ 심미성
>
> 정답 ②

공공 건축공간(공장, 학교, 병원 등)의 색채 환경을 위한 색채조절 시 고려해야 할 사항으로 거리가 먼 것은? [22, 18]
① 능률성　　　　　　　　② 안전성
③ 쾌적성　　　　　　　　④ 내구성

정답 ④

4) 안전색채의 조건
① 제품안전 라벨에 안전색을 사용하여 주목성을 높인다.
② 초록은 안전의 의미를 가지며 의무실, 비상구, 대피소 등에 사용된다.
③ 안전색채는 다른 물체의 색과 쉽게 식별되어야 한다.
④ 노랑과 검정 대비 색 조합 안전표지는 잠재적 위험을 경고하는 의미를 가진다.

 안전색채 사용에 대한 설명이 틀린 것은? [25, 23, 14]
① 제품안전 라벨에 안전 색을 사용하여 주목성을 높인다.
② 초록은 지시의 의미를 가지며 의무실, 비상구, 대피소 등에 사용된다.
③ 안전색채는 다른 물체의 색과 쉽게 식별되어야 한다.
④ 노랑과 검정 대비색 조합 안전표지는 잠재적 위험을 경고하는 의미를 가진다.

정답 ②

핵심 기출문제

2-5 색채 관리

01 ▶15,21
다음 중 색채조절의 목적에 해당하는 것은?

① 수익증대를 주목적으로 한다.
② 작업의 활동적인 의욕을 높인다.
③ 주변 환경과의 조화를 무엇보다 우선시 한다.
④ 심미적인 조화를 우선적으로 고려한다.

해설 | 색채 조절(color conditioning) 목적
　㉠ 사고, 재해를 감소시키고 능률을 향상시킨다.
　㉡ 작업의 활동적인 의욕을 높인다.

02 ▶16
제품의 디자인의 색채계획 중 고려하지 않아도 되는 것은?

① 주관성　　② 심미성
③ 실용성　　④ 조형성

해설 | 제품의 디자인 색채계획 고려사항 : 심미성, 조형성, 실용성

03 ▶19
색채 조절의 효과로 가장 거리가 먼 것은?

① 마음의 안정을 찾는다.
② 일의 능률을 향상시킨다.
③ 눈과 정신의 피로를 완화시킨다.
④ 개인의 취향을 반영할 수 있다.

해설 | 색채 조절의 효과
　㉠ 마음의 안정을 찾는다.
　㉡ 일의 능률을 향상시킨다.
　㉢ 눈과 정신의 피로를 완화시킨다.
　㉣ 보다 빠른 판단을 할 수 있다.
　㉤ 사고나 재해를 감소시킨다.

㉥ 능률이 향상되어 생산력이 높아진다.
㉦ 정리, 정돈 및 청결을 유지하도록 한다.
㉧ 유지, 관리가 경제적이며 편리하다.

04 ▶18
다음 중 주택의 색채 조절에 있어서 조명이 가장 밝아야 하는 곳은?

① 거실　　② 침실
③ 부엌　　④ 복도

해설 | 주택의 색채조절
　주택의 색채조절은 조명이 가장 밝아야 하는 부엌공간이다. 부엌은 음식을 조리해야 하는 장소로 특히 기능성이 강조된 밝고 환한 조명이 우선시 된다.

05 ▶20
공장 안에서 통행에 충돌 위험이 있는 기둥은 무슨 색으로 처리하는 것이 안전색채에 적절한가?

① 빨강　　② 노랑
③ 파랑　　④ 초록

해설 | 안전색채
　㉠ 빨강 : 방화(소화기·소화전), 금지(바리케이드), 정지(긴급 정지버튼)
　㉡ 주황 : 위험(위험표지, 기계 안전커버 내면)
　㉢ 노랑 : 주의(장애물, 과속 방지턱), 명시(출구)
　㉣ 검정 : 노랑과 주황을 눈에 잘 띄게 하는 배경, 보호색으로 사용
　㉤ 녹색 : 안전(안전 깃발), 구급(구급상자, 보호구상자), 피난(비상구)
　㉥ 파랑 : 지시(주차 방향, 소재 표시), 주의(수리 중)
　㉦ 자주 : 방사능

정답 | 01 ② 02 ① 03 ④ 04 ③ 05 ②

06 ▶12

수송기관의 색채디자인에서 배색조건과 가장 거리가 먼 것은?

① 환경과의 조화
② 쾌적과 안전감
③ 재질의 조화
④ 항상성과 계절성

해설 | ㉠ 수송기관의 색채디자인 고려사항
- 환경과의 조화
- 쾌적과 안전감
- 재질의 조화

㉡ 항상성(恒常性, constancy) : 물체에서 반사광의 분광특성이 변화되어도 거의 같은 색으로 보이는 현상으로 조명조건이 바뀌어도 일정하게 유지되는 색채의 감각을 말한다.

㉢ 계절성 : 계절 변화에 따라 바뀌는 성질을 갖고 있는 것

정답 | 06 ④

03 색채 계획

Pass Note

예상출제문항	키워드	
1~2	- 색채 디자인 프로세스 - 컬러 매니지먼트 - 공간별 색채 계획	- 아파트 건축물 색채계획 - 디지털 색채 시스템

1. 부위 및 공간별 색채 계획

1) 색채 디자인 전개

> 색채 환경 분석 → 사용자 특성 분석 → 개념설정 → 색채의 위치 선정 →
> 색채 조화의 방향 선택 → 색채 선택 → 각 영역별 색채의 샘플 선택 → 검토와 조정

(1) 색채 환경 분석 - 대상공간의 여건 분석

① 건축적 요소 : 공간의 크기, 형태, 위치, 용도, 방향, 지형, 도로와의 관계, 주변 환경과의 관계, 창과 전망의 여건, 채광 및 조명의 조건 등의 실내디자인 이전의 모든 여건

② 실내의 공간적 요소 : 이미 소장한 가구, 구입 예정인 가구, 전자기기, 조명, 커튼, 그림, 조각 등의 요소이다.

(2) 사용자 특성 분석 - 형태와 심리 분석

대상 공간의 사용자 특성이 요구하는 색채의 심리적, 기능적 효과에 대해 조사한다.

사용자의 성별, 나이, 교육수준, 기호, 라이프스타일을 조사하고 사용자의 공간형태 분석과 심리적 요구를 통하여 필요한 색채들을 추출한다.

(3) 개념설정 - 이미지 설정

어떠한 분위기, 이미지, 스타일로 할 것인가에 대한 개념 설정으로부터 색채계획은 시작한다. 공간의 사용자와 대상 공간의 사용목적 또는 추구하는 효과를 철저히 분석하여 그 기능에 적합한 색채 이미지를 설정한다. 밝다, 따뜻하다 또는 모던인가 클래식인가 등의 개념을 바탕으로 색채 자체가 지니고 있는 특성을 고려하여 색채 선택의 방향을 설정해야 된다.

이를 위하여 각 공간별 체크 리스트(Check list)를 작성한다. 항목은 시각적 개념과 이미지적 개념으로 설정하여 각 공간별, 요소별로 체크하도록 한다.

(4) 색채의 위치 선정

색채가 사용되어야 할 공간의 각 요소에 대해 리스트를 작성한다.

건축적 디테일 분석으로부터 천장, 벽, 바닥, 기둥, 가구의 종류, 장식, 창문, 문, 문틀, 몰딩, 그 밖에 액세서리 등에 이르기까지 공간의 특성과 시각적 환경의 관계를 고려하여 주조색, 보조색, 강조색 등의 위치에 대한 항목을 만든다.

(5) 색채 조화의 방향 선택

색채의 기능적, 심리적인 이미지에 대한 개념이 설정되고 공간의 특성에 따른 색채 위치를 선택하고 색채 배분을 한다.

이것은 각 면적과 시각적 위치에 따라 주조색과 보조색을 중심으로 조화의 개념이 적용 된다. 색상환을 기본으로 단색조화인가, 유사색 계열의 조화, 보색조화의 색채대비에 대한 결정을 하며 실내계획을 전개한다.

(6) 색채 선택

색채선택은 색채가 갖는 시지각성 특성, 감정, 연상, 이미지에 대한 총괄적인 속성을 바탕으로 목적에 맞게 이루어져야 한다.

조화를 기초로 하여 주조색, 보조색, 강조색을 결정한다. 색채 선택은 논리적 근거 하에 주조색 선택으로부터 출발한다.

① **주조색의 선택**

넓은 면적으로 지배적 영향을 주므로 다음의 이유가 고려된다.
㉠ 공간의 이미지, 스타일, 분위기를 결정할 색채의 심리적, 생리적 특성을 고려한다.
㉡ 주어진 색채(실행된 마감재료, 바꿀 수 없는 건축색, 고객의 선호), 계획 중인 공간의 기후, 방향 등을 고려하여 배경의 조화를 이룰 수 있는 선택이 필요하다.
㉢ 조명과의 관계, 재료와 빛의 반사율을 고려한다.
㉣ 기업의 아이덴티티 프로그램, 전통적, 문화적 여건 등이 고려될 수 있다.

② **보조색과 악센트 색의 조화**

보조색은 색 전체에 통일감을 주면서 변화를 주는 요소로 바닥, 벽, 천장과 같은 넓은 면적의 일부분이 되는 커튼, 블라인드, 징두리벽, 가구 세트 등에 사용한다.

실내에 생기를 불어 넣을 수 있는 액세서리 요소에는 선명한 악센트 색을 사용한다.

또 색채가 차지하는 공간상의 면적이 작을 때 악센트 색으로 변화를 줄 수 있으며, 공간의 건축적 특성과 시지각적 거리를 고려해서 강조색을 선택할 수 있다.

(7) 각 영역별 색채의 샘플 선택

샘플의 중요성은 아무리 강조해도 지나치지 않는다.

선택된 색상에 적합한 재료의 샘플을 수집하고 재료에서 표현되는 실제적인 색채를 질감과 함께 검토한다. 조명될 실내의 환경과 함께 실행될 재료의 적절한 명도·채도·색채 간의 대비 관계 등을 민감하고 세심한 배려와 함께 결정하여야 한다.

작은 샘플의 경우 넓은 면적의 실행과의 오차도 염두에 두어야 한다. 색채의 시지각적 대비 속성에 대한 지식이 가장 필요한 때이다.

(8) 검토와 조정

주조색, 보조색, 악센트 색으로 배색 유형을 설정한 후 도면상에 스케치한 투시도 혹은 모형을 통하여 사용하고자 하는 색채의 조화를 테스트한다든지 컴퓨터를 활용한 시뮬레이션 방법을 이용, 또 현장에서 직접 자재를 붙여 보면서 조정하고 결정한다.

환경 색채 디자인 프로세스
입지 조건 조사 분석 → 환경 색채 조사 분석 → 색채 설계 → 색채결정 및 시공

컬러 매니지먼트
① 화상이나 그래픽의 컬러를 정확하게 재현하게끔 데이터를 변환하기 위해서 그와 관련되는 모든 주변기기의 컬러 공간을 조정하는 것이다.
② 컬러로 된 그래픽의 작성이나 화상의 준비에 각종 프로그램과의 호환성을 필요로 한다.
③ 하나의 출력 프로세스를 다른 출력 장치 상에서 볼 수 있게끔 하는 것이다.
④ 컬러 매니지먼트 시스템에 의해서 컬러 재현의 반복 및 예측이 가능하다.
⑤ 컬러 매니지먼트 시스템은 초심자라도 쉽게 이용할 수 있도록 간단해야 한다.

환경 색채디자인을 진행하기 위한 과정이 순서대로 나열된 것은? [25,23,22]
① 색채 설계 → 입지 조건 조사 분석 → 환경 색채 조사 분석 → 색채결정 및 시공
② 환경 색채 조사 분석 → 색채 설계 → 입지 조건 조사 분석 → 색채결정 및 시공
③ 입지 조건 조사 분석 → 색채 설계 → 환경 색채 조사 분석 → 색채결정 및 시공
④ 입지 조건 조사 분석 → 환경 색채 조사 분석 → 색채 설계 → 색채결정 및 시공

정답 ④

정확한 색채를 실현하기 위한 컬러 매니지먼트 시스템(CMS)의 필요조건으로 옳은 것은? [25,22,17]
① 컬러 매니지먼트 시스템은 복잡해서 전문가만 이용할 수 있도록 해야 한다.
② 처리속도는 중요하지 않다.
③ 컬러로 된 그래픽의 작성이나 화상의 준비에 각종 프로그램과의 호환성을 필요로 한다.
④ 컬러 매니지먼트에 필요한 데이터를 사용자 자신이 입력할 수는 없다.

정답 ③

2) 부위 및 공간별 색채 계획

(1) 주거공간의 색채계획

주거공간은 거주자의 취향이 반영되는 곳이므로 다양한 색채 선택과 표현으로 계획된다.

거주자의 특성, 공간의 기능, 용도 및 건축적 특성 들을 파악하고 색채 설정의 방향이나 색채계획이 이루어져야 한다.

① 거실은 편안하고 따뜻하고 부드러운 분위기를 주는 주조색 선택과 가족의 품위를 주는 유사색의 보조색과 보색의 악센트 Color로서 흥미와 활기를 준다.
② 식당은 밝은 배경에 식욕을 돋우는 난색계의 색상이 좋으며, 유사색의 선택이 좋다.
③ 침실은 남향의 방에서는 한색계열의 안정된 색채의 선택이 좋으며, 북향이나 어두운 방의 경우 따뜻하고 밝은 색채계획이 바람직하다. 거주자의 선호에 맞게 일반적인 개념에서 벗어나는 색채계획도 가능한 공간이다.
④ **부엌**은 청결한 이미지의 색채 계획을 하며, 작업대 상판의 색은 밝은 톤이나 자연소재의 색이 좋다. 가구의 스테인리스 사용이 많거나 무채색이 많을 경우 고채도의 단순한 색채 계획도 효과적이다.
⑤ **욕실**은 깨끗하고 위생적인 느낌을 기본으로 단순한 색채 계획이 좋으며, 위생기기는 청결한 느낌의 고명도 색채 선택이 좋다. 주변 액세서리 등은 공간의 악센트로서 고채도의 색채를 선택하여 효과를 준다.
⑥ **어린이방**은 채도가 높은 강렬한 색의 과다 사용은 정서적 안정감을 주지 못하므로, 조용한 배경 속에서 색상을 즐기기에 알맞은 장난감, 그림 등의 사용이 바람직하다. 주기적으로 색상변화를 줄 수 있도록 색상 교체가 용이한 융통성 있는 색상계획이 바람직하다.

예제 03 아파트 건축물의 색채 기획 시 고려해야 할 사항이 아닌 것은? [22,19,17,14]
① 개인적인 기호에 의하지 않고 객관성이 있어야 한다.
② 주변에서 가장 부각될 수 있게 독특한 색채를 사용한다.
③ 전체적으로 질서가 있어야 하며 적당한 변화가 있어야 한다.
④ 주거민을 위한 편안한 색채 디자인이 되어야 한다.

정답 ②

예제 04 주택의 색채계획에 관한 설명 중 가장 타당한 것은? [25,14]
① 거실은 즐거운 분위기를 주기 위해 고채도의 색을 사용한다.
② 부엌의 작업대는 지저분해지기 쉬우므로 저명도의 색을 사용한다.
③ 욕실은 일반적으로 청결한 분위기를 위해 고명도의 색을 사용한다.
④ 침실은 차분한 분위기를 주기 위해 저명도의 한색을 사용한다.

정답 ③

(2) 업무공간의 색채계획

사무를 담당하는 업무공간은 능률적이고, 쾌적한 업무환경을 제공하는데 그 목적이 있다.

색채구성은 일반적으로 자연색의 유사색 구성을 들 수 있고, 현대적인 이미지를 위하여 무채색 구성과 함께 채도가 높은 색채를 그래픽과 함께 활용하면 좋은 결과를 얻을 수 있다.

① 벽면의 색은 반사로 인한 눈부심과 눈의 피로가 발생하지 않아야 하고, 무광택의 색채 계획이 바람직하다.
② 주조색은 안정적이면서도 작업의 능률을 높이는 중·고명도의 그레이나 중성색 계통을 사용한다.
③ 작업 표면은 사용자의 시각에서 표면 밝기가 중간 명도로 하는 것이 좋다.

④ 가구, 비품, 설비는 중명도 또는 약간 높은 명도의 색이 무난하다.
⑤ 시각적으로 정리감이 있는 효과와 생동감을 위해 부분적인 악센트가 바람직하다.
⑥ 기업 색채를 악센트 또는 보조색으로 도입하여 정체성을 높인다.
⑦ 리셉션, 회의실 등과 같은 대외적 공간은 회사의 이미지를 높이는 색채계획이 좋다.
⑧ 로비와 복도, 출입구는 강한 색채를 도입하여 이미지 연출과 함께 동선을 유도한다.

(3) 교육공간의 색채계획

교육공간의 색채 환경은 성장기 학생들의 학습 의욕을 높이고 지적발달, 정서적 안정, 바른 인격형성에 도움을 줄 수 있는 기능성과 다양성에 중점을 두는 계획으로 이루어져야 한다.

① 일반교실은 실내 어느 곳이나 충분한 조도가 있게 한다. 안정된 분위기를 위해 색상의 종류를 제한 한다.
② 미술실은 정확한 색 분별을 위해 벽면과 바닥을 무채색으로 하는 것이 좋다.
③ **음악실은 즐거운 분위기를 위해 난색계통의 다양한 색채들을 사용하여 따뜻하고 밝은 이미지가 효과적이다.**
④ 교무실 : 안정감 있는 색채계획과 함께 부분적 보색 악센트 색채 도입이 효과적이다.
⑤ 강당 : 넓은 공간의 안정감 있는 주조 색과 함께 채도가 높은 부분적 악센트 색상 도입은 공간의 심미성을 높여준다. 색채가 다른 요소들과 공통성을 가지고 반복되는 것이 좋으며, 의자는 채도가 있는 것으로 선택하여 공간에 활기를 준다.
⑥ 식당 : 따뜻하고 편안한 색으로 식욕을 돋우고 즐거운 느낌의 주황계열이 효과적이다.
⑦ 통로부분 : 자유롭고 대담한 색채계획을 시도하여 긴 공간에 즐거움을 줄 수 있는 쾌적한 공간이 되도록 한다.

(4) 의료공간의 색채계획

병원의 색채계획은 환자와 근무자에 대한 기능과 심리적 영향에 관련된다. 의료적 치료 환경과 함께 정신적, 감정적인 영향에 특히 유의하여 이루어져야 한다.

공간	색채 계획
병실	환자가 머무는 시간이 많은 병실은 낙천적이고 친숙한 인상을 주며 쾌적해야 한다. 지나치게 강렬한 천장색이나 악센트 색상은 피하도록 한다. 명도를 조금 낮추고 낮은 채도의 유사색 배색이 효과적이다.
수술실	의사의 시각적 긴장을 고려하여 청록색 계열로 벽면(30~35% 반사율이 적합)과 가운, 덮개(반사율 8~10%), 기기 등에서 적절한 명도, 채도의 색채 조절이 이루어져야 한다.
접수, 대기실	신뢰감을 주는 단파장 계열의 색의 고명도, 저채도 배색을 한다.

(5) 산업시설의 색채 계획

작업환경의 색채는 근로자들의 안전성과 정서적 분위기를 주기 위한 색채 계획을 한다.

① **공장에서 안전이 요구되는 부위에는 안전색채를 배색**하는 것이 좋다.
② 명쾌한 색상은 작업의 기분을 즐겁게 하지만 고채도의 색은 시각작업에 방해요소가 크므로 유의해야 한다.

③ 파이프는 다양한 기능을 구별하기 위해 선명한 색채가 기호에 따라 칠해지며 수리 및 변형에 참고한다.

④ 산업시설 사용 색채

색채	특징
빨강색	색맹인 사람이 식별할 수 없기 때문에 절박한 위험에는 사용할 수 없고, 화재의 안전장비, 멈춤, 위험, 긴급, 금지, 위험한 재료의 수송기, 기계의 스위치 등에 사용
노랑과 검정 띠	절박한 위험을 알리는 표지에 사용한다. 노랑은 높이변화, 장애물 위험 가능성, 움직이는 장비의 가시성을 높이기 위한 주의 표시로 사용
녹색	바른 길을 알리는 표지로 비상구, 대피소, 응급실에 사용
파란색	경계, 조심, 주의표시의 기준색이다. 전기의 조작 위험을 경고하는 표지로 사용
검정색 바탕 위의 흰색	고속도로의 장애물이나 디딤판, 불규칙한 상태를 표시
흰색	폐품 수송기, 음료수원, 음식 서비스 영역을 나타낸다.

> **Note** 수송 기관의 대표적인 시내버스, 지하철, 기차 등의 색채 계획
> • 도장 공정이 간단할수록 좋다.
> • 조색이 용이할수록 좋다.
> • 변색, 퇴색하지 않는 도료가 좋다.

(6) 판매 공간의 색채계획

판매의 효율 증대를 위해 경영학적 분석과 시각요소의 적절한 기준 설정을 토대로 색채 계획을 한다.

① 매장의 배경색은 상품보다 명도와 채도가 낮은 색을 택하여 상품을 돋보이게 하지만 특정상품의 경우 배경색을 상품보다 강하게 사용함으로써 효과를 드러낼 수도 있다.
② 밝은 색 계통의 의류는 검정과 회색, 그리고 어두운 계통의 의류는 흰색, 밝은 색 등과 조화시킨다.
③ 흰색, 검정, 크롬 등의 무채색으로 이루어진 하이테크한 분위기의 색채는 전자제품 등 기술적 제품을 판매하는 상점에 적합하다.
④ 밝은 강조색은 슈퍼마켓이나 기타 체인점을 알리는데 효과적이다.
⑤ 청록색이 의류매장의 배경색으로 자주 쓰이는 것은 사람의 안색을 자연스럽고 좋게 보이게 하기 때문이다.

(7) 음식점 공간의 색채계획

음식점에서의 색채는 감각적이고 분위기에 강한 영향을 갖는 색채계획을 요구하는 곳이다. 일반적으로 따뜻한 색채나 빨강계열의 복숭아 색, 호박색, 핑크색등이 식욕을 자극하며 쾌적한 분위기를 만든다. 채도가 높은 색은 절제하여 사용하고 주조 색에 대해 유사한 명도, 채도로 조절하여 보색관계의 강조색을 사용하는 것이 좋다.

① 이탈리아식 레스토랑이면 국가를 상징하는 빨강, 흰색, 초록의 사용으로 이미지를 높이고 스웨덴이라면 파랑과 노란색을 사용해 본다.
② 패스트푸드점 등과 같이 음식 서비스가 빠른 식당은 강렬한 색채와 패턴 대비가 잘 어울린다.
③ 질 좋은 서비스를 제공하는 전통 음식점은 부드럽고 따뜻한 톤으로 계획하는 것이 좋다.

2. 도료 색채 계획

1) 도료 색채 계획 기준

(1) 실내 색채 계획 기준

① 실별 기능에 따라 색채를 선택한다.
② 실별 상호간의 조화를 고려한다.
③ 실내조명을 고려한다.
④ 자연적인 색조를 고려한다.
⑤ 마감 재료의 질감에 따른 색채를 고려한다.
⑥ 계절에 따른 색채 조절을 한다.
⑦ 주조 색과 보조 색을 제한한다.

(2) 실내 공간상의 색채 균형

명도	• 방 전체를 안정감 있게 하기위해 위에서부터 아래로 명도를 낮추는 것이 좋다. • 색을 가진 상품은 무채색을 배경으로 진열하거나 대비 효과를 이용한다. • 어두운 품목은 부드럽고 밝은 곳에, 밝은 것은 어두운 배경에 진열한다. • 같은 밝기의 회색은 흰색 배경에서 더 어둡고 검정 배경에서 더 밝게 나타난다.
채도	• 넓은 공간은 전체적으로 저채도, 좁은 공간은 고채도가 효과적이다. • 흰색 배경 위에서 밝은 색의 밝기는 감소하고 채도는 증가하여 색조가 강해진다. • 검정 바탕 위에서 밝은 색은 채도가 증가하고, 어두운 색은 채도가 감소되지만 명도는 증가한다. • 중간 채도의 동일 색상은 고채도의 동일 색 배경에서 채도가 더 낮게 보인다.
색상	• 밝은 한색(후퇴 색)으로 칠한 방은 더 넓어 보인다. • 난색(진출 색)으로 칠한 큰 방은 작아 보인다. • 단색으로 마감한 경우 동일하게 보이므로 효과가 크지만 무미건조해지기 쉽다.

(3) 기능과 환경에 의한 색채 기준

① 우리가 색으로부터 받는 자극은 명도와 채도가 강한 편이며, 색상은 특유한 감정을 가지고 있다.
② 그늘진 북향이나 한랭한 기후 조건에는 난색이 좋으며 한색은 태양광선을 받는 밝은 장소에 좋다.
③ 일반적으로 명도가 높은 색이 어두운 색보다 넓어 보인다.
④ 색상 중에서는 난색보다 한색이 심리적으로 자극이 약하고 진정감을 준다.
⑤ 현관, 복도, 로비 등과 같이 사람이 움직이는 장소는 비교적 강한 색을 사용해도 좋다.
⑥ 사무실, 교실, 병실 등과 같이 활동이 적고 오랜 시간 머무는 공간은 저 자극의 색을 사용한다.

(4) 방의 크기와 형에 의한 색채 기준

① 목욕실, 화장실, 세면실 등의 좁은 실내는 저 채도를 사용하면 넓어 보이는 효과가 있다.
② 천장이 높은 공간이나 큰 실내 공간은 연한 난색으로 하면 좋다.
③ 공간이 넓을수록 더 밝거나 중성색을 사용 한다.

(5) 면 기능에 의한 색채 기준

① 창이 있는 면은 휘도(밝기)가 높기 때문에 명도를 높게 하여 휘도를 제어한다.
② 그림이나 꽃 등을 배치하거나 벽걸이는 그 자체를 악센트 색으로 사용한다.
③ 문이나 가리개 등 움직이는 면은 다른 벽면에 비해 눈에 잘 띄는 색이 좋다.

예제 05 PANTONE 색표집에 대한 설명으로 틀린 것은? [22]
① 색의 기본 속성에 따라 논리적인 순서로 배열되어 있다.
② 1963년 미국의 로렌스 하버트가 고안하였다.
③ 매년 올해의 컬러를 발표하여 다양한 분야의 트렌드를 제안하고 있다.
④ 인쇄 및 소재별 잉크를 조색하여 제작한 실용적인 색표집이다.

정답 ①

예제 06 공공성을 가진 차량을 도장할 때 주의해야 할 사항으로 틀린 것은? [20,12]
① 도장 공정이 간단할수록 좋다.
② 보수도장을 위해 조색이 용이할수록 좋다.
③ 일반인들이 사용하지 못하게 특수 색료를 사용한다.
④ 변색, 퇴색하지 않는 색료가 좋다.

정답 ③

2) 디지털 색채

(1) 디지털 색채 시스템

컴퓨터그래픽에서 표현할 수 있는 색 체계는 크게 HSB(HSV), RGB, Lab, CMYK 등이 있다.

구분	내용
HSB 시스템	• 먼셀의 색채개념인 색상, 명도, 채도를 중심으로 선택하도록 되어 있다. • 프로그램 상에서는 H모드, S모드, B모드를 볼 수 있다. • H모드는 색상을 선택하는 방법이다. 0~360°로 표시 • S모드 : 채도, 즉, 색채의 포화도를 선택하는 방법 • B모드 : 명도를 선택하는 방법
RGB는 시스템	• 컴퓨터 모니터와 스크린 같은 빛의 원리로 컬러를 구현하는 장치에서 사용된다. • 16진수 표기법은 각각 두 자리씩 RGB(Red, Green, Blue)값을 나타낸다. • 컴퓨터 화면의 스크린은 24비트 색 배열 조정 장치를 사용할 경우 최대 약 1677만 가지의 색을 만들어낼 수 있다.
L*a*b*시스템	• CIE가 1976년에 추천하여 지각적으로 거의 균등한 간격을 가진 색 공간에 의한 색상모형이다. • 국제 색상체계 표준화인 CIE에서 발표한 색체계로 서로 다른 환경에서도 이미지의 색상을 최대한 유지시켜 주기 위한 컬러모드이다. • L*a*b* 색공간에서 L*은 명도를, a*는 빨강과 초록을, b*는 노랑과 파랑을 나타낸다.
CMYK 시스템	• CMYK(감산 혼합)는 인쇄와 사진에서의 색 재현에 사용된다. 주로 옵셋 인쇄에 쓰이는 4가지 색을 이용한 잉크체계를 뜻하며, 각각 시안(Cyan), 마젠타(Magenta), 옐로(Yellow), 블랙(Black)을 나타낸다. RGB나 HSB(HSV)보다 표현 가능한 색이 적다.

(2) 디바이스 색 체계

① 디바이스 종속 색 체계 : 인간의 시 감각이 아니라 특정 전자장비에 필요한 디지털 색 데이터의 수치화에 사용하는 색 체계를 말한다. RGB, HSV, CMY 등이 해당된다.

② 디바이스 독립 색 체계 : 인간의 시 감각으로 감지할 수 있는 모든 색의 영역을 100% 사용하여 정의할 수 있는 색채공간을 말한다. **CIE XYZ 색체계**가 해당된다.

예제 07 디지털 색채 시스템 중 HSB시스템에 대한 설명으로 틀린 것은? [25,22,20,16]
① 먼셀의 색채개념인 색상, 명도, 채도를 중심으로 선택하도록 되어 있다.
② 프로그램 상에서는 H모드, S모드, B모드를 볼 수 있다.
③ H모드는 색상을 선택하는 방법이다.
④ B모드는 채도 즉, 색채의 포화도를 선택하는 방법이다.

정답 ④

(3) 비트
① 디지털 색채는 아날로그와 달리 일정한 단위의 비트(bit)로 구성되어 있다.
② 컴퓨터 데이터의 가장 단위로 하나의 2진수 값을 가진다.
③ 픽셀 1개당 2진수 값을 표현 할 수 있다.
④ 색채 단위 수가 24비트 이상이면 풀 컬러(full color)를 구현한다.

예제 08 비트(bit)에 대한 내용이 아닌 것은? [17]
① 2의 1승인 픽셀(pixel)은 1비트(bit) 픽셀(pixel)이다.
② 더 많은 비트(bit)를 시스템에 추가하면 할수록 가능한 조합의 수가 늘어나 생성되는 컬러의 수가 증가됨을 뜻한다.
③ 24비트(bit) 컬러는 사람의 육안으로 볼 수 있는 전체 컬러를 망라하지는 못하지만 거의 그에 가깝게 표현 할 수 있다.
④ 디지털 컬러에서 각 픽셀(pixel)은 CMYK의 조합으로 표현된다.

정답 ④

(4) 해상도
① 컴퓨터, TV, 화상기 등에서 사용하는 화상 표현 능력의 척도이다.
② 해상도는 데이터의 전체 용량과 직접 관계되며 원고의 정밀도를 결정한다.
③ 하나의 이미지 안에 몇 개의 픽셀을 포함하는가에 대한 척도 단위로는 dpi를 사용한다.
④ 모니터 해상도는 한 화면에 픽셀이 몇 개나 포함되어 있는지를 말하는 것으로, 대개 가로의 픽셀 수와 세로의 픽셀 수를 곱하기 형태로 나타낸다.
⑤ 같은 해상도라도 크기가 작은 모니터에서 더 선명하고, 큰 모니터로 갈수록 면적이 넓어지므로 선명도는 떨어진다.

디지털 이미지의 특징 중 해상도(resolution)에 대한 설명으로 잘못된 것은? [21,18]
① 동일한 해상도에서 큰 모니터가 더 선명하고, 작은 모니터일수록 선명도가 떨어진다.
② 하나의 이미지 안에 몇 개의 픽셀을 포함하는가에 대한 척도 단위로는 dpi를 사용한다.
③ 해상도는 픽셀들의 집합으로 한 시스템 내에서 픽셀의 개수는 정해져 있다.
④ 해상도는 디스플레이 모니터 안에 있는 픽셀의 숫자로 가로방향과 세로방향의 픽셀의 개수를 곱하면 된다.

정답 ①

 다음 중 모든 디지털화된 이미지의 기본적 색채 특징이 아닌 것은? [12]
① 해상도(resolution)   ② 트루컬러(true color)
③ 비트깊이(bit depth)   ④ 컬러모델(color model)

정답 ②

(5) 픽셀(pixel)
① 픽셀이란 용어는 그림(Picture)과 요소(Element)의 합성어이다. 우리말로는 '화소'라고 번역한다.
② 모니터 등에 나타나는 디지털 이미지의 경우 마치 수많은 타일로 구성된 모자이크 그림과 같이 사각형 픽셀의 집합으로 구성된 것이다.
③ 픽셀은 디지털 이미지의 최소 단위이다.
④ 화소의 수가 많을수록 해상도가 높은 영상을 얻을 수가 있다. 같은 면적 안에 픽셀, 즉, 화소가 더 조밀하게 많이 들어 있을수록 그림이 더 선명하고 정교하기 때문이다.

예제 11 다음 중 픽셀(Pixel)에 대한 내용이 아닌 것은? [19]
① 픽셀이란 용어는 그림(Picture)과 요소(Element)의 합성어이다.
② 픽셀은 디지털 이미지의 최소 단위이다.
③ 디지털 콘텐츠의 저작권 관리를 위한 보호기술을 말한다.
④ 모니터 등에 나타나는 디지털 이미지의 경우 마치 수많은 타일로 구성된 모자이크 그림과 같이 사각형 픽셀의 집합으로 구성된 것이다.

정답 ③

3) 디지털 색체계 변환 목적
① 색채를 취급하는 다양한 장비들은 색 공간 변환시 색신호를 통합·표준화해서 정확한 원본의 색을 구현해내는 작업 수행을 정확하고 용이하게 할 수 있게 한다.
② 영상처리 과정에서 영상의 분할, 특징추출, 복원, 향상 등을 정확하게 수행하기 위함
③ 영상물 제작 과정에서 영상의 합성, 수정, 보완 등을 정확하고 용이하게 수행하기 위함
④ 컴퓨터 그래픽스에서 렌더링, 특수효과 처리, 실사 영상과 CG영상의 합성, 수정, 보완 등을 정확하고 용이하게 수행하기 위함

4) 파일 포맷과 저장

구분	내용
JPEG	• 파일 용량이 작고 풍부한 색감의 표현이 가능하여 웹 디자인 시 많이 사용된다. • 압축률을 높일수록 이미지의 손상이 커지므로 사용 시 압축정도를 조절해야 한다. • JPEG는 1,600만 색상을 표시 할 수 있어 고해상도 표시장치에 적합하다. • 호환성이 우수하며, 압축률이 가장 뛰어나다.
PNG	• JPEG와 GIF의 장점만을 가진 포맷으로, 트루컬러를 지원하고 비손실 압축을 사용한다. • 이미지의 변형이 없이 원래 이미지를 웹상에 그대로 표현할 수 있는 포맷 형식이다.
TIFF	• TIFF 포맷은 컬러 및 회색 음영의 이미지를 페이지 조판 프로그램으로 보내기 위해 사용할 수 있는 유용한 포맷이다. • RGB 및 CMYK 이미지를 24비트까지 지원한다. • LZW 압축은 이미지의 질을 손상시키지 않는 가장 좋은 압축률을 보인다.
GIF	• 이미지의 전송을 빠르게 하기 위하여 압축, 저장하는 방식 중 하나다. • JPEG 파일에 비해 압축률은 떨어지지만, 전송속도가 빠르고 이미지의 손상을 적게 한다.
EPS	• EPS 포맷은 대표적인 Postscript 그래픽의 포맷이다. • 인쇄를 목적으로 하는 파일을 작업할 때 많이 사용된다. • 일러스트레이터로 작업하면서 가장 많이 접하게 되는 파일의 포맷 방식이다.
DCS	• DCS 포맷은 네 개의 분리된 CMYK의 Postscript 파일들과 문서에서 위치 지정을 위한 추가적인 다섯 번째의 EPS 마스터로 구성된 포맷이다.

예제 12 JPG와 GIF의 장점만을 가진 포맷으로 트루컬러를 지원하고 비 손실 압축을 사용하여 이미지 변형 없이 원래 이미지를 웹상에 그대로 표현할 수 있는 포맷 형식은? [18,15]

① PCX   ② BMP
③ PNG   ④ PDF

정답 ③

5) 이미지 파일 형식

(1) 벡터(vector) 방식

수학적으로 이루어진 점·직선·곡선 등으로 이미지를 구성하는 방식으로, 일러스트레이터, 플래시, 폰트랩 등의 프로그램에서 사용된다.

(2) 래스터(raster) 방식(비트맵방식)

이미지의 모양과 색을 색상 정보가 담긴 픽셀(pixel)로 표현하는 방식으로, 포토샵, 페인터 등의 프로그램에서 사용되며, 벡터 방식에 비해 파일 용량이 크다. JPEG, GIF, PNG 등이 있다.

> **Note** **CCM(Computer Color Matching)에 의한 색채관리**
> 색의 비율을 계산해서 엑셀로 자동 계산하고 그 값을 색의 코드로 변환하는 방법
> - 색채관리에 있어 사람의 눈이나 광원에 의한 오차들을 배제
> - 컴퓨터 외에 분광 측색기, 소프트웨어 등이 구성이 필요
> - 염료와 조제의 정리 및 표준화가 가능
>
> **색차(color difference)**
> - 색차(color difference)란 동일한 조건 하에서 계산하거나 측정한 두 색들 간의 차이를 말한다.
> - 색차에서 동일한 조건이란 동일한 종류의 조명, 동일한 크기의 시료(샘플), 동일한 주변색, 동일한 관측시간, 동일한 측색 장비, 동일한 관측자 등을 말한다.
> - 색차의 계산 및 색차의 측정은 색채 관련 학계 및 산업계에서 필수적인 요소이다.
> - 색차의 계산 및 색차의 측정은 컴퓨터를 활용한 원색재현 과정의 핵심적인 부분이다.

> **Note** **색영역 맵핑(color gamut mapping)**
> 색영역을 달리하는 장치들의 색영역을 조정하여 재현 가능한 색으로 변환시켜주는 작업
> **맵핑의 방향에 따른 분류 방법**
> - 명도 불변 클립핑 방법
> - 명도의 중심 점 클립핑 방법
> - 돌출 점 클립핑 방법
>
> **감마(Gamma)**
> - 컴퓨터 모니터 또는 이미지 전체의 기준 어둡기(밝기)를 말한다.
> - 모니터 성능에 따라 RGB 각각의 감마를 결정할 수 있다.
> - 기본 감마값에서 모니터의 상태에 따라 캘리브레이션을 할 수 있다.
> - 가장 일반적으로 통용되는 감마를 사용하는 것이 좋다.

핵심 기출문제

03 색채 계획

1 부위 및 공간별 색채 계획

01 ▶21
초등학교의 색채계획에 관한 설명으로 틀린 것은?
① 일반교실은 실내 어느 곳이나 충분한 조도가 있게 한다.
② 일반교실은 안정된 분위기를 위해 색상의 종류를 제한한다.
③ 미술실은 정확한 색 분별을 위해 벽면과 바닥을 무채색으로 하는 것이 좋다.
④ 음악실은 즐거운 분위기를 위해 한색계통의 다양한 색채들을 사용한다.

해설 | 음악실은 즐거운 분위기를 위해 난색계통의 다양한 색채들을 사용하여 따뜻하고 밝은 이미지가 효과적이다.

02 ▶14
용도별 실내색채에 관한 다음 설명 중 틀린 것은?
① 한색계의 색채 공간은 정신적 활동에 적합하다.
② 병원 수술실에 가장 많이 쓰이는 색은 청록색이다.
③ 공장에서 안전이 요구되는 부위에는 안전색채를 배색하는 것이 좋다.
④ 독서실 벽은 순백색으로 배색한 것이 눈의 피로를 줄여서 좋다.

해설 | 독서실 벽은 집중력과 활동성이 동시에 요구되므로 한색과 난색 계열의 적절한 배색조화를 이루는 것이 좋다.

03 ▶18
수송 기관의 대표적인 시내버스, 지하철, 기차 등의 색채설계 방법으로 적합하지 않는 것은?
① 도장 공정이 간단할수록 좋다.
② 조색이 용이할수록 좋다.
③ 변색, 퇴색하지 않는 도료가 좋다.
④ 특수한 도료로 어렵게 구입되는 색료가 좋다.

해설 | 특수한 도료로 어렵게 구입되는 색료는 적합하지 않다.

04 ▶17
공장 안에서 통행에 충돌 위험이 있는 기둥은 무슨 색으로 처리하는 것이 안전색채에 적절한가?
① 빨강
② 노랑
③ 파랑
④ 초록

해설 | 안전색채
　㉠ 빨강(금지) : 화재의 안전장비, 멈춤, 위험, 긴급, 금지, 위험한 재료의 수송기, 기계의 스위치 등에 사용
　㉡ 노랑(경고) : 위험경고 주의표지 또는 기계방호
　㉢ 파랑(지시) : 경계, 조심, 주의표시의 기준색이다. 전기의 조작 위험을 경고하는 표지로 사용
　㉣ 녹색(안내) : 바른 길을 알리는 표지로 비상구, 대피소, 응급실에 사용

정답 | 01 ④ 02 ④ 03 ④ 04 ②

2 도료 색채 계획

05 ▶14

컬러 매니지먼트에 대한 설명 중 틀린 것은?

① 화상이나 그래픽의 컬러를 정확하게 재현하게끔 데이터를 변환하기 위해서 그와 관련되는 모든 주변기기의 컬러공간을 조정하는 것이다.
② 하나의 출력 프로세스를 다른 출력 장치 상에서 볼 수 있게끔 하는 것이다.
③ 컬러 매니지먼트 시스템에 의해서 컬러 재현의 반복 및 예측이 가능한 것은 아니다.
④ 컬러 매니지먼트 시스템은 초심자라도 쉽게 이용할 수 있도록 간단해야 한다.

해설 | 컬러 매니지먼트 시스템에 의해서 컬러 재현의 반복 및 예측을 할 수 있다.

06 ▶21

색을 정확히 보기 위한 관찰방법 설명으로 잘못된 것은?

① 색의 관찰은 몇 분간 조명광하에서 작업면의 유채색에 눈을 순응시키고 나서 한다.
② 시료 면과 표준 면을 때때로 좌우를 바꿔 넣어 비교한다.
③ 연속하여 비교작업을 하는 경우에는 몇 분 간격의 주기로 눈을 쉬면서 한다.
④ 선명한 색을 관찰한 직후에 엷은 색 또는 보색에 가까운 색상을 가진 색을 계속 비교해서는 안 된다.

해설 | 정확한 색의 관찰을 위해서는 흰색에 눈을 순응시키고 나서 하는 것이 효과적이다.

07 ▶15,19

스캔된 원본의 색들과 인쇄된 출력물의 색들을 맞추기 위한 색채관리시스템(Color Management System, CMS)의 기준이 되는 색공간은?

① RGB 색체계
② CMYK 색체계
③ CIE XYZ 색체계
④ HSB 색체계

해설 | ㉠ RGB는 컴퓨터 모니터와 스크린 같은 빛의 원리로 컬러를 구현하는 장치에서 사용된다.
㉡ CMYK(감산 혼합)는 인쇄와 사진에서의 색 재현에 사용된다. 주로 옵셋 인쇄에 쓰이는 4가지 색을 이용한 잉크체계를 뜻하며, 각각 시안(Cyan), 마젠타(Magenta), 옐로(Yellow), 블랙(Black)을 나타낸다. RGB나 HSB(HSV)보다 표현 가능한 색이 적다.
㉢ CIE 표준 표색계(XYZ 표색계)에서 혼색계는 색광을 표시하는 표색계로 심리적이고 물리적인 빛의 혼색 실험에 의하여 기초를 두는 것으로 현재 측색 학의 근본을 이루고 있다.
㉣ HSB 형식 : 색의 3가지 기본 특성인 색상, 채도, 명도에 의해 표현하는 방식이다.

08 ▶14

다음 중 1976년 CIE가 추천하여 지각적으로 거의 균등한 간격을 가진 색공간은?

① HSV형식
② RGB형식
③ CMYK형식
④ CIELAB형식

해설 | CIE가 1976년에 추천하여 지각적으로 거의 균등한 간격을 가진 색 공간에 의한 색상모형이다.
$L^*a^*b^*$ 색 공간에서 L^*은 명도를, a^*는 빨강과 초록을, b^*는 노랑과 파랑을 나타낸다.

정답 | 05 ③ 06 ① 07 ③ 08 ④

09

디지털 색채체계의 유형 중 설명이 틀린 것은? ▶14, 16, 21

① HSB : 색의 3가지 기본 특성인 색상, 채도, 명도에 의해 표현하는 방식이다.
② RGB : 컴퓨터 모니터와 스크린 같은 빛의 원리로 컬러를 구현하는 장치에서 사용된다.
③ CMYK : 표현할 수 있는 컬러 범위는 RGB 형식보다 넓다.
④ L*a*b* : CIE가 1976년에 추천하여 지각적으로 거의 균등한 간격을 가진 색 공간에 의한 색상모형이다.

해설 | 문제 7번 해설참조

10

디지털 색채 체계에 대한 설명 중 옳은 것은? ▶14, 17

① RGB 색 공간에서 각 색의 값은 0 ~ 100%로 표기한다.
② RGB 색 공간에서 모든 원색을 혼합하면 검정색이 된다.
③ L*a*b* 색 공간에서 L*은 명도를, a*는 빨강과 초록을, b*는 노랑과 파랑을 나타낸다.
④ CMYK 색공간은 RGB 색 공간보다 컬러의 범위가 넓어 RGB 데이터를 CMYK 데이터로 변환하면 컬러가 밝아진다.

해설 | 문제 8번 해설참조

11

다음 중 포토샵의 Color Picker에서 빨강을 표현하는 색채시스템이 아닌 것은? ▶12

① R=255, G=0, B=0
② H=0, S=100%, B=100%
③ C=0%, M=99%, Y=100%, K=0%
④ L=100, a=100, b=0

해설 | CIE가 1976년에 추천하여 지각적으로 거의 균등한 간격을 가진 색공간에 의한 색상모형이다.
L*a*b* 색공간에서 L*은 명도를, a*는 빨강과 초록을, b*는 노랑과 파랑을 나타낸다.

12

디지털 색채의 유형 중 RGB 형식에 대한 설명으로 옳은 것은? ▶15

① 인쇄물이나 그림과 같이 컬러 재생 매체에 사용된다.
② 3가지 기본색인 빨강(red), 초록(green), 파랑(blue)을 모두 100%씩 혼합하면 검은색이 된다.
③ 감법혼색으로 2차색은 원색보다 어두워진다.
④ 컴퓨터 화면의 스크린은 24비트 색 배열 조정 장치를 사용할 경우 최대 약 1677만 가지의 색을 만들어낼 수 있다.

해설 | RGB 형식
• 컴퓨터 모니터와 스크린 같은 빛의 원리로 컬러를 구현하는 장치에서 사용된다.
• 16진수 표기법은 각각 두 자리씩 RGB(Red, Green, Blue)값을 나타낸다.
• 컴퓨터 화면의 스크린은 24비트 색 배열 조정 장치를 사용할 경우 최대 약 1677만 가지의 색을 만들어낼 수 있다.

13

디지털 기기의 색 공간 변환 목적이 아닌 것은? ▶15, 20

① 디지털 컬러를 처리하는 장비들 사이의 컬러영역을 분리시키기 위함
② 영상처리 과정에서 영상의 분할, 특징 추출, 복원, 향상 등을 정확하게 수행하기 위함
③ 영상물 제작 과정에서 영상의 합성, 수정, 보완 등을 정확하고 용이하게 수행하기 위함
④ 컴퓨터 그래픽스에서 렌더링, 특수효과 처리, 실사 영상과 CG영상의 합성, 수정, 보완 등을 정확하고 용이하게 수행하기 위함

해설 | 색채를 취급하는 다양한 장비들은 색 공간변환 시 색신호를 통합, 표준화해서 정확한 원본의 색을 구현해내는 작업 수행을 정확하고 용이하게 할 수 있게 한다.

정답 | 09 ③ 10 ③ 11 ④ 12 ④ 13 ①

14 ▶18,21
다음 중 Lab 색 모델 설명으로 틀린 것은?

① 균일 색 모델(uniform color model)이다.
② L은 밝기, a와 b는 색도 성분에 해당한다.
③ 균일 색 모델에는 Lab, Luv 등의 모델이 존재한다.
④ green에서 magenta 사이의 색 단계는 b축이다.

해설 | L*a*b* 색 공간에서 L*은 명도를, a*는 빨강과 초록을, b*는 노랑과 파랑을 나타낸다.

15 ▶20
디바이스 종속 색체계에 대한 설명으로 옳은 것은?

① CIE XYZ 색체계 예시를 들 수 있다.
② 동일한 제조 회사에서 생산하는 모든 컬러 디바이스 모델은 서로 색체계가 같다.
③ 디지털 색채를 다루는 전자 장비들 간에 호환성이 없다.
④ 제조업체가 다른 컬러 디바이스 모델 간에는 색채 정보가 같다.

해설 | 디바이스 색 체계
㉠ 디바이스 종속 색 체계 : 인간의 시 감각이 아니라 특정 전자장비에 필요한 디지털 색 데이터의 수치화에 사용하는 색 체계를 말한다. RGB, HSV, CMY등이 해당된다.
㉡ 디바이스 독립 색 체계 : 인간의 시 감각으로 감지할 수 있는 모든 색의 영역을 100% 사용하여 정의할 수 있는 색채공간을 말한다. CIE XYZ 색체계가 해당된다.

16 ▶13,16,20
모니터의 색온도에 관한 설명으로 틀린 것은?

① 색온도의 단위는 K(Kelvin)를 사용하고, 사용자가 임의로 모니터의 색온도를 설정할 수 있다.
② 모니터의 색온도가 높아지면 전반적으로 불그스레한 느낌을 준다.
③ 자연에 가까운 색을 구현하기 위해서는 모니터의 색온도를 6500K로 설정하는 것이 좋다.
④ 모니터의 색온도가 9300K로 설정되면 흰색이나 회색 계열의 색들은 청색이나 녹색조의 색을 띈다.

해설 | 모니터 색온도(monitor color temperature)
㉠ 모니터로 전송되는 전자총의 빛을 수치적으로 표시하는 방법
㉡ 모니터 색상의 출력 여부에 따라 색온도를 조절한다.
㉢ 색온도가 6500K일 때는 주광의 상태가 되며, 색온도가 낮을 때는 붉게 높을 때는 푸르게 나타난다.

17 ▶20
모니터 화면의 검은색 조정에 관한 설명으로 옳은 것은?

① 모니터 화면의 가장자리가 마치 검은색 띠를 두른 것처럼 보이는 부분은 전압(voltage)이다.
② 모니터 화면 중에서 영상이나 텍스트를 디스플레이하는 부분은 전류의 전압이 0인 무 전압(non voltage)영역이다.
③ 모니터에 부착된 이미지 사이즈 조절버튼으로 전압영역 폭의 넓이를 약 2~3cm가 되도록 한다.
④ RGB 각각에 R=0, G=0, B=0과 같은 수치를 주어 디스플레이 하면 전압영역이 검은색이 된다.

해설 | RGB 각각에 R=0, G=0, B=0과 같은 수치를 주어 디스플레이하면 전압영역이 검은색이 되며, 모니터 화면 가장자리의 검은색 띠 부분은 무 전압(non voltage) 영역이다.

18 ▶15
색차에 대한 설명 중 틀린 것은?

① 색차(color difference)란 동일한 조건 하에서 계산하거나 측정한 두 색들 간의 차이를 말한다.
② 색차에서 동일한 조건이란 동일한 종류의 조명, 동일한 크기의 시료(샘플), 동일한 주변 색, 동일한 관측시간, 동일한 측색 장비, 동일한 관측자 등을 말한다.
③ 색차의 계산 및 색차의 측정은 색채 관련 학계 및 산업계에서 필수적인 요소이다.
④ 색차의 계산 및 색차의 측정은 컴퓨터를 활용한 원색재현 과정의 핵심인 부분은 아니다.

정답 | 14 ④ 15 ③ 16 ② 17 ④ 18 ④

해설 | 색차(color difference)
색의 지각적인 차이를 정량적으로 표시한 것으로 색차 2개의 지각색의 지각적 상위를 수치로 표시한 것. 즉, 2가지 색의 감각적인 차를 말한다.

19 ▶17
맵핑의 방향에 따른 분류 방법이 아닌 것은?

① 명도 불변 클립핑 방법
② 명도의 중심 점 클립핑 방법
③ 돌출 점 클립핑 방법
④ 최장 거리 클립핑 방법

해설 | 색영역 맵핑(color gamut mapping)
색영역을 달리하는 장치들의 색영역을 조정하여 재현 가능한 색으로 변환시켜주는 작업을 말함
※ 맵핑의 방향에 따른 분류 방법
　㉠ 명도 불변 클립핑 방법
　㉡ 명도의 중심 점 클립핑 방법
　㉢ 돌출 점 클립핑 방법

20 ▶20
파일을 관리하고 운용하기 위한 내용들 중 틀린 것은?

① 1200dpi에서 행해진 스캔과 더 높은 해상도인 2400dpi 사이의 시각적 차이는 크다.
② 스캐닝 해상도들이 전통적인 스크린 방식과 일치할 때 확률통계학적 스크리닝 품질은 전통적인 스크리닝과 양립할 수 있다.
③ 색역이 일정한 출력 도구들은 일반적으로 스캐닝 해상도가 출력 도구의 해상도와 같을 때 최상의 결과물을 제공한다.
④ 파일의 크기는 입력과 출력의 크기보다 해상도에 의해 조정된다.

해설 | 1200dpi에서 행해진 스캔과 더 높은 해상도인 2400dpi 사이의 시각적 차이는 크지 않다.

21 ▶19
JPEG 이미지 파일형식에 대한 설명으로 틀린 것은?

① 파일 용량이 작고 풍부한 색감의 표현이 가능하여 웹 디자인 시 많이 사용된다.
② JPEG 포맷은 256색이라는 한계를 갖는다.
③ 압축률을 높일수록 이미지의 손상이 커지므로 사용 시 압축정도를 조절해야 한다.
④ 호환성이 우수하다.

해설 | JPG
　㉠ 이미지를 저장하는 그래픽 파일 포맷 중의 하나로, 압축률이 가장 뛰어나다.
　㉡ 디지털 카메라로 사진을 찍을 때, 인터넷 및 디지털 액자 등의 전송용으로 가장 많이 쓰인다.
　㉢ JPG는 1,600만 색상을 표시할 수 있어 고해상도 표시장치에 적합하다.

22 ▶20
포맷형식에 대한 내용으로 틀린 것은?

① EPS 포맷은 대표적인 Postscript 그래픽의 포맷이다.
② DCS 포맷은 파일을 비트맵 모드에서 사용할 경우 이미지의 흰색부분을 투명하게 지원하는 유일한 포맷이다.
③ DCS 포맷은 네 개의 분리된 CMYK의 Postscript 파일들과 문서에서 위치 지정을 위한 추가적인 다섯 번째의 EPS 마스터로 구성된 포맷이다.
④ TIFF 포맷은 컬러 및 회색 음영의 이미지를 페이지 조판 프로그램으로 보내기 위해 사용할 수 있는 유용한 포맷이다.

해설 | DCS
　• DCS 포맷은 네 개의 분리된 CMYK의 Postscript 파일들과 문서에서 위치 지정을 위한 추가적인 다섯 번째의 EPS 마스터로 구성된 포맷이다.
　• 이미지의 흰색 부분을 투명하게 지원하는 포맷은 여러 가지가 있다.

23 ▶21
감마(Gamma)에 대한 설명으로 틀린 것은?

① 컴퓨터 모니터 또는 이미지 전체의 기준 어둡기(밝기)를 말한다.
② 모니터 성능에 따라 CMYK 각각의 감마를 결정할 수 있다.
③ 기본 감마값에서 모니터의 상태에 따라 캘리브레이션을 할 수 있다.
④ 가장 일반적으로 통용되는 감마를 사용하는 것이 좋다.

해설 | 감마(Gamma)
㉠ 컴퓨터 모니터 또는 이미지 전체의 기준 어둡기(밝기)를 말한다.
㉡ 모니터 성능에 따라 RGB 각각의 감마를 결정 할 수 있다.
㉢ 기본 감마값에서 모니터의 상태에 따라 캘리브레이션을 할 수 있다.
㉣ 가장 일반적으로 통용되는 감마를 사용하는 것이 좋다.

24 ▶15
색역 압축 방법(color gamut compression method)은 무엇을 극복하기 위하여 고안된 방법인가?

① 색역이 다른 컬러간의 차이
② 색역이 다른 컬러들의 좌표 재현
③ 색역이 다른 컬러들의 색역 맵핑 수행
④ 색역이 다른 클립핑 방법

해설 | 색영역 압축
㉠ 색 영역 바깥의 모든 색과 내부에 있는 모든 색을 색영역의 내부로 압축시켜 옮기는 방법
㉡ 색 영역을 달리하는 장치들의 색 영역을 조정하여 재현가능한 색으로 변환시켜 주는 작업

25 ▶20
색채가 매체, 주변 색, 광원, 조도 등이 서로 다른 환경에서 관찰될 때 다르게 보이는 현상은?

① 색영역 맵핑(color gamut mapping)
② 컬러 어피어런스(color appearance)
③ 메타머리즘(metamerism)
④ 디바이스 조정(device calibration)

해설 | 컬러 어피어런스(color appearance)
분석적 지각이 아닌 감성적·시각적 지각 측면에서 외양상 보이는 대로 지각하게 되는 주관적인 색의 현시 방법

26 ▶19
다음 중 디바이스 독립 색체계는?

① CIE XYZ ② RGB
③ CMY ④ HSV

해설 | 디바이스 독립 색 체계
인간의 시 감각으로 감지할 수 있는 모든 색의 영역을 100% 사용하여 정의할 수 있는 색채공간을 말한다. CIE XYZ 색체계가 해당된다.

27 ▶21
다음 중 디바이스 종속적 색체계가 아닌 것은?

① RGB ② HSV
③ CIE XYZ ④ CMY

해설 | 디바이스 종속적 색체계 : 인간의 시 감각이 아니라 특정 전자장비에 필요한 디지털 색 데이터의 수치화에 사용하는 색 체계를 말한다. RGB, HSV, CMY등이 해당된다.

정답 | 23 ② 24 ① 25 ② 26 ① 27 ③

Chapter 03

실내디자인 가구 계획

최근 10개년 출제문항수 **49**개

New_ 2022년 이후 평균 출제비중 **10**%

Chapter 출제경향분석

Section	출제비율
01 가구 자료 조사	0%
02 가구 적용 검토	10%
03 가구 계획	0%

01 가구 자료 조사

> Pass Note

예상출제문항	키워드	
0~1	- 유명건축가 가구 - 마르셀 브로이어 가구	- 한국 전통 사랑방 가구 - 전통 주거 가구, 반닫이, 농

1. 가구의 정의 및 역할

1) 가구의 개요

① 가구는 인간의 삶을 편리하게 하기 위한 도구의 하나로 주거 환경을 구성하는 중요한 요소 가운데 하나이다.
② 가구의 기본 조건으로 기능성, 안정성, 내구성, 경제성, 심미성을 들 수 있으며, 용도와 사용 재료, 시스템 등에 따라 다양하게 분류한다.
③ 가구란 실내에 놓이는 모든 도구류를 지칭하는 용어이다.
④ 가구는 기능적으로 인간의 몸을 편안하게 생활할 수 있도록 도와주는 역할을 한다.
⑤ 공간을 나누기도하고 수납하기도 하고 쉴 수 있게 해주는 단순기능에서 시작하여 공간의 영역성을 부여하고 심미적으로 주변 환경과 어울려 미를 느낄 수 있게 해주는 역할을 한다.

2) 가구의 기능

기능	내용
대공간적 기능	공간을 구성하는 디자인 요소로서, 수납공간을 형성하거나 각 공간을 분할한다. 배치방법에 따라 동선을 결정하고, 대화 공간 등을 결정한다.
대인적 기능	인간의 공간사용 행위의 척도와 관련되는 것으로 작업, 휴식, 수납의 기능이 충족될 수 있는 인간행위 척도에 맞는 가구를 말한다.
대환경적 기능	생활환경의 질을 높이기 위한 기능을 말하는 것으로 통일성 있는 디자인과 크기로 미적 효과를 높인다.
대사회적 기능	재료 면에서 자원의 재순환, 대체 자원의 연구가 이루어져야 하며, 친환경적인 면에서도 대처할 수 있는 기능을 가져야 한다.

2. 서양 가구 디자인 역사

1) 고대 가구

| 이집트 투탕카멘 의자 | 그리스 클리스모스 | 로마 대리석 옥좌 |

(1) 이집트
① 이집트의 가구는 사회적 지위에 따라 상징적 의미를 갖고 표현되었다.
② 상아나 흑단이 상감재료로 사용되었고 황금장식이 사용되어 강한 패턴을 형성하였다.
③ 상류층에서는 의자, 스툴, 테이블과 같은 가구로 많이 장식하였으나 하류층에는 가구가 거의 없거나 단순하게 만든 가구가 전부였다.
④ 사자, 백조, 물오리의 머리를 장식으로 사용했다.
⑤ 아름다운 비례, 절제된 부조 장식과 때때로 화려하게 채색된 세부장식으로 우아 미를 강조했다.

(2) 그리스
① 그리스의 의자는 두 가지 기본적인 형태로 이루어지고 있다. 하나는 장중한 왕좌 또는 고관들이 사용한 의자이며, 또 다른 하나는 X 자형 의자이다.
② 그리스 의자 중에서 가장 전형적인 것은 클리스모스(Klismos)이며, 훌륭한 비율과 선으로 그 아름다움의 극치를 이루고 있다. 후에 클리스모스는 프랑스, 영국의 의자에도 큰 영향을 주었다.

(3) 로마
① 로마의 가구는 그리스를 모방하면서도 그리스 예술의 완전성이나 형태의 순수성보다는 화려함과 지나친 정교함이 성행하였다.
② 제정기에 들어와 다시 가구는 지배자의 권위를 나타내는 장식성이 짙어졌다.
③ 대리석, 청동제 가구가 있고 목재의 것은 회화나 벽화의 부조에 의해 알 수 있다.
④ 그리스의 영향을 받아 동물의 발과 다리의 형태로 연결되게 디자인 하였고, 의자는 그 형이 화려하고 사자, 그리핀(griffin) 등의 조각과 받침대에 적용하였다.

 그리핀(griffin)
머리, 앞발, 날개는 독수리이고 몸통, 뒷발은 사자인 상상의 동물

2) 중세 가구

초기기독교 > 비잔틴 > 로마네스크 > 고딕

- 초기기독교 맥시미아리우스의 옥좌
- 비잔틴 다고베르의 청동옥좌
- 로마네스크 Ecclesiastic 체어
- 고딕 실버 체어

(1) 초기기독교
① 교회 내부, 제단, 교단, 장로의 의자, 기타 테이블, 침대 등이 있다.
② 재료나 형식이 그리스·로마 조각의 공간의 깊숙함이나 당당한 규모가 없어지고 소규모의 형태와 레이스 같은 장식으로 나타남.

(2) 비잔틴
① 고전주의 가구에서 나타나는 우아하고 정교한 곡선 형태는 비잔틴 왕궁과 주택의 장엄하고 형식적인 특성에 어울리는 묵직한 정적인 형태로 교체되었다.
② 왕궁의 가구는 특히 화려하여 연회용 테이블을 상아와 금으로 만들었다.
③ 재료는 목재, 금속, 상아 바탕에 금은, 보석을 장식재로 썼다.
④ 기법은 상감, 얇은 부조기법을 사용하였고 종류로는 의자, 침대, 탁자 등을 들 수 있는데 유물로는 다고베르(Dagobert) 의자, 성 페트루스(St. pietro) 의자, 상아의자 등이 있다.

(3) 로마네스크
① 로마네스크는 로마풍의 중후한 양식을 해석해서 사용하면서 생긴 용어이다.
② 옷이나 중요한 물건들을 보관하는 함과 같은 역할을 하는 체스트(Chest)가 많이 발달 하였고, 체스트를 응용한 의자가 디자인되던 시기로 지역에서 나오는 천연자원을 활용하여 가구를 만들었다.
③ 로마네스크 시기에는 이탈리아, 스페인, 프랑스의 아름다운 세공가구들이 나올 수 있었던 것은 호두나무라는 목재 때문인데 호두나무는 조각을 하거나 세공을 하기에 가장 좋은 목재이다. X-자형 스툴이 가구로 일반화 되었다.

(4) 고딕
① 고딕시대의 가구들은 매우 무겁게 보이고 장방형으로 되어 있다.
② 의자는 권위를 상징하기 위해 높은 등받이를 가지고 있으나 정교하지 못하였다.
③ 고딕 시대는 14~15세기에 특히 발달하였고 오크(oak, 떡갈 나무)가 주재료였다.
④ 특징은 틀 짜임과 경판에 의한 구조법, 띠쇠, 금속장식, 경첩 등을 사용했다.
⑤ 프랑스의 고딕시대는 수 공예품이 석재에서 목재로 대치되기 시작하여 목재 공예가 급속도발전 하였다.

3) 근세 가구

| 르네상스 | 바로크 | 로코코 | 미국 식민지 시대 | 신고전주의 |

(1) 르네상스(Renaissance)

르네상스 시대는 인간의 재발견과 생의 기쁨을 노래한 인간성 회복의 시대이며, 그리스와 로마정신의 재생을 꾀한 시대이다.

이탈리아	• 르네상스 초기의 가구는 선이 순수하고 고전적인 비율로 검소하면서도 우아하고 정교한 조각장식이 사용되었다. • 중기 및 후기의 가구는 천연 목재에 깊은 양각 세공으로 화려하게 조각하여 장식했으며, 때로 금을 사용하여 화려한 특성을 더해주었다.
프랑스	• 초기 가구는 대부분이 프랑스에 있는 이태리 가구 제작자에 의해 만들어져 형태와 재료 면에서 이태리 특징을 가지고 있었고, 주로 참나무와 호두나무로 만들어졌다. • 16세기 중엽에 프랑스 가구 제작자들은 르네상스 건축 원리와 모티브, 세부장식을 이해하여 가구 디자인에 응용하였으며, 르네상스 장식과 고딕 장식이 혼합되었다.
영국	• 영국 르네상스 초기 가구 디자인은 고딕과 이태리 르네상스 형태의 혼합형으로 고딕시대의 참나무가 사용되었다. • 엘리자베스 시대의 가구는 육중하고 중후했으며, 직선이 강조된 상자형태의 구조였다.

(2) 바로크(Baroque)

17~18세기의 유럽 양식으로 불규칙한 형의 진주를 의미하는 말로서 명확하고 단정한 윤곽을 가진 형태가 곡선의 연속을 가지는 유동적 분위기로 변하여 간 양식으로 규모가 크고 전체와 부분의 취급이 양감적이며 감각적이다.

이탈리아	• 가구는 주로 호두나무로 만들어졌고, 크고 무거웠으며 지나친 선이 강조되었다. 정교한 도금과 곡선이 강조된 화려한 조각장식이 사용되었다. • 가구의 패널 면에는 값비싼 돌과 보석 등을 사용하여 상감장식을 함으로써 풍부한 장식효과를 극대화하였다.
프랑스	• 큰 규모의 실내와 조화를 이루기 위해 가구의 비율과 구조 또한 거대했고 위엄 있으며 웅장하다. • 가구장식에서는 도금된 청동 모티브와 몰딩이 가구접합 및 보강에 사용되었다. • 거북이 조개껍질과 은, 놋쇠, 납으로 만든 상감 패턴은 바로크 가구를 대표하는 장식으로, 사치스러운 실내에 잘 어울린다.
영국	• 왕정복고시대의 가구는 형태와 장식이 화려했고, 안락함을 고려하기 시작했다. • 나선형 돌려 깎기(spiral turning)가 많이 사용되었다. • 윌리암과 메리 시대는 가구 표면 장식으로 얇은 무늬목을 만들어 목판에 나뭇결을 살린 비니어링과 중국과 일본의 옻칠 방법을 이용한 마케트리(marquetry), 그리고 래커링을 들 수 있다. 가구는 일반적으로 직사각형의 형태였으나 이전 시대보다는 곡선적인 요소가 나타났고, 조각은 덜 사용되었다.
미국	• 17세기 전체를 통해 미국 가구에는 자코비안과 왕정복고형의 영국디자인과 특성들이 반영되었다. • 일반가정에서 가구는 필수적인 것만 사용되었다. 체스트, 찬장, 스툴, 세티, 게이트 레그 테이블 등 공간절약형의 가구가 부엌과 식당, 거실에서 사용되었다. • 수납 목적의 체스트와 네 기둥 침대, 바퀴 달린 침대 등이 침실의 기본 가구였다.

(3) 로코코(Rococo)

18세기 프랑스를 중심으로 개인의 독립성을 위주로 한 양식으로 장대한 것과 규칙성을 배제하고 소규모적이며 우아하고 섬세하며 개인적인 공간을 형성하였다. 수평선과 직각을 피하고 곡선으로 공간성을 창조한 경쾌한 장식을 사용하였다.

이탈리아	• 이태리 로코코 실내는 여전히 바로크 시대의 규범에 따라 장식되었고, 가구 또한 바로크 양식의 육중한 조각 형 가구가 계속 선호되었다. • 프랑스의 영향으로 점차 곡선과 비대칭이 반영되었으며, 풍부하게 조각되고 금도금된 콘솔 테이블(console table)과 완고한 옥좌 등의 의자 디자인에서 자유로운 움직임을 나타내면서 외형이 경쾌해졌다. • 곡선과 소용돌이, 암석세공 장식 등이 패널 주변과 코모드와 컵보드에 사용되기 시작하였다.
프랑스	• 프랑스 로코코 가구는 기술적인 면과 안락성에서 완전한 극치를 이루었다. • 대부분 과하지 않고 크기가 작고 가벼워졌으며, 가늘고 연속적인 우아한 곡선이 사용되었다.
영국	• 퀸 앤 및 초기 조지안 양식의 가구는 매혹적인 간결성과 세련된 비례, 우아한 곡선과 조각, 화려한 무늬의 비니어 표면, 그리고 꽃병 형태의 스플렛(splat)과 케브리올 레그가 주된 특징이다.

 Note 케브리올 레그는 밑 부분이 둥근 클럽 풋(club foot)이나 동양에서 유래된 것으로 진주를 잡고 있는 용의 발톱 모양의 클로우 엔 볼 풋(Claw and Ball foot)으로 끝처리가 되었으며, 조개 모티브의 장식이 사용되었다.

(4) 미국 식민지 시대 : 콜로니얼 양식(colonial style)

① 아메리카 대륙 발견 후, 영국 및 네덜란드의 이주자는 영국 본국에서 수입한 자코비안, 퀸 앤, 치펜데일의 각 양식의 가구를 주로 이용하였다.
② 풍토조건, 경제적 제약의 결과 식민지적 특질을 가하여 일종의 특징 있는 양식을 형성하였다.
③ 간소하고 건고, 실용을 주안점으로 삼아 벤치, 스툴, 카프 보드 등이 만들어졌다.
④ 주재료는 소나무, 자작나무, 단풍, 월넛 등이며, 17 ~ 18세기에 성행했던 미국 동부지방의 양식이다.

(5) 신고전주의

① 프랑스
  • 프랑스 신 고전 양식의 가구는 밝고 우아한 루이 16세 양식으로 훌륭한 비율과 균형을 이루었다.
  • 직선과 원형, 팔각형, 타원형의 곡선이 사용되었다.
  • 가구 장식으로는 단순한 조각, 고전적 모티브가 선호되어 로마 예술과 프랑스 꽃에서 유래된 문양들이 기본적으로 적용되었다.
  • 연속적인 모티브는 고대 건축에서 유래된 것이 많았으며, 건축적 요소도 가구디자인에 사용되었다.
② 영국
  영국 신고전 양식은 후기 조오지안 시대(1770~1810)로, 사회는 예술과 주택장식에 관심을 가지고 있었다. 영국 신고전은 건축가이며 디자이너인 로버트 아담(Robert Adam)에 의해 발전되었으며, 가구디자이너인 조오지 헤플화이트(George Hepplewhite), 토마스 쉐라톤(Thomas Sheraton)으로 이어졌다.

아담 양식 (1760~1793)	• 차분하고 정식적이며 우아한 분위기로, 간단한 곡선 특히 타원형을 사용하였다. • 대칭적 균형과 파스텔 톤의 색이 사용되었다. • 아담의 가구는 고전적인 단순함과 비례 감 및 우아함을 가지고 있다.
헤플화이트 양식 (1780~1795)	• 아담과 프랑스 루이 16세 디자인의 영향을 받았으며, 명쾌하고 우수한 단순성과 뛰어난 비례감이 특징이다. • 가구의 비례는 가늘고 날씬한 편이었고, 재료는 마호가니와 새틴우드가 사용되었다. • 비니어링(veneering)이 보편적으로 사용되었으며, 장이나 책장 등의 문에는 상감 장식되기도 하였다.
쉐라톤 양식 (1790~1805)	• 아담, 헤플화이트, 치펜데일, 루이 16세의 영향을 받아 이들과 유사한 점을 찾아볼 수 있다. • 세련된 우아함과 훌륭한 비율, 경쾌하고 우아한 형태, 섬세한 장식이 특징 • 장식 형태와 그 분배에 있어서 헤플화이트보다 더 훌륭한 비율 및 균형감이 있다.

4) 근대 가구

미술공예운동 ▶ 아르누보

(1) 미술공예운동 : 아트앤 크래프트(Arts and Crafts)

윌리엄 모리스는 19세기 후반 ~ 20세기 초 대량생산과 기계에 의한 저급제품 생산에 반기를 든 영국인으로 장식이 과다한 빅토리아 시대의 제품을 지양하고, 수공예에 의한 예술의 복귀, 민중을 위한 예술 등을 주장하고 간결한 선과 비례를 중요시 했다.

(2) 아르누보(Art Nourveau) : 1890 ~ 1910년

- 영국의 수공예운동과 상징주의의 영향에 의해 벨기에의 브뤼셀에서 일어나 전 유럽에 확산된 낭만주의적 예술운동으로서 곡선 적 형태로서 철의 조형적 가능성과 예술의 종합 및 과거 양식에서의 탈피를 모색하였다.
- "예술에는 일정한 형식이 없다."라고 주장하면서 예술가의 주관성과 창작력에 의한 새로운 예술 양식의 창조를 주장하였다.
- 창시자는 시카고의 루이스 설리반과 브뤼셀의 빅토르 오르타이다.
- 설리반의 장식 수법은 넓고 당당한 선으로 구성된 구조된 구조에 알맞은 유기적인 장식이나, 오르타는 철을 사용하므로 근대적 성격을 띤 운동으로 높이 평가되고 있다.

5) 모더니즘 가구

데스틸 ▶ 아르데코 ▶ 세제션(Sezession) ▶ 바우하우스 ▶ 포스트 모더니즘

(1) 데스틸

데스틸(De Stijl)은 양식(the style)이라는 뜻으로 잡지의 이름으로 사용되었으며 1917년 파리에서 시작 되었다. 데 스틸 그룹은 신 조형주의를 표방하였는데, 입체파의 영향을 받아 서로 교차하는 직선과 완벽한 표면의 조합으로 이루어지는 추상적 형태, 백색, 흑색, 회색과 대비를 이루는 적색, 청색, 황색을 사용한 순수한 형태언어를 추구하였다.

> • 게리트 리트벨트(1888~1964)의 '적·청 의자(red & blue chair)'는 데 스틸의 조형이론을 가장 잘 표현한 작품으로서 1918년에 제작되었다. 적·청 의자는 앉는다는 의자 본래의 기능성보다는 의자라는 대상 그 자체가 지니는 조형성을 중요시 한 것이 특징이다. 리트벨트는 몬드리안의 회화에서 영향을 받았으며, 부분적으로는 반 되스부르크의 영향을 받았다. 적청 의자의 순박한 공간구성 개념은 슈뢰더 주택(Schroder House)의 디자인으로 계승되고 있다.

(2) 아르데코

아르데코는 1925년 파리 장식예술박람회에서 유래된 1930년대의 양식적 발전을 말하는 유행어이다. 이 예술은 루이 16세 시대의 가구에서 순수한 형태를 계승하였고, 아프리카 예술의 영향을 받은 검정, 적색등을 사용하였다.

> **엘렌 그레이(1878 ~ 1976)**
> • 아일랜드 태생의 여성건축가 겸 디자이너이다. 그녀는 아르데코의 대표적 디자이너로서 칠기기법으로 개발한 독특한 작품을 창작하였다.
> • 실내디자인에 있어서 그녀는 건물을 지워서 생기는 우연한 결과물이 아니라 우리의 생활을 완전하고, 조화롭고, 논리적이 되도록 추구하였다. 현대운동의 기능적인 건축과 가구 기하학적인 형태, 우아하고 단순한 작품들이 특징이다.
> • 초기에는 각종 가구, 스크린, 벽걸이, 램프, 거울 등을 주로 디자인하였고 후기에는 건축, 가구, 관형의자, 미닫이문이 달린 컵보드 등을 디자인하였다.

(3) 세제션(Secession)

① 1897년 오스트리아 빈에서 오토바그너의 영향으로 조셉 호프만이 시작한 운동으로 과거양식에서 분리와 해방을 지향하는 건축운동
② 빈 공방(1903년) : 직선을 주조로 수평과 수직에 의한 단순한 기하학적 구성의 인테리어와 가구의 디자인을 제작 생산하였다.

> • 대표적 작가 : 요셉 호프만, 오토바그너
> • 오토 바그너 : '모든 새 양식은 새로운 재료, 새로운 과제 및 생각이 기존 형식의 변경 또는 신형식을 요구하는데서 성립 한다.'라는 새로운 정신으로 건축, 공예에 혁신 운동을 일으킨 사람이다.

(4) 바우하우스

① 1919년 월터 그로피우스(W. Gropius)를 중심으로 독일의 바이마르(Weimar)에 창설된 조형학교이다.
② 수공예 방식 보다는 공업과의 협력을 통하여 조형 예술을 종합화하려고함.
③ 예술적 창작과 공학적 기술을 통합하려는 목표로서 새로운 조형이념에 근거한 교육기관
④ 건축, 조각, 회화뿐만 아니라 현대 디자인의 발전에 결정적인 영향을 주었다.
⑤ 대표적 작가 : 월터 그로피우스, 미스 반 데어 로에

(5) 포스트 모더니즘

① 포스트모더니즘은 의미의 다양성, 상징성, 장식성, 회화성, 암시, 역사주의, 이미지 등의 개념을 적극적으로 도입하였다.
② 모더니즘의 배타적인 디자인에 반대하고 포용력 있는 디자인을 강조하여 디자인의 언어를 풍부하게 하고자 하였다.

③ 대표적 작가 : 로버트 벤츄리, 마이클그레이브스, 멤피스

6) 유명 건축가, 디자이너 가구

① 미스 반 데 로에(Mies Van der Rohe) : 바르셀로나 의자(Barcelona chair)
② 마르셀 브로이어(Marcel Breuer) :
  - 체스카 의자
  - 바실리 의자 - 스틸파이프를 휘어서 골조를 만들고 좌판, 등받이, 팔걸이는 가죽으로 만들었다.
③ 르 꼬르뷔제(Le Corbusier) : 곡목, 강철관, 경금속 이용
④ 게리트 리트벨트(Gerrit Rietveld)) : 적청 의자(red & blue chair)
⑤ 찰스 레니 매킨토시(Charles Rennie Mackintosh) : 힐 하우스 레더백 의자
⑥ 알바 알토(Alvar Aalto) : 합판의 휘는 기술을 사용 함. 파이미오 의자
⑦ 미하엘 토넷(Michale Thonet) : 성형 합판가구로 유명함. 토넷 의자.

미스반데로에
바르셀로나 의자

마르셀 브로이어
체스카 의자

마르셀 브로이어
바실리 의자

르 꼬르뷔제
르 꼬르뷔제 의자

게리트리트벨트
레드블루 의자

찰스 레니 메킨토시
힐 하우스 레더백 의자

알바알토
파이미오 의자

미하엘 토넷
토넷 의자

예제 01

마르셀 브로이어(Marcel Breuer)가 디자인한 의자는? [24,19,13]
① 흔들 의자(rocking chair)
② 체스카 의자(Cesca chair)
③ 투겐하트 의자(Tugendhat chair)
④ 바르셀로나 의자(Barcelona chair)

정답 ②

3. 한국 가구 디자인

1) 조형적 특징
① 가구의 크기는 좌식생활에 영향을 받음
② 무늬목을 활용하여 가구의 미를 더함
③ 나무의 수축과 팽창을 막기 위해 가구의 전면을 여러 개로 분할
④ 꾸밈과 기교가 적으며, 은은한 정감이 있으며, 소박하고 간결한 기능미

2) 재료의 특징
① 가구의 기능과 특색에 따라 재료를 달리 사용
② 목재는 느티나무, 물푸레나무, 오동나무, 먹감나무, 피나무, 단풍나무 등 목리(木理)가 아름다워 판재로 사용
③ 은행나무, 호두나무, 감나무는 비교적 넓고 탄력성이 있어 소반과 장·농의 판재로 사용
④ 배나무·소나무·느티나무·벚나무 등은 단단하여 골재(骨材)로 사용

3) 한국 전통 가구

(1) 장
① 단층장은 머릿장이라고도 함
② 이층장이나 삼층장은 보통 안방에서 사용
③ 이불장은 금침과 베개를 겹겹이 쌓아두는 장으로 보통 2층으로 된 것이 많다.
④ 의걸이장은 외관의장에 따라 만살의걸이, 평의걸이, 지장의걸이로 구분

(2) 농
① 조선시대 가구 중 장과 더불어 가장 일반적으로 쓰이던 수납용 가구
② 외관상 장과 비슷하나 같은 모양의 상자를 2개 또는 3개의 상자를 쌓아 놓은 형태로 몸통이 따로 분리되는 가구

(3) 반닫이
한국 전통주거의 가구에서 문갑, 농, 궤, 반닫이는 수납계 가구로 분류된다.

① 반닫이는 우리나라 전역에 걸쳐서 사용되었다.
② 전면 상반부를 문짝으로 만들어 상하로 여는 가구이다.
③ 반닫이는 주로 서민층에서 장이나 농 대신에 사용하던 가구이다.
④ 반닫이 안에는 의복, 책, 제기 등을 보관하였고, 위에는 이불을 얹거나 항아리, 소품 등을 얹어 두었다.

[장]

[농]

[반닫이]

(4) 사랑방에서 쓰이던 가구

가구	특징	그림
사방탁자	• 책이나 관상 품을 진열할 수 있도록 여러 층의 층널이 있다. • 사랑방에서 쓰인 문방가구로 선반이 정방형에 가깝다.	
서안(書案)	• 글을 읽고 쓰거나 간단한 편지를 작성하는 데 사용하는 가구이다. 손님을 맞을 때 주인의 위치를 지켜주는 역할도 겸한다.	
연상(硯床)	• 문방사우인 벼루, 먹, 붓, 종이 등을 한데 모아 정리하는 문방가구로 서안 옆에 위치한다.	
경상(經床)	• 원래 절에서 불경을 읽을 때 사용하던 것을 일반가정에서 받아들인 것으로 기본형은 서안과 유사하나 다소 장식적이고 세부적인 면에서 차이가 있다.	
경축장	• 단층장 혹은 머릿장이라고도 불리 운다. 개판(板) 양끝에 두루마리형의 장식이 있어 사랑방용 단층장으로서의 독특함을 나타낸다. 서책이나 문서 수납용으로도 사용되며 장식이 없어 검소함을 표현한다.	

예제 02 한국의 전통가구 중 장에 관한 설명으로 옳지 않은 것은? [25,24,19,12]
① 단층장은 머릿장이라고도 불린다.
② 이층장이나 삼층장은 보통 남성공간인 사랑방에서 사용되었다.
③ 이불장은 금침과 베개를 겹겹이 쌓아두는 장으로 보통 2층으로 된 것이 많다.
④ 의걸이장은 외관의장에 따라 만살의걸이, 평의걸이, 지장의걸이로 구분할 수 있다.

정답 ②

예제 03 한국의 전통가구 중 반닫이에 관한 설명으로 옳지 않은 것은? [23,22,20,16,14]
① 반닫이는 우리나라 전역에 걸쳐서 사용되었다.
② 전면 상반부를 문짝으로 만들어 상하로 여는 가구이다.
③ 반닫이는 주로 양반층에서 장이나 농 대신에 사용하던 가구이다.
④ 반닫이 안에는 의복, 책, 제기 등을 보관하였고, 위에는 이불을 얹거나 항아리, 소품 등을 얹어 두었다.

정답 ③

4. 가구 구성 재료

가구는 주재료에 따라 목재, 가구, 금속재 가구, 플라스틱 가구, 직물 씌운 가구, 유리가구, 종이 가구로 분류된다.

1) 목재 가구
① 목재 가구는 가장 오래 전부터 사용되었고, 촉감이 부드러우며 가볍고 친근감이 있다.
② 나무의 천연 무늬가 아름다워 어느 곳에나 잘 어울린다.
③ 특히 일반 가정용 가구로 가장 많이 쓰이고 있다.

2) 금속재 가구
① 금속재 가구는 일반적으로 목재 가구보다 강도가 강하나, 무겁고 촉감이 차가우며 종류와 특성에 따라 작업방법이 다양하다.
② 금속재 가구는 가정용보다는 사무용 가구로 많이 쓰인다.
③ 종류로는 철재, 구리합금, 알루미늄 가구가 있으며 특히 알루미늄 가구는 가볍고 녹슬지 않아 옥외용 가구나 장식용 가구로 쓰인다.

3) 플라스틱 가구
① 플라스틱 가구는 무게가 가장 가볍고 형태와 색채를 다양하게 할 수 있다.
② 녹슬지 않고 값이 싼 편이므로 실내용 가구뿐만 아니라, 옥외용 가구로도 많이 쓰인다.

4) 직물 씌운 가구
① 직물 씌운 가구는 주로 직물과 가죽 등의 표면재와 내부의 탄력재로 이루어졌다.
② 내부의 탄력재로는 기본 뼈대를 감싸는 기초 탄력재와 속 재료 패딩과 쿠션이 있다.
③ 이러한 재료들로 만들어지는 가구는 시대와 제작 기술 등에 따라 제작방법이 변화하여 최근에는 강철 파이프 골조에 형틀을 씌우고 발포 우레탄폼을 사출하여 성형하는 방법 등 다양한 방법으로 가구가 생산되고 있다.

5) 유리 가구
① 유리 가구는 디자인과 용도에 따라 두께, 농담과 색상 그리고 마감처리를 다양하게 할 수 있다.
② 보통 2~50mm 두께의 평 유리나 곡 유리가 가구에 사용
③ 투명 유리, 젖빛 유리, 색유리 등이 목적에 따라 가구에 응용된다.

④ 표면이 마치 조각된 것처럼 보이도록 하거나 회화적 효과를 내고 싶을 때에는 유리 표면에 모래를 분사 시키거나 산화 처리를 하며, 유리판의 모서리를 특정 각도로 깎거나 둥글게 마무리하고자 할 때에는 가공 후 광택을 낸다.

6) 종이 가구

① 종이 가구는 주로 두꺼운 판지로 제작된다. 이러한 가구는 마름질, 자르기, 접기, 끼우기 등의 단순한 과정을 거쳐 만든다.
② 질감과 색채 등이 자연스러워 표면 마감이 필요 없으며, 접착제나 연결철물이 없어도 되므로 제작 방법이 매우 간단하다.
③ 한지는 풀죽을 만들어 성형하거나 한장 한장의 한지를 판지나 틀에 붙여 성형하는데, 하중을 이겨야 하는 인체계 가구보다는 작은 문갑이나 소품류의 가구에 이용되고 있다.

핵심 기출문제

01 가구 자료 조사

01 ▶14,17,20
의자와 디자이너의 연결이 옳지 않은 것은?

① 파이미오 의자 - 알바 알토
② 레드 블루 의자 - 미하엘 토넷
③ 체스카 의자 - 마르셀 브로이어
④ 힐 하우스 레더백 의자 - 찰스 레니 매킨토시

해설 | 레드 블루 의자 - 게리트 리트벨트

02 ▶15,21
마르셀 브로이어에 의해 디자인된 의자로, 강철 파이프를 구부려서 지지대 없이 만든 의자는?

① 체스카 의자 ② 파이미오 의자
③ 레드 블루 의자 ④ 바르셀로나 의자

해설 | 마르셀 브로이어 : 체스카 의자

03 ▶13
미스 반 데 로에가 디자인 한 의자로, X자로 된 강철 파이프 다리 및 가죽으로 된 등받이와 좌석으로 구성되어 있는 것은?

① 체스카 의자 ② 바실리 의자
③ 파이미오 의자 ④ 바르셀로나 의자

해설 | ㉠ 체스카 의자 - 마르셀 브로이어
　　　㉡ 바실리 의자 - 마르셀 브로이어
　　　㉢ 파이미오 의자 - 알바알토
　　　※ 미스 반 데 로에 - 바르셀로나 의자

04 ▶14
조선시대 가구 중 장과 더불어 가장 일반적으로 쓰이던 수납용 가구로, 외관상 장과 비슷하나 같은 모양의 상자를 2개 또는 3개의 상자를 쌓아 놓은 형태로 몸통이 따로 분리되는 가구는?

① 반닫이
② 농
③ 함
④ 궤

해설 | ㉠ 반닫이 : 앞면을 반으로 나누어 한쪽 면만을 여닫도록 만든 가구
　　　㉡ 궤 : 물건을 넣어 두는 직사각형의 상자
　　　㉢ 함 : 의류·패물 등을 넣어두는 나무 상자

[농]

정답 | 01 ② 02 ① 03 ④ 04 ②

05

▶16

다음 한국의 전통가구 중 주로 사랑방에서 쓰이는 것은?

① 연상
② 장
③ 반닫이
④ 좌경

해설| 사랑방에서 쓰이던 가구들 : 서안(書案), 경상(經床), 연상(硯床)
  ㉠ 서안 : 글을 읽고 쓰거나 간단한 편지를 작성하는 데 사용하는 가구이다. 손님을 맞을 때 주인의 위치를 지켜주는 역할도 겸한다.
  ㉡ 경상 : 원래 절에서 불경을 읽을 때 사용하던 것을 일반가정에서 받아들인 것으로 기본형은 서안과 유사하나 다소 장식적이고 세부적인 면에서 차이가 있다.
  ㉢ 연상 : 문방사우인 벼루, 먹, 붓, 종이 등을 한데 모아 정리하는 문방가구로 서안의 옆에 위치한다.
  ※ 연상 그림

해설| 반닫이
한국 전통주거의 가구에서 문갑·농·궤·반닫이는 수납계 가구로 분류된다.
  ㉠ 반닫이는 우리나라 전역에 걸쳐서 사용되었다.
  ㉡ 전면 상반부를 문짝으로 만들어 상하로 여는 가구이다.
  ㉢ 반닫이는 주로 서민층에서 장이나 농 대신에 사용하던 가구이다.
  ㉣ 반닫이 안에는 의복, 책, 제기 등을 보관하였고, 위에는 이불을 얹거나 항아리, 소품 등을 얹어 두었다.

[반닫이]

06

▶21

전통가구에 관한 설명으로 옳지 않은 것은?

① 농(籠)은 각 층이 분리되는 특징이 있다.
② 의걸이장은 보통 2칸으로 구성되며 주로 사랑방에서 사용되었다.
③ 머릿장은 주로 안방에 놓여 여성용품의 수장 기능을 담당하였다.
④ 반닫이는 책을 진열할 수 있도록 여러 층의 층널이 있고 네 면 사방이 트여있는 문방가구이다.

정답| 05 ① 06 ④

02 가구 적용 검토

Pass Note

예상출제문항	키워드	
1~2	- 시스템 가구 - 유닛 가구 - 붙박이 가구	- 소파의 종류 특징 - 의자의 종류 특징

1. 사용자의 행태적·심리적 특성에 따른 분류

1) 인체공학적 특성에 따른 분류

기능별 분류 체계	가구 품목
인체 지지용 가구 (인체계 가구)	• 인체계를 지지하는데 직접적으로 사용되는 방식의 가구 • 침대, 의자, 소파, 스툴, 좌식의자, 벤치, 셰이지 롱 의자, 암체어 등
작업용 가구 (준 인체계 가구)	• 인간의 행동을 직접적으로 도와주는 가구의 보조가 되는 가구로 동작을 할 때 필요한 가구 • 책상, 작업대, 사이드 테이블, 카운터 등
수납용 가구 (건축계 가구)	• 공간의 영역을 나눌 때에도 사용되고 수납을 목적으로 쓰이는 가구 • 책장, 캐비닛, 파티션, 붙박이가구 등

2) 가구의 이동에 따른 분류

이동에 따른 분류	특징
가동(이동) 가구	• 자유로이 움직일 수 있는 단일가구로 현대 가구의 주종을 이룬다. • 유닛 가구(unit furniture) : 조립, 분해가 가능하며, 필요에 따라 가구의 형태를 고정, 이동으로 변경이 가능한 가구이다. • 시스템 가구(system furniture) : 서로 다른 기능을 단일 가구에 결합시킨 가구이다.
붙박이 가구 (built-in furniture)	건물에 짜 맞추어 건물과 일체화하여 만든 가구로 가구배치의 혼란을 없애고 공간을 최대한 활용할 수 있다.
모듈러 가구 (modular furniture)	이동식이면서 시스템화 되어 공간의 낭비 없이 더 크게 더 작게도 조립할 수 있다. 붙박이가구 + 가동가구로서 가동성, 적응성의 편리한 점이 있다.

시스템 가구(system furniture)
모듈러 계획의 일종으로 대량생산이 용이하고 시공기간을 단축하고 공사비 절감의 효과를 가진 가구이다.
㉠ 규격화된 단위 구성재의 결합으로 가구의 통일과 조화를 도모할 수 있다.
㉡ 기능에 따라 여러 가지 형태로 조립, 해체가 가능하여 배치의 합리성과 공간의 융통성을 가진다.
㉢ 모듈계획을 근간으로 규격화된 부품을 구성하여 시공기간 단축 등의 효과를 가져올 수 있다.
㉣ 안정성 있고 가벼워 이동에 편리하도록 한다.
㉤ 부엌가구, 사무용가구, 수납가구들에 적용된다.

예제 01 특정한 사용목적이나 많은 물품을 수납하기 위해 건축화된 가구를 의미하는 것은? [22,17]
① 유닛가구　　　　　　　　② 모듈러가구
③ 붙박이가구　　　　　　　④ 수납용가구

정답 ③

예제 02 시스템 가구에 관한 설명으로 옳지 않은 것은? [25,22,19]
① 단순미가 강조된 가구로 수납기능은 떨어진다.
② 규격화된 단위 구성재의 결합으로 가구의 통일과 조화를 도모할 수 있다.
③ 기능에 따라 여러 가지 형태로 조립, 해체가 가능하여 배치의 합리성을 도모할 수 있다.
④ 모듈계획을 근간으로 규격화된 부품을 구성하여 시공기간 단축 등의 효과를 가져 올 수 있다.

정답 ①

예제 03 유닛 가구(unit furniture)에 관한 설명으로 옳지 않은 것은? [23,18]
① 고정적이면서 이동적인 성격을 갖는다.
② 특정한 사용목적이나 많은 물품을 수납하기 위해 건축화 된 가구이다.
③ 공간의 조건에 맞도록 조합시킬 수 있으므로 공간의 이용효율을 높여 준다.
④ 규격화된 단일가구를 원하는 형태로 조합하여 사용할 수 있으므로 다목적 사용이 가능하다.

정답 ②

---

2. 가구의 종류 및 특성

1) 의자

종류	특징	그림
라운지 체어 (Lonuge chair)	안락의자로서 기대기, 흔들거리기, 회전등의 여러 가지 행위에 사용될 수 있다.	

종류	특징	그림
이지 체어 (Easy chair)	라운지 체어와 비슷하거나 크기가 작으며 기계장치가 없다.	
윙 체어 (Wing chair)	17C 말엽에 도입된 이래 계속 다양한 형태로 변화 화였으며, 특수한 형태의 안락의자로 널리 이용되고 있습니다. 높은 등받이와 여기 붙는 날개에 의해 머리와 어깨 부분이 받쳐지고 보호된다.	
풀업 체어 (pull-up chair)	필요에 따라 이동시켜 사용할 수 있는 간이 의자로서 일반적으로 벤치라 하며 그리 크지도 않으며 가벼운 느낌을 주는 형태를 갖습니다. 이 의자는 잡기 편해야 하고 들어 올리기에 편해야 하며, 이리저리 옮기므로 튼튼해야 합니다.	
오토만 (Ottoman)	등받이나 팔걸이가 없이 천으로 씌운 낮은 의자로 발을 올리는데 사용되는 의자로서 18C 터키 오토만 왕조에서 유래되었다.	
스툴 (stool)	등받이가 없고 좌판과 다리만 있는 형태로 가벼운 작업이나 잠시 휴식을 취할 때 편리하다.	

예제 04

의자에 관한 설명으로 옳지 않은 것은? [25, 23, 21, 14]
① 스툴(stool)은 등받이와 팔걸이가 없는 형태의 보조의자이다.
② 오토만(Ottoman)은 좀 더 편안한 휴식을 위해 발을 올려놓는데도 사용된다.
③ 풀업체어(Pull-up chair)는 필요에 따라 이동시켜 사용할 수 있는 간이의자이다.
④ 라운지 체어(Lounge chair)은 오래 전부터 식탁과 함께 사용되어온 식사를 위한 의자로 다이닝 체어라고도 한다.

정답 ④

예제 05

의자의 종류 중 필요에 따라 이동시켜 사용할 수 있는 간이의자로 크지 않으며 가벼운 느낌의 형태를 갖는 것은? [17]
① 카우치
② 풀업 체어
③ 체스터필드
④ 라운지 체어

정답 ②

2) 소파

종류	특징	그림
체스터필드 (chesterfield)	소파의 골격에 쿠션성이 좋도록 솜, 스펀지 등의 속을 많이 채워 넣고 천으로 감싼 소파로, 구조, 형태 및 사용상 안락성이 매우 크다.	
카우치 (couch)	고대 로마시대에 음식을 먹거나 취침을 위해 사용한 긴 의자에서 유래된 것으로, 한쪽만 팔걸이가 있고 등받이가 낮은 소파 또는 좌판 한쪽을 올려 몸을 기대거나 침대로 겸용할 수 있도록 한 형태를 갖는다.	
라운지 (lounge)	편히 누울 수 있도록 쿠션이 좋으며 머리와 어깨를 받칠 수 있도록 한쪽 부분이 경사져 있다.	
세티 (settee)	동일한 두 개의 의자를 나란히 합해 2인이 앉을 수 있도록 한 의자이다.	
대븐포트 (Davenport)	천으로 마감된 소파로 침대로 전환할 수도 있는 소파 형태이다.	

예제 06
소파의 골격에 쿠션성이 좋도록 솜, 스펀지 등의 속을 많이 채워 넣고 천으로 감싼 소파로, 구조, 형태 및 사용상 안락성이 매우 큰 것은? [22,16]
① 스툴
② 카우치
③ 풀업 체어
④ 체스터필드

정답 ④

예제 07
의자 및 소파에 관한 설명으로 옳지 않은 것은? [24,23,22,18,12]
① 스툴은 등받이와 팔걸이가 없는 형태의 보조의자이다.
② 체스터필드는 사용상 안락성이 매우 크고 비교적 크기가 크다.
③ 풀업 체어는 필요에 따라 이동시켜 사용할 수 있는 간이 의자이다.
④ 세티는 고대 로마시대에 음식물을 먹거나 잠을 자기 위해 사용했던 긴 의자이다.

정답 ④

3) 테이블
① 테이블은 식사, 작업, 전시 및 회의, 스포츠 등 다양한 기능에 따라 식탁, 차 테이블, 작업대, 회의용 테이블, 탁구대 등 다양한 유형이 있다.
② 테이블은 가로 50~150cm, 세로 45~75cm, 높이는 38~65cm 정도의 크기가 일반적이며, 목재, 유리, 대리석 등의 재료가 사용된다.
③ 테이블 상판 구조와 마감재는 습기, 열, 마찰, 충격에 견딜 수 있도록 내구성과 수평이 맞아야 한다.

4) 침대
   ① 침대는 매트리스에 따라 싱글, 더블, 퀸, 킹사이즈로 규격화되어 있다.
   ② 구성은 프레임과 매트리스로 구성되며 프레임은 헤드보드(Head Board), 풋보드(Foot Board), 사이드보드(Side Board), 깔판으로 이루어져 있다.
   ③ 침대는 인체와 직접 접하는 가구로 수면에 따른 인체공학적인 설계가 중요하다.

    침대의 크기
   ㉠ 싱글 베드(single bed) : 900 ~ 1000mm × 1900 ~ 2000mm
   ㉡ 더블 베드(double bed) : 1350 ~ 1400mm × 2000mm
   ㉢ 퀸 베드(queen bed) : 1500mm × 2000mm
   ㉣ 킹 베드(king bed) : 2000mm × 2000mm

핵심 기출문제

02 가구 적용 검토

01 ▶20
가구를 인체공학적 입장에서 분류하였을 경우에 관한 설명으로 옳지 않은 것은?

① 침대는 인체계 가구이다.
② 책상은 준인체계 가구이다.
③ 수납장은 준인체계 가구이다.
④ 작업용 의자는 인체계 가구이다.

해설 | ㉠ 인체지용 가구(인체계 가구) : 인체계를 지지하는데 직접적으로 사용되는 방식의 가구. 침대, 의자, 소파, 스툴, 좌식의자, 벤치, 셰이지롱 의자, 암체어
㉡ 작업용 가구(준 인체계 가구) : 인간의 행동을 직접적으로 도와주는 가구의 보조가 되는 가구로 동작을 할 때 필요한 가구. 책상, 작업대, 사이드 테이블, 카운터 등
㉢ 수납용 가구(건축계 가구) : 공간의 영역을 나눌 때에도 사용되고 수납을 목적으로 쓰이는 가구. 책장, 캐비닛, 파티션, 붙박이가구 등

02 ▶12,21
정지된 인체치수와 동작을 중심으로 한 인간 공학적 측면에서 구분한 가구의 종류에 해당 하지 않는 것은?

① 칸막이 가구
② 작업용 가구
③ 수납용 가구
④ 인체지용 가구

해설 | 인체공학적 특성에 따른 분류
㉠ 인체지용 가구(인체계 가구)
㉡ 작업용 가구(준 인체계 가구)
㉢ 수납용 가구(건축계 가구)

03 ▶13
유닛 가구(unit furniture)에 관한 설명으로 옳은 것은?

① 규격화된 단일가구로 다목적으로 사용이 불가능하다.
② 가구의 형태를 변화시킬 수 없으며 고정적인 성격을 갖는다.
③ 특정한 사용목적이나 많은 물품을 수납하기 위해 건축화된 가구를 의미한다.
④ 공간의 조건에 맞도록 조합시킬 수 있으므로 공간의 이용효율을 높일 수 있다.

해설 | 유닛 가구(unit furniture) : 조립, 분해가 가능하며, 필요에 따라 가구의 형태를 고정, 이동으로 변경이 가능한 가구.

04 ▶15
다음의 가구에 관한 설명 중 ( )안에 들어갈 말로 알맞은 것은?

> 자유로이 움직이며 공간에 융통성을 부여하는 가구를 (㉠)라 하며, 특정한 사용목적이나 많은 물품을 수납하기 위해 건축화된 가구를 (㉡)라 한다.

① ㉠ 고정가구, ㉡ 가동가구
② ㉠ 이동가구, ㉡ 가동가구
③ ㉠ 이동가구, ㉡ 붙박이가구
④ ㉠ 붙박이가구, ㉡ 이동가구

정답 | 01 ③ 02 ① 03 ④ 04 ③

05 ▶21
시스템 디자인(system design)에 관한 설명으로 옳은 것은?
① 디자인에서 시스템 적용은 모듈에 의한 표준화, 조립화와 연결된다.
② 시스템 가구는 형태적 측면에서 고려된 것으로 대량 생산과는 관계가 없다.
③ 시스템 키친(system kitchen)은 주방용기인 그릇 등의 디자인을 통합하는 작업이다.
④ 서비스 코어 시스템(service core system)은 가구나 조명 등 실내공간을 보조하는 시스템을 말한다.

해설 | 시스템 가구(system furniture)모듈러 계획의 일종으로 대량생산이 용이하고 시공기간을 단축 하고 공사비 절감의 효과를 가진 가구이다.
  ㉠ 규격화된 단위 구성재의 결합으로 가구의 통일과 조화를 도모할 수 있다.
  ㉡ 기능에 따라 여러 가지 형태로 조립, 해체가 가능하여 배치의 합리성과 공간의 융통성을 가진다.
  ㉢ 모듈계획을 근간으로 규격화된 부품을 구성하여 시공기간 단축 등의 효과를 가져 올 수 있다.
  ㉣ 안정성 있고 가벼워 이동에 편리하도록 한다.
  ㉤ 부엌가구, 사무용가구, 수납가구들에 적용된다.

06 ▶19
시스템 가구의 디자인 조건에 관한 설명으로 옳지 않은 것은?
① 규격화된 디자인으로 한다.
② 통일된 디자인으로 조화를 추구한다.
③ 안정성 있고 가벼워 이동에 편리하도록 한다.
④ 용도를 단일화하여 영구적으로 사용할 수 있게 한다.

해설 | 문제 5번 해설참조

07 ▶18
시스템 가구에 관한 설명으로 옳은 것은?
① 기능보다 디자인 측면에서 단순미가 강조되어야 한다.
② 특정한 사용목적이나 많은 물품을 수납하기 위해 건축화된 가구이다.
③ 기능에 따라 여러 가지 형으로 조립 및 해체가 가능하여 공간의 융통성을 꾀할 수 있다.
④ 모듈화된 단위 구성재의 결합을 통해 다양한 디자인으로 변형이 가능해야 하기 때문에 대량생산이 어렵다.

해설 | 문제 5번 해설참조

08 ▶15
다음 중 시스템 가구의 디자인 조건과 가장 거리가 먼 것은?
① 가구는 비 규격화된 디자인으로 한다.
② 인체공학에 의한 인체치수와 동작에 적합하도록 한다.
③ 재배열과 교체가 용이하고, 이동 가능하도록 한다.
④ 구성재와 결합시켜 통일과 조화를 꾀하며, 융통성을 크게 한다.

해설 | 가구는 규격화된 디자인으로 한다.

09 ▶16
다음 설명에 알맞은 가구의 종류는?

> 가구와 인간과의 관계, 가구와 건축구체와의 관계, 가구와 가구와의 관계 등을 종합적으로 고려하여 적합한 치수를 산출한 후 이를 모듈화시킨 각 유닛이 모여 전체 가구를 형성한 것이다.

① 시스템 가구　② 붙박이 가구
③ 그리드 가구　④ 수납용 가구

정답 | 05 ①　06 ④　07 ③　08 ①　09 ①

10 ▶12,20

의자 및 소파에 관한 설명으로 옳지 않은 것은?

① 카우치(couch)는 몸을 기댈 수 있도록 좌판의 한 쪽 끝이 올라간 형태를 갖는다.
② 체스터필드(chesterfield)는 쿠션성이 좋도록 솜, 스폰지 등의 속을 많이 채워 넣고 천으로 감싼 소파이다.
③ 풀업 체어(pull-up chair)는 필요에 따라 이동시켜 사용할 수 있는 간의의자로 가벼운 느낌의 형태를 갖는다.
④ 세티(settee)는 몸을 축 늘여 쉰다는 의미를 가진 소파로 머리와 어깨부분을 받칠 수 있도록 한쪽 부분이 경사져 있다.

해설 | 세티(settee) : 동일한 두 개의 의자를 나란히 합해 2인이 앉을 수 있도록 한 의자이다.

11 ▶15

의자 및 소파에 관한 설명으로 옳지 않은 것은?

① 스툴은 등받이와 팔걸이가 없는 형태의 보조의자이다.
② 카우치는 이동하기 쉽도록 잡기 편하게 구성된 간이 의자이다.
③ 세티는 동일한 2개의 의자를 나란히 합해 2인이 앉을수 있도록 한 의자이다.
④ 라운지 체어는 비교적 큰 크기의 의자로 편하게 휴식을 취할 수 있는 안락의자이다.

해설 | 카우치(couch) : 고대 로마시대에 음식을 먹거나 취침을 위해 사용한 긴 의자에서 유래된 것으로, 한쪽만 팔걸이가 있고 등받이가 낮은 소파 또는 좌판 한쪽을 올려 몸을 기대거나 침대로 겸용할 수 있도록 한 형태를 갖는다.

12 ▶20

스툴의 종류 중 편안한 휴식을 위해 발을 올려 놓는데도 사용되는 것은?

① 세티
② 오토만
③ 카우치
④ 풀업체어

해설 | 오토만(Ottoman)
등받이나 팔걸이가 없이 천으로 씌운 낮은 의자로 발을 올려 놓는데 사용되는 의자로서 18C 터키 오토만 왕조에서 유래되었다.

13 ▶14

의자에 관한 설명으로 옳지 않은 것은?

① 스툴은 등받이와 팔걸이가 없는 형태의 보조의자이다.
② 오토만은 라운지 체어에 비해 등받이의 각도가 원만하다.
③ 풀업 체어는 필요에 따라 이동시켜 사용할 수 있는 간이 의자이다.
④ 라운지 체어는 비교적 크기가 큰 의자로 편하게 휴식을 취할 수 있는 안락의자이다.

해설 | 문제 12번 해설참조

정답 | 10 ④ 11 ② 12 ② 13 ②

14 ▶13
천으로 마감된 소파로 침대로 전환할 수도 있는 소파는?

① 세티(Settee)
② 카우치(Couch)
③ 다이밴(Divan)
④ 대븐포트(Davenport)

해설 | ㉠ 세티(Settee) : 두 사람 이상이 앉는 긴 안락한 의자
㉡ 카우치(Couch) : 몸을 비스듬히 기대어 휴식하는 소파
㉢ 다이밴(Divan) : 등받이와 팔걸이 부분은 없지만 기댈 수 있을 정도로 큰 소파

15 ▶16
다음 설명에 알맞은 의자의 종류는?

- 필요에 따라 이동시켜 사용할 수 있는 간이 의자로, 크지 않으며 가벼운 느낌의 형태를 갖는다.
- 이동하기 쉽도록 잡기 편하고 들기에 가볍다.

① 카우치
② 이지 체어
③ 풀업 체어
④ 체스터필드

해설 | 풀업 체어

16 ▶18
다음 설명에 알맞은 가구의 종류는?

고대 로마시대 음식물을 먹거나 잠을 자기위해 사용했던 긴 의자로 몸을 기댈 수 있도록 좌판의 한쪽 끝이 올라간 형태이다.

① 세티(settee)
② 카우치(couch)
③ 체스터필드(chesterfield)
④ 라운지 소파(lounge sofa)

정답 | 14 ④ 15 ③ 16 ②

03 가구 계획

Pass Note

예상출제문항		키워드
0~1	- 가구 배치 시 고려사항 - 거실 가구 배치 유형	- 가구배치 방법

1. 가구 디자인 프로세스

전반적인 디자인 작업에 따른 진행과정의 각 단계는 작업의 효율성과 목적에 부합된 발전 순서로 이루어지게 된다. 가구는 기능성과 장식성이 포함된 제품으로 디자인 기획을 시작으로 구체적인 설계 적용과 기술적인 제작 단계로 진행된다.

우선 일반적인 가구 디자인의 구성단계를 크게 보면 준비단계부터 완성단계까지 가구 기획을 시작으로 디자인 작업을 거쳐 최종 결과물이 완성되는 프로세스로 진행된다.

단 계	진행 과정	내용
기획	계획단계	가장 기초적인 준비단계로 작업 준비를 한다.
	개념발전단계	아이디어 제시 및 정리
	정보수집 및 분석	필요한 관련정보 수집과 사례검토, 조사내용 분석
디자인	개념 및 방향설정	아이디어 발상 및 전개
	시스템디자인	기능에 따른 기술적인 작업-시각적 표현, 형태요소 분석
	세부디자인	디자인 설계도 및 구체적인 디자인 작업
제작 및 평가	실험과 개선	견본제작을 통해 점검
	가구생산	완제품 생산 및 평가

 가구 디자인 프로세스를 도식화한 전개과정이 옳은 것은?
① 아이디어 전개-디자인 도면 작성-아이디어 평가-제작, 설계 이관
② 아이디어 전개-아이디어 평가-디자인 도면 작성-프로토타입 작성-제작, 설계 이관
③ 아이디어 전개-프로토타입 작성-아이디어 평가-디자인 도면 작성-제작, 설계 이관
④ 아이디어 전개-아이디어 평가-프로토타입 작성-디자인 도면 작성-제작, 설계 이관

정답 ②

2. 가구 계획

가구 계획은 가구의 선택과 가구 디자인, 가구 배치로 구분 된다.

1) 가구의 선택
① 기능(Function) : 가구는 사용하기에 편안하고 편리하여야 한다.
② 재료(Material) : 가구의 형태는 노출된 그대로 재질감이 된다. 재질감은 사용되는 재료에 의하여 결정된다. 따라서 가장 적합한 재료를 선택하여 사용하는 것이 중요하다.
③ 형태(Form) : 형태는 디자인 외에 재료, 기능, 구조에 의하여 결정된다. 따라서 훌륭한 형태는 재료, 구조, 기능에 알맞은 디자인이 조화롭게 이루어져야 한다.
④ 경제(Economy) : 가구는 인간의 생활필수품으로 가격이 적합한 것이어야 한다.

2) 가구 배치

가구는 그 가구가 놓일 공간의 용도, 거주자의 생활습관과 취향에 따라 배치되어야 하며, 그 공간의 기능과 사용 목적을 최대한으로 살릴 수 있도록 고려되어야 한다. 환경심리학자들의 연구에 의하면, 직사각형의 테이블에서 회의할 때보다 원탁에서 회의할 때 원만하고 민주적인 분위기를 자아내며, 그 결과도 좋다고 한다. 또한 이야기를 나눌 때 의자를 마주보게 놓는 경우와 직각으로 놓는 경우, 또는 일렬로 놓는 경우에 따라서도 상대방과의 친근감의 정도가 다르게 느껴진다고 한다. 이러한 것들은 가구배치의 중요성을 강조하는 좋은 예라 할 수 있다.

(1) 가구 배치 시 유의 사항
① 가족의 생활 태도를 고려한다. 공간 사용자의 생활습관, 주 행위에 맞아야 한다.
② 동선을 짧게 배치한다.
③ 전체 공간의 스케일과 시각적, 심리적 균형을 이루도록 한다.
④ 문이나 창문이 있을 경우 높이를 고려한다.
⑤ 실내공간에 맞는 크기를 선택한다.
⑥ 공간의 기능에 맞아야 한다.

> **예제 02** 가구의 배치 결정시 가장 먼저 고려되어야 할 사항은? [23,14]
> ① 질감　　　　　　　　　　② 색채
> ③ 기능　　　　　　　　　　④ 스타일
>
> 정답 ③

(2) 가구배치 방법
① **집중적 배치**
집중적 배치는 비교적 장소를 적게 차지하고 정돈된 느낌과 형식적인 느낌을 주는 것이 특징이다. 따라서 행동이나 목적이 분명하고, 집중적인 작업을 하는 공간, 즉, 서재, 식당, 침실 등의 가구 배치에 적당하다.
② **분산적 배치**
분산적 배치는 흩어진 느낌을 주어 장소를 보다 많이 차지하고 덜 정돈된 느낌을 주나, 공간의

목적이나 행위가 비교적 자유로운 장소에 배치를 하는 가구 방식이다. 따라서 휴식을 위한 공간, 즉, 거실, 오락실 등에는 분산적 배치방법을 사용하는 예가 많다. 그러나 이러한 가구 배치방법은 공간의 넓이, 개인의 취향에 따라 달라질 수 있다. 그리고 같은 공간에 같은 가구를 배치할 때에도 배치방법에 따라서 그 공간의 분위기가 크게 달라지는 점을 감안하여, 한 가지 배치방법을 계속 유지하는 것보다는 가끔 위치를 바꾸어 새로운 분위기를 연출해 보는 것도 좋다.

3. 공간별 가구 계획

1) 거실 가구

① 거실은 가족의 휴식과 단란 기능을 가진 공간으로 접객, 독서, 물건 수납 등의 역할을 한다.
② 거실에 놓이는 가구로는 소파, 안락의자, 스툴, 의자, 티 테이블, 사이드 테이블, 음향기기, TV세트, 게임용 테이블, 책장, 장식장, 장식용 가구 등이 있다.
③ 거실은 가족 공용 공간으로 손님들에게도 가족들의 취향을 가장 잘 나타내 주는 공간이며, 놓이는 가구의 수도 많은 곳이므로 너무 자극적이거나 어느 한 사람의 취향을 강조하기보다는 전체적으로 통일성을 주는 가구를 선택하는 것이 좋다.
④ 가구의 형태가 고전적, 현대적 유형인가, 또는 색채배합이 단색배색인가, 인근색, 보색배색인가, 가구의 재료가 목재인가, 천 또는 가죽인가에 따라 통일성은 크게 달라진다.
⑤ 거실의 크기가 좁을수록 가구의 형태, 색채, 재료 등을 단순화시키고 지나친 장식은 절제하는 것이 바람직하다.
⑥ 거실 가구 배치 유형

유형	특징	배치도
대면형	테이블을 두고 마주 앉는 형, 시선이 마주치므로 느낌이 딱딱하고 어색한 분위기가 되기 쉽고, 형식적인 느낌이 강하다.	
ㄱ 자형	단란한 분위기를 준다. 비교적 면적을 적게 차지한다.	
ㄷ 자형	단란한 분위기를 주며, TV 시청이나 여러 사람과의 대화 시에 적합하다.	
ㅇ 자형	테이블을 중심으로 둘러앉는 형태로, 분위기가 부드럽고 평등한 느낌을 주어 대화 장소에 적합하다.	

ㅡ자형	가장 면적을 적게 차지하여 좁은 공간에 사용된다. 그러나 3인 이상인 경우에 대화에 무리가 있다.	
복합형	비교적 넓은 장소에서 여러 가지 형을 복합하여 혼합 배치한다. 가구군을 1개 이상 두어 소그룹으로 나누어 준다.	

예제 03 거실의 가구 배치에 관한 설명으로 옳지 않은 것은?
① ㄱ자형은 시선이 마주치지 않아 안정감이 있다.
② 일자형은 거실의 폭이 좁은 경우에 많이 이용된다.
③ 대면형은 일자형에 비해 가구 자체가 차지하는 면적이 작다.
④ ㄷ자형은 단란한 분위기를 주며 여러 사람과의 대화 시에 적합하다.

정답 ③

2) 식당 가구
① 식당은 식사, 식기 수납, 간단한 접객, 가사 처리 등의 기능을 가진 공간이다.
② 식당에는 식탁, 식탁 의자, 왜건(wagon), 식기장, 선반 등의 가구들이 필요하다.

3) 부엌 가구
① 부엌은 조리, 식기의 세정, 식품과 식기 수납 등의 기능을 가진 공간으로 이를 위해 부엌 작업대와 선반, 식기장 등이 필요하다.
② 기능성을 위주로 하여 선택하되, 다른 방의 가구디자인도 고려하는 것이 좋다.
③ 식당과 부엌이 하나의 공간으로 개방되어 있는 경우가 많으므로 부엌과 식당의 가구는 서로 연관성이 있는 가구를 선택하는 것이 조화를 얻기 쉽다.
④ 거실과 개방된 LDK 공간의 경우에는 거실 가구까지도 하나의 개념으로 선택하는 것이 좋다.

4) 침실 가구
① 침실은 수면과 휴식, 몸치장, 화장, 탈의, 의류와 침구의 수납을 위한 공간으로 침대, 옷장, 이불장, 서랍장, 화장대, 나이트 테이블, 스툴 등이 필요하고, 공간의 여유가 있으면 휴식을 위한 안락의자와 티 테이블 등을 함께 두어도 좋다.
② 침실 가구는 침착하고 안정성 있는 분위기로 휴식에 방해가 되지 않도록 배려한다.
③ 의류와 침구의 수납을 위해서는 수납장 내부의 선반 높이가 수납용품의 종류에 맞도록 합리적이고 융통성 있게 설치된 것을 선택한다.

5) 어린이방 가구

① 어린이의 놀이, 공부, 수면, 장난감, 소지품 수납 등의 기능을 가진 공간으로 침대, 책상, 의자, 책장, 수납장, 옷장 등이 필요하다.
② 장난감이나 소지품을 보관할 수 있는 수납장이나 선반도 함께 갖추도록 하고, 가구의 높이는 어린이의 키에 맞아야 한다.
③ 가구를 선택할 때 가장 중요한 점은 안전성과 내구성에 대한 고려이다.
④ 복잡한 디자인보다는 단순한 것이 좋고, 가구의 모서리는 둥글리는 것이 부딪칠 위험이 적으며, 함부로 다루어도 쉽게 망가지지 않도록 튼튼한 것이 좋다.
⑤ 필요에 따라서 해체, 조립이 가능한 조립식 가구가 더욱 바람직하다.
⑥ 두 사람이 공동 사용하는 아동실의 경우에는 두 개의 침대를 따로 배치하면 바닥 면적이 많이 필요하므로 공간 절약을 위한 2단 침대, 접이식 침대, 서랍식 침대 등을 활용하는 것이 좋다.

6) 사무 공간 가구

(1) 사무 가구의 분류

사무 가구는 책상, 패널 시스템, 수납 가구(Cabinet), 의자, 회의 테이블, 임원용 가구 등으로 분류된다. 특히 사무 가구는 업무 공간의 능률적 작업 환경과 경제성을 동시에 고려해야 하는 가구이다.

(2) 사무 가구의 특징

① **모듈성**
  ㉠ 사무 가구의 모듈화는 사람, 일, 공간에 대한 분석을 토대로 이뤄진다.
  ㉡ 기본 유닛을 바탕으로 직급별, 업무 유형별로 확장한다.
  ㉢ 인원 변동에도 레이아웃 변경이 쉽다는 것이 모듈화 사무 가구 장점이다.

② **시스템 간의 일체감**
  ㉠ 소재와 컬러, 형태면에서 서로 다른 유닛 간의 조화를 이루는 등 일정한 규칙에 따라 어느 정도의 다양성을 인정하는 범위 내에서 시스템 간의 일체감을 준다.
  ㉡ 책상, 패널 프레임(Panel Frame) 컬러, 의자 하부 베이스를 유사한 컬러 군으로 구성
  ㉢ 책상과 캐비닛에 동일한 컬러와 마감 공법을 적용하는 등의 방법으로 시스템 사무 가구의 일체감을 살릴 수 있다.

③ **기능성과 내구성 강조**
  ㉠ 사무 가구는 인체공학적 디자인을 설계의 기본으로 한다.
  ㉡ 초기 디자인부터 제품 생산에 이르기까지 고도의 기술과 노하우가 필요하다.
  ㉢ 사용상의 안정성과 제품 내구성을 사전에 검증해 소비자에게 안전하고 기능적으로 우수한 제품을 공급한다.

④ **사무 가구의 규격**
  ㉠ 책상의 높이, 의자의 좌판 높이와 너비, 패널 시스템 높이, 캐비닛 손잡이 위치 등 사무 가구의 규격은 국가표준규격(KS)을 기본으로 신체 사이즈, 활동 반경, 사용 환경을 고려해 결정한다.
  ㉡ 공간에 설치되는 패널 시스템과 책상, 캐비닛의 너비 모듈을 일치시키는 등 모듈 규칙을 함께 적용하는 것도 효과적인 방법이다.

ⓒ 사무용 가구 디자인에 있어서 기본적으로 고려해야 할 사항은 인체 규격, 작업 환경, 작업 특성 등이 있다.

 사무용 가구디자인에 있어서 기본적으로 고려하여야 할 요소 중 가장 거리가 먼 것은?
① 인체 규격
② 작업 환경
③ 작업 특성
④ 개인의 취향

정답 ④

핵심 기출문제

03 가구 계획

01 ▶00,14
가구의 배치 결정 시 먼저 고려되어야 할 사항은?

① 질감
② 색채
③ 기능
④ 스타일

해설 | 가구는 인간의 행위를 보다 편안하고 능률적으로 향상시키기 위한 도구로 사용되며 보관, 정리, 진열 등 수납의 기능과 장식적 요소로 사용된다.

02 ▶02,04,06
공간의 목적이나 행위가 비교적 자유로운 장소에 배치를 하는 가구 방식은?

① 분산적 가구 배치
② 집중적 가구 배치
③ 붙박이 가구 배치
④ 부분적 가구 배치

해설 | 가구배치 방법
㉠ 집중적 배치
 집중적 배치는 비교적 장소를 적게 차지하고 정돈된 느낌과 형식적인 느낌을 주는 것이 특징이다. 따라서 행동이나 목적이 분명하고, 집중적인 작업을 하는 공간, 즉, 서재, 식당, 침실 등의 가구 배치에 적당하다.
㉡ 분산적 배치
 분산적 배치는 흩어진 느낌을 주어 장소를 보다 많이 차지하고 덜 정돈된 느낌을 주나, 공간의 목적이나 행위가 비교적 자유로운 장소에 배치를 하는 가구 방식이다.

03 ▶00,10
가구 배치에 관한 설명 중 옳지 않은 것은 어느 것인가?

① 가구의 크기 및 형상은 전체 공간의 스케일과 시각적, 심리적 균형을 이루도록 한다.
② 실의 천장고가 높으면 수평적 형상의 가구를, 낮으면 수직적 형상의 가구를 배치한다.
③ 문이나 창문이 있는 부분에 위치하는 가구는 이들의 개폐를 위한 여유 공간을 고려해야 한다.
④ 실의 크기에 비해 가구의 종류나 그 수가 너무 많으면 활동 면적이 작을 뿐 아니라 답답한 실이 되므로 되도록 사용 목적 이외의 가구는 배치하지 않는다.

해설 | 가구 배치 시 유의 사항
㉠ 사용 목적과 행위에 맞는 가구를 배치하고 사용 목적 이외의 것은 놓지 않는다.
㉡ 사용자의 동선에 알맞게 배치하되 타인의 동작을 방해해서는 안 된다.
㉢ 크고 작은 가구를 적당히 조화롭게 배치한다.
㉣ 심리적 안정감을 고려하여 적당한 양만 배치하고, 충분한 여유 공간을 두어 사용 시 불편함이 없도록 한다.
㉤ 큰 가구는 벽에 붙여 실의 통일감을 갖게 하며, 가구는 그림이나 장식물 등 액세서리와의 조화를 고려한다.
㉥ 문이나 창이 있는 경우 높이를 고려한다.
㉦ 전체 공간의 스케일과 시각적, 심리적 균형을 고려한다.

정답 | 01 ③ 02 ① 03 ②

04 ▶00,10
다음 설명에 알맞은 거실의 가구 배치 방법은?

> • 시선이 마주치지 않아 안정감이 있다.
> • 비교적 작은 면적을 차지하기 때문에 공간 활용이 높고 동선이 자연스럽게 이루어지는 장점이 있다.

① 대면형
② ㄱ자형
③ ㄷ자형
④ 자유형

해설 | ㉠ 대면형 : 좌석이 서로 마주 보게 배치하는 형식으로서, 서로 시선이 마주쳐 어색한 분위기가 연출 될 수 있다.
㉡ ㄱ자형(코너형) : 서로 직각이 되도록 배치하는 것으로, 주로 코너 공간을 잘 이용한다. 시선이 부딪히지 않아 심리적 부담감이 적다. 좁은 공간이면서 활동 면적이 커져 공간 활용성이 크다.
㉢ ㄷ자형(U자형) : 중앙의 탁자를 중심으로 좌석을 정원, 벽난로, TV 등을 향하도록 하는 배치법이다. 시선이 부딪히지 않게 초점을 형성할 수 있어 부드러운 분위기를 만들 수 있다.
㉣ 자유형 : 어떤 유형에도 구애받지 않고 자유롭게 배치한 형태로 개성적인 실내 연출이 가능하다.
※ ㄱ자형(코너형)

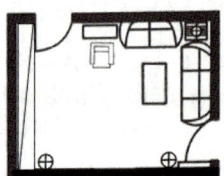

05 ▶00,10
가구 디자인 프로세스 중에서 렌더링을 기준으로 디자인의 연구 안 검토 및 제품화 여부를 결정하는 단계는?

① 아이디어 평가
② 프로토타입 제작
③ 신 모델 검토 회의
④ 품평

해설 | 신 모델 검토회의 : 렌더링 기준으로 디자인의 연구 안을 검토 및 제품화 여부를 결정

정답 | 04 ② 05 ③

Chapter 04

사용자 행태분석

최근 10개년 출제문항수 **59개**

New_ 2022년 이후 평균 출제비중 **10%**

Chapter 출제경향분석

Section	출제비율
01　인간-기계 시스템과 인간 요소	2.5%
02　시스템 설계와 인간요소	2.5%
03　사용자 행태분석 연구 및 적용	5%

01 인간-기계 시스템과 인간 요소

Pass Note

예상출제문항		키워드
0~1	- 인간-기계시스템의 정의 - 인간의 정보처리와 입력 시스템 - 인간-기계체계 분류 3가지 - 양립성	- 정보량 계산 - 인간 기준(human criteria)의 척도 - 인간 공학적 효과 - 인간공학 연구기준

1. 인간-기계시스템의 정의 및 유형

1) 인간-기계시스템의 정의

① 인간-기계시스템은 유기적 결합 체계를 형성하여 인간이 작업을 하는데 안정감을 높이고, 피로감을 감소하기 위해 인간이 접하고 있는 환경과 작업 도구를 인간에게 적합하게 만드는 것이다.

② 인간과 기계가 일하는 작업환경을 검토하는 역할을 한다.

2) 기본체계

① 인간-기계가 목적을 달성하기 위해 환경으로부터 입력된 다양한 정보는 감지(정보수용)→정보처리(의사결정)→행동기능(제어)과 같은 4가지 기본 기능이 필요하다.

② 출력은 피드백 루프를 통해 다시 정보가 입력된다.

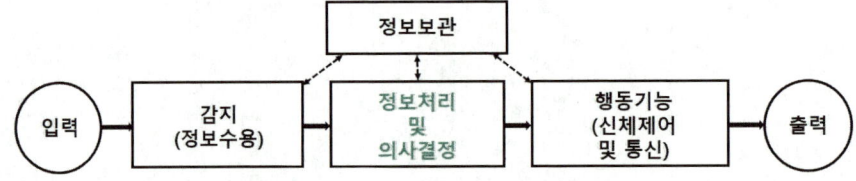

[인간-기계 통합시스템의 인간 또는 기계에 의해서 수행되는 기본기능의 유형]

③ 인간-기계 시스템의 정보 흐름
  ㉠ 인간은 표시 장치를 통하여 기계의 상태에 대한 정보를 받고, 정보처리 및 의사 결정 기능을 수행하여 결정한 것을 조종 장치를 사용하여 실행한다.
  ㉡ 인간-기계 시스템에서 인터페이스의 구성요소는 표시장치 및 조종 장치이다.

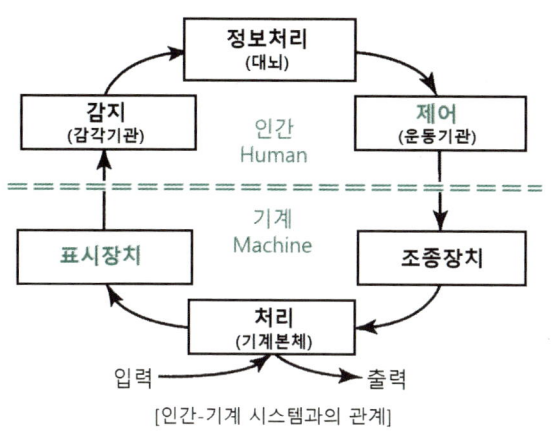

[인간-기계 시스템과의 관계]

3) 분류

인간에 의한 제어 역할 정도에 따른 분류

분류	특징
수동 체계 (Manual System)	• 수공구나 기타 보조 물로 이루어지며 자신의 신체적인 힘을 동원력으로 사용하여 작업을 통제하는 방식 예 망치, 자전거
기계화 체계 (Semi-Automatic System)	• 반자동 체계라고도 한다. • 작업공정의 일부분을 기계화한 것으로 동력은 기계가 제공하고 인간은 조정 장치를 사용하여 통제하는 방식 예 자동차의 운전
자동 체계 (Automatic System)	• 모든 작업공정이 자동화되어 감지, 정보 보관, 정보처리 및 의사 결정, 행동 기능을 기계가 수행하며 인간은 감시 및 프로그램 제어 등의 기능을 담당하는 통제 방식 예 무인공장, 전자동 에어컨, 로봇

예제 01 인간-기계시스템(man-machine system)을 수동, 자동, 기계화체계로 분류할 때 기계화 체계의 예시로 적합한 것은? [24, 22, 18]

① 자동교환기 ② 자동차의 운전
③ 컴퓨터공정제어 ④ 장인과 공구의 사용

정답 ②

2. 인간의 정보처리와 입력

1) 정보의 처리

① 정보의 보관 : 장기기억, 단기기억, 감각 보관
② 정보의 회수 및 처리 : 인지, 회상, 정보처리, 문제해결 및 의사결정, 신체반응의 통제

2) 정보처리 측정

① 실현 가능성이 동일한 N개의 대안이 있을 때 총 정보량은 H bit라 쓰며 다음과 같이 구한다.

$$H = \log_2^N$$
$$N = 2^H$$

② 가능성이 동일한 대안이 2개일 때 정보량은 1bit이며, 4개일 때 정보량은 2bit이다.
(대안 4는 정보량 2^2)

예제 02 실현가능성이 동일한 4개의 대안이 있을 경우 총 정보량은 몇 bit인가? [22]
① 0.5 ② 1
③ 2 ④ 4

해설 | $H = \log_2^N$ (총 정보량 : H, 동일한 대안 : N)
　　　$= \log_2^4 = 2^H$ ∴ H = 2(bit)

정답 ③

3) 인간과 기계의 기능 비교

인간 우수 능력	기계 우수 능력
① 주위에 이상하거나 예기치 못한 사건들을 감지한다. ② 다양한 경험을 토대로 하여 의사를 결정한다. ③ 완전히 새로운 해결책을 찾아낸다. ④ 문제 해결을 위한 독창력이 요구되는 작업 가능 ⑤ 판단이 요구되는 창조적인 작업 가능 ⑥ 유형을 인지하고 보편화하는 작업 가능 ⑦ 개념으로부터 결론을 유추하는 작업 가능 ⑧ 귀납적 추론 작업 가능 ⑨ 감시 작업 가능	① 반복적인 작업을 신뢰성 있게 수행한다. ② 장시간에 걸친 처리 능력 가능 ③ 정보의 신속한 처리 능력 가능 ④ 정밀도 높은 작업 가능 ⑤ 제어장치 신호에 신속 대처 기능 ⑥ 다량의 정보를 단기간에 기억, 재생 가능 ⑦ 큰 부하가 걸린 상황에서도 효율적으로 작동한다. ⑧ 연역적 추리를 한다.

4) 양립성

인간공학에 있어 자극들 간의 관계, 반응들 사이, 또는 자극-반응의 조합관계가 인간의 기대와 모순되지 않도록 하는 것을 말한다.

구분	내용
공간적 양립성	표시장치나 조정장치에서 물리적 형태나 공간적인 배치의 양립성 (예 가스레인지의 우측 조절기를 돌리면, 우측노즐의 불 조절이 가능하고, 좌측 조절기를 돌리면, 좌측 노즐의 불 조절이 가능하도록 설계하였다.)
운동의 양립성	표시장치, 조정장치, 체계반응의 운동 방향의 양립성 (예 자동차의 핸들을 우측으로 돌리면 자동차가 우측으로 회전하는 경우)
개념적 양립성	사람들이 가지고 있는 개념적 연상의 양립성 (예 냉온수기 버튼의 경우, 빨간색은 온수 파란색은 냉수가 나오도록 하는 경우)

예제 03 양립성의 종류에 해당되지 않는 것은? [23, 20, 17]
① 운동 양립성　　　　　　② 공간 양립성
③ 개념 양립성　　　　　　④ 시간 양립성

정답 ④

 예제 04 다음 중 외부의 자극과 인간의 기대가 서로 모순되지 않아야 하는 것을 무엇이라 하는가? [24, 14]
① 중복성(redundancy)　　　② 일관성(consistency)
③ 양립성(compatibility)　　 ④ 표준화(standardization)

정답 ③

3. 인터페이스 개요

사물과 사물 사이 또는 사물과 인간 사이의 경계에서, 상호 간의 소통을 위해 만들어진 물리적 매개체나 프로토콜을 말한다.

1) 설계원칙
① 사용자의 작업에 적합하여야 한다.
② 이용이 쉽고 사용자의 지식이나 경험 수준에 따라 사용자에 맞는 기능 및 내용이 제공되어야 한다.
③ 작업실행에 대한 피드백이 제공되어야 한다.
④ 정보의 디스플레이어가 사용자에게 적당한 형식과 속도로 이루어져야 한다.
⑤ 인간공학적 측면을 고려해야 한다.

2) 인간-기계 인터페이스 영향 요인
① 사용 환경 요인 : 온도, 소음, 습도, 조명, 공간 규모 등
② 사회 환경 요인 : 지역 특성, 문화 수준, 유행, 경제수준, 라이프스타일
③ 민족성 요인 : 생활습관, 전통성, 민족성
④ 거주환경 요인 : 거주자 수, 인간관계, 거주형태, 생활양식
⑤ 인간적 요인 : 연령, 성별, 학력, 지식, 가치관
⑥ 기계적 요인 : 편리성, 신뢰성, 품질, 기능, 가격

핵심 기출문제

01 인간-기계 시스템과 인간 요소

01 ▶14
다음 중 인간이 기계보다 우수한 기능으로 틀린 것은?
① 주위에 이상하거나 예기치 못한 사건들을 감지한다.
② 다양한 경험을 토대로 하여 의사를 결정한다.
③ 반복적인 작업을 신뢰성 있게 수행한다.
④ 완전히 새로운 해결책을 찾아낸다.

해설 | 인간-기계 체계 비교

인간의 우수성	㉠ 주위에 이상하거나 예기치 못한 사건들을 감지한다. ㉡ 다양한 경험을 토대로 하여 의사를 결정한다. ㉢ 완전히 새로운 해결책을 찾아낸다. ㉣ 문제 해결을 위한 독창력이 요구되는 작업 가능 ㉤ 판단이 요구되는 창조적인 작업 가능 ㉥ 유형을 인지하고 보편화하는 작업 가능 ㉦ 개념으로부터 결론을 유추하는 작업 가능 ㉧ 귀납적 추론 작업 가능 ㉨ 감시 작업 가능
기계의 우수성	㉠ 반복적인 작업을 신뢰성 있게 수행한다. ㉡ 장시간에 걸친 처리 능력 가능 ㉢ 정보의 신속한 처리 능력 가능 ㉣ 정밀도 높은 작업 가능 ㉤ 제어장치 신호에 신속 대처 기능 ㉥ 다량의 정보를 단기간에 기억, 재생 가능 ㉦ 큰 부하가 걸린 상황에서도 효율적으로 작동한다. ㉧ 연역적 추리를 한다.

02 ▶16
인간-기계체계(man-machine system)에 대한 설명으로 적합하지 않은 것은?
① 인간과 기계가 유기적으로 결합되어 있다.
② 인간과 기계는 일반적으로 독립적으로 행위를 수행한다.
③ 기계의 작동결과를 알기 위해서는 표시장치가 필요하다.
④ 인간의 의도를 기계에 전달하기 위해서는 조종 장치가 필요하다.

해설 | 인간-기계체계(man-machine system)
㉠ 인간-기계시스템은 유기적 결합 체계를 형성하여 인간이 작업을 하는데 안정감을 높이고, 피로감을 감소하기 위해 인간이 접하고 있는 환경과 작업 도구를 인간에게 적합하게 만드는 것이다.
㉡ 인간과 계가 일하는 작업환경을 검토하는 역할을 한다.

03 ▶13,17
인간과 기계의 기능을 비교한 설명으로 틀린 것은?
① 단순 반복적인 작업은 기계에 적합하다.
② 장기간에 걸친 작업수행은 인간이 더 적합하다.
③ 신속하고, 일관성 있는 작업은 기계가 인간보다 우수하다.
④ 예기치 못한 사건에 대한 감지 및 대응은 인간이 더 유리하다.

해설 | 장기간에 걸친 작업수행은 기계가 더 적합하다.

정답 | 01 ③ 02 ② 03 ②

04 ▶16,20

인간-기계 통합 체계에서 인간 또는 기계에 의해서 수행되는 기본 기능과 가장 거리가 먼 것은?

① 감지기능
② 상호보완기능
③ 정보보관기능
④ 정보처리 및 의사결정 기능

해설 | 인간-기계 시스템의 기본기능
  ㉠ 감각(정보의 수용)기능 : 인간은 시각, 청각, 촉각 등 여러 감각을 통해서, 기계는 전기적·기계적 자극 등을 통해서 감각기능을 수행한다.
  ㉡ 정보저장기능 : 인간의 기억과 유사한 기능으로 여러 가지 방법에 의해 기록된다. 코드화나 상징화된 형태로 저장된다.
  ㉢ 정보처리기능 및 의사결정기능 : 인간의 정보 처리 과정은 행동에 대한 결정으로 이루어지며, 기계는 정해진 절차에 의해 입력에 대한 예정된 반응으로 결정이 이루어진다.
  ㉣ 행동기능 : 시스템에서의 행동기능은 결정 후의 행동을 말한다.

05 ▶17

인간-기계 시스템의 기본기능이 아닌 것은?

① 정보보관
② 행동기능
③ 작업환경 검토
④ 정보처리 및 의사결정

해설 |

[인간-기계 통합시스템의 인간 또는 기계에 의해서 수행되는 기본기능의 유형]

06 ▶14,16

기계로부터의 정보전달은 상태표시기에 의해서 이루어진다. 기계의 조작은 어느 것에 의해서 이루어지는가?

① 제어기   ② 표현기
③ 운동기   ④ 감각기

해설 |

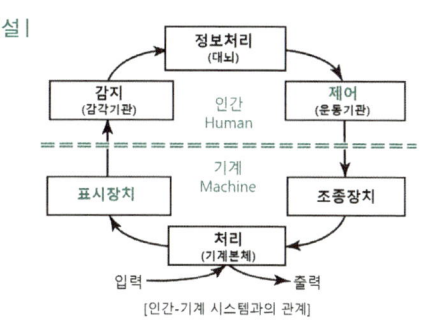

[인간-기계 시스템과의 관계]

07 ▶21

다음 인간 또는 기계에 의해 수행되는 기본 기능의 과정 중 (   )안에 해당하는 기능은?

입력정보(information input) → (   ) → 정보보관 및 처리(information storage & processing) → 행동(action function) → 출력(output)

① 감지(sensing)
② 피드백(feedback)
③ 대응 선택(response selection)
④ 시스템 환경(system environment)

해설 | 문제 5번 해설참조

정답 | 04 ② 05 ③ 06 ① 07 ①

08 ▶14,21

[그림]과 같은 인간-기계 통합체계를 컴퓨터시스템과 비교할 때 빗금 친 (가)부분에 해당하는 것으로 옳은 것은?

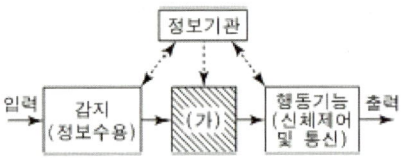

① 프린터(printer) ② 중앙처리장치(CPU)
③ 감지장치(Sensor) ④ 펀치카드(Punch card)

해설 | 정보처리는 기억 재생 과정과 같으며 정보의 평가와 분석과 판단 기능을 수행하는 것과 같다. 컴퓨터 시스템의 중앙처리장치(CPU)가 이 과정에 해당 된다.

09 ▶14,19

시스템의 설계에서 고려되어야 하는 요소 중 자동차의 핸들을 왼쪽으로 돌리면 자동차도 왼쪽으로 회전하도록 하는 것과 관련이 있는 것은?

① 안전성(safety)
② 양립성(compatibility)
③ 표준성(standardization)
④ 판별성(discriminability)

해설 | 양립성(兩立性 : compatibility)
인간공학에 있어 자극들 간의 관계, 반응들 사이, 또는 자극-반응의 조합관계가 인간의 기대와 모순되지 않도록 하는 것을 말한다.
㉠ 공간적 양립성 : 표시장치나 조정장치에서 물리적 형태나 공간적인 배치의 양립성
(오른쪽 버튼을 누르면 오른쪽 기계가 작동하고, 왼쪽 버튼을 누르면 왼쪽 기계가 작동하는 경우)
㉡ 운동의 양립성 : 표시장치, 조정장치, 체계반응의 운동 방향의 양립성
(자동차의 핸들을 우측으로 돌리면 자동차가 우측으로 회전하는 경우)
㉢ 개념적 양립성 : 사람들이 가지고 있는 개념적 연상의 양립성
(냉온수기 버튼의 경우, 빨간색은 온수 파란색은 냉수가 나오도록 하는 경우)

10 ▶12

다음 중 암호체계의 사용에 있어서 수행해야 할 직무가 최소의 정보 변환을 필요로 할 때 최대가 되는 것은?

① 검출성(detectability)
② 변별성(discriminability)
③ 양립성(compatibility)
④ 표준화(standardization)

해설 | 문제 9번 해설참조

11 ▶15,18

인간공학에 있어 자극들 사이, 반응들 사이, 혹은 자극-반응 조합의 공간, 운동, 혹은 개념적 관계가 인간의 기대와 모순되지 않도록 하는 것을 무엇이라 하는가?

① 순응(adaptation)
② 양립성(compatibility)
③ 접근 용이성(accessibility)
④ 조절 가능성(adjustability)

해설 | 양립성(compatibility)
자극-반응 조합의 공간, 운동 혹은 개념적 관계가 인간의 기대와 모순되지 않는 성질로서 공간적 양립성, 운동 양립성, 개념적 양립성이 있다.

12 ▶16

다음 설명에 해당하는 양립성의 종류로 옳은 것은?

> 가스레인지의 우측 조절기를 돌리면, 우측노즐의 불 조절이 가능하고, 좌측 조절기를 돌리면, 좌측 노즐의 불 조절이 가능하도록 설계하였다.

① 공간 양립성   ② 개념 양립성
③ 운동 양립성   ④ 제어 양립성

해설 | 공간적 양립성
공간적 양립성 : 표시장치나 조정장치에서 물리적 형태나 공간적인 배치의 양립성
(오른쪽 버튼을 누르면 오른쪽 기계가 작동하고, 왼쪽 버튼을 누르면 왼쪽 기계가 작동하는 경우)

정답 | 08 ② 09 ② 10 ③ 11 ② 12 ①

02 시스템 설계와 인간요소

1. 인간-기계시스템의 기능

기능	내용
감각(정보의 수용)기능	인간은 시각·청각·촉각 등 여러 감각을 통해서, 기계는 전기적·기계적 자극 등을 통해서 감각기능을 수행한다.
정보저장기능	• 인간의 기억과 유사한 기능으로 여러 가지 방법에 의해 기록된다. • 코드화나 상징화된 형태로 저장된다.
정보처리기능 및 의사결정기능	인간의 정보 처리과정은 행동에 대한 결정으로 이루어지며, 기계는 정해진 절차에 의해 입력에 대한 예정된 반응으로 결정이 이루어진다.
행동 기능	시스템에서의 행동기능은 결정 후의 행동을 말한다.

2. 시스템 체계 설계의 주요 단계

목표 및 성능 명세 결정 → 체계의 정의 → 기본 설계 → 계면(인터페이스) 설계 → 촉진물 설계 → 시험 및 평가

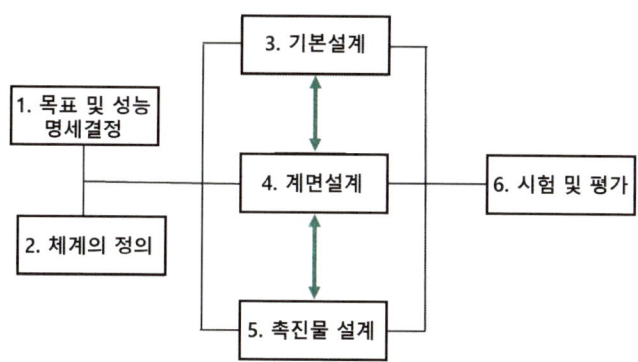

1) 목표 및 성능 명세 결정
   ① 시스템의 목표, 시스템의 명세를 결정
   ② 전체적인 운용상 특성들, 특정 세부 목표를 기술
   ③ 사용자의 요구, 인터뷰, 설문, 방문, 작업연구 등을 통해 시스템 요구사항 분석

2) 체계의 정의
   ① 결정된 시스템의 목표와 성능에 맞추어 실행해야 할 기능을 정의
   ② 개별 과업과 세부적으로 구분되는 단계

3) 기본설계

시스템의 개발 단계 중 시스템의 형태를 갖추기 시작하는 단계이다.

① 기능 할당(function allocation) : 인간, 하드웨어, 소프트웨어에 할당할 기능 결정
② 인간 성능 요건 명세(human performance requirements) : 필요한 정확도, 속도, 숙련된 성능 개발 등의 규정
③ 직무분석(task analysis) : 설계 개선 및 인력 수요, 훈련 계획 등을 목적으로 분석
④ 작업설계(designing work modules) : 장비 사용자의 특성을 파악, 작업의 만족을 제공
⑤ 인간-기계 비교의 한계점 인식

4) 계면설계

① 최적의 입력과 출력장치를 선택하고 인터페이스 언어, 화면 설계 등을 통해 인간의 능력과 한계에 부합하도록 한다.
② 작업 공간, 표시장치, 조종 장치, 제어장치, 컴퓨터의 대화 등이 포함 된다.
③ 계면설계를 위한 고려 요소 : 신체적 조화성, 지적 조화성, 감성적 조화성
④ 인터페이스 설계를 위한 인간 요소 자료 : 상식과 경험, 정량적 자료, 원칙, 수학적 함수와 등식, 도식적 설명물, 전문가의 판단, 설계 표준

5) 촉진물 설계

① 훈련프로그램이 시스템에 내장되어 있어 설비가 실제 운용되지 않을 때 훈련방식으로 전환한다.
② 시스템 운전 및 보전에 대한 사항을 명시한 문서 등으로 준비한다.
③ 인간 성능을 증진시킬 보조물에 대하여 계획
④ 보조물의 종류
  • 지시 수첩(instruction manual)
  • 성능 보조자료.
  • 훈련 도구와 계획

6) 시험 및 평가

① 시스템이 의도된 대로 작동하는가를 입증하기 위해 결과물을 측정한다.
② 인간 성능에 관련된 속성의 적절성을 보증하기 위해 실험절차, 시험조건, 피 실험자, 충분한 반복횟수 등을 산정하여 평가한다.
③ 평가의 초점 : 인간성능이 수용 가능한 수준이 되도록 시스템을 개선 한다.

3. 인간 실수(human error)의 분류

분류	내용
행동과정에 의한 분류	• 입력(input) 실수 • 정보처리(information processing) 실수 • 출력(output) 실수 • 제어(feedback) 실수 • 의사결정(decision making) 실수
심리적 분류	• 생략(omission) 실수 : 필요한 작업 내지 단계를 수행하지 않은 실수 • 실행(commission) 실수 : 작업 내지 단계는 수행하였으나 잘못한 실수 • 과잉행동(extraneous act) 실수 : 불필요한 작업을 행동으로 도입한 실수 • 순서(sequential) 실수 : 작업 수행의 순서를 잘못한 실수 • 시간(time) 실수 : 소정의 기간에 수행하지 못한 실수

핵심 기출문제

02 시스템 설계와 인간요소

01 ▶19
사용자가 조작실수를 하더라도 고장이 나지 않거나 피해를 주지 않도록 설계하는 개념은?
① fail safe
② lock out
③ fool proof
④ tamper proof

해설 | fool proof : 이중 삼중의 안전장치를 해서 고장이 나거나 사고가 나지 않도록 하는 것
※ fail safe(고장 안전 시스템) : 인간 또는 기계에 과오나 동작상의 실수가 있어도 사고가 발생하지 않도록 2중, 3중의 통제를 가하는 근본적인 안전 대책

02 ▶15
다음 중 행동과정을 통한 인간실수의 분류로 적합하지 않은 것은?
① Input Error
② Omission Error
③ Feed Back Error
④ Information processing Error

해설 | 인간실수의 분류(인간의 행동과정을 통한 분류)
㉠ In put Error : 감지결함
㉡ Information processing Error : 정보처리 절차 과오(착각)
㉢ Decision making Error : 의사결정 과오
㉣ Out put Error : 출력 과오
㉤ Feed back Error : 제어 과오

03 ▶13
실현 가능성이 같은 2개의 대안 중 하나가 명시되었을 때 얻을 수 있는 정보량은 얼마인가?
① 1bit
② 2bit
③ 4bit
④ 8bit

해설 | 정보처리 측정
실현 가능성이 동일한 N개의 대안이 있을 때 총 정보량은 H bit라 쓰며 다음과 같이 구한다.(총 정보량(H), 동일한 대안(N))
$H = \log_2^N$
$= \log_2^2$
$2 = 2^H$
∴ H = 1(bit)

04 ▶15
정보량의 계산에서 어떤 계기판에 램프가 4개가 있고 그 중 하나에만 불이 켜지는 경우와 같이 4개의 대안이 있을 경우의 정보량(bit)은 얼마인가?
① 1
② 2
③ 3
④ 4

해설 | (총 정보량(H), 동일한 대안(N))
$H = \log_2^N$
$= \log_2^4$
$4 = 2^H$
∴ H = 2(bit)

05 ▶17,20
어떠한 찌그러진 동전이 앞면이 나올 확률은 0.9, 뒷면이 나올 확률은 0.1이면, 이 동전이 주는 정보량은 얼마인가?
① 0.9bits
② 0.15bits
③ 0.21bits
④ 0.47bits

정답 | 01 ③ 02 ② 03 ① 04 ② 05 ④

해설 | ㉠ 앞면이 나올 확률의 정보량

$$H1 = \log_2 \frac{1}{P1} \text{ (bit)}$$

$$= \log_2 \frac{1}{0.9}$$

$$= \log_2^{1.11} = 0.15 \text{bit}$$

㉡ 뒷면이 나올 확률의 정보량

$$H2 = \log_2 \frac{1}{P2}$$

$$= \log_2 \frac{1}{0.1}$$

$$= \log_2^{10} = 3.32 \text{(bit)}$$

㉢ 이동전이 주는 정보량
- P1 × H1 + P2 × H2 = 0.9 × 0.15 + 0.1 × 3.32
  = 0.47bit
- P1 : 앞면이 나올 확률
- H1 : 앞면이 나올 경우의 정보량
- P2 : 뒷면이 나올 확률
- H2 : 뒷면이 나올 경우의 정보량

03 사용자 행태분석 연구 및 적용

1. 인간변수 및 기준

1) 인간요소

인간공학에서 고려해야 할 인간의 특성

① 감각, 지각능력(시각, 청각, 피부감각)
② 운동 및 근력
③ 인간의 사고 능력
④ 새로운 기술을 배우는 능력
⑤ 집단 활동에 대한 적응 능력
⑥ 신체의 크기
⑦ 인간의 관습이나 관계
⑧ 작업 환경의 영향

2) 인간공학 연구에 사용되는 인간 기준(human criteria)의 척도

인간 기준 척도	내용
생리학적 지표 (physiological index)	• 육체적, 정신적 작업과 환경의 영향에 따라 발생하는 심박수, 혈압, 호흡률, 산소소비량, 시력, 청력 등을 통해 인간의 스트레스 측정에 사용
주관적 반응 (subjective response)	• 기준을 측정할 때 실험 참가자의 의견, 평가, 판단 등을 기초로 의자의 안락감, 컴퓨터 시스템의 편리성, 마우스의 선호도 등을 주관적 응답을 통해 얻을 수 있다.
인간성능 척도 (performance measure)	• 빈도 척도, 강도 척도, 지연성 척도, 지속성 척도 등을 조합하여 사용

  인간기준(human criteria)의 유형에 해당하지 않는 것은? [22,16]

① 인간성능 척도
② 체계의 성능
③ 주관적 반응
④ 생리학적 지표

정답 ②

3) 인간공학적 설계
   ① 인간공학이란 인간이 생활하고 일하는 환경을 알맞게 디자인하기 위해서 인간의 특성에 대해 연구하는 학문이다.
   ② 인간공학의 목적은 작업장의 배치, 작업방법, 기계설비, 전반적인 작업환경 등에서 작업자의 신체적인 특성이나 행동하는데 받는 제약조건 등이 고려된 시스템을 디자인하는 것이다.
   ③ 인간공학적 설계를 이해하기 위해서는 우선 시스템 설계의 중심에 위치한 인간의 기능을 이해하는 것이 중요하다
      • 신체적 기능 : 키·몸무게 등의 인체 치수와 힘·속도·자세 등을 고려한 설계
      • 감각적 기능 : 시각·청각·촉각 등을 고려한 설계
      • 인지적 기능 : 기억력·주의력·정보처리능력 등을 고려한 설계

4) 인간공학적 효과를 평가하는 기준
   ① 훈련비용의 절감
   ② 사용편의성의 향상
   ③ 사고나 오용으로부터의 손실 감소
   ④ 성능의 향상
   ⑤ 생산 및 보전의 경제성 증대
   ⑥ 사용자의 수용도(acceptance) 향상

 인간공학적 효과를 평가하는 기준과 가장 거리가 먼 것은? [24,22]
① 체계의 상징성
② 훈련비용의 절감
③ 사용편의성의 향상
④ 사고나 오용으로부터의 손실 감소

정답 ①

 제품디자인에 있어 인간공학적인 고려대상으로 볼 수 없는 것은? [18,15,12]
① 인간의 성능 향상
② 사용 편리성의 향상
③ 개인차를 고려한 디자인
④ 하드웨어의 신뢰성 향상

정답 ④

 인간공학의 3대 추구 목표
① 안전성 추구
② 효율성 추구
③ 쾌적성 추구

2. 인간공학 연구방법

연구방법	내용
직접적 관찰법	조사자의 의견·면접 또는 제안에 의한 방법, Time Motion Study에 의한 방법, Layout에 의한 방법
반응조사법	인간의 적합, 적응, 순응, 피로 상태를 형태, 생리, 운동, 심리 등의 관점에서 연구하는 방법
제품분석법	현재 일반적으로 사용되고 있는 기물 가운데 좋은 것을 선택하여 이것의 모양, 치수, 기구, 소재 등에 대하여 그 조작성과의 관계를 분석하여 보다 적절한 인자를 발견해가는 방법
라이프스타일 (life style) 분석법	life style의 구매 행동에 어떠한 관계가 있는가를 분석 파악하는 방법
사용 빈도 분석법	순간 작업 분석으로부터 각 기계가 사용되는 시간을 알아낸다.
순간 조작 분석법	조작자와 기계 사이의 정보를 시시각각으로 교환해 나가면서 분석한다.
지각·동작 정보 분석법	기계와 조작자 사이에 교환되는 필용한 정보를 분석한다.

예제 04 인간의 적합, 적응, 순응, 피로상태를 형태, 생리, 운동, 심리 등의 관점에서 연구하는 방법은? [21,17]

① 반응 조사법
② 제품 분석법
③ 직접적 관찰법
④ 라이프스타일(Life style) 분석법

정답 ①

3. 인간공학 연구 기준요건

① 무오염성 : 측정하고자 하는 변수 외의 다른 변수들의 영향을 받아서는 안 된다.
② 적절성 : 연구방법, 수단의 적합도
③ 신뢰성(반복성) : 검사응답의 일관성, 즉, 반복성을 말하는 것이다.
④ 민감도 : 피 실험자 사이에서 볼 수 있는 예상 차이점에 비례하는 단위로 측정해야 하는 것
⑤ 객관성 : 검사결과를 채점하는 과정에서 채점자의 편견이나 주관성이 배제되어 어떤 사람이 채점하여도 동일한 결과를 얻어야 한다.
⑥ 타당성 : 측정하고자 하는 것을 실제로 측정하는 것을 타당성이라 한다.
⑦ 표준화 : 검사를 위한 조건과 검사 절차의 일관성과 통일성을 표준화 한다.

예제 05 인간공학 연구의 3가지 기준 요건과 거리가 먼 것은? [25,16,12]

① 적절성
② 무오염성
③ 진행성
④ 기준척도의 신뢰성

정답 ③

4. 감성공학

① 감성공학은 일본에서 주로 개발된 기법이다.
② 감성공학은 인간의 쾌적성을 평가하기 위한 기초자료로서 인간의 시각, 청각, 후각, 미각, 촉각 등의 감각기능을 측정하고 인간이 어떤 조건하에서 고급스러움, 친밀함 등의 감성을 느끼게 하는가를 측정하고 연구하는 학문이다.
③ 인간이 가지고 있는 이미지나 감성을 구체적인 제품설계로 실현하는 공학적 접근 방법이다.
④ 인간의 감정을 측정하고 과학적으로 분석하여 이를 제품 설계나 환경설계에 응용하여 보다 편리하고 안전하게 인간의 삶을 쾌적하게 하고자 하는 기술이다.
⑤ 감성의 정성적, 정량적 측정을 통하여 제품이나 환경의 설계에 반영하며, 자동차나 전자제품 등을 소비자의 취향에 맞게 개발하여 적용할 수 있다.

제품디자인에 인간공학을 적용할 때 필요한 일반적인 정보가 아닌 것은? [17]
① 표준(standards)
② 체크리스트(checklist)
③ 인체측정치(anthropometric data)
④ 기술사양(technical specification)

해설 | 제품디자인에 인간공학을 적용할 때 필요한 일반적인 정보에는 표준(standards), 인체측정치(anthropometric data), 체크리스트(checklist)등이 있다.

정답 ④

핵심 기출문제

03 사용자 행태분석 연구 및 적용

01 ▶20
인간-기계 인터페이스를 좌우하는 사용 환경 요인으로만 나열된 것은?

① 연령, 성별, 학력
② 온도, 습도, 조명
③ 생활습관, 언어, 생활양식
④ 문화의 성숙도, 시대상황, 유행

해설 | 인간-기계 인터페이스 영향 요인
㉠ 사용 환경 요인 : 온도, 소음, 습도, 조명, 공간 규모 등
㉡ 사회 환경 요인 : 지역 특성, 문화 수준, 유행, 경제수준, 라이프스타일
㉢ 민족성 요인 : 생활습관, 전통성, 민족성
㉣ 거주환경 요인 : 거주자 수, 인간관계, 거주형태, 생활양식
㉤ 인간적 요인 : 연령, 성별, 학력, 지식, 가치관
㉥ 기계적 요인 : 편리성, 신뢰성, 품질, 기능, 가격

02 ▶15,19
인간공학 연구에 사용되는 인간 기준의 척도와 가장 거리가 먼 것은?

① 주관적 반응
② 생리학적 지표
③ 인간성능 척도
④ 기계체계의 성능기준

해설 | 인간공학 연구에 사용되는 인간 기준(human criteria)의 척도
㉠ 생리학적 지표(physiological index) : 육체적, 정신적 작업과 환경의 영향에 따라 발생하는 심박 수, 혈압, 호흡률, 산소 소비량, 시력, 청력 등을 통해 인간의 스트레스 측정에 사용
㉡ 주관적 반응(subjective response) : 기준을 측정할 때 실험 참가자의 의견, 평가, 판단 등을 기초로 의자의 안락감, 컴퓨터 시스템의 편리성, 마우스의 선호도 등을 주관적 응답을 통해 얻을 수 있다.
㉢ 인간성능 척도(performance measure) : 빈도 척도, 강도 척도, 지연성 척도, 지속성 척도 등을 조합하여 사용

03 ▶18
인간공학적 효과를 평가하는 기준과 가장 거리가 먼 것은?

① 체계의 상징성
② 훈련비용의 절감
③ 사용편의성의 향상
④ 사고나 오용으로부터의 손실 감소

해설 | 인간공학적 효과를 평가하는 기준
㉠ 성능의 향상
㉡ 훈련비용의 절감
㉢ 인력 이용율의 향상(사용편의성의 향상)
㉣ 사고나 오용으로부터의 손실 감소
㉤ 생산 및 보전의 경제성 증대
㉥ 사용자의 수용도(acceptance) 향상

04 ▶15
다음 중 인간-기계 시스템의 인간공학적 평가방법이 아닌 것은?

① 시뮬레이션 평가법
② 자동제어 평가법
③ 관능검사 평가법
④ 체크리스트 평가법

해설 | 자동제어 평가법은 기계 시스템 평가에 관련된 방법이다.

05 ▶14
인간공학의 연구 분석방법 중 직접적 관찰법과 관련이 없는 것은?

① Layout에 의한 방법
② 반응조사에 의한 방법
③ Time Motion Study에 의한 방법
④ 조사자의 의견, 면접 또는 제안에 의한 방법

정답 | 01 ② 02 ④ 03 ① 04 ② 05 ②

해설 | 인간공학 연구 분석 방법
  ㉠ 직접적 관찰법 : 조사자의 의견, 면접 또는 제안에 의한 방법, Time Motion Study에 의한 방법, Layout에 의한 방법
  ㉡ 제품분석법 : 현재 일반적으로 사용되고 있는 기물 가운데 좋은 것을 선택하여 이것의 모양, 치수, 기구, 소재 등에 대하여 그 조작성과의 관계를 분석하여 보다 적절한 인자를 발견해가는 방법
  ㉢ 라이프스타일(life style) 분석법 : life style의 구매 행동에 어떠한 관계가 있는가를 분석 파악하는 방법
  ㉣ 반응조사법 : 기계를 실제로 사용하고 있는 인간에 대한 적응, 순응, 피로상태를 형태, 생리, 운동, 심리 등의 관점에서 관찰, 측정하는 방법

06 ▶20

제품개념의 설정 시 반드시 고려해야 하는 사항이 아닌 것은?

① 사용자(user)
② 사용목적(task)
③ 스타일(style)
④ 사용 환경(context)

해설 | 제품개념의 설정 시 반드시 고려해야 하는 사항
  ㉠ 사용자(user)
  ㉡ 사용목적(task)
  ㉢ 사용 환경(context)

07 ▶13

다음 중 인간공학에 있어서 고려하여야 하는 인간의 특성으로 가장 적합하지 않은 것은?

① 운동 및 근력
② 감각, 지각의 능력
③ 설계자의 시각
④ 인간의 사고 능력

해설 | 인간공학에서 고려하지 않으면 되는 인간의 변수
  ① 감각, 지각 능력(시각, 청각, 피부감각 등)
  ② 운동 및 근력
  ③ 지능
  ④ 기능
  ⑤ 새로운 기술을 배우는 능력
  ⑥ 집단 활동에 대한 적응 능력
  ⑦ 신체의 크기
  ⑧ 작업환경이 인간능력에 미치는 영향

08 ▶14,17

인간공학이라는 뜻으로 사용된 어고노믹스(Ergo-nomics)의 어원에 관한 설명으로 틀린 것은?

① 인체의 법칙을 의미한다.
② 작업의 경제적 설계를 의미한다.
③ 인간을 중심으로 작업을 관리함을 의미한다.
④ 인간과 작업환경 사이의 생리 및 심리현상에 관하여 연구한다.

해설 | 어고노믹스(Ergonomics)의 어원은 희랍어 Ergo + nomos(관리)+ics(학문)으로 조합된 것으로 인간의 모든 작업에 대한 경제적 설계와, 인간과 작업 환경 사이의 생리 및 심리현상에 관하여 연구하는 학문이다.

09 ▶18,20

인간공학에 대한 설명 중 틀린 것은?

① 인간요소를 고려한 학문으로서 일본에서 태동하였다.
② 실용적 효능과 인생의 가치 기준을 높이는데 목표를 두고 있다.
③ 인간의 특성이나 행동에 대한 적절한 정보를 체계적으로 적용하는 것이다.
④ 물건, 기구, 환경을 설계하는 과정에서 인간을 고려하는데 초점을 두고 있다.

해설 | 인간요소를 고려한 학문으로서 일본에서 태동한 것은 감성공학이다.

10 ▶19

인간공학의 정의에 관한 내용 중 가장 적합하지 않은 것은?

① 인간을 위한 공학적 설계방법이다.
② 기술 발전에 부합하여 인간의 능력을 향상시키기 위한 것이다.
③ 인간이 지니고 있는 여러 가지 속성들을 연구하여 이에 맞는 환경을 제공하고자 하는 것이다.
④ 크게 심리학에 바탕을 둔 분야와 생리학이나 역학에 바탕을 둔 분야로 구분할 수 있다.

정답 | 06 ③ 07 ③ 08 ① 09 ① 10 ②

해설 | 인간공학의 목적
㉠ 기계조작의 능률성과 생산성의 향상
㉡ 안전성의 향상과 사고 방지
㉢ 건강, 만족, 실용적 효능의 추구와 인간의 복지

11 ▶21
인간공학적인 사고방식이 아닌 것은?

① 인간이 실수를 하여도 안전이 유지되도록 설비나 시스템을 설계한다.
② 설비나 시스템을 설계자의 개념이 아니라 사용자의 측면에서 설계한다.
③ 기본적으로 작업에 적합한 사람들을 선별하여 배치하는 방법(fitting the human to the task)을 선택한다.
④ 인간의 오류는 조작자뿐만 아니라 환경적 요인, 관리적 요인 등 복합적인 요인에 의한 것이므로 시스템적 사고방식이 필요하다.

해설 | 작업에 적합한 사람들을 선별하여 배치하는 방법보다는 작업에 대한 교육, 훈련을 실시하고 위험요인을 제거하는 것이 인간공학적인 사고이다.

12 ▶20
다음 ( )안에 들어갈 알맞은 용어는?

( )이란 인간이 만들어 생활의 여러 국면에서 사용하는 물건, 기구, 혹은 환경을 설계하는 과정에서 인간의 특성이나 정보를 고려하여 편리성, 안전성 및 효율성을 제고 하고자 하는 학문을 말한다.

① 자연공학
② 기계공학
③ 인간공학
④ 휴먼에러

13 ▶13
다음 중 일반적인 입식 작업대의 높이에 관한 설명으로 옳은 것은?

① 거친 작업일수록 작업대의 높이가 높은 것이 좋다.
② 섬세한 작업일수록 작업대의 높이가 높은 것이 좋다.
③ 모든 작업대의 높이가 높은 것이 낮은 것보다 좋다.
④ 모든 작업대의 높이가 낮은 것이 높은 것보다 좋다.

해설 | 작업대 높이
㉠ 위팔이 자연스럽게 수직으로 늘어뜨려지고 앞 팔은 수평 또는 약간 아래로 비스듬하여 수평면과 만족스러운 관계를 유지할 수 있는 높이가 되도록 개개인에 맞는 조절식이 좋다.
㉡ 섬세한 작업일수록 높아야 하며, 거친 작업에는 약간 낮은 편이 낫다.
㉢ 의자에 앉아서 작업하는 작업대는 적당한 의자 높이에 앉아 팔꿈치높이를 더한 높이가 기준이 되며, 입식 작업대는 선 자세에서의 팔을 굽힌 팔꿈치높이를 기준으로 설계하여야 한다.

14 ▶12
다음 중 입식 작업대의 높이를 결정하는 방법으로 적절하지 않은 것은?

① 일반적으로 섬세한 작업인 경우 팔꿈치 높이보다 높아야 한다.
② 경 조립의 경우 작업대의 높이는 팔꿈치보다 5~10cm 정도 낮은 것이 적당하다.
③ 힘을 가하는 중작업의 경우에는 팔꿈치보다 5~10cm 정도 높은 것이 적당하다.
④ 작업대의 높이는 개인, 작업의 종류에 따라 조절할 수 있도록 제작하는 것이 좋다.

해설 | 문제 13번 해설참조

정답 | 11 ③ 12 ③ 13 ② 14 ③

15 ▶13, 20

인간공학적 의자 디자인 시 고려해야 할 사항과 가장 거리가 먼 것은?

① 사람의 앉은키
② 좌판(坐板)의 높이와 폭, 깊이
③ 좌판(坐板)에서의 무게, 부하 분포
④ 동작의 안정성과 위치변동의 편리성

해설 | 인간공학적 의자 설계 시 고려사항
 ㉠ 좌면의 체중 분포
 ㉡ 좌판의 길이와 폭
 ㉢ 등받이 각도
 ㉣ 몸체의 안정성과 위치 변동의 편리성
 ㉤ 모든 사람이 수용할 수 있어야 한다.
 ㉥ 의자는 몸통의 안전을 고려해 좌골결점에 실려야 한다.
 ㉦ 사무용 의자 좌판 각도는 30°, 등판 각도는 100°가 추천된다.
 ㉧ 휴식용 의자 좌판 각도는 25~26°, 등판 각도는 105~108°가 추천된다.

16 ▶15

다음 중 의자의 인간공학적 설계를 위한 고려사항으로 가장 관계가 먼 것은?

① 좌면의 깊이와 폭
② 좌면의 무게부하 분포
③ 앉은키의 높이와 의자의 강도
④ 동체(胴體)의 안정성과 위치 변동의 편리성

해설 | 문제 15번 해설참조

17 ▶17

의자의 디자인과 관련된 설명 중 틀린 것은?

① 팔 받침은 때로는 없는 편이 낫다.
② 의자의 디자인은 작업의 특성이 고려되어야 한다.
③ 좌판의 높이는 일반적으로 오금높이보다 높아야 한다.
④ 의자에 앉아 있을 때의 체중이 주로 좌골관절에 실려 있어야 한다.

해설 | 의자 디자인의 원칙
 ㉠ 좌판은 오금보다 높지 않아야 한다.
 ㉡ 깊이는 장딴지에 여유를 주고 대퇴부를 압박하지 않도록 한다.
 ㉢ 좌판의 앞 모서리는 50mm 정도 낮아야 한다.

Chapter 05

인체 계측

최근 10개년 출제문항수 **141**개

New_ 2022년 이후 평균 출제비중 **30**%

Chapter 출제경향분석

Section	출제비율
01 신체활동의 생리적 배경	15%
02 신체반응의 측정 및 신체역학	7.5%
03 근력 및 지구력, 신체활동의 에너지 소비, 동작의 속도와 정확성	2.5%
04 신체계측	5%

01 신체활동의 생리적 배경

Pass Note

예상출제문항		키워드
2~3	- 인체골격 구조 - 골격의 기능 - 체성 감관 - 호흡계	- 신경세포 구성 요소 - 눈의 구조와 카메라 기능 비교 - 시력 이상

1. 인체의 구성

1) 골격계

우리 몸의 뼈는 206개로 구성되어 있다. 두개골(23개), **척추(26개)**, 늑골과 흉골(25개), 상지골(팔64개), 하지골(다리62개)

골격의 기능	내용
지지기능	신체를 지지하고 형상을 유지한다.
보호기능	외부의 충격으로부터 체내 장기를 보호한다.
운동기능	골격근의 기동적 수축에 따라 운동을 한다.
조혈기능	골격 내부의 골수는 조혈 작용을 한다.
저장기능	칼슘, 인산나트륨, 마그네슘, 이온 등 무기질을 저장한다.

인체 골격의 주요 기능으로 볼 수 없는 것은? [24,23,22,21]
① 감각정보를 뇌와 척수로 전달한다.
② 신체를 지지하고 형상을 유지한다.
③ 골격 내부의 골수는 조혈작용을 한다.
④ 골격근의 기동적 수축에 따라 운동을 한다.

정답 ①

2) 근육계

근육	특징
수의근	• 골격근이라고도 불리며 중추신경의 지배를 받아 인간의 의지로 움직인다. • 수축과 이완을 통해 팔꿈치, 어깨, 엉덩이, 무릎 등의 관절을 움직인다.
불수의근	• 내장이나 혈관의 벽과 같이 자율신경의 지배를 받으며 자의적으로 움직일 수 없다. • 피로 없이 지속적으로 운동을 함으로써 소화, 순환, 분비, 배설 등 신체 내부 환경을 조절한다.
심장근	• 불수의근이고 원통형 근섬유 구조로 되어 있으며 전류가 흐르는 전기섬유에 의해 수축·이완을 한다.

 근육으로 들어가는 신경에는 운동신경과 체성감관이 있다.
- 운동신경(motor nerve) : 근육의 활동을 실제로 통제한다.
- 체성감관(體性感官, proprioceptors) : 근육, 뼈의 표면, 내장을 둘러싼 근육조직 등 피하조직 등 피하조직에 퍼져 있는 감각수용기로서, 주로 생체자체의 움직임과 체위를 느끼는 수용기이다.

 근육, 뼈의 표면, 건(tendon) 등 피하조직에 퍼져있는 감각 수용기는? [16]
① 시각　　　　　　　　　　② 청각
③ 후각　　　　　　　　　　④ 체성감관

정답 ④

3) 관절계

인체의 뼈가 서로 기능적으로 연결되도록 한다.

관절	특징
접번(hinge)관절	• 경첩관절(팔꿈치 관절) • 하나의 축을 따라 구부리고 펼 수 있다. • 운동 자유도는 1이며 굴곡-신전과 외선-내선이 가능
차축(pivot)관절	• 중쇠관절(정강뼈와 종아리뼈) • 길이가 긴 쪽을 축으로 하여 회전할 수 있다. • 운동 자유도는 1이다.
구상(ball&socket)관절	• 절구관절(어깨관절) • 3개의 축을 따라 움직인다. • 운동 자유도는 3이며 굴곡-신전, 외선-내선, 내전-외전 및 회전운동이 가능
타원(condyloid) 관절	• 손목관절 • 손은 2개의 축 위에서 움직이고, 굽히고 펴는 것이 가능 • 운동 자유도는 2이다.
안장(saddle) 관절	• 엄지관절 • 타원관절과 비슷하나 좀 더 광범위하게 움직인다.

2. 인체의 기관계

① 신경계 : 중추신경과 말초신경으로 구성되며, 인체의 감각과 운동 및 내외환경에 대한 적응 등을 조절하는 기관이다.
② 순환계 : 심장, 혈액, 혈관, 림프, 림프관, 비장, 흉선 등으로 구성되며, 영양분과 가스 및 노폐물 등을 운반하고, 림프구 및 항체의 생산으로 인체의 방어 작용을 담당한다.
③ 호흡계 : 코, 후두, 기관, 기관지, 폐 등으로 구성되며, 인체의 호흡을 담당한다.
④ 소화계 : 입에서부터 위장, 소장, 대장, 및 항문에 이르는 소화를 담당하는 장기와 그 부속기관인 간, 췌장 및 담낭으로 구성된다.

1) 호흡계

① **생명유지를 위해 산소를 공급**하고, 이산화탄소를 제거하는 일을 수행한다.
② **비강, 후두 등의 전도부와 폐포, 폐포관 등의 호흡부**로 이루어진다.
③ 폐포와 혈액 사이의 기체교환은 **외호흡(폐호흡)**이며, 혈액과 **조직 세포와의 기체 교환은 내호흡**이다.

2) 순환계

① 심장, 혈액, 혈관, 림프, 림프관, 비장, 흉선 등으로 구성되며, 영양분과 가스 및 노폐물 등을 운반하고, 림프구 및 항체의 생산으로 인체의 방어 작용을 담당한다.
② 신체의 필수적인 물질을 온몸에 전달하는 수송 업무를 담당한다.

순환계	기능
심장	• 흉골 뒤에 위치하며 기관·식도·내림대동맥의 앞쪽, 폐 사이, 횡격막 위에 위치 • 심방은 몸의 여러 곳으로부터 혈액을 받아들이며, 심실은 폐와 온몸으로 혈액을 공급
혈관	• 몸 전체에 혈액을 공급하고, 공급된 혈액은 다시 심장으로 돌아오는 폐순환계로 구성 • 동맥은 심장으로부터 나온 혈액을 몸 전체에 공급하므로 조직까지의 혈류 전달을 위해 강하고 탄력 있는 혈관 벽을 가져야 한다. • 정맥은 말초조직에서 심장으로 혈액을 이동시키며 근육과 결합조직이 훨씬 적은 중간 막으로 덮인 얇은 내피가 있다.
맥박	• 심장에 있는 대동맥판막이 열리고 닫힘에 따라 동맥 속으로 피가 밀려 나오며 만들어지는 동맥압의 율동적 변화이다.
모세혈관	• 약 100억 개에 달하며 혈액과 조직 사이에서 액체·영양분·노폐물을 교환한다.
림프계	• 림프관, 림프, 흉선, 비장 등 림프구를 만들어 혈중으로 방출하는 계의 총칭 • 림프계는 조직에 열려 있는 개방형 순환계이다. • 림프 절에서 만들어진 백혈구 등의 면역 세포는 림프계를 순환하면서 몸 전체를 보호

예제 03 호흡계(respiratory system)에 관한 설명으로 옳지 않은 것은? [25,23,21,15]
① 호흡계는 산소를 공급하고, 이산화탄소를 제거하는 일을 수행한다.
② 호흡계는 비강, 후두 등의 전도부와 폐포, 폐포관 등의 호흡부로 이루어진다.
③ 허파에서 공기와 혈액 사이에 일어나는 기체교환을 내호흡 또는 조직호흡이라 한다.
④ 호흡이란 생명현상을 유지하기 위하여 산소를 섭취하고 이산화탄소를 배출하는 일련의 과정을 말한다.

정답 ③

3) 신경계

중추신경과 말초신경으로 구성되며, 인체의 감각과 운동 및 내외환경에 대한 적응 등을 조절하는 기관이다.

- 신체와 주위 환경에서 일어나는 변화·자극을 감지하고, 분석·종합하여 적절한 반응을 일으킨다.
- 인체 곳곳에 분포된 신경을 통해 전달된 정보를 통합·조절하여 생각·판단·행동 등을 조절하는 지휘센터이다.

(1) 중추신경

대뇌	두뇌 중 가장 크고 중요한 부분으로 골격근을 의지에 따라 움직인다.
중뇌	대뇌와 뇌를 연결하는 역할을 하며 눈과 귀에서 감각정보를 받는다.
능뇌	연수·소뇌로 구성되어 있으며 무의식적·불수의적·기계적 작용들을 조절한다.
척수	뇌와 말초신경계를 연결하는 일을 담당한다.

(2) 말초신경계

체신경계	의식이 관여하는 신경충격을 전달하며, 머리와 목 부위의 근육·샘·피부 점막 등에 분포하는 뇌신경과 척수신경으로 구성
자율신경계	심장·폐·소화기관·신장·방광·홍채·후각상피. 땀샘·침샘 등에 분포되어 있다.

 Note 신경세포의 구성요소
축삭, 수상돌기, 세포체

 예제 04 신경세포의 구성요소가 아닌 것은? [19,13]
① 축삭   ② 수상돌기
③ 수의근   ④ 세포체

해설 | 수의근 : 의식적으로 움직임을 조절할 수 있는 근육

정답 ③

예제 05	다음 중 인체의 각 기관계와 해당하는 기관이 올바르게 연결된 것은? [23,18,14]
	① 순환계 : 신경　② 호흡기계 : 림프관
	③ 호흡기계 : 후두　④ 순환계 : 위장

정답 ③

4) 인간의 시 감각

(1) 빛의 감각 순서

결막 → 각막(홍채) → 동공(광선량 조절) → 렌즈(수정체) → 초자체 → 망막(시세포) → 시신경 → 대뇌

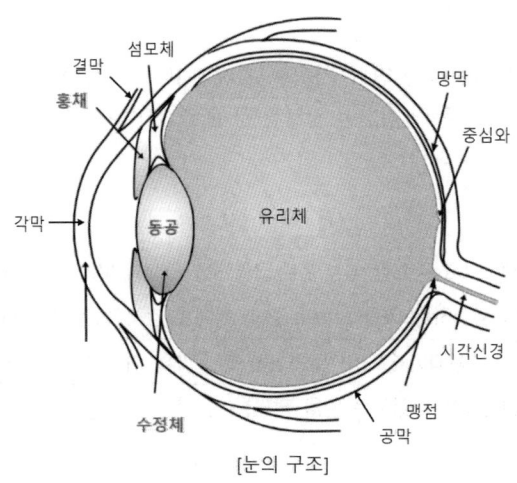

[눈의 구조]

(2) 눈의 구조와 기능

눈의 구조	기능	카메라의 비교
각막	• 빛을 받아들이는 부분이다.	
홍채	• 동공을 통해 눈으로 들어오는 빛의 양을 조절, 카메라의 조리개와 같은 역할을 한다.	조리개
망막	• 안구 벽 가장 안쪽에 위치한 얇고 투명한 막으로, 추상체, 간상체와 같은 시세포가 빛에너지를 흡수할 때 카메라의 필름 역할을 한다.	필름
수정체 (유리체)	• 빛을 굴절시키는 역할을 하며, 망막에 상이 잘 맺히도록 한다. 카메라의 렌즈와 같은 역할을 한다. • 눈의 초점은 수정체의 두께가 조절되어 맞춰진다. • 수정체의 조절작용은 망막위에 물체의 초점을 맞추는 과정으로 물체가 가까우면 수정체에 붙어있는 근육(모양체)이 수축하여 수정체가 볼록해지고, 물체가 멀면 모양체가 이완되어 수정체가 평평해져 초점을 맞춘다.	렌즈
원추체 (추상체)	• 망막의 감각세포에서 모양과 색을 인식하며, 노란색에 가장 예민하다.	

초자체	• 수정체와 망막 사이의 공간에 있는 무색의 투명한 젤리 모양의 조직으로 안구의 형태를 구형으로 유지하고 내압을 일정하게 하여 수정체에서 망막에 이르는 광선의 통로가 된다.
간상체	• 전 색맹으로서 흑색, 백색, 회색만을 감지한다. 명암 정보를 처리하며 초록색에 가장 예민하다.

예제 06 인간의 눈 구조 중 망막의 감각세포에서 모양과 색을 인식할 수 있는 것은? [22,16]
① 홍채 ② 초자체
③ 원추세포 ④ 간상세포

정답 ③

예제 07 눈의 구조와 기능에 관한 설명으로 옳은 것은? [25,22,12]
① 간상세포는 색을 구별한다.
② 눈의 초점은 수정체의 두께가 조절되어 맞춰진다.
③ 어두운 상태에서는 주로 원추세포가 사용된다.
④ 빛의 망막의 전방에서 맺히는 현상을 원시라고 한다.

정답 ②

(3) 시각의 요소
  ① 시각은 시력, 시야, 광각, 색각의 4가지 요소로 구성된다.
  ② 형태를 구별할 수 있는 시각은 복안을 가지고 있는 곤충류에서 비롯되며, 확실한 형태의 인식은 척추동물로부터 비롯된다.
  ③ 색채에 대한 인식력은 곤충류에게도 있다.
  ④ 시각 영역은 수평시야의 시각 범위는 160°, 수직시야는 120°이다.

(4) 시력(visual acuity)과 시야(visual field)
  ① 시력은 눈이라는 감각기관에 광선이 들어와 시신경을 통하여 대뇌에 전달함으로써 사물을 감지하는 심리적 과정으로, 눈의 해상력을 의미한다.
  ② 사물의 형태를 자세히 식별하거나 접근한 2개의 점이나 선을 구별하여 판별하는 능력을 말한다.
  ③ 시야는 어느 한 점에 눈을 돌렸을 때 보이는 범위를 시각으로 나타낸 것이다.
  ④ 전체 시야의 바깥 한계는 대략 우 100°, 좌 60°, 상 55°, 하 65° 정도이다.
  ⑤ 색에 따라 넓혀지는 시야의 순서 : 녹색 → 적색 → 청색 → 황색 → 백색

(5) 시력 이상

시력이상	내용	교정
원시	안구의 길이가 짧아서 상이 망막 뒤에 맺히는 현상	볼록렌즈
근시	안구의 길이가 너무 커서 상이 망막 앞에 맺히는 현상	오목렌즈
난시	각막의 만곡도가 눈의 경도에 따라 달라 부분적으로 흐려지는 현상	원추형 렌즈

3. 대사 작용

1) 대사 작용
① 구성 물질 또는 축적되어 있는 단백질, 지방 등을 분해하거나 음식을 섭취한다. 필요한 물질을 합성하여 기계적인 일이나 열을 만든다.
② 호흡(내부)이나 육체적(외부) 에너지로 사용하며 이때 열이 발산된다.

2) 에너지 대사율
① 일정한 작업을 수행하기위해 소비된 O_2 소비량이 기초 대사량의 몇 배인지를 나타낸다.
② 인간은 체내로 받아들인 영양소를 산소와 화합시켜 발생하는 에너지로 활동한다. 이때 에너지가 출입하는 것을 에너지 대사라 한다.
③ 에너지 대사율(RMR : Relative Metabolic Rate)

$$\text{에너지대사율(RMR)} = \frac{\text{작업시간의 전체산소소비량} - \text{작업시간중안정시 산소소비량}}{\text{작업시간의 기초대사량}} = \frac{\text{작업대사량}}{\text{기초대사량}}$$

3) 기초 대사량
① 체온 유지, 호흡, 심장 박동 등 생명유지에 필요한 단위시간당 에너지양
② 안정 대사량은 보통 식사 후 두 시간 이상 경과 시 대사량으로 기초 대사량 보다 20%정도 증가한다.
③ 깨어 있는 상태의 최저 수준 에너지 대사로 신체 표면적에 비례한다.

4) 근육의 대사와 젖산의 축적

(1) 근육의 대사

> • 근육의 수축에는 에너지가 필요하며, 에너지의 원천은 당원(Glycogen)이다.
> • 운동에 의한 산소소비량은 일정 수준 이상 증가하지 않는다.
> • 젖산은 유기성 과정에 의하여 물과 CO_2로 분해되어 발산된다.
> • 일반적으로 신체활동 시 산소의 공급이 부족할 때 젖산이 많이 축적된다.
> • 일정 수준 이상의 활동이 종료된 후에도 일정 기간 동안 산소가 더 필요하게 된다.

(2) 젖산(lactic acid)

> • 활동 수준이 높은 작업에서 충분한 산소가 공급되지 못해 축적되는 물질
> • 혈액 속으로 들어가서 신장을 거쳐 소변으로 배출된다.
> • 젖산 축적은 근육 피로의 원인이 된다.

(3) 산소 부채(oxygen debt)

> • 활동이 끝난 후에 체내에 쌓인 젖산을 제거하기위해 필요한 산소량
> • 산소 부족으로 인해 작업 종료 후에도 증가했던 맥박과 호흡이 휴식상태의 수준으로 바로 돌아오지 않고 서서히 감소하게 된다.
> • 산소 부족으로 혈액 중에 젖산이 축적된다.

예제 08 근육에 공급되는 산소량이 부족한 경우 나타나는 현상으로 옳은 것은? [24,23,19,13]
① 당원은 산소 없이 호기성(aerobic) 과정에 의해 젖산으로 축적된다.
② 젖산은 혐기성(anaerobic) 과정에 의해 물과 CO_2로 분해되어 열과 에너지로 발산된다.
③ 젖산과 신체의 활동 수준은 관계가 없다.
④ 혈액 중에 젖산이 축적된다.

정답 ④

 Note 피로의 특징
- 신체의 일부를 과용한 경우에도 피로는 전신적으로 나타난다.
- 작업능률의 저하 및 의욕을 감퇴시키는 성질을 가진다.
- 정신적, 육체적으로 증상이 6개월 이상 지속되는 만성피로는 보통의 휴식으로 쉽게 회복되지 않는다.

 Note 근육의 대사(혐기성 대사)
근육 운동이 시작되면 근육 내에 저장된 에너지원인 **아데노신삼인산(ATP), 인산염(P)**으로 분해될 때 에너지가 발생되며, 운동 전에는 **글리코겐**을 최대한 축적시키는 것이 유리하고, 강한 운동을 수행시키기 위해 크레아틴 보충제를 섭취하는 것이 유리하다.

예제 09 근육 운동 시작 직후 혐기성 대사에 의하여 공급되어 소비되는 에너지원이 아닌 것은? [22,16,12]
① 지방　　　　　　　　　　② 글리코겐
③ 크레아틴 인산(CP)　　　　④ 아데노신 삼인산(ATP)

정답 ①

핵심 기출문제

01 신체활동의 생리적 배경

1 인체의 구성

01 ▶13,20

인체의 구조 중에서 운동기관계의 구성을 적합하게 표현한 것은?

① 골격계(skeletal system) + 근육계(muscular system)
② 근육계(muscular system) + 신경계(nervous system)
③ 골격계(skeletal system) + 소화기계(digestive system)
④ 기초대사(basal metabolism) + 신경계(nervous system)

해설 | 운동기관계 = 근육계(Muscular system) + 골격계(Skeletal system)
뼈는 관절로 연결되고 근육의 작용으로 수동적인 운동을 하나, 근육은 능동적인 기능을 발휘하여 뼈(대소 200여개로 구성)를 움직이며 운동을 하게 된다.

02 ▶17

척추를 구성하는 뼈의 개수로 맞는 것은?

① 24   ② 26
③ 29   ④ 31

해설 | 우리 몸의 뼈는 206개로 구성 되어있다. 두개골(23개), 척추(26개),늑골과 흉골(25개), 상지골(팔64개), 하지골(다리62개)

03 ▶13,14,17

인체 골격의 주요 기능으로 볼 수 없는 것은?

① 몸을 지탱하여 그 외형을 지지한다.
② 골격 내부의 골수는 조혈작용을 한다.
③ 체형을 유지하며 신경신호를 전달한다.
④ 골격근의 기동적 수축에 따라 운동을 한다.

해설 | 인체 골격이 하는 주요 기능
㉠ 신체의 중요한 기관을(두개골-뇌, 늑골-내장)보호한다.
㉡ 몸을 지탱하여 그 외형을 보호한다.
㉢ 체강(體腔)을 형성하며 체강 내의장기를 보호한다.
㉣ 골격근의 기동적 수축에 따라 수동운동을 한다.
㉤ 골격 내부에 골수를 넣어 조혈작용을 한다.
㉥ 신체의 활동을 수행한다.(팔, 다리, 척추)

04 ▶15,19

인체 골격의 주요 기능이 아닌 것은?

① 조혈 작용
② 체내의 장기보호
③ 신체의 지지 및 형상 유지
④ 수축과 이완을 통한 관절의 움직임

해설 | 문제 3번 해설참조

05 ▶12,20

인체골격의 기능과 가장 거리가 먼 것은?

① 신체 활동을 수행한다.
② 신체를 지지하고, 체형을 유지한다.
③ 신체의 중요한 부분을 보호한다.
④ 각 세포의 활동에 필요한 물질을 운반한다.

해설 | 문제 3번 해살참조

정답 | 01 ① 02 ② 03 ③ 04 ④ 05 ④

06
요추의 변화를 나타내는 그림에서 B의 인체자세로 적당한 것은?

①    ②

③ 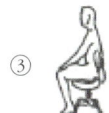   ④

07
관절에서 몸의 뼈와 뼈를 결합시켜주는 기능을 하는 것은?

① 건(tendon)
② 근육(muscles)
③ 척수(spinal cord)
④ 인대(ligament)

해설 | ㉠ 건(tendon) : 골격근을 골격에 부착시키는 섬유조직으로 힘줄
㉡ 근육(muscles) : 근세포들이 모여서 된 집단으로 가로무늬근 조직과 민무늬근 조직, 심근조직 등이 있다.
㉢ 척수(spinal cord) : 뇌의 연수로부터 척추로 뻗어 있는 주요 신경로이다.
㉣ 인대(ligament) : 관절에서 몸의 뼈와 뼈를 결합시켜주는 기능을 한다.

08
인간이 신체활동을 하는 데 있어서 그 관련성이 가장 적은 것은?

① 골격   ② 신경계통
③ 골격근   ④ 인지능력

해설 | 인지능력은 인간의 정신적 활동과 관련이 있다.

2 인체의 기관계

09
인간의 눈에 관한 설명으로 맞는 것은?

① 암순응이 명순응보다 빠르다.
② 원추세포는 색을 구별할 수 있다.
③ 수정체가 두꺼워지면 원시안이 된다.
④ 빛을 감지하는 간상세포는 수정체에 존재한다.

해설 | 원추세포
망막의 감각세포에서 모양과 색을 인식하며, 노랑색에 가장 예민하다.

10
눈의 구조에 대한 설명으로 맞는 것은?

① 원추체 - 색 구별, 황반에 밀집
② 원시 - 수정체가 두꺼워진 상태
③ 망막 - 두께 조절로 초점을 맞춤
④ 명순응 - 동공확대, 30~40분 소요

해설 | ㉠ 원시는 수정체가 얇아 상이 맺히는 거리가 길어 망막 뒤에 맺히는 것이다.
㉡ 눈의 초점은 수정체의 두께가 조절되어 맞춰진다.
㉢ 암순응 - 동공확대, 30~40분 소요

정답 | 06 ① 07 ④ 08 ④ 09 ② 10 ①

11 ▶14,20
눈의 구조 중 맥락막에 관한 설명으로 옳은 것은?

① 안구의 가장 바깥쪽 표면에 있어서 눈에서 제일 먼저 빛이 통과하는 부분이다.
② 안구벽의 가장 안쪽에 위치하고, 수정체에서 굴절되어 온 상이 생기는 부분이다.
③ 안구벽의 중간층을 형성하는 막으로 모양체근이 있어 원근조절에 관여하는 부분이다.
④ 안구의 대부분을 싸고 있는 흰색의 막으로 안구의 움직임을 조절하는 근육이 부착되어 있는 부분이다.

해설 | ㉠ 안구의 가장 바깥쪽 표면에 있어서 눈에서 제일 먼저 빛이 통과하는 부분이다.(각막)
㉡ 안구벽의 가장 안쪽에 위치하고, 수정체에서 굴절되어 온 상이 생기는 부분이다.(망막)
㉢ 안구벽의 중간층을 형성하는 막으로 모양체근이 있어 원근조절에 관여하는 부분이다.(맥락막)
㉣ 안구의 대부분을 싸고 있는 흰색의 막으로 안구의 움직임을 조절하는 근육이 부착되어 있는 부분이다.(공막)

12 ▶20
다음 ( )안에 들어갈 알맞은 것은?

> 수정체의 ( )은/는 망막 위에 물체의 초점을 맞추는 과정으로 물체가 가까우면 수정체에 붙어있는 근육(모양체)이 수축하여 수정체가 볼록해지고, 물체가 멀면 모양체가 이완되어 수정체가 평평해져 초점을 맞춘다.

① 음영(shade)
② 조응(adaptation)
③ 조절작용(accommodation)
④ 신경 충동(neural impulse)

13 ▶13,20
인간의 눈의 구조에 관한 설명으로 옳은 것은?

① 망막의 중심부에는 간상체만 있다.
② 간상체는 색을 구별할 수 있게 한다.
③ 광 수용기는 간상세포와 추상세포로 나눌 수 있다.
④ 수정체는 눈으로 들어오는 빛의 양을 조절한다.

해설 | ㉠ 간상체는 눈의 망막에 있는 세포의 일종으로 주로 명암을 식별하는 작용을 하며, 어두운 곳에서 작용을 하는 색각 및 시력에 관계한다.
㉡ 수정체는 눈 안의 앞부분에 있는 구조물로서 양면이 볼록한 렌즈 모양의 무색 투명한 구조이고 빛을 모아주는 역할을 함.

14 ▶19
눈에 관한 설명으로 틀린 것은?

① 동공은 눈에 들어오는 광선의 양을 조절한다.
② 안근은 보려고 하는 대상 쪽으로 눈동자를 돌려주는 작용을 한다.
③ 수정체는 상의 초점을 맞추며, 먼 곳을 볼 때는 두꺼워 지고 가까운 곳을 볼 때는 얇아진다.
④ 망막은 대상물에서 오는 빛을 받으며, 이 빛은 수정체에서 굴절되어 상하가 거꾸로 된 상을 비춘다.

해설 | 수정체는 상의 초점을 맞추며, 먼 곳을 볼 때는 얇아지고 가까운 곳을 볼 때는 두꺼워진다.

15 ▶15,21
인간의 눈에 대한 설명으로 옳은 것은?

① 망막을 구성하고 있는 감광요소 중 간상세포는 색의 구분을 담당한다.
② 황반 부위에는 간상세포가 집중적으로 분포되어 있다.
③ 시력은 시각 1분의 역자승수를 표준단위로 사용한다.
④ 시각이란 보는 물체에 의한 눈에서의 대각이며, 일반적으로 분(′)단위로 나타낸다.

해설 | 간상세포는 망막에 있는 가늘고 긴 모양의 시세포로, 어두운 빛을 감지한다. 시력은 최소 시각에 반비례한다.

정답 | 11 ③ 12 ③ 13 ③ 14 ③ 15 ④

16 ▶12,15,17
인간의 눈과 카메라의 구조를 유사한 기능으로 비교할 때, 연결이 잘못된 것은?

① 홍채 - 셔터
② 동공 - 조리개
③ 망막 - 필름
④ 수정체 - 렌즈

해설 | 홍채, 동공은 조리개 역할을 한다.

17 ▶15
다음 중 인간의 눈의 구조에서 눈으로 들어오는 빛의 양을 조절하는 것은?

① 망막
② 동공
③ 각막
④ 수정체

해설 | 눈의 구조와 기능
- ㉠ 각막 : 눈의 앞쪽 창문에 해당되는 이 부분은 광선을 질서 정연한 모양으로 굴절시킴으로써 보는 과정의 첫 단계를 담당한다.
- ㉡ 동공 : 조절이 가능한 광선의 통로로 홍체를 통해 눈으로 들어오는 빛의 양을 조절(카메라의 조리개 역할)
- ㉢ 수정체 : 각막, 방수, 동공을 통과하는 빛의 물체를 잘 볼 수 있도록 초점을 맞추어 주므로 카메라의 렌즈에 해당된다.(카메라의 렌즈 역할)
- ㉣ 망막 : 빛이 수정체를 통과하면 수정체는 눈의 안쪽 후면 2/3를 덮고 있는 얇은 반투명 벽지 모양의 망막에 정확히 초점을 맞춘다.(카메라의 필름 역할)

18 ▶14
다음 중 암순응 현상에 관한 설명으로 틀린 것은?

① 암순응을 위하여 원추세포가 왕성하게 작용한다.
② 들어오는 빛의 양을 늘리기 위해 동공이 확대된다.
③ 명순응보다 오래 걸리며, 완전 암순응에는 30~40분 정도가 소요된다.
④ 암순응이 되어 있는 눈은 적색이나 보라색에 둔감해진다.

해설 | 암순응 : 밝은 곳에서 어두운 곳으로 들어갈 때 처음에는 보이지 않던 것이 시간이 지남에 따라 차츰 보이기 시작하는 현상. 처음에는 원추세포가 주로 작용하여 감도를 약 10배로 증가시키지만 암순응이 진행됨에 따라 간상 세포는 감도가 높아져서 원추 세포를 대신한다.

19 ▶14,18
시력에 대한 일반적인 설명으로 틀린 것은?

① 홍채(iris)는 어두우면 커지고 밝으면 작아진다.
② 색을 구별하는 색각은 빛의 파장의 차이에 의해 일어난다.
③ 암순응 과정은 간상체 순응 후에 원추체 순응으로 진행된다.
④ 시력은 세부내용을 판별할 수 있는 능력으로서 주로 눈의 조절능력에 따라 달라진다.

해설 | 암순응 과정은 원추체 순응 후에 간상체 순응으로 진행된다.

20 ▶19
인간의 시력에 관한 설명으로 틀린 것은?

① 정상 시각에서의 원점은 거의 무한하다.
② 눈이 초점을 맞출 수 없는 가장 가까운 거리를 근점, 가장 먼 거리를 원점이라 한다.
③ 시력은 정확히 식별할 수 있는 최소의 세부사항을 볼 때 생기는 시각(Visual angle)에 정비례한다.
④ 최소분간시력은 눈이 식별할 수 있는 과녁의 최소 특징이나 과역 부분들 간의 최소 공간을 의미한다.

해설 | 시력은 정확히 식별할 수 있는 최소의 세부사항을 볼 때 생기는 시각(Visual angle)에 반비례한다.

정답 | 16 ① 17 ② 18 ① 19 ③ 20 ③

21 ▶13
다음 중 밝은 곳에서 어두운 곳에 적응하기 위한 눈의 암순응을 촉진하기 위해 사용하는 색안경으로 가장 적합한 것은?

① 노란색 안경 ② 빨간색 안경
③ 초록색 안경 ④ 파란색 안경

22 ▶16
망막의 두 가지 광수용기에 대한 설명으로 틀린 것은?

① 간상체는 명암(흑백)을 인식한다.
② 간상체는 주로 밤에 기능을 한다.
③ 원추체는 황반에 집중되어 있다.
④ 원추체에 이상이 생길 경우에는 야맹증에 걸리게 된다.

해설 | 원추세포(추상체, 추상세포)는 600~700만개 정도이며 추상세포 이상 증세는 색맹이나 색약으로 올수 있다.

23 ▶17
망막이 자극을 받은 다음에도 시신경이 흥분하여 남아 있는 상태는?

① 잔상   ② 이중상
③ 착시 현상   ④ 누가(summation)작용

해설 | 잔상은 시신경의 자극으로 느껴 0.2초 정도에서 감각이 최고에 이르러 서서히 저하되므로 병적 현상이 아니라 감응 반응이다.

24 ▶18, 21
눈의 시세포에 관한 설명으로 옳은 것은?

① 원추세포는 색을 구분할 수 없다.
② 원추세포의 수는 간상세포의 수보다 많다.
③ 간상세포는 난색계열의 색을 구분할 수 있다.
④ 사람의 눈에는 1억개 이상의 간상세포가 있다.

해설 | ㉠ 원추세포는 색을 구분할 수 있다.
㉡ 원추세포의 수는 간상세포의 수보다 적다.
㉢ 간상세포는 명암만을 구분할 수 있다.

25 ▶21
다음 ( )안에 들어갈 알맞은 것은?

> ( )은/는 수정체와 망막 사이의 공간에 있는 무색 투명한 젤리 모양의 조직으로 안구의 형태를 구형으로 유지하고 내압을 일정하게 하여 수정체에서 망막에 이르는 광선의 통로가 된다.

① 공막(sclera)
② 안검(eyelids)
③ 맥락막(choroid)
④ 초자체(vitreous body)

26 ▶21
눈의 구조에 대한 설명으로 옳지 않은 것은?

① 안구의 벽은 공막(sclera), 맥락막(choroid), 망막(retina)으로 되어 있다.
② 수정체(lens)는 홍채 바로 뒤에 있는 투명한 물체로 양면이 돌출된 모양의 구조물이다.
③ 초자체(vitreous body)는 수정체와 망막사이의 공간에 들어 있는 무색투명한 조직이다.
④ 안방(chamber)은 각막 부를 제외한 안구 전면과 안검의 후면을 덮고 있는 얇은 점막이다.

해설 | 안방(chamber)은 각막과 수정체 사이에 있는 동공을 가리킨다. 안방은 홍채 앞쪽에 있는 넓은 전안방과 홍채 뒤쪽에 후 안방으로 나뉘며, 전안방과 후 안방은 홍채와 수정채 사이의 간극에 의하여 서로 통하고 있다. 안방의 내부는 홍채, 모양체에서 분비되는 안방수로 차 있다.

정답 | 21 ② 22 ④ 23 ① 24 ④ 25 ④ 26 ④

27 ▶21

인체의 각 기관계와 속하는 기관이 올바르게 짝지어진 것은?

① 순환계 : 심장
② 순환계 : 신경
③ 호흡기계 : 부신
④ 호흡기계 : 림프관

해설 | 순환계 : 심장, 혈액, 혈관, 림프, 림프관, 비장, 흉선 등으로 구성되며, 영양분과 가스 및 노폐물 등을 운반하고, 림프구 및 항체의 생산으로 인체의 방어 작용을 담당한다.

28 ▶17

호흡기계에 관한 설명으로 틀린 것은?

① 폐포는 허파 안에서 기체가 교환될 수 있도록 넓은 표면적을 제공한다.
② 호흡기계는 산소를 공급하고, 이산화탄소를 제거하는 일을 수행한다.
③ 허파에서 공기와 혈액 사이의 기체교환을 외호흡이라 한다.
④ 호흡기계는 비강, 인두, 후두, 식도, 입 등 공기가 접촉되는 기관들을 모두 포함한다.

해설 | 호흡기계 : 코, 후두, 기관, 기관지, 폐 등으로 구성되며, 인체의 호흡을 담당한다.

29 ▶16

작업으로 인한 근육에 필요한 산소는 순환기 계통을 통해 혈액으로 배달된다. 다음 중 순환기 반응으로만 나열된 것은?

① 심박출량 증가, 산소부재, 혈압감소
② 혈압감소, 혈류의 재분배, 흡기량 증가
③ 혈압증가, 심박출량 증가, 흡기량 감소
④ 심박출량 증가, 혈압상승, 혈류의 재분배

해설 | ㉠ 호흡기 반응 : 산소 부재, 흡기량 증가 및 감소
㉡ 순환기반응 : 심박출량 증가, 혈압상승, 혈류의 재분배, 폐환기량 증가

3 대사 작용

30 ▶16

에너지대사율(RMR)을 나타내는 식으로 맞는 것은? (단, A는 작업시간의 기초대사량, B는 작업시간의 기초소비량, C는 작업시간의 전체 산소소비량, D는 작업시간 내 안정 시 산소소비량이다.)

① C-A / D
② A-C / D
③ D-A / A
④ C-D / A

해설 | 에너지 대사율
㉠ 일정한 작업을 수행하기위해 소비된 O_2 소비량이 기초 대사량의 몇 배인지를 나타낸다.
㉡ 인간은 체내로 받아들인 영양소를 산소와 화합시켜 발생하는 에너지로 활동한다.
㉢ 이때 에너지가 출입하는 것을 에너지 대사라 한다.

$$\text{에너지대사율(RMR)} = \frac{\text{작업시간의 전체산소비량} - \text{작업시간중 안정시 산소소비량}}{\text{작업시간의 기초대사량}}$$

31 ▶12

다음 중 에너지대사율(RMR)을 나타내는 식으로 옳은 것은?

① 작업시간의 전체 산소소비량-작업시간의 기초 대사량/작업시간 중 안정시 산소소비량
② 작업시간 중 안정시 산소소비량-작업시간의 기초 대사량/작업시간의 기초 대사량
③ 작업시간의 기초 대사량-작업시간의 전체 산소소비량/작업시간 주 안정시 산소소비량
④ 작업시간의 전체 산소소비량-작업시간 중 안정시 산소소비량/작업시간의 기초 대사량

해설 | 문제 30번 해설참조

정답 | 27 ① 28 ④ 29 ④ 30 ④ 31 ④

32 ▶12,15,21
근육의 대사(代謝)에 대한 설명으로 옳지 않은 것은?

① 운동에 의한 산소소비량은 일정 수준 이상 증가하지 않는다.
② 젖산은 유기성 과정에 의하여 물과 CO_2로 분해되어 발산된다.
③ 일반적으로 신체활동 시 산소의 공급이 충분할 때 젖산이 많이 축적된다.
④ 일정 수준 이상의 활동이 종료된 후에도 일정 기간 동안 산소가 더 필요하게 된다.

해설 | 산소 공급이 충분하지 않을 때 젖산이 축적된다.

33 ▶15,20
근육의 대사 작용에서 근육 피로의 원인이 되는 물질은?

① 젖산
② 단백질
③ 포도당
④ 글리코겐

해설 | 심한 운동을 할 때나 산소가 부족한 환경에서는 산소 공급이 불충분하므로 젖산 처리가 빠르게 이루어지지 않아 근육 중에 축적되고, 이것이 혈액 중에도 나타나서 혈중 젖산 농도가 높아진다.

34 ▶14
다음 중 기초 대사량에 관한 설명으로 가장 적절한 것은?

① 단위시간당 소비되는 산소소비량
② 생명유지에 필요한 단위시간당 에너지양
③ 단위시간동안 운동한 후 소비된 에너지양
④ 에너지 섭취시 소요되는 단위시간당 에너지양

해설 | 기초 대사량
㉠ 체온 유지, 호흡, 심장 박동 등 생명유지에 필요한 단위시간당 에너지양
㉡ 안정 대사량은 보통 식사 후 두 시간 이상 경과 시 대사량으로 기초 대사량 보다 20%정도 증가한다.
㉢ 깨어 있는 상태의 최저 수준 에너지 대사로 신체 표면적에 비례한다.

35 ▶12,19
피로에 관한 설명으로 틀린 것은?

① 심리적으로는 욕구수준을 떨어뜨린다.
② 생리적으로는 근육에서 발생할 수 있는 힘의 저하를 초래한다.
③ 보통 하루 정도면 숙면 등으로 회복이 가능한 정도를 만성피로 또는 피곤비라 한다.
④ 피로발생은 부하조건과 작업능력과의 상대적 관계로 생기는 부담에 의한 것이다.

해설 | 피로의 특징
㉠ 신체의 일부를 가용한 경우에도 피로는 전신적으로 나타난다.
㉡ 작업능률의 저하 및 의욕을 감퇴시키는 성질을 가진다.
㉢ 정신적, 육체적으로 증상이 6개월 이상 지속되는 만성피로는 보통의 휴식으로 쉽게 회복되지 않는다.

정답 | 32 ③ 33 ① 34 ② 35 ③

02 신체반응의 측정 및 신체역학

> **Pass Note**

예상출제문항	키워드	
1~2	- 신체 반응 측정 방법 - 긴장	- 인체 부위의 운동 - 굴곡, 신전

1. 신체활동의 측정원리

① 인간이 활동을 할 때는 바람직하지 않은 고통이나 반응을 일으키는 스트레스(stress)와 스트레스의 결과로 나타나는 스트레인(strain)을 받는다.
② 스트레스의 근원은 작업 환경 등에 따라 생리적·정신적 근원으로 구별되며, 스트레인 또한 생리적·정신적 스트레인으로 구분된다.

1) 압박 또는 스트레스

① 개인에게 작용하는 바람직하지 않은 상태나 상황, 과업 등의 인자와 같이 내·외부로부터 주어지는 자극을 말한다.
② 스트레스의 원인으로는 과중한 노동, 정적 자세, 더위와 추위, 소음, 정보의 과부하, 권태감 등이 있다.

2) 긴장 또는 스트레인

① 압박의 결과로 나타나는 고통이나 반응을 말한다.
② 혈액의 화학적 변화, 산소소비량, 근육이나 뇌의 전기적 활동, 심박수, 체온 등의 변화를 관찰하여 스트레인을 측정할 수 있다.

3) 작업의 종류에 따른 생체신호의 측정방법

① 작업을 할 때에 인체가 받는 부담은 작업의 성질에 따라 상당한 차이가 있다. 이 차이를 연구하는 방법이 생체신호를 측정하는 것이다.
② 산소소비량, 뇌전도(EEG), 근전도(EMG), 에너지대사율(RMR), 플리커치(CFF), 심박수, 전기피부반응(GSR)등으로 인체의 생리적 변화를 측정한다.

예제 01 생리적 상태 변동을 전류로 변환하여 측정되는 것으로 뇌파 전위도를 기록하는 것은? [23,22,16]
① EEG ② EMG
③ ECG ④ EOG

정답 ①

예제 02 근수축의 종류 중 중추 신경으로 부터 오는 흥분충동을 받을 때 항상 약한 수축상태를 지속하고 있는 것은? [22]
① 연축(twitch) ② 긴장(tones)
③ 강축(tetanus) ④ 강직(rigor)

정답 ②

예제 03 다음 중 신체반응을 측정하는 데 있어서 그 척도와 방법이 잘못 연결된 것은? [25,22,19,15]
① 골격활동의 척도 - 부정맥
② 정신활동의 척도 - 뇌파 기록
③ 국소적 근육활동의 척도 - 근전도
④ 생리적 부담의 척도 - 맥박수

정답 ①

2. 신체반응 척도

1) 생리학적 측정법

구분	내용
근전도 (EMG : electromyogram)	• 근육의 활동전위차를 기록한 곡선을 말한다. • 근전도에 의해서 운동기능의 이상 원인을 진찰하기도 한다. • 근육의 피로도 측정
심박과 심전도 (ECG : electrocardiogram)	• 1분간 심실이 수축, 이완하는 주기를 심박 수라고 한다. • 심장근 수축에 따른 전기적 변화를 검출, 증폭, 기록한 것을 심전도라 한다.
산소 소비량	• 산소는 음식물 대사와 에너지 방출에 사용된다. • 방출 에너지량은 섭취하는 음식량에 따라 달라진다. • 질소는 체내에서 대사되지 않고 배기는 흡기보다 적으므로 배기 중 질소비율은 커진다.

Note 맥박은 열 및 감정 압박의 영향을 잘 나타내지만 체질이나 건강과 같은 개인적 요소에도 좌우되므로 여러 종류의 작업지표를 나타내는 절대지표로는 산소소비량보다 덜 적합하다.

예제 04 정신적 피로도를 측정할 수 있는 방법으로 가장 거리가 먼 것은? [25,22,18]
① 대뇌피질활동 측정
② 호흡순환기능 측정
③ 근전도(EMG) 측정
④ 점멸융합주파수(Flicker) 측정

정답 ③

2) 심리적 척도

(1) 점멸 융합 주파수(CFF : Critical Flicker Fusion Frequency)
① 정신적 부담이 **대뇌피질**의 활동수준에 미치고 있는 영향을 측정한 값
② 시각 또는 청각에 계속 점멸 되는 자극들이 점멸하는 것 같이 보이지 않고 연속적으로 느껴지는 주파수로 중추신경에 피로(정신 피로)의 척도로 사용된다.
③ 점멸되는 빛이 연속으로 보이는 정도는 피곤할수록 느려지게 된다.
④ 잘 때나 멍할 때의 CFF는 낮고, 긴장하거나 정신이 맑을 때의 CFF는 높다.

(2) 정신활동 측정
뇌파(EEG)

(3) 부정맥 지수
심장 활동의 불규칙성의 척도로서 정신 부하가 증가하면 부정맥 점수가 감소한다.

(4) 안구 측정
EOG, eye camera

(5) 정신전류반응(GSR)
① 정신부하란 임무에 의해 개인에 부과되는 하나의 측정 가능한 정보처리 요구량
② 정신부하 척도의 요건은 예민도, 선택성, 간섭, 신뢰성, 수용성 등이 있다.

예제 05 다음 중 정신적 작업부하의 측정 척도의 내용으로 올바른 것은? [14]
① 다른 부하의 영향을 받는 척도이어야 한다.
② 시간 경과에 관계가 있는 척도이어야 한다.
③ 피 측정자가 수용할 수 없는 측정척도도 가능하다.
④ 다른 과업의 상황을 직관적으로도 구별할 수 있는 척도이어야 한다.
해설 | 정신적 작업부하의 측정 척도는 다른 과업의 상황을 직관적으로도 구별할 수 있는 척도이어야 한다.

정답 ④

3. 신체역학

1) 신체 동작의 유형

구분	내용
굴곡(flection)	관절이 만드는 각도가 감소하는 신체 동작, 팔꿈치 굽히는 동작
신전(extension)	관절이 만드는 각도가 증가하는 동작, 굽은 팔꿈치를 펴는 동작
외전(abduction)	몸의 중심선으로부터 멀어지게 하는 동작
내전(adduction)	몸의 중심선으로 향하는 이동 동작
외선(lateral rotation)	몸의 중심선 바깥쪽으로 회전하는 동작
내선(medial rotation)	몸의 중심선 쪽으로 회전하는 동작
상향(supination)	직각상태에서 손바닥을 위로 보이게 회전하는 동작
하향(pronation)	직각상태에서 손등을 위로 보이게 회전하는 동작
회전(rotation)	분절의 운동궤적이 원뿔을 형성하는 동작

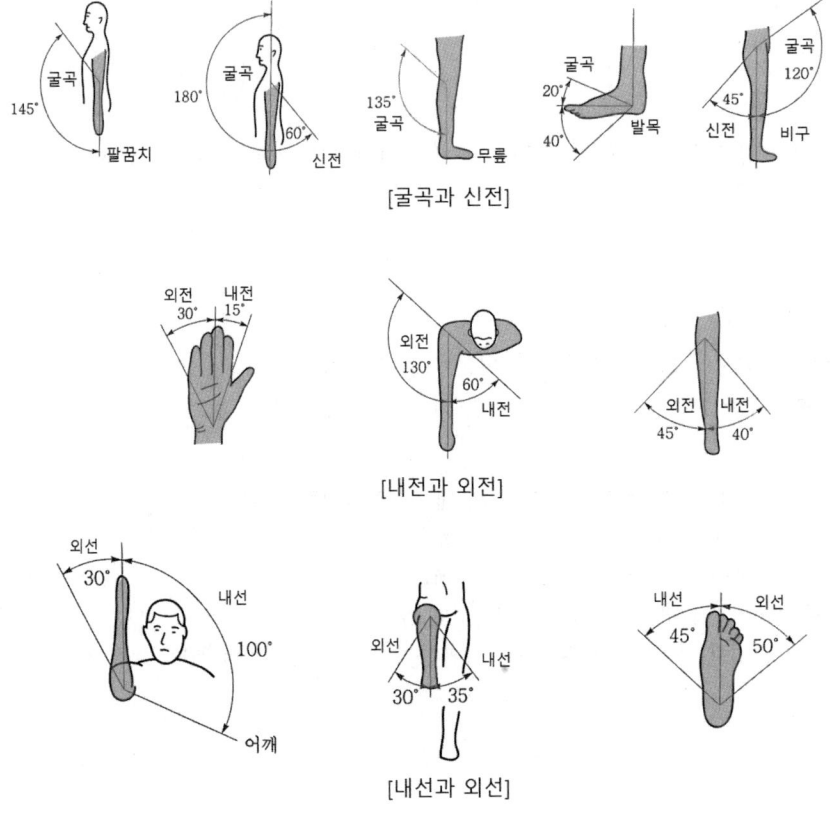

[굴곡과 신전]

[내전과 외전]

[내선과 외선]

예제 06 신체 동작의 유형 중 굴곡(flexion)에 해당하는 것은? [24,22,12]
① 팔꿈치 굽히기
② 굽힌 팔꿈치 펴기
③ 다리를 옆으로 들기
④ 수평으로 편 팔을 수직으로 내리기

정답 ①

 예제 07 신체동작의 유형 중 굽은 팔꿈치를 펴는 동작과 같이 관절이 만드는 각도가 증가하는 동작은? [25,23,22,18,14]
① 굴곡(flexion)
② 내전(adduction)
③ 외전(abduction)
④ 신전(extension)

정답 ④

핵심 기출문제

02 신체반응의 측정 및 신체역학

1 신체활동의 측정원리

01 ▶13, 16, 21

사람이 자동차나 비행기를 조종할 때 긴장감의 정도를 파악하기 위하여 심박수, 호흡률, 뇌 전위, 혈압 등을 조사하는데, 이는 다음 중 어느 것을 지표로서 이용하는 경우에 해당되는가?

① 심리적 변화 ② 육체적 변화
③ 생리적 변화 ④ 정신적 변화

해설 | 생체리듬 관련 내용은 유사과학이론임에도 시험문제는 생리적 변화로 출제되고 있으므로 답안만 암기하기 바람

2 신체반응 척도

02 ▶14

다음 중 EMG(electromyography)를 이용하여 측정하는 것은?

① 심장 박동수
② 뇌의 활동량
③ 안구의 초점이동
④ 근육의 활동

해설 | ㉠ 심장 박동수 - ECG
㉡ 뇌의 활동량 - EEG
㉢ 안구의 초점이동 - EOG
㉣ 근육의 활동 - EMG

03 ▶16

인체의 생리적 부담 척도에 해당하지 않는 것은?

① 심박수
② 뇌전도
③ 근전도
④ 산소소비량

해설 | 생리적 부담척도
㉠ 근전도(EMG : electromyogram)
㉡ 심박과 심전도(ECG)
㉢ 산소 소비량

04 ▶18

생리적 긴장을 나타내는 척도(지표)가 아닌 것은?

① 혈압
② 심박수
③ 작업 속도
④ 호흡수

해설 | 문제 3번 해설참조

05 ▶19

생리적 활동 척도에 해당하지 않는 것은?

① 혈압
② 점멸융합주파수
③ 분당 호흡용량
④ 최대 산소소비능력

해설 | 점멸융합주파수는 심리적 척도이다.

정답 | 01 ③ 02 ④ 03 ② 04 ③ 05 ②

3 신체역학

06 ▶14
다음 중 [그림]과 같이 엄지손가락을 구부리는 신체부위의 동작을 무엇이라 하는가?

① 굴곡(flection)
② 신전(extension)
③ 외전(abduction)
④ 회선(circumduction)

해설 | 굴곡 : 관절이 만드는 각도가 감소하는 신체 동작, 팔꿈치 굽히기 동작

07 ▶13, 17, 21
신체부위의 동작 유형에서 팔꿈치를 굽히는 것과 같이 신체 부위 간의 각도가 감소하는 동작을 무엇이라 하는가?

① 굴곡(flection)
② 신전(extension)
③ 하향(pronation)
④ 외전(abduction)

해설 | 굴곡(flection) : 관절이 만드는 각도가 감소하는 신체 동작, 팔꿈치 굽히기 동작

08 ▶13, 18
신체 부위의 동작 중 그림의 "A" 방향에 해당하는 것은?

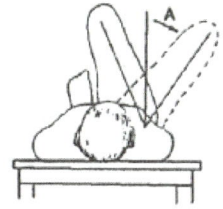

① 굴곡(flection)
② 하향(pronation)
③ 외전(abduction)
④ 내전(adduction)

해설 | 외전(abduction) : 신체의 중앙이나 신체의 부분이 붙어있는 부위에서 멀어지는 방향으로 움직이는 동작

09 ▶16
신체 각 부위의 운동에 대한 설명으로 틀린 것은?

① 굴곡(flection) : 관절에서의 각도가 감소하는 동작
② 신전(extension) : 관절에서의 각도가 증가하는 동작
③ 외전(abduction) : 몸의 중심선으로부터의 회전 동작
④ 내선(medial rotation) : 몸의 중심선을 향하여 안쪽으로 회전하는 동작

해설 | 외전(abduction) : 신체의 중앙이나 신체의 부분이 붙어있는 부위에서 멀어지는 방향으로 움직이는 동작. 팔을 수평으로 드는 동작.

정답 | 06 ① 07 ① 08 ③ 09 ③

10 ▶14

다음 중 신체 관절운동에 관한 설명으로 옳은 것은?

① 내선(medial rotation)이란 신체의 중앙에서 바깥으로 회전하는 운동을 말한다.
② 외선(lateral rotation)이란 신체의 바깥에서 중앙으로 회전하는 운동을 말한다.
③ 외전(abduction)이란 관절에서의 각도가 감소하는 인체부분의 동작을 말한다.
④ 내전(adduction)이란 신체의 부분이 신체의 중앙이나 그것이 붙어있는 방향으로 움직이는 동작을 말한다.

해설 | ㉠ 내선(medial rotation) : 몸의 중심선 쪽으로 회전하는 동작
　　　 ㉡ 외선(lateral rotation) : 몸의 중심선 바깥쪽으로 회전하는 동작
　　　 ㉢ 외전(abduction) : 몸의 중심선으로부터 멀어지게 하는 동작

11 ▶15

다음 중 신체 부위의 동작과 설명이 올바르게 연결된 것은?

① 굴곡(flection)이란 관절이 만드는 각도가 증가하는 동작을 말한다.
② 신전(extension)이란 관절이 만드는 각도가 감소하는 동작을 말한다.
③ 외전(abduction)이란 신체 중심선을 향한 동작을 말한다.
④ 회전(rotation)이란 분절의 운동궤적이 원뿔을 형성하는 동작을 말한다.

해설 | ㉠ 굴곡(flection) : 관절이 만드는 각도가 감소하는 신체 동작, 팔꿈치 굽히기 동작
　　　 ㉡ 신전(extension) : 관절이 만드는 각도가 증가하는 동작, 굽힌 팔꿈치 펴기 동작
　　　 ㉢ 외전(abduction) : 몸의 중심선으로부터 멀어지게 하는 동작

12 ▶17

신체 부위의 운동 동작에서 몸의 중심선으로부터 멀어지는 이동을 의미하는 것은?

① 굴곡(flection)
② 신전(extension)
③ 외전(abduction)
④ 내전(adduction)

해설 | 외전(abduction)
　　　 몸의 중심선으로부터 멀어지게 하는 동작.

13 ▶20

팔, 다리 또는 다른 신체 부위의 동작에서 몸의 중심선을 향하는 이동 동작을 무엇이라 하는가?

① 신전(extension)
② 내전(adduction)
③ 외전(abduction)
④ 상향(supination)

해설 | 내전(adduction) : 몸의 중심선에 가깝게 하는 동작.

14 ▶12

다음 중 자유도가 가장 큰 관절은?

① 어깨
② 팔꿈치
③ 손가락
④ 무릎

해설 | ㉠ 어깨 : 굴곡180°, 신전60°, 외전130°, 내전50°
　　　 ㉡ 팔꿈치 : 굴곡145°, 외선30°, 내선100°
　　　 ㉢ 무릎 : 외선30°, 내선35°, 굴곡135°

정답 | 10 ④　11 ④　12 ③　13 ②　14 ①

03 근력 및 지구력, 신체활동의 에너지소비, 동작의 속도와 정확성

Pass Note

예상출제문항		키워드
0~1	- 근력과 지구력 개념 - 에너지 소비량 - 기초대사량	- 동작 경제의 원리 - 생체리듬

1. 근력과 지구력

① 근력이란 한 번의 수의적(voluntary)인 노력에 의해서 근육이 등척적으로 낼 수 있는 힘의 최대치
② 근력은 근육의 단면적에 비례한다.
③ 지구력이란 근력을 사용하여 특정 힘을 유지할 수 있는 시간으로 부하와 근력의 비 함수
④ 인간은 단시간 동안만 최대 근력을 유지할 수 있다.
⑤ 정적 근력은 최대 근력의 20% 정도, 동적 근력은 30% 정도까지 발휘하여 유지될 수 있다.

- 등속성 근력(동적 근력, isokinetic strength) : 신체 부위를 실제로 움직이는 상태일 때의 근력
- 등척성 근력(정적 근력, isometric strength) : 신체 부위를 실제로 움직이지 않으면서 고정 물체에 힘을 가하는 상태일 때의 근력

근력 및 지구력에 관한 설명으로 옳지 않은 것은? [25, 24, 23, 21]
① 지구력이란 근력을 사용하여 특정 힘을 유지할 수 있는 능력이다.
② 신체 부위를 실제로 움직이는 상태일 때의 근력을 등속성 근력이라 한다.
③ 신체 부위를 실제로 움직이지 않으면서 고정 물체에 힘을 가하는 상태일 때의 근력을 등척성 근력이라 한다.
④ 근력이란 여러 번의 수의적인 노력에 의하여 근육이 등속성으로 낼 수 있는 힘의 최대치를 말한다.

정답 ④

2. 신체활동의 에너지 소비

1) 육체활동에 따른 에너지 소비량

(1) 육체적 활동에 따른 에너지 소비량

육체활동	수면	앉아있기	서 있기	평지걷기	다림질	자전거
소비량(kcal/min)	1.3	1.6	2.3	2.1	2~3	5.2

(2) 다양한 신체활동에 따른 에너지 소비량(kcal/min)

수작업 1.6kcal/분 < 앉은 자세 작업 2.7kcal/분 < 미장작업 4.0kcal/분 < 톱질작업 6.8kcal/분 < 벌목작업 8.0kcal/분 < 삽질작업 8.5kcal/분 < 화기 옆에서의 삽질작업 10.2kcal/분 < 짐을 들어 올리는 수작업 16.2kcal/분

[여러 신체활동에 따른 에너지(kcal/분)]

(3) 짐을 나르는 방법에 따른 에너지 소비량(산소 소비량)

등, 가슴 < 머리 < 배낭 < 이마 < 어깨 < 목도 < 양손의 순으로 짐을 나르는 데 힘이 더 들어간다.

등·가슴	머리	배낭	이마	어깨	목도	양손
100	103	109	114	123	129	144

[짐을 나르는 방법의 에너지(산소 소비량) 비교]

신체활동의 에너지 소비량에 대한 설명으로 옳지 않은 것은? [22,19]
① 작업 효율은 에너지 소비량에 반비례한다.
② 신체활동에 따른 에너지 소비량에는 개인차가 있다.
③ 어떤 작업에 대한 에너지가(價)는 수행방법에 따라 달라진다.
④ 신체적 동작 속도가 증가하면 에너지 소비량은 감소한다.

정답 ④

2) 작업 효율

① 최적의 조건에서 작업을 할 경우 인체의 노력은 30%의 효율을 가지며, 나머지 70%는 열로 발산한다.
② 성인의 하루 평균 소모하는 에너지양은 4,300kcal이며, 기초대사와 여가에 필요한 에너지는 약 2,300kcal 이다.
③ 성인의 기초 대사량(생명유지에 필요한 에너지양) : 1,500 ~ 1,800kcal 이다.
④ 작업 시 소비 에너지양은 2,000kcal 이다.
⑤ 작업 효율은 에너지 소비량에 반비례한다.
⑥ 작업 효율 = $\dfrac{작업}{에너지소비량} \times 100$

> **Note** 작업부하의 권장 한계
> - 8시간 작업기준 남성 5kcal/min 이하, 여성 3.35kcal/min 이하
> - 4시간 작업기준 남성 6.25kcal/min 이하, 여성 4.2kcal/min 이하

 성인이 하루에 평균적으로 소모하는 에너지는 4300kcal이고, 기초대사와 여가(leisure)에 필요한 에너지는 2300kcal이라 할 때, 8시간의 근로시간 동안 소요되는 분당 에너지는 약 얼마인가? [21,16]
① 2 kcal/min
② 4 kcal/min
③ 8 kcal/min
④ 10 kcal/min

해설 | ㉠ 성인 하루 소비 에너지 : 약 4,300kcal
㉡ 기초 대사와 여가에 필요한 에너지 : 2,300kcal
㉠ - ㉡ = 2,000kcal/day
∴ 2,000kcal/day, 8시간(480분)에 소요되는 에너지(kcal/min)
$\dfrac{2,000}{480} ≒ 4\ kcal/min$

정답 ②

3. 동작의 속도와 정확성

1) 신체 동작의 유형

동작의 유형	내용
독립동작	정지과녁에 이르는 단일동작
반복동작	하나 또는 여러 개의 정지과녁을 향한 단일동작의 반복 예 망치질, 방향키 반복누름
계열동작	다수의 작업이 이루어지지만 궁극적으로는 단일목표를 갖는 동작 예 타이핑, 피아노 연주
연속동작	동작 중 특정 근육 조절이 필요한 동작 예 자동차 핸들조작, 페인트칠
조작동작	계기판을 보고 조정하는 동작. 숙련된 동작법이 요구됨 예 속도조절
정지동작	신체 부위를 일정 시간 특정 위치로 유지하는 동작 예 부품이나 공구를 들고 있는 것

2) 정적 반응

① 멈춰진 자세를 유지하기 위해서 근육은 수축상태를 지속해야 하는데 움직이는 경우 보다 더 힘이 들 수 있다.
② 진전(tremor) : 몸이 떨리는 현상. 정적 자세를 유지해야 하는 작업 시에는 진전을 막아야 한다.
③ 진전이 증가하는 경우 : 떨지 않으려 의식할 때 더 진전이 심해진다.

> **Note** 진전을 감소시키는 방법
> - 시각적 참조
> - 정적 반응에 관여하는 신체부위를 잘 받친다.
> - 손을 심장높이에 위치하게 한다.
> - 대상물에 기계적인 마찰을 준다.

3) 동작경제의 원리

> ※ 중요 원리
> - 가능하다면 낙하 식 운반 방법을 이용한다.
> - 공구의 기능을 결합하여 사용하도록 한다.
> - 양손은 움직일 때 가능하면 좌우대칭으로 한다.
> - 방향이 갑자기 변하는 직선적인 동작은 피하고 연속된 곡선에 따라 부드럽게 동작할 것
> - 가능하면 팔꿈치를 몸으로부터 멀리 떨어지지 않도록 한다.
> - 직선 운동보다는 연속적으로 곡선적인 운동이 좋다.
> - 자연스럽고 쉬운 리듬으로 할 수 있도록 동선을 배열한다.

① 두 손의 동작은 동시에 개시하고 동시에 끝나도록 한다.
② 동선을 최소화하고, 물리적 조건을 활용한다.
③ 발이나 몸의 다른 부분으로 할 수 있는 일을 모두 손으로 하지 않는다.

④ 중심의 이동은 가급적 적게 한다.
⑤ 자연스럽고 쉬운 리듬으로 일할 수 있도록 동작을 배열한다.
⑥ 작업 중에 서거나 앉기 쉽게 작업 장소 및 의자의 높이를 조절해 둔다.

4) 운동과 속도의 관계
① 손의 수평운동은 수직운동보다 빠르다.
② 연속적인 곡선운동은 방향을 바꾸는 운동보다 빠르다.
③ 최대 속도는 이동시키는 하중에 반비례한다.
④ 최대 속도에 이르는 데 필요한 시간은 하중에 비례하여 증가한다.
⑤ 운동을 시작하여 끝마치는 데 걸리는 시간은 거리에 관계없이 대체로 일정하다.

5) 동작의 합리화를 위한 역학적 조건
① 충격을 작게 한다.
② 부하를 적게 한다.
③ 물체의 안전성을 유지한다.
④ 고유 진동을 이용한다.

> **Note** 동작경제의 3원칙
> • 동작 범위의 최소화
> • 동작 수의 조합화 : 동작을 가급적 조합하여 하나의 동작으로 할 것
> • 동작 순서의 합리화

동작 경제의 원칙으로 옳지 않은 것은? [21,16]
① 동작의 범위는 최소로 한다.
② 손의 동작은 항상 직선으로 동작한다.
③ 가능한 한 관성, 중력 등을 이용하여 작업한다.
④ 휴식시간을 제외하고는 양손을 동시에 쉬지 않도록 한다.

정답 ②

4. 힘과 모멘트

1) **힘의 평형**

주어진 힘들이 영향을 미치지 않거나 한 점에 작용하는 모든 힘의 합력이 0이 되면 평형 상태에 있다고 한다. 이 경우 모든 힘의 합력은 0이다.

2) **힘과 모멘트의 역할**
① 근육의 장력은 관절 접촉면에 작용하는 압축력 또는 전단 응력에 의해 균형을 잡는다.
② 특정 방향에서 작용하는 주어진 부하와 신체 부위의 중량으로 인하여 몸의 관절에 부하 모멘트가 걸린다.

③ 부하 모멘트는 각 관절에 작용하는 골격근에 의해 생기는 반대방향의 반대 모멘트에 의해 균형을 이루며, 반대 모멘트를 내기 위해 필요한 근육의 장력은 지레에 의해 결정된다.
④ 관절에서 연결된 뼈와 관련 근육 : 지레 역할을 한다.

신체 활동의 수행
골격 뼈(팔, 다리) 및 척수

3) 부하염력

① 사람이 신체 활동을 할 때 특정 방향에서 작용하는 부하와 신체 부위의 중량에 의해 신체에 염력이 생긴다.
② 부하염력은 각 관절을 건너 작용하는 골격근에 의해서 생기는 반대 방향의 반염력(反捻力)에 의해서 균형이 된다.
③ 특정한 반 염력을 내기 위해서 필요한 근육의 장력은 근육이 작용되는 지레 팔에 의해서 결정된다.
④ 이 장력은 관절 접촉면에 작용하는 압축력 및 전단 응력에 의해서 균형이 된다.

생체리듬
바이오리듬이라고 하며, 인간의 생리적 주기 또는 리듬에 관한 이론이다.
㉠ 육체적 리듬(Physical rhythm)은 23일의 반복주기로 활동력, 지구력 등과 밀접한 관계가 있다.
㉡ 감성적 리듬(Sensitivity rhythm)은 28일의 반복주기, 신체 조직의 모든 기능을 통하여 발현되는 감정, 즉, 정서적 희로애락, 주의력, 예감 및 통찰력 등을 좌우한다.
㉢ 지성적 리듬(Intellectual rhythm)은 33일의 반복주기로 사고력, 기억력, 의지 판단 및 비판력과 밀접한 관계가 있다.
㉣ 위험일(Critical day) : 3개의 서로 다른 육체(P), 감성(S), 지성(I) 리듬은 안정기(+)와 불안정기(-)를 교대하면서 반복하여 싸인(sine) 곡선을 그려나가는데 (+) 리듬에서 (-)리듬으로 또는 (-) 리듬에서 (+)리듬으로 변화하는 점을 영(zero) 또는 위험일이라 하며, 이런 위험일은 한 달에 6일 정도 일어난다.

예제 05 생체리듬에 관한 설명으로 옳은 것은? [24,21,18,17]
① 감성적 리듬(Sensitivity rhythm)은 23일의 반복주기를 갖는다.
② 육체적 리듬(Physical rhythm)은 33일의 반복주기를 갖는다.
③ 위험일은 각각의 리듬이 (-)에서 (+)로, 또는 (+)에서 (-)로 변화하는 점을 의미한다.
④ 지성적 리듬(Intellectual rhythm)은 주의력, 창조력, 예감 및 통찰력 등을 좌우한다.

정답 ③

핵심 기출문제

03 근력 및 지구력, 신체활동의 에너지소비, 동작의 속도와 정확성

1 근력과 지구력

01 ▶12
다음 중 근력 및 지구력에 관한 설명으로 틀린 것은?

① 지구력이란 근력을 사용하여 특정 힘을 유지할 수 있는 능력이다.
② 신체 부위를 실제로 움직이는 상태일 때의 근력을 등속성 근력이라 한다.
③ 신체 부위를 실제로 움직이지 않으면서 고정 물체에 힘을 가하는 상태일 때의 근력을 등척성 근력이라 한다.
④ 근력이란 반복의 수의적인 노력에 의하여 근육이 등척성으로 낼 수 있는 힘의 최대치를 말한다.

해설 | 근력과 지구력
  ㉠ 근력이란 한 번의 수의적(voluntary)인 노력에 의해서 근육이 등척적으로 낼 수 있는 힘의 최대치
  ㉡ 근력은 근육의 단면적에 비례한다.
  ㉢ 등속성 근력(동적 근력) : 신체 부위를 실제로 움직이는 상태일 때의 근력
  ㉣ 등척성 근력(정적 근력) : 신체 부위를 실제로 움직이지 않으면서 고정 물체에 힘을 가하는 상태일 때의 근력
  ㉤ 지구력이란 근력을 사용하여 특정 힘을 유지할 수 있는 시간으로 부하와 근력의 비 함수.
  ㉥ 인간은 단시간 동안만 최대 근력을 유지할 수 있다.
  ㉦ 정적 근력은 최대 근력의 20% 정도, 동적 근력은 30% 정도까지 발휘하여 유지될 수 있다.

02 ▶20
사람이 근육을 사용하여 특정한 힘을 유지할 수 있는 시간(능력)을 무엇이라 하는가?

① 염력　　　② 완력
③ 지구력　　④ 전단응력

해설 | 지구력
  ㉠ 사람이 근육을 사용하여 특정한 힘을 유지할 수 있는 시간은 부하와 근력의 비의 함수이다.
  ㉡ 사람은 자기의 최대 근력을 잠시 동안만 낼 수 있으며 근력의 15% 이하의 힘은 상당히 오래 유지할 수 있다.

03 ▶18
사람의 근육은 운동(훈련)을 하면 근육이 발달하고 힘이 증가하는데 그 이유는?

① 지방질의 축적이 이루어지기 때문
② 근육의 섬유(fiber) 숫자가 증가하기 때문
③ 근육의 섬유 숫자도 늘고 각각의 섬유도 발달하기 때문
④ 근육의 섬유 숫자는 일정하나 각각의 섬유가 발달하기 때문

해설 | 근육의 섬유 숫자는 일정하며 운동을 하면 각각의 섬유 크기가 증가하게 된다.

04 ▶15
다음 중 자동차 제동페달을 효율적으로 사용하기 위해서는 대퇴부와 경부의 각도를 어느 정도 유지하는 것이 가장 적절한가?

① 90도　　　② 180도
③ 120도　　④ 150도

해설 | 자동차 페달의 경우, 전신의 편안함과 페달을 밟는 힘을 요구하는 120도가 적당하다.

정답 | 01 ④　02 ③　03 ④　04 ③

05 ▶19
그림과 같은 방법으로 밟는 근력을 측정하였을 때 다리의 위치와 방향을 고려한 밟는 근력이 가장 약한 지점은?

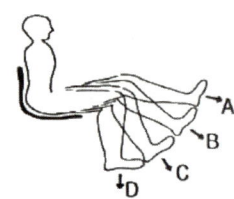

① A
② B
③ C
④ D

해설 | 근력
  ㉠ 한 번의 수의적(隨意的)인 노력에 의해서 근육이 등척적으로 낼 수 있는 힘의 최대치.
     흔히 압력계나 힘을 재는 장치로 측정
  ㉡ 그림에서 D지점은 다리의 위치와 방향을 고려한 밟는 근력이 가장 약한 지점이다.

06 ▶14
다음 중 전신진동에 의한 신체적 영향으로 틀린 것은?

① 산소소비량이 증가되고, 폐환기도 촉진된다.
② 머리와 안면부에서는 20~30Hz의 진동에 공명한다.
③ 혈액순환의 장애로 레이노(Raynaud)현상이 발생한다.
④ 말초혈관이 수축되고, 혈압 상승과 맥박이 증가한다.

해설 | 레이노(Raynaud)현상은 추운 곳에 나간 경우, 찬물에 손을 담그는 경우, 과도한 스트레스에 노출된 경우에 손가락, 발가락, 코, 귀 등의 끝부분 혈관이 발작적으로 수축하여 색깔이 창백하게 변하는 질환이다.

2 신체활동의 에너지 소비

07 ▶14,20,21
다음 짐을 나르는 경우 중 산소 소비량이 가장 크게 소요되는 것은?

① 머리에 이고 옮기는 경우
② 양 손으로 들고 옮기는 경우
③ 목도를 이용하여 어깨로 옮기는 경우
④ 배낭을 이용하여 어깨로 옮기는 경우

해설 | 짐을 나르는 방법에 따른 에너지 소비량(산소 소비량) 등, 가슴 < 머리 < 배낭 < 이마 < 쌀자루 < 목도 < 양손의 순으로 짐을 나르는 데 힘이 더 들어간다.

08 ▶13,14,17
다음 중 동일한 짐을 나르는 방법에 따른 에너지 소비량(산소소비량)이 가장 많은 것은?

① 등을 이용하는 방법
② 배낭을 이용하는 방법
③ 목도를 이용하는 방법
④ 양손을 이용하는 방법

해설 | 짐을 나르는 방법의 에너지(산소 소비량) 비교

등·가슴	머리	배낭	이마
100	103	109	114

어깨	목도	양손
123	129	144

정답 | 05 ④ 06 ③ 07 ② 08 ④

09
▶13,19

다음 그림과 같은 작업에서 신체활동에 따르는 에너지 소비량(kcal/min) 이 가장 큰 것은?

①
②
③
④

해설 | 다양한 신체활동의 에너지 소비량(kcal/min)
수작업 1.6kcal/분 < 앉은 자세 작업 2.7kcal/분 < 미장작업 4.0kcal/분 < 톱질작업 6.8kcal/분 < 벌목작업 8.0kcal/분 < 삽질작업 8.5kcal/분 < 화기 옆에서의 삽질작업 10.2kcal/분 < 짐을 들어 올리는 수작업 16.2kcal/분

10
▶14

다음 중 가장 많은 힘을 낼 수 있는 손잡이의 위치는?

① 서 있을 때 어깨높이
② 앉아 있을 때 어깨높이
③ 서 있을 때 팔꿈치높이
④ 앉아 있을 때 발목높이

해설 | 제어장치 위치
㉠ 서 있을 때 : 어깨높이
㉡ 앉아있을 때 : 팔꿈치 높이에서 쥔 손잡이에 가장 힘이 많이 들어간다.
㉢ 가장 빈번히 사용되는 제어장치 : 팔꿈치에서 어깨의 높이 사이
㉣ 조작할 때 : 어깨 전방 약간 아래쪽
㉤ 고정된 위치에서 조작하는 제어장치 : 작업원 어깨로부터 70cm 이내
㉥ 빨리 돌릴 때 신체 전면에서 60 ~ 90°

3 동작의 속도와 정확성

11
▶15

다음 중 신체 부위의 운동 형태와 그 예를 바르게 나열한 것은?

① 조작동작 : 망치질하기
② 연속동작 : 부품이나 공구잡고 있기
③ 반복동작 : 자동차 핸들의 조종하기
④ 계열동작 : 피아노 연주나 타이핑하기

해설 | 신체동작의 분류
㉠ 연속동작 : 자동차 핸들의 조종, 페인트 작업
㉡ 조작동작 : 속도계 조작
㉢ 반복동작 : 망치질
㉣ 계열동작 : 피아노 연주, 타이핑

12
▶16

동작경제의 원칙에 관한 설명으로 적합하지 않는 것은?

① 가능하다면 낙하 식 운반 방법을 이용한다.
② 공구의 기능을 결합하여 사용하도록 한다.
③ 양손은 움직일 때 가능하면 좌우대칭으로 한다.
④ 계속적인 곡선운동보다는 갑작스런 방향전환을 하여 시간을 절약한다.

해설 | 동작경제의 원칙
㉠ 작업에 도움이 되도록 가급적 물체의 관성을 활용하고, 근육 운동으로 작업을 수행하는 경우 최소한으로 줄일 것
㉡ 두 팔을 동시에 반대 방향에서 대칭적으로 운동시킬 것
㉢ 방향이 갑자기 변하는 직선적인 동작은 피하고 연속된 곡선에 따라 부드럽게 동작할 것
㉣ 동작의 순서를 자연스럽고 부드럽게 하려면 합리적으로 할 것

13
다음 중 동작경제의 원칙으로 틀린 것은?

① 가능하면 팔꿈치를 몸으로부터 멀리 떨어지도록 한다.
② 직선 운동보다는 연속적으로 곡선적인 운동이 좋다.
③ 자연스럽고 쉬운 리듬으로 할 수 있도록 동선을 배열한다.
④ 양손을 몸 쪽이나 바깥쪽으로 움직일 경우 좌우 대칭으로 한다.

해설 | 동작경제의 3원칙
　㉠ 동작 범위의 최소화
　㉡ 동작 수의 조합화
　㉢ 동작 순서의 합리화

14
동작경제의 원칙 중 작업장의 배치에 관한 원칙에 해당하는 것은?

① 공구의 기능을 결합하여 사용하도록 한다.
② 모든 공구나 재료는 자기 위치에 있도록 한다.
③ 가능하다면 쉽고도 자연스러운 리듬이 생기도록 동작을 배치한다.
④ 눈의 초점을 모아야 작업을 할 수 있는 경우는 가능하면 없애도록 한다.

해설 | 작업장의 배치에 관한 원칙
　㉠ 모든 공구나 재료는 지정된 위치에 있도록 한다.
　㉡ 공구, 재료 및 제어장치는 사용 위치에 가까이 두도록 한다.(정상작업영역, 최대작업영역)
　㉢ 중력이송원리를 이용한 부품상자(gravity feed bin)나 용기를 이용하여 부품 사용 장소에 가까이 보낼 수 있도록 한다.
　㉣ 가능하다면 낙하식 운반(drop delivery) 방법을 사용한다.
　㉤ 공구나 재료는 작업동작이 원활하게 수행하도록 그 위치를 정해준다.
　㉥ 작업자가 잘 보면서 작업을 할 수 있도록 적절한 조명을 비추어 준다.
　㉦ 작업자가 작업 중 앉거나 서는 것을 임의로 할 수 있도록 작업대와 의자 높이가 조정되도록 한다.
　㉧ 작업자가 좋은 자세를 취할 수 있도록 높이가 조절되는 의자를 제공한다.

15
동작경제원칙 중 신체 사용에 관한 원칙에 해당하는 것은?

① 공구의 기능을 결합하여 사용하도록 한다.
② 모든 공구나 재료는 정 위치에 있도록 한다.
③ 가능하다면 쉽고도 자연스러운 리듬이 생기도록 동작을 배치한다.
④ 공구나 재료는 작업동작이 원활하게 수행되도록 위치를 정해 준다.

해설 | 동작경제의 신체사용에 관한 원칙
　㉠ 동작을 가급적 조합하여 하나의 동작으로 한다.
　㉡ 중심이동을 최소화하고 물리적 조건(관성, 중력)을 이용한다.
　㉢ 에너지 소모가 적은 동작을 선택한다.
　㉣ 동작의 경로를 자연스러운 리듬대로 배치한다.
　㉤ 되도록 손이 아닌 발이나 신체 다른 부분을 쓴다.

4 힘과 모멘트

16
다음 중 생채역학에 있어 힘과 모멘트에 관한 설명으로 틀린 것은?

① 평형을 이루는 경우 작용하는 모멘트들의 합은 0이 된다.
② 힘의 작용선상에서 돌아가려는 힘은 거리에 반비례하여 발생한다.
③ 힘의 평형은 각 힘의 작용선에 작용한 힘과 반작용들의 합이 0이라는 의미이다.
④ 물체가 정적 평형상태를 유지하기 위해서는 힘의 평형과 모멘트의 평형이 충족되어야 한다.

해설 | 모멘트의 크기는 회전축(원점)으로부터의 거리와 힘의 크기에 비례한다.

정답 | 13 ① 14 ② 15 ③ 16 ②

17 ▶20

생체리듬에 관한 설명으로 옳지 않은 것은?

① 위험일은 각각의 리듬이 (−)에서 (+)로, 또는 (+)에서 (−)로 변화하는 점을 말한다.
② 육체적 리듬(Physical rhythm)은 식욕, 소화력, 활동력, 스태미나 및 지구력과 밀접한 관계가 있다.
③ 지성적 리듬(Intellectual rhythm)은 상상력, 사고력, 기억력, 의지 판단 및 비판력과 밀접한 관계가 있다.
④ 감성적 리듬(Sensitivity rhythm)은 33일의 주기로 반복하며, 주의력, 창조력, 예감 및 통찰력 등을 좌우한다.

해설 | 감성적 리듬(Sensitivity rhythm)은 28일의 반복주기, 신체 조직의 모든 기능을 통하여 발현되는 감정, 즉, 정서적 희로애락, 주의력, 예감 및 통찰력 등을 좌우한다.

정답 | 17 ④

04 신체 계측

> **Pass Note**

예상출제문항		키워드
0~1	– 인체 측정 방법 – 인체 측정 응용원칙	– 퍼센타일

1. 인체 치수의 분류 및 측정원리

1) 인체계측의 방법

- 인체계측은 인간의 신체적 형태와 생리적 현상을 측정하는 것이다.
- 표준자세에서 움직이지 않는 피 측정자를 대상으로 각 부위의 길이·둘레·너비·두께 등을 측정하는 형태학적 측정, 움직이는 몸의 자세로 각 구조의 운동기능을 관찰하는 생리학적 측정이 있다.

① **형태적 계측(구조적 치수)** : 정적 자세에서 신체치수를 측정하는 것(길이, 무게, 면적 등을 구하는 계측)

② **생리학적 계측(기능적 치수)** : 활동 중인 신체의 자세를 측정하는 것

측정치	측정방법
보폭	왼발 뒤꿈치에서 오른발 뒤꿈치 사이의 길이를 측정
앉은키	앉은 자세에서 의자에서 머리끝까지의 수직거리
발 길이	선 자세에서 양발에 체중을 등분하였을 때 왼발 뒤꿈치에서 가장 긴 발가락까지의 거리, 즉, 등 면에서 수평으로 장지 끝까지를 잰 거리
어깨 폭	삼각근을 가로지르는 최대 수평거리
눈높이	발바닥에서 눈까지의 수직거리
신장	발바닥에서 머리끝까지의 수직거리
무릎높이	앉은 자세에서 앞무릎 뼈까지의 높이
팔길이	팔을 아래로 똑바로 내려뜨렸을 때 쇄골 꼭대기에서 가운뎃손가락 끝까지의 거리
팔꿈치 높이	팔을 내린 상태에서 발바닥에서 팔꿈치까지의 높이
머리길이	머리 마루 점에서 턱 끝점까지의 수직거리
어깨너비	선 자세에서 양쪽 어깨 점
최대 신체 폭	양팔 끝점의 거리

한국인 인체치수조사 사업에 있어 인체측정의 부위별 기준점과 그 정의에 대한 설명으로 틀린 것은?
[23,19,15]

① 손끝 점 : 셋째 손가락의 끝
② 발끝 점 : 셋째 발가락의 끝
③ 목앞 점 : 목 밑 둘레 선에서 앞 정중선과 만나는 곳
④ 머리 마루 점 : 머리수평면을 유지할 때 머리부위 정중선 상에서 가장 위쪽

정답 ②

2) 인체계측 시 주의사항

① 사람은 움직이므로 치수를 여유 있게 잡는다.
② 평균치 설계는 대다수의 사람에게는 부적합하게 된다.
③ 의자의 길이, 기울기, 높이에 필요한 수치에 대해 쿠션의 변형을 고려한다.
④ 신체 각부의 너비, 두께는 체중과 정비례하는 것으로 본다.

3) 인체치수의 약산치

① 인체치수는 신장을 기준으로 각 부위의 약산치를 구할 수 있다.
② 신장을 H로 나타낼 때 인체의 각 부분의 약산치는 다음 그림과 같다.

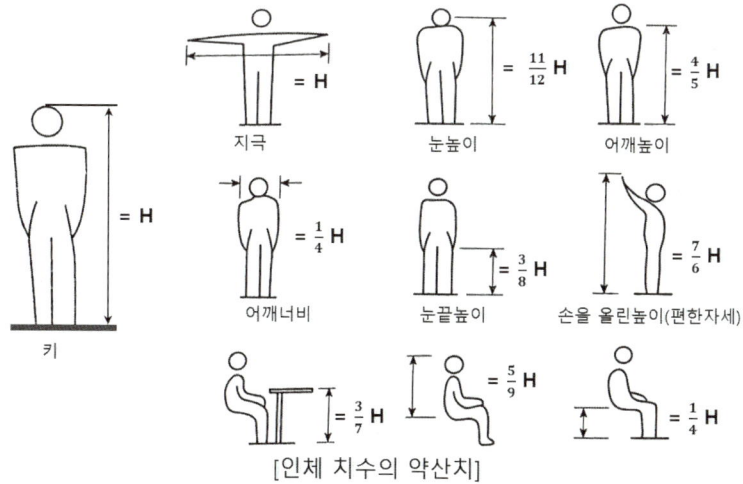

[인체 치수의 약산치]

2. 인체 측정 자료의 응용 원칙

1) 평균치 설계

① 여러 치수가 평균치와 같은 사람은 거의 없기 때문에 평균치를 이용해서 장비나 설비를 계산하면 사용자 입장에서 불편함이 발생하는 경우가 많다.
② 최대치나 최소치로 설계하기가 부적절할 경우 부득이하게 평균치를 사용한다.
③ 슈퍼마켓의 계산대나 은행의 창구 같은 경우 평균치로 설계한다.

2) 최대치 설계
① 대상 집단에 대해 관련 인체측정 변수의 상위 백분위수를 기준으로 하며 보통 90%, 95% 또는 99%치가 사용된다.
② 문의 높이, 탈출구의 크기 등 공간 여유와 그네, 줄사다리 등과 같은 지지 장치의 강도 등을 정할 때 사용된다.
③ 로프의 강도는 최 상위 체중에 해당하는 사람이 사용 할 수 있게 설계한다.

3) 최소치 설계
① 대상 집단에 대해 관련 인체측정 변수의 하위 백분위수를 기준으로 하며 보통 1%, 5% 또는 10%치가 사용된다.
② 조작자와 제어 버튼 사이의 거리, 선반의 높이, 조작에 필요한 힘 등을 정할 때 사용된다.

4) 가변적 설계
① 최대치나 최소치를 사용하는 것이 기술적으로 어려운 경우에 집단에 사용한다.
② 조절범위는 5~95퍼센타일 범위로 한다.
③ 자동차 좌석의 전후 조절이나 사무실 의자의 상하 조절 등에 사용된다.

5) 퍼센타일(percentile)
① 일정한 어떤 부위의 신체 규격을 가진 사람들과 이보다 작은 사람들의 비율이다.
② **디자인의 특성에 따라 5퍼센타일 또는 95퍼센타일을 주로 사용**한다.

예제 02 인체측정 자료의 적용 시 극단치 설계 방식의 최소 치수로 설계해야 할 사항이 아닌 것은? [22]
① 선반의 높이
② 조종 장치까지의 거리
③ 등산용 로프의 강도
④ 엘리베이터 조작 버튼의 높이

정답 ③

예제 03 의자 좌면의 너비를 결정하는데 가장 적합한 규격은? [22,17]
① 사용자의 평균 엉덩이 너비에 맞도록 규격을 정한다.
② 사용자의 중위수(median) 엉덩이 너비에 맞도록 규격을 정한다.
③ 사용자의 5퍼센타일(percentile) 엉덩이 너비에 맞도록 규격을 정한다.
④ 사용자의 95퍼센타일(percentile) 엉덩이 너비에 맞도록 규격을 정한다.

정답 ④

핵심 기출문제

04 신체 계측

1 인체 치수의 분류 및 측정원리

01 ▶15,19
인체계측에 있어서 구조적 인체치수에 관한 설명으로 가장 올바른 것은?

① 표준자세에서 움직이지 않는 피 측정자를 대상으로 신체의 각 부위를 측정한다.
② 신체의 각 부위 간에 수행하는 기능에 따라 영향을 받으며 여러 가지 변수가 내재해 있다.
③ 손을 뻗어 잡을 수 있는 한계는 팔 길이만의 함수가 아니고 어깨 움직임, 몸통 회전, 등 구부림 등에 의해서도 영향을 받는다.
④ 신체적 기능을 수행할 때 각 신체부위가 독립적으로 움직이는 것이 아니라 서로 조화를 이루어 움직이기 때문에 이 치수가 사용된다.

해설 | 인체 측정 치수
  ㉠ 구조적(정적) 치수 : 표준 자세에서 움직이지 않는 피 측정자의 인체를 측정하는 치수
  ㉡ 기능적(역동적) 치수 : 움직이는 자세의 피측정자의 인체를 측정하는 치수로 인체 각 구조의 운동기능으로부터 생활현상까지 관찰하는 것

02 ▶11
다음 중 인체치수 측정에 있어 손의 치수 및 모양에 대한 측정과 가장 관련이 깊은 것은?

① 구조적 측정
② 운동 구조학적 측정
③ 생리학적 측정
④ 능력학적 측정

해설 | 구조적 측정 : 인체치수 측정에 있어 손의 치수 및 모양에 대한 측정과 가장 관련이 깊다.

03 ▶16
인체계측의 방법 중 길이, 무게, 면적 등을 구하는 계측을 무엇이라 하는가?

① 동적계측   ② 생리적계측
③ 형태적계측   ④ 체육적계측

해설 | 인체계측의 방법
  ㉠ 형태적 계측 : 길이, 무게, 면적 등을 구하는 계측
  ㉡ 생리적 계측 : 발한 근력 등을 구하는 계측
  ㉢ 체육적 계측 : 관절의 운동, 동작분석 등을 구하는 계측

04 ▶21
다음 중 의자에 앉아서 작업하는 작업대의 높이를 결정할 때 참고 되는 신체지수와 가장 거리가 먼 것은?

① 오금 높이   ② 가슴 높이
③ 대퇴 높이   ④ 팔꿈치 높이

해설 | 좌식 작업대의 높이는 오금, 대퇴부, 팔꿈치 높이를 참고하여 결정한다.

05 ▶21
다음 중 신체 측정치에 영향을 끼칠 수 있는 변수(variability)로만 나열된 것은?

① 직업, 종교, 성별
② 인종, 계측장비, 종교
③ 나이, 직업, 계측장비
④ 인종, 나이, 성별

해설 | 신체 측정치에 영향을 끼칠 수 있는 변수(variability) : 인종, 나이, 성별, 직업 등의 차이 외에 지역 차 또는 장기간의 근로조건, 스포츠의 경험에 따라서도 차이가 있다.

정답 | 01 ① 02 ① 03 ③ 04 ② 05 ④

06 ▶21
양팔을 곧게 편 상태로 파악할 수 있는 최대 영역은?

① 정상작업영역(normal working area)
② 평면작업영역(working area in horizontal plan)
③ 최대작업영역(maximum working area)
④ 수직면작업영역(working area in vertical plan)

해설 | 수평 작업대의 작업영역
㉠ 최대작업영역 : 상완과 전완을 곧게 뻗어 닿을 수 있는 영역. 모든 부품과 도구는 이 범위 내에 위치해야 한다.
㉡ 정상작업영역 : 상완을 자연스럽게 수직으로 내린 상태에서 전완을 뻗어 닿는 영역. 주요 부품과 도구들을 이 영역 내에 위치시킨다.

07 ▶15
입식작업대의 높이는 작업의 종류 및 내용에 따라 달라진다. 다음 중 일반적으로 입식작업대 높이의 기준이 되는 것은?

① 어깨높이
② 가슴높이
③ 허리높이
④ 팔꿈치높이

해설 | 입식 작업대는 서서 작업하기위한 작업대로서, 팔꿈치 높이를 기준으로 한다.

08 ▶17
손잡이에 대한 일반적인 설명으로 맞는 것은?

① 손잡이의 치수는 조작에 필요한 힘의 크기와 관련이 없다.
② 작업용도에 따라 손잡이의 모양을 고려하여 설계하여야 한다.
③ 서랍의 손잡이는 재질의 차이에 따른 치수를 고려할 필요가 없다.
④ 조작력은 적으나 정밀한 눈금을 맞출 때에는 가급적 손잡이의 크기를 크게 한다.

해설 | ㉠ 손잡이의 치수는 조작에 필요한 힘의 크기에 맞게 한다.
㉡ 서랍의 손잡이는 재질의 차이에 따른 치수를 고려한다.
㉢ 조작력은 적으나 정밀한 눈금을 맞출 때에는 가급적 손잡이의 크기를 작게 한다.

09 ▶13
인간공학적인 디자인에서 고려하여야 할 대상의 범위로 가장 적절한 것은?

① 1~10% tile
② 5~95% tile
③ 45~55% tile
④ 90~99% tile

해설 | 설계 치수를 정하는 기본자료
많은 사람이 사용하기 위해서는 95%에 해당하는 수치 또는 5%에 해당하는 수치를 참고로 하는 것이 바람직하다.(5~95% tile)

10 ▶17
인체계측자료의 응용원칙 중에서 인체계측 변수 분포의 1, 5, 10 백분위수 등과 같은 최소 집단 치를 적용하여 설계해야 하는 것은?

① 문의 높이
② 선반의 높이
③ 그네의 지지중량
④ 의자의 너비

해설 | 최소치 설계
㉠ 대상 집단에 대해 관련 인체측정 변수의 하위 백분위수를 기준으로 하며 보통 1%, 5% 또는 10%치가 사용된다.
㉡ 조작자와 제어 버튼 사이의 거리, 선반의 높이, 조작에 필요한 힘 등을 정할 때 사용된다.

정답 | 06 ③ 07 ④ 08 ② 09 ② 10 ②

11 ▶13
다음 중 인체 측정 자료를 이용하여 설계할 때 응용원칙과 적용의 연결이 적절하지 않은 것은?

① 최대치 - 문의 높이
② 조절식 - 의자의 높이
③ 최소치 - 그네의 줄 강도
④ 최소치 - 버스의 손잡이 높이

해설 | 인체 계측 데이터의 적용 시 최대 설계 기준 (여유 공간에 관련된 설계)

문, 탈출구, 통로와 같은 여유 공간에 관련된 것들은 95퍼센타일을 사용한다. 보다 많은 사람을 만족시킬 수 있는 설계가 되는 것이다.

12 ▶12,16
인체측정치의 최대 집단치를 적용하는 대상으로 적절하지 않은 것은?

① 탈출구의 넓이
② 출입문의 높이
③ 그네의 지지 하중
④ 버스의 손잡이 높이

해설 | 최대 집단치 설계(여유 공간에 관련된 설계)문, 비상 탈출구, 통로와 같은 여유 공간에 관련된 것들은 95퍼센타일을 사용한다. 보다 많은 사람을 만족시킬 수 있는 설계가 되는 것이다.

13 ▶19
비상 탈출구의 크기를 설계할 때 설계원칙으로 적절한 것은?

① 최대치 설계
② 최소치 설계
③ 조절식 설계
④ 평균치 설계

해설 | 문제 12번 해설참조

정답 | 11 ③ 12 ④ 13 ①

PART 03

실내디자인 시공 및 재료

Chapter 01 실내디자인 마감계획 및 협력공사 — 85%
Chapter 02 실내디자인 시공관리 — 7.5%
Chapter 03 실내디자인 실무도서작성 — 7.5%

Chapter 01

실내디자인 마감계획 및 협력공사

최근 10개년 출제문항수 **643**개

New_ 2022년 이후 평균 출제비중 **85**%

Chapter 출제경향분석

Section	출제비율
01 목공사	10%
02 석공사	5%
03 조적공사	10%
04 타일공사	10%
05 금속공사	10%
06 유리 및 창호공사	5%
07 도장공사	5%
08 미장 및 수장공사	16%
09 실내디자인 협력공사	
09-1 가설공사	3%
09-2 콘크리트공사	8%
09-3 방수 및 방습공사	3%
09-4 단열 및 음향공사	0%
09-5 합성수지 공사	3%

01 목공사

Pass Note

예상출제문항	키워드	
2~3	- 목재의 제품별 특성 - 목재의 일반적 & 역학적 성질 - 방부제, 건조, 방화처리방법	- 부재의 이음, 맞춤, 쪽매 - 함수율, 공극률 - 보강 철물

1. 목재의 특성

1) 장단점

목재의 장점	목재의 단점
① 가볍고 가공이 용이하며, 감촉이 좋다. ② 비중에 비하여 강도, 인성 및 탄성이 크다.(**비강도가 큰 편**이다) ③ 종류에 다양하고 각각의 외관이 다르며 우아하다. ④ 산성, 약품 및 염분에 대한 저항성이 크다. ⑤ 목재는 다공질(多孔質)이므로 **열전도율이 낮다**.	① 착화점이 낮아 내화성이 작다.(착화점 온도 250℃) ② 흡수성이 크며, 신축변형이 심하다. ③ 습기가 많은 곳에서는 부식하기 쉽다. ④ 충해나 풍화로 내구성이 저하된다.

2) 목재의 분류

침엽수	활엽수
소나무(적송, 흑송, 회송), 전나무, 잣나무, 은행나무	단풍나무, 오동나무, 참나무, 느티나무, 박달나무, 떡갈나무
연재(Soft) / 구조용재	경재(Hard) / 가구 및 장식용재

Note
- 수분함유량 : 침엽수 < 활엽수
- 수축율 : 침엽수 < 활엽수

2. 목재의 조직

1) 나이테(연륜)

① 나이테는 수목의 성장 연수를 나타내는 동시에 강도의 표준이 된다.
② 춘재(봄, 여름에 자란 세포)는 크며 세포막은 얇고 유연하다.

③ 추재(가을, 겨울에 자란 세포)는 작으며 세포막은 두껍고 견고하다.
④ 춘재와 추재의 1쌍의 나비를 합친 것을 한 나이테(annual ring)라 한다.

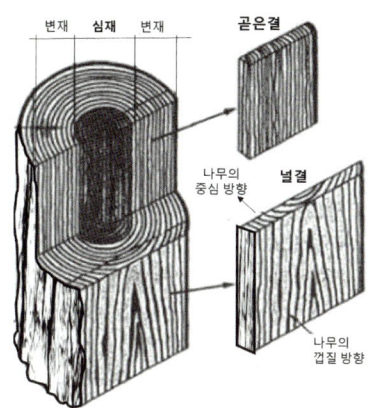

2) 심재와 변재

구분	심재	변재
특성	• 변재보다 다량의 수액을 포함하고 비중이 크다. • 변재보다 신축이 적다. • 변재보다 내후성, 내구성이 크다. • 일반적으로 변재보다 **강도가 크다**. • 변재보다 **짙은색(암색)**을 띤다.	• 심재보다 비중이 적으나 건조하면 변하지 않는다. • 심재보다 신축이 크다. • 심재보다 내후성, 내구성이 약하다. • 일반적으로 심재보다 강도가 약하다.
비중	크다.	작다.
강도	크다.	작다.
수축률	작다.	크다.
역할	수심에 위치하여 견고성을 높인다.	겉껍질 위치/**수액의 유통과 저장**

 목재의 심재와 변재에 관한 설명으로 틀린 것은? [24,15,12]
① 변재는 심재 외측과 수피 내측 사이에 있는 생활세포의 집합이다.
② 심재는 수액의 통로이며 양분의 저장소이다.
③ 심재는 변재보다 단단하여 강도가 크고 신축 등 변형이 적다.
④ 심재의 색깔은 짙으며 변재의 색깔은 비교적 엷다.
해설 | 변재는 수액의 통로이며 양분의 저장소이다.

정답 ②

3) 나뭇결
① 곧은결 : 연륜에 직각 방향으로 컨 목재면에 나타나는 평행선상의 나뭇결
② 널결 : 연륜에 평행방향으로 컨 목재면에 나타난 곡선모양(물결모양)의 나뭇결
③ 엇결 : 나무섬유가 꼬여서 나뭇결이 심하게 경사진 결
④ 무늬결 : 여러 원인으로 불규칙하게 아름다운 무늬를 나타내는 결

3. 목재의 성질

1) **비중 및 공극률(Porosity)**
   ① 목재의 강도는 일반적으로 비중에 정비례하며 비중이 클수록 강도도 크다.
   ② 목재의 비중은 실용적으로는 기건재의 단위 용적 무게(g/㎤)에 상당하는 값으로 나타낸다.
   ③ 세포 자체의 비중은 나무의 종류에 관계없이 1.54이고, 따라서 톱밥은 물에 침하된다.
   ④ 목재의 비중은 대체로 0.3~1.0이고 실용상으로는 큰 차이가 없으나 비중의 대소는 강도 등 기타 성질과 관계가 깊다.
   ⑤ 비중이 크면 공극률은 작아진다.
   ⑥ **목재의 강도는 전건상태를 기준**으로 하므로 다음 식에 의하여 목재 내부에 있는 공간 상태를 표시하는 공극률을 산출할 수 있다.

$$공극률(V) = (1 - \frac{W}{1.54}) \times 100$$

W : 절건상태의 비중, 1.54 : 목재의 비중

예제 02

목재의 절대건조비중이 0.3일 때 이 목재의 공극률은? [25,20,14]

① 약 80.5% ② 약 78.7%
③ 약 58.3% ④ 약 52.6%

해설 | 공극률$(v) = (1 - \frac{W}{1.54}) \times 100 = (1 - \frac{0.3}{1.54}) \times 100(\%) = 80.5\%$

정답 ①

---

2) **함수율(moisture content)**

목재의 함수율은 목재에 포함되어 있는 수분을 완전히 건조한 목재 무게에 대한 백분율로 나타낸다.

$$함수율(U) = (\frac{건조전중량 - 절대건조시중량}{절대건조시중량}) \times 100\%$$

구분	내용

섬유포화점	세포내의 빈 부분 또는 세포 사이의 공간 부분이 증발하고 세포막에 흡수되어있는 수분의 상태를 말하며, 생나무가 건조하여 **함수율이 30%**가 된 상태이다.
	※ **섬유포화점 이하에서는?**
	   목재의 수축과 팽창이 일어나고 함수율이 감소하면 강도는 증가하고 탄성은 감소한다.
	※ **섬유포화점 이상에서는?**
	   수축, 팽창, 강도 변화가 없다.

기건재	대기중의 습도와 균형 상태로 함수율이 15%가 된 상태이다.
전건재	기건재가 더욱 건조하여 함수율이 0%가 된 상태이다.

예제 03 건조 전 중량 5kg인 목재를 건조시켜 전건중량이 4kg이 되었다면 이 목재의 함수율은 몇 %인가?
[24,19,18,17]

① 8% ② 20%
③ 25% ④ 40%

해설 | 함수율 = $\left(\dfrac{건조전중량 - 절대건조시중량}{절대건조시중량}\right) \times 100\% = \dfrac{5kg - 4kg}{4kg} \times 100(\%) = 25\%$

정답 ③

3) 수축률

목재 내부의 수분 증감에 따라 세포수의 증감으로 수축 및 팽창 현상이 일어난다.

① 변재 > 심재, 추재 > 춘재, 활엽수 > 침엽수
② 촉 방향(14%) > 지름 방향(8%) > 축 방향(0.35%)
③ 무늬결(널결) 방향 > 곧은결(직각) 방향 > 길이(섬유) 방향
④ 함수율 30%(섬유포화점) 이하에서는 함수율에 비례하여 수축 팽창 발생

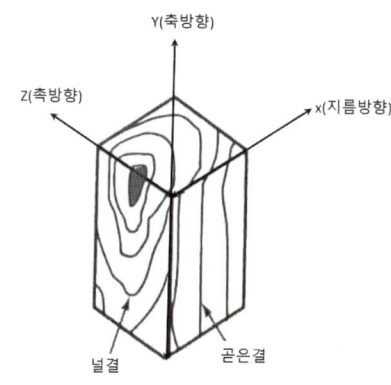

촉 방향 > 지름 방향 > 축 방향
(14%) > (8%) > (0.35%)

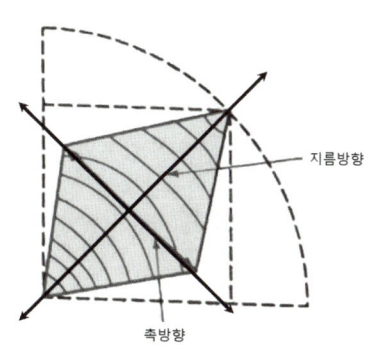

지름 방향 < 촉 방향
심재 < 변재

4) 수축 및 팽창을 최소로 줄이는 방법

수축팽창현상을 전혀 없게 하지는 못하나 대기중의 습도의 변화에서 오는 변형이나 균열(crack)은 다음과 같은 방법으로 어느 정도 줄일 수 있다.

① 기건상태로 건조한 목재를 사용한다.(급속 건조를 피할 것)
② 곧은결 목재를 사용한다.(무늬결이 곧은결보다 수축이 큼)
③ 외력에 저항할 수 있는 한 가급적 가벼운 목재를 쓴다.(**비중이 크면 용적변화가 크다.**)
④ 널결 판은 뒤(심재쪽)를 미리 홈을 판다.
⑤ **고온도로 건조**한 목재를 사용한다.
⑥ 겉면을 도장하거나 기름 등을 주입한다.
⑦ 저장 창고의 공기습도를 일정하게 유지한다.

5) 역학적 성질(강도)

① 목재의 **기건비중**을 측정하면 목재의 강도 상태를 추정할 수 있다.
② 목재의 역학적 강도 순서 : **인장강도** > 휨강도 > 압축강도 > 전단강도
③ 섬유의 **평행 방향** > 섬유의 직각 방향
④ 최대강도의 1/7 ~ 1/8 정도 : 허용강도
⑤ 섬유포화점(30%)이상의 함수율 상태에서는 **강도가 일정**하나 그 이하에서는 비례하여 증가

구분	섬유의 평행	섬유의 직각
인장강도	200	7 ~ 20
휨강도	150	10 ~ 20
압축강도	100	10 ~ 20
전단강도	침엽수 16 ~ 활엽수 19	

※ 섬유방향의 압축강도를 100으로 보았을 때 크기임

⑥ 침엽수(소나무, 잣나무, 전나무 등) 강도
휨강도 > 인장강도 > 압축강도 > 전단강도

예제 04

목재의 일반적인 성질에 관한 설명으로 옳지 않은 것은? [25,22,17]
① 일반적으로 대부분의 목재가 인장강도에 비하여 압축강도가 크다.
② 섬유방향에 평행하게 힘을 가한 경우가 직각으로 가하는 경우보다 압축강도가 크다.
③ 생목재를 건조할 경우 함수율이 30% 이상에서는 목재가 수축을 일으키지 않는다.
④ 일반적으로 목재의 기건상태에서의 함수율은 10 ~ 15%이다.
해설 | 목재의 섬유의 평행 방향 인장강도가 가장 크다.

정답 ①

---

6) 연소(燃燒)(내화성)

100℃	180℃ (가스발생)	260 ~ 270℃ (화재위험 온도)	400 ~ 450℃ (자연발화)	1000 ~ 1200℃
수분 증발	인화점	착 화 점	자 연 발 화 점	최고온도

4. 건조

1) 건조의 필요성

일반적으로 생나무 무게의 1/3 이상이 경감될 때까지 건조시키나 구조 용재는 15%, 수장재 및 가구용재는 10%까지 건조시키는 것이 바람직하다.

① 수축이나 균열, 변형이 일어나지 않는다.
② 부패 및 해충이 생기는 것을 방지할 수 있다.
③ 강도가 커지고 비중을 가볍게 하며 가공하기도 쉽다.
④ 도장 및 약품처리 작업을 용이하게 한다.

2) 건조법

(1) 자연건조법(자연적 건조 방법→**넓은 잔적(piling)장소가 필요**)

대기건조법	실외에 방치하여 기간 상태까지 건조(건조시간이 길다.)
침수건조법	생목을 수중에 약 3~4주 정도 침수시켜 수액을 뺀 후 대기에서 건조시키는 방법(건조기간이 짧다.)

(2) 인공건조법(기계장치를 이용하여 단시간 내 건조→**비용**이 많이 든다.)

증기법	건조실의 증기로 가열하여 건조(가장 많이 사용)
훈연법	짚이나 톱밥 등을 태운 연기를 건조실에 도입하여 건조
열기법	건조실 내 공기를 가열하거나 가열공기를 넣어 건조
진공법	원통형 탱크 속에 목재를 넣고 밀폐하여 고온, 저압 상태에서 수분 제거하는 방법

※ 목재 건조 시 급히 건조시키면 균열, 반곡 등이 생기기 쉬우므로 주의해야 한다.

예제 05 목재의 천연건조의 특성에 해당하지 않는 것은? [24, 21, 18]
① 넓은 잔적(piling)장소가 필요하지 않다.
② 비교적 균일한 건조가 가능하다.
③ 기후와 입지의 영향을 많이 받는다.
④ 열기건조의 예비건조로서 효과가 크다.

정답 ①

5. 목재의 보존법

1) 방부법

(1) 방부제의 종류

목재 방부제의 필요 성질 3요소

① 균류에 대한 저항성이 클 것
② 화학적으로 안정될 것
③ 침투성이 클 것

구분	품명	특성
수성방부제	황산동 1% 용액	방부성 우수, 철재 부식, 인체 유해
	염화아연 4% 용액	방부성 우수, 비내구적, **목질부 약화**
	염화제2수은 1% 용액	방부성 우수, 철재 부식, 인체 유해
	불화소다 2% 용액	철재 및 인체 무해, 내구성 저하, 고가

유성방부제	크레오소트유(creosoto oil)	석탄을 235~315℃에서 고온건조하여 얻은 타르제품으로서 방부성 및 침투력 우수, 흑갈색용액, 악취, 외부용
	콜타르(coal tar)	상온에서 침투 불가, 흑갈색, 도포용
	아스팔트(asphalt)	가열 도포, 흑색 도료칠 불가
	유성페인트(oil paint)	유성페인트 도포 피막, 착색자유, 도료칠 가능
유용성방부제	펜타클로로페놀 (PCP : Penta Chloro Phenol)	방부성 가장 우수, 고가, 수용성 겸용, 무색, 악취 ※ 자극적인 냄새로 인체에 피해를 줄 수 있어 사용 규제 되고 있다.

예제 06 목재의 방부제에 관한 설명으로 옳지 않은 것은? [25, 21]
① 유성 및 유용성 방부제는 물에 의해 용출하는 경우가 많으므로 습윤의 장소에는 사용하지 않는다.
② 유성페인트를 목재에 도포하면 방습, 방부효과가 있고 착색이 자유로워 외관을 미화하는데 효과적이다.
③ 황산동 1% 용액은 방부성은 좋으나 철재를 부식시키며 인체에 유해하다.
④ 크레오소트 오일은 방부성은 우수하나 악취가 있고 흑갈색이므로 외관이 미려하지 않아 토대, 기둥 등에 주로 사용된다.
해설 │ 유성 및 유용성 방부제 중 크레오소트유나 PCP는 수용성, 유용성 겸용 방부제이다.

정답 ①

(2) 방부처리법

목재는 균류에 의하여 부패되어 변색, 변질되고 또 곤충류의 피해를 받아 구조물에 손상을 주게 되므로 미리 방부, 방충 처리를 해야 한다.

일광 직사	목재를 30시간 이상 햇빛에 직접 쬐면 자외선의 살균력에 의해서 균류가 죽는다.
침지법	방부액(크레오소트유액)이나 물에 담가 산소 공급 차단하여 부패균 소멸
표면 탄화법	목재의 표면을 2~10mm 연소시켜 수분이 없어져 부패, 충해 등을 방지
도포법	방부제칠, 유성페인트, 니스, 아스팔트, 코올타르칠 등을 바르는 방법
상압 주입법	80~120℃ 크레오소트유액 중에 3~6시간 침지하는 방법
가압 주입법 (가장 우수효과)	원통안에 방부제(PCP, 크레오소트유액)를 넣고 가열하여 목재 내부에 압력을 가하여 주입시키는 방법
생리적 주입법	벌목 전에 나무뿌리에 약액을 주입하는 방법

2) 목재의 방화처리법

목재를 완전히 타지 않게 할 수는 없으나, 다음과 같은 방법으로 타기 어렵게 만들어 연소 시간을 지연시킬 수 있다.

① 목재의 표면에 불연성 도료를 칠하여 방화막을 만들어 불꽃의 접촉을 막는 동시에, 가연성 가스의 발산을 막거나 방화제를 목재에 주입하여 발열성을 적게 하여 인화점을 높인다. 그러나 방화제는 흡수성이 크고, 철을 부식시키는 것이 많으므로 주의해야 한다.

② 방화처리법

종류	특성
불연성 도료(도포법)	방화 페인트, **규산나트륨(물유리)**, 시멘트모르타르 등으로 표면 피복
방화제(주입법)	불연성 방화제(**제2 인산암모늄**, 황산암모늄, 붕산, 탄산칼륨, 탄산나트륨 등)를 단독 또는 혼합하여 주입

예제 07 목재에 주입시켜 인화점을 높이는 방화제와 가장 거리가 먼 것은? [25,22,15]
① 물 유리 ② 붕산암모늄
③ 인산나트륨 ④ 인산암모늄

정답 ①

6. 목재 제품

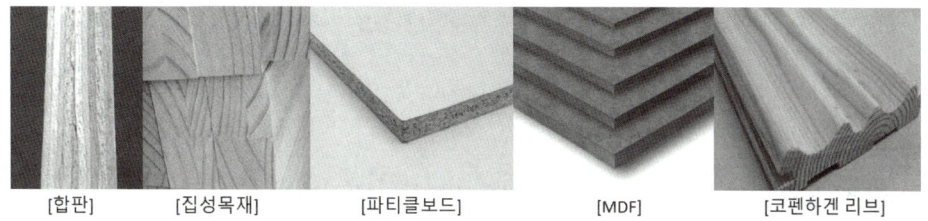

[합판]   [집성목재]   [파티클보드]   [MDF]   [코펜하겐 리브]

1) 합판(Plywood)

① 1매의 박판을 단판(單板 : veneer)이라 하고 단판을 **섬유방향과 직교**되게 **홀수겹(3, 5, 7매)**으로 겹쳐 접착제로 압착하여 만들어진 것을 합판이라 한다.
② 일반 판재에 비하여 균질이며 단판은 얇아서 건조가 빠르다.
③ 합판은 함수율 변화에 따른 **뒤틀림이 없고 수축 및 팽창의 방향성이 없다.**
④ 폭이 넓은 판을 얻을 수 있고 곡면판을 얻을 수 있다.
⑤ 특수 합판에는 내수합판, 1류 합판, 방부합판, 방화합판, 멜라민 화장합판, 폴리에스테르 화장합판, 프린트 합판, 염화비닐 화장합판 등이 있다.
⑥ 표면가공 방법에 따라 흡음효과를 낼 수 있으며, 내장용재·거푸집재·창호재로 사용된다.
⑦ 값이 싸며 무늬가 좋은 판을 얻을 수 있고, 규격화되어 사용이 간편 편리하다.
⑧ 단판 제조법
  ㉠ 로터리 베니어(Rotary Veneer) : 단판이 널결만으로 표면이 거친 결점이 있다
  ㉡ 슬라이드 베니어(Sliced Veneer) : 합판 표면의 곧은결 등의 아름다운결을 장식적으로 이용한다.
  ㉢ 소오드 베니어(Sawed Veneer) : 결의 무늬를 좌우 대칭의 위치로 배열한 합판을 만들때에 효과적이며 아름다운 결을 얻을 수 있다.

 Note KS F 3113(구조용 합판)품질기준
접착성, 함수율, 휨강도

2) 집성목재(glued laminated timber)

① 두께 15~50mm의 단판을 몇 장 또는 몇 겹으로 접착한 것으로서 합판과 다른 점은 판의 **섬유방향을 평행**으로 붙인 점, 홀수가 아니라도 되는 점, 또한 합판과 같은 박판이 아닌 점
② 목재의 강도를 인위적으로 자유롭게 제작하여 구조재로 사용 가능하다.
③ 접착제로서는 요소 수지가 많이 쓰이고 외부 수분, 습기를 받는 부분에는 페놀 수지를 쓴다.
④ 아치와 같은 곡면재를 제작할 수도 있으며, 충분히 건조된 건조재를 사용하므로 비틀림 변형 등이 생기지 않는다.
⑤ 응력에 따라 필요한 단면을 만들 수 있으며, 보나 기둥에 사용할 수 있다.
⑥ 여러 인공목재 제조가 가능하다.(방화성, 방충성, 방부성 높은 집성목재)

> **예제 08** 목재 제품에 관한 설명으로 옳지 않은 것은? [24, 22, 19]
> ① 내수합판 제조 시 페놀수지 접착제가 쓰인다.
> ② 합판을 만들 때 단판(veneer)을 홀수로 겹쳐 접착한다.
> ③ 집성목재는 보에 사용할 경우 응력크기에 따라 변단면재를 만들 수 있다.
> ④ 집성목재 제조 시 목재를 겹칠 때 섬유방향이 상호 직각이 되도록 한다.
>
> 정답 ④

3) 마루판재

① 바닥용 마루판(flooring)을 말하며 공장에서 만든 제품이다.
② 뒷면에 홈이 없는 것을 파키트리(parquetry)라 하고, 폭의 정수배이고 30cm 이상인 것을 패널(panel)이라 한다.
③ 마루판(flooring)의 종류로는 플로어링 보드(flooring board), 플로어링 블록(flooring block), 파키트리 보드(parquetry board), 파키트리 패널(parquetry panel), 파키트리 블록(parquetry block) 등이 있다.

4) 파티클보드(Particle board)

칩 보드라고도 하며, **톱밥, 나무부스러기** 등의 목재 소편(Particle)을 합성수지계 접착제를 섞어서 고열, 고압으로 성형, 제판한 것으로 비중은 0.4 이상이다.

① **방향성이 없고 변형이 극히 적다.**
② 방부제, 방화제를 첨가함에 따라 방부성, 방화성을 높일 수 있다.
③ 흡음성, 열차단성이 좋다.
④ **강도가 크다.**(선반, 마룻널, 칸막이 가구 등에 쓰임)
⑤ 경량으로 가공이 용이하나 합판에 비해 강도 및 내수성이 약하다.
⑥ 보드 사이즈를 자유로이 만들 수 있으며, 상판, 칸막이벽, 가구 등에 주로 사용된다.

예제 09 파티클 보드의 특징이 아닌 것은? [24,21,18]
① 경량이다.   ② 못질, 구멍뚫기 등 가공이 용이하다.
③ 음, 열의 차단성이 우수하다.   ④ 방향성에 따른 강도의 차이가 크다.

정답 ④

5) 코펜하겐리브(Copenhagen rib)

코펜하겐리브는 보통 두께 30mm, 너비 100mm 정도의 긴 판에 표면을 리브 가공한 것으로, 강당·집회장 등의 **음향 조절** 및 일반 건물의 벽 수장재로 사용

보통 두께 3cm, 넓이 10cm 정도의 긴 판, 자유곡선으로 깎아 수직 평행선이 되게 리브(rib)를 만든 것으로 면적이 넓은 강당, 극장 안벽과 천장에 음향 조절 및 건물의 벽 장식재로 사용

6) 코르크보드(cork board)

알갱이 모양으로 만들어 도료에 섞어서 콘크리트 천장, 벽면 마무리용으로 사용되며 가볍고 탄성, 단열성, 흡음성이 있어 음악감상실, 방송실 등의 안벽 흡음판이나 단열판으로 쓰인다.

7) 섬유판재(hard fiber board)

① 강도가 크고 가로, 세로의 강도차는 10% 이하여서 방향성을 고려하지 않아도 되며, 넓은 면적의 판을 만들 수 있다.
② 표면은 평활하고 경도가 크며, 내마멸성이 크다.
③ 가로, 세로의 신축이 거의 같으므로 비틀림이 작다.
④ 외부 장식용으로 쓸 때에는 평활도와 광택이 줄어들고, 강도도 줄어든다. 강도의 저하는 1년에 15~20%, 5년에 25~30% 정도이다.
⑤ 섬유판 종류

저밀도 섬유판	흡음재, 단열재, 하부 마감재
중밀도 섬유판	밀도가 균일하기 때문에 측면의 가공성이 매우 좋고, 표면에 무늬 인쇄가 가능하여 내장재 및 가구재로 많이 사용
고밀도 섬유판	바탕 및 치장용 마감재

8) MDF(Medium Density Fiberboard)

MDF는 **중밀도섬유판**으로 목질 섬유(wood fiber)를 펄프로 만들어 얻은 목섬유를 액상의 합성수지 접착제를 투입하여 층을 쌓은 후 성형하고 열압하여 만든 제품이다.

① **무게가 무겁고 습기에 약하다.**
② 재질이 균일하고 조직이 치밀하다.
③ 도장성과 접착성이 우수 실내 수장공사에 많이 사용
④ 면이 평활하고 견고하나, 한 번 고정철물을 사용한 곳에는 재시공이 어렵다.

 목재용 접착제 성능
에폭시수지 > 요소수지 > 멜라민수지 > 페놀수지 > 아교 > 카세인

7. 목재의 흠

목재의 흠에는 옹이, 갈라짐, 입피 등이 있으며 이들은 결점이라고 할 수 있는 것으로서 제재할 때 제거하는 것이 좋으나, 옹이 등을 전부 제거하기는 어렵다.

1) 흠의 종류

종류	특성
옹이(knot)	줄기세포와 가지세포가 교차되는 곳에서 발생
갈라짐(crack)	건조나 수축에 의해 생기며 주로 노목에서 발생
입피(껍질박이)	외상(外傷)으로 인해 수피가 말려들어간 것으로 활엽수에 많다.
부패(썩음)	주로 균에 의해 국부 또는 전체가 부패되며 강도 저하의 원인이 된다.

2) 흠과 강도

① 목재에 옹이, 갈라짐, 썩정이 등의 흠이 있으면 강도가 떨어진다. 이 중에서 옹이, 썩정이의 영향이 크다.
② 섬유방향으로 압축력을 가할 때에는 그 옹이의 영향이 작으나, 인장강도인 경우에는 옹이의 종류에 관계없이 빠진 옹이로 볼 수 있으므로, 전체적으로 강도가 많이 떨어진다.

8. 이음과 맞춤

1) 목재의 접합

(1) 일반적인 원칙

① 응력이 균등하게 전달되게 한다.
② **이음과 맞춤은 응력이 작은 곳에서** 실시하고, **응력 방향은 직각**으로 한다.
③ 접합면은 단순한 모양으로 틈 없이 완전 밀착시킨다.
④ 이음과 맞춤 부재는 **가급적 적게 깎아**내어 약하게 되지 않도록 한다.
⑤ 트러스, 평보는 왕대공 가까이에서 이음한다.
⑥ 큰 응력을 받을 경우 이음, 맞춤 시 보강철물을 사용한다.
⑦ 모양에 치중하지 않으며, 공작이 간단한 것이 좋다.

> **예제 10** 다음 중 목구조 접합부에 관한 설명으로 옳지 않은 것은? [25,20,12]
> ① 구조재는 될 수 있는 한 적게 깎아낸다.
> ② 이음과 맞춤은 응력이 가장 큰 곳에서 접합된다.
> ③ 이음, 맞춤의 부분은 응력이 균등히 전달되도록 가공한다.
> ④ 이음, 맞춤의 단면은 응력과 방향에 직각이 되도록 한다.
>
> 정답 ②

2) 이음

2개 이상의 부재를 **길이 방향으로 수평결합**으로 잇는 접합

종류	내용
맞댄이음	• 두 부재가 동일면 내에서 접합하는 이음 • 나무 또는 철판을 덧판으로 대고 큰못이나 볼트를 사용하여 조인다. • 인장력을 받는 평보에 사용
겹침이음	• 2개의 부재를 겹쳐 볼트, 못으로 보강 후 듀벨과 볼트 겸용 • 트러스 접합 용도
따낸이음	• 두 부재가 물리도록 따내고 맞추어 이음 • 안전한 이음을 위해 볼트, 산지, 못 조임으로 보강 • **빗이음 : 장선, 띠장, 서까래**에 사용 볼트, 못보다 뒤틀림에 강하다. • 주먹장이음 : 토대, 중도리, 멍에 등에 사용. 강한 힘에는 사용불가 • **엇걸이이음** : 평보, 기둥, 토대, 처마도리, 중도리에 사용. **구부림(휨)이음** • 빗턱이음 : 보이음에 사용

3) 맞춤

목재의 섬유 방향을 서로 직각 또는 경사지게 하여 **수직결합**으로 맞추는 집합

종류	용도	종류	용도
빗덕통맞춤	왕대공 + ㅅ자보	**안장맞춤**	**평보 + ㅅ자보**
가름장맞춤	왕대공 + 마룻대	주먹장맞춤	토대 + 토대
짧은장부맞춤	왕대공 + 평보	연귀맞춤	가구, 창문의 모서리 맞춤
걸침턱맞춤	**평보 + 깔도리 멍에 + 장선**		

4) 쪽매

부재를 섬유방향과 평행하게 옆으로 대어 붙이는 것

종류	용도	형태
제혀쪽매	널 한쪽에 홈을 파고 한 쪽에 혀를 내어 서로 물리게 하는 방법으로 못이 빠져나올 우려가 없어 마루널 쪽매에 사용	
딴혀쪽매	마루널 깔기에 사용	
맞댄쪽매	일반적인 경미한 구조	
반턱쪽매	두께 15mm 미만의 널깔기에 사용	

빗쪽매	간단한 지붕, 반자널 쪽매 등에 사용	
오니쪽매	흙막이 널 말뚝에 사용	
틈막이쪽매	징두리 판벽에 사용	

9. 목공사 주요사항

1) **세우기 순서**

　① **목조 세우기** : 토대→1층 벽체 뼈대→2층 마루틀→2층 벽체 뼈대→지붕틀

　② **벽체 뼈대 세우기** : 기둥→인방보→층도리→큰보

2) **기둥(Colum)**

　① **통재기둥** : 아래층에서 위층까지 **1개의 부재**로 된 기둥

　② **평기둥** : 1층 높이로 세워지는 기둥으로 약 2m 간격으로 배치한다.

　③ **샛기둥** : 본기둥 사이 450mm 내외 간격으로 설치하며 가새의 옆 힘을 막는다.

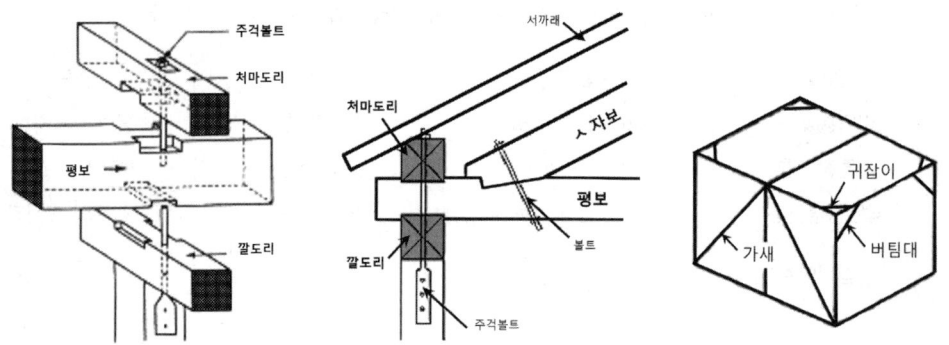

3) **도리(Girder)**

　① **층도리** : 2층 마룻바닥이 있는 부분에 수평으로 대는 가로재

　② **깔도리** : 기둥 또는 벽 위에 놓아 지붕보 또는 평보를 받는 도리(절충식에서는 생략)

　③ **처마도리** : 테두리벽 위에 건너 대어 서까래를 받는 도리로 깔도리와 같은 방향으로 댄다.

4) **가새, 버팀대, 귀잡이**

　횡력(수평력)에 대한 보강재

5) **마루**

(1) **1층 마루**

　① **동바리마루** : 동바리돌(주춧돌)→동바리→**멍에**→**장선**→마루널

　② **납작 마루** : 동바리돌→멍에→장선→마루널

(2) 2층 마루

구분	시공 순서	간사이(Span)
홑마루	장선 → 마루널	2.4m 미만
보마루	보 → 장선 → 마루널	2.4~6.4m
짠마루	큰보 → 작은보 → 장선 → 마루널	6.4m 초과

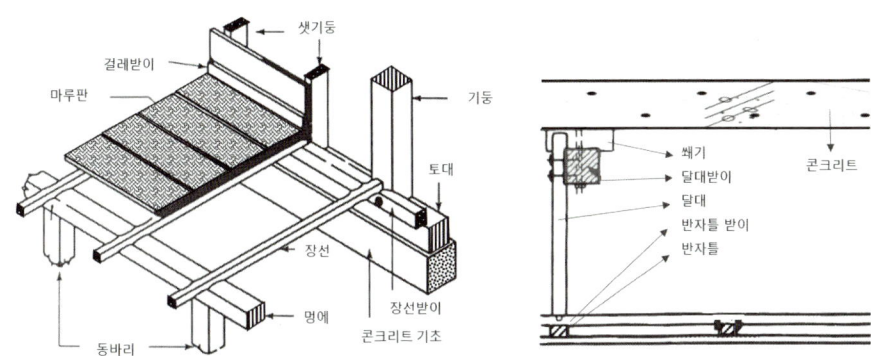

예제 11 동바리 마루에서 마루널 바로 밑에 오는 부재는 무엇인가? [23,22]
① 동바리
② 멍에
③ 장선
④ 동바리돌

정답 ③

6) 반자

① 종류 : 바름반자, 널반자, 넓은 반자, 구성반자
② 반자틀 설치 순서 : 달대받이 → 달대 → 반자틀받이 → 반자틀

7) 왕대공 지붕틀

(1) 응력 부재

① 왕대공, 평보, 달대공 : 인장재
② ㅅ자보 : **압축재**

(2) 이음과 맞춤

① 왕대공과 평보 - 짧은장부맞춤
② 평보와 ㅅ자보 - 안장 맞춤
③ 왕대공과 마룻대 - 가름장 장부맞춤
④ 멍에와 장선 - 걸침턱 맞춤
⑤ **ㅅ자보와 달대공, ㅅ자보와 평보 - 볼트**

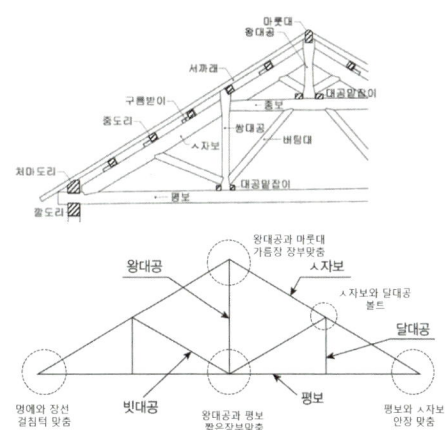

10. 목재의 보강철물

1) 맞춤에 사용되는 보강철물

종류	용도	종류	용도
띠쇠	ㅅ자보와 왕대공, 기둥과 층도리	안장쇠	큰 보와 작은 보
감잡이쇠	평보와 왕대공	볼트	ㅅ자보와 평보
ㄱ자쇠	모서리 기둥과 층도리	양나사 볼트	차마도리와 깔도리
듀벨	2개의 목재를 접합 할때 두 부재 사이에 끼워 **볼트와 병용하여 전단력에 저항**하도록 한 철물(볼트는 인장력)	주걱볼트	보와 처마도리

못	꺽쇠	볼트	듀벨	띠쇠	감잡이쇠

핵심 기출문제

01 목공사

1 목재의 특성 및 성질

01 ▶16
목재의 일반적 특성에 해당하지 않는 것은?

① 열전도율이 작다.
② 비강도(比强度)가 크다.
③ 차음성이 작다.
④ 섬유방향에 따라 강도차이가 있다.

해설 | 목재는 다공질(多孔質)이므로 열전도율이 낮지만 차음성(음을 차단하는 성질)은 보통이다.

02 ▶18
목재의 구조와 조직에 관한 설명으로 옳지 않은 것은?

① 목재의 방향에서 수목의 생장방향을 섬유방향이라 한다.
② 춘재(春材)는 추재(秋材)에 비하여 세포가 비교적 크고, 세포막은 얇으며 연약하다.
③ 변재는 심재보다 짙은 색을 띤다.
④ 평균 연륜폭(mm)은 나이테가 포함되는 길이를 나이테수로 나눈 값을 말한다.

해설 | 심재-암색, 변재-담색

03 ▶18
목재를 조성하고 있는 원소 중 차지하는 비중이 가장 큰 것은?

① 탄소   ② 산소
③ 질소   ④ 수소

해설 | 탄소 50%, 산소 44%

04 ▶21
목재의 절대건조비중이 0.8일 때 이 목재의 공극율은?

① 약 42%
② 약 48%
③ 약 52%
④ 약 58%

해설 | 공극률(v) = $(1 - \frac{W}{1.54}) \times 100$
$= (1 - \frac{0.8}{1.54}) \times 100(\%) = 48\%$

05 ▶21, 16
목재에 관한 설명으로 옳지 않은 것은?

① 섬유포화점이란 흡착 수분만이 최대 한도로 존재하는 상태를 말하며 그때의 함수율은 약 30% 이다.
② 목재는 섬유포화점 이상의 함수상태에서는 함수율의 증감에 따라 신축하지 않으나 그 이하에서는 함수율에 비례하여 신축한다.
③ 섬유포화점 이상에서는 목재의 강도는 일정하나 그 이하에서는 함수율이 감소하면 강도도 감소한다.
④ 일반적으로 비중이 큰 목재일수록 강도는 커지는 반면 수축의 양은 많아진다.

해설 | ㉠ 섬유포화점 이하에서는 목재의 수축과 팽창이 일어나고 함수율이 감소하면 강도는 증가하고 탄성은 감소한다.
㉡ 섬유포화점 이상에서는 수축, 팽창, 강도 변화가 없다.

정답 | 01 ③ 02 ③ 03 ① 04 ② 05 ③

06 ▶20

그림과 같은 나무의 무게가 14kg이다. 이 나무의 함수율은? (단, 나무의 절건비중은 0.5이다.)

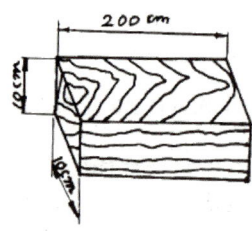

① 30%
② 40%
③ 50%
④ 60%

해설 | 목재의 함수율 계산

$$함수율 = \left(\frac{건조전중량 - 절대건조시중량}{절대건조시중량}\right) \times 100\%$$

※ 절대건조시 중량 = 비중×부피
= 0.5×(200cm×10cm×10cm) = 10,000g = 10kg
$$= \frac{14kg - 10kg}{10kg} \times 100(\%) = 40\%$$

07 ▶16

각재의 마구리 치수가 12cm×12cm, 길이가 240cm, 목재의 건조 전 질량이 25kg, 절대건조상태가 될 때까지 건조 후 질량이 20kg 이었다면 이 목재의 함수율을 구하면?

① 10%
② 15%
③ 20%
④ 25%

해설 | 목재의 함수율 계산

$$함수율 = \frac{25kg - 20kg}{20kg} \times 100(\%) = 25\%$$

08 ▶18

목재의 용적변화 팽창 및 수축에 관한 설명으로 옳지 않은 것은?

① 변재는 심재보다 용적변화가 일반적으로 크다.
② 비중이 클수록 용적변화가 적다.
③ 널결폭이 곧은결 폭보다 크다.
④ 함수율이 섬유포화점보다 크게 되면 함수율이 증가 하여도 용적변화는 거의 없다.

해설 | 수축률
  ㉠ 변재 > 심재, 추재 > 춘재, 활엽수 > 침엽수
  ㉡ 함수율 30%(섬유포화점) 이하에서는 함수율에 비례하여 수축 팽창 발생
  ㉢ 비중이 크면 공극률은 작고 용적변화가 크다.

09 ▶20

목재의 수분·습기의 변화에 따른 팽창수축을 감소시키는 방법으로 옳지 않은 것은?

① 사용하기 전에 충분히 건조시켜 균일한 함수율이 된 것을 사용할 것
② 가능한 곧은결 목재를 사용할 것
③ 가능한 저온 처리된 목재를 사용할 것
④ 파라핀·크레오소트 등을 침투시켜 사용할 것

해설 | 수축 및 팽창을 최소로 줄이기 위해서는 가급적 고온도로 건조한 목재를 사용한다.

10 ▶22

목구조의 부재특성에 관한 설명으로 옳지 않은 것은?

① 가공 및 보수가 용이하며, 공사를 신속히 할 수 있다.
② 천연재료이므로 옹이, 엇결 등의 결점이 있다.
③ 일반적으로 중량에 비해 그 허용강도가 크고, 휨에 대하여 강한 편이다.
④ 인장력에 대한 저항성능은 압축력, 전단력에 대한 저항성능에 비하여 약하다.

해설 | 목재의 역학적 강도 순서
  인장강도 > 휨강도 > 압축강도 > 전단강도

정답 | 06 ② 07 ④ 08 ② 09 ③ 10 ④

11

▶13, 16

목구조에 대한 설명으로 옳지 않은 것은?

① 중량에 비하여 허용강도가 비교적 크다.
② 큰 변형에 대한 접합부의 흡수 능력이 뛰어나다.
③ 천연재료이므로 섬유방향과 직각방향의 강도, 강성의 차이가 거의 없다.
④ 골조가 수평력을 받을 경우 변형이 비교적 커서 안정한 구조를 위해 가새를 설치한다.

해설 | 역학적 성질(강도)

구분	섬유의 평행	섬유의 직각
인장강도	200	7~20
휨강도	150	10~20
압축강도	100	10~20
전단강도	침엽수 16~활엽수 19	

※ 섬유방향의 압축강도를 100으로 보았을 때 크기임

12

▶20

다음 목재의 강도 중 가장 큰 것은?

① 응력방향이 섬유방향에 평행한 경우의 압축강도
② 응력방향이 섬유방향에 평행한 경우의 인장강도
③ 응력방향이 섬유방향에 평행한 경우의 전단강도
④ 응력방향이 섬유방향에 직각인 경우의 압축강도

해설 | 목재의 역학적 강도 순서
㉠ 인장강도 > 휨강도 > 압축강도 > 전단강도
㉡ 섬유의 평행 방향 > 섬유의 직각 방향

13

▶16

목재의 역학적 성질에 관한 설명으로 옳은 것은?

① 목재의 기건비중을 측정하면 목재의 강도 상태를 추정할 수 있다.
② 섬유포화점 이하에서는 함수율 감소에 따라 강도 및 인성이 증대된다.
③ 가력방향에 따른 목재강도는 응력방향의 수직인 경우가 최대가 된다.
④ 동일한 수종인 경우 목재의 역학적 성질은 동일하다.

해설 | 역학적 성질
㉠ 섬유포화점 이하에서는 목재의 수축과 팽창이 일어나고 함수율이 감소하면 강도는 증가하고 탄성은 감소한다.
㉡ 섬유포화점 이상에서는 수축, 팽창, 강도 변화가 없다.
㉢ 섬유의 평행 방향 > 섬유의 직각 방향

14

▶14

목재의 압축강도에 영향을 미치는 원인에 대하여 설명한 것으로 틀린 것은?

① 기건비중이 클수록 압축강도는 증가한다.
② 가력방향이 섬유방향과 평행일 때 압축강도는 최대가 된다.
③ 섬유포화점 이상에서 목재의 함수율이 커질수록 압축 강도는 계속 낮아진다.
④ 옹이가 있으면 압축강도는 저하하고 옹이 지름이 클수록 더욱 감소한다.

해설 | 역학적 성질
㉠ 섬유포화점 이하에서는 목재의 수축과 팽창이 일어나고 함수율이 감소하면 강도는 증가하고 탄성은 감소한다.
㉡ 섬유포화점 이상에서는 수축, 팽창, 강도 변화가 없다.

정답 | 11 ③ 12 ② 13 ① 14 ③

2 목재의 건조 및 보존법

15 ▶21,20
목재의 건조 목적으로 보기 어려운 것은?

① 수축 및 균열방지
② 강도 및 내구성의 증진
③ 균류에 의한 부식과 벌레에 의한 피해를 방지
④ 가공성의 증진

해설 | 건조의 필요성
㉠ 수축이나 균열, 변형이 일어나지 않는다.
㉡ 부패 및 해충이 생기는 것을 방지할 수 있다.
㉢ 강도가 커지고 비중을 가볍게 하며 가공하기도 쉽다.
㉣ 도장 및 약품처리 작업을 용이하게 한다.

16 ▶18,13
목재의 건조방법 중 천연건조에 관한 설명으로 옳지 않은 것은?

① 비교적 균일한 건조가 가능하다.
② 시설 투자비용 및 작업비용이 적다.
③ 건조 소요시간이 오래 걸린다.
④ 잔적장소가 좁아도 가능하다.

해설 | 천연건조
㉠ 넓은 잔적(piling)장소가 필요하다.
㉡ 비교적 균일한 건조가 가능하다.
㉢ 기후와 입지의 영향을 많이 받는다.
㉣ 열기건조의 예비건조로서 효과가 크다.

17 ▶14,13
목재의 건조방법 중 인공건조에 해당되지 않는 것은?

① 침수건조   ② 진공건조
③ 전열건조   ④ 훈연건조

해설 | 인공건조법 : 증기법, 훈연법, 열기법, 진공법
자연 건조법 : 대기법, 침수법

18 ▶16
목재의 방부제에 해당하지 않는 것은?

① 황산구리 1% 용액
② 불화소다 2% 용액
③ 테레핀유
④ 염화아연 4% 용액

해설 | 방부제의 종류

구분	품명
수성 방부제	황산동 1% 용액
	염화아연 4% 용액
	염화제2수은 1% 용액
	불화소다 2% 용액
유성 방부제	크레오소트유(creosoto oil)
	콜타르(coal tar)
	아스팔트(asphalt)
	유성페인트(oil paint)
유용성 방부제	펜타클로로페놀 (PCP : Penta Chloro Phenol)

19 ▶19
목재의 유용성 방부제로서 자극적인 냄새 등으로 인체에 피해를 주기도 하여 사용이 규제되고 있는 것은?

① PCP 방부제
② 크레오소트유
③ 아스팔트
④ 불화소다 2% 용액

해설 | PCP 방부제
방부성 가장 우수, 고가, 도료칠 가능, 무색, 악취

정답 | 15 ④ 16 ④ 17 ① 18 ③ 19 ①

20 ▶17
석탄을 235 ~ 315℃에서 고온건조하여 얻은 타르제품으로서 독성이 적고 자극적인 냄새가 있는 유성 목재 방부제는?

① 크레오소트유
② 펜타클로로페놀(PCP)
③ 플로오르화나트륨
④ 콜타르

해설 | 크레오소트유
　　　방부성 및 침투력 우수, 흑갈색용액, 악취, 외부용

21 ▶14
목재 방부제 중 방부성은 좋으나 목질부를 약화시켜 전기전도율이 증가되고 비내구성인 수용성 방부제는?

① 황산동 1% 용액
② 염화 제2수은 1% 용액
③ 불화소다 2% 용액
④ 염화아연 4% 용액

해설 | 염화아연 4% 용액
　　　방부성 우수, 비내구적, 목질부 약화

22 ▶14,12
목재의 방부제 처리법에 해당되지 않는 것은?

① 자비법
② 침지법
③ 주입법
④ 도포법

해설 | 방부제 처리법
　　　침지법, 표면탄화법, 도포법, 가압 주입법

23 ▶19,15
다음 중 목재의 방화제로 이용되는 것은?

① 제2 인산암모늄
② 콜타르
③ 황산동
④ 불화소다

해설 | 목재의 방화제
　㉠ 불연성 도료(도포법) : 방화 페인트, 규산나트륨(물유리), 시멘트모르타르 등으로 표면 피복
　㉡ 방화제(주입법) : 불연성 방화제(제2 인산암모늄, 황산암모늄, 붕산, 탄산칼륨, 탄산나트륨 등)를 단독 또는 혼합하여 주입

24 ▶14
목재의 방화에 관한 설명 중 옳지 않은 것은?

① 목재 표면에 방화페인트 등을 도포하여 화염의 접근을 방지한다.
② 암모니아염류의 약제를 도포 또는 주입하여 가연성 가스의 발생을 적게 하거나 인화를 곤란하게 한다.
③ 크레오소트 오일을 사용하여 가연성 분해가스의 발산을 방지한다.
④ 목재표면에 플라스터바름을 하여 위험온도에 달하지 않도록 한다.

해설 | 크레오소트유(목재 방부제)
　　　방부성 및 침투력 우수, 흑갈색용액, 악취, 외부용

3 목재 제품

25 ▶19
합판에 관한 설명으로 옳지 않은 것은?
① 함수율 변화에 의한 신축변형이 크고 방향성이 있다.
② 3장 이상의 홀수의 단판(Veneer)을 접착제로 붙여 만든 것이다.
③ 곡면가공을 하여도 균열이 생기지 않는다.
④ 표면가공법으로 흡음효과를 낼 수가 있고 의장적 효과도 높일 수 있다.

해설 | 합판은 함수율 변화에 따른 뒤틀림이 없고 수축 및 팽창의 방향성이 없다.

26 ▶17
목재제품 중 합판에 관한 설명으로 옳지 않은 것은?
① 함수율 변화에 따른 팽창, 수축의 방향성이 없다.
② 뒤틀림이나 변형이 적은 비교적 큰 면적의 평면재료를 얻을 수 있다.
③ 단판을 섬유방향이 서로 직교되도록 적층하면서 접착제로 접착하여 합친 판이다
④ 합판 제작에 사용되는 단판의 매수는 일반적으로 2겹, 4겹, 6겹 등 짝수 매수로 한다.

해설 | 합판은 1매의 박판을 단판(單板 : veneer)이라 하고 단판을 섬유방향과 직교되게 홀수겹(3,5,7매)으로 겹쳐 접착제로 압착하여 만들어진 것을 합판이라 한다.

27 ▶15
KS F 3113(구조용 합판)에 따른 구조용 합판의 품질 기준에 해당하지 않는 항목은?
① 접착성   ② 함수율
③ 비중   ④ 휨강도

해설 | KS F 3113(구조용 합판)품질기준
접착성, 함수율, 휨강도

28 ▶19
집성목재의 장점이 아닌 것은?
① 목재의 강도를 인공적으로 조절할 수 있다.
② 응력에 따라 필요한 단면을 만들 수 있다.
③ 톱밥, 대팻밥, 나무부스러기를 이용하므로 경제적이다.
④ 길고 단면이 큰 부재를 만들 수 있다.

해설 | 파티클보드
칩 보드라고도 하며, 톱밥, 나무부스러기 등의 목재 소편(Particle)을 합성수지계 접착제를 섞어서 만든다.

29 ▶16
집성재(集成材)에 관한 설명 중 옳지 않은 것은?
① 충분히 건조된 건조재를 사용하므로 비틀림, 변형 등이 생기지 않는다.
② 대단면, 만곡재 등 임의의 단면형상을 갖는 인공목재를 비교적 용이하게 제작할 수 있다.
③ 여러 개의 작은 단면을 합칠 때는 합판과 같이 섬유방향을 직교(直交)시킨다.
④ 제제품이 가진 옹이 등의 결점을 분산시키므로 강도의 편차가 적다.

해설 | 합판 Vs 집성목재
두께 15~50mm 의 단판을 몇 장 또는 몇 겹으로 접착한 것으로서 합판과 다른 점은 판의 섬유방향을 평행으로 붙인 점, 홀수가 아니라도 되는 점, 또한 합판과 같은 박판이 아닌 점

30 ▶19,14
파티클 보드의 성질에 관한 설명으로 옳지 않은 것은?
① 고습도의 조건에서 사용하기 위해서는 방습 및 방수처리가 필요하다.
② 상판, 칸막이벽, 가구 등에 이용된다.
③ 음 및 열의 차단성이 우수하다.
④ 합판의 비해 면내 강성은 떨어지나 휨강도는 우수하다.

해설 | 파티클보드
  ㉠ 방향성이 없고 변형이 극히 적다.
  ㉡ 방부제, 방화제를 첨가함에 따라 방부성, 방화성을 높일 수 있다.
  ㉢ 흡음성, 열차단성이 좋다.
  ㉣ 강도가 크다(선반, 마룻널, 칸막이 가구 등에 쓰임).
  ㉤ 경량으로 가공이 용이하나 합판에 비해 강도 및 내수성이 약하다.
  ㉥ 보드 사이즈를 자유로이 만들 수 있으며, 상판, 칸막이벽, 가구 등에 주로 사용된다.

해설 | MDF
MDF는 중밀도섬유판으로 목질 섬유를 펄프로 만들어 얻은 목섬유를 액상의 합성수지 접착제를 투입하여 층을 쌓은 후 성형하고 열압하여 만든 제품이다.
  ㉠ 무게가 무겁고 습기에 약하다.
  ㉡ 재질이 균일하고 조직이 치밀하다.
  ㉢ 도장성과 접착성이 우수 실내 수장공사에 많이 사용
  ㉣ 면이 평활하고 견고하나, 한 번 고정철물을 사용한 곳에는 재시공이 어렵다.

31 ▶17,15,14
목재 또는 식물질을 절삭, 파쇄 등을 거쳐 작은 조각으로 하여 건조시킨 후 합성수지 접착제를 첨가하여 열압 성형 제판한 제품으로 상판, 칸막이벽 등에 사용되는 것은?

① 파티클보드 ② 집성목재
③ 섬유판   ④ 코르크판

해설 | 문제 30번 해설참조

34 ▶16,14,14
MDF의 특성에 관한 설명 중 옳지 않은 것은?

① 한번 고정철물을 사용한 곳에는 재시공이 어렵다.
② 천연목재보다 강도가 크고 변형이 적다.
③ 재질이 천연목재보다 균일하다.
④ 무게가 가볍고 습기에 강하다.

해설 | MDF는 무게가 무겁고 습기에 약하다.

32 ▶17
목재제품 중 강당, 집회장 등의 음향조절용 및 일반건물의 벽 수장재로 사용되는 대표적인 것은?

① 코르크판   ② 코펜하겐 리브판
③ 경질섬유판   ④ 샌드위치 판넬

해설 | 코펜하겐리브
보통 두께 30mm, 너비 100mm 정도의 긴 판에 표면을 리브 가공한 것으로, 강당, 집회장 등의 음향 조절 및 일반 건물의 벽 수장재로 사용한다.

35 ▶20,13
수목이 성장도중 세로방향의 외상으로 수피가 말려들어간 것을 뜻하는 흠의 종류는?

① 옹이   ② 송진구멍
③ 혹   ④ 껍질박이

해설 | 목재의 흠
  ㉠ 옹이(knot) : 줄기세포와 가지세포가 교차되는 곳에서 발생
  ㉡ 갈라짐(crack) : 건조나 수축에 의해 생기며 주로 노목에서 발생
  ㉢ 입피(껍질박이) : 외상(外傷)으로 인해 수피가 말려들어간 것으로 활엽수에 많다.
  ㉣ 부패(썩음) : 주로 균에 의해 국부 또는 전체가 부패되며 강도 저하의 원인이 된다.

33 ▶21
목섬유(wood fiber)를 합성수지 접착제, 방부제 등을 첨가·결합시켜 만든 것으로 밀도가 균일하기 때문에 측면의 가공성이 매우 좋으나, 습기에 약하여 부스러지기 쉬운 것은?

① M.D.F   ② 파티클 보드
③ 침엽수 제재목 ④ 합판

정답 | 31 ① 32 ② 33 ① 34 ④ 35 ④

4 이음과 맞춤

36 ▶19,12
목재의 접합에 관한 설명으로 옳지 않은 것은?

① 한 부재가 직각 또는 경사지어 맞추어지는 자리 또는 그 맞추는 방법을 이음이라 한다.
② 목재의 널 등을 모아대어 넓게 붙여댄 것을 쪽매라 한다.
③ 접합은 응력이 작은 위치에서 한다.
④ 접합에는 공작이 간단한 것을 쓰고 모양에 치중하지 않도록 한다.

해설 | • 맞춤(수직결합)
   목재의 섬유 방향을 서로 직각 또는 경사지게 하여 수직결합으로 맞추는 집합
• 이음(수평결합)
   2개 이상의 부재를 길이 방향으로 수평결합으로 잇는 접합

37 ▶19,15
목구조에 사용하는 이음과 맞춤에 관한 설명으로 옳은 것은?

① 이음과 맞춤은 공작이 복잡한 것을 쓰고 모양에 치중한다.
② 이음과 맞춤의 단면은 응력의 방향에 수평으로 한다.
③ 이음과 맞춤은 응력이 많이 작용하는 곳에서 만든다.
④ 이음과 맞춤 부재는 가급적 적게 깎아내어 약하게 되지 않도록 한다.

해설 | 목재 접합의 일반적인 원칙
 ㉠ 응력이 균등하게 전달되게 한다.
 ㉡ 이음과 맞춤은 응력이 작은 곳에서 실시하고, 응력 방향은 직각으로 한다.
 ㉢ 접합면은 단순한 모양으로 틈 없이 완전 밀착시킨다.
 ㉣ 트러스, 평보는 왕대공 가까이에서 이음한다.
 ㉤ 큰 응력을 받을 경우 이음, 맞춤 시 보강철물을 사용한다.
 ㉥ 모양에 치중하지 않으며, 공작이 간단한 것이 좋다.

38 ▶22,14
목재의 이음과 맞춤에 관한 설명으로 옳지 않은 것은?

① 이음과 맞춤의 단면은 응력의 방향에 평행으로 하여야 한다.
② 각 부재의 이음과 맞춤은 응력이 가장 적게 작용하는 곳에 만든다.
③ 공작이 간단한 것을 쓰고 모양에 치중하지 않는다.
④ 맞춤면은 정확히 가공하여 서로 밀착되어 빈틈이 없게 한다.

해설 | 이음과 맞춤은 응력이 작은 곳에서 실시하고, 응력 방향은 직각으로 한다.

39 ▶15
목구조에서 서까래, 장선 등에 사용하는 이음은?

① 빗이음
② 겹친이음
③ 엇빗이음
④ 턱걸이 주먹장이음

해설 | 빗이음
장선, 띠장, 서까래에 사용 볼트, 못보다 뒤틀림에 강하다.

40 ▶17
힘을 받는 목조부재에 구조적으로 가장 적절한 이음의 유형은?

① 주먹장 이음
② 메뚜기장 이음
③ 엇걸이 이음
④ 빗 이음

해설 | 엇걸이이음
평보, 기둥, 토대, 처마도리, 중도리에 사용. 구부림(휨)에 가장 효과적인 이음

정답 | 36 ① 37 ④ 38 ① 39 ① 40 ③

41 ▶16,12
목구조 부재간 맞춤의 연결이 옳지 않은 것은?

① 왕대공과 평보 - 짧은장부맞춤
② 기둥과 층도리 - 안장 맞춤
③ 왕대공과 마룻대 - 가름장 장부맞춤
④ 멍에와 장선 - 걸침턱 맞춤

해설 | 안장 맞춤 - 평보 + ㅅ자보

42 ▶19,12
목구조의 맞춤방법 중 걸침턱맞춤이 사용되는 목구조의 접합부분은?

① 왕대공 지붕틀의 ㅅ자보와 평보
② 왕대공 지붕틀의 평보와 왕대공
③ 목조마루틀의 멍에와 장선
④ 목재벽체의 기둥과 가새

해설 | 걸침턱맞춤
• 왕대공 지붕틀 : 평보 + 깔도리
• 목조 마루틀 : 멍에 + 장선

43 ▶18,13
왕대공 지붕틀에 관한 설명으로 옳지 않은 것은?

① 왕대공과 마룻대는 가름장 장부맞춤을 한다.
② 평보와 ㅅ자보는 안장맞춤으로 한다.
③ ㅅ자보와 달대공은 빗턱통넣고 짧은 사개맞춤으로 한다.
④ 왕대공과 평보는 짧은 장부맞춤으로 한다.

해설 | 왕대공 지붕틀

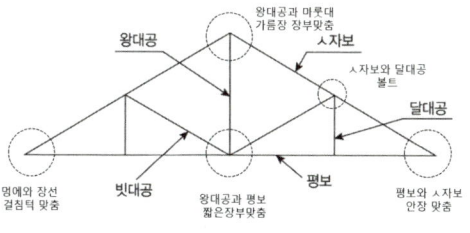

44 ▶21,17,18,15,13
널 한쪽에 홈을 파고 한 쪽에 혀를 내어 서로 물리게 하는 방법으로 못이 빠져나올 우려가 없어 마루널쪽매에 이상적인 것은?

① 맞댄쪽매
② 빗댄쪽매
③ 제혀쪽매
④ 딴혀쪽매

해설 | 제혀쪽매
널 한쪽에 홈을 파고 한 쪽에 혀를 내어 서로 물리게 하는 방법으로 못이 빠져나올 우려가 없어 마루널 쪽매에 사용

① 왕대공과 평보-짧은장부맞춤
② 평보와 ㅅ자보-안장 맞춤
③ 왕대공과 마룻대-가름장 장부맞춤
② 멍에와 장선-걸침턱 맞춤
③ ㅅ자보와 달대공, ㅅ자보와 평보-볼트

45 ▶18
다음 그림 중 제혀쪽매에 해당하는 것은?

①  ②

③  ④

정답 | 41 ② 42 ③ 43 ③ 44 ③ 45 ④

5 목공사 주요사항

46 ▶20,16

총 층수가 1층인 목구조 건축물에서 일반적으로 사용되지 않는 부재는?

① 토대
② 통재기둥
③ 멍에
④ 중도리

해설 | 통재기둥
아래층에서 위층까지 1개의 부재로 된 기둥

47 ▶20

다음 중 목구조의 수평력을 보강하기 위한 부재가 아닌 것은?

① 깔도리
② 가새
③ 버팀대
④ 귀잡이

해설 | 횡력(수평력)에 대한 보강재
가새, 버팀대, 귀잡이

48 ▶21,19

목구조 벽체의 수평력에 대한 보강 부재로 가장 유효한 것은?

① 가새
② 토대
③ 통재기둥
④ 샛기둥

해설 | 가새(brace)
㉠ 가새의 경사는 45°에 가까울수록 유리하다.
㉡ 가새는 수평력이 작용하는 방향에 따라 압축력 또는 인장력을 받는다.
㉢ 가새는 대칭으로 배치하는 것이 구조내력상 유리

49 ▶13

왕대공 지붕틀의 부재 중 인장재가 아닌 것은?

① ㅅ자보
② 평보
③ 왕대공
④ 달대공

해설 | 왕대공 지붕틀
- 왕대공, 평보, 달대공 : 인장재
- ㅅ자보 : 압축재

6 목재의 보강철물

50 ▶21

목구조의 맞춤에 사용되는 보강철물의 연결이 틀린 것은?

① 띠쇠 - 왕대공과 ㅅ자보
② 감잡이쇠 - 왕대공과 평보
③ 안장쇠 - 큰 보와 작은 보
④ 듀벨 - 샛기둥과 층도리

해설 | 맞춤에 사용되는 보강철물
- 띠쇠 : ㅅ자보와 왕대공, 기둥과 층도리
- 감잡이쇠 : 평보와 왕대공
- ㄱ자쇠 : 모서리 기둥과 층도리
- 안장쇠 : 큰 보와 작은 보
- 양나사 볼트 : 차마도리와 깔도리
- 주걱볼트 : 보와 처마도리

51 ▶20,17

2개의 목재를 접합할때 두 부재 사이에 끼워 볼트와 병용하여 전단력에 저항하도록 한 철물을 의미하는 것은?

① 듀벨
② 꺾쇠
③ 띠쇠
④ 감잡이쇠

해설 | 듀벨
볼트와 같이 사용하며 2개의 목재를 접합할때 두 부재 사이에 끼워 볼트와 병용하여 전단력에 저항하도록 한 철물(볼트는 인장력)

정답 | 46 ② 47 ① 48 ① 49 ① 50 ④ 51 ①

52 ▶13,12
목구조에 사용하는 이음, 맞춤의 보강철물로서 큰 보에 걸쳐 작은 보를 받게 하는데 사용되는 것은?

① 띠쇠
② 감잡이쇠
③ 안장쇠
④ 듀벨

해설 | 안장쇠 : 큰 보와 작은 보

53 ▶15,16
왕대공 지붕틀에 사용되는 부재와 보강철물의 연결이 옳은 것은?

① ㅅ자보와 평보 – 볼트
② ㅅ자보와 달대공 – 듀벨
③ ㅅ자보와 왕대공 – 감잡이쇠
④ 왕대공과 평보 – 띠쇠

해설 | • 볼트 : ㅅ자보와 평보, ㅅ자보와 달대공
  • 양나사 볼트 : 차마도리와 깔도리
  • 주걱볼트 : 보와 처마도리

정답 | 52 ③ 53 ①

02 석공사

Pass Note

예상출제문항		키워드
1	- 석재의 성질 - 성인에 의한 분류	- 화강암 - 변성암(대리석, 트레버틴)

1. 석재의 특성

장점	단점
• **압축강도**가 크고, 내마모성이 우수 • 내화성, 내구성, 내마모성, 내수성 우수 • 외관이 웅장하고 미려하고 갈면 광택이 난다. • 방한·방서적	• 불에 노출 되면 균열이 생기고 강도가 떨어진다. • 인장강도가 약하다. (압축강도의 1/20 ~ 1/40) • 중량이 크고 가공이 어렵다. • 장대재를 얻기 어렵다. • 벽체가 두꺼워 실내공간이 줄어든다.

2. 석재의 분류

1) 성인에 의한 분류

① **화성암** : 화강암, 안산암, 경석, 현무암 등
② **수성암** : 점판암, 응회암, 석회석, 사암 등
③ **변성암** : 대리석, 사문암, 트래버틴, 석면 등

 예제 01 다음 중 암석의 종류가 잘못 짝지어진 것은? [23,12]
① 화성암 - 석회암
② 변성암 - 대리석
③ 변성암 - 사문암
④ 수성암 - 사암

정답 ①

2) 석재의 종류

(1) 화성암 계열

지구 내부에서 유래하는 고온의 마그마가 고결하여 형성된 암석

종류	특성
화강암	• 주성분은 **석영, 장석, 운모** 등이다. • 압축강도가 높아서(1,600kg/cm^2), 석질이 견고하여 구조재로도 쓰이며 대형 구조재로 사용할 수 있다. • 내마모성·내구성이 우수하고, 흡수성은 낮다. • **내화도가 낮아서** 고열을 받는 곳에는 부적당하다. • 가공성이 용이하여 구조용이나 장식재료로 사용되나 **세밀한 가공(조각)이 어려운 단점**이다.
안산암	• 가공성이 좋고 내화성도 높은 무광택의 석재 • 경도·비중·강도가 크고 내화성은 높으나, 내구성 및 색채 등이 떨어진다. • 큰 재료를 얻기가 어렵다. • 콘크리트용 쇄석의 주원료로 기초석이나 석축 등에 쓰인다.

(2) 수성암 계열

암석의 조각, 물 속의 광물질, 동식물의 유해 등이 침전되어 형성되는 석재

종류	특성
사암	• 모래입자와 교착제 같이 경화된 것으로 흡수율이 높고 내화성이 크며 가공에 편리하다. • 경질사암은 외벽재, 경구조재로, 연질사암은 장식재로 쓰인다.
점판암	• 이판암(점토분)이 지열, 지압으로 변질, 응고되어 형성된 석재 • 석질이 치밀하고 판재로 만들 수 있어 천연슬레이트 지붕재, 외벽재, 숫돌, 비석으로 사용된다.
응회암	• 연질 다공질 암석으로 내화도가 높은 석재, 경량골재, 내화재 • 암석 분쇄물과 혼합, 퇴적·응고된 것이다. • **흡수율이 가장 높다.** • 건축구조재료는 부적당하다.
석회암	• 석회질이 용해, 침전 및 퇴적되어 응고된 것이다. • 시멘트, 석회의 주원료

(3) 변성암 계열

종류	특성
대리석	• 석회암이 변성되어 결정화된 암석으로 주성분은 **탄산석회**이다. • **산과 열에 약하여 풍화하기 쉽다.** • 강도는 크나 내구성이 작아서 외장재로는 부적합하다. • 색채와 재질이 아름다워 갈면 고운 광택이 나며 실내장식재, 조각용으로 많이 사용된다. • 품질의 변화가 심하고 균열이 많아서 통행이나 마모가 많은 장소에는 부적합하다.
트래버틴	• 용천의 침전물이나 종유굴 속의 석순, 종유석 등으로 생겨난 **황갈색의 다공질의 대리석의 일종** • 석질이 불균일하며 특수 **실내용** 장식재로 사용
사문암	• 암녹색 바탕에 흑백색의 미려한 무늬가 있다. • 강도가 약하고 풍화성이 있어 실내장식용으로 사용

다음 석재 중 구조용으로 가장 적합하지 않은 것은? [24,22]
① 사문암　　　② 화강암　　　③ 안산암　　　④ 사암

정답 ①

3) 석재제품

(1) 암면
① 안산암, 사문암을 고열로 녹여 이를 고압공기로 세게 불어서 만든 면상제품이다.
② 흡음성·내화성·단열성·보온성 등이 우수하고, 절연재 및 음이나 열의 차단재로 쓰인다.

(2) 질석
① 운모계 광석을 800~1000℃정도로 **가열 팽창시켜 체적이 5~6배로 된 다공질 경석**으로 시멘트와 배합하여 콘크리트블록, 벽돌 등을 제조하는데 사용된다.
② 방음, 보온, 경량, 결로 방지 목적으로 콘크리트블록을 만들어 주로 벽체에 사용된다.

 운모계 광석을 800~1000℃정도로 가열 팽창시켜 체적이 5~6배로 된 다공질 경석으로 시멘트와 배합하여 콘크리트블록, 벽돌 등을 제조하는데 사용되는 것은? [23,22]
① 암면(rock wool)　　　　　　② 질석(vermiculite)
③ 트래버틴(travertine)　　　　④ 석면(asbestos)

정답 ②

(3) 테라죠판(Terrazzo)
① **대리석을 종석으로 고가인 천연석을 대체**할 목적으로 생산되었으며 인조석 자체의 특성을 그대로 갖춘 대표적인 인조대리석으로 건축물의 바닥재로 쓰인다.
② 대리석, 화강암 등의 분수골재, 안료, 시멘트 등을 혼합한 콘크리트로 성형하고, 경화한 후 표면을 연마 광택을 내어 마무리한 석재제품이다.

(4) 인조석판
① 화강암을 종석으로 대리석, 사문암 등의 쇄석을 백색 포틀랜드시멘트에 안료를 섞어 바른 후에 성형한 모조품으로, 내·외장용으로 마루, 벽 등에 쓰인다.
② 천연석의 단점을 보완하여 원가 절감이나 가공을 용이하게 하기 위해 만든 제품으로, 착색제 혼입품, 천연 석분 혼입품, 테라죠 등이 있다.

3. 석재의 일반적 성질

구분	내용
강도	• **압축강도**가 매우 크며 인장강도는 압축강도의 1/10~1/40 정도 • 화강암 > 대리석 > 안산암 > 사암 > 응회암 > 부석 • 압축강도는 **단위용적질량**이 높을수록 크다. • 압축강도는 **공극률**이 작을수록 크다. • 압축강도는 **함수율**이 작을수록 크다.

내화도	• 1,000℃ : 화산암, 안산암, 사암, 응회암 • 800℃ : 화강암 • 700~800℃ : 대리석
흡수율	• 압축강도가 클수록 흡수율이 적다. • 예외적으로 대리석이 화강암보다 흡수율이 적다. • **응회암** > 사암 > 안산암 > 화강암 • 점판암 > 대리석
내구성	• 흡수율이 큰 다공질일수록 동해를 받기 쉽다. • 조암광물이 미립자일수록 내구성이 크다. • 조암광물 중에 황화물, 철분함유광물, 탄산마그네시아, 탄산칼슘 등은 **풍화되기 쉽다**.
비중	• 조암광물의 비율, 특성, 공극률에 따라 달라진다. • 비중은 강도에 비례 • 대리석 > 화강암 > 안산암 > 사암 > 응회암 > 부석

※ 조암광물 : 암석을 구성하는 석영, 운모, 장석, 사문석, 방해석 등을 조암광물이라 한다.

4. 석재의 가공

공정	가공법	공구
혹두기(메다듬)	마름돌 표면의 거친 돌출부를 쳐서 다듬는 작업	쇠메, 망치
정다듬	정으로 쪼아 거친 면을 평평하게 다듬는 작업	정
도드락다듬	정다듬한 면을 더욱 평탄하게 다듬는 작업	도드락망치
잔다듬	도드락 다듬면 위를 곱게 쪼아 평탄하게 다듬는 작업	양날망치
물갈기	돌면에 물을 뿌려 갈고 표면광택을 내는 작업	금강사, 숫돌, 모래

쇠메　　　정　　　도드락 망치　　　날망치　　　금강사, 숫돌
카보렌덤

- 석재의 가공 순서 : **혹두기** → **정다듬** → 잔다듬 → 물갈기 → **정갈기(광내기)**
- 석재 가공 후 검사내용 : 다듬기 정도, 마무리 및 치수의 정도, 면의 평활도, 모서리 각 여부

예제 04 석재 갈기의 공정 중 일반적으로 광택기구를 사용하여 광내기를 처리하는 공정은? [25, 20, 18]
① 거친갈기　　② 물갈기
③ 본갈기　　　④ 정갈기

정답 ④

핵심 기출문제

02 석공사

1. 석재의 분류 및 종류

01 ▶17,16,14
석재의 성인에 의한 분류 중 화성암에 속하지 않는 것은?

① 화강암 ② 안산암
③ 응회암 ④ 현무암

해설 | ㉠ 화성암 : 화강암, 안산암, 경석, 현무암 등
㉡ 수성암 : 점판암, 응회암, 석회석, 사암 등
㉢ 변성암 : 대리석, 사문암, 트래버틴, 석면 등

02 ▶16
변성암이 아닌 석재는?

① 대리석 ② 사문암
③ 석회암 ④ 트래버틴

해설 | 변성암 : 대리석, 사문암, 트래버틴, 석면 등

03 ▶13
석재를 성인에 의해 분류하면 크게 화성암, 수성암, 변성암으로 대별되는데 다음 중 수성암에 속하는 것은?

① 사문암 ② 대리암
③ 현무암 ④ 응회암

해설 | 수성암 : 점판암, 응회암, 석회석, 사암 등

04 ▶21,18
질이 단단하고 내구성 및 강도가 크며 외관이 수려하나 함유광물의 열팽창계수가 달라 내화성이 약한 석재로 외장, 내장, 구조재, 도로포장재, 콘크리트 골재 등에 사용되는 것은?

① 응회암
② 화강암
③ 화산암
④ 대리석

해설 | 화강암
- 주성분은 석영(30%), 장석(65%) 등이다.
- 압축강도가 높아서(1,600kg/cm²)로, 석질이 견고하여 구조재로도 쓰이며 대형 구조재로 사용할 수 있다.
- 내마모성·내구성이 우수하고, 흡수성은 낮다.
- 내화도가 낮아서 고열을 받는 곳에는 부적당하다.
- 가공성이 용이하여 구조용이나 장식재료로 사용되나 세밀한 가공(조각)이 어려운 단점이다.

05 ▶18
일반 석재와 비교한 화강암의 성질에 관한 설명으로 옳지 않은 것은?

① 내구성 및 강도가 크다.
② 내화도가 낮아 가열시 균열이 생긴다.
③ 조각재료로 매우 적합하다.
④ 절리의 거리가 비교적 커서 큰 판재로 생산할 수 있다.

해설 | 화강암
- 가공성이 용이하여 구조용이나 장식재료로 사용되나 세밀한 가공(조각)이 어려운 단점이다.

정답 | 01 ③ 02 ③ 03 ④ 04 ② 05 ③

06 ▶20
트래버틴(travertine)에 관한 설명으로 옳지 않은 것은?

① 석질이 불균일하고 다공질이다.
② 변성암으로 황갈색의 반문이 있다.
③ 탄산석회를 포함한 물에서 침전, 생성된 것이다.
④ 특수 외장용 장식재로써 주로 사용된다.

해설 | 트래버틴
- 용천의 침전물이나 종유굴 속의 석순, 종유석 등으로 생겨난 황갈색의 다공질의 대리석의 일종
- 석질이 불균일하며 특수 실내용 장식재로 사용

07 ▶12,12
대리석의 일종으로 다공질이며 황갈색의 반문이 있고 갈연 광택이 나서 우아한 실내장식에 사용되는 것은?

① 테라죠   ② 트래버틴
③ 석연   ④ 점판암

해설 | 문제 6번 해설 참조

08 ▶19,13
석회암이 변성된 것으로 강도가 높고 색채와 결이 아름다우나, 풍화하기 쉬우므로 주로 내장재로 사용되는 것은?

① 화강암   ② 안산암
③ 응회암   ④ 대리석

해설 | 대리석
- 석회암이 변화되어 결정화된 암석으로 주성분은 탄산석회이다.
- 산과 열에 약하다.
- 강도는 크나 내구성이 작아서 외장재로는 부적합하다.
- 색채와 재질이 아름다워 갈면 고운 광택이 나며 실내장식재, 조각용으로 많이 사용된다.
- 품질의 변화가 심하고 균열이 많아서 통행이나 마모가 많은 장소에는 부적합하다.

09 ▶20,18
대리석, 사문암, 화강암의 쇄석을 종석으로 하여 보통 포틀랜드 시멘트 또는 백색포틀랜드 시멘트에 안료를 섞어 충분히 다진 후 양생하여 가공연마 한 것으로 미려한 광택을 나타내는 시멘트 제품은?

① 테라조판
② 펄라이트 시멘트판
③ 듀리졸
④ 펄프 시멘트판

해설 | 테라죠판(Terrazzo)
㉠ 대리석을 종석으로 고가인 천연석을 대체할 목적으로 생산되었으며 인조석 자체의 특성을 그대로 갖춘 대표적인 인조대리석으로 건축물의 바닥재로 쓰인다.
㉡ 대리석, 화강암 등의 분수골재, 안료, 시멘트 등을 혼합한 콘크리트로 성형하고, 경화한 후 표면을 연마 광택을 내어 마무리한 석재제품이다.

2 석재의 일반적 성질 및 가공

10 ▶21
석재의 일반적인 성질에 관한 설명으로 옳지 않은 것은?

① 석재 중 석회암·대리석 등은 풍화에 약한편이다.
② 흡수율은 동결과 융해에 대한 내구성이 지표가 된다.
③ 인장강도는 압축강도의 1/10 ~ 1/30정도이다.
④ 단위용적질량이 클수록 압축강도는 작고, 공극률이 클수록 내화성이 작다.

해설 | 석재의 강도
- 압축강도가 매우 크며 인장강도는 압축강도의 1/10 ~ 1/40 정도
- 압축강도는 단위용적질량이 높을수록 크다.
- 압축강도는 공극률이 작을수록 크다.
- 압축강도는 함수율이 높을수록 적다.

정답 | 06 ④ 07 ② 08 ④ 09 ① 10 ④

11

석재의 일반적 성질에 관한 설명으로 옳지 않은 것은?

① 석재의 강도는 비중에 비례한다.
② 석재의 공극률이 크면 동결융해 반복으로 동해하기 쉽다.
③ 석재의 함수율이 높을수록 강도가 저하된다.
④ 석재의 강도 중에서 가장 큰 것은 인장강도이며 압축, 휨 및 전단강도는 인장강도에 비하여 매우 작다.

해설 | 석재의 강도
압축강도가 매우 크며 인장강도는 압축강도의 1/10 ~ 1/40 정도

12

석재의 각종 성질에 대한 설명으로 옳지 않은 것은?

① 인장, 전단-휨강도가 압축강도에 비해 매우 작다.
② 마모저항성 시험에는 로스엔젤레스 시험기가 사용된다.
③ 내구성은 석재의 조직, 조암광물의 조직에 따라 다르다.
④ 고온에서 석재가 파괴되는 이유는 조암광물의 팽창계수가 서로 같기 때문이다.

해설 | 석재의 역학적 성질
석재는 조암광물의 비율, 특성, 공극률에 따라 역학적 성질이 달라지며 팽창계수 또한 서로 달라 고온에서 파괴된다.

13

다음 각 석재에 대한 설명 중 옳지 않은 것은?

① 화강암의 내화도는 응회암보다 낮다
② 규산질사암의 강도는 석회질사암보다 높다.
③ 점판암은 슬레이트로써 지붕 등에 쓰인다.
④ 대리석은 석영, 장석, 운모 등으로 구성되어 있다.

해설 | 대리석
석회암이 변화되어 결정화된 암석으로 주성분은 탄산석회이다.

14

다음 중 흡수율이 가장 높은 석재는?

① 대리석   ② 점판암
③ 화강암   ④ 응회암

해설 | 석재의 흡수율
• 응회암 > 사암 > 안산암 > 화강암
• 점판암 > 대리석

15

석재의 내구성에 관한 설명으로 옳지 않은 것은?

① 조암광물이 미립자일수록 내구성이 크다.
② 흡수율이 큰 다공질일수록 동해를 받기 쉽다.
③ 조암광물 중에 황화물, 철분함유광물, 탄산마그네시아, 탄산칼슘 등은 풍화되기 어렵다.
④ 석재의 내구성은 조직, 조암광물의 종류 등에 따라 달라진다.

해설 | 석재의 내구성
• 흡수율이 큰 다공질일수록 동해를 받기 쉽다.
• 조암광물이 미립자일수록 내구성이 크다.
• 조암광물 중에 황화물, 철분함유광물, 탄산마그네시아, 탄산칼슘 등은 풍화되기 쉽다.

16

암석을 이루고 있는 조암광물에 대한 설명으로 옳지 않은 것은?

① 감섬석·휘석은 검정색은 띤다.
② 방해석은 산에 쉽게 용해된다.
③ 흑운모는 백운모에 비해 안정도가 떨어진다.
④ 석영은 산·알칼리에 약하다.

해설 | 조암광물
암석을 구성하는 석영, 운모, 장석, 사문석, 방해석 등을 조암광물이라 한다. 그 중 석영은 산·알칼리에 강하며 팽창계수가 작다.

정답 | 11 ④ 12 ④ 13 ④ 14 ④ 15 ③ 16 ④

17 ▶19,14
다음 석재 중 평균 내구연한이 가장 작은 것은?

① 화강석　② 석회암
③ 백운석　④ 사암조립

해설 | 내구성
화강석 > 백운석 > 석회암 > 사암조립

18 ▶12
석재의 구성 광물 중에서 경도가 가장 큰 것은?

① 백운석　② 석영
③ 장석　　④ 방해석

해설 | 석재의 강도 순위
- 화강암 > 대리석 > 안산암 > 사암 > 응회암 > 부석
- 화강암 : 주성분은 석영, 장석, 운모 등이다.
- 경도(hardness)가 높다는 강도가 높다로 해석 가능

19 ▶16
석재의 인력가공에 의한 가공 순서로 옳은 것은?

① 혹두기 - 정다듬 - 잔다듬 - 물갈기
② 혹두기 - 물갈기 - 정다듬 - 잔다듬
③ 정다듬 - 혹두기 - 물갈기 - 잔다듬
④ 정다듬 - 잔다듬 - 혹두기 - 물갈기

해설 | 석재의 가공 순서
혹두기 → 정다듬 → 잔다듬 → 물갈기 → 광내기(정갈기)

정답 | 17 ④　18 ②　19 ①

03 조적공사

> **Pass Note**

예상출제문항	키워드
2	- 벽돌 종류별 특성 - 점토벽돌 소성온도	- 벽돌 쌓기법 - 벽량 산출

1. 벽돌공사

1) 벽돌의 규격(단위 : mm)

구분	길이	너비	두께	허용값
표준형	190	90	57	±3
내화벽돌	230	114	65	±2

> **Note** 벽돌의 품질 기준(KSL 4201)
> - 1종 벽돌 : 압축강도 24.5 N/mm² 이상, 흡수율 10% 이하
> - 2종 벽돌 : 압축강도 14.79 N/mm² 이상, 흡수율 15% 이하

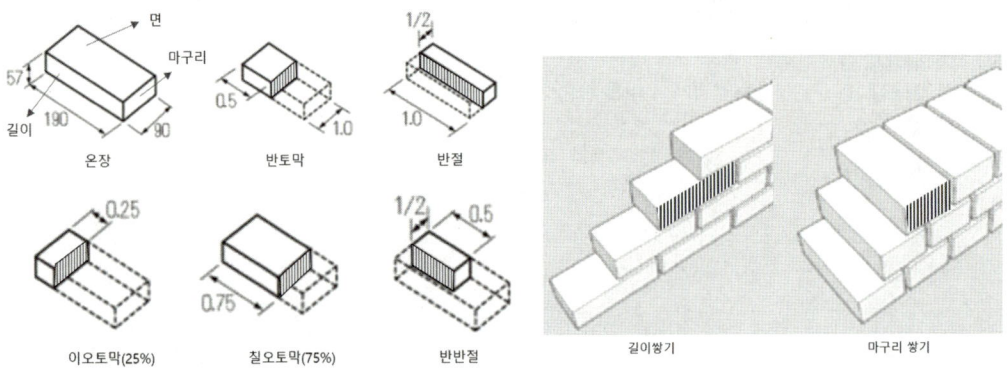

표준형 시멘트 벽돌을 사용하여 1.5B쌓기로 벽을 쌓았을 때 벽의 두께로 가장 적합한 것은? [24,23,22]
① 150mm ② 190mm
③ 290mm ④ 320mm

해설 | 표준형
㉠ 0.5B : 90mm
㉡ 1.0B : 190mm
㉢ 1.5B : 190 + 10(줄눈너비) + 90 = 290mm
㉣ 2.0B : 190 + 10 + 190 = 390mm

정답 ③

2) 벽돌의 종류

(1) 점토벽돌(붉은벽돌)

① 진흙을 빚어 소성한 적색 또는 적갈색의 벽돌이다. 붉은색을 결정하는 가장 중요한 원료는 점토 중에 포함되어 있는 **산화철** 때문이다.
② 소성온도가 높을수록 흡수율이 적다.
③ **지나치게 소성**하면 벽돌 표면에 **그라우트**가 생성되어 은회색이 되기도 한다.
④ 과소품(過燒品)은 질이 견고하고, 흡수율이 낮으나 형상이 일그러져 부정형이다.
⑤ 포장도로용 벽돌이나 타일은 내마모성의 보유가 매우 중요하다.

 점토제품의 품질에 관한 설명으로 옳지 않은 것은? [25,22]
① 점토소성벽돌 표면의 은회색 그라우트는 소성이 불충분할 때 발생한다.
② 포장도로용 벽돌이나 타일은 내마모성의 보유가 매우 중요하다.
③ 점토 벽돌의 품질은 압축강도, 흡수율 등으로 평가할 수 있다.
④ 화학적 안정성은 고온에서 소성한 제품이 유리하다.

정답 ①

(2) 시멘트벽돌
① 시멘트와 골재를 배합하여 성형 제작한 것이다.
② 압축강도는 5.88N/mm^2 이상, 골재의 최대크기 10mm 이하

(3) 내화벽돌
① 내화점토를 S.K(내화도) 26~42(1,580~2,000℃)로 소성한 벽돌(주원료 광물 : **납석**)
② 규격은 230mm × 114mm × 65mm로 보통벽돌보다 약간 크다.
③ 줄눈에는 내화 모르타르(샤모트·규석 분말+내화점토)를 사용한다.
④ 고온에 견디는 굴뚝, 보일러, 난로 내부 안쌓기용으로 사용
  ※ 물축임을 하지 않는다.(이유는 접합에 기경성인 내화점토를 사용하기 때문)

예제 03 내화점토질 벽돌은 최소 얼마 이상의 내화도를 가진 것을 의미하는가? [24,21,20]
① 내화도 20 이상 ② 내화도 22 이상
③ 내화도 24 이상 ④ 내화도 26 이상

정답 ④

(4) 경량벽돌

가벼운 골재를 사용하여 만든 벽돌로 **방음성과와 단열이 우수**하고 흡수율이 크다.

저급점토, 목탄가루, 톱밥 등을 혼합하여 성형 후 소성한 것으로 속이 비어있는 중공 벽돌과 무수한 공간이 있는 다공질 벽돌로 구분한다.

명칭	개요
중공 벽돌	• 벽돌에 구멍을 뚫은 것으로 단열벽, 방음벽 등으로 사용된다. • 건물의 경량화를 위한 비내력벽, 칸막이벽 등에 사용
다공질 벽돌	• 점토에 톱밥, 겨, 탄가루 등을 30~50% 정도 혼합, 소성한 것으로 비중 1.2~1.5 정도로 가볍다. • 방음, 흡음성이 좋으나 강도가 약해 구조용으로는 사용이 불가능하다. • 절단, 못치기 등의 가공성이 우수하다.

(5) 특수벽돌

명칭	개요
이형벽돌	특수한 형상으로 만든 벽돌로 출입구, 창문 아치쌓기 등에 사용된다.
검정벽돌	불완전 연소로 소성된 벽돌로 주로 치장용으로 사용된다.
포도벽돌	경질벽돌로 마멸이나 충격에 강하고, 흡수율이 작아 **도로의 포장이나 바닥용**으로 사용된다.
오지벽돌	오짓물(유약 종류)을 칠하여 소성한 치장벽돌로 표면이 매끄럽고 깨끗하여 건물의 외벽, 내부 치장을 목적으로 사용된다.
날벽돌	점토류를 성형하여 자연 건조한 벽돌
광재벽돌	광재(슬래그를 분쇄한 것에 소석회를 가하여 성형)를 주원료로 만든 벽돌

3) **모르타르 및 줄눈**

(1) 모르타르(Mortar)

시멘트 + 석회 + 모래 + 물을 혼합하여 비빔을 한 것으로,

① 시멘트 응결은 가수 후 1시간부터 시작되므로 배합 후 1시간 이내에 사용해야 한다.(응결시간 : 1~10시간)
② 모르타르 강도는 벽돌 강도 이상인 것으로 사용한다.
③ 줄눈 두께는 표준 10mm (단, 내화벽돌은 6mm)
④ 시멘트와 모래의 용적 배합비

구분	조적용(쌓기용)	아치 쌓기용	치장 줄눈용
시멘트 : 모래	1 : 3 ~ 1 : 5	1 : 2	1 : 1

예 시멘트 : 석회 : 모래 = 1 : 1 : 3

(2) 줄눈(Joint)

벽돌 상호간을 접착시키는 모르타르 부분을 줄눈이라 한다. 줄눈에는 가로줄눈과 세로줄눈이 있고, 세로줄눈에는 막힌줄눈과 통줄눈이 있다. 줄눈의 두께는 가로, 세로 각각 10mm(내화벽돌 6mm)를 표준으로 한다.

① **막힌줄눈**
세로줄눈의 상하가 막힌 것으로 **상부하중을 하부로 고르게 분포시켜** 구조내력상 유리하므로 내력벽에 사용한다.

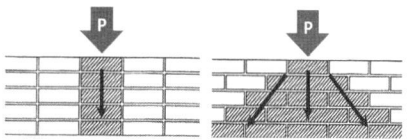

② 통줄눈
세로줄눈의 상하가 연결되어 있어 상부하중이 집중되므로 구조내력상 불리하고, 균열이 잘 발생하므로 보강콘크리트블록구조를 제외한 모든 내력벽은 반드시 막힌 줄눈으로 시공한다.

③ 치장줄눈
  ㉠ 벽돌 벽면의 의장적 효과를 위한 줄눈으로 벽돌쌓기 후 줄눈모르타르가 굳기 전에 깊이 8~10mm 정도로 줄눈파기를 하고 1:1 ~1:2의 배합모르타르를 줄눈흙손으로 수밀하게 처리한다.
  ㉡ 치장줄눈 모르타르에는 방수제를 넣어 사용하기도 하고 백시멘트, 색소 등을 첨가하는 경우도 있다.

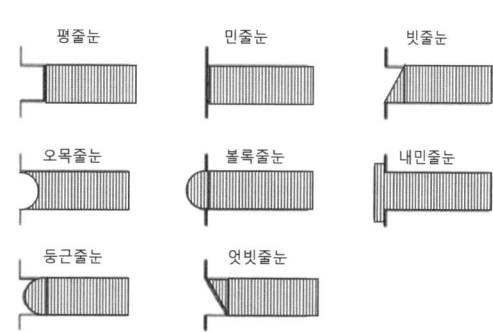

  ㉢ 치장줄눈은 백화현상을 방지할 수 있도록 될 수 있는 대로 빠른 시기에 작업을 한다.
  ㉣ 시공은 벽면 상부에서부터 하부로 한다.(벽돌은 아래에서 위로)

4) 벽돌 쌓기

(1) 국가별 벽돌쌓기법

종류	특징	비고
영식 쌓기 (영국)	한 켜는 길이쌓기, 다음 켜는 마구리쌓기로 하며, 벽의 끝이나 모서리에 반절 또는 이오토막 사용	**가장 튼튼**한 형식
화란식 쌓기 (네덜란드)	영식쌓기와 같으나 벽의 끝이나 모서리에 **칠오토막** 사용	한국에서 가장 많이 사용
불식 쌓기 (프랑스)	**한 켜에 길이쌓기, 마구리쌓기로 번갈아** 쌓는 방식으로 외관이 아름다운 쌓기 방식	비내력벽, 치장용
미식 쌓기 (미국)	**5켜는 길이쌓기**를 하고 한 켜는 마구리쌓기로 하며, 뒷면은 영식 쌓기 방식	치장용

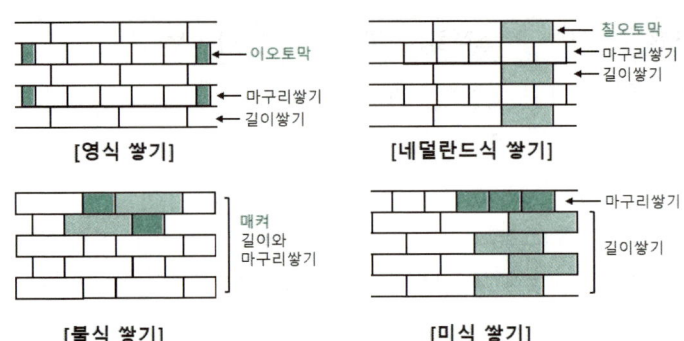

[영식 쌓기] [네덜란드식 쌓기] [불식 쌓기] [미식 쌓기]

예제 04 벽돌쌓기 방식 중 가장 튼튼한 쌓기법은? [23,16,15]
① 영식 쌓기　　　　　　　② 네덜란드식 쌓기
③ 프랑스식 쌓기　　　　　④ 미국식 쌓기

정답 ①

(2) 공간(중공벽) 쌓기
① 벽체 방습, 방음, 단열을 목적으로 공간을 두고 벽을 쌓는 방식
② 공간 너비는 0.5B 이내(50～90mm)로 하며 50mm를 표준으로 한다.
③ 도면 및 시방서에 정한 바가 없으면 바깥벽을 주벽체로 한다.

(3) 내쌓기
① 벽면에서 부분적으로 길게 내밀어 박공벽, 수평띠 등의 모양을 내기 위해 벽면에서 벽돌을 쌓는 방식
② 내쌓기는 한 켜당 $\frac{1}{8}$B 또는 두 켜당 내밀 때는 $\frac{1}{4}$B로 하고, 최대 내미는 길이는 2.0B 이내로 한다.
③ 내쌓기는 마구리 쌓기로 하는 것이 강도상 유리하다.

(4) 아치쌓기
① 아치는 상부에서 오는 수직 하중이 아치 축선에 따라 옆으로 분산시키기 위한 쌓기법으로 부재의 하부에 인장력이 생기지 않도록 한다.
② 아치줄눈의 방향은 모두 중심에 모이게 한다.

(5) 벽돌쌓기 시공 주의 사항
① 불량벽돌은 반출하고 사용하지 않는다.
② 굳기 시작한 모르타르는 사용하지 않는다. (가수 후 1시간 이내)
③ 벽돌쌓기 전 충분히 물축임을 하여 쌓는다.
④ 하루쌓기 높이는 1.2m～1.5m(18～22켜)로 한다.
⑤ 내화벽돌은 물을 사용하지 않고 내화 모르타르로 쌓아야 한다.
⑥ 모르타르 강도는 벽돌강도보다 커야 한다.
⑦ 가로, 세로줄눈의 두께는 10mm가 표준이며, 보강블록조를 제외하고 통줄눈이 생기지 않도록 한다.
⑧ 도면 또는 공사시방서에 정하는 바가 없을 때는 영식 또는 화란식 쌓기법으로 한다.

5) 벽돌벽의 균열과 백화현상

(1) 벽돌벽의 균열

계획, 설계상의 미비	시공상의 결함
① 기초의 부동침하 ② 건물의 평면, 입면의 불균형 배치 ③ 불균형 하중, 큰 집중하중 등 ④ 벽돌 벽체의 강도 부족 ⑤ 개구부 크기의 불합리 및 불균형 배치	① 벽돌 및 모르타르의 강도 부족 ② **재료의 신축성**(흡수 및 온도에 의한) ③ 이질재와의 접합부 ④ 콘크리트보 밑의 모르타르 다져 넣기의 부족 ⑤ 모르타르 바름의 신축 및 들뜨기

(2) 백화 현상(白花, Efflorescence)

벽돌벽에 물이 스며들어 벽체 표면에 흰색가루가 나타나는 현상으로, 벽의 표면에 침투하는 빗물로 인해 줄눈 모르타르 중의 **석회분이 표면에 유출**될 때 공기 중의 탄산가스와 결합하여 **석회성분($CaCO_3$)** 으로 되어 벽의 표면에 생기는 현상이다.

① 방지법
　㉠ 잘 구워진(소성이 잘된) 양질의 벽돌을 사용할 것
　㉡ 줄눈 모르타르에 방수제를 혼합하여 밀실 하게 시공
　㉢ 빗물이 침입을 최소화하기 위해 벽면에 비막이 설치
　㉣ 벽돌 표면에 파라핀 도료를 발라 염류의 유출을 막는다.
　㉤ 물이 증발되는 시간이 길어지는 경우에 더 많이 발생하므로 여름철보다 **겨울철에 발생하는 빈도가 높다.**
　㉥ 백화현상이 심할때는 물(5) + 염산(1)을 혼합하여 벽면 부위를 세척하면 백화 제거에 효과가 있다.

예제 05

벽돌에 생기는 백화를 방지하기 위한 방법으로 옳지 않은 것은? [24, 23]
① 10% 이하의 흡수율을 가진 양질의 벽돌을 사용한다.
② 벽돌면 상부에 빗물막이를 설치한다.
③ 파라핀 도료를 발라 염류가 나오는 것을 방지한다.
④ 줄눈 모르타르에 석회를 넣어 바른다.

정답 ④

6) 조적식 구조

(1) 조적식 구조의 장단점

장점	단점
① 내화·내구적 ② 방한·방서적 ③ 외관이 장중하고 미려 ④ 구조 및 시공법이 간단	① **횡력**(지진, 바람 등)에 약하고 벽체에 균열이 발생되기 쉽다. ② 벽체에 습기가 차기 쉽다. ③ 벽체 두께가 두꺼워져서 실내공간이 줄어든다.

(2) 내력벽의 높이와 길이

조적조 내력벽은 평면상 균형 있게 배치하고, 상·하층의 내력벽과 개구부 등은 수직선상에 있게 배치한다.

① 내력벽으로 둘러싸인 실의 면적은 80m²를 초과하지 않도록 한다.
② 내력벽의 길이는 10m 이하로 하고, 10m 이상일 경우에는 부축벽으로 보강하거나 벽붙임 두께를 증가시킨다.
③ 2층 건축물에서 2층 내력벽의 높이는 **4m**를 넘을 수 없다.
④ 각 층의 내력벽은 평면상으로 동일한 위치에 오도록 배치한다.
⑤ 내력벽이 이중벽인 경우에는 이중벽 중 하나의 벽만 내력벽으로 인정한다.

(3) 개구부의 설치

① 개구부 폭의 합계는 그 벽 길이의 **1/2 이하**로 한다.
② 개구부와 개구부와의 수직거리는 60cm 이상으로 한다.
③ 개구부 상호간, 개구부와 대린벽의 중심과의 수평거리는 그 벽 두께의 2배 이상으로 한다.
④ 창문을 위한 개구부는 상하 수직·수평으로 설치하는 것이 유리하다.

7) 벽돌 소요량

① 벽돌 정미량 = 벽돌쌓기 면적 × 단위 면적당 장수
② 벽돌 구매량 = 정미량 × (1 + 할증률)
　※ 할증률 : 시멘트 벽돌 5%, 붉은 벽돌과 내화 벽돌 3%
③ 단위 수량(단위 : 장/m²)

종류		0.5B	1.0B	1.5B	2.0B	줄눈
표준형	190 × 90 × 57	75	149	224	298	10
일반형(기존형)	210 × 100 × 60	65	130	195	260	10
내화벽돌	230 × 114 × 65	59	118	177	236	6

벽두께 1.0B, 벽면적 30m² 쌓기에 소요되는 벽돌의 정미량은? (단, 기본벽돌[190 × 90 × 57] 사용) [23,17,14]

① 3,900매　　　　　　　② 4,095매
③ 4,470매　　　　　　　④ 4,604매

해설 | 벽돌량 산출
　　　1.0B = 30 × 149 = 4,470매

정답 ③

2. 블록공사

1) 블록의 규격

구분	길이	높이	두께	허용값	이미지
기본형 블록	390mm	190mm	100mm 150mm 190mm	±2~3	
이형 블록	길이, 높이, 두께의 최소를 90mm 이상으로 한다.				

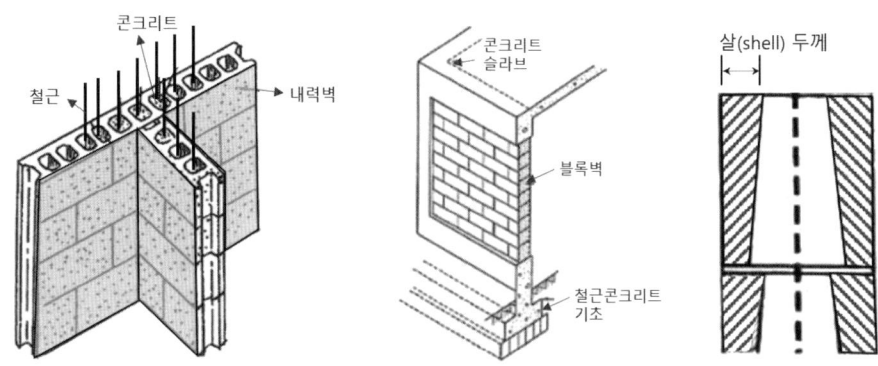

2) 블록쌓기

① 블록은 모르타르 접합 부분만 물축임을 한다.
② 일반 블록쌓기는 막힌 줄눈, 보강 블록조는 통줄눈으로 한다.
③ 하루 쌓는 높이는 1.2m(6켜)~1.5m(7켜) 정도로 한다.
④ 블록 살(shell)두께가 두꺼운 쪽이 위로 가게 쌓는다.(하중 분산 효과)
⑤ 쌓기용 모르타르 배합비는 1:3~1:5(시멘트:모래), 모르타르 강도는 블록강도의 1.3~1.5배 정도를 사용한다.

3) 인방보 및 테두리보

(1) 인방보(Lintel)
  • 개구부 위에 수평으로 상부 하중을 좌우 벽으로 전달시키는 보
  • 인방블록은 좌우 벽면에 20cm 이상 걸치고 철근은 40d 이상 정착 시킨다.

(2) 테두리보(Wall Girder)
  각 층의 벽체 상부에 철근 콘크리트보를 둘러 내력벽과 일체로 연결한 보.

① 설치 목적
　㉠ **벽체를 일체로 연결**하여 하중을 균등하게 분산시킨다.
　㉡ 보강블록조에서 **세로 철근을 정착**하기 위하여 사용한다.
　㉢ 횡력에 의한 수직 균열을 방지한다.
　㉣ 집중하중을 받는 부분의 보강재 역할을 한다.

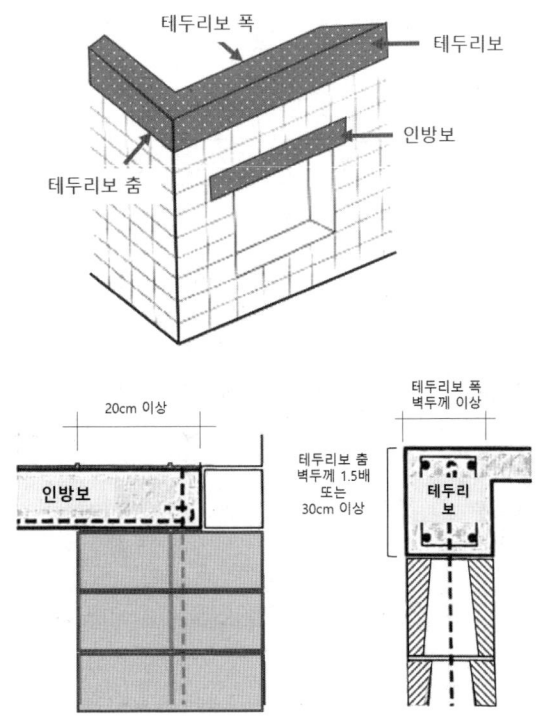

② 테두리보 치수
　㉠ 춤 : 벽 두께의 1.5배 이상 또는 30cm 이상
　㉡ 나비 : 벽 두께 이상
　㉢ 철근 정착 : 40d 이상

4) 보강 블록조(보강 콘크리트 블록조)
블록의 빈공간에 철근을 넣고 철근을 넣고 콘크리트를 채워 보강한 것으로 이상적인 구조이다. 철근을 넣기 위해 통줄눈 쌓기를 하며, 블록조에서 **가장 튼튼한 구조**이다.

① 세로근은 잇지 않고 기초보 하단에서 테두리보 상단까지 40d 이상 정착시킨다.
② 철근 굵기는 D10 이상으로 하고, 내력벽 끝부분, 모서리, 개구부 주변은 D13을 사용한다.
③ 가로근, 세로근의 간격은 80cm 이내로 한다.
④ 가로근의 이음은 25d 이상으로 하고 정착길이는 40d 이상으로 한다.
⑤ 철근의 피복두께는 2cm 이상으로 한다.
⑥ 철근은 굵은 것보다 가는 철근을 많이 사용하는 것이 강도에 유리하다.

5) 경량기포 콘크리트 블록 : ALC(Autoclaved Lightweight Concrete) Block

경량기포 콘크리트의 일종으로 생석회, 규사, 시멘트, 플라이애시 등을 원료로 하여 고압·증기양생한 블록을 말한다.

(1) 장점
① 불연재료로 경량이며 취급이 쉬운 편이라 현장에서 절단 및 가공하기 용이하다.
② 흡음성과 차음성이 우수하고 단열성이 좋다.
③ 건조 수축률이 작아 균열의 발생이 적다.

(2) 단점
① 경량 다공성 제품으로 흡수성이 커 방수, 방습 처리가 필요하다.
② 강도가 비교적 약하다.

6) 블록 소요량
① 계산식은 벽돌 소요량 공식과 동일
② 단위 수량(단위 : 장/m^2)

종류	블록매수
장려형(표준형) 290 × 190 × 100, 150, 190	17
기본형(기존형) 390 × 190 × 100, 150, 190	13

예제 07 콘크리트 블록 벽체 3 × 5m의 크기가 있다. 블록의 소요 매수는 다음 중 어느 것인가? (단, 기본형임)
[23,15]
① 145매　　　　　　　　　② 150매
③ 195매　　　　　　　　　④ 225매

해설 | 블록량
3 × 5 × 13장 = 195매(기본형은 1m^{2}당 13장이 소요됨)
13장 안에 할증률이 포함되어 있으므로 할증 4%를 별도로 가산하지 않는다.

정답 ③

7) 벽량 산출

단위 면적당 내력벽의 전체 길이(cm) 합계를 그 층의 바닥면적(m^2)으로 나눈값을 말한다.

$$\text{블록량(벽량 : cm/m}^2\text{)} = \frac{\text{내력벽의 길이}(cm)}{\text{바닥면적}(m^2)}$$

※ 보통 내력벽의 벽량은 15cm/m^2

예제 08 다음 그림과 같은 보강블록조의 평면도에서 x축방향의 벽량을 구하면? (단, 벽체두께는 150mm이며, 그림의 모든 단위는 mm임) [23, 22, 19, 13]

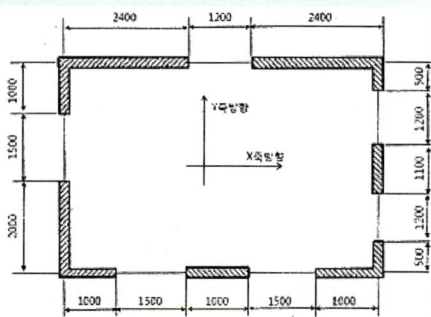

① 23.9cm/m²
② 28.9cm/m²
③ 31.9cm/m²
④ 34.9cm/m²

해설 | 벽량 = $\dfrac{(2.4+2.4+1+1+1)m}{(4.5\times 6)m} = \dfrac{7.8m}{27m^2} = \dfrac{780cm}{27m^2} = 28.9cm/m^2$

정답 ②

핵심 기출문제

03 조적공사

1 벽돌공사

01 ▶20

점토벽돌에 관한 설명으로 옳지 않은 것은?

① 적색 또는 적갈색을 띠고 있는 것은 점토내에 포함되어 있는 산화철분에 의한 것이다.
② 1종 점토벽돌의 압축강도 기준은 14.70 MPa 이상이다.
③ KS표준에 의한 점토벽돌의 모양에 따른 구분은 일반형과 유공형으로 나뉜다.
④ 2종 점토벽돌의 흡수율 기준은 15.0% 이하이다.

해설 | 벽돌의 품질 기준(KSL 4201)
- 1종벽돌 : 압축강도 24.5 N/㎟ 이상, 흡수율 10% 이하
- 2종벽돌 : 압축강도 14.79 N/㎟ 이상, 흡수율 15% 이하

02 ▶20,18

소성 점토벽돌에 관한 설명으로 옳지 않은 것은?

① 소성온도가 높을수록 흡수율이 적다.
② 붉은벽돌은 점토에 안료를 넣어서 붉게 만든 것이다.
③ 소성이 잘 된 것일수록 맑은 금속성 소리가 난다.
④ 과소품(過燒品)은 소성온도가 지나치게 높아서 질이 견고하고, 흡수율이 낮으나 형상이 일그러져 부정형이다.

해설 | 붉은벽돌
진흙을 빚어 소성한 적색 또는 적갈색의 벽돌이다. 붉은색을 결정하는 가장 중요한 원료는 점토 중에 포함 되어 있는 산화철 때문이다.

03 ▶17,12

소성 점토벽돌의 붉은색을 결정하는 가장 중요한 요소는?

① 구리   ② 산화철
③ 아연   ④ 니켈

해설 | 문제 2번 해설참조

04 ▶17

점토벽돌 1종의 압축강도는 최소 얼마 이상인가?

① 17.85MPa   ② 19.53MPa
③ 20.59MPa   ④ 24.50MPa

해설 | 문제 1번 해설참조

05 ▶20

내화벽돌로 인정받기 위하여 필요한 내화도(SK)의 기준은 최소 얼마 이상인가? (단, 내화벽돌의 종류별 등급 중 7종 기준)

① SK 20 이상
② SK 26 이상
③ SK 30 이상
④ SK 34 이상

해설 | 내화점토
S.K(내화도) 26 ~ 42(1,580 ~ 2,000℃)로 소성한 벽돌(주원료 광물 : 납석)

정답 | 01 ② 02 ② 03 ② 04 ④ 05 ②

06 ▶15
내화벽돌의 주원료 광물에 해당되는 것은?
① 형석 ② 방해석
③ 활석 ④ 납석

해설 | 내화점토의 주원료 광물은 납석이다.

07 ▶18
저급점토, 목탄가루, 톱밥 등을 혼합하여 성형 후 소성한 것으로 단열과 방음성이 우수한 벽돌은?
① 내화벽돌 ② 보통벽돌
③ 중량벽돌 ④ 경량벽돌

해설 | 경량벽돌
- 가벼운 골재를 사용하여 만든 벽돌로 소리와 열 차단성이 우수하고 흡수율이 크다.
- 저급점토, 목탄가루, 톱밥 등을 혼합하여 성형 후 소성한 것으로 속이 비어있는 중공 벽돌과 무수한 공간이 있는 다공질 벽돌로 구분한다.

08 ▶20,17
다공질 벽돌에 관한 설명으로 옳지 않은 것은?
① 살 두께가 매우 얇고 벽돌 속이 비어 있는 구조로 중공벽돌이라고도 한다.
② 점토에 톱밥, 겨, 탄가루 등을 30~50% 정도 혼합, 소성하여 제조된다.
③ 방음, 흡음성이 좋으나 강도가 약해 구조용으로는 사용이 불가능하다.
④ 절단, 못치기 등의 가공성이 우수하다.

해설 | 중공 벽돌
- 벽돌에 구멍을 뚫은 것으로 단열벽, 방음벽 등으로 사용된다.
- 건물의 경량화를 위한 비내력벽, 칸막이벽 등에 사용

09 ▶21
경질이며 흡습성이 적은 특성이 있으며 도로나 마룻바닥에 까는 두꺼운 벽돌로서 원료로 연와토 등을 쓰고 식염유로 시유소성한 벽돌은?
① 검정벽돌 ② 광재벽돌
③ 날벽돌 ④ 포도벽돌

해설 | 포도벽돌
경질벽돌로 마멸이나 충격에 강하고, 흡수율이 작아 도로의 포장이나 바닥용으로 사용된다.

10 ▶19
외부에 노출되는 마감용 벽돌로써 벽돌면의 색깔, 형태, 표면의 질감 등의 효과를 얻기 위한 것은?
① 광재벽돌 ② 내화벽돌
③ 치장벽돌 ④ 포도벽돌

해설 | 치장벽돌
벽돌면의 색깔, 형태, 표면의 질감 등의 효과를 얻기 위한 치장용 벽돌

11 ▶15
조적조의 줄눈에 대한 일반적인 설명으로 옳은 것은?
① 보강블록조에서는 통줄눈은 사용하지 않는다.
② 벽면이 고르지 않을 때는 오목줄눈으로 한다.
③ 벽돌의 형태가 고르지 않을 때는 민줄눈으로 한다.
④ 막힌줄눈은 상부의 하중을 전벽면에 골고루 균등하게 분포시킨다.

해설 | 줄눈
㉠ 막힌줄눈 : 세로줄눈의 상하가 막힌 것으로 상부하중을 하부로 고르게 분포시켜 구조내력상 유리하므로 내력벽에 사용한다.
㉡ 통줄눈 : 세로줄눈의 상하가 연결되어 있어 상부하중이 집중되므로 구조내력상 불리하고, 균열이 잘 발생하므로 보강콘크리트블록구조를 제외한 모든 내력벽은 반드시 막힌 줄눈으로 시공한다.

정답 | 06 ④ 07 ④ 08 ① 09 ④ 10 ③ 11 ④

12 ▶20

뒷면은 영식쌓기 또는 화란식쌓기로 하고 표면에는 치장벽돌을 써서 5~6켜는 길이쌓기로 하며, 다음 1켜는 마구리쌓기로 하여 뒷벽돌에 물려서 쌓는 벽돌쌓기 방식은?

① 영롱쌓기
② 불식쌓기
③ 엇모쌓기
④ 미식쌓기

해설 |

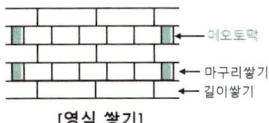
[영식 쌓기]

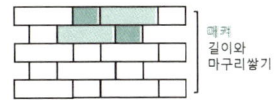
[불식 쌓기]

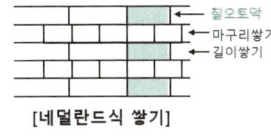
[네덜란드식 쌓기]

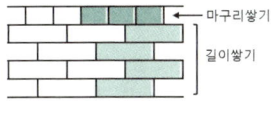
[미식 쌓기]

13 ▶17

한 켜는 길이쌓기로 하고 다음은 마구리쌓기로 하며 모서리 또는 끝에 칠오토막을 써서 마무리하는 벽돌쌓기법은?

① 영식쌓기
② 화란식쌓기
③ 영롱쌓기
④ 미식쌓기

해설 | 문제 12번 해설참조

14 ▶19

벽돌부 균열의 원인 중 계획·설계상의 미비와 가장 거리가 먼 것은?

① 건물의 평면, 입면의 불균형
② 온도 및 습기에 의한 재료의 신축성
③ 벽돌벽의 길이, 높이에 비해 부족한 두께
④ 문꼴크기의 불합리 및 불균형 배치

해설 | 계획·설계상의 미비
    ㉠ 기초의 부동침하
    ㉡ 건물의 평면, 입면의 불균형 배치
    ㉢ 불균형 하중, 큰 집중하중 등
    ㉣ 벽돌 벽체의 강도부족
    ㉤ 개구부 크기의 불합리 및 불균형 배치

15 ▶16,14

벽돌벽에 발생하는 백화를 방지하는 방법으로 옳지 않은 것은?

① 줄눈 모르타르에 석회를 넣어 사용한다.
② 흡수율이 작고 소성이 잘된 벽돌을 사용한다.
③ 구조적으로 차양, 돌림띠 등의 비막이를 설치한다.
④ 파라핀 도료 등의 뿜칠로서 벽면에 방수 처리를 한다.

해설 | 백화현상
    벽의 표면에 침투하는 빗물로 인해 줄눈 모르타르 중의 석회분이 표면에 유출될 때 공기 중의 탄산가스와 결합하여 석회성분($CaCO_3$)으로 되어 벽의 표면에 생기는 현상이다.

16
백화현상에 대한 설명으로 옳지 않은 것은?

① 시멘트는 수산화칼슘의 주성분인 생석회(CaO)의 다량 공급원으로서 백화의 주된 요인이다.
② 백화현상은 사용하는 미장 표면뿐만 아니라 벽돌벽체, 타일 및 착색 시멘트 제품 등의 표면에도 발생한다.
③ 배합수 중에 용해되는 가용성분이 시멘트 경화체의 표면건조 후 나타나는 백화를 1차 백화라 한다.
④ 겨울철보다 여름철의 높은 온도에서 백화 발생 빈도가 높다.

해설 | 백화현상
백화현상은 물이 증발되는 시간이 길어지는 경우에 더 많이 발생하므로 여름철보다 겨울철에 발생하는 빈도가 높다.

17
조적식구조에서 각 층의 대린벽으로 구획된 각 벽에 있어서 개구부 폭의 합계는 그 벽의 길이의 최대 얼마 이하로 하여야 하는가?

① 1/5   ② 1/3
③ 1/2   ④ 2/3

해설 | 개구부의 설치
㉠ 개구부 폭의 합계는 그 벽 길이의 1/2 이하
㉡ 개구부와 개구부와의 수직거리는 60cm 이상
㉢ 개구부 상호간, 개구부와 대린벽의 중심과의 수평거리는 그 벽 두께의 2배 이상
㉣ 창문을 위한 개구부는 상하 수직·수평으로 설치하는 것이 유리

18
조적조에서 벽체의 두께를 결정하는 요소와 가장 거리가 먼 것은?

① 벽체의 길이   ② 벽체의 높이
③ 벽돌의 제조법 ④ 건축물의 높이

해설 | 벽체의 두께를 결정하는 요소
㉠ 벽체의 길이   ㉡ 벽체의 높이
㉢ 건축물의 높이 ㉣ 건축물의 층수

19
소규모 건축물에 해당하는 조적식구조에 대한 기준으로 옳지 않은 것은?

① 조적식구조인 건축물 중 2층 건축물에 있어서 2층 내력벽의 높이는 5m를 넘을 수 없다.
② 조적식구조인 내력벽의 길이는 10m를 넘을 수 없다.
③ 조적식구조인 내력벽으로 둘러싸인 부분의 바닥면적은 80m²를 넘을 수 없다.
④ 조적식구조인 내력벽의 기초는 연속기초로 하여야 한다.

해설 | 내력벽의 높이와 길이
㉠ 내력벽으로 둘러싸인 실의 면적은 80m²를 초과하지 않도록 한다.
㉡ 내력벽의 길이는 10m 이하로 하고, 10m 이상일 경우에는 부축벽으로 보강하거나 벽붙임 두께를 증가시킨다.
㉢ 2층 건축물에 있어서 2층 내력벽의 높이는 4m를 넘을 수 없다.
㉣ 각 층의 내력벽이 평면상으로 동일한 위치에 오도록 배치한다.
㉤ 내력벽이 이중벽인 경우에는 이중벽 중 하나의 벽만 내력벽으로 인정한다.

20
조적구조에 관한 설명 중 옳지 않은 것은?

① 조적구조는 내화성, 내구성 등의 성능을 고루 갖추면서 시공이 용이한 편이다.
② 기초침하 등으로 벽면이 쉽게 균열이 생긴다.
③ 조적구조는 3~4층 이하의 소규모 건축물의 내력벽으로 널리 쓰인다.
④ 횡력 및 충격에 강하고 습기에 의해 동파되지 않는다.

해설 | 조적구조의 단점
㉠ 횡력(지진, 바람 등)에 약하고 벽체에 균열이 발생되기 쉽다.
㉡ 벽체에 습기가 차기 쉽다.
㉢ 벽체 두께가 두꺼워져서 실내공간이 줄어든다.

정답 | 16 ④ 17 ③ 18 ③ 19 ① 20 ④

2 블록공사

21 ▶19,12
콘크리트 블록쌓기에 관한 설명으로 옳지 않은 것은?

① 블록은 살(shell)두께가 큰 면을 아래로 하여 쌓는다.
② 줄눈은 일반적으로 막힌줄눈으로 하며 철근으로 보강하는 등 특별한 경우에는 통줄눈으로 한다.
③ 모르타르 접촉면은 적당히 물축이기를 한다.
④ 규준틀에는 수평선을 치고 모서리, 중간요소에 먼저 기준이 되는 블록을 수평실에 맞추어 다림추 등을 써서 정확하게 설치한 다음 중간블록을 쌓는다.

해설 | 블록쌓기
블록 살두께가 두꺼운 쪽이 위로 가게 쌓는다.(하중 분산 효과)

22 ▶20,16
조적조에서 테두리보를 설치하는 이유로 틀린 것은?

① 수직균열을 방지한다.
② 가로철근을 정착시킨다.
③ 벽체에 하중을 균등히 분포시킨다.
④ 집중하중을 받는 부분을 보강한다.

해설 | 테두리보 설치 목적
㉠ 벽체를 일체로 연결하여 하중을 균등하게 분산시킨다.
㉡ 보강블록조에서 세로 철근을 정착하기 위하여 사용한다.
㉢ 횡력에 의한 수직 균열을 방지한다.
㉣ 집중하중을 받는 부분의 보강재 역할을 한다.

23 ▶16
조적조 벽체상부에 테두리보를 설치하는 가장 중요한 이유는?

① 내력벽을 일체로 하여 건물을 안정시키기 위해서
② 벽의 개구부 설치를 쉽게 하기 위해서
③ 벽의 미장마감을 쉽게 하기 위해서
④ 철근배근을 적게 하기 위해서

해설 | 문제 22번 해설참조

24 ▶19
블록의 빈속에 철근을 배근하고 콘크리트를 부어 넣어 수직 하중과 수평 하중에 안전하게 견딜 수 있도록 보강한 것으로 가장 이상적인 블록 구조는?

① 보강 블록조
② 조적식 블록조
③ 블록 장막벽
④ 거푸집 블록구조

해설 | 보강 블록조
블록의 빈공간에 철근을 넣고 철근을 넣고 콘크리트를 채워 보강한 것으로 이상적인 구조이다. 철근을 넣기 위해 통줄눈 쌓기를 하며, 블록조에서 가장 튼튼한 구조이다.

25 ▶22,17
보강 블록조에서 내력벽 길이의 총합계가 45m이고, 그 층의 건물면적이 300m²일 경우 내력벽의 벽량은?

① 10cm/m²
② 15cm/m²
③ 30cm/m²
④ 45cm/m²

해설 | 벽량(cm/m²) = $\dfrac{\text{내력벽의 길이}(cm)}{\text{바닥면적}(m^2)}$
= $\dfrac{45m}{300m^2}$ = $\dfrac{4500cm}{300m^2}$ = $15cm/m^2$

26 ▶20
보강블록구조에서 내력벽의 벽량은 얼마 이상으로 하여야 하는가?

① 15cm/m²
② 20cm/m²
③ 25cm/m²
④ 30cm/m²

해설 | 보통 내력벽의 벽량은 15cm/m²

정답 | 21 ① 22 ② 23 ① 24 ① 25 ② 26 ①

04 타일공사

Pass Note

예상출제문항		키워드
2	- 점토 특성 - 점토재의 소성온도, 흡습성 - 점토제품의 특성	- 백화방지법 - 타일 시공법

1. 점토 특성

1) 물리적 성질

주원료	실리카(규산, SiO_2), 알루미나(Al_2O_3), 산화철(Fe_2O_2)
성분	• **카올린**(Kaolin) : 화학적으로 순수한 점토성분 • **산화철**(점토의 **붉은색**을 내는 것), 산화마그네슘, 산화칼슘 등을 포함하고 있다.
비중	비중 2.5~2.6(양질의 점토는 3.0 내외), 불순점토일수록 비중이 작다.
강도	• 인장강도 0.3~1MPa, **압축강도는 인장강도의 약 5배** • 인장강도는 점토의 조직에 관계하며, 입자 크기가 큰 영향을 준다.
입도	입자 크기 0.01~0.02mm
공극률	30~90% 내외로 점토 전용적의 백분율로 표시하며 입자의 형상, 크기에 관계한다.
함수율	(기건 시) 작은 것 7~10%, 큰 것 40~50%
가소성	**점토입자가 미세하고, 양질의 점토일수록 가소성이 좋고**, 가소성이 너무 클 때는 모래 또는 **샤모테**(**구운 점토분말**)를 섞어서 조절한다.
색상	철산화물이 많으면 적색을, 석회물질이 많으면 황색을 띠게 된다.
기타 참고	• 제조공정 • 원료조합 → 반죽 → 숙성 → 성형 → 건조 → 소성 → 시유

예제 01 점토의 물리적 성질에 관한 설명 중 옳은 것은? [24,16,14]
① 압축강도는 인장강도의 약 5배 정도이다.
② 가소성은 점토입자가 클수록 좋다.
③ 기공률은 20~50%로 보통상태에서 10% 내외이다.
④ 철산화물이 많으면 황색을 띠게 되고, 석회물질이 많으면 적색을 띠게 된다.

정답 ①

2) 점토재의 분류

종류	SK-소성온도[℃]	흡수율	색	투명도	용도
토기	700~900	20% 이상	유색	불투명	기와, 벽돌, 토관
도기	1,000~1,300	15~20%	백색, 유색	불투명	내장타일, 테라코타 타일,
석기	1,300~1,450	8% 이하	유색	불투명	**바닥타일, 클링커 타일**
자기	1,300~1,450	1% 이하	백색	반투명	외장타일, **위생도기**, 모자이크 타일

※ 흡수성 크기 : 토기 > 도기 > 석기 > 자기
※ 소성온도 및 강도 크기 : **자기** > 석기 > 도기 > **토기**

예제 02 다음 점토제품 중 소성온도가 높은 것에서 낮은 순서로 옳게 배열된 것은? [25, 22, 18, 14]
① 자기 - 석기 - 도기 - 토기
② 자기 - 도기 - 석기 - 토기
③ 도기 - 자기 - 석기 - 토기
④ 도기 - 석기 - 자기 - 토기

정답 ①

예제 03 점토소성제품 중 흡수성이 극히 작고 경도와 강도가 가장 크며, 소성온도는 1250~1430℃로서 고급타일이나 위생도기를 만드는데 사용되는 것은? [24, 21, 17, 14, 13]
① 토기　　　　　　　　② 자기
③ 석기　　　　　　　　④ 도기

정답 ②

2. 점토 제품

1) 타일

종류	특성
폴리싱타일	표면을 연마하여 **고광택**을 유지하도록 만든 시유타일로 **대형 타일**에 많이 사용되며, 천연화강석의 색깔과 무늬가 표면에 나타나게 만든 타일이다.
모자이크타일	**자기질계의 소형 타일**로 다양하게 많이 사용되며 아트 모자이크, 라스 모자이크 등이 있다.
스크래치타일	표면이 긁힌 모양인 외장용 타일로 미끄럼 방지 목적으로 사용되는 타일이다.
논슬립타일	계단 디딤판 끝에 붙여 미끄럼막이 역할을 하는 타일이다.
클링커타일	석기질계의 표면이 거친 타일로 주로 외부 바닥이나 옥상에 사용되며, 장식효과와 미끄럼막이로도 유효한 타일이다.

2) 테라코타(terra-cotta)

① 점토를 반죽하여 조각 형틀로 가압성형하여 만든 점토제품이다.
② 구조용 테라코타 : 간벽이나 장식벽에 사용되는 속이 빈 제품
③ 장식용 테라코타 : 돌림대, **기둥, 파라펫**, 주두 등 내·외장 장식용 제품
④ 화강암보다 **내화력이 강하고**, 대리석보다는 **풍화에 강하므로** 외장에 적당하다.
⑤ 일반 석재보다 가볍고, 압축강도는 800~900kg/cm²로 화강암의 1/2 정도이다.

3) 기타 점토제품

종류	특성
세라믹 제품	• **내열성, 내후성, 화학저항성이 우수**하다. • 내마모성은 좋고 가공이 용이하나 충격에 약하다. • 내구적으로 단단하고, 압축강도가 높다. • 전기절연성이 있다.
위생도기	• 세면기, 변기, 싱크, 욕조 등에 사용 • 내산성·내알칼리성으로 표면이 평활하고 색감이 좋으며 작은 구멍 등의 결점이 없으며 오염이 되어도 청소가 용이하다.
연질타일 바닥재	• **리놀륨계 타일 : 내유성은 우수**, 내알칼리성, 내마모성, 내수성이 약하다. • 고무계 타일 : 내마모성 우수, 내수성은 보통이다. • 아스팔트타일 : 내유성, 내산성은 우수 하나 내알칼리성이 약하다. • 전도성타일 : 정전기 발생이 일어나는 장소에 사용한다.

예제 04 건축용 세라믹 제품에 관한 설명으로 옳지 않은 것은? [23, 22]

① 다공벽돌은 내부의 무수히 많은 구멍으로 인해 절단, 못치기 등의 가공성이 우수하다.
② 테라코타는 건축물의 패러펫, 주두 등의 장식에 사용되는 공동의 대형 점토제품이다.
③ 위생도기는 철분이 많은 장석점토를 주원료로 사용한다.
④ 일반적으로 모자이크타일 및 내장타일은 건식법, 외장타일은 습식법에 의해 제조된다.

해설 | 위생도기는 철분 함유량이 적은 고령토를 주원료로 사용한다.

정답 ③

3. 타일 시공

1) 타일 시공시 일반사항

(1) 타일 붙이기순서

바탕처리 → 타일나누기 → 타일 붙이기 → 치장줄눈 → 보양

(2) 타일 붙이기

① 바탕의 청소와 **물축임은 타일 붙이기 직전**에 실시한다.
② 모르타르 배합비는 경질타일 1:2, 연질타일 1:3로 한다.
③ 내벽 타일은 아래에서 위로 붙인다.
④ 하루 붙임 높이는 1.2~1.5m 정도로 한다.(대형은 0.7~0.9m)

⑤ 모르타르는 건비빔 후 3시간 이내, 물부어 반죽한 후 1시간 이내에 사용한다.
⑥ 벽타일 붙이기는 밑에서 위로 줄눈파기는 세로에서 가로방향으로 한다.

타일공사의 바탕처리에 관한 설명으로 옳지 않은 것은? [24,22]
① 타일을 붙이기 전에 바탕의 들뜸, 균열 등을 검사하여 불량 부분은 보수한다.
② 여름에 외장타일을 붙일 경우에는 하루 전에 바탕면에 물을 적시는 행위를 금하도록 한다.
③ 타일붙임 바탕에는 뿜칠 또는 솔을 사용하여 물을 골고루 뿌린다.
④ 타일을 붙이기 전에 불순물을 제거한다.

정답 ②

(3) 동해(凍害) 방지법
① 겨울철 온도가 낮아 박리, 균열, 백화, 동해 등 동결현상이 발생한다.
② 소성온도가 높은 타일을 사용한다.
③ 흡수성이 낮은 타일을 사용한다.
④ 줄눈 누름을 충분히 하여 빗물의 침투를 방지한다.
⑤ 붙임용 모르타르 단위수량을 적게 하고, 배합비를 정확히 한다.
⑥ 바탕면과 접착 모르타르의 접착성을 좋게 한다.

(4) 백화현상(白花, Efflorescence) 방지법
벽에 물이 스며들어 벽체 표면에 흰색가루가 나타나는 현상으로, 벽의 표면에 침투하는 빗물로 인해 점토재 및 줄눈 모르타르 중의 **석회분이 표면에 유출**될 때 공기 중의 탄산가스와 결합하여 **석회성분**($CaCO_3$)으로 되어 벽의 표면에 생기는 현상이다.

① 잘 구워진(소성이 잘된) 양질의 벽돌을 사용할 것
② 줄눈 모르타르에 **방수제**를 혼합하여 밀실 하게 시공
③ 빗물의 침입을 최소화 하기 위해 벽면에 비막이 설치
④ 벽돌 표면에 파라핀 도료를 발라 염류의 유출을 막는다.

2) 타일 붙이기 공법

떠붙임공법	압착공법	건식 공법
• 타일 이면에 모르타르를 얹어서 바탕면에 직접 붙인다.	• 바탕면은 미리 미장바름하여 평활하게 하고, 그 위에 접착 모르타르를 얇게 바른 후, 그 위에 타일을 두드려 한 장씩 눌러 붙인다.	• 접착제나 수지 모르타르를 바탕면에 바르고, 그 위에 타일을 붙이는 공법
• 타일과 붙임 모르타르의 접착성이 비교적 양호하다. • 박리되는 수가 적다. • 타 공법에 비해 시공관리가 용이하다. • 한 장씩 쌓아가므로 작업속도가 더디고 작업에 숙련을 요한다.	• 직접 붙임공법에 비해 숙련도를 요하지 않는다. • 동해의 발생이 적다. • 타일 이면에 공극이 적으므로 백화현상이 적다. • 작업속도가 빠르고 능률이 높다	• 비닐계 타일 시공 시 사용 • 바탕면의 세밀한 청소와 충분한 건조 후 시공 한다.

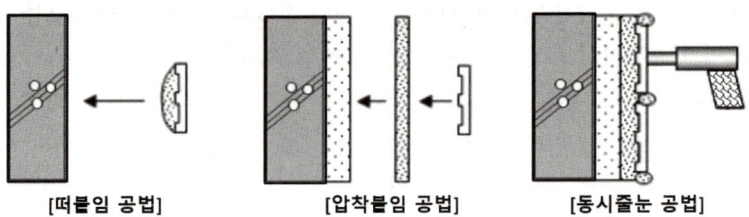

[떠붙임 공법]   [압착붙임 공법]   [동시줄눈 공법]

 타일공사의 동시줄눈붙이기 공법에 관한 설명으로 옳지 않은 것은? (단, KCS 기준) [25, 22]
① 붙임 모르타르를 바탕면에 5mm~8mm로 바르고 자막대로 눌러 평탄하게 고른다.
② 1회 붙임 면적은 4.5m² 이하로 하고 붙임 시간은 60분 이내로 한다.
③ 줄눈의 수정은 타일 붙임 후 15분 이내에 실시하고, 붙임 후 30분 이상이 경과했을 때에는 그 부분의 모르타르를 제거하여 다시 붙인다.
④ 타일의 줄눈 부위에 올라온 붙임 모르타르의 경화 정도를 보아 줄눈흙손으로 충분히 눌러 빈틈이 생기지 않도록 한다.

해설 | 동시줄눈붙이기(밀착) 공법
  ㉠ 바탕면에 붙임 모르타르를 발라 타일을 붙인 다음 출격공구로 타일면에 충격을 가하는 공법
  ㉡ 외장타일붙이기에 사용되며, 바탕에 붙임모르타르를 5~8mm 바른다.
  ㉢ 붙임시간은 20분 이내, 1회 붙임면적은 1.5m² 이하
  ㉣ 붙임모르타르가 타일 두께의 2/3 이상 올라오도록 하고, 줄눈의 수정은 타일 붙임후 15분 이내로 한다.

정답 ②

3) 치장줄눈
① 타일을 붙인 후 3시간이 경과한 후 줄눈파기 하고 24시간 경과 후 치장줄눈을 한다.
② 치장줄눈 직전에 물을 뿌려 습윤상태를 유지한다.
③ 치장줄눈 배합비는 1:1로 한다.
④ 치장줄눈 나비가 5mm 이상일 때는 2회 나누어 흙손으로 빈틈없이 누른다.

 타일 줄눈 크기
• 대형(외부)타일 : 10~9mm
• 대형(내부)타일 : 6mm
• 소형 타일 : 3mm
• 모자이크 타일 : 2mm

4) 보양 및 청소
① 바닥 타일을 붙힌 후 보양재로 보양하고 3일간은 진동이나 보행을 금한다.
② 외부타일 붙임인 경우에는 태양의 직사광선 및 풍우등으로 손상받을 우려가 있는 곳은 시트 등으로 보양한다.(**직사광선 피한다.**)
③ 한중공사 시 시공면 보호를 위해 외기의 기온이 2℃ 이하일 때 시공 부분을 보온하여야 한다.
④ 치장줄눈 완료 후 헝겊, 스폰지 등으로 청소한다.

⑤ 줄눈을 넣은 후 경화 불량의 우려가 있거나 24시간 이내에 비가 올 우려가 있는 경우에는 폴리에틸렌 필름 등으로 차단 및 보양을 한다.

예제 07 타일공사 시 보양에 관한 설명으로 옳지 않은 것은? [24,22,19]
① 타일을 붙인 후 3일간은 진동이나 보행을 금한다.
② 줄눈을 넣은 후 경화 불량의 우려가 있거나 24시간 이내에 비가 올 우려가 있는 경우에는 폴리에틸렌 필름 등으로 차단·보양한다.
③ 외부 타일 붙임인 경우에 태양의 직사광선을 최대한 받아 적정한 강도가 발현되도록 한다.
④ 한중공사 시 시공면 보호를 위해 외기의 기온이 2℃ 이상이 되도록 임시로 시공 부분을 보양하여야 한다.

정답 ③

핵심 기출문제

04 타일공사

1 점토 특성

01 ▶21
점토에 관한 설명으로 옳지 않은 것은?

① 점토의 색상은 철산화물 또는 석회물질에 의해 나타난다.
② 점토의 가소성은 점토입자가 미세할수록 좋다.
③ 압축강도와 인장강도는 거의 비슷하다.
④ 소성수축은 점토 중 휘발분의 양, 조직, 용융도 등이 영향을 준다.

해설 | 점토의 강도
- 인장강도 0.3~1MPa, 압축강도는 인장강도의 약 5배
- 인장강도는 점토의 조직에 관계하며, 입자 크기가 큰 영향을 준다.

02 ▶20,17,13
점토 반죽에 샤모테를 첨가하여 사용하는 경우가 있는데 이 샤모테의 사용 목적은?

① 가소성 조절용
② 용융성 조절용
③ 경화시간 조절용
④ 강도 조절용

해설 | ⊙ 가소성(plasticity)
외부로부터 힘이나 열과 같이 자극을 받으면 그 형상이 변하는 변형을 일으킨다. 물체는 외부로부터 자극을 받으면 변형에 저항하려는 성질(탄성)과 변형을 그대로 유지하려는 성질(가소성)을 나타낸다.
ⓒ 점토의 가소성(plasticity)
점토입자가 미세하고, 양질의 점토일수록 가소성이 좋고, 가소성이 너무 클 때는 모래 또는 샤모테(구운 점토분말)를 섞어서 조절한다.

03 ▶15
점토의 성질에 대한 설명으로 틀린 것은?

① 양질의 점토는 건조상태에서 현저한 가소성을 나타내며 점토 입자가 미세할수록 가소성은 나빠진다.
② 점토의 주성분은 실리카와 알루미나이다.
③ 인장강도는 점토의 조직에 관계하며 입자의 크기가 큰 영향을 준다.
④ 점토제품의 색상은 철산화물 또는 석회물질에 의해 나타난다.

해설 | 문제 2번 해설참조

04 ▶13
다음 중 카홀리나이트(Kaolinite)가 의미하는 것으로 놓은 것은?

① 점토의 성분
② 콘크리트의 혼화제
③ 경화촉진제
④ 회반죽 균열 방지제

해설 | 점토의 성분
- 카올린(Kaolin) : 화학적으로 순수한 점토성분
- 산화철(점토의 붉은색을 내는 것), 산화마그네슘, 산화칼슘 등을 포함하고 있다.

05 ▶21,16
점토제품에서 S.K 번호가 나타내는 것은?

① 소성온도
② 제품의 종류
③ 점토의 성분
④ 수분 함유량

해설 | S.K 번호
소성온도 측정은 Seger cone법에 의한다.
[조적공사] 내화벽돌
내화점토를 S.K(내화도) 26 이상(1,580~2,000℃)로 소성한 벽돌(주원료 광물 : 납석)

정답 | 01 ③ 02 ① 03 ① 04 ① 05 ①

06 ▶19,18,12
점토 제품 중 흡수율이 1% 이하로 흡수율이 가장 작은 제품은?

① 토기
② 도기
③ 석기
④ 자기

해설 | 흡수성 크기
토기 > 도기 > 석기 > 자기

07 ▶22,19,17,14
건축용 세라믹 재료의 특성에 관한 설명으로 옳지 않은 것은?

① 토기 : 흡수율이 높고 강도가 약하다.
② 도기 : 회색이나 백색의 색상을 가지고 있으며 가볍다.
③ 석기 : 소성 후 밝은 백색이 되며, 강도가 크고 유약으로 다양한 색상을 낼 수 있다.
④ 자기 : 흡수성이 거의 없고 매우 높은 강도를 가지고 있다.

해설 | 석기
소성 후 유색, 불투명하고 바닥타일, 클링커 타일에 사용된다.

08 ▶15
점토제품의 소성에 관한 설명으로 옳지 않은 것은?

① 소성시간이 소성온도보다 제품에 미치는 영향이 더 크다.
② 소성온도 측정은 Seger cone법 또는 열전대에 의한다.
③ 소성온도와 시간은 점토성분, 제품종류에 따라 다르다.
④ 소성온도 범위는 800~1500℃ 정도이다.

해설 | 소성온도가 가장 중요하며 점토제품은 소성온도에 따라 제품이 분류된다.

09 ▶15
점토소성제품에 관한 설명으로 옳지 않은 것은?

① 보통 토기, 도기, 자기 및 석기 등으로 나뉘는데, 이들은 원료 및 소성온도에 따라 분류된다.
② 토기는 주로 마루타일 또는 클링커 타일로 활용된다.
③ 도기의 흡수성은 자기에 비하여 크다.
④ 자기는 조직이 치밀하고 견고하여 주로 타일 및 위생 도기로 많이 사용된다.

해설 | 토기 : 기와, 벽돌, 토관
석기 : 바닥타일, 클링커 타일

10 ▶13
점토제품 중 소성온도가 가장 높은 것은?

① 석기
② 도기
③ 자기
④ 토기

해설 | 소성온도 크기 = 강도 크기
자기 > 석기 > 도기 > 토기

2 점토 제품

11 ▶21,17
표면을 연마하여 고광택을 유지하도록 만든 시유타일로 대형 타일에 많이 사용되며, 천연화강석의 색깔과 무늬가 표면에 나타나게 만들 수 있는 것은?

① 모자이크 타일
② 징크판넬
③ 논슬립타일
④ 폴리싱타일

해설 | 폴리싱타일
자기질계의 대형 타일로 흡수율과 휨강도를 증가시켜 대형 바닥 타일 제조가 가능하며 표면을 연마하여 고광택을 유지하도록 만든 시유타일로 천연화강석의 색깔과 무늬가 표면에 나타난다.

정답 | 06 ④ 07 ③ 08 ① 09 ② 10 ③ 11 ④

12 ▶15
바닥용으로 사용되는 모자이크 타일의 재질로서 가장 적당한 것은?

① 도기질　　② 자기질
③ 석기질　　④ 토기질

해설 | 모자이크 타일
자기질계의 소형 타일로 다양하게 많이 사용되며 아트 모자이크, 라스 모자이크 등이 있다.

13 ▶17
점토제품으로 화강암보다 내화성이 강하고 대리석보다 풍화에 강하므로 주로 건축물의 파라펫, 주두 등의 외부장식에 사용되는 것은?

① 클링커타일　　② 테라코타
③ 테라조　　　　④ 내화벽돌

해설 | 테라코타(terra-cotta)
  ㉠ 점토를 반죽하여 조각 형틀로 가압성형하여 만든 점토제품이다.
  ㉡ 구조용 테라코타 : 가벽이나 장식벽에 사용되는 속이 빈 제품
  ㉢ 장식용 테라코타 : 돌림대, 기둥, 주두 등 내·외장 장식용 제품
  ㉣ 화강암보다 내화력이 강하고, 대리석보다는 풍화에 강하므로 외장에 적당하다.

14 ▶17
세라믹재료의 특성에 관한 설명으로 옳지 않은 것은?

① 내열성, 화학저항성이 우수하다.
② 내후성은 취약하나, 가공이 용이하다.
③ 단단하고, 압축강도가 높다.
④ 전기절연성이 있다.

해설 | 세라믹재료의 특성
  • 내열성, 내후성, 화학저항성이 우수하다.
  • 내마모성은 좋고 가공이 용이하나 충격에 약하다.
  • 내구적으로 단단하고, 압축강도가 높다.
  • 전기절연성이 있다.

15 ▶19
점토기와 중 훈소와에 해당하는 설명은?

① 소소와에 유약을 발라 재소성한 기와
② 기와 소성이 끝날 무렵에 식염증기를 충만시켜 유약 피막을 형성시킨 기와
③ 저급점토를 원료로 900 ~ 1000℃로 소소하여 만든 것으로 흡수율이 큰 기와
④ 건조제품을 가마에 넣고 연료로 장작이나 솔잎 등을 써서 검은 연기로 그을려 만든 기와

해설 | ①번 시유와
　　　②번 오지기와
　　　③번 소소와

16 ▶14
연질타일계 바닥재에 대한 설명 중 옳지 않은 것은?

① 고무계 타일은 내마모성이 우수하고 내수성이 있다.
② 리놀륨계 타일은 내유성이 우수하고 탄력성이 있으나 내알칼리성, 내마모성, 내수성이 약하다.
③ 전도성 타일은 정전기 발생이 우려되는 반도체, 전기전자제품의 생산장소에 주로 사용된다.
④ 아스팔트 타일은 내마모성과 내유성이 우수하며 실내주차장 바닥재로 많이 사용된다.

해설 | 아스팔트타일
내유성, 내산성은 우수 하나 내알칼리성이 약하다.

17 ▶20,12
타일형 바닥재 중 리놀륨타일에 대한 설명으로 옳은 것은?

① 내유성이 크다.
② 내알칼리성이 크다.
③ 국압에 대한 흔적이 남지 않는다.
④ 잘 부서지지 않아 옥외에서도 사용된다.

해설 | 리놀륨계 타일
내유성이 우수하고 탄력성이 있으나 내알칼리성, 내마모성, 내수성이 약하다.

정답 | 12 ② 13 ② 14 ② 15 ④ 16 ④ 17 ①

18 ▶13
고분자계 바닥 마감재료 중 플라스틱계가 아닌 것은?

① 고무타일 ② 리놀륨타일
③ 레진테라조 ④ 비닐바닥타일

해설 | 연질 플라스틱 타일
리놀륨계 타일, 고무계 타일, 전도성타일

19 ▶19,16
점토제품 공정에 대한 설명으로 옳지 않은 것은?

① 소성은 보통 터널요에 넣어서 서서히 가열한다.
② 시유의 경우 유약을 착색하기 위하여 석회, 아연유, 식염유 등의 재료가 사용된다.
③ 건조는 자연건조 또는 소성가마의 여열을 이용한다.
④ 반죽을 조합된 점토에 물을 부어 비벼 수분이나 경도를 균질하게 하고, 필요한 점성을 부여한다.

해설 | 제조공정
원료조합 → 반죽 → 숙성 → 성형 → 건조 → 소성 → 시유
- 시유작업은 점토제품에 유약을 바르는 작업이며 착색을 위해 청자유, 백자유, 흑유, 코발크유 등이 사용된다.

④ 모르타르의 물시멘트비가 크게 되면 잉여수가 증대되고, 이 잉여수가 증발할 때 가용 성분의 용출을 발생시켜 백화 발생의 원인이 된다.

해설 | 백화현상 방지법(Point)
※ 흡수율을 낮추고, 빗물은 가급적 차단
㉠ 흡수성이 낮은 점토제품 사용한다.
㉡ 줄눈 모르타르에 방수제를 혼합하여 밀실 하게 시공

21 ▶16
점토제품에 발생하는 백화방지 대책으로 옳지 않은 것은?

① 흡수율이 작은 벽돌이나 타일을 사용한다.
② 벽돌이나 줄눈에 빗물이 들어가지 않는 구조로 한다.
③ 줄눈 모르타르의 단위시멘트량을 높게 한다.
④ 수용성 염류가 적은 소재를 사용한다.

해설 | 백화현상
벽의 표면에 침투하는 빗물로 인해 점토재 및 줄눈 모르타르 중의 석회분이 표면에 유출될 때 공기 중의 탄산가스와 결합하여 석회성분($CaCO_3$)으로 되어 벽의 표면에 생기는 현상이다. 따라서 단위 시멘트량을 높게 하는 것은 석회분 유출이 더 발생할 수 있어 백화발생에 요인이 된다.

3 타일 시공

20 ▶20
점토제품 시공 후 발생하는 백화에 관한 설명으로 옳지 않은 것은?

① 타일 등의 시유소성한 제품은 시멘트 중의 경화체가 백화의 주된 요인이 된다.
② 작업성이 나쁠수록 모르타르의 수밀성이 저하되어 투수성이 커지게 되고, 투수성이 커지면 백화 발생이 커지게 된다.
③ 점토제품의 흡수율이 크면 모르타르 중의 함유수를 흡수하여 백화 발생을 억제한다.

정답 | 18 ③ 19 ② 20 ③ 21 ③

05 금속공사

> Pass Note

예상출제문항		키워드
2	- 강의 물리적 성질 - 강의 응력 - 변형률곡선 - 비철금속 종류	- 부식방지 - 금속제품 종류

1. 철강

철강은 철(Fe)을 주로 하여 탄소(C)와 규소(Si), 황(S), 인(P), 망간(Mn) 등을 함유하고 있으며 탄소의 함유량 및 가공온도에 따라 철강의 물리적 성질이 달라진다.

1) 강의 물리적 성질

종류	비중	탄소함유량[%]	융점[℃]	성질
연철 (순철)	7.87	0.04 이하	1,480℃ 이상	• 연성과 전성이 크며 가단성이 좋다. • 극연강으로 취급하기 힘드나 알칼리에 강하다.
강 (탄소)	7.85	0.04~1.7	1,450℃ 이상	• 구조용 금속재로서 강도가 크고 가단성과 주조성이 있으며 열처리가 가능하다. • 연강 : 철골철근, 리벳 등에 사용 • 경강 : 기계, 공구 등에 사용
주철	7.05	1.7~4.5	1,100~1,250	• 경질이며 주조성은 좋으나 용접이 불가능하다. • 철광석에서 뽑아낸 것으로 Fe(철) 이외에 불순물이 많이 포함되어 있다. • 내식성이 우수하여 창호철물, 장식철물, 맨홀 뚜껑 등에 사용

① 탄소의 양이 증가하면 비중, 열전도율, 열팽창계수는 감소하고 비열과 전기 저항은 증가한다.
② 강은 탄소함유량이 적을수록 연질이고, 강도는 작아지나 신장률은 커진다.
③ 강의 열팽창계수는 콘크리트와 비슷하여 철근콘크리트 구조로 많이 사용됨.

 Note 내식성
금속 부식에 대한 저항력으로, 내식성이 매우 높다는 것은 부식에 강하다는 의미이며 내식성이 매우 높은 금속으로 **티타늄**이 있다.

2) 강의 강도(기계적 성질)

① 온도에 따라 강도가 변화하는데 100℃ 이상이 되면 인장강도가 증가하며 **250℃에서 최대**가 되며 그 이상부터는 감소한다.
  ㉠ 500℃에서는 0℃일 때의 1/2로 감소
  ㉡ 600℃에서는 0℃일 때의 1/3로 감소
  ㉢ 900℃에서는 0℃일 때의 1/10로 감소
② **항복점과 탄성한계는 온도가 상승함에 따라 감소한다.**
③ 연신율(인장시험 때 재료가 늘어나는 비율)은 200~300℃에서 최소가 된다.
④ 휨강도는 180℃이다.

 강의 성질적 특성
- 강은 일반적으로 **탄소함유량이 증가할수록 비열, 전기저항, 항복강도, 인장강도, 경도 등은 증가**하고, 비중, 열전도율, 열팽창계수, 연신율, 단면 수축률, 신도, 내식성 등은 감소한다.
- 강의 강도는 탄소량이 증가함에 따라 상승하며 약 0.85%에서 최대이고, 그 이상이 되면 다시 내려간다.
- 탄소함유량이 0.9~1%일 때 인장강도는 최대이고, 그 이상일 때 경도는 일정하다.
- 건설용 강재의 재료시험 항목
  ㉠ 인장강도 시험 ㉡ 연신율 시험 ㉢ 굽힘 시험

예제 01 금속재료의 일반적 성질에 대한 설명으로 옳지 않은 것은? [23,13]
① 강도와 탄성계수가 크다.
② 경도 및 내마모성이 크다.
③ 열전도율이 작고 부식성이 크다.
④ 비중이 커서 자중이 크다.

정답 ③

3) 강(탄소강)의 응력-변형률곡선

A : 비례한도	• 비례한도 외력을 가하면 응력은 어느 일정한 값에 도달하기까지는 정비례하여 커지는데, 이때 응력과 비례하여 성립되는 최대한도
B : 탄성한도	• 외력의 제거 시 **응력과 변형이 0으로 돌아가는 최대한도**
C : 상위 항복점 D : 하위 항복점	• 외력의 작용 시 상위 항복점이 변형되면 응력은 별로 증가하지 않으나 변형은 증가하여 하위 항복점에 도달
E : 최대응력	• 응력과 변형이 비례하지 않는 상태
F : 파괴점	• 응력이 증가하지 않아도 스스로 변형이 커져서 파괴되는 상태

※ 항복비 : 항복점과 인장강도의 비

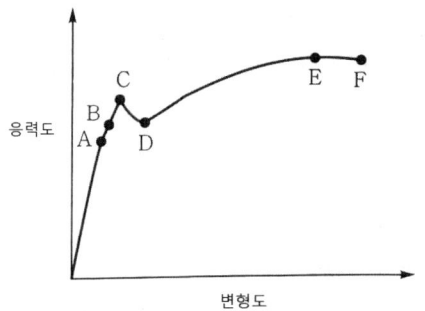

예제 02 강재의 응력-변형률 곡선에서 항복비란 항복점과 무엇에 대한 비율을 의미하는가? [25,22,14]
① 인장강도점
② 탄성한계점
③ 피로강도점
④ 비례한계점

해설 | 항복비 : 항복점과 인장강도의 비

정답 ①

4) 강의 성형방법

단조	가열된 강을 해머나 프레스로 두드려 성형
주조	가열된 강을 거푸집(주형)에 부어 냉각하여 성형
압연	가열된 강을 롤러 사이로 관통시켜 강판, 형강을 성형
인발(견인)	가열된 강을 작은 형틀의 좁은 구멍을 관통시켜 철선, 못 등을 성형

5) 강의 열처리

구분	방법	특성
풀림(소준)	800~1,000℃로 가열 후 노(爐) 속에서 천천히 냉각	강의 연화 및 내부응력 제거
불림(소둔)	800~1,000℃로 가열 후 대기(공기) 중에서 천천히 냉각	강의 결정이 미세화 및 조직개선, 강도가 증대
담금질(소입)	가열된 강을 물이나 기름 속에서 급속히 냉각	강도, 경도, 내마모성 증대
뜨임질(소려)	담금질한 강을 다시 200~600℃ 정도로 다시 가열한 다음 공기 중에서 천천히 냉각	인성, 강성이 증대되며, 강인한 강이 되어 변형이 없어진다.

예제 03 강의 열처리 방법 중 조직을 개선하고 결정을 미세화하기 위해 800~1,000℃로 가열하여 소정의 시간까지 유지한 후에 대기중에서 냉각하는 것을 무엇이라 하는가? [23,20,12]
① 불림
② 풀림
③ 담금질
④ 뜨임질

정답 ①

6) 강의 종류

(1) 주철
① 주철의 탄소함유량은 2.5~4.5% 범위의 철
② 내식성이 및 주조성이 우수하나, **압연·단조 등의 기계적 가공은 할 수 없다**
③ 보통 주철은 선철로 만든 주철로서 방열기, 주철관, 맨홀커버, 계단 등으로 사용된다.

(2) 합금강
① 강의 성질을 향상시킬 목적으로 탄소강에 다른 원소를 한 가지 이상 혼합한 것을 합금강이라 하며 대표적인 특수 합금강이 녹방지와 경량화를 위해 개량한 스테인리스강이다.
② 합금강은 PC 강선, PC 강봉, 교량 강재 등에 사용된다.
③ 스테인리스강(stainless steel) : 크롬 또는 니켈 등을 강에 첨가하여 철의 최대 단점인 내식성의 부족을 개선할 목적으로 만들어진 녹슬지 않도록 한 금속재료이다. 가벼우며 광택이 좋고 납땜도 가능하다.

TMCP강(Thermo-Mechanical Control Process steel)
용접성을 개선하여 용접성이 매우 우수하며, 강재의 두께가 증가하더라도 **항복강도의 저하가 없도록 강재의 특성을 향상시킨 고강도, 고인성의 강재**로서 제어압연을 기본으로 하고, 급랭에 의한 가속냉각법을 이용하여 필요한 성질을 확보한다.

TMCP강에 관한 설명으로 옳지 않은 것은? [23, 18]
① 항복비가 높아 내진성능이 낮다.
② 저탄소당량으로 용접성이 우수하다.
③ 강재의 두께가 증가하더라도 항복강도의 저하가 없다.
④ 제어압연을 기본으로 하고, 급랭에 의한 가속냉각법을 이용하여 필요성질을 확보한다.

정답 ①

2. 비철금속

종류	특성
구리 (銅 : 동)	① 열전도율과 전기전도율, 인성과 가공성이 우수하다. ② 내식성은 크나 **산·알칼리에 약하여** 암모니아에 침식된다. ③ 아름다운 색과 광택을 지닌다. ④ 용도: **지붕재료**, 전기재료, 철사, 못, 홈통 등
황동 (놋쇠)	① 구리 + **아연**(10~40%)을 첨가하여 만든 합금 ② 외관이 미려하며 주조와 가공이 구리에 비해 쉽다. ③ 내식성이 크고 내구성이 좋아 창호철물로 사용된다. ④ 용도 : 다양한 장식품, 창호철물 등에 사용된다.

청동	① 구리 + **주석**(4~12%)을 첨가하여 만든 합금 ② 아름다운 **청록색의 광택**이 나며 내식성이 크고 주조하기 쉽다. ③ 용도 : **장식, 공예·미술재료** 등에 사용된다.
알루미늄	① 보크사이트 알루미나(Al_2O_3)로 제조한 대표적인 경금속으로 철강 다음으로 많이 사용된다. ② 비중이 2.7(철의 1/3)로 경량이나 강도가 커서 구조재로 용이하다. ③ **열팽창이 철의 약 2배**로 크고, 공기중에 산화피막이 생겨 **내식성이 크다**. ④ **산과 알칼리, 해수에 약하므로** 접촉면은 반드시 방식처리를 해야 한다. ⑤ 용도 : 마감재, 창호재, 실내장식, 가구, 커튼레일 등
납	① 비중이 11.4로 높으며, 인장강도가 1.4~8.4로 극히 작다. ② X선의 차단효과가 콘크리트의 100배 정도로 크나, 알칼리에 약하다. ③ 용도 : 내약품성 기구, 급수배관, 트랩 체임버, 스프링클러, 배전반 퓨즈 등에 사용된다.
주석	① 비중이 7.3 정도로 큰 금속으로 전성·연성과 내식성이 우수하다. ② 용융점은 낮고, 알칼리에 천천히 침식된다. ③ 산소나 이산화탄소의 작용을 받지 않아 대기 중이나 수중에서 녹슬지 않는다. ④ 단독으로 사용하는 경우는 드물고, 철판에 도금을 할 때 사용된다. ⑤ 용도 : 난로의 연통, 방식피복재료 등
아연	① 청백색의 금속으로. 강도가 크고 연성 및 **내식성이 우수**하여 부식을 방지하는 도금재료 및 합금재료로 사용된다. ② 건조 **공기 중에서는 거의 산화되지 않으며**, 습기나 탄산가스가 있으면 염기성 탄산아연 보호막이 생성되어 내부 산화를 막는다. ③ 용도 : 아연도금 강판, 지붕재료, 피복재 등
함석	① 표면에 **아연을 도금**한 강철판이다. ② 용도 : 지붕재, 홈통재료 등
니켈	① 주로 합금용으로 청백색을 띤다. ② 전성과 연성이 크고 풍부하고 내식성이 크다.

건축용으로 판재지붕에 많이 사용되는 금속재는? [24, 22]

① 철 ② 동
③ 주석 ④ 니켈

정답 ②

알루미늄의 성질에 관한 설명으로 옳지 않은 것은? [25, 20, 17]

① 알루미늄은 비중이 철의 1/3 정도로 경량인 반면, 열·전기전도성이 크고 반사율이 높다.
② 알루미늄의 내식성은 그 표면에 치밀한 산화피막을 형성하기 때문에 부식이 쉽게 일어나지 않으며 알칼리나 해수에도 강하다.
③ 알루미늄의 부식률은 대기 중의 습도와 염분함유량, 불순물의 양과 질 등에 관계된다.
④ 알루미늄은 상온에서 판, 선으로 압연가공하면 경도와 인장강도가 증가하고 연신율이 감소한다.

해설 | 알루미늄은 열팽창이 철의 약 2배로 크고, 공기중에 산화피막이 생겨 내식성이 크다. 산과 알칼리, 해수에 약하므로 접촉면은 반드시 방식처리를 해야 한다.

정답 ②

3. 금속의 부식방지법

금속은 공기, 물, 흙, 전기작용에 의해 부식이 발생된다.

1) 금속의 부식예방법
① 가능한 **이종 금속을 인접 또는 접촉사용을 금지**
② 표면이 균질하고 청결한것을 사용하며 사용 시 큰 변형금지
③ 표면이 평활하고 가능한 한 **건조한 상태**를 유지할것
④ 가공 중 변형이 생긴 것은 열처리방법(풀림, 뜨임질)으로 제거하고 사용
⑤ 내식성이 큰 도료를 피복하여 표면을 보호한다.

 금속부식을 방지하기 위한 방법 중 옳은 것은? [23,19,13,12]
① 큰 변형을 받은 금속은 불림하여 사용한다.
② 표면은 가급적 포습된 상태로 사용한다.
③ 이종금속의 인접 또는 접촉 사용을 금한다.
④ 부분적인 녹은 제거하지 않고 사용해도 좋다.

정답 ③

2) 금속의 이온화 경향

서로 다른 금속이 접촉할 때 그 부분에 수분이 있을 경우에는 전기분해가 일어나 이온화 경향이 큰 금속이 음극으로 되어 전기적 부식현상을 일으키게 된다.

K > Ca > Na > Mg > Al > Zn > Fe > Ni > Sn > H

 녹막이 도료(방청 페인트)
표면에 도포하여 부식 방지 및 내구성 등을 향상 시키기 위한 목적의 도장이다.

구분		종류
금속	녹막이칠 (방청페인트)	① 광명단(철제) ② 징크크로메이트(알루미늄) ③ 역청질 도료 ④ 산화철 녹막이 도료 ⑤ 아연분말 도료 ⑥ 알루미늄 도료
목재	방부도장	① 크레오소트 ② 콜타르 ③ 아스팔트 페인트 ④ 유성페인트

4. 금속제품

1) 긴결용 금속제품
① **듀벨**(dubel)
목구조에 사용하는 보강철물로 인장력에 저항하는 볼트와 함께 사용한다. (듀벨은 전단력에 저항)
② **인서트**(insert)
콘크리트에 구조물을 달아 매기 위해 콘크리트 타설 전 미리 묻어 넣는 고정철물로 **주철재**를 재질로 사용한다.

③ 익스팬션 볼트(expansion bolt)
콘크리트에 다른 부재를 고정하기 위하여 묻어 두는 특수형의 볼트로, 벽체 등에 박으면 끝이 벌어져(확장됨)구멍 내부에 고정이 된다.
④ 드라이브핀(drive pin)
못박기총(타카)으로 콘크리트벽이나 강재 등에 박는 특수 못

인서트

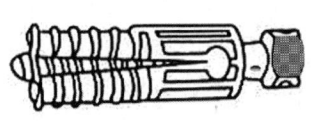
익스텐션 볼트

드라이브핀

2) 수장·장식용 금속제품
  ① 펀칭메탈(punching metal)
  두께 1.2mm 이하의 박판에 **여러 가지 모양의 구멍을 뚫은** 가공판으로 **환기구멍, 라지에이터, 장식용 판넬** 등으로 사용된다.
  ② 조이너(joiner)
  천장, 벽 등에 보드류를 붙일 때 그 **이음새를 감추거나 이질재와의 조인트 접합부**에 사용하는 가는 막대 모양의 줄눈재 철물로, 알루미늄이나 플라스틱으로 만든다.
  ③ 논슬립(non slip)
  계단의 디딤판 끝에 부착하여 미끄러짐 방지하는 철물로, 스테인리스강제 놋쇠, 고무제, 황동제 등이 사용된다.
  ④ 코너비드(corner bead)
  미장바름 시 기둥, **벽 모서리**를 상하지 않도록 보호하기 위한 철물
  ⑤ 줄눈대(metallic joiner)
  인조석 등의 바름에 신축·균열 방지 및 장식효과를 위해 사용되는 줄눈
  ⑥ 스팬드럴 패널(spandrel panel)
  스테인리스강판, 알루미늄판으로 제작되며 스팬드럴(경량천장 덮개)패널이다.

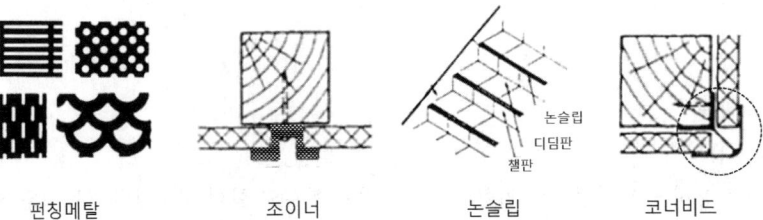
펀칭메탈   조이너   논슬립   코너비드

3) 미장용 금속제품

① **메탈라스**(metal lath)
0.4~0.8mm의 연강판에 **그물코 모양**을 내어 옆으로 길게 늘려서 만든 것이다. 천장, 벽 등의 모르타르 바름 바탕시 **부착을 좋게** 하기 위하여 사용된다.

② **익스팬디드메탈**(expanded metal)
6~13mm의 얇은 강판을 메탈라스와 같은 방식으로 그물코를 크게 만든 제품으로 콘크리트 보강용으로 사용된다.

③ **와이어라스**(wire lath)
보통 철선 또는 아연도금 철선을 엮어서 그물같이 만든 것으로 **미장 바탕용**으로 사용된다.

④ **와이어메시**(wire mesh)
연강철선을 격자 모양으로 짜고 전기용접한 것으로 **용접철망**이라고도 한다. 벽체, 바닥 등의 보강재로 **철근 대용**으로 쓰이며, 콘크리트 다짐 바닥 및 콘크리트 도로포장의 전열 방지를 위해서도 사용된다.

⑤ **데크 플레이트**(deck plate)
얇은 강판을 골 모양의 파형(波形)으로 성형된 강판으로, 콘크리트 슬래브의 거푸집 패널 또는 **바닥판 및 지붕판**으로 사용된다.

⑥ **키스톤 플레이트**(keystone plate)
얇은 강판을 골 모양의 파형(波形)으로 성형된 강판으로 일반적인 데크 플레이트보다 **요철이 작고** 지붕 외벽에 사용된다.

⑦ **메탈폼**(Metal Form)
콘크리트용 거푸집으로 노출제물치장 콘크리트용

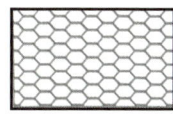 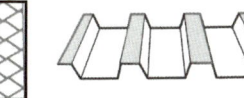 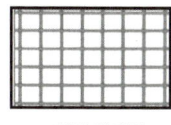

메탈라스　　　　와이어라스　　　　데크플레이트　　　와이어메시

예제 08 금속제품에 관한 설명으로 옳지 않은 것은? [25,22]
① 스테인리스 강판은 내식석 및 내마모성이 우수하고 강도가 높을 뿐만 아니라 장식적으로도 광택이 미려하다.
② 메탈폼은 금속재의 콘크리트용 거푸집으로서 치장 콘크리트 등에 사용된다.
③ 조이너는 벽, 기둥 등의 모서리 부분에 미장바름을 보호하기 위하여 묻어 붙인 것으로 모서리쇠라고도 한다.
④ 꺽쇠는 강봉 토막의 양 끝을 뾰족하게 하고, ㄷ자형으로 구부려 2개의 부재를 잇거나 엇갈리게 고정시킬 때 사용된다.

해설 | 조이너(joiner)
천장, 벽 등에 보드류를 붙일 때 그 이음새를 감추거나 이질재와의 조인트 접합부에 사용하는 가는 막대 모양의 줄눈재 철물로, 알루미늄이나 플라스틱으로 만든다.

정답 ③

얇은 강판에 마름모꼴의 구멍을 연속적으로 뚫어 그물처럼 만든 것으로 천장·벽 등의 미장 바탕에 사용되는 것은? [24, 22]

① 메탈라스
② 인서트
③ 코너비드
④ 논슬립

정답 ①

핵심 기출문제

05 금속공사

1 철강

01 ▶21

건설용 강재(철근 등)의 재료시험 항목에서 일반적으로 제외되는 것은?

① 압축강도 시험   ② 인장강도 시험
③ 굽힘 시험   ④ 연신율 시험

해설 | 건설용 강재의 재료시험 항목
㉠ 인장강도 시험
㉡ 연신율 시험
㉢ 굽힘 시험

02 ▶19

탄소강의 물리적 성질과 탄소량과의 관계에 관한 설명으로 옳은 것은?

① 탄소량이 일정하면 가공상태나 열처리조건에 따른 물리적 성질의 변화는 없다.
② 탄소강의 비중, 열팽창계수, 열전도도는 탄소량이 증가할수록 증가한다.
③ 탄소강의 비열, 전기저항, 항자력은 탄소량이 증가할수록 증가한다.
④ 탄소강의 내식성은 탄소량이 증가할수록 증가한다.

해설 | 탄소강의 물리적 성질
- 탄소의 양이 증가하면 비열, 전기저항, 항복강도, 인장강도, 경도 등은 증가하고, 비중, 열전도율, 열팽창계수, 연신율, 단면 수축률, 신도, 내식성 등은 감소한다.
- 강은 탄소함유량이 적을수록 연질이고, 강도는 작아지나 신장률은 커진다.
- 강의 열팽창계수는 콘크리트와 비슷하여 철근콘크리트 구조로 많이 사용됨.

03 ▶19

강재(鋼材)의 인장강도가 최대로 되는 지점의 온도는 약 얼마인가?

① 상온   ② 약 100℃ 정도
③ 약 250℃ 정도   ④ 약 500℃ 정도

해설 | 강재(鋼材)의 인장강도
온도에 따라 강도가 변화하는데 100℃ 이상이 되면 인장강도가 증가하며 250℃에서 최대가 되며 그 이상부터는 감소한다.

04 ▶18

다음 중 내식성이 가장 높은 재료는?

① 티타늄   ② 아연
③ 스테인리스강   ④ 동

해설 | 내식성
금속 부식에 대한 저항력으로, 내식성이 매우 높다는 것은 부식에 강하다는 의미이며 내식성이 매우 높은 금속으로 티타늄이 있다.

05 ▶18

온도에 따른 탄소강의 기계적 성질에 관한 설명으로 옳지 않은 것은?

① 연신율은 200~300℃에서 최소로 된다.
② 인장강도는 500℃ 정도에서 상온 강도의 약 1/2로 된다.
③ 인장강도는 100℃ 정도에서 최대로 된다.
④ 항복점과 탄성한계는 온도가 상승함에 따라 감소한다.

해설 | 문제 3번 해설 참조

정답 | 01 ① 02 ③ 03 ③ 04 ① 05 ③

06 ▶16
탄소강에 관한 다음 설명 중 ( )안에 알맞은 것은?

> 탄소강은 ( )에서 인장강도가 가장 크고 신율이 가장 작으니 상온에서 보다 굳고 취약한 청열취성(靑熱脆性)을 나타낸다.

① 100℃ ② 200~300℃
③ 400~500℃ ④ 800℃

해설 | 탄소강 연신율
㉠ 온도에 따라 강도가 변화하는데 100℃ 이상이 되면 인장강도가 증가하며 250℃에서 최대가 되며 그 이상부터는 감소한다.
㉡ 연신율(인장시험 때 재료가 늘어나는 비율)은 200~300℃에서 최소가 된다.

07 ▶15
온도변화에 따른 탄소강의 기계적 성질에 관한 설명 중 옳지 않은 것은?

① 연신율은 약 250℃를 경계로 온도가 높아질수록 커진다.
② 탄성률은 온도가 높아질수록 커진다.
③ 인장강도는 약 300℃를 경계로 온도가 높아질수록 작아진다.
④ 탄성계수는 온도가 높아질수록 작아진다.

해설 | 항복점과 탄성한계
항복점과 탄성한계는 온도가 상승함에 따라 감소한다.

08 ▶21,20
강의 기계적 성질과 관련된 항복비를 옳게 설명한 것은? (단, 응력-변형률곡선 상 명칭을 기준으로 한다.)

① 항복점과 인장강도의 비
② 항복점과 압축강도의 비
③ 비례한계점과 인장강도의 비
④ 비례한계점과 압축강도의 비

해설 | 항복비
항복점과 인장강도의 비

09 ▶21,20,19,17
다음 중 구조용 강재의 응력도-변형률 곡선에서 가장 먼저 나타나는 것은? (단, 응력-변형률곡선 상 명칭을 기준으로 한다.)

① 상위항복점
② 비례한계점
③ 하위항복점
④ 인장강도점

해설 | 강(탄소강)의 응력-변형률곡선

A : 비례한도	비례한도 외력을 가하면 응력은 어느 일정한 값에 도달하기까지는 정비례하여 커지는데, 이때 응력과 비례하여 성립되는 최대한도
B : 탄성한도	외력의 제거 시 응력과 변형이 0으로 돌아가는 최대한도
C : 상위 항복점 D : 하위 항복점	외력의 작용 시 상위 항복점이 변형되면 응력은 별로 증가하지 않으나 변형은 증가하여 하위 항복점에 도달
E : 최대응력	응력과 변형이 비례하지 않는 상태
F : 파괴점	응력이 증가하지 않아도 스스로 변형이 커져서 파괴되는 상태

※ 항복비 : 항복점과 인장강도의 비

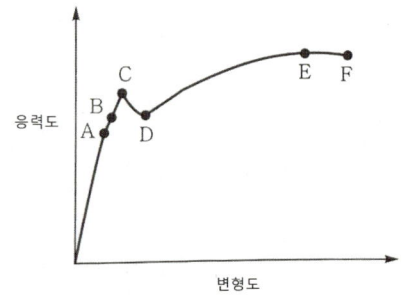

정답 | 06 ② 07 ② 08 ① 09 ②

10
강의 기계적 성질과 관련된 설명으로 옳지 않은 것은?

① 구조용 강재에 인장력을 가하게 되면 응력-변형도(stress-strain curve) 선도를 얻을 수 있다.
② 탄성구간의 기울기를 탄성계수라 한다.
③ 강재를 압축할 경우 압축강도는 항복점 부근까지는 인장인 경우와 같으나, 그 이후는 압축이 진행됨에 따라 최대하중은 인장인 경우보다 높아진다.
④ 강은 250℃ 부근에서 인장강도가 최대로 되나 반대로 연신율, 단면수축률은 극소로 된다.

해설 | 문제 9번 해설참조
인장강도점에서 응력값이 가장 크게 나타난다.

11
강재 시편의 인장시험 시 나타나는 응력-변형률 곡선에 관한 설명으로 옳지 않은 것은?

① 하위항복점까지 가력한 후 외력을 제거하면 변형은 원상으로 회복된다.
② 인장강도 점에서 응력값이 가장 크게 나타난다.
③ 냉간성형한 강재는 항복점이 명확하지 않다.
④ 상위항복점 이후에 하위항복점이 나타난다.

해설 | 문제 9번 해설참조
- 하위항복점까지 가력한 후 외력을 제거하면 변형은 유지된다.
- 탄성한도(B) : 외력의 제거 시 응력과 변형이 0으로 돌아가는 최대한도

12
강의 열처리 방법에 속하지 않는 것은?

① 불림   ② 풀림
③ 단조   ④ 담금질

해설 |
- 강의 열처리 방법
  풀림(소준), 불림(소둔), 담금질(소입), 뜨임질(소려)
- 강의 성형방법
  단조, 주조, 압연, 인발(견인)

13
강의 열처리방법과 그 목적의 연결이 옳지 않은 것은?

① 뜨임질 - 인성증대   ② 풀림 - 경도증가
③ 불림 - 조직개선   ④ 담금질 - 강도증가

해설 | 풀림(소준)
강의 연화 및 내부응력 제거

14
주철(cast iron)에 대한 설명으로 옳지 않은 것은?

① 주철은 압연, 단조 등의 가공이 용이하다.
② 주조성이 아주 양호하고 복잡한 형상도 쉽게 성형할 수 있다.
③ 비중은 7.0~7.1 정도이다.
④ 파이프, 라디에이터 등에 사용된다.

해설 | 주철
㉠ 주철의 탄소함유량은 2.5~4.5% 범위의 철
㉡ 내식성이 및 주조성이 우수하나, 압연·단조 등의 기계적 가공은 할 수 없다.
㉢ 보통 주철은 선철로 만든 주철로서 방열기, 주철관, 맨홀커버, 계단 등으로 사용된다.

15
초고층 인텔리전트 빌딩이나, 핵융합로 등과 같이 강력한 자기장이 발생할 가능성이 있는 철골 구조물의 강재나, 철근 콘크리트용 봉강으로 사용되는 것은?

① 초고장력강
② 비정질(Amorphous)금속
③ 구조용 비자성강
④ 고크롬강

해설 | 구조용 비자성강
금속계 신재료로 강력한 자기장이 발생할 가능성이 있는 철골 구조물의 강재나, 철근 콘크리트용 봉강으로 초고층 인텔리전트 빌딩이나, 핵융합로 등에 사용된다.

정답 | 10 ③ 11 ① 12 ③ 13 ② 14 ① 15 ③

16 ▶18,14

용접성을 개선하여 용접성이 매우 우수하며, 강재의 두께가 증가하더라도 항복강도의 저하가 없도록 강재의 특성을 향상시킨 강재는?

① TMCP강   ② 내후성강
③ 스테인레스강   ④ 무도장 내후성강

해설 | TMCP강
(Thermo-Mechanical Control Process steel)
용접성을 개선하여 용접성이 매우 우수하며, 강재의 두께가 증가하더라도 항복강도의 저하가 없도록 강재의 특성을 향상시킨 고강도, 고인성의 강재로서 제어압연을 기본으로 하고, 급랭에 의한 가속냉각법을 이용하여 필요한 성질을 확보한다.

2 비철금속

17 ▶21

다른 종류의 금속을 접촉 시켰을 경우 이온화 경향이 커서 부식의 위험이 가장 큰 것은?

① 구리(Cu)   ② 알루미늄(Al)
③ 철(Fe)   ④ 은(Ag)

해설 | 금속의 이온화 경향
K > Ca > Na > Mg > Al > Zn > Fe > Ni > Sn > H

18 ▶16

알루미늄의 물리적 성질에 관한 설명 중 옳지 않은 것은?

① 비중은 약 2.7, 융점은 약 659℃ 정도이다.
② 열·전기 전도성이 크고 반사율이 높다.
③ 열팽창계수는 철과 거의 유사하다.
④ 상온에서 판, 선으로 압연가공하면 경도와 인장강도는 증가하고 연신율은 감소한다.

해설 | 알루미늄
열팽창이 철의 약 2배로 크고, 공기중에 산화피막이 생겨 내식성이 크다.

19 ▶20

금속재료에 관한 설명으로 옳지 않은 것은?

① 스테인리스강은 내화, 내열성이 크며, 녹이 잘 슬지 않는다.
② 동은 화장실 주위와 같이 암모니아가 있는 장소에서는 빨리 부식하기 때문에 주의해야 한다.
③ 알루미늄은 콘크리트에 접할 경우 부식되기 쉬우므로 주의하여야 한다.
④ 청동은 구리와 아연을 주체로 한 합금으로 건축장식철물 또는 미술공예 재료에 사용된다.

해설 | 청동
㉠ 구리+주석(4~12%)을 첨가하여 만든 합금
㉡ 아름다운 청록색의 광택이 나며 내식성이 크고 주조하기 쉽다.
㉢ 용도 : 장식, 공예·미술재료 등에 사용된다.

20 ▶19,13

비철금속재료의 특성에 관한 설명으로 옳지 않은 것은?

① 동은 상온의 건조공기 중에서 변화하지 않으나 습기가 있으면 광택을 소실하고 녹청색으로 된다.
② 알루미늄은 비중이 비교적 작고 연질이며 강도도 낮다.
③ 납은 비중이 크고 연질이며 전성, 연성이 풍부하다.
④ 아연은 산 및 알칼리에 강하나 공기중 및 수중에서는 내식성이 작다.

해설 | 아연
㉠ 청백색의 금속으로, 강도가 크고 연성 및 내식성이 우수하여 부식을 방지하는 도금재료 및 합금재료로 사용된다.
㉡ 건조 공기 중에서는 거의 산화되지 않으며, 습기나 탄산가스가 있으면 염기성 탄산아연 보호막이 생성되어 내부 산화를 막는다.
㉢ 용도 : 아연도금 강판, 지붕재료, 피복재 등

정답 | 16 ① 17 ② 18 ③ 19 ④ 20 ④

21 ▶17,16
비철금속의 성질에 관한 설명 중 옳은 것은?

① 동은 내알칼리성이 약하므로 콘크리트와 접하는 곳에서는 부식속도가 빠르다.
② 주석은 인체에 매우 유해한 성분이 있어 식기, 용기등으로 사용이 불가능하다.
③ 알루미늄은 표면에 산화피막을 형성하기 때문에 내해 수성이 우수하다.
④ 납은 천연수, 경수에 용해되기 때문에 수도관으로 사용시 주의가 필요하다.

해설 | 동(구리)
  ㉠ 내식성은 크나 산·알칼리에 약하여 암모니아에 침식된다.
  ㉡ 연성이고 가공성이 풍부하여 판재, 선, 봉 등으로 만들기가 용이하다.
  ㉢ 열전도율 및 전기전도율아 매우 크다.
  ㉣ 콘크리트 등 알칼리에 접하는 장소에서는 빨리 부식된다.

22 ▶18
비철금속 중 아연에 관한 설명으로 옳지 않은 것은?

① 건조한 공기 중에서는 거의 산화되지 않는다.
② 묽은 산류에 쉽게 용해된다.
③ 철판의 아연도금으로 사용된다.
④ 불순물인 철(Fe), 카드뮴(Cd), 주석(Sn) 등을 소량 함유하게 되면 광택이 매우 우수해진다.

해설 | 문제 20번 해설참조
  아연은 불순물을 제거할수록 광택이 우수해지고 내식성이 좋아진다.

23 ▶18,14
표면에 청록색을 띠고 있으며, 건축장식철물 또는 미술공예품으로 이용되는 금속은?

① 니켈　　　② 청동
③ 황동　　　④ 주석

해설 | 청동
  구리+주석(4 ~ 12%)을 첨가하여 만든 합금으로 아름다운 청록색의 광택이 나며 주로 장식, 공예·미술재료 등에 사용된다.

24 ▶15
금속판에 관한 설명으로 옳지 않은 것은?

① 알루미늄판은 경량이고 열반사도 좋으나 알칼리에 약하다.
② 스테인레스 강판은 내식성이 필요한 제품에 사용된다.
③ 함석은 철판에 주석도금을 한 것으로 아황산가스에 약하다.
④ 연판은 X선 차단효과가 있고 내식성도 크다.

해설 | 함석
  ㉠ 표면에 아연을 도금한 강철판이다.
  ㉡ 용도 : 지붕재, 홈통재료 등

25 ▶14,15
동과 그 합금에 대한 설명으로 옳은 것은?

① 황동은 구리와 아연을 주성분으로 한다.
② 청동은 구리와 니켈을 주성분으로 한다.
③ 구리는 녹청색으로 부식이 발생되므로 내식성이 우수하지 않다.
④ 암모니아나 해수에 강하다.

해설 | ㉠ 청동은 구리와 주석을 주성분으로 내식성이 크고 내구성이 좋아 창호철물로 사용된다
  ㉡ 구리는 내식성은 크나 산·알칼리에 약하여 암모니아에 침식된다.
  ㉢ 암모니아나 해수에 약하다.

정답 | 21 ① 22 ④ 23 ② 24 ③ 25 ①

26 ▶14
각종 금속에 대한 설명으로 틀린 것은?

① 동은 건조한 공기 중에서는 산화하지 않으나, 습기가 있거나 탄산가스가 있으면 녹이 발생한다.
② 납은 비중이 비교적 작고 융점이 높아 가공이 어렵다.
③ 알루미늄은 비중이 철의 1/3 정도로 경량이며 열·전기 전도성이 크다.
④ 청동은 구리와 주석을 주체로 한 합금으로 건축장식 부품 또는 미술공예 재료로 사용된다.

해설 | 납
　㉠ 비중이 11.4로 높으며, 인장강도가 1.4~8.4로 극히 작다.
　㉡ X선의 차단효과가 콘크리트의 100배 정도로 크나, 알칼리에 약하다.
　㉢ 용도 : 내약품성 기구, 급수배관, 트랩 체임버, 스프링클러, 배전반 퓨즈 등에 사용된다.

3 금속의 부식방지법

27 ▶18
강재의 부식과 방식에 관한 설명으로 옳은 것은?

① 전식은 공식보다 수명예측이 비교적 어려운 부식이다.
② 금속의 부식 형태 중 건식이 습식보다 부식에 대응하기 어렵다.
③ 공식이란 강재 일부에 국부 전지를 형성하여 빠르게 부식하는 것을 말한다.
④ 강재 방식법으로 건축에서 널리 사용되는 것은 전기화학적 방법이다.

해설 | • 전면부식(전식) : 금속전 표면에 생기는 부식
　　　• 공식 : 국부부식(부분부식)의 일종으로 한 부분에 집중적으로 생기는 부식
　　　　㉠ 공식은 전식보다 수명예측이 비교적 어려운 부식이다.
　　　　㉡ 금속의 부식 형태 중 습식이 건식보다 부식에 대응하기 어렵다.
　　　　㉢ 강재 방식법으로 건축에서 널리 사용되는 것은 표면피복법이다.

28 ▶17,13
금속의 부식방지를 위한 관리대책으로 볼 수 없는 것은?

① 표면을 평활하고 깨끗이 하며 가능한 한 습윤상태를 유지할 것
② 가능한 한 이종 금속을 인접 또는 접촉시켜 사용하지 말 것
③ 부분적으로 녹이 나면 즉시 제거할 것
④ 큰 변형을 준 것은 가능한 한 풀림하여 사용할 것

해설 | 금속의 부식예방법
　㉠ 가능한 이종 금속을 인접 또는 접촉시켜 사용금지
　㉡ 표면이 균질하고 청결한것을 사용하며 사용 시 큰 변형금지
　㉢ 표면이 평활하고 가능한 한 건조한 상태를 유지할것
　㉣ 가공 중 변형이 생긴 것은 열처리방법(풀림, 뜨임질)으로 제거하고 사용
　㉤ 내식성이 큰 도료를 피복하여 표면을 보호한다.

4 금속제품

29 ▶21,18,12
판두께 1.2mm 이하의 얇은 판에 여러 가지 모양으로 도려낸 철판으로서 환기공, 인테리어벽, 천장 등에 이용되는 금속 성형 가공제품은?

① 익스팬디드 메탈　② 펀칭 메탈
③ 키스톤 플레이트　④ 스팬드럴 패널

30 ▶21
벽의 모르타르 바름 바탕용으로 가장 적합한 금속제품은?

① 메탈라스　② 데크플레이트
③ 인서트　④ 조이너

정답 | 26 ② 27 ③ 28 ① 29 ② 30 ①

해설 | 메탈라스(metal lath)
0.4~0.8mm의 연강판에 그물코 모양을 내어 옆으로 길게 늘려서 만든 것이다. 천장, 벽 등의 모르타르 바름 바탕시 부착을 좋게 하기 위하여 사용된다.

31 ▸20
벽·기둥 등의 모서리를 보호하기 위하여 미장바름질을 할 때 붙이는 보호용 철물은?

① 논슬립 ② 인서트
③ 코너비드 ④ 크레센트

32 ▸20,16,14
연강 철선을 전기 용접하여 정방형 또는 장방형으로 만든 것으로 블록을 쌓을 때나 보호 콘크리트를 타설할 때 사용하며 균열을 방지하고 교차 부분을 보강하기 위해 사용하는 금속제품은?

① 와이어로프 ② 코너비드
③ 와이어메시 ④ 메탈폼

해설 | 와이어메시(wire mesh)
연강철선을 격자 모양으로 짜고 전기용접한 것으로 용접철망이라고도 한다. 벽체, 바닥 등의 보강재로 철근 대용으로 쓰이며, 콘크리트 다짐 바닥 및 콘크리트 도로 포장의 전열 방지를 위해서도 사용된다.

33 ▸19,16
수장 및 장식용 금속제품으로 천장, 벽 등에 보드를 붙이고 그 이음새를 감추는데 사용하는 것은?

① 코너비드 ② 조이너
③ 펀칭메탈 ④ 스팬드럴 패널

해설 | 조이너(joiner)
천장, 벽 등에 보드류를 붙일 때 그 이음새를 감추거나 이질재와의 조인트 접합부에 사용하는 가는 막대 모양의 줄눈재 철물로, 알루미늄이나 플라스틱으로 만든다.

34 ▸19
인서트(insert)의 재질로 가장 적합한 것은?

① 주철 ② 알루미늄
③ 목재 ④ 구리

해설 | 인서트(insert)
콘크리트에 구조물을 달아 매기 위해 콘크리트 타설 전 미리 묻어 넣는 고정철물로 주철재를 재질로 사용한다.

35 ▸18
콘크리트 슬래브의 거푸집 패널 또는 바닥판 등으로 사용하는 것은?

① 코너 비드
② 데크 플레이트
③ 익스펜디드 메탈
④ 퍼린

해설 | 데크 플레이트(deck plate)
얇은 강판을 골 모양의 파형(波形)으로 성형된 강판으로, 콘크리트 슬래브의 거푸집 패널 또는 바닥판 및 지붕판으로 사용된다.

36 ▸18
일종의 못박기총을 사용하여 콘크리트나 강재등에 박는 특수못을 의미하는 것은?

① 드라이브핀
② 인서트
③ 익스펜션볼트
④ 듀벨

해설 | 드라이브핀(drive pin)
못박기 총(타카)으로 콘크리트벽이나 강재 등에 박는 특수 못

정답 | 31 ③ 32 ③ 33 ② 34 ① 35 ② 36 ①

37

조이너(joiner)에 관한 설명으로 옳은 것은?

① 벽, 기둥 등의 모서리에 미장 바름의 보호 목적으로 사용
② 인조석깔기에서 신축균열방지나 의장효과의 목적으로 사용
③ 천장에 보드를 붙인 후 그 이음새를 감추는 목적으로 사용
④ 환기구멍이나 라디에이터 덮개의 목적으로 사용

해설 | 문제 33번 해설참조

38

각종 금속제품에 대한 설명으로 틀린 것은?

① 메탈라스는 금속제 창호로서 내화성, 수밀성, 기밀성이 있다.
② 와이어라스는 아연도금한 연강선을 마름모꼴, 갑형, 둥근형 등으로 한 미장 바탕용 철망이다.
③ 펀칭메탈은 금속판에 무늬 구멍을 낸 것으로 환기구, 각종 커버 등에 쓰인다.
④ 논슬립은 계단 모서리 끝 부분의 보강 및 미끄럼막이를 목적으로 사용한다.

해설 | 메탈라스(metal lath)
0.4 ~ 0.8mm의 연강판에 그물코 모양을 내어 옆으로 길게 늘려서 만든 것이다. 천장, 벽 등의 모르타르 바름 바탕시 부착을 좋게 하기 위하여 사용된다.

39

기성 철물제품에 관한 설명 중 옳지 않은 것은?

① 코너비드는 기둥, 벽 등의 모서리에 대어 미장바름을 보호하는 철물이다.
② 미끄럼막이(non-slip)는 계단의 디딤판 끝에 대어 오르내릴 때 미끄러지지 않게 하는 철물이다.
③ 와이어라스는 탄소 박판에 일정한 방향으로 등간격의 절단면을 내고 옆으로 길게 늘여서 그물코 모양으로 한것으로 익스팬디드메탈(Expanded matal)이라고도 한다.
④ 인서트(Insert)는 콘크리트 슬래브 밑에 반자틀 기타 구조물을 달아매고자 할 때 사용된다.

해설 | ㉠ 와이어라스(wire lath)
보통 철선 또는 아연도금 철선을 엮어서 그물같이 만든 것으로 미장 바탕용으로 사용된다.
㉡ 익스팬디드메탈(expanded metal)
6 ~ 13mm의 얇은 강판을 메탈라스와 같은 방식으로 그물코를 크게 만든 제품으로 콘크리트 보강용으로 사용된다.

40

규칙적으로 골이 되게 주름잡은 강판으로서 강판의 두께는 0.6 ~ 1.2mm 정도이며 지붕, 외벽 등에 주로 쓰이고 철근콘크리트 슬래브의 거푸집 패널로도 사용되는 것은?

① 메탈라스   ② 와이어메시
③ 키스톤 플레이트   ④ 와이머라스

해설 | 키스톤 플레이트(keystone plate)
얇은 강판을 골 모양의 파형(波形)으로 성형된 강판으로 일반적인 데크플레이트보다 요철이 작고 지붕 외벽에 사용된다.

41

인조석 갈기 및 테라조 현장갈기 등에 사용되는 줄눈철물의 명칭은?

① 인서트(insert)
② 앵커볼트(anchor bolt)
③ 펀칭메탈(punching metal)
④ 줄눈대(metallic joiner)

해설 | 줄눈대(metallic joiner)
인조석 등의 바름에 신축·균열 방지 및 장식효과를 위해 사용되는 줄눈

정답 | 37 ③   38 ①   39 ③   40 ③   41 ④

06 유리 및 창호공사

> **Pass Note**

예상출제문항	키워드
1	– 유리의 일반적 성질 – 유리제품 특성	– 복층·접합·에칭유리 – 창호용철물

1. 유리 공사

1) 유리

(1) 유리의 일반적 성질

주 성분	• 유리의 주성분은 규산(SiO2) • 성분량 : SiO_2(규산) > Na_2O(소다) > CaO(석회) > MgO > Al_2O_3
비중	보통 유리의 비중은 2.5 내외
강도	유리의 강도는 보통 풍압에 의한 **휨강도**를 말하며 두께 및 열처리에 따라 차이가 난다.
열전도율	보통 유리의 **열전도율은 낮다.**(콘크리트의 1/2)
열팽창률	보통 유리는 **열팽창률이 낮고** 비열이 크기 때문에 부분적으로 **급히 가열하거나 냉각하면 파괴되기 쉽다.**
내열성	• 유리는 열에 약하며, 두꺼운 유리가 얇은 유리보다 열에 의해 쉽게 파괴된다. • 두께 1.9mm는 105℃, 두께 3mm는 80~100℃, 두께 5mm는 60℃ 이상의 부분적인 온도차가 발생 시 파괴된다.
내화학성	약한 산에는 침식되지 않지만 **염산, 황산, 질산** 등에는 서서히 **침식**된다.
연화점	보통유리는 740℃ 내외, 컬러유리는 1,000℃ 내외

예제 01 유리의 주성분 중 가장 많이 함유되어 있는 것은? [23,15,12,12]
① Fe_2O_3 ② CaO
③ MgO ④ SiO_2

정답 ④

2) 유리 제품

(1) 보통 판유리(Sheet Glass)
① 두께 6mm 미만의 박판유리와 6mm 이상의 후판유리로 분류한다.
② 기포, 규사 함유량에 따라 등급 판정하며, 비중은 2.5정도이다.
③ 휨강도 43~63MPa, 연화점은 720~750℃ 정도이다.
④ 빛과 열을 잘 투과하나 충격에 약하고, 차음성능이 다소 떨어진다.
⑤ 용도 : 실내차단용, 칸막이벽, 스크린, 통유리문, 가구 및 고급창문 등

(2) 소다석회 유리(소다 유리, 크라운 유리)
① 용융하기 쉽고 산에는 강하나 알칼리에 약하다.
② 비교적 팽창률이 크고 강도가 높으나 풍화의 우려가 있다.
③ 용도 : 건축 일반용 창유리, 일반 병유리 등

(3) 칼리석회유리
① 용융점이 높고 내약품성이 강하다.
② 일반적으로 투명도가 크다.
③ 용도 : 고급장식품, 공예품, 이화학용 기기 등

(4) 유리블록
① 속이 빈 유리상자 2장을 합쳐서 600℃에서 용착 후 건조공기를 봉입한 중공유리 블록
② 내부는 무늬를 넣고 투시는 불가하나 **채광, 단열, 방음**이 가능하다.
③ 열전도율이 벽돌의 1/4배 정도이고 실내 냉·난방에 효과가 있다.
④ 용도 : 내부 장식용, 방음용, 단열용 등

(5) 망입유리(wire glass)
① 유리액을 로울러로 제판하며 그 내부에 **금속망(철, 황동, 알루미늄 등)**을 삽입 성형하여 롤 아웃 방식으로 제조한다.
② 유리의 파손방지, 파편 비산방지, 도난, 화재방지, 진동에 의하여 파손의 우려가 많은 곳에 사용하여 안전유리의 일종으로 균열만 생기고 파편이 튀지 않는다.
③ 용도 : 도난 및 화재 확산 방지용, 엘리베이터 문 등

예제 02 파손방지, 도난방지 또는 진동이 심한 장소에 적합한 망입(網入)유리의 제조 시 사용되지 않는 금속선은? [25, 22, 19]

① 철선　　　　　　　　　　② 황동선
③ 청동선　　　　　　　　　④ 알루미늄선

해설 | 청동(금속공사 참조)
　㉠ 구리 + 주석(4~12%)을 첨가하여 만든 합금
　㉡ 아름다운 청록색의 광택이 나며 내식성이 크고 주조하기 쉽다.
　㉢ 용도 : 장식, 공예, 미술재료 등에 사용된다.

정답 ③

(6) 강화유리(Tempered glass)
   ① 판유리를 600℃ 이상의 특수 열처리 후 급냉하여 강도를 최고로 높인 안전유리의 일종
   ② 보통 유리보다 **강도가 3~5배 강하다.**
   ③ 급격한 온도 변화에도 강하며 파손율이 적다.
   ④ **현장에서의 가공, 절단이 불가능**하다.
   ⑤ 파손시 파편이 **콩알모양**으로 깨지고 예리하지 않은 파편으로 부서져 **위험성이 적다.**
   ⑥ 용도 : 외부 창유리, 무테문, 바닥용 전망 유리, 커튼월 등

    배강도 유리(반강화유리)
   연화점 이하의 온도에서 가열하고 서냉, 내풍압강도가 우수하여 건축물의 외벽, 개구부 등에 사용된다.

(7) 접합유리(laminate glass)
   ① 안전유리의 일종으로 2장 이상의 판유리 사이에 폴리비닐을 넣고 고열로 접합하여 파손시 파편이 튀지 않고 붙어 있는 특성이 있다.
   ② 삽입한 필름의 인장력으로 인한 충격흡수력이 높으며, **방탄유리 제조와 유사점**이 있다.
   ③ 용도 : 자동차, 선박, 기차 등

(8) 복층유리(Pair Glass)
   ① 2장 또는 3장의 유리를 일정한 간격을 두고 그 틈새에 대기압에 가까운 건조한 공기를 채우고 그 주변을 밀봉한 유리로 이중유리, 겹유리라고도 한다.
   ② 단열, 방음, 방서 효과가 크고, 유리창 **결로 방지용**으로 우수하다.
   ③ 용도 : 단열창

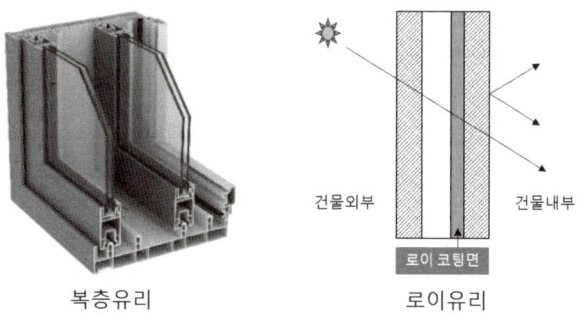

복층유리   로이유리

예제 03 2장 이상의 판유리 등을 나란히 넣고, 그 틈새에 대기압에 가까운 압력의 건조한 공기를 채우고 그 주변을 밀봉·봉착한 것은? [24, 22, 14]
① 열선흡수유리 ② 배강도 유리
③ 강화유리   ④ 복층유리

정답 ④

(9) 로이유리(Low-E glass : low-emissivity – 낮은 방사율)
   ① 유리 표면에 열적외선을 반사하는 **은(銀)소재 도막으로 코팅**하여 방사율과 열관류율을 낮추고 가시광선 투과율을 높인 유리
   ② 열의 이동을 최소화 시켜 냉·난방비를 절감할 수 있는 에너지 절약형 유리
   ③ 복층유리로 가공하며, 은 코팅면이 실내유리의 바깥쪽으로 오도록 만든다.
   ④ 용도 : 단열창

예제 04 로이(Low-E)유리에 관한 설명으로 옳지 않은 것은? [23,21]
   ① 로이유리는 대부분 복층유리 또는 삼중유리로 제작하여 사용한다.
   ② 하드로이는 유리 제조과정에서 금속이온을 스프레이 코팅하여 제작한다.
   ③ 소프트로이는 진공상태에서 금속코팅하여 제작한다.
   ④ 로이 복층유리 제작 시 알곤가스 충전은 열차단효과를 저하시키므로 사용이 불가하다.

   해설 : 알곤(아르곤)가스
   무거우며 밀도가 높은 비활성기체로 유리와 유리 사이에 가스를 채워주게 되면 가스 분자의 밀도로 인하여 단열효과를 높여 준다.

   정답 ④

(10) 열선반사유리(solar reflective glass)
   ① 빛을 쾌적하게 느낌정도로만 받아들이고 외부에서는 실내가 안보이고 거울처럼 보여 시선을 막아주는 효율적인 기능을 가진 유리
   ② 표면에 금속피막을 코팅하여 태양열의 차단효과가(가시광선은 40%, 태양열선은 30% 반사) 우수하여 냉난방비 절감 효과
   ③ 용도 : 고층 빌딩의 창, 프라이버시 공간

(11) 열선흡수유리(Heat absorbing glass)
   ① 판유리에 소량의 니켈, 코발트, 세렌 등을 함유시켜 열선의 흡수율을 높인 유리이다.
   ② 태양광선 중 **열선(적외선)을 흡수**하므로 **단열**에 사용된다.
   ③ 용도 : 자외선의 화학작용을 피해야 하는 장소, 식품, 약품창고, 의류 진열장

(12) 프리즘 유리(prism glass)
   ① 천창(天窓)을 통하여 실내에 균일한 채광효과를 얻고자 할 때 가장 적당한 유리이다.
   ② 단면이 3각형으로 된 유리블록이며 입사광이 굴절분산되어 프리즘의 역할로 만든 유리로 Deck Glass, Top Light, 포도유리라고도 한다.
   ③ 용도 : 지하실 또는 옥상 채광용 천창 등

(13) 스테인드 글라스(stained glass)
   ① 착색유리로 **무늬나 그림을 그려** 모양을 낸 유리이다.
   ② 접합부에는 납으로 끼워 맞춰 모양을 낸다.
   ③ 용도 : 성당의 창, 장식용 창 등

(14) 에칭 유리(etching glass)
① 유리가 **불화수소에 부식**되는 성질을 이용하여 유리면에 그림이나 무늬, 모양, 문자 등을 새긴 유리로 조각유리라고도 하며 5mm 이상의 판유리를 사용한다.
② 용도 : 장식용 창 등

(15) 스팬드럴 유리(spandrel glass)
① 판유리 **한쪽 면에 세라믹질의 도료를 도장**한 후 고온에서 융착, 반강화한 것으로 내구성이 뛰어나며 일반유리보다 2~3배의 강도를 가진다.
② 색상이 다양하고 중후한 질감을 갖고 있으며 건축물의 모양에 따라 선택의 폭이 넓다.
③ 용도 : 건축물의 외벽 층간이나 내·외부 장식용 유리로 사용

(16) 형판 유리(patterned glass)_무늬 유리
① 한쪽 면 또는 양쪽 면에 여러 가지 모양의 **작은 요철** 무늬를 낸 롤 아웃 방식으로 제조한 판유리로 빛은 통과시키면서 적당히 확산시켜 투시를 방지한다.
② 용도 : 욕실, 화장실, 현관문 등

> **Note**
> - **자외선** : 생물의 생육, 살균, 퇴색, 광합성 효과로 인해 "**화학선**"이라고도 하며, 일광의 보건, 위생적인 효과가 있다.
> - **자외선 차단 유리** : **의류점의 진열창**, 식품이나 약품의 차고 등
> - **자외선 투과 유리** : **병원**이나 온실 등

다음 중 무늬유리 및 망유리의 제조 방식으로 가장 적합한 것은? [24,21,17,12]
① 프레스 방식 ② 롤 아웃 방식
③ 플로트 방식 ④ 인양 방식

해설 | 롤아웃방식(Roll out process)
유리액을 로울러로 제판하며 그 내부에 금속망(망입유리)이나 여러 가지 모양의 작은 요철 무늬(형판유리)를 삽입 성형하여 제조하는 방식

정답 ②

2. 창호공사
창호는 벽체의 개구부에 설치되는 각종 창이나 문을 말한다. 문은 출입에 쓰이고, 창은 채광·환기 등의 목적으로 사용된다.

1) 일반적 창호의 특성

구분	목재창호	알루미늄 창호
장점	• 가볍고 가공이 쉽다. • 비교적 가격이 저렴하다. • 무늬가 아름답고 촉감이 좋다.	• 모르타르, 콘크리트, 회반죽 등의 알칼리성에 약하다. • 철재창호에 비하여 강도가 약하다. • 철재창호에 비하여 내화성이 약하다. • 시멘트물이 묻으면 닦아도 얼룩이 남는다.

단점	• 불에 약하며 부패하기 쉽다. • 내구성이 작다.	• 비중은 철의 1/3 정도이다. • 녹슬지 않고 사용연한이 길다. • 공작이 자유롭고 기밀성이 좋다. • 여닫음이 경쾌하다.

2) 창호의 기능상 분류

분류	내용
여닫이문(창)	문지도리(경첩, 돌쩌귀)를 문틀에 달고 여닫는 문
미닫이문(창)	문짝을 상하 문틀에 홈을 파서 끼우고 벽에 밀어 넣는 문
미서기문(창)	미닫이문과 비슷한 구조이며 문 한 짝을 다른 한 짝에 밀어붙이는 문
회전문(창)	출입구의 통풍기류를 차단하고 출입인원을 제한하기 위하여 사용
접문주름문	칸막이용으로 실을 구분하기 위하여 사용하는 문
자재문	자유경첩을 달아 문을 안팎으로 자유로이 열며 저절로 닫히는 문
기타 문(창)	오르내리창, 붙박이창 등이 있다.

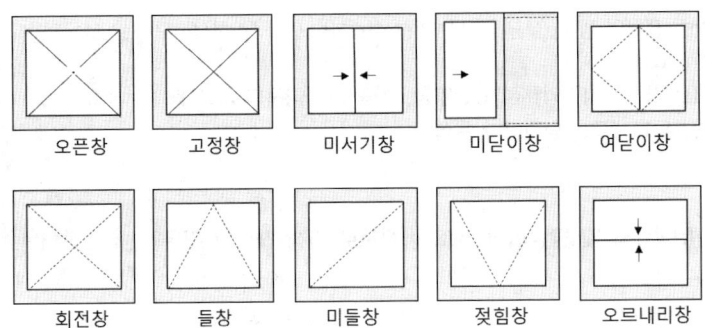

3) 창호용 철물

(1) 경첩

① 경첩(hinge) : 여닫이문을 다는 데 사용하는 철물로 힌지라고도 한다.
② 자유경첩(spring hinge) : 안팎으로 개폐할 수 있으며, 자재문에 사용한다.

(2) 피벗 힌지(pivot hinge)

정첩 대신 **용수철이 없는** 힌지를 사용하여 무거운 여닫이문을 회전시키는 장치이다.

(3) 플로어힌지(floor hinge)

금속제 **용수철**과 완충유리와의 조합작용으로 열린문이 자동으로 닫혀지게 하는 것으로 바닥에 설치되며, 사람의 출입이 많은 **중량의 자재문**에 사용되며, 촉과 소켓을 붙이고 중심축의 작용을 하게 한 장치이다.

(4) 레버토리 힌지(lavatory hinge)

문을 약 10cm 정도 열린 상태로 유지하는 것으로, 공중전화부스나 화장실에 사용한다.

(5) 도어클로저(door closer)

여닫이문이 자동적으로 닫히게 하는 장치이며, **도어체크**(door check)라고도 한다.

(6) 도어스토퍼(door stop)

문을 90° 또는 180° 개방상태에서 정지하게 하는 장치로서 문과 벽의 충돌을 방지한다.

(7) 도어홀더(door holder)

문 하부에 부착하여 열린 문이 닫히지 않도록 지지하는 철물이다.

(8) 나이트래치(night latch)

외부에서는 열쇠로 열고, 내부에서는 작은 손잡이를 돌려서 여는 자물쇠이다.

(9) 크리센트(crescent)

오르내리창이나 미서기창의 잠금장치

(10) 멀리온(mullion)

창 면적인 클 때 창의 보강 및 미관을 위하여 **중공형(속이 빈)**의 강판을 **가로·세로로 프레임**으로 설치하는 것

정첩   자유정첩   피봇힌지   플로어힌지   레버토리힌지   도어행거   나이트래치

도어스토퍼   도어홀더   도어클로저(도어체크)   실린더   크리센트

Note
- **여닫이 창호용 철물** : 경첩, 도어체크, 도어 스톱, 피벗·플로어 힌지, 도어 클로저, 실린더 등
- **미서기·미닫이 창호용 철물** : 레일, 도어 행거, 크레센트, 호차 등

예제 06 여닫이 문에 사용할 수 없는 창호철물은? [02,97,93]
① 도어 첵크 ② 실린더 록
③ 플로어힌지 ④ 도어 행거

해설 | 도어 행거
문 상부에 설치하여 좌우로 연결하는 철물로 접문이나 행거도어에 사용된다.

정답 ④

핵심 기출문제

06 유리 및 창호공사

1 유리의 일반적 성질

01 ▶20

유리의 일반적 성질에 관한 설명으로 옳지 않은 것은?

① 청결한 창유리의 흡수율은 2~6%이나 두께가 두꺼울수록 또는 불순물이 많고 착색이 진할수록 크게 된다.
② 일반적으로 열전도율 및 팽창계수는 크고 비열은 적으므로, 부분적으로 급히 가열하거나 냉각해도 쉽게 파괴되지 않는다.
③ 창유리 등의 소다석회유리의 비중은 약 2.5로 석영보다 약간 가볍다.
④ 전기에 대해서는 건조상태에서 부도체이나 공중의 습도가 많게 되면 유리 표면에 습기가 흡착되므로 절연성이 적어진다.

해설 | 열전도율 및 팽창계수
보통 유리는 열팽창률이 낮고 비열이 크기 때문에 부분적으로 급히 가열하거나 냉각하면 파괴되기 쉽다.

02 ▶20, 17

유리의 성질에 관한 설명으로 옳지 않은 것은?

① 굴절율은 1.5~1.9 정도이고 납을 함유하면 낮아진다.
② 열전도율 및 열팽창율이 작다.
③ 광선에 대한 성질은 유리의 성분, 두께, 표면의 평활도 등에 따라 다르다.
④ 약한 산에는 침식되지 않지만 염산·황산·질산 등에는 서서히 침식된다.

해설 | 유리의 굴절율
굴절율은 1.5~1.9 정도이고 납을 함유하면 높아진다.

03 ▶19

유리에 관한 설명으로 옳은 것은?

① 보통 판유리의 비중은 6.5 정도이다.
② 보통 판유리의 열전도율은 철재보다 매우 작다.
③ 창유리의 강도는 일반적으로 압축강도를 말한다.
④ 강화유리는 강도가 크고 현장 가공성이 좋다.

해설 | 유리의 성질
• 비중 : 보통 유리의 비중은 2.5 내외
• 열전도율 : 보통 유리의 열전도율은 낮다. (콘크리트의 1/2)
• 내열성 : 유리는 열에 약하며, 두꺼운 유리가 얇은 유리보다 열에 의해 쉽게 파괴된다.
• 내화학성 : 약한 산에는 침식되지 않지만 염산, 황산, 질산 등에는 서서히 침식된다.
• 연화점 : 보통유리는 740℃ 내외, 컬러유리는 1,000℃ 내외

04 ▶17

보통 판유리의 일반적 성질에 관한 설명으로 옳지 않은 것은?

① 비중은 2.5 정도이다.
② 보통 판유리의 강도는 인장강도를 말한다.
③ 열전도율이 콘크리트보다 작다.
④ 연화점은 720℃~730℃ 정도이다.

해설 | 유리의 강도
보통 풍압에 의한 휨강도를 말하며 두께 및 열처리에 따라 차이가 난다.

정답 | 01 ② 02 ① 03 ② 04 ②

05

판유리의 일반적 성질에 관한 설명으로 옳지 않은 것은?

① 연성적이며, 충격에 강하다.
② 차음성능이 다소 낮다.
③ 빛, 열을 잘 투과한다.
④ 내후성이 있다.

해설 | 문제 3번 해설참조

06

유리의 풍화작용에 영향을 미치지 않는 요소는?

① 탄산가스, 아황산가스, 황화수소 등과 같은 공기 중의 가스
② 적외선, 가시광선 등
③ 풍우 등에 의한 충격작용
④ 습한 공기나 산화되기 쉬운 미립자 부착

해설 | 유리의 풍화작용
  공기 중의 가스, 풍우, 습한 공기나 산화 미립자 등

2 유리 제품

07

유리블록(Glass Block)에 관한 설명으로 옳지 않은 것은?

① 유리블록은 블록모양으로 된 유리제의 중공블록이다.
② 벽에 사용 시 부드러운 광선이 들어오고 유리창보다 균일한 확산광이 얻어진다.
③ 열전도율이 벽돌의 1/4 정도여서 실내의 냉·난방에 효과가 있다.
④ 음향 투과손실은 보통 판유리보다 작다.

해설 | 유리블록
  ㉠ 내부는 무늬를 넣고 투시는 불가하나 채광, 단열, 방음이 가능하다.
  ㉡ 열전도율이 벽돌의 1/4배 정도이고 실내 냉·난방에 효과가 있다.
  ㉢ 용도 : 내부 장식용, 방음용, 단열용 등

08

유리 내부에 금속망을 삽입하고 압착·성형한 판유리로서 외부로부터의 충격에 강하고 파손될 때에도 유리파편이 튀지 않아 상해를 주지 않는 것은?

① 스팬드럴유리   ② 연마판유리
③ 로이유리   ④ 망입유리

해설 | 망입유리
  ㉠ 유리액을 로울러로 제판하며 그 내부에 금속망(철, 황동, 알루미늄 등)을 삽입 성형하여 롤 아웃 방식으로 제조한다.
  ㉡ 유리의 파손방지, 파편비산방지, 도난, 화재방지, 진동에 의하여 파손의 우려가 많은 곳에 사용하여 안전유리의 일종으로 균열만 생기고 파편이 튀지 않는다.
  ㉢ 용도 : 도난 및 화재 확산 방지용, 엘리베이터 문 등

09

강화유리에 관한 설명으로 옳지 않은 것은?

① 보통 판유리를 2장 이상으로 접합한 것이다.
② 강화열처리 후에 절단·구멍뚫기 등의 재가공이 극히 곤란하다.
③ 보통유리에 비해 3~5배 정도 강하다.
④ 충격을 받아 파손되면 유리조각이 잘게 부서진다.

해설 | 강화유리
  ㉠ 판유리를 600℃ 이상의 특수 열처리 후 급냉하여 강도를 최고로 높인 안전유리의 일종
  ㉡ 보통 유리보다 강도가 3~5배 강하다.

정답 | 05 ① 06 ② 07 ④ 08 ④ 09 ①

10 ▶15
강화유리에 관한 설명으로 틀린 것은?

① 유리 표면에 강한 압축응력층을 만들어 파괴강도를 증가시킨 것이다.
② 강도는 플로트 판유리에 비해 3~5배 정도이다.
③ 주로 출입문이나 계단 난간, 안전성이 요구되는 칸막이 등에 사용된다.
④ 깨어질 때는 판유리 전체가 파편으로 잘게 부서지지 않는다.

해설 | 강화유리
파손시 파편이 콩알모양으로 깨지고 예리하지 않은 파편으로 부서져 위험성이 적다.

11 ▶17,13
방탄유리의 구성과 가장 관련이 깊은 유리는?

① 강화유리   ② 복층유리
③ 접합유리   ④ 스팬드럴유리

해설 | 접합유리
㉠ 안전유리의 일종으로 2장 이상의 판유리 사이에 폴리비닐을 넣고 고열로 접합하여 파손시 파편이 튀지 않고 붙어 있는 특성이 있다.
㉡ 삽입한 필름의 인장력으로 인한 충격흡수력이 높으며, 방탄유리 제조와 유사점이 있다.

12 ▶17
넓은 의미에서 안전유리로 볼 수 없는 것은?

① 망입유리   ② 접합유리
③ 형판유리   ④ 강화유리

해설 | 형판유리(무늬유리)
한쪽 면 또는 양쪽 면에 여러 가지 모양의 작은 요철 무늬를 낸 롤 아웃 방식으로 제조한 판유리로 빛을 통과시키면서 적당히 확산시켜 투시를 방지한다.

13 ▶20,12
다음 유리 중 단열성, 차음성이 좋고 결로방지에도 우수한 유리는?

① 보통유리   ② 후판유리
③ 복층유리   ④ 형판유리

해설 | 복층유리(페어글라스)
㉠ 2장 또는 3장의 유리를 일정한 간격을 두고 그 틈새에 대기압에 가까운 건조한 공기를 채우고 그 주변을 밀봉한 유리로 이중유리, 겹유리라고도 한다.
㉡ 단열, 방음, 방서 효과가 크고, 유리창 결로 방지용으로 우수하다.

14 ▶21
다음 설명에 해당하는 유리는?

> 열 적외선을 반사하는 은(銀)소재 도막으로 코팅하여 방사율과 열관류율을 낮추고 가시광선 투과율을 높인 유리

① 강화유리   ② 접합유리
③ 로이유리   ④ 배강도유리

해설 | 로이유리(낮은 방사율 유리)
㉠ 유리 표면에 열적외선을 반사하는 은(銀)소재 도막으로 코팅하여 방사율과 열관류율을 낮추고 가시광선 투과율을 높인 유리
㉡ 열의 이동을 최소화 시켜 냉난방비를 절감할 수 있는 에너지 절약형 유리

15 ▶21
유리에 관한 설명으로 옳지 않은 것은?

① 망입유리는 화재 시 개구부에서의 연소를 방지하는 효과가 있으며, 유리파편이 거의 튀지 않는다.
② 복층유리는 단판유리보다 단열효과가 우수하므로 냉, 난방 부하를 경감시킬 수 있다.
③ 강화유리는 파손 시 파편이 작기 때문에 파편에 의한 손상사고를 줄일 수 있다.
④ 열선흡수유리는 유리 한 면에 열선반사막을 입힌 판유리로서, 가시광선의 투과율이 30% 정도 낮아 외부로부터 시선을 차단할 수 있다.

정답 | 10 ④ 11 ③ 12 ③ 13 ③ 14 ③ 15 ④

해설 | • 열선반사유리(solar reflective glass)
　　　㉠ 빛을 쾌적하게 느낌정도로만 받아들이고 외부에서는 실내가 안보이고 거울처럼 보여 시선을 막아주는 효율적인 기능을 가진 유리
　　　㉡ 표면에 금속피막을 코팅하여 태양열의 차단효과가(가시광선은 40%, 태양열선은 30% 반사) 우수하여 냉난방비 절감 효과
　　• 열선흡수유리(Heat absorbing glass)
　　　㉠ 태양광선 중 열선(적외선)을 흡수하므로 단열에 사용된다.
　　　㉡ 자외선의 화학작용을 피해야 하는 장소, 식품, 약품창고, 의류 진열장

16　▶15,13,13

유리가 불화수소에 부식하는 성질을 이용하여 판유리 면에 그림, 문자 등을 새긴 유리는?

① 스테인드유리　② 망입유리
③ 에칭유리　　　④ 내열유리

해설 | 스테인드 유리(stained glass)-차이점 비교
착색유리로 무늬나 그림을 그려 모양을 낸 유리이다.

17　▶20,15

스팬드럴 유리에 관한 설명으로 옳지 않은 것은?

① 건축물의 외벽 층간이나 내·외부 장식용 유리로 사용한다.
② 판유리 한쪽면에 세라믹질의 도료를 도장한 후 고온에서 융착, 반강화한 것으로 내구성이 뛰어난다.
③ 색상이 다양하고 중후한 질감을 갖고 있으며 건축물의 모양에 따라 선택의 폭이 넓다.
④ 열깨짐의 위험이 있으므로 유리표면에 페인트도장을 하거나, 종이 테이프 등을 부착하지 않는다.

해설 | 스팬드럴 유리(spandrel glass)
판유리 한쪽 면에 세라믹질의 도료를 도장한 후 고온에서 융착, 반강화한 것으로 내구성이 뛰어나며 일반유리보다 2~3배의 강도를 가진다.

18　▶20

한 면 또는 양면에 각종 무늬를 돋운 것으로 만든 반투명 판유리로서 모양에 따라 줄무늬형, 바둑판 무늬형, 다이아몬드 형 등으로 구분하는 것은?

① 망입유리　② 접합유리
③ 형판유리　④ 강화유리

해설 | 형판 유리(patterned glass)=무늬 유리

19　▶17,15

다음 특수유리와 사용 장소의 조합이 적절하지 않은 것은?

① 병원의 일광욕실 - 자외선투과유리
② 진열용 창 - 무늬유리
③ 채광용 지붕 - 프리즘 유리
④ 형틀 없는 문 - 강화유리

해설 | 형판유리는 무늬유리로 욕실, 화장실, 현관문 등에 사용된다. 진열용 창으로는 주로 자외선 차단 유리가 사용된다.

20　▶16,13

보통 투명 창유리에 관한 설명 중 옳지 않은 것은?

① 맑은 것은 90% 이상의 가시광선을 투과시킨다.
② 보통 소다석회유리가 사용된다.
③ 불연재료이긴 하나 단열용이나 방화용으로는 부적합하다.
④ 건강에 유익한 자외선을 충분히 투과시킨다.

해설 | 자외선 투과율은 유리의 종류에 따라 다르다.
• 자외선 : 생물의 생육, 살균, 퇴색, 광합성 효과로 인해 "화학선"이라고도 하며, 일광의 보건, 위생적인 효과가 있다.
• 자외선차단 유리 : 의류점의 진열창, 식품이나 약품의 차고 등
• 자외선투과 유리 : 병원이나 온실 등

정답 | 16 ③　17 ④　18 ③　19 ②　20 ④

21 ▶20
유리의 종류에 따른 용도를 표기한 것으로 옳지 않은 것은?

① 강화유리 - 테두리 없는 유리문, 엘리베이터의 창
② 복층유리 - 일반주택 및 고층빌딩 등의 외부 창
③ 망입유리 - 방화 및 방범용 창
④ 자외선투과유리 - 의류의 진열창, 식품·약품창고의 창유리용

해설 | 자외선차단 유리는 의류점의 진열창, 식품이나 약품의 차고 등에 사용.

22 ▶13
병원의 선룸, 결핵요양소, 온실 등에 사용되는 유리는?

① 내열유리
② 자외선투과유리
③ 망입유리
④ X선 방호용 납유리

해설 | 자외선투과 유리 : 병원이나 온실 등

3 창호공사

23 ▶13
장부가 구멍에 들어 끼어 돌게 만든 철물로서 회전창에 사용되는 것은?

① 크레센트
② 스프링힌지
③ 지도리
④ 도어체크

해설 | 지도리
회전창이나 중량문에 사용하는 철물

24 ▶건,19
창 면적이 클 때 이를 보강하고 외관을 꾸미기 위하여 사용하는 강재는?

① 멀리온(Mulion)
② 톱 럿치(Top Luch)
③ 클러치(Clutch)
④ 크러센트(Cresent)

해설 | 멀리온(mullion)
창 면적인 클 때 창의 보강 및 미관을 위하여 중공형(속이 빈)의 강판을 가로세로로 프레임으로 설치하는 것

25 ▶건,18
다음 중 연결이 잘못 된 것은?

① 레일(rail) - 미서기창
② 크레센트(crescent) - 오르내리창
③ 플로어 힌지(floor hinge) - 자재여닫이문
④ 도어 첵크(door check) - 미닫이문

해설 | 도어 첵크(=도어 클로저)
문을 자동으로 닫히게 하는 장치로 여닫이 현관문에 사용된다.

26 ▶건,15,20
아래에서 창호와 창호철물이 관련 없는 것은?

① 자재문 - 자유정첩
② 아코디언문 - 실린더
③ 오르내리창 - 크레센트
④ 여닫이문 - 도어클로어져

해설 | 실린더
여닫이문에 사용되는 손잡이

정답 | 21 ④ 22 ② 23 ③ 24 ① 25 ④ 26 ②

27 ▶건,17,20

금속제 용수철과 완충유리와의 조합작용으로 열린문이 자동으로 닫혀지게 하는 것으로 바닥에 설치되며, 일반적으로 무게가 큰 중량창호에 사용되는 것은?

① 레버터리 힌지 ② 플로어 힌지
③ 체인록 ④ 피봇힌지

해설 | • 플로어 힌지(floor hinge)
   사람의 출입이 많은 중량의 자재문에 사용되며, 촉과 소켓을 붙이고 중심축의 작용을 하게 한 장치이다.
• 피벗 힌지(pivot hinge)
   정첩 대신 용수철이 없는 힌지를 사용하여 무거운 여닫이문을 회전시키는 장치이다.

정답 | 27 ②

07 도장공사

Pass Note

예상출제문항	키워드	
1	- 도료의 원료 - 페인트 종류별 특성	- 클리어래커, 에멀젼, 바니시 페인트 - 방청도료

1. 도장(Paint) 재료

1) 도장의 일반사항

(1) 도장의 목적
- ① 방습, 방청 등으로 내구성 향상으로 건물 보호 효과
- ② 다양한 색채, 착색, 무늬, 광택 등의 미적 효과
- ③ 내마모성, 내화학성, 전기절연성, 방사선 차단 등의 특별한 효과

(2) 도장 선택 시 주의사항
- ① 내후성 : 외장용으로 수용성 페인트나 바니시는 부적합하다.
- ② 성 질 : 모르타르 및 콘크리트와 같은 알칼리성 재료에는 유성페인트를 사용할 수 없다.
- ③ 내열성 : 고온을 받는 경우 유성페인트나 비닐페인트 등은 사용하면 안된다.
- ④ 물체의 사용 목적, 표면의 재료, 도장 시 기후조건, 경제성을 고려하여 도장을 선택한다.

(3) 보관상 주의사항
- ① 직사광선이 들지 않게 보관
- ② 환기가 잘되는 곳에 보관
- ③ 화기로 부터 먼 곳에 보관
- ④ 밀폐된 용기에 보관

2) 도료의 종류

종류		분류
유성페인트 (oil paint)	유용성	바니시류에 안료를 첨가한 것
바니시 (vanish)		• 천연수지, 합성수지를 건성유와 같이 열 반응 시켜 건조제를 넣고 용제에 녹인 것 • 안료가 첨가 되지 않은 것

수성페인트 (water paint)	수용성	• 바니시류에 안료를 첨가한 것 • 유기질 수성페인트, 무기질 수성페인트
에멀션페인트 (emulsion paint)		• 수성페인트에 합성수지와 유화제를 섞어 제조 • 초산비닐계 에멀션페인트, 아크릴계 에멀션페인트
천연수지	수지계	래커(lacquer), 셸락 바니시(shellac vanish)
합성수지		페놀수지, 멜라민수지, 요소수지, 비닐계 수지 등
섬유계 도료		래커, 셀룰로오스(cellulose)
고무계 도료		염화고무 도료, 라텍스 도료

3) 도료의 원료

원료	내용	성분
용제 (solvent)	• 도막 구성 용질을 녹여서 **유동성을 증가** • 광택과 내구성 증가	건성유, 반건성유
안료 (pigment)	• 도료의 색을 발현시키는 색소 • 착색성, 내후성, 은폐성, 내광성 증대	아연화(백색), 연단, 산화제이철(적색), 아연황(황색), 코발트청(청색)
희석제 신전제 (thinner)	도료를 희석하여 솔질을 좋게 **시공성을 증대** 시키며 적당한 휘발, 건조속도 유지	**테레빈유**, 휘발유, 석유, 벤젠, 솔벤트, 메틸알코올, 아세톤 등
수지 (resin)	• 천연수지, 합성수지로 구분 • 도료의 점도 증진	• 천연수지(레진, 셸락, 코팔 등) • 합성수지(멜라민, 페놀 등)
착색제 (stain)	• 가구나 금속 표면을 착색 및 보호 • 내구성 증대, 작업 용이, 색상 선명 유지됨	수성 스테인, 바니시 스테인, 알코올스테인, 유성 스테인
첨가제 (additive)	도료의 특별히 필요한 기능 부여	가소제, 건조제, 분산제, 색분리 방지제
가소제 (plasticizer)	도료의 영구적 탄성 및 가소성 부여	프탈산, 에스테르

※ **건성유** : 전조성이 있는 기능의 총칭으로 **도료의 점도, 건조성, 색채** 등을 좋게 하는 역할을 한다. 종류로는 아마인유, 오동유, 들기름, 삼씨기름, 대마유, 콩유, 어유

도료의 도막을 형성하는데 필요한 유동성을 얻기 위하여 첨가하는 것은? [23,22]
① 안료　　　　　　　　　　② 가소제
③ 수지　　　　　　　　　　④ 용제

정답 ④

2. 페인트의 종류

1) 수성페인트(water paint)
    ① 성분 : 안료 + 교착제(아교, 전분, 카세인, 아라비아고무) + 물
    ② 물을 용제로 하여 경제적이고 저공해, 무공해 도료이다.
    ③ 건조가 비교적 빠르다.
    ④ 내알칼리성으로 시멘트계통에 바르기 적합하나 광택은 없다.
    ⑤ 취급이 간단하고 작업성이 좋으며 경제적이다.
    ⑥ **내수성 및 내구성이 약해서 실내용**으로 사용
    ⑦ 종류 : 유기질 수성페인트, 무기질 수성페인트

2) 유성페인트(oil paint)
    ① 성분 : 안료 + 보일드유 + 희석제
    ② 두꺼운 도막을 형성하여 내후성 및 내마모성이 우수하다.
    ③ 가격은 경제적이나 건조시간이 길다.
    ④ 내장 및 외장에 시공이 용이하다.
    ⑤ 알칼리에 약하므로 콘크리트, 모르타르 면에 시공 부적합
    ⑥ 종류 : 조합페인트, 된반죽페인트(견련페인트), 중반죽페인트(중련페인트)

3) 에멀션페인트(emulsion paint)
    ① 성분 : 수성페인트 + **유화제 + 합성수지**
    ② 수성페인트와 유성페인트의 중간적 특성
    ③ 수성페인트의 일종으로 발수성이 있다.
    ④ 내·외부 도장에 널리 이용된다.

> **예제 02** 수성페인트에 합성수지와 유화제를 섞은것으로서 실내·외 어느곳에서나 매우 광범위하게 사용되며, 피막의 먼지 등으로 오염된 것을 비눗물로도 쉽게 제거할 수 있는 장점을 가진 것은? [25,21,20,13]
> ① 에나멜 페인트 　　　　　② 래커에나멜
> ③ 에멀션 페인트 　　　　　④ 클리머래커
>
> 정답 ③

4) 에나멜페인트(enamel paint)
    ① 성분 : 유성바니시 + 안료 or 유성바니시 + 건조제
    ② 유성페인트와 유성 바니시의 중간적 특성
    ③ 내후성, 내수성이 특히 우수하여 주로 외장용으로 사용됨
    ④ 도막이 견고하고 탄성 및 광택이 우수하여 금속표면에 사용
    ⑤ 내열성 및 내약품성은 우수하나 **내알칼리성이 약하다.(콘크리트면에 사용 안됨)**
    ⑥ 유성페인트보다는 건조 시간이 단축된다.

건조시간 비교
유성페인트 > 에나멜페인트 > 래커 > 수성페인트

다음 도료 중 내알칼리성이 가장 적은 도료는? [24,22]
① 페놀수지도료
② 멜라민수지도료
③ 초산비닐도료
④ 프탈산수지에나멜

해설 | 프탈산수지에나멜
㉠ 프탈산 수지 바니시로 안료를 반죽한 것으로 상온 건조성과 소결용이 있다.
㉡ 내열성 및 내약품성은 우수하나 내알칼리성이 약하다.

정답 ④

5) 바니시(varnish)

천연수지, 합성수지 등을 건성유(휘발성 용제)로 용해한 것으로, 유성(기름) 바니시, 휘발성 바니시, 래커 바니시로 구분한다.

(1) 유성 바니시(oil varnish)

① 성분 : **유용성 수지 + 건성유(용제) + 희석제 + 착색제**
② 무색 투명도료로 보통 니스로 통용된다.
③ 건조가 빠르고, 광택, 투명도가 좋고 도막이 단단하다.
④ 내화학성이 나빠서 시간이 지나면 누렇게 변색이 생긴다.
⑤ 종류 : 스파 바니시(spa), 코팔 바니시(copal), 골드사이즈 바니시(gold size)

(2) 휘발성 바니시(volatile vanish)

① 성분 : 수지류 + 휘발성 용제(희석제)
② 천연수지 : 목재 등 내부용, 가구용에 사용
③ 합성수지 : 목재·금속면 등 외부용에 사용, 내후성 우수

(3) 래커 바니시(lacquer vanish)

① 성분 : 질산섬유소 + 수지 + 휘발성 용제(희석제)

클리어 래커(clear Lacquer)	에나멜 래커(enamel Lacquer)
• 도막이 얇고 견고하며 우아한 광택이 난다. • **내수성, 내후성이 부족하여 실내용으로 적합하다.** • 목재 무늬를 살리기 위해 목재용 마감재료로 적당하다. • 건조시간이 빨라 스프레이건(spray gun) 시공이 효과적이다.	• 뉴트로셀룰로오스 등의 천연수지를 이용 • **도막이 얇고 견고하며**, 기계적 성질도 우수하다. • 닦으면 광택이 나는 불투명 도료이다.
안료 첨가 ×	클리어래커 + 안료 첨가

목재바탕의 무늬를 돋보이게 할 수 있는 도료는? [24,22,16]
① 클리어래커 ② 에나멜페인트 ③ 수성페인트 ④ 유성페인트

정답 ①

6) 합성수지 페인트(synthetic resins paint)
① 성분 : 안료 + 합성수지 + 중화제(or 용제)
② 내산성, 내알칼리성이 우수해 콘크리트면에 도장이 가능하다.
③ **건조가 빠르며 도막이 얇고 단단**하며 **방화성**이 우수하다.
④ 색이 선명하고 내수성, 투광성이 좋으나 가격이 비싼편이다.
⑤ 에폭시 수지도료 : 내산, 내알칼리성이 우수하고 내마모성이 좋아 **콘크리트 및 모르타르 바탕면** 등에 사용되며 내수, 내해수를 목적으로 사용할 때 **2액형 타르 에폭시 도료**를 사용한다.
⑥ 워시 프라이머 : **합성수지를 전색제로 쓰고 소량의 안료와 인산을 첨가한 도료**

 합성수지를 전색제로 쓰고 소량의 안료와 인산을 첨가한 도료는? [23,21,19]
① 워시 프라이머 ② 오일 프라이머 ③ 규산염 도료 ④ 역청질 도료

정답 ①

7) 방청 페인트
표면에 도포하여 부식 방지 및 내구성 등을 향상 시키기 위한 목적의 도장이다.

구분		종류	
금속	녹막이칠 (방청페인트)	① 광명단(철제) ③ 역청질 도료 ⑤ 아연분말 도료	② 징크크로메이트(알루미늄) ④ 산화철 녹막이 도료 ⑥ 알루미늄 도료
목재	방부도장	① 크레오소트 ③ 아스팔트 페인트	② 콜타르 ④ 유성페인트

> Note 금속의 부식 방지법
> ㉠ 상이한 금속은 인접, 접촉시키지 않는다.
> ㉡ 표면을 평활하고 깨끗한 건조 상태로 유지한다.
> ㉢ 도료나 내식성이 큰 재료나 방청제로 보호피막을 입힌다.

 금속의 부식발생을 제어하기 위해 사용되는 방청도료와 가장 거리가 먼 것은? [25,21,12]
① 광명단조합페인트 ② 에칭프라이머
③ 징크로메이트 도료 ④ 수성페인트

정답 ④

8) 특수 페인트

(1) 본타일
① 합성수지와 체질안료를 혼합한 **입체무늬 모양**을 내는 뿜칠용 도료
② 콘크리트 및 모르타르 바탕에 공용 벽용으로 사용

(2) 다채무늬도료
① 2가지 이상의 다채로운 무늬를 표현하는 뿜칠용 도료
② 미장효과를 좋게 하기 위해 내부 벽면에 주로 사용

(3) 스테인(stain : 착색제)
① 가구나 목재 표면을 착색 및 보호하는 목적으로 사용
② 내구성 증대, 작업 용이, 색상 선명 유지된다.
③ 색올림이 표면으로 올라오지 않도록 도장 시 주의한다.
④ 종류

수성 스테인	색상이 선명하고 작업성이 좋지만 건조가 늦다.
유성 스테인	작업성이 좋고 건조가 빠르지만 얼룩이 발생될 수 있어 전문성 필요
알코올 스테인	색상이 선명하고 퍼짐이 우수하며 건조 또한 빠르다.

3. 도장 공사

1) 도장 시공순서

(1) 수성페인트 시공 순서

바탕 처리 → 초벌 → 연마지 닦기 → 정벌칠

(2) 유성페인트 시공 순서

① 목재부 바탕 : 바탕 처리 → 연마지 닦기 → 초벌칠 → 퍼티 먹임 → 연마지 닦기 → 재벌 1회 → 연마지 닦기 → 재벌 2회 → 연마지 닦기 → 정벌칠
② 철재부 바탕 : 바탕 처리 → 녹막이칠 → 연마지 닦기 → 구멍땜, 퍼티 먹임 → 재벌칠 → 정벌칠

2) 도장공사의 결함

결함 종류	내용
주름 발생	• **도포 후 즉시 직사광선을 쬐였을 때**나 급격한 가열 • **너무 두껍게** 도포하거나 겹칠을 하였을 때 • 바탕면과 도료가 적당하지 않을 때 • 너무 두껍게 도포하지 않는다. • 도료에 맞는 용제를 사용한다. • 산성가스와 도막과의 접촉을 방지한다.

도막이 흘러내리는 현상	• 지나친 희석으로 점도가 낮을 때 • 도료를 한 번에 **너무 두껍게** 도장하였을 때 • 저온으로 건조시간이 길 때 • 도료가 오래되어 되었을 때
피막 발생 (skinning현상)	• 도료 보관 용기 크기가 커서 산소의 양이 많을 경우 • 도료 사용 후 잔량을 뚜껑을 열어둔 채 방치하였을 경우 • 피막방지제의 부족이나 건조제가 과잉일 경우
시드닝 (seeding : 결정화)	• 도료의 저장 중 온도의 상승 과 저하가 반복적으로 작용해 도료 내에 작은 결정이 무수히 발생하여 도장 시 도막에 좁쌀모양이 생기는 현상

3) 도장공사시 주의사항 및 요령

① 바람이 강하게 부는 날에는 도장 작업을 중지한다.
② 습도가 85% 이상이면 작업을 중지한다.
③ 기온이 5℃ 이하인 경우에는 작업을 중지한다.
④ 하도→중도→상도 3공정으로 작업을 진행한다.
⑤ 연한 색으로 칠해서 점차 진한 색으로 시공한다.
⑥ 칠막의 각 층은 얇게 하고, 충분히 건조시킨다.
⑦ 도장 후 서서히 건조시킨다.
⑧ 건조제를 많이 첨가하면 도막에 균열이 발생한다.
⑨ 솔질은 위에서 아래로, 왼쪽에서 오른쪽으로 한다.
⑩ 롤러칠은 평활하고 큰 면을 칠할 때 적당하지만 두께가 일정하지 않다.
⑪ 뿜칠은 벽에서 30cm 거리를 두고 건을 직선으로 움직여야 한다.
  (원호로 움직이면 균일하지 않다.)

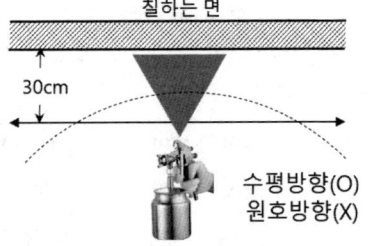

> **Note** 뿜칠(Spray) 공법
> ㉠ 뿜칠은 **벽에서 30cm 거리를** 두고 건을 직선으로 움직여야 한다.(원호로 움직이면 균일하지 않다.)
> ㉡ 뿜칠은 도막두께를 일정하기 유지하기 위해 **1/3 정도 겹치도록** 순차적으로 이행한다.
> ※ 스프레이건 노즐구경 1~1.5mm
> ※ 칠막 형성 및 건조조건: 온도 20℃, 습도 70%
> ※ 뿜칠 표준공기압: 2~4kg/cm²

핵심 기출문제

07 도장공사

1 도장의 일반사항

01 ▶21

도장재료를 사용하는 목적이 아닌 것은?

① 구조체 강도 증가
② 표면보호 및 미화
③ 방습, 방화
④ 녹방지

해설 | 도장의 목적
  ㉠ 방습, 방청 등으로 내구성 향상으로 건물 보호 효과
  ㉡ 다양한 색채, 착색, 무늬, 광택 등의 미적 효과
  ㉢ 내마모성, 내화학성, 전기절연성, 방사선 차단 등의 특별한 효과

02 ▶18

도료의 원료 중 테레빈유를 사용하는 주목적은?

① 착색 용이
② 내구성 증대
③ 시공성 증대
④ 건조 향상

해설 | 희석제(thinner)
  도료를 희석하여 솔질을 좋게 시공성을 증대시키며 종류로는 테레빈유, 휘발유, 석유, 벤젠, 솔벤트 등

03 ▶20

내화피복 재료의 운반, 저장, 취급 시 유의해야 할 사항으로 옳지 않은 것은?

① 내화보드는 운반 및 시공 시 옆으로 세워서 운반하여야 한다.
② 뿜칠재료는 운반 및 저장 시 포장이 터지거나 찢어지지 않도록 하여야 하며, 적재 시 한번에 100포 정도 쌓도록 한다.
③ 내화피복재료는 현장 야적 시 바닥의 통풍을 고려하여 목재 깔판 등을 사용하여 습기 또는 물에 젖지 않도록 하여야 한다.
④ 내화도료 저장실의 온도는 5℃ 이상, 35℃ 이하가 되도록 유지하여야 한다.

해설 | 뿜칠재료는 운반 및 저장 시 포장이 터지거나 찢어지지 않도록 하여야 하며, 적재 시 한번에 20포 이상 쌓지 않도록 한다.

2 도료의 종류

04 ▶15

다음 도료 중 내수성이 가장 나쁜 도료는?

① 수성페인트
② 유성바니시
③ 염화비닐수지도료
④ 알루미늄페인트

해설 | 수성페인트
  ㉠ 물을 용제로 하여 경제적이고 저공해, 무공해 도료이다.
  ㉡ 건조가 비교적 빠르다.
  ㉢ 내알칼리성으로 시멘트계통에 바르기 적합하나 광택은 없다
  ㉣ 내수성 및 내구성이 약해서 실내용으로 사용

정답 | 01 ① 02 ③ 03 ② 04 ①

Chapter 01 실내디자인 마감계획 및 협력공사 | **547**

05 ▶17
도료에 관한 설명으로 옳지 않은 것은?

① 유성페인트 – 건조시간이 길고 내알칼리성이 떨어진다.
② 수성페인트 – 광택이 매우 우수하고 내마모성이 크다.
③ 수지성페인트 – 내산, 내알칼리성이 우수하다.
④ 알루미늄페인트 – 분리가 적고 솔질이 용이하다.

해설 | 문제 4번 해설참조

06 ▶14
다음 각 도료에 관한 설명으로 옳지 않은 것은?

① 유성페인트는 바탕의 재질을 감춰 버린다.
② 에나멜페인트의 도막은 견고하고 광택이 좋다.
③ 광명단은 금속의 방화도료로서 가장 좋다.
④ 바니쉬는 바탕의 재질감을 그대로 표현한다.

해설 | 녹막이칠(방청페인트)
  ㉠ 광명단(철제)
  ㉡ 징크크로메이트(알루미늄)
  ㉢ 역청질 도료
  ㉣ 산화철 녹막이 도료
  ㉤ 아연분말 도료
  ㉥ 알루미늄 도료

07 ▶15
천연수지·합성수지 또는 역청질 등을 건성유와 같이 열반응시켜 건조제를 넣고 용제에 녹인 것은?

① 페인트   ② 래커
③ 에나멜   ④ 바니시

해설 | 바니시(varnish)
  천연수지, 합성수지 등을 건성유(휘발성 용제)로 용해한 것으로, 유성(기름) 바니시, 휘발성 바니시, 래커 바니시로 구분한다.

08 ▶17
유용성 수지를 건성유에 가열, 용해하여 이것을 휘발성 용제로 희석한 것은?

① 보일유   ② 유성 페인트
③ 유성 바니시   ④ 수성 페인트

해설 | 유성 바니시(oil varnish)
  ㉠ 성분 : 유용성 수지+건성유(용제)+희석제+착색제
  ㉡ 무색 투명도료로 보통 니스로 통용된다.

09 ▶18
유성에나멜페인트에 관한 설명으로 옳지 않은 것은?

① 유성바니시에 안료를 첨가한 것을 말한다.
② 내알칼리성이 우수하여 콘크리트면에 주로 사용된다.
③ 유성페인트와 비교하여 건조시간, 도막의 평활정도가 우수하다.
④ 유성페인트와 비교하여 광택, 경도가 우수하다.

해설 | 에나멜페인트(enamel paint)
  ㉠ 성분 : 유성바니시+안료 or 유성바니시+건조제
  ㉡ 유성페인트와 유성 바니시의 중간적 특성
  ㉢ 내후, 내수성이 특히 우수하여 주로 외장용으로 사용됨
  ㉣ 도막이 견고하고 탄성 및 광택이 우수하여 금속표면에 사용
  ㉤ 내열성 및 내약품성은 우수하나 내알칼리성이 약하다.
  ㉥ 유성페인트보다는 건조 시간이 단축된다.

10 ▶16
유성에나멜페인트에 관한 설명 중 옳지 않은 것은?

① 안료에 유성바니시를 혼합한 액상재료이다.
② 알루미늄페인트는 유성에나멜페인트의 일종이다.
③ 도막은 광택이 있고 경도가 크다.
④ 안료나 휘발성 용제를 적게 혼합하면 무광택에나멜이 된다.

정답 | 05 ② 06 ③ 07 ④ 08 ③ 09 ② 10 ④

해설 | • 용제(solvent) : 도막 구성 용질을 녹여서 유동성을 증가 및 광택과 내구성 증가
• 안료(pigment) : 도료의 색을 발현시키는 색소로 착색성, 내후성, 은폐성, 내광성 증대

11 ▶16
다음 도료 중 뉴트로셀룰로오스 등의 천연수지를 이용한 자연건조형으로 단시간에 도막이 형성되는 것은?

① 세락니스
② 래커에나멜
③ 캐슈(cashew)수지도료
④ 유성에나멜페인트

해설 | 에나멜래커
불투명 도료로서 클리어 래커에 안료를 첨가한 것으로 도막이 얇아 단시간에 도막이 형성되며, 견고하고 기계적 성질도 우수하다.

12 ▶12
도장재료 중 래커(Lacquer)에 대한 설명으로 옳지 않은 것은?

① 내구성은 크나 도막이 느리게 건조된다
② 클리어래커는 투명래커로 도막은 얇으나 견고하고 광택이 우수하다.
③ 클리어래커는 내후성이 좋지 않아 내부용으로 주로 쓰인다.
④ 래커에나엘은 불투명도료로서 클리어리커에 안료를 첨가한 것을 말한다.

해설 | 클리어 래커(clear Lacquer)- 안료 첨가 ×
㉠ 도막이 얇고 견고하며 우아한 광택이 난다.
㉡ 내수성, 내후성이 부족하여 실내용으로 적합하다.
㉢ 목재 무늬를 살리기 위해 목재용 마감재료로 적당
㉣ 건조시간이 빨라 스프레이건(spray gun) 시공이 효과적이다.

13 ▶20
안료가 들어가지 않으며, 주로 목재면의 투명도장에 쓰이는 도료로서 내후성이 좋지 않아 외부에 사용하기에 적당하지 않고 내부용으로 주로 사용되는 것은?

① 에나멜 페인트
② 클리어래커
③ 유성페인트
④ 수성페인트

해설 | 문제 12번 해설참조

14 ▶21
래커(lacquire)에 관한 설명으로 옳지 않은 것은?

① 도막형성은 주로 용제의 증발에 따른 건조에 의한다.
② 도막이 단단하지 않으며, 에나멜 도막은 내후성이 나쁘다.
③ 건조시간을 지연시킬 목적으로 신너(thinner)를 첨가하는 경우도 있다.
④ 안료를 배합하지 않은 것을 클리어래커라 한다

해설 | 에나멜 래커(enamel Lacquer)
㉠ 뉴트로셀룰로오스 등의 천연수지를 이용
㉡ 도막이 얇고 견고하며, 기계적 성질도 우수하다.
㉢ 닦으면 광택이 나는 불투명 도료이다.

15 ▶15
스프레이 건(spray gun)을 사용해서 표면마감을 할 때 가장 유리한 도료는?

① 래커
② 바니쉬
③ 유성페인트
④ 에나멜

해설 | 클리어 래커는 건조시간이 빨라 스프레이건(spray gun) 시공이 효과적이다.

정답 | 11 ② 12 ① 13 ② 14 ② 15 ①

16 ▶17
합성수지 도료를 유성페인트 및 바니시와 비교한 설명으로 옳지 않은 것은?

① 방화성이 부족하다.
② 내산, 내알칼리성이 있어 콘크리트나 플라스터면에 바를 수 있다.
③ 투명한 합성수지를 사용하면 극히 선명한 색을 낼 수 있다.
④ 건조시간이 빠르고 도막이 단단하다.

해설 | 합성수지 페인트(synthetic resins paint)
　㉠ 성분 : 안료 + 합성수지 + 중화제(or 용제)
　㉡ 내산성, 내알칼리성이 우수해 콘크리트면에 도장이 가능하다.
　㉢ 건조가 빠르며 도막이 단단하고 방화성이 우수하다.
　㉣ 색이 선명하고 내수성, 투광성이 좋으나 가격이 비싼편이다.

17 ▶22,18
합성수지 도료를 유성페인트와 비교한 설명으로 옳지 않은 것은?

① 건조시간이 빠르고 도막이 단단하다.
② 도막은 인화할 염려가 적어 방화성이 우수하다.
③ 비교적 두꺼운 도막을 만들 수 있다.
④ 내산, 내알칼리성이 있어 콘크리트면에 바를 수 있다.

해설 | 합성수지 페인트는 건조가 빠르며 도막이 얇고 단단하며 방화성이 우수하다.

18 ▶19
합성수지도료의 특성에 관한 설명으로 옳지 않은 것은?

① 건조시간이 빠르고 도막이 단단하다.
② 내산성, 내알칼리성이 있어 콘크리트, 모르타르면에 바를 수 있다.
③ 도막은 인화할 염려가 있어 방화성이 작은 단점이 있다.
④ 투명한 합성수지를 사용하면 더욱 선명한 색을 낼 수 있다.

해설 | 문제 17번 해설참조

19 ▶17,14
내산·내알칼리성이 우수하고 내마모성이 좋아 콘크리트 및 모르타르 바탕면 등에 사용되는 합성수지 도료는?

① 요소수지 도료　② 에폭시수지 도료
③ 알키드수지 도료　④ 멜라민수지 도료

해설 | 에폭시수지 도료
　내산, 내알칼리성이 우수하고 내마모성이 좋아 콘크리트 및 모르타르 바탕면 등에 사용되며 내수, 내해수를 목적으로 사용할 때 2액형 타르 에폭시 도료를 사용한다.

20 ▶18
표준시방서에 따른 에폭시계도료 도장의 종류 중 내수, 내해수를 목적으로 사용할 때 가장 적합한 것은?

① 에폭시 에스테르 도료
② 2액형 에폭시 도료
③ 2액형 후도막 에폭시 도료
④ 2액형 타르 에폭시 도료

해설 | 문제 19번 해설참조

21 ▶20,14
합성수지와 체질안료를 혼합한 입체무늬 모양을 내는 뿜칠용 도료로 콘크리트 및 모르타르 바탕에 도장하는 도료는?

① 본타일　② 다채무늬 도료
③ 규산염 도료　④ 알루미늄 도료

정답 | 16 ① 17 ③ 18 ③ 19 ② 20 ④ 21 ①

해설 | 본타일
뿜칠용 도료로 콘크리트 및 모르타르 바탕에 도장하는 도료로 아파트 복도 벽면에 많이 사용된다.

22 ▶12
도장재료 중 안료를 물, 기름, 또는 용제에 용융시킨 것으로 주로 목재 작용에 이용되고 피막을 형성하지 않는 것은?

① 에니엘메인트 ② 바니시
③ 스테인 ④ 옷칠

해설 | 스테인(stain : 착색제)
㉠ 가구나 목재표면을 착색 및 보호하는 목적으로 사용
㉡ 내구성 증대, 작업 용이, 색상 선명 유지됨
㉢ 색올림이 표면으로 올라오지 않도록 도장 시 주의

3 부식·방청·결함

23 ▶18
다음 중 방청도료에 해당되지 않는 것은?

① 광명단조합페인트
② 클리어 래커
③ 에칭프라이머
④ 징크로메이트 도료

해설 | 녹막이칠(방청페인트)
㉠ 광명단(철제)
㉡ 징크크로메이트(알루미늄)
㉢ 역청질 도료
㉣ 산화철 녹막이 도료
㉤ 아연분말 도료
㉥ 알루미늄 도료

24 ▶14
금속재료의 녹막이를 위하여 사용하는 바탕칠 도료는?

① 알루미늄페인트 ② 광명단
③ 에나멜페인트 ④ 실리콘페인트

해설 | 문제 23번 해설참조

25 ▶21
수직면으로 도장하였을 경우 도장직후에 도막이 흘러내리는 현상의 발생 원인과 가장 거리가 먼 것은?

① 얇게 도장하였을 때
② 지나친 희석으로 점도가 낮을 때
③ 저온으로 건조시간이 길 때
④ airless 도장시 팁이 크거나 2차압이 낮아 분무가 잘 안되었을 때

해설 | 도막이 흘러내리는 현상
㉠ 지나친 희석으로 점도가 낮을 때
㉡ 도료를 한 번에 너무 두껍게 도장하였을 때
㉢ 저온으로 건조시간이 길 때
㉣ 도료가 오래되어 되었을 때

26 ▶15
도장결함 중 주름발생 현상의 방지대책으로 가장 적합한 것은?

① 도료의 점도를 낮춘다.
② 교반을 충분하게 하고 겹칠을 한다.
③ 바탕과 도료와의 심한 온도차를 피한다.
④ 도포 후 즉시 직사광선을 쬐이지 않는다.

해설 | 주름발생현상
㉠ 도포 후 즉시 직사광선을 쬐였을 때나 급격한 가열
㉡ 너무 두껍게 도포하거나 겹칠을 하였을 때
㉢ 바탕면과 도료가 적당하지 않을 때
㉣ 너무 두껍게 도포하지 않는다.
㉤ 도료에 맞는 용제를 사용한다.
㉥ 산성가스와 도막과의 접촉을 방지한다.

정답 | 22 ③ 23 ② 24 ② 25 ① 26 ④

08 미장 및 수장공사

Pass Note

예상출제문항	키워드	
2~3	- 기경성 vs 수경성 - 회반죽 - 경석고플라스터(킨즈시멘트)	- 돌로마이트 플라스터 - 석고플라스터, 석고보드 - 시멘트모르타르

미장공사(plaster work)는 건축물의 내외벽, 바닥, 천장 등에 장식, 보온, 보호 등을 목적으로 회반죽, 진흙, 모르타르 등을 일정 두께로 흙손 또는 스프레이 등을 이용하여 바르는 점성재료를 말한다. 규모가 크고 넓은 표면을 이음매 없이 마무리할 수 있으며 숙련공의 기능이 요구되고 습식 공사로 공기가 길어진다.

1. 미장재료의 구성 및 분류

1) 미장재료의 구성

구성	특징
결합재	• 경화되어 바름벽에 필요한 **강도를 발현**시키기 위한 재료로서, 바름벽의 기본 소재이다. • 시멘트, 석회, 석고, 점토, 돌로마이트석회 등이 있다.
부착재	못, 스테플, 커터침 등 바름벽 마감과 바탕재료를 붙이는 역할을 하는 재료이다.
골재	수축 및 균열, 점성 및 보수성 보완, 경화시간 조절 및 치장 목적으로 사용되며 모래, 종석, 돌가루 등이 있다.
보강재	균열방지를 위하여 부분적으로 사용되는 선상 또는 메쉬상의 재료로 바름재료의 **시공성, 균열, 탈락방지**를 개선하기 위해 재료. 여물, 풀, 수염 등을 사용한다.
혼화재료	결합재의 방수, 작업성 증대, 착색, 내화, 단열, 차음, 응결시간 단축과 연장 등의 효과를 위해 사용되며 방수제, 촉진제, 지연제, 급결제 등이 있다.

Note 미장재료의 촉진제
응결시간을 단축시킬 목적으로 첨가하는 촉진제로 염화석회, 물유리 등이 있으며 응결시간을 신속히 단축시키는 혼화재료인 급결제에는 **염화칼슘**, 규산소다 등이 있다.

예제 01 바름벽 재료의 분류 중 바름벽에 필요한 강도를 발현시키기 위한 재료는? [24, 19]
① 마감재료　② 결합재료　③ 보강재료　④ 혼화재료

정답 ②

2) 미장재료의 분류

(1) 기경성 재료(석회질)
① 개요 : 공기 중 이산화탄소(탄산가스)와 반응하여 굳어지는 미장재료(수축성)이며 종류에는 **진흙, 회반죽, 회사벽, 돌로마이트플라스터** 등이 있다.
② 특징
  ㉠ 경화가 느리다.
  ㉡ 강도가 작다.
  ㉢ 시공이 용이하다.

(2) 수경성 재료(석고질)
① 개요 : 물과 반응하여 굳어지는 미장재료(팽창성)이며 종류에는 **시멘트 모르타르, 석고플라스터, 무수석고(경석고 플라스터, 킨즈시멘트), 인조석 바름, 테라조 현장 바름** 등이 있다.
② 특징
  ㉠ 경화가 빠르다.
  ㉡ 강도가 크다.
  ㉢ 시공이 어렵다.

구분			종류	구성재료 및 특성
기경성	석회질	알칼리성	진흙	진흙, 모래, 짚여물의 물반죽 흙벽 시공
			회반죽	소석회 + 모래 + 여물 + 해초풀
			회사벽	석회죽 + 모래, 흙벽의 정벌바름, 회반죽 고름
			돌로마이트 플라스터	• 돌로마이트 석회 + 모래 + 여물 • 건조수축이 커서 균열발생 우려 • 물에 약하다
수경성	석고질	중성	순석고 플라스터	• 순석고 + 모래 + 물 • 경화속도가 빠르다.
		알칼리성	혼합석고 플라스터	• 혼합석고 + 모래 + 여물 + 물 • 약한 알칼리성이며 경화속도는 보통
		산성	**경석고 플라스터** (**킨즈시멘트**)	• 무수석고 + 모래 + 물 • 표면의 강도가 크고 광택이 있다. • 수축균열이 작고 산성으로 철을 녹슬게 한다.
용액성	고토질	산성	마그네시아 시멘트	• 주원료가 리그노이드이며 주로 바닥마감재로 사용 • 물 대신 **간수(염화마그네슘 : $MgCl_2$)**와 혼합하여 응결 경화시킨다. • 착색이 용이하고 물을 가해도 굳어지지 않는다. • 산성으로 철을 녹슬게 한다.

Note
㉠ **여물 : 균열방지**
㉡ **해초풀 : 접착력 증대**
㉢ **모래 : 점도조절**

예제 02	다음 중 수경성 미장재료는? [25,18,17]

① 회반죽 ② 돌로마이트 플라스터
③ 회사벽 ④ 석고 플라스터

정답 ④

2. 미장재료의 종류

1) 회반죽 및 회사벽

(1) 회반죽
① 원료 : 소석회 + 모래 + 해초풀 + 여물
② 접착력 증대(점성 향상)를 위해 풀을 사용한다.
③ 경화시간이 오래 걸리며, 경도가 낮고 내수성이 약해서 실내 위주로 사용되며
④ 시공정도에 따라 균열 및 박락의 우려가 적고 저렴한 편이다.
⑤ 회반죽과 회사벽은 공기 중의 **탄산가스(CO_2)**와 반응하여 **단단한 석회**가 된다.

(2) 회사벽
① 원료 : 석회죽 + 모래 + (시멘트 or 풀)
② 재래식 흙벽의 정벌바름에 쓰인다.

2) 돌로마이트 플라스터

① 원료 : 돌로마이트 석회 + 모래 + 여물
② 기경성이며 풀을 사용하지 않고 물로 연화하여 사용하는 것으로 공기 중의 탄산가스와 결합하여 경화하는 미장재료
③ 건조, 경화 시 **수축률이 매우 커서 균열 방지를 위해 여물**을 섞는다.
④ 소석회에 비해 자체점성(가소성)이 높고 작업성이 용이
⑤ 풀을 쓰지 않아 변색, 냄새, 곰팡이가 없으며 보수성이 좋아 주로 실내 바름벽에서 사용
⑥ 돌로마이트 플라스터 바름
  ㉠ 실내온도가 5℃ 이하일 때는 공사를 중단하거나 난방하여 5℃ 이상으로 유지한다.
  ㉡ 정벌바름용 반죽은 물과 혼합한 후 12시간 정도 지난 다음 사용하는 것이 바람직하다.
  ㉢ 초벌바름에 균열이 없을 때에는 고름질한 후 7일 이상 두어 고름질면의 건조를 기다린 후 균열이 발생하지 아니함을 확인한 다음 재벌바름을 실시한다.
  ㉣ 재벌바름이 지나치게 건조한 때는 적당히 물을 뿌리고 정벌바름한다.

예제 03	다음 미장재료 중 공기 중의 탄산가스와 반응하여 경화하는 것은? [24,15,12]

① 돌로마이트 플라스터 ② 시멘트 모르타르
③ 석고 플라스터 ④ 킨스 시멘트

해설 | 시멘트는 물 혼합에 의해 경화되는 수경성재료이다.

정답 ①

3) 석고 플라스터(gypsum plaster)

(1) 제법
조립식 및 건식공법공사에서 건물 내외부 벽면에 가장 많이 사용되는 마감재로
① 석고를 100℃ 이상 가열 → 소석고
② 석고를 230℃ 이상 가열 → 무수석고
③ 골재, 보강재, 혼화재 등을 혼합하여 반죽한 수경성 미장재료

(2) 성질
① 순백색이며 미려하고 석회보다 변색이 적다.
② 다른 미장재료에 비해 **응고가 빠르고 점성 및 내수성이 크다**.
③ 수경성으로 경화강도가 높고 수축 및 균열이 적다.
④ 무수축으로 경화되며 화재발생 시 결합수가 분해되어 열을 흡수하기 때문에 **내화성**을 갖는다.

(3) 종류
① **순석고 플라스터**
  ㉠ 소석고 + 석회죽으로 만들며 중성이다.
  ㉡ 경화속도가 매우 빨라 석회죽이 응결 지연 및 작업성 증진 역할을 한다.
② **경석고 플라스터(킨즈 시멘트, keen's cement)**
  ㉠ 고온소성의 **무수석고**를 특별한 화학처리하여 제조
  ㉡ 응결과 **경화의 속도가** 소석고에 비하여 **매우 늦어** 경화 촉진제로 화학처리하여 사용
  ㉢ 경화 후 강도와 경도가 높고 수축균열이 작다.
  ㉣ **산성으로 철제를 녹슬게** 하는 단점이 있다.
  ㉤ 은은한 붉은빛을 띠는 **흰색의 마감 광택**을 갖는다.
  ㉥ 벽 및 바닥 바름에도 쓰이며 킨즈 시멘트라고도 부른다.
③ **혼합석고 플라스터**
  ㉠ 소석고 + 회반죽(대리석 등을 공장에서 미리 혼합하여 제조)
  ㉡ 현장에서 물만 혼합허여 즉시 사용할 수 있어서 기배합 석고 플라스터라고도 한다.
  ㉢ 석고의 팽창성과 석회의 수축성을 상호 보완한 것이다.
  ㉣ 약한 알칼리성이며 경화속도는 보통이다.
  ㉤ 석고 플라스터 중 가장 많이 사용하는 제품이다.
④ **보드용 석고 플라스터**
  ㉠ 소석고의 함유량을 많게 하여 강도와 접착성을 크게 한 제품이다.
  ㉡ 주로 석고보드 붙임용, 콘크리트 바탕의 초벌 바름용으로 많이 사용된다.

> **Note** 석고보드(plaster board)
> 1902년 미국에서 처음 발명된 석고보드는 소석고(두툼한 종이 사이 석고를 넣고 고온에 가열하여 얻은 결정수를 탈수한 것)와 톱밥, 섬유 등을 혼합하여 만든 벽체
> 석고보드는 내부 마감을 위한 틀이 되어주는 것 외에도 흡음, 방화, 방수 등의 용도별 성능을 갖도록 제작할 수 있다. 다양한 건축물의 벽, 천장, 칸막이 등에 합판대용으로 주로 사용된다.
> 1) 장점
>   ① **내화성·단열성**이 높고 경량이다.
>   ② 저렴하고 가공이 용이하다.(공기 단축)
>   ③ **방화성, 차음성, 보온성**이 우수하다.
>   ④ 설치 후 도료로 도포할 수 있다.
>   ⑤ 부식이 안되고 **충해**를 받지 않는다.
>   ⑥ **수축·팽창·변형**이 적다.
> 2) 단점
>   ① **충격에 약하다.**
>   ② 흡수로 인해 강도가 현저하게 저하된다.
>   (습기가 많은 장소 사용 시 특수 방수처리된 방수보드 사용)
> 3) 규격
>   두께 9.5/12.5/15mm, 900×1800/2, 700/3000, 1200×2400

예제 04 미장재료 중 고온소성의 무수석고를 특별한 화학처리 한 것으로 킨즈시멘트라고도 불리우는 것은?
[25, 22, 21, 13, 12]

① 순석고 플라스터 ② 혼합석고 플라스터
③ 보드용 석고 플라스터 ④ 경석고 플라스터

정답 ④

4) 시멘트 모르타르

종류		용도
보통 모르타르	보통 시멘트 모르타르	구조용, 일반 수장용
	백 시멘트 모르타르	치장, 착색용
특수 모르타르	질석 모르타르	경량 구조용
	석면 모르타르	균열, 단열용
	합성수지 모르타르	광택용
	아스팔트 모르타르	내산성 바닥용
	방수 모르타르	방수용
	바라이트 모르타르	**방사선 차단용**

예제 05 방사선 차단용으로 사용되는 시멘트 모르타르로 옳은 것은? [24,22,21,19]
① 질석 모르타르 ② 아스팔트 모르타르
③ 바라이트 모르타르 ④ 활석면 모르타르

정답 ③

3. 미장공사

1) 기본 사항

(1) 미장공사 시 주의사항

① 바탕면은 적당한 물축임을 하고 면을 거칠게 한다.
② 바름면은 거친면이 없이 면을 평활하게 하는 것이 좋다.
③ 바름 두께는 균일하게 한다.
④ 초벌바름 후 충분한 시간을 두어 균열이 최대한 발생 후 재벌을 한다.
⑤ **급격한 건조를 피하고** 시공 및 경화 중에는 진동을 피한다.
⑥ 미장공사는 위에서 아래로 한다.
⑦ 1회 바름 두께는 6mm 이하로 한다.
⑧ 시공시 온도는 5℃ 이상에서 하는 것이 좋다.

(2) 미장 바름층 바탕의 일반적인 조건

① 바름층과 유해한 화학반응을 하지 않을 것
② 바름층을 지지하는데 필요한 접착강도를 얻을 수 있을 것
③ 바름층보다 **강도, 강성이 클 것**
④ 바름층의 경화, 건조를 방해하지 않을 것
⑤ 미장층의 시공에 적합한 흡수성을 가질 것

 예제 06 벽체 초벌미장에 대한 검측 내용으로 옳지 않은 것은? [23,22]
① 하절기에는 초벌미장 후 살수양생을 검토한다.
② 벽체의 선형 및 평활도를 위하여 규준점을 설치한다.
③ 면 잡은 후 쇠빗 등으로 가늘고 고르게 긁어준다.
④ 신속한 건조를 위하여 통풍이 잘 되도록 조치한다.
해설 | 급격한 건조를 피하고 시공 및 경화 중에는 진동을 피한다.

정답 ④

2) 바름의 공정 순서

바탕처리 → 초벌바름 → 고름질 → 재벌바름 → 정벌바름 → 마감처리

3) 미장바름공사 종류

(1) 시멘트 모르타르 바름

① 초벌→재벌→정벌 순으로 하고, 1회의 바름 두께는 6mm를 표준으로 한다.
② 부위별 두께 : 외벽 및 바닥 24mm, 내벽 18mm, 천장 15mm
③ 바르기 순서
   ㉠ 일반적 순서는 위→아래(밑)
   ㉡ 실내는 천장→벽→바닥
   ㉢ 외벽은 옥상난간→지층
   ㉣ 수평과 수직이 만나는 곳은 수평면을 먼저 바른다.

예제 07 미장공사 시 사용되는 시멘트 모르타르 바름에 관한 설명으로 옳지 않은 것은? [24,22]

① 시멘트와 모래를 혼합하고, 물을 부어서 잘 섞도록 하며, 비빔은 기계로 하는 것을 원칙으로 한다.
② 1회 비빔량은 2시간 이내 사용할 수 있는 양으로 한다.
③ 초벌바름 또는 라스먹임은 2주일 이상 방치하여 바름면 또는 라스의 겹침 부분에서 생길 수 있는 균열이나 처짐 등 흠을 충분히 발생시킨다.
④ 바름두께가 너무 얇을 경우에는 고름질을 하고 고름질 후에는 전면에서 거친면이 생기지 않도록 한다.

해설 | 전면에서 거친면이 생기지 않도록 하는 공정은 정벌바름이며 한 번에 두껍게 바르는 것보다 얇게 여러번 바르는 것이 좋다.

정답 ④

---

(2) 인조석·테라조 바름

① 재료 : 백시멘트 + 종석 + 안료 + 석분 + 물
② 수축 균열 방지하기 위하여 황동제 줄눈대를 60~120cm 간격으로 설치
③ 줄눈대는 바름 구획 구분 및 보수의 용이성을 목적으로도 사용된다.

(3) 셀프 레벨링재(self leveling) 바름

① 석고계 셀프레벨링재는 석고 + 모래, 경화지연제 및 유동화제로 구성
② 시멘트계 셀프레벨링재는 포틀랜드시멘트 + 모래, 분산제 및 유동화제로 혼합한 것으로, 필요에 따라 팽창성 혼화재료를 사용
③ 석고계 셀프 레벨링재 석고에 모래, 경화 지연제, 유동화제 등을 혼합한 것으로, **물이 닿지 않는 실내에서만 사용**한다.
④ 셀프레벨링재 시공 후, 요철부는 연마기로 다듬고 기포는 된비빔 석고로 보수한다.
⑤ 경화 시 표면에 잔무늬가 생기지 않도록 개구부 등을 밀폐하여 통풍과 기류를 차단한다.

예제 08 셀프레벨링재에 관한 설명으로 옳지 않은 것은? [24,23,22,17,12]
① 석고계 셀프레벨링재는 석고, 모래, 경화지연제 및 유동화제로 구성된다.
② 시멘트계 셀프레벨링재는 포틀랜드시멘트, 모래, 분산제 및 유동화제로 구성된다.
③ 석고계 셀프레벨링재는 차수성이 좋아 옥외 및 실내에서 모두 사용한다.
④ 셀프레벨링재 시공 후 요철부는 연마기로 다듬고, 기포는 된비빔 석고로 보수한다.

정답 ③

4) 특수 미장바름

(1) 합성 고분자 바름

① 합성고분자계 재료+촉진제, 경화제, 골재 등을 배합
② 에폭시, 폴리우레탄, 폴리에스테르 바름이 가장 많이 사용
③ 특수 용도에 따라 방수, 방진, 고탄성, 내수성, 내약품성 등이 필요한 장소에 사용

(2) 리신바름(lithin coat)

돌로마이트에 화강암을 부순 파편, 색모래, 안료 등을 섞어 바른 후 굳기 전에 거친 솔 등으로 표면을 긁어 거칠게 마무리한 인조석 미장바름의 일종

(3) 러프코트(rough coat)

시멘트, 모래, 잔자갈, 안료 등을 섞고 비빔 한 것을 바탕바름이 마르기 전에 뿌려 붙이거나 바르는 것으로 거친바름이며 인조석 미장 바름의 일종

(4) 리그노이드 바름

마그네시아 시멘트에 톱밥, 코르크 가루, 안료 등을 섞어 모르타르와 함께 반죽한 제품으로 탄성이 우수하여 건물, 차량, 선박 등에 사용된다.

4. 수장공사

> Pass Note

예상출제문항	키워드	
0~1	- 벽 및 천장 마감재 특성	- 커튼 종류별 특성

건물 내부의 벽, 천장, 바닥의 설치와 치장을 위주로 한 실내마감공사
• 수장공사 : 건축물 내부의 **전체적인 치장**을 하는 마무리에 관한 공사
• 내장공사 : 건물 내부(**벽, 바닥, 천장** 등)의 **치장**과 설치를 위주로 한 마무리공사

1) 벽 및 천장마감 공사

(1) 마감재료의 종류

종류	특성
석고보드 (plaster board)	• 석고보드는 소석고(두툼한 종이 사이 석고를 넣고 고온에 가열하여 얻은 결정수를 탈수한 것)와 톱밥, 섬유 등을 혼합하여 만든 벽체입니다. • 석고보드는 내부 마감을 위한 틀이 되어주는 것 외에도 흡음, 방화, 방수 등의 용도별 성능을 갖도록 제작할 수 있다, 다양한 건축물의 벽, 천장, 칸막이 등에 합판대용으로 주로 사용된다.
목모시멘트판 (cemented excelsior boards)	• 좁고 길게 리본상으로 오린(木毛) 대패밥을 시멘트로 교착하여 가압성형한 넓은 판의 제품으로 주로 천장, 벽의 바탕 및 치장용으로 사용된다.
텍스 (tex)	• 목재 소편, 석고, 시멘트 등을 부수어 섞은 뒤 압착하여 만든 섬유판으로 보온, 방음, 방화 효과가 좋고 무게도 가벼우며, 수명도 길기 때문에 가장 많이 사용하는 천장자재 중 하나이다.

(2) 시공 순서

① 마감 시공 순서

㉠ 상부→하부 : 도배공사, 도장공사, 미장공사, 타일공사(외부)

㉡ 하부→상부 : 도배공사(재벌 정바름), 타일공사(내부)

② 내부마감순서 : 천장→벽→바닥

2) 석고보드 공사

(1) 장단점 및 종류

장점	단점
① 내화성·단열성이 높고 경량이다. ② 저렴하고 가공이 용이하다.(공기 단축) ③ 방화성, 차음성, 보온성이 우수하다. ④ 설치 후 도료로 도포할 수 있다. ⑤ 부식이 안되고 충해를 받지 않는다. ⑥ 수축·팽창·변형이 적다.	① 충격에 약하다. ② 흡수로 인해 강도가 현저하게 저하된다. 　(습기가 많은 장소 사용 시 특수 방수처리된 방수보드 사용)

종류 : 일반 석고보드, 방화 석고보드, 방수 석고보드, 치장 석고보드

(2) 형상에 따른 종류

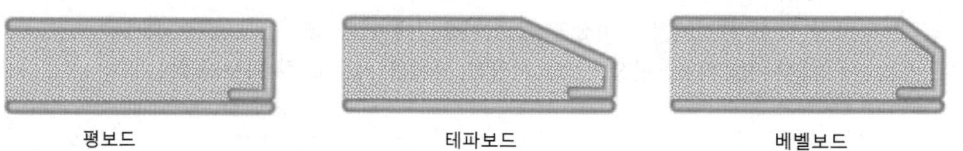

평보드　　　　　　　　테파보드　　　　　　　　베벨보드

3) 도배공사

(1) 사전준비작업

① 도배지 보관 장소 온도는 5℃ 이상 유지
② 도배지는 직사광선은 피하고, 바탕면 건조상태 확인
③ 실내온도나 습기가 높으면 통풍이나 환기를 시켜준다.

(2) 도배지 풀칠방법

① 온통 바름 : 도배지 전부에 풀칠하며 순서는 중간부터 갓 둘레로 칠해 나간다.
② 봉투 바름(갓둘레 바름) : 도배지 주위에 풀칠하여 붙이고 물기가 마르면 주름이 펴진다.
③ 비늘 바름 : 종이의 한쪽에만 풀칠하여 비늘처럼 붙여 나간다.

(3) 도배지의 종류

종류	특성
종이벽지	• 종이 위에 무늬와 색채를 프린트한 벽지 • 종이가 얇아 찢어지기 쉬우며 가격이 저렴하여 많이 사용됨.
비닐벽지	• 무늬와 패턴이 다양하고 방수성이 좋고 청소가 용이함. • 내후성은 우수하나 통기성이 부족하다.
지사벽지	• 종이를 여러 가닥 실처럼 꼬아서 만든 벽지
섬유벽지	• 벽지의 색채, 무늬, 촉감, 흡음성 등이 좋다. • 내구성과 광택이 좋아 실내장식용으로 사용
발포벽지	• 종이벽지 위에 플라스틱 기포를 뿜어서 만든다. • 탄력성이 있어 흡음성과 질감이 좋고 물세척이 가능하다.
갈포벽지	• 종이벽지 위에 칡넝쿨 섬유의 줄기를 붙여 만든다. • 자연적인 거친 질감으로 흡음성이 좋고 아늑한 느낌을 준다.

(4) 시공 순서

① 3단계 시공 : 바탕처리 → 풀칠 → 붙이기
② 4단계 시공 : 바탕처리 → 초배지 → 재배지 → 정배지
③ 5단계 시공 : 바탕처리 → 초배지 → 재배지 → 정배지 → 굽도리(걸레받이)

4) 카펫 공사

(1) 카펫의 특징

장점	단점
탄력성, 흡음성, 내구성이 있다.	• 유지관리 및 보수가 번거롭다. • 습기와 오염에 약하고 패턴이 단조롭다.

(2) 카펫파일(pile)의 종류

루프파일(loop pile)

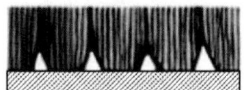
컷 파일 (cut pile)

루프 & 컷파일

(3) 카펫깔기 공법

공법	특성
그리퍼공법	가장 일반적인 공법으로 주변 바닥에 그리퍼 설치 후 카펫 고정하는 방식
못박기공법	벽 주변을 따라 카펫을 30mm 정도 꺾어 넣고 롤러로 끌어 당기면서 못을 50mm 정도 간격으로 고정하는 방식
직접 붙이기 공법	바닥에 직접 접착제 도포 후 카펫을 눌러 붙이는 공법으로 중보행 공간에 사용된다.
필업공법	쿠션재를 대지 않는 카펫 타일 붙임에 쓰이며 교체가 쉽다.

(4) 카펫 시공 시 유의사항
① 시공 전 바닥에 먼지, 오물 등 이물질과 요철, 굴곡이 없는 평활 상태로 정리한다.
② 바닥 중심에서 4등분 후 L자 형태로 부착한다.
③ 접착제는 작업속도를 고려하여 적당량 도포 후 시공하며 이 과정을 반복한다.

5) 커튼공사

(1) 커튼 선택 시 주의사항
① 천의 색깔, 재질, 패턴 등 시각적 효과를 고려한다.
② 세탁 후 형태, 치수변화가 가급적 적어야 한다.
③ 화재 방지를 위해 불연재로 선택해야 한다.
④ 햇빛에 탈색이 되지 않는 재료를 선택한다.

(2) 블라인드
① 유리창 등에 직사광선과 시선 차단을 위해 설치하는 커튼 대용의 수장재
② 종류 : 수직블라인드, 수평블라인드, 롤블라인드, 로만쉐이드

수평블라인드

수직(버티칼)블라인드

롤블라인드

로만쉐이드

핵심 기출문제

08 미장 및 수장공사

1 미장재료의 구성 및 분류

01 ▶19

미장재료의 응결시간을 단축시킬 목적으로 첨가하는 촉진제의 종류로 옳은 것은?

① 옥시카르본산
② 폴리알코올류
③ 마그네시아염
④ 염화칼슘

해설 | 미장재료의 촉진제
응결시간을 단축시킬 목적으로 첨가하는 촉진제로 염화석회, 물유리 등이 있으며 응결시간을 신속히 단축시키는 혼화재료인 급결제에는 염화칼슘, 규산소다 등이 있다.

02 ▶14

다음 바름벽 재료의 분류와 역할의 연결로서 틀린 것은?

① 결합재료 : 경화되어 바름벽에 필요한 강도를 발휘시키기 위한 재료로서, 바름벽의 기본 소재이다.
② 보강재료 : 균열방지를 위하여 부분적으로 사용되는 선상 또는 메쉬상의 재료이다.
③ 부착재료 : 못, 스테플, 커터침 등 바름벽 마감과 바탕재료를 붙이는 역할을 하는 재료이다.
④ 바탕재료 : 시공성, 균열, 탈락방지를 위하여 첨가되는 재료이다.

해설 | 보강재료
시공성, 균열, 탈락방지를 위하여 첨가되는 재료이다.

03 ▶22, 18

미장재료의 경화작용에 관한 설명으로 옳지 않은 것은?

① 시멘트 모르타르는 물과 화학반응을 일으켜 경화한다.
② 회반죽은 물과 화학반응을 일으켜 경화한다.
③ 반수석고는 가수 후 20~30분에서 급속 경화하지만, 무수석고는 경화가 늦기 때문에 경화촉진제를 필요로 한다.
④ 돌로마이트 플라스터는 공기 중의 탄산가스와 화학반응을 일으켜 경화한다.

해설 | 기경성 재료
공기 중 이산화탄소(탄산가스)와 반응하여 굳어지는 미장재료(수축성)이며 종류에는 진흙, 회반죽, 회사벽, 돌로마이트플라스터 등이 있다.

04 ▶17

미장재료 중 간수($MgCl_2$)와 혼합하여 응결 경화성이 생기는 것은?

① 킨스 시멘트
② 소석고
③ 소석회
④ 마그네시아 시멘트

해설 | 마그네시아 시멘트
㉠ 주원료가 리그노이드이며 주로 바닥마감재로 사용
㉡ 물대신 간수(염화마그네슘 : $MgCl_2$)와 혼합하여 응결 경화시킨다.
㉢ 착색이 용이하고 물을 가해도 굳어지지 않는다.
㉣ 산성으로 철을 녹슬게 한다.

정답 | 01 ④ 02 ④ 03 ② 04 ④

Chapter 01 실내디자인 마감계획 및 협력공사 | 563

05 ▶19
다음 미장재료 중 공기 중의 탄산가스와 반응하여 화학변화를 일으켜 경화하는 것은?

① 소석회
② 시멘트 모르타르
③ 혼합석고 플라스터
④ 경석고 플라스터

해설 | 소석회
기경성인 회반죽의 주원료로 공기 중 이산화탄소(탄산가스)와 반응하여 굳어지는 미장재료

06 ▶21
KS L 9007에서 규정하는 미장재료로 사용되는 소석회의 주요 품질평가항목이 아닌 것은?

① 분말도 잔량
② 점도계수
③ 경도계수
④ 응결시간

해설 | 소석회의 주요 품질평가항목
분말도 잔량, 점도계수, 경도계수 등이며 응결시간은 촉진제 첨가로 조절이 가능하다.

07 ▶20,16
다음 중 수경성 재료에 해당되지 않는 것은?

① 회반죽
② 시멘트 모르타르
③ 석고 플라스터
④ 인조석 바름

해설 | 수경성 재료
물과 반응하여 굳어지는 미장재료(팽창성)이며 종류에는 시멘트 모르타르, 석고플라스터, 무수석고(경석고 플라스터, 킨즈시멘트), 인조석 바름, 테라조 현장 바름 등이 있다.

08 ▶14
다음 미장재료의 경화과정별 분류로 옳지 않은 것은?

① 돌로마이트 플라스터 : 기경성
② 시멘트모르타르 : 수경성
③ 석고플라스터 : 수경성
④ 인조석바름 : 기경성

해설 | 인조석 바름, 테라조 현장 바름은 수경성이다.

2 미장재료의 종류

09 ▶17,13,12
소석회에 모래, 해초풀, 여물 등을 혼합하며 바르는 미장재료로서 목조바탕, 콘크리트블록 및 벽돌 바탕 등에 사용되는 것은?

① 회반죽
② 돌로마이트 플라스터
③ 시멘트 모르타르
④ 석고 플라스터

해설 | ㉠ 회반죽 : 소석회 + 모래 + 해초풀 + 여물
㉡ 회사벽 : 석회죽 + 모래 + (시멘트 or 물)
㉢ 돌로마이트 플라스터 : 돌로마이트 석회 + 모래 + 여물

10 ▶20
다음 중 회반죽 바름용 재료와 관련 없는 것은?

① 종석
② 해초풀
③ 여물
④ 소석회

해설 | 문제 9번 해설참조

정답 | 05 ① 06 ④ 07 ① 08 ④ 09 ① 10 ①

11
회반죽 바름을 한 벽체는 공기 중의 무엇과 반응하여 경화하는가?

① 탄산가스 ② 산소
③ 질소   ④ 수소

해설 | 회반죽과 회사벽은 공기 중의 탄산가스(CO_2)와 반응하여 단단한 석회가 된다.

12
미장재료 중 회반죽에 대한 설명으로 옳지 않은 것은?

① 경화속도가 느리고, 점성이 적다.
② 일반적으로 연약하고, 비내수적이다.
③ 여물은 접착력 증대를, 해초풀은 균열방지를 위해 사용된다.
④ 모래는 바름 두께가 클수록 많이 넣지만 정벌용에는 넣지 않는다.

해설 | ㉠ 여물 : 균열방지
       ㉡ 해초풀 : 접착력 증대
       ㉢ 모래 : 점도조절

13
고온소성의 무수석고를 특별한 화학처리를 한 것으로 킨즈시멘트라고도 불리우는 것은?

① 경석고 플라스터
② 혼합석고 플라스터
③ 보드용 플라스터
④ 돌로마이트 플라스터

해설 | 경석고 플라스터(킨즈 시멘트, keen's cement)
       ㉠ 고온소성의 무수석고를 특별한 화학처리하여 제조
       ㉡ 응결과 경화의 속도가 소석고에 비하여 매우 늦어 경화 촉진제로 화학처리하여 사용
       ㉢ 경화 후 강도와 경도가 높고 수축균열이 작다.
       ㉣ 산성으로 철제를 녹슬게 하는 단점
       ㉤ 은은한 붉은빛을 띠는 흰색의 마감 광택
       ㉥ 벽 및 바닥 바름에도 쓰이며 킨즈 시멘트라고도 부른다.

14
응결과 경화의 속도가 소석고에 비하여 매우 늦어 경화 촉진제로 화학처리하여 사용하며 경화 후 강도와 경도가 높고 광택을 갖는 미장재료는?

① 경석고 플라스터
② 보드용 플라스터
③ 돌로마이트 플라스터
④ 회 반죽

해설 | 문제 13번 해설참조

15
경석고 플라스터에 관한 설명으로 옳지 않은 것은?

① 강도가 크며 수축균열이 작다.
② 알카리성으로 철의 부식을 방지한다.
③ 무수석고를 화학처리하여 제조한다.
④ 킨즈시멘트라고도 한다.

해설 | 경석고 플라스터는 산성으로 철제를 녹슬게 하는 단점

16
석고 플라스터에 대한 설명으로 옳지 않은 것은?

① 시멘트에 비해 경화속도가 느리다.
② 내화성을 갖는다.
③ 경화, 건조시 치수 안정성을 갖는다.
④ 물에 용해되는 성질이 있어 물을 사용하는 장소에는 부적합하다.

해설 | 석고 플라스터(gypsum plaster)
       ㉠ 순백색이며 미려하고 석회보다 변색이 적다.
       ㉡ 다른 미장재료에 비해 응고가 빠르고 점성 및 내수성이 크다.
       ㉢ 수경성으로 경화강도가 높고 수축 및 균열이 적다.
       ㉣ 무수축으로 경화되며 화재발생 시 결합수가 분해되어 열을 흡수하기 때문에 내화성을 갖는다.

정답 | 11 ① 12 ③ 13 ① 14 ① 15 ② 16 ①

17 ▶17
미장재료 중 무수축으로 경화되며 화재발생 시 결합수가 분해되어 열을 흡수하기 때문에 내화성을 나타내는 것은?

① 시멘트 모르타르
② 석고 플라스터
③ 돌로마이트 플라스터
④ 마그네시아 시멘트 바름

해설 | 문제 16번 해설참조

18 ▶13
미장재료 중 산성으로서 옷의 녹발생에 주의해야 하는 것은?

① 석고 플라스터   ② 돌로마이트 플라스터
③ 회반죽   ④ 시멘트 모르타르

해설 | 석고플라스터 종류인 경석고 플라스터(킨즈 시멘트)는 산성으로 철제를 녹슬게 하는 단점이 있다.

19 ▶21
돌로마이트 플라스터에 관한 설명으로 옳지 않은 것은?

① 건조수축에 대한 저항성이 크다.
② 소석회에 비해 점성이 높고 작업성이 좋다.
③ 변색, 냄새, 곰팡이가 없으며 보수성이 크다.
④ 회반죽에 비해 조기강도 및 최종강도가 크다.

해설 | 돌로마이트 플라스터
  ㉠ 원료 : 돌로마이트 석회 + 모래 + 여물
  ㉡ 기경성이며 풀을 사용하지 않고 물로 연화하여 사용하는 것으로 공기 중의 탄산가스와 결합하여 경화하는 미장재료
  ㉢ 건조, 경화 시 수축률이 매우 커서 균열 방지를 위해 여물을 섞는다.
  ㉣ 소석회에 비해 자체점성(가소성)이 높고 작업성이 용이
  ㉤ 풀을 쓰지 않아 변색, 냄새, 곰팡이가 없으며 보수성이 좋아 주로 실내 바름벽에서 사용

20 ▶16
돌로마이트 플라스터의 구성요소에 해당하지 않는 것은?

① 마그네시아석회   ② 모래
③ 해초풀   ④ 여물

해설 | 돌로마이트 플라스터 원료
돌로마이트 석회 + 모래 + 여물

21 ▶13
원칙적으로 풀 또는 여물을 사용하지 않고 물로 연화하여 사용하는 것으로 공기 중의 탄산가스와 결합하여 경화하는 미장재료는?

① 회반죽
② 돌로마이트 플라스터
③ 혼합 석고플라스터
④ 보드용 석고플라스터

해설 | 문제 19번 해설참조

22 ▶22,12
미장공사에 대한 설명으로 옳지 않은 것은?

① 돌로마이트 플라스터는 소석회보다 점성이 낮아 풀이 필요하며 건조수축이 적은 특징이 있다.
② 회반죽 바름은 소석회를 사용한다.
③ 회반죽 바름에 사용하는 해초풀은 채취 후 1~2년 경과된 것이 좋다.
④ 석고플라스터는 경화-건조시 치수 안정성이 우수하다.

해설 | 돌로마이트 플라스터는 기경성이며 풀을 사용하지 않고 물로 연화하여 사용하는 것으로 공기 중의 탄산가스와 결합하여 경화하는 미장재료. 건조, 경화 시 수축률이 매우 커서 균열 방지를 위해 여물을 섞는다.

정답 | 17 ② 18 ① 19 ① 20 ③ 21 ② 22 ①

23 ▶20
석고보드에 관한 설명으로 옳지 않은 것은?

① 소석고와 혼화제를 반죽하여 2장의 강인한 보드용 원지 사이에 채워 만든다.
② 내화성 및 차음성은 낮으나 외부충격에 매우 강하다.
③ 벽, 천장, 칸막이 벽 등에 주로 사용된다.
④ 성능에 따라 방수석고보드, 미장석고보드, 방균석고보드 등으로 나뉠 수 있다.

해설 | 석고보드(plaster board)
1) 장점
  ㉠ 내화성·단열성이 높고 경량이다.
  ㉡ 저렴하고 가공이 용이하다.(공기 단축)
  ㉢ 방화성, 차음성, 보온성이 우수하다.
  ㉣ 설치 후 도료로 도포할 수 있다.
  ㉤ 부식이 안되고 충해를 받지 않는다.
  ㉥ 수축·팽창·변형이 적다.
2) 단점
  ㉠ 충격에 약하다.
  ㉡ 흡수로 인해 강도가 현저하게 저하된다.
    (습기가 많은 장소 사용 시 특수 방수처리된 방수보드 사용)

24 ▶19
석고보드에 관한 설명으로 옳지 않은 것은?

① 주원료인 소석고에 혼화제를 넣고 물로 반죽하여 2장의 강인한 보드용 원지 사이에 채워 넣어 제조한 것이다.
② 내수성, 탄력성은 우수하나 단열성, 방수성은 좋지 않다.
③ 벽, 천장, 칸막이 등에 주로 사용된다.
④ 연하고 부서지기 쉬우므로 고정할 때는 못 등이 주로 사용되지만 그 부근이 파손될 우려가 있다.

해설 | 석고보드(plaster board)
  ㉠ 내화성·단열성이 높고 경량이다.
  ㉡ 저렴하고 가공이 용이하다.(공기 단축)
  ㉢ 방화성, 차음성, 보온성이 우수하다.

25 ▶18
석고보드에 관한 설명으로 옳지 않은 것은?

① 부식이 잘되고 충해를 받기 쉽다.
② 단열성이 높다.
③ 시공이 용이하고 표면 가공이 다양하다.
④ 흡수로 인해 강도가 현저하게 저하된다.

해설 | 석고보드(plaster board)
  부식이 안되고 충해를 받지 않는다.
  수축·팽창·변형이 적다.

26 ▶17
석고보드의 특성에 관한 설명으로 옳지 않은 것은?

① 흡수로 인해 강도가 현저하게 저하된다.
② 신축변형이 커서 균열의 위험이 크다.
③ 부식이 안되고 충해를 받지 않는다.
④ 단열성이 높다.

해설 | 문제 25번 해설참조

27 ▶21
지하실과 같이 공기의 유통이 원활하지 않은 장소의 미장공사에 적당한 재료는?

① 시멘트 모르타르
② 회반죽
③ 돌로마이트 플라스터
④ 회사벽

해설 | 공기의 유통이 원활하지 않은 장소에서는 물과 반응하여 굳어지는 수경성재료를 사용한다. 수경성 재료로는 시멘트 모르타르, 석고플라스터, 무수석고(경석고 플라스터, 킨즈시멘트), 인조석 바름, 테라조 현장 바름 등이 있다.

정답 | 23 ② 24 ② 25 ① 26 ② 27 ①

28 ▶13
바라이트 모르타르 바름의 용도로 가장 적절한 것은?

① 간이방수용 바름재
② 지붕 바탕재
③ 내화피복용 바름재
④ 방사선 방호용 바름재

해설 | 특수모르타르
바라이트모르타르 : 방사선 차단용

31 ▶21,18
미장공사의 바탕조건으로 옳지 않은 것은?

① 미장층보다 강도는 크지만 강성은 작을 것
② 미장층과 유해한 화학반응을 하지 않을 것
③ 미장층의 경화, 건조에 지장을 주지 않을 것
④ 미장층의 시공에 적합한 흡수성을 가질 것

해설 | 미장 바름층 바탕의 일반적인 조건
 ㉠ 바름층과 유해한 화학반응을 하지 않을 것
 ㉡ 바름층을 지지하는데 필요한 접착강도를 얻을 수 있을 것
 ㉢ 바름층보다 강도, 강성이 클 것
 ㉣ 바름층의 경화, 건조를 방해하지 않을 것
 ㉤ 미장층의 시공에 적합한 흡수성을 가질 것

3 미장공사

29 ▶18
연성(軟性)시멘트 모르타르 미장에 관한 설명으로 옳지 않은 것은?

① 미장 바름을 쉽게 하기 위해 혼화제를 첨가하여 비빈다.
② 경화 후에는 못질이 쉽다.
③ 벽의 졸대붙임 바탕에 쓰인다.
④ 지붕잇기 바탕 등에 쓰인다.

해설 | 연성(軟性)
하중을 받을 때 파괴되기 전까지 늘어나는 성질로 연성시멘트 모르타르는 자체적으로 시공연도가 우수하여 미장 바름을 쉽게 하기 위하여 혼화제를 사용하지 않는다.

32 ▶22,17,12
셀프레벨링재에 관한 설명으로 옳지 않은 것은?

① 석고계 셀프레벨링재는 석고, 모래, 경화지연제 및 유동화제로 구성된다.
② 시멘트계 셀프레벨링재는 포틀랜드시멘트, 모래, 분산제 및 유동화제로 구성된다.
③ 석고계 셀프레벨링재는 차수성이 좋아 옥외 및 실내에서 모두 사용한다.
④ 셀프레벨링재 시공 후 요철부는 연마기로 다듬고, 기포는 된비빔 석고로 보수한다.

해설 | 석고계 셀프 레벨링재 석고에 모래, 경화 지연제, 유동화제 등을 혼합한 것으로, 물이 닿지 않는 실내에서만 사용한다.

30 ▶19
바탕과의 접착을 주목적으로 하며, 바탕의 요철을 완화시키는 바름공정에 해당되는 것은?

① 정벌바름
② 재벌바름
③ 초벌바름
④ 마감바름

해설 | 초벌바름
바탕과의 접착을 주목적으로 하며, 바탕의 요철을 완화시키는 바름공정

33 ▶17
시멘트계 섬유판류에 관한 설명으로 옳지 않은 것은?

① 치수의 정밀도는 높지만 가공은 어렵다.
② 부식이 없고 충해를 받지 않는다.
③ 비교적 가볍고 방화성능이 있다.
④ 단열성과 흡음성이 있다.

해설 | 시멘트계 섬유판류
치수정밀도가 높고 가공이 용이하다.(공기 단축)

정답 | 28 ④ 29 ① 30 ③ 31 ① 32 ③ 33 ①

34 ▶18

공기 중에 습기가 많을 때에는 수증기를 흡수하고 건조 시에는 방출하는 역할을 하며 모르타르에 혼합하여 성형판 또는 미장재로 사용하는 다공질재료는?

① 내한촉진제 ② 나노촉매제
③ 제올라이트 ④ 수화열저감제

해설 | 제올라이트(zeolite)
미세 다공질 알루미늄 규산염 광물로 습기제거의 효과가 있어 제습 탈취제로 사용된다.

37 ▶13

다음 중 비닐벽지에 속하지 않은 것은?

① 비닐실크벽지
② 엠보싱 벽지
③ 발포벽지
④ 케미컬 벽지

해설 | 비닐벽지
습기에 강해 주방, 욕실 등에도 사용되며 종류로는 비닐실크벽지, 발포벽지, 케미컬 벽지 등이 있다.

4 수장공사

35 ▶22

표준시방서(KCS)에 따른 블라인드의 종류에 해당되지 않는 것은?

① 가로 당김 블라인드
② 세로 당김 블라인드
③ 두루마리 블라인드
④ 베네치안 블라인드

해설 | 표준시방서(KCS)에 따른 블라인드종류
베네치안 블라인드, 가로 당김 블라인드, 두루마리 블라인드(감아올림 블라인드)

36 ▶17

화재 시 가열에 대하여 연소되지 않고 유해한 연기나 가스를 발생하지 않는 불연재료에 해당되지 않는 것은?

① 콘크리트 ② 석재
③ 알루미늄 ④ 목모시멘트판

해설 | 목모시멘트판
좁고 길게 리본상으로 오린(木毛) 대패밥을 시멘트로 교착하여 가압성형한 넓은 판의 제품으로 주로 천장, 벽의 바탕 및 치장용으로 사용된다.

정답 | 34 ③ 35 ② 36 ④ 37 ②

09 실내디자인 협력공사

09-1 가설공사

> **Pass Note**
>
> | 예상출제문항 | 키워드 | |
> |---|---|---|
> | 0~1 | - 가설건물
- 기준점과 규준틀 | - 비계 |

가설공사는 실내건축공사 기간 중 임시로 설치하는 제반시설 및 수단의 총칭이며, 공사가 완료되면 해체, 철거, 정리되는 임시적인 공사를 말한다.

1. 가설공사의 종류

구분	공통(간접)가설공사	직접가설공사
공사내용	공사 전반에 간접적으로 사용되는 운영 및 관리에 필요한 가설시설	건물 축조에 직접적인 수행을 위해 필요한 시설
공사종류	가설건물, 가설울타리, 가설운반로, 공사용수, 공사용동력, 시험조사, 기계기구, 현장 사무실 등	규준틀, 비계, 건축물 보양, 보호막 설치, 낙하물 방지망 등

2. 가설건물

1) 시멘트 창고

① 쌓기 포대 수는 **13포대 이하**로 한다(장기시 7포대 이하).
② 방습상 지면에서 30cm 이상 띄우고 저장한다.
③ 출입구 이외의 **개구부는 설치하지 않으며** 반입·반출구를 구분해 반입 순서대로 반출시킨다.
④ 창고 주위에 배수도랑을 두어 누수를 방지하며 방습적인 창고로 설치한다.

2) 변전소

① 바닥, 벽, 지붕 등에 물이 새지 않도록 시공한다.
② 울타리를 둘러치고 위험 표시를 한다.

③ 주변에는 조명설비를 하고 야간에는 불을 켜둔다.
④ 비상시를 대비하여 **사무실 근처**에 설치한다.

3. 기준점(Bench Mark) 및 규준틀

1) 기준점(벤치마크, Bench Mark)
   ① 공사 중 높이 및 기준이 되는 기준점표식으로 건축물 인근에 설치
   ② 이동에 염려가 없는 곳에 설치
   ③ 현장 모든 곳에서 바라보기 좋고 공사의 지장이 없는 곳에 설치
   ④ 건물 부근에 최소 **2개소** 이상, 지반면(G.L)에서 0.5~1m 정도의 위치에 설치

2) 규준틀(batter board)
   ① 수평규준틀 : 건축물의 터파기 공사 시 건물 각부의 **위치, 높이, 길이를 결정**하기 위해 견고하게 설치
   ② 세로규준틀 : 조적공사에서 **고저 및 수직면의 기준**으로 사용하기 위해 설치하며 줄눈, 쌓기높이, 문틀위치 등이 표시 된다.

4. 비계(scaffold)

1) 비계의 종류

재료별	통나무 비계, 강관 파이프 비계, 강관 틀비계	
구조, 형태별	외줄비계, 쌍줄비계, 말비계, 달비계, 겹비계	
위치별	외부비계	외줄비계, 쌍줄비계, 겹비계
	내부비계	말비계, 달비계

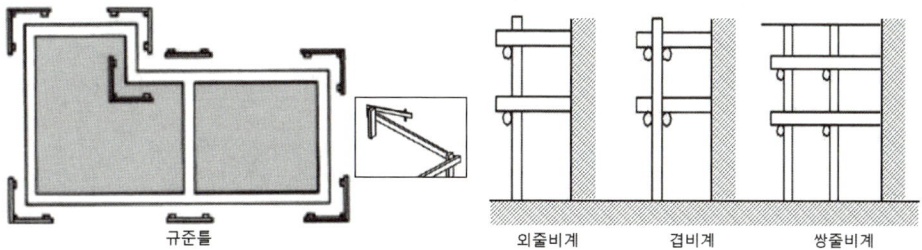
규준틀   외줄비계   겹비계   쌍줄비계

2) 비계다리
   ① 설치기준 : 건물면적 1,600m² 마다 1개소로 한다.
   ② 경사 : 경사 보통 17°~30° 이하
   ③ 너비 : 나비는 90cm 이상
   ④ 다리참 : 각층마다 또는 층의 구분이 없으면 높이 7m 이내 마다 설치한다.
   ⑤ 발판의 미끄럼막이 : 30cm 내외 간격으로 고정

⑥ 난간 : 90cm 이상으로 설치하며 45cm에 중간대를 설치한다.
⑦ 비계발판 : 장선에 20cm 이하로 걸치며, 상호 겹침은 30cm 이상으로 한다.

시스템비계

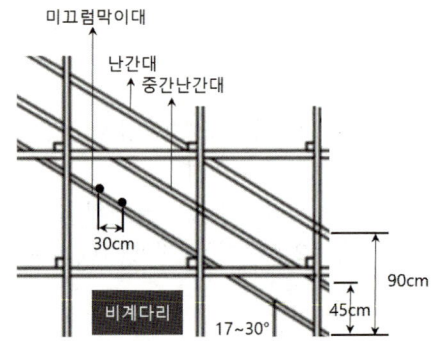
비계다리

3) 안전설비(수평 낙하물방지망)
① 설치높이 : 낙하물 방지망은 10m 이내 또는 3개층 마다 설치
② 그물망 : 그물코 크기가 20mm 이하의 추락 방호망 설치
③ 경사 : 수평면과 경사각도는 20~30° 정도
④ 내민길이 : 비계 외측에서 2m 이상
⑤ 버팀대 : 가로방향 1m 이내, 세로방향 1.8m 이내의 간격으로 강관 등으로 설치

> **예제 01**
> 실내건축공사 시 주로 사용되는 이동식비계의 안전조치에 관한 설명으로 옳지 않은 것은? [24,22]
> ① 갑작스런 이동 및 전도를 방지하기 위하여 아웃트리거(outrigger)를 설치한다.
> ② 작업발판 위에서 사다리를 안전하게 사용할 수 있도록 작업발판은 항상 수평을 유지한다.
> ③ 작업발판의 최대적재하중은 250킬로그램을 초과하지 않도록 한다.
> ④ 비계의 최상부에서 작업을 하는 경우에는 안전난간을 설치한다.
>
> 해설 | 이동식비계의 안전조치
> 안전난간 설치, 작업발판 수평유지, 발판위 사다리 사용금지, 브레이크 쐐기(outrigger) 등으로 바퀴고정, 최대적재하중은 250kg 초과금지
>
> 정답 ②

핵심 기출문제

09-1 가설공사

01 ▶22
공사현장의 가설건축물에 대한 설명으로 옳지 않은 것은?

① 하도급자 사무실은 후속공정에 지장이 없는 현장사무실과 가까운 곳에 둔다.
② 시멘트 창고는 통풍이 되지 않도록 출입구 외에는 개구부 설치를 금하고, 벽, 천장, 바닥에는 방수, 방습처리 한다.
③ 변전소는 안전상 현장사무실 가능한 멀리 위치시킨다.
④ 인화성 재료저장소는 벽, 지붕, 천장의 재료를 방화구조 또는 불연구조로 하고 소화설비를 갖춘다.

해설 | 변전소
   비상시에 대비하여 사무실 근처에 설치한다.

02 ▶24,23
시멘트 보관창고에 대한 설명으로 옳지 않은 것은?

① 주위에 배수도랑을 두고 우수의 침투를 방지한다.
② 바닥높이는 지면으로부터 30cm 이상으로 한다.
③ 공기의 유통을 원활히 하기 위해 개구부를 크게 하는 것이 좋다.
④ 시멘트의 높이 쌓기는 13 포대를 한도로 한다.

해설 | 출입구 이외의 개구부는 설치하지 않으며 반입·반출구를 구분해 반입순서대로 반출시킨다.

03 ▶23
가설공사에서 건물의 각 부 위치, 기초의 너비 또는 길이 등을 정확히 결정하기 위한 것은?

① 벤치마크 ② 수평 규준틀
③ 세로 규준틀 ④ 현상측량

해설 | 수평규준틀
   건축물의 터파기 공사 시 건물 각부의 위치, 높이, 길이를 결정하기 위해 견고하게 설치

04 ▶22
다음 중 기준점(bench mark)에 관한 설명으로 옳지 않은 것은?

① 신축할 건축물의 높이의 기준을 삼고자 설정하는 것으로 대개 발주자, 설계자 입회 하에 결정된다.
② 바라보기 좋고 공사에 지장이 없는 1개소에 설치한다.
③ 부동의 인접 도로 경계석이나 인근 건물의 벽또는 담장을 이용한다.
④ 공사가 완료된 뒤라도 건축물의 침하, 경사 등을 확인하기 위해 사용되는 경우가 있다.

해설 | 기준점(bench mark)
   현장 모든 곳에서 바라보기 좋고 공사의 지장이 없는 곳에 건물 부근에 최소 2개소 이상, 지반면(G.L)에서 0.5~1m 정도의 위치에 설치

05 ▶24,14
건축물 높낮이의 기준이 되는 벤치마크(Bench Mark)에 관한 설명으로 옳지 않은 것은?

① 이동 또는 소멸우려가 없는 장소에 설치한다.
② 수직규준틀이라고도 한다.
③ 이동 등 훼손될 것을 고려하여 2개소 이상 설치한다.
④ 공사가 완료된 뒤라도 건축물의 침하, 검사 등의 확인을 위해 사용되기도 한다.

해설 | 수직(세로)규준틀
   조적공사에서 고저 및 수직면의 기준으로 사용하기 위해 설치하며 줄눈, 쌓기높이, 문틀위치 등이 표시 된다.

정답 | 01 ③ 02 ③ 03 ② 04 ② 05 ②

Chapter 01 실내디자인 마감계획 및 협력공사 | 573

06 ▶24,22

실내건축공사 시 주로 사용되는 이동식비계의 안전조치에 관한 설명으로 옳지 않은 것은?

① 갑작스런 이동 및 전도를 방지하기 위하여 아웃트리거(outrigger)를 설치한다.
② 작업발판 위에서 사다리를 안전하게 사용할 수 있도록 작업발판은 항상 수평을 유지한다.
③ 작업발판의 최대적재하중은 250킬로그램을 초과하지 않도록 한다.
④ 비계의 최상부에서 작업을 하는 경우에는 안전난간을 설치한다.

해설 | 이동식비계의 안전조치
　　　안전난간 설치
　　　작업발판 수평유지
　　　발판위 사다리 사용금지
　　　브레이크, 쐐기(outrigger) 등으로 바퀴고정
　　　최대적재하중은 250kg 초과금지

07 ▶23,22

낙하물방지망에 관한 기술 중 틀린 것은?

① 낙하물방지망에는 수직형과 수평형이 있다.
② 수평 낙하물방지망을 지상 2층 바닥 부분에 설치한다.
③ 공사기간과 공사내용에 따라 방지망은 아연 도금 철망(크기 6~30mm), 합판 등을 쓰고 비계에 견고히 맨다.
④ 낙하물방지망은 눈, 바람 등에 유지되어야 하며 미관과는 무관하다.

해설 | 낙하물방지망
　　　낙하물방지망은 미관도 고려하여 설치하는 것이 좋다.

정답 | 06 ② 07 ④

09-2 콘크리트 공사

> **Pass Note**

예상출제문항		키워드
2~3	- 시멘트 성질 - 시멘트 종류별 특성 - 함수율	- 혼화재료 - 콘크리트 성질 - 특수 콘크리트

콘크리트(concrete)는 시멘트(cement), 배합수, 잔골재 및 굵은 골재 그리고 필요에 따라 성능 개선에 필요한 혼화재료를 적정하게 섞어서 만든 혼합물이다.

1. 시멘트

1824년 영국의 벽돌공장 직공이 석회와 점토를 원료로 하여 물에 굳는 성질이 매우 강한 포틀랜드 시멘트를 최초로 발명하였다.

| 주 원료
석회석 + 점토 + 산화철 | 1400~1500°C 소성
→ | 클링커(Clinker) | + | <u>석고 3%</u>
응결 지연 조절용 | = | 시멘트 |

1) 시멘트의 종류

(1) 포틀랜드 시멘트

① 보통 포틀랜드 시멘트
  ㉠ 품질이 우수하여 가장 보편적으로 사용되는 시멘트
  ㉡ 주성분 : CaO(생석회 65%), SiO_2(실리카 22%), Al_2O_3(산화알루미늄 5.5%), Fe_2O_3(산화철 3%), MgO(마그네시아 2.5%), SO_3(아황산 2%)

② 중용열 포틀랜드시멘트
  ㉠ 시멘트의 **발열량을 저감**시킬 목적으로 제조한 시멘트
  ㉡ 보통 포틀랜드시멘트에 비해 **수화열이 작고** 조기강도는 낮으나 **장기강도가 높다.**
  ㉢ 건조수축이 작고, 화학저항성이 일반적으로 크다.
  ㉣ 내침식성 및 내구성이 좋으며 내산성이 우수하다.
  ㉤ 주로 **댐 공사, 방사능 차폐용, 매스콘크리트용**으로 사용된다.

③ 조강 포틀랜드 시멘트
  ㉠ **조기강도**가 크고 경화가 빨라 공기단축에 효과적이다.(보통 포틀랜드 시멘트 28일 강도를 7일에 발현)
  ㉡ 수화속도가 빠르고 수화열이 크다.
  ㉢ 저온에서도 강도 발현이 크므로 동절기공사, 긴급공사, 수중공사에 사용

- 알루민산3석회(C_3A) : 시멘트 조성광물 중 **수축률이 가장 크고** 재령 1일 이내의 **초기강도**를 발현한다. 수화열량이 매우 높다.
- 석고 3% : 응결 지연 조절용
- 규산2석회($2CaO \cdot SiO_2$) : 시멘트의 조성화합물 중 수화반응이 늦고 **장기강도**를 증진시키며 수화열 저감에 따른 건조수축 감소 및 **28일 이후의 강도지배**

예제 01 시멘트의 조성화합물 중 수축률이 가장 크고 재령 1일 이내의 조기강도를 지배하여, 수화열량이 매우 높은 것은? [23,18,14,12]

① 규산3석회(CS) ② 규산2석회(C_2S)
③ 알루민산3석회(C_3A) ④ 알루민산철4석회(C_4AF)

해설 | 알루민산3석회(C_3A) : 시멘트 조성광물 중 수축률이 가장 크다.

정답 ③

예제 02 시멘트의 발열량을 저감시킬 목적으로 제조한 시멘트로 수축이 작고 화학저항성이 크며 주로 매스콘크리트용으로 사용되는 것은? [25,22,14,12]

① 중용열포틀랜드시멘트 ② 조강포틀랜드시멘트
③ 백색포틀랜드시멘트 ④ 팽창시멘트

해설 | 중용열 포틀랜드시멘트는 시멘트의 발열량을 저감시킬 목적으로 제조한 시멘트로 주로 댐 공사, 방사능 차폐용, 매스콘크리트용으로 사용된다.

정답 ①

(2) 혼합 시멘트

① **고로 시멘트**
   ㉠ 고로슬래그(slag)를 분쇄한 것과 포틀랜드 시멘트와의 혼합시멘트(슬래그의 배합량은 30% 내외)
   ㉡ 내열성이 크고, 수밀성이 양호하다.
   ㉢ 건조수축이 크며, 응결시간이 느린 편이다.
   ㉣ 발열량이 적어 **해수, 지하수중** 공사, 댐공사, 항만공사 등의 매스콘크리트 공사에 사용된다.

② **플라이애시(Fly-Ash) 시멘트**
   ㉠ 포틀랜드 시멘트 + 플라이애시 + 생석회를 혼합하여 만든 시멘트
   ㉡ 수화열과 건조수축이 낮으나 **장기강도**는 크다.
   ㉢ 수밀성이 커 해수공사, 해안공사, 하천공사 등의 매스콘크리트 공사에 사용된다.

③ **포졸란(실리카) 시멘트**
   ㉠ 포틀랜드 시멘트클링커에 화산회, 규산백터와 같은 **실리카질 혼화재**를 30% 이하로 첨가하여 미분쇄한 시멘트
   ㉡ **해수등에 대한 화학 저항성이 향상되며, 시공연도가 좋아진다.
   ㉢ 수밀성이 크고 발열량은 작으며, **고로시멘트**와 비슷한 성질을 갖는다.

(3) 특수 시멘트

① **알루미나 시멘트**
   ㉠ 알루미나 + 생석회 + 무수규산 등을 혼합하여 전기로등으로 용융, 소성하여 급랭시켜 분쇄한 시멘트
   ㉡ **초기강성**(1일에 28일강도 발현)을 가지며 내화성이 우수하다. 화학작용에 대한 저항성은 크나, 알칼리에 강하고 산성에 약하다.
   ㉢ 빠른 경화와 조기강도 실현으로 **수화열이 커서 냉한지 및 긴급공사, 해수공사**에 사용한다.

② **팽창시멘트(무수시멘트)**
   ㉠ 석회 + 보크사이트 + 석고(칼슘클링커)를 혼합 소성 후 광재와 포틀랜드 클링커의 혼합물을 넣어 제조한다.
   ㉡ 팽창성이 좋아 **무수 시멘트(킨즈 시멘트)**라고도 한다.
   ㉢ 수축률이 20~30% 감소하여 콘크리트의 수축과 균열이 발생방지를 위해 사용된다.
   ㉣ **바닥 슬래브의 균열제거용, 역타설 콘크리트의 이어치기 개선용, 수조 등 콘크리트구조물의 케미컬 스트레스 도입용**

③ **폴리머 시멘트**
   ㉠ 시멘트와 폴리머를 결합재로 골재를 혼합하여 만든 시멘트로 폴리머 시멘트 콘크리트, 폴리머 콘크리트, 폴리모 침투 콘크리트를 만든다.
   ㉡ 압축강도, 방수성, 수밀성, 내약품성이 우수하고, 알칼리, 산, 염류에 강하다.
   ㉢ **내화·내열성이 약하나, 내마모성이 강하여 바닥재, 포장재**로 사용한다.

Note
- 시멘트의 압축강도 : 1일 – 3일 – 7일 – 28일
- 시멘트의 조기강도(응결 빠른 순서)
  알루미나 시멘트 > 조강 포틀랜드 시멘트 > 보통 포틀랜드 시멘트 > 고로 시멘트 > 중용열 포틀랜드 시멘트

2) **시멘트의 성질**

구분	성질
비중	• 포틀랜드시멘트의 비중은 3.05~3.15 정도 • 클링커의 소성이 불충분 시, 혼합물 첨가 시, 저장시간이 길수록 비중 감소
분말도	• 입자의 굵고 가는 정도(가루입자의 고운 정도) ※ **분말도가 크다**(= 입자가 미세하다, **비표면적 크다**.) • 수화작용 및 풍화작용이 촉진된다. • 초기강도가 크고 장기강도가 저하된다. • 발열량이 커지고 **균열 발생이 크다.** • 응결, 경화가 빠르다. • 시공연도가 좋아진다.
강도	• 시멘트가 경화하는 힘의 대소로 품질의 대표적 성질 • 시멘트의 강도는 대략 250~350kg/cm² 정도이다. • 성분, 수량, 분말도, 양생조건, 풍화정도, 재령 등에 좌우된다. • 분말도가 크면 조기강도가 증가하며, 온도가 낮으면 조기강도가 저하된다. • 건조수축을 감소시키기 위해 $2CaO \cdot SiO_2$를 사용한다.

안정성	• 안정성이란 이상 팽창을 일으키지 않는 성질 • 시멘트의 안정성 시험은 시멘트 팽창성의 크랙 및 휨, 팽창 등을 조사하는 시험
풍화	• 시멘트가 저장 중 공기와 접촉하여 공기 중의 수분 및 이산화탄소를 흡수하면서 나타나는 수화반응이다. • 시멘트가 풍화하면 밀도가 떨어지고 **강열감량이 증가**한다. • **강도 저하, 응결지연**, 비중 감소, 내구성 저하한다. • 고온 다습한 경우 급속도로 진행된다.

수화작용	• 시멘트와 물이 접촉하면 수화작용에 의해 수화열이 발생하여 응결과 경화가 진행되는 현상
	• 시멘트 수화열의 발열량은 시멘트의 종류, 화학조성, 물시멘트비, 분말도 등에 의해서 달라진다.
	• 수화작용은 온도가 높을수록, 시멘트 분말도가 높을수록 빨리 진행된다.
	※ 수화작용에 관계있는 혼합물 알루민산삼석회(화학식 : 3CaO. Al_2O_3, 약호 : CA)
	   ㉠ 수화작용이 대단히 빨라 재령 1주 이내에 초기강도를 발현한다.
	   ㉡ 화학저항성이 약하고, 건조수축이 크다.

응결시간	※ 응결시간의 단축에 영향을 주는 요소 | 수치가 높을 수록	수치가 낮을 수록
㉠ 분말도가 클 경우 ㉡ 온도가 높을 경우 ㉢ **알루민산3석회**(3CaO. Al_2O_3)를 많이 함유할 경우	㉠ **수량이 적을 경우** ㉡ 물-시멘트비가 작을 경우 ㉢ 습도가 낮은 경우 ㉣ 풍화가 적게 될 경우 | ※ 응결시간 기준 : 1시간 이후(초결)~10시간 이내(종결)를 표준으로 한다. ※ 응결시간이 빠른 순서(큰 것→작은 것) : 발열량이 크다. C_3A(알루민산삼석회) > C_3S(규산삼석회) > C_4AF(알루민산철사석회) > C_2S(규산이석회)

Note   시멘트의 수경률
- 포틀랜드시멘트의 화학 조성과 성질을 관련시키기 위해 산출하는 계수
  CaO(%)/SiO_2 + Al_2O_3 + Fe_2O_3 (%) 로 나타낸다.

예제 03 시멘트에 관한 설명으로 옳은 것은? [23,17]
① 시멘트가 풍화하면 응결이 빨라지지만, 경화 후의 강도가 저하된다.
② 시멘트 응결은 첨가된 석고의 질과 양에 큰 영향을 받지 않는다.
③ 시멘트의 분말도가 크고 온도가 높을수록 응결은 늦어진다.
④ 시멘트 수화열의 발열량은 시멘트의 종류, 화학조성, 물시멘트비, 분말도 등에 의해서 달라진다.

해설 | 시멘트의 성질
  ㉠ 시멘트가 풍화하면 응결이 지연되며 경화 후의 강도가 저하된다.
  ㉡ 시멘트 응결은 첨가된 석고의 질과 양에 큰 영향을 받는다.
  ㉢ 시멘트의 분말도가 크고 온도가 높을수록 응결은 빨라진다.

정답 ④

2. 골재

1) 골재의 분류

① 잔골재 : 5mm 체에 85% 이상 통과하는 골재(모래) - 흡수율 3.5
② 굵은골재 : 5mm 체에 85% 이상 남는 골재(자갈) - 흡수율 3.0

2) 골재의 품질

① 골재의 형태는 표면이 거칠고 구형에 가깝고 유기 불순물이 포함되지 않도록 한다.
② 적당한 비율로 모래와 자갈이 혼합 되어야 한다.
③ 55% 이상으로 실적률이 크고, 입도가 좋을것
④ 견고하고 내마모성이 강한 것을 사용하며 내화성 및 내구성을 갖게 한다.

> **Note** 입도
> 골재의 대소립이 혼합되어 있는 정도(입도가 좋으면 실적률↑ 공극률↓ 콘크리트강도↑)

예제 04 굳지 않은 콘크리트의 성질 중 굵은 골재의 분리에 영향을 주는 인자와 거리가 먼 것은? [24, 21, 15]

① 골재의 강도   ② 골재의 종류
③ 단위수량   ④ 골재의 입형

해설 | 골재의 강도는 콘크리트 내부 분리에 영향은 없으며 콘크리트 강도에 영향을 준다.

정답 ①

3) 골재의 함수량

절건상태 (노건조상태)	기건상태	표면건조 내부포수상태	습윤상태
대기 중에서 골재의 표면과 내부가 완전히 건조된 상태 ※ 골재(굵은 골재 제외)의 단위용적 중량 계산의 기준	공기 중 건조상태 ※ 물·시멘트비 결정시 기준	외부표면은 건조하고 내부는 수분흡수 상태 ※ 콘크리트 배합설계의 기준, 세골재	내, 외부 포수상태이고 외부는 수분흡수 상태

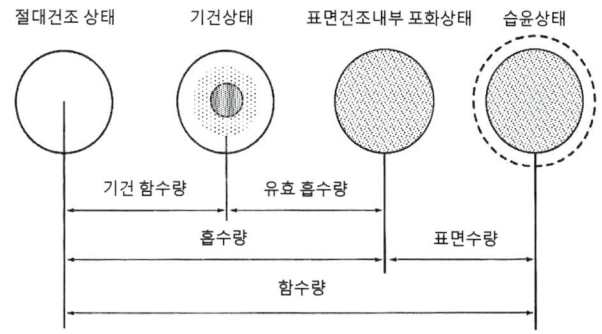

① 흡수량 : 표면건조 내부 포수 상태의 골재중에 포함되는 물의 양
② 흡수율 : 절건상태의 골재 중량에 대한 흡수량의 백분율
③ 유효 흡수량 : 흡수량과 기건상태의 골재 내에 함유된 수량과의 차
④ 기건함수량 : 기건상태 함수량의 골재내부 수량
⑤ 함수량 : 습윤상태의 골재의 내외에 함유하는 전체 수량
⑥ 표면수량 = 함수량 − 흡수량
⑦ 표면수율 : 표면수량이 표면건조 내부 포수상태의 골재중량에 대한 백분율

- 흡수율 = $\dfrac{\text{표면건조상태} - \text{절대건조상태}}{\text{절대건조상태}} \times 100(\%)$
- 표면수율 = $\dfrac{\text{습윤상태} - \text{표면건조상태}}{\text{표면건조상태}} \times 100(\%)$

예제 05 표면건조포화상태의 잔골재 500g을 건조시켜 기건상태에서 측정한 결과 460g, 절대건조상태에서 측정한 결과 440g 이었다. 잔골재의 흡수율은? [24,22]

① 8% ② 8.7%
③ 12% ④ 13.6%

해설 | 골재의 흡수율 = $\dfrac{\text{표면건조상태} - \text{절대건조상태}}{\text{절대건조상태}} \times 100(\%) = \dfrac{500-440}{440} \times 100(\%) = 13.63\%$

정답 ④

예제 06 습윤상태의 모래 780g을 건조로에서 건조시켜 절대 건조상태 720g으로 되었다. 이 모래의 표면수율은? (단, 이 모래의 흡수율은 5%이다.) [23,18]

① 3.08% ② 3.17%
③ 3.33% ④ 3.5%

해설 | 골재의 표면수율 = $\dfrac{\text{습윤상태} - \text{표면건조상태}}{\text{표면건조상태}} \times 100(\%) = \dfrac{780-756}{756} = 3.17\%$

※ 표면건조상태 = 절대건조상태 × 모래의 흡수율 = 720 × 1.05 = 756g

정답 ②

4) 실적률과 공극률

(1) 실적률
① 전체 부피 중 골재 입자가 차지하는 실제 용적의 백분율로 나타낸 값
② 실적률 = 1 − 공극률
③ 실적률이 클수록(공극률이 작다) 건조수축 및 수화열이 적으며, 강도 발현, 수밀성, 내구성, 내마모성이 증대된다.

(2) 공극률
전체 부피 중 공극 부분이 차지하는 백분율로 나타낸 값

① 공극률 = 1 - $\dfrac{\text{단위용적중량}}{\text{비중}} \times 100(\%)$

② 실적률 + 공극률 = 1(100%)

③ 공극률이 클수록 시멘트량이 많이 사용되고, 콘크리트의 팽창, 수축이 크다.

예제 07 콘크리트용 잔골재의 단위용적질량이 1.5kg/ℓ 이고 절건밀도가 2.7g/㎤ 일 때 잔골재의 공극률은 약 얼마인가? [24,20]

① 24%   ② 34%   ③ 44%   ④ 54%

해설 | 공극률 = $(1 - \dfrac{\text{단위용적중량}}{\text{비중}}) \times 100\% = (1 - \dfrac{1.5}{2.7}) \times 100\% = 0.44 \times 100 = 44\%$

정답 ③

Note 실적률
- 실적률은 골재 입형의 양부를 평가하는 지표이다.
- 부순 자갈의 실적률은 그 입형 때문에 강자갈의 실적률보다 적다.
- 실적률 산정 시 골재의 밀도는 절대건조 상태의 밀도를 말한다.
- 골재의 단위용적질량이 동일하면 **골재의 밀도가 클수록 실적률도 작다.**

3. 혼화재료(admixture)

혼화재료는 콘크리트의 성질(내구성, 강도, 수밀성, 시공성)개선, 단위 시멘트량 감소, 단위수량 감소를 목적으로 사용되는 첨부재료로, 혼화재(材)와 혼화제(濟)로 구분된다.

1) 혼화재(混和材)
① 콘크리트 속 시멘트 중량의 5% 이상을 사용하고, 콘크리트 배합계산에 포함된다.
② 콘크리트의 성질을 개선하기 위한 목적으로 콘크리트 첨가하여 사용한다.

종류	특징
포졸란	• 실리카질 물질을 주성분으로 하며, 시멘트의 수화에 의해 생기는 수산화칼슘과 상온에서 서서히 반응하여 불용성의 화합물을 만드는 재료 • 수밀성 크고 해수 등에 대한 화학 저항성이 크다. • **발열량이 작고**, 블리딩 및 재료의 분리가 적으며 워커빌리티가 우수하다. • 강도의 증진이 느리나 **장기강도**는 크다.
플라이애시	• 워커빌리티(시공연도)가 좋아져 치밀한 콘크리트를 만들 수 있다. • **수화열이 작으며, 장기강도**가 매우 우수하다. • 수량 증가에 대한 강도 저하가 발생할 수 있다. • 댐이나 프리팩트콘크리트 등의 중량재로 사용된다.
고로슬래그	• 용광로에서 생긴 불순물과 혼합하여 생긴 슬래그 미분말 • 초기강도가 낮고 **장기강도** 향상 • 블리딩이 적고, 유동성이 향상되나 **건조수축이 크다.** • 다공질이기 때문에 흡수율이 크므로 충분히 살수하여 사용하는 것이 좋다.

실리카흄	실리콘 등의 규소합금을 제조시에 배출가스에서 발생하는 초미립자 부산물이며, **초강도 콘크리트 제조**에 사용된다.
제올라이트	• 미세 다공성 알루미늄 규산염 광물로, 주로 흡착제나 촉매로 활용된다. • 모르타르에 혼합하여 성형판 또는 미장재로 사용하는 다공질재료이다.

플라이애시가 콘크리트에 미치는 작용에 관한 설명으로 옳지 않은 것은? [22,20,13]
① 입자가 구형이므로 유동성이 증가되어 콘크리트의 워커빌리티가 개선된다.
② 플라이애시의 치환율이 증가하면 콘크리트의 초기강도가 증가한다.
③ 수산화칼슘과 반응함에 따라 알칼리성을 감소시켜, 저알칼리 시멘트의 효과를 나타낸다.
④ 알칼리골재반응에 의한 팽창을 억제하고, 해수중의 황산염에 대한 저항성을 높인다.

해설 | 수화열이 작으며, 장기강도가 매우 우수하여 플라이애시의 치환율이 증가하면 더욱 장기강도 발현에 유리하다.

정답 ②

2) 혼화제(混和濟)

① 콘크리트 속 시멘트 중량의 5% 이하(보통 1% 내외)로 적은 양을 사용하고, 부피가 작아 콘크리트 배합계산에 제외한다.
② 방수제나 안료 등의 굳는 속도의 조절 목적으로 사용하는 화학약품을 말한다.

종류	특징
AE제 (Air Entraining) (공기연행제)	• 콘크리트속의 미세한 기포를 발생시켜 **단위수량을 적게** 하고, 콘크리트 **시공연도, 내구성, 수밀성**을 향상시킨다. • 동결융해에 대한 저항성을 증가시킨다.(**내동해성**) • 건조수축 및 블리딩현상이 감소한다. • AE제만 사용하는 것보다 감수제를 병용하면 시공연도 개선에 더욱 효과가 크다.
감수제 AE감수제	• 시멘트 분말을 분산시켜 단위수량이나 단위시멘트량을 감소시키고, 시공연도를 좋게 한다. • 재료 분리의 저항성, 블리딩 현상 감소한다. • 시멘트 수화열의 감소로 균열을 감소시켜 철근의 부식을 방지한다. • **내구성, 수밀성이 개선되고 투수성이 감소한다.** ※ 고성능 AE감수제 • 유동화 콘크리트 제조에 사용된다. • 기존 감수제에 비해 더 많은 감수가 가능하고 **슬럼프의 손실이 적다.** • 기존 감수제에 비해 콘크리트 운반거리 및 시간에 상대적으로 유리하여 고내구성 콘크리트 제조에 사용된다.
응결·경화촉진제	• 응결, 경화를 지연 또는 촉진 시키며, 종류에는 염화칼슘, 염화마그네슘, 규산소다 등이 있다. • 시멘트 사용량의 1~2% 정도 혼합하여 사용
방청제	• 철근이 염화물에 의하여 부식되는 것을 억제한다.

예제 09 콘크리트의 배합에 사용되는 AE제에 관한 설명 중 옳지 않은 것은? [23,16,14]
① 콘크리트의 작업성 및 동결융해 저항성능을 향상시키기 위해 사용한다.
② 동결융해저항성의 향상을 위한 AE콘크리트의 최적 공기량은 3~5% 정도이다.
③ AE제를 사용하지 않는 콘크리트 중에 함유된 부정형한 기포를 연행된 공기(entrained air)라고 한다.
④ 플레인콘크리트와 동일 물–시멘트비의 경우 공기량이 1% 증가함에 따라 약 4~6%의 압축강도가 저하된다.

해설 | 연행 공기(entrained air)
　　　AE제를 첨가함으로써 콘크리트 속에 생기는 미세(0.025~0.3mm)한 독립기포의 공기

정답 ③

4. 콘크리트 공사

1) 콘크리트의 일반적 성질

(1) 생콘크리트(경화 전 콘크리트)의 성질/용어 설명

용어	내용
시공연도 (workability) 워커빌리티	• 반죽 질기 여하에 따른 작업의 난이도 및 재료의 분리에 저항하는 정도를 나타내는 경화 전 콘크리트 성질 • 시공 용이성을 의미하며 슬럼프 시험(slump test)을 통해 측정 • 단위수량, 단위 시멘트, 시멘트의 성질, 골재의 입도 및 입형, 공기량, 혼화재, 온도, 비빔시간 등의 요소들이 워커빌리티에 영향을 준다. ※ 슬럼프 시험(Slump test) 　• 목적 : 시공연도 측정 　• 슬럼프 콘의 치수 : 윗지름 10cm, 밑지름 20cm, 높이가 30cm 　• 수밀한 철판을 수평으로 놓고 슬럼프 콘을 놓는다. 　• 혼합한 콘크리트를 1/3씩 3층으로 나누어 채운다. 　• 매 회마다 표준철봉으로 25회 다진다.
반죽 질기(consistency)	수량의 다소에 따른 반죽이 되고 진 정도(유동성의 정도)
마감성(finishability)	콘크리트의 마무리 정도
압송성(pumpability)	펌프 시공 콘크리트의 워커빌리티
성형성(plasticity)	거푸집에 쉽게 다져서 넣을 수 있는 정도

슬럼프시험 기구

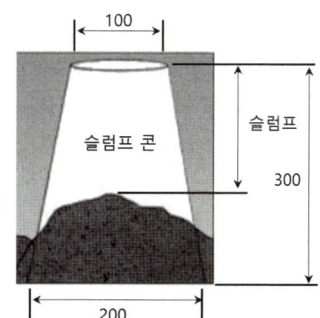

Note 열팽창계수
- 열팽창에 의한 물체의 팽창비율로, 보통 일정한 압력하에서 온도가 1℃ 올라갈 때마다의 부피증가율로 표시한다.
- 콘크리트의 열팽창계수 : 1×10^{-5}/℃ (10의 −5승으로 표시할 것)

[비교] **선팽창계수** : 온도변화에 따라 열팽창에 의한 길이의 증가 비율을 온도 차로 나눈 값

예제 10 콘크리트 슬럼프 시험(Slump test)의 목적은? [25,19,14]
① 물-시멘트의 용적비 계산
② 물-시멘트의 중량비 계산
③ 시공연도 측정
④ 콘크리트의 강도 측정

해설 | 반죽 질기 여하에 따른 작업의 난이도 및 재료의 분리에 저항하는 정도를 나타내는 경화 전 콘크리트 성질로 시공 용이성을 의미하며 슬럼프 시험(slump test)을 통해 측정

정답 ③

(2) 경화된 콘크리트의 성질

구분	내용
강도에 영향을 주는 요인	• 물-시멘트비 • 골재의 혼합비, 골재의 성질 및 입도 • 시험체의 형상과 크기 • 양생방법, 시험방법

내화성	• 콘크리트는 가장 내화성이 우수한 재료이다.
	• 110℃에서 팽창하나 그 이상은 수축
	• 260℃ 이상이 되면 강도가 저하
	• 300~350℃ 이상이 되면 강도 현저하게 저하
	• 500℃ 이상이 사용을 피한다.
	• 내화성은 사용 골재의 성질에 크게 지배된다.
	  − 화산암질, 안삼암질 계통은 내화성이 좋다.
	  − 화강암, 석영질 계통은 내화성이 약하다.

탄성	• 응력이 작을 때에는 응력과 변형률이 비례하나, 응력이 커지면 응력에 비하여 변형이 더욱 커져서 파괴된다.
	• 탄성한계
	  − 압축강도 150~250kg/cm² (0.14~0.19%)
	  − 인장강도 12~20kg/cm² (0.01~0.012%)

용적률	• 모르타르의 양이 많을수록, 물-시멘트비가 클수록 크다. • 온도가 변화면 콘크리트 체적이 변화한다. − 골재는 온도 상승에 따라 계속 팽창한다.

2) 블리딩과 레이턴스 현상

(1) 블리딩(bleeding)

① 일종의 재료분리 현상으로 콘크리트 타설 후 시멘트, 골재입자 등의 침하에 따라 물이 분리, 상승되어 콘크리트 표면 위로 떠오르는 현상이다.

② 발생 원인
  ㉠ 물-시멘트비가 클수록
  ㉡ 단위수량이 많을수록
  ㉢ 분말도가 낮은 시멘트를 사용할수록
  ㉣ 부재의 단면치수가 클수록

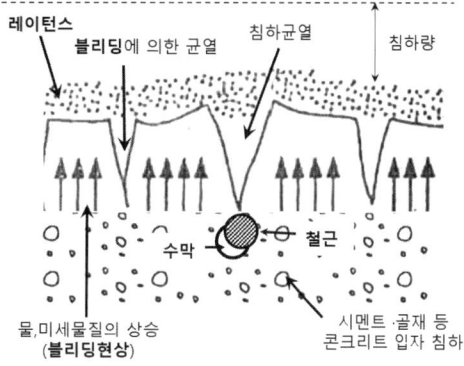

(2) 레이턴스(laitance)

① 블리딩현상에 의해 부상한 미립물이 콘크리트 표면에 얇은 피막으로 침적하는 백색의 미세한 물질이다.

② 레이턴스가 생긴 표면은 미세한 균열이 발생되고 콘크리트 부착성이 떨어지므로 제거해줘야 한다.

3) 크리프(creep)

콘크리트에 지속적으로 하중을 가하면 하중의 증가 없이 시간이 경과에 따라 변형이 증대 되는 현상

(1) 크리프 증가 원인

① 외부 습도가 낮고, 온도가 높을수록
② **단위수량이 많을수록**
③ 물-시멘트비가 클수록,
④ **재령이 짧고**, 재하시기가 빠를수록
⑤ 양생(보양)이 나쁠수록
⑥ 재하응력이 클수록
⑦ 부재단면이 작을수록

(2) 크리프 방지 대책

① 압축철근을 증가 시킨다.

4) 건조수축

수화된 시멘트에 흡착되었던 수분이 증발하여 콘크리트에 생기는 체적변형을 의미한다.

(1) 건조수축 방지대책(건조수축 적게 발생)

① 물-시멘트비가 작을수록
② 단위 시멘트량이 작을수록
③ **단위수량이 작을수록**
④ 공극률이 감소하면
⑤ 골재 중에 **점토분이 작을수록**(점판암, 사암을 골재로 이용한 콘크리트는 건조 수축량이 크고, 석영, 석회암, 화강암을 이용한 것은 적다.)

※ 골재 중에 포함된 **미립분이나 점토, 실트**는 일반적으로 **건조수축을 증대**시킨다.
⑥ **양생을 충분히 할수록** (단, 습윤상태에서 양생기간의 장단은 건조수축에 그다지 큰 영향을 주지 않는다.)

예제 11

콘크리트의 건조수축에 관한 설명으로 옳지 않은 것은? [24,20,15]
① 골재로서 사암이나 점판암을 이용한 콘크리트는 수축량이 크고, 석영·석회암·화강암을 이용한 것은 적다.
② 콘크리트 습윤양생기간의 장단은 건조수축에 그다지 큰 영향을 주지 않는다.
③ 골재 중에 포함된 미립분이나 점토, 실트는 일반적으로 건조수축을 증대시킨다.
④ 단위수량이 증가되면 수축량은 감소한다.

해설 | 단위수량이 증가되면 수축량은 증가한다.

정답 ④

5) 재료분리(segregation materials)
콘크리트 혼합물인 시멘트, 물, 골재가 균일하게 섞여 분포되어 있지 않고 균질을 상실한 상태를 말한다.

(1) 재료 분리의 원인
① 굵은 골재의 최대치수가 지나치게 클 경우
② 입자가 거친 잔골재를 사용한 경우
③ 단위골재량이 너무 많은 경우
④ 단위수량이 너무 많은 경우
⑤ 배합이 적절하지 못한 경우

(2) 재료 분리 방지대책
① 물-시멘트비를 적게 한다.
② 양질의 혼화재를 사용한다.
③ 골재의 입도가 적당하고 입형이 둥근 것을 사용한다.
④ 잔골재 중의 0.15~0.3mm 정도의 세립분의 양을 많게 한다.
⑤ 콘크리트의 성형성(plasticity)을 증가 시킨다.

6) 콘크리트의 중성화
콘크리트가 표면으로부터 공기 중의 탄산가스를 흡수하여 콘크리트 중의 수산화칼슘이 탄산칼슘으로 변하여 알칼리성을 상실하게 되어 중성화되는 현상

(1) 중성화의 특징
① 철근 및 콘크리트의 강도 약화 및 구조물 노후로 인한 내구성의 저하
② 누수로 인한 습기 증가로 곰팡이 발생
③ 균열로 인한 공기 및 물 유입으로 철근의 부식 발생
④ **경량골재 사용 시 중성화 속도가 빠르다.**
⑤ 물-시멘트비가 클수록 중성화 속도가 빠르다.

⑥ 온도가 높고, 습도가 낮을수록 중성화 속도가 빠르다.
⑦ 실리카질의 혼화재를 사용한 시멘트는 중성화 속도가 빠르다.
⑧ 조강시멘트는 중성화 속도가 느리다.
⑨ 피복두께가 두꺼울수록 중성화 속도가 느리다.

(2) 중성화 검사 방법

중성화된 부분은 1% 페놀프탈레인액을 살포해도 착색되지 않는다.(정상 시 자적색을 띤다.)

7) 콘크리트 강도

콘크리트 강도의 종류에는 압축강도, 인장강도, 휨강도 등이 있는데, 일반적으로 **재령 28일 강도에 해당하는 압축강도**를 의미한다. 콘크리트 강도는 여러 영향 중에 **시멘트 강도(클수록 커진다)**와 **물-시멘트비(작을수록 커진다)**가 가장 큰 영향을 준다.

(1) 콘크리트 강도의 특징

① 시멘트 강도가 클수록 커진다.
② 물-시멘트비가 작을수록 커진다.
③ 슬럼프값이 작을수록 커진다.
④ 입도가 좋을수록 커진다.
⑤ 분말도가 낮을수록 커진다.
⑥ 수화열이 작을수록 커진다.
⑦ 건조수축이 작을수록 커진다.

(2) 설계기준강도(소요강도)

콘크리트의 재령 28일 압축강도를 원칙으로 하며 보통 15MPa~30MPa로 한다.

(3) 고강도 콘크리트 설계강도

① 보통콘크리트 : 40 MPa 이상
② 경량콘크리트 : 27 MPa 이상

> **Note** 할렬인장강도시험
> - 국내에서 콘크리트의 **인장강도** 측정법으로 주로 사용
> - 콘크리트 시험체의 인장강도
> $F_1 = \dfrac{2P}{\pi dl}$ (여기서, P:하중[N], d:직경, ℓ:길이)

> **예제 12** 할렬인장강도시험에서 재하 하중이 120kN에서 파괴된 지름 100mm, 길이 200mm인 콘크리트 시험체의 인장강도는? [24,22,17,13]
>
> ① 약 2.0MPa ② 약 2.4MPa
> ③ 약 3.0MPa ④ 약 3.8MPa
>
> 해설 | 인장강도(F_t) = $\dfrac{2P}{\pi dl} = \dfrac{2 \times 120 \times 10^3 N}{3.14 \times 100mm \times 200mm} = 3.82 N/mm^2$
>
> ※ 1kN = 1,000N = 10^3N
>   1MPa = 1N/mm²
>
> 정답 ④

8) 물-시멘트비(W/C)

시멘트 중량에 대한 물의 중량비를 백분율로 표시한 것이다.

$$\text{물-시멘트비(W/C)} = \dfrac{\text{물의 중량}}{\text{시멘트 중량}} \times 100(\%)$$

(보통 콘크리트 물시멘트비는 50~70%)

> **예제 13** 콘크리트 배합시 시멘트 1m³, 물 2000L 인 경우 물시멘트비는? (단, 시멘트의 밀도는 3.15g/cm³ 이다.) [23,21,19]
>
> ① 약 15.7% ② 약 20.5%
> ③ 약 50.4% ④ 약 63.5%
>
> 해설 | 물-시멘트비(W/C) = $\dfrac{\text{물의 중량}}{\text{시멘트 중량}} \times 100(\%)$
>
> ※ 비중 = $\dfrac{\text{중량}}{\text{부피}}$, 중량 = 비중(밀도) × 부피, 시멘트중량 = 시멘트비중 × 부피 = 3.15g/cm³ × 1m³
>
> ∴ $\dfrac{2}{3.15} \times 100\% = 63.49 ≒ 63.5\%$
>
> 정답 ④

(1) 물-시멘트비(W/C)가 큰 경우

① 재료분리 증가
② 블리딩, 레이턴스 증가
③ 크리프현상 증가
④ 건조수축, 균열 발생 증가
⑤ 부착력 저하
⑥ 시공연도 저하
⑦ 동결융해 저항성 저하
⑧ 수밀성, 내마모성, 내구성 저하

9) 공기량

생콘크리트 타설 후 콘크리트 내부에 포함되는 공기의 양으로, 적정량 이상의 공기량 시공 시 시공연도가 향상되나 콘크리트의 강도 저하 등 품질에 악영향을 줄 수 있다.

(1) 공기량의 효과
    ① 시공연도가 향상된다
    ② 단위수량이 감소한다.
    ③ 동결융해 저항성이 증대한다.
    ④ 내구성 수밀성이 증대된다.

(2) 공기량의 특징
    ① AE제의 혼입량이 많아지면 공기량이 증가한다.
    ② 공기량이 증가하면 슬럼프값이 증가한다.
    ③ 컨시스턴시 증가한다.
    ④ **시멘트 분말도, 단위시멘트량이 증가하면 공기량이 감소**한다.
    ⑤ 콘크리트의 온도가 증가하면 공기량이 감소한다.
    ⑥ 진동시간이 과다하면 공기량이 감소한다.
    ⑦ 비빔시간에 따라 처음 1~2분간은 공기량이 증가한다.

5. 특수 콘크리트

1) 한중 콘크리트

하루 평균 기온이 4℃ 이하인 경우에 사용하는 콘크리트이다.

(1) 시공 시 주의사항
    ① 물-시멘트비는 60% 이하로 하며, 단위수량은 가급적 적게 사용한다.
    ② 재료가열 시 물을 가열하고, **시멘트는 절대 가열금지**
    ③ 초기동해 방지에 필요한 콘크리트의 압축강도는 **5MPa(50kg/cm^2) 이상**까지 유지
    ④ 압축강도를 조속히 확보 목적으로 혼화재료인 **내한촉진제**를 사용 및 단열보온 양생 등을 실시한다.
    ⑤ 보통 또는 조강포틀랜드시멘트와 함께 감수제를 사용한다.
    ⑥ 타설 시 콘크리트 온도는 10℃ 이상 20℃ 이하의 범위로 한다.

2) 서중 콘크리트

① 하루 평균기온이 25℃를 초과하는 것이 예상되는 경우 사용되며, 초기강도의 발현이 빠르다.
② 증발이 많고 응결이 빨라 슬럼프 저하, 연행공기량 감소, 건조수축, 수화열에 의한 균열이 우려된다.
③ 단위수량을 적게 하고 단위 시멘트량이 많아지지 않도록 적절한 조치를 취하여야 한다.
④ 일반적으로는 기온 10℃의 상승하면 단위수량은 2~5% 증가하므로 소요의 압축강도 확보를 위해 단위수량에 비례하여 단위 시멘트량의 증가를 고려해야 한다.
⑤ 콘크리트를 타설 시 콘크리트의 온도는 35℃ **이하**로 한다.

3) AE 콘크리트

① 콘크리트에 AE(air entrained)제를 혼합하여 연행 공기가 볼베어링 역할을 하여 시공연도를 크게 개선하고 내구성 향상을 위해 공기를 연행한 콘크리트이다.
② 시공연도 좋아지고 블리딩이 감소한다.
③ 단위수량 및 재료분리 감소한다.
④ 수밀성 및 화학작용에 대한 저항성이 크다.
⑤ 동결융해 작용에 대한 내동해성이 증가한다.
⑥ 동결융해저항성의 향상을 위한 AE콘크리트의 최적 공기량은 3~5% 정도이다.

4) 수밀 콘크리트

① 물 침입을 방지(**방수**)하기 위하여 콘크리트 자체를 수밀(水密)하게 만든 콘크리트이다.
② 물-결합재비가 50% 이하, 공기량은 4% 이하로 콘크리트의 자체 밀도가 높고 내구적, 방수적이어서 물의 침투 방지 및 지하 방수에 사용된다.
③ 단위수량 및 물-결합재비는 되도록 작게 하고, 단위 굵은 골재량은 되도록 크게 한다. 콘크리트의 소요 슬럼프는 가급적 작게하여 180mm를 넘지 않도록 하며, 콘크리트 타설이 용이할 때에는 120mm 이하로 한다.

> **예제 14** 수밀콘크리트의 배합에 관한 설명으로 옳지 않은 것은? [25, 21, 15]
> ① 배합은 콘크리트의 소요의 품질이 얻어지는 범위내에서 단위수량 및 물-결합재비는 되도록 작게 하고, 단위 굵은 골재량은 되도록 크게 한다.
> ② 콘크리트의 소요 슬럼프는 되도록 작게하여 180mm를 넘지 않도록 하며, 콘크리트 타설이 용이할 때에는 120mm 이하로 한다.
> ③ 물-결합재비는 60% 이하를 표준으로 한다.
> ④ 콘크리트의 워커빌리티를 개선시키기 위해 공기연행제, 공기연행감수제 또는 고성능 공기연행감수제를 사용하는 경우라도 공기량은 4% 이하가 되게 한다.
> 해설 | 물-결합재비가 50% 이하, 공기량은 4% 이하로
> 정답 ③

5) 매스 콘크리트

① 댐이나 교각 등 단면치수가 커서 수화열에 따른 온도 변화에 따라 콘크리트의 과한 팽창과 수축이 발생되지 않도록 고려한 콘크리트이다.
② 부재단면의 치수가 80cm 이상, 하부가 구속된 50cm 이상의 벽체등과 내부 최고온도와 외기 온도의 차이가 25℃ 이상으로 예상되는 콘크리트로 정의한다. 수화열이 작은 포틀랜드시멘트, 중정석, 자철광 등과 같은 골재를 사용한다.
③ **균열방지대책**
  ㉠ 단위 시멘트량을 적게 하여 포졸란계 혼화제를 사용한다.
  ㉡ **저발열성** 시멘트를 사용한다.(장기강도가 높은 중용열 포틀랜드 시멘트 사용)
  ㉢ 파이프쿨링(파이프를 미리 묻어두고 냉각수로 콘크리트 냉각)을 한다.
  ㉣ **골재치수를 크게** 한다.
  ㉤ 물-시멘트비를 낮춘다.

>
> 예제 15 매스콘크리트에서 발생하는 균열의 제어방법이 아닌 것은? [23,20,15]
> ① 고발열성 시멘트를 사용한다.
> ② 파이프 쿨링을 실시한다.
> ③ 포졸란계 혼화재를 사용한다.
> ④ 온도균열지수에 의한 균열발생을 검토한다.
> 해설 | 저발열성 시멘트를 사용한다.
>
> 정답 ①

6) ALC(Autoclaved Lightweight Concrete : 경량기포 콘크리트)

① Autoclave(가압처리기)에서 고온, 고압으로 양생하여 만든 다공질의 경량기포콘크리트이다.
② 생석회와 규사 주원료로 하며, 경량화한 제품으로 주로 단열 및 방음재로 쓰인다.
③ 다공질로 인하여 습기에 약하고 강도가 낮아 **구조재로 사용은 부적합**하다.
④ 경량이므로 시공이 용이하고 내화성이 양호한 편이다.
⑤ 우수한 차음성 및 단열적 특성이 있고, 사용 후 변형이나 균열이 적다.

7) 경량 콘크리트

① 비중이 2.0 이하로 중량 경감이 주목적이며 **단열 및 방음, 흡음** 용도로 사용된다.
② 내화성 및 방음효과가 우수하고, 열전도율이 낮아 냉난방의 열손실을 방지한다.
③ 강도가 작고 건조수축이 커서 철근과 콘크리트와의 부착력이 감소된다.
④ 주로 다공질의 경량골재를 사용하며, 철골과 철근의 피복용·열차단용 등으로 쓰인다.

8) 프리스트레스트 콘크리트(Pre-stressed concrete, PS concrete)

① 철근 대신 인장강도가 높은 PC강재(강선, 강연선, 강봉)를 사용하여 콘크리트에 미리 압축응력을 가해 줌으로써 하중으로 인한 인장응력을 일부 상쇄시켜서 더 큰 외부 하중을 받을 수 있게 만든 콘크리트이다.
② 철근콘크리트에 비해 내화성이 떨어지고 단가가 비싸다.
③ 제작방법에 따라 프리텐션법(공장제작)과 포스트텐션법(현장제작)이 있다.

9) 프리팩트 콘크리트(Prepact concrete)

① 미리 채운 굵은 골재에 파이프를 통하여 모르타르나 시멘트 페이스트를 주입(Grouting) 하여 만드는 콘크리트
② 입자가 밀실하고 내수성·내구성이 우수하여 구조체 보수공사, 수중공사, 기초파일 등에 사용된다.

10) 고로슬래그(쇄석, 깬 자갈) 콘크리트

① 보통 강자갈 대신에 인공적으로 쇄석(깬자갈)을 사용한 콘크리트이다.
② 강도는 보통 콘크리트보다 10~20% 증가한다.
③ **시공연도 불량**, 개선을 위해 AE제를 사용한다.
④ 쇄석은 주로 안산암이 많이 사용한다.

핵심 기출문제

09-2 콘크리트공사

1 시멘트

01 ▶19
시멘트의 조성화합물 중 수화반응이 늦고 장기강도를 증진시키며 수화열 저감에 따른 건조수축 감소 및 28일 이후의 강도를 지배하는 것은?

① $3CaO \cdot SiO$
② $2CaO \cdot SiO_2$
③ $4CaO \cdot Al_2O_3 \cdot Fe_2O_3$
④ $3CaO \cdot Al_2O_3$

해설 | 규산이석회($2CaO \cdot SiO_2$)
수화반응이 늦고 장기강도를 증진시키며 수화열 저감에 따른 건조수축 감소

02 ▶17
보통포틀랜드 시멘트의 주성분 중 함유량이 가장 적은 것은?

① SiO_2 ② CaO
③ Al_2O_3 ④ Fe_2O_3

해설 | 주성분
CaO(생석회 65%), SiO_2(실리카 22%), Al_2O_3(산화알루미늄 5.5%), Fe_2O_3(산화철 3%), MgO(마그네시아 2.5%), SO_3(아황산 2%)

03 ▶20, 18
KS 규정에 의한 보통포틀랜드시멘트(1종)의 응결 시간 기준으로 옳은 것은? (단, 비카시험에 의하며, 초결(이상)-종결(이하)로 표기)

① 60분-6시간   ② 45분-6시간
③ 60분-10시간   ④ 45분-10시간

해설 | 보통포틀랜드시멘트 응결시간
초결은 1시간 이후이고 종결은 10시간 이내를 표준으로 한다.

04 ▶15
시멘트 풍화에 대한 설명으로 옳지 않은 것은?

① 시멘트가 저장 중 공기와 접촉하여 공기 중의 수분 및 이산화탄소를 흡수하면서 나타나는 수화반응이다.
② 풍화한 시멘트는 감열감량이 감소한다.
③ 시멘트가 풍화하면 밀도가 떨어진다.
④ 풍화는 고온다습한 경우 급속도로 진행된다.

해설 | 풍화
시멘트가 풍화하면 밀도가 떨어지고 감열감량이 증가한다.

05 ▶14
시멘트에 관한 설명으로 옳지 않은 것은?

① 시멘트의 분말도는 단위중량에 대한 표면적, 즉, 비표면적에 의하여 표시된다.
② 시멘트의 밀도는 일반적으로 $3.15g/cm^3$ 정도이다
③ 시멘트는 응결경화 시 팽창성 균열이 생겨 변형이 일어난다.
④ 포틀랜드시멘트는 수화반응의 진행과 동시에 열을 발산한다.

해설 | 분말도가 크면(=입자가 미세하고 비표면적 크다) 풍화가 쉽게 발생되며 이에 따라 균열 발생이 생긴다.

정답 | 01 ② 02 ④ 03 ③ 04 ② 05 ③

06 ▶15
다음 중 수치가 높을수록 시멘트의 응결 속도가 빨라지는 인자에 해당하지 않는 것은?

① 온도 ② 습도
③ 분말도 ④ 알루미네이트 비율

해설 | 응결시간의 단축에 영향을 주는 요소
  ㉠ 분말도가 클 경우
  ㉡ 수량이 적고, 온도가 높을 경우
  ㉢ 물-시멘트비가 작을 경우
  ㉣ 습도가 낮은 경우
  ㉤ 풍화가 적게 될 경우
  ㉥ 알루민산3석회($3CaO \cdot Al_2O_3$)를 많이 함유할 경우

07 ▶13
시멘트의 수화작용과 관련하여 응결과 경화에 영향을 주는 요인으로 옳지 않은 것은?

① 분말도가 높으면 응결, 경화가 빠르다.
② 온도가 높으면 응결, 경화가 빠르다.
③ CA가 많으면 응결, 경화가 빠르다.
④ 혼합용수가 많으면 수화진행이 용이하며 응결경화가 빠르다.

해설 | 수량이 적고, 온도가 높을 경우 응결, 경화가 빠르다.

08 ▶14
시멘트의 분말도에 관한 설명 중 옳지 않은 것은?

① 분말이 미세할수록 비표면적값은 적다.
② 분말이 미세할수록 수화속도가 빠르다.
③ 분말이 과도하게 미세한 것은 풍화되기 쉽다.
④ 분말이 미세할수록 강도의 발현속도가 빠르다.

해설 | 분말이 미세할수록 비표면적이 크다.

09 ▶19
다음 중 시멘트의 수경률을 구하는 식에서 분자에 속하는 것은?

① CaO ② SiO_2
③ Al_2O_3 ④ Fe_2O_3

해설 | 시멘트의 수경률
  포틀랜드시멘트의 화학 조성과 성질을 관련시키기 위해 산출하는 계수의 하나
  $CaO(\%) / SiO_2 + Al_2O_3 + Fe_2O_3 (\%)$ 로 나타낸다.

10 ▶16
포틀랜드시멘트 제조시 석고를 넣는 주된 이유는?

① 강도를 높이기 위하여
② 클링커(clinker)를 쉽게 만들기 위하여
③ 응결속도를 조정하기 위하여
④ 분말도를 높이기 위하여

해설 | 시멘트 제조 시 응결지연 조절용으로 석고 3%를 혼합한다.

11 ▶22,12
각종 시멘트에 관한 설명으로 옳지 않은 것은?

① 고로시멘트 : 초기강도는 약간 작은 편이며 화학저항성이 높다.
② 중용열포틀랜드시멘트 : 건조수축이 작고 화학저항성이 높다.
③ 백색포틀랜드시멘트 : 건축물 내외면의 마감, 각종 인조석 제조에 사용된다.
④ 알루미나시멘트 : 보통포틀랜드시멘트에 비해 응결 및 경화시에 발열량이 작다.

해설 | 빠른 경화와 조기강도 실현으로 수화열이 커서 냉한지 및 긴급공사, 해수공사에 사용

정답 | 06 ② 07 ④ 08 ① 09 ① 10 ③ 11 ④

12 ▶21

시멘트의 수화반응에서 발생하는 수화열이 가장 낮은 시멘트는?

① 보통포틀랜드시멘트
② 조강포틀랜드시멘트
③ 중용열포틀랜드시멘트
④ 백색포틀랜드시멘트

해설 | 중용열 포틀랜드시멘트
㉠ 시멘트의 발열량을 저감시킬 목적으로 제조한 시멘트
㉡ 보통 포틀랜드시멘트에 비해 수화열이 작고 조기강도는 낮으나 장기강도가 높다.
㉢ 건조수축이 작고, 화학저항성이 일반적으로 크다.
㉣ 내침식성 및 내구성이 좋으며 내산성이 우수하다.
㉤ 주로 댐 공사, 방사능 차폐용, 매스콘크리트용으로 사용된다.

13 ▶18

실리카질 물질을 주성분으로 하며, 시멘트의 수화에 의해 생기는 수산화칼슘과 상온에서 서서히 반응하여 불용성의 화합물을 만드는 재료는?

① 포졸란   ② 실리카흄
③ 고로슬래그   ④ 플라이애시

해설 | 포졸란(실리카) 시멘트는 실리카질 혼화재를 30% 이하로 첨가하여 미분쇄한 시멘트로 해수등에 대한 화학저항성이 향상되며, 시공연도가 좋아진다.

14 ▶15,14

고로시멘트의 특성에 대한 설명으로 틀린 것은?

① 수화열이 낮고 수축률이 적어 해수 댐이나 항만공사 등에 적합하다.
② 보통포틀랜드시멘트에 비하여 비중이 크고 풍화에 대한 저항성이 뛰어나다.
③ 응결시간이 느리기 때문에 특히 겨울철 공사에 주의를 요한다.
④ 다량으로 사용하게 되면 콘크리트의 화학저항성 및 수밀성, 알칼리골재반응 억제 등에 효과적이다.

해설 | 고로 시멘트
고로슬래그(slag)를 분쇄한 것과 포틀랜드 시멘트와의 혼합시멘트로 내열성이 크고, 수밀성이 양호하며 발열량이 적어 해수, 지하수중 공사, 댐공사, 항만공사 등의 매스콘크리트 공사에 사용된다.

15 ▶15

다음 중 해수에 접하는 구조물에 가장 적합한 시멘트는?

① 보통포틀랜드 시멘트
② 조강포틀랜드 시멘트
③ 고로 시멘트
④ 중용열포틀랜드 시멘트

해설 | 문제 14번 해설참조

16 ▶14

팽창시멘트의 용도에 해당되지 않는 것은?

① 바닥 슬래비의 균열제거용
② 역타설 콘크리트의 이어치기 개선용
③ 수조 등 콘크리트구조물의 케미컬 스트레스 도입용
④ 석유를 채유(採油)시 주의로부터 물이나 기름 유입 방지용

해설 | 팽창시멘트(무수시멘트)
㉠ 팽창성이 좋아 무수시멘트(킨즈)라고도 한다.
㉡ 수축률이 20~30% 감소하여 콘크리트의 수축과 균열이 발생방지를 위해 사용된다.
㉢ 바닥 슬래비의 균열제거용, 역타설 콘크리트의 이어치기 개선용, 수조 등 콘크리트구조물의 케미컬 스트레스 도입용

17 ▶12

다음 시멘트 중 강도 발현 특성이 다른 시멘트는?

① 알루미나시멘트   ② 플라이애시시멘트
③ 초속경시멘트   ④ 조강포틀랜드시멘트

해설 | 플라이애시(Fly-Ash) 시멘트 수화열과 건조수축이 낮으나 장기강도는 크다.

정답 | 12 ③ 13 ① 14 ② 15 ③ 16 ④ 17 ②

2 골재

18 ▶15

콘크리트용 골재의 입자 크기에 의한 분류에서 잔골재와 굵은 골재를 구분하는 체눈금의 크기는 얼마인가?

① 9mm체 ② 7mm체
③ 5mm체 ④ 3mm체

해설 | 골재의 분류
㉠ 잔골재 : 5mm 체에 85% 이상 통과하는 골재(모래)
㉡ 굵은골재 : 5mm 체에 85% 이상 남는 골재(자갈)

19 ▶14,12

콘크리트용 골재의 요구품질에 대한 조건으로 옳지 않은 것은?

① 시멘트 페이스트 이상의 강도를 가진 단단한 것
② 운모를 함유한 것
③ 표면이 거칠고 구형에 가까운 것
④ 입도분포가 양호한 것

해설 | 골재의 품질
㉠ 골재의 형태는 표면이 거칠고 구형에 가깝고 유기 불순물이 포함되지 않도록 한다.
㉡ 적당한 비율로 모래와 자갈이 혼합 되어야 한다.
㉢ 55% 이상으로 실적률이 크고, 입도가 좋을것
㉣ 견고하고 내마모성이 강한 것을 사용하며 내화성 및 내구성을 갖게 한다.
[참고] 운모는 암석을 이루고 있는 조암광물로 다른 골재에 비해 안정도가 떨어진다. (석공사 복습)

20 ▶17

골재의 함수상태에 관한 설명으로 옳지 않은 것은?

① 절대건조상태 : 대기 중에서 골재의 표면이 완전히 건조된 상태
② 습윤상태 : 골재입자의 내부에 물이 채워져 있고, 표면에도 물이 부착되어 있는 상태
③ 표면건조포화상태 : 골재입자의 표면에 물은 없으나 내부의 공극에는 물이 꽉 차 있는 상태
④ 공기 중 건조상태 : 실내에 방치한 경우 골재입자의 표면과 내부의 일부가 건조한 상태

해설 | 절대건조상태
대기 중에서 골재의 표면과 내부가 완전히 건조된 상태

21 ▶16

콘크리트 배합설계에서 골재의 수분함유상태의 기준으로 옳은 것은?

① 절건상태 ② 표건상태
③ 기건상태 ④ 습윤상태

해설 | 표면건조 내부포수상태 (표건상태)
외부표면은 건조하고 내부는 수분흡수 상태
(콘크리트 배합설계의 기준, 세골재)

22 ▶12

골재의 단위용적 중량을 계산할 때 골재는 어느 상태를 기준으로 하는가? (단, 굵은 골재가 아닌 경우)

① 습윤상태
② 기건상태
③ 절대건조상태
④ 표면건조내부포수상태

해설 | 골재((굵은 골재 제외)의 단위용적 중량은 절대건조상태를 기준으로 한다.

23 ▶13

굵은 골재의 단위용적중량이 1.7kg/ℓ, 절건밀도가 2.65g/㎤일 때, 이 골재의 공극률은?

① 25% ② 28%
③ 36% ④ 42%

정답 | 18 ③ 19 ② 20 ① 21 ② 22 ③ 23 ③

해설 | 공극률
  ㉠ 공극률 = $(1 - \frac{단위용적중량}{비중}) \times 100\%$
  ㉡ 실적률 + 공극률 = 1(100%)
  ∴ 공극률 = $(1 - \frac{단위용적중량}{비중}) \times 100\%$
  = $(1 - \frac{1.7}{2.65}) \times 100\% = 0.36 \times 100 = 36\%$

24 ▶17
골재의 실적률에 관한 설명으로 옳지 않은 것은?

① 실적률은 골재 입형의 양부를 평가하는 지표이다.
② 부순 자갈의 실적률은 그 입형 때문에 강자갈의 실적률보다 적다.
③ 실적률 산정 시 골재의 밀도는 절대건조 상태의 밀도를 말한다.
④ 골재의 단위용적질량이 동일하면 골재의 밀도가 클수록 실적률도 크다.

해설 | 골재의 단위용적질량이 동일하면 골재의 밀도가 클수록 실적률도 작다.

3 혼화재료

25 ▶13
콘크리트의 혼화재료 중 혼화제에 속하는 것은?

① 플라이애시
② 실리카흄
③ 고로슬래그 미분말
④ 고성능감수제

해설 | 혼화재료
포졸란, 플라이애시, 실리카흄, 고로슬래그 미분말

26 ▶19
콘크리트 배합 시 사용되는 혼화재료에 관한 설명으로 옳지 않은 것은?

① 실리카 흄은 콘크리트의 경량화를 주목적으로 사용된다.
② AE제를 사용한 콘크리트는 동결융해에 대한 저항성이 향상된다.
③ 염화칼슘은 우수한 응결촉진제로서 저온에서도 상당한 강도증진을 볼 수 있어 한중콘크리트 사용에 유효하다.
④ 플라이애시를 사용하면 초기강도는 낮지만 장기강도는 증가한다.

해설 | 실리카 흄
실리콘 등의 규소합금을 제조시에 배출가스에서 발생하는 초미립자 부산물이며, 초강도 콘크리트 제조에 사용된다.

27 ▶13
콘크리트의 성질을 개선·향상시키기 위하여 사용되는 혼화재료에 대한 설명으로 옳지 않은 것은?

① 혼화재료는 사용하기 전 성능을 확인한 다음 적절히 사용한다.
② 플라이애시는 수화열이 작으며, 초기강도가 매우 우수하다.
③ 혼화제는 사용량이 5% 이하로 비교적 적어 그 자체의 부피가 콘크리트의 배합계산에 무시되는 것을 말한다.
④ 고로슬래그는 용광로에서 선철을 제조할 때 생성되는 혼화재로 수화발열 감소, 장기강도 증진, 수밀성 향상 등의 효과가 있다.

해설 | 플라이애시는 수화열이 작으며, 장기강도가 매우 우수하다.

정답 | 24 ④ 25 ④ 26 ① 27 ②

28 ▶20
포졸란을 사용한 콘크리트의 특징이 아닌 것은?

① 수밀성이 크다.
② 해수 등에 대한 화학 저항성이 크다.
③ 발열량이 크다.
④ 강도의 증진이 느리나 장기강도는 크다.

해설 | 발열량이 작고, 블리딩 및 재료의 분리가 적으며 워커빌리티가 우수하다.

29 ▶13
고로슬래그 분말을 시멘트 혼화재로 사용한 콘크리트의 성질에 대한 설명 중 옳지 않은 것은?

① 초기강도는 낮지만 슬래그의 잠재 수경성 때문에 장기강도는 크다.
② 해수, 하수 등의 화학적 침식에 대한 저항성이 크다.
③ 슬래그 수화에 의한 포졸란 반응으로 공극 충전효과 및 알칼리 골재반응 억제효과가 크다.
④ 슬래그를 함유하고 있어 건조수축에 대한 저항성이 크다.

해설 | 고로슬래그는 블리딩이 적고, 유동성이 향상되나 건조수축이 크다.

30 ▶16
고로슬래그 쇄석에 관한 설명으로 옳지 않은 것은?

① 철을 생산하는 과정에서 용광로에서 생기는 광재를 공기 중에서 서서히 냉각시켜 경화된 것을 파쇄하여 만든다.
② 투수성은 보통골재의 경우보다 작으므로 수밀콘크리트에 적합하다.
③ 고로슬래그 쇄석을 활용한 콘크리트는 다른 암석을 사용한 콘크리트보다 건조수축이 적다.
④ 다공질이기 때문에 흡수율이 크므로 충분히 살수하여 사용하는 것이 좋다.

해설 | 고로슬래그는 다공질로 투수성은 보통골재보다 큼으로 수밀콘크리트에 부적합하다.

31 ▶21
콘크리트용 혼화제 중 AE감수제의 사용에 따른 효과로 옳지 않은 것은?

① 굳지 않은 콘크리트의 워커빌리티를 개선하고 재료 분리가 방지된다.
② 동결융해에 대한 저항성이 증대된다.
③ 건조수축이 감소된다.
④ 수밀성이 향상되고 투수성이 증가한다.

해설 | 내구성, 수밀성을 개선하며 투수성이 감소한다.

32 ▶19
AE제의 역할로 옳지 않은 것은?

① 콘크리트의 워커빌리티 향상
② 물시멘트비 증가
③ 콘크리트 내구성 향상
④ 동결에 대한 저항성 증대

해설 | 물시멘트비에는 영향이 없다.

33 ▶16,13
고성능 AE 감수제에 관한 설명 중 옳지 않은 것은?

① 기존 감수제에 비해 더 많은 감수가 가능하나 슬럼프 로스가 크다.
② 유동화 콘크리트 제조에 사용된다.
③ 콘크리트의 장시간 및 장거리 운반이 가능하다.
④ 고내구성 콘크리트 제조에 사용될 수 있다.

해설 | 고성능 AE감수제
  ㉠ 유동화 콘크리트 제조에 사용된다.
  ㉡ 기존 감수제에 비해 더 많은 감수가 가능하고 슬럼프의 손실이 적다.
  ㉢ 기존 감수제에 비해 콘크리트 운반거리 및 시간에 상대적으로 유리하여 고내구성 콘크리트 제조에 사용된다.

정답 | 28 ③ 29 ④ 30 ② 31 ④ 32 ② 33 ①

4 콘크리트 공사

34 ▶21
굳지 않은 콘크리트의 성질을 표시하는 용어 중 거푸집 등의 형상에 순응하여 채우기 쉽고 재료의 분리가 일어나지 않는 성질을 말하는 것은?

① 워커빌리티(workability)
② 컨시스턴시(consistency)
③ 플라스티시티(palsticity)
④ 피니셔빌리티(finishability)

해설 | 성형성(plasticity)
거푸집에 쉽게 다져서 넣을 수 있는 정도

35 ▶15
굳지 않은 콘크리트의 워커빌리티에 영향을 주는 요소와 가장 거리가 먼 것은?

① 시멘트의 강도
② 단위수량
③ 골재의 입도 및 입형
④ 혼화재료

해설 | 워커빌리티에 영향을 주는 요소
단위수량, 단위 시멘트, 시멘트의 성질, 골재의 입도 및 입형, 공기량, 혼화재, 온도, 비빔시간 등

36 ▶16
콘크리트의 워커빌리티(Workability)에 관한 설명으로 옳지 않은 것은?

① 일반적으로 부배합의 경우가 빈배합의 경우보다 워커빌리티가 좋다.
② AE제에 의한 연행공기는 워커빌리티를 개선한다.
③ 골재의 표면은 매끄럽거나 세장한 것일수록 워커빌리티가 좋아진다.
④ 과도하게 비빔시간이 길면 시멘트의 수화를 촉진하여 워커빌리티가 나빠진다.

해설 | 골재의 형태는 표면이 거칠고 구형에 가깝고 유기 불순물이 포함되지 않도록 한다.

37 ▶13
콘크리트 슬럼프 시험에 관한 설명 중 옳지 않은 것은?

① 슬럼프 콘의 치수는 윗지름 10cm, 밑지름 30cm, 높이가 20cm이다.
② 수밀한 철판을 수평으로 놓고 슬럼프 콘을 놓는다.
③ 혼합한 콘크리트를 1/3씩 3층으로 나누어 채운다.
④ 매 회마다 표준철봉으로 25회 다진다.

해설 | 슬럼프 콘의 치수는 윗지름 10cm, 밑지름 20cm, 높이가 30cm이다.

38 ▶19
일반적인 콘크리트의 열팽창계수로 옳은 것은?

① 1×10^{-4}/℃
② 1×10^{-5}/℃
③ 1×10^{-6}/℃
④ 1×10^{-7}/℃

해설 | 콘크리트의 열팽창계수 : 1×10^{-5} / ℃

39 ▶20
골재의 선팽창계수에 의해 영향을 받을 수 있는 콘크리트의 성질은?

① 마모에 대한 저항성
② 습윤건조에 대한 저항성
③ 동결융해에 대한 저항성
④ 온도변화에 대한 저항성

해설 | 선팽창계수
온도변화에 따라 열팽창에 의한 길이의 증가 비율을 온도 차로 나눈 값
[비교] 열팽창계수
온도변화에 따라 재료 부피가 변화하는 양의 비율

정답 | 34 ③ 35 ① 36 ③ 37 ① 38 ② 39 ④

40 ▶18
콘크리트의 블리딩 현상에 의한 성능저하와 가장 거리가 먼 것은?

① 골재와 페이스트의 부착력 저하
② 철근과 페이스트의 부착력 저하
③ 콘크리트의 수밀성 저하
④ 콘크리트의 응결성 저하

해설 | 블리딩(bleeding)
일종의 재료분리 현상으로 콘크리트 타설 후 시멘트, 골재입자 등의 침하에 따라 물이 분리, 상승되어 콘크리트 표면 위로 떠오르는 현상이다.
발생 원인,
㉠ 물-시멘트비가 클수록
㉡ 단위수량이 많을수록
㉢ 분말도가 낮은 시멘트를 사용할수록
㉣ 부재의 단면치수가 클수록

41 ▶12
콘크리트의 블리딩(bleeding)을 억제하기 위한 대책으로 옳지 않은 것은?

① 단위수량을 감소시킨다.
② 다짐시간을 늘린다.
③ 포졸란 재료를 적당량 사용한다.
④ AE제나 감수제를 사용한다.

해설 | 문제 40번 해설참조

42 ▶20
콘크리트 타설 후 양생 시 유의사항으로 옳지 않은 것은?

① 침강수축과 건조수축을 동시에 고려한다.
② 레이턴스의 경우 인장력 작용부위는 제거하되, 압축력 작용부위는 지장이 없으므로 제거하지 않는다.
③ 콘크리트 표면의 물 증발속도가 블리딩 속도보다 빠르지 않게 유지한다.
④ 굵은 골재나 수평철근 아래에는 수막이나 공극이 생기기 쉬우므로 유의하여야 한다.

해설 | 레이턴스(laitance)
㉠ 블리딩현상에 의해 부상한 미립물이 콘크리트 표면에 얇은 피막으로 침적하는 백색의 미세한 물질이다.
㉡ 레이턴스가 생긴 표면은 미세한 균열이 발생되고 콘크리트 부착성이 떨어지므로 제거해줘야 한다.

43 ▶14,12
콘크리트의 크리프에 관한 설명 중 옳은 것은?

① 재하시의 재령이 길수록 크다.
② 시멘트량 또는 단위수량이 많을수록 크다.
③ 하중이 클수록 작다.
④ 부재의 단면치수가 클수록 크다.

해설 | 크리프 증가 원인
㉠ 외부 습도가 낮고, 온도가 높을수록
㉡ 단위수량이 많을수록
㉢ 물-시멘트비가 클수록
㉣ 재령이 짧고, 재하시기가 빠를수록
㉤ 양생(보양)이 나쁠수록
㉥ 재하응력이 클수록
㉦ 부재단면이 작을수록

44 ▶15,12
콘크리트의 크리프에 대한 설명으로 옳지 않은 것은?

① 크리프 계수는 크리프변형/순간탄성 변형의 비로 표현된다.
② 재령이 짧을수록 크리프는 적다.
③ 물-시멘트비가 클수록 크리프가 크다.
④ 단면치수가 작을수록 크리프는 크다.

해설 | 재령이 짧고, 재하시기가 빠를수록 크리프 증가

정답 | 40 ④ 41 ② 42 ② 43 ② 44 ②

45
콘크리트의 건조수축에 대한 설명으로 옳지 않은 것은?

① 시멘트의 화학성분이나 분말도에 따라 건조수축량은 변화한다.
② 콘크리트의 건조수축을 적게 하기 위해서 배합 시 가능한 한 단위수량을 적게 한다.
③ 사암이나 점판암을 골재로 이용한 콘크리트는 건조수축량이 큰 편이고, 석영, 석회암을 이용한 것은 적은 편이다.
④ 콘크리트의 습윤양생기간은 건조수축에 크게 영향을 주며 이 기간이 길면 길수록 건조수축은 적어진다.

해설 | 양생을 충분히 할수록 건조수축이 적게 발생(단 습윤상태에서 양생기간의 장단은 건조수축에 그다지 큰 영향을 주지 않는다.)

46
콘크리트의 건조수축에 관한 설명으로 옳지 않은 것은?

① 동일 물시멘트비의 경우 단위수량이 많을수록 콘크리트의 수축량이 증가한다.
② 골재 중에 포함된 미립분이나 점토, 실트는 일반적으로 건조수축을 감소시킨다.
③ 골재가 경질이고 탄성계수가 클수록 적게 된다.
④ 시멘트의 종류도 건조수축량에 영향을 끼치는 요인이다.

해설 | ㉠ 골재 중에 점토분이 작을수록 건조수축이 적게 발생한다.(점판암, 사암을 골재로 이용한 콘크리트는 건조 수축량이 크고, 석영, 석회암, 화강암을 이용한 것은 적다.)
㉡ 골재 중에 포함된 미립분이나 점토, 실트는 일반적으로 건조수축을 증대시킨다.

47
콘크리트의 중성화에 대한 설명으로 옳지 않은 것은?

① AE제나 AE감수제 등의 사용은 중성화에 대한 저항성을 향상시킨다.
② 물시멘트비가 들수록 중성화의 진행속도가 빠르다.
③ 중성화된 부분은 페놀프탈레인액을 살포해도 착색되지 않는다.
④ 일반적으로 보통 콘크리트가 경량골재 콘크리트보다 중성화 속도가 빠르다.

해설 | 콘크리트의 중성화
콘크리트가 표면으로부터 공기 중의 탄산가스를 흡수하여 콘크리트중의 수산화칼슘이 탄산칼슘으로 변하여 알칼리성을 상실하게 되어 중성화 되는 현상으로 경량골재 사용시 중성화 속도가 빠르다.

48
콘크리트의 강도에 가장 큰 영향을 주는 것은?

① 골재의 입도
② 물시멘트비
③ 골재의 공극율
④ 모래, 자갈의 배합비율

해설 | 콘크리트 강도
시멘트 강도(클수록 커진다)와 물-시멘트비(작을수록 커진다)가 가장 큰 영향을 준다.

49
콘크리트의 압축강도에 영향을 주는 요인에 대한 설명으로 옳지 않은 것은?

① 일반적으로 물-시멘트비가 같으면 시멘트 강도가 큰 경우 압축강도가 크다.
② 동일한 재료를 사용하였을 경우에 물-시멘트비가 작을수록 압축강도가 크다.
③ 양생온도가 높을수록 콘크리트의 초기강도는 낮아진다.
④ 습윤양생을 실시하게 되면 일반적으로 압축강도는 증진된다.

해설 | 양생온도가 높을수록 콘크리트의 초기강도는 높아진다.

정답 | 45 ④ 46 ② 47 ④ 48 ② 49 ③

50 ▶16
국내에서 콘크리트의 인장강도 측정법으로 주로 채용하는 것은?

① 삼축인장강도시험
② 비비시험
③ 할렬인장강도시험
④ 부착인장강도시험

해설 | 할렬인장강도시험
국내에서 콘크리트의 인장강도 측정법으로 주로 사용

51 ▶19,16
고강도 콘크리트란 설계기준압축강도가 일반적으로 최소 얼마 이상인 콘크리트를 지칭하는가? (단, 보통 콘크리트의 경우)

① 27 MPa
② 35 MPa
③ 40 MPa
④ 45 Mpa

해설 | 고강도 콘크리트 설계강도
- 보통콘크리트 : 40MPa 이상
- 경량콘크리트 : 27MPa 이상

52 ▶17,14
콘크리트 배합설계 시 물의 양을 150ℓ/m³, 시멘트의 양을 100ℓ/m³로 하였을 경우 물-시멘트비는? (단, 시멘트의 밀도는 3.14g/cm³임)

① 약 34%   ② 약 48%
③ 약 67%   ④ 약 85%

해설 | 물-시멘트비(W/C) = $\frac{물의 중량}{시멘트 중량} \times 100(\%)$

※ 시멘트중량 = 시멘트비중 × 부피 = 3.14 × 100 = 314

∴ $\frac{150}{314} \times 100\% = 47.7 ≒ 48\%$

53 ▶18
콘크리트 중의 공기량에 관한 설명으로 옳지 않은 것은?

① AE제의 혼입량이 증가하면 공기량도 증가한다.
② 단위시멘트량이 증가하면 공기량도 증가한다.
③ 컨시스턴시가 커지면 공기량도 증가한다.
④ 비빔시간에 따라 처음 1~2분간은 공기량이 급속히 증가한다.

해설 | 시멘트 분말도, 단위시멘트량이 증가하면 공기량이 감소한다.

54 ▶12
콘크리트에 A.E제를 첨가했을 경우 공기량 증감에 큰 영향을 주지 않는 것은?

① 혼합시간
② 시멘트의 사용량
③ 주위온도
④ 양생방법

해설 | 공기량의 특징
㉠ AE제의 혼입량이 많아지면 공기량이 증가한다.
㉡ 공기량이 증가하면 슬럼프값이 증가한다.
㉢ 시멘트 분말도, 단위시멘트량이 증가하면 공기량이 감소한다.
㉣ 콘크리트의 온도가 증가하면 공기량이 감소한다.
㉤ 비빔시간에 따라 처음 1~2분간은 공기량이 증가한다.

정답 | 50 ③ 51 ③ 52 ② 53 ② 54 ④

5 특수 콘크리트

55 ▶17
수밀콘크리트를 사용하는 목적으로 옳은 것은?
① 콘크리트의 초기 강도를 높이기 위해서
② 콘크리트의 방수를 위해서
③ 낮은 온도에서 작업하기 위해서
④ 높은 온도에서 작업하기 위해서

해설 | 물 침입을 방지(방수)하기 위하여 콘크리트 자체를 수밀(水密)하게 만든 콘크리트이다.

56 ▶16
한중 콘크리트에서 초기동해 방지에 필요한 콘크리트의 압축강도는?
① 2MPa   ② 5MPa
③ 7MPa   ④ 10MPa

해설 | 초기동해 방지에 필요한 콘크리트의 압축강도는 5MPa(50kg/cm^2) 이상까지 유지

57 ▶14
한중 콘크리트의 초기동해를 방지하고 일정 수준의 압축강도를 조속히 확보할 수 있도록 사용되는 혼화재료는?
① 수축저감제   ② 제올라이트
③ 내한촉진제   ④ 나노촉매제

해설 | 압축강도를 조속히 확보 목적으로 혼화재료인 내한촉진제를 사용 및 단열보온 양생 등을 실시한다.

58 ▶13
한중콘크리트 시공 시 주의사항에 대한 설명으로 옳지 않은 것은?
① 보통 또는 조강포틀랜드시멘트와 함께 감수제를 사용한다.
② 재료의 적정온도를 위하여 시멘트를 가열하여 보관한다.
③ 타살 서 콘크리트 온도는 10℃ 이상 20℃ 이하의 범위로 한다.
④ 초기동해 방지에 필요한 압축강도를 얻기 위하여 단열보온 양생 등을 실시한다.

해설 | 재료가열 시 물을 가열하고, 시멘트는 절대 가열금지한다.

59 ▶21
표준시방서에 따른 서중콘크리트에 관한 설명으로 옳지 않은 것은?
① 하루 평균기온이 25℃를 초과하는 것이 예상되는 경우 서중 콘크리트로 시공한다.
② 콘크리트의 배합은 소요의 강도 및 워커빌리티를 얻을 수 있는 범위 내에서 단위수량을 적게 하고 단위 시멘트량이 많아지지 않도록 적절한 조치를 취하여야 한다.
③ 일반적으로는 기온 10℃의 상승에 대하여 단위수량은 2~5% 증가하므로 소요의 압축강도를 확보하기 위해서는 단위수량에 비례하여 단위 시멘트량의 증가를 검토하여야 한다.
④ 콘크리트를 타설할 때의 콘크리트의 온도는 30℃ 이하이어야 한다.

해설 | 콘크리트를 타설 시 콘크리트의 온도는 35℃ 이하로 한다.

60 ▶21
조강포틀랜드 시멘트를 사용하기에 가장 부적절한 것은?
① 긴급 공사
② 프리스트레스트 콘크리트
③ 매스 콘크리트
④ 동절기 공사

정답 | 55 ② 56 ② 57 ③ 58 ② 59 ④ 60 ③

해설 | 조강 포틀랜드 시멘트
- 조기강도가 크고 경화가 빨라 수화속도가 빠르고 수화열이 크다. 저온에서도 강도 발현이 크므로 동절기 공사, 긴급공사, 수중공사에 사용
- 매스 콘크리트용으로는 수화열이 작고 조기강도는 낮으나 장기강도가 높은 중용열 포틀랜드시멘트를 사용한다.

61 ▶14
매스콘크리트의 균열방지대책에 대한 설명 중 옳지 않은 것은?

① 저발열성 시멘트를 사용한다.
② 파이프쿨링을 한다.
③ 골재치수를 작게 한다.
④ 물시멘트비를 낮춘다.

해설 | 골재치수를 크게 한다.

62 ▶13
경량콘크리트(Light weight Concrete)제품의 특성에 대한 설명 중 옳지 않은 것은?

① 자중이 적어 건축물 중량을 경감할 수 있다.
② 열전도율이 낮고 내호성 및 방음효과가 크다.
③ 시공이 번거롭고 건조수축이 크다.
④ 흡수성이 적어 동해에 대한 저항성이 강하다.

해설 | 주로 다공질의 경량골재를 사용하며, 비중이 2.0 이하로 중량 경감이 주목적이며 단열 및 방음, 흡음 용도로 사용된다.

63 ▶19
ALC(autoclaved lightweight concrete)에 관한 설명으로 옳지 않은 것은?

① ALC제품은 오토클레이브 양생을 해서 만든 기포 콘크리트 제품이다.
② ALC제품은 오토클레이브 양생을 하기 때문에 작은 비중에 비해 비교적 압축강도가 높아 기둥, 보 등의 구조 재료로 주로 사용된다.
③ ALC제품은 시공이 용이하고 내화성이 양호한 편이다.
④ ALC제품은 우수한 음 및 열적 특성이 있고, 사용 후 변형이나 균열이 적다.

해설 | autoclave(가압처리기)에서 고온, 고압으로 양생하여 만든 다공질의 경량기포콘크리트로 다공질로 인하여 습기에 약하고 강도가 낮아 구조재로 사용은 부적합하다.

64 ▶16,12
보통 콘크리트와 비교한 폴리머 콘크리트의 특징으로 옳지 않은 것은?

① 압축, 인장 및 휨강도가 크게 높다.
② 방수성 및 수밀성이 우수하고 동결융해에 대한 저항성이 양호하다.
③ 내마모성 및 내약품성이 우수하다.
④ 경화수축이 작고 내화성이 뛰어나다.

해설 | 폴리머 콘크리트
시멘트 대신 폴리머를 결합재로 사용한 콘크리트로 플라스틱 또는 레진 콘크리트라고도 한다.
㉠ 압축, 인장, 휨 강도가 우수하다.
㉡ 방수성과 수밀성이 좋다.
㉢ 내화학적이며 내마모성이 우수하다.

65 ▶19
쇄석을 골재로 사용하는 콘크리트의 최대 결점은?

① 시공연도 불량
② 압축강도 저하
③ 골재입자의 부착강도 저하
④ 유동성의 급격한 증가

해설 | 고로슬래그(쇄석, 깬 자갈) 콘크리트
① 보통 강자갈 대신에 인공적으로 쇄석(깬자갈)을 사용한 콘크리트이다.
② 강도는 보통 콘크리트보다 10~20% 증가한다.
③ 시공연도 불량, 개선을 위해 AE제를 사용한다.
④ 쇄석은 주로 안산암이 많이 사용한다.

정답 61 ③ 62 ④ 63 ② 64 ④ 65 ①

09-3 방수 및 방습공사

> **Pass Note**

예상출제문항	키워드	
0~1	- 아스팔트 방수 재료별 특성 - 아스팔트 방수 종류별 특성	- 도막방수 - 시트방수

1. 아스팔트 방수

바탕면에 아스팔트펠트, 아스팔트 루핑을 적층한 후 가열하여 녹인 아스팔트를 붙여 시공하는 방법이다.

① 방수중 가장 확실한 방수로 내구적으로 지하실, 옥상, 평지붕 등에 많이 사용된다.
② 결함부의 발견이 어렵고 수리범위도 광범위하며, 보호누름 까지 보호를 하여야 하는 단점이 있다.

1) 재료

① **천연 아스팔트** : 레이크 아스팔트, 로크 아스팔트, 아스팔타이트
② 석유 아스팔트 : 스트레이트 아스팔트, 블론 아스팔트, 아스팔트 콤파운드, 아스팔트 프라이머

2) 분류

(1) 재료별 분류

아스팔트 방수, 시멘트 액체방수, 합성고분자 방수

(2) 공법상 분류

① 멤브레인 방수 : 아스팔트 방수, 합성고분자 시트 방수, 도막 방수
② 합성고분자 방수 : 도막 방수, 합성고분자 시트 방수, 실(seal)재 방수

(3) 품질검사 항목

① **침입도** : 모체에 아스팔트가 침입해 들어가는 비율로서 25℃에서 100g추로 5초 동안 바늘을 누를 때 0.1mm 들어가는 것을 침입도 1이라 한다.(아스팔트의 **경도**를 나타냄)
② 연화점 : 아스팔트를 가열하여 부드럽고 무르게 되기 시작하는 온도
③ 인화점 : 아스팔트를 가열하여 불꽃을 발생하며 불이 붙을 때의 온도
④ **감온비** : 아스팔트의 **온도변화에 따른 침입도의 변화**를 나타내는 수치
⑤ 신도 : 아스팔트가 **늘어나는** 정도

3) 재료별 특성

(1) 아스팔트 프라이머(asphalt primer)

① 아스팔트와 휘발성 용제를 혼합하여 만든 아스팔트.
② 콘크리트 표면에 도포하여 **바탕면에 펠트가 잘 붙게** 하기 위해 사용

(2) 스트레이트 아스팔트(straight asphalt)
① 신장성, 점착성, 방수성이 우수하다.
② **신도가 높고 연화점이 낮으며 외기온도에 영향을 받아 지하실공사**에 사용한다.
③ 아스팔트 루핑의 침투용 아스팔트로 사용한다.

(3) 블로운 아스팔트(blown asphalt)
① 온도에 대한 감온성과 신도가 적고 연화점이 높아 **옥상지붕 방수**에 많이 사용된다.
② 아스팔트 컴파운드 및 아스팔트 프라이머의 원료가 된다.

(4) 아스팔트 컴파운드(asphalt compound)
① **블로운 아스팔트에 동식물성 기름이나 광물질 분말**을 혼입하여 품질 개량을 한것이다.
② 연화점이 높고 신축성이 가장 큰 최고 제품이다.

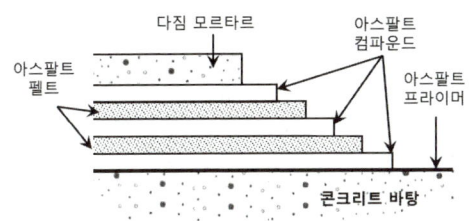 

예제 01 아스팔트 방수시공을 할 때 바탕재와의 밀착용으로 사용하는 것은? [23,22]
① 아스팔트 컴파운드   ② 아스팔트 모르타르
③ 아스팔트 프라이머   ④ 아스팔트 루핑

해설 | 아스팔트 프라이머(asphalt primer)는 아스팔트와 휘발성 용제를 혼합하여 만든 아스팔트로 콘크리트 표면에 도포하여 바탕면에 펠트가 잘 붙게 하기 위해 사용

정답 ③

4) 제품

(1) 아스팔트 펠트

목면, 마사, 양모, 펠트 등의 유기성 섬유를 만들고 **스트레이트 아스팔트**를 침투시켜 만든 것이다. 두루마리 형태로 방수 및 방습성이 넓은 면적을 덮을 수 있어 주로 **아스팔트 방수의 중간층 재료**로 이용한다.

(2) 아스팔트 루핑

아스팔트 펠트의 양면에 **블로운 아스팔트**를 가열·용융시켜 피복한 것으로 평지부의 방수층, 슬레이트 평판, 금속판 등의 지붕깔기바탕 등에 사용된다.

(3) 아스팔트 싱글

주로 지붕재로 사용하기 위해 표면에 돌입자로 코팅한 것으로, 방수성과 내수성, 내변색성이 우수한 재료이다. 일반 아스팔트 싱글의 단위 중량은 $10.3kg/m^2$ 이상 $12.5kg/m^2$ 미만이다.

(4) 아스팔트 에멀전

스트레이트 아스팔트를 가열하여 액상으로 만들고 유화제를 혼입한 것. 주로 도로포장에 사용된다.

예제 02 아스팔트 루핑에 관한 설명으로 옳은 것은? [24,19,16]
① 펠트의 양면에 스트레이트 아스팔트를 가열 용융시켜 피복한 것이다.
② 블론 아스팔트를 용제에 녹인 것으로 액상이다.
③ 석유, 석탄공업에서 경유, 중유 및 중유분을 뽑은 나머지로 대부분은 광택이 없는 고체로 연성이 전혀 없다.
④ 평지부의 방수층, 슬레이트평판, 금속판 등의 지붕깔기바탕 등에 이용된다.

정답 ④

5) 방수층 시공 순서 및 주의사항

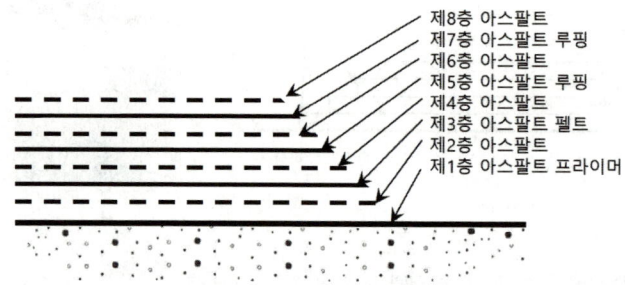

① 펠트의 겹침은 엇갈리게, 가로와 세로 90cm 이상으로 한다.
② 신축줄눈은 3~5m 마다 설치한다.
③ 기온이 0℃ 이하가 되면 작업을 중지한다.

2. 시멘트 액체 방수

방수성이 높은 모르타르를 바탕 표면에 발라 방수층을 만드는 공법으로, 욕실, 지하실, 베란다, 발코니 등 비교적 경미한 방수공사에 활용하는 공법

1) 시공 순서

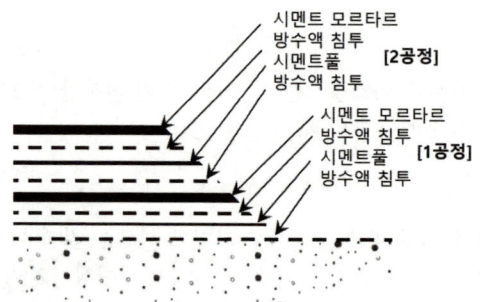

2) 아스팔트 방수 Vs 시멘트 액체방수 비교

구분	아스팔트 방수	시멘트 액체방수
바탕처리	완전건조, 바탕처리 필수	보통건조 바탕처리 불필요
외기온도에 영향	작다.	크다.
방수층의 신축성	크다.	작다.
균열 발생 정도	작다.	크다.
시공 용이성	복잡	간단
공사기간	길다.	짧다.
공사비/보수비	고가	저가
보호누름	필수	불필요
방수층 중량	무거움	가벼움
바탕 상태	나빠도 시공 가능	나쁘면 시공 어려움
보수부위	광범위/보호누름도 재시공	국부적 보수
결함부 발견	어렵다.	쉽다.

3. 기타 방수

1) 도막 방수

합성고분자 방수의 일종으로, 방수 바탕에 합성고무나 합성수지의 용제 또는 유제를 **여러 번 칠하여 얇은 수지피막**을 만들어 방수효과를 형성하는 공법이다.

① 액상의 재료로 복잡한 장소에 시공이 용이하다.
② 경량이며 내후성과 내약품성이 우수하다.
③ 에멀션형, 용제형, 에폭시계 형태로 사용됨

2) 시트 방수

내수성이 강한 시트를 접착제를 이용하여 바탕면에 접착하는 방식이다. 아스팔트 방수는 여러겹을 접착하여 마감 하지만 시트방수는 시트 1장으로 방수 처리를 한다.

① 시공이 간단하며 공기단축 효과가 있고, 방수능력 또한 우수하다.
② 두께가 균일하여 마감면이 미려하게 나올 수 있지만, 시공 후 누수 시 국부적인 보수가 어렵다.
③ 굴곡이 많은 시공부위, 시트와 시트 사이의 이음부의 등은 하자결함이 높다.
④ 일반적 시공 순서
바탕처리 → 프라이머 칠 → 접착제 칠 → 시트붙이기 → 보호층 설치 및 마무리

멤브레인(membrane)방수층에 포함되지 않는 것은? [24,21,18]
① 아스팔트 방수층
② 스테인리스 시트 방수층
③ 합성고분자계 시트 방수층
④ 도막 방수층

해설 | 멤브레인(membrane)방수
아스팔트 루핑, 시트 등의 각종 루핑류를 방수 바탕에 접착시켜 방수층을 형성하는 공법으로 아스팔트방수, 시트방수, 도막방수 등이 있다.

정답 ②

4. 방습공사

방습공사는 지반선(G.L)에 접하는 벽체 또는 바닥판에 지면에서 올라오는 습기, 비와 이슬 등을 내부에 흡수되지 않게 내수성이 있는 마감재로 습기를 방지하는 공사이다.

1) 시공 시 일반사항

① 콘크리트, 블럭, 벽돌 등의 벽체가 지면에 접하는 곳은 지상 100~200mm 정도 위에 수평으로 방습층을 설치한다.
② 방수 모르타르의 바름 두께 및 횟수는 정한 바가 없을 때 두께 15mm 내외의 1회 바름으로 한다.
③ 방습도포는 첫 번째 도포층을 24시간 동안 양생한 후에 반복한다.
④ 아스팔트 펠트, 비닐지의 이음은 100mm 이상 겹치고 필요할 때는 접착제로 접착한다.
⑤ 방습공사 시공법에는 박판 시트계, 아스팔트계, 시멘트 모르타르계 또는 신축성 시트계 등이 있다.

2) 공사 종류

(1) 박판 시트계 방습공사

재료로 종이 적층 방습재료, 적층된 플라스틱 또는 종이 방습재료, 펠트, 아스팔트 필름 방습층, 플라스틱 금속박 방습재료 등을 사용하여 바닥판 상부, 콘크리트 바닥 슬래브 밑의 지면 상부, 내부벽체, 천장 마감 등에 방습시공한다.

(2) 아스팔트 방습공사

아스팔트, 아스팔트 제품을 이용하여 방습시공을 하며, 보통 지표면 아래 구조벽에 외벽 표면의 가열 아스팔트 방습을 하나, 바탕면에 거품이 생길 경우에는 가열 아스팔트를 사용하지 않는다.

(3) 시멘트 모르타르계 방습공사

벽면, 바닥면의 방습을 위해 방수제를 혼합한 시멘트 모르타르로 바른다.

(4) 신축성 시트계 방습공사

가소성 폴리비닐 염화물의 비닐필름 방습지를 접착제를 이용해 바닥판에 밀착되도록 시공한다.

3) 방습층의 보호

① 바닥에 설치된 방습층 상부가 보행 등의 통로가 되어서는 안 된다.
② 방습층에 구멍이 생기거나 기타 하자가 생기지 않도록 한다.

핵심 기출문제

09-3 방수 및 방습공사

1 아스팔트방수

01 ▶16
아스팔트의 분류 중 천연 아스팔트에 해당하는 것은?
① 스트레이트 아스팔트
② 블론 아스팔트
③ 아스팔트 컴파운드
④ 레이크 아스팔트

해설 | 천연 아스팔트
　　　레이크 아스팔트, 로크 아스팔트, 아스팔타이트

02 ▶17
방수공사에서 쓰이는 아스팔트의 양부를 판별하는 성질과 가장 거리가 먼 것은?
① 침입도　　② 신율
③ 마모도　　④ 연화점

해설 | 품질검사 항목
　㉠ 침입도 : 모체에 아스팔트가 침입해 들어가는 비율로서 25℃에서 100g추로 5초 동안 바늘을 누를 때 0.1mm 들어가는 것을 침입도 1이라 한다. (아스팔트의 경도를 나타냄)
　㉡ 연화점 : 아스팔트를 가열하여 부드럽고 무르게 되기 시작하는 온도
　㉢ 인화점 : 아스팔트를 가열하여 불꽃을 발생하며 불이 붙을 때의 온도
　㉣ 감온비 : 아스팔트의 온도변화에 따른 침입도의 변화를 나타내는 수치
　㉤ 신도 : 아스팔트가 늘어나는 정도

03 ▶20
다음 중 아스팔트의 물리적 성질에 있어 아스팔트의 견고성 정도를 평가한 것은?
① 신도　　② 침입도
③ 내후성　　④ 인화점

해설 | 침입도는 아스팔트의 경도를 나타냄

04 ▶21,17
방수재료 중 아스팔트방수층을 시공할 때 제일 먼저 사용되는 재료는?
① 아스팔트　　② 아스팔트 프라이머
③ 아스팔트 루핑　　④ 아스팔트 펠트

해설 | 아스팔트 프라이머(asphalt primer)는 아스팔트와 휘발성 용제를 혼합하여 만든 아스팔트로 콘크리트 표면에 도포하여 바탕면에 펠트가 잘 붙게 하기 위해 사용

05 ▶21,15
아스팔트 방수 재료에 관한 설명으로 옳지 않은 것은?
① 아스팔트 루핑은 펠트의 양면에 블로운 아스팔트를 피복하고, 그 표면에 가는 모래나 광물질 미분말을 부착한 시트상의 제품이다.
② 개량아스팔트 방수시트는 주로 토치버너의 가열에 의해 공사가 이루어진다.
③ 아스팔트 프라이머는 콘크리트 바탕과 방수시트의 접착을 양호하게 유지하기 위한 바탕조정용 접착을 양호하게 유지하기 위한 바탕조정용 접착제이다.
④ 망상 아스팔트 루핑은 아스팔트의 절연 공법에 사용된다.

정답 | 01 ④　02 ③　03 ②　04 ②　05 ④

해설 | 망상 아스팔트 루핑은 천연 또는 합성섬유를 녹여 용융 아스팔트 속으로 통과시켜 냉각시킨후 롤(두루마리) 형태로 만든 제품

06 ▶15
아스팔트의 물리적 성질에 대한 설명 중 옳은 것은?

① 감온성은 블로운 아스팔트가 스트레이트 아스팔트보다 크다.
② 유동성은 블로운 아스팔트가 스트레이트 아스팔트보다 크다.
③ 신도는 스트레이트 아스팔트가 블로운 아스팔트보다 크다.
④ 접착성은 블로운 아스팔트가 스트레이트 아스팔트보다 크다.

해설 | 블로운 아스팔트는 감온성과 신도가 적어 옥상방수에 주로 사용된다.

07 ▶19
스트레이트 아스팔트에 관한 설명으로 옳지 않은 것은?

① 연화점이 비교적 낮고 온도에 의한 변화가 크다.
② 주로 지하실 방수공사에 사용되며, 아스팔트 루핑의 제작에 사용된다.
③ 신장성, 점착성, 방수성이 풍부하다.
④ 아스팔트에 동·식물유지나 광물성 분말등을 혼합하여 만든 것이다.

해설 | 아스팔트 컴파운드(asphalt compound)
  ㉠ 블로운 아스팔트에 동식물성 기름이나 광물질 분말을 혼입하여 품질 개량을 한것이다.
  ㉡ 연화점이 높고 신축성이 가장 큰 최고 제품이다.

08 ▶16
스트레이트 아스팔트와 비교한 합성고무 혼입 아스팔트의 특징이 아닌 것은?

① 감온성이 크다.
② 인성이 크다.
③ 내노화성이 크다.
④ 탄성 및 충격저항이 크다.

해설 | • 감온성은 아스팔트의 온도변화에 따른 침입도의 변화를 나타내는 성질로 스트레이트 아스팔트는 외기온도에 영향을 받아 지하실공사에 사용한다.
  • 합성고무 혼입아스팔트는 외기온도에 영향을 덜 받는다.

09 ▶12
다음 중 스트레이트 아스팔트의 특징으로 옳지 않은 것은?

① 아스팔트 펠트, 아스팔트 루핑의 방수재료 원료로 사용된다.
② 온도에 의한 변화가 크다.
③ 신장성, 점착성, 방수성이 우수하여 주로 옥상방수에 사용된다.
④ 원유를 증류하여 피치가 되기 전에 유출량을 제한하여 잔류분을 반고체형으로 만든 것이다.

해설 | 스트레이트 아스팔트는 신장성, 점착성, 방수성이 우수하며, 연화점이 낮고, 외기온도에 영향을 받아 지하실공사에 사용한다.
옥상방수에는 주로 블로운 아스팔트가 사용된다.

10 ▶17
온도에 대한 감수성 및 신도가 적어 지붕의 방수공사에 가장 적합한 아스팔트는?

① 블로운 아스팔트
② 천연아스팔트
③ 피치
④ 스트레이트 아스팔트

해설 | 블로운 아스팔트(blown asphalt)
  ㉠ 온도에 대한 감온성과 신도가 적고 연화점이 높아 옥상지붕 방수에 많이 사용된다.
  ㉡ 아스팔트 컴파운드 및 아스팔트 프라이머의 원료가 된다.

정답 | 06 ③ 07 ④ 08 ① 09 ③ 10 ①

11 ▶18

목면, 마사, 양모, 폐지 등을 혼합하여 만든 원지에 스트레이트 아스팔트를 침투시킨 두루마리 제품으로 주로 아스팔트방수의 중간층 재료로 이용되는 것은?

① 아스팔트 펠트
② 아스팔트 루핑
③ 아스팔트 싱글
④ 아스팔트 블록

해설 | 아스팔트 펠트
목면, 마사, 양모, 펠트 등의 유기성 섬유를 만들고 스트레이트 아스팔트를 침투시켜 만든 것이다. 두루마리 형태로 방수 및 방습성이 넓은 면적을 덮을 수 있어 주로 아스팔트방수의 중간층 재료로 이용한다.

12 ▶12

아스팔트계 방수재료에 대한 설명 중 옳지 않은 것은?

① 아스팔트 프라이머는 블로운 아스팔트를 용제에 녹인 것으로 액상을 하고 있다.
② 아스팔트 펠트는 유기천연섬유 또는 석면섬유를 결합한 원지에 연질의 블로운 아스팔트를 침투시킨 것이다.
③ 아스팔트 루핑은 아스팔트 펠트의 양면에 블로운 아스팔트를 가열·용융시켜 피복한 것이다.
④ 아스팔트 컴파운드는 블로운 아스팔트의 성능을 개량하기 위해 동식물성 유지와 광물질 분말을 혼입한 것이다.

해설 | 아스팔트 펠트는 유기천연섬유 또는 석면섬유를 결합한 원지에 스트레이트 아스팔트를 침투시킨 것이다.

13 ▶17

방수재료 중 합성고분자루핑에 관한 설명으로 옳지 않은 것은?

① 바탕처리, 건조상태, 먼지의 부착에 따른 영향을 받는다.
② 표면이 평활하고 내수적이다.
③ 자외선을 받으면 경화되어 균열이 생기는 경우가 많다.
④ 열에 의한 신축변형이 작다.

해설 | 합성고분자루핑은 합성고분자를 주원료로 하고 충전제, 가소제 등을 혼합한 것으로 열에 대한 신축변형이 크다.

14 ▶14

지붕공사에 사용되는 아스팔트 싱글제품 중 단위 중량이 $10.3kg/m^2$ 이상 $12.5kg/m^2$ 미만인 것은?

① 경량 아스팔트 싱글
② 일반 아스팔트 싱글
③ 중량 아스팔트 싱글
④ 초중량 아스팔트 싱글

해설 | 아스팔트 싱글
주로 지붕재로 사용하기 위해 표면에 돌입자로 코팅한 것으로, 방수성과 내수성, 내변색성이 우수한 재료이며, 일반 아스팔트 싱글의 단위 중량은 $10.3kg/m^2$ 이상 $12.5kg/m^2$ 미만이다.

2 기타방수

15 ▶18

도료상태의 방수재를 바탕면에 여러 번 칠하여 얇은 수지피막을 만들어 방수효과를 얻는 것으로 에멀션형, 용제형, 에폭시계 형태의 방수공법은?

① 시트방수
② 도막방수
③ 침투성 도포방수
④ 시멘트 모르타르 방수

해설 | 도막 방수
㉠ 액상의 재료로 복잡한 장소에 시공이 용이하다.
㉡ 경량이며 내후성과 내약품성이 우수하다.
㉢ 에멀션형, 용제형, 에폭시계 형태로 사용됨

정답 | 11 ① 12 ② 13 ④ 14 ② 15 ②

16 ▶19

벤토나이트 방수재료에 관한 설명으로 옳지 않은 것은?

① 팽윤특성을 지닌 가소성이 높은 광물이다.
② 콘크리트 시공조인트용 수팽창 지수재로 사용된다.
③ 콘크리트 믹서를 이용하여 혼합한 벤토나이트와 토사를 롤러로 전압하여 연약한 지반을 개량한다.
④ 염분을 포함한 해수에서는 벤토나이트의 팽창반응이 강화되어 차수력이 강해진다.

해설 | 벤토나이트(bantonite) 방수재료
화산재층에서 형성되는 천연의 광물로 염분을 포함한 해수에서는 벤토나이트의 팽창반응이 강화되어 차수력이 약해진다.

17 ▶16

다음 시멘트 모르타르 중 방수 모르타르에 속하지 않는 것은?

① 질석 모르타르
② 규산질 모르타르
③ 발수제 모르타르
④ 액체방수 모르타르

해설 | 질석 모르타르는 경량골재를 사용한 모르타르로 방화, 단열, 흡음성이 우수하다.

18 ▶16

내약품성, 내마모성이 우수하여, 화학공장의 방수층을 겸한 바닥 마무리로 가장 적합한 것은?

① 에폭시 도막방수
② 아스팔트 방수
③ 무기질 침투방수
④ 합성고분자 방수

해설 | 에폭시 도막방수
내약품성, 내마모성이 우수하여, 화학공장의 방수층을 겸한 바닥 마무리로 가장 적합한 것

19 ▶14

지붕 및 일반바닥에 가장 일반적으로 사용되는 것으로 주제와 경화제를 일정 비율 혼합하여 사용하는 2성분형과 주제와 경화제가 이미 혼합된 1성분형으로 나뉘어지는 도막방수재는?

① 우레탄고무계 도막재
② FRP 도막재
③ 고무아스팔트계 도막재
④ 클로로프렌고무계 도막재

해설 | 우레탄고무계 도막재
우레탄 결합이 있어 기계적 강도, 탄력성, 단열성, 내마모성이 매우 우수하여 줄눈 코킹재, 방수재 등으로 사용된다.

정답 | 16 ④ 17 ① 18 ① 19 ①

09-4 단열 및 음향공사

> Pass Note

예상출제문항		키워드
0~1	- 단열재 요구성능 - 유기질 단열재	- 무기질 단열재 - 단열재료 종류

1. 단열공사

열 전도, 대류, 복사 현상을 통해 열은 온도가 높은 곳에서 낮은 곳으로 이동한다. 이러한 열의 이동을 막는 것이 단열공사이며 결로방지 및 냉난방비 절약하는 효과가 있다. 보통 다공질의 경량재료이며 열전도율이 낮아 단열효과가 우수하다.

1) 단열재의 요구성능
① 열전도율, 비중, 흡수율이 낮고 내화성이 좋을 것
② 시공성, 내화성, 내부식성이 우수해야 한다.
③ 같은 두께인 경우 경량재료가 단열에 더 효과적이다.
④ 단열재료의 대부분은 흡음성도 우수하므로 흡음재료로서도 이용된다.
⑤ 유독가스가 발생하지 않고, 사용연한에 따른 변질이 없어야 한다.
⑥ 품질이 균일하고 어느 정도의 기계적인 강도가 있어야 한다.
⑦ 같은 두께인 경우 경량재료가 단열에 더 효과적이다.
※ **구조재 사용 불가**(역학적인 강도가 약하다.)

예제 01 단열재가 구비해야 할 조건으로 옳지 않은 것은? [23, 19, 18]
① 어느 정도의 기계적인 강도가 있을 것
② 열전도율이 낮고 비중이 클 것
③ 내화성 및 내부식성이 좋을 것
④ 흡수율이 낮을 것

해설 | 열전도율, 비중, 흡수율이 낮고 내화성이 좋을 것

정답 ②

2) 단열재의 종류

구분	종류	특성
무기질 단열재	암면	암석(안산암, 현무암, 사문암)을 용융시켜 급랭한 후에 광물섬유를 이용하여 만든 단열재로 주로 **보온재, 절연재, 철골 내화피복재**와 같은 차단재로 사용된다.
	유리면	보통 **유리솜** 또는 **글라스울**이라고 하며 유리의 원료를 녹여서 가는 섬유 모양으로 만든 단열재로 주로 플라스틱제품의 보강용으로 쓰이고 단열재, 전기절연재, 보온재, 방음재 등에 사용된다.
	석면	천연 산출된 무기섬유로 만든 단열재로 내화성, 절연성, 보온성이 우수하고 인장강도가 크나, 습기에 약한 결점이 있다.
	세라믹파이버 (섬유)	실리카+알루미나를 원료로 만든 단열재로 단열재 중에서 가장 높은 온도에서 사용이 가능하다. 열전도율이 매우 낮아 내열성 보온재, 우주 항공기 등에 사용된다.
	규산칼슘판	규산질분말과 석회분말을 오토클레이브 처리하여 보강섬유를 첨가하여 만든 내화 단열판으로 단열재, 철골 내화피복재 등에 사용된다.
	펄라이트	화산석으로 된 진주석 펄라이트입자를 압축성형하여 만든 단열재로 수분 침투에 대한 저항성이 우수하여 배관용 단열재 등에 주로 사용된다.
유기질 단열재	폴리우레탄폼 (경질우레탄폼)	경질인 제품으로 현장에서 발포 시공이 가능하고 우수한 단열성 때문에 **냉동기기**에 많이 사용된다.
	연질섬유판	식물섬유를 물리적, 화학적 처리로 섬유화하여 성형하여 만든다.
	폴리스티렌폼	스티로폼이 하며, 폴리스티렌수지에 발포제를 넣은 다공질의 기포 플라스틱이다.
	셀룰로오스 섬유판	천연의 목질섬유를 가공하여 만들며, 단열성 및 보온성이 우수하다.

예제 02 다음 중 유기질 단열재료에 해당되지 않는 것은? [22,19,12]
① 셀룰로오스 섬유판　　　　② 연질 섬유판
③ 폴리스티렌 폼　　　　　　④ 규산 칼슘판
해설 | 규산 칼슘판- 무기질 단열재료

정답 ④

2. 음향공사

음파는 실내 마감재에 부딪히면 반사, 흡음, 투과 현상이 이루어 진다. 흡음재는 마감재 표면에 입사하는 음에너지의 일부를 흡수하여 반사음을 감소시켜 방음효과를 주는 재료를 말한다.

1) 흡음재의 종류

(1) 다공질 흡음재

표면과 내부에 소기포 또는 세관상의 공극이 많은 조직으로 내부의 공기진동으로 고음역의 흡음효과가 우수하다. 방송국 스튜디오에 많이 사용되며 제품으로 연질 섬유판, 암면, 유공 텍스, 유공 석고보드 패널, 유공 알루미늄 패널 시멘트판 등이 있다.

(2) 판상 흡음재

적당한 크기나 모양의 구멍을 일정 간격으로 타공하여 제작하며, 특징으로는 저음부분에서는 흡음성능이 우수하나, 중·고음부분에서는 흡음성능이 많이 떨어진다. 제품으로 경질 섬유판, 합판, 석고판, 석고보드, 석면판 등이 있다.

(3) 중공형 흡음재

중간에 공기층을 둔 속이 비여 있는 구조로 사용목적에 따른 잔향시간의 조절로, 실의 총흡입량을 가변성 있게 만든 흡음재

(4) 차음재

음원을 격리하기 위해 **투과음이 적게 하여 차음성을 높인 재료**로, 차음 효과를 좋게 하기 위해 중간에 공기층을 둔 **이중벽**이나 서로 다른 재료를 겹친 **합성벽**이 유리하다.

※ 방음 제품 : 코펜하겐 리브, 어코스틱 타일, 구멍합판, 플라스틱 흡음판, 양탄자 등

코펜하겐 리브, 어코스틱 타일(폼) 흡음판

예제 03 차음재료 및 계획에 관한 설명으로 옳지 않은 것은? [건,23,20,18]
① 차음재료란 투과음이 적은 재료를 말한다.
② 차음재료는 흡음재료에 비해 재질에 단단하고 무거우며 정밀하다.
③ 차음계획 상 개구면적을 되도록 작게 하고 벽이나 반자 등에 차음재료를 사용한다.
④ 벽체 등에 공기층을 둔 이중벽 대신 무겁고 두꺼운 한 가지 재료만을 사용하는 것이 더욱 유리하다.

해설 | 차음 효과를 좋게 하기 위해 중간에 공기층을 둔 이중벽이나 서로 다른 재료를 겹친 합성벽이 유리하다.

정답 ④

핵심 기출문제

09-4 단열 및 음향공사

1 단열공사

01 ▶18

단열재료가 구비해야 할 조건이 아닌 것은?

① 열전도율이 낮을 것
② 흡수율이 낮을 것
③ 비중이 클 것
④ 내화성이 좋을 것

해설 | 단열재의 요구성능
㉠ 열전도율, 비중, 흡수율이 낮고 내화성이 좋을 것
㉡ 시공성, 내화성, 내부식성이 우수해야 한다.
㉢ 같은 두께인 경우 경량재료가 단열에 더 효과적이다
㉣ 단열재료의 대부분은 흡음성도 우수하므로 흡음재료로서도 이용된다.
㉤ 유독가스가 발생하지 않고, 사용연한에 따른 변질이 없어야 한다.
㉥ 품질이 균일하고 어느 정도의 기계적인 강도가 있어야 한다.
㉦ 같은 두께인 경우 경량재료가 단열에 더 효과적.
※ 구조재 사용 불가(역학적인 강도가 약하다.)

02 ▶20,15

단열재의 선정조건에 관한 설명으로 옳지 않은 것은?

① 사용연한에 따른 변질이 없을 것
② 유독성 가스가 발생되지 않을 것
③ 열전도율과 흡수율이 낮을 것
④ 구조재로 활용가능한 정도의 역학적인 강도를 가질 것

해설 | 단열재는 강도가 약해 구조재 사용 불가

03 ▶21,17

다음 중 유기질 단열재료가 아닌 것은?

① 연질 섬유판
② 세라믹 파이버
③ 폴리스틸렌 폼
④ 셀룰로즈 섬유판

해설 | 세라믹 파이버 – 무기질 단열재료

04 ▶14

다음 중 무기질 단열재에 해당하는 것은?

① 발포폴리스티렌 보온재
② 셀룰로스보온재
③ 규산칼슘판
④ 경질폴리우레탄폼

해설 | 무기질 단열재
암면, 유리면, 석면, 세라믹파이버(섬유), 규산칼슘판, 펄라이트

05 ▶19

단열재료에 관한 설명으로 옳지 않은 것은?

① 단열재료는 보통 다공질의 재료가 많으며, 열전도율이 낮을수록 단열성능이 좋은 것이라 할 수 있다.
② 암면은 변질되지 않고 내구성이 뛰어나지만, 불에 타고 무겁다는 단점이 있다.
③ 단열재료의 대부분은 흡음성도 우수하므로 흡음재료로도 이용된다.
④ 유리면은 일반적으로 결로수가 부착되면 단열성이 크게 저하되므로 방습성이 있는 시트로 감싼 상태에서 사용된다.

정답 | 01 ③ 02 ④ 03 ② 04 ③ 05 ②

해설| 암면
암석(안산암, 현무암, 사문암)을 용융시켜 급랭한 후에 광물섬유를 이용하여 만든 단열재로 주로 보온재, 절연재, 철골 내화피복재와 같은 차단재로 사용된다. 불에 타지 않으며 가볍다.

06 ▶13
무기질 단열재료 중 암석으로부터 인공적으로 만들어진 내열성이 높은 광물섬유를 이용하여 만드는 제품으로 불에 타지 않으며 가볍고, 단열성, 흡음성이 뛰어난 것은?

① 유리면 ② 암면
③ 세라믹 섬유 ④ 규산칼슘판

해설| 문제 5번 해설참조

07 ▶21
콘크리트 보강용으로 사용되고 있는 유리섬유에 관한 설명으로 옳지 않은 것은?

① 고온에 견디며, 불에 타지 않는다.
② 화학적 내구성이 있기 때문에 부식하지 않는다.
③ 전기절연성이 크다.
④ 내마모성이 크고, 잘 부서지거나 부러지지 않는다.

해설| 유리섬유
통 유리솜 또는 글라스울이라고 하며 유리의 원료를 녹여서 가는 섬유 모양으로 만든 단열재로 주로 플라스틱제품의 보강용으로 쓰이고 단열재, 전기절연재, 보온재, 방음재 등에 사용된다.

08 ▶16
내열성은 높지 않으나 우수한 단열성 때문에 냉동기기에 많이 사용되는 단열재는?

① 규산칼슘판 ② 폴리우레탄폼
③ 세라믹 섬유 ④ 펄라이트판

해설| 폴리우레탄폼
경질인 제품으로 현장에서 발포 시공이 가능하고 우수한 단열성 때문에 냉동기기에 많이 사용된다.

09 ▶15
다음 중 건축용 단열재와 거리가 먼 것은?

① 유리면(glass wool)
② 암면(rock wool)
③ 펄라이트판
④ 테라코타

해설| 테라코타(terra-cotta) - 타일공사 복습
점토를 반죽하여 조각 형틀로 가압성형하여 만든 점토제품으로 구조용 가벽이나 장식벽, 장식용 돌림대, 기둥, 주두 등 내·외장 장식용 제품에 사용되는 속이 빈 제품

2 음향공사

10 ▶건,15
흡음재료의 특성에 대한 설명으로 옳은 것은?

① 유공판 재료는 연질섬유판, 흡음텍스가 있다.
② 판상 재료는 뒷면의 공기층에 강제진동으로 흡음 효과를 발휘한다.
③ 유공판 재료는 재료 내부의 공기 진동으로 고음역의 흡음 효과를 발휘한다.
④ 다공질 재료는 적당한 크기나 모양의 관통 구멍을 일정 간격으로 설치하여 흡음 효과를 발휘한다.

해설| 다공질 재료
표면과 내부에 소기포 또는 세관상의 공극이 많은 조직으로 내부의 공기진동으로 고음역의 흡음효과가 우수하다. 방송국 스튜디오에 많이 사용되며 제품으로 연질섬유판, 암면, 유공 텍스, 유공 석고보드 패널, 유공 알루미늄 패널 시멘트판 등이 있다.
유공판 재료
적당한 크기와 모양의 관통 구멍을 일정한 간격으로 설치 흡음 효과를 낸다.

정답| 06 ② 07 ④ 08 ② 09 ④ 10 ②

11 ▶건,19
차음 재료의 요구 성능에 관한 설명으로 옳은 것은?

① 비중이 작을 것
② 음의 투과손실이 클 것
③ 밀도가 작을 것
④ 다공질 또는 섬유질이어야 할 것

해설 | 차음재
음원을 격리하기 위해 투과음이 적게 하여 차음성을 높인 재료로, 차음 효과를 좋게 하기 위해 중간에 공기층을 둔 이중벽이나 서로 다른 재료를 겹친 합성벽이 유리하다.
※ 방음 제품 : 코펜하겐 리브, 어코스틱 타일, 구멍합판, 플라스틱 흡음판, 양탄자 등

12 ▶건,14
코펜하겐 리브판에 대한 설명 중 틀린 것은?

① 두께 50mm, 나비 100mm 정도의 판을 가공한 것이다.
② 집회장, 강당, 영화관, 극장에 붙여 음향조절 효과를 낸다.
③ 열의 차단성이 우수하며 강도도 커서 외장용으로 주로 사용된다.
④ 원래 코펜하겐의 방송국 벽에 음향효과를 내기 위해 사용한 것이 최초이다.

해설 | 코펜하겐 리브(copenhagen rib)
두께 5cm, 나비 10cm 정도의 긴 판에다 표면을 리브로 가공한 것이다. 원래 코펜하겐의 방송국 벽에 음향효과를 내기 위해 사용한 것이 최초이다.
㉠ 음향조절효과, 장식효과가 있다.
㉡ 용도 : 강당, 극장, 영화관, 집회장 등의 천장이나 내벽에 쓰인다.

13 ▶건,21
목재 가공 제품 중 집회장, 강당, 영화관, 극장 등의 천장 또는 내벽에 붙여 음향조절 효과와 장식효과를 내기 위해 사용하는 것은?

① 파키트리 보드(parquetry board)
② 플로링 보드(flooring board)
③ 코펜하겐 리브(copenhagen rib)
④ 파키트리 패널(parquetry panel)

해설 | 문제 12번 해설참조

정답 | 11 ② 12 ③ 13 ③

09-5 합성수지공사

> Pass Note

예상출제문항	키워드
0~1	- 접착제별 특성 - 합성수지 특성	- 열가소성수지 - 실리콘, 아크릴, 멜라민 수지

1. 합성수지 특성 및 종류

1) 합성수지(Plastic)의 특성

장점	단점
• 가소성이 크고 성형가공성이 용이하다. • **전성, 연성이 크고 피막이 강하다.** • 접착성이 크고 기밀성, 안정성이 큰 것이 많다. • 내산성, 내알카리성 등의 내화학성 및 전기절연성이 우수하다. • 건조시간이 빠르고 도막이 단단하며 표면 광택이 우수하다. • 착색이 자유롭고 투수성이 없다.	• 탄성계수 및 강도가 강재보다 작다. • 내열성, 내화성이 작고 비교적 저온에서 연화된다. • **내마모성, 표면 강도가 약하다.** • 열에 의한 팽창과 수축이 크므로 열에 의한 신축을 고려 • **압축강도 이외의 강도가 작다.**

2) 합성수지의 종류

(1) 열가소성수지

가열하면 연화되어 변형되나 냉각시키면 그대로 굳어지며 연화점은 60~80℃로, 2차 성형이 가능하다.

종류	특성	용도
아크릴수지	투명도가 높으므로 유기유리라는 명칭이 있으며 착색이 자유롭고 **내충격강도가 유리의 약 10배** 이상이다.	채광판, 유리대용품, 도어판, 칸막이판, 도료
염화비닐수지 (PVC)	전기전열성, 내약품성이 우수하나 고온, 저온에 약하다.	**시트, 파이프, 튜브** 등의 성형품, 도료 및 접착제
초산비닐수지	무색투명하며 접착성이 양호하나 내열성이 부족	접착제, 도료, 비닐론 도료
폴리스티렌수지 (PS)	• 무색 투명한 액체로 유기용제에 침해되기 쉽다. • 내수, 내화, 전기절연성, 내수성, 가공성이 좋다.	**스티로폼**, 벽타일, 천장재, 블라인드, **발포** 보온판
폴리에틸렌수지 (PE)	• 유백색의 불투명한 수지로 상온에서 유연성이 크고 내충격성도 일반 플라스틱의 약 6배 정도이다. • 내약품성, 전기절연성, 내수성이 매우 우수하다.	방수·방습시트, 포장필름, 전선피복, 도료, 접착제
메타 크릴수지	• 투명도가 매우 높아 항공기의 방품유리 및 일반 **유리 대용품**으로 많이 사용됨 • 강인성, 내약품성, 내후성이 우수하다.	방풍유리, 조명기구, 선풍기 날개, 도료, 접착제

폴리아미드수지	엔지니어링 플라스틱 중의 하나로 **나일론 수지**라고 도 하며, 강인하고 내마모성도 우수하다.	**알루미늄 새시, 도어체크, 커튼롤러**, 건축물 장식용품
ABS 수지	충격성, 치수 정확성, 경도, 안전성 등 모두 우수하다.	파이프, 판재, 전기부품
불소수지	내열성, 내약품성이 우수하다.	파이프, 패킹류
셀룰로이드	투명도, 가소성, 가공성이 양호하나 내열성이 부족하다.	유리 대용품

 발포제로서 보드상으로 성형하여 단열재로 널리 사용되며 건축물의 천장재, 블라인드 등에도 널리 쓰이는 열가소성 수지는? [24, 21, 20, 16]
① 알키드 수지 ② 요소 수지
③ 폴리스티렌 수지 ④ 실리콘 수지

해설 | 폴리스티렌 수지(PS)
　　　발포제(거품이 나는 제품)로 보드상으로 성형하여 스티로폼, 벽타일, 천장재, 블라인드, 발포 보온판 등으로 사용된다.

정답 ③

(2) 열경화성수지

가열하면 굳어져서 다시 가열하여도 연화되거나 녹지 않는 수지로서 연화점은 130~200℃로, 2차 성형이 불가능하다.

종류	특성	용도
페놀수지 (베이클라이트)	매우 견고하고 전기절연성, 내산성, 내열성, 내수성 우수하나, 내알카리성이 약하다.	전기제품, 덕트, 파이프, 배전판, 접착제
요소수지	무색으로 착색이 자유롭고, 내수성이 약하다.	일용잡화, 도료, 접착제
멜라민수지	• 요소수지보다 성능이 높다. • 표면경도가 크고 아름다운 광택을 지니면서 **착색이 자유롭고 내열성이 우수**한 것으로 마감재, 전기부품 등에 활용된다.	멜라민치장판, 마감재, 조작재, 가구재, 접착제
알키드수지	• 내후성은 우수하나 내수성, 내알칼리성은 약하다. • 전기적 성능이 우수하며 접착성이 좋다.	도료(래커, 바니시), 접착제
폴리에스테르수지	• 내구성, 내후성, 가요성, 열절연성, 내열성, 내약품성이 우수하다. • 유리섬유로 보강하면 **강철과 유사한 강도**를 나타내며 구조재나 설비재로 이용된다.	아케이드창, 루버, 도료, 욕조, FRP, 접착제
실리콘수지	• **-60~260℃의 범위에서 안정**하고 탄성을 가지며 내화학성이 우수하여 접착제와 도료에 쓰이는 고가의 합성수지 • 내후성도 우수하고 발수성이 있기 때문에 건축물, 전기 절연물 등의 **방수용 코킹재**로 쓰인다. • 합성수지 중 **내열성이 가장 우수**하다.	방수제, 도료, 접착제
에폭시수지	접착력이 좋아 알루미늄 등 경금속의 접착에 쓰인다. 내약품성, 내열성이 우수하고 다소 고가이다.	접착제, 금속도료, 보온보냉제, 내수피막제
폴리우레탄수지	열절연성, 내열성, 내약품성, 내충격성이 우수하다.	단열재, 쿠션재

예제 02 수지성형품 중에서 표면경도가 크고 아름다운 광택을 지니면서 착색이 자유롭고 내열성이 우수한 것으로 마감재, 전기부품 등에 활용되는 수지는? [25,22]

① 멜라민수지 ② 에폭시수지
③ 폴리우레탄수지 ④ 실리콘수지

해설 | 멜라민수지
표면경도가 크고 아름다운 광택을 지니면서 착색이 자유롭고 내열성이 우수한 것으로 멜라민치장판, 마감재, 조작재, 가구재, 접착제마감재, 전기부품 등에 활용된다.

정답 ①

2. 합성수지 제품

1) 판상제품

종류	특성
폴리에스테르 강화판	유리섬유를 불규칙하게 상온가압하여 성형한 판으로 알칼리 이외의 화학약품에 대한 저항성이 있고 **내구성이 좋아 내·외장재로 사용**된다.
폴리에스테르 치장판	표면에 폴리에스테르 피막을 입힌 외관이 미려한 판상제품으로 내벽판, 천장판, 가구판 등에 사용된다.
아크릴판	아크릴 원료의 착색 투명판상, 반투명판상제품 등이 있다.
염화비닐판	수지 원료의 투명판, 불투명판, 무늬판 등이 있다.
멜라민수지판	경도가 크고 아름다운 광택을 지닌 치장판으로 내장재, 가구재로 사용되며, 내열·내수성이 부족하여 외장재로는 부적당하다.

예제 03 합성수지 제품 중 경도가 크나 내열·내수성이 부족하여 외장재로는 부적당하며 내장재·가구재로 사용되는 것은? [23,21]

① 폴리에스테르 강화판 ② 멜라민 치장판
③ 페놀 수지판 ④ 아크릴 평판

정답 ②

2) 바닥판제품

① 비닐수지계 : 비닐타일, 비닐시트
② 유지계 : 리놀륨, 리노타일
③ 고무계 : 고무타일, 고무시트
④ 아스팔트계 : 아스팔트 타일

3) 기타제품

① 도장재료 : 멜라민 페인트, 비닐 에나멜
② 방수제 : 실리콘 방수제
③ 기타 : 신축줄눈(실리콘 고무, 네오플랜), 계단논슬립(염화비닐), 조이너(경질 염화비닐계)

3. 접착제

1) 합성수지계 접착제

종류	특성 및 용도
에폭시수지 접착제	• 점성이 매우 높아 접착력이 강하며 내수성, 내습성, 내약품성, 내산, 내알칼리성 등이 우수하나, 유연성 부족, 경화제를 병행 사용, 고가인 것이 단점이다. • **최고의 성능으로 콘크리트, 항공기, 기계부품 등의 접착에 사용되는 만능형 접착제**이다.
멜라민수지 접착제	• 특히 목재와의 접착성이 우수하고 내수성, 내열성이 좋다. • 고가이며 **목재외 금속, 고무, 유리 접착은 부적당**하다.
실리콘수지 접착제	특히 **내열성과 내수성이 우수**하며 내연성, 전기적 절연성이 좋아 유리섬유판, 텍스, 피혁류 등 광범위한 용도의 접착제와 방수제로도 쓰인다.
페놀수지 접착제	**주로 목재 제품**, 합판 등에 주로 사용되며, 접착력, 내열성, 내수성, 내구성이 우수하다.
비닐수지 접착제	• 가격이 저렴하여 일반적으로 많이 사용되나 **내열성과 내수성이 부족**하여 **실외 사용에 부적합**하다. • 도배, 목재 등의 접착에 사용한다.
요소수지 접착제	• 가격이 **가장 저렴**하여 목재 접합, 합판 제조 등에 많이 사용된다. • 내수성이 부족하나 노화성은 크다.
푸란수지 접착제	• 내산, 내알칼리, 접착력이 우수하다. • 도자기, 벽돌, 콘크리트, 유리, 금속, 화학공장 벽돌 및 타일 등에 사용된다. • (내열성이 최고로 180℃까지 저항성이 있다.)
※ 접착력 크기 순서	**에폭시수지 > 요소수지 > 멜라민수지 > 페놀수지 > 초산비닐수지**
※ 내수성 크기 순서	**실리콘수지 > 에폭시수지 > 페놀수지 > 멜라민수지 > 요소수지 > 아교**
※ 건축공사용 접착제	주로 에폭시수지 접착제와 비닐수지 접착제가 많이 사용된다.

 급경성으로 내알칼리성 등의 내화학성 및 접착력, 내수성이 우수한 고가의 합성수지 접착제로 금속, 석재, 도자기, 유리, 콘크리트, 플라스틱재 등의 접착에 모두 사용되는 것은? [24, 20]
① 에폭시수지 접착제 ② 멜라민수지 접착제
③ 요소수지 접착제 ④ 폴리에스테르수지 접착제

정답 ①

2) 기타 접착제

(1) 단백질계 접착제

종류	특성 및 용도
동물성 단백질계	• 카세인, 아교, 알부민 등 • 동물질 아교는 비교적 접착력이 크고 취급하기 용이하나 내수성이 부족하다. • 주로 합판, 목재창호, 가구 접착용으로 사용된다. 　※ 카세인, 아교의 주성분은 **우유**
식물성 단백질계	대두교, 전분 등

(2) 고무계 접착제

종류	특성 및 용도
천연고무	천연라텍스를 정제한 것으로 광선을 흡수하면 점차 분해되어 접착성이 높아진다.
네오프랜	합성고무 접착제로서 내약품성, 내유성, 접착력이 우수하다.
치오콜	• 고무계로 내유성, 내약품성이 우수하여 줄눈재 또는 구멍을 메꾸는 **코킹재로** 사용 • 건조시간이 짧아 작업속도가 향상되며 내유성이 강해 1차 실링제를 보호한다.

핵심 기출문제

09-5 합성수지공사

1 합성수지 특성 및 종류

01 ▶15
합성수지의 일반적인 성질에 대한 설명으로 틀린 것은?
① 전성, 연성이 크고 피막이 강하다.
② 접착성이 크고 기밀성, 안정성이 큰 것이 많다.
③ 마모가 적고 탄력성이 작다.
④ 착색이 자유롭고 투수성이 없다.

해설 | 내마모성, 표면 강도가 약하다.

02 ▶19
합성수지의 일반적인 성질에 관한 설명으로 옳지 않은 것은?
① 착색이 자유롭고 가공성이 우수하다.
② 내열성, 내화성이 작고 비교적 저온에서 연화된다.
③ 전성, 연성이 작아 표면에 상처가 나기 쉽다.
④ 내산, 내알칼리 등의 내화학성 및 전기절연성이 우수하다.

해설 | 전성, 연성이 크고 피막이 강하다.
 ※ 전성 : 얇은 판으로 가공할 수 있는 성질
  연성 : 가는 선으로 늘릴 수 있는 성질

03 ▶17
다음 합성수지 중 열가소성 수지에 해당하는 것은?

A. 페놀수지	B. 아크릴수지
C. 폴리에틸렌수지	D. 염화비닐수지
E. 프란수지	F. 멜라민 수지

① A, B, E ② A, C, D
③ B, C, D ④ B, C, E

해설 | 열가소성수지
 가열하면 연화되어 변형되나 냉각시키면 그대로 굳어지며 연화점은 60~80℃로, 2차 성형이 가능하다.
 아크릴수지, 염화비닐수지(PVC), 초산비닐수지, 폴리스티렌수지, 폴리에틸렌수지, 메탈 크릴수지, 폴리아미드수지, ABS 수지, 불소수지, 셀룰로이드

04 ▶16
다음 중 열경화성수지에 속하는 것은?
① 불소수지
② 알키드수지
③ 폴리에틸렌수지
④ 염화비닐수지

해설 | 열경화성수지
 가열하면 굳어져서 다시 가열하여도 연화되거나 녹지 않는 수지로서 연화점은 130~200℃로, 2차 성형이 불가능하다.
 페놀수지, 요소수지, 멜라민수지, 알키드수지, 폴리에스테르수지, 실리콘수지, 에폭시수지, 폴리우레탄수지

05 ▶19
다음 중 열가소성수지가 아닌 것은?
① 아크릴수지
② 염화비닐수지
③ 폴리스티렌수지
④ 페놀수지

해설 | 페놀수지-열경화성수지

정답 | 01 ③ 02 ③ 03 ③ 04 ② 05 ④

06

플라스틱 재료의 열적 성질에 관한 설명으로 옳지 않은 것은?

① 내열온도는 일반적으로 열경화성수지가 열가소성 수지보다 크다.
② 열에 의한 팽창 및 수축이 크다.
③ 실리콘수지는 열변형온도가 150℃ 정도이며, 내열성이 낮다.
④ 가열을 심하게 하면 분자간의 재결합이 불가능하여 강도가 현저하게 저하되는 현상이 발생한다.

해설 | 실리콘수지
-60~260℃의 범위에서 안정하고 탄성을 가지며 내화학성이 우수하여 접착제와 도료에 쓰이는 고가의 합성수지로 합성수지 중 내열성이 가장 우수하다.

07

실리콘(Silicon)수지에 관한 설명으로 옳지 않은 것은?

① 탄력성, 내수성 등이 아주 우수하기 때문에 접착제, 도료로서 주로 사용된다.
② 70~80℃의 고온에서는 연화되는 단점이 있다.
③ 가소물이나 금속을 성형할 때 이형제로 쓸수 있을 정도로 피복력이 있다.
④ 발수성이 있기 때문에 건축물, 전기 절연물 등의 방수에 쓰인다.

해설 | 문제 6번 해설참조

08

실리콘(silicon)수지에 관한 설명으로 옳지 않은 것은?

① 실리콘수지는 내열성, 내한성이 우수하여 -60~260℃의 범위에서 안정하다.
② 탄성을 지니고 있고, 내후성도 우수하다.
③ 발수성이 있기 때문에 건축물, 전기 절연물 등의 방수에 쓰인다.
④ 도료로 사용한 경우 안료로서 알루미늄 분말을 혼합한 것은 내화성이 부족하다.

해설 | 실리콘수지
내화학성, 내화성이 우수하여 접착제와 도료에 쓰이는 고가의 합성수지

09

다음 합성수지 중 내열성이 가장 우수한 것은?

① 페놀수지   ② 멜라민수지
③ 실리콘수지 ④ 염화비닐수지

해설 | 실리콘수지는 고가의 합성수지로 합성수지 중 내열성이 가장 우수하다.

10

실리콘 수지에 관한 설명으로 옳은 것은?

① 평판 성형되어 글라스와 같이 이용되는 경우가 많으며 유기유리라고도 불린다.
② 물을 튀기는 성질이 있어 방습켜가 없는 벽체에 주입하여 습기가 스며 오르는 것을 막는데 쓰인다.
③ 아미노계에 속하는 열가소성수지로 내수성이 크고 열탕에서도 침식되지 않는다.
④ 발포제로서 보드상으로 성형하여 단열재로 널리 사용되며 건축용 벽타일, 천장재, 전기용품 등에 쓰인다.

해설 | 발수성이 있기 때문에 건축물, 전기 절연물 등의 방수용 코킹재로 쓰인다.

11

합성수지 중 무색 투명판으로 착색이 자유롭고 내충격강도가 무기유리의 10배 정도가 되며 내약품성이 우수한 수지제품으로 유기유리라고도 하는 것은?

① 초산비닐수지   ② 폴리에스테르수지
③ 멜라민 수지   ④ 아크릴 수지

해설 | 아크릴수지
투명도가 높으므로 유기유리라는 명칭이 있으며 착색이 자유롭고 내충격강도가 유리의 약 10배 이상이다. 채광판, 유리대용품, 도어판, 칸막이판, 도료로 사용

정답 | 06 ③ 07 ② 08 ④ 09 ③ 10 ② 11 ④

12 ▶18

투명도가 높으므로 유기유리라는 명칭이 있으며, 착색이 자유롭고 내충격강도가 크고, 평판, 골판 등의 각종 형태의 성형품으로 만들어 채광판, 도어판, 칸막이벽 등에 쓰이는 합성수지는?

① 폴리스티렌수지 ② 에폭시수지
③ 요소수지 ④ 아크릴수지

해설 | 문제 11번 해설참조

13 ▶18,14

합성수지 중에서 파이프, 튜브, 물받이통 등의 제품에 가장 많이 사용되는 열가소성수지는?

① 페놀수지 ② 멜라민수지
③ 프란수지 ④ 염화비닐수지

해설 | 염화비닐수지(PVC)
전기전열성, 내약품성이 우수하나 고온, 저온에 약하다. 필름, 시트, 파이프 등의 성형품, 도료 및 접착제로 사용.

14 ▶13,12

전기절연성, 내열성이 우수하고 특히 내약품성이 뛰어나며 유리섬유로 보강하여 강화플라스틱(F.R.P)의 제조에 사용되는 합성수지는?

① 멜라민수지
② 불포화폴리에스테르수지
③ 페놀수지
④ 염화비닐수지

해설 | 폴리에스테르수지
내구성, 내후성, 가요성, 열절연성, 내열성, 내약품성이 우수하다. 유리섬유로 보강하면 강철과 유사한 강도를 나타내며 구조재나 설비재로 이용된다.
아케이드창, 루버, 도료, 욕조, FRP, 접착제로 사용

15 ▶19

열가소성 수지 중 투광성이 높고 경량이며 내후성과 내약품성, 역학적 성질이 뛰어나기 때문에 유리 대용품으로서 광범위하게 이용되고 있는 것은?

① 염화비닐수지 ② 폴리에틸렌수지
③ 메타크릴수지 ④ 폴리프로필렌수지

해설 | 메타크릴수지
투명도가 매우 높아 항공기의 방품유리 및 일반 유리 대용품으로 많이 사용되며 강인성, 내약품성, 내후성이 우수하다.

16 ▶15

엔지니어링 플라스틱 중의 하나로 나일론 수지라고도 하며, 비중 1.14, 인장강도 800kgf/cm^2, 휨강도 1,050 kgf/cm^2 정도의 강인한 수지로, 알루미늄 새시나 도어체크, 또는 커튼롤러 등에 사용되고 있는 수지는?

① 폴리카보네이트 수지
② 페놀 수지
③ 폴리아미드 수지
④ 후프화 비닐수지

해설 | 폴리아미드 수지
엔지니어링 플라스틱 중의 하나로 나일론 수지라고도 하며, 강인하고 내마모성도 우수하여 알루미늄 새시나 도어체크, 또는 커튼롤러 등에 사용된다.

17 ▶13,12

유리섬유를 폴리에스테르수지에 혼입하여 가압 성형한 판으로 내구성이 좋아 내·외장재로 사용하는 것은?

① 아크릴평판 ② 멜라민치장판
③ 폴리스티렌투명판 ④ 폴리에스테르강화판

해설 | 폴리에스테르강화판
유리섬유를 불규칙하게 상온가압하여 성형한 판으로, 알칼리 이외의 화학약품에 대한 저항성이 있고 설비재, 내외 수장재로 사용된다.

정답 | 12 ④ 13 ④ 14 ② 15 ③ 16 ③ 17 ④

2 접착제

18 ▶19
건축용 접착제로서 요구되는 성능에 해당되지 않는 것은?

① 진동, 충격의 반복에 잘 견딜 것
② 장기부하에 의한 크리프가 클 것
③ 취급이 용이하고 독성이 없을 것
④ 고화 시 체적수축 등에 의한 내부변형을 일으키지 않을 것

해설 | 장기 하중, 부하에 의한 크리프가 없을 것
※ 크리프(creep) [콘크리트 공사 복습]
재료에 지속적으로 하중을 가하면 하중의 증가 없이 시간이 경과에 따라 변형이 증대 되는 현상

19 ▶13
비스페놀과 에피클로로히드린의 반응으로 얻어지며 주제와 경화제로 미루어진 2성분계의 접착제로서 금속, 플라스틱, 도자기, 유리 및 콘크리트 등의 접합에 널리 사용되는 접착제는?

① 실리콘수지 접착제
② 비닐수지 접착제
③ 에폭시수지 접착제
④ 아크릴수지 접착제

해설 | 에폭시수지 접착제
㉠ 점성이 매우 높아 접착력이 강하며 내수성, 내습성, 내약품성, 내산, 내알칼리성 등이 우수하나, 유연성 부족, 경화제를 병행 사용, 고가인 것이 단점이다.
㉡ 최고의 성능으로 콘크리트, 항공기, 기계부품 등의 접착에 사용되는 만능형 접착제이다.

20 ▶15
각종 접착제에 관한 설명 중 옳지 않은 것은?

① 동물질 아교는 비교적 접착력이 크고 취급하기 용이 하나 내수성이 부족하다.
② 페놀수지 접착제는 목재, 금속, 플라스틱 및 이들 이종재(異種材)간의 접착에 사용된다.
③ 에폭시수지 접착제는 목재, 석재의 접합에는 적당 하나 금속 접합에는 사용할 수 없다.
④ 비닐수비 접착제는 내열성, 내수성이 떨어져 옥외 사용에는 적당하지 않다.

해설 | 문제 19번 해설참조

21 ▶13
급경성으로 내알칼리성 등의 내화학성이나 접착력이 크고 내수성이 우수한 합성수지질 접착제로 금속, 석재, 도자기, 유리, 콘크리트, 플라스틱재 등의 정착에 사용되는 것은?

① 에폭시수지 접착제
② 엘라민수지 접착제
③ 요소수지 접착제
④ 폴리에스테르수지 접착제

해설 | 문제 19번 해설참조

22 ▶18
목재접합, 합판제조 등에 사용되며, 다른 접착제와 비교하여 내수성이 부족하고 값이 저렴한 접착제는?

① 요소수지 접착제
② 푸린수지 접착제
③ 에폭시수지 접착제
④ 실리콘수지 접착제

해설 | 요소수지 접착제
㉠ 가격이 가장 저렴하여 목재 접합, 합판 제조 등에 많이 사용된다.
㉡ 내수성이 부족하나 노화성은 크다.

정답 | 18 ② 19 ③ 20 ③ 21 ① 22 ①

23 ▶16
가열가압에 의해 두꺼운 합판도 쉽게 접합할 수 있는 등 주로 목재 제품에 사용되며, 내수성, 내열성, 내한성이 우수한 접착제는?
① 카세인
② 아교
③ 페놀수지 접착제
④ 치오콜

해설 | 페놀수지 접착제
합판, 목재 제품 등에 주로 사용되며, 접착력, 내열성, 내수성, 내구성이 우수하다.

24 ▶15
합성수지 접착제로서 용제형과 에멀션형으로 구분될 수 있으며 값이 싸고 작업성이 좋아 목재를 비롯한 광범위한 접착제로 사용될 수 있으나 내열성·내수성이 떨어져 옥외사용에는 적당하지 않은 접착제는?
① 에폭시수지 접착제
② 비닐수지 접착제
③ 카세인
④ 페놀수지 접착제

해설 | 비닐수지 접착제
가격이 저렴하여 일반적으로 많이 사용되나 내열성과 내수성이 부족하여 실외 사용에 부적합하다. 도배, 목재 등의 접착에 사용한다.

25 ▶12
다음 중 내수성이 높고 내열성이 매우 우수하며 유리섬유판, 텍스 접착의 용도로 쓰는 접착제는?
① 페놀수지 접착제
② 실리콘수지 접착제
③ 요소수지 접착제
④ 멜라민수지 접착제

해설 | 실리콘수지 접착제
특히 내열성과 내수성이 우수하며 내연성, 전기적 절연성이 좋아 유리섬유판, 텍스, 피혁류 등 광범위한 용도의 접착제와 방수제로도 쓰인다.

26 ▶18
단백질계 접착제인 카세인 아교의 주성분은?
① 녹말
② 난백
③ 우유
④ 동물의 가죽이나 뼈

해설 | 동물성 단백질계
㉠ 카세인, 아교, 알부민 등
㉡ 동물질 아교는 비교적 접착력이 크고 취급하기 용이하나 내수성이 부족하다.
㉢ 주로 합판, 목재창호, 가구 접착용으로 사용된다.
※ 카세인, 아교의 주성분은 우유

27 ▶13
고무계로 내유성, 내약품성이 우수하여 줄눈재 또는 구멍을 메꾸는데 사용되는 코킹재는?
① 치오콜
② 해초풀
③ 알부민
④ 카세인

해설 | 치오콜
줄눈재 또는 구멍을 메꾸는데 사용되며 건조시간이 짧아 작업속도가 향상되며 내유성이 강해 1차 실링제를 보호 한다.
고무계 접착제 : 천연고무, 네오플랜, 치오콜

정답 | 23 ③ 24 ② 25 ② 26 ③ 27 ①

핵심 기출문제

09-6 기타 (재료일반)

01 ▶21
건축재료의 화학조성에 의한 분류 중 무기재료에 포함되지 않는 것은?
① 콘크리트 ② 철강
③ 목재 ④ 석재

해설 | 무기재료 : 금속, 비금속(석재, 시멘트) 등
유기재료 : 천연재료(목재, 아스팔트), 합성수지(플라스틱, 도료, 접착제) 등

02 ▶20
건물 바닥용 제품에 해당되지 않는 것은?
① 염화비닐 타일
② 아스팔트 타일
③ 시멘트 사이딩 보드
④ 리놀륨

해설 | 시멘트 사이딩 보드는 외부 벽면 마감재이다.

03 ▶20
건축 구조재료의 요구성능을 역학적 성능, 화학적 성능, 내화성능 등으로 구분할 때 다음 중 역학적 성능에 해당되지 않는 것은?
① 내열성 ② 강도
③ 강성 ④ 내피로성

해설 | 내열성은 내화성능이 해당된다.

04 ▶19,15
건축재료의 요구성능 중 마감재료에서 필요성이 가장 적은 항목은?
① 화학적 성능 ② 역학적 성능
③ 내구성능 ④ 방화·내화 성능

해설 | 건축 구조재의 요구성능에서는 역학적 성질이 중요하나 마감재료에서는 그 중요도가 다른 성능에 비해 중요성이 떨어진다.

05 ▶18
다음 재료 중 열전도율이 가장 작은 것은?
① 콘크리트
② 코르크판
③ 알루미늄
④ 주철

해설 | 열전도율 크기
구리 > 알루미늄 > 철 > 콘크리트 > 벽돌 > 물 > 목재 > 공기

06 ▶17
재료의 단단한 정도를 나타내는 용어는?
① 연성
② 인성
③ 취성
④ 경도

해설 | 경도(hardness)
재료의 딱딱한 정도를 말하는 것으로, 그 표시 방법은 긁히는 데에 대한 저항 정도, 새김질에 대한 저항정도, 탄력 정도, 마멸에 대한 저항 등으로 나타낸다.

정답 | 01 ③ 02 ③ 03 ① 04 ② 05 ② 06 ④

07 ▶16
재료에 외력을 가할 때 작은 변형만 나타나도 파괴되는 성질은?

① 연성　　　② 취성
③ 인성　　　④ 탄성

해설 | 취성(취약성, brittleness)
어떤 재료에 외력을 가하였을 때, 작은 변형만 나타내도 곧 파괴되는 성질

08 ▶17
세계 각국에서 제정한 공업규격의 명칭을 나타낸 것으로 옳지 않은 것은?

① KS - 한국　　　② JIS - 일본
③ DIN - 덴마크　　④ BS - 영국

해설 | 덴마크 국가 규격
DS(DENSK STANDARDS)

09 ▶16
다음 각 재료와 그 재료의 성질을 평가하는 주요인자가 서로 관계 없는 것끼리 짝지어진 것은?

① 시멘트 - 분말도　　② 골재 - 입도
③ 철근 - 연신율　　　④ 콘크리트 - 연화점

해설 | 콘크리트는 가장 내화성이 우수한 재료로 연화점은 주요인자가 아니다.

10 ▶16
다음 중 비강도가 가장 큰 재료는?

① 비닐　　　② 소나무
③ 연강　　　④ 콘크리트

해설 | 비강도는 비중에 비한 강도 크기로 목재는 비중에 비하여 강도, 인성 및 탄성이 크다.(비강도가 큰 편이다.)

정답 | 07 ②　08 ③　09 ④　10 ②

Chapter 02

실내디자인 시공관리

최근 10개년 출제문항수 **12개**

New_ 2022년 이후 평균 출제비중 **7.5%**

Chapter 출제경향분석

Section	출제비율
01 공정 계획 관리	2.5%
02 안전 관리	2.5%
03 시공 감리	2.5%

01 공정 계획 관리

> **Pass Note**

예상출제문항	키워드
0~1	– 공정표별 특성 – 네트워크공정표 용어	– 안전관리 이론 – TQC의 7가지 도구

1. 공정관리

1) 공정관리
프로젝트를 지정된 공사기간 내에 예정된 예산에 맞추어 양질의 품질을 경제적으로 빠르게 안전하게 시공을 하기 위한 관리

2) 공정계획
프로젝트를 공사기간 내에 완성시키기 위하여 공사내용 및 공사 관리의 목적을 명확히 제시하고 작업의 순서를 반영하여 실내공사의 **작업을 세분화 후 도표화(공정표)** 시킨다.

기술적인 순서와 상호관계를 정리하고 설계도서, 시방서, 물량산출서, 견적서를 기초로 작업에 투여되는 인력, 장비, 자재의 수량을 비교·검토한다.

예제 01 다음은 공사현장에서 이루어지는 업무에 관한 설명이다. 이 업무의 명칭으로 옳은 것은? [23, 22]

> 공사 내용을 분석하고 공사 관리의 목적을 명확히 제시하며 작업의 순서를 반영하며 실내 공사의 작업을 세분화하고 집약시킨다. 공사의 종류에 따라 기술적인 순서와 상호관계를 정리하고 설계도서, 시방서, 물량산출서, 견적서를 기초로 작업에 투여되는 인력, 장비, 자재의 수량을 비교 검토한다.

① 실행예산편성 ② 공정계획
③ 작업일보작성 ④ 입찰참가신청

정답 ②

2. 공정표

1) 횡선식 공정표(Bar chart)
가로(횡)축에 날짜를 표기, 세로(종)축에 공사종목별 각 공사명을 표시하여 각 공정을 가로 막대그래프로 나타내는 공정표

장점	단점
• 공정표가 단순하며 각 공정별 공사와 공정 시기 등이 일목요연하여 이해하기 쉽다. • 공정별 공사의 착수 및 완공일이 명시되어 판단이 용이하다.	• 작업 상호 간의 관계가 불분명하고, 주공정선을 파악할 수 없어서 관리통제가 어렵다. • 작업 공정간의 상호 관련성 및 미치는 영향을 파악하기 어렵고 작업상황이 변동되었을 때 탄력성이 없다.

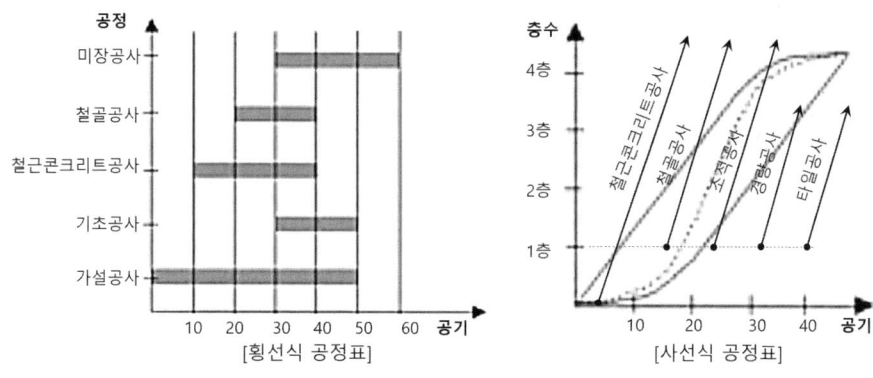

[횡선식 공정표]   [사선식 공정표]

2) **사선식 공정표**

   가로축에 날짜를 표기, 세로축에 공사량, 총인부를 표시하여 일정한 사선절선을 가지고 공사의 진행상황을 사선그래프로 표시한 공정표

장점	단점
• 전체 기성고를 표시하는데 편리하다. • 자재, 장비, 노무 수배에 유리하다. • 공사지연에 따른 조속한 대책수립 가능 • 네트워크 공정표의 보조수단으로 사용됨	• 각 단위작업의 조정이 불가능하다. • 주공정선 파악이 불가능하고 작업 상호간의 관계 파악이 어렵다.

3) **열기식 공정표**

   일반적인 표 형식으로 작업명, 작업일수, 재료, 노무, 장비 등을 표에 나열한 형태로 재료 및 노무 수배를 계획할 목적으로 작성하는 공정표

4) **네트워크 공정표(Network)**

   각 작업의 상호관계를 네트워크(망형도)로 표시하는 기법으로 각 작업의 필요한 시간을 구하고 순서관계, 일정관계 관리를 진행하는 공정표로 PERT 방식과 CPM 방식이 있다.

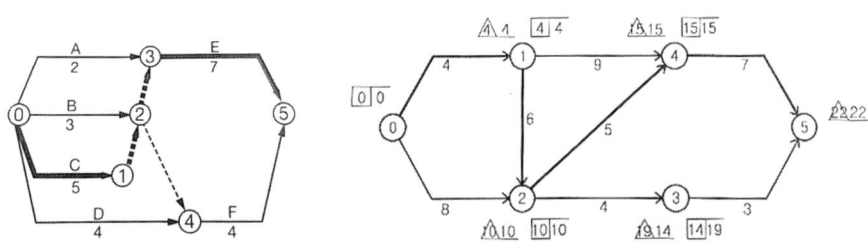

장점	단점
• 공사계획의 흐름과 공사 전체의 파악이 용이하다. • 각 작업별 네트워크를 분해하면 작업 상호관계가 명확하게 표시된다. • 계획단계에서 문제점이 파악되므로 작업 전에 수정이 용이하다. • 주공정선(C.P)이 명확하고, 공사의 진척상황을 쉽게 알 수 있다.	• 공정표 자체 작성시간이 오래 걸린다. • 작성 및 검사에 **특별한 지식**이 필요하다. • 기법의 표현상 세분화에 한계가 있다. • 공정표 수정이 어렵다.

(1) 네트워크 공정표의 주요 용어

용어	기호	내용
결합점 (event, node)	○	• 작업의 시작과 종료를 표시하는 개시점, 연결점, 종료점 • 작업의 진행방향으로 번호를 순차적으로 부여한다.
작업 (activity, job)	→	• 프로젝트를 구성하는 **작업단위**를 나타낸다. → 위에 작업명, → 아래에 작업일수를 표시한다.
더미 (dummy)	┄▶	정성적으로 표현할 수 없는 작업 상호관계를 연결시키는 점선 화살표, 명목상 작업으로 실제 작업이나 시간적 요소는 없다.
주공정선 (Critical Path)	CP	전체 공기를 지배하는, 소요일수가 가장 많은, 여유시간을 갖지 않는 작업경로로 굵은 실선으로 표시한다.
여유(Float)	TF FF DF	공사가 종료되는 데 지장을 주지 않는 범위 내에서의 잔여시간

3. 공기단축

1) MCX(Minimum Cost eXpending : 최소비용 일정단축기법)

① 최소 비용으로 최적의 공기를 찾아 공정을 수행하는 공기단축 기법
② 네트워크 공정표 작성 후 주공정선(CP)을 구하고 각 작업의 비용구배를 구한다.
③ **주공정선(CP)의 작업에서 비용구배가 최소한 작업부터** 단축 가능일수 범위 내에서 단축한다.
④ 주의한 점은 주공정선(CP)이 바뀌지 않도록 해야한다.

예제 02 다음 도면과 같은 화살표 다이어그램(arrow diagram)에서 크리티칼 패스(critical path)는? [건,22,19]

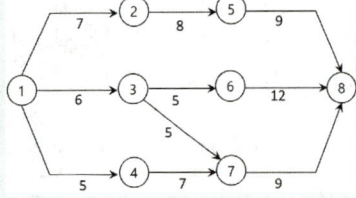

① ①-②-⑤-⑧
② ①-③-⑥-⑧
③ ①-③-⑦-⑧
④ ①-④-⑦-⑧

해설 | 주공정선(CP) = ① - ② - ⑤ - ⑧, 총공사일수 = 7 + 8 + 9 = 24일

정답 ①

2) 비용구배(cost slope)

① 공기를 1일 단축시 증가하는 비용을 말한다.
② 시간 단축 시 증가하는 비용의 곡선을 직선으로 가정한 기울기의 값이다.

$$※ \text{비용구배} = \frac{\text{특급비} - \text{표준비}}{\text{표준공기} - \text{특급공기}}$$

③ 단위는 원/일이며 공기단축 가능일수는 표준공기에서 특급공기를 뺀 일수이다.
④ **특급점**이란 더 이상 단축할 수 없는 **절대공기(불가능한 시간)**를 말한다.

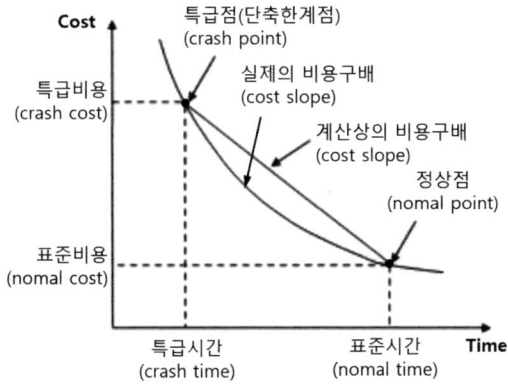

핵심 기출문제

01 공정 계획 관리

01 ▶23
공정표를 작성할 때의 주의사항 중 틀린 것은?
① 공정표에는 공사수량도 기입한다.
② 공정표에는 재료의 발주시기를 명기(明記)한다.
③ 한 공사가 완전히 끝난 며칠 후 다음 공사가 시작하도록 작성한다.
④ 기초공사는 공정의 변동가능성이 많으므로 충분한 여유를 둔다.

해설 | 임의의 한 공사가 완전히 끝난 뒤 다음 공사가 연속되도록 작성하는 것이 공정표의 원칙이다.

02 ▶24
Network(네트워크) 공정표의 장점이라고 볼 수 없는 것은?
① 작업 상호간의 관련성 파악이 용이하다.
② 진도 관리를 명확하게 실시할 수 있으며 적절한 조치를 취할 수 있다.
③ 계획관리 면에서 신뢰도가 높고 전산기 이용이 가능하다.
④ 작성 및 검사에 특별한 기능이 필요 없고 경험이 없는 사람도 쉽게 작성할 수 있다.

해설 | 네트워크 공정표 단점
- 공정표 자체 작성시간이 오래 걸린다.
- 작성 및 검사에 특별한 지식이 필요하다.
- 기법의 표현상 세분화에 한계가 있다.
- 공정표 수정이 어렵다.

03 ▶23,22
기본공정표와 상세공정표에 표시된 대로 공사를 진행시키기 위해 재료, 노력, 원척도 등이 필요한 기일까지 반입, 동원될 수 있도록 작성한 공정표는?
① 횡선식 공정표
② 열기식 공정표
③ 사선 그래프식 공정표
④ 일순식 공정표

해설 | 열기식 공정표
일반적인 표 형식으로 작업명, 작업일수, 재료, 노무, 장비 등을 표에 나열한 형태로 재료 및 노무 수배를 계획할 목적으로 작성하는 공정표

04 ▶건,21,19
그림과 같은 네트워크 공정표에서 주공정선(Critical path)은?

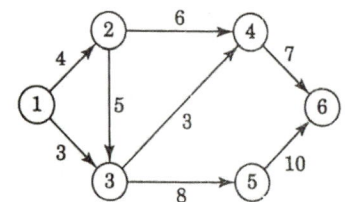

① ① → ③ → ⑤ → ⑥
② ① → ② → ④ → ⑥
③ ① → ② → ③ → ④ → ⑥
④ ① → ② → ③ → ⑤ → ⑥

해설 | 주공정선(CP)
= ① → ② → ③ → ⑤ → ⑥
= 4 + 5 + 8 + 10 = 27일(총공사일수)

정답 | 01 ③ 02 ④ 03 ② 04 ④

05 ▶24,23

네트워크 공정표에서 작업의 상호관계만을 도시하기 위하여 사용하는 화살선을 무엇이라 하는가?

① Dummy ② Event
③ activity ④ critical path

해설 | 더미(dummy)
정성적으로 표현할 수 없는 작업 상호관계를 연결시키는 점선 화살표, 명목상 작업으로 실제 작업이나 시간적 요소는 없다.

06 ▶23

다음 중 네트워크 공정표에 사용되는 용어의 설명으로 옳지 않은 것은?

① Critical Path : 처음작업부터 마지막작업에 이르는 모든 경로 중에서 가장 긴 시간이 걸리는 경로
② Activity : 작업을 수행하는데 필요한 시간
③ Float : 각 작업에 허용되는 시간적인 여유
④ Event : 작업과 작업을 결합하는 점 및 프로젝트의 개시점 혹은 종료점

해설 | 작업(activity)
프로젝트를 구성하는 작업단위로 → 위에 작업명, → 아래에 작업일수를 표시한다.

07 ▶24

네트워크(Network)에 관한 용어로서 관계 없는 것은?

① 커넥터(connector)
② 크리티칼 패스(critical path)
③ 더미(dummy)
④ 플로우트(float)

해설 | • 주공정선(critical path)
전체 공기를 지배하는, 소요일수가 가장 많은, 여유시간을 갖지 않는 작업경로로 굵은 실선으로 표시한다.
• 더미(dummy)
정성적으로 표현할 수 없는 작업 상호관계를 연결시키는 점선 화살표, 명목상 작업으로 실제 작업이나 시간적 요소는 없다.

• 플로우트(float)
공사가 종료되는 데 지장을 주지 않는 범위 내에서의 잔여시간

08 ▶23,22

MCX(Minimum Cost Expending)기법에 의한 공기단축방법에 관한 설명 중 옳지 않은 것은?

① 주공정선(Critical Path)이외의 작업을 단축한다.
② 비용구배가 최소인 작업부터 단축한다.
③ 단축가능한계까지 단축한다.
④ 보조 주공정선(Sub-Critical Path)의 발생을 확인한다.

해설 | MCX(Minimum Cost Expending기법
① 최소 비용으로 최적의 공기를 찾아 공정을 수행하는 공기단축 기법
② 네트워크 공정표 작성 후 주공정선(CP)을 구하고 각 작업의 비용구배를 구한다.
③ 주공정선(CP)의 작업에서 비용구배가 최소한 작업부터 단축 가능일수 범위 내에서 단축한다.
④ 주의한 점은 주공정선(CP)이 바뀌지 않도록 해야한다.

09 ▶24

MCX(Minimum Cost Expending) 기법에 의한 공사기간 단축방법에서 아무리 비용을 투자해도 그 이상 공기를 단축할 수 없는 한계점은?

① 특급점(crash point)
② 표준점(normal point)
③ 포화점
④ 경제 속도점

해설 | 특급점(crash point)
공사기간 단축방법에서 아무리 비용을 투자해도 그 이상 공기를 단축할 수 없는 절대공기(불가능한 시간) 한계점을 말한다.

정답 | 05 ① 06 ② 07 ① 08 ① 09 ①

02 안전 관리

1. 안전관리

1) 안전관리 정의
재해로부터 인간의 생명과 재산을 보호하기 위하여 계획적이고 체계적으로 생산성 향상, 손실방지, 재해예방대책 등의 제반 활동을 관리하는 것이다. (안전은 **위험**을 제어하는 기술)

2) 안전관리 목적
인명 존중, 사회복지, 생산성 향상 및 품질향상, 기업의 경제성 손실예방

>
> 안전관리 총괄책임자의 직무에 해당하지 않는 것은? [23, 22]
> ① 작업 진행상황을 관찰하고 세부 기술에 관한 지도 및 조언을 한다.
> ② 안전관리계획서의 작성 제출 및 안전관리를 총괄한다.
> ③ 안전관리 관계자의 직무를 감독한다.
> ④ 안전관리비의 편성과 집행 내용을 확인한다.
> 해설 | 공사감리자는 작업 진행상황을 관찰하고 세부 기술에 관한 지도 및 조언을 한다.
> 정답 ①

2. 안전관리 이론

1) 사고통계 이론

(1) 하인리히(H.W. Heinrich)의 법칙 - 1 [중해] : 29 [경상해] : 300 [무상해사고]
사고 330건이 발생했을 때 1명의 중대사고, 29명의 경상자, 300명의 무상해 사고 발생

(2) 버드의 법칙(1 : 10 : 30 : 600)
하인리히 이론을 수정한 것으로 사고 641건이 발생했을 때 1명의 중상자, 10명의 경상자, 30번의 물적 손실사고, 600번의 무상해, 무사고, 고장 발생

2) 재해발생 모형

(1) 하인리히의 도미노 연쇄이론

단계		내용
1단계	간접원인	사회적 환경과 유전적 요소(선천적 결함)
2단계		개인적인 결함(인간의 결함)

3단계	직접원인	불안전 행동 및 불안전 상태
4단계	사고	사고
5단계	재해	상해

(2) 버드(Frank Bird)의 도미노 연쇄이론

단계		내용
1단계	관리	제어(통제) 부족
2단계	기원	기본원인
3단계	징후	**직접원인**(인적, 물적 원인)
4단계	접촉	사고
5단계	손실	상해

(3) 아담스(Adams)의 도미노 연쇄이론

단계		내용
1단계		관리구조
2단계	관리자 실수	작전적(전략적) 에러(경영자, 감독자 행동)
3단계	작업자 실수	전술적 에러(불안전한 행동, 조작)
4단계		사고
5단계		상해 또는 손실

3. 안전관리계획

건설업자와 주택건설등록업자는 안전점검 및 안전관리조직 등 건설공사의 안전관리계획을 수립하고, 착공 전에 이를 발주자에게 제출하여 승인을 받아야 한다. 이 경우 발주청이 아닌 발주자는 미리 안전관리계획의 사본을 인·허가기관의 장에게 제출하여 승인을 받아야 한다. 『건설기술 진흥법』 제62조

1) 안전관리계획의 수립 - 「건설기술 진흥법」 제98조

안전관리계획을 수립하여야 하는 건설공사는
① 1종 시설물 및 2종 시설물의 건설공사
② 지하 10m 이상을 굴착하는 건설공사
③ 폭발물을 사용하는 건설공사로서 20m 안에 시설물이 있거나 100m 안에 사육하는 가축이 있어 해당 건설공사로 인한 영향을 받을 것이 예상되는 건설공사
④ 10층 이상 16층 미만인 건축물의 건설공사
⑤ 10층 이상인 건축물의 리모델링 또는 해체공사
⑥ 「주택법」에 따른 수직증축형 리모델링
⑦ 다음 어느 하나에 해당하는 건설기계가 사용되는 건설공사
  ㉠ 천공기(높이가 10m 이상인 것만 해당한다.)
  ㉡ 타워크레인

⑧ 가설구조물을 사용하는 건설공사
⑨ 발주자가 안전관리가 특히 필요하다고 인정하는 건설공사
⑩ 해당 지방자치단체의 조례로 정하는 건설공사 중에서 인·허가기관의 장이 안전관리가 특히 필요하다고 인정하는 건설공사

2) 안전관리 조직

안전관리계획을 수립하는 건설업자 및 주택건설등록업자는 다음의 사람으로 구성된 안전관리조직을 두어야 한다.

① 해당 건설공사의 시공 및 안전에 관한 업무를 총괄하여 관리하는 안전총괄책임자
② 토목, 건축, 전기, 기계, 설비 등 건설공사의 각 분야별 시공 및 안전관리를 지휘하는 분야별 안전관리책임자
③ 건설공사 현장에서 직접 시공 및 안전관리를 담당하는 안전관리담당자
④ 수급인(受給人)과 하수급인(下受給人)으로 구성된 협의체의 구성원

3) 안전관리 총괄책임자 업무

① 안전관리계획서의 작성 제출 및 안전관리를 총괄한다.
② 안전관리 관계자의 직무를 감독한다.
③ 안전관리비의 편성과 집행 내용을 확인한다.
④ 위험성 평가의 실시에 관한 사항
⑤ 작업의 중지 및 재개
⑥ 안전관리비의 집행 감독 및 그 사용에 관한 관계자 간의 협의·조정

4. 안전시설

1) 추락 재해 방지 시설

(1) 추락방호망(사람 用)

① 작업면으로부터 가까운 지점에 수평으로 설치
② 그물코 크기는 **10cm 이하**가 추락 방호망에 적합하다.
③ 건축물 등의 바깥쪽으로 설치하는 경우 내민 길이는 벽면으로부터 **3m 이상**
④ 망의 처짐은 짧은 변 길이의 12% 이상이 되도록 할 것
⑤ 작업면으로부터 망의 설치 지점까지의 수직거리(H)는 10m 초과 금지

(2) 안전난간

① 비계기둥의 안쪽에 설치하는 것이 원칙이며 통로, 작업발판의 가장자리, 개구부 주변, 경사로 등에는 안전난간을 설치한다.
② 상부 난간대는 바닥면·발판 또는 경사로의 표면으로부터 90cm 이상 지점에 설치할 것
③ 발끝막이판은 바닥면 등으로부터 10cm 이상의 높이를 유지할 것
④ 난간대는 지름 **2.7cm** 이상 금속제 파이프나 그 이상의 강도가 있는 재료일 것
⑤ 안전난간은 구조적으로 가장 취약한 지점에서 가장 취약한 방향으로 작용하는 100kg 이상의 하중에 견딜 수 있는 튼튼한 구조일 것

⑥ 난간기둥의 설치간격은 수평거리 1.8m를 초과하지 않는 범위

(3) 안전대 부착설비
① 높이 또는 깊이 2m 이상의 장소에서 근로자에게 안전대를 착용한 경우 안전대를 걸어 사용할 수 있는 부착설비를 설치하여야 한다.
② 높이 1.2m 이상, 수직방향 7m 이내의 간격으로 강관등의 재료로 안전대걸이를 설치하고, 안전대걸이용 로프를 설치하여야 한다.
③ 높이가 낮은 장소에서 작업하는 경우 바닥면으로부터 안전대 로프 길이의 2배 이상의 높이에 있는 구조물에 부착설비를 설치하여야 한다.
④ 안전대의 로프를 지지하는 부착설비의 위치는 반드시 벨트의 위치보다 높아야 한다.
⑤ 줄의 지지로프를 이용하는 근로자의 수는 1인으로 제한한다.

2) 낙하물 재해 방지 시설

(1) 낙하물 방지망(자재, 공구 用)
① 낙하물방지망 설치높이는 10m 이내 또는 3개 층마다 설치한다.
② 그물코 크기는 20mm 이하가 추락 방호망에 적합하다.
③ 내민길이는 비계 또는 구조체의 외측에서 수평거리 2m 이상으로 설치한다.
④ 수평면과의 경사각도는 20°~30°로 설치한다.
⑤ 낙하물방지망과 비계 또는 구조체와의 간격은 250mm 이하로 설치한다.
⑥ 낙하물방지망의 이음은 150mm 이상 겹쳐 이음을 한다.

(2) 방호선반
① 건축물의 주출입구 및 리프트 출입구 상부 등에는 방호선반 또는 15mm 이상의 판재 등의 자재를 이용하여 방호선반을 설치한다.
② 근로자, 보행자 및 차량 등의 통행이 빈번한 곳의 첫번째 단은 낙하물방지망 대신에 방호선반을 설치한다.
③ 설치높이는 지상으로부터 10m 이내로 한다.
④ 내민길이는 구조체의 외측에서 수평거리 2m 이상으로 한다.
⑤ 수평면과의 경사각도는 20°~30° 이하로 설치한다.
⑥ 방호선반 하부 및 양 옆에는 낙하물방지망을 설치한다.

5. 안전교육
① 건축 현장에서 안전관리담당자는 법률에서 정하는 안전교육을 공사작업자를 대상으로 매일 공사 시작 전에 실시하고 기록하여야 한다.
② 안전교육 내용은 당일 작업의 이해, 시공도면에 따른 세부 시공순서 및 시공기술상의 주의사항 등을 포함해야 한다.
③ 준공 후 안전교육 내용을 기록, 관리한 서류는 발주청에 제출해야 한다.

핵심 기출문제

02 안전 관리

01 ▶안,18
안전관리를 "안전은 ( )을(를) 제어하는 기술"이라 정의할 때 다음 중 ( )에 들어갈 용어로 예방 관리적 차원과 가장 가까운 용어는?

① 위험 ② 사고
③ 재해 ④ 상해

해설 | 안전은 위험을 제어하는 기술

02 ▶안,21
어느 사업장에서 해당 연도에 600건의 무상해 사고가 발생하였다. 하인리히의 재해발생 비율 법칙에 의한다면 경상해의 발생건수는 몇 건이 되겠는가?

① 29건 ② 58건
② 300건 ④ 330건

해설 | 하인리히의 재해법칙
1 [중해] : 29 [경상해] : 300 [무상해사고]
무상해사고 600건 / 300 = 2
경상 재해 29 × 2배 = 58건

03 ▶건,18
하인리히의 재해발생(도미노) 5단계가 옳게 나열된 것은?

① 사회적 환경과 유전적 요인→개인적 결함→불안전한 행동, 상태→사고→재해
② 사회적 환경과 유전적 요인→불안전한 행동, 상태→개인적 결함→사고→재해
③ 개인적 결함→사회적 환경과 유전적 요인 불안전한 행동, 상태→재해→사고
④ 개인적 결함→불안전한 행동, 상태 환경과 유전적 요인 사고→재해사회적

해설 | 하인리히의 도미노 연쇄이론
유전적, 사회적 환경과 유전적 요인(개인의 성격과 특성) → 개인적 결함(전문 지식 부족과 신체적, 정신적 결함) → 불안전행동, 상태(안전장치의 미흡과 안전수칙의 미준수) → 사고(인적 및 물적사고) → 재해(사망, 부상, 건강장애, 재산손실)의 순으로 이루어진다.

04 ▶안,21
다음 중 버드(Bird)의 사고 발생 도미노 이론에서 직접원인은 무엇이라고 하는가?

① 통제 ② 징후
③ 손실 ④ 위험

해설 | 버드의 도미노이론
㉠ 제1단계(관리) : 제어(통제)의 부족
㉡ 제2단계(기원) : 기본원인
㉢ 제3단계(징후) : 직접원인
㉣ 제4단계(접촉) : 사고(접촉)
㉤ 제5단계(손실) : 상해

05 ▶건,19
버드(Frank Bird)의 새로운 도미노 이론으로 연결이 옳은 것은?

① 제어의 부족 → 기본 원인직접 원인 → 사고 → 상해
② 관리구조 → 작전적 에러전술적 에러 → 사고 → 상해
③ 유전과 환경인간의 결함 → 불안전한 행동 및 상태 → 재해 → 상해
④ 유전적 요인 및 사회적 환경 개인적 결함 → 불안전한 행동 및 상태사고 → 상해

해설 | 문제 4번 해설참조

정답 | 01 ① 02 ② 03 ① 04 ② 05 ①

06 ▶24, 22

추락에 의한 위험을 방지하기 위한 추락방호망의 설치기준으로 옳지 않은 것은?

① 추락방호망의 설치위치는 가능하면 작업면으로부터 가까운 지점에 설치할 것
② 건축물 등의 바깥쪽으로 설치하는 경우 망의 내민 길이는 벽면으로부터 2m 이상이 되도록 할 것
③ 추락방호망은 수평으로 설치하고, 망의 처짐은 짧은 변 길이의 12% 이상이 되도록 할 것
④ 작업면으로부터 망의 설치지점까지의 수직거리는 10m를 초과하지 아니할 것

해설 | 추락방호망
① 작업면으로부터 가까운 지점에 수평으로 설치
② 건축물 등의 바깥쪽으로 설치하는 경우 내민 길이는 벽면으로부터 3m 이상
③ 망의 처짐은 짧은 변 길이의 12% 이상이 되도록 할 것
④ 작업면으로부터 망의 설치 지점까지의 수직거리(H)는 10m를 초과 금지

07 ▶25

건물 외부에 낙하물 방지망을 설치할 경우 수평면과의 가장 적절한 각도는?

① 5° 이상, 10° 이하
② 10° 이상, 15° 이하
③ 15° 이상, 20° 이하
④ 20° 이상, 30° 이하

해설 | 낙하물 방지망
㉠ 낙하물방지망 설치높이는 10m 이내 또는 3개 층마다 설치한다.
㉡ 그물코 크기는 20mm 이하가 추락 방호망에 적합
㉢ 내민길이는 비계 또는 구조체의 외측에서 수평거리 2m 이상으로 설치한다.
㉣ 수평면과의 경사각도는 20°~30°로 설치한다.
㉤ 낙하물방지망과 비계 또는 구조체와의 간격은 250mm 이하로 설치한다.
㉥ 낙하물방지망의 이음은 150mm 이상 겹쳐 이음

08 ▶22

안전난간의 구조 및 설치요건에 대한 기준으로 옳지 않은 것은?

① 상부난간대는 바닥면·발판 또는 경사로의 표면으로 부터 90cm 이상 지점에 설치할 것
② 발끝막이판은 바닥면 등으로부터 10cm 이상의 높이를 유지할 것
③ 난간대는 지름 1.5cm 이상의 금속제파이프나 그 이상의 강도를 가진 재료일 것
④ 안전난간은 구조적으로 가장 취약한 지점에서 가장 취약한 방향으로 작용하는 100kg 이상의 하중에 견딜 수 있는 튼튼한 구조일 것

해설 | 난간대는 지름 2.7cm 이상 금속제 파이프나 그 이상의 강도가 있는 재료일 것

09 ▶24

높이 또는 깊이 2m 이상의 추락할 위험이 있는 장소에서의 작업에 필수적으로 지급되어야 하는 보호구는?

① 안전대
② 보안경
③ 보안면
④ 방열복

해설 | 보호구의 지급
㉠ 높이 또는 깊이 2m 이상의 추락할 위험이 있는 장소에서 하는 작업 : 안전대
㉡ 물체가 떨어지거나 날아온 위험 또는 근로자가 추락할 위험이 있는 작업 : 안전모

정답 | 06 ② 07 ④ 08 ③ 09 ①

03 시공 감리

1. 품질관리

1) 품질관리 정의

종류	관리 대상(4M)	목적
• 공정관리 • 품질관리 • 원가관리	• 인력(Man) • 기계(Machine) • 자금(Money) • 재료(Material)	① 시공능률의 향상 ② 품질 및 신뢰성의 향상 ③ 설계의 합리화 ④ 작업의 표준화

2) 품질관리 순서 4단계(데밍의 cycle, PDCA cycle)

① Plan(계획) : 목표를 달성하기 위한 계획을 설정한다.
② Do(실시) : 설정된 계획에 따라 실시한다.
③ Check(검토) : 실시된 결과를 측정하여 계획과 비교하여 검토한다.
④ Action(시정) : 목표와 검토 결과가 차이가 있으면 시정한다.

3) 종합적 품질관리(Total Quality Control : T.Q.C)의 7가지 도구

종류	내용
히스토그램(Histogram)	분석한 데이터가 **어떤 분포**로 되어 있는지 막대그래프 형식으로 작성
파레토도(Pareto)	불량, 결점 등의 발생건수를 항목별로 나누어 **크기 순서대로 나열**한 그림
특성요인도	**결과에 원인**이 어떠한 관계를 갖는지 알기 쉽게 작성한 그림
체크 시트(Check Sheet)	계수치의 데이터가 **어디에 집중**되어 있는 가를 알기 쉽도록 한 그림이나 표
그래프	품질 관리에서 얻은 각종 데이터의 결과를 **알기 쉽게 그림으로** 정리한 것
산점도	서로 대응되는 두 개의 짝으로 된 자료를 그래프 위에 점으로 나타내어 **두 변수 간의 상관관계**를 짐작할 수 있다.
층별(層別)	집단을 구성하고 있는 데이터를 특징에 따라 **몇 개의 부분집단**으로 나눈 것

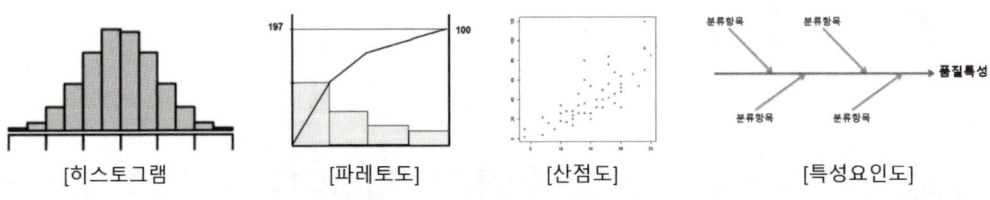

[히스토그램]   [파레토도]   [산점도]   [특성요인도]

예제 04 다음 통합품질관리 TQC(Total Quality Control)를 위한 도구의 설명으로 옳지 않은 것은? [건,21,19]

① 파레토도란 층별 요인이나 특성에 대한 불량점유율을 나타낸 그림으로서 가로축에는 층별 요인이나 특성을, 세로축에는 불량건수나 불량손실금액 등을 표시하여 그 점유율을 나타낸 불량해석도이다.
② 특성요인도란 문제로 하고 있는 특성과 요인 간의 관계, 요인 간의 상호관계를 쉽게 이해할 수 있도록 화살표를 이용하여 나타낸 그림이다.
③ 히스토그램이란 모집단에 대한 품질특성을 알기 위하여 모집단의 분포상태. 분포의 중심위치, 분포의 산포 등을 쉽게 파악할 수 있도록 막대그래프 형식으로 작성한 도수분포도를 말한다.
④ 관리도란 통계적 요인이나 특성에 대한 두 변량 간의 상관관계를 파악하기 위한 그림으로서 두 변량을 각각 가로축과 세로축에 취하여 측정값을 타점하여 작성한다.

해설 | 산점도
서로 대응되는 두 개의 짝으로 된 자료를 그래프 위에 점으로 나타내어 두 변수 간의 상관관계를 짐작할 수 있다.

정답 ④

예제 05 공사 감리자가 시공의 적정성을 판단하기 위하여 수행하는 업무가 아닌 것은? [24,22]

① 소방 완비 대상에 포함될 경우 법에 따른 적합한 설비를 하였는지를 확인하고 시공자가 관할 관청에 점검을 받도록 지도 한다.
② 설계도서에 준하여 시공되었는지에 대한 내용으로 체크리스트에 작성하고 이를 활용하여 시공의 적정성을 점검한다.
③ 현장에서 제작 설치되는 제품의 규격과 제작 과정, 제작물의 작동 상태 등을 점검한다.
④ 감리자가 직접 준공 도서를 작성하고 준공도서에 근거하여 시공 적정성을 파악한다.

해설 | 직접 준공 도서를 작성하고 준공도서에 근거하여 시공 적정성을 파악은 설계자 및 관계전문기술자이다.

정답 ④

핵심 기출문제

03 시공 감리

01 ▶23
관리 사이클의 단계를 바르게 나열한 것은?

① Plan-Check-Do-Action
② Plan-Do-Check-Action
③ Plan-Do-Action-Check
④ Plan-Action-Do-Check

해설 | 품질관리 순서 4단계
PDCA cycle, 데밍의 cycle

02 ▶24
품질관리(TQC)를 위한 7가지 도구 중에서 불량수, 결점수 등 셀 수 있는 데이터를 분류하여 항목별로 나누었을 때 어디에 집중되어 있는가를 알기 쉽도록 한 그림 또는 표를 무엇이라 하는가?

① 산포도
② 히스토그램
③ 체크 시트
④ 파레토도

해설 | 체크 시트
체크시트 제품의 불량수, 결점수와 같은 수치가 어디에 집중되어 있는가를 나타낸 그림이나 표
※ TQC 활동의 도구 : 히스토그램, 특성요인도, 파레토도, 체크 시이트, 각종 그래프 및 관리도, 산점도, 층별

03 ▶25
TQC를 위한 7가지 도구 중 다음 설명이 의미하는 것은?

> 모집단에 대한 품질특성을 알기 위하여 모집단의 분포 상태, 분포의 중심 위치, 분포의 산포 등을 쉽게 파악할 수 있도록 막대 그래프 형식으로 작성한 도수분포도를 말한다.

① 히스토그램
② 특성요인도
③ 파레토도
④ 체크시트

해설 | 히스토그램(Histogram)
분석한 데이터가 어떤 분포로 되어 있는지 막대그래프 형식으로 작성

정답 | 01 ② 02 ③ 03 ①

Chapter 03

실내디자인 실무도서 작성

최근 10개년 출제문항수 **9**개

New_ 2022년 이후 평균 출제비중 **7.5%**

Chapter 출제경향분석

Section	출제비율
01 실무도서 작성	7.5%

01 실무도서 작성

> **Pass Note**

예상출제문항	키워드	
1~2	- 공사원가의 구성 - 재료별 할증율	- 비계면적, 통나무재적 산출 - 실무도서별 특성

1. 적산과 견적

적산	견적
공사에 필요한 공사량 (재료, 품의 수량)을 산출하는 기술	적산에 의해 산출된 공사량에 단가를 곱하여 공사비를 산출하는 기술

1) 견적의 종류

(1) 개산견적
정밀 산출시간이 없거나 설계도서가 불완전할 때 과거의 유사한 공사의 자료, 통계치, 경험 등을 참고하여 산출하는 방법이다. 개념견적, 기본견적이라고 한다.

(2) 명세견적
완성된 설계도서, 현장설명, 질의응답, 계약조건 등에 의거하여 **가장 정확**하고 정밀하게 공사비를 산출하는 방법이다. 상세견적, 최종견적, 입찰견적이라고 한다.

2) 공사비의 구성

(1) 공사원가 구성

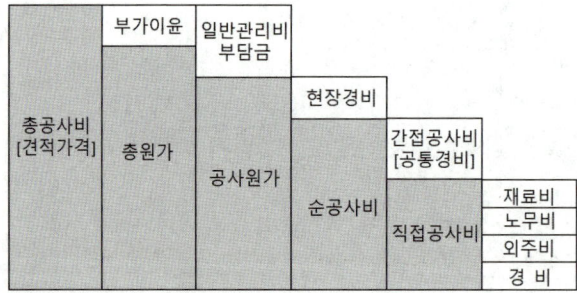

(2) 공사비 세부 구성
① 총공사비 = 공사원가 + 부가이윤 + 일반관리비 부담금
② 공사원가 = 순공사비 + **현장경비**
③ **순공사비 = 직접공사비 + 간접공사비**
④ **직접공사비 = 재료비 + 노무비 + 외주비 + 경비**
⑤ 노무비 = 직접노무비 + 간접노무비
  ㉠ 직접노무비 : 직접 작업에 참여하는 인력의 노동임금
  ㉡ 간접노무비 : 직접 공사 참여자 외 조력자 또는 현장 사무직원의 노동 임금

예제 01 공사원가계산서에 표기되는 비목 중 순공사원가에 해당되지 않는 것은? [23,22]
① 직접재료비 ② 노무비
③ 경비 ④ 일반관리비

해설 | 순공사비 = 직접공사비(재료비 + 노무비 + 외주비 + 경비) + 간접공사비

정답 ④

예제 02 원가 절감을 목적으로 공사계약 후 당해 공사의 현장 여건 및 사전조사 등을 분석한 이후 공사 수행을 위하여 세부적으로 작성하는 예산은? [24,22]
① 추경예산 ② 변경예산
③ 실행예산 ④ 도급예산

해설 | 실행예산
공사량을 정밀히 계상하고 실시원가를 기입하여 공사원가를 산출한 공사실시의 예산
경쟁입찰 시 견적시간의 부족, 조사미비 등으로 세밀하고 구체적인 검토를 하지 못하는 것이 통례이므로 낙찰 후 공사실시 전 실제 가능한 예산을 편성하여 장차의 시공계획 활동의 기준이 되게 함

정답 ③

2. 물량 산출 적산 기준

1) 수량의 종류
① 정미량 : 설계도서에 의거하여 정확한 길이(m), 면적(m^2), 체적(m^3), 개수 등을 산출한 수량
② 소요량(구입량) : 산출된 정미량에 시공 시 발생되는 손실량, 망실량 등을 고려하여 일정비율의 수량(할증률)을 가산하여 산출된 수량

2) 재료별 할증률(건설공사 표준품셈, 국토교통부 자료)
공사에 사용되는 재료는 운반, 가공 중에 손실량(Loss)이 발생하게 된다. 재료의 수량은 설계도서에 의해 산출된 정미량에 손실량을 가산하여 재료의 소요수량을 산출한다.

할증률	재료
1%	유리, 철근콘크리트
2%	도료, 위생기구, 콘크리트(무근)

3%	이형 철근, **붉은 벽돌**, 내화 벽돌, 타일(점토계, 클링커), 테라코타
4%	시멘트 블록
5%	원형 철근, **시멘트벽돌**, 일반 볼트, 리벳, 강관, 타일(합성수지계), 수장합판 목재(각재), 텍스, 석고보드, 기와
10%	강판(plate), **단열재**, 석재(정형), 목재(판재)
20%	졸대
30%	석재(원석, 부정형)

3) 수량의 계산
① 수량은 C.G.S 단위계를 사용한다.(C : 길이는 cm, G : 무게는 g, S : 시간은 초_second)
② 수량의 단위 및 소수위는 표준품셈 단위표준에 의한다. 수량계산은 지정 소수 이하 1단위까지 구하고 끝수는 4사5입한다.
③ 곱하거나 나눌때에는 기재된 순서에 의해 계산하고, 분수는 약분법을 쓰지 않고, 각 분수마다 그 값을 구한 다음 계산을 한다.
④ 계산에 쓰이는 분도는 분까지, 원주율, 삼각함수 및 호도의 유효숫자는 3자리로 한다.

4) 수량 산출 시 주의사항
① 정미량, 소요량 산출에 유의한다.
② 수량산출 시 시공 순서에 의해서 계산한다.
③ 지정 소수위(소수점 자리수)를 확인한다.
④ 단위 환산에 유의한다.
　㉠ 도면 단위(mm) → 수량 단위(m, m^2, m^3)
　㉡ 정수 단위로 산출 : 벽돌[매], 블록[매], 타일[장], 시멘트[포대], 사람[인], 운반횟수[회] 등
⑤ 절상과 절하되는 부분에 주의 한다.
　㉠ 절상 : 소수점 이하는 무조건 올림 **예** 4.4→5, 9.36→10
　㉡ 절하 : 소수점 이하는 무조건 버림 **예** 4.4→4, 9.36→9

5) 효율적인 수량산출 순서
① 시공순서대로
② **내부에서 외부로 나가면서**
③ 큰 곳에서 작은 곳으로
④ **수평에서 수직으로**
⑤ 단위세대에서 전체로

3. 적산(수량 산출)

1) 가설공사 적산

(1) 비계면적 산출

종류	산출식
외줄비계, 겹비계	A = H(L + 8 × 0.45) = (L + 3.6m) × H
쌍줄비계	A = H(L + 8 × 0.9) = (L + 7.2m) × H
파이프비계	A = H(L + 8 × 1) = (L + 8m) × H
A : 비계면적(m^2), H : 건물높이(m), L : 외벽길이(m)	

※ 벽에서의 비계의 이격 거리(띄움길이) : 외줄비계 45cm, 쌍줄비계 90cm, 파이프비계 100cm

예제 03 다음과 같은 평면을 갖는 건물 외벽에 15m 높이로 쌍줄비계를 설치할 때 비계면적으로 옳은것은?
[23,건,21]

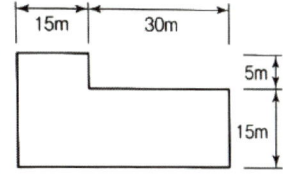

① 1,950m^2
② 2,004m^2
③ 2,058m^2
④ 2,070m^2

해설 | 쌍줄비계면적 A = H(L + 8 × 0.9) = H × (L+7.2m)
H = 15m, L = (45m + 20m) × 2 = 130m
∴ A = H(L + 8 × 0.9) = 15 × (130 + 7.2) = 2,058m^2

정답 ③

2) 목공사 적산

(1) 목재의 취급 단위

① 1m^3 = 1m × 1m × 1m = 299.475재(才) ≒ 300재
② 사이(才) = 1치 × 1치 × 12자 = 30mm × 30mm × 3,600mm = 0.00324 m^3
③ 1석(石) = 1자 × 1자 × 10자 = 83.3재
④ 1b.f = 12치 × 12 × 1치 = 0.703재
⑤ 1평 = 6자 × 6자 = 3.24m^2
⑥ 1자 = 30.303cm, 1치 = 3.0303cm, 1푼 = 0.303cm, 1인치 = 2.54 cm
※ 순목조 건축물에서 목수 1일 1인 작업량 : 50재

(2) 통나무 재적

① 통나무 재적 (V)=R × L(R : 중앙 단면적 L : 재장)

② 길이별 적산

㉠ 길이 6m 미만인 통나무 : 마구리지름(D)을 한 변으로 하는 각재로 환산하여 수량 산출

$$목재량\ V = D \times D \times L \times \frac{1}{10,000}\ (m^3)$$
(D : 통나무 마구리 지름(m), L : 통나무 길이(m))

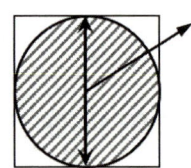 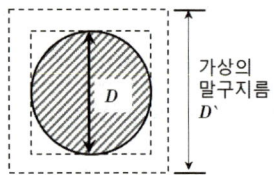

㉡ 길이 6m 이상인 통나무 : 기존 마구리지름(D)보다 큰 가상의 마구리지름(D´)을 한변으로 하는 각재로 환산하여 수량 산출

$$목재량\ V = D' \times D' \times L \times \frac{1}{10,000}\ (m^3),\ (D' = D + \frac{L-4}{2})$$
D´ : 가상의 마구리구 지름, D : 통나무의 원래 마구리 지름
L : 1m 미만을 버린 통나무 길이의 m 단위 정수값

예제 04 말구지름 20cm, 길이가 5.5m인 통나무가 5개가 있다. 이 통나무의 재적으로 옳은 것은? [21,19,16]

① 0.3m³   ② 1.1m³   ③ 1.8m³   ④ 2.1m³

해설 | 길이 6m 미만인 통나무

목재량 $V = D \times D \times L \times \frac{1}{10,000}\ (m^3)$ ∴ $V = (20 \times 20 \times 5.5 \times \frac{1}{10,000}) \times 5개 = 1.1m^3$

정답 ②

3) 타일공사 적산

(1) 타일 수량 산출방법

① 정미량 = $\frac{1,000mm}{타일한변크기 + 줄눈} \times \frac{1,000mm}{타일다른변크기 + 줄눈}$

② 소요량 = 정미량 × 3%(할증률)

③ 개구부 면적은 공제하고 위생기구 면적은 공제하지 않는다.

예제 05 타일 크기가 10cm×10cm 이고 가로세로 줄눈을 6mm로 할 때 면적 1m²에 필요한 타일의 정미수량은? [24,건,18]

① 94매   ② 92매   ③ 89매   ④ 85매

해설 | $\frac{100cm}{10+0.6} \times \frac{100cm}{10+0.6} = 88.9매 ≒ 89매$

정답 ③

4. 표준품셈 활용

 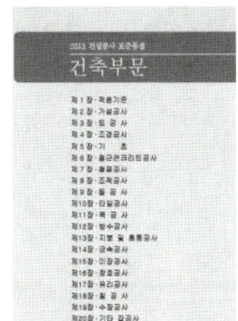

1) 표준품셈 정의

표준품셈이란 건설공사 중 일반화된 공종, 공법을 기준으로 공사에 소요되는 자재, 공량을 정해 정부·지방자치단체·정부투자기관이 공사의 예정가격을 산정하기 위한 기준으로 매년 말 국토교통부와 함께 대한건설협회, 대한전기협회, 한국정보통신공사협회가 관장하여 표준화하고 있다. 표준품셈은 물가변동을 적용받아야 하기 때문에 공사 계약 당시년도의 표준품셈을 적용 받아야 하며 표준품셈은 매년 변경이 된다.

2) 목적

정부 등 공공기관에서 시행하는 건설공사의 적정한 예정가격을 산정하기 위한 일반적인 기준을 제공하는 데 있다.

3) 적용범위

국가, 지방자치단체, 공기업·준정부기관, 기타공공기관 및 위 기관의 감독과 승인을 요하는 기관에서는 본 표준품셈을 건설공사 예정가격 산정의 기초로 활용한다.

4) 적용방법

① 공사의 예정가격 산정은 표준품셈을 활용한다.
② 표준품셈에서 제시된 품은 일일 작업시간 8시간을 기준한 것이다.
③ 표준품셈은 건설공사 중 대표적이고 보편적이며 일반화된 공종, 공법을 기준한 것이며 현장여건, 기후의 특성 및 조건에 따라 조정하여 적용하여야 한다.
④ 표준품셈에 명시되지 않은 품으로서 타부문(전기, 통신, 문화재 등)의 표준품셈에 명시된 품은 그 부분의 품을 적용하고, 타부문과 유사한 공종의 품은 본 표준품셈을 우선하여 적용한다.

5. 일위대가(一位代價, breakdown cost)

1) 일위대가

일위대가라 함은 공종별로 단위당 소요되는 **재료비와 노무비 및 경비를 산출**하기 위해 표준품셈에서 정한 재료할증 및 노무량에 각각의 단가를 곱해 산출된 단위당 공사비를 말한다.

일위대가표에는 공사의 종류, 즉, 공종과 명칭, 금액의 세부 내역을 기록하도록 한다. 세부 내역으로는 자재 비용, 노무 비용, 장비 사용 비용이 포함될 수 있으며, 이를 자세하고 정확하게 기록하도록 한다. 일위대가에서 자재비의 경우 공표된 가격과 별도 견적가격을 비교해 최저 가격으로 반영하고 노무비는 개별직종 노임단가를 반영한다.

2) 표준일위대가

표준 일위대가라 함은 표준품셈이 정한 투입자원 구성(항목·규격), 수량·단위, 재료할증, 지세할증 등의 각종 할증요소까지 모두 반영된 표준 산출근거(호표)하에서 작성된 단위당 공사비를 의미한다.

6. 시방서(specification)

공사에 대한 표준안, 규정을 설명한 문서로서 공사에 대한 '사용설명서'이다.

공사를 진행할 때 일정한 순서를 정리해 놓은 문서로 공사에 필요한 **재료의 종류와 품질, 사용처, 시공방법, 납기 일정, 준공기일** 등 설계도면에는 표시하기 어려운 부분에 대하여 설계자의 의도를 시공자에게 전달할 목적으로 작성한 문서이다.

1) 시방서 종류

① 일반시방서 : 공사일정 등 공사전반에 걸친 비기술적인 사항을 규정한 시방서
② 표준시방서 : 모든 공사의 공통적인 사항을 포함하여 대한건축학회에서 발행한 공통시방서
③ 특기시방서 : 표준시방서에 기재되지 않은 특별한 사항을 기재한 시방서

2) 시방서에 기재하는 사항

① 사용 재료
② 공법 및 공사 순서
③ 시험 및 검사에 관한 사항
④ 시공기계, 기구
⑤ 보양, 청소관리
⑥ 기타 도면의 보충사항
⑦ 시공시 주의 사항

3) **시방서와 설계도서의 우선순위**

시방서와 설계도서가 내용이 서로 상이하고 모호할 때는 공사계약 일반조건을 따르고 일반적인 우선순위는 아래와 같다.

오류 조건	우선순위
설계도면 VS 공사시방서 다를 때	공사시방서
표준시방서 VS 전문시방서 다를 때	전문시방서
기본도면 VS 상세도면 다를 때	상세도면

4) **설계도서 해석의 우선순위**

설계도서, 법령해석, 감리자 의견 등이 서로 상이할 때 일반적인 우선순위는 아래와 같다.

① **특기 시방서**
② 설계도면
③ 일반시방서, 표준시방서
④ 산출내역서
⑤ 승인된 시공도면
⑥ 관계법령의 유권해석
⑦ 감리자의 지시사항

예제 06 | 실내건축공사 공정별 내역서에서 각 품목에 따라 확인할 수 있는 정보로 옳지 않은 것은? [24,22]
① 품명　　　　　　　　　　② 규격
③ 제조일자　　　　　　　　④ 단가

해설 | 내역서에는 품명, 규격, 수량, 단가 등이 표기된다.

정답 ③

핵심 기출문제

01 실무도서 작성

01 ▶23,건,18
건축공사에서 활용되는 견적방법 중 가장 정확한 공사비의 산출이 가능한 견적방법은?

① 명세견적 ② 개산견적
③ 입찰견적 ④ 실행견적

해설 | 명세견적
완성된 설계도서, 현장설명, 질의응답, 계약조건 등에 의거하여 가장 정확하고 정밀하게 공사비를 산출하는 방법이다. 상세견적, 최종견적, 입찰견적이라고 한다.

02 ▶24,주,21
다음은 공사비 구성의 분류표이다. ( ) 안에 들어갈 항목으로 옳은 것은?

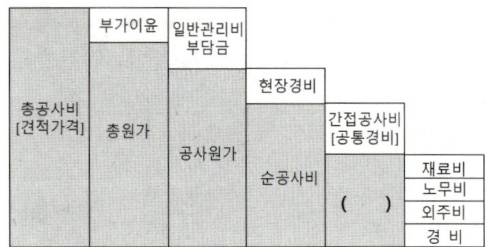

① 공통경비 ② 직접경비
③ 직접공사비 ④ 간접경비

해설 | 직접공사비 = 재료비+노무비+외주비+경비

03 ▶23,건,20
건축공사에서 공사원가를 구성하는 직접공사비에 포함되는 항목을 옳게 나열한 것은?

① 자재비, 노무비, 이윤, 일반관리비
② 자재비, 노무비, 이윤, 경비
③ 자재비, 노무비, 외주비, 경비
④ 자재비, 노무비, 외주비, 일반관리비

해설 | 문제 2번 해설참조

04 ▶22,건,15
공사원가 구성요소의 하나인 공사원가는 순공사비와 어떤 항목이 포함되어 있는가?

① 자재비 ② 노무비
③ 현장경비 ④ 일반관리비

해설 | 공사원가 = 순공사비+현장경비

05 ▶25,건,14
건축재료별 수량산출 시 적용하는 할증률로 옳지 않은 것은?

① 유리 : 1% ② 단열재 : 5%
③ 붉은 벽돌 : 3% ④ 이형철근 : 3%

해설 | 단열재 : 10%

06 ▶건,21,19
수량 산출작업을 함에 있어 효율적인 적산방법이 아닌 것은?

① 수직방향에서 수평방향으로 적산한다.
② 시공순서대로 적산한다.
③ 내부에서 외부로 적산한다.
④ 큰 곳에서 작은 곳으로 적산한다.

해설 | 수평에서 수직으로, 단위세대에서 전체로 적산한다.

정답 01 ① 02 ③ 03 ③ 04 ③ 05 ② 06 ①

07
▶23,건,21

다음과 같은 철근 콘크리트조 건축물에서 쌍줄비계 면적을 산출한 것 중 맞는 것은?

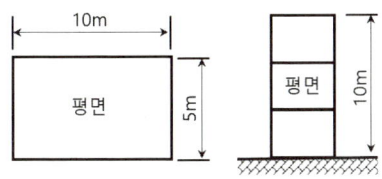

① 300m³
② 336m³
③ 372m³
④ 400m³

해설 | 쌍줄비계면적 A = H(L + 8 × 0.9) = (L + 7.2m) × H
H = 10m, L = (10m + 5m) × 2 = 30m
∴ A = H(L + 8 × 0.9)
= 10×(30 + 7.2) = 372m²

08
▶24,23

벽두께 1.5B, 벽 면적 20m² 쌓기에 소요되는 기본 벽돌(190×90×57) 의 정미량은?

① 2,240 매
② 3,360 매
③ 4,480 매
④ 6,720 매

해설 | 1.5B 정미량=벽면적 × 단위수량
= 20 × 224 = 4,480매
※ 벽돌쌓기의 벽돌량

	0.5B(매)	1.0B(매)	1.5B(매)
기존형(재래형)	65	130	195
표준형(기본형)	75	149	224
할증율	붉은벽돌(3%), 시멘트벽돌(5%)		

09
▶건,20,17

말구지름 9cm, 길이가 12.4m인 통나무가 5개 있다. 이 통나무의 재적으로 옳은 것은?

① 0.210m³
② 0.520m³
③ 1.048m³
④ 2.572m³

해설 | 길이 6m 이상인 통나무

목재량 $V = D' \times D' \times L \times \frac{1}{10,000}$ (m³),

$D' = D + \frac{L-4}{2} = 9 + \frac{12-4}{2} = 13cm$

$V = 13 \times 13 \times 12.4 \times 5개 \times \frac{1}{10,000} = 1.0478m^3$

$≒ 1.048m^3$

10
▶25,건,16

10.8cm 각 타일을 줄눈 가로, 세로 6mm로 붙일 때 1m²당 타일 매수로 옳은 것은?

① 72 매
② 73 매
③ 75 매
④ 77 매

해설 | 타일 정미량 = $\frac{100cm}{10.8+0.6} \times \frac{100cm}{10.8+0.6}$
= 76.9 매 ≒ 77매

11
▶23,건,17,19

건축 표준품셈의 설명으로 옳지 않은것은?

① 타일의 할증률은 3%이다.
② 시멘트의 할증률은 2%이다.
③ 상시 일반적으로 사용하는 일반공구 및 시험용 계측 기구류의 공구손료는 인력품의 3%까지 계상한다.
④ 시멘트벽돌의 할증률은 3%이다.

해설 | 붉은벽돌(3%), 시멘트벽돌(5%)

12
▶건,21,17,19

다음 용어 중 공종별로 단위당 소요되는 재료비와 노무비 및 경비를 산출하기 위해 표준품셈에서 정한 재료할증 및 노무량에 각각의 단가를 곱해 산출된 단위당 공사비를 말하는 것은?

① 표준시방서
② 일위대가
③ 표준품셈표
④ 일반시방서

정답 | 07 ③ 08 ③ 09 ③ 10 ④ 11 ④ 12 ②

해설 | 일위대가
일위대가라 함은 공종별로 단위당 소요되는 재료비와 노무비 및 경비를 산출하기 위해 표준품셈에서 정한 재료할증 및 노무량에 각각의 단가를 곱해 산출된 단위당 공사비를 말한다.

13 ▶24,22
다음 중 시방서에 기재하는 사항에 포함되지 않는 것은?

① 시공시 주의 사항
② 공법 및 공사 순서
③ 시공기계, 기구
④ 공사비 내역

해설 | 시방서(specification)
공사에 대한 표준안, 규정을 설명한 문서로서 공사에 대한 '사용설명서'이다.
공사를 진행할 때 일정한 순서를 정리해 놓은 문서로 공사에 필요한 재료의 종류와 품질, 사용처, 시공방법, 납기 일정, 준공기일 등 설계도면에는 표시하기 어려운 부분에 대하여 설계자의 의도를 시공자에게 전달할 목적으로 작성한 문서이다.

14 ▶23
현장에서 설계도서, 법령해석, 감리자 의견 등이 서로 상이할 때 일반적으로 최우선순위로 가장 적당한 것은?

① 특기 시방서
② 설계도면
③ 일반시방서, 표준시방서
④ 산출내역서

해설 | 설계도서 해석의 우선순위
설계도서, 법령해석, 감리자 의견 등이 서로 상이할 때 일반적인 우선순위는 아래와 같다.
㉠ 특기 시방서
㉡ 설계도면
㉢ 일반시방서, 표준시방서
㉣ 산출내역서
㉤ 승인된 시공도면
㉥ 관계법령의 유권해석
㉦ 감리자의 지시사항

정답 | 13 ④ 14 ①

PART 04

실내디자인 환경

Chapter 01 실내환경 분석 — 25%
Chapter 02 건축관계 법령 분석 — 49.5%
Chapter 03 실내디자인 조명계획 — 2.5%
Chapter 04 실내디자인 설비계획 — 23%

Chapter 01

실내환경 분석

최근 10개년 출제문항수 **409**개

New_ 2022년 이후 평균 출제비중 **25%**

Chapter 출제경향분석

Section		출제비율
01	열 및 습기 환경	5%
02	공기 환경	8%
03	빛 환경	8%
04	음 환경	5%

01 열 및 습기 환경

> **Pass Note**

예상출제문항	키워드	
1~2	- 온열환경의 물리적요소 - 전열 - 열관류율	- 단열계획 - 습공기선도 - 결로방지대책

1. 기후환경 요소

자연환경 중 기온, 습도, 바람, 강수량, 일조 및 일사 등의 기후 환경 요소들은 건축 환경에 많은 영향을 줄 수 있으므로 이를 사전에 제어하여 안전하며 쾌적한 환경을 만들어야 한다.

1) 일조와 일사

일조는 태양으로부터 나오는 빛이 지상에 자외선, 가시광선, 적외선 등으로 직사하여 환경에 영향을 끼친다. 일사는 태양으로부터 받는 열의 강함을 말한다.

(1) 일조율

가조시간(일몰에서 일출까지의 시간수)에 대한 **일조시간**의 백분율

$$일조율 = \frac{일조시간}{가조시간} \times 100 \, (\%)$$

(2) 태양광선의 위생적 효과

태양의 복사선은 파장의 길이에 따라 다음과 같이 구분된다.

종류	파장(nm)	효과
자외선	200~380	생물의 생육, 살균, 퇴색, 광합성 효과로 인해 화학선이라고도 하며, 일광의 보건, 위생적인 효과가 있다.
가시선	380~780	눈으로 보이는 빛으로 낮의 밝음을 지배하는 요소이다.
적외선	780~3,000	주로 열작용을 하며, 열선이라고도 한다.
도르노(Doron)선	320	부근의 파장, 자외선의 일종으로 건강선이라 부른다.

균시차(equation of time)
진태양시와 평균태양시의 차를 말한다. 평균태양시는 통상 사용하는 시계의 시각과 관련이 있으며, 진태양시는 태양의 움직임을 나타내는 지표 중 하나다.

 균시차에 관한 설명으로 옳은 것은? [24,20,19]
① 균시차는 항상 일정하다.
② 진태양시와 평균태양시의 차를 말한다.
③ 중앙표준시와 평균태양시의 차를 말한다.
④ 진태양시의 10년간 평균값에서 중앙표준시를 뺀 값이다.

정답 ②

(3) 인동간격
생활에 필요한 일조를 얻기 위해 태양고도가 가장 낮은 **동지(겨울)의 일영(그림자)**을 사용하여 건물 상호간의 간격을 결정한다.(동지 기준 하루 4시간 이상의 일조가 되도록 간격배치) 특히 공동주택 단지 일수록 일조를 방해 받지 않도록 남북방향의 인동간격을 두고 배치해야 한다.

(4) 일조 조절
① 건물의 형태는 정방형보다 동서로 긴 장방형 난향 배치가 좋다.
② 창의 크기는 채광, 조명, 환기 등을 고려하여 크기를 결정한다.
③ 지붕은 평지붕 보다 경사(박공)지붕이 일사면에 유리하다.
④ 차양장치는 내부차양 보다 외부차양이 직사광선 차단에 효과적이다.
⑤ 벽면의 **흡수율이 크면** 벽체 내부로 전달되는 **일사량은 커진다**.

2. 실내환경과 체적감

1) 온열 환경의 물리적 요소
열환경 4요소(물리적 요소) **기온, 습도, 기류, 복사열**로 인체의 열 쾌적에 영향을 미치는 요소를 말한다.

(1) 기온(DBT)
① 인체의 쾌적에 가장 큰 영향을 주며, 건구온도를 말한다.
② 건구온도의 쾌적범위 : 16~28℃

(2) 습도(RH)
① 쾌적온도에서 쾌적습도 범위는 40~70%이다.

(3) 기류(m/sec)
① 대류에 의한 인체에 열손실을 증가시키므로 인체의 열평형에 영향을 미친다.
② 실내의 기류는 0.25~0.5m/s에서 쾌적감을 느끼며 공기조화 시 0.5m/s 이하를 권장한다.

(4) 복사열(MRT)

① 기온 다음으로 인체의 온열감과 쾌적감에 영향이 크다.
② 차가운 유리창 부근에 있으면 찬바람이 들어오는 것으로 착각을 일으킨다.
③ 가장 쾌적한 상태는 MRT(복사열)가 보통 기온보다 2℃ 정도 높은 상태이다.

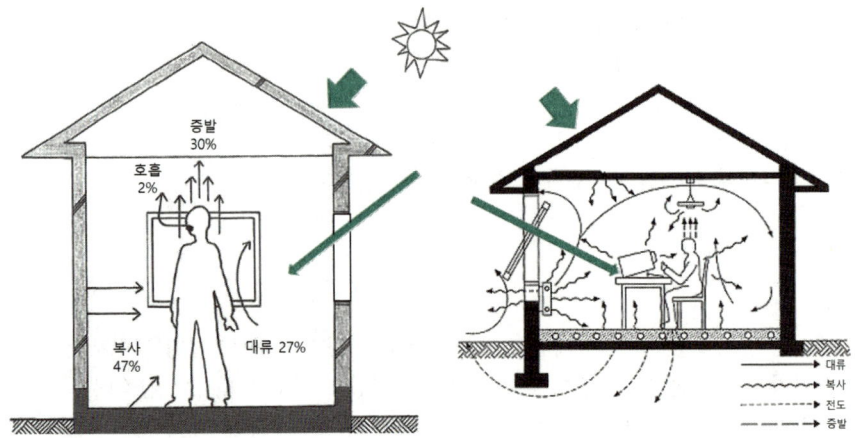

> **예제 02** 인체의 열쾌적에 영향을 미치는 물리적 온열 4요소가 옳게 나열된 것은? [25, 19, 18, 17, 16, 14, 13]
> ① 기온, 기류, 습도, 복사열
> ② 기온, 기류, 습도, 활동량
> ③ 기온, 습도, 복사열, 활동량
> ④ 기온, 기류, 복사열, 착의량
>
> 정답 ①

2) 주관적 온열요소

(1) 착의 상태(Clothing) → 측정단위 : clo(clothes)

착의상태의 단위 : 의복의 단열성능을 측정하는 무차원단위 clo(clothes)

> **Note** 1 clo란?
> 기온 21℃, 상대습도 50%, 기류 0.1m/s의 실내에서 착석, 휴식 상태의 쾌적유지를 위한 의복의 열전도 저항을 뜻한다.

(2) 인체의 활동상태(Activity) → 측정단위 : Met(metabolic rate)

인체의 물리적 활동, 연령과 성별, 피하 지방, 건강상태, 음식과 음료의 섭취 상태 등에 따라 쾌적 범위가 변동된다.(1.0met은 인체의 신진대사에서 휴식상태에 가장 근접한 Met수)

보통 나이가 많을수록 감소하며 성인 여성은 남성에 비해 약 85% 정도이다.

3) 온열환경지표(쾌적지표)

열환경 물리적 4요소 기온, 습도, 기류, 복사열 중 몇 가지를 조합하여 하나의 지표로 표시한 것을 쾌적지표라 한다.

(1) 유효온도(ET, 체감온도, 감각온도)
  ① 기온, 습도, 기류를 조합(복사열은 고려되지 않음)
  ② 실내 온열감각을 기온의 척도로 나타낸 지표
  ③ 다수의 피험자의 실제 체감에서 구한 지표다.

(2) 작용온도(OT)
  ① 기온, 기류, 복사열을 조합한 쾌적지표(습도의 영향은 제외)

(3) 수정 유효온도(CET)
  ① 기온, 습도, 기류, 복사열 모두 고려하였다.
  ② 습공기 선도를 이용하여 건구온도(DB)대신 글로브 온도(GT)를 사용하고, 습구온도 대신 상당 습구온도를 사용한 쾌적지표

Note 글로브 온도계
실내에 있어서 인체 표면과 벽, 천장, 바닥면 등 주벽면과의 열복사가 재실자의 쾌적감에 미치는 영향을 측정하기 위하여 Vernon에 의해 고안된 온도계

(4) 표준유효온도(SET)

상대습도 50%, 풍속 0.125m/s, 활동량 1met, 착의량 0.6 clo(가벼운 실내 평상복장)의 동일한 표준환경에서 환경변수를 조합한 지표로서 활동량, 착의량 및 환경 조건에 따라 달라지는 온열감, 생리적 및 불쾌적 영향을 비교할 때 매우 유용하다.

Note 불쾌지수(discomfort index)
날씨(기온과 습도)에 따라 사람이 불쾌감을 느끼는 정도를 나타내는 수치로 불쾌지수가 70 ~ 75인 경우에는 약 10%, 75 ~ 80인 경우에는 약 50%, 80 이상인 경우에는 대부분의 사람이 불쾌감을 느낀다. (70 이하는 쾌적)

3. 인체의 열평형

1) 인체의 열생산(Body heat production)

(1) 인체의 대사작용(metabolism)

음식물 섭취를 통해 인체에 생성된 에너지는 80% 이상은 열로, 20% 미만은 인체 활동을 위한 에너지원으로 전환된다.

  ① 기초대사량
    공복 시 쾌적한 환경에서 편안한 자세로 누워 있을 때에 최저 에너지 대사량

② 에너지 대사율(relative metabolic rate, RMR)

$$\text{에너지 대사율} = \frac{\text{작업시간의 전체산소소비량} - \text{작업시간 중 안정 시 산소소비량}}{\text{작업시간의 기초대사량}}$$

2) 인체의 열손실(Body heat production)

몸속에서 생성된 열은 **피부 표면의 열복사, 인체 주변 공기의 대류, 호흡, 땀 등의 수분 증발** 등에 의해 주위로 열이 방출된다. 인체의 열손실 비율은 **복사 45 ~ 50%**, 대류 25 ~ 30%, 증발 25%로 복사가 가장 높은 비율을 차지한다.

3) 인체의 열평형

(1) P. O. Fanger의 열평형 방정식 8가지 요소

① 대사량
② 피부온도
③ 땀 분비량
④ 착의 상태(옷의 단열치)
⑤ 평균복사온도
⑥ 기온
⑦ 수증기압
⑧ 인체의 유효 표피 면적비

4. 전열(Heat Transmission)

1) 전열

열의 전달 또는 열 이동을 말하며, **복사, 전도, 대류현상** 등이 복합되어 일어난다.

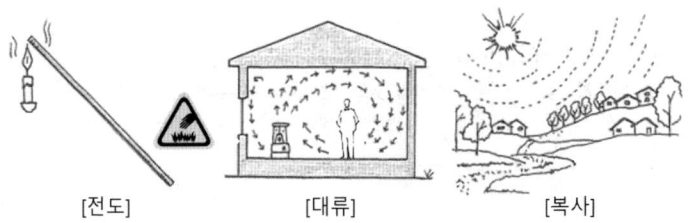

[전도]　　　　　[대류]　　　　　[복사]

(1) 건축물의 전열

① **열전도** : 벽체 내의 열흐름(**고체 자체 내에서의 열이동**) 열이 고온부분에서 저온부분으로 열이 이동
② 열전달 : 공기와 벽체 표면과의 전열(대류, 복사가 조합된 형태)
③ **열관류**(열통과) : **열전달과 열전도의 총합**

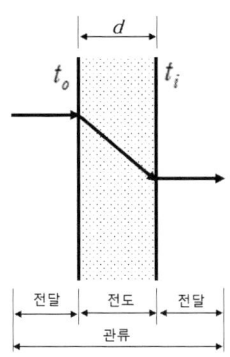

2) 열전달

고체인 건축물의 벽체 표면과 유체(공기)간의 열의 이동현상으로 풍속이 커지면 대류의 열전달률이 커진다.

① 열전달률의 단위 : $a[W/m^2 \cdot K]$

벽 표면적 1m², 벽과 공기의 온도차 1℃일 때 단위시간 동안에 흐르는 열량이다.

② 열전달 열량(Q) 계산

계산식	비고
$Q_v = \alpha \cdot A \cdot \triangle t(w)$	α : 열전달률[W/m²·K], A : 벽체의 표면적[m²], $\triangle t$: 온도차[℃]

3) 열전도

고체 또는 정지한 유체에서 분자 또는 원자의 열에너지 확산에 의해 열이 전달되는 형태로 건물 외벽의 한 쪽 표면에서 다른 쪽 표면으로 열이 이동되는 현상, 즉, 벽체 내부에서 열이 이동하는 현상이다.

① 열전도율의 단위 : λ [W/m·K]

두께 1m의 재료 양쪽 온도차가 1℃일 때 단위시간 동안에 흐르는 열량이다.

② 공극이 많은 재료일수록 열전도율은 작고 비중과 열전도율 비례하다.
③ 기체 < 액체 < 고체 순으로 열전도율이 크다.
④ 열전도율이 크면 클수록 열전도저항은 작아진다.
⑤ 재료에 습기가 차면 열전도율이 커진다.

(1) 재료별 열전도율

벽돌	0.62~0.86	타일	1.3
콘크리트	1.4	대리석	2.8
모르타르	1.3~1.5	알루미늄	160

(2) 전도열량(Q) 계산

계산식	비고
$Q_c = \dfrac{\lambda}{d} \cdot A \cdot \triangle t(w)$	λ : 열전도율 [W/m·K], d : 재료의 두께[m], A : 벽체의 표면적[m²], $\triangle t$: 온도차[℃]

예제 03 크기가 2m × 0.8m, 두께 40mm, 열전도율이 0.14W/m·K인 목재문의 내측 표면온도가 15℃, 외측 표면온도가 5℃일 때, 이 문을 통하여 1시간 동안에 흐르는 전도열량은? [23,20,16]

① 0.056W ② 0.56W
③ 5.6W   ④ 56W

해설 | $Q = \dfrac{\lambda}{d} \cdot A \cdot \Delta t(w) = \dfrac{0.14}{0.04} \times (2 \times 0.8) \times (15-5) = 56W$

※ 열전도 열량 계산 공식은 벽두께만 반비례(분모)하며 나머지 변수는 비례(분자)함

정답 ④

예제 04 두께 30cm의 콘크리트 벽체(λ=1.2W/m·K) 10m²에 1시간 동안 외부로 유출된 열량이 500W로 측정되었다. 벽체의 실내측 표면온도가 20℃일 경우, 실외측 표면온도는? [24,21]

① 7.5℃   ② 8.5℃
③ 9.5℃   ④ 10.5℃

해설 | 열전도= $Q_c = \dfrac{\lambda}{d} \cdot A \cdot \Delta t(w)$

$500 = \dfrac{1.2}{0.3} \times 10 \times (20-x) = 40 \times (20-x)$

∴ $\dfrac{500}{40} = 20 - x = 12.5$ $x = 7.5℃$

정답 ①

4) 열관류

열은 고온측에서 저온측으로 흘러 두 유체 간의 전열이 진행되는데 벽과 같은 고체를 통하여 유체(공기)에서 유체(공기)로 열전달-열전도-열전달의 과정을 통해 열이 전해지는 현상을 말한다.

예) 실내공간에서 난방을 통해 따뜻해진 실내의 온열이 벽체를 통해 외부로 빠져나가는 것(냉방은 반대).

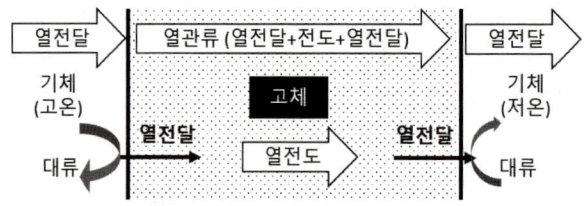

(1) 열관류율 계산

계산식		비고
$K = \dfrac{1}{\dfrac{1}{a_0} + \sum \dfrac{d}{\lambda} + \dfrac{1}{a_i}}$	K : 열관류율[W/m²·K] λ : 열전도율 [W/m·K] d : 재료의 두께[m]	A : 벽체의 표면적[m²] Δt : 온도차[℃] a_0, a_i : 실내외 표면의 열전달률[W/m·K]

Note
- 열관류저항, 열전도저항, 열전달저항은 각각 열관류율, 열전도율, 열전달률의 역수이다.
- **열관류저항** : 1/k   열전도저항 : 1/λ   열전달저항 : 1/α

예제 05 다음과 같은 재료로 구성된 벽체의 열관류율은? (단, 실내표면 열전달률은 9W/m²·K, 실외표면 열전달률은 20W/m²·K 이다.) [23,21,12]

재료	두께(mm)	열전도율(W/mK)
모르타르	20	1.3
콘크리트	180	1.1
석고보드	10	0.6

① 2.5W/m²·K   ② 2.8W/m²·K
③ 3.1W/m²·K   ④ 3.3W/m²·K

해설 | 열관류율(K) = $\dfrac{1}{\dfrac{1}{a_0}+\sum\dfrac{d}{\lambda}+\dfrac{1}{a_i}}$ = $1/\dfrac{1}{9}+(\dfrac{0.02}{1.3}+\dfrac{0.18}{1.1}+\dfrac{0.01}{0.6})+\dfrac{1}{20}$ = 2.8m²·K/W

정답 ②

예제 06 그림과 같은 구조를 갖는 벽체의 열관류저항은? [23,19,11]

- 실내측 표면열전달률 : 9.3 W/m²·K
- 실외측 표면열전달률 : 23.3 W/m²·K
- 콘크리트 열전도율 : 1.8 W/m·K
- 모르타르 열전도율 : 1.6 W/m·K

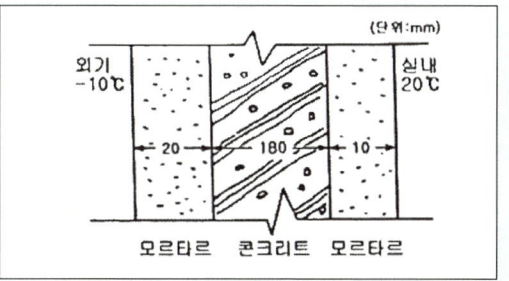

① 0.14 m²·K/W   ② 0.27 m²·K/W
③ 0.42 m²·K/W   ④ 0.56 m²·K/W

해설 | 열관류율(K) = $\dfrac{1}{\dfrac{1}{a_0}+\sum\dfrac{d}{\lambda}+\dfrac{1}{a_i}}$ = $1/\dfrac{1}{9.3}+\dfrac{0.02}{1.6}+\dfrac{0.18}{1.8}+\dfrac{0.01}{1.6}+\dfrac{1}{23.2}$ = 3.7m²·K/W

∴ 열관류 저항은 열관류율의 역수 = $\dfrac{1}{3.7}$ = 0.27m²·K/W

정답 ②

(2) 열관류량

계산식	비고
$Q = k \cdot A \cdot \triangle t \, (W)$	K : 열관류율 [W/m²·K] A : 면적 [m²] $\triangle t$: 실내외 온도차[℃]

예제 07 다음과 같이 구성된 구조체에서 1m²당 관류열량은? (단, 실내온도 25℃, 외기온도 10℃, 내표면 열전달률 8W/m², 외표면 열전달률 20W/m²·K 이다.) [24, 17, 10]

재료	열전도율(W/mK)	두께(mm)
모르타르	1.1	15
콘크리트	1.3	150
석고	0.1	10

① 15.66W ② 21.36W
③ 25.36W ④ 37.13W

해설 | 먼저 열관류율(k)을 구하고 관류열량을 계산한다.

㉠ 열관류율(k) = $\dfrac{1}{\dfrac{1}{a_0} + \sum \dfrac{d}{\lambda} + \dfrac{1}{a_i}}$ = $\dfrac{1}{\dfrac{1}{8} + (\dfrac{0.01}{0.1} + \dfrac{0.15}{1.3} + \dfrac{0.015}{1.1}) + \dfrac{1}{20}}$ = 2.475W/m²·K

[a_0, a_i : 열전달률(W/m2·K), λ : 열전도율(W/m²·K), d : 두께(m)]

㉡ 관류열량 $Q = k \cdot A \cdot \triangle t \, (W)$ = 2.475 × 1 × (25 − 10) = 37.125W ≒ 37.13W

정답 ④

5) 열복사

고온의 물체 표면에서 저온의 물체 표면을 공간을 통해 전자파에 의해 열이 전달되는 형태를 말한다.

① 복사열의 반사나 흡수하는 열은 물체 표면의 성질과 온도에 따라 달라진다. (단, **주변의 공기온도는 열복사에 영향을 주지 않는다.**)
② **거칠고 어두운 검은색 표면**은 복사열에 대해 최상의 흡수체이며 방사체이다.
③ 열 방사량은 물체의 온도가 올라가면 같이 증가 한다.
④ 완전흑체의 복사율은 1이다.
⑤ 복사에너지는 표면 절대온도의 **4승에 비례**한다. (Stefan-Boltzmann 법칙)

5. 단열

흐르는 열류를 차단하여 열손실을 최소화하고 실내를 쾌적하게 하는 것으로, 열전달 요소(대류, 전도, 복사)를 이용하여 열류를 차단하는 방법이다.

1) 단열 종류

(1) 단열형태별 종류

종류	특성
저항형 단열	다공질, 섬유질의 기포성 단열재는 많은 기포로 인하여 열도율이 낮아 단열재 내부에서 공기를 정지시켜 단열효과가 좋다.
반사형 단열	• 열방사율이 낮은 재료(**알루미늄 호일, 시트**)로 복사열 에너지를 반사하여 단열작용을 한다. • 반사하는 표면이 **다른 재료와 접촉될 때** 전도열로 인해 **단열효과가 감소한다.** • 반사형 단열은 복사의 형태로 열이동이 이루어지는 공기층에 유효하다. • 중공벽 내의 중앙에 알루미늄박을 이중으로 설치하면 단열효과가 좋아지며 고온측면에 복사율이 낮은 알루미늄박을 설치하면 표면 열전달저항이 증가한다.
용량형 단열	• 열용량이 큰 재료(벽돌, 콘크리트 등)로 구성되어 많은 양의 열을 흡수하므로 열전달 지연(타임랙) 효과가 매우 크다. • 벽의 열용량은 단위 면적당 질량(kg/m^2)과 재료의 비열($J/kg℃$)의 곱으로 표시한다.

Note 타임 래그(Time-lag)

실내기온의 변화가 외기온의 변화보다 늦어지는 현상으로, **열용량(평가 척도)**이 0인 벽체 내에서 발생하는 열류의 피크에 대하여 주어진 구조체 내에서 일어나는 피크의 지연시간
① 건물 외피의 열용량이 클수록 타임랙은 길어진다.
② 건물 외피를 구성하는 재료의 밀도가 클수록 타임랙은 길어진다.
③ 실내외 온도차에 직접적인 영향을 받으며, **온도차가 클수록 타임랙은 짧아진다.**

예제 08 반사형 단열재에 관한 설명으로 옳지 않은 것은? [25, 21, 15]
① 반사하는 표면이 다른 재료와 접촉될 때 단열효과가 증가한다.
② 반사형 단열은 복사의 형태로 열이동이 이루어지는 공기층에 유효하다.
③ 중공벽 내의 중앙에 알루미늄박을 이중으로 설치하면 큰 단열효과가 있다.
④ 중공벽 내의 고온측면에 복사율이 낮은 알루미늄박을 설치하면 표면 열전달저항이 증가한다.

해설 | 반사형 단열는 반사하는 표면이 다른 재료와 접촉될 때 전도열로 인해 단열효과가 감소한다.

정답 ①

(2) 단열공법별 종류

종류	특성
내단열	• 건물 내부 표면에 단열재를 설치하는 방식이다. • **실온변동이 크며**, 열교현상으로 국부적 열손실이 발생한다. • 표면결로는 발생하지 않으나 내부결로 발생의 우려가 크다. • 시공은 가장 간편하여 단시간내에 더워지므로 간헐난방을 하는 곳에 적합하다.
중단열	• 이중벽체의 중간에 단열재를 설치하는 공법이다. • 내부면에 결로 발생 우려가 있고 벽체 두께가 매우 두꺼워진다.
외단열	• **지속난방**에 유리하며 건물 외측 표면에 단열재를 설치하는 방식이다. • **실온 변동이 작고** 내부결로 위험이 적다. • 건물의 **열교현상을 방지**할 수 있다. • 시공비와 시공난이도가 높지만 단열 성능이 **가장 우수**하다.

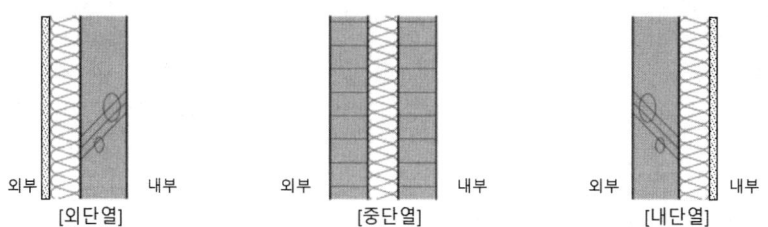

2) 단열계획

(1) 단열재의 특성

　㉠ 경제적이고 시공이 용이할 것
　㉡ 가벼우며 기계적 강도가 우수할 것
　㉢ **열전도율, 흡수율, 수증기 투과율이 낮을 것**
　㉣ 내구성, 내열성, 내식성이 우수하고 냄새가 없을 것

(2) 건축물의 단열계획

　㉠ 건물의 창호는 가능한 작게 설계하고, 특히 열손실이 많은 **북측의 창면적은 최소화**한다.
　㉡ 외피의 모서리 부분은 열교가 발생하지 않도록 단열재를 연속적으로 설치한다.
　㉢ 창호면적이 큰 건물에는 단열성이 우수한 로이(Low-E) 복층유리나 삼중창 이상의 단열성능을 갖는 창호를 설치한다.
　㉣ 단열재에 수분이 침투하면 열전도율이 크게 증가하기 때문에 단열재는 되도록 건조한 상태로 유지하는 것이 좋다.

 예제 09　건축물의 에너지절약을 위한 계획 내용으로 옳지 않은 것은? [23,17,15,15]

① 건축물은 남향 또는 남동향 배치를 한다.
② 공동주택은 인동간격을 넓게 하여 저층부의 일사 수열량을 증대시킨다.
③ 건축물의 체적에 대한 외피면적의 비 또는 연면적에 대한 외피면적의 비는 가능한 크게한다.
④ 거실의 층고 및 반자 높이는 실의 용도와 기능에 지장을 주지 않는 범위 내에서 가능한 낮게 한다.

해설 | 건축물의 외피 면적은 가능한 적게해야 에너지절약에 유리하다.

정답 ③

---

3) 열교현상(heat bridge)

건축물 연결부위(단열구조의 지지부재, 중공벽의 연결철물 통과부위, 벽체와 바닥. 지붕과의 접합부, 창틀) 중에 단열이 연속되지 않아 열적 취약 부위가 생기면 열의 이동이 많아지며 이것을 열교(heat bridge)또는 냉교(cold bridge)라고 한다.

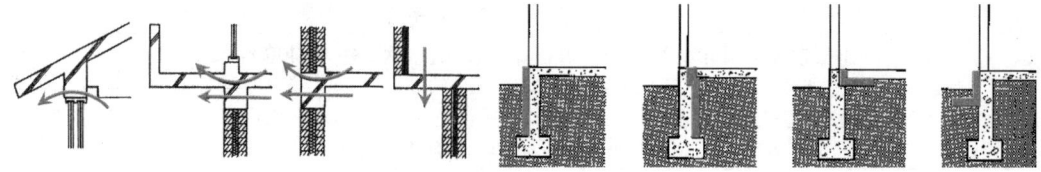

(1) 열교 현상이 발생되면 나타나는 현상

① 구조체의 전체 단열성이 저하된다.
② **표면 온도가 낮아지며 결로가 발생되기 쉽다.**
③ 벽이나 바닥, 지붕 등의 건물부위에 단열이 연속되지 않은 부분이 있을 때 발생한다.
④ 열교 현상을 방지하기 위해서는 접합 부위의 단열재가 연속적으로 철저한 단열 시공이 이루어져야 하며 조적조나 라멘조 건물의 경우 외단열이 내단열에 비해 열교현상 방지에 효과적이다.

6. 습기와 결로

공기 중 수증기에 의해서 발생되는 일종의 습윤 상태로 습한 공기를 냉각시키면 노점(dew point)에 도달하여 수증기가 물방울로 변화하여 결로(結露 : 물건의 표면에 작은 물방울이 맺힘)가 발생된다.

1) 습기

- 공기 중이나 재료 속에 기체 또는 액체의 형태로 함유하는 수분을 습기라고 한다.
- $1m^3$의 공기에 5~20g의 수증기를 함유한다.

종류	특성
건조공기	수증기를 전혀 포함 하지 않은 공기
습공기	수증기를 포함하는 통상의 공기
포화공기 (상대습도100%)	공기 속 수분이 수증기의 형태로만 존재할 수 없는 상태의 공기로서 냉각하면 수증기가 물방울로 변화된다.(주어진 온도에서 최대한의 수증기를 함유한 공기)

2) 습공기의 특성

종류	단위	내용
절대습도 (AH, Absolute Humidity)	Kg/kg[DA]	• 건조 공기 1kg중에 포함되어 있는 수증기의 양(kg) • 공기를 가열하거나 냉각하여도 절대습도는 변함이 없다.
상대습도 (RH, Relative Humidity)	$\varPhi(\%)$	• 공기의 습한 정도의 상태를 포화수증기에 대한 백분율로 나타낸다. • 공기를 가열하면 상대습도는 낮아지고 냉각하면 상대습도는 높아진다. • 상대습도는 기온의 변화에 반비례한다.
노점온도	℃	• 습공기가 냉각 될 때 어느 온도 시점이 되면 공기 속의 수분이 수증기로 존재할 수 없어 이슬로 맺히는 온도, 즉, 습공기가 포화상태일때의 온도이다. • 공기중 수증기량이 많을수록 노점온도는 높아지며 결로발생이 쉬워진다.
건구온도	℃	• 온도계의 감온부가 건조상태로 측정된 공기 온도
습구온도	℃	• 물에 젖은 천으로 감싼 온도계인 습구온도계로 측정한 기온을 말한다. • 습도가 100%인 경우에는 습구온도와 건구온도는 같고, 습도가 낮아질수록 습구온도 역시 낮아진다.
엔탈피 (enthalpy)	H[kJ/kgDA]	• 건조공기 1kg당 습공기 속에 현열 및 잠열의 형태로 포함되는 열량으로, 건공기의 엔탈피와 습공기의 엔탈피를 더한 것이다. • 습공기가 가열되거나 습도가 높아지면 엔탈피는 증가한다.

현열비 (SHF)	SHF(%)	• 습공기의 상태 변화시 현열 변화량에 대한 엔탈피 변화량의 비율
열수분비	U(%)	• 습공기의 상태변화 성분을 절대습도 변화량에 대한 전열량의 변화량 비율로 나타낸다.

3) 습공기선도(Psychrometric chart)

대기중의 공기는 습공기로 건조공기와 수증기가 혼합된 상태이다. 습공기선도는 습공기의 여러 특성수치를 나타내는 챠트로서 인간의 쾌적범위 결정, 결로 판정, 공기조화부하 계산 등에 활용된다.

① **습공기선도의 구성요소** : 건구온도, 습구온도, 노점온도, 절대습도, 상대습도, 포화도, 수증기압, 엔탈피, 비용적(비체적), 현열비, 열수분비 등
② 습공기 요소중에 2가지만 알면 상태점이 정해지고 나머지 요소를 구할 수 있다.(단, 현열비와 열수분비는 계산에 의하여 구한다)
③ 공기를 가열 또는 냉각하여도 절대습도는 변화가 없다.
④ 공기를 가열하면 상대습도는 낮아지고 냉각하면 상대습도는 높아진다.
⑤ **상대습도를 높였을 때** 노점온도와 절대습도는 높아진다.(단, 건구온도는 일정하다.)

> **Note** 습공기를 가습하였을 때?
> 상대습도, 절대습도는 증가, 습구온도 상승, 노점온도와 엔탈피, 수증기분압, 비체적은 높아진다. (**건구온도만 상태값이 증가하지 않는다.**)
> 습공기를 가열하였을 때?
> 절대습도는 일정, 습구온도는 상승

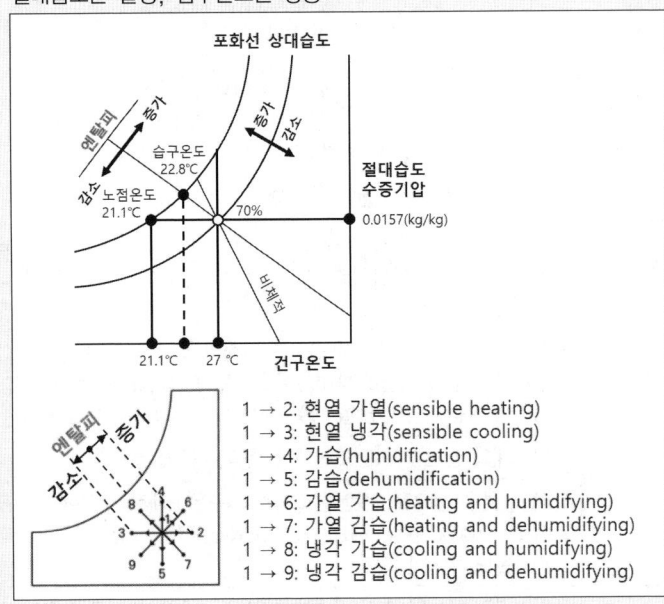

⑥ 습공기선도 해석

그림과 같이 27℃ 공기 속 수증기량(절대습도)이 0.0157(kg/kg)일 때 상대습도는 약 70%이다. 이때 습공기를 냉각하여 포화선에 닿을 때(상대습도가 100%)의 온도인 21℃가 노점온도가 된다.

> **예제 10** 다음 중 습공기선도에 표현되어 있지 않은 것은? [25, 22]
> ① 비열 ② 엔탈피
> ③ 절대습도 ④ 습구온도
>
> **해설 |** 습공기선도 구성요소
> 건구온도, 습구온도, 노점온도, 절대습도, 상대습도, 포화도, 수증기압, 엔탈피, 비용적(비체적), 현열비, 열수분비 등
>
> **정답 ①**

4) 결로

공기 중 수증기에 의해서 발생되는 일종의 습윤 상태로 습한 공기를 냉각시키면 노점(dew point)에 도달하여 수증기가 물방울로 변화하여 결로(結露 : 물건의 표면에 작은 물방울이 맺힘)가 발생된다. 내부결로가 발생할 경우 벽체 내의 **함수율은 증가**하여 **열전도율은 커진다**.

(1) 결로의 발생원인
① 실내·외의 온도차
② 실내의 습기 과다
③ 환기부족, 단열재 및 시공불량, 시공 후 미 건조

(2) 결로의 종류
① 표면결로 : 건물의 표면 온도가 접촉하는 공기의 노점온도보다 낮을 때 외벽 표면에 발생
② 내부결로 : 외부보다 실내 습도가 높고 벽체에 투습력이 있으면 벽체 내에 수증기압 기울기가 생겨 결로가 발생

(3) 결로 방지대책
① **실내벽의 표면온도를 실내공기 노점온도보다 높게 유지**한다.
② 벽에 방습층을 설치 한다.
③ 난방으로 실내 수증기 발생을 억제한다.
④ 환기를 주기적으로 자주 한다.
⑤ 벽체의 열관류율을 작게 한다.
⑥ 벽체의 열관류저항을 크게 한다.
⑦ 접합 부위의 단열재가 연속되도록 시공한다.
⑧ 열전도율이 큰 구조재일 경우 가급적 외단열 시공한다.
⑨ 각 공간별 온도차를 작게 **일정하게 유지**해주어야 한다.
⑩ 내부결로의 경우 벽체 내부온도를 그 부분의 노점온도보다 높게 하거나, 투습 저항력이 있는 **방습 층을 내측(고온 측)**에 설치한다.

표면결로의 발생 방지 방법에 관한 설명으로 옳지 않은 것은? [23,22,19]

① 단열 강화에 의해 표면온도를 상승시킨다.
② 직접가열이나 기류촉진에 의해 표면온도를 상승시킨다.
③ 수증기 발생이 많은 부엌이나 화장실에 배기구나 배기팬을 설치한다.
④ 높은 온도로 난방시간을 짧게 하는 것이 낮은 온도로 난방시간을 길게 하는 것보다 결로 발생 방지에 효과적이다.

해설 | 실내벽의 표면온도를 실내공기 노점온도보다 높게 일정하게 유지해주어야 효과적이므로 난방 온도와 시간 또한 일정하게 유지해주는 것이 좋다.

정답 ④

핵심 기출문제

01 열 및 습기 환경

1 기후환경 요소

01 ▶20
일조의 확보와 관련하여 공동주택의 인동간격 결정과 가장 관계가 깊은 것은?

① 춘분 ② 하지
③ 추분 ④ 동지

해설 | 인동간격
생활에 필요한 일조를 얻기 위해 태양고도가 가장 낮은 동지(겨울)의 일영(그림자)을 사용하여 건물 상호간의 간격을 결정한다.

02 ▶20,17
일조의 직접적 효과에 속하지 않는 것은?

① 광 효과 ② 열 효과
③ 환기 효과 ④ 보건·위생적 효과

해설 | 일조와 일사
일조는 태양으로부터 나오는 빛이 지상에 자외선, 가시광선, 적외선 등으로 직사하여 환경(광, 열, 보건·위생적 효과)에 영향을 끼친다. 일사는 태양으로부터 받는 열의 강함을 말한다.

03 ▶21
일조율의 정의로 가장 알맞은 것은?

① 24시간에 대한 가조시간의 백분율
② 24시간에 대한 일조시간의 백분율
③ 가조시간에 대한 일조시간의 백분율
④ 일영시간에 대한 일조시간의 백분율

해설 | 일조율
가조시간(일몰에서 일출까지의 시간수)에 대한 일조시간의 백분율

$$일조율 = \frac{일조시간}{가조시간} \times 100 \, (\%)$$

04 ▶18,12
일사에 관한 설명으로 옳지 않은 것은?

① 차폐계수가 낮은 유리일수록 차폐효과가 크다.
② 일사에 의한 벽면의 수열량은 방위에 따라 차이가 있다.
③ 창면에서의 일사조절 방법으로 추녀와 차양 등이 있다.
④ 벽면의 흡수율이 크면 벽체 내부로 전달되는 일사량은 적어진다.

해설 | 일사량
일사는 태양으로부터 받는 열의 강함을 말한다. 벽면의 흡수율이 크면 벽체내부로 전달되는 일사량은 커진다.

05 ▶21
일사, 일조 조정을 위해 수평루버보다 수직루버의 설치가 더 효과적인 방위로만 연결된 것은?

① 동면과 서면
② 남면과 북면
③ 동면과 남면
④ 서면과 남면

해설 | 수직루버 : 동면과 서면에 좋고 태양의 방위각에 의한 조절이 용이하다.
수평루버 : 남면과 북면에 좋고 태양의 고도 변화에 용이하다.

정답 | 01 ④ 02 ③ 03 ③ 04 ④ 05 ①

2 실내환경과 체적감

06 ▶21
인체의 열적 쾌적감에 영향을 미치는 물리적 온열 4요소에 속하는 것은?

① 관류열 ② 복사열
③ 열용량 ④ 대사량

해설 | 열환경 4요소(물리적 요소)
기온, 습도, 기류, 복사열로 인체의 열 쾌적에 영향을 미치는 요소를 말한다.

07 ▶20
clo는 다음 중 어느 것을 나타내는 단위인가?

① 착의량 ② 대사량
③ 복사열량 ④ 수증기량

해설 | 착의 상태(Clothing) → clo(clothes)
착의상태의 단위 : 의복의 단열성능을 측정하는 무차원단위 clo(clothes)

08 ▶14
인체의 신진대사에서 휴식상태에 가장 근접한 Met수는?

① 0.3 Met ② 1.0 Met
③ 1.6 Met ④ 2.0 Met

해설 | 인체의 활동상태(Activity) → Met
인체의 물리적 활동, 연령과 성별, 피하 지방, 건강상태, 음식과 음료의 섭취 상태 등에 따라 쾌적 범위가 변동된다. (1.0met은 인체의 신진대사에서 휴식상태에 가장 근접한 Met수)
보통 나이가 많을수록 감소하며 성인 여성은 남성에 비해 약 85% 정도이다.

09 ▶18
기온, 습도, 기류의 3요소의 조합에 의한 실내 온열감각을 기온의 척도로 나타낸 것은?

① 등가온도 ② 작용온도
③ 유효온도 ④ 수정유효온도

해설 | 유효온도(ET, 체감온도, 감각온도)
㉠ 기온, 습도, 기류를 조합(복사열은 고려되지 않음)
㉡ 실내 온열감각을 기온의 척도로 나타낸 지표

10 ▶19
유효온도에 고려되지 않는 요소는?

① 기온 ② 습도
③ 기류 ④ 복사열

해설 | 문제 9번 해설참조

11 ▶16
온열환경지표 중 유효온도에 관한 설명으로 옳은 것은?

① 실내 습도는 유효온도에 영향을 미치지 않는다.
② 실내 거주자의 착의량 및 대사량에 의해 영향을 받는 지표이다.
③ 실내 주위 벽면과의 복사열교환에 의한 영향을 고려한 지표이다.
④ 다수의 피험자의 실제 체감에서 구한 것이며 계측기에 의한 것이 아니다.

해설 | 유효온도(ET, 체감온도, 감각온도)
㉠ 실내 습도는 유효온도에 영향을 미친다.
㉡ 실내 거주자의 착의량 및 대사량에 의해 영향을 받지 않는다.
㉢ 실내 주위 벽면과의 복사열교환에 의한 영향을 고려되지 않는 지표이다.

정답 | 06 ② 07 ① 08 ② 09 ③ 10 ④ 11 ④

12

유효온도(ET : effective temperature)에서는 고려하나, 작용온도에서는 고려하지 않는 요소는?

① 기온 ② 습도
③ 기류 ④ 복사열

해설 | 작용온도(OT)
기온, 기류, 복사열을 조합한 쾌적지표(습도의 영향은 제외)

13

다음 중 불쾌지수의 결정 요소로만 구성된 것은?

① 기온, 습도 ② 기온, 기류
③ 습도, 기류 ④ 기온, 복사열

해설 | 불쾌지수(discomfort index)
날씨(기온과 습도)에 따라 사람이 불쾌감을 느끼는 정도를 나타내는 수치로 불쾌지수가 70~75인 경우에는 약 10%, 75~80인 경우에는 약 50%, 80 이상인 경우에는 대부분의 사람이 불쾌감을 느낀다. (70 이하는 쾌적)

14

실내에 있어서 인체 표면과 벽·천장·바닥면 등 주벽면과의 열복사가 재실자의 쾌적감에 미치는 영향을 측정하기 위하여 Vernon에 의해 고안된 온도계는?

① 자기 온도계 ② 카타 온도계
③ 글로브 온도계 ④ 아스만 온도계

해설 | 수정 유효온도(CET)
㉠ 기온, 습도, 기류, 복사열 모두 고려하였다.
㉡ 습공기 선도를 이용하여 건구온도(DB)대신 글로브 온도(GT)를 사용하고, 습구온도 대신 상당 습구온도를 사용한 쾌적지표
※ 글로브 온도계 : 실내에 있어서 인체 표면과 벽, 천장, 바닥면 등 주벽면과의 열복사가 재실자의 쾌적감에 미치는 영향을 측정하기 위하여 Vernon에 의해 고안된 온도계

3 인체의 열평형

15

인체의 열방출 과정 중 일반적으로 가장 높은 비율을 차지하는 것은?(단, 전도에 의한 손실이 없는 경우)

① 관류 ② 복사
③ 대류 ④ 증발

해설 | 인체의 열손실(Body heat production)
인체의 열손실 비율은 복사 45~50%, 대류 25~30%, 증발 25%로 복사가 가장 높은 비율을 차지한다.

16

다음 중 인체에서 열의 손실이 이루어지는 요인으로 볼 수 없는 것은?

① 인체 표면의 열복사
② 인체 주변 공기의 대류
③ 호흡, 땀 등의 수분 증발
④ 인체 내 음식물의 산화작용

해설 | 몸속에서 생성된 열은 피부 표면의 열복사, 인체 주변 공기의 대류, 호흡, 땀 등의 수분 증발 등에 의해 주위로 열이 방출된다.

4 전열

17

전열의 유형에 해당되지 않는 것은?

① 전도 ② 대류
③ 복사 ④ 현열

해설 | 전열
열의 전달 또는 열 이동을 말하며, 복사, 전도, 대류현상 등이 복합되어 일어난다.

정답 | 12 ② 13 ① 14 ③ 15 ② 16 ④ 17 ④

18

▶18,13

벽체의 전열에 관한 설명으로 옳은 것은?

① 열전도율은 기체가 가장 크며 고체가 가장 작다.
② 공기층의 단열효과는 그 기밀성과는 관계가 없다.
③ 단열재는 물에 젖어도 단열성능은 변하지 않는다.
④ 일반적으로 벽체에서의 열관류현상은 열전달-열전도-열전달의 과정을 거친다.

해설 | 열관류(열통과) : 열전달과 열전도의 총합

19

▶21

건물 외벽의 한 쪽 표면에서 다른 쪽 표면으로 열이 이동되는 현상, 즉, 벽체 내부에서 열이 이동하는 현상은?

① 열전도
② 열복사
③ 열관류
④ 열전환

해설 | 열전도(벽체 내의 열의 흐름)
고체 자체 내에서의 열이동, 즉, 벽체 내부에서 열이 이동하는 현상이다.

20

▶21,18

전열에 관한 설명으로 옳은 것은?

① 벽체에 열전달저항은 벽체에 닿는 풍속이 클수록 크다.
② 벽이 결로 등에 의해 습기를 포함하면 열관류 저항이 커진다.
③ 유리의 열관류저항은 그 양측 표면 열전달 저항의 합의 2배 값과 거의 같다.
④ 벽과 같은 고체를 통하여 유체(유기)에서 유체(공기)로 열이 전해지는 현상을 열관류라고 한다.

해설 | 열관류(열전달+열전도+열전달)
열은 고온측에서 저온측으로 흘러 두 유체 간의 전열이 진행되는데 벽과 같은 고체를 통하여 유체(공기)에서 유체(공기)로 열전달-열전도-열전달의 과정을 통해 열이 전해지는 현상을 말한다.

21

▶13

다음 용어의 단위가 옳지 않은 것은?

① 열관류저항 : $(m^2 \cdot K)/W$
② 열전달율 : $W/(m^2 \cdot K)$
③ 열전도율 : $W/(m^2 \cdot K)$
④ 열관류율 : $W/(m^2 \cdot K)$

해설 | 열전도율의 단위 : $\lambda [W/m \cdot K]$

22

▶20

열의 이동(전열)에 관한 설명 중 옳지 않은 것은?

① 열은 온도가 높은 곳에서 낮은 곳으로 이동한다.
② 유체와 고체 사이의 열의 이동을 열전도라고 한다.
③ 일반적으로 액체는 고체보다 열전도율이 작다.
④ 열전도율은 물체의 고유성질로서 전도에 의한 열의 이동정도를 표시한다.

해설 | 열전도(벽체 내의 열의 흐름)
고체 자체 내에서의 열이동, 즉, 벽체 내부에서 열이 이동하는 현상이다.
㉠ 열전도율의 단위 : $\lambda [W/m \cdot K]$
㉡ 공극이 많은 재료일수록 열전도율은 작고 비중과 열전도율 비례하다.
㉢ 기체 < 액체 < 고체 순으로 열전도율이 크다.
㉣ 열전도율이 크면 클수록 열전도저항은 작아진다.

23

▶18

열전도율에 관한 설명으로 옳은 것은?

① 열전도율의 단위는 W/m^2K이다.
② 열전도율의 역수를 열전도 비저항이라고 한다.
③ 액체는 고체보다 열전도율이 크고, 기체는 더욱더 크다.
④ 열전도율이란 두께 1cm판의 양면에 1℃의 온도차가 있을때 $1cm^2$의 표면적을 통해 흐르는 열량을 나타낸 것이다.

해설 | 열관류저항, 열전도저항, 열전달저항은 각각 열관류율, 열전도율, 열전달률의 역수이다.
열관류저항 : $1/k$, 열전도저항 : $1/\lambda$, 열전달저항 : $1/\alpha$

정답 | 18 ④ 19 ① 20 ④ 21 ③ 22 ② 23 ②

24

열전도율에 관한 설명으로 옳지 않은 것은?

① 기체는 고체보다 열전도율이 작다.
② 액체는 고체보다 열전도율이 작다.
③ 철근콘크리트의 열전도율은 강재보다 작다.
④ 열전도율이 크면 클수록 열전도저항도 커진다.

해설 | 열전도율이 크면 클수록 열전도저항은 작아진다.

25

다음과 같은 조건에 있는 벽체의 실내측 표면 온도는?

- 외기온도 : −10℃
- 실내공기온도 : 20℃
- 벽체의 열관류율 : 1.5 W/m²·K
- 벽체의 내표면 열전달률 : 9 W/m²·K

① 10℃   ② 15℃
③ 20℃   ④ 25℃

해설 | 벽체의 열관류열량과 실내측 표면 열전달량은 같다. 열통과량과 벽체 표면 열전달량은 같으므로 다음과 같은 평행식을 세울수 있다.
- 열관류량$(Q) = k \cdot A \cdot \triangle t (W)$
  $Q = 1.5 \times 1 \times (20 - (-10)) = 45$
- 열전달량$(Q_v) = \alpha \cdot A \cdot \triangle t (w)$
  $= 9 \times 1 \times (20 - t)$
  $\therefore 45 = 9 \times 1 \times (20 - t),\ t = 15℃$

26

다음과 같은 조건에 있는 벽체의 실내측 표면 온도는?

- 실내온도 : 20℃
- 외기온도 : −10℃
- 벽체의 열관류율 : 2 W/m²·K
- 실내측 표면 열전달률 : 10 W/m²·K
- 실외측 표면 열전달률 : 30 W/m²·K

① 14℃   ② 16℃
③ 18℃   ④ 20℃

해설 | 벽체의 열관류열량과 실내측 표면 열전달량은 같다. 열통과량과 벽체 표면 열전달량은 같으므로 다음과 같은 평행식을 세울수 있다.
- 열관류량$(Q) = k \cdot A \cdot \triangle t (W)$
  $Q = 2 \times 1 \times (20 - (-10)) = 60$
- 열전달량$(Q_v) = \alpha \cdot A \cdot \triangle t (w)$
  $= 10 \times 1 \times (20 - t)$
  $\therefore 60 = 10 \times 1 \times (20 - t),\ t = 14℃$

27

다음과 같은 조건에서 두께 20cm인 콘크리트벽체를 통과한 손실열량은?

- 실내공기온도 : 20℃
- 외기온도 : 2℃
- 내표면 열전달율 : 11 W/m²·K
- 외표면 열전달 : 22 W/m²·K
- 콘크리트 열전도율 : 1.56 W/m·K

① 약 45 W/m²   ② 약 58 W/m²
③ 약 68 W/m²   ④ 약 75 W/m²

해설 | 먼저 열관류율(k)을 구하고 관류열량을 계산한다.

㉠ 열관류율$(k) = \dfrac{1}{\dfrac{1}{a_0} + \sum \dfrac{d}{\lambda} + \dfrac{1}{a_i}}$

$= \dfrac{1}{\dfrac{1}{11} + \dfrac{0.2}{1.56} + \dfrac{1}{22}} = 3.8 W/m^2 \cdot K$

a : 열전달율(W/m²·K), λ : 열전도율(W/m²·K),
d : 두께(m)

㉡ 관류열량$(Q) = k \cdot A \cdot \triangle t (W)$
$= 3.8 \times 1 \times (20 - 2) = 68.4 W/m^2$

28

다음의 건축재료 중 열전도율이 가장 작은 것은?

① 타일   ② 합판
③ 강재   ④ 점토벽돌

해설 | 열전도율 크기
구리 > 알루미늄 > 철 > 콘크리트 > 벽돌 > 물 > 목재 > 공기

정답 | 24 ④ 25 ② 26 ① 27 ③ 28 ②

29 ▶20

두께 10cm의 경량콘크리트벽체의 열관류율은? (단, 경량콘크리트벽체의 열전도율 0.17W/m²·K, 실내측표면열전달률 9.28W/m²·K, 실외측표면열전달률 23.2W/m²·K이다.)

① 0.85W/m²·K ② 1.35W/m²·K
③ 1.85W/m²·K ④ 2.15W/m²·K

해설 | 열관류율(K) = $\dfrac{1}{\dfrac{1}{a_0}+\sum\dfrac{d}{\lambda}+\dfrac{1}{a_i}}$

= $1 / \dfrac{1}{9.28}+\dfrac{0.1}{0.17}+\dfrac{1}{23.2}$

= 1.35m²·K/W

30 ▶15

다음과 같은 재료로 구성된 벽체의 열관류율은? (단, 벽체의 내표면열전달률은 8.3W/m²·K, 외표면열전달률은 16.6W/m²·K이다.)

재료	두께(mm)	열전도율(W/m·K)
벽돌	190	0.84
석고보드	50	0.05

① 0.02W/m²·K ② 0.04W/m²·K
③ 0.52W/m²·K ④ 0.71W/m²·K

해설 | 열관류율(K) = $\dfrac{1}{\dfrac{1}{a_0}+\sum\dfrac{d}{\lambda}+\dfrac{1}{a_i}}$

= $1 / \dfrac{1}{8.3}+(\dfrac{0.19}{0.84}+\dfrac{0.05}{0.05})+\dfrac{1}{16.6}$

= 0.71m²·K/W

31 ▶20

건물 외벽의 열관류 저항값을 높이는 방법으로 옳지 않은 것은?

① 벽체 내에 공기층을 둔다.
② 벽체에 단열재를 사용한다.
③ 열전도율이 낮은 재료를 사용한다.
④ 외벽의 표면 열전달율을 크게 유지한다.

해설 | 외벽의 열관류 저항값을 높다는 것은 재료를 통과하는 열이 흐르지 못한다는 의미로 저항값이 크면 열 차단이 잘되고 단열성능이 우수하다.
외벽의 표면 열전달율을 크게하면 저항값이 낮아진다.

32 ▶19,14

겨울철 벽체를 통해 실내에서 실외로 빠져나가는 관류 열부하를 계산할 때 필요하지 않은 요소는?

① 실내온도 ② 실내습도
③ 벽체 두께 ④ 내표면열전달률

해설 | 열관류율(k) = $\dfrac{1}{\dfrac{1}{a_0}+\sum\dfrac{d}{\lambda}+\dfrac{1}{a_i}}$

a : 열전달률(W/m²·K),
λ : 열전도율(W/m²·K),
d : 두께(m)

33 ▶21

복사에 관한 설명으로 옳지 않은 것은?

① 주위 공기온도의 영향을 받는다.
② 태양으로부터 지구로 전달되는 열은 복사열이다.
③ 열을 전달하는 매질이 없어도 발생하는 현상이다.
④ 물체에서 복사되는 열량은 그 표면의 절대온도의 4승에 비례한다.

해설 | 열복사
고온의 물체 표면에서 저온의 물체 표면을 공간을 통해 전자파에 의해 열이 전달되는 형태를 말한다.
주변의 공기온도는 열복사에 영향을 주지 않는다.
㉠ 복사열의 반사나 흡수하는 열은 물체 표면의 성질과 온도에 따라 달라진다.
㉡ 거칠고 어두운 검은색 표면은 복사열에 대해 최상의 흡수체이며 방사체이다.
㉢ 열 방사량은 물체의 온도가 올라가면 같이 증가 한다.
㉣ 완전흑체의 복사율은 1이다.
㉤ 복사에너지는 표면 절대온도의 4승에 비례한다.
(Stefan-Boltzmann 법칙)

정답 | 29 ② 30 ④ 31 ④ 32 ② 33 ①

34 ▶19,14
복사에 의한 전열에 관한 설명으로 옳은 것은?

① 고체 표면과 유체 사이의 열전달 현상이다.
② 일반적으로 흡수율이 작은 표면은 복사율이 크다.
③ 알루미늄과 같은 금속의 연마면은 복사율이 매우 작다.
④ 물체에서 복사되는 열량은 그 표면의 절대 온도의 2승에 비례한다.

해설 | 문제 33번 해설참조

35 ▶14
복사에 관한 설명으로 옳지 않은 것은?

① 물체에서 복사되는 열량은 그 표면의 절대온도의 4승에 비례한다.
② 복사열전달은 직접 전달되기 때문에 주위에 있는 벽체의 표면온도에 영향을 받지 않는다.
③ 알루미늄박과 같은 금속의 연마면은 복사율이 매우 작으므로 단열판으로 사용이 가능하다.
④ 물질의 표면에 복사열 에너지가 닿으면 그 일부는 물질 내부에 흡수되고 일부는 반사되고, 나머지는 투과된다.

해설 | 고온의 물체 표면에서 저온의 물체 표면을 공간을 통해 전자파에 의해 열이 전달되는 형태

36 ▶17,14
열복사에 관한 설명으로 옳지 않은 것은?

① 완전흑체의 복사율은 1이다.
② Stefan-Boltzmann 법칙과 관계있다.
③ 복사에너지는 표면 절대온도의 4승에 비례한다.
④ 같은 재료는 표면마감 정도가 달라도 복사율은 동일하다.

해설 | 거칠고 어두운 검은색 표면은 복사열에 대해 최상의 흡수체이며 방사체이다.

5 단열

37 ▶16
단열재가 갖추어야 할 요건으로 옳지 않은 것은?

① 경제적이고 시공이 용이할 것
② 가벼우며 기계적 강도가 우수할 것
③ 열전도율, 흡수율, 수증기 투과율이 높을 것
④ 내구성, 내열성, 내식성이 우수하고 냄새가 없을 것

해설 | 단열재 특성
㉠ 경제적이고 시공이 용이할 것
㉡ 가벼우며 기계적 강도가 우수할 것
㉢ 열전도율, 흡수율, 수증기 투과율이 낮을 것
㉣ 내구성, 내열성, 내식성이 우수하고 냄새가 없을 것

38 ▶19,13
벽체의 열관류율을 작게 하여 단열효과를 얻고자 할 때, 그 방법으로 옳지 않은 것은?

① 흡수성이 큰 재료를 사용한다.
② 벽체 내부에 공기층을 구성한다.
③ 열전도율이 작은 재료를 선택한다.
④ 벽체 구성재료의 두께를 두껍게 한다.

해설 | 단열효과를 얻고자 할 때는 열전도율, 흡수율, 수증기 투과율이 낮을 것

39 ▶19
구조체를 통한 열손실량을 줄이기 위한 방안으로 옳지 않은 것은?

① 외표면적을 줄인다.
② 단열재의 두께를 증가시킨다.
③ 구조체의 열관류율을 작게 한다.
④ 열전도율이 큰 재료로 구조체를 구성한다.

해설 | 열손실량을 줄이기 위한 방안으로 열전도율, 흡수율, 수증기 투과율이 낮을 것

정답 | 34 ③ 35 ② 36 ④ 37 ③ 38 ① 39 ④

40 ▶17,13
건물의 단열재는 흡습성이 없는 것이 바람직한데, 다음 중 그 이유로 가장 알맞은 것은?

① 단열재에 수분이 침투하면 시공이 불편하기 때문에
② 단열재에 수분이 침투하면 단열재가 팽창하기 때문에
③ 단열재에 수분이 침투하면 열전도율이 크게 증가하기 때문에
④ 단열재에 수분이 침투하면 열교현상이 발생하지 않기 때문에

해설 | 단열재에 수분이 침투하면 열전도율이 크게 증가하기 때문에 단열재는 되도록 건조한 상태로 유지하는 것이 좋다.

41 ▶21,16
다음 중 단열의 메카니즘에 속하지 않는 것은?

① 용량형 단열   ② 반사형 단열
③ 저항형 단열   ④ 투과형 단열

해설 | 단열형태별 종류
용량형 단열, 반사형 단열, 저항형 단열

42 ▶12
다음 중 반사형 단열재에 해당하는 것은?

① 유리판   ② 석고보드
③ 폴리우레탄   ④ 알루미늄 박판

해설 | 열방사율이 낮은 재료(알루미늄 호일, 시트)로 복사열 에너지를 반사하여 단열작용을 한다.

43 ▶17
중량 건축물일수록 시간지체(time-lag) 현상이 커지는데, 이를 평가하기 위한 척도는?

① 열용량   ② 열전도율
③ 등가온도   ④ 표면복사율

해설 | 타임 래그(Time-lag)
실내기온의 변화가 외기온의 변화보다 늦어지는 현상으로, 열용량(평가 척도)이 0인 벽체 내에서 발생하는 열류의 피크에 대하여 주어진 구조체 내에서 일어나는 피크의 지연시간
㉠ 건물 외피의 열용량이 클수록 타임랙은 길어진다.
㉡ 건물 외피를 구성하는 재료의 밀도가 클수록 타임랙은 길어진다.
㉢ 실내외 온도차에 직접적인 영향을 받으며, 온도차가 클수록 타임랙은 짧아진다.

44 ▶17,13
타임랙(time-lag)에 관한 설명으로 옳지 않은 것은?

① 건물 외피의 열용량이 클수록 타임랙은 길어진다.
② 실내기온의 변화가 외기온의 변화보다 늦어지는 현상이다.
③ 일반적으로 건물 외피를 구성하는 재료의 밀도가 클수록 타임랙은 길어진다.
④ 실내외 온도차에 직접적인 영향을 받으며, 온도차가 클수록 타임랙은 길어진다.

해설 | 실내외 온도차에 직접적인 영향을 받으며, 온도차가 클수록 타임랙은 짧아진다.

45 ▶22,13
외단열과 내단열 공법에 관한 설명으로 옳지 않은 것은?

① 내단열은 외단열에 비해 실온변동이 작다.
② 내단열로 하면 내부결로의 발생 위험이 크다.
③ 외단열로 하면 건물의 열교현상을 방지할 수 있다.
④ 단시간 간헐난방을 하는 공간은 외단열보다는 내단열이 유리하다.

해설 | 내단열은 실온변동이 크며, 열교현상으로 국부적 열손실이 발생한다.

정답 | 40 ③ 41 ④ 42 ④ 43 ① 44 ④ 45 ①

46 ▶13
외단열공법에 관한 설명으로 옳은 것은?

① 실온변동이 크다.
② 표면결로가 발생되기 쉽다.
③ 건물의 열교현상을 방지하기 쉽다.
④ 단시간 난방이 필요한 건물에 유리하다.

해설 | 외단열
㉠ 실온변동이 작다.
㉡ 표면결로가 발생 위험이 적다.
㉢ 지속 난방이 필요한 건물에 유리하다.

47 ▶18
건축물의 에너지절약을 위한 단열계획으로 옳지 않은 것은?

① 외벽 부위는 외단열로 시공한다.
② 외피의 모서리 부분은 열교가 발생하지 않도록 단열재를 연속적으로 설치한다.
③ 건물의 창호는 가능한 작게 설계하되, 열손실이 적은 북측의 창면적은 가능한 크게 한다.
④ 창호면적이 큰 건물에는 단열성이 우수한 로이(Low-E) 복층창이나 삼중창 이상의 단열 성능을 갖는 창호를 설치한다.

해설 | 건물의 창호는 가능한 작게 설계하고, 특히 열손실이 많은 북측의 창면적은 최소화한다.

48 ▶17
건축물의 단열계획에 관한 설명으로 옳지 않은 것은?

① 외피의 모서리 부분은 열교가 발생하지 않도록 단열재를 연속적으로 설치한다.
② 외벽 부위는 내단열로 시공하는 것이 외단열로 시공하는 것보다 단열에 효과적이다.
③ 건물의 창 및 문은 가능한 작게 설계하고, 특히 열손실이 많은 북측 거실의 창 및 문의 면적은 최소화한다.
④ 발코니 확장을 하는 공동주택이나 창 및 문의 면적이 큰 건물에는 단열성이 우수한 로이(Low-E) 복층창이나 삼중창 이상의 단열성능을 갖는 창을 설치한다.

해설 | 외단열
지속난방에 유리하며 건물 외측 표면에 단열재를 설치하는 방식이다. 시공비와 시공난이도가 높지만 단열성능이 가장 우수하다.

49 ▶15
열교현상에 관한 설명으로 옳지 않은 것은?

① 열교현상이 발생하면 구조체 전체의 단열성이 저하된다.
② 열교현상이 발생하는 부위는 표면온도가 높아지므로 표면결로의 발생이 억제된다.
③ 조적조 건물의 경우 외단열이 내단열에 비해 열교현상 방지에 효과적이다.
④ 벽이나 바닥, 지붕 등의 건물부위에 단열이 연속되지 않은 부분이 있을 때 발생한다.

해설 | 열교 현상이 발생되면 표면 온도가 낮아지며 결로가 발생되기 쉽다.

6 습기와 결로

50 ▶20,17,14
다음 중 습공기선도에 표현되어 있지 않은 것은?

① 엔탈피   ② 습구온도
③ 노점온도   ④ 산소함유량

해설 | 습공기선도 구성요소
건구온도, 습구온도, 노점온도, 절대습도, 상대습도, 포화도, 수증기압, 엔탈피, 비용적(비체적), 현열비, 열수분비 등

정답 | 46 ③ 47 ③ 48 ② 49 ② 50 ④

51 ▶21,16
습공기를 가습하였을 때의 상태변화로 옳은 것은? (단, 건구온도는 일정하다.)

① 엔탈피가 커진다.
② 노점온도가 낮아진다.
③ 습구온도가 낮아진다.
④ 절대습도가 작아진다.

해설 | 습공기를 가습하였을 때
상대습도, 절대습도는 증가, 습구온도 상승, 노점온도와 엔탈피, 수증기분압, 비체적은 높아진다. (건구온도만 상태값이 증가하지 않는다.)

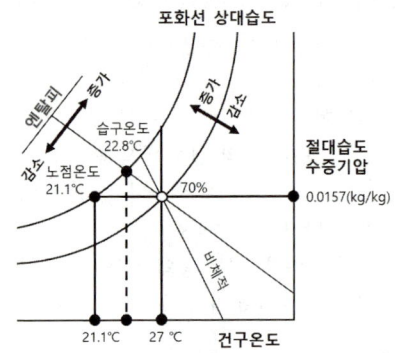

52 ▶20
습공기를 가습하였을 경우 상태값이 증가하지 않는 것은?

① 건구온도
② 절대습도
③ 상대습도
④ 수증기분압

해설 | 습공기를 가습시 건구온도만 상태값이 증가하지 않는다.

53 ▶14
습공기에 관한 설명으로 옳은 것은?

① 임의 상태의 습공기를 가열하면 습공기의 상대습도는 높아진다.
② 임의 상태의 습공기를 가열하면 습공기의 절대습도는 낮아진다.
③ 임의 상태의 습공기를 가습하면 습공기의 엔탈피는 높아진다.
④ 임의 상태의 습공기를 가습하면 습공기의 비체적은 낮아진다.

해설 | 문제 51번 해설참조

54 ▶20
절대습도를 가장 올바르게 표현한 것은?

① 포화수증기량에 대한 백분율
② 습공기 1kg당 포함된 수증기의 질량
③ 일정한 온도에서 더 이상 포함할 수 없는 수증기량
④ 습공기를 구성하고 있는 건공기 1kg당 포함된 수증기의 질량

해설 | 절대습도(AH, Absolute Humidity)
• 건조 공기 1kg중에 포함되어 있는 수증기의 양(kg)
• 공기를 가열 or 냉각하여도 절대습도는 변함이 없다.

55 ▶20,17
상대습도를 높였을 때 나타나는 습공기의 상태변화로 옳은 것은?(단, 건구온도는 일정하다.)

① 노점온도가 높아진다.
② 습구온도가 낮아진다.
③ 절대습도가 작아진다.
④ 비체적이 작아진다.

해설 | 상대습도를 높였을 때 노점온도와 절대습도는 높아진다.(단, 건구온도는 일정하다.)

정답 | 51 ① 52 ① 53 ③ 54 ④ 55 ①

56
▶17,13

포화공기(saturated air)에 관한 설명으로 옳은 것은?

① 대기가 수증기를 포함하지 않은 공기
② 주어진 온도에서 최소한의 수증기를 함유한 공기
③ 주어진 온도에서 최대한의 수증기를 함유한 공기
④ 대기 중에 포함된 수증기의 양을 공기선도에 표기한 공기

해설 | 포화공기
공기 속 수분이 수증기의 형태로만 존재할 수 없는 상태의 공기로서 냉각하면 수증기가 물방울로 변화된다.

57
▶19

다음 중 결로 발생의 원인과 가장 거리가 먼 것은?

① 건물 지붕의 기울기 과다
② 실내에 습기의 과다 발생
③ 주거용 건물의 환기 부족
④ 건물 외피의 단열상태 미흡

해설 | 결로의 발생원인
㉠ 실내·외의 온도차
㉡ 실내의 습기 과다
㉢ 환기부족, 단열재 및 시공불량, 시공 후 미 건조

58
▶14

벽체의 내부결로에 관한 설명으로 옳지 않은 것은?

① 단열적 벽체일수록 발생하기 쉽다.
② 벽체 내부로 수증기의 침입을 억제하면 내부결로 방지에 효과가 있다.
③ 벽체 내부 온도가 노점온도 이상이 되도록 단열을 강화할 경우 내부결로 방지에 효과적이다.
④ 내측단열공법으로 하는 경우가 외측단열공법으로 하는 경우보다 내부결로방지에 효과적이다.

해설 | 시공비와 시공난이도가 높지만 단열 성능이 가장 우수한 외단열공법이 내부결로방지에 효과적이다.

59
▶21,14

건축물 외벽의 표면결로 방지 방법으로 옳지 않은 것은?

① 냉교현상을 없앤다.
② 실내에서 발생하는 수증기를 억제한다.
③ 환기에 의해 실내 절대습도를 저하한다.
④ 실내벽 표면온도를 실내공기의 노점온도보다 낮게 한다.

해설 | 내벽의 표면온도를 실내공기 노점온도보다 높게 유지한다.

60
▶21

다음 중 표면결로의 방지 방법과 가장 관계가 먼 것은?

① 실내에서 수증기 발생을 억제한다.
② 방습층을 단열재의 실외측에 설치한다.
③ 환기에 의해 실내 절대습도를 저하한다.
④ 단열강화에 의해 실내측 표면온도를 상승시킨다.

해설 | 내부결로의 경우 벽체 내부온도를 그 부분의 노점온도보다 높게 하거나, 투습 저항력이 있는 방습층을 내측(고온 측)에 설치한다.

61
▶20,12

결로에 관한 설명으로 옳지 않은 것은?

① 외측단열공법으로 시공하는 경우 내부결로 방지에 효과가 있다.
② 겨울철 결로는 일반적으로 단열성 부족이 원인이 되어 발생한다.
③ 내부결로가 발생할 경우 벽체 내의 함수율은 낮아지며 열전도율은 커진다.
④ 실내에서 발생하는 수증기를 억제할 경우 표면결로 방지에 효과가 있다.

해설 | 내부결로가 발생할 경우 벽체 내의 함수율은 증가하여 열전도율은 커진다.

정답 | 56 ③ 57 ① 58 ④ 59 ④ 60 ② 61 ③

02 공기 환경

> **Pass Note**
>
> | 예상출제문항 | 키워드 |
> |---|---|
> | 1~2 | - 실내공기 오염지표
- 자연환기, 기계환기 | - 환기 계획
- 환기량 산출 |

1. 실내공기의 환경기준

구성 요소	기준 범위
일산화탄소 함유량	10ppm 이하(0.001% 이하)
이산화탄소 함유량	1,000ppm 이하(0.1% 이하)
공기 중의 먼지량	0.15mg/m³ 이하
기류의 속도	0.5m/sec 이하
상대 습도	40~70%

2. 실내공기의 오염

1) 실내공기의 오염원인

① 재실자의 호흡작용(신진대사), 신체 활동(냄새, 거동) 등에 의한 CO, CO_2 증가, O_2의 감소
② 냉난방, 화기사용, 실내마감재(석면, 라돈, 포름알데히드 등)

2) 실내공기의 오염지표

① 실내공기는 **이산화탄소(CO_2)농도**가 오염의 종합지표가 된다.
② 이산화탄소(CO_2)의 실내공기질 허용 유지기준은 **1,000ppm 이하(0.1% 이하)** 이다.

> **Note** 다중이용시설 실내공기질관리법령
>
> | 공동주택(100세대 이상)의
실내공기질 측정항목 | 미세먼지, 이산화탄소, 포름알데히드, 일산화탄소, 이산화질소,
석면, 휘발성 유기화합물(**라돈, 벤젠, 자일렌**, 스틸렌, 톨루엔) |
> |---|---|

> **Note** 건물(새집)증후군(Sick Building Syndrome)
> 건축 마감재에서 발생되는 VOCS(Volatile Organic Compounds)가 원인으로 포름알데히드와 휘발성 유기화합 물질이다.

실내공기질 관리법령에 따른 신축 공동주택의 실내공기질 측정항목에 속하지 않는 것은? [24,22]
① 오존 ② 벤젠
③ 라돈 ④ 포름알데히드

정답 ①

 다중이용시설 중 실내주차장의 경우, 이산화탄소의 실내공기질 유지기준으로 옳은 것은? [23,22,19,18,15]
① 100ppm 이하 ② 500ppm 이하
③ 1000ppm 이하 ④ 2000ppm 이하

정답 ③

3. 실내 환기

1) 환기의 목적
① 인체의 호흡에 필요한 산소 공급 및 CO_2와 수증기 제거
② 건축물 내부에서 발생되는 오염물질을 배출 및 결로방지를 위한 열이나 수분 제거

2) 환기 방식

(1) 자연환기

	온도차(공기 밀도차)에 의한 환기 방식
중력환기	① 실내외 공기 밀도차(상부는 밀도가 작고 하부는 밀도가 크다)에 의해 환기 발생 ② 실내외 온도차가 클수록 중력환기량은 증가한다. ③ 개구부의 중력환기량은 **개구부의 단면적에 비례**한다. ④ 일반적으로 공기 유입구와 유출구 **높이**의 **차**가 **클수록** 중력환기량은 많아진다. ⑤ 환기량은 일반적으로 공기유입구(하부)와 유출구(상부)의 높이 차이가 클수록 증가한다.
	외기의 바람(풍력)에 의한 환기 방식
풍력환기	① 풍력환기량은 벽면으로 불어오는 **바람의 속도에 비례**한다. (ex. 풍속이 2배로 증가 시 환기량도 2배 증가)

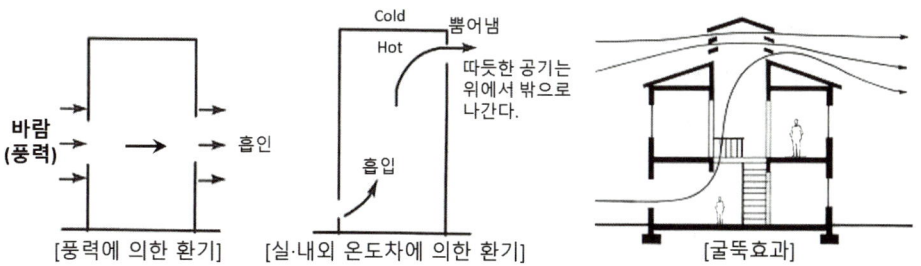

[풍력에 의한 환기] [실·내외 온도차에 의한 환기] [굴뚝효과]

굴뚝효과(stack effect)
건축물 내외부의 **온도차**에 의해 공기가 움직이는 현상으로 **내부온도가 외부온도보다 높으면 아래쪽에서 위쪽으로 흐르고** 그와 반대가 되면 위쪽에서 아래쪽으로 흐른다.

 중성대(공기의 유출입이 없는 지점)
건물 내의 실내 공기는 밀도가 작고 부력으로 상승하므로 상층부는 실내의 공기압이 실외보다 크고 하층부는 그 반대이다. 그 중간지점이 '0'의 지대가 형성되는데 이를 중성대라 한다.

 예제 03 굴뚝효과(stack effect)의 가장 주된 발생원인은? [24, 21, 18, 15]
① 온도차　　　　　　　　　　　② 유속차
③ 습도차　　　　　　　　　　　④ 풍향차

해설 | 굴뚝효과(stack effect)는 건축물 내외부의 온도차에 의해 공기가 움직이는 현상

정답 ①

(2) 기계(강제)환기

① 기계 사용방식에 따른 분류

방식	실내압	급기	배기	특성 및 사용장소
제1종 환기 (병용식)	실내압력조정	송풍기	배풍기	• 설비비, 운전비가 비싸다. • 가장 우수한 환기법 • 병원, 거실, 지하 공연장
제2종 환기 (압입식)	실내압력 **정압(+)**	송풍기	**자연배기**	• 가장 일반적으로 사용하며 다른실에서 공기 침입이 없다. • **수술실, 반도체 공장, 무균실**
제3종 환기 (흡출식)	실내압력 부압(−)	**자연급기**	배풍기	• 실내의 냄새난 유해물질을 다른 공간으로 흘려 보내지 않는다. • **화장실, 욕실, 주방** 등(수증기, 열기, 취기 등이 발생하는 장소)

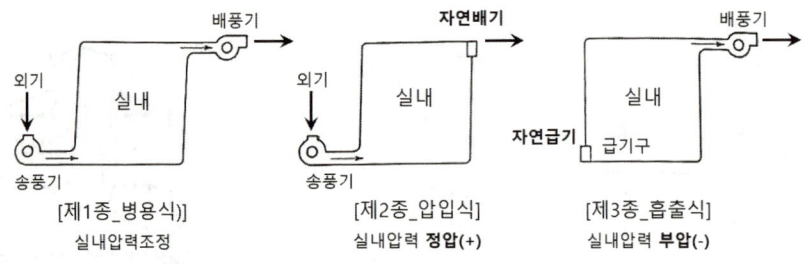

[제1종_병용식] 실내압력조정　　[제2종_압입식] 실내압력 **정압(+)**　　[제3종_흡출식] 실내압력 **부압(−)**

② 환기 위치에 따른 분류

전체환기	열이나 유해물질이 실내에 널리 산재되어 있거나 이동되는 경우에 급기로 실내의 공기를 희석(유해물질 농도를 낮추어)하여 배출시키는 환기방식
국부환기	실험실과 같이 오염도가 심한구역 또는 오염물질이 국부적으로 발생하는 장소에 실 전체에 확산되기 전에 배기하는 환기방식

3) 환기 계획

① 바람이 있을 때에는 중력환기와 풍력환기가 경합하므로 양자가 서로 다른 것을 상쇄하지 않도록 개구부의 위치에 주의한다.
② 자연 환기시에는 풍력 환기와 중력 환기를 병행하여 계획한다.
③ 한 공간에 2개소 이상, 2개의 창은 같은 벽에 설치하기 보다는 **다른 벽으로 분리**시키는 것이 더 효과적이다.
④ 개구부 환기는 병렬(평행) 조합보다 직렬(수직) 조합의 경우 더 효과가 좋다.
⑤ 유입구는 하부에, 유출구는 상부에 계획하는 것이 유리하다.
⑥ 유입구에 비해 유출구 크기를 증가 시키면 환기량이 증가한다.
⑦ 공기 유입구가 유출구보다 낮을 경우 가장 효율적이다.
⑧ 환기량은 개구부 면적과 풍속에 비례한다.

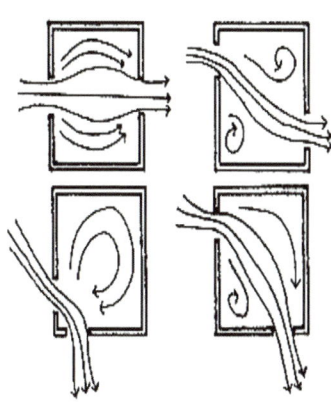

4. 환기량 산정방법

1) 환기량의 단위

① 1인당의 환기량($m^3/h \cdot 인$)
② 단위 면적당의 환기량($m^3/h \cdot m^2$)

2) 환기횟수에 의한 산정방법

환기량은 실의 크기와 상관없이 절대량만을 사용하는 경우도 많으나, 실의 크기와 관련하여 표현하는 경우 환기횟수 n을 다음식으로 표현한다.

$$Q = n \cdot v \qquad n = \frac{Q}{V} \text{(회/h)} \qquad v = \frac{Q}{n}$$

Q : 필요 환기량(m^3/h), v : **실용적**(m^3), n : 환기횟수(회/h)

예제 04 1명당 필요한 신선공기량이 30m^3/h일 때 정원이 800명, 실용적이 6000m^3인 강당의 1시간당 필요 환기횟수는? [25,21]

① 1회 ② 2회 ③ 3회 ④ 4회

해설 | 환기량 $Q = n \cdot v$

Q : 환기량(m/h), n : 환기횟수(회/h), V : 실용적(m^3) ∴ 환기횟수 $n = \dfrac{Q}{V} = \dfrac{800명 \times 30m^3}{6,000m^3} = 4회$

정답 ④

3) 풍속에 의한 환기량

풍속에 의한 환기량은 벽면으로 불어오는 **바람의 속도와 개구부의 단면적에 각각 비례**한다.

$$Q = E \cdot A \cdot v$$

Q : 환기량(m/h), E : 개구부의 효율(0.5~0.6), v : 외부 풍속(m/sec)

4) 허용치에 의한 산정방법

실내 공기질 유지를 위해 환경요인의 허용치와 오염량이 제시된 경우, 그 허용치를 지키기 위하여 필요한 환기량을 다음의 공식으로 계산한다.

$$Q = \frac{k}{P_i - P_0} (m^3/h)$$

Q : 필요 환기량(m^3/h), k : 유해가스 발생량(m^3/h),
P_i : CO_2 허용농도(m^3/m^3), P_0 : 신선공기 CO_2 농도(m^3/m^3)

예제 05 다음과 같은 조건에서 60명을 수용하는 강의실에 필요한 환기량은? [24, 22, 17, 13]

- 대기 중의 탄산가스 농도 : 300ppm
- 실내의 탄산가스 허용농도 : 1000ppm
- 1인당 탄산가스 토출량 : 0.017m^3/h

① 약 665m^3/h
② 약 845m^3/h
③ 약 1085m^3/h
④ 약 1460m^3/h

해설 | ※ ppm → 변환
1ppm = $10^{-6}m^3$ = 1/1,000,000m^3 = 0.000001m^3
10ppm = 0.00001m^3, 100ppm = 0.0001m^3, 1000ppm = 0.001m^3

$$Q = \frac{k}{P_i - P_0} = \frac{0.017 \times 60명}{0.001 - 0.0003} = \frac{1.02}{0.0007} ≒ 1,460 m^3/h$$

Q : 필요 환기량(m^3/h), k : 유해가스 발생량(m^3/h), P_i : 실내 CO_2 허용농도(m^3/m^3), P_0 : 외기 CO_2농도(m^3/m^3)

정답 ④

---

5) 발열량 기준에 의한 환기량

(1) 온도유지를 위한 필요환기량

$$Q = \frac{q}{C \rho (t_i - t_0)}$$

Q : 필요 환기량(m^3/h), q : 실내 발열량(KJ/h),
C : 공기비열(kJ/kg·k), ρ : 공기의 밀도(1.2kg/m^3),
t_i : 실내공기 온도(℃), t_0 : 송풍공기 온도(℃)

예제 06 실내에 발생열량이 70W인 기기가 있을 때, 실내공기를 20℃로 유지하기 위해 필요한 환기량은?
(단, 외기온도 10℃, 공기의 밀도 1.2kg/m³, 공기의 정압비열 1.01 kJ/kg·K) [23,18,15]

① 10.8m³/h ② 20.8m³/h
③ 30.8m³/h ④ 40.8m³/h

해설 | 발열량 기준에 의한 환기량

$$Q = \frac{q}{C\rho(t_i - t_0)} = \frac{70 \times 3.6 kj/h}{1.01 \times 1.2 \times (20℃ - 10℃)} = \frac{252}{12.12} = 20.79 ≒ 20.8 m^3/h$$

Q : 필요 환기량(m³/h), q : 실내 발열량(KJ/h), C : 공기비열(kJ/kgk), ρ : 공기의 밀도(1.2kg/m³),
t_i : 실내공기 온도(℃), t_0 : 송풍공기 온도(℃)
※ 1W = 1J/s = 3,600J/h = 3.6kJ/h

정답 ②

(2) 습도유지를 위한 필요환기량

$$Q = \frac{W}{1.2(G_i - G_o)}$$

W : 실내수증기 발생량(kg/h), G_i : 실내공기의 절대습도(kg/kg'), G_o : 신선공기의 절대습도(kg/kg')

예제 07 수증기의 제거를 목적으로 환기를 하려고 한다. 수증기 발생량이 12kg/h이고 환기의 절대습도가 0.008kg/kg일 때 실내 절대습도를 0.01kg/kg으로 유지하기 위한 환기량은? (단, 공기의 밀도는 1.2kg/m³이다.) [21,14]

① 4800m³/h ② 5000m³/h
③ 5200m³/h ④ 5400m³/h

해설 | $Q = \frac{W}{1.2(G_i - G_o)} = \frac{12}{1.2(0.01 - 0.008)} = \frac{12}{0.0024} = 5,000 m^3/h$

정답 ②

핵심 기출문제

02 공기 환경

1 실내공기의 오염

01 ▶20,16

실내공기오염의 종합적 지표로 사용되는 오염물질은?

① CO
② CO_2
③ SO_2
④ 부유분진

해설 | 실내공기의 오염지표
㉠ 실내공기는 이산화탄소(CO_2)농도가 오염의 종합지표가 된다.
㉡ 이산화탄소(CO_2)의 실내공기질 허용 유지기준은 1,000ppm 이하(0.1% 이하) 이다.

02 ▶21,16,15

실내공기질 관리법령에 따른 오염물질에 속하지 않는 것은?

① 석면
② 라돈
③ 일산화탄소
④ 이산화유황

해설 | 다중이용시설 실내공기질관리법령
미세먼지, 이산화탄소, 포름알데히드, 일산화탄소, 이산화질소, 석면, 휘발성 유기화합물(라돈, 벤젠, 자일렌, 스틸렌, 톨루엔)

03 ▶21,18

실내공기질 관리법령에 따른 신축 공동주택의 실내공기질 측정항목에 속하지 않는 것은?

① 벤젠
② 라돈
③ 자일렌
④ 에틸렌

해설 | 문제 2번 해설참조

2 실내 환기

04 ▶20,14

실내외의 온도차에 의한 공기밀도의 차이가 원동력이 되는 환기 방식은?

① 중력환기
② 풍력환기
③ 기계환기
④ 국소환기

해설 | 중력환기는 실내외온도차(공기 밀도차)에 의한 환기 방식

05 ▶21,18

자연환기에 관한 설명으로 옳지 않은 것은?

① 개구부 면적이 클수록 환기량은 많아진다.
② 실내외의 온도차가 클수록 환기량은 많아진다.
③ 일반적으로 공기유입구와 유출구 높이 차이가 클수록 환기량은 많아진다.
④ 2개의 창을 한 쪽 벽면에 설치하는 것이 양쪽 벽에 대면하여 설치하는 것보다 환기에 효과적이다.

해설 | 자연환기
㉠ 중력환기량은 개구부 면적이 크면 클수록 증가한다.
㉡ 풍력환기량은 벽면으로 불어오는 바람의 속도에 비례한다.
㉢ 많은 환기량을 요하는 실에는 자연환기를 사용하지 않고 기계환기를 사용하여야 한다.
㉣ 한 공간에 2개소 이상, 2개의 창은 같은 벽에 설치하기보다는 다른 벽으로 분리시키는 것이 더 효과적이다.

정답 01 ② 02 ④ 03 ④ 04 ① 05 ④

06
▶20,16

자연환기에 관한 설명으로 옳지 않은 것은?

① 풍력환기는 건물의 외벽면에 가해지는 풍압이 원동력이 된다.
② 일반적으로 공기 유입구와 유출구 높이의 차가 클수록 중력환기량은 많아진다.
③ 자연환기량은 개구부의 위치와 관련이 있으며, 개구부의 면적에는 영향을 받지 않는다.
④ 바람이 있을 때에는 중력환기와 풍력환기가 경합하므로 양자가 서로 다른 것을 상쇄하지 않도록 개구부의 위치에 주의한다.

해설 | 개구부의 중력환기량은 개구부의 단면적에 비례한다.

07
▶19,14

자연환기량에 관한 설명으로 옳은 것은?

① 풍속이 높을수록 적어진다.
② 실내외의 압력차가 클수록 적어진다.
③ 실내외의 온도차가 작을수록 많아진다.
④ 공기유입구와 유출구의 높이의 차이가 클수록 많아진다.

해설 | 자연환기량
 ㉠ 풍속이 높을수록 많아진다.
 ㉡ 실내외의 압력차가 클수록 많아진다.
 ㉢ 실내외의 온도차가 작을수록 적어진다.

08
▶15

여름철 일사를 받는 대공간인 아트리움에서 주로 발생하는 자연환기의 종류는?

① 풍속차에 의한 환기
② 개구부 틈새에 의한 환기
③ 사람의 호흡에 의한 환기
④ 공기의 밀도차에 의한 환기

해설 | 아트리움은 가운데 천장에 환기구를 설치하여 중력환기(온도차(공기 밀도차)에 의한 환기 방식)방식이 많이 사용한다.

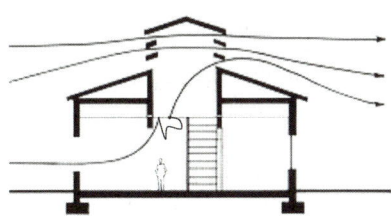

09
▶21,18,13

중력환기에 관한 설명으로 옳지 않은 것은?

① 환기량은 개구부 면적에 비례하여 증가한다.
② 실내외의 온도차에 의한 공기의 밀도차가 원동력이 된다.
③ 개구부의 전후에 압력차가 있으면 고압측에서 저압측으로 공기가 흐른다.
④ 어떤 경우에서도 중성대의 하부가 공기의 유입측, 상부가 공기의 유출측이 된다.

해설 | 중성대(공기의 유출입이 없는 지점)
건물 내의 실내 공기는 밀도가 작고 부력으로 상승하므로 상층부는 실내의 공기압이 실외보다 크고 하층부는 그 반대이다. 그 중간지점이 '0'의 지대가 형성되는데 이를 중성대라 한다.

10
▶17

다음 설명에 알맞은 환기방식은?

- 배기용 송풍기를 설치하여 실내 공기를 강제적으로 배출시키는 방법으로 실내는 부압이 된다.
- 화장실, 욕실 등의 환기에 적합하다.

① 제1종 환기　② 제2종 환기
③ 제3종 환기　④ 제4종 환기

해설 | 제3종 환기(흡출식)
 ㉠ 실내압력 부압(-) / 자연급기 / 배풍기
 ㉡ 실내의 냄새난 유해물질을 다른 공간으로 흘려보내지 않는다.
 ㉢ 화장실, 욕실, 주방 등(수증기, 열기, 취기 등이 발생하는 장소)

정답 | 06 ③ 07 ④ 08 ④ 09 ④ 10 ③

11 ▶21
다음 설명에 알맞은 기계식 환기방식은?

- 실내는 부압이 된다.
- 화장실, 욕실 등의 환기에 적합하다.
- 일반적으로 자연급기와 배기팬의 조합으로 구성된다.

① 흡출식 환기방식 ② 압입식 환기방식
③ 병용식 환기방식 ④ 중력식 환기방식

해설 | 문제 10번 해설참조

12 ▶19
다음 설명에 알맞은 환기법은?

- 실내의 압력이 외부보다 높아지고 공기가 실외에서 유입되는 경우가 적다.
- 병원의 수술실과 같이 외부의 오염공기 침입을 피하는 실에 이용된다.

① 급기팬과 배기팬의 조합
② 급기팬과 자연배기의 조합
③ 자연급기와 배기팬의 조합
④ 자연급기와 자연배기의 조합

해설 | 제2종 환기(압입식)
  ㉠ 실내압력 정압(+) / 송풍기(급기팬) / 자연배기
  ㉡ 가장 일반적으로 사용하며 다른실에서 공기 침입이 없다.
  ㉢ 수술실, 반도체 공장, 무균실

13 ▶20
다음 중 병원의 수술실, 클린룸에 가장 바람직한 환기방식은?

① 동일한 풍량의 송풍기와 배풍기를 동시에 강제적으로 가동하는 방식
② 송풍기 및 배풍기를 설치하지 않고 자연적으로 환기를 실시하는 방식
③ 송풍기로 실내에 급기를 실시하고 배기구를 통하여 자연적으로 유출시키는 방식
④ 배풍기로 실내로부터 배기를 실시하고 급기구를 통하여 자연적으로 유입하는 방식

해설 | 문제 12번 해설참조

14 ▶20
화장실, 주방, 욕실 등에 주로 사용되며 취기나 증기가 다른 실로 새어나감을 방지할 수 있는 환기방식은?

① 자연환기
② 급기팬과 배기팬의 조합
③ 자연급기와 배기팬의 조합
④ 급기팬과 자연배기의 조합

해설 | 제3종 환기(흡출식)
  ㉠ 실내압력 부압(-) / 자연급기 / 배풍기(배기팬)
  ㉡ 화장실, 욕실, 주방 등(수증기, 열기, 취기 등이 발생하는 장소)

15 ▶19,16
다음 중 욕실, 화장실 등에 자연급기와 배기팬이 조합된 환기방식을 적용하는 이유로 가장 알맞은 것은?

① 실내외의 온도차에 의한 환기가 이루어지도록 하기 위해
② 환기량을 정확하게 유지하고 확실한 환기가 되도록 하기 위해
③ 실내에서 발생되는 취기 등이 다른 공간으로 유출되지 않도록 하기 위해
④ 실내의 압력을 외부보다 높여 실외 공기가 실내로 유입되지 않도록 하기 위해

해설 | 제3종 환기(흡출식)
  실내의 냄새난 유해물질을 다른 공간으로 흘려보내지 않는다.

정답 | 11 ① 12 ② 13 ③ 14 ③ 15 ③

16 ▶16,13,11
종합병원에서 공기압을 고려한 환기계획으로 옳지 않은것은?

① 주방은 음압을 유지한다.
② 제약실은 양압을 유지한다
③ 수술실은 음압을 유지한다.
④ 중환자실은 양압을 유지한다.

해설 | 종합병원 환기계획
  ㉠ 수술실 – 실내외 압력차가 없도록 정압(±0압)유지
  ㉡ 중환자실, 제약실 – 다른실에서의 공기 침입이 없도록 정압(+) 유지
  ㉢ 주방, 화장실 – 실내의 냄새를 다른실로 흘려보내지 않도록 부압(-) 유지

17 ▶18
열이나 유해물질이 실내에 널리 산재되어 있거나 이동되는 경우에 급기로 실내의 공기를 희석하여 배출시키는 환기방법은?

① 상향환기 ② 전체환기
③ 국소환기 ④ 집중환기

해설 | 전체 환기
  열이나 유해물질이 실내에 널리 산재되어 있거나 이동되는 경우에 급기로 실내의 공기를 희석(유해물질 농도를 낮추어)하여 배출시키는 환기방식

18 ▶21
다음 중 국소환기가 주로 사용되는 장소는?

① 실험실 ② 주차장
③ 화장실 ④ 공조기계실

해설 | 국부(국소)환기
  실험실과 같이 오염도가 심한구역 또는 오염물질이 국부적으로 발생하는 장소에 실 전체에 확산되기 전에 배기하는 환기방식

19 ▶17,14
환기에 관한 설명으로 옳지 않은 것은?

① 치환환기는 공기의 온도차에 따른 환기력을 이용한 자연환기와 함께 기계환기를 조합한 환기방식이다.
② 건물의 상부와 하부에 개구부가 있을 경우, 실내외 온도차에 의한 환기량은 두 개구부 수직거리의 제곱근에 비례한다.
③ 전반환기는 실 전체의 기류분포를 고려하면서, 실내에서 발생하는 오염공기의 희석, 확산, 배출이 이루어지도록 하는 환기방식이다.
④ 건물의 실내온도가 외기온도보다 높고, 실외에 바람이 없을 경우, 외기는 건물 상부의 개구부로 들어오고, 건물 하부의 개구부로 나가면서 환기가 이루어진다.

해설 | 굴뚝효과(stack effect)
  건축물 내외부의 온도차에 의해 공기가 움직이는 현상으로 내부온도가 외부온도보다 높으면 아래쪽에서 위쪽으로 흐르고 그와 반대가 되면 위쪽에서 아래쪽으로 흐른다.

20 ▶15
환기에 관한 설명으로 옳지 않은 것은?

① 자연환기량은 실내외의 온도차가 클수록 많아진다.
② 풍력환기는 건물의 외벽면에 가해지는 풍압이 원동력이 된다.
③ 개구부의 전후에 압력차가 있으면 고압측에서 저압측으로 공기가 흐른다.
④ 많은 환기량을 요구하는 실에는 반드시 자연환기와 기계환기를 병용하여야 한다.

해설 | 많은 환기량을 요구하는 실에는 가장 우수한 환기법인 기계환기 방식으로 한다.

정답 | 16 ③ 17 ② 18 ① 19 ④ 20 ④

21 ▶16
풍력에 의한 환기량을 계산하려고 한다. 건물이 받고 있는 풍속만을 2배로 증가시켰을 경우 환기량의 변화는? (단, 기타조건은 동일함)

① 1배 증가　② 2배 증가
③ 4배 증가　④ 8배 증가

해설 | 풍력환기
풍력환기량은 벽면으로 불어오는 바람의 속도에 비례한다(예 풍속이 2배로 증가 시 환기량도 2배 증가).

22 ▶12
풍력에 의한 환기량을 계산하려고 한다. 유입구 면적과 건물이 받고 있는 풍속을 각각 2배로 증가시켰을 경우 환기량의 변화는? (단, 기타조건은 동일함)

① 2배 증가　② 4배 증가
③ 6배 증가　④ 8배 증가

해설 | 풍력환기량
벽면으로 불어오는 바람의 속도와 개구부의 단면적에 각각 비례한다.
∴ 유입구 면적과 건물이 받고 있는 풍속을 각각 2배로 증가 = 2배×2배 = 4배

3 환기량 산정방법

23 ▶19
자연환기에 관한 설명으로 옳지 않은 것은?

① 정확히 계획된 환기량을 유지하기가 곤란하다.
② 환기횟수란 실내면적을 소요공기량으로 나눈 값이다.
③ 실내에 바람이 없을 때 실내외의 온도차가 클수록 환기량은 많아진다.
④ 실내온도가 실외온도보다 낮으면 실의 상부에서는 실외공기가 유입되고 하부에서는 실내공기가 유출된다.

해설 | 환기횟수 $n = \dfrac{Q}{V}$
Q : 환기량(m/h), n : 환기횟수(회/h), V : 실용적(m^3)
환기횟수란 실내용적을 환기량으로 나눈 값이다.

24 ▶20
실의 체적이 $20m^3$이고 환기량이 $60m^3/h$일 때 이 실의 환기횟수는?

① 1.2회/h
② 3회/h
③ 12회/h
④ 30회/h

해설 | 환기량 $Q = n \cdot v$
Q : 환기량(m/h), n : 환기횟수(회/h), V : 실용적(m^3)
환기횟수 $n = \dfrac{Q}{V} = \dfrac{60m^3}{20m^3} = 3$회

25 ▶18
다음과 같은 [조건]에서 재실인원 40명인 강의실에 요구되는 필요환기량은?

- 실내 허용 CO_2 농도 : $0.001m^3/m^3$
- 외기중의 CO_2 함유량 : $0.0003m^3/m^3$
- 1인당 실내 CO_2 발생량 : $0.021m^3/h$

① $900m^3/h$
② $1000m^3/h$
③ $1100m^3/h$
④ $1200m^3/h$

해설 | CO_2 허용치에 따른 필요환기량 $Q = \dfrac{k}{P_i - P_0}(m^3/h)$

$Q = \dfrac{0.021 \times 40명}{0.001 - 0.0003} = \dfrac{0.84}{0.0007} = 1,200 m^3/h$

Q : 필요 환기량(m^3/h), k : 유해가스 발생량(m^3/h), P_i : 실내 CO_2 허용농도(m^3/m^3), P_0 : 외기 CO_2농도(m^3/m^3)

정답 | 21 ② 22 ② 23 ② 24 ② 25 ④

26 ▶15

실내 탄산가스 농도를 900ppm으로 유지하기 위한 필요환기량은? (단, 1인당 탄산가스 토출량이 0.013 $m^3/h \cdot 인$, 외기중의 탄산가스 농도는 400ppm 이다.)

① $26m^3/h \cdot 인$
② $39m^3/h \cdot 인$
③ $52m^3/h \cdot 인$
④ $65m^3/h \cdot 인$

해설 | CO_2 허용치에 따른 필요환기량 $Q = \dfrac{k}{P_i - P_0}(m^3/h)$

$Q = \dfrac{0.013}{0.0009 - 0.0004} = \dfrac{0.013}{0.0005} ≒ 26m^3/h$

Q : 필요 환기량(m^3/h), k : 유해가스 발생량(m^3/h),
P_i : 실내 CO_2 허용농도(m^3/m^3), P_0 : 외기 CO_2 농도(m^3/m^3)

※ ppm → 변환
1ppm = $10^{-6} m^3$ = $1/1,000,000 m^3$ = $0.000001 m^3$
10ppm = $0.00001 m^3$,
100ppm = $0.0001 m^3$,
1000ppm = $0.001 m^3$

28 ▶21

재실자의 1인당 탄산가스 배출량이 $0.03m^3/h$이고, 외부 신선한 공기의 CO_2 함유량은 0.03% 이다. 이 경우 실내에 재실자가 30명이고 실내 CO_2 허용 한도를 0.12%로 하려면 필요환기량은?

① $200m^3/h$
② $600m^3/h$
③ $1000m^3/h$
④ $1400m^3/h$

해설 | CO_2 허용치에 따른 필요환기량 $Q = \dfrac{k}{P_i - P_0}(m^3/h)$

$Q = \dfrac{0.03 \times 30명}{0.0012 - 0.0003} = \dfrac{0.9}{0.0009} ≒ 1,000m^3/h$

Q : 필요 환기량(m^3/h), k : 유해가스 발생량(m^3/h),
P_i : 실내 CO_2 허용농도(m^3/m^3),
P_0 : 외기 CO_2 농도(m^3/m^3)

※ % → 변환
0.1% = $0.001 m^3/m^3$,
1% = $0.01 m^3/m^3$,
0.15% = $0.0015 m^3/m^3$
0.02% = $0.0002 m^3/m^3$

27 ▶17

가로 4m, 세로 6m, 높이 3m인 실내에 10명이 재실하고 있다. 필요 환기량은? (단, 1인당 CO_2 발생량 $0.015m^3$, 실내 CO_2 허용농도 1000ppm, 외기 CO_2 농도 400ppm이다.)

① $50m^3/h$
② $150m^3/h$
③ $250m^3/h$
④ $350m^3/h$

해설 | CO_2 허용치에 따른 필요환기량 $Q = \dfrac{k}{P_i - P_0}(m^3/h)$

$Q = \dfrac{0.015 \times 10명}{0.001 - 0.0004} = \dfrac{0.15}{0.0006} ≒ 250m^3/h$

Q : 필요 환기량(m^3/h), k : 유해가스 발생량(m^3/h),
P_i : 실내 CO_2 허용농도(m^3/m^3),
P_0 : 외기 CO_2농도(m^3/m^3)

29 ▶13

어느 실의 재실인원이 100명이고 1인당 CO_2 발생량이 70L/h 일 경우, 실내의 CO_2 농도를 0.1%로 유지하기 위해 필요한 환기량은? (단, 외기의 CO_2 농도는 400ppm 이다.)

① $700m^3/h$
② $11667m^3/h$
③ $7000m^3/h$
④ $17500m^3/h$

해설 | CO_2 허용치에 따른 필요환기량 $Q = \dfrac{k}{P_i - P_0}(m^3/h)$

$Q = \dfrac{0.07 \times 100명}{0.001 - 0.0004} = \dfrac{7}{0.0006} = 11,666.66m^3/h$
≒ $11,667m^3/h$

Q : 필요 환기량(m^3/h), k : 유해가스 발생량(m^3/h),
P_i : 실내 CO_2 허용농도(m^3/m^3), P_0 : 외기 CO_2농도(m^3/m^3)

※ L → 변환
1L = $0.001 m^3$, 10L = $0.01 m^3$, 70L = $0.07 m^3$

정답 | 26 ① 27 ③ 28 ③ 29 ②

30 ▶16

1000명을 수용하는 강당에서 실온을 20℃로 유지하기 위한 필요 환기량은? (단, 외기온도 10℃, 1인당 발열량 30W, 공기의 비열 1.21kJ/m³·K이다.)

① 2479.3 m³/h ② 5427.6 m³/h
③ 8925.6 m³/h ④ 9842.5 m³/h

해설 | 발열량 기준에 의한 환기량

$$Q = \frac{q}{C\rho(t_i - t_0)} = \frac{30\,W \times 1000명 \times 3.6\,kj/h}{1.2 \times 1 \times (20℃ - 10℃)}$$

$$= \frac{108,000}{12.1} = 8925.6\,m^3/h$$

※ 문제 조건에 공기 비중이 주어지지 않았으므로 1로 가정하고 계산한다.
  Q : 필요 환기량(m³/h), q : 실내 발열량(KJ/h),
  C : 공기비열(kJ/kg·k), ρ : 공기의 밀도(1.2kg/m³),
  t_i : 실내공기 온도(℃), t_0 : 송풍공기 온도(℃)

정답 | 30 ③

03 빛 환경

> **Pass Note**

예상출제문항	키워드	
1 ~ 2	- 빛의 용어 및 정의 - 조도계산 - 눈부심(현휘, 글레어)	- 주광율 - 자연채광(천창, 측창)

1. 빛의 정의

1) 파장에 따른 빛의 구분

태양의 복사선은 파장의 길이에 따라 다음과 같이 구분된다.

종류	파장(nm)	효과
자외선	200 ~ 380	생물의 생육, 살균, 퇴색, 광합성 효과로 인해 **"화학선"**이라고도 하며, 일광의 보건, 위생적인 효과가 있다.
가시선	380 ~ 780	눈으로 보이는 빛으로 낮의 밝음을 지배하는 요소이다.
적외선	780 ~ 3,000	• 주로 열작용을 하며, 열선이라고도 한다. • 적색보다 조금 긴 파장이며 열발산을 탐지하여 어두운 곳에서 물체 식별이 가능하다.
도르노(Doron)선	320	• 부근의 파장, 자외선의 일종으로 **"건강선"**이라 부른다. • 인체의 세포 발육 촉진, 비타민 D 생성, 백혈구, 혈색소, 칼슘, 인 철분을 증가시킨다.

2) 주광(자연광)의 구성

태양광에서 방사되는 광원을 자연광이라 하며 주광(晝光, day light : 맑은 날 한 낮의 햇빛을 말한다.)을 의미하며 연색성이 우수하다.

(1) 직사광(Direct Sunlight)

대기권에 입사한 태양광은 대기층에서 일부는 산란 또는 확산되지만, 대부분은 대기층을 정투과하여 지표면에 도달하는데, 이 빛을 직사광이라 한다.

(2) 천공광(Clear Sky Light)

① 대기층과 구름 사이에서 확산, 투과, 반사되어 지표면에 도달하는 빛을 말한다.
② 조명 설계 시 조도변화가 심하고 휘도가 높은 직사광보다는 천공광을 주로 활용한다.

(3) 반사광(Reflected Light)

지상에 도달한 자연광이 지표면이나 물체에서 반사되는 빛을 말한다.

3) 빛의 성질

(1) 투과

빛은 같은 동질의 매체 속에서 직진한다.

(2) 반사

빛의 방향을 변화시킨다.

① 경면 반사 : 빛의 방향을 한쪽 방향으로만 변화시킨다. (입사각 = 반사각)
② 확산 반사 : 빛의 방향을 여러 방향으로만 확산시킨다. (무광택면)

(3) 굴절

광선이 하나의 투명 매체에서 다른 매체로 들어가게 되면 그 방향이 바뀌는 것을 말한다.

4) 빛의 용어와 단위

종류	기호	단위	약호	특성
광속	F	lumen	lm	1초 동안 어떠 면을 통과하는 빛의 양 [**광의 양**]
조도	E	lux(1x)	lx	단위면적당 입사광속으로 점광원에서 어떤 물체나 표면 도달하는 광속의 밀도 [**장소의 명도**]
휘도	L	astilb, stilb(sb), nit(nt)	cd/m^2	• 물체 표면의 밝기로, 광원이 빛나고 있는 정도 [**반짝임**] • 휘도의 분포도는 시작업상에 큰 영향을 준다.
광도	I	candela	cd	• 광원에서 나오는 빛의 세기로 단위면적당 표면에서 반사 또는 방출되는 광량 [**광의 강도, 밀도**] • 1 cd는 점광원을 중심으로 $1m^2$의 면적을 관통해 나오는 광속이 1 lumen일 때 그 방향의 광도이다.
광속 발산도	R	rad-lux, Lambert	rlx	반사면 혹은 광원면의 단위 면적에서 발산하는 광속 [**물체의 명도**]
연색성				광원이 색을 어느 정도 충실하게 나타내고 있는가의 척도

2. 조도 계산

수조면의 단위면적에 입사하는 광속으로 표면에 도달하는 광의 밀도($1m^2$ 당 1lm의 광속이 들어 있는 경우 1Lux)

1) 조도 계산

조도의 단위	룩스(lux, lx)
빛이 수직으로 입사시 조도 계산	조도 = $\dfrac{광도}{거리^2}$ (m)

| $\theta°$로 기울어진 조도 계산 | 조도 = $\dfrac{광도}{거리^2}$ (m) × cos θ |

2) 특성
① 조도는 광원의 **광도**에 비례한다.
② 조도는 **거리의 제곱**에 **반비례**한다.
③ 조도는 cosθ(입사각)에 비례한다.

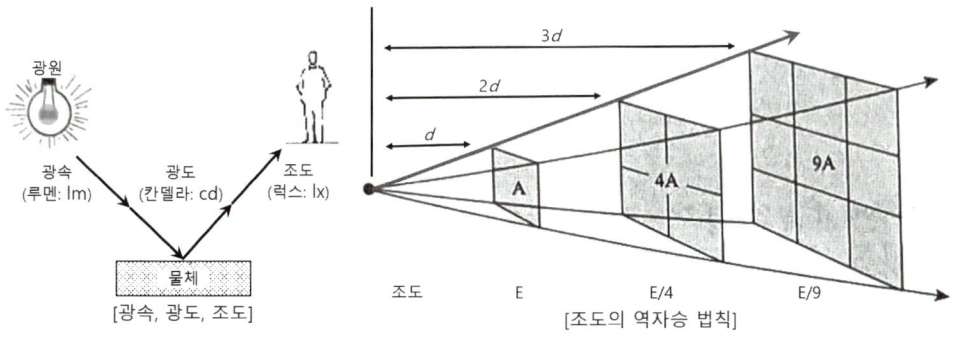

[광속, 광도, 조도] [조도의 역자승 법칙]

예제 01 점광원으로부터 수조면의 거리가 4배로 증가할 경우 조도는 어떻게 변화하는가? [23,22,19,13]
① 2배로 증가한다. ② 4배로 증가한다.
③ 1/4로 감소한다. ④ 1/16로 감소한다.

해설 | 조도 = $\dfrac{광도}{거리^2}$ (m), 4^2 = 16배, 조도는 거리의 제곱에 반비례한다. ∴ 1/16배 감소한다.

정답 ④

예제 02 조도계산 실내에 1,000cd의 전등이 있을 때 이 전등으로부터 각각 2m, 4m 떨어진 두 곳의 표면 조도가 옳게 계산된 것은? [24,21,14]
① 250lux, 62.5lux ② 250lux, 125lux
③ 500lux, 250lux ④ 1,000lux, 500lux

해설 | 조도 = $\dfrac{광도}{거리^2}$(m), 여기서, 광도=1,000cd, ㉠ 거리 = 2m, ㉡ 거리 = 4m

㉠ 거리(2m) 조도 = $\dfrac{1,000}{2^2}$=250 lx, ㉡ 거리(4m) 조도 = $\dfrac{1,000}{4^2}$ = 62.5 lx

정답 ①

3. 주광률(Daylight Factor)

1) 개념
실내 조도가 옥외 조도의 몇 %에 해당하는가를 나타내는 값으로 자연광의 밝기는 계절이나 날씨, 시각에 따라 달라지므로 이와 함께 실내의 밝기도 변화한다. 따라서 조도, 광속, 광도 등 밝기의 절대량을 나타내는 단위를 채광의 설계나 평가지표로 사용할 수는 없으므로 전천공조도에 대한 실내 한 지점의 작업면조도의 비율(%)로 주광률을 사용된다.

2) 산출식

$$DF = \frac{실내(작업)의\ 수평면조도}{실외(전천공)의\ 수평면조도} \times 100\%$$

예제 03 실내 조도가 옥외 조도의 몇 %에 해당하는가를 나타내는 값은? [24,22,21,16]
① 주광률 ② 보수율
③ 반사율 ④ 조명률

정답 ①

예제 04 실내 어느 한 점의 수평면 조도가 200lx이고, 이때 옥외 전천공 수평면 조도가 20000lx인 경우, 이 점의 주광률은? [23,18]
① 0.01% ② 0.1%
③ 1% ④ 10%

해설 | 주광률 = $\frac{실내(작업)의\ 수평면조도}{실외(전천공)의\ 수평면조도} \times 100\% = \frac{200}{20,000} \times 100(\%) = 0.01 \times 100 = 1\%$

정답 ③

4. 균제도(uniformity factor)
실내 조명의 균일한 정도를 나타내기 위하여 조명이 닿는 면 위의 최소 조도와 최대 조도와의 비로 휘도나 조도, 주광률 등의 분포를 나타내는 지표

$$균제도 = \frac{수평면상의\ 최소\ 조도(가장\ 어두운\ 주광율)}{수평면상의\ 최대\ 조도(가장\ 밝은\ 주광율)}$$

5. 눈부심(현휘, 글레어, glare)
눈이 순응하고 있는 상태에서 **휘도가 높은** 부분 또는 휘도 대비가 현저하게 큰 부분이(**고휘도대비**) 있으면 잘 보이지 않게 되거나 불쾌감을 느끼게 되는데 이것을 눈부심(글레어)이라 한다.

1) 눈부심 종류

종류	특성
불능 글레어	잘 보이지 않게 되는 눈부심으로 시각 능력을 저하시킨다.
불쾌 글레어	• 잘 보이지 않을 정도는 아니지만 눈부심으로 인해 눈의 피로와 불쾌감 유발 • 불쾌 글레어의 원인은, 　① 주위가 어둡고 눈이 암순응인 상태 일 때 　② 휘도가 높은 광원 　③ 광원이 시선에 노출되거나 시선에 가까울수록 　④ 눈에 입사하는 광속의 과다
반사 글레어	광택이 나는 물체 표면에서 반사에 의해 일어나는 눈부심

2) 실내에서 눈부심(glare) 방지 대책

① 가급적 휘도가 낮은 광원을 사용한다.
② 고휘도의 물체가 시야 속에 직접적으로 들어오지 않게 한다.
③ 광원에 가리개, 갓, 플라스틱 커버가 되어 있는 조명기구를 선정한다.
④ 시선을 중심으로 30° 범위 내의 글레어 존에 광원을 설치하지 않는다.
⑤ 실내 마감재의 반사율을 감소시킨다.
⑥ 휘도 대비를 완화시켜 준다.
⑦ 시선에서 가능한 한 떨어뜨리는 것이 효과적이다.
⑧ 창문을 높게 설치하고 블라인드나 커튼을 설치한다.

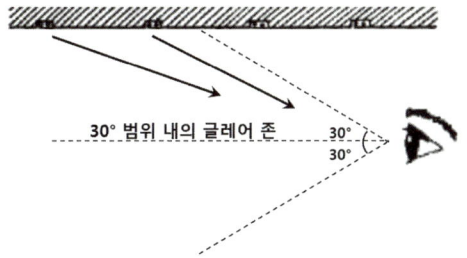

예제 05 눈부심을 방지하기 위한 방법으로 옳지 않은 것은? [24, 21, 18, 13, 12]
① 광원 주위를 밝게 한다.
② 휘도가 낮은 형광램프를 사용한다.
③ 플라스틱 커버가 설치되어 있는 조명기구를 선정한다.
④ 시선을 중심으로 해서 30° 범위 내의 글레어 존(glare zone)에 광원을 설치한다.

해설 | 시선을 중심으로 30° 범위 내의 글레어 존에 광원을 설치하지 않는다.

정답 ④

6. 자연채광 방식

1) 천창채광(top light)
지붕 또는 천장의 중앙에 천창을 통한 채광 방식

장점	단점
• 전시실 중앙을 밝게 하며 **조도 분포가 균일** • 동일 창면적일 때 **채광량이 측창의 3배**가 많다. • 공간이 넓어도 채광에 불리하지 않다. • 주변 상황에 따라 채광을 방해받는 경우가 적다.	• 구조 및 시공이 어렵고, 특히 **빗물처리가 어렵다**. • 폐쇄된 분위기가 난다. • **통풍과 차열에 불리**하다. • 천장이 낮은 경우 눈부심이 발생할 수 있다.

2) 측창채광(side light)
벽면에 측벽면(수직면)으로 낸 측창을 통한 채광 방식

장점	단점
• 시공이 용이하고, 비막이에 유리하다. • 개폐, 조작, 청소, 보수가 용이하다. • 조망 및 개방감이 우수하다. • **통풍, 차열, 일조 조정이 용이**하다.	• **조도가 불균일**하여 실 깊이에 제한을 받는다. • 주변 상황에 따라 **채광에 방해** 받을 수 있다.

3) 고측창채광(clerestory)
지붕면에 있는 수직창에 의한 채광 방식이다.

① 중앙부는 어둡게, 전시실 벽면은 충분한 조도를 연출할 수 있으나 광량이 약할 우려가 있다.
② 미술관이나 공장에서 벽면 조도를 크게 할 경우 이용되는 방식이다.

4) 정측창채광(top side light monitor)
지붕면에 있는 수직에 가까운 창에 의한 채광방식으로, 측창을 이용하기 어려운 미술관이나 공장 등 수평면보다 연직면의 조도면을 높이고자 할 때 사용한다.

① 천창보다 구조, 시공, 빗물처리, 개보수가 간단하다.
② 조망과 개방감이 좋다.

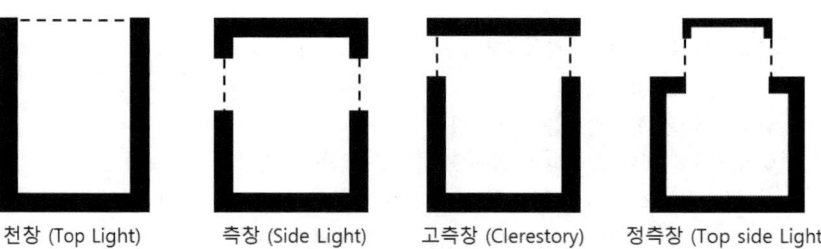

천창 (Top Light) 측창 (Side Light) 고측창 (Clerestory) 정측창 (Top side Light)

건축적 채광방식 중 측창채광에 관한 설명으로 옳은 것은? [25,22,13]
① 통풍, 차열에 유리하다.
② 근린 상황에 따른 채광 방해가 없다.
③ 편측채광의 경우 실내 조도 분포가 균일하다.
④ 투명 부분을 설치하더라도 해방감이 들지 않는다.

해설 | 측창채광
  ㉠ 시공이 용이하고, 비막이에 유리하다.
  ㉡ 개폐, 조작, 청소, 보수가 용이하다.
  ㉢ 조망 및 개방감이 우수하다.
  ㉣ 통풍, 차열, 일조 조정이 용이하다.

정답 ①

핵심 기출문제

03 빛 환경

1 빛의 정의

01 ▶20
다음 중 자외선의 주된 작용에 속하지 않는 것은?

① 살균작용
② 화학적 작용
③ 생물의 생육작용
④ 일사에 의한 난방작용

해설 | 자외선
생물의 생육, 살균, 퇴색, 광합성 효과로 인해 "화학선"이라고도 하며, 일광의 보건, 위생적인 효과가 있다. 난방작용을 하는 것은 적외선으로 주로 열작용을 하며, 열선이라고도 한다.

02 ▶19,13
휘도의 단위로 옳은 것은?

① cd
② cd/m²
③ lm
④ lm/m²

해설 | 휘도(L, cd/m²)
물체 표면의 밝기로, 광원이 빛나고 있는 정도 [반짝임] 휘도의 분포도는 시작업상에 큰 영향을 준다.

03 ▶20,16
수조면의 단위면적에 입사하는 광속으로 정의되는 용어는?

① 조도
② 광도
③ 휘도
④ 광속발산도

해설 | 조도(E, lux)
단위면적당 입사광속으로 점광원에서 어떤 물체나 표면 도달하는 광속의 밀도 [장소의 명도]

2 조도 계산

04 ▶18,12
점광원으로부터 일정 거리 떨어진 수평면이 조도에 관한 설명으로 옳지 않은 것은?

① 광원의 광도에 비례한다.
② cos θ(입사각)에 비례한다.
③ 거리의 제곱에 반비례한다.
④ 측정점의 반사율에 비례한다.

해설 | 조도의 특성
㉠ 조도는 광원의 광도에 비례한다.
㉡ 조도는 거리의 제곱에 반비례한다.
㉢ 조도는 cos θ(입사각)에 비례한다.

05 ▶21,14
실내에 1000[cd]의 전등이 있을 때, 이 전등으로부터 4m 떨어진 곳의 직각면 조도는?

① 62.5[lx]
② 125[lx]
③ 250[lx]
④ 500[lx]

해설 | 빛이 수직으로 입사시 조도 계산

$$조도 = \frac{광도}{거리^2} \text{ (m)}$$

여기서, 광도 = 1,000cd 거리 = 4m

$$\therefore 조도 = \frac{1,000}{4^2} = 62.5 \text{ lx}$$

정답 | 01 ④ 02 ② 03 ① 04 ④ 05 ①

06 ▸17,14

광도가 1500[cd]인 전등에서 5[m] 거리에 있는 표면에서의 조도는?

① 15[lx]
② 30[lx]
③ 60[lx]
④ 120[lx]

해설 | 빛이 수직으로 입사시 조도 계산

$$조도 = \frac{광도}{거리^2}(m) = \frac{1,500}{5^2} = 60 \text{ lx}$$

08 ▸17,12

다음 중 주광률의 정의로 가장 알맞은 것은?

① 창면적에 대한 실내바닥면적의 비율(%)
② 전천공조도에 대한 실내 한 지점의 작업면조도의 비율(%)
③ 한 실의 전체 조도에 대한 자연광에 의한 조도의 비율(%)
④ 인공광에 의한 조도에 대한 자연광에 의한 조도의 비율(%)

해설 | 문제 7번 해설참조

3 주광률 & 균제도

07 ▸21,20,17,13,12

주광률에 대한 용어 설명으로 옳은 것은?

① 조명기구에 의한 상하방향으로의 배광정도를 나타내는 값
② 실내의 조도가 옥외의 조도 몇 %에 해당하는가를 나타내는 값
③ 램프 광속 중 조명범위에 유효하게 이용되는 광속의 비율을 나타내는 값
④ 조명시설을 어느 기간 사용한 후의 작업면상의 평균 조도와 초기조도와의 비율을 나타내는 값

해설 | 주광률

실내 조도가 옥외 조도의 몇 %에 해당하는가를 나타내는 값으로 자연광의 밝기는 계절이나 날씨, 시각에 따라 달라지므로 이와 함께 실내의 밝기도 변화한다. 따라서 조도, 광속, 광도 등 밝기의 절대량을 나타내는 단위를 채광의 설계나 평가지표로 사용할 수는 없으므로 전천공조도에 대한 실내 한 지점의 작업면조도의 비율(%)로 주광률을 사용된다.

09 ▸13

조명설비 관련 용어 중 다음 식과 같이 표현되는 것은?

$$\frac{수평면상의\ 최소\ 조도}{수평면상의\ 최대\ 조도}$$

① 균제도
② 시강도
③ 조영률
④ 색온도

해설 | 균제도

실내 조명의 균일한 정도를 나타내기 위하여 조명이 닿는 면 위의 최소 조도와 최대 조도와의 비로 휘도나 조도, 주광률 등의 분포를 나타내는 지표

10 ▸15

어느 실내에서 수평면 조도를 측정하여 다음 값을 얻었다. 이 실의 균제도는?

- 최고 조도 : 2000lx
- 최저 조도 : 200lx

① 0.1
② 2
③ 4
④ 10

해설 | 균제도

$$= \frac{수평면상의\ 최소\ 조도(가장\ 어두운\ 주광율)}{수평면상의\ 최대\ 조도(가장\ 밝은\ 주광율)}$$

$$= \frac{200}{2,000} = 0.1$$

정답 | 06 ③ 07 ② 08 ② 09 ① 10 ①

4 눈부심(글레어, glare)

11 ▶21,16,14
조명에서 발생하는 눈부심에 관한 설명으로 옳지 않은 것은?

① 광원의 크기가 클수록 눈부심이 강하다.
② 광원의 휘도가 작을수록 눈부심이 강하다.
③ 광원이 시선에 가까울수록 눈부심이 강하다.
④ 배경이 어둡고 눈이 암순응 될수록 눈부심이 강하다.

해설 | 눈부심(글레어, glare)
눈이 순응하고 있는 상태에서 휘도가 높은 부분 또는 휘도 대비가 현저하게 큰 부분이 있으면 잘 보이지 않게 되거나 불쾌감을 느끼게 되는데 이것을 눈부심(글레어)이라 한다.

12 ▶18,17,15,13
불쾌 글레어의 발생 원인과 가장 거리가 먼 것은?

① 휘도가 높은 광원
② 시선에 노출된 광원
③ 눈에 입사하는 광속의 과다
④ 물체와 그 주위 사이의 저휘도 대비

해설 | 문제 11번 해설참조

13 ▶15
조명의 눈부심에 관한 설명으로 옳지 않은 것은?

① 눈이 암순응 될수록 눈부심이 강하다.
② 광원의 휘도가 클수록 눈부심이 강하다.
③ 광원의 크기가 작을수록 눈부심이 강하다.
④ 광원이 시선에 가까울수록 눈부심이 강하다.

해설 | 광원의 크기가 작을수록 눈부심이 약하다.

14 ▶20,17
눈부심(glare)에 관한 설명으로 옳지 않은 것은?

① 광원의 휘도가 높을수록 눈부시다.
② 광원이 시선에 가까울수록 눈부시다.
③ 빛나는 면의 크기가 작을수록 눈부시다.
④ 눈에 입사하는 광속이 과다할수록 눈부시다.

해설 | 빛나는 면의 크기가 클수록 눈부심이 크다.

15 ▶19
다음 중 빛환경에 있어 현휘의 발생 원인과 가장 거리가 먼 것은?

① 광속 발산속도가 일정할 때
② 시야내의 휘도 차이가 큰 경우
③ 반사면으로부터 광원이 눈에 들어올 때
④ 작업대와 작업대 면의 휘도대비가 큰 경우

해설 | 광속 발산속도가 일정할 때는 눈부심(현휘) 발생이 줄어든다.

5 자연채광 방식

16 ▶20
건축적 채광방식 중 천창채광에 관한 설명으로 옳지 않은 것은?

① 비막이에 불리하다.
② 통풍 및 차열에 유리하다.
③ 조도 분포의 균일화에 유리하다.
④ 근린의 상황에 따라 채광을 방해받는 경우가 적다.

정답 | 11 ② 12 ④ 13 ③ 14 ③ 15 ① 16 ②

해설 | 천창채광(단점)

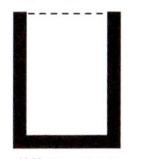
천창 (Top Light)
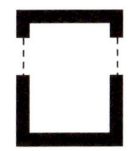
측창 (Side Light)

㉠ 구조 및 시공이 어렵고, 특히 빗물처리가 어렵다
㉡ 폐쇄된 분위기가 난다.
㉢ 통풍과 차열에 불리하다.
㉣ 천장이 낮은 경우 눈부심이 발생할 수 있다.

17 ▶22, 15
채광방식에 관한 설명으로 옳은 것은?

① 측광채광은 천창채광에 비해 채광량이 많다.
② 천창채광은 측창채광에 비해 조도 분포의 균일화에 유리하다.
③ 측창채광은 천창채광에 비해 시공이 어려우며, 비막이에 불리하다.
④ 천창채광은 측창채광에 비해 근린의 상황에 따라 채광을 방해받는 경우가 많다.

해설 | 천창채광(장점)
㉠ 전시실 중앙을 밝게 하며 조도 분포가 균일
㉡ 동일 창면적일 때 채광량이 측창의 3배가 많다.
㉢ 공간이 넓어도 채광에 불리하지 않다.

18 ▶12
자연 채광방식에 관한 설명으로 옳지 않은 것은?

① 편측채광은 조도분포가 불균일하며 실 안쪽의 조도가 부족한 경향이 많다.
② 측창채광은 통풍에 유리하나 근린의 상황에 의해 채광방해가 발생할 수 있다.
③ 천창채광은 비막이에 유리하며 좁은 실에서 개방된 분위기의 조성이 용이하다.
④ 정측창채광은 실내 벽면에 높은 조도가 바람직한 미술관이나 넓은 작업면에 주광률 분포의 균일성이 요구되는 공장 등에 사용된다.

해설 | 천창채광은 빗물처리가 어렵고 폐쇄된 분위기가 난다.

19 ▶17
천창채광에 관한 설명으로 옳지 않은 것은?

① 비막이에 불리하다.
② 조도 분포의 균일화에 유리하다.
③ 측창채광에 비해 채광량이 적다.
④ 근린의 상황에 따라 채광을 방해받는 경우가 적다.

해설 | 천창은 동일 창면적일 때 채광량이 측창의 3배가 많다.

20 ▶18
천창채광에 관한 설명으로 옳은 것은?

① 측창채광에 비해 채광량이 적다.
② 시공이 용이하며 비막이에 유리하다.
③ 측창채광에 비해 조도분포가 불균일하다.
④ 근린의 상황에 따라 채광을 방해받는 경우가 적다.

해설 | 근린의 상황에 따라 채광을 방해받는 경우가 적다.

21 ▶16
천창채광에 관한 설명으로 옳지 않은 것은?

① 통풍에 불리하다.
② 비막이에 불리하다.
③ 좁은 실에서 해방감 확보가 용이하다.
④ 근린의 상황에 의해 채광을 방해받는 경우가 적다.

해설 | 천창채광은 조망 및 개방감이 부족하며 폐쇄된 분위기가 난다.

22 ▶20
측창채광에 관한 설명으로 옳은 것은?

① 천창채광에 비해 채광량이 많다.
② 천창채광에 비해 비막이에 불리하다.
③ 편측채광의 경우 실내 조도분포가 균일하다.
④ 근린의 상황에 의해 채광을 방해받을 수 있다.

해설 | 측창채광
㉠ 조도가 불균일하여 실 깊이에 제한을 받는다.
㉡ 주변 상황에 따라 채광에 방해 받을 수 있다.

정답 | 17 ② 18 ③ 19 ③ 20 ④ 21 ③ 22 ④

23

건축적 채광의 방법 중 측광(lateral lighting)에 관한 설명으로 옳은 것은?

① 통풍·차열에 불리하다.
② 편측채광의 경우 조도분리가 불균일하다.
③ 구조·시공이 어려우며 비막이 불리하다.
④ 근린의 상황에 따라 채광을 방해받는 경우가 없다.

해설 | 문제 22번 해설참조

24

채광방식 중 측창채광에 관한 설명으로 옳지 않은 것은?

① 천창채광에 비해 비막이에 유리하다.
② 근린의 상황에 의한 채광 방해의 우려가 있다.
③ 편측채광의 경우 실내 조도분포가 불균일하다.
④ 동일 면적의 천창채광에 비해 채광량이 3배 정도 많다.

해설 | 천창은 동일 창면적일 때 채광량이 측창의 3배가 많다.

정답 | 23 ② 24 ④

04 음 환경

> **Pass Note**

예상출제문항	키워드
1~2	- 음의 성질, 3요소, 특성 - 음의 장애현상 - 음의 단위와 음의 레벨 계산	- 잔향시간 및 잔향공식 - 소음방지 대책 - 흡음 및 차음 계획

1. 음의 성질

음이란 공기라는 탄생체 속에서 전해가는 파동으로 그 파동(음파)의 자극에 의해 음이 전달 된다.

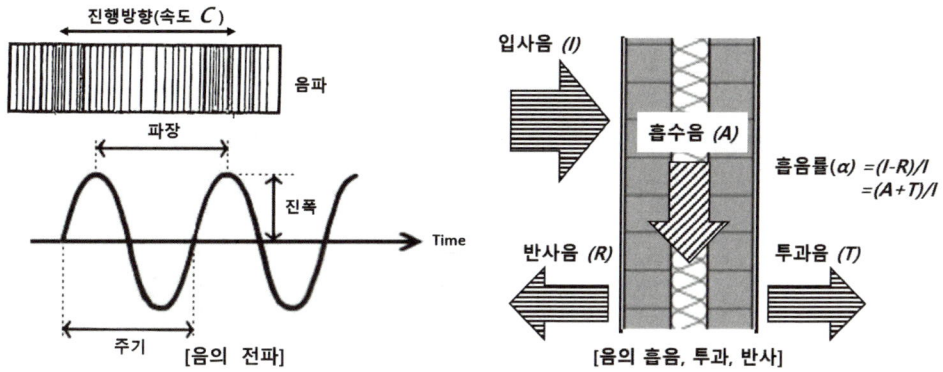

[음의 전파]   [음의 흡음, 투과, 반사]

1) 음의 정의

(1) 음파(sound wave)

공기 속을 전파하는 압력 변동으로서 매질입자가 전파방향과 같은 방향으로 운동하는 **종파(세로, 수직 방향)**이며, 음의 크기는 청각의 감각량으로 음 크기 레벨의 단위는 폰(phon)을 사용한다.

(2) 주파수(진동수)

음은 전파될 때 나타나는 파동현상으로 1초간의 왕복 진동횟수를 말한다.
음의 고저 감각과 직접적인 관계가 있다.

① 단위 : Hz(c/s)
② 가청 주파수 : 20~20,000Hz

③ 초음파
　㉠ 초저 주파수 : 20Hz 미만의 음으로 인간에게 치명적인 해를 준다.
　㉡ 초고 주파수 : 20,000Hz 이상의 음이다.
④ 표준음 : 63, 125, 250, 500, 1000, 2000, 4000, 8000Hz의 순음이다.

(3) 음속(음의 전파 속도)

소리가 1초 동안에 진행한 거리이며 온도에 가장 큰 영향을 받는다.

(4) 주기

같은 위상의 반복에 소요되는 시간이다.

(5) 파장

파동상의 두 반복점 간의 거리를 말한다.

2) 음의 3요소 : 음색, 음의 고저, 음의 크기

(1) 음의 크기(강도)

음압에 따라 크기가 결정, 음파의 진행 방향에 단위 시간당 운반되는 진동에너지의 양이다.

(2) 음의 고저(높이)

주파수에 따라 음의 고저가 결정, 주파수가 큰 음은 높고, 작은 음은 낮게 느껴진다.

(3) 음색(파형)

음의 파형(순음, 복합음)에 따라 결정, 음파를 구성하는 배열과 크기에 따라 소리가 다르게 느껴지는 것을 말한다.

3) 음의 특성

종류	특성
회절	• 음파는 파동의 하나이기 때문에 물체가 진행방향을 가로막고 있다고 해도 파동은 직진하지 않고 그 뒤쪽으로 돌아가 그 물체의 **후면에 전달**되는 것을 말한다. • 회절은 낮은 주파수의 음일수록 현저하게 나타나며 주파수가 높아질수록 회절을 일으키기 어렵게 된다.
간섭	• 서로 다른 음원에서의 **음이 중첩**되면 합성되어 음은 쌍방의 상황에 따라 강하게 하거나 약화 시키는 현상이다. • 같은 음을 2개의 스피커에서 발생하면 음이 크게 들리는 곳과 작게 들리는 곳이 생긴다.
잔향	실내에서 음원이 갑자기 사라져도 그 음이 일부 남아 있는 현상
굴절	매질 중의 음의 속도가 공간적으로 변동될 때 음이 **전파하는 방향이 바뀌는** 과정이며 주간에 들리지 않던 소리가 **야간에 들리는 현상**이 굴절 때문이다.
확산	음파가 불규칙적인 표면에 부딪쳐 여러 개의 작은 파형으로 나뉘는 것
반사	음파가 경계면에 부딪치면 그 중 일부 파동이 진행방향을 바꿔 되돌아오는 현상으로 표면의 재질 및 굴곡상태 따라 반사율이 다르다.

예제 01 다음의 설명에 알맞은 음의 성질은? [25,21,18,18]

> 음파는 파동의 하나이기 때문에 물체가 진행방향을 가로막고 있다고 해도 그 물체의 후면에도 전달된다.

① 반사　　　　　　　　　② 흡음
③ 간섭　　　　　　　　　④ 회절

정답 ④

4) 음의 장애현상

(1) 공명현상

입사음의 진동수가 벽이나 천장 등의 **진동수와 일치되어 같이 소리를 내는 현상**으로 실내에서 공명이 발생하면 균등한 음의 분포를 얻기가 힘들다.

① 공명 방지 방안
　㉠ 실의 표면을 불규칙한 형태로 한다.
　㉡ 실의 평면 비율을 장방형으로 한다.
　㉢ 표면에 확산체를 설치 한다.
　㉣ **흡음재를 분산 배치** 시킨다.

(2) 에코(반향)현상

진동수가 조금 다른 두 음의 간섭에 의해 직접음이 들린 후에 뚜렷이 분리하여 반사음이 들리는 현상으로 음성의 명확성이나 음악의 연주에 많은 장애를 준다.

(3) 플러터 에코(flutter echo) 현상

박수나 발자국 소리가 천장과 바닥 또는 벽과벽 사이를 왕복 반사하여 독특한 음색이 울리는 현상이다.

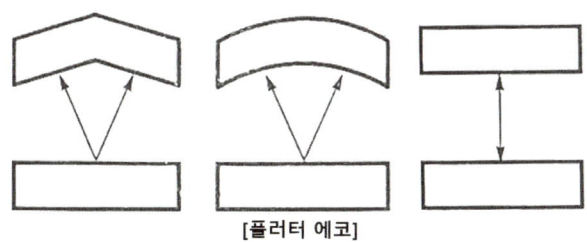

[플러터 에코]

(4) 마스킹 효과

어느 음을 듣고자 할 때, 다른 음의 방해로 인하여 **다른 음에 대한 가청 임계값이 증가**하는 현상. 즉, 듣고자 하는 음이 작게 들리거나 아예 들리지 않는 현상으로 **음파의 간섭**에 의해 일어난다.

(5) 정재파 현상

같은 주파수 음의 간섭에 의해서 입사음파가 반사음파와 중첩되어 음압의 변동이 고정되어 **실내에 머물러** 있는 상태를 말한다.

(6) 피드백 현상
음의 증폭 과정에서 확성기에서 나온 소리가 다시 마이크로폰에 잡혀서 큰 소리로 울리게 되는 현상이다.

2. 음의 단위와 음의 레벨

1) 음의 크기와 음의 크기 레벨

종류	단위	특성
음의 크기	sone (손)	청각의 감각량으로 음의 대소를 나타내는 감각량을 음의 크기라고 한다. (sone값을 2배로 하면 음 크기는 2배가 된다.)
음의 크기 레벨	phone (폰)	• 귀의 감각적 변화를 고려한 주관적인 척도이다. • 1sone = 40phone → 2sone = 50phone, 4sone = 60phone (sone값을 2배로 하면 10phone씩 증가한다.)

2) 음의 세기와 음의 세기 레벨

종류	단위	특성
음의 세기 (Sound Intensity)	I W/m^2	음파의 방향에 직각인 단위 면적을 1초간에 전파되는 음 에너지량으로 음의 강도라고도 한다.
음의 세기 레벨	IL W/m^2	• 음의 세기가 기준치에 몇배인가를 나타내는 척도 • 기준치 : $10^{-12} W/m^2$ 또는 $10^{-16} W/cm^2$ • (건강한 귀로 들을 수 있는 **1000Hz의 순음의 세기**) • $IL = 10\log(\frac{I_1}{I_0})$ (I_0=기준음의 세기, I_1=측정음의 세기)

> **Note** 환산 간편법
>
> | 음의 세기(W/m^2) | 10^{-12} | 10^{-11} | 10^{-10} | 10^{-9} | 10^{-8} | 10^{-7} |
> | --- | --- | --- | --- | --- | --- | --- |
> | 음의 세기 레벨(dB) | 0 | 10 | 20 | 30 | 40 | 50 |

예제 02 음의 세기 $10^{-10} W/m^2$을 음의 세기 레벨(dB)로 환산하면 얼마인가? [24,20,16,15]
① 10dB ② 20dB
③ 30dB ④ 40dB

해설 | $IL = 10\log(\frac{I_1}{I_0})$

$IL = 10\log(\frac{I_1}{I_0}) = 10\log(\frac{10^{-10}}{10^{-12}}) = 10\log 10^2 = 20 dB$

정답 ②

예제 03 음의 세기 레벨이 30dB인 음의 세기는? (단, 기준음의 세기는 10^{-12} W/m²이다.) [23,22,14]

① 10^{-12} W/m² ② 10^{-9} W/m²
③ 10^{-6} W/m² ④ 10^{-3} W/m²

해설 | $IL = 10\log(\frac{I_1}{I_0}) = 10\log(\frac{\chi}{10^{-12}}) = 10\log 10^y = 30 dB$

∴ $\log 10^y = 3 \to y = 3$, $\log(\frac{10^{-9}}{10^{-12}}) = 3 \to x = 10^{-9}$

정답 ②

3) 음압(Sound Pressure)

음파에 의해 공기 진동으로 생기는 대기 중의 변동으로 단위 면적에 작용하는 힘의 단위이다.

① 단위 : N/m²(PA)

② 음압레벨(SPL)= $20\log(\frac{P_1}{P_0})$ (dB) (P_0 = 기준음압, P_1 = 주어진 비교음의 음압)

4) 데시벨(dB)

데시벨(dB)은 소리의 상대적인 크기를 나타내는 단위로 소리의 전파에 있어 매체 속을 진행하는 에너지는 음압의 제곱에 비례한다.

5) 음의 파장(λ), 음속(C), 주파수(f)의 관계

① $\lambda(m) = \frac{C(m/s)}{f(Hz)}$, 음의파장= $\frac{음속}{주파수}$

② 가청음의 파장 : $\lambda = \frac{340}{20 \sim 20,000} = 0.017 \sim 17m$

예제 04 공기 중의 음속이 344m/s, 주파수가 450 Hz일 때 음의 파장(m)은? [24,21,19,14]

① 0.33 ② 0.76
③ 1.31 ④ 6.25

해설 | $\lambda(m) = \frac{C(m/s)}{f(Hz)} = \frac{344}{450}$ =0.764m, [음의 파장(λ), 음속(C), 주파수(f)]

정답 ②

3. 잔향(reverberation)

음원이 정지된 후에도 음이 남아 있는 현상이다.

1) 잔향 시간

① 실내 음에너지가 60dB(음의 세기로는 $1/10^6$, 음압으로는 1/1000)까지 감소될 때까지 걸리는 시간이다.
② 흡음률과 잔향 시간은 반비례 관계이다.

③ 잔향시간은 **실용적에 비례**하며 **실의 표면적에는 반비례**한다.
④ 잔향 시간은 청중수와 밀접한 관계가 있다.
⑤ 잔향 시간은 각 실의 용도, 목적에 따라 다르다.

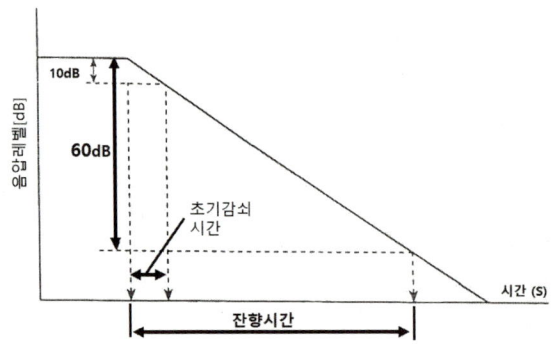

> **예제 05**
> 다음의 잔향시간에 관한 설명 중 ( )에 알맞은 것은? [25,21,14,13]
>
> 실내에 있는 음원에서 정상음을 발생하여 실내의 음향 에너지 밀도가 정상상태가 된 후 음원을 정지하면 수음점에서의 음향 에너지 밀도는 지수적으로 감쇠한다. 이때 음향 에너지 밀도가 정상상태일 때의 ( )이 되는데 요하는 시간이 잔향시간이다.
>
> ① $1/10^2$ ② $1/10^4$
> ③ $1/10^6$ ④ $1/10^8$
>
> 해설 | 잔향 시간 : 실내 음에너지가 60dB(음의 세기로는 $1/10^6$, 음압으로는 1/1000)까지 감소될 때까지 걸리는 시간이다.
>
> 정답 ③

2) 잔향 공식

(1) Sabine의 잔향식

일반적으로 Sabine의 잔향식을 이용하며 **흡음력이 매우 적은 실**에 적합하다.

$$RT = K\frac{V}{A} = 0.16\frac{V}{A}$$

RT : 잔향시간(sec)
K : 비례 상수(0.162)
A : 실내의 흡음력(m^2) = $\bar{\alpha}$(평균 흡음률) × S(실내표면적)(m^2)
V : 실의 용적(m^3)

(2) Knudsen의 잔향식

잔향 시간이 짧을 때 또는 **실용적이 큰 실**에 적합하며 공기의 점성 저항에 의한 음의 감쇠를 고려

(3) Eyring의 잔향식

잔향 시간이 짧을 때 또는 **흡음력이 클 때** 주로 사용된다.

예제 06 실의 용적이 5000m³이고 실내의 총흡음력이 500m²일 경우, Sabine의 잔향식에 의한 잔향 시간은?
[23, 20, 14]

① 0.4초 ② 1.0초
③ 1.6초 ④ 2.2초

해설 | $RT = 0.16 \dfrac{V}{A} = 0.162 \times \dfrac{5,000}{500} = 1.62 ≒ 1.6초$

A : 실내의 흡음력(m²) = $\bar{\alpha}$(평균 흡음률) × S(실내표면적)(m²)
흡음률에 대한 보기가 없을때는 1로 본다.

정답 ③

3) 최적 잔향 시간

① 실용적이 클수록, 흡음력이 적을수록 잔향 시간을 길게 한다.
② 흡음재의 사용량을 증가시키면 잔향 시간을 줄일 수 있다.
③ 명료도가 요구되는 **강연, 연극** → 잔향 시간을 **짧게** (명료도가 높다.)
④ 풍부한 음량이 요구되는 **음악** → 잔향 시간을 **길게** (명료도가 낮다.)
⑤ 전기, 음향 설비를 주로 하는 경우는 최적치 보다 잔향 시간을 짧게 한다.
⑥ 실의 용도가 다목적인 경우 잔향시간의 가변 장치(가변 흡음 구조)를 설치한다.

 음의 명료도
사람이 말을 할 때 어느 정도 정확하게 청취할 수 있는가를 표시하는 기준이다.
㉠ 명료도의 요소 : 음의 세기(스피커의 음성), 잔향 시간, 실내 소음 레벨, 방의 형태, 음의 분포 등이다.
㉡ 명료도 : 85% 이상 → 양호, 70% 이하 → 불량

4. 소음

1) 소음의 종류

① **정상소음** : 음압 레벨의 변동폭이 좁고, 측정자가 귀로 들었을 때 **음의 크기가 변동하고 있다고는 생각되지 않는** 종류의 소음
② 변동소음 : 레벨이 불규칙하고 연속적으로 상당한 범위에 걸쳐 변화하는 소음
③ 평가소음 : 측정소음도에 배경소음을 보정한 후 얻어진 소음
④ 배경소음 : 측정 대상음 이외의 주위 소음

2) 소음 방지 계획

① 벽체의 중량을 크게 하고 차음력이 큰 적층벽이나 중공벽의 구조로 한다.
② **실내의 흡음률을 좋게** 한다.
③ 창문 및 개구부는 밀폐도를 높인다.
④ 소음원의 음원세기를 줄인다.

예제 07 다음 중 건축물의 소음대책과 가장 거리가 먼 것은? (단, 소음원이 외부에 있는 경우) [24,22,16]
① 창문의 밀폐도를 높인다. ② 실내의 흡음률을 줄인다.
③ 벽체의 중량을 크게 한다. ④ 소음원의 음원세기를 줄인다.

해설 | 실내의 흡음률을 좋게 한다.

정답 ②

5. 흡음 및 차음

1) 흡음(Sound absorption)

음파가 재료에 부딪히면 입사음의 에너지 일부가 여러 흡음기구에 의해 다른 에너지로 변환되고 흡수되어 최대한 소멸시키는 작용을 흡음이라 한다.

종류	특성
다공성 흡음재	**암면, 유리면, 목모시멘트판, 글라스울, 암면** 등의 연속기포로 되어 있는 재료에 음이 입사하면 음파는 그 세공 속으로 전파하여 입사음의 에너지 일부가 주벽과의 마찰, 점성 저항 및 재료의 섬유 진동으로 열에너지로 소비된다. ① **중·고음역에서 높은 흡음률**을 나타낸다. ② 두께를 늘리면 저주파수의 흡음률이 높아진다. ③ 재료 표면의 공극을 막는 **표면 처리(도장)를 할 경우 중·고주파수에서의 흡음률이 저하**된다. ④ **주파수가 낮을수록 흡음률이 낮아진다.** ⑤ 강성벽 앞면의 공기층 두께를 증가시키면 저주파수의 흡음률이 높아진다.
판(막)진동 흡음재	합판, 섬유판, 석고보드 등의 얇은 판에 음이 입사되면 판진동에 의해 에너지의 일부가 내부마찰로 소비된다. ① **낮은 주파수** 대역에 유효하다.(저음역 흡음재) ② 흡음판이 막진동하기 쉬운 **얇은 것일수록 흡음률이 크다.** ③ 재료의 부착방법과 배후조건에 의해 특성이 달라진다. ④ 판이 두껍거나 배후 공기층이 클수록 공명주파수의 범위가 저음역으로 이동한다. ⑤ 강성벽의 표면에 **밀실하게 부착하면 흡음률이 떨어진다.**
공동 공명기	합판, 석고보드 등의 경질판에 다수의 구멍을 관통시킨 것으로 특정한 주파수 대역을 강하게 흡음할 필요가 있을 때 사용하나, 다양한 흡음 효과를 기대하기는 어렵다. ① 배후 공기층의 두께를 증가시키면 최대 흡음률의 위치가 고음역으로 이동하며 흡음재를 추가로 넣어 흡음률을 높일 수도 있다. ② 단일공동 공명 : 공명에 의하여 **특정 주파수**의 음만을 효과적으로 흡음한다. ③ 천공판 공명기 : 다공재를 넣으면 **고주파수의 흡음률이 증가**된다.

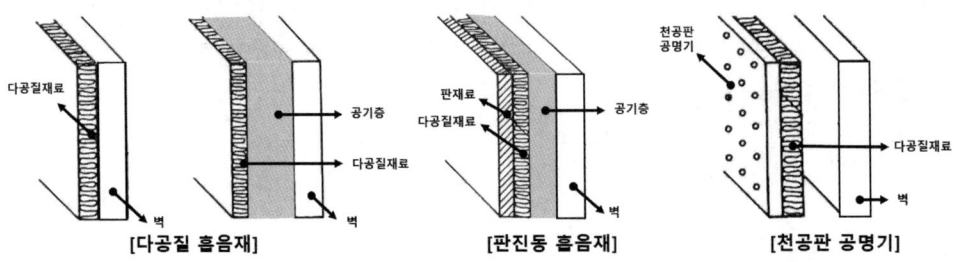

[다공질 흡음재]   [판진동 흡음재]   [천공판 공명기]

다공질재 흡음재료에 관한 설명으로 옳지 않은 것은? [23,21,18,15]
① 주파수가 낮을수록 흡음률이 높아진다.
② 표면마감처리방법에 의해 흡음 특성이 변한다.
③ 두께를 늘리면 저주파수의 흡음률이 높아진다.
④ 강성벽 앞면의 공기층 두께를 증가시키면 저주파수의 흡음률이 높아진다.

해설 | 다공질재 흡음재료
   ㉠ 암면, 유리면, 목모시멘트판, 글라스울, 암면 등의 연속기포로 된 재료
   ㉡ 중·고음역에서 높은 흡음률을 나타낸다.
   ㉢ 재료 표면의 공극을 막는 표면 처리(도장)를 할 경우 중·고주파수에서의 흡음률이 저하된다.
   ㉣ 주파수가 낮을수록 흡음률이 낮아진다.

정답 ①

2) 차음 및 대책

(1) 투과 손실

음원이 입사 후 마감재에 부딪치면 일부가 흡수되어 얼마나 감소하였는지의 정도를 투과손실이라 한다.

① **투과손실이 클수록 차음력은 커진다.**
② 음의 투과율이 작을수록 차음력은 커진다.
③ 벽체의 두께와 질량에 차음력은 비례한다.
④ 반사율이 높은 재료가 낮은 재료보다 차음력이 크다.

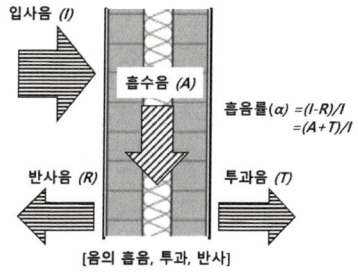

(2) 차음 대책/성능 개선

재료적 측면	• 벽체의 기밀성을 높인다. • 투과손실이 높은 재료를 사용한다. • 음에 대한 반사율을 높인다. • 무겁고 두꺼운 기밀한 재료를 사용한다. • 쿠션성이 있는 바닥마감재를 사용한다.
건축구조적 측면	• 아래층의 충격을 저감하기 위해 슬래브를 두껍게 하고 뜬바닥 구조를 활용한다. • 천장반자 시공에 의한 이중천장으로 설치한다. • 배수관에 차음시트를 설치한다. • 복도와 베란다창, 작은 환기공도 차음에 영향을 받으므로 틈새 처리를 기밀하게 한다.

 다음 중 벽체의 차음성능을 높이기 위한 방법과 가장 거리가 먼 것은? [25,21,16,13]
① 벽체의 기밀성을 높인다.
② 벽체의 투과손실을 낮춘다.
③ 음에 대한 반사율을 높인다.
④ 무겁고 두꺼운 재료를 사용한다.

해설 | 투과손실이 클수록 차음력은 커진다.

정답 ②

6. 실내 음향 계획

1) 요구조건
① 실내 전체에 적당한 음압 레벨을 유지 시킬 것
② 반사음은 충분히 확산 시킬 것
③ 잔향시간 및 주파수의 특성을 적당히 할 것
④ 에코(반향)와 같은 장애 현상이 생기지 않도록 할 것
⑤ 방해가 되는 진동, 소음이 없을 것
⑥ 명료도를 크게(잔향 시간을 짧게)하여 언어를 뚜렷하게 들을 수 있게 할 것

2) 특성
① 실내 전체에 일정한 음압 분포가 가장 중요하다.
② 음원과 수음점과의 거리가 멀어져도 음의 세기는 크게 감쇠하지 않는다.
③ 음원이 정지한 후에도 늦게 도달하는 반사음에 의해 잔향이 생긴다.
④ 실의 형이나 내장재료에 의해 반향, 울림, 기타 여러 특이 현상이 발생할 수 있다.

3) 실의 형태(공연장 기준)
실의 크기가 작으면(한변이 10m 이하) 고유 진동이 나타날 수 있어 파동 음향적으로 검토하여야 하며, 실이 크거나 불규칙할 경우에는 기하 음향학적으로 검토하여야 한다.

(1) 평면형
① 음향 분포에는 부채꼴형이 가장 좋다. 타원형, 원형은 음의 집점, 반향이 일어난다.
② 타원형, 원형의 평면은 장애현상을 발생되어 벽면을 볼록하게 처리한다.
③ 무대 부근 음원 발생지에는 반사재를, 실 후면에는 볼록형태 흡음재를 설치한다.
④ 오디토리움의 시야각(γ)은 8°, 극장의 시야각(γ)은 15° 정도가 가장 적당하다.
⑤ 객석은 실의 중심축에서 좌우로 각각 70° 이내로 계획한다.
⑥ 객석 레벨은 시각적인 이유와 만족할 만한 직접음을 받도록 경사지게 하는 것이 유리하다. (수평일 때는 무대 음원의 위치를 가급적 높인다.)

[부채꼴 평면]

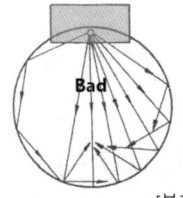
[부채꼴 평면]

(2) 단면형
① 바닥 : 홀에서는 바닥은 가능한 한도에서 경사(구배)를 크게 둔다.
② 천장 : 천장의 전체를 곡면으로 하는 것은 음의 초점을 만들 염려가 있으므로 피하고 부득이한 경우에는 오목면을 평면이나 볼록면으로 한다.
③ 발코니 : 가급적 깊이를 작게하며 발코니 하부 천장은 반사면이 되도록 반사재료를 사용한다.

핵심 기출문제

04 음 환경

1 음의 성질

01 ▶15

다음 중 음의 3요소에 속하지 않는 것은?

① 음색
② 음의 폭
③ 음의 고저
④ 음의 크기

해설 | 음의 3요소
음색, 음의 고저, 음의 크기

02 ▶19,17

다음 중 음의 고저 감각에 가장 주된 영향을 주는 요소는?

① 음색
② 음의 크기
③ 음의 주파수
④ 음의 전파속도

해설 | 음의 고저(높이)
주파수에 따라 음의 고저가 결정, 주파수가 큰 음은 높고, 작은 음은 낮게 느껴진다.

03 ▶15

음의 성질에 관한 설명으로 옳지 않은 것은?

① 음의 파장은 음속과 주파수를 곱한 값이다.
② 인간의 가청주파수의 범위는 20~20000Hz이다.
③ 마스킹 효과(Masking effect)는 음파의 간섭에 의해 일어난다.
④ 음파가 한 매질에서 타 매질로 통과할 때 구부러지는 현상을 음의 굴절이라 한다.

해설 | 파장
파동상의 두 반복점 간의 거리를 말한다.

04 ▶13

음에 관한 설명으로 옳지 않은 것은?

① 음의 공기 중 전파속도는 기온이 높을수록 빨라진다.
② 음의 고저는 음파의 기본음이 가지는 기본 주파수에 의해서 결정된다.
③ 음파는 횡파이며, 음의 크기는 음파를 구성하는 고조파의 크기에 의해 결정된다.
④ 회절은 낮은 주파수의 음일수록 현저하게 나타나지만 주파수가 높아질수록 회절을 일으키기 어렵게 된다.

해설 | 음파(sound wave)
공기 속을 전파하는 압력 변동으로서 매질입자가 전파 방향과 같은 방향으로 운동하는 종파(세로, 수직방향)이며, 음의 크기는 청각의 감각량으로 음 크기 레벨의 단위는 폰(phon)을 사용한다.

정답 | 01 ② 02 ③ 03 ① 04 ③

05 ▶20,17,16
다음 설명에 알맞은 음과 관련된 현상은?

- 서로 다른 음원에서의 음이 중첩되면 합성되어 음은 쌍방의 상황에 따라 강해진다든지, 약해진다든지 한다.
- 2개의 스피커에서 같은 음을 발생하면 음이 크게 들리는 곳과 작게 들리는 곳이 생긴다.

① 음의 간섭 ② 음의 굴절
③ 음의 반사 ④ 음의 회절

해설 | 음의 간섭
㉠ 서로 다른 음원에서의 음이 중첩되면 합성되어 음은 쌍방의 상황에 따라 강하게 하거나 약화 시키는 현상이다.
㉡ 같은 음을 2개의 스피커에서 발생하면 음이 크게 들리는 곳과 작게 들리는 곳이 생긴다.

06 ▶19,16,13
다음 설명에 알맞은 음과 관련된 현상은?

- 매질 중의 음의 속도가 공간적으로 변동함으로써 음이 전파하는 방향이 바뀌어지는 과정이다.
- 주간에 들리지 않던 소리가 야간에 잘 들린다.

① 반사 ② 간섭
③ 회절 ④ 굴절

해설 | 음의 굴절
매질 중의 음의 속도가 공간적으로 변동될 때 음이 전파하는 방향이 바뀌는 과정이며 주간에 들리지 않던 소리가 야간에 들리는 현상이 굴절 때문이다.

07 ▶20,14
같은 주파수 음의 간섭에 의해서 입사음파가 반사음파와 중첩되어 음압의 변동이 고정되는 현상은?

① 마스킹 현상 ② 정재파 현상
③ 피드백 현상 ④ 플러터 에코 현상

해설 | 정재파 현상
같은 주파수 음의 간섭에 의해서 입사음파가 반사음파와 중첩되어 음압의 변동이 고정되어 실내에 머물러 있는 상태를 말한다.

08 ▶15,13
마스킹(masking) 효과에 관한 설명으로 옳은 것은?

① 초기 반사음보다 늦게 도래하는 반사음의 효과
② 입사음의 진동수가 벽의 진동수와 일치되어 같은 소리를 내는 현상
③ 어떤 음의 방해로 인하여 다른 음에 대한 가청 임계값이 증가하는 현상
④ 음파가 어떤 매질을 진행할 때 다른 매질의 경계면에 도달하여 진행방향이 변하는 현상

해설 | 마스킹 효과
어느 음을 듣고자 할 때, 다른 음에 의하여 듣고자 하는 음이 작게 들리거나 아예 들리지 않는 현상으로 음파의 간섭에 의해 일어난다.

09 ▶18,12
다음 중 음향장해 현상의 하나인 공명을 피하기 위한 대책으로 가장 알맞은 것은?

① 흡음재를 분산 배치 시킨다.
② 실의 마감을 반사재 중심으로 구성한다.
③ 실의 표면을 매끄러운 재료로 구성한다.
④ 실의 평면 크기 비율(가로:세로)을 1:3 이상으로 한다.

해설 | 공명 방지 방안
㉠ 실의 표면을 불규칙한 형태로 한다.
㉡ 실의 평면 비율을 장방형으로 한다.
㉢ 표면에 확산체를 설치 한다.
㉣ 흡음재를 분산 배치 시킨다.

10 ▶12
음향장해 현상의 하나인 공명을 피하기 위한 대책으로 옳지 않은 것은?

① 확산체를 적절히 사용한다.
② 많은 반사재를 분산배치시킨다.
③ 실의 표면을 불규칙한 형태로 한다.
④ 실의 높이, 폭, 길이의 비율을 음향학적으로 바람직하도록 조절한다.

해설 | 흡음재를 분산 배치 시킨다.

정답 | 05 ① 06 ④ 07 ② 08 ③ 09 ① 10 ②

2 음의 단위와 음의 레벨

11 ▶18,15,12
음의 대소를 나타내는 감각량을 음의 크기라고 한다. 음의 크기의 단위는?

① sone ② phon
③ dB ④ Hz

해설 | 음의 크기
청각의 감각량으로 음의 대소를 나타내는 감각량을 음의 크기라고 한다. 단위는 sone이며 sone값을 2배로 하면 음 크기는 2배가 된다.

12 ▶14
다음 중 음의 크기 레벨의 단위는?

① N/m^2 ② W/m^2
③ Hz ④ Phon

해설 | 음의 크기 레벨
단위는 phone(폰)으로 귀의 감각적 변화를 고려한 주관적인 척도이다.
1sone = 40phone, 2sone = 50phone,
4sone = 60phone
(sone값을 2배로 하면 10phone씩 증가한다.)

13 ▶13
음의 세기의 단위는?

① dB ② phon
③ W/m^2 ④ N/m^2

해설 | 음의 세기(Sound Intensity)
단위는 I, W/m^2이며 음파의 방향에 직각인 단위 면적을 1초간에 전파되는 음 에너지량으로 음의 강도라고도 한다.

14 ▶17
음의 크기 레벨 산정에 기준이 되는 순음의 주파수는?

① 10Hz ② 100Hz
③ 500Hz ④ 1000Hz

해설 | 기준치 : $10^{-12} W/m^2$ 또는 $10^{-16} W/cm^2$
(건강한 귀로 들을 수 있는 1000Hz의 순음의 세기)

15 ▶14
주파수가 150Hz이고, 전파속도가 60m/s인 파동의 파장은?

① 0.25m ② 0.40m
③ 0.55m ④ 2.50m

해설 | $\lambda(m) = \dfrac{C(m/s)}{f(Hz)} = \dfrac{60}{150}$ =0.4m,
[음의 파장(λ), 음속(C), 주파수(f)]

3 잔향 (reverberation)

16 ▶21,15
음의 잔향시간에 관한 설명으로 옳지 않은 것은?

① 모든 실의 잔향시간은 짧을수록 좋다.
② 실내 벽면의 흡음율이 높으면 잔향시간은 짧아진다.
③ 음악당의 잔향시간은 강당의 잔향시간보다 긴 것이 좋다.
④ 음이 발생하여 음압 레벨이 60dB 낮아지는데 소요되는 시간을 말한다.

해설 | 잔향 시간
㉠ 실내 음에너지가 60dB(음의 세기로는 $1/10^6$, 음압으로는 1/1000)까지 감소될 때까지 걸리는 시간이다.
㉡ 흡음률과 잔향 시간은 반비례 관계이다.
㉢ 잔향시간은 실용적에 비례하며 실의 표면적에는 반비례한다.
㉣ 잔향 시간은 청중수와 밀접한 관계가 있다.
㉤ 잔향 시간은 각 실의 용도, 목적에 따라 다르다.

17
잔향시간에 관한 설명으로 옳은 것은?

① 잔향시간은 일반적으로 실의 용적에 비례한다.
② 잔향시간이 짧을수록 음의 명료도가 저하된다.
③ 음악을 위한 공간일수록 잔향시간이 짧아야한다.
④ 평균음에너지밀도가 6dB 감소하는데 걸리는 시간을 의미한다.

해설 | 잔향시간
 ㉠ 잔향시간이 짧을수록 음의 명료도가 향상된다.
 ㉡ 음악을 위한 공간일수록 잔향시간이 길어야한다.
 ㉢ 평균음에너지밀도가 60dB 감소하는데 걸리는 시간을 의미한다.
 음의 명료도 : 사람이 말을 할 때 어느 정도 정확하게 청취할 수 있는가를 표시하는 기준이다.

18
실내음향에 관한 설명으로 옳지 않은 것은?

① 잔향시간은 실내 용적이 클수록 길어진다.
② 잔향시간은 실내의 흡음력이 작을수록 길어진다.
③ 강당과 음악당의 최적 잔향시간을 비교하면 강당의 잔향시간이 더 길어야 한다.
④ 잔향시간이란 실내의 음압레벨이 초기값보다 60dB 감쇠할 때까지의 시간을 말한다.

해설 | 잔향시간이 짧을수록 음의 명료도가 향상된다. 따라서 언어를 전달하는 강당이 음악당보다 잔향시간이 짧아야 한다.

19
다음 중 일반적으로 요구되는 최적잔향시간이 가장 짧은 곳은?

① 콘서트 홀　　② 가톨릭 교회
③ TV 스튜디오　④ 오페라 하우스

해설 | 문제 18번 해설참조

20
잔향식에 관한 설명으로 틀린 것은?

① Eyring식은 흡음력이 클 때 사용된다.
② 흡음력이 매우 적은 실에는 Sabine식이 적용된다.
③ Knudsen식은 공기의 점성저항에 의한 음의 감쇠를 무시한다.
④ 잔향시간이 짧은 실에는 Eyring 또는 Knudsen식이 사용된다.

해설 | ㉠ Sabine의 잔향식
 일반적으로 Sabine의 잔향식을 이용하며 흡음력이 매우 적은 실에 적합하다.
 ㉡ Knudsen의 잔향식
 잔향 시간이 짧을 때 또는 실용적이 큰 실에 적합하며 공기의 점성 저항에 의한 음의 감쇠를 고려
 ㉢ Eyring 의 잔향식
 잔향 시간이 짧을 때 또는 흡음력이 클 때 주로 사용된다.

21
임의의 실내 공간이 사빈(Sabine)의 잔향이론에 따른다고 가정할 때, 실용적이 2배로 증가하면 잔향시간은?

① 1/2로 감소
② 1/4로 감소
③ 2배 증가
④ 4배 증가

해설 | Sabine의 잔향식
 실용적과 잔향시간은 비례한다.
$$RT = K\frac{V}{A} = 0.16\frac{V}{A}$$
　RT : 잔향시간(sec)
　K : 비례 상수(0.162)
　A : 실내의 흡음력(m^2)
　V : 실의 용적(m^3)

정답 | 17 ① 18 ③ 19 ③ 20 ④ 21 ③

22

▶18

다음과 같은 조건을 가진 실의 잔향시간은?

- 실의 용적 : 10000m³
- 실내 총표면적 : 3000m³
- 실내 평균흡음률 : 0.35
- Sabine의 잔향시간 계산식 이용

① 약 1초   ② 약 1.5초
③ 약 2초   ④ 약 2.5초

해설 | $RT = 0.16 \frac{V}{A} = 0.162 \times \frac{10,000}{3,000 \times 0.35}$
= 1.54 ≒ 1.5초

23

▶19,15

용적 3000m³, 잔향시간 1.6초인 실이 있다. 잔향시간을 0.6초로 조정하려고 할 때, 이 실에 추가로 필요한 흡음력은? (단, sabine의 식을 이용)

① 약 500m²   ② 약 600m²
③ 약 700m²   ④ 약 800m²

해설 | $RT = 0.16 \frac{V}{A}$

㉠ 잔향시간 1.6초 = $0.162 \times \frac{3,000}{x}$ = 1.6초

$x = \frac{0.16 \times 3,000}{1.6} = 300m^2$

㉡ 잔향시간 0.6초 = $0.162 \times \frac{3,000}{y}$ = 0.6초

$y = \frac{0.16 \times 3,000}{0.6} = 800m^2$

∴ 800 − 300 = 500m² 추가 흡입력 필요

24

▶21

가로 × 세로 × 높이가 각각 8m × 7m × 3m인 실내의 바닥, 천장, 벽의 흡음률이 각각 0.1, 0.3, 0.2 일 때, 잔향시간은? (단, sabine의 잔향공식 사용)

① 약 0.7초   ② 약 1.5초
③ 약 2.5초   ④ 약 3.3초

해설 | 잔향시간 $RT = 0.16 \frac{V}{A}$

㉠ V(실의 용적m³) = 8m × 7m × 3m = 168m³
㉡ A1(바닥의 흡음력m²) = 8 × 7 = 56 × 0.1 = 5.6m²
㉢ A2(천장의 흡음력m²) = 8 × 7 = 56 × 0.3 = 16.8m²
㉣ A3(벽의 흡음력m²) = (8 × 3 × 2) + (7 × 3 × 2)
= 90 × 0.2 = 18m²

$RT = 0.162 \times \frac{168}{(5.6 + 16.8 + 18)} = 0.67 ≒ 0.7초$

4 소음

25

▶19,17,16

다음과 같이 정의되는 소음의 종류는?

음압 레벨의 변동폭이 좁고, 측정자가 귀로 들었을 때 음의 크기가 변동하고 있다고 생각되지 않는 종류의 소음

① 확장소음   ② 축소소음
③ 정상소음   ④ 충격소음

해설 | 소음의 종류
㉠ 정상소음 : 음압 레벨의 변동폭이 좁고, 측정자가 귀로 들었을 때 음의 크기가 변동하고 있다고는 생각되지 않는 종류의 소음
㉡ 변동소음 : 레벨이 불규칙하고 연속적으로 상당한 범위에 걸쳐 변화하는 소음
㉢ 평가소음 : 측정소음도에 배경소음을 보정한 후 얻어진 소음
㉣ 배경소음 : 측정 대상음 이외의 주위 소음

26

▶15

레벨이 불규칙하고 연속적으로 상당한 범위에 걸쳐 변화하는 소음은?

① 정상소음   ② 변동소음
③ 생활소음   ④ 충격소음

해설 | 문제 25번 해설참조

정답 | 22 ② 23 ① 24 ① 25 ③ 26 ②

27 ▶17
배경소음에 관한 설명으로 옳은 것은?

① 저 주파수 영역에서의 소음
② 고 주파수 영역에서의 소음
③ 측정 대상음 이외의 주위 소음
④ 어느 장소에서나 일정한 소음

해설 | 문제 25번 해설참조

28 ▶12
측정소음도에 배경소음을 보정한 후 얻어진 소음도를 의미하는 것은?

① 배경소음도　② 대상소음도
③ 평가소음도　④ 등가소음도

해설 | 평가소음
측정소음도에 배경소음을 보정한 후 얻어진 소음

5 흡음

29 ▶18,13
연속기포 다공질 흡음재료에 속하지 않는 것은?

① 암면　② 유리면
③ 석고보드　④ 목모시멘트판

해설 | 다공질 흡음재료
암면, 유리면, 목모시멘트판, 글라스울, 암면 등의 연속기포로 되어 있는 재료에 음이 입사하면 음파는 그 세공 속으로 전파하여 입사음의 에너지 일부가 주벽과의 마찰, 점성 저항 및 재료의 섬유 진동으로 열에너지로 소비된다.
㉠ 중·고음역에서 높은 흡음률을 나타낸다.
㉡ 두께를 늘리면 저주파수의 흡음률이 높아진다.
㉢ 재료 표면의 공극을 막는 표면 처리(도장)를 할 경우 중·고주파수에서의 흡음률이 저하된다.
㉣ 주파수가 낮을수록 흡음률이 낮아진다.
㉤ 강성벽 앞면의 공기층 두께를 증가시키면 저주파수의 흡음률이 높아진다.

30 ▶20
흡음재료 중 연속기포 다공질재료에 관한 설명으로 옳지 않은 것은?

① 유리면, 암면 등이 사용된다.
② 중·고음역에서 높은 흡음률을 나타낸다.
③ 일반적으로 두께를 늘리면 흡음률이 커진다.
④ 재료 표면의 공극을 막는 표면 처리를 할 경우 흡음률이 커진다.

해설 | 재료 표면의 공극을 막는 표면 처리(도장)를 할 경우 중·고주파수에서의 흡음률이 저하된다.

31 ▶20,14
각종 흡음재에 관한 설명으로 옳은 것은?

① 판진동 흡음재는 고음역의 흡음재로 유용하다.
② 다공성 흡음재는 재료의 두께를 감소시킴으로써 고주파수에서의 흡음률을 증가시킬 수 있다.
③ 판진동 흡음재는 강성벽의 표면에 밀실하게 부착하여 사용하는 것이 흡음률 향상에 효과적이다.
④ 다공성 흡음재의 표면을 다른 재료로 피복하여 통기성을 낮출 경우 중·고주파수에서의 흡음률이 저하된다.

해설 | 재료 표면의 공극을 막는 표면 처리(도장)를 할 경우 중·고주파수에서의 흡음률이 저하된다.

32 ▶21,17
흡음재료의 특성에 관한 설명으로 옳은 것은?

① 다공성 흡음재는 저음역에서의 흡음률이 크다.
② 판진동 흡음재는 일반적으로 두꺼울수록 흡음률이 크다.
③ 다공성 흡음재의 흡음성능은 재료의 두께나 공기층 두께에 영향을 받지 않는다.
④ 판진동 흡음재의 경우, 흡음판을 기밀하게 접착하는 것보다 못으로 고정하여 진동하기 쉽게 하는 것이 흡음성능이 우수하다.

해설 | 판(막) 진동 흡음재
강성벽의 표면에 밀실하게 부착하면 흡음률이 떨어진다.

정답 | 27 ③　28 ③　29 ③　30 ④　31 ④　32 ④

33 ▸19
판 진동 흡음재에 관한 설명으로 옳지 않은 것은?

① 낮은 주파수 대역에 유효하다.
② 막 진동하기 쉬운 얇은 것일수록 흡음률이 작다.
③ 재료의 부착방법과 배후조건에 의해 특성이 달라진다.
④ 판이 두껍거나 배후공기층이 클수록 공명주파수의 범위가 저음역으로 이동한다.

해설 | 흡음판이 막진동하기 쉬운 얇은 것일수록 흡음률이 크다.

34 ▸15
흡음재료에 관한 설명으로 옳지 않은 것은?

① 천공판 공명기에 다공재를 넣으면 고주파수의 흡음률이 감소된다.
② 판진동 흡음재는 흡음판이 막진동하기 쉬운 얇은 것 일수록 흡음률이 크다.
③ 다공성 흡음재는 재료의 두께를 증가시키면 저주파수의 흡음률이 증가된다.
④ 단일공동 공명기는 공명에 의하여 특정 주파수의 음만을 효과적으로 흡음한다.

해설 | 공동 공명기
㉠ 단일공동 공명 : 공명에 의하여 특정 주파수의 음만을 효과적으로 흡음한다.
㉡ 천공판 공명기 : 다공재를 넣으면 고주파수의 흡음률이 증가된다.

6 차음

35 ▸21,18
벽의 차음력에 관한 설명으로 옳지 않은 것은?

① 투과율이 작을수록 차음력은 커진다.
② 투과손실(TL)이 작을수록 차음력은 커진다.
③ 일반적으로 벽의 두께가 두꺼울수록 차음력이 우수하다.
④ 흡음률이 동일할 경우 반사율이 높은 재료가 낮은 재료보다 차음력이 크다.

해설 | 투과손실이 클수록 차음력은 커진다.

36 ▸17,14
다음 중 차음재료에 요구되는 성질과 가장 거리가 먼 것은?

① 공기의 유통이 없이 비교적 밀실한 재질을 지니고 있다.
② 공기 중을 전파하는 음파의 차단에 관하여 특질을 갖추고 있다.
③ 연속기포 다공질 재료로서 공기 중을 전파하여 입사한 음파의 투과가 용이하다.
④ 실용적으로 사용하기 편리한 재료이고, 차음의 목적에 따라 천장, 벽, 바닥 등의 구성재료가 될 수 있다.

해설 | 차음재료는 음의 투과율이 작을수록 차음력은 커진다.

37 ▸15
차음에 관한 설명으로 옳지 않은 것은?

① 두꺼운 양탄자는 아이들이 뛰는 것에 의한 충격음의 차음성능이 크다.
② 체육관 아래층에의 마루충격을 저감하기 위해 슬래브를 두껍게 하는 것이 좋다.
③ 집합주택의 인접세대간의 차음성능은 복도와 베란다창에서의 우회음에도 영향을 받는다.
④ 작은 환기공에서의 투과음은 큰 창에서의 투과음과 비교해 양적으로 작지만, 청감상 문제가 되기도 한다.

해설 | 차음재는 무겁고 두꺼운 기밀한 재료로 쿠션성이 있는 바닥마감재를 사용한다.

정답 | 33 ② 34 ① 35 ② 36 ③ 37 ①

38 ▶14
투과손실에 관한 설명으로 옳지 않은 것은?

① 간벽의 차음성능을 나타낸다.
② 공진이 발생되면 투과손실이 저하된다.
③ 일치효과가 발생할수록 투과손실은 증가한다.
④ 단일벽체의 질량이 클수록 투과손실은 증가한다.

해설 | 일치효과(coincident effect)
음이 입사되는 입사파장(강제진동수)과 벽의 굴곡파(고유진동수)의 파장이 일치하여 공진하는 현상으로 차음성능이 현저히 저하된다.

7 실내 음향 계획

39 ▶16
실내음향계획에 관한 설명으로 옳지 않은 것은?

① 잔향시간은 실의 유형에 맞도록 한다.
② 배경소음 및 외부소음 등은 허용레벨 이하로 한다.
③ 실내에 적절한 레벨의 소리가 균일하게 분포되도록 한다.
④ 반향은 직접음의 크기를 증가시키므로 균일하게 발생 되도록 한다.

해설 | 반향(echo, 소리가 어떤 장애물에 부딪쳐서 반사하여 다시 들리는 현상.) 같은 장애 현상이 생기지 않도록 할 것

40 ▶12
실내음향설계에 관한 설명으로 옳지 않은 것은?

① 방해가 되는 소음이나 진동을 차단하도록 한다.
② 실내에 반향(echo), 음의 집중, 음의 그림자 등이 발생하지 않도록 한다.
③ 직접음과 반사음의 시간차를 가능한 크게 하여 충분한 음 보강이 되도록 한다.
④ 강연이나 연극 등 언어를 주사용 목적으로 할 경우 잔향시간은 비교적 짧게 처리한다.

해설 | ㉠ 직접음과 반사음의 시간차는 각 실의 용도, 목적에 따라 다르다.
㉡ 명료도를 크게 하여 언어를 뚜렷하게 들을 수 있게 할 것
㉢ 명료도가 요구되는 강연, 연극 → 잔향 시간을 짧게
㉣ 풍부한 음량이 요구되는 음악 → 잔향 시간을 길게

41 ▶14
다음의 음향계획에 관한 설명 중 옳지 않은 것은?

① 음이 실내에 고루 분산되도록 한다.
② 반사음이 한 곳으로 집중되지 않도록 한다.
③ 실내에서 음이 명료하게 들리기 위해서는 충분한 반사음이 필요하다.
④ 실의 사용목적에 적합한 음의 울림을 확보하기 위해서는 적절한 실용적을 확보할 필요가 있다.

해설 | 명료도를 크게 하여 언어를 뚜렷하게 들을 수 있게 하기 위해서는 잔향 시간을 짧게해야한다.
반사음을 적게해야 잔향 시간이 짧아진다.

42 ▶19
콘서트 홀의 실내음향설계에 관한 설명으로 옳지 않은 것은?

① 모든 관객석에서 직접음·초기반사음을 차단하여야 한다.
② 일반적으로 콘서트 홀은 회의실에 비해 긴 잔향시간이 요구된다.
③ 반향 등의 음향장애가 발생하지 않도록 실내 각 부재의 크기·형상·마감을 검토한다.
④ 기본설계 단계에서 실의 크기나 치수비 등의 결정시 음향적으로 충분한 검토가 필요하다.

해설 | 콘서트 홀의 실내음향설계
㉠ 실내 전체에 적당한 음압 레벨을 유지 시킬 것
㉡ 반사음은 충분히 확산 시킬 것
㉢ 잔향시간 및 주파수의 특성을 적당히 할 것
㉣ 명료도를 작게(잔향 시간을 길게) 하여 풍부한 음량을 들을 수 있게 할 것

정답 | 38 ③ 39 ④ 40 ③ 41 ③ 42 ①

Chapter 02

건축관계법령 분석

최근 10개년 출제문항수 **374**개

New_ 2022년 이후 평균 출제비중 **50**%

Chapter 출제경향분석

Section		출제비율
01	건축법 총칙	10%
02	건축물 설비규정	9%
03	피난·방화규정	16%
04	장애인·노인·임산부 등의 편의증진 보장에 관한 법률	1%
05	화재예방, 소방시설 설치·유지 및 안전관리에 관한 법령 분석	14%

01 건축법 총칙

> **Pass Note**

예상출제문항	키워드
2~3	- 건축물의 용도분류 - 구조안전 확인 대상 건축물 - 채광 및 환기를 위한 창문 규정	- 거실의 반자의 높이 - 거실의 조도 기준 - 내화, 방화, 경계벽 구조

1. 기본 개념

1) 건축법의 목적
건축물의 대지, 구조, 설비의 기준과 건축물의 용도 등에 관하여 건축물의 안전, 기능 및 미관을 향상시켜 공공복리의 증진에 이바지함을 목적으로 한다.

2) 건축물 용어 정의

구분	내용
대지	'공간정보의 구축 및 관리 등에 관한 법률'에 따라 각 필지로 구획된 토지
건축물	• 토지에 정착하는 공작물 중 지붕과 기둥 또는 벽이 있는 것 • 대문, 담장과 같이 건축물에 부수되는 시설물 • 지하나 고가의 공작물에 설치하는 사무소, 공연장, 점포, 창고 등
도로	• 보행 및 자동차 통행이 가능한 너비 4m 이상의 도로 • 특별자치시장, 특별자치도지사 또는 시장, 군수, 구청장이 지형적 조건에 의해서 차량통행이 곤란하다고 인정하여 그 위치를 지정, 공고하는 구간에서는 너비를 3m로 적용한다.
건축선	도로와 접한 부분에 있어서 건축물을 건축할 수 있는 선. 원칙적으로 대지와 도로의 경계선으로 한다.
지하층	건축물의 바닥이 지표면 아래에 있는 층으로서 해당 층의 바닥으로부터 지표면까지의 높이가 해당 층 높이의 1/2 이상인 층
건축법상의 거실	건축물 안에서 거주, 집무, 작업, 집회, 오락 등의 목적으로 사용되는 방 예 주거공간(거실, 침실, 부엌), 의료시설 병실, 숙박시설 객실
건축법규상의 주요 구조부	내력벽, 기둥, 바닥, 보, 지붕틀 및 주 계단 (최하층 바닥, 사이기둥, 작은보, 옥외계단 등은 주요구조부 아님)

대지조성 안전조치(손궤의 우려가 있는 토지)
① 옹벽설치 : 성토 또는 절토하는 부분의 경사도가 1:1.5 이상인 경우
② 옹벽구조 : 옹벽의 높이가 **2m 이상**인 경우에만 콘크리트구조를 적용한다.
③ 외부구조 : 옹벽의 외벽면에는 이의 지지 또는 배수를 위한 시설 외의 구조물이 밖으로 튀어나오지 않게 한다.

3) 건축행위 용어 정의

구분	내용
신축	• 건축물이 없는 대지에 건축물을 축조 • 부속 건축물만 있는 대지에 주된 건축물을 축조행위 포함
증축	기존 건축물이 있는 대지 안에서 건축물의 규모 증가(건축면적, 연면적, 층수, 높이 등)
개축	기존 건축물의 전부 또는 일부(내력벽, 기둥, 보, 지붕틀 중 **3개 이상**이 포함되는 경우)를 해체하고 그 대지 안에 종전과 **동일한 규모의 범위** 안에서 건축물을 다시 축조
재축	건축물이 자연재해로 멸실된 경우에 그 대지 안에 종전과 동일한 규모의 범위 안에서 다시 축조하는 행위
이전	건축물을 그 주요구조부를 해체하지 아니하고 동일한 대지 내의 다른 위치로 옮기는 행위
리모델링	건축물의 노후화를 억제하고 기능향상을 위하여 대수선하거나 일부 증·개축 하는 행위

 건축법상 다음과 같이 정의되는 용어는? [23,22]

> 건축물의 노후화를 억제하거나 기능 향상 등을 위하여 대수선하거나 건축물의 일부를 증축 또는 개축하는 행위

① 재축　　② 유지보수　　③ 리모델링　　④ 리노베이션

정답 ③

4) 대수선

(1) 대수선의 정의

　건축물의 주요구조부에 대한 수선 또는 변경 및 외부 형태의 변경으로 증축, 개축 또는 재축에 해당하지 않는 행위

(2) 대수선의 범위

① 내력벽 : 증설, 해체하거나 벽면적을 30m² 이상 수선 또는 변경하는 것
② **기둥, 보, 지붕틀** : 증설, 해체하거나 각각 **3개 이상** 수선 또는 변경하는 것.
③ 방화벽, 방화구획을 위한 바닥, 벽, 주 계단, 피난계단, 특별피난계단을 증설, 해체하거나 수선 또는 변경하는 것
④ 다가구주택의 가구 간 경계벽 또는 다세대주택의 세대 간 경계벽을 증설 또는 해체하거나 수선 또는 변경하는 것
⑤ 건축물의 외벽에 사용하는 마감재료를 증설 또는 해체하거나 벽면적 30m² 이상 수선 또는 변경하는 것

5) 기타 용어 정의

구분	내용
건축주	건축물 축조에 관한 공사를 발주하거나 현장 관리인을 두어 직접 공사를 하는자
공사감리자	자기 책임으로 법으로 정하는 바에 따라 건축물이 설계도서에 따라 시공되는지를 확인하고 품질관리, 안전관리, 공사관리 등에 대하여 지도, 감독하는 자
관계전문기술자	건축물과 관련된 전문기술자격을 보유하고 설계와 공사감리에 참여하여 설계자 및 공사감리자와 협력하는 자
내화구조	화재에 견딜 수 있는 구조로 국토교통부령이 정하는 기준에 적합한 재료
방화구조	화염의 확산을 막을 수 있는 구조로 국토교통부장관이 정하는 기준에 적합한 재료
내수재료	벽돌, 콘크리트, 인조석 등 내수성을 가진 재료
불연재료	불에 타지 아니하는 성질을 가진 재료
준불연재료	불연재료에 준하는 성질을 가진 재료
난연재료	불에 잘 타지 아니하는 성질을 가진 재료
부속 건축물	같은 대지 안에서 주된 건축물과 분리된 부속 용도의 건축물로서 주된 건축물의 이용 또는 관리에 필요한 건축물
부속 용도	건축물의 주된 용도의 기능을 하기 위해 다음의 어느 하나의 용도를 말한다. ① 건축물의 설비, 대피, 위생, 기타 이와 유사한 시설의 용도 ② 사무, 작업, 집회, 물품 저장, 주차, 기타 이와 유사한 시설의 용도 ③ 구내 식당, 직장어린이집, 구내 운동시설 등 종업원의 후생복리시설 및 구내 소각시설, 기타 이와 유사한 시설의 용도 ④ 관계법령에서 주된 용도의 부수시설로 그 설치를 의무화하고 있는 시설의 용도

6) 면적 및 높이

(1) 면적

구분	내용
대지면적	대지의 수평투영면적으로 하며 건축선으로 둘러싸인 부분을 말한다.
건축면적	건축물의 외벽(외벽이 없는 경우에는 외곽부분의 기둥)의 중심선에 둘러싸인 부분의 수평 투영면적을 말한다.
연면적	각 층의 바닥면적의 합계로 아래 사항은 연면적 산정에서 제외된다. ① 지하층 면적 및 지상층의 주차장 면적(건축물의 부속용도인 경우만 해당) ② 초고층 건축물과 준초고층 건축물에 설치하는 피난안전구역의 면적 ③ 건축물의 경사지붕 아래에 설치하는 대피공간의 면적

(2) 건폐율과 용적률

구분	내용	계산식
건폐율	대지면적에 대한 건축면적의 비율로 (대지내 건축물이 차지하는 비율)	$\dfrac{건축면적}{대지면적} \times 100\%$
용적률	대지면적에 대한 전체건물 지상층의 면적을 합한 연면적이 차지하는 비율(※**지하층 제외**)	$\dfrac{연면적}{대지면적} \times 100\%$

예제 02 건축물의 면적 및 높이 등의 산정 원칙으로 옳지 않은 것은? [25,22]
① 대지면적은 대지의 수평투영면적으로 한다.
② 건축물의 높이는 지표면으로부터 그 건축물의 상단까지의 높이로 한다.
③ 건축면적은 건축물의 외벽에 중심선으로 둘러싸인 부분의 수평투영면적으로 한다.
④ 용적률을 산정할 때의 연면적은 지하층의 면적을 포함한 건축물 각 층의 바닥면적의 합계로 한다.

정답 ④

(3) 높이의 규제
① 건축물의 높이 : 지표면으로부터 당해 건축물의 상단까지의 높이로 함.
② 처마높이 : 지표면으로부터 건축물의 지붕틀 또는 이와 유사한 수평재를 지지하는 벽, 깔도리 상단, 기둥 상단, 테두리보 아래까지의 높이로 한다.
③ 층고
  ㉠ 각 층의 슬래브 윗면부터 위층 슬래브의 윗면까지를 층고라 정의한다.
  ㉡ 동일한 방에서 높이가 다른 부분이 있는 경우에는 각 부분 높이에 따른 면적에 따라 가중 평균한 높이로 정한다.
④ 층수
  ㉠ 지하층은 층수에 산입하지 않는다.
  ㉡ 층의 구분이 명확하지 않을 때는 4m마다 하나의 층으로 산정한다.
  ㉢ 건축물의 부분에 따라 그 층수가 다를 경우 가장 많은 층수로 한다.
  ㉣ 승강기탑, 계단탑, 옥탑 건축물이 건축면적의 1/8 초과 시 층수에 가산한다.

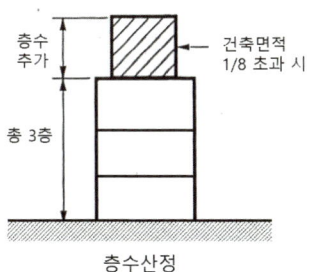
층수산정

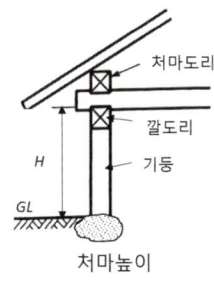
처마높이

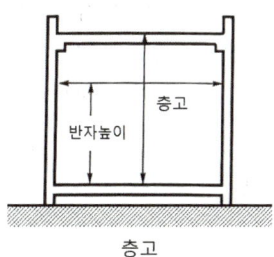
층고

2. 건축물의 용도분류법(제2조 2항 요약)

1) 주택

분류	건축물의 종류
단독주택	① 단독주택 ② 다중주택(1개 동의 주택으로 쓰이는 바닥면적의 합계가 660m^2 이하, 3층 이하) ③ 다가구주택 　• 주택으로 쓰이는 층수가 3개층 이하, 19세대 이하 　　[예외] 1층의 전부 또는 일부를 필로티 구조로 하여 주차장으로 사용하고 나머지 부분을 주택 외의 용도로 쓰는 경우에는 해당 층을 주택의 층수에서 제외함. 　• 1개 동의 주택으로 쓰이는 바닥면적의(부설주차장 면적 제외)합계가 660m^2 이하 ④ 공관
	가정어린이집, 공동생활가정, 지역아동센터 및 노인복지시설 포함
공동주택	① 아파트 : 주택으로 쓰이는 층수가 5개 층 이상인 주택 ② 연립주택 : 주택으로 쓰이는 1개 동 바닥면적의 합계가 660m^2 초과하고, 층수가 4개 층 이하인 주택 ③ 다세대주택 : 주택으로 쓰이는 1개 동 바닥면적의 합계가 660m^2 이하이고, 층수가 4개 층 이하인 주택 ④ 기숙사 : 1개 동의 공동취사시설 이용세대수가 전체의 50% 이상인 것
	가정어린이집, 공동생활가정, 지역아동센터, 노인복지시설, 원룸형 주택 포함

2) 의료시설 분류

구분	내용
제1종 근린생활시설	**의원**, 치과의원, 한의원, 산후조리원, 침술원, 접골원, 조산원, 안마원, 보건소 등
제2종 근린생활시설	**동물병원**, 안마시술소 등
의료시설	종합병원, 일반병원, 치과병원, 정신병원, 한방병원, 요양병원 등

3) 학원시설 분류

구분	내용
교육연구시설	• 학원(제2종 근린생활시설 해당 제외, 자동차학원 및 무도학원 제외) • **연수원**, 직업훈련소(운전 및 정비 훈련소 제외) • 교습소(자동차 및 무도 교습소 제외)
제2종 근린생활시설	바닥면적 500m^2 미만의 학원(자동차학원 및 무도학원 제외)
자동차 관련시설	• **운전학원, 정비학원** • 주차장, 세차장, 검사장, 정비공장, 차고 등
위락시설	• **무도학원** • 단란주점, 유흥주점, 무도장, 카지노 영업소 등

4) 혼동하기 쉬운 시설 분류

시설	구분	혼동 주의
유스호스텔	수련시설	숙박시설(×)
극장, 음악당	문화 및 집회시설	관광휴게시설(×)
야외극장, 야외음악당	**관광휴게시설**	문화 및 집회시설(×)
동물원·식물원	**문화 및 집회시설**	동물 및 식물 관련시설(×)
어린이회관	관광휴게시설	문화 및 집회시설(×)
물류터미널	창고시설	운수시설(×)
집배송시설	창고시설	운수시설(×)
주유소	위험물저장 및 처리시설	자동차관련시설(×)
장례식장	장례시설	묘지관련시설(×)

예제 03 건축법령상 건축물의 용도와 건축물의 연결이 옳지 않은 것은? [23,22]
① 숙박시설-휴양 콘도미니엄
② 제1종 근린생활시설-치과의원
③ 동물 및 식물관련시설-동물원
④ 제2종 근린생활시설-노래연습장

해설 | 동물 및 식물관련시설-문화 및 집회시설

정답 ③

특정소방대상물 중 교육연구시설에 해당하는 것은? [24,20,17,13]
① 무도학원　　　　　　　　② 자동차정비학원
③ 자동차운전학원　　　　　④ 연수원

해설 | 교육연구시설
  • 학원(제2종 근린생활시설 해당 제외, 자동차학원 및 무도학원 제외), 연수원
  • 직업훈련소(운전 및 정비 훈련소 제외)
  • 교습소(자동차 및 무도 교습소 제외)

정답 ④

3. 건축물의 구조와 재료

1) 건축 및 대수선 시 구조안전 확인 대상 건축물

① 건축물을 건축하거나 대수선하는 경우 해당 건축물의 설계자는 국토교통부령이 정하는 구조기준 등에 따라 그 구조의 안전을 확인하여야 한다.
② 건축물의 설계자로부터 구조안전의 확인서류를 받아 허가권자에게 제출하여야 하는 대상건축물의 기준은 아래와 같다.

구분	기준
층수	2층 이상(기둥과 보가 목구조인 건축물은 3층 이상)
높이	13m 이상
처마높이	9m 이상
경간 (기둥과 기둥사이 거리)	10m 이상
연면적	200m² 이상(목구조 건축물의 경우 500m² 이상) [제외] 창고, 축사, 작물재배사 및 표준설계도에 따라 건축하는 건축물
용도 및 규모를 고려한 중요도 높은 건축물로서 국토교통부령으로 정하는 것	• 종합병원, 수술시설이나 응급시설이 있는 병원 • 연면적 1,000m² 이상인 의료시설(수술시설과 응급시설 모두 없는 병원) • 연면적 5,000m² 이상인 공연장, 집회장, 관람장, 전시장, 운동시설, 판매시설, 운수시설(화물터미널, 집배송시설 제외) • 아동관련시설, 노인복지시설, 사회복지시설, 근로복지시설 • 5층 이상인 숙박시설, 오피스텔, 기숙사, 아파트 • 학교 • 위험물 저장 및 처리 시설 • 국가 또는 지방자치단체의 청사, 외국공관, 소방서, 발전소, 방송국, 전신전화국
박물관·기념관 (국가적 유산)	국가적 문화유산으로 보존할 가치가 있는 연면적 합계가 5,000m² 이상인 건축물
특수구조 건축물	3m 이상 돌출된 건축물과 특수한 설계, 시공 등이 필요한 건축물
주택	단독주택 및 공동주택

예제 05 구조안전을 확인한 건축물 중 해당 건축물의 설계자로부터 구조안전의 확인서류를 받아 허가권자에게 제출하여야 하는 대상건축물의 기준으로 옳지 않은 것은? [23,20,16,13]

① 층수가 2층 이상인 건축물
② 기둥과 기둥 사이의 거리가 9m 이상인 건축물
③ 국가적 문화유산으로 보존할 가치가 있는 건축물로서 국토교통부령으로 정하는 것
④ 처마높이가 9m 이상인 건축물

해설 | 경간(기둥과 기둥 사이) 거리가 10m 이상인 건축물

정답 ②

2) 계단의 설치 기준

(1) 계단참 난간의 설치기준

① 계단참의 높이 : 높이 3m가 넘는 경우 3m마다 너비 1.2m 이상의 계단참을 설치
② 난간의 높이 : 높이 1m가 넘는 계단 및 계단참의 양측에 난간 설치
③ 중간 난간의 높이 : 계단 폭이 3m가 넘는 경우 계단의 중간에 폭 3m 이내마다 난간 설치
   [예외] 계단의 단 높이가 15cm 이하이고, 단 너비가 30cm 이상인 것은 제외

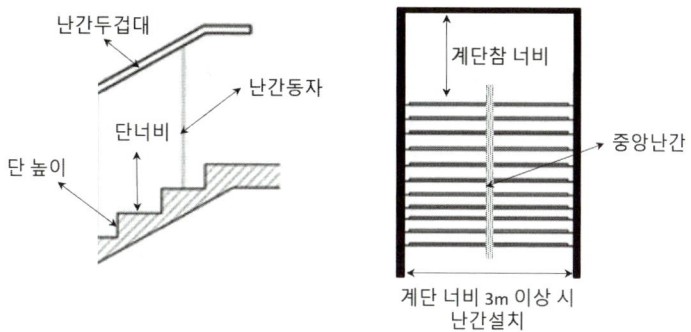

(2) 계단의 구조기준

구분	계단, 계단참의 폭	단 높이	단 너비
초등학교 학생용 계단	150cm 이상	16cm 이하	26cm 이상
중·고등학교 학생용 계단	150cm 이상	18cm 이하	26cm 이상
• 문화 및 집회 시설(공연장, 집회장, 관람장) • 판매시설(도매·소매시장, 상점에 한함) • 바로 위층부터 최상층까지의 거실의 바닥면적 합계가 200m² 이상인 계단 • 거실의 바닥면적 합계가 100m² 이상인 지하층계단	120cm 이상	–	–
기타 계단계단	60cm 이상	–	–

(3) 기타 설치기준

① 계단의 벽 손잡이 : 벽으로부터 **5cm** 이상 떨어져 설치하고 계단바닥으로부터 높이는 85cm의 위치에 설치한다.
② 계단을 대체하여 설치하는 경사로 : 경사도는 **1:8** 이하

3) 거실의 기준

(1) 거실의 반자 높이

① 반자 높이 : 방의 바닥면에서 반자까지의 높이
② 단, 반자 높이가 다른 부분이 있는 경우 각 부분의 반자 면적에 따라 가중평균한 높이로 하며, 반자가 없는 경우에는 보 또는 바로 위층 바닥판의 밑면을 말한다.

거실의 종류	반자높이	예외규정
• 일반 용도의 거실	• 2.1m 이상	• 공장, 창고시설 • 위험물저장 및 처리시설 동물 및 식물 관련시설 자원순환 관련시설 • 묘지관련시설
• 문화 및 집회 시설(전시장, 동·식물원 제외) • 종교시설 • 장례시설 또는 유흥주점의 용도로 쓰이는 건축물의 관람실 또는 집회실로서 바닥면적이 200m² 이상인 것	• 4.0m 이상 (노대 아랫부분은 2.7m 이상)	• 기계환기장치를 설치한 경우

> **예제 06** 문화 및 집회시설(전시장 및 동·식물원은 제외)의 용도로 쓰이는 건축물의 관람석 또는 집회실의 반자의 높이는 최소 얼마 이상이어야 하는가? (단, 관람석 또는 집회실로서 그 바닥면적이 200m² 이상인 경우) [23,18,17,16,16,12,12]
> ① 2.1m ② 2.3m
> ③ 3m   ④ 4m
>
> 정답 ④

(2) 거실의 채광 및 환기
  ① 단독주택의 거실, 공동주택의 거실, 학교의 교실, 의료시설의 병실 및 숙박시설의 객실에는 국토교통부령으로 정하는 기준에 따라 채광 및 환기를 목적으로 한 창문이나 설비를 설치하여야 한다.
  ② **채광을 위한 창문면적** : 거실 바닥면적의 1/10 이상
  ③ **환기를 위한 창문면적** : 거실 바닥면적의 1/20 이상
  ④ 창문 관련 기타 사항
    ㉠ 차면시설 : 인접대지경계선으로부터 직선거리 2m 이내의 창문(이웃주택의 내부가 보이는 경우)등을 설치하는 경우 차면시설을 설치하여야 한다.
    ㉡ 추락방지용 안전시설 : 오피스텔에 거실 바닥으로부터 높이 1.2m 이하 부분에 여닫을 수 있는 창문을 설치하는 경우에는 국토교통부령으로 정하는 기준에 따라 높이 1.2m 이상의 난간을 설치하여야 한다.

> **예제 07** 국토교통부령으로 정하는 기준에 따라 채광을 위하여 거실에 설치하는 창문등의 면적기준으로 옳은 것은? (단, 단독주택 및 공동주택의 거실인 경우) [25,20,18,14]
> ① 거실 바닥면적의 5분의 1 이상
> ② 거실 바닥면적의 10분의 1 이상
> ③ 거실 바닥면적의 15분의 1 이상
> ④ 거실 바닥면적의 20분의 1 이상
>
> 정답 ②

(3) 거실의 용도에 따른 조도 기준

거실의 용도구분		바닥에서 85cm의 높이에 있는 수평면의 조도(lx : 럭스)
① 거주	독서, 식사, 조리	150
	기타	70
② 집무	**설계, 제도, 계산**	700
	일반사무	300
	기타	150

③ 작업	검사, 시험, 정밀검사, 수술	700
	일반작업, 제조, 판매	300
	포장, 세척	150
	기타	70
④ 집회	회의	300
	집회	150
	공연, 관람	70
⑤ 오락	오락 일반	150
	기타	30
기타 명시되지 아니한 것		1~5항에 유사한 기준을 적용함

예제 08 건축물의 피난·방화구조 등의 기준에 관한 규칙에 따라, 다음 중 거실의 용도에 따른 조도 기준이 가장 높은 것은? (단, 바닥에서 85cm의 높이에 있는 수평면의 조도를 기준으로 한다.) [23,21,17]
① 독서
② 일반 사무
③ 제도
④ 회의

정답 ③

4) 거실의 방습 및 내수

① 방습조치 : 건축물 최하층에 있는 거실의 바닥은(목조인 경우) 그 바닥높이를 지표면으로부터 45cm 이상으로 하여야 한다.
② 내수재료의 마감 : 아래 사항에 해당하는 욕실 또는 조리장의 바닥과 그 바닥으로부터 높이 1m까지의 안벽은 내수재료로 마감하여야 한다.
  ㉠ 제1종 근린생활시설 : 일반 목욕장의 욕실, 휴게음식점의 조리장
  ㉡ 제2종 근린생활시설 : 일반음식점, 휴게음식점의 조리장, **숙박시설의 욕실**

예제 09 욕실 또는 조리장의 바닥과 그 바닥으로부터 높이 1m까지의 안쪽벽의 마감을 내수재료로 하여야 하는 대상에 속하지 않는 것은? [23,22]
① 기숙사의 욕실
② 숙박시설의 욕실
③ 제1종 근린생활시설 중 목욕장의 욕실
④ 제2종 근린생활시설 중 일반음식점의 조리장

정답 ①

5) 복도의 설치기준

(1) 복도의 너비 및 설치기준 Ⅰ

구분	양측에 거실이 있는 복도	기타의 복도
유치원, 초등학교, 중학교, 고등학교	2.4m 이상	1.8m 이상
공동주택, 오피스텔	1.8m 이상	1.2m 이상
거실의 바닥면적 합계가 200m² 이상인 층	1.5m 이상 (의료시설 복도는 1.8m 이상)	1.2m 이상

(2) 복도의 너비 및 설치기준 Ⅱ

구분	당해 층의 바닥면적 합계	복도의 유효너비
• 문화 및 집회 시설(공연장, 집회장, 관람장, 전시장에 한함) • 노유자시설(아동·노인복지시설에 한함) • 수련시설(생활권 수련시설에 한함) • 위락시설 중 유흥주점 및 장례식장의 관람실 또는 집회실과 접하는 복도의 유효너비	500m² 미만	1.5m 이상
	500m² ~ 1,000m² 미만	1.8m 이상
	1,000m² 이상	2.4m 이상

(3) 복도의 너비 및 설치기준 Ⅲ

구분	설치기준	바닥면적
문화 및 집회 시설 중 공연장의 복도	공연장의 개별 관람실의 바깥쪽에는 그 양쪽 및 뒤쪽에 각각 복도 설치	300m² 이상
	한 개의 층에 개별관람실을 2개소 이상 연속하여 설치하는 경우 관람실 바깥쪽의 앞쪽과 뒤쪽에 각각 복도를 설치	300m² 미만

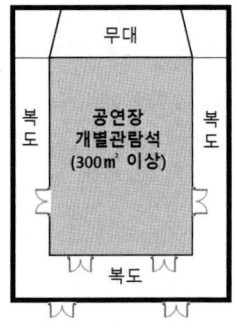 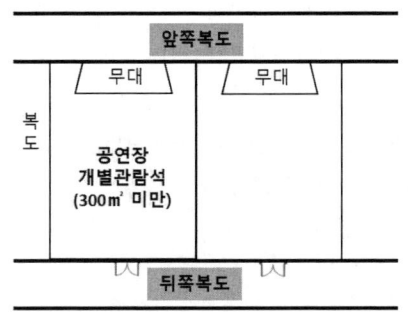

6) 내화구조
화재에 견딜 수 있는 성능을 가진 구조

(1) 내화구조의 구분

① 벽

구분	구조	기준두께
( )안은 외벽 중 비내력벽 기준임	철근콘크리트조 또는 철골철근콘크리트조	10cm(7cm) 이상
	골구를 철골조로 하고 그 양면을 철망모르타르 덮은 것	4cm(3cm) 이상
	골구를 철골조로 하고 그 양면을 콘크리트블록 벽돌 또는 석재로 덮은 것	5cm(4cm) 이상
	철재로 보강된 콘크리트블록조·벽조 또는 석조로서 철재에 덮은 콘크리트블록	5cm(4cm) 이상
	고온·고압의 증기로 양생된 경량기포 콘크리트패널 또는 경량기포 콘크리트블록조	10cm 이상
	벽돌조	19cm 이상
외벽 중 비내력벽	무근콘크리트조 · 콘크리트블록조 벽돌조 또는 석조	7cm 이상

② 기둥

구분	구조	기준두께
기둥의 작은 지름이 25cm 이상인 것	철근콘크리트조 또는 철골철근콘크리트조	두께 무관
	철골을 철망모르타르로 덮은것	6cm 이상
	철골을 철망모르타르로 덮은것(경량골재 사용 시)	5cm 이상
	철골을 콘크리트블록 벽돌 또는 석재로 덮은 것	7cm 이상
	철골을 콘크리트로 덮은 것	5cm 이상

③ 바닥

구분	구조	기준두께
바닥	철근콘크리트조 또는 철골철근콘크리트조	10cm 이상
	철재로 보강된 콘크리트블록조, 벽돌조 또는 석조로서 철재에 덮은 콘크리트블록	5cm 이상
	철재의 양면을 철망모르타르 또는 콘크리트로 덮은 것	5cm 이상

④ 보

구분	구조	기준두께
보 (지붕틀 포함)	지붕계단철근콘크리트조 또는 철골철근콘크리트조	두께 무관
	철골을 철망모르타르로 덮은 것	6cm 이상
	철골을 철망모르타르로 덮은 것(경량골재 사용 시)	5cm 이상
	철골조의 지붕틀(바닥으로부터 그 아랫부분까지의 높이가 4cm 미터 이상인 것에 한함)로서 바로 아래에 반자가 없거나 불연재료로 된 반자가 있는 것	

⑤ 지붕, 계단, 기타

구분	구조	기준두께
지붕	철근콘크리트조 또는 철골철근콘크리트조	두께 무관
	철재로 보강된 콘크리트블록조, 벽돌조, 석조	
	철재로 보강된 유리블록 또는 망입유리로 된 것	
계단	철근콘크리트조 또는 철골철근콘크리트조	
	무근콘크리트조·콘크리트블록조·벽돌조 또는 석조	
	철재로 보강된 콘크리트블록조, 벽돌조, 석조	
	철골조	

(2) 주요 내화구조의 기준

구분	구조	내용	
벽	벽돌조	내력벽	19cm 이상
		비내력벽	7cm 이상
	철근콘크리트조	내력벽	10cm 이상
		비내력벽	7cm 이상
계단	철골조	무조건 인정	
기둥	철근콘크리트조	작은 지름이 25cm 이상	

예제 10 건축물의 피난·방화구조 등의 기준에 관한 규칙에 따른 내화구조로 볼 수 없는 것은? (단, 벽의 경우) [25,18,16,14]

① 철골철근콘크리트조로서 두께가 15cm인 것
② 철근콘크리트조로서 두께가 15cm인 것
③ 벽돌조로서 두께가 15cm인 것
④ 고온·고압의 증기로 양생된 경량기포 콘크리트패널 또는 경량기포 콘크리트블록조로서 두께가 10cm인 것

해설 | 벽돌조로서 두께가 19cm 이상

정답 ③

7) 방화구조

화염의 확산을 막을 수 있는 성능을 가진 구조

구조부분	방화구조의 기준
철망모르타르 바르기	바름두께가 2cm 이상
• 석고판 위에 시멘트모르타르 또는 회반죽을 바른 것 • 시멘트모르타르 위에 타일을 붙인 것	두께의 합계가 2.5cm 이상
심벽에 흙으로 맞벽치기 한 것	두께에 관계없이 인정
한국산업표준규격이 정하는 바에 따라 시험한 결과 방화 2급 이상에 해당하는 것	

예제 11 건축물의 피난·방화구조 등의 기준에 관한 규칙상 방화구조의 기준으로 옳지 않은 것은? [24,21,19,18]
① 철망모르타르로서 그 바름두께가 2cm 이상인 것
② 석고판 위에 시멘트모르타르 또는 회반죽을 바른 것으로서 그 두께의 합계가 1.5cm 이상인 것
③ 시멘트모르타르 위에 타일을 붙인 것으로서 그 두께의 합계가 2.5cm 이상인 것
④ 심벽에 흙으로 맞벽치기한 것

해설 | 석고판 위에 시멘트모르타르 또는 회반죽을 바른 것으로서 그 두께의 합계가 2.5cm 이상인 것

정답 ②

8) 경계벽 및 차음 구조

(1) 경계벽 구조

다음 건축물의 경계벽은 내화구조로 하고 지붕 밑 또는 바로 위층 바닥판까지 닿게 하여야 한다.

대상 건축물의 용도	구획 부분
• 단독주택 중 다가구주택 • 공동주택(기숙사 제외) • 노유자시설 중 노인복지주택	각 세대 간의 경계벽(발코니 부분은 제외)
• 학교의 교실 • 의료시설의 병실 • 숙박시설의 객실 • 기숙사의 침실 • 산후조리원	각 실 간의 경계벽
• 제2종 근린생활시설 중 다중생활시설 • 노유자시설 중 노인요양시설	호실 간 경계벽

(2) 경계벽 차음구조의 기준

벽체의 구조	두께 기준
철근콘크리트조, 철골철근콘크리트조	10cm 이상
무근콘크리트조, 석조	10cm 이상(시멘트모르타르, 회반죽 또는 석고 플라스터의 바름두께 포함)
콘크리트 블록조, **벽돌조**	19cm 이상

 예제 12 숙박시설의 객실 간 경계벽 구조의 기준이 틀린 것은? (단, 무근콘크리트조는 바름두께를 포함한 기준 수치이다.) [23,21,18,15]
① 벽돌조로서 두께가 19cm 이상인 것
② 철근콘크리트조로서 두께가 8cm 이상인 것
③ 콘크리트블록조로서 두께가 19m 이상인 것
④ 무근콘크리트조로서 두께가 10cm 이상인 것

정답 ②

핵심 기출문제

01 건축법 총칙

1 기본 개념

01 ▶18,14

건축법령에서 정의하는 다음에 해당하는 용어는?

> 기존 건축물의 전부 또는 일부(내력벽·기둥·보·지붕틀 중 셋 이상이 포함되는 경우를 말한다.)를 철거하고 그 대지에 종전과 같은 규모의 범위에서 건축물을 다시 축조하는 것을 말한다.

① 신축 ② 개축
③ 증축 ④ 재축

해설 | 참고
- 증축 : 기존 건축물이 있는 대지 안에서 건축물의 규모 증가(건축면적, 연면적, 층수, 높이 등)
- 재축 : 건축물이 자연재해로 멸실된 경우에 그 대지 안에 종전과 동일한 규모의 범위 안에서 다시 축조하는 행위

02 ▶19,13

손궤의 우려가 있는 토지에 대지를 조성하는 경우의 조치사항에 관한 내용으로 옳지 않은 것은?

① 성토 또는 절토하는 부분의 경사도가 1:1.5 이상으로서 높이가 1m 이상인 부분에는 옹벽을 설치한다.
② 옹벽의 높이가 4m 이상일 경우에만 콘크리트구조를 적용한다.
③ 옹벽의 외벽면에는 이의지지 또는 배수를 위한 시설외의 구조물이 밖으로 튀어나오지 않게 한다.
④ 건축사에 의하여 해당 토지의 구조안전이 확인된 경우는 조치가 불필요하다.

해설 | 옹벽의 높이가 2m 이상인 경우에만 콘크리트구조를 적용한다.

03 ▶20

대수선의 범위에 관한 기준으로 옳지 않은 것은?

① 내력벽을 증설 또는 해체하거나 그 벽면적을 $30m^2$ 이상 수선 또는 변경하는 것
② 기둥을 증설 또는 해체하거나 세 개 이상 수선 또는 변경하는 것
③ 보를 증설 또는 해체하거나 두 개 이상 수선 또는 변경하는 것
④ 방화벽 또는 방화구획을 위한 바닥 또는 벽을 증설 또는 해체하거나 수선 또는 변경하는 것

해설 | 기둥, 보, 지붕틀(대수선 범위)
증설, 해체하거나 각각 3개 이상 수선 또는 변경

2 건축물의 용도분류

04 ▶건,21

다음 중 건축법상 건축물의 용도 구분에 속하지 않는 것은? (단, 대통령령으로 정하는 세부 용도는 제외)

① 공장 ② 교육시설
③ 묘지 관련 시설 ④ 자원순환 관련 시설

해설 | 구분을 교육시설이 아닌 교육연구시설로 한다.

05 ▶건,19

건축법령상 의료시설에 속하지 않는 것은?

① 치과병원 ② 동물병원
③ 한방병원 ④ 마약진료소

해설 | 동물병원은 제2종근린생활시설에 해당된다.

정답 | 01 ② 02 ② 03 ③ 04 ② 05 ②

06 ▶건,20,21
건축물의 용도 분류상 자동차관련시설에 속하지 않는 것은?

① 주유소 ② 매매장
③ 세차장 ④ 정비학원

해설 | 주유소는 위험물저장 및 처리시설에 속한다.

07 ▶건,19,20
건축법령상 건축물과 해당 건축물의 용도가 옳게 연결된 것은?

① 의원 : 의료시설
② 도매시장 : 판매시설
③ 유스호스텔 : 숙박시설
④ 장례식장 : 묘지관련시설

해설 | • 의원 : 제1종 근린생활시설
 • 유스호스텔 : 수련시설
 • 장례식장 : 장례시설

3 건축물의 구조와 재료

08 ▶19,14
건축물을 건축하거나 대수선하는 경우에 있어 국토교통부령으로 정하는 구조기준 등에 따라 구조 안전을 확인한 건축물 중 그 확인 서류를 허가권자에게 제출하여야 하는 경우가 아닌 것은?

① 층수가 2층 이상인 건축물
② 창고, 축사, 작물재배사 및 표준설계도서에 의하여 건축하는 건축물로 연면적 400m² 이상인 건축물
③ 기둥과 기둥 사이의 거리가 10m 이상인 건축물
④ 국가적 문화유산으로 보존할 가치가 있는 건축물로서 국토교통부령으로 정하는 것

해설 | 연면적 200m² 이상(목구조 건축물의 경우 500m² 이상)
[제외] 창고, 축사, 작물재배사 및 표준설계도에 따라 건축하는 건축물

09 ▶16,15,14,13
건축물의 건축주가 착공신고를 하는 때에 해당 건축물의 설계자로부터 구조 안전의 확인 서류를 받아 허가권자에게 제출하여야 하는 건축물의 기준으로 옳지 않은 것은?

① 처마높이가 9m 이상인 건축물
② 연면적이 300m² 이상인 건축물
③ 기둥과 기둥 사이의 거리가 10m 이상인 건축물
④ 국토교통부령으로 정하는 지진구역 안의 건축물

해설 | 연면적 200m² 이상(목구조 건축물의 경우 500m² 이상)

10 ▶21
계단을 대체하여 설치하는 경사로의 경사도 기준으로 옳은 것은?

① 1:6을 넘지 아니할 것
② 1:7을 넘지 아니할 것
③ 1:8을 넘지 아니할 것
④ 1:9를 넘지 아니할 것

해설 | 계단 설치기준
 ㉠ 계단의 벽 손잡이 : 벽으로부터 5cm 이상 떨어져 설치하고 계단바닥으로부터 높이는 85cm의 위치에 설치한다.
 ㉡ 계단을 대체하여 설치하는 경사로 : 경사도는 1:8 이하

정답 | 06 ① 07 ② 08 ② 09 ② 10 ③

11

종교시설인 건축물의 주계단·피난계단 또는 특별피난 계단에서 난간이 없는 경우에 손잡이를 설치하고자 할 때 손잡이는 벽 등으로부터 최소 얼마 이상 떨어져 설치해야 하는가?

① 3cm   ② 5cm
③ 8cm   ④ 10cm

해설 | 문제 10번 해설참조

12

건축법령의 관련 규정에 의하여 설치하는 거실의 반자는 그 높이를 최소 얼마 이상으로 하여야 하는가?

① 2.1m   ② 2.3m
③ 2.6m   ④ 2.7m

해설 | 거실 반자의 높이

거실의 종류	반자높이
• 일반 용도의 거실	2.1m 이상
• 문화 및 집회 시설(전시장, 동식물원 제외) • 종교시설 • 장례시설 또는 유흥주점의 용도로 쓰이는 건축물의 관람실 또는 집회실로서 바닥면적이 200m² 이상인 것	4.0m 이상 (노대 아랫부분은 2.7m 이상)

13

환기 및 채광을 위하여 거실에 설치하는 창문등의 설비의 설치기준에 관한 설명으로 틀린 것은?

① 채광을 위하여 거실에 설치하는 창문등의 면적은 그 거실의 바닥면적의 10분의 1 이상이어야 한다.
② 환기를 위하여 거실에 설치하는 창문등의 면적은 그 거실의 바닥면적의 20분의 1 이상이어야 한다.
③ 거실의 용도에 따라 조도 기준 이상의 조명장치를 설치하는 경우, 채광을 위하여 거실에 설치하는 창문등의 설치 면적을 기준과 달리할 수 있다.
④ 학교 교실의 채광을 위한 창문의 면적은 그 교실의 바닥면적의 5분의 1 이상이어야 한다.

해설 | ㉠ 채광을 위한 창문면적 : 거실 바닥면적의 1/10 이상
㉡ 환기를 위한 창문면적 : 거실 바닥면적의 1/20 이상

14

단독주택 및 공동주택의 환기를 위하여 거실에 설치하는 창문 등의 면적은 최소 얼마 이상이어야 하는가? (단, 기계환기장치 및 중앙관리방식의 공기조화설비를 설치하지 않은 경우)

① 거실 바닥면적의 5분의 1
② 거실 바닥면적의 10분의 1
③ 거실 바닥면적의 15분의 1
④ 거실 바닥면적의 20분의 1

해설 | 문제 13번 해설참조

15

환기를 위하여 거실에 설치하는 창문등의 최소 면적으로 옳은 것은? (단, 거실의 바닥면적은 300m²이며, 기계환기 장치 및 중앙관리방식의 공기조화설비를 설치하지 않은 경우)

① 10m²
② 15m²
③ 25m²
④ 30m²

해설 | 거실 바닥면적의 1/20 이상
300m² × 1/20 = 15m²

정답 | 11 ② 12 ① 13 ④ 14 ④ 15 ②

16 ▶18,16

건축물의 피난·방화구조 등의 기준에 관한 규칙 상 거실의 용도에 따른 조도기준이 높은 것에서 낮은 순서대로 옳게 배열된 것은? (단, 바닥에서 85cm 높이에 있는 수평면의 조도)

① 독서 > 관람 > 설계 > 일반사무
② 독서 > 설계 > 관람 > 일반사무
③ 설계 > 일반사무 > 독서 > 관람
④ 설계 > 독서 > 관람 > 일반사무

해설 | 설계(700lx) > 일반사무(300lx) > 독서(150lx) > 관람(70lx)

17 ▶17

건축물의 피난·방화구조 등의 기준에 관한 규칙상 거실의 용도구분에 따른 조도기준이 잘못 연결된 것은? (단, 바닥에서 85센티미터의 높이에 있는 수평면의 조도이며, 답지항은 거실의 용도구분에서 대분류 – 소분류 – 조도의 순임)

① 집회 – 회의 – 300룩스
② 작업 – 포장·세척 – 150룩스
③ 집무 – 일반사무 – 300룩스
④ 오락 – 오락일반 – 200룩스

해설 | 오락 – 150룩스

18 ▶15

거실의 용도에 따라 규정된 조도기준값이 다른 하나는? (단, 바닥에서 85cm의 높이에 있는 수평면의 조도)

① 독서   ② 포장
③ 집회   ④ 일반사무

해설 | • 독서, 포장, 집회 – 150lx
       • 일반사무 – 300lx

19 ▶20

다음 중 거실·욕실 또는 조리장의 바닥 부분에 방습을 위한 조치를 하지 않아도 되는 경우는?

① 건축물의 최하층에 있는 목조 바닥의 거실
② 건축물의 최하층에 있는 석조 바닥의 거실
③ 제1종 근린생활시설 중 휴게음식점의 조리장
④ 제2종 근린생활시설 중 숙박시설의 욕실

해설 | 방습조치
건축물 최하층에 있는 거실의 바닥은(목조인 경우) 그 바닥 높이를 지표면으로부터 45cm 이상으로 하여야 한다.

20 ▶18

제2종 근린생활시설 중 일반음식점 및 휴게음식점의 조리장의 안벽은 바닥으로부터 얼마의 높이까지 내수재료로 마감하여야 하는가?

① 0.3m   ② 0.5m
③ 1m   ④ 1.2m

해설 | 내수재료의 마감
아래 사항에 해당하는 욕실 또는 조리장의 바닥과 그 바닥으로부터 높이 1m까지의 안벽은 내수재료로 마감하여야 한다.

21 ▶20,17,12

바닥으로부터 높이 1m 까지 안벽의 마감을 내수재료로 하여야 하는 대상이 아닌 것은?

① 제1종 근린생활시설 중 치과의원의 치료실
② 제2종 근린생활시설 중 휴게음식점의 조리장
③ 제1종 근린생활시설 중 목욕장의 욕실
④ 제2종 근린생활시설 중 일반음식점의 조리장

해설 | 내수재료마감 대상
㉠ 제1종 근린생활시설 : 일반 목욕장의 욕실, 휴게음식점의 조리장
㉡ 제2종 근린생활시설 : 일반음식점, 휴게음식점의 조리장, 숙박시설의 욕실

정답 | 16 ③ 17 ④ 18 ④ 19 ② 20 ③ 21 ①

22 ▶21, 18
문화 및 집회시설 중 공연장의 개별 관람실의 바깥쪽에 있어, 그 양쪽 및 뒤쪽에 각각 복도를 설치하여야 하는 최소 바닥면적의 기준으로 옳은 것은?

① 개별 관람실의 바닥면적이 300m² 이상인 경우
② 개별 관람실의 바닥면적이 400m² 이상인 경우
③ 개별 관람실의 바닥면적이 500m² 이상인 경우
④ 개별 관람실의 바닥면적이 600m² 이상이 경우

해설 | 문화 및 집회 시설 중 공연장의 복도

설치기준	바닥면적
공연장의 개별 관람실의 바깥쪽에는 그 양쪽 및 뒤쪽에 각각 복도 설치	300m² 이상
한 개의 층에 개별관람실을 2개소 이상 연속하여 설치하는 경우 관람실 바깥쪽의 앞쪽과 뒤쪽에 각각 복도를 설치	300m² 미만

23 ▶19
아래와 같은 조건의 건축물에 설치하는 복도의 유효너비의 기준으로 옳은 것은?

구분	양옆에 거실이 있는 복도
유치원·초등학교 중학교·고등학교	

① 2.4m 이상   ② 2.0m 이상
③ 1.8m 이상   ④ 1.5m 이상

해설 | 복도의 유효너비의 기준
㉠ 유치원, 초등학교, 중학교, 고등학교 : 2.4m 이상
㉡ 공동주택, 오피스텔 : 1.8m 이상
㉢ 거실의 바닥면적 합계가 200m² 이상인 층 : 1.5m 이상(의료시설 복도는 1.8m 이상)

24 ▶18
외벽 중 비내력벽의 경우 내화구조로 인정받기 위한 기준으로 옳지 않은 것은?

① 철근콘크리트조 또는 철골철근콘크리트조로서 두께가 7cm 이상인 것
② 골구를 철골조로 하고 그 양면을 두께 3cm 이상의 철망모르타르 또는 두께 4cm 이상의 콘크리트블록·벽돌 또는 석재로 덮은 것
③ 철재로 보강된 콘크리트블록조, 벽돌조 또는 석조로서 철재에 덮은 콘크리트블록등의 두께가 4cm 이상인 것
④ 무근콘크리트조, 콘크리트블록조, 벽돌조 또는 석조로서 그 두께가 5cm 이상인 것

해설 | 무근콘크리트조, 콘크리트블록조, 벽돌조 또는 석조로서 그 두께가 7cm 이상

25 ▶13
국토해양부령이 정하는 내화구조에 해당하는 기준으로 옳은 것은? (단, 벽의 경우)

① 철근콘크리트조 또는 철골철근콘크리트조로서 두께가 5cm 이상인 것
② 철재로 보강된 콘크리트블록조·벽돌조 또는 석조로서 철재에 덮은 콘크리트 블록 등의 두께가 5cm 이상인 것
③ 벽돌조로서 두께가 10cm 이상인 것
④ 고온·고압의 증기로 양생된 경량기포 콘크리트패널 또는 경량기포 콘크리트 블록조로서 두께가 5cm 이상인 것

해설 | 내화구조 기준(벽)

구조	기준두께
( ) 안은 외벽 중 비내력벽 기준임	
철근콘크리트조 또는 철골철근콘크리트조	10cm(7cm) 이상
골구를 철골조로 하고 그 양면을 철망모르타르 덮은 것	4cm(3cm) 이상
골구를 철골조로 하고 그 양면을 콘크리트블록 벽돌 또는 석재로 덮은 것	5cm(4cm) 이상
철재로 보강된 콘크리트블록조·벽돌조 또는 석조로서 철재에 덮은 콘크리트블록	5cm(4cm) 이상
고온·고압의 증기로 양생된 경량기포 콘크리트패널 또는 경량기포 콘크리트블록조	10cm 이상
벽돌조	19cm 이상
무근콘크리트조·콘크리트블록조·벽돌조 또는 석조(외벽 중 비내력벽)	7cm 이상

정답 | 22 ① 23 ① 24 ④ 25 ②

26 ▶20

방화구조가 되기 위한 기준으로 옳지 않은 것은?

① 철망모르타르로서 그 바름두께가 1.5cm 이상인 것
② 석고판 위에 시멘트모르타르 또는 회반죽을 바른 것으로서 그 두께의 합계가 2.5cm 이상인 것
③ 심벽에 흙으로 맞벽치기한 것
④ 시멘트모르타르 위에 타일을 붙인 것으로서 그 두께의 합계가 2.5cm 이상인 것

해설 | 철망모르타르 바르기 : 바름두께 2cm 이상인 것

27 ▶19

건축물에 설치하는 경계벽이 소리를 차단하는데 장애가 되는 부분이 없도록 하여야 하는 구조 기준으로 옳지 않은 것은?

① 철근콘크리트조로서 두께가 10cm 이상인 것
② 무근콘크리트조로서 두께가 10cm 이상인 것
③ 콘크리트블록조로서 두께가 19cm 이상인 것
④ 벽돌조로서 두께가 15cm 이상인 것

해설 | 경계벽 차음구조의 기준

벽체의 구조	두께 기준
철근콘크리트조, 철골철근콘크리트조	10cm 이상
무근콘크리트조, 석조(시멘모르타르, 회반죽 또는 석고 플라스터의 바름두께 포함)	10cm 이상
콘크리트 블록조, 벽돌조	19cm 이상

28 ▶17

의료시설의 병실 간 경계벽을 설치함에 있어 소리를 차단하는데 장애가 되는 부분이 없도록 하기 위한 구조 기준 내용으로 옳지 않은 것은?

① 철근콘크리트조로서 두께가 10cm 이상인 것
② 벽돌조로서 두께가 19cm 이상인 것
③ 석조로서 두께가 19cm 이상인 것
④ 콘크리트블록조로서 두께가 19cm 이상인 것

해설 | 석조로서 두께가 10cm 이상인 것

정답 | 26 ① 27 ④ 28 ③

02 건축물 설비규정

> **Pass Note**

예상출제문항	키워드	
2	- 승강기, 비상 & 피난승강기 - 배연, 배관설비 구조	- 난방 설비 - 관계전문기술자의 협력

1. 건축설비기준

1) 개별난방설비(공동주택과 오피스텔)

구분	설치기준
보일러의 설치위치	• 거실 외의 곳에 설치 • 보일러실과 거실 사이의 **경계벽을 내화구조의 벽**으로 구획(출입구는 제외)
보일러실의 환기	• 윗부분에 면적 **0.5m² 이상**의 환기창을 설치 • 위, 아랫부분에 각각 지름 10cm 이상의 공기흡입구 및 배기구를 항상 열려 있는 상태로 바깥공기에 접하도록 설치 • [예외] 전기보일러의 경우는 제외
보일러실과 거실 사이의 출입구	• 출입구가 닫힌 경우에는 보일러 가스가 거실에 들어갈 수 없는 구조로 할 것
기름저장소	• 기름보일러의 기름저장소는 보일러실 외의 다른 곳에 설치할 것
오피스텔의 난방구획	• 난방구획마다 **내화구조의 벽, 바닥**으로 구획할 것 • **갑종방화문**으로 된 출입문으로 구획 할 것
보일러의 연도(굴뚝)	• 내화구조로서 공동연도로 설치할 것
중앙집중공급방식 가스보일러	• 가스관계법령이 정하는 기준에 의함 • 오피스텔은 난방구획마다 내화구조로 된 방, 바닥, 갑종방화문으로 된 출입문으로 구획 할 것

공동주택의 난방설비를 개별난방방식으로 하는 경우에 관한 기준으로 옳지 않은 것은? [24, 20, 15, 12]
① 보일러를 설치하는 곳과 거실사이의 경계벽은 출입구를 제외하고는 내화구조의 벽으로 구획할 것
② 보일러실의 윗부분에는 그 면적이 0.3m² 이상의 환기창을 설치할 것
③ 보일러실의 윗부분과 아랫부분에는 각각 지름 10cm 이상의 공기흡입구 및 배기구를 항상 열려 있는 상태로 바깥공기에 접하도록 설치할 것
④ 보일러의 연도는 내화구조로서 공동연도로 설치할 것

해설 | 윗부분에 면적 0.5m² 이상의 환기창을 설치

정답 ②

2) 배연설비

(1) 거실에 설치하는 배연설비

다음 어느 하나에 해당하는 건축물의 거실(피난층의 거실은 제외)에는 배연설비를 해야 한다.

기준	설치대상
6층 이상인 건축물로서 다음 중 하나에 해당하는 용도로 쓰이는 건축물	• 문화 및 집회시설, 종교시설, 판매시설, 운수시설 • 의료시설(요양병원 및 정신병원은 제외) • 교육연구시설 중 연구소 • 노유자시설 중 아동 관련시설, 노인복지시설(노인요양시설은 제외) • 수련시설 중 유스호스텔 • 운동시설, 업무시설, 숙박시설, 위락시설, 관광휴게시설, 장례시설 • 제2종근린생활시설 중 바닥면적의 합계가 각각 300m² 이상인 공연장, 종교집회장, 인터넷컴퓨터게임시설제공업소 및 다중생활시설
예외	• 피난층의 거실은 제외

(2) 배연설비의 구조기준

구분	구조기준
배연창 개수	• 건축물이 방화구획으로 구획된 경우에는 그 구획마다 1개소 이상의 배연창을 설치하되, 배연창의 상변과 천장 또는 반자로부터 수직거리가 0.9m 이내일 것 [예외] 반자높이가 바닥으로부터 3m 이상인 경우에는 배연창의 하부가 바닥으로부터 2.1m 이상의 위치에 놓이도록 설치하여야 한다.
배연창 유효면적	• 면적이 1m² 이상으로서 그 면적의 합계가 당해 건축물의 **바닥면적의 1/100 이상**일 것 • [예외] 바닥면적의 산정에 있어서 거실 바닥면적의 20분의 1 이상으로 환기창을 설치한 거실의 면적은 이에 산입하지 아니함
배연구의 구조	• 연기감지기, 열감지기에 의해 자동으로 열 수 있는 구조로 하되 **손으로 여닫을 수 있도록** 할 것 • 예비전원에 의해 열 수 있도록 할 것
기계식 배연설비	• 소방관계법령의 규정에 따를 것

 Note **배기구 높이**
상업지역 및 주거지역에서 건축물에 설치하는 냉방시설 및 환기시설의 배기구는 **도로 면으로부터 2m 이상의 높이**에 설치해야 한다.

예제 02 상업지역 및 주거지역에서 건축물에 설치하는 냉방시설 및 환기시설의 배기구와 배기장치의 설치기준으로 옳지 않은 것은? [23, 21]

① 건축물의 외벽에 배기구를 설치할 때에는 배기구가 떨어지는 것을 방지할 수 있도록 하여야 한다.
② 배기구는 도로면으로부터 3m 이상의 높이에 설치하여야 한다.
③ 배기장치에서 나오는 열기가 보행자에게 직접 닿지 않도록 설치하여야 한다.
④ 건축물의 외벽에 배기구 또는 배기장치를 설치할 때에 사용하는 보호장치는 부식을 방지할 수 있는 자재를 사용하거나 도장하여야 한다.

정답 ②

3) 배관설비

용도	설치기준
급·배수용 배관설비 설치 및 구조	• 건축물의 **주요 부분을 관통하여 배관**할 때는 건축물의 구조내력에 지장이 없도록 할 것 • 배관설비를 콘크리트에 묻을 때는 부식의 우려가 있는 재료는 부식방지조치를 할 것 • **승강기의 승강로 안**에는 승강기의 운행에 필요한 배관설비 이외에 **불필요한 배관설비는 설치하지 아니할 것** • 압력탱크, 급탕설비에는 폭발 등의 위험을 막을 수 있는 시설을 설치할 것
배수용 배관설비 설치 및 구조	• 배관설비의 오수에 접하는 부분은 내수재료를 사용 • 배관설비에는 위생에 지장이 없도록 배수트랩, 통기관을 설치 • 배출시키는 빗물 또는 오수의 양, 수질에 따라 적당한 용량을 사용, 경사지게 하거나 그에 적합한 재질을 사용 • 지하실 등 공공하수도로 자연배수를 할 수 없는 곳에는 배수 용량에 맞는 강제 배수시설을 설치할 것 • 우수관과 오수관을 분리하여 배관할 것

4) 환기설비

(1) 설치대상

설치 대상	건축물의 용도
공동주택 및 다중이용시설	100세대 이상 신축 또는 리모델링하는 공동주택은 **시간당 최소 0.5회 이상의 환기**가 이루어질 수 있도록 자연환기설비 또는 기계 환기설비를 설치해야 한다.
건축물의 객실, 조리장, 관람석, 집회장, 식당	• 바닥면적의 합계가 500m^2 이상인 대중음식점 • 관광숙박시설, 위락시설, 관람·집회시설 • 이와 유사한 용도에 쓰이는 건축물

 신축 또는 리모델링하는 공동주택은 시간당 최소 몇 회 이상의 환기가 이루어질 수 있도록 자연환기설비 또는 기계환기설비를 설치해야 하는가? (단, 30세대 이상의 공동주택의 경우) [25,22,18]
① 0.3회 ② 0.5회
③ 0.7회 ④ 1.0회

정답 ②

(2) 구조

구조	방법	구조기준
환기설비의 구조	자연환기	• 공기흡입구는 거실의 반자 높이의 1/2 이하의 높이에 설치하여 외기와 통하는 구조로 한다. • 공기흡입구, 배기구, 배기통의 맨 윗부분에는 빗물, 먼지를 방지할 수 있는 설비를 설치한다. • 환기에 적합한 공기흡입구, 배기통을 갖춘다. • 배기통의 상부는 직접 외기에 개방하며, 기류에 의한 지장이 없어야 한다. • 배기구는 거실의 반자 또는 반자 아래 80cm 이내의 높이에 설치하여 외기와 통하는 구조로 한다.

환기설비의 구조	기계환기	• 공기의 흡입, 배기는 기계식으로 한다. • 풍도는 공기를 오염시키지 않는 재료로 한다. • 공기흡입구, 배기구의 위치와 구조는 실내에 들어오는 공기의 분포를 균등하게 하고, 공기의 기류가 부분적으로 일어나지 않도록 한다. • 공기흡입구, 배기구의 배기통 맨 윗부분에는 빗물, 먼지를 방지할 수 있는 설비를 설치한다. • 공기흡입구, 배기구에 설치하는 환풍기는 외기의 기류로 인한 환기능력이 저하되지 않는 구조로 한다.

5) 피뢰설비

(1) 설치대상

낙뢰의 우려가 있는 건축물과 높이 **20m 이상**의 건축물 또는 높이 20m 이상인 공작물(건축물에 공작물을 설치하여 그 전체 높이가 20m 이상인 것을 포함)

(2) 설치기준

구분	설치기준
피뢰설비	한국산업표준이 정하는 피뢰레벨 등급에 적합하게 설치 (위험물저장 및 처리시설 : 피뢰시스템레벨 Ⅱ 이상)
돌침	건축물의 맨 윗부분으로부터 25cm 이상 돌출시켜 설치 건축물의 구조기준 등에 따른 설계하중에 견딜 수 있는 구조일 것
피뢰설비의 재료	**수뢰부, 인하도선 및 접지극은 50mm^2 이상인 것** (최소 단면적이 피복이 없는 동선(銅線) 기준)
인하도선	철골조, 철골·철근콘크리트조의 철근구조체 등을 사용 시 ㉠ 전기적 연속성이 보장될 것 ㉡ 금속 구조체의 최상단부와 지표레벨 사이의 전기저항이 0.2Ω 이하일 것
측면 낙뢰방지 (높이가 60m를 초과하는 건축물)	지면에서 건축물 높이의 4/5가 되는 지점부터 최상단 부분까지의 측면에 수뢰부를 설치하여야 하며, 지표레벨에서 최상단부의 높이가 150m를 초과하는 건축물은 120m 지점부터 최상단 부분까지의 측면에 수뢰부를 설치할 것

6) 건축물에 설치하는 굴뚝

① 굴뚝의 옥상돌출부는 지붕면으로부터의 수직거리를 1m 이상으로 할 것. 다만, 용마루 계단탑. 옥탑 등이 있는 건축물에 있어서 굴뚝의 주위에 연기의 배출을 방해하는 장애물이 있는 경우에는 그 굴뚝의 상단을 용마루·계단탑·옥탑 등보다 높게 하여야 한다.

② 굴뚝의 상단으로부터 수평거리 1m 이내에 다른 건축물이 있는 경우에는 그 건축물의 처마보다 1m 이상 높게 할 것

③ 금속제 굴뚝으로서 건축물의 지붕 속, 반자 위 및 가장 아랫바닥 밑에 있는 굴뚝의 부분은 금속 외의 불연재료로 덮을 것

④ **금속제 굴뚝**은 목재, 기타 가연재료로부터 **15cm 이상** 떨어져서 설치할 것

[예외] 두께 10cm 이상인 금속 외의 불연재료로 덮은 경우에는 제외

2. 관계전문기술자

1) 관계전문기술자의 협력을 받아야 하는 건축물

(1) 건축구조기술자의 협력을 받아야 하는 건축물

① **6층 이상인** 건축물
② **특수구조** 건축물
③ **다중이용** 건축물
④ **준다중이용** 건축물
⑤ **3층 이상의 필로티 형식** 건축물

(2) 관계전문기술자의 협력을 받아야 하는 건축물

① **연면적 10,000㎡ 이상인** 건축물(창고시설은 제외)
② 다음에 해당하는 에너지를 대량으로 소비하는 건축물

용도	바닥면적의 합계
아파트 및 연립주택	–
냉동냉장시설·항온항습시설 또는 특수청정시설	500㎡ 이상
목욕장, 물놀이형 시설(실내에 설치된 경우), 수영장(실내에 설치된 경우)	500㎡ 이상
기숙사, 의료시설, 유스호스텔, 숙박시설	2,000㎡ 이상
판매시설, 연구소, 업무시설	3,000㎡ 이상
문화 및 집회시설, 종교시설, 교육연구시설(연구소는 제외), 장례식장	10,000㎡ 이상

예제 04 급수·배수·환기·난방 등의 건축설비를 건축물에 설치하는 경우 건축기계설비기술사 또는 공조냉동기계기술사의 협력을 받아야 하는 대상 건축물에 속하지 않는 것은? [24, 22]

① 연립주택
② 판매시설로서 해당 용도에 사용되는 바닥 면적의 합계가 2000㎡인 건축물
③ 의료시설로서 해당 용도에 사용되는 바닥 면적의 합계가 2000㎡인 건축물
④ 숙박시설로서 해당 용도에 사용되는 바닥 면적의 합계가 2000㎡인 건축물

정답 ②

3. 승강설비

1) 승강기

(1) 설치대상

① 층수가 **6층 이상**으로서 **연면적(거실면적의 합계)이 2,000㎡ 이상**인 건축물을 건축하려면 승강기를 설치하여야 한다.
[예외] 층수가 6층인 건축물로서 각 층 거실의 바닥면적 300㎡ 이내마다 1개소 이상의 직통계단을 설치한 건축물

(2) 승용승강기의 설치기준

건축물의 용도	6층 이상 거실면적의 합계(Am²)		
	3,000m² 이하	3,000m² 초과	공식

• 문화 및 집회시설
  - **공연장**
  - 집회장
  - 관람장
• **판매시설, 의료시설**
	2대	2대에 3,000m²를 초과하는 경우에는 그 초과하는 매 2,000m² 이내마다 1대를 더한 대수	$2 + \dfrac{A - 3,000m^2}{2,000m^2}$

• 문화 및 집회시설
  - 전시장
  - 동·식물원
• 업무시설, 숙박시설, 위락시설
	1대	1대에 3,000m²를 초과하는 경우에는 그 초과하는 매 2,000m² 이내마다 1대를 더한 대수	$1 + \dfrac{A - 3,000m^2}{2,000m^2}$

• 공동주택 • 교육연구시설 • 노유자시설	1대	1대에 3,000m²를 초과하는 경우에는 그 초과하는 매 3,000m² 이내마다 1대를 더한 대수	$1 + \dfrac{A - 3,000m^2}{3,000m^2}$

 승강기의 대수 산정
위의 표에 따라 승강기의 대수를 계산할 때 8인승 이상 15인승 이하의 승강기는 1대의 승강기로 보고, 16인승 이상의 승강기는 2대의 승강기로 산정한다.

예제 05 각 층의 거실면적이 각각 1000m²이며 층수가 12층인 업무시설에 설치해야 하는 승용승강기의 최소 대수는? (단, 8인승 승용승강기의 경우) [23, 22]

① 2대   ② 3대
③ 4대   ④ 5대

해설 | $1 + \dfrac{A - 3,000m^2}{2,000m^2} = 1 + \dfrac{(1,000 \times 7) - 3,000}{2,000} = 1 + 2 = 3$대 (8인승 이상 15인승 이하)

정답 ②

2) 비상용승강기

(1) 설치대상

설치대상	설치 예외
높이 31m를 넘는 건축물 (승강기를 비상용승강기의 구조로 한 경우는 제외)	• 높이 31m를 넘는 각층을 거실 이외의 용도로 쓰는 건축물 • 높이 31m를 넘는 각층의 바닥면적의 합계가 500m² 이하인 건축 • 높이 31m를 넘는 층수가 **4개층 이하**로서 당해 각 층의 바닥면적의 합계가 200m²(벽 및 반자가 실내에 접하는 부분의 마감을 불연재료로 한 경우에는 500m²)이내마다 방화구획으로 구획한 건축물

(2) 설치기준

높이 31m를 넘는 각 층의 바닥면적 중 최대 바닥면적(Am²)	설치대수	공식
1,500m² 이하	1대 이상	
1,500m² 초과	1대 + 1,500m²를 넘는 3,000m² 이내마다 1대씩 더한 대수 이상	$1 + \dfrac{A - 1,500m^2}{3,000m^2}$

예제 06

1층의 층고는 5m, 2층부터 11층까지의 층고는 3m, 각층의 바닥면적은 2,000m²인 업무시설에 설치하여야 하는 비상용승강기의 최소 대수는? [25,16,12]

① 설치대상이 아님 ② 1대
③ 2대 ④ 3대

해설 | 층고 35m 각층 바닥면적 2,000m²

$1 + \dfrac{2,000 - 1,500}{3,000} = 1.16 ≒ 2대$

정답 ③

(3) 비상용승강기의 승강장 및 승강로의 구조

구분	구조
승강장	• 승강장의 창문·출입구 기타 개구부를 제외한 부분은 당해 건축물의 다른 부분과 내화구조의 바닥 및 벽으로 구획할 것 • [예외] 공동주택의 경우에는 승강장과 특별피난계단의 부속실과의 겸용 부분을 계단실과 별도로 구획하는 때에는 승강장을 특별피난계단의 부속실과 겸용할 수 있다. • 승강장은 각층의 내부와 연결될 수 있도록 할 것 • 노대 또는 외부를 향하여 열 수 있는 창문이나 배연설비를 설치할 것 • 벽 및 반자가 실내에 접하는 부분의 마감재료(마감을 위한 **바탕을 포함**)는 불연재료로 할 것 • 채광이 되는 창문이 있거나 예비전원에 의한 조명설비를 할 것 • 승강장의 바닥면적은 비상용승강기 1대에 대하여 **6m² 이상**으로 할 것 • [예외] **옥외에 승강장을 설치하는 경우** • 피난층이 있는 승강장의 출입구(승강장이 없는 경우에는 승강로의 출입구)로부터 도로 또는 공지에 이르는 **거리가 30m 이하일 것** • 승강장 출입구 부근의 잘 보이는 곳에 당해 승강기가 비상용승강기임을 알 수 있는 표지를 할 것
승강로	• 승강로는 당해 건축물의 다른 부분과 내화구조로 구획할 것 • 각 층으로부터 피난층까지 이르는 승강로를 단일구조로 연결하여 설치할 것

[비상용승강기 승강로 구조]

피난용승강기
- 설치대상 : 고층건축물 [예외] 준초고층건축물 중 공동주택은 제외
- 구조기준 : 갑종방화문, 내화구조, 불연재료

예제 07 비상용승강기 승강장의 구조에 관한 기준 내용으로 옳지 않은 것은? [22,19]
① 채광이 되는 창문이 있거나 예비전원에 의한 조명설비를 할 것
② 노대 또는 외부를 향하여 열 수 있는 창문이나 배연설비를 설치할 것
③ 옥내 승강장의 바닥면적은 비상용승강기 1대에 대하여 6m² 이상으로 할 것
④ 벽 및 반자가 실내에 접하는 부분의 마감재료(마감을 위한 바탕은 제외한다)는 불연재료로 할 것

해설 | 벽 및 반자가 실내에 접하는 부분의 마감재료(마감을 위한 바탕은 포함)는 불연재료로 할 것

정답 ④

4. 기타

1) 에너지절약계획서

① 연면적 합계 500m² 이상 건축물은 에너지절약계획서를 제출한다.
② 제외대상
  ㉠ 단독주택, 다중주택, 다가구주택
  ㉡ 문화 및 집회시설 중 동·식물원
  ㉢ 건축법 시행령 기준 냉방 또는 난방 설비를 설치하지 않는 공장, 창고, 위험물 저장 및 처리시설, 자동차 관련시설, 동·식물관련시설, 자원순환 관련시설, 교정 및 군사시설, 방송통신시설, 발전시설, 묘지관련시설
  ㉣ 그 밖에 국토교통부장관이 에너지 절약계획서를 첨부할 필요가 없다고 정하여 고시하는 건축물

핵심 기출문제

02 건축물 설비규정

1 건축설비기준

01 ▶16, 13

난방설비를 개별난방방식으로 하는 경우에 난방구획마다 내화구조로 된 벽·바닥과 갑종방화문으로 된 출입문으로 구획하여야 하는 건축물은?

① 공동주택
② 오피스텔
③ 숙박시설
④ 학교

해설 | 오피스텔의 난방구획
• 난방구획마다 내화구조의 벽, 바닥으로 구획할 것
• 갑종방화문으로 된 출입문으로 구획 할 것

02 ▶16, 16

공동주택과 오피스텔의 난방설비를 개별난방방식으로 하는 경우에 대한 기준으로 옳은 것은?

① 보일러의 연도는 개별연도로 설치한다.
② 보일러실의 공기 흡입구와 배기구는 사용 중이지 않을 경우는 닫힌 구조로 한다.
③ 기름보일러를 설치하는 경우에는 기름저장소를 보일러실 내부에 배치한다.
④ 보일러실과 거실 사이의 경계벽은 출입구를 제외하고는 내화구조의 벽으로 구획한다.

해설 | 개별난방설비
㉠ 보일러의 연도(굴뚝)은 내화구조로서 공동연도로 설치할 것
㉡ 위, 아랫부분에 각각 지름 10cm 이상의 공기흡입구 및 배기구를 항상 열려 있는 상태로 바깥공기에 접하도록 설치
㉢ 기름보일러의 기름저장소는 보일러실 외의 다른 곳에 설치할 것

03 ▶18, 15

배연설비설치와 관련하여 배연창의 유효면적은 1m² 이상으로서 그 면적의 합계가 건축물 바닥면적의 최소 얼마 이상으로 하여야 하는가?

① 1/10 이상
② 1/20 이상
③ 1/100 이상
④ 1/200 이상

해설 | 배연창 유효면적
㉠ 면적이 1m² 이상으로서 그 면적의 합계가 당해 건축물의 바닥면적의 1/100 이상일 것
[예외] 바닥면적의 산정에 있어서 거실 바닥면적의 20분의 1 이상으로 환기창을 설치한 거실의 면적은 이에 산입하지 아니함

04 ▶12

문화 및 집회시설, 업무시설, 숙박시설 등에 배연설비를 설치해야 할 건축물은 최소 몇 층 이상인가?

① 3층
② 6층
③ 9층
④ 11층

해설 | 6층 이상인 건축물
• 문화 및 집회시설, 종교시설, 판매시설, 운수시설
• 의료시설(요양병원 및 정신병원은 제외)
• 교육연구시설 중 연구소
• 노유자시설 중 아동 관련시설, 노인복지시설(노인요양시설은 제외)
• 수련시설 중 유스호스텔
• 운동시설, 업무시설, 숙박시설, 위락시설, 관광휴게시설, 장례시설

정답 | 01 ② 02 ④ 03 ③ 04 ②

05 ▶16
6층 이상인 건축물로서 배연설비를 설치하여야 하는 대상이 아닌 것은?

① 수련시설 중 유스호스텔
② 운동시설
③ 의료시설 중 정신병원
④ 관광휴게시설

해설 | 6층 이상인 건축물_설치 제외 대상
- 의료시설(요양병원 및 정신병원은 제외)
- 노유자시설 중 노인복지시설(노인요양시설은 제외)

06 ▶15
방화구획이 설치된 건축물에서 배연설비 설치기준으로 틀린 것은?

① 방화구획마다 1개소 이상 배연창을 설치한다.
② 배연구는 연기감지기 또는 열감지기에 의하여 자동으로 열 수 있는 구조로 하되, 손으로 개폐가 되지 않도록 한다.
③ 배연구는 예비전원으로 열 수 있도록 한다.
④ 반자높이가 바닥으로부터 3m 이상인 경우에는 배연창의 하변이 바닥으로부터 2.1m 이상의 위치에 놓이도록 설치한다.

해설 | 배연구는 연기감지기, 열감지기에 의해 자동으로 열 수 있는 구조로 하되 손으로 여닫을 수 있도록 할 것

07 ▶18,14
상업지역 및 주거지역에서 건축물에 설치하는 냉방시설 및 환기시설의 배기구는 도로면으로부터 몇 m 이상의 높이에 설치해야 하는가?

① 1.8m 이상
② 2m 이상
③ 3m 이상
④ 4.5m 이상

해설 | 배기구 높이
상업지역 및 주거지역에서 건축물에 설치하는 냉방시설 및 환기시설의 배기구는 도로면으로부터 2m 이상의 높이에 설치해야 한다.

08 ▶19,15
건축물에 설치하여 배수의 용도로 쓰는 배관설비의 설치 및 구조 기준으로 옳지 않은 것은?

① 배관설비에는 배수트랩·통기관을 설치하는 등 위생에 지장이 없도록 할 것
② 지하실 등 공공하수도로 자연배수를 할 수 없는 곳에는 배수용량에 맞는 강제배수시설을 설치할 것
③ 콘크리트구조체에 배관을 매설하거나 배관이 콘크리트구조체를 관통할 경우에는 구조체에 덧관을 미리 매설하는 등 배관의 부식을 방지하고 그 수선 및 교체가 용이하도록 할 것
④ 우수관과 오수관은 하나로 연결하여 배관할 것

해설 | 우수관과 오수관을 분리하여 배관할 것

09 ▶19
건축물에 설치하는 급수·배수등의 용도로 쓰는 배관설비의 설치 및 구조기준으로 옳지 않은 것은?

① 어떠한 경우라도 배관설비가 건축물의 주요부분을 관통하지 않도록 할 것
② 배관설비를 콘크리트에 묻는 경우 부식의 우려가 있는 재료는 부식방지조치를 할 것
③ 승강기의 승강로안에는 승강기의 운행에 필요한 배관설비외의 배관설비를 설치하지 아니할 것
④ 압력탱크 및 급탕설비에는 폭발등의 위험을 막을 수 있는 시설을 설치할 것

해설 | 건축물의 주요 부분을 관통하여 배관할 때는 건축물의 구조내력에 지장이 없도록 할 것

정답 | 05 ③ 06 ② 07 ② 08 ④ 09 ①

10 ▶18,13

급수·배수 등의 용도를 위하여 건축물에 설치하는 배관설비의 설치 및 구조에 관한 설명으로 옳지 않은 것은?

① 배관설비를 콘크리트에 묻는 경우 부식의 우려가 있는 재료는 부식방지조치를 할 것
② 건축물의 주요부분을 관통하여 배관하는 경우에는 건축물의 구조내력에 지장이 없도록 할 것
③ 승강기의 승강로안에는 승강기의 운행에 필요한 배관 설비외에 다른 용도의 배관설비를 함께 설치할 것
④ 압력탱크 및 급탕설비에는 폭발등의 위험을 막을 수 있는 시설을 설치할 것

해설 | 승강기의 승강로 안에는 승강기의 운행에 필요한 배관설비 이외에 불필요한 배관설비는 설치하지 않는다.

11 ▶15

피뢰설비 설치기준으로 옳지 않은 것은?

① 피뢰설비의 재료는 최소 단면적이 피복이 없는 동선을 기준으로 수뢰부, 인하도선 및 접지극은 30mm² 이상이거나 이와 동등 이상의 성능을 갖출 것
② 돌침은 건축물의 맨 윗부분으로부터 25cm 이상 돌출시켜 설치하되,「건축물의 구조기준 등에 관한 규칙」제9조에 따른 설계하중에 견딜 수 있는 구조일 것
③ 피뢰설비는 한국산업표준이 정하는 피뢰레벨 등급에 적합한 피뢰설비일 것
④ 피뢰설비의 인하도선을 대신하여 철골조의 철골 구조물과 철근콘크리트조의 철근구조체 등을 사용하는 경우에는 전기적 연속성이 보장될 것

해설 | 피뢰설비의 재료
- 수뢰부, 인하도선 및 접지극은 50mm² 이상인 것 (최소 단면적이 피복이 없는 동선(銅線) 기준)

12 ▶20

건축물에 설치하는 금속제 굴뚝은 목재 기타 가연재료로부터 최소 얼마 이상 떨어져서 설치하여야 하는가? (단, 두께 10cm 이상인 금속외의 불연재료로 덮은 경우는 고려하지 않는다.)

① 10cm
② 15cm
③ 20cm
④ 25cm

해설 | 금속제 굴뚝은 목재, 기타 가연재료로부터 15cm 이상 떨어져서 설치할 것
[예외] 두께 10cm 이상인 금속 외의 불연재료로 덮은 경우에는 제외

2 관계전문기술자

13 ▶13

건축물에 설계자가 건축물에 대한 구조의 안전을 확인하는 경우에 건축구조기술사의 협력을 받아야 하는 경우에 해당되지 않는 것은?

① 층수가 7층인 건축물
② 연면적이 3,000m²인 건축물
③ 기둥과 기둥사이의 거리가 40m인 건축물
④ 다중이용건축물

해설 | 건축구조기술자의 협력을 받아야 하는 건축물
- 6층 이상인 건축물
- 특수구조 건축물
- 다중이용 건축물
- 준다중이용 건축물
- 3층 이상의 필로티 형식 건축물
- 연면적 10,000m² 이상인 건축물(창고시설은 제외)

정답 | 10 ③ 11 ① 12 ② 13 ②

14 ▶20

건축물의 설계자가 건축구조기술사의 협력을 받아 건축물에 대한 구조의 안전을 확인 하여야 하는 대상 건축물 기준에 해당하지 않는 것은?(단, 국토교통부령으로 따로 정하는 건축물의 경우는 고려하지 않는다.)

① 기둥과 기둥 사이의 거리가 10m인 건축물
② 지상층수가 20층인 건축물
③ 다중이용 건축물
④ 6층인 필로티형식 건축물

해설 | 문제 13번 해설 참조
[참고] 비교 대상건축물
건축 및 대수선 시 건축물의 설계자로부터 구조안전의 확인서류를 받아 허가권자에게 제출하여야 하는 대상 건축물
- 층수가 2층 이상인 건축물
- 기둥과 기둥 사이의 거리가 10m 이상인 건축물
- 높이 13m 이상
- 처마높이가 9m 이상인 건축물
- 국가적 문화유산으로 보존할 가치가 있는 건축물로서 국토교통부령으로 정하는 것

3 승강설비

15 ▶17

다음 중 승용승강기를 설치하여야 하는 건축물에서 승용승강기 설치대수의 기준이 되는 것은?

① 건축면적
② 연면적
③ 6층 이상의 바닥면적의 합계
④ 6층 이상의 거실면적의 합계

해설 | 층수가 6층 이상으로서 연면적(거실면적의 합계)이 2,000m²이상인 건축물을 건축하려면 승강기를 설치하여야 한다.
[예외] 층수가 6층인 건축물로서 각 층 거실의 바닥면적 300m²이내마다 1개소 이상의 직통계단을 설치한 건축물

16 ▶15, 13

건축법상 승용승강기를 설치하여야 하는 대상건축물의 선정 기준은?

① 건축물의 용도와 거실바닥면적
② 층수와 연면적
③ 층수와 거실바닥면적의 합계
④ 건축물의 용도와 연면적

해설 | 문제 15번 해설참조

17 ▶21

20층인 종합병원 건축물에서 6층 이상의 거실면적의 합계가 35000m²인 경우 승강기 최소 설치 대수는? (단, 16인승 이상의 승강기로 설치한다.)

① 7대   ② 8대
③ 9대   ④ 10대

해설 | 문화 및 집회시설, 판매시설, 의료시설
2대에 3,000m²를 초과하는 경우에는 그 초과하는 매 2,000m²이내마다 1대를 더한 대수
$2 + \dfrac{A - 3{,}000m^2}{2{,}000m^2} = 2 + \dfrac{35{,}000 - 3{,}000}{2{,}000}$
= 18대÷2 = 9대
∴ 8인승 이상 15인승 이하의 승강기는 1대의 승강기로 보고, 16인승 이상의 승강기는 2대의 승강기로 산정한다.

18 ▶20

25층의 병원을 건축하는 경우에 6층 이상의 거실면적의 합계가 20000m²라고 한다면 최소 몇 대 이상의 승용승강기를 설치하여야 하는가? (단, 8인승 승용승강기이다.)

① 9대   ② 10대
③ 11대   ④ 12대

해설 | $2 + \dfrac{A - 3{,}000m^2}{2{,}000m^2} = 2 + \dfrac{20{,}000 - 3{,}000}{2{,}000}$
= 10.5대 ≒ 11대

정답 | 14 ① 15 ④ 16 ② 17 ③ 18 ③

19 ▶20, 16

지하 3층, 지상 12층 규모의 전신전화국으로 각층 바닥면적이 2000m², 각층 거실 면적은 각층 바닥면적의 80%일 경우 최소로 필요한 승용승강기 대수는? (단, 승용승강기는 15인승이며 각층의 층고는 4m 이다.)

① 3대 ② 4대
③ 5대 ④ 6대

해설 | 공동주택, 교육연구시설, 노유자시설, 기타시설(전신전화국)의 경우 1대에 3,000m²를 초과하는 경우에는 그 초과하는 매 3,000 m² 이내마다 1대를 더한 대수

$1 + \dfrac{A - 3,000m^2}{3,000m^2} = 1 + \dfrac{(2,000 \times 7) \times 0.8 - 3,000}{3,000}$

$= 3.7대 ≒ 4대$

20 ▶19

30층 호텔을 건축하는 경우에 6층 이상의 거실면적의 합계가 25000m² 이다. 16인승 승용승강기로 설치하는 경우에는 최소 몇 대 이상을 설치하여야 하는가?

① 6대 ② 8대
③ 10대 ④ 12대

해설 | 업무시설, 숙박시설, 위락시설
1대에 3,000m²를 초과하는 경우에는 그 초과하는 매 2,000m² 이내마다 1대를 더한 대수

$1 + \dfrac{A - 3,000m^2}{2,000m^2} = 1 + \dfrac{25,000 - 3,000}{2,000}$

$= 12대 \div 2 = 6대 (16인승 이상)$

21 ▶17

6층 이상의 거실면적의 합계가 2000m²인 건축물 중 승용승강기를 가장 적게 설치할 수 있는 건축물의 용도는? (단, 15인승 승용 승강기의 경우)

① 위락시설 ② 문화 및 집회시설 중 공연장
③ 판매시설 ④ 의료시설

해설 | 3,000m² 이하일때
• 위락시설 : 1대
• 문화 및 집회시설 중 공연장, 판매시설, 의료시설 : 2대

22 ▶13

6층 이상이며 연면적이 2000m² 이상인 건축물에서 비상용승강기를 추가로 설치하여야 하는 건축물의 높이관련 기준으로 옳은 것은?

① 높이 25m 초과
② 높이 27m 초과
③ 높이 29m 초과
④ 높이 31m 초과

해설 | 높이 31m를 넘는 각층을 거실 이외의 용도로 쓰는 건축물은 비상용승강기를 설치해야 한다.

23 ▶22, 21, 14

비상용승강기를 설치하지 아니할 수 있는 건축물 기준으로 옳은 것은?

① 높이 31m를 넘는 각층을 거실외의 용도로 쓰는 건축물
② 높이 31m를 넘는 각층의 바닥면적의 합계가 800m² 이하인 건축물
③ 높이 31m를 넘는 층수가 6개층 이상인 건축물
④ 높이 31m를 넘는 층수가 4개층 이하로서 당해 각층의 바닥면적의 합계 600m²이내마다 방화구획으로 구획된 건축물

해설 | 설치 예외 대상
　㉠ 높이 31m를 넘는 각층을 거실 이외의 용도로 쓰는 건축물
　㉡ 높이 31m를 넘는 각층의 바닥면적의 합계가 500m² 이하인 건축
　㉢ 높이 31m를 넘는 층수가 4개층 이하로서 당해 각층의 바닥면적의 합계가 200m²(벽 및 반자가 실내에 접하는 부분의 마감을 불연재료로 한 경우에는 500m²)이내마다 방화구획으로 구획한 건축물

정답 | 19 ② 20 ① 21 ① 22 ④ 23 ①

24 ▶17
비상용승강기를 설치하지 아니할 수 있는 건축물의 기준으로 옳지 않은 것은?

① 높이 31m를 넘는 각층을 거실외의 용도로 쓰는 건축물
② 높이 31m를 넘는 각층의 바닥면적의 합계가 500m² 이하인 건축물
③ 높이 31m를 넘는 층수가 4개층 이하로서 당해 각 층의 바닥면적의 합계 200m²이내마다 방화구획으로 구획한 건축물
④ 높이 31m를 넘는 층수가 4개층 이하로서 당해 각 층의 바닥면적의 합계 400m²(벽 및 반자가 실내에 접하는 부분의 마감을 불연재료로 한 경우)이내마다 방화구획으로 구획한 건축물

해설 | 문제 23번 해설참조

25 ▶21
비상용승강기 승강장의 구조 기준에 대한 설명으로 틀린 것은? (단, 건축물의 설비기준 등에 관한 규칙에 따른다.)

① 승강장의 바닥면적은 비상용승강기 1대에 대하여 6m² 이상이어야 한다. 다만, 옥외에 승강장을 설치하는 경우에는 그러하지 아니하다.
② 피난층이 있는 승강장의 출입구로부터 도로 또는 공지에 이르는 거리가 40m 이하이어야 한다.
③ 벽 및 반자가 실내에 접하는 부분의 마감재료는 불연재료로 하여야 한다.
④ 승강장의 창문·출입구 기타 개구부를 제외한 부분은 당해 건축물의 다른 부분과 내화구조의 바닥 및 벽으로 구획하여야 한다.

해설 | 옥외에 승강장을 설치하는 경우
피난층이 있는 승강장의 출입구(승강장이 없는 경우에는 승강로의 출입구)로부터 도로 또는 공지에 이르는 거리가 30m 이하일 것

26 ▶21,19
피난용승강기 승강장의 구조 기준으로 옳지 않은 것은?

① 승강장의 출입구를 제외한 부분은 해당 건축물의 다른 부분과 내화구조의 바닥 및 벽으로 구획할 것
② 승강장은 각 층의 내부와 연결될 수 있도록 하되, 그 출입구에는 60+방화문 또는 60분방화문을 설치할 것
③ 배연설비를 설치할 것
④ 실내에 접하는 부분(바닥 및 반자 등 실내에 면한 모든 부분을 말한다)의 마감(마감을 위한 바탕을 포함한다)은 난연재료로 할 것

해설 | 피난용승강기
- 설치대상 : 고층건축물 [예외]준초고층건축물 중 공동주택은 제외
- 구조기준 : 갑종방화문, 내화구조, 불연재료

4 기타

27 ▶12
건축허가 신청 시 에너지 절약계획서를 제출하지 않아도 되는 것은?

① 교육연구시설 중 바닥면적의 합계가 3500m²인 연구소
② 공동주택 중 바닥면적의 합계가 1500m²인 기숙사
③ 제1종 근린생활시설 중 바닥면적의 합계가 600m²인 목욕장
④ 바닥면적의 합계가 3000m²인 판매시설

정답 | 24 ④ 25 ② 26 ④ 27 ②

해설 | 에너지절약계획서
연면적 합계 500m² 이상 건축물은 에너지절약계획서를 제출한다.
- 제외대상
  ㉠ 단독주택, 다중주택, 다가구주택
  ㉡ 문화 및 집회시설 중 동·식물원
  ㉢ 건축법 시행령 기준 냉방 또는 난방 설비를 설치하지 않는 공장, 창고, 위험물 저장 및 처리시설, 자동차 관련시설, 동·식물관련시설, 자원순환 관련시설, 교정 및 군사시설, 방송통신시설, 발전시설, 묘지관련시설
  ㉣ 그 밖에 국토교통부장관이 에너지 절약계획서를 첨부할 필요가 없다고 정하여 고시하는 건축물

28 ▶12

건축물의 건축허가를 신청하는 경우 에너지절약계획서를 제출하여야 하는 대상건축물에 해당하는 것은?

① 제1종 근린생활시설 중 목욕장으로서 당해 용도로 사용되는 바닥면적의 합계가 500m²인 건축물
② 수련시설 중 유스호스텔로서 당해 용도로 사용되는 바닥면적의 합계가 1500m²인 건축물
③ 운동시설 중 실내수영장으로서 당해 용도로 사용되는 바닥면적의 합계가 450m²인 건축물
④ 문화 및 집회시설(동·식물원은 제외)로서 당해 용도로 사용되는 바닥면적의 합계가 8000m²인 건축물

해설 | 문제 27번 해설참조

정답 | 28 ①

03 피난·방화규정

1. 피난규정

> Pass Note

예상출제문항	키워드	
2~3	- 직통계단 설치기준 - 피난계단설치 기준 - 관람실 등으로부터의 출구 설치기준	- 개방공간 설치 - 직통계단에 이르는 보행거리 - 옥상광장 설치

1) 직통계단의 설치기준

(1) 피난층에서의 보행거리

피난층의 계단 및 거실로부터 건축물 바깥쪽으로의 출구에 이르는 보행거리

구분	원칙	주요구조부가 내화구조, 불연재료일 경우
계단으로부터 옥외로의 출구까지 **거실로부터 계단까지**	30m 이하	50m 이하 (16층 이상 공동주택 : 40m)
거실로부터 옥외로의 출구까지 (피난에 지장이 없는 출입구가 있는 것은 제외)	60m 이하	100m 이하 (16층 이상 공동주택 : 80m)

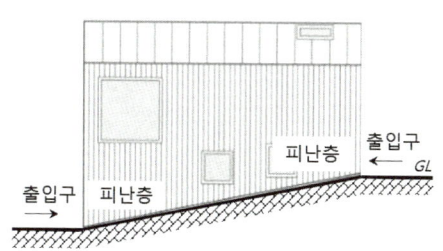

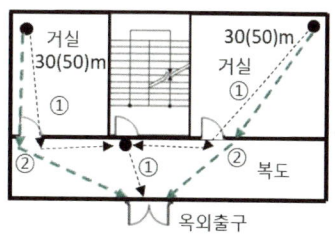

① 계단에서 옥외출구 : 30m(50m)
② 거실에서 옥외출구 : 60m(100m)

> **예제 01** 건축물의 피난층 외의 층에서 피난층 또는 지상으로 통하는 직통계단을 설치할 때, 거실의 각 부분으로부터 계단에 이르는 보행거리 기준은 최대 얼마 이하가 되도록 하여야 하는가? (단, 기타의 경우는 고려하지 않는다.) [23,21,17,13]
> ① 20m   ② 30m
> ③ 70m   ④ 100m
>
> 정답 ②

(2) 피난층이 아닌 층에서의 보행거리

피난층이 아닌 층에서 거실 각 부분으로부터 피난층(직접 지상으로 통하는 출입구가 있는 층) 또는 지상으로 통하는 직통계단(경사로 포함)에 이르는 보행거리

구분	보행거리
원칙	30m 이하
주요구조부가 내화구조, 불연재료로 된 건축물	50m 이하(16층 이상 공동주택 : 40m 이하)

(3) 직통계단을 2개소 이상 설치하여야 하는 건축물

건축물의 피난층이 아닌 층에서는 피난층 또는 지상으로 통하는 직통계단(경사로 포함)을 2개소 이상 설치해야 하는 경우는 다음과 같다.

설치 대상	해당부분	면적
• 문화 및 집회 시설(전시장, 동식물원 제외) • 제2종 근린생활시설 중 공연장, 종교집회장(바닥면적 합계가 300m² 이상) • 장례시설, 종교시설 • 위락시설 중 유흥주점	그 층의 관람실, 집회실의 바닥면적 합계	200m² 이상
• 단독주택 중 다중주택, 다가구주택 • 제2종 근린생활시설 중 학원, 독서실 • 게임시설제공업소(바닥면적 합계가 300m² 이상) • 판매시설 • 운수시설(여객용 시설만 해당) • 의료시설(입원실이 없는 치과병원은 제외) • 교육연구시설 중 학원 • 노유자시설 중 아동 관련시설, 노인복지시설 • 수련시설 중 유스호스텔 또는 숙박시설 • 숙박시설	3층 이상의 층으로서 그 층의 해당 용도로 쓰이는 거실의 바닥면적 합계	
지하층	그 층 거실의 바닥면적의 합계	
• 공동주택(층당 4세대 이하는 제외) • 업무시설 중 오피스텔	그 층의 해당 용도에 쓰이는 거실의 바닥면적 합계	300m² 이상
위에 해당하지 않는 용도	3층 이상 층으로서 그 층 거실의 바닥면적 합계	400m² 이상

2) 피난계단의 설치 대상

(1) 피난 및 특별피난계단의 설치대상

구분	대상	예외
피난계단 또는 특별피난계단	• **5층 이상의 층**으로부터 피난층 또는 지상으로 통하는 직통계단 • **지하 2층 이하의 층**으로부터 피난층 또는 지상으로 통하는 직통계단 • 지하 1층인 건축물의 경우에는 5층 이상의 층으로부터 피난층 또는 지상으로 통하는 직통계단과 직접 연결된 지하 1층의 계단 • ※ 판매시설(도매, 소매시장, 상점)의 용도에 쓰이는 층으로부터의 직통계단은 그 중 1개소 이상 특별피난계단으로 설치하여야 함	• 건축물의 주요구조부가 **내화구조 또는 불연재료**로 되어 있는 다음의 경우 • 5층 이상의 바닥면적 합계가 $200m^2$ 이하인 경우 • 5층 이상의 바닥면적 $200m^2$ 이내마다 방화구획이 되어 있는 경우
특별피난계단	• **11층 이상(공동주택은 16층 이상)**의 층으로부터 피난층 또는 지상으로 통하는 직통계단 • 지하 3층 이하인 층으로부터 피난층 또는 지상으로 통하는 직통계단	• 갓복도식 공동주택 • 해당 층의 바닥면적이 $400m^2$ 미만인 층

(2) 직통계단 외에 별도의 피난계단, 특별피난계단 설치대상

대상 건축물	설치기준
• 건축물의 5층 이상의 층으로서 다음에 해당하는 시설 • 문화 및 집회시설 중 전시장 또는 동식물원 • 판매시설, 운수시설(여객용 시설만 해당) • 운동시설, 위락시설 • 관광휴게시설(다중이 이용하는 시설에 한함) • 수련시설 중 생활권 수련시설	• 그 층의 해당 용도로 쓰는 **바닥면적이 합계가 $2,000m^2$**를 넘는 경우에는 그 넘는 매 $2,000m^2$ 이내마다 1개소의 피난계단 또는 특별피난계단을 설치해야 함 (4층 이하의 층에 쓰이지 않는 피난계단 또는 특별피난계단에 한함)

(3) 옥외피난계단의 설치기준

대상 건축물	건축물의 용도	해당 용도에 쓰이는 층의 거실의 바닥면적 합계
3층 이상(피난층 제외)	• 문화 및 집회시설(**공연장**에 한함) • 위락시설(**주점영업**에 한함)	$300m^2$ 이상
	• 문화 및 집회시설(집회장에 한함)	$1,000m^2$ 이상

(4) 지하층과 피난층 사이의 개방공간 설치

바닥면적의 합계가 $3,000m^2$ **이상**인 **공연장·집회장·관람장** 또는 **전시장**을 지하층에 설치하는 경우 각 실에 있는 자가 지하층 각 층에서 건축물 밖으로 피난하여 옥외 계단 또는 경사로 등을 이용하여 피난층으로 대피할 수 있도록 천장이 개방된 외부 공간을 설치해야 한다.

> **예제 02** 다음은 지하층과 피난층 사이의 개방공간 설치에 대한 기준 내용이다. (   )안에 알맞은 것은?
> [24,22,21,18,17,15,14]
>
> 바닥면적의 합계가 (   ) 이상인 공연장·집회장·관람장 또는 전시장을 지하층에 설치하는 경우에는 각 실에 있는 자가 지하층 각 층에서 건축물 밖으로 피난하여 옥외 계단 또는 경사로 등을 이용하여 피난층으로 대피할 수 있도록 천장이 개방된 외부 공간을 설치하여야 한다.
>
> ① 500m²　② 1000m²　③ 3000m²　④ 5000m²
>
> 정답 ③

(5) 피난계단 및 특별피난계단의 구조

구분		구조기준
건축물의 **내부에** 설치하는 피난계단	출입구	• **유효너비는 0.9m 이상, 피난방향**으로 열 수 있을 것 • 갑종방화문(60 + 방화문, 60분 방화문)을 설치할 것
	창문	• 계단실의 바깥쪽과 접하는 창문 등은 당해 건축물의 다른 부분에 설치하는 창문 등으로부터 2m 이상의 거리를 두고 설치할 것(망이 들어 있는 유리의 붙박이창으로서 그 면적이 각각 1m² 이하인 것은 제외) • 건축물의 내부와 접하는 계단실의 창문 등(출입구는 제외)은 망이 들어 있는 유리의 붙박이창으로서 그 면적을 각각 1m² 이하로 할 것
	계단실	• 다른 부분과 내화구조의 벽으로 구획(창문, 출입구, 기타 개구부는 제외) • **실내에 접하는 부분은 불연재료**로 할 것. • **예비전원**에 의한 조명설비를 할 것.
	계단	• **내화구조**로 하고 피난층 또는 지상까지 **직접 연결**되도록 할 것
건축물의 **바깥쪽에** 설치하는 피난계단		• 계단의 유효너비는 0.9m 이상으로 할 것 • 계단은 내화구조로 하고 지상까지 직접 연결되도록 할 것 • 계단은 그 계단으로 통하는 출입구 외의 창문 등(망이 들어 있는 유리의 붙박이창으로서 그 면적이 각각 1m² 이하인 것은 제외)으로부터 2m 이상의 거리를 두고 설치할 것 • 건축물의 내부에서 계단으로 통하는 출입구에는 **갑종방화문**(60 + 방화문, 60분 방화문)을 설치할 것
특별 피난계단		• 출입구의 유효너비는 **0.9m** 이상으로 하고 피난의 방향으로 열 수 있을 것 • 계단실·노대 및 부속실은 창문 등을 제외하고는 **내화구조의 벽**으로 구획할 것 • 계단실 및 부속실의 **실내에 접하는 부분은 불연재료**로 할 것 • 계단은 내화구조로 하되, 피난층 또는 지상까지 직접 연결되도록 할 것 • 계단실에는 **예비전원에 의한 조명설비**를 할 것 • 계단실·노대 또는 부속실에 설치하는 건축물의 바깥쪽에 접하는 창문 등(망이 들어 있는 유리의 붙박이창으로서 그 면적이 각각 1m² 이하인 것은 제외)은 계단실·노대 또는 부속실 외의 당해 건축물의 다른 부분에 설치하는 창문 등으로부터 **2m** 이상의 거리를 두고 설치할 것 • 계단실의 노대 또는 부속실에 접하는 창문 등은 망이 들어 있는 유리의 붙박이창으로서 그 면적을 각각 1m² 이하로 할 것 • 건축물의 내부에서 노대 또는 부속실로 통하는 출입구에는 **갑종방화문**(60 + 방화문, 60분 방화문)을 설치하고, 노대 또는 부속실로부터 계단실로 통하는 출입구에는 60 + 방화문, 갑종방화문 또는 을종방화문(30분 방화문)을 설치할 것 • 방화문은 언제나 닫힌 상태를 유지하거나 화재로 인한 연기 또는 불꽃을 감지하여 자동적으로 닫히는 구조로 해야 하고, 연기 또는 불꽃으로 감지하여 자동적으로 닫히는 구조로 할 수 없는 경우에는 온도를 감지하여 자동적으로 닫히는 구조로 하여야한다.

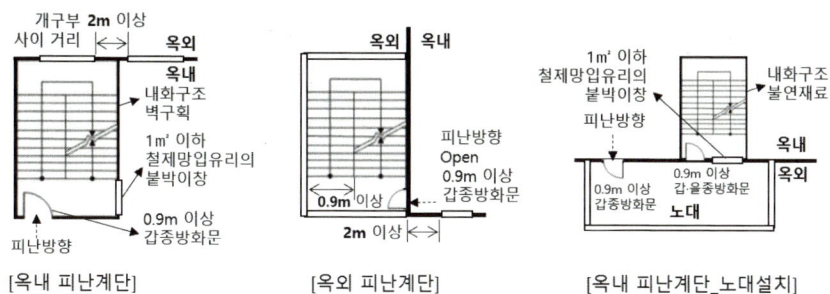

[옥내 피난계단]　　　[옥외 피난계단]　　　[옥내 피난계단_노대설치]

예제 03 건축물의 바깥쪽에 설치하는 피난계단의 구조에 관한 기준 내용으로 옳지 않은 것은? [25,22]
① 계단의 유효너비는 0.9m 이상으로 할 것
② 계단실에는 예비전원에 의한 조명설비를 할 것
③ 계단은 내화구조로 하고 지상까지 직접 연결되도록 할 것
④ 건축물의 내부에서 계단으로 통하는 출입구에는 60 + 방화문 또는 60분방화문을 설치할 것

해설 | 건축물의 내부에 설치하는 피난계단 계단실에는 예비전원에 의한 조명설비를 한다.

정답 ②

3) 관람실 등으로부터의 출구 설치기준

(1) 관람실 등으로부터의 출구의 설치기준

구분	설치기준	바닥면적
문화 및 집회 시설 중 공연장의 개별관람실	• 각 출구의 유효폭은 1.5m 이상 • 관람실별로 2개소 이상 설치 • 개별관람실 출구 유효너비의 합계는 **개별관람실의 바닥면적 100m²마다 0.6m의 비율로** 산정한 너비 이상으로 할 것 $$\frac{개별\ 관람실의\ 바닥면적(m^2)}{100m^2} \times 0.6m$$	300m² 이상
	관람실 또는 집회실로부터 바깥쪽으로의 출구로 쓰이는 문은 **밖여닫이**로 해야 한다.(**안여닫이** ×)	

예제 04 문화 및 집회시설 중 공연장의 개별 관람실 출구의 설치에 관한 기준 내용으로 옳지 않은 것은? (단, 개별 관람실의 바닥면적은 300m² 이상이다.) [24,22,27]
① 관람실별 2개소 이상 설치할 것
② 각 출구의 유효너비는 1.5m 이상으로 할 것
③ 관람실로부터 바깥쪽으로의 출구로 쓰이는 문은 안여닫이로 할 것
④ 개별 관람실 출구의 유효너비의 합계는 개별 관람실의 바닥면적 100m²마다 0.6m의 비율로 산정한 너비 이상으로 할 것

해설 | 관람실 또는 집회실로부터 바깥쪽으로의 출구로 쓰이는 문은 밖여닫이로 해야 한다.(안여닫이 ×)

정답 ③

> **예제 05** 문화 및 집회시설 중 공연장의 개별 관람실의 바닥면적이 1000m²일 때, 개별 관람실 출구의 유효너비의 합계는 최소 얼마 이상으로 하여야 하는가? [23,22,14]
>
> ① 4m　　② 5m　　③ 6m　　④ 8m
>
> 해설 | $\frac{개별 관람실의 바닥면적(m^2)}{100m^2} \times 0.6m = \frac{1000}{100} \times 0.6 = 6m$
>
> 정답 ③

(2) 건축물의 바깥쪽으로의 출구의 설치기준

설치대상	설치기준	
• 문화 및 집회 시설(전시장, 동·식물원은 제외) • 판매시설, 종교시설, 의료시설 중 장례식장 • 업무시설 중 국가 또는 지방자치단체의 청사 • 위락시설 • 교육연구시설 중 학교 • 승강기를 설치하여야 하는 건축물 • 연면적 5,000m² 이상의 창고시설	피난층의 계단으로부터 → 건축물 바깥쪽 출구까지 보행거리	
	계단에서부터 옥외 출구까지	30m 이하
	주요구조부가 내화구조, 불연재료	50m 이하
	16층 이상 공동주택	40m 이하
	피난층 외의 거실의 각 부분으로부터 → 건축물의 바깥쪽 출구까지의 보행거리	
	거실에서부터 옥외 출구까지	60m 이하
	주요구조부가 내화구조, 불연재료	100m 이하
	16층 이상 공동주택	80m 이하

> **예제 06** 건축물의 피난시설과 관련하여 건축물로부터 바깥쪽으로 나가는 출구를 설치하여야 하는 대상 건축물이 아닌 것은? [25,19,18,16,14]
>
> ① 장례시설　　② 위락시설
> ③ 문화 및 집회시설 중 전시장　　④ 승강기를 설치하여야 하는 건축물
>
> 해설 | 문화 및 집회 시설중 전시장, 동·식물원은 제외
>
> 정답 ③

(3) 보조출구 또는 비상구설치

대상 건축물	설치기준
관람실의 바닥면적의 합계가 300m² 이상인 집회장 또는 공연장	주된 출구 외에 보조출구 또는 비상구를 2개소 이상 설치해야 함

(4) 판매시설의 피난층에 설치하는 출구의 유효너비

대상	설치기준
판매시설 (도매시장, 소매시장, 상점 등)	건축물의 바깥쪽으로의 출구의 유효너비의 합계는 해당 용도에 쓰이는 **바닥면적이 최대인 층**의 해당 용도의 바닥면적 100m²마다 0.6m의 비율로 산정한 너비 이상으로 설치해야 함 출구유효폭 ≥ $\frac{당해용도 최대인 층의 바닥면적(m^2)}{100m^2} \times 0.6m$

예제 07 판매시설의 용도에 쓰이는 층의 최대 바닥면적이 500m²일 때 피난층에 설치하는 건축물의 바깥쪽으로의 출구의 유효너비 합계는 최소 얼마 이상으로 하여야 하는가? [24,20,16]

① 2.5m ② 3m
③ 3.5m ④ 5m

해설 | 건축물의 바깥쪽으로의 출구의 유효너비의 합계는 해당 용도에 쓰이는 바닥면적이 최대인 층의 해당 용도의 바닥면적 100m²마다 0.6m의 비율로 산정한 너비 이상으로 설치해야 함

$$\therefore \frac{500m^2}{100m^2} = 5 \times 0.6m = 3m$$

정답 ②

(5) 피난층 또는 피난층의 승강장으로부터 건축물의 바깥쪽에 이르는 통로 경사로 설치대상

구분	설치기준
경사로 설치 대상	• 제1종 근린생활 시설 중 마을회관, 변전소, 양수장, 공중화장실 등 • **연면적 5,000m² 이상인 판매시설, 운수시설** • 학교 • 국가, 지방자치단체의 청사와 외국공관의 건축물 • 승강기를 설치해야 하는 건축물

(6) 회전문의 설치기준
① 위치는 계단이나 에스컬레이터로부터 2m 이상 거리를 둘 것
② 회전속도는 분당회전수가 8회를 넘지 아니하도록 할 것
③ 회전문과 문틀 사이는 5cm 이상 간격을 확보 할 것
④ 회전문과 바닥 사이는 3cm 이하 간격을 확보 할 것
⑤ 회전문의 틈 사이를 고무와 고무펠트의 조합체 등을 사용하여 신체나 물건 등에 손상이 없도록 할 것
⑥ 회전문은 사용에 편리하게 **일정한 방향**으로 회전할 수 있는 구조로 할 것

4) 옥상광장 등의 설치

(1) 난간 설치
① 옥상광장 또는 2층 이상인 층에 있는 노대 등의 주위에는 높이 **1.2m 이상의 난간**을 설치하여야 한다.
② 예외 : 해당 노대 등에 출입할 수 없는 구조인 경우

(2) 옥상광장 설치
5층 이상의 층이 다음 용도로 사용되는 경우 피난 용도로 광장을 옥상에 설치하여야 한다.
① 문화 및 집회시설(전시장 및 동·식물원은 제외)
② 바닥면적의 합계가 각각 300m² 이상인 공연장, 종교집회장
③ 종교시설, 판매시설
④ 위락시설 중 주점영업
⑤ **장례시설**

(3) 헬리포트 설치
   ① 설치대상
   층수가 11층 이상인 건축물로서 11층 이상인 층의 바닥면적의 합계가 10,000m² 이상인 건축물(평지붕만 해당)의 옥상
   ② 설치기준 및 예시

설치기준	예시
• 길이와 너비 : 각각 22m 이상(15m까지 감축 가능) • 헬리포트의 중심으로부터 반경 12m 이내에는 헬리콥터의 이·착륙에 장애가 되는 건축물, 공작물, 조경시설 또는 난간등을 설치금지 • 착륙대 주위한계선의 너비 : 38cm(백색) • Ⓗ 표지 : **지름 8m**(백색) • H 표시의 선의 너비 : 38cm(백색) • O 표지의 선의 너비 : 60cm(백색)	가로/세로 22m 이상(최소15m) 8m 이상 선너비 38cm 선너비 60cm 모든선은 **백색**으로 표시 반경 **12m** 이내에는 건축물 또는 공작물 설치 금지

(4) 아파트 발코니의 대피공간 설치

공동주택 중 아파트로서 4층 이상인 층의 각 세대가 2개 이상의 직통계단을 사용할 수 없는 경우에는 발코니에 인접 세대와 공동으로 또는 각 세대별로 일정 요건을 모두 갖춘 대피 공간을 하나 이상 설치하여야 한다.

① 대피공간은 바깥의 공기와 접할 것
② 대피공간은 실내의 다른 부분과 방화구획으로 구획될 것
③ 대피공간의 바닥면적 기준
   ㉠ **인접 세대**와 공동으로 설치하는 경우 : 3m² 이상
   ㉡ 각 세대별로 설치하는 경우 : 2m² 이상

> **예제 08** 공동주택 중 아파트로서 4층 이상인 층의 각 세대가 2개 이상의 직통계단을 사용할 수 없는 경우에는 발코니에 인접 세대와 공동으로 또는 각 세대별로 일정 요건을 모두 갖춘 대피 공간을 하나 이상 설치하여야 하는데, 대피공간이 갖추어야 할 일정 요건으로 옳지 않은 것은? [24,22,17]
> ① 대피공간은 바깥의 공기와 접할 것
> ② 대피공간은 실내의 다른 부분과 방화구획으로 구획될 것
> ③ 대피공간의 바닥면적은 각 세대별로 설치하는 경우에는 2m² 이상일 것
> ④ 대피공간의 바닥면적은 인접 세대와 공동으로 설치하는 경우에는 2.5m² 이상일 것
>
> 해설 | 인접 세대와 공동으로 설치하는 경우 : 3m² 이상
>
> 정답 ④

2. 방화규정

Pass Note

예상출제문항	키워드	
1 ~ 2	- 방화구획 - 내화구조	- 비상탈출구 - 방화문

1) 방화구획

건축법령상 방화구획을 설치하는 목적은 동일 건축물 내에서의 **화재 확산방지**다.

(1) 방화구획의 기준

주요구조부가 내화구조 또는 불연재료로 된 건축물로 연면적이 1,000㎡를 넘는 것은 다음의 기준에 의하여 **내화구조의 바닥, 벽, 갑종방화문**(자동 방화셔터 포함)으로 구획한다.

건축물 규모	구획기준		비고
10층 이하의 층	바닥면적 1,000㎡(3,000㎡) 이내마다 구획		( )안의 면적은 **스프링클러** 등의 자동식 소화설비를 설치한 경우임
지상층, 지하층	매 층마다 구획(면적에 무관) [제외] 지하 1층에서 지상으로 직접 연결하는 경사로 부위		
11층 이상의 층	• 실내마감이 • 불연재료인 경우	바닥면적 500㎡(1,500㎡) 이내마다 구획	
	• 실내마감이 • 불연재료가 아닌 경우	바닥면적 200㎡(600㎡) 이내마다 구획	

예제 01 벽 및 반자의 실내에 접하는 부분의 마감이 불연재료이고, 자동식 소화설비가 설치된 각 층 바닥면적이 1000㎡인 업무시설의 11층은 최소 몇 개의 영역으로 방화구획을 하여야 하는가? [23,19,16,13]

① 2개의 영역으로 구획　　② 3개의 영역으로 구획
③ 5개의 영역으로 구획　　④ 층간 방화구획

해설 | 각층 바닥면적이 1,000㎡인 업무시설 11층은 자동식 소화설비가 설치된 경우 1,500㎡ 이내마다 구획해야 하므로 층간 방화구역으로 한다.

정답 ④

(2) 방화구획 완화 대상 건축물

① 문화 및 집회시설(동·식물원은 제외), 종교시설, 운동시설 또는 장례시설의 용도로 쓰는 거실로서 시선 및 활동공간의 확보를 위하여 불가피한 부분
② 물품의 제조·가공·보관 및 운반 등에 필요한 고정식 대형기기 설비의 설치를 위하여 불가피한 부분
③ 계단실·복도 또는 승강기의 승강장 및 승강로로서 그 건축물의 다른 부분과 방화구획으로 구획된 부분

④ 건축물의 최상층 또는 피난층으로서 대규모 회의장·강당·스카이라운지 로비 또는 피난안전구역 등의 용도로 쓰는 부분으로서 그 용도로 사용하기 위하여 불가피한 부분
⑤ 복층형 공동주택의 세대별 층간 바닥 부분
⑥ 주요구조부가 내화구조 또는 불연재료로 된 **주차장**
⑦ 단독주택, 동물 및 식물 관련 시설 또는 **교정 및 군사시설 중 군사시설(집회, 체육, 창고 등의 용도로 사용되는 시설만 해당)**로 쓰는 건축물

건축법령상 방화구획 등의 설치 기준에 따라, 방화구획의 규정을 적용하지 않거나 그 사용에 지장이 없는 범위에서 완화하여 적용할 수 있는 부분이 아닌 것은? [25,21,17,14]
① 단독주택
② 복층형 공동주택의 세대별 층간 바닥 부분
③ 주요구조부가 내화구조 또는 불연재료로 된 주차장
④ 교정 및 군사시설 중 군사시설로써 집회, 체육, 창고 등의 용도로 사용되는 시설을 제외한 나머지 시설물

해설 | 단독주택, 동물 및 식물 관련 시설 또는 교정 및 군사시설 중 군사시설(집회, 체육, 창고 등의 용도로 사용되는 시설만 해당)로 쓰는 건축물

정답 ④

2) 방화벽의 구조

(1) 설치대상 및 구획기준

연면적이 1,000m² 이상인 건축물은 각 구획의 바닥면적이 1,000m² 미만이 되도록 방화벽으로 구획하여야 한다.

[예외] • 주요조부가 내화구조이거나 불연재인 건축물
 • 단독주택, 동·식물 관련시설, 교정 및 군사시설 중 교도소 또는 감화원
 • 묘지관련시설(화장장 제외)
 • 창고(내부설비구조상 방화벽으로 구획할 수 없는 경우)

(2) 방화벽의 구조기준
① 내화구조로서 홀로 설 수 있는 구조일 것
② 방화벽의 양쪽 끝과 위쪽 끝을 건축물의 외벽면 및 지붕면으로부터 0.5m 이상 튀어나오게 할 것
③ 방화벽에 설치하는 **출입문의 너비 및 높이**는 각각 **2.5m 이하**로 할 것
④ 방화벽에 설치하는 출입문은 **갑종방화문**(60 + 방화문 또는 60분 방화문)을 설치할 것

(3) 연면적 1,000m² 이상인 목조건축물
① 외벽 및 처마 밑으로 연소할 우려가 있는 부분을 방화구조로 할 것
② 지붕은 불연재료로 할 것

(4) 연소할 우려가 있는 부분

구조부분	1층	2층 이상	비고
• 인접대지 경계선 • 도로 중심선 • 동일한 대지 안에 2동 이상의 건축물의 상호 외벽 간의 중심선(연면적의 합계가 500m² 이하인 건축물은 하나의 건축물로 본다.)	3m 이내 부분	5m 이내 부분	[예외] 공원, 광장, 하천의 공지나 수면 또는 내화구조의 벽 등에 접하는 부분은 제외

(5) 연소할 우려가 있는 구조

① 건축물대장의 건축물 현황도에 표시된 대지경계선 안에 둘 이상의 건축물이 있는 경우
② 각각의 건축물이 다른 <u>건축물의 외벽으로부터 수평거리가 1층의 경우에는 6m 이하 , 2층 이상의 층의 경우에는 10m 이하인 경우</u>
③ 개구부가 다른 건축물을 향하여 설치되어 있는 경우

3) 방화에 장애가 되는 용도의 제한

(1) 복합용도의 제한

같은 건축물 안에서 "A"용도의 시설과 "B"용도의 시설은 함께 설치할 수 없다.

A	B
• 공동주택 • 의료시설 • 노유자시설(아동 관련 시설 및 노인복지시설만 해당) • 산후조리원 • 장례시설	• 위락시설 • 위험물 저장 및 처리시설 • 공장 • 자동차 관련 시설(정비공장만 해당)

(2) 같은 건축물 안에서 **설치가 불가능한** 시설물

A 용도시설	B 용도시설
노유자시설 중 아동 관련 시설 또는 노인복지시설	판매시설 중 도매시장 또는 소매시장
단독주택(다중주택, 다가구주택), 공동주택, 제1종 근린생활시설 중 조산원 또는 산후조리원	제2종 근린생활시설 중 다중생활시설

다음 중 방화에 장애가 되는 용도제한과 관련하여 같은 건축물에 함께 설치할 수 없는 것은? [24,22]

① 문화 및 집회시설 중 공연장과 위락시설
② 노유자시설 중 노인복지시설과 의료시설
③ 제1종 근린생활시설 중 산후조리원과 공동주택
④ 노유자시설 중 아동관련시설과 판매시설 중 도매시장

정답 ④

(3) 복합용도의 제한의 완화_같은 건축물 안에서 **설치 가능한** 시설물

구분	내용
설치 가능한 시설물	• 공동주택(기숙사만 해당)과 공장이 같은 건축물에 있는 경우 • 중심상업지역·일반상업지역 또는 근린상업지역에서 재개발사업을 시행하는 경우 • 공동주택과 위락시설이 같은 초고층 건축물에 있는 경우 • 지식산업센터와 직장어린이집이 같은 건축물에 있는 경우

4) 방화지구 안의 건축물

(1) 방화지구 안의 건축물의 구조제한

방화지구 안의 건축물의 주요구조부 및 외벽을 내화구조로 해야 한다.

[예외] • 연면적이 30m² 미만인 단층 부속건물로서 외벽 및 처마면이 내화구조 또는 불연재료로 된 것
 • 주요구조부가 불연재료로 된 도매시장의 용도로 쓰는 건축물

(2) 방화지구 안의 공작물의 구조제한

방화지구 안의 공작물로서 다음에 해당하는 경우에는 그 주요구조부를 불연재료로 해야 한다.

① 간판, 광고탑
② 대통령이 정하는 공작물 중 지붕 위에 설치하는 공작물
③ 높이 3m 이상의 공작물

(3) 방화지구 안의 지붕·방화문·인접대지 경계선에 접하는 외벽

구분	내용
지붕	• 내화구조가 아닌 것은 불연재료로 할 것
외벽에 설치하는 창문 등으로서 연소할 우려가 있는 부분	• 갑종방화문(60 + 방화문 또는 60분 방화문) • 소방법령이 정하는 기준에 적합하게 창문 등에 설치하는 드렌처(drencher) • 당해 창문과 연소할 우려가 있는 다른 건축물의 부분을 차단하는 내화구조나 불연재료로 된 벽·담장, 기타 이와 유사한 방화설비 • 환기구멍에 설치하는 불연재료로 된 방화커버 또는 그물눈이 2mm 이하인 금속망(댐퍼의 재료로 철판을 사용할 경우 철판의 두께는 최소 1.5m 이상)

5) 방화문

(1) 방화문의 구분

구분	내용
60분 + 방화문	연기 및 불꽃을 차단할 수 있는 시간이 60분 이상이고, 열을 차단할 수 있는 시간이 30분 이상인 방화문
60분 방화문	연기 및 불꽃을 차단할 수 있는 시간이 60분 이상인 방화문
30분 방화문	연기 및 불꽃을 차단할 수 있는 시간이 30분 이상 60분 미만인 방화문
용어 정리	※ 건축법 시행령 : 60분 + 방화문 ※ 건축물방화구조규칙 : 60 + 방화문

(2) 방화문의 구조 및 성능

구분	갑종방화문	을종방화문
철제	골구를 철재로 하고 그 양면에 각각 두께 0.5mm 이상의 철판을 붙인 것	철제 및 망입유리로 된 것
	철판의 두께가 1.5mm 이상인 것	철판의 두께가 0.8mm 이상 1.5mm 미만인 것
방화목재	해당 안됨	옥내 면에 두께 1.2cm 이상의 석고판을 붙이고 옥외면에 철판을 붙인 것
성능기준	• 비차열 1시간 이상 • 차열 30분 이상(아파트 발코니에 설치하는 대피공간의 갑종방화문만 해당) • 60분 + 방화문, 60분 방화문	비차열 30분 이상

Note
① 차열 : 화재로 인한 열도 견디는 것
② 비차열 : 화재로 인한 열은 막지 못하지만 화염을 막을 수 있는 것

6) 건축물의 내화구조

다음의 어느 하나에 해당하는 건축물(3층 이상의 건축물 및 지하층이 있는 건축물로서 2층 이하인 건축물의 경우에는 지하층 부분에 한함)의 주요구조부와 지붕은 내화구조로 해야 한다.

[예외] • 연면적이 50m² 이하인 단층의 부속건축물로서 외벽 및 처마 밑면을 방화구조로 한 것과 무대의 바닥은 그렇지 않다.

건축물의 용도	바닥면적 합계	비고
• 문화 및 집회시설(전시장, 동·식물원은 제외) • 종교시설 • 위락시설 중 주점영업 • 장례시설 • 관람실 또는 집회실	200m² 이상	옥외관람석의 경우는 1,000m² 이상
• 제2종 근린생활시설 중 공연장, 종교집회장	300m² 이상	
• 문화 및 집회시설 중 전시장 또는 동·식물원 • **판매시설**, 운수시설 • 교육연구시설에 설치하는 체육관, 강당 • 수련시설 • 운동시설 중 체육관·운동장 • 위락시설(주점영업의 용도로 쓰는 것은 제외) • 창고시설 • 위험물저장 및 처리시설 • 자동차 관련 시설 • 방송통신시설 중 방송국, 전신전화국, 촬영소 • 묘지 관련 시설 중 화장시설·동물화장시설 • 관광휴게시설	500m² 이상	-

건축물의 용도	바닥면적	비고
• 공장	2,000m² 이상	[예외] 화재의 위험이 적은 공장으로서 국토교통부령이 정하는 공장은 제외
건축물의 2층이 • 단독주택 중 다중주택 및 다가구주택 • 공동주택 • 제1종 근린생활시설(의료의 용도에 쓰이는 시설에 한함) • 제2종 근린생활시설 중 다중생활시설 • 의료시설 • 노유자시설 중 아동 관련 시설 및 **노인복지시설** • 수련시설 중 유스호스텔 • 업무시설 중 오피스텔 • 숙박시설 • 장례시설	400m² 이상	—
• 3층 이상인 건축물 • 지하층이 있는 건축물	모든 건축물	[예외] 단독주택 및 동물 및 식물 관련 시설, 발전시설, 교도소·소년원 또는 묘지 관련 시설 등은 제외함

예제 04
다음 건축물 중 그 주요 구조부를 내화구조로 하여야 하는 것은? [23,20,12]
① 2층이 노인복지시설의 용도로 쓰는 건축물로서 그 용도로 쓰는 바닥면적의 합계가 450m²인 것
② 2층이 의료시설의 용도에 쓰는 건축물로서 그 용도로 쓰는 바닥면적의 합계가 300m²인 것
③ 위락시설(주점영업의 용도에 쓰이는 것을 제외한다.)의 용도로 쓰는 건축물로서 그 용도로 쓰는 바닥면적의 합계가 450m²인 것
④ 자동차 관련 시설의 용도로 쓰는 건축물로서 그 용도로 쓰는 바닥면적의 합계가 300m²인 것

정답 ①

해설 | 2층이 노인복지시설의 용도로 쓰는 건축물로서 그 용도로 쓰는 바닥면적의 합계가 400m²인 것

7) 건축물의 내부마감재료

건축물의 용도	마감재료	
	거실의 벽, 반자의 실내에 접하는 부분 (반자돌림대, 창대 등 제외)	복도, 계단, 통로의 벽, 반자의 실내에 접하는 부분(반자돌림대, 창대 등 제외)
① 단독주택 중 다중주택, 다가구주택 ② 공동주택 ③ 제2종 근린생활시설 중 공연장, 종교집회장, 학원, 당구장, 독서실, 인터넷컴퓨터게임시설제공업소 ④ 위험물 저장 및 처리시설(자가난방·자가발전 등의 시설 포함) ⑤ 자동차 관련시설, 발전시설, 방송통신 중 방송국, 촬영소 ⑥ 5층 이상인 건축물(거실의 바닥면적의 합계 500m² 이상) ⑦ 문화 및 집회시설, 종교시설, 판매시설, 운수시설, 의료시설 교육연구시설 중 학교(초등학교만 해당한다), 학원, 노유자시설, 수련시설, 업무시설 중 오피스텔, 숙박시설, 위락시설(단란주점·유흥주점 제외), 장례시설	불연재료 준불연재료 난연재료	불연재료 준불연재료

①~⑦ 항목의 용도에 쓰이는 거실 등을 지하층 또는 지하의 공작물에 설치하는 경우	불연재료 준불연재료	불연재료 준불연재료
⑧ 항목의 용도에 쓰이는 건축물의 거실		
⑨ 창고로 쓰이는 바닥면적 600m² 이상(자동소화설비 설치 시 1,200m² 이상)		

[예외] 주요구조부가 내화구조 또는 불연재료로 된 건축물로서 그 거실의 바닥면적(스프링클러 등 자동식 소화설비를 설치한 면적 제외) 200m² 이내마다 방화구획이 되어 있는 경우는 제외한다.

8) 지하층

(1) 지하층의 구조

바닥면적의 규모	설치기준
거실의 바닥면적이 50m² 이상인 층	직통계단 외에 피난층 또는 지상으로 통하는 비상탈출구 및 환기통 설치 [예외] 직통계단이 2개소 이상이 된 경우는 제외
바닥면적이 1,000m² 이상인 층	피난층 또는 지상으로 통하는 직통계단을 방화구획으로 구획되는 각 부분마다 1개소 이상의 피난계단 또는 특별피난계단 설치
거실의 바닥면적의 합계가 1,000m² 이상인 층	환기설비를 설치
지하층의 바닥면적이 300m² 이상인 층	식수공급을 위한 급수전을 1개소 이상 설치

(2) 지하층에 설치하는 비상탈출구의 구조

구분	설치기준
크기	유효너비는 0.75m 이상, 유효높이는 1.5m 이상으로 할 것
개폐 방향	피난방향으로 열리도록 하고, 실내에서 항상 열 수 있는 구조로 하며, 내부 및 외부에는 비상탈출구의 표시를 할 것
설치위치	출입구로부터 3m 이상 떨어진 곳에 설치
사다리	지하층의 바닥으로부터 비상탈출구의 아랫부분까지의 높이가 1.2m 이상이 되는 경우에는 벽체에 발판의 너비가 20cm 이상인 사다리를 설치
피난통로의 유효너비 및 재료	유효너비는 0.75m 이상으로 하고, 피난통로의 실내에 접하는 부분의 마감과 그 바탕은 불연재료로 할 것
진입부분 및 피난통로	통행에 지장이 있는 물건을 방치하거나 시설물을 설치하지 아니할 것
유도등과 피난통로의 비상조명등	소방법령의 정하는 바에 의할 것

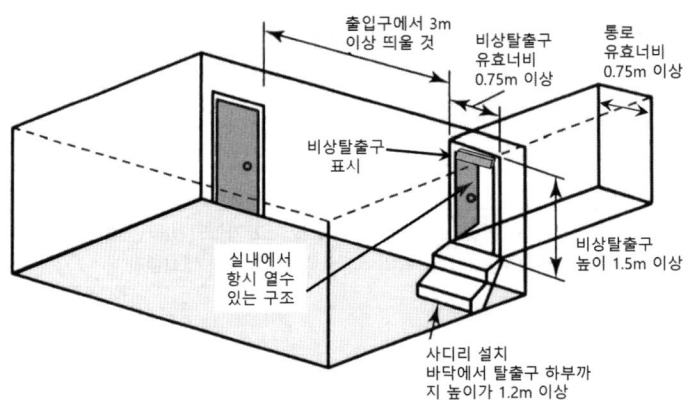

> **예제 05** 건축물에 설치하는 지하층 비상탈출구의 유효너비 및 유효높이의 기준으로 옳은 것은? [24,20,19,13]
> ① 유효너비 0.75m 이상, 유효높이 1.5m 이상
> ② 유효너비 0.75m 이상, 유효높이 1.8m 이상
> ③ 유효너비 1.0 이상, 유효높이 1.5m 이상
> ④ 유효너비 1.0 이상, 유효높이 1.8m 이상
>
> 해설 | 유효너비는 0.75m 이상, 유효높이는 1.5m 이상으로 할 것
>
> 정답 ①

핵심 기출문제

03 피난·방화규정

1 피난규정

01 ▶15,12

건축물의 피난층 외의 층에서 피난층 또는 지상으로 통하는 직통계단은 거실의 각 부분으로부터 계단에 이르는 보행거리가 최대 얼마 이하가 되도록 설치하여야 하는가?(단, 주요구조부가 내화구조 또는 불연재료로 된 건축물)

① 30m   ② 40m
③ 50m   ④ 60m

해설 | 거실의 각 부분으로부터 계단까지 30m 이하
(주요구조부가 내화구조, 불연재료일 경우 50m 이하)

02 ▶17

다음은 건축법 시행령 중 피난계단의 설치에 관한 내용이다. 빈칸에 공통으로 들어갈 내용으로 옳은 것은?

> 법 제49조 1항에 따라 5층 이상 또는 지하 2층 이하인 층에 설치하는 직통계단은 국토교통부령으로 정하는 기준에 따라 피난계단 또는 특별피난계단으로 설치하여야 한다. 다만, 건축물의 주요구조부가 내화구조 또 불연재료로 되어 있는 경우로서 다음 각 호의 어느 하나에 해당하는 경우에는 그러하지 아니하다.
> 1. 5층 이상인 층의 바닥면적의 합계가 (   ) 제곱미터 이하인 경우
> 2. 5층 이상인 층의 바닥면적 (   ) 제곱미터 이내마다 방화구획이 되어 있는 경우

① 100   ② 150
③ 200   ④ 300

해설 | 피난계단 또는 특별피난계단 [예외대상]
건축물의 주요구조부가 내화구조 또는 불연재료로 되어 있는 다음의 경우
• 5층 이상의 바닥면적 합계가 200m² 이하인 경우
• 5층 이상의 바닥면적 200m² 이내마다 방화구획이 되어 있는 경우

03 ▶16,12

건축물의 3층 이상의 층으로서 문화 및 집회시설의 공연장이나 위락시설 중 주점영업의 용도에 쓰이는 층으로 그 층 거실의 바닥면적의 합계가 몇 m² 이상일 때 옥외피난계단을 설치하여야 하는가?

① 200m² 이상   ② 300m² 이상
③ 400m² 이상   ④ 500m² 이상

해설 | 옥외피난계단의 설치기준
• 문화 및 집회시설(공연장에 한함) : 300m² 이상
• 위락시설(주점영업에 한함) : 300m² 이상
• 문화 및 집회시설(집회장에 한함) : 1,000m² 이상

04 ▶15

건축물의 3층 이상의 층에 직통계단 외에 그 층으로부터 지상으로 통하는 옥외피난계단을 따로 설치하여야 하는 용도의 기준으로 옳지 않은 것은?

① 제2종 근린생활시설 중 공연장(해당용도로 쓰는 바닥면적의 합계가 300m² 이상인 경우)의 용도에 쓰이는 층으로서 그 층 거실 바닥면적의 합계가 300m² 이상인 것
② 위락시설 중 주점영업의 용도에 쓰이는 층으로서 그 층 거실 바닥면적의 합계가 400m² 이상인 것
③ 문화 및 집회시설 중 공연장의 용도로 쓰이는 층으로서 그 층의 거실의 바닥면적의 합계가 300m² 이상인 것
④ 문화 및 집회시설 중 집회장의 용도에 쓰이는 층으로서 그 층의 거실의 바닥면적의 합계가 1,000m² 이상인 것

해설 | 위락시설(주점영업에 한함) : 300m² 이상

정답 | 01 ③ 02 ③ 03 ② 04 ②

05 ▶18, 14, 13
건축물의 바깥쪽에 설치하는 피난계단의 구조에 관한 기준으로 옳지 않은 것은?

① 계단은 그 계단으로 통하는 출입구외의 창문등(망이 들어 있는 유리의 붙박이창으로서 그 면적이 각각 1m² 이하인 것을 제외한다)으로부터 2m 이상의 거리를 두고 설치할 것
② 건축물의 내부에서 계단으로 통하는 출입구에는 을종방화문을 설치할 것
③ 계단의 유효너비는 0.9m 이상으로 할 것
④ 계단은 내화구조로 하고 지상까지 직접 연결되도록 할 것

해설 | 건축물의 내부에서 계단으로 통하는 출입구에는 갑종 방화문(60+ 방화문, 60분 방화문)을 설치할 것

06 ▶21, 15
건축물의 내부에 설치하는 피난계단의 구조에서 계단실의 실내에 접하는 부분의 마감에 쓰이는 재료는?

① 난연재료 ② 불연재료
③ 준불연재료 ④ 내수재료

해설 | 내부 계단실
- 다른 부분과 내화구조의 벽으로 구획(창문, 출입구, 기타 개구부는 제외)
- 실내에 접하는 부분은 불연재료로 할 것.
- 예비전원에 의한 조명설비를 할 것.

07 ▶16, 14
건축물 내부 피난계단의 설치기준으로 옳지 않은 것은?

① 계단실은 창문·출입구 기타 개구부를 제외한 당해 건축물의 다른 부분과 내화구조의 벽으로 구획할 것
② 계단실의 실내에 접하는 부분의 마감은 난연재료로 할 것
③ 계단실에는 예비전원에 의한 조명설비를 할 것
④ 계단실의 바깥쪽과 접하는 창문 등은 당해 건축물의 다른 부분에 설치하는 창문 등으로부터 2m 이상의 거리를 두고 설치할 것

해설 | 실내에 접하는 부분은 불연재료로 할 것

08 ▶15
다음은 건축물 바깥쪽으로의 출구의 설치기준에 관한 법령이다. 빈 칸에 알맞은 내용으로 옳은 것은?

> 판매시설의 용도에 쓰이는 피난층에 설치하는 건축물의 바깥쪽으로서의 출구의 유효너비의 합계는 해당 용도에 쓰이는 바닥면적이 최대인 층에 있어서의 해당 용도의 바닥면적 100m²마다 (   )의 비율로 산정한 너비 이상으로 하여야 한다.

① 0.5m
② 0.6m
③ 0.7m
④ 0.8m

해설 | 판매시설의 피난층에 설치하는 출구의 유효너비 건축물의 바깥쪽으로의 출구의 유효너비의 합계는 해당 용도에 쓰이는 바닥면적이 최대인 층의 해당 용도의 바닥면적 100m²마다 0.6m의 비율로 산정한 너비 이상으로 설치해야 함

09 ▶21
문화 및 집회시설 중 공연장의 개별 관람실의 출구 설치기준에 관한 내용으로 틀린 것은? (단, 관람실의 바닥면적은 300m² 이다.)

① 관람실로부터 바깥쪽으로의 출구로 쓰이는 문은 안여닫이로 하여서는 안 된다.
② 관람실별로 2개소 이상 설치한다.
③ 각 출구의 유효너비는 1.5m 이상으로 한다.
④ 개별 관람실 출구의 유효너비의 합계는 최소 1.5m 이상으로 한다.

해설 | 개별관람실 출구의 유효너비의 합계는 개별관람실의 바닥면적 100m² 마다 0.6m의 비율로 산정한 너비 이상으로 할 것

∴ 바닥면적인 300m² = $\frac{300m^2}{100m^2} \times 0.6$ = 1.8m 이상

정답 | 05 ② 06 ② 07 ② 08 ② 09 ④

10 ▶21

판매시설의 용도에 쓰이는 바닥면적이 최대인 층에 있어서의 바닥면적이 600m² 일 때 피난층에 설치하는 건축물 바깥쪽으로 출구의 유효너비의 합계는 최소 얼마 이상으로 하여야 하는가?

① 1.2m ② 2.4m
③ 3.6m ④ 4.8m

해설 | 건축물의 바깥쪽으로의 출구의 유효너비의 합계는 해당 용도에 쓰이는 바닥면적이 최대인 층의 해당 용도의 바닥면적 100m²마다 0.6m의 비율로 산정한 너비 이상으로 설치해야 함

$$\therefore\ 600m^2 = \frac{600m^2}{100m^2} \times 0.6 = 3.6m$$

11 ▶20,17

판매시설의 용도에 쓰이는 피난층에 설치하는 건축물의 바깥쪽으로의 출구의 유효너비의 합계는 최소 얼마 이상으로 하여야 하는가? (단, 지상 6층인 건축물로서 각 층의 바닥면적은 1층과 2층은 각각 1000m², 3층부터 6층까지는 각각 1500m²이다.)

① 6m ② 9m
③ 12m ④ 36m

해설 | 바닥면적이 최대인 층의 해당 용도의 바닥면적 100m²마다 0.6m의 비율로 산정

$$\therefore\ 1,500m^2 = \frac{1500m^2}{100m^2} \times 0.6 = 9m$$

12 ▶19

건축물의 피난시설 설치 관련하여 국토교통부령이 정하는 기준에 따라 건축물로부터 바깥쪽으로 나가는 출구를 설치하여야 하는 대상이 아닌 것은?

① 위락시설
② 교육연구시설 중 학교
③ 연면적이 3,000m²인 창고시설
④ 업무시설 중 국가 또는 지방자치단체의 청사

해설 | 연면적 5,000m² 이상의 창고시설

13 ▶16

건축법 제49조(건축물의 피난시설 및 용도제한 등) 제1항과 관련하여 건축물로부터 바깥쪽으로 나가는 출구를 설치하여야 하는 건축물에 해당되지 않는 것은?

① 문화 및 집회시설 중 동·식물원
② 업무시설 중 국가 또는 지방자치단체의 청사
③ 위락시설
④ 교육연구시설 중 학교

해설 | 문화 및 집회 시설 중 전시장, 동·식물원은 제외

14 ▶20

건축물의 바깥쪽으로의 출구로 쓰이는 문을 안여닫이로 하여서는 안되는 건축물에 속하지 않는 것은?

① 장례식장
② 종교시설
③ 문화 및 집회시설 중 전시장
④ 문화 및 집회시설 중 공연장

해설 | 문화 및 집회 시설 중 전시장, 동·식물원은 제외

15 ▶18,13

건축물의 피난층 또는 피난층의 승강장으로부터 건축물의 바깥쪽에 이르는 통로에 경사로를 설치하여야 하는 건축물이 아닌 것은?

① 승강기를 설치하여야 하는 건축물
② 교육연구시설 중 학교
③ 연면적 3000m²인 판매시설
④ 제1종 근린생활시설 중 마을회관

해설 | 경사로 설치 대상
연면적 5,000m² 이상인 판매시설, 운수시설

정답 | 10 ③ 11 ② 12 ③ 13 ① 14 ③ 15 ③

16
건축물에 설치하는 회전문의 설치기준으로 옳지 않은 것은?

① 회전문의 위치는 계단이나 에스컬레이터로부터 2m 이상 거리를 둘 것
② 회전문의 회전속도는 분당회전수가 8회를 넘지 아니하도록 할 것
③ 회전문과 문틀사이는 5cm 이상 간격을 확보하고 틈사이를 고무와 고무펠트의 조합체 등을 사용하여 신체나 물건 등에 손상이 없도록 할 것
④ 회전문은 사용에 편리하게 양 방향으로 회전할 수 있는 구조로 할 것

해설 | 회전문은 사용에 편리하게 일정한 방향으로 회전할 수 있는 구조로 할 것

17
피난 용도로 쓸 수 있는 광장을 옥상에 설치해야 하는 시설 기준에 해당하는 것은?

① 5층 이상인 층이 공동주택의 용도로 쓰는 경우
② 5층 이상인 층이 학교의 용도로 쓰는 경우
③ 5층 이상인 층이 전시장의 용도로 쓰는 경우
④ 5층 이상인 층이 장례시설의 용도로 쓰는 경우

해설 | 옥상광장 설치
　5층 이상의 층
　　㉠ 문화 및 집회시설(전시장 및 동·식물원은 제외)
　　㉡ 바닥면적의 합계가 각각 300m² 이상인 공연장, 종교집회장
　　㉢ 종교시설, 판매시설
　　㉣ 위락시설 중 주점영업
　　㉤ 장례시설

18
옥상광장 등의 설치와 관련한 아래 내용에서 ( )안에 들어갈 내용으로 옳은 것은?

> 옥상광장 또는 2층 이상인 층에 있는 노대(露臺)나 그 밖에 이와 비슷한 것의 주위에는 높이 ( ) 이상의 난간을 설치하여야 한다. 다만, 그 노대 등에 출입할 수 없는 구조인 경우에는 그러하지 아니하다.

① 1.0m
② 1.2m
③ 1.5m
④ 1.8m

해설 | 난간 설치
　㉠ 옥상광장 또는 2층 이상인 층에 있는 노대 등의 주위에는 높이 1.2m 이상의 난간을 설치하여야 한다.
　㉡ 예외 : 해당 노대 등에 출입할 수 없는 구조인 경우

19
다음 중 헬리포트의 설치기준으로 틀린 것은?

① 헬리포트의 길이와 너비는 각각 22m 이상으로 할 것
② 헬리포트의 중앙부분에는 지름 8m의 ⒣표지를 백색으로 설치 할 것
③ 헬리포트의 주위 한계선은 노란색으로 하되, 그 선의 너비는 48cm로 할 것
④ 헬리포트의 중심으로부터 반경 12m 이내에는 헬리콥터의 이·착륙에 장애가 되는 장애물, 공작물 또는 난간 등을 설치하지 아니할 것

해설 | 착륙대 주위한계선의 너비 : 38cm(백색)

정답 | 16 ④　17 ④　18 ②　19 ③

20 ▶16
건축물에 설치하는 헬리포트의 설치기준으로 옳지 않은 것은?

① 헬리포트의 길이와 너비는 각각 22m 이상으로 할 것
② 헬리포트의 중심으로부터 반경 12m 이내에는 헬리콥터의 이·착륙에 장애가 되는 건축물, 공작물, 조경시설 또는 난간 등을 설치하지 아니할 것
③ 헬리포트의 주위한계선은 백색으로 하되, 그 선의 너비는 38cm로 할 것
④ 헬리포트 중앙부분에는 지름 6m ⑪ 표시를 백색으로 할 것

해설 | ⑪ 표지 : 지름 8m(백색)

2 방화규정

21 ▶18,16
건축법령상 방화구획을 설치하는 목적으로 가장 적합한 것은?

① 이웃 건축물로부터의 인화방지
② 동일 건축물 내에서의 화재확산방지
③ 화재시 건축물의 붕괴방지
④ 화재시 화재진압의 원활

해설 | 방화구획
건축법령상 방화구획을 설치하는 목적은 동일 건축물 내에서의 화재확산방지다.

22 ▶21
건축물의 방화구획 설치기준과 관련하여, 10층 이하의 층은 바닥면적 얼마 이내마다 방화구획을 구획하여야 하는가? (단, 스프링클러와 같은 자동식 소화설비를 설치한 경우)

① 1천제곱미터 이내 ② 2천제곱미터 이내
③ 3천제곱미터 이내 ④ 4천제곱미터 이내

해설 | 10층 이하의 층
바닥면적 1,000m²(3,000m²) 이내마다 구획
(　)안의 면적은 스프링클러 등의 자동식 소화설비를 설치한 경우임

23 ▶21
주요구조부가 내화구조 또는 불연재료로 된 연면적이 1000m²를 넘는 건축물에 설치하는 방화구획 기준이 옳지 않은 것은? (단, 스프링클러 기타 이와 유사한 자동식 소화설비를 설치하지 않은 경우)

① 11층 이상의 부분 중 벽 및 반자의 실내에 접하는 부분의 마감을 불연재료로 한 경우에는 바닥면적 500m² 이내마다 구획한다.
② 매층마다 구획한다. 다만, 지하 1층에서 지상으로 직접 연결하는 경사로 부위는 제외한다.
③ 11층 이상의 층은 바닥면적 300m² 이내마다 구획한다.
④ 10층 이하의 층은 바닥면적 1000m² 이내마다 구획한다.

해설 | 11층 이상의 층
• 실내마감이 불연재료(O) : 바닥면적 500m²(1,500m²)
• 실내마감이 불연재료(×) : 바닥면적 200m²(600m²)

24 ▶15
방화구획의 설치 기준으로 옳지 않은 것은?

① 주요구조부가 내화구조 또는 불연재료로 된 건축물로서 연면적 1,000m² 넘는 건축물에 해당된다.
② 방화구획은 내화구조의 바닥, 벽 및 갑종방화문으로 구획하여야 한다.
③ 기준에 적합한 자동방화셔터로도 방화구획을 할 수 있다.
④ 주요구조부가 내화구조 또는 불연재료로 된 주차장에 반드시 설치하여야 한다.

해설 | 방화구획 완화 대상
㉠ 주요구조부가 내화구조 또는 불연재료로 된 주차장
㉡ 복층형 공동주택의세대별 층간 바닥 부분

정답 | 20 ④ 21 ② 22 ③ 23 ③ 24 ④

25
방화벽으로 구획을 하여야 하는 건축물의 최소 연면적 기준은?

① 500m² 이상
② 800m² 이상
③ 1000m² 이상
④ 2000m² 이상

해설 | 연면적이 1,000m² 이상인 건축물은 각 구획의 바닥면적이 1,000m² 미만이 되도록 방화벽으로 구획하여야 한다.

26
건축물에 설치되는 방화벽의 구조 기준으로 옳지 않은 것은?

① 내화구조로서 홀로 설 수 있는 구조일 것
② 방화벽의 양쪽 끝과 윗쪽 끝을 건축물의 외벽면 및 지붕면으로부터 0.5m 이상 튀어 나오게 할 것
③ 방화벽에 설치하는 출입문의 너비 및 높이는 각각 3.0m 이하로 할 것
④ 방화벽에 설치하는 출입문에는 갑종방화문을 설치할 것

해설 | 방화벽에 설치하는 출입문의 너비 및 높이는 각각 2.5m 이하로 할 것

27
건축물에 설치하는 방화벽의 구조에 관한 기준으로 옳지 않은 것은?

① 내화구조로서 홀로 설 수 있는 구조일 것
② 방화벽에 설치하는 출입문의 너비 및 높이는 각각 2.5m 이하로 할 것
③ 방화벽에 설치하는 해당 출입문에는 을종방화문을 설치할 것
④ 방화벽의 양쪽 끝과 위쪽 끝을 건축물의 외벽면 및 지붕면으로부터 0.5m 이상 튀어나오게 할 것

해설 | 방화벽에 설치하는 출입문은 갑종방화문(60+ 방화문 또는 60분 방화문)을 설치할 것

28
다음은 소방시설법령에 따른 연소(延燒) 우려가 있는 건축물의 구조에 해당되는 기준 중 하나이다. ( )안에 들어갈 내용으로 옳은 것은?

> 각각의 건축물이 다른 건축물의 외벽으로부터 수평거리가 1층의 경우에는 (A) 이하, 2층 이상의 층의 경우에는 (B) 이하인 경우

① A : 5m, B : 10m
② A : 6m, B : 10m
③ A : 5m, B : 12m
④ A : 6m, B : 12m

해설 | 연소할 우려가 있는 구조
㉠ 건축물대장의 건축물 현황도에 표시된 대지경계선 안에 둘 이상의 건축물이 있는 경우
㉡ 각각의 건축물이 다른 건축물의 외벽으로부터 수평거리가 1층의 경우에는 6m 이하, 2층 이상의 층의 경우에는 10m 이하인 경우
㉢ 개구부가 다른 건축물을 향하여 설치되어 있는 경우

29
화재예방, 소방시설 설치유지 및 안전관리에 관한 법령에서 정한 '연소우려가 있는 구조'의 기준에 해당되지 않는 것은?

① 건축물대장의 건축물 현황도에 표시된 대지경계선 안에 둘 이상의 건축물이 있는 경우
② 각각의 건축물이 다른 건축물의 외벽으로부터 수평거리가 1층의 경우에는 6m 이하, 2층 이상의 층의 경우에는 10m 이하인 경우
③ 건축물의 내장재의 65% 이상이 가연물로 구성되어 있는 경우
④ 개구부가 다른 건축물을 향하여 설치되어 있는 경우

해설 | 문제 28번 해설참조

정답 | 25 ③ 26 ③ 27 ③ 28 ② 29 ③

30 ▶19,14

건축법 시행령에서 노유자시설 중 아동 관련 시설 또는 노인복지시설과 판매시설 중 도매시장 또는 소매시장을 같은 건축물 안에 함께 설치할 수 없도록 한 이유는?

① 방화에 장애가 되는 용도를 제한하기 위해서
② 설비설치 기준이 상이하므로
③ 차음, 소음 기준을 확보하기 위해서
④ 건축물의 구조 안전을 위해서

해설 | 방화에 장애가 되는 용도의 제한
　　　　㉠ 복합용도의 제한
　　　　㉡ 같은 건축물 안에서 설치가 불가능한 시설물

31 ▶16

다음은 「건축물의 피난·방화구조 등의 기준에 관한 규칙」 중 내화시험에 따른 방화문의 성능기준에 관한 사항이다. ( )안에 들어갈 내용으로 옳은 것은?

갑종방화문 : 다음 각목의 성능을 모두 확보할 것
가. 비차열(非遮熱) : (A) 이상
나. 차열(遮熱) : (B) 이상
(영 제46조 제4항에 따라 아파트 발코니에 설치하는 대피공간의 갑종방화문만 해당된다.)

① A : 1시간, B : 50분
② A : 1시간, B : 30분
③ A : 2시간, B : 50분
④ A : 2시간, B : 30분

해설 | ㉠ 비차열(1시간 이상) : 화재로 인한 열은 막지 못하지만 화염을 막을 수 있는 것
　　　㉡ 차열(30분 이상) : 화재로 인한 열도 견디는 것

32 ▶18

건축물의 피난·방화구조 등의 기준에 관한 규칙에 따른 을종방화문의 비차열 성능기준으로 옳은 것은?

① 비차열 30분 이상의 성능확보
② 비차열 40분 이상의 성능확보
③ 비차열 50분 이상의 성능확보
④ 비차열 1시간 이상의 성능확보

해설 | ㉠ 갑종 방화문 : 비차열 1시간 이상, 차열 30분 이상
　　　㉡ 을종 방화문 : 비차열 30분 이상

33 ▶17,14

다음은 건축관계법령에 따른 주요구조부를 내화구조로 하여야 하는 건축물에 대한 사항이다. ( )안에 들어갈 내용으로 옳은 것은?

문화 및 집회시설(전시장 및 동·식물원은 제외한다.), 종교시설, 위락시설 중 주점영업 및 장례시설의 용도로 쓰는 건축물로서 관람석 또는 집회실의 바닥면적의 합계가 ( )(옥외관람석의 경우에는 1000m² 이상인 건축물

① 100m²
② 150m²
③ 200m²
④ 300m²

해설 | 건축물의 내화구조
　　　㉠ 문화 및 집회시설(전시장, 동·식물원은 제외) : 200m² 이상
　　　㉡ 문화 및 집회시설 중 전시장 또는 동·식물원, 판매시설 : 500m² 이상
　　　㉢ 공장 : 2,000m² 이상

34 ▶15

공장의 용도로 쓰는 건축물의 주요구조부를 내화구조로 하기 위한 바닥면적의 합계는 최소 얼마 이상인가?

① 2000m²
② 3000m²
③ 4000m²
④ 5000m²

해설 | 공장 : 2,000m² 이상

35 ▶20
다음 중 주요구조부를 내화구조로 하여야 하는 건축물은?

① 주점영업의 용도로 쓰는 건축물로서 집회실의 바닥면적의 합계가 100m²인 건축물
② 전시장의 용도로 쓰는 건축물로서 그 용도로 쓰는 바닥면적의 합계가 300m²인 건축물
③ 판매시설의 용도로 쓰는 건축물로서 그 용도로 쓰는 바닥면적의 합계가 500m²인 건축물
④ 공장의 용도로 쓰는 건축물로서 그 용도로 쓰는 바닥면적의 합계가 1000m²인 건축물

해설 | 문화 및 집회시설 중 전시장 또는 동·식물원, 판매시설 : 500m² 이상

36 ▶18,13
주요구조부를 내화구조로 하여야 하는 대상 건축물의 기준으로 옳지 않은 것은?

① 문화 및 집회시설 중 전시장의 용도로 쓰이는 건축물로서 그 용도로 쓰는 바닥면적의 합계가 500m² 이상인 건축물
② 창고시설의 용도로 쓰는 건축물로서 그 용도로 쓰는 바닥면적의 합계가 500m² 이상인 건축물
③ 공장의 용도로 쓰는 건축물로서 그 용도로 쓰는 바닥면적의 합계가 1000m² 이상인 건축물
④ 운동시설 중 체육관의 용도로 쓰는 건축물로서 그 용도로 쓰는 바닥면적의 합계가 500m²이상인 건축물

해설 | 공장 : 2,000m² 이상

37 ▶14
건축물의 주요구조부 및 외벽을 내화구조로 하지 않아도 되는 건축물은?

① 도매시장의 용도로 쓰이는 건축물로서 그 주요구조부가 불연재료로 된 것
② 숙박의 용도에 쓰이는 건축물로서 그 주요구조부가 불연재료로 된 것
③ 교육의 용도에 쓰이는 건축물로서 그 주요구조부가 불연재료로 된 것
④ 업무의 용도에 쓰이는 건축물로서 그 주요구조부가 불연재료로 된 것

해설 | 건축물의 내화구조
- 업무시설 중 오피스텔, 숙박시설 : 400m² 이상
- 교육연구시설에 설치하는 체육관, 강당 : 500m² 이상
- 도매시장은 해당이 안된다.

38 ▶19,14
내화구조의 성능기준에 따른 건축물 구성부재의 품질시험을 실시할 경우 내화시간기준이 가장 낮은 구성부재는?(단, 주거시설의 경우)

① 기둥
② 내벽을 구성하는 내력벽
③ 지붕틀
④ 바닥

해설 | 주거시설 내화구조의 성능기준에 따른 내화시간기준 : 기둥(3h) > 내력벽(2h) > 바닥(2h) > 지붕틀(1h)

39 ▶21,12
건축물 내부의 마감재료를 방화에 지장이 없는 재료로 하여야 하는 대상건축물이 아닌 것은?

① 위험물저장 및 처리시설의 용도로 쓰는 건축물
② 제2종 근린생활시설 중 공연장의 용도로 쓰는 건축물
③ 창고로 쓰이는 바닥면적이 400m²인 건축물
④ 5층 이상인 층 거실의 바닥면적의 합계가 500m²인 건축물

해설 | 창고로 쓰이는 바닥면적 600m²인 건축물

정답 | 35 ③ 36 ③ 37 ① 38 ③ 39 ③

40 ▶19
건축물 지하층에 환기설비를 설치해야 하는 거실바닥 면적 합계의 최소기준은?

① 200m² 이상
② 500m² 이상
③ 1000m² 이상
④ 2000m² 이상

해설 | 거실의 바닥면적의 합계가 1,000m² 이상인 층 환기설비를 설치

41 ▶17
건축물에 설치하는 지하층의 비상탈출구에 관한 기준으로 옳지 않은 것은?

① 비상탈출구에서 피난층 또는 지상으로 통하는 복도나 직통계단까지 이르는 피난통로의 유효너비는 최소 0.9m 이상으로 할 것
② 비상탈출구의 문은 피난방향으로 열리도록 할 것
③ 비상탈출구는 출입구로부터 3m 이상 떨어진 곳에 설치할 것
④ 비상탈출구의 유효너비는 0.75m 이상으로 하고, 유효 높이는 1.5m 이상으로 할 것

해설 | 유효너비는 0.75m 이상, 유효높이는 1.5m 이상으로 할 것

정답 | 40 ③ 41 ①

04 장애인·노인·임산부 등의 편의증진 보장에 관한 법률

Pass Note

예상출제문항	키워드
0~1	– 보장법률 용어 – 편의시설 설치대상	– 편의시설 설치기준 – 장애인용 화장실

1. 보장법률 용어 정의

용어	내용
장애인 등	장애인, 노인, 임산부 등 일상생활에서 이동과 시설이용 및 정보의 접근 등에 불편을 느끼는 자
편의시설	장애인 등이 일상생활에서 이동하거나 시설을 이용할 때 편리하고 정보에 쉽게 접근할 수 있도록 하기 위한 시설과 설비
시설주	대상시설 소유자 또는 관리자(해당시설에 대한 관리 의무자가 따로 있는 경우만 해당)
시설주관기관	편의시설의 설치와 운영에 관하여 지도하고 감독하는 **중앙행정기관의 장과 특별시장·광역시장·특별자치시장·도지사·특별자치도지사, 시장·군수·구청장(자치구의 구청장을 말함) 및 교육감**
공원	아래 어느 하나에 해당하는 시설 ① A자연공원법 B에 따른 자연공원·공원시설 ② A도시공원 및 녹지 등에 관한 법률 B에 따른 도시공원·공원시설
공공건물 및 공중이용시설	불특정 다수가 이용하는 건축물, 시설 및 그 부대시설로서 다음의 건물과 시설, ① 제1종 근린생활시설 및 제2종 근린생활시설 ② 문화 및 집회시설 ③ 판매시설 ④ 의료시설 ⑤ 종교시설 ⑥ 교육연구시설 ⑦ 공장 ⑧ 수련시설 ⑨ 운동시설 ⑩ 업무시설 ⑪ 숙박시설 ⑫ 노유자시설 ⑬ 자동차관련시설 ⑭ 교정시설 ⑮ 방송통신시설 ⑯ 묘지관련시설 및 관광휴게시설
공동주택	「주택법」제2조 제3호의 공동주택(아파트, 연립, 다세대)

2. 편의시설

1) 편의시설 설치의 기본원칙

장애인 등이 공공건물 및 공중이용시설을 이용함에 있어 가능한 최단거리로 이동할 수 있도록 시설주 및 대상시설에 대한 허가 등의 절차를 진행 중인 자는 편의시설을 설치하여야 한다.

2) 편의시설 설치대상

설치대상	세부사항
공공건물 및 공중이용시설	① 제1종 근린생활시설 　㉠ 수퍼마켓 : 300m² ~ 1,000m² 미만 　㉡ **의원 및 한의원** : **500m² 이상** 　㉢ 지역아동센터 : 300m² 이상 ② 제2종 근린생활시설 　㉠ 음식점 : 300m² 이상 　㉡ 안마시술소 : 500m² 이상 ③ 종교시설 : 500m² 이상 ④ 숙박시설 　㉠ **일반숙박시설** : **객실수 30실 이상** 　㉡ 관광숙박시설 ⑤ 문화 및 집회시설, 판매시설, 의료시설 등
공동주택	① 아파트
	② 연립주택 및 다세대주택 : 세대수 10세대 이상
	③ **기숙사** : **30인 이상**
공원	–
통신시설	공중전화, 우체통

3) 편의시설 세부기준(핵심요약)

편의시설	세부기준
보도 및 접근로	① 유효폭 1.2m 이상(휠체어 사용자 통행 가능 유효폭)
출입구(문)	① 출입구(문)은 통과 유효폭 0.9m 이상 ② 출·입구(문)의 전면 유효거리는 1.2m 이상
계단 및 참	① 유효폭 1.2m 이상(옥외피난계단은 0.9m 이상)
장애인용 승강기	① 승강기 내부 유효바닥면적 : **1.1m 이상, 깊이 1.35m 이상** ② 출입문 유효폭 : **0.8m 이상** ③ 승강기의 전면 활동공간 : 1.4m×1.4m 이상 ④ 승강장 바닥과 승강기 바닥의 틈은 3cm 이하 ※ 설치대상 　**6층 이상**으로서 **연면적 2,000m² 이상**인 건축물(승용승강기 설치대상)에는 1대 또는 1곳 이상 설치
장애인용 에스컬레이터	① **유효폭 0.8m 이상** ② 속도는 분당 30m 이내
휠체어 리프트	① 승강장 : 1.4m×1.4m 이상, 계단 상, 하부에 각 1개소 설치 ② 고정형 휠체어리프트 : 휠체어받침판의 유효바닥면적을 폭 0.76m 이상, 깊이 1.05m 이상 ③ 수직형 휠체어리프트 : 내부의 유효바닥면적을 폭 0.9m 이상, 깊이 1.2m 이상

4) 장애인용 화장실

구분	세부기준
대변기	① 출입문의 통과유효폭은 0.9m 이상 ② 칸막이 유효바닥면적은 **폭 1.6m 이상, 깊이 2m 이상** ③ 대변기의 좌,우측 중에 휠체어의 측면접근을 위하여 유효폭 0.75m 이상의 활동공간을 확보할 것 ④ 대변기의 전면에는 휠체어가 회전할 수 있도록 1.4m×1.4m 이상의 활동공간을 확보할 것
소변기	① 바닥부착형 소변기를 권장 ② 손잡이 　㉠ 소변기의 양옆에는 수평 및 수직손잡이를 설치 　㉡ 수평손잡이의 높이는 바닥면으로부터 0.8m~0.9m 이하, 길이는 벽면으로부터 0.55m 내외, 좌우 손잡이의 간격을 0.6m 내외 　㉢ 수직손잡이의 높이는 바닥면으로부터 1.1m~1.2m 이하, 돌출폭은 벽면으로부터 0.25m 내외

3. 보칙

1) 편의증진심의회

(1) 구성원

위원장 1인과 부위원장 1인을 포함한 25인~35인 이하의 위원으로 구성하며, **위원장은 보건복지부차관**이 한다.

(2) 심의사항

① 장애인 등에 대한 편의증진정책의 기본방향에 관한 사항
② 편의시설 설치에 관한 국가종합계획 수립에 관한 사항
③ 장애인 등의 편의증진보장을 위한 제도개선 등에 관한 사항
④ 그 밖에 장애인 등의 편의증진보장을 위하여 관계부처간에 협조가 필요한 사항

핵심 기출문제

04 장애인·노인·임산부 등의 편의증진 보장에 관한 법률

1 보장법률 용어 정의

01 ▶22,건,17
장애인·노인·임산부 등의 편의증진보장에 관한 법률에 대한 설명 중 옳지 않은 것은?

① 편의시설이란 장애인 등이 생활을 영위함에 있어 이동과 시설 이용의 편리를 도모하고 정보에의 접근을 용이하게 하기 위한 시설과 설비를 말한다.
② 장애인 등이란 장애인·노인·임산부 등 생활을 영위함에 있어 이동과 시설 이용 및 정보에의 접근 등 불편을 느끼는 자를 말한다.
③ 시설주는 장애인 등이 공공건물및 공중이용시설을 이용함에 있어 가능한 최단거리로 이동할 수 있도록 편의시설을 설치하여야 한다.
④ 시설주관기관이란 편의시설의 설치 및 운영을 담당하는 해당 시설주를 말한다.

해설 | 시설주관기관
편의시설의 설치와 운영에 관하여 지도하고 감독하는 중앙행정기관의 장과 특별시장·광역시장·특별자치시장·도지사·특별자치도지사, 시장·군수·구청장(자치구의 구청장을 말함.) 및 교육감

02 ▶23
장애인·노인·임산부 등의 편의증진 보장에 관한 법률상 정의된 용어설명 중 옳지 않은 것은?

① 장애인 등이란 장애인·노인·임산부 등 생활을 영위함에 있어 이동과 시설 이용 및 정보에의 접근 등 불편을 느끼는 자를 말한다.
② "공동주택"이라 함은 건축법에 따른 공동주택을 말한다.
③ "시설주관기관"이라 함은 편의시설의 설치 및 운영에 관하여 지도와 감독을 행하는 중앙행정기관의 장과 특별시장·광역시장·도지사 및 시장군수 구청장을 말한다.
④ "시설주"라 함은 이 법에서 정하는 대상 시설의 소유자 또는 관리자를 말한다.

해설 | 주택법 규정에 의한 공동주택을 말한다.

03 ▶건,23
장애인·노인·임산부 등의 편의증진보장에 관한 법령상 용어 정의에서 시설주관기관에 포함되지 않는 것은?

① 광역시장·도지사
② 시장·군수·구청장
③ 보건복지부장관
④ 교육감

해설 | 문제 1번 해설참조

04 ▶24,건,18
장애인·노인·임산부 등의 편의증진보장에 관한 법률상 불특정 다수인이 이용하는 공공 및 공중이용시설에 해당하지 않는 것은?

① 제2종 근린생활시설
② 문화 및 집회시설
③ 공동주택
④ 공장

정답 | 01 ④ 02 ② 03 ③ 04 ③

해설 | 공공 및 공중이용시설
불특정 다수가 이용하는 건축물, 시설 및 그 부대시설로서 다음의 건물과 시설
① 제1종 근린생활시설 및 제2종 근린생활시설
② 문화 및 집회시설
③ 판매시설 ④ 의료시설
⑤ 종교시설 ⑥ 교육연구시설 ⑦ 공장
⑧ 수련시설 ⑨ 운동시설 ⑩ 업무시설
⑪ 숙박시설 ⑫ 노유자시설 ⑬ 자동차관련시설
⑭ 교정시설 ⑮ 방송통신시설
⑯ 묘지관련시설 및 관광휴게시설

07 ▶건,22,18
장애인·노인·임산부 등의 편의증진보장에 관한 법령상 장애인 등의 접근권을 보장하기 위한 편의시설을 설치해야 하는 대상 시설물이 아닌 것은?

① 종교시설
② 아파트
③ 통신시설
④ 방송시설

해설 | 통신시설 중 공중전화, 우체통 대상이지만 방송시설은 대상이 아니다.

05 ▶건,20
장애인·노인·임산부 등의 편의증진 보장에 관한 법률상 "공공건물 및 공중이용시설"에 해당되지 않는 것은?

① 문화 및 집회시설 ② 제1종 근린생활시설
③ 묘지관련시설 ④ 위락시설

해설 | 문제 4번 해설참조

08 ▶25,건,19
장애인·노인·임산부 등의 편의 증진보장에 관한 법률에서 규정하고 있는 편의시설을 설치하여야 하는 대상 시설이 아닌 것은?

① 300㎡ 이상인 수퍼마켓
② 500㎡ 이상인 한의원
③ 20객실수 이상인 일반숙박시설
④ 10세대 이상인 연립주택

해설 | 편의시설 설치대상
1. 제1종 근린생활시설
   ① 수퍼마켓 : 300㎡ ~ 1,000㎡ 미만
   ② 의원·한의원 : 500㎡ 이상
   ③ 지역아동센터 : 300㎡ 이상
2. 제2종 근린생활시설
   ① 음식점 : 300㎡ 이상
   ② 안마시술소 : 500㎡ 이상
3. 종교시설 : 500㎡ 이상
4. 숙박시설
   ① 일반숙박시설 : 객실수 30실 이상
   ② 관광숙박시설
5. 공동주택
   ① 아파트
   ② 연립주택·다세대주택 : 세대수 10세대 이상
   ③ 기숙사 : 30인 이상

2 편의시설

06 ▶23,건,21
장애인·노인·임산부 등의 편의증진 보장에 관한 법률에서 규정하고 있는 편의시설을 설치하여야 하는 대상 시설물이 아닌 것은?

① 공공건물 및 공중이용시설
② 다중주택
③ 우체통
④ 공원

해설 | 편의시설 대상 시설물
공원, 공공건물 및 공중이용시설, 공동주택, 통신시설

정답 | 05 ④ 06 ② 07 ④ 08 ③

09 ▶건,21
장애인·노인·임산부 등의 편의증진보장에 관한 법령상 편의시설을 설치해야 하는 대상시설이 아닌 것은?

① 10세대 연립주택
② 20세대 다세대주택
③ 25인이 기숙하는 기숙사
④ 100세대 아파트

해설 | 문제 8번 해설참조

10 ▶건,19
장애인·노인·임산부 등의 편의증진 보장에 관한 법률에서 편의시설 설치대상이 아닌 것은?

① 제1종 근린생활의 의원 : $400m^2$ 이상
② 제2종 근린생활의 음식점 : $500m^2$ 이상
③ 일반숙박시설 : 객실 수가 30실 이상
④ 기숙사 : 40인 이상

해설 | 의원·한의원 : $500m^2$ 이상

11 ▶23,건,20
장애인·노인·임산부 등의 편의증진보장에 관한 법령에서 규정하는 장애인을 위한 편의시설 세부기준으로 옳지 않은 것은?

① 장애인용 에스컬레이터의 유효폭은 1.2m 이상으로 하여야 한다.
② 수직형 휠체어리프트는 내부의 유효바닥면적을 폭 0.9m 이상, 깊이 1.2m 이상으로 하여야 한다.
③ 장애인 등의 통행이 가능한 계단 및 참의 유효폭은 1.2m 이상으로 하여야 한다.
④ 휠체어사용자가 통행할 수 있도록 접근로의 유효폭은 1.2m 이상으로 하여야 한다.

해설 | 장애인용 에스컬레이터 : 유효폭 0.8m 이상

12 ▶건,18
장애인·노인·임산부 등의 편의증진보장에 관한 법률에 의한 장애인용 승강기 또는 장애인용 에스컬레이터 등을 설치하여야 대상 건축물로 옳은 것은?

① 3층 이상인 건축물
② 4층 이상으로서 연면적 $2,000m^2$ 이상인 건축물
③ 6층 이상으로서 연면적 $2,000m^2$ 이상인 건축물
④ 8층 이상으로서 연면적 $2,000m^2$ 이상인 건축물

해설 | 장애인용 승강기
6층 이상으로서 연면적 $2,000m^2$ 이상인 건축물(승용승강기 설치대상)에는 1대 또는 1곳 이상 설치

13 ▶건,17
장애인용 화장실 시설 기준에 대한 설명 중 옳지 않은 것은?

① 출입문의 유효폭은 0.9m 이상으로 한다.
② 대변기 칸막이는 폭 1.2m 이상 깊이 2.1m 이상으로 한다.
③ 대변기의 좌측 또는 우측에는 0.75m 이상의 여유공간을 확보하여야 한다.
④ 소변기의 수평 손잡이는 바닥면으로부터 0.8m 이상 0.9m 이하로 한다.

해설 | 대변기 칸막이는 폭 1.6m 이상 깊이 2m 이상으로 한다.

14 ▶건,21
장애인용 승강기의 크기로 옳은 것은?

① 폭 1m × 깊이 1.45m 이상
② 폭 1m × 깊이 1.35m 이상
③ 폭 1.1m × 깊이 1.35m 이상
④ 폭 1.1m × 깊이 1.45m 이상

해설 | 승강기 내부 유효바닥면적 : 1.1m 이상, 깊이 1.35m 이상

정답 | 09 ③ 10 ① 11 ① 12 ③ 13 ② 14 ③

15 ▶25,건,21
장애인·노인·임산부 등의 편의증진보장에 관한 법령에서 규정하는 장애인을 위한 편의시설 세부기준으로 옳지 않은 것은?

① 장애인 등의 통행이 가능한 계단 및 참의 유효폭은 1.2m 이상으로 하여야 한다. 다만, 옥외피난계단은 0.9m 이상으로 할 수 있다.
② 수직형 휠체어리프트는 내부의 유효바닥면적을 폭 0.9m 이상, 깊이 1.2m 이상으로 하여야 한다.
③ 장애인용 에스컬레이터의 유효폭은 1.9m 이상으로 하여야 한다.
④ 휠체어사용자가 통행할 수 있도록 접근로의 유효폭은 1.2m 이상으로 하여야 한다.

해설 | 장애인용 에스컬레이터의 유효폭은 0.8m 이상

17 ▶22,건,16
장애인·노인·임산부 등의 편의증진에 관한 법률에 의한 편의증진심의회의 심의사항이 아닌 것은?

① 장애인 등에 대한 편의증진정책의 기본방향에 관한 사항
② 편의시설 설치에 관한 설치기준에 관한 홍보 관련한 사항
③ 장애인 등의 편의증진보장을 위한 제도개선 등에 관한 사항
④ 편의시설 설치에 관한 국가종합계획 수립과 관련한 사항

해설 | 편의시설 설치에 관한 설치기준에 관한 홍보 관련한 사항은 편의시설 설치계획의 내용

3 보칙

16 ▶건,16
장애인·노인·임산부 등의 편의증진에 관한 법률에 의한 편의증진심의회의 위원장은?

① 광역시장·도지사
② 시장·군수·구청장
③ 보건복지부차관
④ 교육감

해설 | 구성원
위원장 1인과 부위원장 1인을 포함한 25인~35인 이하의 위원으로 구성하며, 위원장은 보건복지부차관이 한다.

정답 | 15 ③ 16 ③ 17 ②

05 화재예방, 소방시설 설치·유지 및 안전관리에 관한 법령 분석

Pass Note

예상출제문항	키워드	
3~4	- 소방시설 종류 - 방염 기준 - 건축허가 등의 동의	- 무창층 - 소방특별조사 - 소방시설 설치 및 유지

1. 총칙

1) 소방법의 목적

이 법은 화재를 예방, 경계하거나 진압하고 화재, 재난, 재해, 그 밖의 위급상황으로부터 국민의 생명, 신체 및 재산 보호하기 위해서 국가와 지방자치단체의 책무와 소방시설등의 설치, 유지 및 소방대상물의 안전관리에 관하여 필요한 사항을 정함으로써 공공의 안녕 및 질서 유지와 사회복지 증진을 목적으로 한다.

2) 소방법의 용어 정의

(1) 소방시설

소화설비, 경보설비, 피난설비, 소화용수설비, 그 밖에 소화활동설비로 대통령령이 정하는 시설

구분	소방시설 종류
소화설비	• 소화기구 : 소화기, 자동확산소화기, 간이 소화용구 • 옥내소화전설비 • 스프링클러설비, 간이스프링클러설비, 화재조기진압용 스프링클러설비 • 물분무소화설비, 미분무소화설비, 포소화설비 외 • 옥외소화전설비
경보설비	• 단독경보형 감지기 • 비상경보설비 : 비상벨, 자동식사이렌설비 • 비상방송설비 • 자동화재탐지설비, 시각경보기 • 자동화재속보설비 • 가스누설경보기 • 통합감시시설 • 누전경보기

구분	내용
피난설비	• 피난기구 : 완강기, 구조대, 피난사다리, 미끄럼대, 피난밧줄 외 피난기구 • 인명구조기구 : 방열복, 공기호흡기 • 유도등 : 유도표지 • **비상조명등**, 휴대용 비상조명등
소화용수설비	• 상수도소화용수설비 • 소화구조, 저수조, 그 밖의 소화용수설비
소화활동설비	• 제연설비 • 연결송수관설비 • **연결살수설비** • **비상콘센트설비** • **무선통신보조설비** • 연소방지설비

예제 01 다음의 소방시설 중 소화설비에 속하는 것은? [25,22,21,13]
① 소화기구　　　　　　　　　　② 연결살수설비
③ 연결송수관설비　　　　　　　④ 자동화재탐지설비

정답 ①

예제 02 다음의 소방시설 중 소화활동설비에 속하는 것은? [24,22]
① 방화복　　　　　　　　　　　② 연결살수설비
③ 옥외소화전설비　　　　　　　④ 자동화재속보설비

정답 ②

(2) 기타 용어 정의

구분	내용
소방대상물	건축물, 차량, 선박(선박법에 따라 항구 안에 매어둔 선박에 한함), 선박건조구조물, 산림, 그 밖의 공작물 또는 물건
소방용품	소방시설등을 구성하거나 소방용으로 사용되는 **제품 또는 기기**로서 대통령령으로 정하는 것을 말한다.
특정소방대상물	소방시설을 설치하여야 하는 소방대상물로서 대통령령이 정하는 것
소방본부장	특별시, 광역시, 도(시·도라 함)에서 화재의 예방, 경계, 진압, 조사 및 구조, 구급 등의 업무를 담당하는 부서의 장
소방대장	소방본부장 또는 소방서장 등 화재, 재난, 재해 그 밖의 위급한 상황이 발생한 현장에서 소방대를 지휘하는 자
관계인	소방대상물의 소유자, 관리자 또는 점유자
피난층	곧바로 지상으로 갈 수 있는 출입구가 있는 층
비상구	주된 출입구 외에 화재발생 등 비상시에 건축물 또는 공작물의 내부로부터 지상, 그 밖에 안전한 곳으로 피난할 수 있는 가로 75cm 이상, 세로 150cm 이상 크기의 출입구

(3) 무창층

지상층 개구부로 건축물의 채광, 환기, 통풍을 위하여 만든 창으로 출입구 면적의 합계가 당해 층의 바닥면적의 1/30 이하가 되는 층을 말한다.

① 개구부의 크기가 지름 50cm 이상의 원이 내접할 수 있을 것
② 해당 층의 바닥면에서 개구부 밑부분까지의 높이가 1.2m 이내일 것
③ 개구부는 도로 또는 차량이 진입할 수 있는 빈터를 향할 것
④ 화재 시 건물에서 쉽게 피난하도록 개구부 창살, 그 밖의 장애물 설치가 없을 것
⑤ 내부 또는 외부에서 **쉽게 파괴, 개방이 가능**할 것

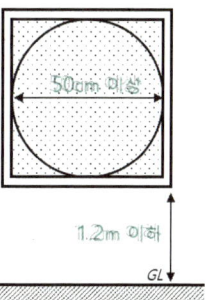

예제 03 무창층의 개구부 면적을 계산하는 데 있어 이 개구부에 해당되기 위한 기준으로 옳지 않은 것은?
[23, 20, 18, 15]

① 크기는 지름 50cm 이상의 원이 내접할 수 있는 크기일 것
② 해당 층의 바닥면으로부터 개구부 밑부분까지의 높이가 1.2m 이내일 것
③ 도로 또는 차량이 진입할 수 있는 빈터를 향할 것
④ 내부 또는 외부에서 쉽게 부수거나 열 수 없는 고정창일 것

정답 ④

(4) 실내장식물

건축물 내부의 천장 또는 벽에 설치하는 것으로 가구류(옷장, 식탁, 식탁의자, 찬장 외 이와 유사한 것을 말함), 집기류(사무용 책상, 사무의자, 계산대 외 이와 유사한 것을 말함)를 말한다. 단, 너비 10cm 이하인 반자돌림대를 제외

① 종이류 : 두께가 2mm 이상, 합성수지류, 섬유류를 주원료로 한 물품
② 합판 또는 목재
③ 실 또는 공간을 구획하기 위하여 설치하는 칸막이, 간이 칸막이
④ 흡음재 방음재

2. 건축허가 등의 동의

1) 소방본부장 또는 소방서장의 건축허가 및 사용승인에 대한 동의 대상 건축물의 범위

소방법 제7조 제5항에 따라 건축허가 등을 할 때 미리 소방본부장 또는 소방서장의 동의를 받아야 하는 건축물 등의 범위

건축허가 등 동의 대상 건축물(소방본부장 또는 소방서장의 동의)	
건축물	연면적 400m² 이상인 건축물
학교시설	연면적 100m² 이상인 건축물
노유자시설 및 수련시설	연면적 200m² 이상인 건축물

정신의료기관 (입원실이 없는 정신과의원은 제외)	연면적 300m² 이상인 건축물
장애인 의료재활시설	연면적 300m² 이상인 건축물
차고, 주차장 또는 주차용도로 사용되는 시설	① 차고, 주차장으로 사용되는 층 중 바닥면적이 200m² 이상인 층이 있는 시설 ② 승강기 등 기계장치에 의한 주차시설로서 **자동차 20대 이상을 주차**할 수 있는 시설
지하층 또는 **무창층**이 있는 건축물	① 바닥면적이 150m² 이상인 층 ② 공연장의 경우 바닥면적이 100m² 이상인 층
면적에 관계없이 동의 대상 건축물	① 층수가 6층 이상인 건축물 ② 항공기 격납고, 관망탑, 항공관제탑, 방송용 송수신탑 ③ 위험물 저장 및 처리 시설, 지하구 ④ 노인관련시설, 아동복지시설 ⑤ 장애인, 정신질환자 노숙인 등 거주시설 ⑥ 요양병원(정신병원, 의료재활시설 제외)

예제 04 건축물의 건축허가등을 할 때 미리 소방본부장 또는 소방서장의 동의를 받아야 하는 건축물의 연면적 기준은? (단, 업무시설의 경우) [25,22,20,17,14]

① 100m² 이상 ② 200m² 이상
③ 300m² 이상 ④ 400m² 이상

해설 | 일반건축물(업무시설 포함) – 연면적 400m² 이상인 건축물

정답 ④

예제 05 건축허가 등을 할 때 미리 소방본부장 또는 소방서장의 동의를 받아야 하는 건축물 등의 범위로 옳지 않은 것은? [23,19,18,15,12]

① 항공기격납고, 관망탑, 항공관제탑, 방송용 송·수신탑
② 승강기 등 기계장치에 의한 주차시설로서 자동차 20대 이상을 주차할 수 있는 시설
③ 연면적이 400m² 이상인 건축물
④ 지하층 또는 무창층이 있는 건축물로서 바닥면적이 100m²(공연장의 경우에는 80m² 이상인 층이 있는 것

해설 | 지하층 또는 무창층이 있는 건축물
㉠ 바닥면적이 150m² 이상인 층 ㉡ 공연장의 경우 바닥면적이 100m² 이상인 층

정답 ④

2) 소방본부장 또는 소방서장의 건축허가 등의 동의 대상에서 제외되는 특정소방대상물

다음 어느 하나에 해당하는 특정소방대상물은 소방본부장 또는 소방서장의 건축허가 등의 동의 대상에서 제외된다.

① 〈별표 4〉의 규정에 의하여 특정소방대상물에 설치되는 소화기구, 누전경보기, 피난기구, 방열복, 공기호흡기 및 인공소생기, 유도등 또는 유도표지가 화재안전기준에 적합한 경우의 그 특정소방대상물
② 건축물의 증축 또는 용도변경으로 인하여 해당 특정소방대상물에 추가로 소방시설이 설치되지 아니하는 경우의 그 특정소방대상물

3) 건축물의 신축, 증축, 개축 동의여부 회신 및 허가 취소 통지
   ① 건축물의 신축, 증축, 개축 등에 대한 행정기관의 동의 요구를 받은 소방본부장 또는 소방서장은 건축허가 등의 동의요구서류를 접수한 날로부터 **5일 이내**에 동의 여부를 회신해야 한다.
   ② 건축허가청이 건축허가의 동의를 받은 건축물에 대하여 건축허가 대상물의 허가를 취소한 때에는 취소한 날로부터 **7일 이내**에 그 사실을 소방서장에게 통지하여야 한다.

> **예제 06** 건축물의 신축·증축·개축 등에 대한 행정기관의 동의 요구를 받은 소방본부장 또는 소방서장은 건축허가 등의 동의요구서류를 접수한 날부터 얼마 이내에 동의여부를 회신하여야 하는가? (단, 특급 소방안전관리대상물이 아닌 경우) [24,21,18,15,13]
> ① 3일 이내   ② 4일 이내
> ③ 5일 이내   ④ 6일 이내
>
> 정답 ③

3. 소방대상물의 안전관리

소방청장은 화재예방, 소방시설 설치·유지 및 안전관리에 관한 법령에 따라 원칙적으로 화재안전정책에 관한 기본계획을 계획 시행 전년도 8월 31일까지 관계 중앙행정기관의 장과 협의를 거쳐 계획 시행 전년도 9월 30일까지 수립하여야 한다.

1) 특정소방대상물의 안전 관리

(1) 소방안전관리자를 두어야 하는 특정소방대상물

구분	소방안전관리 대상 특정소방대상물
특급소방 안전관리대상물	① **50층 이상**(지하층은 제외)이거나 지상으로부터 **높이가 200m 이상**인 아파트 ② **30층 이상**(지하층을 포함)이거나 지상으로부터 높이가 120m 이상인 특정소방대상물(아파트는 제외함) ③ **연면적이 200,000m² 이상**인 특정소방대상물(아파트 제외)
1급소방 안전관리대상물	① **30층 이상**(지하층은 제외)이거나 지상으로부터 **높이가 120m 이상**인 아파트 ② 연면적 15,000m² 이상인 특정소방대상물(아파트 제외) ③ 층수가 11층 이상인 특정소방대상물(아파트 제외) ④ 가연성가스를 1,000톤 이상 저장, 취급하는 시설

(2) 제외대상_소방안전관리자를 두어야 하는 특정소방대상물

구분	특정소방대상물
특급소방 안전관리대상물 제외대상	① 동식물원, 철강등 불연성 물품을 저장. 취급하는 창고 ② 위험물 저장 및 처리 시설 중 위험물제조소 등 지하구 ③ 스프링클러설비, 간이스프링클러설비 또는 물분무등소화설비를 설치하는 특정소방대상물
1급소방 안전관리대상물 제외대상	④ 가스 제조설비를 갖추고 도시가스사업의 허가를 받아야 하는 시설 또는 가연성가스를 100톤 이상 1,000톤 미만 저장. 취급하는 시설 ⑤ 지하구 ⑥ 문화재보호법 제23조에 따라 보물 또는 국보로 지정된 목조건축물

성능위주설계
화재예방, 소방시설 설치·유지 및 안전관리에 관한 법령상 대통령령으로 정하는 특정소방대상물(신축하는 것만 해당)에 소방시설을 설치하려는 자는 그 용도, 위치, 구조, 수용 인원, 가연물(可燃物)의 종류 및 양 등을 고려하여 설계하여야 하는데 이와 같은 설계를 성능위주설계라 한다.

2) **공동소방 안전관리 선임대상 특정소방대상물**
   ① 복합건축물로서 **연면적이 5,000m² 이상**인 것 또는 층수가 5층 이상 대상물
   ② 고층 건축물(지하층을 제외한 층수가 11층 이상인 건축물만 해당)
   ③ 판매시설 중 도매시장 및 소매시장
   ④ 지하가
   ⑤ 특정소방대상물 중 소방본부장 또는 소방서장이 지정한 대상물

 공동 소방안전관리자 선임대상 특정소방대상물의 연면적 기준으로 옳은 것은? (단, 복합건축물의 경우) [23, 21, 17]

① 2000m² 이상
② 3000m² 이상
③ 5000m² 이상
④ 10000m² 이상

해설 | 복합건축물로서 연면적이 5,000m² 이상인 것 또는 층수가 5층 이상 대상물

정답 ③

3) **특급 소방안전관리자 선임대상자 자격기준**
   ① 소방기술사 또는 소방시설관리사의 자격이 있는 사람
   ② **소방공무원**으로 **20년 이상** 근무한 경력이 있는 사람
   ③ 소방설비기사의 자격을 취득 후 5년 이상 1급 소방안전관리대상물의 소방안전관리자로 근무한 실무경력이 있는 사람
   ④ 소방설비산업기사의 자격을 취득 후 7년 이상 1급 소방안전관리대상물의 소방안전관리자로 근무한 실무경력이 있는 사람
   ⑤ 5년(소방설비기사의 경우 2년, 소방설비산업기사의 경우 3년) 이상 1급 소방안전관리대상물의 소방안전관리자로 근무한 실무경력이 있고, 소방청장이 정하여 실시하는 특급 소방안전관리대상물의 소방안전관리에 관한 시험에 합격한 사람
   ⑥ 특급 소방안전관리대상물의 소방안전관리에 대한 강습교육을 수료하고 소방청장이 실시하는 특급 소방안전관리대상물의 소방안전관리에 관한 시험에 합격한 사람

예제 08 특급 소방안전관리대상물의 관계인이 소방안전관리자를 선임하는 기준으로 틀린 것은?
[25,20,20,18,17,14]
① 소방기술사의 자격이 있는 사람
② 소방청장이 실시하는 특급 소방안전관리 대상물의 소방안전관리에 관한 시험에 합격한 사람
③ 소방공무원으로 15년 이상 근무한 경력이 있는 사람
④ 소방설비기사의 자격을 취득한 후 5년 이상 1급 소방안전관리대상물의 소방안전관리자로 근무한 실무경력이 있는 사람

해설 | 소방공무원으로 20년 이상 근무한 경력이 있는 사람

정답 ③

4) 소방안전관리자 등의 업무

특정소방대상물의 관계인과 소방안전관리대상물의 소방안전관리자의 업무는 다음과 같다.
단, ①, ② 및 ④의 업무는 소방안전관리대상물의 경우에만 해당한다.

① 소방계획서의 작성
② 자위소방대(自衛消防隊)의 조직
③ 피난시설, 방화구획 및 방화시설의 유지·관리
④ 소방훈련 및 교육
⑤ 소방시설이나 그 밖의 소방 관련 시설의 유지·관리
⑥ 화기(火氣)취급의 감독
⑦ 그 밖에 소방안전관리에 필요한 업무

 소방안전관리 업무 대행
피난시설, 방화구획 및 방화시설의 유지, 관리 업무는 소방시설관리업의 등록을 한 자에게 그 일부의 업무를 대행 할 수 있다.

5) 소방특별조사

소방청장, 소방본부장 또는 소방서장은 관할구역에 있는 소방대상물, 관계지역 또는 관계인에 대하여 소방안전관리에 관한 특별조사(소방특별조사)를 할 수 있다.

(1) 특별조사 관계인 서면통보
7일 전(통보내용 : 조사대상, 조사기간 및 조사사유)

(2) 소방특별조사의 연기사유
① 태풍, 홍수 등 **재난**이 발생하여 소방대상물을 관리하기가 매우 어려운 경우
② 관계인이 **질병, 장기출장** 등으로 소방특별조사에 참여할 수 없는 경우
③ 권한 있는 기관에 자체점검기록부, 교육·훈련일지 등 소방특별조사에 필요한 장부·서류 등이 **압수되거나 영치**되어 있는 경우

예제 09 소방청장, 소방본부장 또는 소방서장이 소방 특별조사를 할 때 관계인에게 조사대상, 조사기간 및 조사사유 등을 서면으로 알려야 하는 기간 기준은? [23,20,19,17,15,15,12,12]
① 5일 전 ② 7일 전
③ 10일 전 ④ 15일 전

해설 | 소방특별조사 관계인 서면통보 : 7일 전(통보내용 : 조사대상, 조사기간 및 조사사유)

정답 ②

4. 특정소방대상물의 방염

1) **방염성능기준 이상의 실내장식물 등을 설치하여야 하는 특정소방대상물**
   ① 근린생활시설 중 체력단련장, 의원, 숙박시설, 방송통신시설 중 방송국 및 촬영소
   ② 건축물의 옥내에 있는 문화 및 집회 시설, 종교시설, 운동시설(**수영장은 제외**)
   ③ 의료시설 중 종합병원, 요양병원 및 정신의료기관(입원실이 없는 정신건강의학의원은 제외)
   ④ 노유자시설 및 숙박이 가능한 수련시설
   ⑤ 다중이용업소
   ⑥ 교육연구시설 중 합숙소
   ⑦ 상기 ① ~ ⑥의 시설에 해당하지 아니하는 것으로서 층수(건축법 시행령에 따라 산정한 층수)가 **11층 이상인 것(아파트는 제외)**

예제 10 방염성능기준 이상의 실내장식물 등을 설치 하여야하는 특정소방대상물이 아닌 것은?
[24,21,20,20,16,16,16,14,13]
① 옥내수영장 ② 의료시설
③ 숙박시설 ④ 방송국

해설 | 운동시설 중 수영장 제외

정답 ①

예제 11 방염성능기준 이상의 실내장식물 등을 설치하여야 하는 특정소방대상물에 해당되지 않는 것은?
[25,21,21,19,19,18,15,13,12]
① 근린생활시설 중 체력단련장 ② 의료시설 중 종합병원
③ 층수가 15층인 아파트 ④ 숙박이 가능한 수련시설

해설 | 층수(건축법 시행령에 따라 산정한 층수)가 11층 이상인 것 중 아파트는 제외

정답 ③

2) **방염대상물품**

제조 또는 가공 공정에서 방염처리를 한 물품(합판, 목재류의 경우에는 설치 현장에서 방염처리를 한 것 포함)으로서 다음의 어느 하나에 해당하는 것

① 창문에 설치하는 커튼류(블라인드 포함)

② 카펫, 두께가 2mm 미만인 벽지류(종이벽지 제외)
③ 전시용 합판 또는 섬유판, 무대용 합판 또는 섬유판
④ 암막, 무대막(영화 및 비디오물 상영관, 스크린골프연습장)

3) **소방본부장 또는 소방서장의 방염제품 사용 권장**

   소방본부장 또는 소방서장은 규정에 의한 물품 외에 다중이용업소·의료시설·숙박시설·장례식장에서 사용하는 침구류·소파·의자에 대하여 방염처리가 필요하다고 인정되는 경우, 방염처리된 제품사용을 권장할 수 있다.

4) **다중이용업소의 방염 대상 실내장식물**

   건축물 내부의 천장이나 벽에 부착하거나 설치하는 것으로서 다음 중 어느 하나에 해당하는 것. 다만, 가구류(옷장, 찬장, 식탁 식탁용 의자, 사무용 책상, 사무용 의자 및 계산대, 그밖에 이와 비슷한 것)와 너비 10cm 이하인 반자돌림대 등의 내부마감재료는 제외한다.

   ① **종이류(두께 2mm 이상)**, 합성수지류 또는 섬유류를 주원료로 한 물품
   ② 공간을 구획하기 위하여 설치하는 간이 칸막이
   ③ 합판이나 목재
   ④ 흡음이나 방음을 위해 설치하는 흡음재(흡음용 커튼 포함) 또는 방음재(방음용 커튼 포함)

5) **방염성능의 기준**

   ① 방염대상물품의 방염성능검사를 실시하는 자 : **소방청장**
   ② 버너의 불꽃 제거 후 불꽃을 올리며 연소하는 상태가 그칠 때까지 시간은 20초 이내
   ③ 버너의 불꽃 제거 후 불꽃을 올리지 아니하고 연소하는 상태가 그칠 때까지 시간은 30초 이내
   ④ 불꽃에 의하여 완전히 녹을 때까지 **불꽃의 접촉횟수는 3회 이상**
   ⑤ 탄화한 면적은 50cm^2 이내, 탄화한 길이는 20cm 이내
   ⑥ 소방청장이 정하여 고시한 방법으로 발연량을 측정하는 경우 최대 연기밀도는 400 이하

   예제 12 방염대상물품의 방염성능기준으로 틀린 것은? (단, 소방청장이 정하여 고시하는 경우는 고려하지 않는다) [23,20,16,13]
   ① 탄화한 면적은 50cm^2 이내, 탄화한 길이는 20cm 이내일 것
   ② 버너의 불꽃을 제거한 때부터 불꽃을 올리지 아니하고 연소하는 상태가 그칠때까지 시간은 30초 이내일 것
   ③ 버너의 불꽃을 제거한 때부터 불꽃을 올리며 연소하는 상태가 그칠 때까지 시간은 20초 이내일 것
   ④ 불꽃에 의하여 완전히 녹을 때까지 불꽃의 접촉 횟수는 2회 이상일 것

   해설 | 불꽃에 의하여 완전히 녹을 때까지 불꽃의 접촉횟수는 3회 이상

   정답 ④

5. 소방시설의 설치 및 유지

1) 소방시설의 종류 및 설치 대상물 I

종류		소방시설의 적용기준
소화기구	수동식 소화기, 간이소화용구	• 연면적 33m² 이상 • 지정 문화재 및 가연성가스 시설 • 터널
	자동식 소화기	• 주거용 주방자동소화장치를 설치 : 아파트, **30층 이상 오피스텔**의 전층 • 화재안전기준에서 정하는 장소
옥내 소화전설비	소방대상물(지하가 중 터널 제외)	연면적 3,000m² 이상
	지하층, 무창층, 층수가 4층 이상인 층	바닥면적이 600m² 이상인 전 층
	지하가 중 터널	길이 1,000m 이상
	• 근린생활시설, 위락시설, 판매시설 • 숙박시설, 노유자시설, 의료시설 • 업무시설, 방송통신시설, 공장, 창고시설 • 항공기 및 자동차 관련시설, 복합건축물	• 연면적 1,500m² 이상 • 지하층, 무창층 또는 층수가 4층 이상 층 중 바닥면적이 300m² 이상의 전 층
	공장 및 창고 시설로 소방기본법 시행령에서 정하는 특수가연물을 저장, 취급하는 것	수량의 750배 이상 특수가연물
	건축물의 옥상에 설치된 **차고, 주차장**으로서 차고 또는 주차의 용도로 사용되는 부분	바닥면적 200m² 이상
옥외 소화전설비	지상 1층, 2층의 동일구 내에 둘 이상의 특정소방대상물이 행정안전부령으로 정하는 연소 우려가 있는 구조인 경우에는 이를 하나의 특정소방대상물로 본다.	바닥면적의 합계가 9,000m² 이상
	문화재보호법에 따라 국보 또는 보물로 지정된 목조건축물	–
	공장 및 창고 시설로 소방기본법 시행령에서 정하는 특수가연물을 저장, 취급하는 것	수량의 750배 이상 특수가연물

예제 13 다음은 소화기구의 설치에 관한 기준 내용이다. (   )안에 알맞은 것은? [23,22]

> 각 층마다 설치하되, 특정소방대상물의 각 부분으로부터 1개의 소화기까지의 보행거리가 소형 소화기의 경우에는 (㉠) 이내, 대형 소화기의 경우에는 (㉡) 이내가 되도록 배치할 것, 다만, 가연성 물질이 없는 작업장의 경우에는 작업장의 실정에 맞게 보행거리를 완화하여 배치할 수 있다.

① ㉠ 15m, ㉡ 20m
② ㉠ 20m, ㉡ 15m
③ ㉠ 20m, ㉡ 30m
④ ㉠ 30m, ㉡ 20m

해설 | 특정소방물의 각부분으로부터 1개의 소화기까지의 보행거리는 소형소화기인 경우는 20m 이내, 대형소화기는 30m 이내로 배치한다.

정답 ③

다음은 옥내소화전설비를 설치하여야 하는 특정소방대상물에 관한 기준 내용이다. (   )안에 알맞은 것은? [25,22,18,13]

> 건축물의 옥상에 설치된 차고 또는 주차장으로서 차고 또는 주차의 용도로 사용되는 부분의 면적이 (   ) 이상인 것

① 100m²
② 150m²
③ 180m²
④ 200m²

해설 | 건축물의 옥상에 설치된 차고, 주차장으로서 차고 또는 주차의 용도로 사용되는 부분 : 바닥면적 200m² 이상

정답 ④

 옥내소화전설비용 수조에 관한 설명으로 옳지 않은 것은? [24,22]
① 수조의 내측에 수위계를 설치할 것
② 수조의 밑 부분에는 청소용 배수밸브 또는 배수관을 설치할 것
③ 수조는 동결방지조치를 하거나 동결의 우려가 없는 장소에 설치할 것
④ 수조의 상단이 바닥보다 높은 때에는 수조의 외측에 고정식 사다리를 설치할 것

해설 | 육안 검측을 위해 수조의 외측에 수위계를 설치할 것

정답 ①

2) 소방시설의 종류 및 설치 대상물 Ⅱ

종류	소방시설의 적용기준	
물분무 소화설비	건축물 내부에 설치된 차고로 주차용도로 사용되는 부분	바닥면적 200m² 이상
	승강기 등 기계장치에 의한 주차시설	20대 이상 주차
	항공기 및 항공기격납고	–
	차고, 주차용 건축물, 철골 조립식 주차시설	연면적 800m² 이상
	• 전기실, 발전실, 변전실(가연성 절연유를 사용하지 않는 변압기, 전류차단기 등의 전기기기와 가연성 피복을 사용하지 않는 전선 및 케이블만 설치한 전기실, 발전실, 변전실 제외), **축전지실, 통신기기실, 전산실.** • 단, 이 경우 동일한 방화구획 내 2개 이상의 실이 설치되어 있는 경우에는 이를 1개의 실로 보아 바닥면적에서 제외한다.	바닥면적 300m² 이상
비상경보 설비	지하가 중 터널 또는 사람이 거주하지 아니하거나 벽이 없는 축사를 제외한 시설	연면적 400m² 이상
	지하층, 무창층	바닥면적이 150m² 이상 (공연장인 경우 100m² 이상)
	지하가 중 터널	길이가 500m 이상
	옥내작업장	50명 이상 근로자가 작업하는

종류		소방시설의 적용기준
비상 조명등	지하층을 포함하는 층수가 5층 이상	연면적 3,000m² 이상
	지하층, 무창층	바닥면적이 450m² 이상
	지하가 중 터널	길이가 500m 이상
비상방송 설비	① 연면적 3,500m² 이상 ② 지하층을 제외한 층수가 11층 이상 ③ 지하층의 층수가 3개 층 이상	–
자동화재 탐지설비	• 근린생활시설(목욕장은 제외), 의료시설, • 숙박시설, 위락시설, 장례시설, 복합건축물	연면적 600m² 이상
	• 공동주택, 근린생활시설 중 목욕장, • 문화 및 집회 시설, 종교시설, 판매시설, • 운수시설, 운동시설, 업무시설, • 공장·창고시설, 위험물 저장·처리시설 • 항공기, 자동차 관련시설, • 교정, 군사시설 중 국방, 군사시설, • 발전시설, 관광휴게시설, 지하가(터널 제외)	연면적 1,000m² 이상
	• 교육연구시설(교육시설 내에 있는 기숙사·합숙소포함), 수련시설(수련시설 내에 있는 기숙사, 합숙소 포함, 숙박시설이 있는 수련시설은 제외) • 동식물관련시설(기둥과 지붕만으로 구성되어 외부와 기류가 통하는 장소는 제외) • 분뇨, 쓰레기처리시설, 묘지 관련시설 • 교정·군사시설(국방·군사시설 제외)	연면적 2,000m² 이상
	지하구	–
	지하가 중 터널	길이 1,000m 이상
	노유자시설	연면적 400m² 이상
	숙박시설이 있는 수련시설	수용인원 100명 이상
	공장, 창고시설로 소방기본법 시행령으로 정하는 특수가연물을 저장, 취급하는 시설	수량의 500배 이상 특수가연물

3) 소방시설의 종류 및 설치 대상물 Ⅲ

종류		소방시설의 적용기준
자동화재 속보설비	• 업무시설, 공장, 창고시설, • 교정·군사시설 중 국방·군사시설, • 발전시설(사람이 근무하지 않는 시간에는 무인경비시스템으로 관리하는 시설만 해당)	바닥면적이 1,500m² 이상인 층
	노유자시설	바닥면적이 500m² 이상인 층
제연설비	문화 및 집회 시설, 종교시설, 운동시설의 무대부	바닥면적 200m² 이상
	문화 및 집회 시설 중 영화상영관	수용인원 100명 이상
	• 근린생활시설, 판매시설, 운수시설, • 숙박시설, 위락시설, 창고시설 중 물류터미널로서 지하층 또는 무창층	바닥면적이 1,000m² 이상인 전층

제연설비	지하가(터널 제외)	연면적 1,000m² 이상
	지하가 중 교통량, 경사도 등 터널의 특성을 고려하여 행정안전부령으로 정하는 위험등급 이상에 해당하는 터널	길이가 500m 이상
	특정소방대상물(갓복도형 아파트 제외)에 부설된 특별피난계단, 비상용승강기의 승강장	–
소화용수 설비	위험물 저장 및 처리시설 중 가스시설, 지하가 중 터널 또는 지하구 제외한 시설	연면적 5,000m² 이상
	가스시설로 지상에 노출된 탱크	가스 저장용량의 합계가 100톤 이상

4) 소방시설의 종류 및 설치 대상물 Ⅳ

종류	소방시설의 적용기준	
연결송수관 설비	층수가 5층 이상	연면적 6,000m² 이상
	특정소방대상물로 지하층을 포함하는 층수가 7층 이상	–
	특정소방대상물로 지하층의 층수가 3개 층 이상	• 지하층의 바닥면적 합계가 • 1,000m² 이상
	지하가 중 터널	길이가 1,000m 이상
단독경보형 감지기	① 연면적 1,000m² 미만의 아파트 ② 연면적 1,000m² 미만의 기숙사 ③ 연면적 2,000m² 미만의 교육연구시설 또는 수련시설 내에 있는 합숙소, 기숙사 ④ 연면적 600m² 미만의 숙박시설 ⑤ 연면적 400m² 미만의 유치원	

피난기구	특정소방대상물의 모든 층에 화재안전기준에 적합한 피난기구를 설치
	※ 피난기구 제외 해당시설
	  ① 피난층, 지상1층, 지상2층 및 층수가 11층 이상인 층
	  ② 가스시설 및 지하구, 지하가 중 터널은 제외	

인명구조 기구	① 7층 이상인 관광호텔에 설치(지하층을 포함하는 층수) ② 5층 이상인 병원에 설치(지하층을 포함하는 층수)	

5) 스프링클러 – 소방시설의 종류 및 설치 대상물

종류	소방시설의 적용기준	
스프링클러 설비	• 문화 및 집회 시설(동·식물원 제외) • 종교시설(사찰, 제실, 사당 제외) • 운동시설(물놀이형 시설 제외)로서 • 다음에 해당하는 모든 층	① 수용인원 100인 이상 ② **영화상영관의 용도**로 쓰이는 층의 바닥면적이 지하층 또는 무창층인 경우는 500m² 이상, 그 밖의 층의 경우는 1,000m² 이상 ③ 무대부가 지하층, 무창층 또는 층수가 4층 이상인 층에 있는 경우는 300m² 이상 ④ 무대부가 ③외의 층에 있는 경우무대부의 바닥면적이 500m² 이상
	판매시설, 운수시설 및 창고시설(물류터미널에 한정)로 다음에 해당하는 모든 층	바닥면적의 합계가 5,000m² 이상 수용인원 500인 이상

스프링클러 설비	층수가 6층 이상인 특정소방대상물의 전 층	전 층 : 주택법령에 따라 기존의 아파트를 연면적 및 층고의 변경이 없는 리모델링의 경우 사용검사 당시의 기준을 적용한다.
	① 의료시설 중 **정신의료기관, 종합병원, 병원, 치과병원, 한방병원, 요양병원(정신병원 제외)** ② 노유자시설 ③ 숙박이 가능한 수련시설	바닥면적이 600m² **이상의 전 층**
	천장 또는 반자(반자가 없는 경우에는 지붕의 옥내에 면하는 부분)의 높이가 10m를 넘는 랙식 창고(선반 또는 이와 비슷한 것을 설치하고 승강기에 의하여 수납을 운반하는 장치를 갖춘)	바닥면적의 합계가 1,500m² 이상
	지하가(터널 제외)	연면적 1,000m² 이상
	• 특정소방대상물의 지하층, 무창층(축사 제외) • 또는 층수가 4층 이상인 층	바닥면적 1,000m² 이상인 층
	교육연구시설, 수련시설 내에 있는 학생 수용 기숙사 또는 복합건축물	연면적 5,000m² 이상인 경우의 전층

스프링클러설비를 설치하여야 하는 특정소방대상물 중 스프링클러설비를 모든 층에 설치하여야 하는 수용인원 기준으로 옳은 것은? (단, 동·식물원을 제외한 문화 및 집회시설의 경우) [25,21,19,16]
① 50명 이상 ② 100명 이상
③ 200명 이상 ④ 300명 이상

해설 | 동·식물원을 제외한 문화 및 집회시설의 경우는 100명 이상

정답 ②

6) 간이스프링클러 – 소방시설의 종류 및 설치 대상물

종류	소방시설의 적용기준
근린생활시설 중 다음 중 하나	근린생활시설로 바닥면적 합계가 1,000m² 이상인 모든 층
	의원, 치과의원 및 한의원으로서 입원실이 있는 시설
교육연구시설 내 합숙소	연면적 100m² 이상인 시설
의료시설 중 정신의료기관 또는 요양병원으로서 다음의 어느 하나에 해당하는 시설	요양병원(정신병원과 의료재활시설은 제외)으로 바닥면적의 합계가 600m² 미만인 시설
	정신의료기관 또는 의료재활시설로 바닥면적의 합계가 300m² 이상 600m² 미만인 시설
	정신의료기관 또는 의료재활시설로 바닥면적의 합계가 300m² 미만이고, 창살(철재·플라스틱 또는 목재 등으로 사람의 탈출 등을 막기 위하여 설치한것을 말하며, 화재 시 자동으로 열리는 구조로 되어 있는 창살은 제외)이 설치된 시설

노유자시설로 다음의 어느 하나에 해당하는 시설	① 노유자 생활시설(단독주택 또는 공동주택에 설치되는 시설은 제외)
	② ①에 해당하지 않는 노유자시설로 해당시설로 사용되는 바닥면적의 합계가 300m² 이상 600m² 미만인 시설
	③ ②에 해당하지 않는 노유자시설로 해당시설로 사용되는 바닥면적의 합계가 300m² 미만이고, 창살(철재·플라스틱 또는 목재 등으로 사람의 탈출 등을 막기 위하여 설치한 것을 말하며, 화재 시 자동으로 열리는 구조로 되어 있는 창살은 제외한다)이 설치된 시설
숙박시설	숙박시설 중 생활형 숙박시설로 해당 용도로 사용되는 바닥면적의 합계가 600m² 이상인 것
복합건축물	하나의 건축물이 근린생활시설, 판매시설, 업무시설, 숙박시설 또는 위락시설의 용도와 주택의 용도로 함께 사용되는 것으로서 연면적 1,000m² 이상인 것은 모든 층
기타	건물을 임차하여 출입국관리법에 따른 보호시설로 사용하는 부분

7) **특정소방대상물의 소방시설과 면제할 수 있는 유사 소방시설의 연결**

소방본부장 또는 소방서장은 특정소방대상물에 설치하여야 하는 소방시설 가운데 기능과 성능이 유사한 소화설비 경우 다음 기준에 따라 그 설치를 면제할 수 있다.

면제 가능 소방시설	대체 유사소방시설
스프링클러설비	**물분무소화설비**
물분무소화설비	스프링클러설비
간이스프링클러설비	스프링클러설비, 물분무소화설비, 미분무소화설비
제연설비	공기조화설비
연소방지설비	스프링클러설비, 물분무소화설비, 미분무소화설비
연결송수관설비	옥내소화전 설비, 스프링클러설비, 간이 스프링클러설비 또는 연결살수설비
자동화재탐지설비	비상경보 설비, 준비작동식 스프링클러설비
비상조명등	피난구조유도등

내진설계 기준 설비
지진이 발생할 경우 소방시설이 정상적으로 작동될 수 있도록 소방청장이 정하는 내진설계기준에 맞게 설치하여야 하는 소방시설(단, 내진설계기준의 설정 대상 시설에 소방시설을 설치하는 경우)
① 옥내소화전설비 ② 스프링클러설비 ③ 물분무등소화설비

특정소방대상물에 설치하여야 하는 소방시설과 이를 면제할 수 있는 유사 소방시설의 연결이 틀린 것은? [24, 20, 17, 13]

① 연소방지설비 - 비상방송설비 ② 비상조명등 - 피난구조유도등
③ 비상경보설비 - 자동화재탐지설비 ④ 스프링클러설비 - 물분무등 소화설비

해설 | 연소방지설비 - 스프링클러설비, 물분무소화설비, 미분무소화설비   정답 ①

핵심 기출문제

05 화재예방, 소방시설 설치·유지 및 안전관리에 관한 법령 분석

1 총칙

01 ▶21,19,15

소방시설법에서 정의하는 다음 내용에 해당하는 용어는?

> 소방시설등을 구성하거나 소방용으로 사용되는 제품 또는 기기로서 대통령령으로 정하는 것을 말한다.

① 특정소방대상물 ② 소화용수설비
③ 소화설비 ④ 소방용품

해설 | 사용되는 제품 = 용품

02 ▶21

소방시설의 종류 및 각각에 해당하는 기계·기구 또는 설비의 연결이 잘못 짝지어진 것은?

① 소화설비 - 스프링클러설비
② 경보설비 - 자동화재탐지설비
③ 피난구조설비 - 방열복, 방화복
④ 소화활동설비 - 옥내소화전설비

해설 | 소화설비−옥내소화전설비

03 ▶20,16,12,12

소화활동설비에 해당하지 않는 것은?

① 제연설비 ② 연결송수관설비
③ 비상방송설비 ④ 비상콘덴서설비

해설 | 소화활동설비
 • 제연설비   • 연결송수관설비
 • 연결살수설비 • 비상콘센트설비
 • 무선통신보조설비 • 연소방지설비

04 ▶19

소방시설의 종류 중 피난구조설비(화재가 발생할 경우 피난하기 위하여 사용하는 기구 또는 설비)에 해당되지 않는 것은?

① 통로유도등 ② 단독경보형 감지기
③ 비상조명등 ④ 완강기

해설 | 단독경보형 감지기−경보설비

05 ▶21,16

화재가 발생할 경우 사용하는 피난설비(피난하기 위하여 사용하는 기구 또는 설비)를 구성하는 제품 또는 기기에 해당되지 않는 것은?

① 누전경보기 ② 공기호흡기
③ 통로유도등 ④ 완강기

해설 | 피난설비
 • 피난기구 : 완강기, 구조대, 피난사다리, 미끄럼대, 피난밧줄 외 피난기구
 • 인명구조기구 : 방열복, 공기호흡기
 • 유도등 : 유도표지
 • 비상조명등, 휴대용 비상조명등

06 ▶18,18,13

화재가 발생할 경우 피난을 위해 사용되는 피난설비에 해당되는 것은?

① 비상조명등 ② 비상콘센트설비
③ 비상방송설비 ④ 자동화재속보설비

해설 | 문제 5번 해설참조

정답 | 01 ④ 02 ④ 03 ③ 04 ② 05 ① 06 ①

07 ▶19,14,13
다음 중 소방시설의 한 종류인 경보설비에 해당되지 않는 것은?

① 비상방송설비　　② 자동화재속보설비
③ 비상콘센트설비　④ 통합감시설비

해설 | 비상콘센트설비 – 소화활동설비
　경보설비
　• 단독경보형 감지기
　• 비상경보설비 : 비상벨, 자동식사이렌설비
　• 비상방송설비
　• 자동화재탐지설비, 시각경보기
　• 자동화재속보설비
　• 가스누설경보기
　• 통합감시시설
　• 누전경보기

08 ▶22,17,12
각 소방시설의 종류별 연결이 옳지 않은 것은?

① 소화설비 – 옥내소화전설비
② 피난설비 – 자동화재속보설비
③ 소화용수설비 – 소화수조
④ 소화활동설비 – 제연설비

해설 | 경보설비 – 자동화재속보설비

09 ▶19,16
소방시설법령에 의한 무창층에 대한 정의로 옳은 것은?

① 무창층이란 창이 없는 층을 말한다.
② 무창층이란 창을 포함한 개구부가 없는 층을 말한다.
③ 무창층이란 일정한 요건을 갖춘 창 면적의 합계가 해당 층의 바닥면적의 1/50 이하가 되는 층을 말한다.
④ 무창층이란 일정한 요건을 갖춘 개구부 면적의 합계가 해당 층의 바닥면적의 1/30 이하가 되는 층을 말한다.

해설 | 무창층
　지상층 개구부로 건축물의 채광, 환기, 통풍을 위하여 만든 창으로 출입구 면적의 합계가 당해 층의 바닥면적의 1/30 이하가 되는 층을 말한다.

10 ▶20,17
소방시설법령에서 정의하고 있는 "무창층"을 구성하는 개구부의 최소 여건에 해당되지 않는 것은?

① 크기는 지름 60cm 이상의 원이 내접할 수 있는 크기일 것
② 해당 층의 바닥면으로부터 개구부 밑부분까지의 높이가 1.2m 이내일 것
③ 내부 또는 외부에서 쉽게 부수거나 열 수 있을 것
④ 도로 또는 차량이 진입할 수 있는 빈터를 향할 것

해설 | 개구부의 크기가 지름 50cm 이상의 원이 내접할 수 있을 것

2　건축허가 등의 동의

11 ▶21
건축허가 등을 할 때 미리 소방본부장 또는 소방서장의 동의를 받아야 하는 건축물의 최소 연면적 기준으로 옳은 것은? (단, 학교시설인 경우)

① 100m² 이상
② 200m² 이상
③ 300m² 이상
④ 400m² 이상

해설 | 연면적이 100m² 이상인 학교시설

12 ▶21,17

건축허가 등을 할 때 미리 소방본부장 또는 소방서장의 동의를 받아야 하는 건축물 등의 범위 기준으로 틀린 것은?

① 연면적이 200m² 이상인 수련시설
② 연면적이 200m² 이상인 노유자시설
③ 연면적이 250m² 이상인 정신의료기관
④ 연면적이 300m² 이상인 장애인 의료재활시설

해설 | 연면적이 300m² 이상인 정신의료기관

13 ▶19,16

건축허가 등을 할 때 미리 소방본부장 또는 소방서장의 동의를 받아야 하는 건축물 등의 범위 기준으로 옳지 않은 것은?

① 노유자시설 및 수련시설로서 연면적이 200m² 이상인 것
② 차고·주차장으로 사용되는 바닥면적이 200m² 이상인 층이 있는 건축물이나 주차시설
③ 승강기 등 기계장치에 의한 주차시설로서 자동차 15대 이상을 주차할 수 있는 시설
④ 지하층 또는 무창층이 있는 건축물로서 바닥면적이 150m² 이상인 층이 있는 것

해설 | 차고, 주차장 또는 주차용도로 사용되는 시설
　　㉠ 차고, 주차장으로 사용되는 층 중 바닥면적이 200m² 이상인 층이 있는 시설
　　㉡ 승강기 등 기계장치에 의한 주차시설로서 자동차 20대 이상을 주차할 수 있는 시설

14 ▶20,15

건축허가등을 할 때 미리 소방본부장 또는 소방서장의 동의를 받아야 하는 건축물에 해당되는 것은?

① 연면적이 300m²인 업무시설
② 승강기 등 기계장치에 의한 주차시설로서 자동차 15대를 주차할 수 있는 주차시설
③ 항공관제탑
④ 지하층이 있는 건축물로서 바닥면적이 80m²인 층이 있는 것

해설 | ㉠ 연면적이 400m²인 업무시설
　　㉡ 승강기 등 기계장치에 의한 주차시설로서 자동차 20대를 주차할 수 있는 주차시설
　　㉢ 지하층이 있는 건축물로서 바닥면적이 150m²인 층이 있는 것

3 소방대상물의 안전관리

15 ▶20

화재예방, 소방시설 설치·유지 및 안전관리에 관한 법령에 따라 원칙적으로 화재안전정책에 관한 기본계획을 계획 시행 전년도 8월 31일까지 관계 중앙행정기관의 장과 협의를 거쳐 계획 시행 전년도 9월 30일까지 수립하여야 하는 자는?

① 소방청장　　② 시·도지사
③ 소방서장　　④ 국무총리

16 ▶20,17,13

특정소방대상물 중 교육연구시설에 해당하는 것은?

① 무도학원
② 자동차정비학원
③ 자동차운전학원
④ 연수원

해설 | 건축물의 용도분류(복습) – 교육연구시설
- 학원(제2종 근린생활시설 해당 제외, 자동차학원 및 무도학원 제외), 연수원
- 직업훈련소(운전 및 정비 훈련소 제외)
- 교습소(자동차 및 무도 교습소 제외)

정답 | 12 ③　13 ③　14 ③　15 ①　16 ④

17

특정소방대상물이 특급 소방안전관리대상물로 되기 위한 최소 연면적 기준은?

① 5만m² 이상 ② 10만m² 이상
③ 15만m² 이상 ④ 20만m² 이상

해설 | 특급 소방안전관리대상물
  ㉠ 50층 이상(지하층은 제외)이거나 지상으로부터 높이가 200m 이상인 아파트
  ㉡ 30층 이상(지하층을 포함)이거나 지상으로부터 높이가 120m 이상인 특정소방대상물(아파트는 제외함)
  ㉢ 연면적이 200,000m² 이상인 특정소방대상물(아파트 제외)

18

소방시설법령상 1급 소방안전관리 대상물에 해당되지 않는 것은?

① 30층 이하이거나 지상으로부터 높이가 120m 미만인 아파트
② 연면적 15000m² 이상인 특정소방대상물(아파트는 제외)
③ 연면적 15000m² 미만인 특정소방대상물로서 층수가 11층 이상인 것(아파트는 제외)
④ 가연성가스를 1000톤 이상 저장·취급하는 시설

해설 | 30층 이상(지하층은 제외)이거나 지상으로부터 높이가 120m 이상인 아파트

19

아파트가 특급 소방안전관리대상물로 되기 위한 기준으로 옳은 것은?

① 50층 이상(지하층은 제외한다)이거나 지상으로부터 높이가 200m 이상인 아파트
② 30층 이상(지하층은 제외한다)이거나 지상으로부터 높이가 120m 이상인 아파트
③ 25층 이상(지하층은 제외한다)이거나 지상으로부터 높이가 100m 이상인 아파트
④ 연면적 20만m² 이상인 아파트

해설 | 문제 17번 해설참조

20

공동 소방안전관리자를 선임하여야 하는 특정소방대상물이 아닌 것은? (단, 특정소방대상물 중 소방본부장 또는 소방서장이 지정하는 경우는 제외)

① 지하가
② 항공기 격납고를 포함한 공항시설
③ 판매시설 중 도매시장 및 소매시장
④ 복합건축물로서 연면적이 5000m² 이상인 것

해설 | 공동소방 안전관리 선임대상 특정소방대상물
  ㉠ 복합건축물로서 연면적이 5,000m² 이상인 것 또는 층수가 5층 이상 대상물
  ㉡ 고층 건축물(지하층을 제외한 층수가 11층 이상인 건축물만 해당)
  ㉢ 판매시설 중 도매시장 및 소매시장
  ㉣ 지하가
  ㉤ 특정소방대상물 중 소방본부장 또는 소방서장이 지정한 대상물

21

화재예방, 소방시설 설치·유지 및 안전관리에 관한 법령상 대통령령으로 정하는 특정소방대상물(신축하는 것만 해당)에 소방시설을 설치하려는 자는 그 용도, 위치, 구조, 수용 인원, 가연물(可燃物)의 종류 및 양 등을 고려하여 설계하여야 하는데 이와 같은 설계를 무엇이라 하는가?

① 소방시설 특수설계
② 최적화설계
③ 성능위주설계
④ 소방시설 정밀설계

해설 | 소방시설법 제9조의3 성능위주설계

정답 | 17 ④ 18 ① 19 ① 20 ② 21 ③

22 ▶21
특정소방대상물의 관계인이 소방청장이 정하여 고시하는 화재안전기준에 따라 소방시설을 갖추어야 하는 경우에 고려해야 하는 사항과 가장 거리가 먼 것은?

① 특정소방대상물의 수용인원
② 특정소방대상물의 규모
③ 특정소방대상물의 용도
④ 특정소방대상물의 위치

해설 | 소방청장이 정하여 고시하는 화재안전기준에 따라 특정소방대상물의 소방시설은 규모, 용도, 수용인원 등을 고려한다.

23 ▶21,17
특정소방대상물의 소방안전관리 업무 중 소방시설관리업의 등록을 한 자에게 대행하게 할 수 있는 업무는?

① 소방계획서의 작성 및 시행
② 자위소방대 및 초기대응체계의 구성·운영·교육
③ 피난시설, 방화구획 및 방화시설의 유지·관리
④ 소방훈련 및 교육

해설 | 소방안전관리 업무 대행
피난시설, 방화구획 및 방화시설의 유지, 관리 업무는 소방시설관리업의 등록을 한 자에게 그 일부의 업무를 대행 할 수 있다.

24 ▶17
'소방특별조사의 연기사유'가 될 수 없는 것은?

① 태풍, 홍수 등 재난이 발생하여 소방대상물을 관리하기가 매우 어려운 경우
② 관계인이 질병, 장기출장 등으로 소방특별조사에 참여할 수 없는 경우
③ 권한 있는 기관에 자체점검기록부, 교육·훈련일지 등 소방특별조사에 필요한 장부·서류 등이 압수되거나 영치되어 있는 경우
④ 소방본부장 또는 소방서장으로부터 피난시설, 방화구획 및 방화시설의 유지·관리에 대한 시정보완을 통보 받은 후 불가피하게 연기해야 하는 경우

해설 | ① ② ③번 외 연기사유는 인정 안됨

4 특정소방대상물의 방염

25 ▶18
특정소방대상물에 실내장식 등의 목적으로 설치 또는 부착하는 방염대상물품의 방염성능검사를 실시하는 자로 옳은 것은?

① 소방청장
② 소방서장
③ 소방본부장
④ 행정안전부 장관

해설 | 방염성능검사를 실시하는 자 : 소방청장

26 ▶19,18,14
대통령령으로 정하는 방염성능기준 이상의 성능을 보유하여야 하는 방염대상물품에 해당되지 않는 것은?

① 창문에 설치하는 커튼류
② 전시용 합판 또는 섬유판
③ 두께가 2mm 미만인 종이벽지
④ 섬유류 또는 합성수지류 등을 원료로 하여 제작된 소파·의자

해설 | 카펫, 두께가 2mm 미만인 벽지류(종이벽지 제외)

정답 | 22 ④ 23 ③ 24 ④ 25 ① 26 ③

27 ▸20,20
다음 중 방염대상물품에 해당되지 않는 것은? (단, 제조 또는 가공 공정에서 방염 처리를 한 물품이다.)

① 전시용 섬유판
② 무대막
③ 벽지류(종이벽지 포함)
④ 카펫

해설 | 문제 26번 해설참조

28 ▸21,15
방염대상물품의 방염 성능기준에서 불꽃에 의하여 완전히 녹을 때까지 불꽃의 접촉 횟수는 최소 몇 회 이상인가? (단, 소방청장이 정하여 고시하는 사항은 고려하지 않는다.)

① 2회   ② 3회
③ 5회   ④ 7회

해설 | 불꽃에 의하여 완전히 녹을 때까지 불꽃의 접촉횟수는 3회 이상

5 소방시설의 설치 및 유지

29 ▸15
다음은 자동소화장치를 설치하여야 하는 특정소방대상물과 관련된 법령이다. 빈 칸에 알맞은 내용으로 옳은 것은?

> 주거용 주방자동소화장치를 설치하여야 하는 것 : 아파트등 및 (   ) 이상 오피스텔의 모든 층

① 20층   ② 25층
③ 30층   ④ 40층

해설 | 자동식 소화기
- 주거용 주방자동소화장치를 설치 : 아파트, 30층 이상 오피스텔의 전층
- 화재안전기준에서 정하는 장소

30 ▸18,17,14
다음은 소방시설법령상 옥내 소화전설비를 설치해야 할 특정소방대상물의 기준이다. (   ) 안에 들어갈 내용으로 옳은 것은?

> 연면적 (   )m^2 이상(지하가 중 터널은 제외한다.)이거나 지하층·무창층(축사는 제외한다.) 또는 층수가 4층 이상인 것 중 바닥면적이 600m^2 이상인 층이 있는 모든 층

① 500   ② 1000
③ 1500   ④ 3000

해설 | 옥내 소화전설비
소방대상물(지하가 중 터널 제외) - 연면적 3,000m^2 이상

31 ▸17
옥내소화전설비를 설치하여야 하는 특정소방 대상물의 설치기준 중 옳은 것은?(단, 지하가 중 터널)

① 길이가 500m 이상인 터널
② 길이가 1000m 이상인 터널
③ 길이가 1500m 이상인 터널
④ 길이가 2000m 이상인 터널

해설 | 지하가 중 터널 : 길이 1,000m 이상

32 ▸17,13
특정소방대상물에 설치된 축전지실·통신기기실·전산실 등에 설치하여야 하는 소화설비는?(단, 바닥면적이 300m^2 이상인 것)

① 물분무소화설비   ② 스프링클러설비
③ 수동식소화기   ④ 옥내소화전설비

정답 | 27 ③ 28 ② 29 ③ 30 ④ 31 ② 32 ①

해설 | 물분무소화설비
바닥면적이 300m² 이상인 축전지실·통신기기실·전산실 등에 설치

33 ▶21,15
비상조명등을 설치하여야 하는 특정소방대상물에 해당하는 것은?

① 창고시설 중 창고
② 창고시설 중 하역장
③ 위험물 저장 및 처리 시설 중 가스시설
④ 지하가 중 터널로서 그 길이가 500m 이상인 것

해설 | 비상조명등
㉠ 지하층을 포함 층수가 5층 이상 : 연면적 3,000m² 이상
㉡ 지하층, 무창층 : 바닥면적이 450m² 이상
㉢ 지하가 중 터널 : 길이가 500m 이상

34 ▶19,14
비상경보설비를 설치하여야 할 특정소방대상물의 연면적 기준은?(단, 지하가 중 터널 또는 사람이 거주하지 않거나 벽이 없는 축사 등 동·식물 관련시설은 제외한다.)

① 300m² 이상   ② 400m² 이상
③ 500m² 이상   ④ 600m² 이상

해설 | 지하가 중 터널 또는 사람이 거주하지 않고 벽이 없는 축사를 제외한 시설은 연면적 400m² 이상

35 ▶17,12
비상경보설비설치를 하여야 할 특정소방대상물의 기준으로 옳지 않은 것은?

① 무창층의 바닥면적이 200m² 이상인 것
② 지하층의 바닥면적이 150m² 이상인 것
③ 50명 이상의 근로자가 작업하는 옥내 작업장
④ 지하가 중 터널로서 길이가 500m 이상인 것

해설 | 지하층, 무창층은 바닥면적이 150m² 이상(공연장인 경우 100m²) 이상

36 ▶20
건축법에 따른 단독주택의 소유자가 설치하여야 하는 주택용 소방시설에 해당하는 것은?

① 소화기
② 인공소생기
③ 비상방송설비
④ 연결송수관설비

해설 | 단독주택 – 소형소화기, 감지기

37 ▶21,18
소방시설법령에 따라 단독주택에 설치하여야 하는 소방시설로만 옳게 나열된 것은?

① 소화기 및 간이완강기
② 소화기 및 간이스프링클러
③ 소화기 및 단독경보형감지기
④ 소화기 및 자동화재탐지설비

해설 | 문제 36번 해설참조

38 ▶15
특정소방대상물에 피난기구를 반드시 설치하여야 하는 층은?

① 지상 1층
② 지상 2층
③ 지상 6층
④ 지상 11층

해설 | 피난기구 제외 해당시설
㉠ 지상 1층, 지상 2층 및 층수가 11층 이상인 층
㉡ 가스시설 및 지하구, 지하가 중 터널은 제외

정답 | 33 ④ 34 ② 35 ① 36 ① 37 ③ 38 ③

39 ▶16

소화활동설비 중 연결송수관설비를 설치하여야 하는 특정소방대상물의 층수 및 연면적 기준으로 옳은 것은? (단, 위험물저장 및 처리시설 중 가스시설 또는 지하구는 제외)

① 층수가 5층 이상으로서 연면적 6천m² 이상인 것
② 층수가 5층 이상으로서 연면적 1만m² 이상인 것
③ 층수가 7층 이상으로서 연면적 6천m² 이상인 것
④ 층수가 7층 이상으로서 연면적 1만m² 이상인 것

해설 | 연결송수관설비
　㉠ 층수가 5층 이상 : 연면적 6천m² 이상
　㉡ 특정소방대상물로 지하층의 층수가 3개 층 이상 : 지하층의 바닥면적 합계가 1,000m² 이상
　㉢ 지하가 중 터널 : 길이 1,000m 이상

41 ▶14

특정소방대상물 중 문화 및 집회시설, 종교시설, 운동시설로서 스프링클러설비를 전층에 설치하여야 하는 기준으로 옳지 않은 것은?

① 수용인원이 100명 이상인 것
② 영화상영관의 용도로 쓰이는 층의 바닥면적이 지하층 또는 무창층인 경우 300m² 이상인 것
③ 무대부가 지하층·무창층 또는 4층 이상의 층에 있는 경우에는 무대부의 면적이 300m² 이상인 것
④ 무대부가 지하층·무창층 또는 4층 이상의 층에 있지 않은 경우에는 무대부의 면적이 500m² 이상인 것

해설 | 영화상연관의 용도로 쓰이는 층의 바닥면적이 지하층 또는 무창층인 경우는 500m² 이상, 그 밖의 층의 경우는 1,000m² 이상

40 ▶19

스프링클러설비를 설치하여야 하는 특정소방대상물의 기준으로 옳지 않은 것은?

① 의료시설 중 정신의료기관으로서 해당 용도로 사용되는 바닥면적 합계가 400m² 이상인 것 → 모든 층
② 판매시설, 운수시설 및 창고시설(물류터미널에 한정)로서 바닥면적 합계가 5,000m² 이상인 경우 → 모든 층
③ 층수가 6층 이상인 특정소방대상물의 경우 → 모든 층
④ 문화 및 집회시설(동·식물원은 제외한다)로서 무대부가 지하층·무창층 또는 4층 이상의 층에 있는 경우에는 무대부의 면적이 300m² 이상인 것 → 모든 층

해설 | 의료시설 중 정신의료기관으로서 해당 용도로 사용되는 바닥면적 합계가 600m² 이상인 것 → 모든 층

42 ▶18,13

다음 중 모든 층에 스프링클러를 설치하여야 하는 경우가 아닌 것은?

① 문화 및 집회시설(동·식물원은 제외)로서 수용인원이 100명 이상인 것
② 층수가 11층 이상인 특정소방대상물
③ 판매시설로서 바닥면적의 합계가 1000m² 이상인 것
④ 노유자 시설의 용도로 사용되는 시설의 바닥면적의 합계가 600m² 이상인 것

해설 | 판매시설, 운수시설 및 창고시설 (물류터미널에 한정) : 바닥면적의 합계가 5,000m² 이상 수용인원 500인 이상

정답 | 39 ① 40 ① 41 ② 42 ③

43 ▶19,17

간이스프링클러설비를 설치하여야 하는 특정소방대상물의 연면적 기준으로 옳은 것은? (단, 교육연구시설 내 합숙소의 경우)

① 50m² 이상 ② 100m² 이상
③ 150m² 이상 ④ 200m² 이상

해설 | 교육연구시설 내 합숙소의 경우 : 100m² 이상

44 ▶20

특정소방대상물의 소방시설 설치의 면제 기준과 관련한 아래의 내용에서 (   )에 들어갈 내용으로 옳은 것은?

> 물분무등소화설비를 설치하여야 하는 차고·주차장에 (   )를 화재안전기준에 적합하게 설치한 경우에는 그 설비의 유효범위에서 설치가 면제된다.

① 옥내소화전설비
② 연결송수관설비
③ 자동화재탐지설비
④ 스프링클러설비

해설 | 스프링클러설비-물분무등 소화설비

45 ▶18,14,12

유사 소방시설로 분류되어 설치가 면제되는 기준으로 옳게 연결된 것은? (단, 유사 소방시설이 화재안전기준에 적합하게 설치된 경우)

① 연소방지설비 설치 → 스프링클러설비 면제
② 물분무등소화설비 설치 → 스프링클러설비 면제
③ 무선통신보조설비 설치 → 비상방송설비 면제
④ 누전경보기 설치 → 비상경보설비 면제

해설 | 면제와 대체 둘다 가능
스프링클러설비-물분무등 소화설비

46 ▶21,18

지진이 발생할 경우 소방시설이 정상적으로 작동될 수 있도록 소방청장이 정하는 내진설계기준에 맞게 설치하여야 하는 소방시설이 아닌 것은? (단, 내진설계기준의 설정 대상 시설에 소방시설을 설치하는 경우)

① 옥내소화전설비
② 스프링클러설비
③ 물분무등소화설비
④ 무선통신보조설비

해설 | 내진설계 기준 설비
㉠ 옥내소화전설비
㉡ 스프링클러설비
㉢ 물분무등소화설비

정답 | 43 ② 44 ④ 45 ② 46 ④

Chapter 03

실내디자인 조명계획

최근 10개년 출제문항수 **99**개

New_ 2022년 이후 평균 출제비중 **2.5%**

Chapter 출제경향분석

Section	출제비율
01 실내 조명 자료 조사	2%
02 실내조명 계획	0.5%

01 실내조명 자료 조사

> **Pass Note**

예상출제문항	키워드	
1~2	- 인공광원별 특성 - 조명방식	- 건축화조명 - 조명계산

1. 빛의 용어와 단위

종류	기호	단위	약호	특성
광속	F	lumen	lm	1초 동안 어떤 면을 통과하는 빛의 양 [**광의 양**]
조도	E	lux(lx)	lx	단위면적당 입사광속으로 점광원에서 어떤 물체나 표면 도달하는 광속의 밀도 [**장소의 명도**]
휘도	L	astilb, stilb(sb), nit(nt)	cd/m^2	• 물체 표면의 밝기로, 광원이 빛나고 있는 정도 [**반짝임**] • 휘도의 분포도는 시작업상에 큰 영향을 준다.
광도	I	candela	cd	• 광원에서 나오는 빛의 세기로 단위면적당 표면에서 반사 또는 방출되는 광량 [**광의 강도**] • 1 cd는 점광원을 중심으로 $1m^2$의 면적을 관통해 나오는 광속이 1 lumen일 때 그 방향의 광도이다.
광속 발산도	R	rad-lux, Lambert	rlx	반사면 혹은 광원면의 단위 면적에서 발산하는 광속 [**물체의 명도**]
연색성	광원이 색을 어느 정도 충실하게 나타내고 있는가의 척도			
색온도	• 색온도란 빛을 발하는 어떤 발광체가 온도에 따라 밝기와 색이 달라지는 절대 온도의 개념을 말한다. 켈빈온도단위로 측정되는 색온도(K)는 수치가 낮을수록 따뜻한 느낌의 붉은색에서 주황 노랑 백색 청색 등의 순으로 색온도가 높아진다. • 흔히 색온도에 따라 조명을 전구색, 주백색, 주광색 등으로 구분하여 사용한다.			

2. 인공광원의 종류와 특성

구분	백열등	형광등	할로겐등	수은등	나트륨등	메탈할라이드등
효율	7~22	48~80	20~22	40~65	80~150	70~100
수명(h)	1,000~1,500	7,500	2,000~3,000	10,000	6,000	9,000
색온도(K)	2,850	3,500~5,600	4,300	4,100	2,100	5,000
휘도	높다	낮다	높다	높다	높다	높다
색상	적색 부분 많다	광색 조절이 용이	주광색에 가깝다	청백색	황백색	자연색에 가깝다.
용도	전반조명, 포인트 조명	옥내/옥외 전반조명, 간접조명	경기장, 광장 영사기용	높은 천장광조명, 도로	도로, 터널	경기장, 은행, 백화점, 가구점
연색성 순위	백열등 > 주광색형광등 ≥ 할로겐등 > 메탈할라이드등 > 형광등 > 수은등 > 나트륨등 ※ 연색평가수(Ra) : 0에 가까울수록 연색성이 나쁘다.					
효율 순위	나트륨등 > 메탈할라이드등 > 형광등 > 수은등 > 할로겐등 > 백열등					
수명 순위	나트륨등 > 수은등 > 형광등 > 메탈할라이드등 > 백열등					

예제 01 다음 중 평균연색평가수가 가장 낮은 광원은? [23, 20, 19, 17, 16, 13, 13]
① 할로겐 램프   ② 주광색 형광등   ③ 고압 나트륨램프   ④ 메탈 할라이드램프

정답 ③

1) 인공조명의 특성

(1) 백열등
① 필라멘트의 온도 방사에 의한 발광으로 조명기구로 과거에 가장 많이 사용되어 왔다.
② 고휘도이고 열방사 많으며 광색은 적색부분이 많다.
③ 연색성이 자연채광에 가까우며 빛의 컨트롤이 용이하다.
④ 효율이 낮고 발광온도가 높으며 광원의 수명도 짧다.
⑤ 점등 시간이 빠르다.

(2) 형광등
① 수은과 아르곤을 봉입한 유리관 내에 자외선을 발생하고 이것이 유리관 내 형광물질을 유도방출하여 발광하는 조명기구이다.
② 저휘도이고 열방사가 적다.
③ 백열전구 대비 수명이 길고 같은 전력으로 백열등보다 3~4배의 조도를 얻을 수 있다.
④ 눈부심도 적으며 발광온도도 낮은 편이다.
⑤ 형광체의 색을 다양하게 하여 광색조절이 용이하나 자외선이 방출된다.
⑥ 점등 시간이 느리다.

(3) 할로겐등
　　① **고휘도**이고 **연색성이 좋으며** 단위광속이 크다.
　　② **초소형**, 경량의 전구(백열등 크기의 1/10)
　　③ 수명이 백열전구에 비해 2배 길다.
　　④ 광색은 적색부분이 비교적 많다.
　　⑤ 발광온도가 높다.
　　⑥ 흑화(黑化) 발생이 거의 없다.

(4) 수은등
　　① 고휘도이나 **연색성은 나쁘다**.
　　② 큰 광속을 얻을 수 있고, 수명이 가장 길다.
　　③ 효율이 높고 가격도 저렴한 편이다.
　　④ 초고압수은등은 영화촬영 등에 이용된다.
　　⑤ 완전전등까지 10분 소요된다.

(5) 나트륨등
　　① 수평 점등이 원칙이며, **연색성 불량**으로 일반실내조명으로는 부적합하다.
　　② 수명이 매우 길어 도로 가로등 및 체육관, 광장조명 등에 사용된다.

(6) 메탈할라이드등
　　① 연색성이 좋아 경기장 또는 은행, 백화점등 고연색성이 요구되는 곳에 적합
　　② 수명이 비교적 길지만 가격이 다소 높다.
　　③ 색온도가 높아 밝고 딱딱한 분위기를 연출한다.
　　④ 재점멸 시 5~10분정도 시간이 소요된다.

(7) LED(Light Emitting Diode)등
　　① 반도체인 LED에 전압이 흐르면 빛으로 전환되어 나오는 조명기구
　　② 전체 광효율이 높고 에너지 절감효과가 매우 크다.
　　③ 수명이(5~10만 시간)이 길고, 소비전력이 백열등과 형광등에 비해 낮다.
　　④ 발열이 적어 내구성이 길며 낮은 전력으로 효율 높은 조명을 쓸 수 있다.
　　⑤ 눈의 피로도가 낮고 친환경적이나 빛의 확산성이 부족하다.

3. 조명 방식

1) **조명기구의 배치에 의한 분류**

(1) 전반조명
　　① **실내 전체**를 거의 같은 조도로 균일하게 하향 방사되도록 조명하는 배치하는 방식이다.
　　② 눈의 피로가 적으나 정밀작업을 하는 장소에는 곤란하다.
　　③ 명시조명을 요하는 사무실, 학교, 공장 등에 사용된다.

(2) 국부조명

① 실내 전체가 아닌 **어느 부분만(국부적)**을 강하게 하향 방사되도록 조명하는 배치하는 방식이다.
② 전반조명에 비해 약 10배의 명시효과가 있다.
③ 전반조명으로 휘도대비가 저하되어 잘 보이지 않을 때 이용한다.
④ 밝고 어두움의 차이가 크기 때문에 눈이 피로하기 쉬운 결점이 있다.
⑤ 주로 정밀한 작업을 하는 공간에 사용된다.

(3) 전반국부 병용 조명

① 전반조명하에 특정한 장소에 국부조명을 병용 사용하는 방식이다.
② 조도의 변화를 적게 하여 명시효과를 높이기 위한 것이다.
③ 매우 경제적인 조명방식으로 정밀한 작업을 요하는 곳에 사용된다.

(4) 완화조명

터널에서 입구 부근은 밝게 하고, 서서히 조도를 저하 시키는 조명 방법

(5) TAL 조명방식(Task & Ambient Lighting)

① 작업구역(Task)에는 전용의 **국부조명방식**으로 조명하고, 기타 주변(Ambient)환경에 대하여는 **간접조명**과 같은 낮은 조도레벨로 조명하는 방식
② 실내의 전체적인 밝기를 낮게 억제할 수 있기 때문에 에너지 소비적인 측면에서는 유리하지만 초기설치 비용이 증가하며, 필요한 장소만 밝히기 때문에 실내가 전체적으로 어두워지는 단점도 발생한다.

 Note 명시적 조명
밝기 위주의 조명으로 교실, 서재, 집무실, 작업실 등에 적용된다.

2) 조명기구의 배광(光)에 의한 분류

구분	형태 및 배광분포	장점	단점
직접 조명	% 10~0 90~100	• 조명률(효율)이 높다. • 실내면 반사율의 영향이 적다. • 국부적으로 고조도를 얻기 편리하다. • 설비비가 간접조명에 비해 적게 든다.	• 천장에 **그림자가 강하게 생기**는 단점이 있다. • 기구의 선택을 잘못하면 차이가 심하며 눈부심을 준다. • 분위기를 중시하는 조명에 부적합하다.
반직접 조명	% 10~40 60~90		
전반확산 조명	% 60~40 40~60	• 직접조명과 간접조명의 중간 • 빛이 상하좌우로 나가므로 부드러운 조명이 된다.	• 광손실이 50% 전후

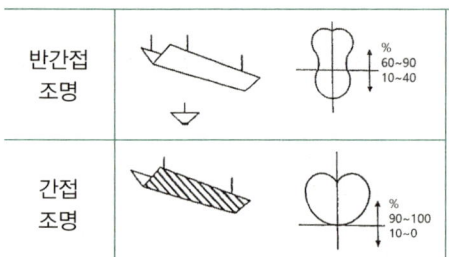

반간접 조명			• 조도가 균일하다. • 그림자가 거의 형성되지 않고 부드러운 빛으로 안정된 조명을 할 수 있다. • 경제성보다 분위기를 목표로 하는 장소에 적합하다.	• 조명률(효율)이 나쁘다. • 실내면 반사율의 영향이 크다. • 국부적으로 고조도를 얻기 어렵다. • 동일 조도를 얻기 위한 시설비는 직접조명에 비해 더 많이 든다.
간접 조명				

 반사율(Reflectance)
- 빛을 받는 표면에서 반사되는 빛의 밝기이다. 반사율이 높으면 눈에 피로도가 높아질 수 있으므로 마감재별 반사율을 고려하여 마감재 계획을 하여야 한다.
- 실내마감재 중에 유리나 금속은 반사율이 높고 목재나 카펫은 반사율이 낮다.

3) 조명기구의 형태(Design)에 의한 분류
① 매입형 : 천장에 작은 구멍을 뚫어 그 사이 공간에 조명 기구를 매입시키는 방식
② 직부형 : 가장 일반적인 사용되며 조명 기구를 천장면에 직접 부착시켜 하부로 조명하는 방식
③ 브라켓(bracket)형 : 벽부에 부착하여 상·하부로 조명하는 장식성이 우수한 벽부형 방식
④ 펜던트(pendant)형 : 와이어나 파이프를 이용하여 천장에 행잉(매단)하는 조명 방식

 가시성의 결정요소
가시성이란 대상물의 존재 혹은 형상을 알아보기 좋은 정도를 말한다.
① 대상물의 **크기**
② 대상물의 **밝기**
③ **주변과의 대비** 상태
④ 시각 속도
⑤ 주시 시간

 예제 02 천장에 매달려 조명하는 조명방식으로 조명기구 자체가 빛을 발하는 악세서리 역할을 하는 것은? [24, 22, 18]
① 코브(cove)
② 브라켓(bracket)
③ 펜던트(pendant)
④ 코니스(cornice)

해설 | 펜던트(pendant)형 : 와이어나 파이프를 이용하여 천장에 행잉(매단)하는 조명 방식

정답 ③

4. 건축화 조명

조명기구로 형태를 취하지 않고 천장, 벽, 기둥 등 실내건축 부분과 일체화하여 조명하는 방식이다. 건축화 조명은 눈부심이 적고 현대적인 감각을 느끼게 하나 조명 효율은 직접 조명에 비해 떨어지며 설치 비용도 많이 발생되어 **경제적 효율성은 떨어진다.**

1) 천장 건축화 조명

종류	광원형식	특성
광천장 조명	• 천장면 전체 • **하향직접조명**	• 천장면 전체에서 발광되는 방식으로 조명 설치 후 반투명 아크릴이나 루버로 같은 확산성 재료를 이용해서 연출한다. • 그림자 없는 쾌적한 빛을 얻을 수 있다. • 설치 방법에 따라 다양한 실내 분위기를 연출할 수 있다.
루버천장조명	• 천장면 전체 • **하향직접조명**	천장면에 루버를 설치하고 그 속에 광원을 배치하는 방법
코브조명	• 천장면 • **상향간접조명**	• 천장, 벽의 구조체에 의해 광원의 빛이 천장 또는 벽면으로 **가려지게** 하여 반사광으로 간접조명하는 방식이다. • 천장고가 높거나 현장 높이가 변화하는 실내에 적합하다. • 높이에 대한 느낌을 표현할 수 있으며 빛이 부드럽고 균등하며 눈부심이 없어 보조조명으로 많이 사용된다.
다운라이트조명	• 천장 매입 • **하향직접조명**	천장에 작은 구멍을 뚫어 그 속에 광원을 매입한 방법
라인라이트조명	• 천장 매입 • **하향직접조명**	• 광원을 선형으로 배치하는 방법 • 형광등 조명으로 가장 높은 조도를 얻을 수 있다.
코퍼조명	• 천장 매입 • **상향간접조명**	• 천장에 사각형 또는 원형의 구멍을 뚫어 단차를 두어 천장 내부에 조명을 설치하는 방식 • 천장면에 빛을 반사시켜 간접 조명하는 방법

2) 벽면 건축화 조명

종류	광원 형식	특성
코니스조명	벽면 하향간접조명	• 벽면으로 빛을 반사시켜 벽면 하부에 간접 조명하는 방법 • 벽면의 재질감을 강조해 주거나 재미있는 조명효과를 준다.
밸런스조명	벽면 상·하향 간접조명	코브와 코니스를 혼합한 형태로 목재, 금속판 및 투과율이 낮은 재료로 광원을 숨기며 천장 방향과 바닥 방향 양쪽으로 빛을 비추는 방식
광창조명	벽면 전체 벽 조명	• 광천장과 같은 방식으로 광원을 넓은 면적의 벽면에 매입 **비스타(vista)적 효과** 및 시선에 안락한 배경으로 작용한다. • 지하공간 벽면 및 지하철 광고판 등에서 사용한다.

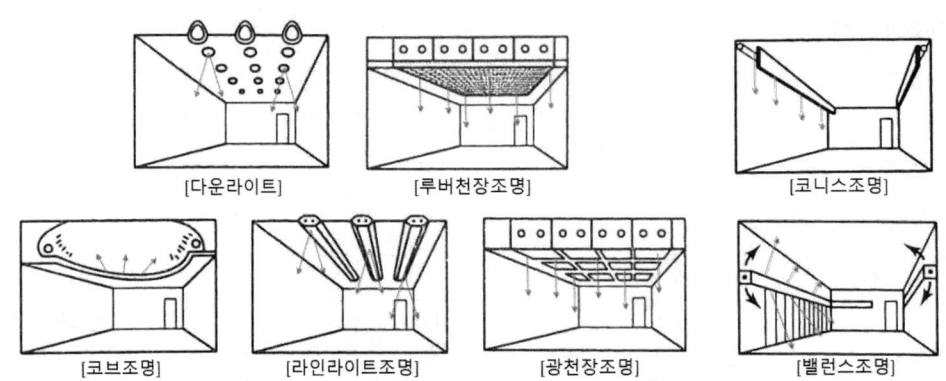

예제 03 **다음 설명에 알맞은 건축화조명방식은?** [25,21,18,16,15,14]

벽의 상부에 길게 설치된 반사상자 안에 광원을 설치하여 모든 빛이 하부로 향하도록 하는 조명방식

① 코퍼 조명 ② 광창 조명
③ 코니스 조명 ④ 광천장 조명

해설 | 코니스 조명 : 벽면으로 빛을 반사시켜 벽면 하부에 간접 조명하는 방식으로 벽면의 재질감을 강조해 주거나 재미있는 조명효과를 준다.

정답 ③

핵심 기출문제

01 실내조명 자료 조사

1 인공광원의 종류와 특성

01 ▶17
조명용어와 사용단위의 연결이 옳은 것은?

① 광속 - 루멘[lm]   ② 조도 - 칸델라[cd]
③ 휘도 - 럭스[lx]   ④ 광도 - 데시벨[dB]

해설 | ㉠ 조도 - 럭스[lx] 칸델라[cd]
㉡ 휘도 - stilb[cd/m^2]
㉢ 광도 - 칸델라[cd]

02 ▶18
광원의 광색 및 색온도에 관한 설명으로 옳지 않은 것은?

① 색온도가 낮은 광색은 따뜻하게 느껴진다.
② 일반적으로 광색을 나타내는데 색온도를 사용한다.
③ 주광색 형광램프에 비해 할로겐전구의 색온도가 높다.
④ 일반적으로 조도가 낮은 곳에서는 색온도가 낮은 광색이 좋다.

해설 | 색온도
색온도란 빛을 발하는 어떤 발광체가 온도에 따라 밝기와 색이 달라지는 절대 온도의 개념을 말한다. 켈빈온도 단위로 측정되는 색온도(K)는 수치가 낮을수록 따뜻한 느낌의 붉은색에서 주황 노랑 백색 청색 등의 순으로 색온도가 높아진다. 흔히 색온도에 따라 조명을 전구색, 주백색, 주광색 등으로 구분하여 사용한다.
형광등 : 3,500 ~ 5,600, 할로겐전구 : 4,300

03 ▶16
각종 광원에 관한 설명으로 옳지 않은 것은?

① 형광램프는 점등장치를 필요로 한다.
② 고압수은램프는 광속이 큰 것과 수명이 긴 것이 특징이다.
③ 할로겐전구는 소형화가 가능하나 연색성이 나쁘다는 단점이 있다.
④ LED램프는 긴 수명, 낮은 소비전력, 높은 신뢰성 등의 장점이 있다.

해설 | 할로겐전구는 소형화가 가능하며 연색성이 좋은 편이다.

04 ▶21,17
조명설비의 광원에 관한 설명으로 옳지 않은 것은?

① 형광램프는 점등장치를 필요로 한다.
② 고압나트륨램프는 할로겐전구에 비해 연색성이 좋다.
③ LED램프는 수명이 길고 소비전력이 작다는 장점이 있다.
④ 고압수은램프는 광속이 큰 것과 수명이 긴 것이 특징이다.

해설 | 고압나트륨램프는 할로겐전구에 비해 연색성이 나쁘다.

05 ▶15
다음 설명에 알맞은 광원의 종류는?

- 점등장치를 필요로 하며, 광질이 좋고 고효율로서 경제적이며 취급도 쉬워 현재 일반 조명광원의 주류를 이루고 있다.
- 옥내외 전반조명, 국부조명에 적합하다.

① 형광램프   ② 할로겐전구
③ 고압나트륨램프   ④ 저압나트륨램프

해설 | 형광램프
고효율로 광색 조절이 용이하다.
옥내 / 옥외 전반조명, 간접조명 등에 사용

정답 | 01 ① 02 ③ 03 ③ 04 ② 05 ①

06 ▶21,18,14
할로겐램프에 관한 설명으로 옳지 않은 것은?

① 휘도가 낮다.
② 형광램프에 비해 수명이 짧다.
③ 흑화가 거의 일어나지 않는다.
④ 광속이나 색온도의 저하가 적다.

해설 | 할로겐등
㉠ 고휘도이고 연색성이 좋으며 단위광속이 크다.
㉡ 초소형, 경량의 전구(백열등 크기의 1/10)
㉢ 수명이 백열전구에 비해 2배 길다.
㉣ 광색은 적색부분이 비교적 많다.
㉤ 발광온도가 높다
㉥ 흑화(黑化) 발생이 거의 없다.

07 ▶19,17
다음 중 연색성이 가장 우수한 것은?

① 할로겐전구 ② 고압수은램프
③ 고압나트륨램프 ④ 메탈할라이드램프

해설 | 연색성 순위
백열등 > 주광색형광등 ≥ 할로겐등 > 메탈할라이드등 > 형광등 > 수은등 > 나트륨등

08 ▶18
광원의 연색성에 관한 설명으로 옳지 않은 것은?

① 연색성을 수치로 나타낸 것을 연색평가수라고 한다.
② 고압수은램프의 평균 연색평가수(Ra)는 100이다.
③ 평균 연색평가수(Ra)가 100에 가까울수록 연색성이 좋다.
④ 물체가 광원에 의하여 조명될 때, 그 물체의 색의 보임을 정하는 광원의 성질을 말한다.

해설 | 연색평가수(Ra)
0에 가까울수록 연색성이 나쁘다. 고압수은등은 연색성이 가장 나쁘기 때문에 연색성평가수는 0에 가깝다.

09 ▶15
고압수은램프에 관한 설명으로 옳지 않은 것은?

① 휘도가 높다.
② 연색성이 우수하다.
③ 배광제어가 용이하다.
④ 도로조명, 고천장 공장조명 등에 이용된다.

해설 | 고압수은등
청백색으로 휘도가 높고 연색성이 나쁘다. 주로 높은 청장광조명, 도로조명에 사용된다.

2 조명 방식

10 ▶19
조명에 관한 설명으로 옳지 않은 것은?

① 올바른 실내조명은 조명의 질, 색, 조도가 적절한 균형을 이루어야 한다.
② 장식조명은 조명기구 자체가 하나의 예술품과 같이 강조되거나 분위기를 살려주는 역할을 한다.
③ 국부 조명은 어떤 한 건축적인 요소에 초점을 집중시킬 때나, 하나의 실에서 영역을 구획 할 때도 사용된다.
④ 전반, 국부 겸용 조명은 공간 자체에 변화와 생동감을 주지는 않지만 실 전체를 평균적으로 밝고 온화한 분위기로 만든다.

해설 | 전반·국부 병용 조명
㉠ 전반조명하에 특정한 장소에 국부조명을 병용 사용하는 방식이다.
㉡ 조도의 변화를 적게 하여 명시효과를 높이기 위한 것이다.
㉢ 매우 경제적인 조명방식으로 정밀한 작업을 요하는 곳에 사용된다.

정답 | 06 ① 07 ① 08 ② 09 ② 10 ④

11
다음의 조명에 관한 설명 중 ( )안에 알맞은 것은?

> 실내 전체를 거의 똑같이 조명하는 경우를 (①)이라 하고, 어느 부분만을 강하게 조명하는 방법을 (②)이라 한다.

① ① 전반조명, ② 간접조명
② ① 직접조명, ② 간접조명
③ ① 전반조명, ② 국부조명
④ ① 직접조명, ② 국부조명

해설 | 실전체-전반조명, 어느 부분-국부조명

12
비교적 면적이 작고 정해진 부분에 높은 조도로 집중적인 조명효과가 필요한 곳에 이용되는 조명방식은?

① 전반조명   ② 국부조명
③ 장식조명   ④ 기능조명

해설 | 국부조명
실내 전체가 아닌 어느 부분만(국부적)을 강하게 하향 방사되도록 조명하는 배치하는 방식이다.

13
조명의 배광방식에 관한 설명으로 옳지 않은 것은?

① 반간접조명은 조도가 균일하고 은은하며 전반확산조명이라고도 한다.
② 직접조명은 경제적이지만 눈부심 현상과 강한 그림자가 생기는 단점이 있다.
③ 간접조명은 상향광속이 90~100%로, 반사광으로 조도를 구하는 조명방식이다.
④ 반직접조명은 마감재의 반사율에 의해 밝기의 정도가 영향을 받게 되므로 마감재의 질감과 색채 등을 고려한다.

해설 | 전반확산조명
㉠ 직접조명과 간접조명의 중간
㉡ 광손실이 50% 전후로 빛이 상하좌우로 나가므로 부드러운 조명이 된다.

14
간접조명에 관한 설명으로 옳지 않은 것은?

① 조명률이 낮다.
② 실내 반사율의 영향이 크다.
③ 높은 조도가 요구되는 전반조명에는 적합하지 않다.
④ 그림자가 거의 형성되지 않으며 국부조명에 적합하다.

해설 | • 간접조명
㉠ 조도가 균일하다.
㉡ 그림자가 거의 형성되지 않고 부드러운 빛으로 안정된 조명을 할 수 있다.
㉢ 경제성보다 분위기를 목표로 하는 장소에 적합하다.
• 국부조명
실내 전체가 아닌 어느 부분만(국부적)을 강하게 하향 방사되도록 조명하는 배치하는 방식이다.

15
작업구역에는 전용의 국부조명방식으로 조명하고, 기타 주변 환경에 대하여는 간접조명과 같은 낮은 조도레벨로 조명하는 방식은?

① TAL조명방식   ② LED조명방식
③ 전반조명방식   ④ 건축화조명방식

해설 | TAL 조명방식(Task & Ambient Lighting)
㉠ 작업구역(Task)에는 전용의 국부조명방식으로 조명하고, 기타 주변(Ambient)환경에 대하여는 간접조명과 같은 낮은 조도레벨로 조명하는 방식
㉡ 실내의 전체적인 밝기를 낮게 억제할 수 있기 때문에 에너지 소비적인 측면에서는 유리하지만 초기설치비용이 증가하며, 필요한 장소만 밝히기 때문에 실내가 전체적으로 어두워지는 단점도 발생한다.

16
다음 중 명시적 조명의 적용이 가장 곤란한 곳은?

① 교실   ② 서재
③ 집무실   ④ 레스토랑

해설 | 명시적 조명
밝기 위주의 교실, 서재, 집무실, 작업실 등에 적용

정답 | 11 ③ 12 ② 13 ① 14 ④ 15 ① 16 ④

17 ▶20
조명기구의 설치방법 중 벽부형에 관한 설명으로 옳지 않은 것은?

① 확산벽부형은 복도나 계단 등에 사용된다.
② 선벽부형은 거울이나 수납장에 설치하여 보조조명으로 사용한다.
③ 부착되는 위치가 시선 내에 있으므로 휘도가 높은 광원을 사용한다.
④ 조명기구를 벽체에 설치하는 것으로 브라켓(bracket)이라 통칭된다.

해설 | 눈부심(글레어, 현휘)
휘도가 높은 광원은 눈부심 발생 우려가 크다.

18 ▶16
물체가 잘 보이도록 하는 조명의 조건, 즉, 가시성을 결정하는 요소와 가장 거리가 먼 것은?

① 주변과의 대비   ② 대상물의 밝기
③ 대상물의 형태   ④ 대상물의 크기

해설 | 가시성의 결정요소
가시성이란 대상물의 존재 혹은 형상을 알아보기 좋은 정도를 말한다.
대상물의 크기, 대상물의 밝기, 주변과의 대비 상태, 시각 속도, 주시 시간

3 건축화 조명

19 ▶12
다음 중 건축화 조명에 속하지 않는 것은?

① 코브 조명   ② 코니스 조명
③ 밸런스 조명   ④ 펜던트 조명

해설 | 펜던트(pendant) 조명
와이어나 파이프를 이용하여 천장에 행잉(매단)하는 조명 방식

20 ▶16
건축화조명을 직접조명방식과 간접조명방식으로 구분할 경우, 다음 중 직접조명방식에 속하는 것은?

① 코브 조명
② 코퍼 조명
③ 광천장 조명
④ 밸런스 조명(상향조명)

해설 | 광천장 조명
천장면 전체를 사용하여 하향직접조명 방식

21 ▶21,13
건축화 조명에 관한 설명으로 옳지 않은 것은?

① 별도의 조명기구를 사용하지 않는 에너지 절약형 조명이다.
② 간접조명방식으로는 코브(cove) 조명, 캐노피(canopy) 조명 등이 있다.
③ 건축 구조체의 일부분이나 구조적인 요소를 이용하여 조명하는 방식이다.
④ 코니스(cornice) 조명은 벽면의 상부에 위치하여 모든 빛이 아래로 직사하도록 하는 조명 방식이다.

해설 | 건축화 조명
조명기구로 형태를 취하지 않고 천장, 벽, 기둥 등 실내건축 부분과 일체화하여 조명하는 방식이다. 건축화 조명은 눈부심이 적고 현대적인 감각을 느끼게 하나 조명 효율은 직접 조명에 비해 떨어지며 설치 비용도 많이 발생되어 경제적 효율성은 떨어진다.

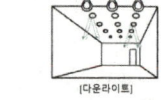
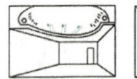  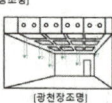 

정답 | 17 ③ 18 ③ 19 ④ 20 ③ 21 ①

22 ▶21, 19
다음 설명에 알맞은 건축화조명의 종류는?

> 벽에 형광등기구를 설치해 목재, 금속판 및 투과율이 낮은 재료로 광원을 숨기며 직접광은 아래쪽 벽이나 커튼을, 위쪽은 천장을 비추는 분위기 조명

① 코브 조명 ② 광창 조명
③ 광천장 조명 ④ 밸런스 조명

해설 | 밸런스 조명(벽면, 상하향 간접조명)
코브와 코니스를 혼합한 형태로 목재, 금속판 및 투과율이 낮은 재료로 광원을 숨기며 천장 방향과 바닥 방향 양쪽으로 빛을 비추는 방식

23 ▶17, 14
건축화 조명 중 밸런스(balance) 조명에 관한 설명으로 옳지 않은 것은?

① 창이나 벽의 커튼 상부에 부설된 조명이다.
② 하향조명일 경우 벽이나 커튼을 강조하는 역할을 한다.
③ 천장고가 높지 않을 경우 상향조명만 사용 하는 것이 좋다.
④ 상향조명일 경우 천장에 반사하는 간접조명으로 전체 조명 역할을 한다.

해설 | 천장고가 높지 않을 경우 하향조명만 사용 하는 것이 좋다.

24 ▶19
천장을 확산투과 혹은 지향성 투과 패널로 덮고, 천장 내부에 광원을 일정한 간격으로 배치한 것으로, 천장면 전체가 발광면이 되고 균일한 조도의 부드러운 빛을 얻을 수 있는 건축화 조명은?

① 루버 조명 ② 광천장 조명
③ 코니스 조명 ④ 밸런스 조명

해설 | 광천장 조명
㉠ 천장면 전체에서 발광되는 방식으로 조명 설치 후 반투명 아크릴이나 루버로 같은 확산성 재료를 이용해서 연출한다.
㉡ 그림자 없는 쾌적한 빛을 얻을 수 있다.

25 ▶21, 20, 17
다음 설명에 알맞은 건축화조명방식은?

> • 벽면 전체 또는 일부분을 광원화하는 방식이다.
> • 광원을 넓은 벽면에 매입함으로서 비스타(vista)적인 효과를 낼 수 있으며 시선의 배경으로 작용할 수 있다.

① 코브조명 ② 광창조명
③ 코퍼조명 ④ 코니스조명

해설 | 광창 조명
㉠ 광천장과 같은 방식으로 광원을 넓은 면적의 벽면에 매입
㉡ 비스타(vista)적 효과 및 시선에 안락한 배경으로 작용한다.
㉢ 지하공간 벽면 및 지하철 광고판 등에서 사용한다.

26 ▶20, 15, 14, 13
건축화조명 중 코브(cove) 조명에 관한 설명으로 옳은 것은?

① 광원을 넓은 면적의 벽면에 매입하여 비스타(vista)적인 효과를 낼 수 있다.
② 벽면의 상부에 위치하여 모든 빛이 아래로 직사하도록 하는 직접조명방식이다.
③ 천장, 벽의 구조체에 의해 광원의 빛이 천장 또는 벽면으로 가려지게 하여 반사광으로 간접 조명하는 방식이다.
④ 건축구조체로 천장에 조명기구를 설치하고 그 밑에 루버나 유리, 플라스틱 같은 확산 투과판으로 천장을 마감처리하여 설치하는 조명방식이다.

정답 | 22 ④ 23 ③ 24 ② 25 ② 26 ③

해설 | 코브(cove) 조명(천장면 상향간접조명)
천장, 벽의 구조체에 의해 광원의 빛이 천장 또는 벽면으로 가려지게 하여 반사광으로 간접조명하는 방식이다.
㉠ 천장고가 높거나 현장 높이가 변화하는 실내에 적합하다.
㉡ 높이에 대한 느낌을 표현할 수 있으며 빛이 부드럽고 균등하며 눈부심이 없어 보조조명으로 많이 사용된다.

27 ▶18
건축화조명에 관한 설명으로 옳지 않은 것은?

① 캐노피조명은 카운터 상부, 욕실의 세면대 상부 등에 설치된다.
② 광창조명은 광원을 넓은 면적의 벽면에 매입하여 비스타(vista)적인 효과를 낼 수 있다.
③ 코니스조명은 벽면의 상부에 위치하여 모든 빛이 아래로 직사하도록 하는 조명방식이다.
④ 코브조명은 창이나 벽의 상부에 부설된 조명으로 하향일 경우 벽이나 커튼을 강조하는 역할을 한다.

해설 | 코브(cove) 조명은 천장면 상향간접조명

28 ▶16
다음 설명에 알맞은 건축화조명은?

• 사용자의 얼굴에 적당한 조도를 분배하기 위해 벽면이나 천장면의 일부를 돌출시켜 조명을 설치한 것이다.
• 주로 카운터 상부, 욕실의 세면대 상부 등에 설치한다.

① 코브 조명
② 광창 조명
③ 광천장 조명
④ 캐노피 조명

해설 | 캐노피 조명
벽이나 천장 또는 구조물 일부를 밖으로 돌출시켜 광원으로 삼는다.

정답 | 27 ④ 28 ④

02 실내조명 계획

1. 조명설계

1) 조명 설계 순서

소요조도의 결정 → 광원의 선정 → 조명방식의 선정 → 조명기구의 선정 → 광속계산(조명 계산에 의한 기구 수 산출) → 조명기구 배치

2) 조명설계 과정

① 프로젝트 분석
② 조명기법 구성 : 공간에 맞는 조명 연출 방법 스터디
③ 시공상 제약조건 검토
④ 조명기구 선택 : 매입형, 직부형, 브라켓형, 펜던트형 등 조명기구 선택
⑤ 설계도면 작성

3) 실내조명설계시 주요사항

① 빛의 방향성과 확산성이 적절해야 한다.
② 실의 용도에 따라 조도가 적절히 선정되어야 한다.
③ 특정한 장소의 조도나 휘도가 극단적으로 높거나 낮지 않아야 한다.
④ 가능한 한 광원으로부터 직접광을 이용하는 것을 공간별로 고려한다.(눈부심 발생)

 다음 중 옥내조명의 설계순서에서 가장 우선적으로 이루어져야 할 사항은? [23,21,19,17,15,15]
① 광원의 선정
② 조명방식의 결정
③ 소요조도의 결정
④ 조명기구의 결정

정답 ③

2. 조명계산

1) 광속법에 의한 조도 계산

(1) 광속/조도/광원수 계산

조도, 전등의 종류 및 조명기구의 형식이 결정된 후 그 실내에서 필요한 총광속을 광속법에 따라 결정한다.

기본공식	$A \cdot E \cdot D = F \cdot N \cdot U$, $D \times M = 1 \to D = \dfrac{1}{M}$
소요램프 수	$N = \dfrac{E \cdot A}{F \cdot U \cdot M}$ (개)
소요광속	$F = \dfrac{E \cdot A \cdot D}{N \cdot U} = \dfrac{E \cdot A}{N \cdot U \cdot M}$ (lm)
소요평균조도	$E = \dfrac{N \cdot F \cdot U \cdot M}{A}$ (lx)
비 고	N : 램프의 개수, F : 램프 1개당 광속(lm), E : 평균수평면조도(lx) A : 실면적(m²), D : 감광보상률, U : 조명률, M : 보수율(유지율) ※ 감광보상률과 보수율과의 관계

① 감광 보상율(D) : 광원을 교체하거나 기구를 청소할 때 까지 필요한 조도를 유지할 수 있도록 여유를 두는 비율
② 조명율(U) : 램프에서 발광된 빛 가운데 작업면에 도달한 빛이 몇 %인가를 나타내는 비율
③ 보수율(유지율, M) : 조명기구는 어느 기간 사용을 하면 램프 자체의 광속 저하, 노후화, 반사율 저하 등에 의해 기능이 내려간다.

예제 02 전등 1개의 광속이 1000[lm]인 전등 20개를 면적 100m²인 실에 점등했을 때 이 실의 평균 조도는? (단, 조명율은 0.5, 감광보상율은 1로 한다.) [24,21]

① 20[lx]   ② 50[lx]
③ 100[lx]   ④ 200[lx]

해설 | 소요평균조도, $E = \dfrac{N \cdot F \cdot U \cdot M}{A}$ (lx) – 보수율(M)이 없고 감광보상률(D)가 있으므로

$D \times M = 1$, $M = \dfrac{1}{D}$ → 공식에 대입하면, $E = \dfrac{N \cdot F \cdot U}{A \cdot D} = \dfrac{20개 \times 1000lm \times 0.5 \times 1}{100m^2 \times 1} = 100[lx]$

N : 램프의 개수(20개), F : 램프 1개당 광속(1000lm), E : 평균수평면조도(lx)
A : 실면적(100m²), D : 감광보상률(1), U : 조명률, M : 보수율(유지율)

정답 ③

예제 03 가로 9[m], 세로 9[m], 높이가 3.3[m]인 교실이 있다. 여기에 광속이 3200[lm]인 형광등을 설치하여 평균조도 500[lx]를 얻고자 할 때 필요한 램프의 개수는? (단, 보수율은 0.8, 조명률은 0.6이다.)

[22,18,14]

① 20개 ② 27개
③ 35개 ④ 42개

해설 | 소요램프 수, $N = \dfrac{E \cdot A}{F \cdot U \cdot M}$(개) $= \dfrac{500 \times (9 \times 9)}{3200 \times 0.6 \times 0.8} = \dfrac{40,500}{1,536} = 26.4$EA

N : 램프의 개수(?), F : 램프 1개당 광속(3200lm), E : 평균수평면조도(500lx)
A : 실면적($9 \times 9m^2$), U : 조명률(0.6), M : 보수율(0.8)

정답 ②

(2) 실지수(K) 계산

광원에서 작업면에 직접 도달하는 빛은 실의 바닥면적에 대하여 천장의 높이가 낮을 때는 많아 효율이 좋고, 천장이 높을 때는 적어진다. 이와 같이 실의 형상(방의 크기, 모양, 광원의 위치)에 의하여 결정되는 계수를 실지수(방지수, Room Index)라 한다.

① 실지수가 크다는 것은 조명의 효율이 좋다는 것을 의미이다.
② 일반적으로 가로, 세로가 넓은 경우 실지수가 크다.
③ 일반적으로 **천장이 낮은 경우 실지수가 크다.**

$$K = \dfrac{X \cdot Y}{H(X+Y)}$$

K : 실지수, X : 방의 가로(m), Y : 방의 세로(m), H : 작업면에서 광원까지의 높이(m)

3. 조명기구의 배치

1) 광원의 높이

광원의 높이가 너무 높으면 조명률이 나빠지고, 너무 낮으면 조도의 분포가 불균일하게 된다.

2) 광원(등기구)의 배치간격

(1) 일반적인 기구 간격(S)

  S ≤ 1.5H (S : 거리, H : 광원의 높이)

(2) 벽면과 광원과의 거리(S_0)

① 벽 가까이에서 작업을 하지 않는 경우 : $S_0 \leq \dfrac{H}{2}$

② 벽 가까이에서 작업하는 경우 : $S_0 \leq \dfrac{H}{3}$

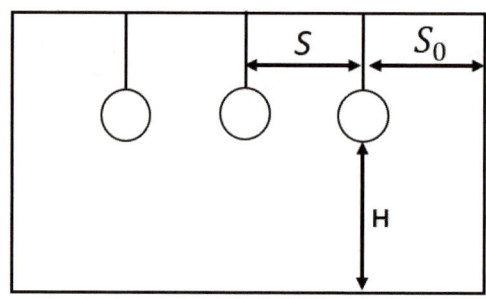

4. 조명 연출 기법

기법	연출 기법
월 워싱(wall washing)	벽면의 표면 연출을 극대화하기 위해 **수직벽면을 빛으로 쓸어 내리는** 듯한 효과를 주기 위해 비대칭 배광방식의 조명기구를 사용하여, 수직벽면에 균일한 조도의 빛을 비추는 기법
실루엣(silhouette)	**물체의 윤곽만을 강조**하는 기법으로 시각적인 눈부심이 없고 물체의 전면 디테일한 표현을 할 수 없다. ※ 밝은 창문을 배경으로 한 경우 물체 등이 잘 보이지 않는 현상을 실루엣 현상이라 한다.
글레이징(glazing)	**빛의 각도를 이용**하는 방법으로 수직면과 평행한 광선을 벽에 비추어 벽면 재질감을 강조하여 광선에 의해 **벽면에 무늬가 형성**되는 기법
스파클(sparkle)	광원 자체의 스파클(반짝임)을 이용하여 어두운 배경에서 연출하는 기법으로 주로 파티나 클럽 등에서 이용된다.
빔플레이(beam play)	광선(Beam)이 표면에 비추어 시각적인 특성을 지니게 하는 기법으로 컴퓨터 프로그램을 통하여 빔영상 효과를 다양하게 변화시킬 수 있는 2차원적 조명 기법
후광조명(back lighting)	빛을 반투명 재료를 통과하게 하여 배면의 빛을 확산시키는 기법
상향조명(up lighting)	바닥에서 상부로 상향광을 이용하는 기법으로 분위기 있는 공간연출이 장점이다.

 예제 04 수직벽면을 빛으로 쓸어내리는 듯한 효과를 주기 위해 비대칭 배광방식의 조명기구를 사용하여 수직벽면에 균일한 조도의 빛을 비추는 조명 연출기법은? [24,21,20,18,17,13,12]

① 그레이징(glazing) 기법
② 빔플레이(beam play) 기법
③ 월워싱(wall washing) 기법
④ 그림자연출(shadow play) 기법

정답 ③

5. 공간별 조명계획

1) 전시공간의 조명계획

① 실내의 조도 및 휘도 분포가 적당해야 한다.
② 전체조명은 보행이나 메모하기에 적당한 범위로 한다.
③ **전체조명과 국부조명의 비율**은 1:10 이상이 되도록 한다.
④ 전시물의 대상에 따라 국부조명(spot light)의 방향성, 연색성 등을 고려한다.
⑤ 주광에 근접한 색채 감각을 재현한다.
⑥ 시야 내 고휘도 광원이나 주광창을 설치하지 않는다.
⑦ **자연광의 영향을 강하게 받는 곳은 색온도가 높은 광원을 사용**한다.
⑧ 전시물의 전반조도를 낮추고 균제도를 높여 부분적으로 고휘도가 되지 않도록 한다.

2) 호텔의 조명계획

① 객실의 욕실조명은 거울 위나 옆쪽에 설치 한다.
② 복도에는 50~100Lux 정도로 균일한 조명을 설치한다.
③ 프런트데스크의 조명은 프런트 직원과 고객의 표정이 서로 확실히 보이도록 밝게 하는 것이 좋다.
④ 객실에서 **천장의 전체조명은 간접조명방식으로** 하고, **탁상스탠드, 플로어스탠드, 벽부등**과 같은 **국부조명**을 사용한다.

3) 상점 쇼윈도우 눈부심(glare) 방지계획

① 곡면유리를 사용한다.
② 쇼윈도우 상부에 차양을 설치하여 햇빛을 차단한다.
③ **내부 조도를 외부 도로면의 조도보다 밝게** 처리한다.
④ 유리를 경사지게 처리하여 외부영상이 시야에 들어오지 않게 한다.

핵심 기출문제

02 실내조명 계획

1 조명설계 및 조명계산

01 ▶20

가로 9[m], 세로 9[m], 높이가 3.3[m]인 교실이 있다. 여기에 광속이 5000[lm]인 형광등을 설치하여 평균 조도 500[lx]를 얻고자 할 때 필요한 램프의 개수는? (단, 보수율은 0.8, 조명률은 0.6 이다.)

① 10개　　② 17개
③ 25개　　④ 32개

해설 | 소요램프 수, $N = \dfrac{E \cdot A}{F \cdot U \cdot M}$ (개)

$= \dfrac{500 \times (9 \times 9)}{5000 \times 0.6 \times 0.8} = \dfrac{40,500}{2,400} = 16.87$개

F : 램프 1개당 광속(5000lm)
E : 평균수평면 조도(500lx)
A : 실면적($9 \times 9 m^2$)　U : 조명률(0.6)
M : 보수율(0.8)　N : 램프의 개수(?)

02 ▶20

가로 9m, 세로 12m, 높이 2.7m인 강의실에 32W 형광램프(광속 2560[lm]) 30대가 설치되어 있다. 이 강의실 평균조도를 500[lx]로 하려고 할 때 추가해야 할 32W 형광램프 대수는? (단, 보수율 0.67, 조명률 0.6)

① 5대　　② 11대
③ 17대　　④ 23대

해설 | 소요램프 수, $N = \dfrac{E \cdot A}{F \cdot U \cdot M}$ (개)

$= \dfrac{500 \times (9 \times 12)}{2560 \times 0.6 \times 0.67} = \dfrac{54,000}{1,029} = 52.47$EA

∴ 53개 − 30대(기존 설치대수) = 23대
F : 램프 1개당 광속(2560lm)
E : 평균수평면 조도(500lx)
A : 실면적($9 \times 12m^2$)　U : 조명률(0.6)
M : 보수율(0.67)　N : 램프의 개수

03 ▶21,14

실지수(room index)에 관한 설명으로 옳지 않은 것은?

① 실의 형상을 나타내는 지수이다.
② 실지수는 큰 편이 조명의 효율이 좋다.
③ 일반적으로 가로, 세로가 넓은 경우 실지수가 크다.
④ 일반적으로 천장이 높은 경우가 낮은 경우보다 실지수가 크다.

해설 | 실지수(방지수, Room Index)
광원에서 작업면에 직접 도달하는 빛은 실의 바닥면적에 대하여 천장의 높이가 낮을 때는 많아 효율이 좋고, 천장이 높을 때는 적어진다. 일반적으로 천장이 낮은 경우 실지수가 크다.

04 ▶19

조명설계를 위해 실지수를 계산하고자 한다. 실의 폭 10m, 안 길이 5m, 작업면에서 광원까지의 높이가 2m라면 실지수는 얼마인가?

① 1.10　　② 1.43
③ 1.67　　④ 2.33

해설 | 실지수(K) $= \dfrac{X \cdot Y}{H(X+Y)}$

K : 실지수, X : 방의 가로(m), Y : 방의 세로(m),
H : 작업면에서 광원까지의 높이(m)

$= \dfrac{10 \times 5}{2(10+5)} = 1.67$

정답 | 01 ②　02 ④　03 ④　04 ③

05 ▶14
다음 중 일사차단을 위한 차양설계와 관계없는 요소는?

① 실지수
② 태양고도
③ 수직음영각
④ 수평음영각

해설 | 실지수
실의 형상(방의 크기, 모양, 광원의 위치)에 의하여 결정되는 계수를 실지수(방지수, Room Index)라 한다.

2 조명기구의 배치 및 연출기법

06 ▶13
조명기구의 배치에 있어 직접 조명의 경우 벽과 조명기구 중심까지의 거리 S로서 가장 적절한 것은? (단, 벽면을 이용하지 않을 경우로, H는 작업에서 조명기구까지의 높이)

① $S \leq \dfrac{H}{2}$
② $S \leq H$
③ $S \leq 1.5H$
④ $S \leq 2H$

해설 | ㉠ 일반적인 기구 간격(S)
$S \leq 1.5H$ (S : 거리, H : 광원의 높이)
㉡ 벽면과 광원과의 거리(S_0)
벽 가까이에서 작업을 하지 않는 경우 : $S_0 \leq \dfrac{H}{2}$
벽 가까이에서 작업하는 경우 : $S_0 \leq \dfrac{H}{3}$

07 ▶18
조명의 연출기법에 속하지 않는 것은?

① 스파클(sparkle) 기법
② 글레이징(glazing) 기법
③ 월워싱(wall washing) 기법
④ 패키지 유닛(package unit) 기법

해설 | 패키지 유닛(package unit)-공조설비

08 ▶19,16
조명의 연출기법 중 수직면과 평행한 광선을 벽에 비추어 벽면 재질감을 강조하며 광선에 의해 벽면에 조개무늬가 형성되는 것은?

① 스파클(sparkle) 기법
② 글레이징(glazing) 기법
③ 실루엣(silhouette) 기법
④ 빔 플레이(beam play) 기법

해설 | 글레이징(glazing)
빛의 각도를 이용하는 방법으로 수직면과 평행한 광선을 벽에 비추어 벽면 재질감을 강조하여 광선에 의해 벽면에 무늬가 형성되는 기법

09 ▶17,15
조명 연출 기법 중 실루엣(silhouette) 기법에 관한 설명으로 옳은 것은?

① 물체의 형상만을 강조하는 기법으로 시각적인 눈부심이 없다.
② 빛의 각도를 이용하는 기법으로 벽면 마감재료의 재질감을 강조시킨다.
③ 물체를 강조하기 위해 사용되는 기법으로 하이라이팅(high lighting)이라고도 한다.
④ 강조하고자 하는 물체에 의도적인 광선으로 조사시킴으로써 광선 그 자체가 시각적인 특성을 지니게 하는 기법이다.

해설 | 실루엣(silhouette)
물체의 윤곽만을 강조하는 기법으로 시각적인 눈부심이 없고 물체의 전면 디테일한 표현을 할 수 없다.
※ 밝은 창문을 배경으로 한 경우 물체 등이 잘 보이지 않는 현상을 실루엣 현상이라 한다.

10 ▶15
빛의 각도를 이용하는 방법으로 벽면 마감재료의 재질감을 강조하는 조명의 연출 기법은?

① 스파클 기법
② 실루엣 기법
③ 글레이징 기법
④ 빔 플레이 기법

해설 | 문제 8번 해설참조

정답 | 05 ① 06 ① 07 ④ 08 ② 09 ① 10 ③

3 공간별 조명계획

11 ▶19

호텔의 조명계획에 관한 설명으로 옳지 않은 것은?

① 객실의 욕실조명은 거울 위나 옆쪽에 설치 한다.
② 복도에는 50~100Lux 정도로 균일한 조명을 설치한다.
③ 프런트데스크의 조명은 프런트 직원과 고객의 표정이 서로 확실히 보이도록 밝게 하는 것이 좋다.
④ 객실에서 천장의 전체조명은 직접조명방식으로 하고, 탁상스탠드, 플로어스탠드, 벽부등과 같은 국부조명을 사용한다.

해설 | 객실에서 천장의 전체조명은 간접조명방식으로 하고, 탁상스탠드, 플로어스탠드, 벽부등과 같은 국부조명을 사용한다.

12 ▶16

상점 쇼윈도우의 눈부심 방지 방법으로 옳지 않은 것은?

① 곡면유리를 사용한다.
② 쇼윈도우 상부에 차양을 설치하여 햇빛을 차단한다.
③ 내부 조도를 외부 도로면의 조도보다 어둡게 처리한다.
④ 유리를 경사지게 처리하여 외부영상이 시야에 들어오지 않게 한다.

해설 | 상점 쇼윈도우 눈부심(glare) 방지계획
  ㉠ 곡면유리를 사용한다.
  ㉡ 쇼윈도우 상부에 차양을 설치하여 햇빛을 차단한다.
  ㉢ 내부 조도를 외부 도로면의 조도보다 밝게 처리한다.
  ㉣ 유리를 경사지게 처리하여 외부영상이 시야에 들어오지 않게 한다.

13 ▶13

전시공간의 조명계획에 관한 설명으로 옳지 않은 것은?

① 실내의 조도 및 휘도 분포가 적당해야 한다.
② 전체조명은 보행이나 메모하기에 적당한 범위로 한다.
③ 전체조명과 국부조명의 비율은 1:5 이상이 되도록 한다.
④ 전시물의 대상에 따라 국부조명(spot light)의 방향성 연색성 등을 고려한다.

해설 | 전체조명과 국부조명의 비율은 1:10 이상이 되도록 한다.

14 ▶12

박물관 및 미술관의 전시조명계획에 관한 설명으로 옳지 않은 것은?

① 주광에 근접한 색채 감각을 재현한다.
② 시야 내 고휘도 광원이나 주광창을 설치하지 않는다.
③ 자연광의 영향을 강하게 받는 곳은 색온도가 낮은 광원을 사용한다.
④ 전시물의 전반조도를 낮추고 균제도를 높여 부분적으로 고휘도가 되지 않도록 한다.

해설 | 자연광의 영향을 강하게 받는 곳은 색온도가 높은 광원을 사용한다.

정답 | 11 ④ 12 ③ 13 ③ 14 ③

Chapter 04

실내디자인 설비계획

최근 10개년 출제문항수 **143**개

New_ 2022년 이후 평균 출제비중 **23**%

Chapter 출제경향분석

Section		출제비율
01	급수 및 급탕 설비	5%
02	공기조화 설비	8%
03	전기 설비	9%
04	소방 설비	1%

01 급수 및 급탕 설비

> **Pass Note**

예상출제문항		키워드
1~2	- 급수방식 특성비교 - 위생기 세정급수장치 - 급탕방식 특성비교	- 트랩의 봉수 및 파괴원인 - 통기설비

1. 기본이론

1) 물의 경도(Hardness of water)

물속에 녹아 있는 칼슘(Ca), 마그네슘(Mg) 등의 염류의 양을 **탄산칼슘**($CaCO_3$)의 백만분율(ppm)과 도(度)를 사용하며 1L의 물속에 탄산칼슘이 10mg 포함되어 있을 때 1도라 한다.

① 극연수(0ppm) : 순수한 물(증류수, 멸균수)로서 연관이나 황동관을 부식시킨다.
② 연수(90ppm 이하) : 세탁, 염색, 보일러 용수에 적합
③ 적수(90~110ppm) : 음료용 물로 적합
④ 경수(110ppm 이상) : 광물질 함유량이 많은 천연수로 배관계통에 사용하면 석회질의 침전에 의한 스케일이 발생된다.

2) pH

수소 이온 농도로 수질 구분하며, 먹는 물은 pH 5.8~pH 8.5 정도가 적당하다.

① 산성 : pH < 7
② 중성 : pH = 7
③ 알칼리성 : pH > 7

2. 급수설비

1) 급수방식

(1) 수도직결방식

도로에 매설된 수도본관에서 수도관을 연결하여 건물 내로 직접 직수하는 방식으로 일반적으로 **상향급수** 배관방식을 사용한다.

① 1~2층 정도 소규모 건물에 쓰인다.
② 물의 **오염** 가능성이 가장 **적다**.

③ 정전시일 때도 급수가 가능하다.
④ 단수시일 때는 급수가 불가능하다.
⑤ **일정한 수압 유지가 어렵다.**
⑥ 기계실이 필요없어 설비비 및 유지관리비용이 저렴하다.

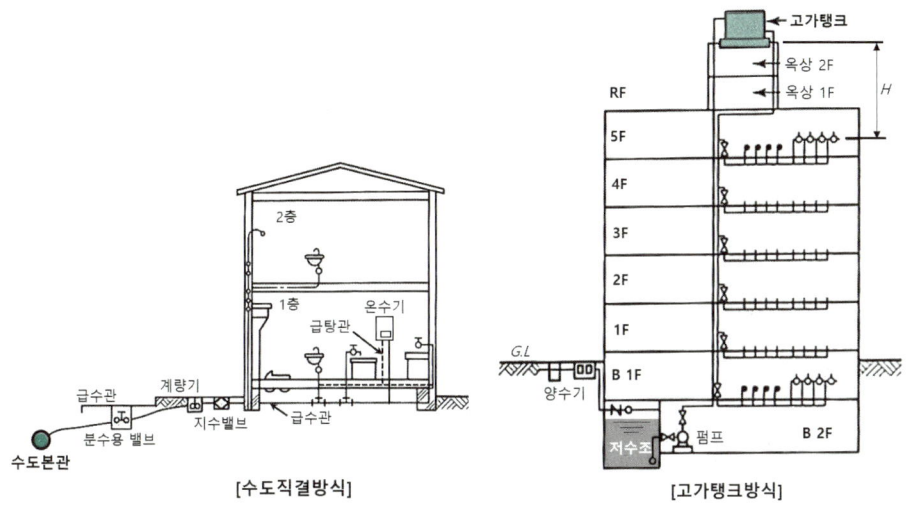

[수도직결방식]   [고가탱크방식]

(2) 고가(옥상)수조방식(고가탱크방식)

물을 지하 저수조에 모은 후 양수펌프를 이용하여 건물옥상에 가설한 탱크(고가수조)로 양수한 후 그 수위를 이용하여 **하향급수관**을 통하여 급수하는 방식이다.

① 장단점

장점	단점
• 대규모 건물에 적합하다. • **급수공급 압력이 항상 일정**하다. • 단수 시에도 일정량의 급수가 가능하다. • 압력이 일정하여 부속품의 파손이 적다.	• **수질의 오염 가능성이 가장 크다.** • 구조체의 보강이 필요하다. • 설비비가 고가이다.

  일반적으로 하향급수 배관방식을 사용하는 급수 방식은? [25, 22, 18, 15]

① 고가수조방식
② 수도직결방식
③ 압력수조방식
④ 펌프직송방식

해설 | 고가(옥상)수조방식(고가탱크방식)
물을 지하 저수조에 모은 후 양수펌프를 이용하여 건물옥상에 가설한 탱크(고가수조)로 양수한 후 그 수위를 이용하여 하향급수관을 통하여 급수하는 방식이다.

정답 ①

(3) 압력탱크방식

수도본관에서 최초 수조까지 고가수조방식과 동일하지만 양수펌프 대신 압력탱크를 이용하며 압력탱크 내부 압축된 공기압력을 이용하여 급수가 필요한 장소에 물을 **상향급수**로 공급하는 방식이다.

① 장단점

장점	단점
• 부분적으로 고압이 필요한 곳에 적합하다. • 높은곳에 탱크를 설치할 필요가 없어 구조물 보강이 불필요하다. • 압력수조의 설치위치에 제한을 받지 않는다. • 탱크를 안보이게 설치할수 있어 건물의 미관이 양호하다.	• **급수압이 일정하지 않다.** • 높은 압력에 견딜 수 있는 시설과 펌프의 양정이 길어 시설비, 설비비가 고가이다. • 에어컴프레서(공기압축기)를 설치하여 수시로 공기를 보급하여야 한다. • 단수 시에는 어느 정도 급수가 가능하나 고장이나 정전 시 즉시 급수가 중단된다.

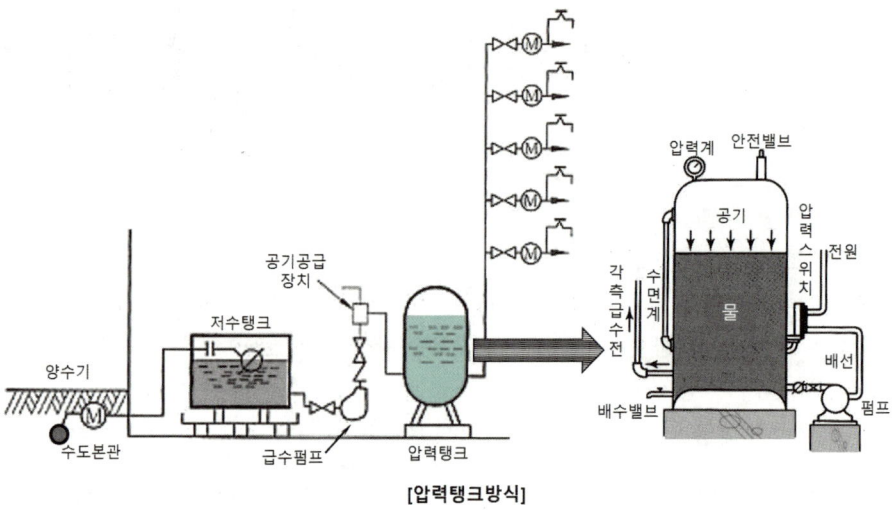

[압력탱크방식]

(4) 펌프직송방식(탱크없는 부스터 방식, Tankless booster system)

물을 지하실 등의 저수탱크에 물을 받은 후 급수펌프만으로 건물내에 **상향급수**하는 방식으로 배관 내 압력변동 등을 감지하여 펌프를 운전하는 방식이다.

① 장단점

장점	단점
• **옥상탱크나 압력탱크가 필요 없다** • 수질 오염 가능성이 적다. • 최상층의 수압을 크게 할 수 있다. • 건물의 외관 디자인이 용이해지고 구조적 부담이 경감된다.	• 정전시 급수가 불가능하다. • 설비비가 고가이고, 펌프의 단락이 잦다. • 자동제어 시스템이어서 에너지절약을 꾀할 수 있으나 고장 시 수리가 어렵다. • 전력소비가 많다. (20m 이상의 건물에는 전력소모가 커서 비효율적)

급수방식 특성 비교

구분	수도직결방식	고가수조방식	압력탱크방식	펌프직송방식
배관방식	상향급수	하향급수	상향급수	상향급수
용도	소규모 건물 (주택)	대규모 건물 (아파트)	경기장, 체육관	공장 단지
급수압 유지	어렵다	항상일정	어렵다	조정가능
수질오염도	가장 좋음	가장 나쁨	약간 나쁨	좋음
단수시 급수	불가능	탱크내 물이용 가능 (일시적)	탱크내 물이용 가능 (일시적)	탱크내 물이용 가능 (일시적)
정전시 급수	가능	탱크내 물이용 가능	불가능	불가능
고가탱크 면적	불필요	필요	불필요	불필요
설비비	저가	고가	고가	고가

(5) 초고층 건물의 급수조닝(Zoning) 방식

초고층 건축물에서는 고층부와 저층부의 지나친 수압차가 일정하지 않아 수격작용, 소음, 진동 등이 발생 되는데 이를 해결하기 위하여 급수조닝 방식을 적용 한다.

① 급수조닝의 목적
저층부의 적절한 수압 유지, 수격작용(water hammering) 방지, 부속품 파손 방지
② 해결책
중간에 탱크를 설치하거나 감압밸브 등을 설치하여 급수압 조절해준다.
층별 일정한 급수압력 유지를 위해 건물의 상·하층 으로 구분하여 급수조닝을 해준다.

(6) 배관의 구배

① 급수관은 수리를 위해 관속에 물을 완전히 빼낼 수 있고 또한 공기가 정체 하지 않도록 **구배를 주어 배관**한다.
② 최소 1/250 이상의 구배가 되도록하고, 관의 하단에는 배수밸브를 설치한다.
③ 급수관의 배관구배
㉠ 하향배관법의 수평(횡)주관은 선하향구배로 한다.
㉡ 각 층의 수평주관은 선상향구배로 한다.

1. 수격 작용(water hammering)
급수관 내 유속이 빠르거나, 급정지 또는 정지된 물을 갑자기 흘려보낼 때 관내에 압력이 상승하면서 압력파가 생겨 수압이 상승하며 배관을 망치로 치는 듯한 소음이 발생되는 현상이다.
  1) 원인
     ① 밸브 수전을 급히 개폐할 때
     ② 유속이 빠를수록 발생 되기 쉽다.
     ③ 관경이 적을수록 발생 되기 쉽다.
     ④ 배관에 굴곡부가 많을수록 발생 되기 쉽다.
  2) 방지책
     ① 수전류 개폐 시간을 가급적 느리게 한다.
     ② 관경은 크게, 유속은 가급적 느리게 한다.
     ③ 수전기구류 가까이에 공기실(air chamber)를 설치한다.
     ④ 굴곡 배관을 가급적 적게 한다.
2. 크로스커넥션(cross connection)
  ① 급수배관이나 기구구조의 불량으로 급수관 내에 오수가 역류하여 음료수를 오염시키는 상태를 말한다.
  ② 급수관과 다른 용도의 배관을 연결해서는 안된다.

2) 위생기 세정 급수장치(대변기)

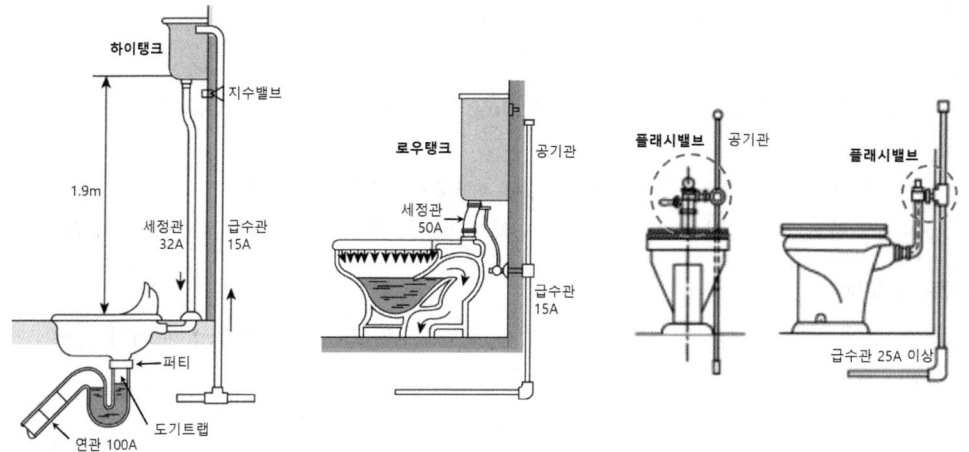

(1) 세정밸브식(플러시 밸브식 : Flush valve system)

백화점, 극장, 학교, 공장 등 **사용빈도가 많거나 일시적으로 많은 사람들이 연속하여 사용**하는 경우에 가장 적합한 방식으로, 세정밸브의 핸들을 작동하면 급수관에서 세정밸브를 거쳐 대변기 급수구에 일정량의 물이 분사되어 세정하는 방식이다.

① 세정밸브식의 접속 급수관경 : 최소 25mm 이상
② 세정밸브식의 최소 필요압력 : 0.07MPa 이상
③ **소음이 매우 크나**, 탱크가 필요 없어 화장실을 넓게 사용 가능
④ 크로스커넥션(오수역류) 방지를 위해 진공방지기(vaccum breaker)를 설치하여야 한다.

(2) 하이탱크식(High tank system)

높은 곳에 세정탱크를 설치하고 급수관을 통하여 공급된 일정량의 물을 저장하고 있다가 핸들 또는 레버의 조작에 의해 낙차에 의한 수압으로 대변기를 세정하는 방식이다.

① 탱크 높이 : 표준높이 1.9m(최소 1.6m)
② 탱크의 용량 : 15L
③ 급수관의 관경 : 15mm 이상
④ 세정관의 관경 : 32mm 이상
⑤ 설치면적은 작고 세정 시 소음이 크다.(사무실 및 공공 건축물에 이용)
⑥ 수리가 어렵고, 단수 시 일시적 사용만 가능하다.

(3) 로우탱크식(Low tank system)

공급수량이나 압력이 일정하며, 양호한 세정효과와 소음이 적어 **일반 주택**에서 주로 사용되며 세정수의 수압이 낮아 세정관을 굵게 하여 저항을 줄이고 단시간에 소요량의 물을 분사하여 세정하는 방식이다.

① 급수관의 최소관경 : 15mm 이상
② 세정관의 최소관경 : 50mm 이상
③ 세정 시 소음이 적어 주택, 아파트, 호텔 등에 적합하다.
④ 고장 시 수리보수가 비교적 용이하다.
⑤ 설치면적을 많이 차지하나, 세정 시 대변기로의 공급압력이 일정하다.

Note 세정장치 특성 비교

구분	세정밸브식	하이탱크식	로우탱크식
용도	**백화점, 극장, 학교, 공장**	사무실 및 공공 건축물	주택, 호텔
소음	큼	매우 큼	작음
수압	0.07MPa 이상	없음	없음
급수관경	25mm 이상	15mm	15mm
연속사용	**가능**	불가능	불가능
구조	복잡	간단	간단
수리	어렵다	어렵다	쉽다

3) 펌프(pump)의 종류

구분	특성	종류
왕복(동)펌프	실린더 속 피스톤의 왕복운동으로 물을 송출하는 방식 ① 수압의 변동과 소음이 크다. ② 구조가 간단하고 취급이 용이 ③ 양수량이 적어 양수량 조절이 어렵다.	• 피스톤 펌프 • 플런저 펌프 • 워싱턴 펌프

원심펌프 (회전, 와권 펌프)	축에 날개차, 안내날개 등을 달아 원심력을 이용하여 물을 송출하는 방식으로 **급수, 급탕, 배수설비** 등 건축설비에서 주로 사용되는 펌프 ① 진동이 적고 고속도 운전에 적합 ② 양수량 조절이 용이 ③ 양수량이 많고 고양정에 적합	• 볼류트 펌프 • 터빈 펌프 • 보어홀 펌프 • 수중모터 펌프

3. 급탕방식

급탕 설비란 기름, 가스, 전기 등의 열원을 이용하여 물을 가열하여 온수를 만들고 온수를 필요로 하는 장소에 공급하는 설비 방식이다.

1) 국소식(개별식) 급탕방식

온수가 필요한 곳에 탕비기를 설치하여 온수를 공급하는 방법으로 소규모 급탕에 적합하다.

(1) 장단점

장점	단점
① **배관설비 거리가 짧아** 배관 중의 **열손실이 적다.** ② 수시로 간편하게 더운 물을 얻을 수 있다. ③ 급탕개소가 적을 경우 시설비가 싸게 든다. ④ **소규모** 급탕개소가 적은 건축물에 적합하며 난방 겸용의 온수보일러를 이용할 수 있다.	① 급탕개소마다 가열기의 설치공간이 필요하다. ② 급탕개소가 많을 경우 시설비가 비싸고 비효율적이다. ③ 급탕개소마다 탕비기를 설치하므로 설치공간이 필요하고 미관상 좋지 않다.

(2) 종류

순간온수기(즉시 탕비기), 저탕형 탕비기, 기수혼합식

예제 02 국소식 급탕방식에 관한 설명으로 옳지 않은 것은? [24, 20, 17, 16]
① 급탕개소마다 가열기의 설치 스페이스가 필요하다.
② 급탕개소가 적은 비교적 소규모의 건물에 채용된다.
③ 급탕배관의 길이가 길어 배관으로부터의 열손실이 크다.
④ 용도에 따라 필요한 개소에서 필요한 온도의 탕을 비교적 간단하게 얻을 수 있다.
해설 | 국소식(개별식) 급탕방식은 배관설비 거리가 짧아 배관 중의 열손실이 적다.
정답 ③

2) 중앙식 급탕방식

(1) 장단점

장점	단점
① 연료비가 싸다.(중유, 석탄, 가스 사용) ② 열효율이 좋고, 관리상 유리하다. ③ 기구의 동시 사용률을 고려하기 때문에 가열장치의 전체용량을 적게 할 수 있다. ④ 초기 설치비는 비싸지만 경상비가 적게 들어 대규모 급탕설비에는 경제적이다.	① 초기 투자비가 많이 든다. ② 배관 및 기기로부터의 열손실이 많다. ③ 전문 기술자가 필요하다. ④ 순환이 느리기 때문에 순환펌프를 사용해야 한다. ⑤ 시공 후 기구 증설에 따른 배관 변경공사가 어렵다.

⑤ 배관에 의하여 어디든 난방 겸용의 온수보일러를 이용할 수 있다.

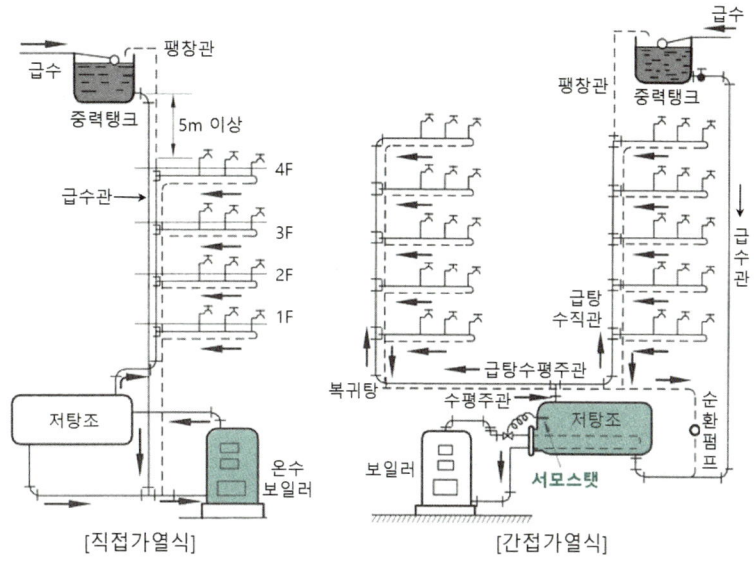

[직접가열식] [간접가열식]

> **Note** 중앙식 급탕방식 비교(직접가열식 vs 간접가열식)

구분	직접가열식	간접가열식
열효율	높음	중간
보일러	**각각 설치**(급탕용, 난방용)	**겸용 사용**(급탕용, 난방용)
보일러 내의 스케일	많음	적음
보일러 내의 압력	고압	저압
규모	**중, 소규모** 건물	대규모 건물
가열장소	온수보일러	저탕조
저탕조 내의 가열 코일	불필요	필요

4. 급탕배관

1) 배관 방식

(1) 단관식(1관식 : one pipe system)

온수를 급탕전까지 운반하는 배관을 1개의 관으로 설치한 것으로, 순환관(return pipe)이 없어서 순환되지 못하며 주로 **소규모** 건물에 많이 사용된다.

(2) 순환식(2관식, 복관식 : two pipe system)

공급관(급탕관)과 순환관(반탕관)을 배관하는 방식으로 **대규모** 건물에 주로 사용한다.

① **배관길이가 길어** 설비비가 비싸고 열손실이 크다.
② 온수의 분배이 균등하고 **즉시** 뜨거운 물이 나온다.

> **예제 03** 급탕배관의 설계 및 시공상의 주의점으로 옳지 않은 것은? [23, 22, 12]
> ① 중앙식 급탕설비는 원칙적으로 강제순환방식으로 한다.
> ② 수시로 원하는 온도의 탕을 얻을 수 있도록 단관식으로 한다.
> ③ 관의 신축을 고려하여 건물의 벽관통부분의 배관에는 슬리브를 설치한다.
> ④ 순환식 배관에서 탕의 순환을 방해하는 공기가 정체하지 않도록 수평관에는 일정한 구배를 둔다.
>
> 정답 ②

2) 순환방식

(1) 중력식(소규모 건물) - 배관구배 1/150

물의 온도차에 의한 밀도 차이로 발생한 대류작용으로 자연 순환시키는 방식

(2) 강제식(중/대규모 건물) - 배관구배 1/200

급탕 순환펌프를 설치하여 강제적으로 온수를 순환시키는 방식

> **Note** 역환수 방식(reverse return)
> 하향공급방식에서 **온수의 유량분배(온수의 순환)를 균일**하게 하기 위해 온수공급관과 반송관의 배관길이를 동일하게 하는 방식으로 급탕설비와 온수난방에서 사용된다.

> **예제 04** 온수난방 배관에서 리버스리턴(reverse return)방식을 사용하는 이유는? [24, 20, 19, 17]
> ① 배관길이를 짧게 하기 위해
> ② 배관의 부식을 방지하기 위해
> ③ 배관의 신축을 흡수하기 위해
> ④ 온수의 유량분배를 균일하게 하기 위해
>
> 정답 ④

3) 기타

(1) 급탕관의 관경

급탕관의 관경은 온도 상승으로 인한 물의 부피 증가 때문에 급수관과 반탕관보다 큰 치수(최소 : 25A 이상)로 한다.

(2) 밸브의 설치

굴곡배관을 하여야 할 경우에는 공기빼기밸브(air vent valve)를 설치함으로써 공기를 배제하여 온수의 흐름을 원활하게 한다.

① 배관 도중에는 슬루스밸브(게이트밸브)를 사용한다.

(3) 신축이음

배관의 팽창과 수축을 흡수처리하기 위하여 신축이음을 사용하며 관의 자유로운 신축으로 배관의 고장이나 건물의 손상을 방지한다.

① 스위블 이음(swivel joint) : 관의 신축을 고려하여 배관의 굽힘 부분 사용
② 슬리브형 이음(sleeve type) : 관의 신축을 고려하여 건물의 벽관통부분 사용
③ 벨로즈형 이음(bellows type) : 고압에 부적당하고 설치비가 비싸다.
④ 신축곡관(expansion loop) : 옥외 고압배관에 사용

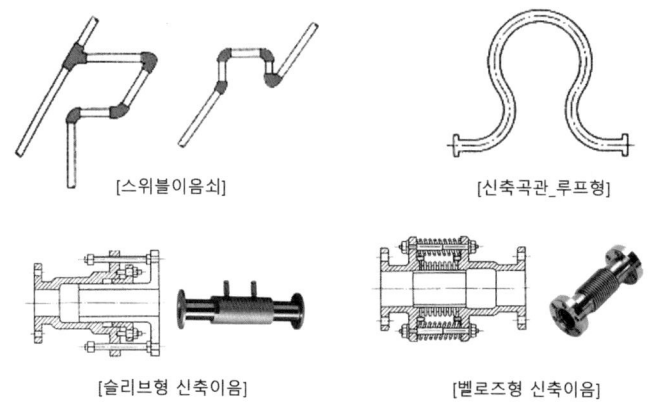

[스위블이음쇠] [신축곡관_루프형]

[슬리브형 신축이음] [벨로즈형 신축이음]

5. 배수설비

배수설비란 배수를 공공하수도로 유입시키기 위한 설비 총칭으로 높은 곳에서 낮은 곳으로 자연히 흘러내리게 하는 중력작용 이용하는 중력 배수식과 배수피트에 모아서 오수 펌프를 이용하여 배수하는 기계 배수식이 있다.

1) 직접배수와 간접배수

① **직접배수** : 위생기구와 배수관이 직접 연결된 일반 위생기구에서의 배수
② **간접배수** : **냉장고, 세탁기**, 공기조화기, 수영장, 급수탱크 넘침관, 소독기 등에서의 배수방식으로 기구의 오염방지 목적으로 일반 배수관으로 직접 연결하지 않고, 기구로 부터의 배수관에 **물받이 공간**(배수구 공간)두고 흘려보내는 방식이다.

2) 트랩(trap)

배수관 내에서 발생한 **악취, 유해가스 및 벌레 등이 실내에 침입**하는 것을 방지하기 위하여 배수계통 일부에 봉수를 고이게 하는 기구를 트랩이다.

(1) 배수용 트랩의 종류

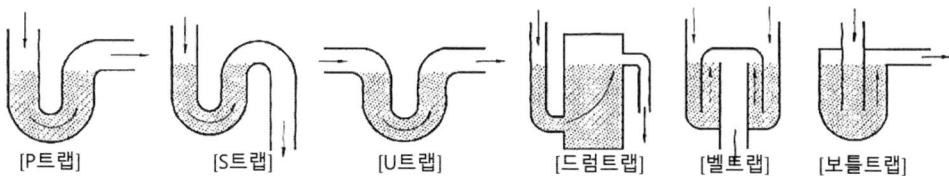

[P트랩] [S트랩] [U트랩] [드럼트랩] [벨트랩] [보틀트랩]

종류		특성
사이펀식 트랩	P-트랩	• 일반적으로 세면기에 가장 많이 사용되는 트랩 • 통기관을 설치하면 봉수가 안정된다.
	S-트랩	• 대변기, 소변기(벽걸이형), 세면기 등에 사용 • 사이펀작용을 일으키기 쉬워 봉수가 빠질 염려가 있다.
	U-트랩	• 일명 가옥트랩, 메인트랩 • 배수 수평주관 도중에 설치하여 공공하수관에서의 하수가스의 역류방지용으로 사용되나 유속이 저하되는 단점도 있다.
비사이펀식 트랩	드럼트랩 (drum trap)	• 주방 싱크의 배수용으로 많은 물을 고이게 하므로 봉수가 잘 파괴 되지 않고 청소도 용이하다.
	벨트랩 (bell trap)	• 일명 플로어(floor)트랩으로 화장실, 샤워실 바닥배수용
저집기 (intercepter)	그리스 저집기	• **호텔 주방의 조리실 바닥, 기름기가 많은 배수용**
	가솔린 저집기	• 주차장, 세차장, 차고
	플라스터 저집기	• 치과 기공실, 정형외과 기브스실
	헤어 저집기	• 이발소, 미용실
	샌드 저집기	• 모래나 진흙이 다량으로 포함되는 곳

(2) 트랩의 봉수
  ① 봉수깊이 : 50~100mm 정도이다.
  ② 봉수의 깊이가 낮으면(50mm 이하) 봉수를 손실하기 쉽고, 또 봉수 깊이를 너무 깊게(100mm 이상)하면 유수의 저항이 증대하여 통수 능력이 감소되므로 트랩 통수능력이 약해지고 자정작용이 없어져 트랩 밑에 침전물이 쌓여 트랩이 막히는 원인이 된다.

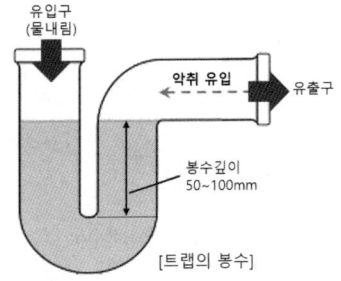

[트랩의 봉수]

(3) 트랩의 봉수파괴 원인
  ① **자기사이펀 작용** : 배수가 관속을 꽉찬(만수 상태) 물이 일시에 흐르게 되면 트랩 내의 물이 자기세정작용에 의하여 모두 배수관 쪽으로 흡인되어 봉수가 파괴된다. 주로 S트랩에서 발생
  ② **유인사이펀 작용** : 상층부의 배수입관에서 다량의 물이 일시에 낙하할 때 수직관과 수평관의 연결부분에 순간적으로 진공이 생겨 트랩내의 봉수가 흡인되는 작용
  ③ **분출 작용(토출작용)** : 대규모 배수설비에서 수직관 위로부터 일시에 많은 물이 흐르게 되면 일종의 피스톤 작용을 일으켜서 하층부 기구의 트랩 봉수를 공기의 압축에 의하여 실내 측으로 불어내는 작용이다.
  ④ **모세관 작용** : 트랩 내에 실이나 머리카락 등이 걸렸을 때 모세관현상에 의하여 봉수가 파괴 된다.
  ⑤ **증발** : 위생기구의 사용빈도가 적을 때 봉수가 자연히 증발된다.
  ⑥ **운동량에 의한 관성** : 강풍 또는 기타 원인으로 충격에 의해 사이펀작용이 일어난다.

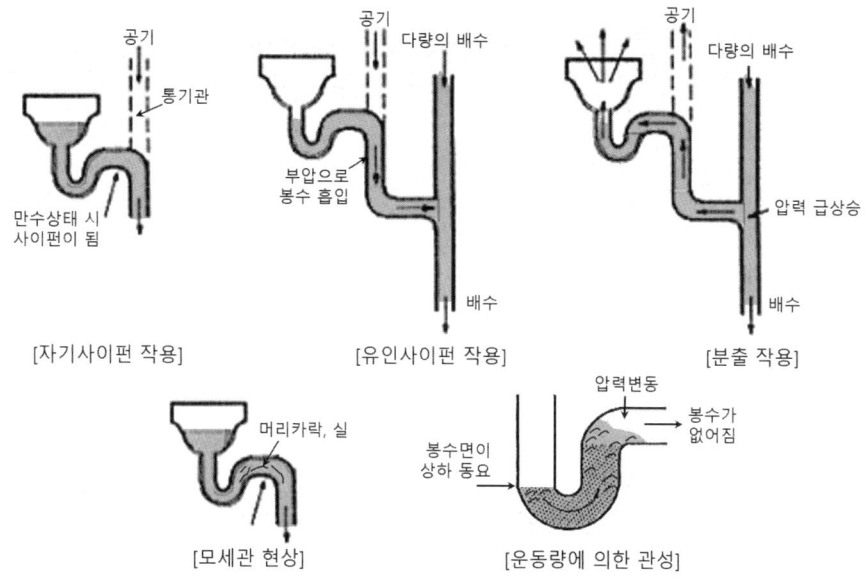

(4) 트랩 봉수파괴 방지대책

원인	방지대책
자기사이펀 작용, 유인사이펀작용, 분출 작용	통기관 설치
모세관 작용	머리카락·실·천 조각 제거
운동량에 의한 관성	격자쇠 설치
증발	기름을 몇 방울 떨어뜨린다.

6. 통기설비

대기 중에 개방된 통기관을 배수관에 연결하여 배수관 내에 공기를 유입시키는 설비를 말한다.

1) **통기관의 설치 목적**

① 사이폰 작용에 의해 트랩 **봉수가 파괴되는 것을 방지**한다.
② 배수관 내의 배수 흐름 원활하게 한다.
③ 신선한 공기를 유통시켜 배수관 내의 환기를 도모하여 관내를 청결하게 유지한다.
④ 배수관 내의 기압을 일정하게 유지한다.

2) **통기관의 설치 위치**

① 트랩 가까이에 설치한다.
② 통기관의 끝은 건물 외부에 개방한다.

3) 통기관의 종류

종류	특성
각개통기관	• 가장 이상적인 방법 • 관경 : 최소 32mm 이상 or 배수관경의 1/2 이상
루프통기관 (회로, 환상)	• 2개~8개 이내의 트랩을 보호하기 위하여 최상류에 있는 **기구배수관이 배수수평지관과 연결되는 바로 하류의 수평지관에 접속시켜 통기수직관 또는 신정 통기관으로 연결하는 통기관** • 관경 : 최소 40mm 이상 or 접속하는 배수관경의 1/2 이상
도피통기관	• 최하류 배수수직관과 배수수평관의 연결 • 관경 : 최소 32mm 이상 or 접속하는 배수관경의 1/2 이상
결합 통기관	• 배수수직관 내의 **압력변화를 방지 또는 완화**하기 위해, 배수수직관으로부터 분기·입상하여 통기수직관에 접속하는 통기관 • 5개 층마다 설치하여 통기 촉진 • 관경 : 최소 50mm 이상
습식 통기관 (습윤)	• 최상류 기구의 루프(회로)통기관에 연결되어 배수 + 통기 역할 • 대기 중에 개구한다.
신정 통기관	• 관경을 줄이지 않고 배수수직관 끝을 옥상으로 연장하여 개구한 통기관으로 가장 단순하고 경제적이다. • 관경 : 최소 75mm 이상(일반적으로 100mm 이상)

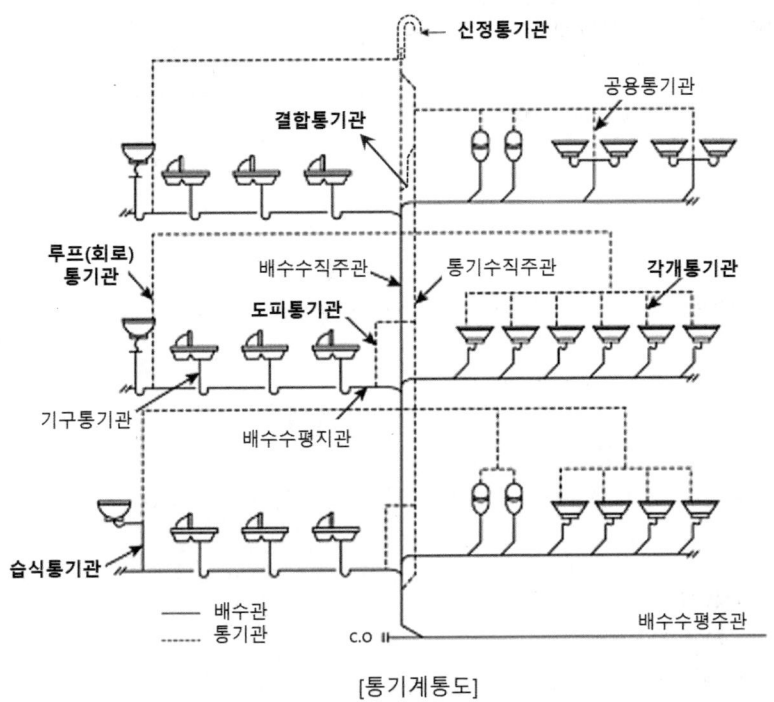

[통기계통도]

예제 05 통기관의 관경에 관한 설명으로 옳지 않은 것은? [23,21,17]
① 신정통기관의 관경은 배수수직관의 관경보다 작게 해서는 안된다.
② 각개통기관의 관경은 그것이 접속되는 배수관관경보다 작게 해서는 안된다.
③ 결합통기관의 관경은 통기수직관과 배수수직관 중 작은 쪽 관경 이상으로 한다.
④ 루프통기관의 관경은 배수수평지관과 통기수직관 중 작은 쪽 관경의 1/2 이상으로 한다.

해설 | 각개통기관
　　　가장 이상적인 방법으로 관경은 최소 32mm 이상 or 배수관경의 1/2 이상

정답 ②

4) 특수통기방식

(1) 소벤트 방식(sovent system)

　하나의 배수수직관으로 배수와 통기를 겸하는 시스템

(2) 섹스티아방식(sextia system)

　sextia이음쇠와 sextia벤트관을 사용하여 유수에 선회력을 주어 공기 코어를 유지시켜 하나의 관으로 배수와 통기를 겸하는 시스템이며 층수에 제한이 없고 신정통기관만을 사용하므로 통기 및 배수계통이 간단하고 배수관경이 작고 소음도 작다.

핵심 기출문제

01 급수 및 급탕 설비

1 기본이론 및 급수설비

01 ▶17

물의 경도는 물 속에 녹아 있는 칼슘, 마그네슘 등의 염류의 양을 무엇의 농도로 환산하여 나타낸 것인가?

① 탄산칼륨
② 탄산칼슘
③ 탄산나트륨
④ 탄산마그네슘

해설 | 물의 경도(Hardness of water)
물속에 녹아 있는 칼슘(Ca), 마그네슘(Mg) 등의 염류의 양을 탄산칼슘($CaCO_3$)의 백만분율(ppm)과 도(度)를 사용하며 1L의 물속에 탄산칼슘이 10mg 포함되어 있을 때 1도라 한다.

02 ▶19,15,14

급수방식 중 고가수조방식에 관한 설명으로 옳지 않은 것은?

① 급수압력이 일정하다.
② 단수 시에도 일정량의 급수가 가능하다.
③ 대규모의 급수 수요에 쉽게 대응할 수 있다.
④ 위생성 및 유지·관리 측면에서 가장 바람직한 방식이다.

해설 | 고가수조방식(단점)
㉠ 수질의 오염 가능성이 가장 크다.
㉡ 구조체의 보강이 필요하다.
㉢ 설비비가 고가이다.

03 ▶21,18

다음의 급수방식 중 수질오염의 가능성이 가장 큰 것은?

① 수도직결방식
② 고가수조방식
③ 압력수조방식
④ 펌프직송방식

해설 | 문제 2번 해설참조

04 ▶20

다음의 옥내 급수방식 중 위생성 및 유지·관리 측면에서 가장 바람직한 방식은?

① 수도직결방식
② 압력탱크방식
③ 고가탱크방식
④ 펌프직송방식

해설 | 수도직결방식
도로에 매설된 수도본관에서 수도관을 연결하여 건물 내로 직접 직수하는 방식으로 일반적으로 상향급수 배관방식을 사용한다.
㉠ 1~2층 정도 소규모 건물에 쓰인다.
㉡ 물의 오염 가능성이 가장 적다.
㉢ 정전시일 때도 급수가 가능하다.
㉣ 단수시일 때는 급수가 불가능하다.
㉤ 일정한 수압 유지가 어렵다.
㉥ 기계실이 필요없어 설비비 및 유지관리비용이 저렴하다.

05 ▶19

다음의 설명에 알맞은 급수방식은?

- 설치비가 저렴하다.
- 수질오염의 염려가 적다.
- 수도관 내의 수압을 이용하며 필요기기까지 급수하는 방식이다.

① 고가탱크방식
② 수도직결방식
③ 압력탱크방식
④ 펌프직송방식

해설 | 문제 4번 해설참조

정답 | 01 ② 02 ④ 03 ② 04 ① 05 ②

06 ▶17
급수방식에 관한 설명으로 옳지 않은 것은?

① 고가수조방식은 일반적으로 하향급수 배관 방식이 사용된다.
② 압력수조방식은 급수압력의 변화가 심하고 취급이 까다롭다.
③ 수도직결방식은 급수압력의 변동이 없어 일정한 수압으로 급수가 가능하다.
④ 펌프직송방식은 펌프운전방식에 따라 정속 방식과 변속방식으로 분류할 수 있다.

해설 | 수도직결방식은 일정한 수압 유지가 어렵다.

07 ▶13
급수방식 중 압력탱크방식에 관한 설명으로 옳지 않은 것은?

① 급수 공급 압력이 일정하다.
② 단수시에 일정량의 급수가 가능하다.
③ 일반적으로 상향급수 배관방식을 사용한다.
④ 고가탱크 방식을 적용하기 어려운 경우에 사용된다.

해설 | 압력탱크방식(단점)
　㉠ 급수압이 일정하지 않다.
　㉡ 높은 압력에 견딜 수 있는 시설과 펌프의 양정이 길어 시설비, 설비비가 고가이다.
　㉢ 에어컴프레셔(공기압축기)를 설치하여 수시로 공기를 보급하여야 한다.
　㉣ 단수 시에는 어느 정도 급수가 가능하나 고장이나 정전 시 즉시 급수가 중단된다.

08 ▶21
건축물의 급수방식에 관한 설명으로 옳지 않은 것은?

① 수도직결방식은 급수오염의 가능성이 가장 작다.
② 펌프직송방식은 고가수조를 설치할 필요가 없다.
③ 고가수조방식은 일정 지점에서의 공급압력이 일정하다.
④ 압력수조방식은 고압의 급수압을 일정하게 유지할 수 있다.

해설 | 압력수조(탱크)방식은 고압이 필요한 곳에 적합하나 급수압을 일정하지 않다.

09 ▶20,15
급수방식에 관한 설명으로 옳지 않은 것은?

① 고가수조방식은 급수압력이 일정하다.
② 수도직결방식은 위생성 측면에서 바람직한 방식이다.
③ 압력수조방식은 단수 시에 일정량의 급수가 가능하다.
④ 펌프직송방식은 일반적으로 하향급수 배관방식으로 배관이 구성된다.

해설 | 펌프직송방식(탱크없는 부스터 방식)
물을 지하실 등의 저수탱크에 물을 받은 후 급수펌프만으로 건물내에 급수하는 방식으로 배관 내 압력변동 등을 감지하여 펌프를 운전하는 상향급수방식이다.
※ 하향급수방식은 고가수조방식이 유일하다.

10 ▶20,18
급수배관의 설계 및 시공상의 주의점에 관한 설명으로 옳지 않은 것은?

① 수평배관에는 공기나 오물이 정체하지 않도록 한다.
② 수평주관은 기울기를 주지 않고, 가능한 한 수평이 되도록 배관한다.
③ 주배관에는 적당한 위치에 플랜지 이음을 하여 보수점검을 용이하게 한다.
④ 음료용 급수관과 다른 용도의 배관이 크로스 커넥션(cross connection)되지 않도록 한다.

해설 | 배관의 구배
급수관은 수리를 위해 관속에 물을 완전히 빼낼수 있고 또한 공기가 정체 하지 않도록 구배를 주어 배관한다.

정답 | 06 ③　07 ①　08 ④　09 ④　10 ②

11 ▶21, 17
다음 설명에 알맞은 대변기의 세정방식은?

> 바닥으로부터 1.6m 이상 높은 위치에 탱크를 설치하고, 볼 탭을 통하여 공급된 일정량의 물을 저장하고 있다가 핸들 또는 레버의 조작에 의해 낙차에 의한 수압으로 대변기를 세정하는 방식

① 세출식
② 세락식
③ 로탱크식
④ 하이탱크식

해설 | 하이탱크식(High tank system)
높은 곳에 세정탱크를 설치하고 급수관을 통하여 공급된 일정량의 물을 저장하고 있다가 핸들 또는 레버의 조작에 의해 낙차에 의한 수압으로 대변기를 세정하는 방식이다.

12 ▶21, 14
대변기의 세정방식 중 플러시 밸브식에 관한 설명으로 옳은 것은?

① 대변기의 연속사용이 불가능하다.
② 급수관경과 필요 수압에 제한이 없어 급수압력이 낮은 곳에서도 사용이 용이하다.
③ 핸들 또는 레버의 조작에 의해 낙차에 의한 수압으로 대변기를 세정하는 방식이다.
④ 소음이 크고 단시간에 다량의 물이 필요하므로 가정용으로는 일반적으로 사용하지 않는다.

해설 | 세정밸브식(Flush valve system)
백화점, 극장, 학교, 공장 등 사용빈도가 많거나 일시적으로 많은 사람들이 연속하여 사용하는 경우에 가장 적합한 방식으로, 세정밸브의 핸들을 작동하면 급수관에서 세정밸브를 거쳐대변기 급수구에 일정량의 물이 분사되어 세정하는 방식이다.
가정용으로는 주로 로우탱크식이 사용된다.

13 ▶21, 15
플러시 밸브식 대변기에 관한 설명으로 옳지 않은 것은?

① 대변기의 연속사용이 가능하다.
② 일반 가정용으로 주로 사용된다.
③ 세정음은 유수음도 포함되기 때문에 소음이 크다.
④ 로 탱크식에 비해 화장실을 넓게 사용할 수 있다는 장점이 있다.

해설 | 문제 12번 해설참조

14 ▶18, 16
급수설비의 급수 및 양수펌프로 주로 사용되는 펌프의 종류는?

① 회전식 펌프
② 왕복식 펌프
③ 원심식 펌프
④ 사류식 펌프

해설 | 원심(회전, 와권)펌프
축에 날개차, 안내날개 등을 달아 원심력을 이용하여 물을 송출하는 방식으로 급수, 급탕, 배수설비 등 건축설비에서 주로 사용되는 펌프
㉠ 진동이 적고 고속도 운전에 적합
㉡ 양수량 조절이 용이하다.
㉢ 양수량이 많고 고양정에 적합하다.

15 ▶17
터보형 펌프에 속하지 않는 것은?

① 터빈 펌프
② 사류 펌프
③ 볼류트 펌프
④ 피스톤 펌프

해설 | 피스톤 펌프
왕복동 펌프의 일종으로 피스톤의 왕복운동으로 급수하는 펌프

정답 | 11 ④ 12 ④ 13 ② 14 ③ 15 ④

2 급탕방식

16 ▶18

개별급탕방식에 관한 설명으로 옳지 않은 것은?

① 배관의 열손실이 적다.
② 시설비가 비교적 싸다.
③ 규모가 큰 건축물에 유리하다.
④ 높은 온도의 물을 수시로 얻을 수 있다.

해설 | 국소식(개별식) 급탕방식
온수가 필요한 곳에 탕비기를 설치하여 온수를 공급하는 방법으로 소규모 급탕에 적합하다.

17 ▶20

급탕설비에 관한 설명으로 옳은 것은?

① 중앙식 급탕방식은 소규모 건물에 유리하다.
② 개별식 급탕방식은 가열기의 설치공간이 필요없다.
③ 중앙식 급탕방식의 간접가열식은 소규모 건물에 주로 사용된다.
④ 중앙식 급탕방식의 직접가열식은 보일러 안에 스케일 부착의 우려가 있다.

해설 | ㉠ 중앙식 급탕방식은 대규모 건물에 유리하다.
㉡ 개별식 급탕방식은 가열기의 설치공간이 필요하다.
㉢ 중앙식 급탕방식의 간접가열식은 대규모 건물에 주로 사용된다.

18 ▶18

중앙식 급탕방식에 관한 설명으로 옳지 않은 것은?

① 배관 및 기기로부터의 열손실이 많다.
② 급탕개소마다 가열기의 설치 스페이스가 필요하다.
③ 시공 후 기구 증설에 따른 배관변경 공사를 하기 어렵다.
④ 기구의 동시이용률을 고려하여 가열 장치의 총용량을 적게 할 수 있다.

해설 | 급탕개소마다 가열기의 설치 스페이스가 필요한 방식은 국소식(개별식) 급탕방식

19 ▶18

간접가열식 급탕방법에 관한 설명으로 옳지 않은 것은?

① 열효율은 직접가열식에 비해 낮다.
② 가열 보일러로 저압 보일러의 사용이 가능하다.
③ 가열 보일러는 난방용 보일러와 겸용할 수 없다.
④ 저탕조는 가열코일을 내장하는 등 구조가 약간 복잡하다.

해설 | 간접가열식 급탕의 가열 보일러는 급탕용과 난방용 보일러와 겸용할 수 있다.

20 ▶19

급탕량의 산정 방식에 속하지 않는 것은?

① 급탕단위에 의한 방법
② 사용 기구수로부터 산정하는 방법
③ 사용 인원수로부터 산정하는 방법
④ 저탕조의 용량으로부터 산정하는 방법

해설 | 급탕량의 산정 방식
인원에 의한 산정, 기구수에 의한 산정, 급탕 단위에 의한 산정이 있다. 일반적인 건물에서는, 인원에 의한 산정 방법으로 구하는 방법도 좋지만, 온수의 사용량이 일시적으로 집중되는 건물에서는, 기구 수에 의한 산정 방법이 바람직하다.

정답 | 16 ③ 17 ④ 18 ② 19 ③ 20 ④

3 급탕배관 및 배수설비

21 ▶19
급탕배관의 설계 및 시공상 주의사항으로 옳지 않은 것은?

① 중앙식 급탕설비는 원칙적으로 중력식 순환 방식으로 한다.
② 급탕밸브나 플랜지 등의 패킹은 내열성 재료를 선택하여 시공한다.
③ 관의 신축을 고려하여 건물의 벽관통부분의 배관에는 슬리브를 끼운다.
④ 관의 신축을 고려하여 배관의 굽힘 부분에는 스위블 이음으로 접합한다.

해설 | 중력식 순환방식(소규모 건물)
배관구배 1/150, 물의 온도차에 의한 밀도 차이로 발생한 대류작용으로 자연 순환시키는 방식

22 ▶20,16,14
간접배수를 하여야 하는 기기 및 장치에 속하지 않는 것은?

① 제빙기 ② 세탁기
③ 세면기 ④ 식기세정기

해설 | 간접배수
냉장고, 세탁기, 공기조화기, 수영장, 급수탱크 넘침관, 소독기 등에서의 배수방식으로 기구의 오염방지 목적으로 일반 배수관으로 직접 연결하지 않고, 기구로 부터의 배수관에 물받이 공간(배수구 공간)두고 흘려보내는 방식이다.

23 ▶17
다음 중 간접배수를 하지 않아도 되는 것은?

① 소변기 ② 수음기
③ 세탁기 ④ 탈수기

해설 | 문제 22번 해설참조

24 ▶21,18
배수트랩에 관한 설명으로 옳지 않은 것은?

① 트랩은 배수능력을 촉진시킨다.
② 관트랩에는 P트랩, S트랩, U트랩 등이 있다.
③ 트랩은 기구에 가능한 한 근접하여 설치하는 것이 좋다.
④ 트랩의 유효봉수깊이가 너무 낮으면 봉수가 손실되기 쉽다.

해설 | 트랩(trap)
배수관 내에서 발생한 악취, 유해가스 및 벌레 등이 실내에 침입하는 것을 방지하기 위하여 배수계통 일부에 봉수를 고이게 하는 기구를 트랩이다. 봉수의 깊이가 낮으면(50mm 이하) 봉수를 손실하기 쉽고, 또 봉수 깊이를 너무 깊게(100mm 이상)하면 유수의 저항이 증대하여 통수 능력이 감소되므로 트랩 통수능력이 약해지고 자정작용이 없어져 트랩 밑에 침전물이 쌓여 트랩이 막히는 원인이 된다.

25 ▶21,15
트랩 봉수의 파괴원인에 속하지 않는 것은?

① 공동 현상
② 모세관 현상
③ 자기사이펀 작용
④ 운동량에 의한 관성

해설 | 트랩의 봉수파괴 원인
① 자기사이펀 작용
② 유인사이펀작용
③ 분출 작용(토출작용)
④ 모세관 작용
⑤ 증발
⑥ 운동량에 의한 관성

26 ▶19
다음 중 배수트랩의 봉수파괴 원인과 가장 거리가 먼 것은?

① 수격 작용 ② 증발 현상
③ 모세관 현상 ④ 자기사이펀 작용

해설 | 문제 25번 해설참조

정답 21 ① 22 ③ 23 ① 24 ① 25 ① 26 ①

27 ▶21, 16
다음 중 배수설비에서 트랩의 봉수가 자기 사이펀작용에 의해 파괴되는 것을 방지하기 위한 방법으로 가장 적절한 것은?

① S트랩을 사용한다.
② 각개통기관을 설치한다.
③ 트랩 출구의 모발 등을 제거한다.
④ 봉수의 깊이를 15cm 이상으로 깊게 유지한다.

해설 | 트랩 봉수파괴 방지대책

원인	방지대책
자기사이펀 작용, 유인 사이펀작용, 분출 작용	통기관 설치
모세관 작용	머리카락, 실, 천조각 제거
운동량에 의한 관성	격자쇠 설치
증발	기름을 몇방울 떨어뜨린다.

28 ▶18
다음 중 통기관의 설치목적과 가장 거리가 먼 것은?

① 배수계통 내의 배수 및 공기의 흐름을 원활히 한다.
② 모세관 현상에 의해 트랩 봉수가 파괴되는 것을 방지한다.
③ 사이폰 작용에 의해 트랩 봉수가 파괴되는 것을 방지한다.
④ 배수관 계통의 환기를 도모하여 관내를 청결하게 유지한다.

해설 | 모세관 현상에 의해 트랩 봉수가 파괴되는 것은 머리카락, 실, 천조각 제거로 방지한다.

29 ▶19
호텔의 주방이나 레스토랑의 주방에서 배출되는 배수 중의 유지분을 포집하기 위하여 사용되는 포집기는?

① 헤어 포집기   ② 오일 포집기
③ 그리스 포집기   ④ 플라스터 포집기

해설 | 저집기(intercepter)
㉠ 그리스 저집기 : 호텔 주방의 조리실 바닥, 기름기가 많은 배수용
㉡ 가솔린 저집기 : 주 차장, 세차장, 차고
㉢ 플라스터 저집기 : 치과 기공실, 정형외과 기브스실
㉣ 헤어 저집기 : 이발소, 미용실
㉤ 샌드 저집기 : 모래나 진흙이 다량으로 포함되는 곳

4 통기설비

30 ▶19
다음 중 배수관에 통기관을 설치하는 목적과 가장 거리가 먼 것은?

① 트랩의 봉수를 보호한다.
② 배수관의 신축을 흡수한다.
③ 배수관 내 기압을 일정하게 유지한다.
④ 배수관 내의 배수흐름을 원활히 한다.

해설 | 통기관의 설치 목적
㉠ 사이폰 작용에 의해 트랩 봉수가 파괴되는 것을 방지한다.
㉡ 배수관 내의 배수 흐름 원활하게 한다.
㉢ 신선한 공기를 유통시켜 배수관 내의 환기를 도모하여 관내를 청결하게 유지한다.
㉣ 배수관 내의 기압을 일정하게 유지한다.

31 ▶20, 16
통기관의 설치 목적으로 옳지 않은 것은?

① 배수관 내의 물의 흐름을 원활히 한다.
② 은폐된 배수관의 수리를 용이하게 한다.
③ 사이폰 작용 및 배압으로부터 트랩의 봉수를 보호한다.
④ 배수관 내에 신선한 공기를 유통시켜 관내의 청결을 유지한다.

해설 | 문제 30번 해설참조

정답 | 27 ② 28 ② 29 ③ 30 ② 31 ②

32 ▶20
배수설비의 통기관에 관한 설명으로 옳지 않은 것은?

① 배수계통 내의 배수 및 공기의 흐름을 원활히 한다.
② 배수관 계통의 환기를 도모하여 관내를 청결하게 유지한다.
③ 배수관을 막히게 하는 물질을 물리적으로 분리하여 수거한다.
④ 사이펀 작용 및 배압에 의해 트랩 봉수가 파괴되는 것을 방지한다.

해설 | 문제 30번 해설참조

해설 | 회로(루프)통기관
2개 ~ 8개 이내의 트랩을 보호하기 위하여 최상류에 있는 기구배수관이 배수수평지관과 연결되는 바로 하류의 수평지관에 접속시켜 통기수직관 또는 신정 통기관으로 연결하는 통기관

33 ▶19,13
배수수직관 내의 압력변화를 방지 또는 완화 하기 위해, 배수수직관으로부터 분기·입상하여 통기수직관에 접속하는 통기관은?

① 각개통기관   ② 루프통기관
③ 결합통기관   ④ 신정통기관

해설 | 결합 통기관
㉠ 배수수직관 내의 압력변화를 방지 또는 완화하기 위해, 배수수직관으로부터 분기·입상하여 통기수직관에 접속하는 통기관
㉡ 5개 층마다 설치하여 통기 촉진
㉢ 관경 : 최소 50mm 이상

34 ▶20
건축물 배수시스템의 통기관에 관한 설명으로 옳지 않은 것은?

① 결합통기관은 배수직관과 통기수직관을 연결한 통기관이다.
② 회로(루프)통기관은 배수횡지관 최하류와 배수수직관을 연결한 것이다.
③ 신정통기관은 배수수직관을 상부로 연장하여 옥상 등에 개구한 것이다.
④ 특수통기방식(섹스티아 방식, 소벤트 방식)은 통기수직관을 설치할 필요가 없다.

정답 | 32 ③ 33 ③ 34 ②

02 공기조화 설비

Pass Note

예상출제문항		키워드
1~2	- 현열과 잠열 - 공기조화 방식별 특성 - 송풍기 취출구	- 송풍량 계산 - 난방 방식별 비교

1. 기본이론

1) 물의 질량

물의 질량과 부피는 압력과 온도에 따라 변하며, 같은 질량일 때 1기압 4℃에서 가장 무겁고 부피가 최소이다.

① 물 $1cm^3$의 무게 : $1g(g/cm^3)$
② 물 1ℓ의 무게 : $1kg(kg/\ell)$
③ 물 $1m^3$의 무게 : $1,000kg(kg/m^3) = 1\ ton/m^3$
　※ $1m^3 = 1,000kg(1ton) = 1,000\ell$

2) 물의 부피

① 순수한 물은 0℃에서 얼음이 되며 부피가 약 9% 커진다.
② 4℃의 물이 100℃의 물이 되면 부피가 약 4.3% 커진다.
③ 100℃의 물이 100℃의 증기로 변하면 부피가 약 1,700배 커진다.

3) 온도

① 섭씨온도(℃) = 5/9 × [화씨온도(°F) - 32]
② 화씨온도(°F) = 9/5 × [섭씨온도(℃) + 32]
③ 절대온도(K) = 273.15 + 섭씨온도(℃)
　※ 0 K는 -273.15℃에 해당되며, 절대온도 K=273.15 + ℃이다.

4) 난방도일(HD : Heating Degree Day)

① 어느 지방의 추위 정도를 나타내는 지표로 연료소비량의 추정할 수 있다.
② 실내의 평균 온도와 실외의 평균기온과의 차(℃)에 일수(days)를 곱한 값이다.
③ 난방도일의 값이 클수록 연료의 소비량이 많아진다.
④ 각 지역마다 실외 평균 기온 차이로 값이 다르다.

⑤ 연료소비량을 추정하는 데 사용된다.

$$HD = \Sigma(t_i - t_o) \times days[℃ \cdot days]$$
t_i : 실내 평균기온(℃), t_o : 실외평균기온(℃)

5) 현열과 잠열

(1) 현열(sensible heat) → 온수난방에 이용
상태는 변하지 않고, **온도변화**에 따라 출입하는 열을 말한다.
온도 상승이나 강하의 요인이 되는 열량(현열량)

(2) 잠열(latent heat) → 증기 난방에 이용
온도는 변하지 않고, **상태변화**에 따라 출입하는 열을 말한다.
습도의 변화를 주는 열량(잠열량)

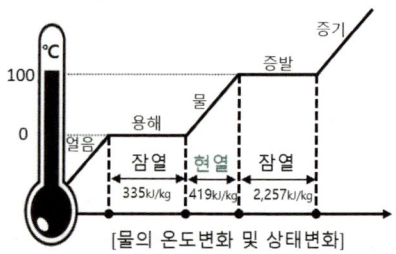
[물의 온도변화 및 상태변화]

6) 열용량과 열량

(1) 열량(heat quantity)

물의 온도를 올리는데 필요한 열의 양으로, 표준기압하에서 순수한 물 1kg을 1℃ 올리는데 필요한 열량은 4.19kJ이다.

① 열량(Q) = 열용량(kJ/℃) × 온도차(℃)
② 열량(Q) = 질량(kg) × 비열(kcal/kg·℃) × 온도차(℃) = $m \cdot c \cdot \triangle t$ [kcal]
  = **질량(kg) × 비열(kJ/kg·K) × 온도차(K)** = $m \cdot c \cdot \triangle t$ [kJ]
  Q : 열량(kJ) m : 질량(kg) c : 비열(kJ/kg℃) △t : 온도차(℃ 또는 K)

(2) 비열(specific heat)

어떤 물질 1kg을 1K 올리는데 필요한 열량을 비열(kJ/kg·K)이라 한다.

(3) 열용량(heat capacity)

열용량(kJ/k) = 질량(kg) × 비열(kJ/kg℃)
어떤 물질의 온도를 1K 변화시키기 위하여 필요한 열량을 말한다. 열용량이 큰 물체는 온도를 올리기 위해 보다 많은 열량을 필요로 하며 가열된 후 식는 데에도 상대적으로 시간이 많이 소요된다. (열용량 값은 질량과 비열에 비례한다.)

 0.5L의 물을 5℃에서 60℃로 올리는데 필요한 열량은? (단, 물의 비열은 4.2kJ/kg·K, 물의 밀도는 1kg/L 이다.) [23,15]

① 63.0kJ ② 115.5kJ ③ 127.5kJ ④ 180.0kJ

해설 | 열량(Q) = $m \cdot c \cdot \triangle t$ [kJ] = 질량(kg) × 비열(kJ/kg·K) × 온도차(K)
  = 0.5kg/h × 4.2kJ/kg·K × (60−5)(K) = 115.5kJ
※ 1L = 1kg, 절대온도(K) = 273.15 + 섭씨온도(℃)

정답 ②

2. 공기조화설비

실내공간의 온도, 습도, 기류 등 열적 환경과 먼지, 냄새, 유독가스, 박테리아 등의 질적 환경을 실의 사용 목적에 적합한 쾌적한 상태로 유지하는 설비를 의미한다.

1) 공조방식의 종류

구분	열원방식	종류
중앙방식	전공기 방식(공기)	• 단일덕트 방식(정풍량 : CAV) • 단일덕트 방식(변풍량 : VAV) • 이중덕트방식 • 멀티존유닛 방식
	수공기 방식(물 + 공기)	• 유인유닛 방식 • 복사냉난방 방식 • 각층유닛 방식
	전수 방식(물)	• 팬코일유닛 방식
개별방식	냉매방식	• 룸에어컨 • 패키지유닛 방식

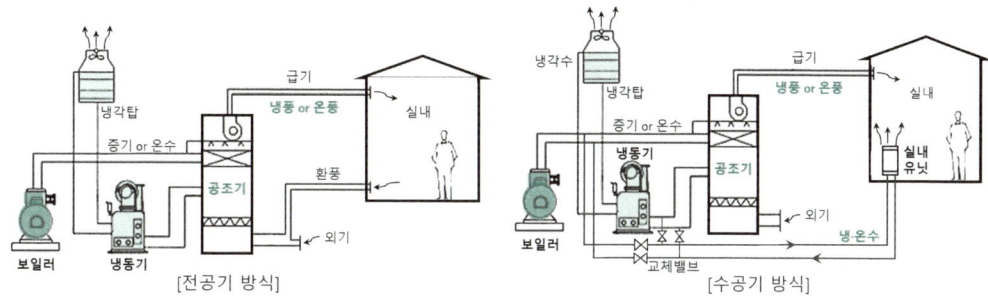

2) 전공기 방식(공기)

열원으로 공기를 사용하는 방식으로 공기 조화기로 냉·온풍을 만들어 덕트를 통해 송풍하는 방식이다.

장점	단점
① 실내공기 **오염이 작다.** ② **실내유효면적 증가.** ③ 실내에 배관으로 인한 우수의 염려가 없다. ④ 중간기에 외기냉방이 가능하다.	① **큰 덕트 스페이스가 필요**하다. ② 공조실이 넓어야 한다. ③ 팬의 동력(반송동력)이 크다.

(1) 단일덕트식(single duct system)

가장 기본적이고 단순한 공조방식으로 냉난방 시 필요한 송풍량을 1개의 덕트로 분배한다.

① 각 실, 각 층의 **온도조절이 곤란**하다. (단, 변풍량 단일덕트방식은 각 실이나 존의 **부하변동에 대응**이 용이하다.)
② 설치비가 저렴하고 관리 및 보수가 용이하다.

③ 천장 속 덕트 공간을 많이 차지한다.
④ 이중덕트방식에 비해 **에너지 절약적**이다.
⑤ 극장, 강당, 공장 등의 대규모 건물에 적합하다.

종류	특성
정풍량 단일덕트방식(CAV)	• 공기 조화기에서 만들어진 공기를 같은 양으로 분배하는 방식이다. • 설비비와 유지관리 비용이 적게 들지만 각 실별 **개별제어가 불가능** 하다.
변풍량 단일덕트방식(VAV)	• 취출온도를 일정하게 하여 부하에 따라 **송풍량을 변화** 시키는 방식이다. • 각 실, 각 존별 변풍량 유닛을 설치하여 부하변동에 따라 송풍량을 조절할 수 있어 **에너지 절약 효과**가 있다.

> **Note** 단일덕트 재열방식(single duct reheater system)
> 단일덕트 정풍량 방식의 단점을 보완하기 위하여 각 실 또는 존마다 **제열기(rehearter)**을 설치하고 실내의 서모스텟으로 **실온을 제어하는 방식**으로 부하특성이 다른 여러 개의 실이나 존이 있는 건물에 사용이 가능하다.

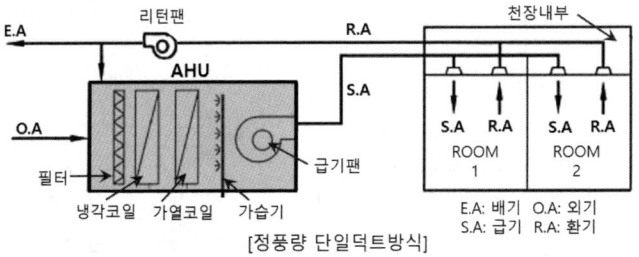

[정풍량 단일덕트방식]

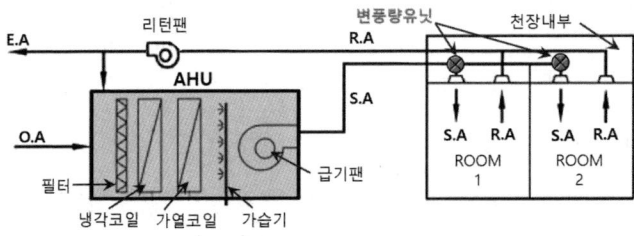

[변풍량 단일덕트방식]

(2) 이중덕트 방식

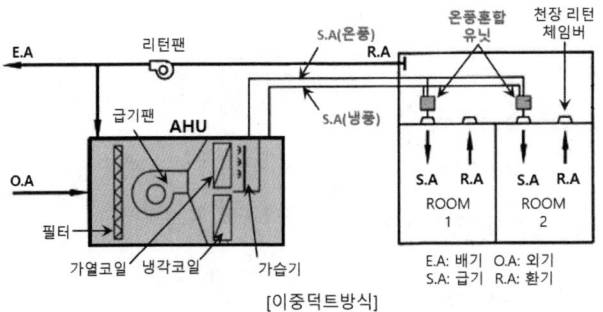

[이중덕트방식]

중앙 공조기(AHU : Air Handling Unit)에서 온·냉풍을 동시에 제조하여 덕트로 보내고 각 실마다의 부하에 따라 혼합유닛(혼합상자)에서 온·냉풍을 적절히 혼합하여 송풍온도를 조절하는 방식이다.

① 실별 **개별 조절이 가능**하다.
② 부하 특성이 다른 다수의 실이나 존에도 적용할 수 있다.
③ 온·냉풍의 혼합으로 인한 혼합손실로 인하여 **에너지 소비량이 많아** 최근에는 이용하는 건물이 매우 적다.
④ 혼합유닛에서 소음과 진동이 생긴다.
⑤ 단일덕트식보다 **공간을 더 많이 차지**한다.
⑥ 설비비, 운전비가 많이 든다.

(3) 멀티존 유닛 방식

각 존 마다 독립된 덕트가 필요하여 공간을 많이 차지하고 부하변동에 따라 혼합손실이 많이 발생된다.

3) 수공기 방식(공기 & 물)

1차 공기조화기가 외기 및 환기를 처리한 다음 덕트로 방에 송풍하고, 실내의 2차 공기조화기에서는 냉·온수가 송입되어 실내공기를 재처리하는 방식이다.

(1) 각층유닛방식(zone unit 방식)
① 각 층 마다 조건이 다른 건물에 적합하며 각 실, 각 존, 각 층별 제어가능
② 공기 조화기 수가 많아 설치비, 유지 보수비가 많이 든다.

(2) 유인 유닛방식

1차 공조기에서 조화한 공기를 고속덕트를 통해 각 유닛에 송풍하면 1차 공기가 유인 유닛 속의 노즐을 통과할 때에 유인작용을 일으켜 실내공기를 2차 공기로 하여 유인하여 혼합 분출한다. 유인된 2차 공기는 유닛 속 코일에 의해 냉각 또는 가열하는 방식이다.

① 각 유닛마다 **개별 제어가 가능**하므로 개별실 제어가 가능하다.
② 고속덕트를 사용하므로 덕트 공간을 작게 할 수 있다.
③ 각 유닛마다 수배관을 설치해야해 누수의 우려가 있다.
④ 냉각 가열을 동시에 하는 경우 혼합손실이 발생한다.

(3) 복사냉·난방 방식

천장 패널 및 바닥 등에 매설한 배관에 냉·온수를 보내어 냉난방하는 방식으로 동시에 외기를 포함한 공기를 냉각감습하거나 가열가습하여 송풍함으로써 잔여 실내 현열부하와 잠열부하를 처리한다.

① 복사를 이용하므로 **실내 쾌적도가 높다**.
② 설비비용이 높고 고장 시 수리가 어렵다.
③ 실내 바닥면적의 이용률을 높일 수 있다.
④ 천장고가 높은 공간 또는 외기침입이 있는 공간에서도 난방감을 얻을 수 있다.

4) 전수 방식(물)

중앙장치에서 처리한 냉·온수를 실내에 설치된 기기(팬코일유닛, 컨벡터)에 순환시켜 실의 공기를 처리하는 방식이다. 외기를 공급하지 못하여 공기의 정화 및 환기를 충분히 할 수 없다.

(1) 팬코일 유닛(FCU)

소형 송풍기와 냉·온수 코일 및 필터 등을 구비한 소형 공조기를 각 실에 설치하여 중앙기계실로부터 냉·온수를 공급하여 공기조화를 하는 방식이다. 외기의 공급 없이 실내공기가 반복적으로 팬코일 유닛에 순환되어 환기가 불가능하다.

① 각 실에 배관으로 인한 **누수의 우려**가 있다.
② 각 유닛마다 **개별조절이 가능**하다.
③ 덕트 방식에 비해 유닛의 위치 변경이 쉽다.
④ 덕트 샤프트나 스페이스가 필요 없거나 작아도 된다.
⑤ 유닛을 창문 밑에 설치하면 콜드 드래프트를 줄일 수 있다.
⑥ 팬코일 유닛 내에 있는 팬으로부터의 소음이 있다.
⑦ 다수 유닛의 분산으로 관리가 어렵다.
⑧ 실이 여러개로 나뉘어진 호텔 객실, 아파트에 적합하다.

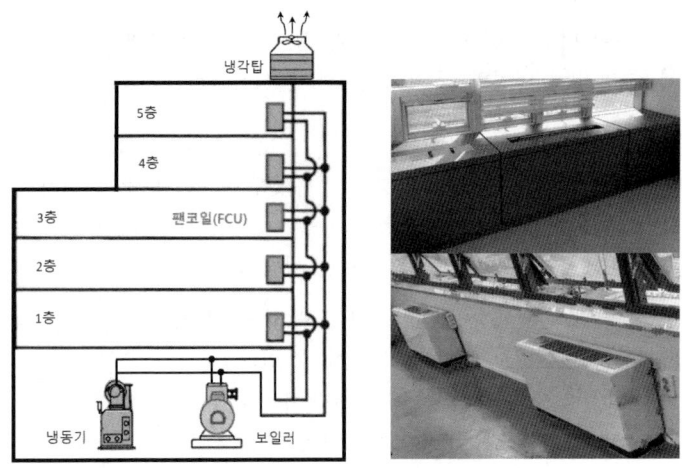

[팬코일유닛방식(FCU)]

5) 냉매 방식

(1) 패키지 유닛방식(냉매식)

냉동기를 내장한 공조기를 실내에 설치하는 방식으로 현장설치가 간단하고 공기가 짧아 설비비가 적게 드나 실내 소음이 크다.

① 소용량의 냉동기 + 송풍기 + 필터 + 가습기 + 자동제어기기를 일체화 시킨 기기이다.
② 가정용 에어컨, 대용량 시스템 에어컨 등이 있다.
③ 설치 위치는 바닥, 벽, 천장 등 선택 가능하다.

예제 02 다음의 공기조화방식 중 전공기방식에 속하지 않는 것은? [25,22,21,17,15]
① 단일덕트방식　　　　　　② 2중덕트방식
③ 팬코일유닛방식　　　　　④ 멀티존유닛방식

해설| 팬코일 유닛(FCU) – 전수방식(물)

정답 ③

3. 공기조화기

냉동기, 보일러 등의 열원에서 냉수·온수·증기를 공급받아 냉풍·온풍을 생산하는 기기이다. 공조기는 냉풍, 온풍을 생산을 위하여 냉·온수코일, 송풍기, 필터 등이 내장되어 있으며 넓은 범위의 공조로 중앙식 공기조화기(AHU : Air Handling Unit)와 좁은 범위를 담당하는 팬코일유닛(FCU : Fan Coil Unit) 등이 있다.

1) 덕트(duct)

공조기에서 생산된 냉·온풍을 각 공조구역으로 이송시키는 역할을 하며, 목적에 따라 공조용 덕트, 환기용 덕트, 배연용 덕트 등이 있다.

(1) 덕트의 형상에 의한 분류
① 장방형 덕트 : 저속용
② 원형 덕트 : 고속용

[저속덕트]　[고속덕트]

2) 덕트의 부속기기

(1) 송풍기

종류	특성
다익형(원심형) (sirrocco fan)	• 팬의 끝부분이 회전방향으로 **굽은 전곡형**이다. • 동일 용량에 대해서 송풍기 용량이 적다. • 다른 형식에 비해 회전수가 적어 주로 **저속 덕트용**으로 쓰인다.
후곡형	• 팬의 끝이 회전방향의 뒤쪽으로 굽은 후곡형이다 • 효율이 높고 고속에서도 비교적 정숙한 운전 가능하다. • 터보형 팬에 적용된다.
익형 (limit load fan)	• 다익형과 후곡형이 단점을 개량한 것으로 유선형의 날개를 형성한 에어포일과 날개를 S자 모양으로 구부린 리미트로드 팬이 있다. • 에어포일은 고속회전이 가능하며 소음이 작다.

[다익형]

[후곡형]

[익형]

(2) 취출구(분출구)

공조기에서 생산된 냉·온풍을 각 공조구역으로 이송된 후 취출구를 통해 실내로 공기를 도달 시키는 기기이다.

① **아네모스탯형**(anemostat) : 확산형 취출구의 일종으로 몇 개의 콘(cone)이 있어서 1차 공기에 의한 2차 공기의 유인성능 및 환산성능이 좋아 **천장 취출구**로 가장 많이 사용된다.
② 노즐형(nozzle) : 극장, 로비, 공장 등에서 사용되며 구조가 간단하고 도달거리가 길고 소음발생이 적은 편이다.
③ 라인형(line) : 취출 부분이 가늘고 길기 때문에 디자인 계획상 천장 디자인이 선형일 경우 적용하기 좋다.
④ 베인(vane)격자형 : 천장이나 벽 그리고 패키지 에어컨에 설치되는 격자형 취출구로서 날개의 각도를 조정하여 기류의 방향 및 도달거리를 조정할 수 있다.

[아네모스텟형)]   [팬형]   [베인격자형]   [슬롯형]

예제 03 다음 설명에 알맞은 취출구의 종류는? [24,21,18,16,12]

- 확산형 취출구의 일종으로 몇 개의 콘(cone)이 있어서 1차 공기에 의한 2차 공기의 유인성능이 좋다.
- 확산반경이 크고 도달거리가 짧기 때문에 천장 취출구로 많이 사용된다.

① 팬형   ② 웨이형
③ 노즐형   ④ 아네모스탯형

정답 ④

(3) 흡입구

① 베인(vane)격자형 : 천장 및 벽부용 흡입구
② 머쉬룸형(mushroom) : 천장이 높은 경우 **바닥에 설치**하는 흡입구

 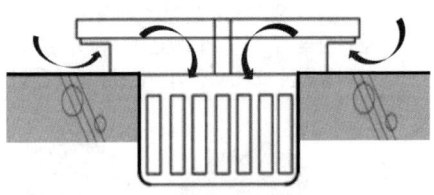

[베인(vane)격자형)]   [머쉬룸형(mushroom)]

Note 풍량제어 방식 비교

※ **축동력 소요가 많은 순서**
토출댐퍼 제어 > 흡입댐퍼 제어 > 흡입베인 제어 > 회전수 제어
① 토출댐퍼 제어 : 가장 일반적 방식이며 설치 비용은 적게 드나 축동력 소요가 많다.
② 회전수 제어 : 송풍기의 회전수를 조정하여 풍량을 변화시키는 방식으로 축동력이 대폭 감소되는 방식

3) 덕트의 송풍량 계산

$$송풍량\ Q = \frac{q_s}{\gamma \cdot C \cdot \Delta t}$$

q_s : 현열부하, γ : 비중, C : 비열, Δt : 온도변화

예제 04 A실의 냉방부하를 계산한 결과 현열부하가 8000W이다. 취출공기온도를 18℃로 할 경우 송풍량은? (단, 실온은 26℃, 공기의 밀도는 1.2kg/m³, 공기의 비열은 1.01kJ/kg·K이다.) [22,17,13]

① 약 825m³/h ② 약 1560m³/h
③ 약 2970m³/h ④ 약 4340m³/h

해설 | 1W = 1J/s = 3.6kJ/h (답안의 단위가 시간당 송풍량으로 시간을 초로 환산 3,600)
∴ 8,000W = 8,000W × 3.6kJ/h

$$송풍량\ Q = \frac{q_s}{\gamma \cdot C \cdot \Delta t} = \frac{8,000W \times 3.6}{1.2kg/m^3 \times 1.01kJ \cdot k \times (26-18)} = 약\ 2,970m^3/h$$

정답 ③

4. 냉동설비

실의 냉방을 위해 냉수를 생산하는 것을 냉동기라 한다. 프레온가스 또는 물을 이용하여 어떤 물체가 증발할 때 그 주변으로부터 증발에 필요한 증발열을 빼앗는 잠열을 이용한 것이다.
냉동기에는 냉동방식에 따라 크게 압축식 냉동기와 흡수식 냉동기가 있다.

1) 압축식 냉동기
① 압축기 → 응축기 → 팽창밸브 → 증발기의 4가지 주요 요소로 구성
② **기계적 에너지**에 의해 냉동 효과를 얻는 냉동기
③ 압축식 냉동기 종류
  ㉠ **터보식(원심)냉동기** : 날개 형태의 기기(**임펠러**)의 원심력에 의해 냉매가스를 압축하는 것으로 중·대형 규모의 중앙식 공조에서 냉방용으로 사용
  ㉡ 왕복동식 냉동기 : 피스톤이 실린더 내에서 왕복운동을 하면서 냉매를 압축하는 방식
  ㉢ 스크류식(회전) 냉동기 : 기기의 회전운동에 의하여 냉매를 압축하는 방식

2) 흡수식 냉동기
① 증발기 → 흡수기 → 재생기 → 응축기 4가지 주요 요소로 구성
② 기계적 에너지가 아닌 **열에너지**에 의해 냉동 효과를 얻는 냉동기

③ 흡수식 냉동기의 장단점

장점	㉠ 진동, 소음, 전력 소비가 적다. ㉡ 10% 가까이 용량 제어가 가능하다.
단점	㉠ 설치 면적, 높이, 중량이 크다. ㉡ 예냉시간이 길다.

5. 난방설비

1) 증기난방(steam heating)

- 수증기의 잠열로 난방하는 방식, 응축수는 환수관을 통하여 보일러에 환수된다.
- 주로 학교, 사무실, 공장 등 대규모 공간에 사용한다.

(1) 장단점

장점	단점
① 증발잠열 이용으로 열의 운반능력이 크다. ② 예열시간이 짧고 방열면적이 작아도 된다. ③ 설비비가 저렴해서 경제적이다. ④ 한랭지에서 동결에 의한 파손위험이 적다.	① 먼지 등의 상승으로 실내 쾌적감이 낮다. ② **방열량 조절이 어렵다.** ③ 방열기 온도가 높아 화상 위험이 있다. ④ 스팀해머(steam hammering)가 발생될 우려가 있다. ⑤ 보일러 취급에 기술을 요한다.

2) 온수난방(hot water heating)

현열을 이용한 난방으로 병원, 주택, 아파트 등에 이용되며, 100℃ 이하 보통 온수난방이 일반적이며 100℃ 이상인 경우 고온수 난방(강판식 보일러와 밀폐식 팽창탱크 사용이 필수적)으로 한다.

(1) 장단점

장점	단점
① 난방부하 변동에 따라 **온도와 온수량 조절이 용이하다.** ② **현열**을 이용하여 실내 쾌적감이 좋다 ③ 방열기 온도가 낮아 화상 위험이 없다. ④ 보일러 취급이 용이하고 안전한 편이다. ⑤ 난방을 정지하여도 어느 정도 난방효과 지속한다.	① 방열면적이 커서 설비비용이 크다. ② **예열시간이 길다.** ③ 겨울철 난방 정지 시 동결의 우려가 크다. ④ 온수 순환시간이 길다.

> **Note** 증기난방 vs 온수난방

특성	증기난방	온수난방
실내 쾌적감	다소 떨어짐	쾌적
열방식	잠열	현열
열용량	작다	**크다**
열운반능력	크다	작다
열매온도	높다	낮다
예열시간	빠르다	**느리다**

난방지속시간	짧다	길다
난방부하 제어성	**어렵다**	용이하다
수격작용(steam hammer)	발생	발생 안됨
소음	크다	작다
설치 적합 장소	학교, 사무실, 공장 등	병원, 주택, 아파트 등
보일러 취급	복잡	간단
설치유지비	적다	많다

예제 05 온수난방에 관한 설명으로 옳은 것은? [24, 22, 16]
① 추운 지방에서도 동결의 우려가 없다.
② 온수의 잠열을 이용하여 난방하는 방식이다.
③ 증기난방에 비하여 난방부하 변동에 따른 온도 조절이 어렵다.
④ 증기난방에 비하여 열용량이 커서 예열시간이 길다.

정답 ④

3) 복사난방(panel heating)

바닥 또는 벽과 천장 등에 관을 매설하고 온수를 공급하여 그 복사열에 의하여 실내를 난방하는 방식으로 주택, 학교 등에 이용된다.

(1) 장단점

장점	단점
① 실내 온도분포가 균등하고 **쾌감도가 가장 높다.** ② 방열기가 필요 없고 바닥면의 이용도가 높다. ③ 방을 개방하여도 난방효과가 있다. ④ 대류현상이 적어 바닥 먼지 상승이 없다. ⑤ 천장이 높아도 난방이 가능하다.	① **열용량이 크므로 외기온도 급변에 따른 방열량 조절이 어렵다.** ② 표면 균열 및 매설배관 이상 시 수리 등의 변경이 어렵고, 비용이 많이 발생된다. ③ 열손실을 막기 위한 단열층이 필요하다.

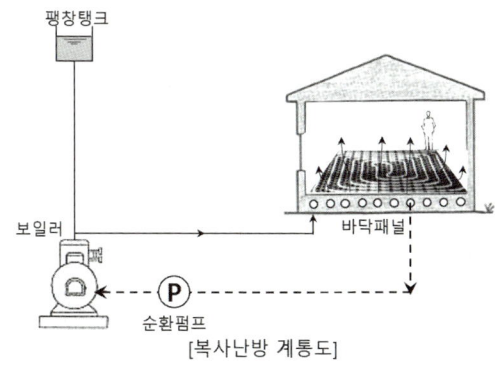

[복사난방 계통도]

예제 06 복사난방에 관한 설명으로 옳은 것은? [25,22,18]
① 천장이 높은 방의 난방은 불가능하다.
② 실내의 쾌감도가 다른 방식에 비하여 가장 낮다.
③ 열용량이 크기 때문에 방열량 조절에 시간이 걸린다.
④ 외기 침입이 있는 곳에서는 난방감을 얻을 수 없다.

정답 ③

4) 지역난방(district heating)

도시 또는 일정 광범위한 지역 내에 대규모 고효율 열원플랜트를 설치하여 여기에서 생산되는 열매(증기 또는 온수)를 지역 내에 나누어 공급하여 효율적으로 에너지를 사용하는 난방 방식이다.

① 건물 내 유효면적이 넓힐 수 있고 연료비 절감 효과가 있다.
② 도시의 대기오염을 줄일 수 있다.
③ 초기 투자비가 많이 들어간다.
④ 열원과의 거리가 길어 배관 도중에 **열손실이 크다**.
⑤ 열원기기의 용량제어가 어렵다.

> **Note** ※ 난방 방식 비교
> ① 쾌적감 : **복사난방** > 온수난방 > 증기난방 > 온풍난방
> ② 예열시간 : 복사난방 > 온수난방 > **증기난방** > **온풍난방**
> ③ 설치비 : **복사난방** > 온수난방 > 증기난방 > 온풍난방

6. 보일러(boiler)

1) 보일러의 종류

종류	특성
주철제 보일러	① 주철제의 단위부재(section)를 니플 또는 볼트로 연결하며, 섹션수를 증가시키면 용량을 쉽게 증가시킬 수 있다. ② 취급이 간편하고, 분할 반입이 용이하다. ③ 내식성이 우수하며, 수명이 길다.
입형 보일러 (수직형 보일러)	① 수직으로 세운 드럼 내에 연관 또는 수관이 있는 **소규모의 패키지형 보일러** ② 설치면적이 작고 취급이 간단하며 사용압력이 낮다.
노통연관식 보일러	① 강판제 보일러의 일종으로 강판으로 만든 노통(연소통)과 다수의 연관을 배치한 보일러 ② 보유수량 많아 부하변동에도 안전하다. ③ 예열시간이 길고 주철제에 비해 가격이 비싸다. ④ 설치는 간단하나 수명이 짧고 가격이 고가이다.
수관식 보일러	① 드럼에 여러 개의 수관을 연결 설치하여 복사열을 크게 전달되도록 하는 방식이다. ② 보유수량이 적어 증기 발생속도가 빠르다. ③ 예열시간이 짧고, 수효율이 좋다. ④ 고가이며 수처리가 복잡하다. ⑤ 기압력은 1.0MPa 이상 ⑥ 고압증기를 대량으로 사용하는 대규모 건축물에 적합하다.

2) 보일러의 용량 결정

(1) 보일러 부하

$$H = H_r + H_h + H_p + H_e$$

H : 보일러부하, H_r : 방열기부하(난방부하), H_h : 급탕부하,
H_p : 배관열손실부하, H_e : 예열부하

(2) 보일러 출력

종류	특성
정격출력	난방부하 + 급탕부하 + 배관부하 + 예열부하의 합으로 연속해서 운전할 수 있는 보일러의 능력으로서 **보통 보일러 선정시에는 정격출력에 기준**이 된다.
상용출력	난방부하 + 급탕부하 + 배관부하의 합으로 정격출력에서 예열부하를 뺀 값으로 정미출력에 5~10% 가산한다.
정미출력	난방부하 + 급탕부하의 합
과부하출력	운전 초기나 과부하가 발생했을 때 정격출력의 10~20% 정도 증가 시키는 출력

3) 난방용 부속품

① **방열기 밸브**(radiator valve)
방열기 입구를 개폐하여 방열량을 조절하기 위해 설치한다.

② **공기빼기밸브**(air vent valve)
방열기와 배관의 굴곡부에 설치하여 공기를 제거해 준다.

③ **감압밸브**(reducing valve)
고압증기를 저압증기로 감압시키기 위하여 설치한다.

④ **2중 서비스 밸브**
한랭지에서 응축수 동결을 막기 위하여 사용한다.

⑤ **리턴 콕**(return cock)
온수방열기의 환수밸브로 온수의 유량을 조절한다.

⑥ **인젝터**(injector)
증기보일러의 급수장치로 이용된다.

⑦ **증기 트랩**(stream trap)
증기관 내에 생긴 응축수만을 보일러에 환수 시키기 위해 방열기의 환수구나 배관의 가장 끝부분에 설치한다.

핵심 기출문제

02 공기조화 설비

1 기본이론

01 ▶15

0.6L의 물을 5℃에서 55℃로 올리는데 필요한 열량은? (단, 물의 비열은 4.2kJ/kg·K, 물의 밀도는 1kg/L이다.)

① 63.0kJ
② 126kJ
③ 127.5kJ
④ 180.0kJ

해설 | 열량(Q) = $m \cdot c \cdot \Delta t$ [kJ]
= 질량(kg) × 비열(kJ/kg·K) × 온도차(K)
= 0.6kg/h × 4.2kJ/kg·K × (55−5)(K) = 126kJ
※ 1L = 1kg, 절대온도(K) = 273.15 + 섭씨온도(℃)

02 ▶21,14

열용량에 관한 설명으로 옳지 않은 것은?

① 열용량이 큰 물체는 일반적으로 비열이 작다.
② 열용량이 큰 물체로 둘러싸인 실은 시간지연 효과가 상대적으로 크다.
③ 열용량이 큰 물체는 온도를 올리기 위해 보다 많은 열량을 필요로 한다.
④ 열용량이 큰 물체는 가열된 후 식는 데에도 상대적으로 시간이 많이 소요된다.

해설 | 열용량(heat capacity)
어떤 물질의 온도를 1K 변화시키기 위하여 필요한 열량을 말한다.
열용량(kJ/k) = 질량(kg) × 비열(kJ/kg℃)
∴ 열용량값은 질량과 비열에 비례한다.

03 ▶18

대기압 조건에서 현열과 잠열에 관한 설명으로 옳지 않은 것은?

① 0℃ 얼음을 100℃ 물로 만들기 위해서는 현열만 필요하다.
② −10℃ 얼음을 0℃ 얼음으로 만들기 위해서는 현열만 필요하다.
③ 100℃ 물을 100℃ 수증기로 만들기 위해서는 잠열만 필요하다.
④ 0℃ 물을 100℃ 수증기로 만들기 위해서는 현열과 잠열이 필요하다.

해설 | 0℃ 얼음을 100℃ 물로 만들기 위해서는 잠열과 현열이 필요하다.

[물의 온도변화 및 상태변화]

2 공기조화설비

04 ▶22,19

공기조화방식 중 전공기 방식에 관한 설명으로 옳지 않은 것은?

① 덕트 스페이스가 필요 없다.
② 중간기에 외기냉방이 가능하다.
③ 실내유효 스페이스를 넓힐 수 있다.
④ 실내에 배관으로 인한 누수의 염려가 없다.

정답 | 01 ② 02 ① 03 ① 04 ①

해설 | 전공기 방식은 덕트 크기가 커지므로 설치공간이 많이 필요하다.

05 ▶14
공기조화방식 중 단일덕트방식에 관한 설명으로 옳은 것은?

① 전수방식의 특성이 있다.
② 혼합상자에서 소음과 진동이 생긴다.
③ 각 실이나 존의 부하변동에 즉시 대응할 수 있다.
④ 냉·온풍의 혼합손실이 없으므로 이중덕트방식에 비해 에너지 절약적이다.

해설 | 단일덕트식(single duct system)
가장 기본적이고 단순한 공조방식으로 냉난방 시 필요한 송풍량을 1개의 덕트로 분배한다.
㉠ 설치비가 저렴하고 관리 및 보수가 용이하다.
㉡ 천장 속 덕트 공간이 많이 차지한다.
㉢ 각 실, 각 층의 온도조절이 곤란하다. → CAV
㉣ 이중덕트방식에 비해 에너지 절약적이다.
㉤ 극장, 강당, 공장 등의 대규모 건물에 적합하다.

06 ▶20
공기조화방식에 관한 설명으로 옳지 않은 것은?

① 멀티존 유닛방식은 전공기방식에 속한다.
② 단일덕트방식은 각 실이나 존의 부하변동에 대응이 용이하다.
③ 팬코일유닛방식은 각 실에 수배관으로 인한 누수의 우려가 있다.
④ 이중덕트방식은 냉·온풍의 혼합으로 인한 혼합손실이 있어서 에너지 소비량이 많다.

해설 | 단일덕트방식은 각 실, 각 층의 온도조절이 곤란하다.

07 ▶21
다음의 공기조화방식 중 부하특성이 다른 여러 개의 실이나 존이 있는 건물에 적용이 가장 곤란한 것은?

① 이중덕트 방식
② 팬코일 유닛방식
③ 단일덕트 정풍량 방식
④ 단일덕트 변풍량 방식

해설 | 단일덕트 정풍량 방식(CAV)
각 실, 각 층의 온도조절이 곤란하다.
단일덕트 변풍량 방식(VAV)
각 실이나 존의 부하변동에 대응이 용이하다.

08 ▶21,18
공기조화방식 중 단일덕트 재열방식에 관한 설명으로 옳지 않은 것은?

① 전공기방식의 특성이 있다.
② 재열기의 설치공간이 필요하다.
③ 잠열부하가 많은 경우나 장마철 등의 공조에 적합하다.
④ 부하특성이 다른 여러 개의 실이나 존이 있는 건물에 사용이 불가능하다.

해설 | 단일덕트 재열방식
단일덕트 정풍량 방식의 단점을 보완하기 위하여 각 실 또는 존마다 제열기(rehearter)을 설치하고 실내의 서모스텟으로 실온을 제어하는 방식으로 부하특성이 다른 여러 개의 실이나 존이 있는 건물에 사용이 가능하다.

09 ▶19
공기조화방식 중 2중덕트방식에 관한 설명으로 옳지 않은 것은?

① 전수방식의 특성이 있다.
② 냉·온풍의 혼합으로 인한 혼합손실이 있다.
③ 부하특성이 다른 다수의 실이나 존에 적용할 수 있다.
④ 단일덕트방식에 비해 덕트 샤프트 및 덕트 스페이스를 크게 차지한다.

정답 | 05 ④ 06 ② 07 ③ 08 ④ 09 ①

해설 | 이중덕트 방식
전공기식 방식으로 중앙 공조기에서 온·냉풍을 동시에 제조하여 덕트로 보내고 각 실마다의 부하에 따라 혼합유닛(혼합상자)에서 온·냉풍을 적절히 혼합하여 송풍온도를 조절하는 방식이다.
㉠ 실별 개별 조절이 가능하다.
㉡ 부하 특성이 다른 다수의 실이나 존에도 적용할 수 있다.
㉢ 온·냉풍의 혼합으로 인한 혼합손실로 인하여 에너지 소비량이 많다.
㉣ 혼합유닛에서 소음과 진동이 생긴다.
㉤ 단일덕트식보다 공간을 더 많이 차지한다.

10 ▶19,12,12
공기조화방식 중 이중덕트방식에 관한 설명으로 옳지 않은 것은?

① 전공기방식이다.
② 부하특성이 다른 다수의 실이나 존에도 적용 할 수 있다.
③ 덕트 샤프트나 덕트 스페이스가 필요 없거나 작아도 된다.
④ 냉·온풍의 혼합으로 인한 혼합손실이 있어서 에너지 소비량이 많다.

해설 | 문제 9번 해설참조

11 ▶17
공기조화방식 중 2중덕트 변풍량방식에 관한 설명으로 옳지 않은 것은?

① 변풍량 유닛의 설치공간이 필요하다.
② 2중덕트 정풍량방식보다 에너지 절감효과가 있다
③ 외기 풍량을 많이 필요로 하는 실에는 적용할 수 없다.
④ 최소풍량이 취출되어도 실내온도는 설정 온도 범위를 유지할 수 있다.

해설 | 변풍량(VAV)방식
각 실, 각 존별 변풍량 유닛을 설치하여 부하변동에 따라 송풍량을 조절할 수 있어 에너지 절약 효과가 있다. 외기 풍량을 많이 필요로 하는 실에는 적용이 가능하다.

12 ▶15
공기조화방식 중 유인유닛방식에 관한 설명으로 옳은 것은?

① 유인 유닛에는 동력(전기) 배선을 하여야 한다.
② 각 유닛마다 제어가 가능하므로 개별실 제어가 가능하다.
③ 외기 냉방의 효과가 크나, 부하변동에 따른 적응성이 나쁘다.
④ 저속덕트만을 사용하므로, 마찰 손실이 적어 열매 운송동력이 적게 든다.

해설 | 유인 유닛방식
㉠ 각 유닛마다 개별 제어가 가능하다.
㉡ 고속덕트를 사용하므로 덕트 공간이 작다.
㉢ 각 유닛마다 수배관을 설치로 누수의 우려가 있다.
㉣ 냉각 가열을 동시에 하는 경우 혼합손실이 발생한다.

13 ▶20,14,14
공기조화방식 중 팬코일 유닛 방식에 관한 설명으로 옳지 않은 것은?

① 덕트 샤프트나 스페이스가 필요없거나 작아도 된다.
② 전공기 방식이므로 수배관으로 인한 누수의 우려가 없다.
③ 유닛을 창문 밑에 설치하면 콜드 드래프트를 줄일 수 있다.
④ 각 실의 유닛은 수동으로도 제어할 수 있고, 개별 제어가 쉽다.

해설 | 팬코일 유닛(FCU) – 전수방식(물)
소형 송풍기와 냉·온수 코일 및 필터 등을 구비한 소형 공조기를 각 실에 설치하여 중앙기계실로부터 냉·온수를 공급하여 공기조화를 하는 방식이다. 외기의 공급 없이 실내공기가 반복적으로 팬코일 유닛에 순환되어 환기가 불가능하다.

정답 | 10 ③ 11 ③ 12 ② 13 ②

3 공기조화기

14 ▶20,13
다음 설명에 알맞은 공기조화용 송풍기의 종류는?

- 저속덕트용으로 사용된다.
- 동일 용량에 대하여 송풍기 용량이 적다.
- 날개의 끝부분이 회전방향으로 굽은 전곡형이다.

① 익형 ② 다익형
③ 관류형 ④ 방사형

해설 | 다익형(원심형)(sirrocco fan)
ⓐ 팬의 끝부분이 회전방향으로 굽은 전곡형이다.
ⓑ 동일 용량에 대해서 송풍기 용량이 적다.
ⓒ 다른 형식에 비해 회전수가 적어 주로 저속 덕트용으로 쓰인다.

15 ▶13
아네모스텟형 취출구에 관한 설명으로 옳지 않은 것은?

① 확산형 취출구이다.
② 확산반경이 크고 도달거리가 짧다.
③ 1차 공기에 의한 2차 공기의 유인성능이 좋다.
④ 주로 벽면에 부착하여 사용되며 천장취출구로는 사용이 곤란하다.

해설 | 아네모스탯형(anemostat)
확신형 취출구의 일종으로 몇 개의 콘(cone)이 있어서 1차 공기에 의한 2차 공기의 유인성능 및 환산성능이 좋아 천장 취출구로 가장 많이 사용된다.

16 ▶20
다음 중 축동력이 가장 적게 소요되는 송풍기 풍량제어 방법은?

① 회전수제어 ② 토출댐퍼제어
③ 흡입댐퍼제어 ④ 흡입베인제어

해설 | 축동력 소요가 많은 순서
토출댐퍼 제어 > 흡입댐퍼 제어 > 흡입베인 제어 > 회전수 제어
ⓐ 토출댐퍼 제어 : 가장 일반적 방식이며 설치 비용은 적게 드나 축동력 소요가 많다.
ⓑ 회전수 제어 : 송풍기의 회전수를 조정하여 풍량을 변화시키는 방식으로 축동력이 대폭 감소되는 방식

17 ▶18,13
다음 중 축동력이 가장 많이 소요되는 송풍기 풍량제어 방법은?

① 회전수 제어 ② 토출댐퍼 제어
③ 흡입베인 제어 ④ 흡입댐퍼 제어

해설 | 문제 16번 해설참조

18 ▶19
다음 중 실내공기의 흡입구용으로만 사용되는 것은?

① 팬형 ② 머시룸형
③ 브리즈 라인형 ④ 아네모스탯형

해설 | 실내공기 흡입구용
ⓐ 베인(vane)격자형 : 천장 및 벽부용 흡입구
ⓑ 머시룸형(mushroom) : 천장이 높은 경우 바닥에 설치하는 흡입구

19 ▶18
A실의 냉방부하를 계산한 결과 현열부하가 5000W 이다. 취출공기온도를 16°C로 할 경우 송풍량은? (단, 실온은 26°C, 공기의 밀도는 1.2kg/m³, 공기의 비열은 1.01kJ/kg·K이다.)

① 약 825m³/h ② 약 1240m³/h
③ 약 1485m³/h ④ 약 2340m³/h

정답 | 14 ② 15 ④ 16 ① 17 ② 18 ② 19 ③

해설 | 송풍량
1W = 1 J/s = 3600 J/h = 3.6k J/h (답안의 단위가 시간당 송풍량으로 시간을 초로 환산 3,600)
∴ 5,000W = 5,000W × 3.6 kJ/h

$$Q = \frac{q_s}{\gamma \cdot C \cdot \triangle t}$$
$$= \frac{5,000W \times 3.6}{1.2\,kg/m^3 \times 1.01\,kJ \cdot k \times (26-16)}$$
$$= 1,485.14 m^3/h$$

4 냉동설비 & 난방설비

20 ▶19
기계적 에너지가 아닌 열에너지에 의해 냉동 효과를 얻는 냉동효과를 얻는 냉동기는?

① 터보식 냉동기　② 흡수식 냉동기
③ 스크류식 냉동기　④ 왕복동식 냉동기

해설 | 흡수식 냉동기
㉠ 증발기 → 흡수기 → 재생기 → 응축기 4가지 주요 요소로 구성
㉡ 기계적 에너지가 아닌 열에너지에 의해 냉동 효과를 얻는 냉동기

21 ▶12
임펠러의 원심력에 의해 냉매가스를 압축하는 것으로 중·대형 규모의 중앙식 공조에서 냉방용으로 사용되는 냉동기는?

① 터보식 냉동기
② 흡수식 냉동기
③ 스크류식 냉동기
④ 왕복동식 냉동기

해설 | 터보식 냉동기
기계적 에너지에 의해 냉동 효과를 얻는 냉동기 압축식 냉동기의 종류이다.

22 ▶18
증기난방방식에 관한 설명으로 옳지 않은 것은?

① 한랭지에서 동결의 우려가 적다.
② 온수난방에 비하여 예열시간이 짧다.
③ 부하변동에 따른 실내방열량의 제어가 용이하다.
④ 열매온도가 높으므로 온수난방에 비하여 방열기의 방열면적이 작아진다.

해설 | 증기난방(steam heating)
수증기의 잠열로 난방하는 방식, 응축수는 환수관을 통하여 보일러에 환수방식으로 방열량 조절이 어렵다.

23 ▶20,16
온수난방 방식에 관한 설명으로 옳지 않은 것은?

① 증기난방에 비해 예열시간이 짧다.
② 온수의 현열을 이용하여 난방하는 방식이다.
③ 한랭지에서는 운전정지 중에 동결의 위험이 있다.
④ 보일러 정지 후에는 여열이 남아 있어 실내 난방이 어느 정도 지속된다.

해설 | 온수난방은 증기난방에 비하여 열용량이 커서 예열시간이 길다.

24 ▶21
복사난방에 관한 설명으로 옳지 않은 것은?

① 실내 바닥면적의 이용도가 높다.
② 열용량이 작아 방열량 조절이 용이하다.
③ 천장고가 높은 공간에서도 난방감을 얻을 수 있다.
④ 외기침입이 있는 공간에서도 난방감을 얻을 수 있다.

해설 | 복사난방(panel heating)
바닥 또는 벽과 천장 등에 관을 매설하고 온수를 공급하여 그 복사열에 의하여 실내를 난방하는 방식으로 주택, 학교 등에 이용된다. 열용량이 크므로 외기온도 급변에 따른 방열량 조절이 어렵다.

정답 | 20 ② 21 ① 22 ③ 23 ① 24 ②

25 ▶20
대류난방과 바닥복사난방의 비교 설명으로 옳지 않은 것은?

① 예열시간은 대류난방이 짧다.
② 실내 상하온도차는 바닥복사난방이 작다.
③ 거주자의 쾌적성은 대류난방이 우수하다.
④ 바닥복사난방은 난방코일의 고장 시 수리가 어렵다.

해설 | 대류난방
따뜻한 공기를 바람으로 내보내 주위를 난방하는 방식으로 온풍기 등이 있다.
※ 난방 방식 비교
쾌적감 : 복사난방 > 온수난방 > 증기난방 > 온풍난방

27 ▶20,17
다음 설명에 알맞은 보일러의 출력은?

> 연속해서 운전할 수 있는 보일러의 능력으로서 난방부하, 급탕부하, 배관부하, 예열부하의 합이며, 일반적으로 보일러 선정 시에 기준이 된다.

① 상용출력
② 정격출력
③ 정미출력
④ 과부하출력

해설 | 정격출력
난방부하 + 급탕부하 + 배관부하 + 예열부하
연속해서 운전할 수 있는 보일러의 능력으로서 난방부하, 급탕부하, 배관부하, 예열부하의 합이며, 보통 보일러 선정 시에는 정격출력에 기준을 된다.

5 보일러(boiler)

26 ▶19,12
다음 설명에 알맞은 보일러의 종류는?

> - 수직으로 세운 드럼 내의 연관 또는 수관이 있는 소규모의 패키지형으로 되어 있다.
> - 설치 면적이 작고 취급이 용이하나 사용압력이 낮다.

① 입형보일러
② 수관보일러
③ 관류보일러
④ 주철제보일러

해설 | 입형 보일러(수직형 보일러)
㉠ 수직으로 세운 드럼 내에 연관 또는 수관이 있는 소규모의 패키지형 보일러
㉡ 설치면적이 작고 취급이 간단하며 사용압력이 낮다.

정답 | 25 ③ 26 ① 27 ②

03 전기 설비

Pass Note

예상출제문항	키워드	
1~2	- 전압의 구성(직류, 교류) - 수변전설비 설계(수용률) - 변전실, 발전기실 위치 및 구조	- 분전반과 분기회로 - 배선공사 종류별 특성

1. 전기의 기초

1) 전류와 전압

(1) 전류(I)

전기의 흐름을 나타내는 것이며 전압에 의하여 회로에 흐르는 전하량(I)을 말한다.
전류의 대소를 나타내는 단위는 암페어(A, Ampare)이고, 기호는 I를 사용한다.

$$I = \frac{V}{R}$$

(2) 전압(V)

전압은 전기량이 이동하여 일을 할 수 있는 전위 에너지차로서 전류를 흐르게 하는 힘을 의미한다.
단위는 볼트(volt)이고, 기호는 V를 사용한다.

$$V = I \cdot R$$

(3) 저항(R)

도체의 전기 흐름을 방해하는 성질로 저항은 전선의 길이에 비례하고, 전선의 단면적에 반비례 한다.
단위는 옴(Ω)이며, 기호는 R을 사용한다.

$$R = \frac{V}{I}$$

2) 전압의 구성

구분	직류(DC)	교류(AC)
저압	1,500V 이하	1,000V 이하
고압	1,500V 초과 7,000V 이하	1,000V 초과 7,000V 이하
특별고압	7,000V 초과	7,000V 초과

예제 01 전기사업법령에 따른 저압의 범위로 옳은 것은? (2021년 개정된 KEC 규정 적용됨) [23,18,16,12]
① 직류 500V 이하, 교류 1000V 이하
② 직류 1000V 이하, 교류 500V 이하
③ 직류 600V 이하, 교류 750V 이하
④ 직류 1500V 이하, 교류 1000V 이하

정답 ④

3) 직류와 교류

(1) 직류(DC : Direct Current)

시간에 관계없이 세기와 방향이 일정한 전기를 말하며, 주로 통신 설비, 엘리베이터 등에 사용된다.

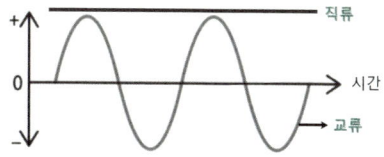

(2) 교류(AC : Alternating Current)

시간에 따라 세기와 방향이 주기적으로 변하는 전기를 말하며, 주로 일반 건물의 전등, 전열, 동력용으로 사용된다.

(3) 주파수(Frequency)

1초 동안에 전류의 같은 위상차가 반복되는 횟수를 말하며, 단위는 헤르쯔(HZ)이고 우리나라는 60HZ를 사용하고 있다.

4) 전력(P)

전기가 하는 일의 양을 의미한다.
단위는 와트(Watt/W 또는 kW)이며, 기호는 P를 사용한다.

2. 강전(强電) 설비

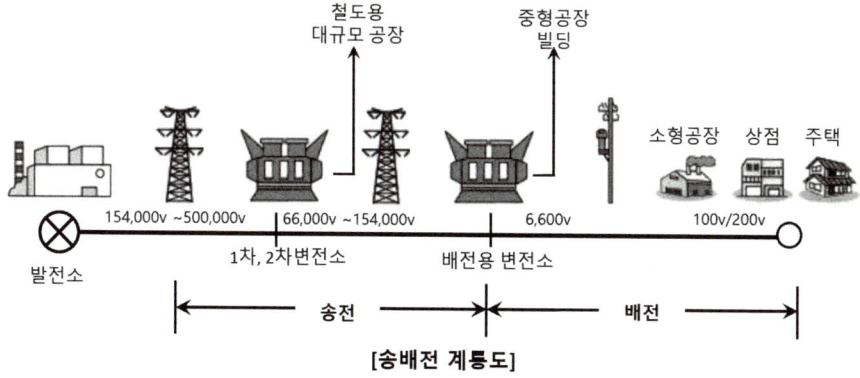

[송배전 계통도]

1) 수변전설비

발전소, 변전소, 송배전선로를 통하여 전기를 수요자에게 전력을 전달하고, 전압조절을 하기 위해 설치하는 설비를 말한다.

(1) 수변전설비 설계
    ① **수용률**(demend factor)
    최대수요전력을 구하기 위한 것으로 **최대수요전력의 총부하용량에 대한 비율**을 백분율로 표시한 것이다.

    $$수용률 = \frac{최대수용전력}{부하설비용량} \times 100\%$$

    ② 부하율(load factor)
    전기설비가 어느 정도 유효하게 사용되고 있는가를 나타내는 척도이다.

    $$부하율 = \frac{부하의 평균전력}{최대수요전력} \times 100\%$$

    ③ 부등률(diversity factor)
    수용가의 설비부하는 각 부하의 부하특성에 따라 최대수용전력 발생시각이 다르게 나타나므로 부등률을 고려하면, 변압 용량을 적정 용량으로 낮추는 효과를 가지게 된다.

    $$부등률 = \frac{각 부하의 최대수요전력의 합}{최대수용전력} \times 100\%$$

     수용률, 부하율의 값은 1보다 작고 부등률 값은 1보다 크며, 대도시의 일반 건축물의 수용률은 0.6 ~0.7 정도이다.

(2) 변전실의 위치 및 구조
    전기 설비 용량이 어느 한도 이상이 되면 저압 인입으로는 전선이 매우 굵어지므로 고압 인입으로 하여 옥내에 설치되는 설비공간을 말한다.
    ① 위치
        ㉠ **부하의 중심**에 가까우며 배전에 편리한 곳
        ㉡ 전원 인입과 기기의 반출입이 용이할 것
        ㉢ 장래의 증설이나 크기의 확장성이 좋은 곳
    ② 구조
        ㉠ 벽은 내화 구조로 습기가 적고 누수가 없을 것
        ㉡ 환기 및 통풍 시설을 하고 채광 및 조명 시설을 할 것
        ㉢ 바닥의 하중을 고려할 것
        ㉣ 천장 높이 : 고압→3.0m 이상, 특별 고압→4.5m 이상

(3) 발전기실 위치 및 구조
    ① **변전실에 가까이** 위치해 있어야 한다.
    ② 바닥은 절연재료로 한다.
    ③ 벽은 내화구조, 방음과 방진구조로 한다.

④ 주위온도가 5℃ 이내로 내려가지 않아야 한다.
⑤ 발전기실의 유효높이는 발전장치 최고높이의 2배 정도로 한다.
⑥ 기타 상황은 변전실 환경과 유사함

(4) 예비 전원 설비

정전 및 돌발사태로 인하여 단전되었을 때 사용하는 전기설비이다.

① 축전지 설비 : 정전 후 충전하지 않고 30분 이상 방전할 수 있어야 한다. 병원의 수술실, 차단기 제어용, 화재 경보 장치 등에서 사용된다.
② 자가 발전 설비 : 정전 후 10초 이내에 가동되어 30분 이상 방전할 수 있어야 한다. 은행, 엘리베이터 등에서 사용된다.

 예제 02 전기설비용 시설공간(실)에 관한 설명으로 옳지 않은 것은? [24,22,18,15]
① 변전실은 부하의 중심에 설치한다.
② 발전기실은 변전실에서 멀리 떨어진 곳에 설치한다.
③ 중앙감시실은 일반적으로 방재센터와 겸하도록 한다.
④ 전기샤프트는 각 층에서 가능한 한 공급대상의 중심에 위치하도록 한다.

정답 ②

해설 | 발전기실은 변전실에 가까이 위치해 있어야 한다.

2) 배전설비

송전 되어온 전력을 사용자에게 분배하는 것을 배전이라 하며, 건물 규모에 따라(중소건물 : 저압, 대규모 건물 : 고압 또는 특고압) 전력을 인입하여 건물 내에게 간선, 분전반, 분전회로를 거쳐 배전하는 설비이다.

① 소규모 건물

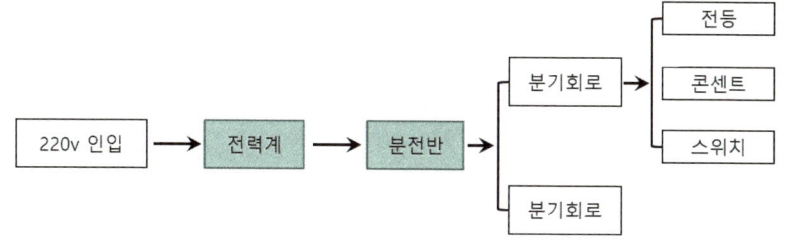

② 대규모 건물

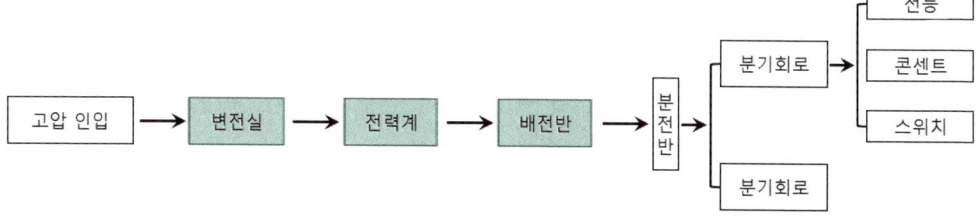

(1) 간선

건물 **인입 개폐기(배선용 차단기)**로 부터 각 층마다 설치된 분전반의 **분기개폐기**까지의 배선을 말한다.

(2) 간선 배선 설계 순서

간선 부하 용량의 산정 → 전기 방식 결정 → 배선 방식 결정 → 전선의 굵기 결정

(3) 배선공급방식(전기공급방식)

① 단상 2선식 : 보통 일반 주택 등의 소규모 건물에서 사용-(110V와 220V)
② 단상 3선식 : 부하를 110V와 220V 동시 사용한다. 중, 대규모 건물 사용-(110V와 220V)
③ 3상 3선식 : 공장 등의 **동력(전동기)용** 전원으로 사용-(220V와 380V)
④ 3상 4선식 : **대규모 건물**이나 공장등의 전등과 동력용으로 사용-(220V와 380V)

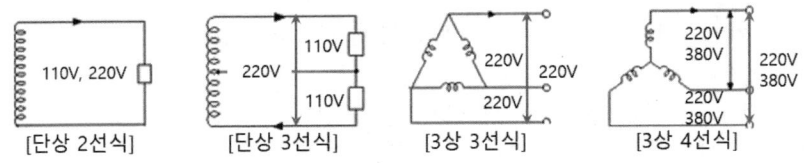

[단상 2선식]   [단상 3선식]   [3상 3선식]   [3상 4선식]

(4) 전선관의 굵기 산정 결정 3요소

전선의 허용전류(안전전류), **전압강하**, **기계적 강도**

3) 분전반과 분기회로

(1) 분전반(pannel board)

분기 보안을 위해 퓨즈류를 모아 놓은 장치로서, 하나의 패널로 설계된 단위 패널의 **집합체**로 각 전선, 자동 과전류차단장치, 조명, 온도, 전력회로의 제어용 개폐기가 설치되어 있으며, **전면에서만 접근**할 수 있다. 분전반 종류로는 매입형, 반매입형, 노출벽부형과 전기 전용실에 설치 가능한 자립형이 있다.

① 설치장소
  ㉠ 각 층 **부하의 중심**에 가까울 것
  ㉡ 가급적 각 층에 설치하고 그 분기회로 수는 20회선 정도까지를 한도로 한다.
  ㉢ 고층 건물은 가능한 한 파이프 샤프트 부근에 설치할 것
  ㉣ 조작이 편리하고 안전한 곳에 설치할 것
  ㉤ 전화용 단자함이나 소화전 박스와 조화를 고려하여 배치한다.
  ㉥ 간선인입 및 분기회로의 조작에 지장이 없는 곳을 권장한다.
② 설치간격 : 분기회로의 길이가 **30m 이하**가 되도록 설치

(2) 분기회로

모든 전기기기를 안전하게 사용하기 위하여 설치하며, 건물 내의 저압 옥내 간선에서 분기하여 회로를 보호하는 최종과전류차단기와 부하 사이의 전로이다.

① 설치 시 고려사항
  ㉠ 같은 방 또는 같은 방향의 콘센트(아울렛)는 동일회로로 한다.

ⓛ 복도, 계단 등은 가급적 동일회로로 한다.
ⓒ 전등 및 콘센트 회로는 15A 분기회로로 한다.
ⓔ 습기가 있는 장소의 콘센트는 별도의 회로로 설치한다.

4) 전기샤프트(ES : Electronic Shaft) 설치 시 유의사항

전기시설이 설치되고 유지, 관리를 위한 배관공간(샤프트)을 말한다.

① 각 층마다 같은 위치에 설치한다.
② 전기샤프트의 점검구 문의 폭은 900mm 이상으로 한다.
③ 전력용(EPS)과 정보통신용(TPS)은 용도별로 구분하여 설치하는 것이 원칙이다.
④ 전기샤프트의 **면적은 보, 기둥 부분을 제외**하고 산정하며, **건축적인 마감**을 시행한다.

5) 배선공사

구분	노출장소		은폐장소			
			점검 가능		점검 불가능	
	건조한 장소	습기나 물기가 있는 장소	건조한 장소	습기나 물기가 있는 장소	건조한 장소	습기나 물기가 있는 장소
애자 공사	O	O	O	O	×	×
합성수지관	O	O	O	O	O	O
금속관	O	O	O	O	O	O
가요전선관	O	O	O	O	O	O
금속몰드	O	×	O	×	×	×
플로어덕트	×	×	×	×	O	×
금속덕트	O	×	O	×	×	×
라이팅덕트	O	×	O	×	×	×

예제 03 저압옥내배선 공사 중 점검할 수 없는 은폐된 장소에서 시설할 수 없는 공사는? [25, 22]
① 금속관공사　　　　　　　　② 케이블공사
③ 금속덕트공사　　　　　　　④ 합성수지관(CD관 제외) 공사

해설 | 금속덕트공사는 점검 불가능한 곳에 설치할 수 없으며 또한 습기와 물기가 있는 장소에는 설치할 수 없다.

정답 ③

6) 접지공사

전기시설물의 **감전방지, 기기손상방지, 보호계전기의 동작확보**를 위해 실시하는 공사이다.

① 계통접지 : 전력계통의 이상현상을 대비하여 대지와 계통을 접속한다.
② 보호접지 : 감전보호 목적으로 기기의 한점 이상을 접지 한다.
③ 피뢰시스템 접지 : 뇌격전류를 안전하게 대지로 방류하기 위한 접지

전기시설물의 감전방지, 기기손상방지, 보호계전기의 동작확보를 위해 실시하는 공사는? [23, 22]
① 접지공사 ② 승압공사
③ 전압강하공사 ④ 트래킹(Tracking)공사

정답 ①

7) 배선기기

(1) 과전류 차단기

정상적인 회로 조건에서 과전류가 흐르면 **자동적으로 전로를 차단**하는 것으로 퓨즈브레이커, 서킷브레이커 등이 있다.

> **누전차단기**
> 전로(電路)에서 누전에 의한 지락전류 감전위험을 방지하기 위해 사용되는 기기로 이 장치는 전로의 정격에 적합하고, 감도(感度)가 양호하여 누전 시 전원을 자동으로 차단하는 장치이다.

(2) 스위치(개폐기)

① 나이프 스위치(knife switch) : 대리석, 사기 등의 절연대 위에 칼, 칼받이, 퓨즈 등으로 구성되어 있는 개폐기.
② 컷아웃 스위치(cut-out switch) : 소용량 보안개폐기로 안전기 또는 두꺼비집, 베이스 스위치라 한다.
③ 3로 스위치 : 3개의 단자를 구비하여 복도의 양끝, 계단의 상하 어느곳에서도 점멸이 가능한 스위치
④ 플로트 스위치(float switch) : 옥상 물탱크의 수량을 조절하는 전동기 제어용 스위치(수위변화에 따라 부자 작동)
⑤ 기타 : 로터리 스위치, 텀블러 스위치, 푸시버튼 스위치, 풀 스위치, 코드 스위치 등

(3) 접속기

① 콘센트 : 옥내 배선과 전기 기구의 접속에 사용되며 설치 높이는 바닥 위 30cm 정도, 벽 길이는 5m마다 1개씩 설치한다.
② 로제트 : 옥내 배선과 코드를 접속할 때 사용한다.
③ 코드커넥터 : 코드와 코드를 연결할 때 사용한다.
④ 소켓 : 전구와 코드를 접속할 때 사용한다.

> **배전반**
> 빌딩이나 공장에서는 송전선으로부터 고압의 전력을 받아 변압기로 저압으로 변환하여 각종 전기설비 계통으로 배전하는데, 배전을 하기 위한 장치가 배전반이다. 배전반에는 안전장치, 계기, 표시등, 계전기, 개폐기 따위를 배치하여 전로의 개폐나 기기의 제어와 감시를 쉽게 하는 것으로 스위치 보드라고도 한다.

3. 약전(弱電) 설비

1) 인터폰 설비

구내연락을 위한 구내 전용 전화로 전화기용과 확성형이 있다.

(1) 통화방식에 의한 분류

① **상호식** : 상호간에 상대를 호출, 통화하는 방식
② **모자식** : 1대의 모기에 여러 대의 자기를 접속하는 방식
③ **복합식** : 모자식과 상호식을 복합한 방식

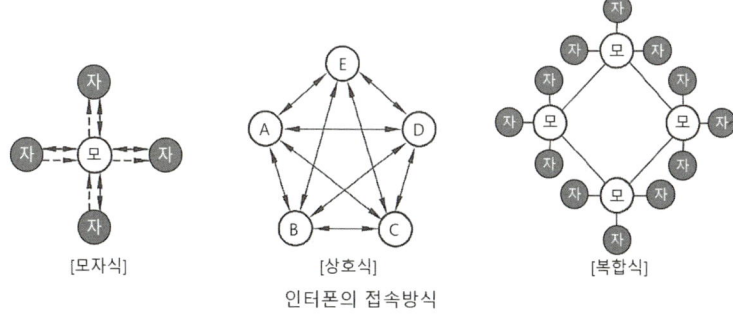

[모자식]   [상호식]   [복합식]
인터폰의 접속방식

예제 05 인터폰 설비의 통화망 구성방식에 따른 분류에 속하지 않는 것은? [24, 22]
① 모자식　　　　　　　　② 상호식
③ 교차식　　　　　　　　④ 복합식

정답 ③

2) 안테나 설비

(1) 시공시 주의 사항

① 피뢰침은 보호각 내에 들어가도록 설치한다.
② 풍속 40m/s 정도에 견디도록 시공한다.
③ 강전류로부터 3m 이상 떠어서 설치한다.

(2) 구성

정합기, 분배기, 증폭기

3) 피뢰침 설비

낙뢰에 대한 피해를 줄이고, 낙뢰 전류를 대지에 방류하는 설비

① 설치 대상물 : 높이 20m 이상의 건축물에 설치하도록 규정되어 있다.
② 보호각 : 일반 건축물은 60°, 위험물 관계 건축물은 45°로 한다.
③ 돌침부 : 첨단이 건축물의 맨 윗부분으로부터 25cm 이상 높아야 한다.

4) 항공장애등 설비

야간 비행하는 항공기에 대하여 항공에 장애가 되는 물건의 존재를 시각적으로 인식시키기 위한 설비이다.

① 지표면 도는 수면으로부터 60m 이상 높이의 건축물이나 공작물 등에 설치한다.
② 고광도(2,000cd), 중광도, 저광도(20cd) 항공장애등이 있다.

핵심 기출문제

03 전기 설비

1 전기 기초 및 강전(强電) 설비

01 ▶14
전기설비의 설계도서 중 기기의 정격, 계통의 전기적 접속관계를 간단한 심볼과 약도(단선)로 나타낸 것은?

① 계통도 ② 배선도
③ 배치도 ④ 단선결선도

해설 | 단선결선도
전시설비 설계도서로 기기의 정격, 계통의 전기적 접속 관계를 간단한 심볼과 약도(단선)로 나타낸다.

02 ▶22,19,15
수용장소의 총전기설비 용량에 대한 최대수용전력의 비율을 백분율로 나타낸 것은?

① 부하율 ② 부등율
③ 수용률 ④ 감광보상률

해설 | 수용률(demend factor)
최대수요전력을 구하기 위한 것으로 최대수요전력의 총부하용량에 대한 비율을 백분율로 표시한 것이다.

$$수용률 = \frac{최대수용전력}{부하설비용량} \times 100\%$$

03 ▶19
변전실의 위치 결정 시 고려할 사항으로 옳지 않은 것은?

① 부하의 중심위치에서 멀 것
② 외부로부터 전원의 인입이 편리할 것
③ 발전기실, 축전지실과 인접한 장소일 것
④ 기기를 반입, 반출하는데 지장이 없을 것

해설 | 변전실은 부하의 중심에 가까우며 배전에 편리한 곳에 설치한다.

04 ▶17
전기설비용 시설공간(실)의 계획에 관한 설명으로 옳지 않은 것은?

① 변전실은 부하의 중심에 설치한다.
② 발전기실은 변전실에서 최소 15m 이상 떨어진 위치에 배치한다.
③ 변전실은 외부로부터 전력의 수전이 용이한 곳에 설치한다.
④ 전기샤프트는 간선의 배선과 점검·유지보수가 용이한 장소로 한다.

해설 | 발전기실은 변전실에서 가급적 가까이 위치에 배치한다.

05 ▶19,13
전기설비에서 다음과 같이 정의되는 것은?

> 인입구 장치 등의 전원공급설비 혹은 비상용 발전기의 절환반과 최종 분기회로 과전류 차단장치 사이에 있는 모든 도체회로 전선

① 간선 ② 나도체
③ 절연전선 ④ 인입케이블

해설 | 간선
건물 인입개폐기(배선용 차단기)로 부터 각 층마다 설치된 분전반의 분기개폐기까지의 배선을 말한다.

06 ▶건,20,18,16
전선의 굵기 결정요소에 속하지 않는 것은 어느 것인가?

① 전압 강하 ② 기계적 강도
③ 전선의 허용전류 ④ 전선외곽의 보호관 굵기

해설 | 전선관의 굵기 산정 결정 3요소
전선의 허용전류(안전전류), 전압강하, 기계적 강도

정답 | 01 ④ 02 ③ 03 ① 04 ② 05 ① 06 ④

07 ▶21,14
다음 설명에 알맞은 전시설비 관련 장치는?

> 하나의 패널로 조합하도록 설계된 단위 패널의 집합체로 모선이나 자동 과전류차단 장치, 조명, 온도, 전력 회로의 제어용 개폐기가 설치되어 있으며, 전면에서만 접근할 수 있는 것

① 아웃렛 ② 분전반
③ 배전반 ④ 캐비닛

해설 | 분전반(pannel board)
분기 보안을 위해 퓨즈류를 모아 놓은 장치로서, 하나의 패널로 설계된 단위 패널의 집합체로 각 전선, 자동 과전류차단장치, 조명, 온도, 전력회로의 제어용 개폐기가 설치되어 있으며, 전면에서만 접근할 수 있다. 분전반 종류로는 매입형, 반매입형, 노출벽부형과 전기 전용실에 설치 가능한 자립형이 있다.

08 ▶16
분전반에 관한 설명으로 옳지 않은 것은?

① 분전반은 각 층마다 설치한다.
② 분전반은 분기회로의 길이가 30m 이상이 되도록 설계된다.
③ 분전반은 매입형, 반매입형, 노출벽부형과 전기 전용실에 설치 가능한 자립형이 있다.
④ 분전반은 실내의 사용성을 고려하여 복도 또는 코어 부분에 설치하고 전기 배선용 샤프트(ES)가 설치된 경우 ES내에 수납한다.

해설 | 분전반은 분기회로의 길이가 30m 이하가 되도록 설계된다.

09 ▶14
전기샤프트(ES)에 관한 설명으로 옳지 않은 것은?

① 각층마다 같은 위치에 설치한다.
② 전기샤프트의 점검구 문의 폭은 90cm 이상으로 한다.

③ 전력용과 정보통신용과 같이 용도별로 구분하여 설치하는 것이 원칙이다.
④ 전기샤프트의 면적은 보, 기둥을 포함하여 산정하고, 건축적인 마감은 하지 않는다.

해설 | 전기샤프트의 면적은 보, 기둥 부분을 제외하고 산정하며, 건축적인 마감을 시행한다.

10 ▶20,13
옥내의 은폐장소로서 건조한 콘크리트 바닥면에 매입하여 사용되는 것으로, 사무용 건물 등에 채용되는 배선방법은?

① 버스덕트배선
② 금속몰드배선
③ 금속덕트배선
④ 플로어덕트배선

해설 | 플로어덕트배선공사
은행, 회사 등의 사무실 콘크리트 바닥면에 매입하여 사용되며, 강전과 약전의 교차점에는 접속함을 사용하여 전선끼리 접촉하지 않도록 한다.

11 ▶건,19,14
옥내의 습기가 많은 노출장소에 시설이 가능한 배선공사는?

① 금속관공사
② 금속몰드공사
③ 금속덕트공사
④ 플로어덕트공사

해설 | 금속관배선공사
㉠ 전선이 기계적으로 완전히 보호된다.
㉡ 시공이 어디나 가능하며 전선 교체가 용이하다.
㉢ 주로 콘크리트의 매입배선에 사용한다.
㉣ 전선은 접속점이 없는 절연전선을 사용한다.

정답 | 07 ② 08 ② 09 ④ 10 ④ 11 ①

12
▶19,17,13

전기설비에서 다음과 같이 정의되는 것은?

> 정상적인 회로조건에서 전류를 보내면서 차단할 수 있고, 또한 일정한 시간동안만 전류를 보낼 수도 있으며, 단락회로와 같은 비정상적인 특별회로조건에서 전류를 차단시키기 위한 장치

① 단로스위치
② 절환스위치
③ 누전차단기
④ 과전류차단기

해설 | 과전류 차단기
정상적인 회로 조건에서 과전류가 흐르면 자동적으로 전로를 차단하는 것으로 퓨즈브레이커, 서킷브레이커 등이 있다.

13
▶건,20,15

지락전류를 영상변류기로 검출하는 전류동작형으로 지락전류가 미리 정해 놓은 값을 초과할 경우, 설정된 시간 내에 회로나 회로의 일부 전원을 자동으로 차단하는 장치는?

① 단로스위치
② 절환스위치
③ 누전차단기
④ 과전류차단기

해설 | 지락전류
도체가 땅에 떨어져 지면으로 흐르는 고장 전류로 전기기기의 절연이 어떤 원인으로 나빠져 전기가 누설될 때 흐르는 누전전류 등을 의미한다.
누전차단기
기구가 접속되어 있는 전로에서 누전에 의한 감전위험을 방지하기 위해 사용하는 기기로서, 전원을 자동으로 차단하는 장치이다.

2 약전(弱電) 설비

14
▶건,17

다음 중 약전설비에 속하는 것은?

① 변전설비
② 전화교환설비
③ 축전지설비
④ 자가발전설비

해설 | 약전설비
인터폰설비, 전화교환설비, 전기시계설비, 안테나 설비

15
▶건,16

건축물 등에서 항공기의 추돌을 방지하기 위하여 설치하는 각종의 안전등화를 다음 중 무엇이라 하는가?

① 선회등
② 유도로등
③ 항공등화
④ 항공장애표시등

해설 | 항공장애등 설비
야간 비행하는 항공기에 대하여 항공에 장애가 되는 물건의 존재를 시각적으로 인식시키기 위한 설비이다.

정답 | 12 ④ 13 ③ 14 ② 15 ④

04 소방 설비

Pass Note

예상출제문항	키워드
0~1	– 화재의 구분 – 소화시설의 분류	– 스프링클러 설비 – 경보설비

1. 소화의 원리

1) 화재의 구분
① 일반화재(A급 화재 : 백색) : 연소 후 재를 남기는 화재. **나무, 섬유, 종이** 등
② 유류화재(B급 화재 : 황색) : 석유, 가스 등의 화재, 질식에 의한 소화가 효과적이다.
③ 전기화재(C급 화재 : 청색) : 전기에 의한 화재. 질식에 의한 소화가 효과적이다.(물에 의한 소화는 금해야 한다.)
④ 금속화재(D급 화재 : 무색) : 나트륨, 티타늄, 마그네슘 등 가연성 금속에 의한 화재

2) 소화 원리
연소는 '가연성, 산소, 열'의 3가지 조건이 만족될 때 일어나며, 소화는 이들 3가지 조건 중 하나 이상을 제거 또는 희석함으로써 연소를 정지 및 억제 시킬 수 있다.
① 냉각소화 : 액체 또는 고체를 사용하여 열을 내리는 방법(스프링클러, 물분무 등)
② 질식소화 : 가장 일반적인 방법으로 산소공급원을 차단하는 방법(이산화탄소 소화설비)
③ 제거소화 : 연소반응에 관계된 가연물을 제거하는 소화방법
④ 희석소화 : 가연물 조성 또는 산소농도를 연소한계점 보다 묽게 희석하여 소화하는 방법

3) 소화시설의 분류

구분		종류
소방설비	소화설비	• 소화기 • 옥내소화전 • 스프링클러 • 물(포말, 이산화탄소, 할로겐)분무 • 옥외소화전
	경보설비	• 비상경보설비, 누전경보기, 자동화재탐지설비 • 자동화재속보설비, **비상방송설비**

소방설비	피난설비	• 피난기구 : 피난사다리, 공기안전매트, 완강기 • 인명구조기구 : 공기호흡기, 방열복 • 유도등, 비상조명등
	소화용수설비	• 소화수조, 상수도 소화용수설비
	소화활동설비	• **제연설비** • **연결송수관설비** • 연결살수설비 • **무선통신보조설비** • 비상콘센트설비

예제 01 소방시설은 소화설비, 경보설비, 피난설비, 소화활동설비 등으로 구분할 수 있다. 다음 중 소화활동설비에 속하지 않는 것은? [25,건,20,19,18,13]

① 제연설비　　　　　　　　　② 연결살수설비
③ 비상방송설비　　　　　　　④ 연소방지설비

해설 | 비상방송설비는 경보설비에 속한다.

정답 ③

2. 소화설비

소화설비는 화재 발생의 초기 진압을 목적으로 한다.

1) 소화기

① 방화대상물로부터 각 부분에서 보행거리 20m 이내(소형소화기)가 되도록 설치한다. (대형 소화기는 30m 이내)
② 바닥으로부터 1.5m 이내에 배치한다.
③ 화재안전기준에 따라 소화기구를 설치하여야 하는특정소방물의 연먹적은 바닥면적 $33m^2$ 이상이다.

2) 옥내소화전설비

건물 내에 설치하는 고정식 소화설비로 각 층 벽면에 호스, 노즐, 소화전 밸브를 내장한 소화점함을 설치하고, 화재 발생 시 물을 뿌려 소화시키는 설비이다.

(1) 설치 기준

① 방수압력 : 0.17MPa 이상
② 방수량 : 130 l/min(20분 정도 방수)
③ 설치간격 : 건물 각 층 각 부분에서 소화전까지 **수평거리는 25m 이내**
④ 소화전의 설치높이
　㉠ 송수구 : 지면으로부터 높이 0.5m 이상 1m 이하의 위치에 설치
　㉡ 방수구 : 바닥으로부터 높이 1.5m 이하

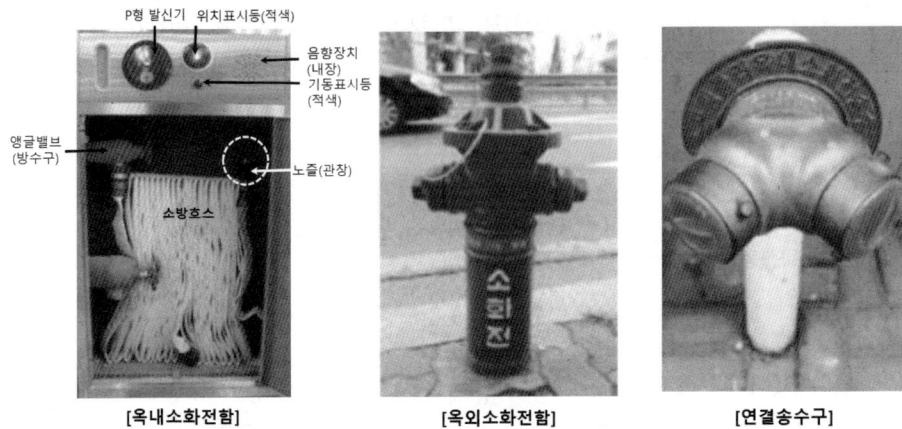

[옥내소화전함]　　　[옥외소화전함]　　　[연결송수구]

3) 옥외소화전설비

대규모 건물의 화재 시 건물 외부에서 물을 방사하여 소화하는 것으로, 주로 건물 1, 2층의 화재 진압을 목적으로 하는 설비이다.

(1) 설치 기준

① 방수압력 : 0.25MPa 이상

② 방수량 : 350ℓ/min

③ 설치간격 : 건물 각 부분에서 소화전까지 수평거리는 40m 이내

④ 설치의무 규정

㉠ 1, 2층 바닥 면적의 합계가 9,000m² 이상

㉡ 옥외소화전함은 옥외소화전으로부터 5m 이내의 거리에 설치 한다.

4) 스프링클러(sprinkler)설비

화재시 열이 헤드에 전달되면 67~75℃ 정도에서 가용합금편이 녹으면서 자동적으로 물을 분사하는 자동소화설비이다.

(1) 장단점

구분	내용
장점	• 자동소화설비로 초기 화재에 절대적으로 중요 • 사람이 없을때에도 감지하여 소화 • 감지부 구조가 기계적이므로 오작동, 오보가 적다.
단점	• 초기 시공비가 많이 발생 • 물 분사로 인한 2차 피해 우려

(2) 종류

종류	특성
개방형 스프링클러헤드	• 헤드에 가용합급편이 없는 개방형 헤드를 사용하므로 화재감지기를 같이 설치하여야 하며 화재를 감지하면 일제개방밸브를 개방함과 동시에 경보를 울리고 헤드에서 일제살수식으로 급수하게 된다. • 천장이 높은 무대 위나 공장, 창고 등에서 사용

폐쇄형 스프링클러헤드	• 정상상태에서 방수구 **헤드 끝이 막혀** 있고 감열체가 일정 온도에서 자동적으로 파괴, 융해 또는 이탈 됨으로써 방수구가 개방되는 방식
	• 습식
	  ㉠ 배관 내 물이 차 있으며 가용편이 녹아 방수된다.
	  ㉡ 동파 및 누수의 우려가 있다.
	• 건식
	  ㉠ 배관 내 공기가 차 있다. 누수나 동파의 우려가 있는 곳에 쓰인다.
	  ㉡ 동파 및 누수의 우려가 있다.

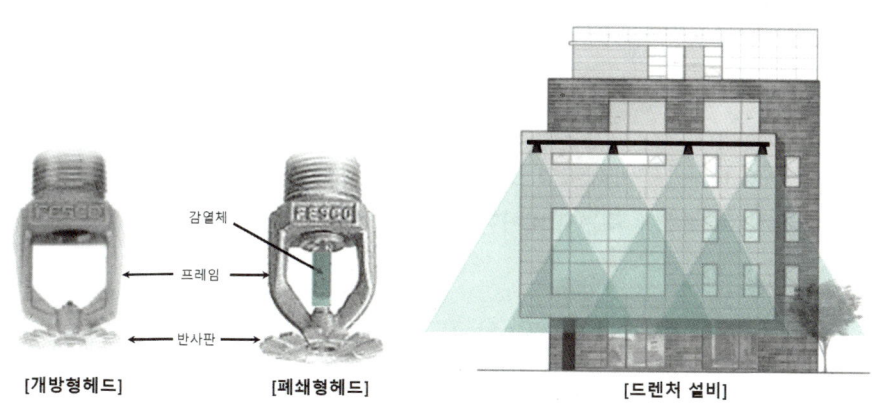

[개방형헤드]　　[폐쇄형헤드]　　　　　　　[드렌처 설비]

5) 드렌처(drencher)설비

건축물의 외벽, 창, 지붕 등에 노즐을 설치하여 인접건물의 화재 시 **노즐에서의 방수로 인해 수막**(water curtain)을 **형성**하여 인접건물로 인한 화재의 확산을 방지하는 설비이며, 층간 방화구획을 관통하는 에스컬레이터 등의 주위로서 연소할 우려가 있는 개구부와 같이 방화구획이 되어 있지 않은 부분에 스프링클러 대신 설치하기도 한다.

3. 소화활동설비

소화활동 설비는 소방차 및 소방대원이 본격적으로 화재의 진압을 위해 필요한 소방설비이다.

1) **연결송수관설비(siamese connection)**

(1) 목적

7층 이상 건축물이나 5층 이상의 연면적 6,000m² 이상의 건축물의 화재 시 소방차에 연결하여 소방차의 물을 건물 내로 공급하는 설비이다.

(2) 설치기준
　① 방수구의 방수압력 : 0.35MPa 이상
　② 방수량 : 2,400 l/min
　③ 방수구 설치간격 : 건물 각 부분에서 방수구까지 수평거리는 50m 이내
　④ 설치높이 : 바닥으로부터 높이 0.5m ~ 1m 이하

2) 연결살수설비

(1) 목적

화재 시 유독가스나 연기 때문에, 소방관 진입이 어려운 지하층 등에서 스프링클러와 유사한 개방형 헤드를 설치하고 소방대 전용 소화전인 송수구를 통하여 실내로 물을 공급하여 화재를 진압하는 설비이다.

(2) 설치대상 건축물
　① 판매시설로 바닥면적 합계가 1,000m² 이상인 시설
　② 지하층으로 바닥면적 합계가 150m² 이상인 시설

4. 경보설비

화재 발생 시 초기 단계에서 발생한 열 또는 연기를 자동으로 감지하여 벨, 사이렌 등의 음향장치로 신속하게 대피하도록 신호를 주는 설비이다.

1) 종류

종류			특성
감지기	열감지기	정온식 (금속팽창식)	• 주위 온도가 **일정 온도 이상**이 되면 작동 • 보일러실, 주방 등 다량의 열 발생 장소에 이용된다.
		차동식 (공기 팽창식)	• 주위 온도가 **일정 상승률 이상**이 되면 작동 • 사무실, 학교, 연구실과 같이 부착 높이 8m 미만인 장소에 이용된다.
		보상식	• 정온식 + 차동식 장점 결합
	연기감지기	광전식	• 연기 입자에 의한 광전소자의 입사광량 변화를 이용하는 방식(광량 변화 감지)
		이온화식	• 감지기에 연기가 들어가 이온 전류가 변화하는 현상을 이용하는 방식(이온 변화 감지)

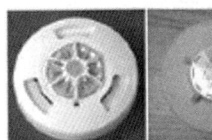
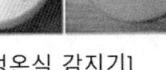
[정온식 감지기]

[차동식 감지기]

[광전식 감지기]

예제 02 다음의 자동화재탐지설비의 감지기 중 연기감지기에 속하는 것은? [23,21,15]
① 광전식　　　　　　　② 보상식
③ 차동식　　　　　　　④ 정온식

해설 | 연기감지기 : 광전식, 이온화식

정답 ①

핵심 기출문제

04 소방 설비

1 소화의 원리

01 ▶건,16,건,17

다음 설명에 알맞은 화재의 종류는?

> 나무, 섬유, 종이, 고무, 플라스틱류와 같은 일반 가연물이 타고 나서 재가 남는 화재

① A급 화재　　② C급 화재
③ B급 화재　　④ K급 화재

해설 | 일반화재(A급 화재 : 백색)
　　　연소 후 재를 남기는 화재. 나무, 섬유, 종이 등

02 ▶24,건,19

다음의 보안상 비상전원이 필요한 소방용 설비 중 자가발전설비를 설치하지 않아도 되는 것은?

① 옥내소화전 설비　　② 스프링클러 설비
③ 비상콘센트 설비　　④ 무선통신보조 설비

해설 | 옥내소화전 설비, 스프링클러 설비, 비상콘센트 설비는 중요소방시설로 비상전원이 필요하다.

03 ▶23,건,20

소방시설은 소화설비, 경보설비, 피난구조설비, 소화용수설비, 소화활동설비로 구분할 수 있다. 다음 중 소화활동설비에 속하는 것은?

① 제연설비　　② 비상방송설비
③ 스프링클러설비　　④ 자동화재탐지설비

해설 | 소화활동설비
　　　제연설비, 연결송수관설비, 연결살수설비,
　　　무선통신보조설비, 비상콘센트설비

04 ▶건,17

화재를 진압하거나 인명구조 활동을 위하여 사용하는 설비로서 제연설비, 연결송수관설비 등을 포함하는 것은?

① 소화설비　　② 경보설비
③ 소화활동설비　　④ 피난구조설비

해설 | 문제 3번 해설참조

05 ▶건,17

소방시설에 속하지 않는 것은?

① 소화설비　　② 피난설비
③ 경보설비　　④ 방화설비

해설 | 소방시설
　　　소화설비, 경보설비, 피난설비, 소화용수설비, 소화활동설비로 분류된다.

06 ▶25,건,15

다음의 소방시설 중 소화설비에 속하지 않는 것은?

① 옥내소화전설비　　② 스프링클러설비
③ 연결송수관설비　　④ 물분무등소화설비

해설 | 연결송수관설비 → 소화활동설비

07 ▶건,13

소방시설은 소화설비, 경보설비, 피난설비, 소화용수설비, 소화활동설비로 구분할 수 있다. 소화설비에 해당하지 않는 것은 다음 중 어느 것인가?

① 제연설비　　② 포소화설비
③ 옥내소화전설비　　④ 스프링클러설비

해설 | 제연설비 → 소화활동설비

정답 | 01 ① 02 ④ 03 ① 04 ③ 05 ④ 06 ③ 07 ①

2 소화·소화활동·경보설비

08 ▶건,13

정상상태에서 방수구를 막고 있는 감열체가 일정 온도에서 자동적으로 파괴·용해 또는 이탈됨으로써 방수구가 개방되는 스프링클러헤드는?

① 건식 스프링클러 헤드
② 개방형 스프링클러 헤드
③ 폐쇄형 스프링클러 헤드
④ 측벽형 스프링클러 헤드

해설 | 폐쇄형 스프링클러헤드
정상상태에서 방수구 헤드 끝이 막혀 있고 배관 내에는 항상 물이나 압축공기가 차 있어 용융편이 녹으면 곧바로 방사된다.

09 ▶23,건,18,16

다음의 옥내소화전설비에 관한 설명 중 ( )안에 알맞은 것은?

옥내소화전방수구는 특정소방대상물의 층마다 설치하되, 해당 특정소방대상물의 각 부분으로부터 하나의 옥내소화전방수구까지의 수평거리가 ( )m 이하가 되도록 할 것

① 25　　② 30
③ 35　　④ 40

해설 | 옥내소화전설비는 해당 건물 각 층 각 부분에서 옥내소화전방수구까지의 수평거리가 25m 이내로 한다.

10 ▶건,17

외부로부터의 화재에 의하여 탈 염려가 있는 건물의 외벽이나 지붕을 수막으로 덮어 연소를 방지하는 설비는?

① 드렌처설비　　② 포소화설비
③ 옥외소화전설비　④ 옥내소화전설비

해설 | 드렌처(drencher)설비
건축물의 외벽, 창, 지붕 등에 노즐을 설치하여 인접건물의 화재 시 노즐에서의 방수로 인해 수막(water curtain)을 형성하여 인접건물로 인한 화재의 확산을 방지하는 설비이며, 층간 방화구획을 관통하는 에스컬레이터 등의 주위로서 연소할 우려가 있는 개구부와 같이 방화구획이 되어 있지 않은 부분에 스프링클러 대신 설치하기도 한다.

11 ▶24,건,21,19,18,15

자동화재탐지설비의 감지기 중 감지기 주위의 온도가 일정한 온도 이상이 되었을 때 작동하는 것은?

① 차동식감지기
② 정온식감지기
③ 광전식 감지기
④ 이온화식 감지기

해설 | 정온식(금속팽창식)
㉠ 주위 온도가 일정 온도 이상이 되면 작동
㉡ 보일러실, 주방 등 다량의 열 발생 장소에 이용된다.

12 ▶건,21

설치된 감지기의 주변온도가 일정한 온도상승률 이상으로 되었을 경우에 작동하는 열감지기는?

① 이온화식 감지기
② 차동식 스폿형 감지기
③ 광전식 감지기
④ 정온식 스폿형 감지기

해설 | 차동식(공기 팽창식)
㉠ 주위 온도가 일정 상승률 이상이 되면 작동
㉡ 사무실, 학교, 연구실과 같이 부착 높이 8m 미만인 장소에 이용된다.

정답 | 08 ③　09 ①　10 ①　11 ②　12 ②

PART 05

실내건축기사 과년도 기출문제
2023년~2025년

※ 2022년부터 시험방식이 CBT 방식으로 변경된 이후 과년도 기출문제는 유출이 어려워진 관계로 2022년 이후 과년도 문제들은 회원 수험생분들의 기억을 바탕으로 복원한 문제로 구성되어 있습니다. 일부 타 교재와 다른 문제가 있을 수 있는데 그 점은 수험생분들의 기억의 한계에서 오는 문제이니 오해 없으시길 바라며, 수험생의 기억과 과년도 문제를 종합적으로 분석하여 최대한 유사한 문제로 복원하여 구성하였으니, 교재를 믿고 공부해 주시면 좋은 성과 있을 것으로 생각합니다.

과년도 기출문제
01 2023년 실내건축기사 1회
02 2023년 실내건축기사 2회
03 2023년 실내건축기사 3회
04 2024년 실내건축기사 1회
05 2024년 실내건축기사 2회
06 2024년 실내건축기사 3회
07 2025년 실내건축기사 1회
08 2025년 실내건축기사 2회
09 2025년 실내건축기사 3회

정답 및 해설
01 2023년 실내건축기사 1회
02 2023년 실내건축기사 2회
03 2023년 실내건축기사 3회
04 2024년 실내건축기사 1회
05 2024년 실내건축기사 2회
06 2024년 실내건축기사 3회
07 2025년 실내건축기사 1회
08 2025년 실내건축기사 2회
09 2025년 실내건축기사 3회

📖 본 도서에 수록하지 못한 기출문제와 풀이는
이패스코리아 사이트에서 확인해주시기 바랍니다.

실내건축기사 수강신청

과년도 기출문제

2023년 1회

01 | 2023년 실내건축기사 1회

1과목 실내디자인계획

01 디자인 원리 중 점이(gradation)에 관한 설명으로 가장 알맞은 것은?
① 서로 다른 요소들 사이에서 평형을 이루는 상태
② 공간, 형태, 색상 등의 점차적인 변화로 생기는 리듬
③ 이질의 각 구성요소들이 전체로서 동일한 이미지를 갖게 하는 것
④ 시각적 형식이나 한정된 공간 안에서 하나 이상의 형이나 형태 등이 단위로 계속 되풀이되는 것

02 실내 장식물에 관한 설명으로 옳지 않은 것은?
① 수석이나 수족관은 감상 위주의 장식물에 속한다.
② 실내 장식물은 개성을 나타내는 자기표현의 수단이 될 수 있다.
③ 실내 장식물은 공간을 강조하고 흥미를 높여주는 효과가 있다.
④ 실내 장식물은 기능이 없으므로 장식적인 효과만을 고려한다.

03 전시 공간의 순회 유형 중 연속 순회형식에 관한 설명으로 옳은 것은?
① 많은 작품을 연속하여 전시할 수 있는 대규모 전시실에 적합하다.
② 전시 규모 등 필요에 따라 독립적으로 전시실을 폐쇄할 수 있다.
③ 비교적 동선이 단순하여 다소 지루하고 피곤한 느낌을 줄 수 있다.
④ 중앙의 중정이나 열린 공간을 중심으로 형성된 복도를 따라 각 실이 배치된다.

04 주택의 거실계획에 관한 설명으로 옳지 않은 것은?
① 실내의 다른 공간과 유기적으로 연결될 수 있도록 통로 화 시킨다.
② 거실을 가능한 남향으로 하여 일조와 조망, 통풍이 잘 되도록 한다.
③ 거실의 규모는 가족 수, 가족 구성, 전체 주택의 규모 등에 영향을 받는다.
④ 거실의 평면은 정사각형보다 한 변이 너무 짧지 않은 직사각형이 가구배치 등에 효과적이다.

05 다음 설명에 알맞은 디자인 양식은?

> 19세기 말부터 20세기 초에 걸쳐 벨기에와 프랑스를 중심으로 모리스와 미술 공예 운동의 영향을 받아서 과거의 양식과 결별하고 식물이 갖는 단순한 곡선 형태를 인테리어 가구 구성에 이용한 예술 운동이다.

① 아르데코
② 아르누보
③ 아방가르드
④ 컨템포러리

06 다음 중 실내디자인에 대한 설명으로 가장 부적절한 것은?

① 실내디자인은 사용자의 다양한 요구를 반영하여야 한다.
② 실내디자인 작업은 건축계획의 초기 단계에서부터 병행하는 것이 바람직하다.
③ 인간에게 적합한 환경, 즉, 생활공간의 쾌적성을 추구하고자 하는 것이 실내디자인의 과제이다.
④ 도시 가로와의 연계성, 건물 진입 시 효과, 건물 전체의 형태 등은 건축계획의 영역으로 실내디자인에서는 고려하지 않는다.

07 건축 도면에 쓰이는 글자에 관한 설명 중 옳지 않은 것은?

① 글자의 크기는 각 도면의 상황에 맞추어 알아보기 쉬운 크기로 한다.
② 글자체는 수직 또는 15° 경사의 고딕체로 쓰는 것을 원칙으로 한다.
③ 문장은 왼쪽부터 세로쓰기를 원칙으로 한다.
④ 숫자는 아라비아 숫자를 원칙으로 한다.

08 다음 설명이 나타내는 형태의 지각심리는?

- 비슷한 형태, 규모, 색채, 질감, 명암, 패턴의 그룹을 하나의 그룹으로 지각하려는 경향을 말한다.
- 여러 종류의 형들이 모두 일정한 규모, 색채, 질감, 명암, 윤곽선을 갖고 모양만이 다를 경우에는 모양에 따라 그룹화되어 지각된다.

① 연속성
② 접근성
③ 유사성
④ 폐쇄성

09 주거공간을 주 행동에 따라 개인 공간, 작업 공간, 사회적 공간으로 분류할 때 다음 중 작업공간에 속하는 것은?

① 서재
② 침실
③ 응접실
④ 다용도실

10 개념화 과정에서 형식에 구애받지 않고 많은 아이디어를 만들어 내는 작업에 사용되는 방법은?

① 브레인스토밍(BRAINSTORMING)
② 시네틱스(SYNECTICS)
③ 버즈 세션(BUZZ SESSIONS)
④ 롤플레잉 (ROLE-PLAYING)

11 다음의 레이아웃 및 디자인 이미지 구축에 관한 설명 중 부적당한 것은?

① 동선계획은 공간이 제공하는 안락함과 편안함의 느낌에 큰 영향을 끼친다.
② 합리적인 공간계획은 동선계획뿐만 아니라 시선계획도 고려하여야 한다.
③ 레이아웃이란 생활행위를 분석하여 디자인의 개념 및 방향을 설정하는 일련의 작업이다.
④ 실내공간은 기능이나 용도, 목적에 맞는 그 공간 특유의 디자인 이미지를 구축하도록 한다.

12 다음의 디자인 요소에 관한 설명 중 옳지 않은 것은?

① 하나의 점은 관찰자의 시선을 화면 안에 특정한 위치로 이끈다.
② 선은 길이와 표면의 속성을 갖는다.
③ 두 점의 크기가 같을 때 주의력은 균등하게 작용한다.
④ 면은 절단에 의해 새로운 면을 얻을 수 있다.

28 색의 연상에 관한 내용 중 틀린 것은?
① 빨강, 주황 등은 식욕을 증진하게 시키는데 효과적인 색이다.
② 파랑, 하늘색 등은 일반적으로 청결한 이미지를 나타낸다.
③ 금속색(주로 은회색 등)은 첨단적, 현대적인 이미지를 나타낸다.
④ 검정색은 죽음, 공포, 암흑을 연상시켜 공업제품의 색으로는 부적합하므로 사용하고 있지 않다.

29 태양빛과 형광등에서 다르게 보이는 물체색이 시간이 지나면 같은 색으로 느껴지는 현상은?
① 연색성
② 색순응
③ 박명시
④ 푸르킨예 현상

30 스캔된 원본의 색들과 인쇄된 출력물의 색들을 맞추기 위한 색채 관리 시스템(Color Management System, CMS)의 기준이 되는 색공간은?
① RGB 색체계
② CMYK 색체계
③ CIE XYZ 색체계
④ HSB 색체계

31 한국의 전통가구 중 장에 관한 설명으로 옳지 않은 것은?
① 단층장은 머릿장이라고도 부른다.
② 이층장이나 삼층장은 보통 남성공간인 사랑방에서 사용되었다.
③ 이불장은 금침과 베개를 겹겹이 쌓아두는 장으로 보통 2층으로 된 것이 많다.
④ 의걸이장은 외관의장에 따라 만살의걸이, 평의걸이, 지장의걸이로 구분할 수 있다.

32 유닛 가구(unit furniture)에 관한 설명으로 옳은 것은?
① 규격화된 단일 가구로 다목적으로 사용이 불가능하다.
② 가구의 형태를 변화시킬 수 없으며 고정적인 성격을 갖는다.
③ 특정한 사용 목적이나 많은 물품을 수납하기 위해 건축화된 가구를 의미한다.
④ 공간의 조건에 맞도록 조합시킬 수 있으므로 공간의 이용 효율을 높일 수 있다.

33 다음과 같이 인간 또는 기계에 의해 수행되는 기본 기능의 과정 중 (　)안에 해당하는 기능은 어느 것인가?

"입력 정보(information input)→(　)→정보 보관 및 처리(information storage & processing) 행동(action function) 출력(output)"

① 감지(sensing)
② 피드백(feedback)
③ 대응 선택(response selection)
④ 시스템 환경(system environment)

34 다음 중 양립성(compatibility)에 관한 설명으로 틀린 것은?
① 청색이 정상을 나타내는 것은 개념적 양립성에 해당한다.
② 공간적 양립성은 표시장치의 이동 방향이 조종 장치의 이동 방향과 일치할 때를 가리킨다.
③ 표시장치의 이동 방향과 조종 장치의 이동 방향이 다르면 인간 실수가 증가된다.
④ 양립성이 클수록 자극에 대한 반응 속도는 빨라진다.

35 다음 중 근력 및 지구력에 관한 설명으로 틀린 것은?
① 지구력이란 근력을 사용하여 특정 힘을 유지할 수 있는 능력이다.
② 신체 부위를 실제로 움직이는 상태일 때의 근력을 등속성 근력이라 한다.
③ 신체 부위를 실제로 움직이지 않으면서 고정 물체에 힘을 가하는 상태일 때의 근력을 등척성 근력이라 한다.
④ 근력이란 반복의 수의적인 노력으로 근육이 등척성으로 내는 힘의 최대치를 말한다.

36 호흡기계에 관한 설명으로 틀린 것은?
① 폐포는 허파 안에서 기체가 교환 될 수 있도록 넓은 표면적을 제공한다.
② 호흡기계는 산소를 공급하고 이산화탄소를 제거하는 일을 수행한다.
③ 허파에서 공기와 혈액 사이의 기체 교환을 외호흡이라 한다.
④ 호흡기계는 비강, 인두, 후두, 식도, 입 등 공기가 접촉되는 기관들을 모두 포함한다.

37 눈의 시세포에 관한 설명으로 옳은 것은?
① 원추세포는 색을 구분할 수 없다.
② 원추세포의 수는 간상세포의 수보다 많다.
③ 간상세포는 난색계열의 색을 구분할 수 있다.
④ 사람의 눈에는 1억개 이상의 간상세포가 있다.

38 인체의 생리적 부담 척도에 해당하지 않는 것은?
① 심박수
② 뇌전도
③ 근전도
④ 산소소비량

39 다음 중 신체 부위의 동작과 설명이 올바르게 연결된 것은?
① 굴곡(flection)이란 관절이 만드는 각도가 증가하는 동작을 말한다.
② 신전(extension)이란 관절이 만드는 각도가 감소하는 동작을 말한다.
③ 외전(abduction)이란 신체 중심선을 향한 동작을 말한다.
④ 회전(rotation)이란 분절의 운동궤적이 원뿔을 형성하는 동작을 말한다.

40 다음 중 인체 측정 자료를 이용하여 설계할 때 응용원칙과 적용의 연결이 적절하지 않은 것은 어느 것인가?
① 최대치 - 문의 높이
② 조절식 - 의자의 높이
③ 최소치 - 그네의 줄 강도
④ 최소치 - 버스의 손잡이 높이

3과목 실내디자인 시공 및 재료

41 MDF의 특성에 관한 설명 중 옳지 않은 것은?
① 한번 고정철물을 사용한 곳에는 재시공이 어렵다.
② 천연목재보다 강도가 크고 변형이 적다.
③ 재질이 천연목재보다 균일하다.
④ 무게가 가볍고 습기에 강하다.

42 목구조의 맞춤에 사용되는 보강철물의 연결이 틀린 것은?
① 띠쇠 - 왕대공과 ㅅ자보
② 감잡이쇠 - 왕대공과 평보
③ 안장쇠 - 큰 보와 작은 보
④ 듀벨 - 샛기둥과 충도리

43 목재의 유용성 방부제로서 자극적인 냄새 등으로 인체에 피해를 주기도 하여 사용이 규제되고 있는 것은?

① PCP 방부제
② 크레오소트유
③ 아스팔트
④ 불화소다 2% 용액

44 석재의 내구성에 관한 설명으로 옳지 않은 것은?

① 조암광물이 미립자일수록 내구성이 크다.
② 흡수율이 큰 다공질일수록 동해를 받기 쉽다.
③ 조암광물 중에 황화물, 철분함유광물, 탄산마그네시아, 탄산칼슘 등은 풍화되기 어렵다.
④ 석재의 내구성은 조직, 조암광물의 종류 등에 따라 달라진다.

45 점토제품 시공 후 발생하는 백화에 관한 설명으로 옳지 않은 것은?

① 타일 등의 시유소성한 제품은 시멘트 중의 경화체가 백화의 주된 요인이 된다.
② 작업성이 나쁠수록 모르타르의 수밀성이 저하되어 투수성이 커지게 되고, 투수성이 커지면 백화 발생이 커지게 된다.
③ 점토제품의 흡수율이 크면 모르타르 중의 함유수를 흡수하여 백화 발생을 억제한다.
④ 모르타르의 물시멘트비가 크게 되면 잉여수가 증대되고, 이 잉여수가 증발할 때 가용 성분의 용출을 발생시켜 백화 발생의 원인이 된다.

46 금속의 부식방지를 위한 관리대책으로 볼 수 없는 것은?

① 표면을 평활하고 깨끗이 하며 가능한 한 습윤상태를 유지할 것
② 가능한 한 이종 금속을 인접 또는 접촉시켜 사용하지 말 것
③ 부분적으로 녹이 나면 즉시 제거할 것
④ 큰 변형을 준 것은 가능한 한 풀림하여 사용할 것

47 다음 특수유리와 사용 장소의 조합이 적절하지 않은 것은?

① 병원의 일광욕실 - 자외선투과유리
② 진열용 창 - 무늬유리
③ 채광용 지붕 - 프리즘 유리
④ 형틀 없는 문 - 강화유리

48 점토 반죽에 샤모테를 첨가하여 사용하는 경우가 있는데 이 샤모테의 사용 목적은?

① 가소성 조절용
② 용융성 조절용
③ 경화시간 조절용
④ 강도 조절용

49 표준형 벽돌을 사용하여 줄눈 10mm로 시공할 때, 2.0B 벽돌벽의 두께는? (단, 공간 쌓기가 아님)

① 90mm
② 190mm
③ 290mm
④ 390mm

50 소규모 건축물에 해당하는 조적식구조에 대한 기준으로 옳지 않은 것은?

① 조적식구조인 건축물 중 2층 건축물에 있어서 2층 내력벽의 높이는 5m를 넘을 수 없다.
② 조적식구조인 내력벽의 길이는 10m를 넘을 수 없다.
③ 조적식구조인 내력벽으로 둘러싸인 부분의 바닥면적은 $80m^2$를 넘을 수 없다.
④ 조적식구조인 내력벽의 기초는 연속기초로 하여야 한다.

51 금속재료에 관한 설명으로 옳지 않은 것은?
① 스테인리스강은 내화, 내열성이 크며, 녹이 잘 슬지 않는다.
② 동은 화장실 주위와 같이 암모니아가 있는 장소에서는 빨리 부식하기 때문에 주의해야 한다.
③ 알루미늄은 콘크리트에 접할 경우 부식되기 쉬우므로 주의하여야 한다.
④ 청동은 구리와 아연을 주체로 한 합금으로 건축장식철물 또는 미술공예 재료에 사용된다.

52 안전관리를 "안전은 ( )을(를) 제어하는 기술"이라 정의할 때 다음 중 ( )에 들어갈 용어로 예방 관리적 차원과 가장 가까운 용어는?
① 위험
② 사고
③ 재해
④ 상해

53 네트워크(Network)에 관한 용어로서 관계 없는 것은?
① 커넥터(connector)
② 크리티칼 패스(critical path)
③ 더미(dummy)
④ 플로우트(float)

54 낙하물방지망에 관한 기술 중 틀린 것은?
① 낙하물방지망에는 수직형과 수평형이 있다.
② 수평 낙하물방지망을 지상 2층 바닥 부분에 설치한다.
③ 공사기간과 공사내용에 따라 방지망은 아연도금철망(크기 6~30mm), 합판 등을 쓰고 비계에 견고히 맨다.
④ 낙하물방지망은 눈, 바람 등에 유지되어야 하며 미관과는 무관하다.

55 각종 시멘트에 관한 설명으로 옳지 않은 것은?
① 고로시멘트 : 초기강도는 약간 작은 편이며 화학저항성이 높다.
② 중용열포틀랜드시멘트 : 건조수축이 작고 화학저항성이 높다.
③ 백색포틀랜드시멘트 : 건축물 내외면의 마감, 각종 인조석 제조에 사용된다.
④ 알루미나시멘트 : 보통포틀랜드시멘트에 비해 응결 및 경화시에 발열량이 작다.

56 시멘트의 분말도에 관한 설명 중 옳지 않은 것은?
① 분말이 미세할수록 비표면적값은 적다.
② 분말이 미세할수록 수화속도가 빠르다.
③ 분말이 과도하게 미세한 것은 풍화되기 쉽다.
④ 분말이 미세할수록 강도의 발현속도가 빠르다.

57 내화피복 재료의 운반, 저장, 취급 시 유의해야 할 사항으로 옳지 않은 것은?
① 내화보드는 운반 및 시공 시 옆으로 세워서 운반하여야 한다.
② 뿜칠재료는 운반 및 저장 시 포장이 터지거나 찢어지지 않도록 하여야 하며, 적재 시 한 번에 100포 정도 쌓도록 한다.
③ 내화피복재료는 현장 야적 시 바닥의 통풍을 고려하여 목재 깔판 등을 사용하여 습기 또는 물에 젖지 않도록 하여야 한다.
④ 내화도료 저장실의 온도는 5℃ 이상, 35℃ 이하가 되도록 유지하여야 한다.

58 표면을 연마하여 고광택을 유지하도록 만든 시유타일로 대형 타일에 많이 사용되며, 천연화강석의 색깔과 무늬가 표면에 나타나게 만들 수 있는 것은?

① 모자이크 타일
② 징크판넬
③ 논슬립타일
④ 폴리싱타일

59 다음 합성수지 중 열가소성 수지에 해당하는 것은?

A. 페놀수지
B. 아크릴수지
C. 폴리에틸렌수지
D. 염화비닐수지
E. 프란수지
F. 멜라민 수지

① A, B, E
② A, C, D
③ B, C, D
④ B, C, E

60 단백질계 접착제인 카세인 아교의 주성분은?

① 녹말
② 난백
③ 우유
④ 동물의 가죽이나 뼈

4과목 실내디자인 환경

61 열의 이동(전열)에 관한 설명 중 옳지 않은 것은?

① 열은 온도가 높은 곳에서 낮은 곳으로 이동한다.
② 유체와 고체 사이의 열의 이동을 열전도라고 한다.
③ 일반적으로 액체는 고체보다 열전도율이 작다.
④ 열전도율은 물체의 고유성질로서 전도에 의한 열의 이동정도를 표시한다.

62 다음과 같은 조건에 있는 벽체의 실내측 표면 온도는?

- 실내온도 : 20℃
- 외기온도 : −10℃
- 벽체의 열관류율 : 2 W/m²·K
- 실내측 표면 열전달률 : 10 W/m²·K
- 실외측 표면 열전달률 : 30 W/m²·K

① 14℃
② 16℃
③ 18℃
④ 20℃

63 다음 설명에 알맞은 환기법은?

- 실내의 압력이 외부보다 높아지고 공기가 실외에서 유입되는 경우가 적다.
- 병원의 수술실과 같이 외부의 오염공기 침입을 피하는 실에 이용된다.

① 급기팬과 배기팬의 조합
② 급기팬과 자연배기의 조합
③ 자연급기와 배기팬의 조합
④ 자연급기와 자연배기의 조합

64 눈부심(glare)에 관한 설명으로 옳지 않은 것은?

① 광원의 휘도가 높을수록 눈부시다.
② 광원이 시선에 가까울수록 눈부시다.
③ 빛나는 면의 크기가 작을수록 눈부시다.
④ 눈에 입사하는 광속이 과다할수록 눈부시다.

65 건축적 채광의 방법 중 측광(lateral lighting)에 관한 설명으로 옳은 것은?

① 통풍·차열에 불리하다.
② 편측채광의 경우 조도분리가 불균일하다.
③ 구조·시공이 어려우며 비막이 불리하다.
④ 근린의 상황에 따라 채광을 방해받는 경우가 없다.

66 음에 관한 설명으로 옳지 않은 것은?
① 음의 공기 중 전파속도는 기온이 높을수록 빨라진다.
② 음의 고저는 음파의 기본음이 가지는 기본 주파수에 의해서 결정된다.
③ 음파는 횡파이며, 음의 크기는 음파를 구성하는 고주파의 크기에 의해 결정된다.
④ 회절은 낮은 주파수의 음일수록 현저하게 나타나지만 주파수가 높아질수록 회절을 일으키기 어렵게 된다.

67 공기조화방식 중 팬코일 유닛 방식에 관한 설명으로 옳지 않은 것은?
① 덕트 샤프트나 스페이스가 필요없거나 작아도 된다.
② 전공기 방식이므로 수배관으로 인한 누수의 우려가 없다.
③ 유닛을 창문 밑에 설치하면 콜드 드래프트를 줄일 수 있다.
④ 각 실의 유닛은 수동으로도 제어할 수 있고, 개별 제어가 쉽다.

68 급수방식 중 압력탱크방식에 관한 설명으로 옳지 않은 것은?
① 급수 공급 압력이 일정하다.
② 단수시에 일정량의 급수가 가능하다.
③ 일반적으로 상향급수 배관방식을 사용한다.
④ 고가탱크 방식을 적용하기 어려운 경우에 사용된다.

69 다음 중 배수설비에서 트랩의 봉수가 자기 사이펀 작용에 의해 파괴되는 것을 방지하기 위한 방법으로 가장 적절한 것은?
① S트랩을 사용한다.
② 각개통기관을 설치한다.
③ 트랩 출구의 모발 등을 제거한다.
④ 봉수의 깊이를 15cm 이상으로 깊게 유지한다.

70 가로 9[m], 세로 9[m], 높이가 3.3[m]인 교실이 있다. 여기에 광속이 5000[lm]인 형광등을 설치하여 평균 조도 500[lx]를 얻고자 할 때 필요한 램프의 개수는? (단, 보수율은 0.8, 조명률은 0.6이다.)
① 10개
② 17개
③ 25개
④ 32개

71 전선의 굵기 결정요소에 속하지 않는 것은 어느 것인가?
① 전압 강하
② 기계적 강도
③ 전선의 허용전류
④ 전선외곽의 보호관 굵기

72 건축법령에서 정의하는 다음에 해당하는 용어는?

기존 건축물의 전부 또는 일부(내력벽·기둥·보·지붕틀 중 셋 이상이 포함되는 경우를 말한다.)를 철거하고 그 대지에 종전과 같은 규모의 범위에서 건축물을 다시 축조하는 것을 말한다.

① 신축
② 개축
③ 증축
④ 재축

73 공동주택과 오피스텔의 난방설비를 개별난방방식으로 하는 경우에 대한 기준으로 옳은 것은?

① 보일러의 연도는 개별연도로 설치한다.
② 보일러실의 공기 흡입구와 배기구는 사용 중이지 않을 경우는 닫힌 구조로 한다.
③ 기름보일러를 설치하는 경우에는 기름저장소를 보일러실 내부에 배치한다.
④ 보일러실과 거실 사이의 경계벽은 출입구를 제외하고는 내화구조의 벽으로 구획한다.

74 다음의 요건을 모두 갖춘 주택으로 옳은 것은?

㉮ 주택으로 쓰는 층수(지하층은 제외)가 3개 층 이하일 것. 다만, 1층의 전부 또는 일부를 필로티 구조로 하여 주차장으로 사용하고 나머지 부분을 주택(주거 목적으로한정) 외의 용도로 쓰는 경우에는 해당 층을 주택의 층수에서 제외한다.
㉯ 1개 동의 주택으로 쓰이는 바닥면적의 합계가 660m² 이하일 것
㉰ 19세대(대지 내 동별 세대수를 합한 세대를 말한다) 이하가 거주할 수 있을 것

① 다중 주택
② 아파트
③ 연립 주택
④ 다가구 주택

75 건축물의 3층 이상의 층으로서 문화 및 집회시설의 공연장이나 위락시설 중 주점영업의 용도에 쓰이는 층으로 그 층 거실의 바닥면적의 합계가 몇 m² 이상일 때 옥외피난계단을 설치하여야 하는가?

① 200m² 이상
② 300m² 이상
③ 400m² 이상
④ 500m² 이상

76 피난용승강기 승강장의 바닥면적으로 옳은 것은?

① 4m²
② 6m²
③ 8m²
④ 10m²

77 건축물에 설치하는 지하층의 비상탈출구에 관한 기준으로 옳지 않은 것은?

① 비상탈출구에서 피난층 또는 지상으로 통하는 복도나 직통계단까지 이르는 피난통로의 유효너비는 최소 0.9m 이상으로 할 것
② 비상탈출구의 문은 피난방향으로 열리도록 할 것
③ 비상탈출구는 출입구로부터 3m 이상 떨어진 곳에 설치할 것
④ 비상탈출구의 유효너비는 0.75m 이상으로 하고, 유효 높이는 1.5m 이상으로 할 것

78 비상조명등을 설치하여야 하는 특정소방대상물에 해당하는 것은?

① 창고시설 중 창고
② 창고시설 중 하역장
③ 위험물 저장 및 처리 시설 중 가스시설
④ 지하가 중 터널로서 그 길이가 500m 이상인 것

79 다음의 무창층의 정의 내용 중 밑줄 친 각 목의 요건으로 옳지 않은 것은?

"무창층"이란 지상층 중 다음 각 목의 요건을 모두 갖춘 개구부의 면적을 합계가 해당 층의 바닥면적의 30분의 1 이하가 되는 층을 말한다.

① 내부 또는 외부에서 쉽게 부수거나 열 수 없을 것
② 도로 또는 차량이 진입할 수 있는 빈터를 향할 것

③ 크기는 지름 50cm 이상의 원이 내접할 수 있는 크기일 것
④ 해당 층의 바닥면으로부터 개구부 밑부분까지의 높이가 1.2m 이내일 것

80 소화활동설비에 해당하지 않는 것은?
① 제연설비
② 연결송수관설비
③ 비상방송설비
④ 비상콘덴서설비

02 | 2023년 실내건축기사 2회

1과목 실내디자인계획

01 리듬의 효과를 위해 사용되는 요소의 종류가 아닌 것은?

① 반복
② 점이
③ 강조
④ 방사

02 주거 공간의 효율을 높이고 데드 스페이스(dead space)를 활용하는 방법에 관한 설명으로 옳지 않은 것은?

① 가능한 기능과 목적에 따라 독립된 실로 계획한다.
② 플랫폼 가구를 활용한다.
③ 가구와 공간의 치수 체계를 통합하여 계획한다.
④ 침대, 계단 밑 등을 수납공간으로 활용한다.

03 후기 모더니즘으로 관계가 먼 것은?

① 효율성을 우선시한 시스템과 집단주의에 반대하고, 개별성과 자율성을 중시한다.
② 기존의 봉건적 사고에서 벗어나서 이성과 합리성, 효율성을 중시하는 사상이다.
③ 해체주의나 브루탈리즘 같은 모더니즘 이후 탄생한 많은 양식 등을 모두 포함한다.
④ 대표적인 건축가로 시저 펠리, 리처드 마이어, 노먼 포스터, 리처드 로저스, 아라타 이소자키 등이 있다.

04 다음 중 인간과 실내 환경의 이론 중 형태학을 가장 올바르게 설명한 것은?

① 인간 신체의 해부학적 특성을 디자인에 적용시키기 위한 연구
② 인간의 시각, 청각, 촉각적 특징을 디자인에 적용시키기 위한 연구
③ 환경에서 인간의 잠재적 심리상태를 패턴화하여 디자인에 적용시키기 위한 연구
④ 인간의 지각, 심리, 행동의 특질을 패턴화하여 디자인에 적용시키기 위한 연구

05 다음 설명에 알맞은 주택 부엌의 유형은?

- 작업대 길이가 2m 정도인 소형 주방가구가 배치된 간이 부엌의 형식이다.
- 사무실이나 독신자 아파트에 주로 설치된다.

① 키친네트
② 오픈 키친
③ 독립형 부엌
④ 다용도 부엌

06 다음 설명에 알맞은 형태의 종류는?

- 인간의 지각, 즉, 시각과 촉각 등으로는 직접 느낄 수 없고 개념적으로만 제시될 수 있는 형태이다.
- 순수 형태 또는 상징적 형태라고도 한다.

① 자연 형태
② 인위 형태
③ 이념적 형태
④ 추상적 형태

07 디자인 원리 중 디자인 대상의 전체에 미적 질서를 부여하는 것으로 변화와 함께 모든 조형에 대한 미의 근원이 되는 것은?

① 리듬
② 통일
③ 강조
④ 대비

08 형태의 지각 심리 중 형과 배경의 법칙에 관한 설명으로 옳지 않은 것은?

① 형은 가깝게 느껴지고 배경은 멀게 느껴진다.
② 명도가 낮은 것보다는 높은 것이 배경으로 인식되기 쉽다.
③ 대체적으로 면적이 작은 부분이 형이 되고, 큰 부분은 배경이 된다.
④ 형과 배경이 순간적으로 번갈아 보이면서 다른 형태로 지각되는 심리의 대표적인 예로 '루빈의 항아리'를 들 수 있다.

09 사무실의 책상 배치 유형 중 면적효율이 좋고 커뮤니케이션(communication)형성에 유리하여 공동 작업의 형태로 업무가 이루어지는 사무실에 적합한 유형은?

① 동향형
② 대향형
③ 자유형
④ 좌우대칭형

10 상점의 공간구성 중 판매 부분에 속하지 않는 것은?

① 통로 공간
② 서비스 공간
③ 상품 관리 공간
④ 상품 전시 공간

11 치수표기에 관한 설명 중 옳지 않은 것은?

① 협소한 간격이 연속될 때에는 인출선을 사용한다.
② 필요한 치수의 기재가 누락되는 일이 없도록 한다.
③ 치수는 특별히 명시하지 않는 한 마무리 치수로 표시한다.
④ 치수는 치수선을 중단하고 선의 중앙에 기입하여서는 안 된다.

12 주택의 거실계획에 관한 설명으로 옳지 않은 것은?

① 실내의 다른 공간과 유기적으로 연결될 수 있도록 통로화 시킨다.
② 거실을 가능한 남향으로 하여 일조와 조망, 통풍이 잘 되도록 한다.
③ 거실의 규모는 가족 수, 가족 구성, 전체 주택의 규모 등에 영향을 받는다.
④ 거실의 평면은 정사각형보다 한 변이 너무 짧지 않은 직사각형이 가구배치 등에 효과적이다.

13 다음 중 상점의 매장 내 진열장을 배치 계획할 때 가장 중심적으로 고려해야 할 사항은?

① 고객 동선
② 영업시간
③ 조명의 조도
④ 진열 케이스의 수

14 다음 설명에 알맞은 창의 종류는?

> 창이 벽을 경계로 하여 튀어나온 것으로 창과 벽 사이의 창에 아늑한 공간을 형성하여 간이 휴식 공간이나 식물이나 장식품 등을 놓아두는 공간이다.

① 윈도우 월
② 보우 윈도우
③ 베이 윈도우
④ 픽쳐 윈도우

15 한국 건축의 의장 계획상 특징과 가장 거리가 먼 것은?

① 친밀감을 주는 인간적인 척도
② 자연과의 조화
③ 인위적인 기교의 아름다움
④ 단아한 아름다움과 순박한 맛

16 부분 커튼으로 창문의 반 정도만 가리도록 만든 형태의 커튼은?

① 새시 커튼
② 글라스 커튼
③ 드로우 커튼
④ 드레이퍼리 커튼

17 건축설계도면 중 단면도에 관한 설명으로 옳은 것은?

① 각 층의 높이, 처마 높이, 반자 높이 등을 표기한다.
② 벽 및 기타 마감 재료명을 표기한다.
③ 각 실의 용도, 부지 경계선을 표시한다.
④ 시공자의 기술을 보여주고 싶은 부분을 작성한다.

18 날개의 각도를 조정하여 일광을 조절하며, 시선을 차단하는 블라인드 중 수평적 요소로 작용하여 안정감을 주나 먼지가 쌓이기 쉬운 것은?

① 롤 블라인드
② 로만 블라인드
③ 버티컬 블라인드
④ 베네이션 블라인드

19 다음 설명과 같은 특징을 갖는 전시 공간의 평면 형태는?

- 고정된 축이 없어 안정된 상태에서 지각하기 어렵다.
- 전시실 중앙에 핵이 되는 전시물을 중심으로 주변에 그와 관련되거나 유사한 성격의 전시물을 전시함으로써 공간이 주는 불확실성을 극복할 수 있다.

① 원형
② 사각형
③ 자유형
④ 부채꼴형

20 사무소 공간구성 중 아트리움(Atrium)에 관한 설명으로 옳지 않은 것은?

① 실내 조경을 통해 자연 요소의 도입이 가능하다.
② 빛 환경의 관점에서 전력 에너지의 절약이 이루어진다.
③ 내부 공간의 긴장감을 이완시키는 지각적 카타르시스가 가능하다.
④ 개방형 업무공간으로 작업 중심의 레이아웃으로 구성된다.

2과목 실내디자인 색채 및 사용자 행태분석

21 색채가 지닌 심리적, 생리적, 물리학적 성질을 잘 활용하는 일을 색채조절(color conditioning)이라고 한다. 다음 중 색채조절이 특히 중요시되는 곳은?

① 상점
② 공공단체
③ 음식점
④ 생산공장

22 KS(한국산업규격) 표색계로 현색계에 속하는 기준 표색계는?

① 먼셀 표색계
② 오스트발트 표색계
③ CIE 표색계
④ 문·스펜서 표색계

23 다음 중 한색으로만 모여진 것으로 옳은 것은?

① 빨강 - 노랑
② 자주 - 보라
③ 파랑 - 연녹색
④ 노랑 - 주황

24 조명광이나 물체색을 오랫동안 계속 쳐다보고 있을 때 색의 지각이 약해져서 생기는 현상은?

① 색온도
② 색순응
③ 박명시
④ 푸르킨예 현상

25 다음 중 두 색료를 혼합하여 무채색이 되는 것은?

① 검정 + 보라
② 주황 + 노랑
③ 회색 + 초록
④ 청록 + 빨강

26 복잡한 가운데 질서의 요소를 미(美)의 기준으로 보고, 색의 3속성을 고려한 독자적인 색공간을 가정하여 조화 관계를 주장한 사람은?

① W. Ostwald
② Munsell
③ P. Moon & D. E. Spencer
④ Faber Birren

27 공장 안에서 통행에 충돌위험이 있는 기둥은 무슨 색으로 처리하는 것이 안전색채에 적절한가?

① 빨강
② 노랑
③ 파랑
④ 초록

28 디바이스 종속 색체계에 대한 설명으로 옳은 것은?

① 디지털 색채를 다루는 전자장비 간에 호환성이 없다.
② CIE XYZ 색체계 예시를 들 수 있다.
③ 동일한 제조 회사에서 생산하는 모든 컬러 디바이스 모델은 서로 색체계가 같다.
④ 제조업체가 다른 컬러 디바이스 모델 간에는 호환성이 없다.

29 색채 조절의 효과로 가장 거리가 먼 것은?

① 마음의 안정을 찾는다.
② 일의 능률을 향상하게 시킨다.
③ 눈과 정신의 피로를 완화한다.
④ 개인의 취향을 반영할 수 있다.

30 유행산업 제품에는 그 시대의 유행색이 있게 마련이다. 유행색에 관한 설명으로 옳지 않은 것은?

① 유행색은 상업적 입장에서는 경제적 이익이 있을 뿐 대중에게는 오히려 피해가 크다.
② 유행색의 변화는 산업, 특히 유행산업 제품 생산에 활기를 준다.
③ 유행색은 그 시대의 심리적 만족감을 채워 줄 수가 있다.
④ 모든 산업 제품은 최신 유행색으로만 디자인 할 성격의 대상이 아니다.

31 다음 의자에 대한 설명 중 옳지 않은 것은?
① 오토만은 편안한 휴식을 위해 발을 올려놓는 데 사용한다.
② 풀업 체어는 필요에 따라 이동시켜 사용할 수 있는 간이의자이다.
③ 스툴은 등받이와 팔걸이가 없는 형태의 보조의자이다.
④ 라운지체어는 오래전부터 식탁과 함께 사용되어온 식사를 위한 의자로 다이닝 체어 라고도 한다.

32 가구의 배치 결정 시 먼저 고려되어야 할 사항은?
① 질감
② 색채
③ 기능
④ 스타일

33 다음 중 신체 측정치에 영향을 끼칠 수 있는 변수(Variability)로만 나열된 것은?
① 직업, 종교, 성별
② 인종, 계측 장비, 종교
③ 인종, 나이, 성별
④ 나이, 직업, 계측 장비

34 근육의 대사 작용에서 근육 피로의 원인이 되는 물질은?
① 젖산
② 단백질
③ 포도당
④ 글리코겐

35 근력(Strength)에 관한 설명으로 옳지 않은 것은?
① 근력은 일반적으로 등척적으로 근육이 낼 수 있는 최대 힘을 의미한다.
② 근력은 힘의 발휘 조건에 따라 정적 근력과 동적 근력의 두 가지 유형으로 구분될 수 있다.
③ 동적 근력을 등척력이라 하며, 정지된 상태에서 움직이기 시작할 때의 힘을 의미한다.
④ 동적 근력의 측정이 어려운 것은 가속, 관절 각도의 변화 등이 측정에 영향을 미치기 때문이다.

36 생리적 활동 척도에 해당하지 않는 것은?
① 혈압
② 점멸융합주파수
③ 분당 호흡용량
④ 최대 산소소비능력

37 다음 중 시스템(체계) 설계 과정의 주요 단계에 있어 가장 먼저 시작되는 것은?
① 기본 설계
② 시스템의 정의
③ 계면(인터페이스) 설계
④ 시스템의 목표와 성능 명세 결정

38 인간-기계 통합 체계에서 인간 또는 기계에 의해서 수행되는 기본 기능과 가장 거리가 먼 것은?
① 감지 기능
② 상호 보완 기능
③ 정보 보관 기능
④ 정보 처리 및 의사 결정 기능

39 눈의 구조 중 맥락막에 관한 설명으로 옳은 것은?
① 안구의 가장 바깥쪽 표면에 있어서 눈에서 제일 먼저 빛이 통과하는 부분이다.
② 안구벽의 가장 안쪽에 위치하고, 수정체에서 굴절되어 온 상이 생기는 부분이다.
③ 안구벽의 중간층을 형성하는 막으로 모양체근이 있어 원근조절에 관여하는 부분이다.
④ 안구 대부분을 싸고 있는 흰색의 막으로 안구의 움직임을 조절하는 근육이 부착된 부분이다.

40 인체 측정 데이터를 산정할 때 고려해야 할 사항으로 옳은 것은?
① 조정까지의 거리, 선반의 높이 등의 도달거리는 95% 치수를 사용한다.
② 계측자의 응용에 있어서 누드 상태의 계측치에 여유 치수를 더 하여야 한다.
③ 수용 공간이 중요한 고려사항이라면 하위 5%나이보다 작은 값이 적용되어야 한다.
④ 평균치를 사용하는 것이 가장 적절한 방법이다.

3과목 실내디자인 시공 및 재료

41 그림과 같은 나무의 무게가 14kg이다. 이 나무의 함수율은? (단, 나무의 전건비중은 0.5이다.)

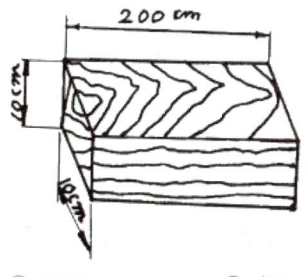

① 30%
② 40%
③ 50%
④ 60%

42 수목이 성장도중 세로방향의 외상으로 수피가 말려들어간 것을 뜻하는 흠의 종류는?
① 옹이
② 송진구멍
③ 혹
④ 껍질박이

43 입면상으로 매 켜에서 길이쌓기와 마구리쌓기가 번갈아 나오도록 되어 있는 방식으로 구조적으로 튼튼하지 못하나, 외관이 아름다워 장식용으로 사용하는 벽돌 쌓기 방식은?
① 영국식 쌓기
② 네널란드식 쌓기
③ 불식 쌓기
④ 미국식 쌓기

44 암석을 이루고 있는 조암광물에 대한 설명으로 옳지 않은 것은?
① 감섬석·휘석은 검정색을 띤다.
② 방해석은 산에 쉽게 용해된다.
③ 흑운모는 백운모에 비해 안정도가 떨어진다.
④ 석영은 산·알칼리에 약하다.

45 ALC(autoclaved lightweight concrete)에 관한 설명으로 옳지 않은 것은?
① ALC제품은 오토클레이브 양생을 해서 만든 기포콘크리트 제품이다.
② ALC제품은 오토클레이브 양생을 하기 때문에 작은 비중에 비해 비교적 압축강도가 높아 기둥, 보 등의 구조 재료로 주로 사용된다.
③ ALC제품은 시공이 용이하고 내화성이 양호한 편이다.
④ ALC제품은 우수한 음 및 열적 특성이 있고, 사용 후 변형이나 균열이 적다.

46 점토 제품 중 흡수율이 1% 이하로 흡수율이 가장 작은 제품은?
① 토기
② 도기
③ 석기
④ 자기

47 타일공사의 바탕처리에 관한 설명으로 옳지 않은 것은?
① 타일을 붙이기 전에 바탕의 들뜸, 균열 등을 검사하여 불량 부분은 보수한다.
② 여름에 외장타일을 붙일 경우에는 하루 전에 바탕면에 물을 적시는 행위를 금하도록 한다.
③ 타일붙임 바탕에는 뿜칠 또는 솔을 사용하여 물을 골고루 뿌린다.
④ 타일을 붙이기 전에 불순물을 제거한다.

48 건물 외부에 낙하물 방지망을 설치할 경우 수평면과의 가장 적절한 각도는?
① 5° 이상, 10° 이하
② 10° 이상, 15° 이하
③ 15° 이상, 20° 이하
④ 20° 이상, 30° 이하

49 다음 미장재료 중 공기 중의 탄산가스와 반응하여 화학변화를 일으켜 경화하는 것은?
① 소석회
② 시멘트 모르타르
③ 혼합석고 플라스터
④ 경석고 플라스터

50 콘크리트의 블리딩 현상에 의한 성능저하와 가장 거리가 먼 것은?
① 골재와 페이스트의 부착력 저하
② 철근과 페이스트의 부착력 저하
③ 콘크리트의 수밀성 저하
④ 콘크리트의 응결성 저하

51 콘크리트 배합설계 시 물의 양을 150ℓ/㎥, 시멘트의 양을 100ℓ/㎥로 하였을 경우 물-시멘트비는? (단, 시멘트의 밀도는 3.14g/㎤임)
① 약 34%
② 약 48%
③ 약 67%
④ 약 85%

52 경석고 플라스터에 대한 설명으로 옳지 않은 것은?
① 강도가 크며 수축 균열이 작다.
② 알칼리성으로 철의 부식을 방지한다.
③ 무수 석고를 화학 처리하여 제조한다.
④ 킨즈 시멘트라고도 한다.

53 강화 유리에 관한 설명으로 틀린 것은?
① 유리 표면에 강한 압축 응력층을 만들어 파괴 강도를 증가시킨 것이다.
② 강도는 플로트 판유리에 비해 3~5배 정도이다.
③ 주로 출입문이나 계단 난간, 안전성이 요구되는 칸막이 등에 사용된다.
④ 깨질 때는 판유리 전체가 파편으로 잘게 부서지지 않는다.

54 알루미늄의 물리적 성질에 관한 설명 중 옳지 않은 것은?

① 비중은 약 2.7, 융점은 약 659℃ 정도이다.
② 열·전기 전도성이 크고 반사율이 높다.
③ 열팽창계수는 철과 거의 유사하다.
④ 상온에서 판, 선으로 압연가공하면 경도와 인장강도는 증가하고 연신율은 감소한다.

55 합성수지 중에서 파이프, 튜브, 물받이통 등의 제품에 가장 많이 사용되는 열가소성수지는?

① 페놀 수지
② 멜라민 수지
③ 프란 수지
④ 염화비닐 수지

56 강재 시편의 인장 시험 시 나타나는 응력–변형률 곡선에 관한 설명으로 옳지 않은 것은?

① 하위 항복점까지 가력한 후 외력을 제거하면 변형은 원상으로 회복된다.
② 인장 강도점에서 응력값이 가장 크게 나타난다.
③ 냉간 성형한 강재는 항복점이 명확하지 않다.
④ 상위 항복점 이후에 하위 항복점이 나타난다.

57 현장에서 설계도서, 법령해석, 감리자 의견 등이 서로 상이할 때 일반적으로 최우선순위로 가장 적당한 것은?

① 특기 시방서
② 설계도면
③ 일반시방서, 표준시방서
④ 산출내역서

58 다음과 같은 철근 콘크리트조 건축물에서 쌍줄비계 면적을 산출한 것 중 맞는 것은?

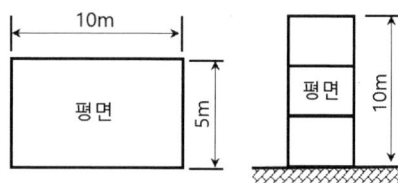

① 300 m²
② 336 m²
③ 372 m²
④ 400 m²

59 단열재료에 관한 설명으로 옳지 않은 것은?

① 단열재료는 보통 다공질의 재료가 많으며, 열전도율이 낮을수록 단열성능이 좋은 것이라 할 수 있다.
② 암면은 변질되지 않고 내구성이 뛰어나지만, 불에 타고 무겁다는 단점이 있다.
③ 단열재료의 대부분은 흡음성도 우수하므로 흡음재료로도 이용된다.
④ 유리면은 일반적으로 결로수가 부착되면 단열성이 크게 저하되므로 방습성이 있는 시트로 감싼 상태에서 사용된다.

60 TQC를 위한 7가지 도구 중 다음 설명이 의미하는 것은?

> 모 집단에 대한 품질특성을 알기 위하여 모 집단의 분포상태, 분포의 중심 위치, 분포의 산포 등을 쉽게 파악할 수 있도록 막대 그래프 형식으로 작성한 도수분포도를 말한다.

① 히스토그램
② 특성요인도
③ 파레토도
④ 체크시트

4과목: 실내디자인 환경

61 습공기를 가습하였을 때의 상태변화로 옳은 것은? (단, 건구온도는 일정하다.)
① 엔탈피가 커진다.
② 노점온도가 낮아진다.
③ 습구온도가 낮아진다.
④ 절대습도가 작아진다.

62 다음과 같은 재료로 구성된 벽체의 열관류율은? (단, 벽체의 내표면 열전달률은 $8.3W/m^2 \cdot K$, 외표면 열전달률은 $16.6W/m^2 \cdot K$ 이다.)

재료	두께(mm)	열전도율($W/m \cdot K$)
벽돌	190	0.84
석고보드	50	0.05

① $0.02W/m^2 \cdot K$
② $0.04W/m^2 \cdot K$
③ $0.52W/m^2 \cdot K$
④ $0.71W/m^2 \cdot K$

63 중력환기에 관한 설명으로 옳지 않은 것은?
① 환기량은 개구부 면적에 비례하여 증가한다.
② 실내외의 온도차에 의한 공기의 밀도차가 원동력이 된다.
③ 개구부의 전후에 압력차가 있으면 고압측에서 저압측으로 공기가 흐른다.
④ 어떤 경우에서도 중성대의 하부가 공기의 유입측, 상부가 공기의 유출측이 된다.

64 마스킹(masking) 효과에 관한 설명으로 옳은 것은?
① 초기 반사음보다 늦게 도래하는 반사음의 효과
② 입사음의 진동수가 벽의 진동수와 일치되어 같은 소리를 내는 현상
③ 어떤 음의 방해로 인하여 다른 음에 대한 가청 임계값이 증가하는 현상
④ 음파가 어떤 매질을 진행할 때 다른 매질의 경계면에 도달하여 진행방향이 변하는 현상

65 건축화조명 중 코브(cove) 조명에 관한 설명으로 옳은 것은?
① 광원을 넓은 면적의 벽면에 매입하여 비스타(vista)적인 효과를 낼 수 있다.
② 벽면의 상부에 위치하여 모든 빛이 아래로 직사하도록 하는 직접조명방식이다.
③ 천장, 벽의 구조체에 의해 광원의 빛이 천장 또는 벽면으로 가려지게 하여 반사광으로 간접 조명하는 방식이다.
④ 건축구조체로 천장에 조명기구를 설치하고 그 밑에 루버나 유리, 플라스틱 같은 확산 투과판으로 천장을 마감처리하여 설치하는 조명방식이다.

66 급수배관의 설계 및 시공상의 주의점에 관한 설명으로 옳지 않은 것은?
① 수평배관에는 공기나 오물이 정체하지 않도록 한다.
② 수평주관은 기울기를 주지 않고, 가능한 한 수평이 되도록 배관한다.
③ 주배관에는 적당한 위치에 플랜지 이음을 하여 보수점검을 용이하게 한다.
④ 음료용 급수관과 다른 용도의 배관이 크로스 커넥션(cross connection)되지 않도록 한다.

67 호텔의 주방이나 레스토랑의 주방에서 배출되는 배수 중의 유지분을 포집하기 위하여 사용되는 포집기는?
① 헤어 포집기
② 오일 포집기
③ 그리스 포집기
④ 플라스터 포집기

68 온수난방 방식에 관한 설명으로 옳지 않은 것은?
① 증기난방에 비해 예열시간이 짧다.
② 온수의 현열을 이용하여 난방하는 방식이다.
③ 한랭지에서는 운전정지 중에 동결의 위험이 있다.
④ 보일러 정지 후에는 여열이 남아 있어 실내 난방이 어느 정도 지속된다.

69 다음 중 약전설비에 속하는 것은?
① 변전설비
② 전화교환설비
③ 축전지설비
④ 자가발전설비

70 자동화재탐지설비의 감지기 중 감지기 주위의 온도가 일정한 온도 이상이 되었을 때 작동하는 것은?
① 차동식감지기
② 정온식감지기
③ 광전식 감지기
④ 이온화식 감지기

71 소화활동설비 중 연결송수관설비를 설치하여야 하는 특정소방대상물의 층수 및 연면적 기준으로 옳은 것은? (단, 위험물 저장 및 처리시설 중 가스시설 또는 지하구는 제외)
① 층수가 5층 이상으로서 연면적 6천m^2 이상인 것
② 층수가 5층 이상으로서 연면적 1만m^2 이상인 것
③ 층수가 7층 이상으로서 연면적 6천m^2 이상인 것
④ 층수가 7층 이상으로서 연면적 1만m^2 이상인 것

72 다음 중 건축법상 건축물의 용도 구분에 속하지 않는 것은? (단, 대통령령으로 정하는 세부 용도는 제외)
① 공장
② 교육시설
③ 묘지 관련 시설
④ 자원순환 관련 시설

73 건축법령의 관련 규정에 의하여 설치하는 거실의 반자는 그 높이를 최소 얼마 이상으로 하여야 하는가?
① 2.1m
② 2.3m
③ 2.6m
④ 2.7m

74 건축물의 설비기준 등에 관한 규칙에 따라 피뢰설비를 설치하여야 하는 건축물의 높이 기준은?
① 10m 이상
② 15m 이상
③ 20m 이상
④ 31m 이상

75 건축물에 설치하는 경계벽이 소리를 차단하는데 장애가 되는 부분이 없도록 하여야 하는 구조 기준으로 옳지 않은 것은?
① 철근콘크리트조로서 두께가 10cm 이상인 것
② 무근콘크리트조로서 두께가 10cm 이상인 것
③ 콘크리트블록조로서 두께가 19cm 이상인 것
④ 벽돌조로서 두께가 15cm 이상인 것

76 10층인 건축물로서 5층 이상의 층이 특정 용도인 경우 피난 용도로 쓸 수 있는 옥상 광장을 설치하지 않아도 되는 것은?

① 종교시설
② 숙박시설
③ 판매시설
④ 장례시설

77 상업지역 및 주거지역에서 건축물에 설치하는 냉방시설 및 환기시설의 배기구는 도로면으로부터 몇 m 이상의 높이에 설치해야 하는가?

① 1.8m 이상
② 2m 이상
③ 3m 이상
④ 4.5m 이상

78 20층인 종합병원 건축물에서 6층 이상의 거실면적의 합계가 35000m^2인 경우 승강기 최소 설치 대수는? (단, 16인승 이상의 승강기로 설치한다.)

① 7대
② 8대
③ 9대
④ 10대

79 각 소방시설의 종류별 연결이 옳지 않은 것은?

① 소화설비 - 옥내소화전설비
② 피난설비 - 자동화재속보설비
③ 소화용수설비 - 소화수조
④ 소화활동설비 - 제연설비

80 방염대상물품의 방염 성능기준에서 불꽃에 의하여 완전히 녹을 때까지 불꽃의 접촉 횟수는 최소 몇 회 이상인가? (단, 소방청장이 정하여 고시하는 사항은 고려하지 않는다.)

① 2회
② 3회
③ 5회
④ 7회

과년도 기출문제

2023년 3회

03 | 2023년 실내건축기사 3회

1과목 실내디자인계획

01 실내공간 구성요소 중 벽(wall)에 관한 설명으로 옳지 않은 것은?

① 공간을 에워싸는 수직적 요소이다.
② 다른 요소에 비해 조형적으로 가장 자유롭다.
③ 외부 세계에 대한 침입 방어의 기능을 갖는다.
④ 가구, 조명 등 실내에 놓이는 설치물에 대해 배경적 요소가 된다.

02 다음과 가장 관계가 깊은 사람은?

- "Less is more"
- 인테리어의 엄격한 단순성
- 바르셀로나 파빌리온

① 루이스 설리번
② 르 코르뷔지에
③ 미스 반 데어 로에
④ 프랭크 로이드 라이트

03 실내공간의 형태에 관한 설명으로 옳지 않은 것은?

① 원형의 공간은 내부로 향한 집중감을 주어 중심이 더욱 강조된다.
② 정사각형의 공간은 조용하고 정적인 반면, 딱딱하고 형식적인 느낌을 준다.
③ 천장이 모아진 삼각형의 공간은 방향성의 중립을 유지하여 긴장감이 없다.
④ 직사각형의 공간에서 길이가 폭의 두 배를 넘게 되면 공간의 사용과 가구 배치가 자유롭지 못하게 된다.

04 개구부에 관한 설명으로 옳지 않은 것은?

① 한 공간과 인접된 공간을 연결시킨다.
② 가구 배치와 동선계획에 영향을 미친다.
③ 벽체를 대신하여 건축구조요소로 사용된다.
④ 창의 크기와 위치, 형태는 창에서 보이는 시야의 특징을 결정한다.

05 POE(Post-Occupancy Evaluation)의 의미로 가장 알맞은 것은?

① 건축물을 사용해 본 후에 평가하는 것이다.
② 낙후 건축물의 이상 유무를 평가하는 것이다.
③ 건축물을 사용해 보기 전에 성능을 예상하는 것이다.
④ 건축 도면 완성 후 건축주가 도면의 적정성을 평가하는 것이다.

06 디자인 요소로서 선에 관한 설명으로 옳지 않은 것은?

① 어떤 형상을 규정하거나 한정하고 면적을 분할한다.
② 점이 이동한 궤적이며 면의 한계, 교차에서 나타난다.
③ 기하학적인 관점에서 길이의 개념은 있으나 폭과 부피의 개념은 없다.
④ 선은 수직선, 수평선, 사선, 곡선이 있으며 이중에서 사선이 가장 안정적이다.

07 다음 설명에 알맞은 블라인드의 종류는?

> • 셰이드 블라인드라고도 한다.
> • 천을 감아 올려 높이 조절이 가능하며 칸막이나 스크린의 효과도 얻을 수 있다.

① 롤 블라인드
② 로만 블라인드
③ 버티컬 블라인드
④ 베니션 블라인드

08 상점 쇼윈도의 눈부심 방지 방법으로 옳지 않은 것은?

① 곡면 유리를 사용한다.
② 쇼윈도 상부에 차양을 설치하여 햇빛을 차단한다.
③ 내부 조도를 외부 도로 면의 조도보다 어둡게 처리한다.
④ 유리를 경사지게 처리하여 외부 영상이 시야에 들어오지 않게 한다.

09 사무소 건축의 코어 유형에 관한 설명으로 옳지 않은 것은?

① 중앙코어형은 기준층 바닥 면적이 작은 경우에 주로 사용된다.
② 양단코어형은 2방향 피난에 이상적이므로 피난시 유리하다.
③ 편단코어형은 코어의 위치를 사무소 평면상의 어느 한쪽에 편중하여 배치한 유형이다
④ 외코어형은 설비 덕트나 배관을 코어로부터 사무실 공간으로 연결하는데 제약이 많다.

10 주거 공간의 조닝(zoning) 방법과 가장 거리가 먼 것은?

① 융통성에 의한 구분
② 주 행동에 의한 구분
③ 사용 시간에 의한 구분
④ 프라이버시 정도에 의한 구분

11 질적, 양적으로 전혀 다른 둘 이상의 요소가 동시적 혹은 계속해서 배열될 때 상호의 특질이 한층 강하게 느껴지는 디자인 원리는?

① 균형
② 조화
③ 리듬
④ 대비

12 회전문 설치에 관한 설명으로 옳지 않은 것은?

① 회전문의 중심축에서 40cm를 제외하고 회전문 날개 끝부분까지의 길이가 140cm 이상이 되도록 해야 한다.
② 출입에 지장이 없도록 일정한 방향으로 회전하는 구조로 해야 한다.
③ 회전문의 회전속도는 분당 회전수가 8회를 넘기지 않도록 한다.
④ 계단이나 에스컬레이터로부터 2m 이상의 거리를 두어야 한다.

13 주택의 실내 치수 계획으로 가장 부적절한 것은?

① 현관의 폭 : 1,200mm
② 세면기의 높이 : 550mm
③ 부엌 작업대의 높이 : 850mm
④ 주택 내부의 복도 폭 : 900mm

14 상점의 진열대 배치 형식 중 직렬 배치형에 관한 설명으로 옳은 것은?

① 고객의 이동 흐름이 늦다는 단점이 있다.
② 주통로 다음의 제2통로를 주통로에 대해 45°가 이루어지도록 진열대를 배치한 형식이다.
③ 진열대 등의 배치와 고객의 동선을 굴절 또는 곡선형으로 구성시킨 형식이다.
④ 고객의 통행량에 따라 부분적으로 통로 폭을 조절하기 어렵다.

15 건축제도에서 사용하는 척도에서 실척을 나타낸 것은?
① 2/1
② 1/1
③ 1/5
④ 1/10

16 다음 그림과 같은 연속적인 주제를 연관성 있게 표현하기 위해 선(線)형으로 연출하는 특수전시 기법은?

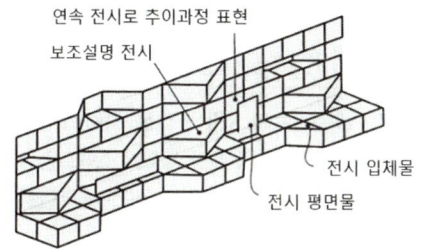

① 디오라마 전시
② 아일랜드 전시
③ 파노라마 전시
④ 하모니카 전시

17 건축제도에서 물체의 보이지 않는 부분의 외곽이나 절단면 이외의 상부나 좌우 면의 외부 모양을 나타낼 때 사용하는 선은?
① 파선   ② 일점쇄선
③ 단면선 ④ 이점쇄선

18 지각에 영향을 미치는 게슈탈트(Gestalt) 법칙에 해당하지 않는 것은?
① 근접성 ② 유사성
③ 연속성 ④ 개방성

19 형태의 개념에 관한 설명으로 옳지 않은 것은?
① 인위적 형태는 휴먼스케일과 일정한 관계를 지닌다.
② 디자인에서 형태는 대부분 인위적 형태이다.
③ 자연 형태는 자연계에 존재하는 모든 것으로부터 보이는 형태이다.
④ 인위적 형태는 개념적으로만 제시될 수 있는 형태로서 상징적 형태라고도 한다.

20 기둥 밑의 초반이 있고 2~3개의 수평 테가 있으며 주두에는 소용돌이 형상의 특징이 있는 주범 형식은?
① 콤포짓
② 이오니아
③ 도리아
④ 코린트

2과목 실내디자인 색채 및 사용자 행태분석

21 다음 중 색료를 혼합하여 만들 수 없는 색은?
① 주황
② 노랑
③ 연두
④ 남색

22 오스트발트 색체계의 설명으로 틀린 것은?
① 3색 이상의 회색은 채도가 등 간격이면 조화롭다.
② 색입체가 대칭구조를 이루고 있다.
③ 기본색은 노랑, 빨강, 파랑, 초록이다.
④ la-na-pa는 등흑색 계열을 나타낸다.

23 다음 중 색의 시간성에 대한 색채계획으로 잘못된 것은?
① 운동선수나 난색 계열 유니폼은 속도감이 높아져 보여 상대편의 심리를 위축시킨다.
② 대합실에 난색 계열을 사용하여 기다리는 시간을 짧게 느끼게 했다.
③ 커피숍에 난색 계열을 사용하여 테이블 회전수를 늘렸다.
④ 사무실에 한색 계열을 사용하여 시간의 지루함을 없앴다.

24 슈브뢸(M.E. Chevreul)의 색채 조화론과 관계가 없는 것은?
① 도미넌트 컬러
② 보색 배색의 조화
③ 세퍼레이션 컬러
④ 동일 색상의 조화

25 다음 중 주택의 색채조절에 있어서 조명이 가장 밝아야 하는 곳은?
① 거실 ② 침실
③ 부엌 ④ 복도

26 다음 색채계획과정 중 옳은 것은?
① 색채환경분석 → 색채심리분석 → 색채전달계획 → 디자인의 적용
② 색채심리분석 → 색채환경분석 → 색채전달계획 → 디자인의 적용
③ 색채환경분석 → 색채전달계획 → 색채심리분석 → 디자인의 적용
④ 색채심리분석 → 색채전달계획 → 색채환경분석 → 디자인의 적용

27 다음 중 Lab 색 모델 설명으로 틀린 것은?
① 균일 색 모델(uniform color model)이다.
② L은 밝기, a와 b는 색도 성분에 해당한다.
③ 균일 색 모델에는 Lab, Luv 등의 모델이 존재한다.
④ green에서 magenta 사이의 색 단계는 b축이다.

28 빨간 성냥불을 어두운 곳에서 돌리면 길고 선명한 원이 생긴다. 이러한 현상은?
① 색의 동화 ② 색의 대비
③ 색의 잔상 ④ 색의 시인성

29 영·헬름홀츠의 3원색 설은 사람의 눈 구조 중 망막 조직에서 색 시각 세포가 스펙트럼을 통하여 얻은 색 중 감지할 수 있는 색으로 옳지 않은 것은?
① 빨강 ② 노랑
③ 녹색 ④ 파랑

30 용도별 실내색채에 관한 설명으로 옳지 않은 것은?
① 정신적 업무 공간이므로 한색 계통을 사용한다.
② 병원 수술실에는 가장 많이 쓰이는 청록색을 사용한다.
③ 사무실 벽면은 순백색으로 배색하는 것이 눈의 피로를 줄여서 좋다.
④ 공장에서 안전이 요구되는 곳에는 주황색을 사용한다.

31 다음 설명에 알맞은 의자의 종류는?

- 필요에 따라 이동시켜 사용할 수 있는 간이 의자로, 크지 않으며 가벼운 느낌의 형태를 갖는다.
- 이동하기 쉽도록 잡기 편하고 들기에 가볍다.

① 카우치 ② 이지 체어
③ 풀업 체어 ④ 체스터필드

32 유닛 가구(unit furniture)에 관한 설명으로 옳지 않은 것은?

① 고정적이면서 동시에 이동적인 성격을 갖는다.
② 특정한 사용 목적이나 많은 물품을 수납하기 위해 건축화된 가구이다.
③ 공간의 조건에 맞도록 조합시킬 수 있으므로 공간의 이용효율을 높여 준다.
④ 규격화된 단일가구를 원하는 형태로 조합하여 사용할 수 있으므로 다목적 사용이 가능하다.

33 다음 중 신체 측정치에 영향을 끼칠 수 있는 변수(Variability)로만 나열된 것은?

① 직업, 종교, 성별
② 인종, 계측 장비, 종교
③ 인종, 나이, 성별
④ 나이, 직업, 계측 장비

34 다음 그림은 인간-기계시스템을 개략적으로 묘사한 것이다. 빈 칸에 들어갈 내용을 올바르게 연결한 것은?

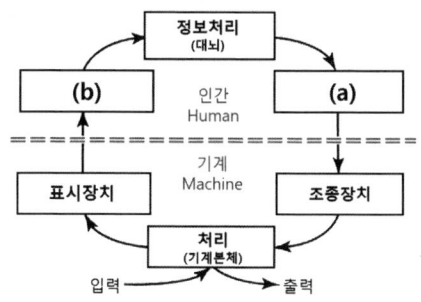

① (a) : 전원, (b) : 신경
② (a) : 제어, (b) : 전원
③ (a) : 감지, (b) : 제어
④ (a) : 제어, (b) : 감지

35 생리적 상태 변동을 전류로 변환하여 측정되는 것으로 뇌파 전위도를 기록하는 것은?

① EEG   ② EMG
③ ECG   ④ EOG

36 다음 중 인체의 각 기관계와 해당하는 기관이 올바르게 연결된 것은?

① 순환계 : 신경
② 호흡기계 : 림프관
③ 호흡기계 : 후두
④ 순환계 : 위장

37 신체 부위의 운동 동작에서 몸의 중심선으로부터 멀어지는 이동을 의미하는 것은?

① 굴곡(flexion)
② 신전(extension)
③ 외전(abduction)
④ 내전(adduction)

38 다음 중 기초 대사량에 관한 설명으로 가장 적절한 것은?

① 단위 시간당 소비되는 산소 소비량
② 생명 유지에 필요한 단위 시간당 에너지량
③ 단위시간 동안 운동한 후 소비된 에너지량
④ 에너지 섭취 시 소요되는 단위 시간당 에너지량

39 인체 측정치의 적용 원칙에서 최소 집단치를 적용하는 대상으로 옳지 않은 것은?

① 제어 버튼 높이
② 선반의 높이
③ 버스 손잡이 높이
④ 그네의 줄 강도

40 근력 및 지구력에 관한 설명으로 옳지 않은 것은?
① 지구력이란 근력을 사용하여 특정 힘을 유지할 수 있는 능력이다.
② 신체 부위를 실제로 움직이는 상태일 때의 근력을 등속성 근력이라 한다.
③ 신체 부위를 실제로 움직이지 않으면서 고정 물체에 힘을 가하는 상태일 때의 근력을 등척성 근력이라 한다.
④ 근력이란 여러 번의 수의적인 노력에 의하여 근육이 등속성으로 낼 수 있는 힘의 최대치를 말한다.

3과목 실내디자인 시공 및 재료

41 목구조에서 서까래, 장선 등에 사용하는 이음은?
① 빗이음　　② 겹친이음
③ 엇빗이음　　④ 턱걸이 주먹장이음

42 목구조에 사용하는 이음과 맞춤에 관한 설명으로 옳은 것은?
① 이음과 맞춤은 공작이 복잡한 것을 쓰고 모양에 치중한다.
② 이음과 맞춤의 단면은 응력의 방향에 수평으로 한다.
③ 이음과 맞춤은 응력이 많이 작용하는 곳에서 만든다.
④ 이음과 맞춤 부재는 가급적 적게 깎아내어 약하게 되지 않도록 한다.

43 석재는 화성암, 수성암, 변성암으로 나눌 수 있는데, 수성암에 속하는 것은?
① 안산암　　② 대리석
③ 화강암　　④ 응회암

44 경질이고 흡수성이 적으며 내마모성이 있고, 두께가 두꺼운 벽돌로서 도로 또는 바닥에 깔기 위해 만든 벽돌은?
① 포도 벽돌　　② 이형 벽돌
③ 다공질 벽돌　　④ 내화 벽돌

45 점토제품 공정에 대한 설명으로 옳지 않은 것은?
① 소성은 보통 터널요에 넣어서 서서히 가열한다.
② 시유의 경우 유약을 착색하기 위하여 석회, 아연유, 식염유 등의 재료가 사용된다.
③ 건조는 자연건조 또는 소성가마의 여열을 이용한다.
④ 반죽을 조합된 점토에 물을 부어 비벼 수분이나 경도를 균질하게 하고, 필요한 점성을 부여한다.

46 광택과 견고함 때문에 벽과 바닥용으로 쓰이는 고급 자재로서 대리석 느낌이면서 대리석 보다는 다양한 문양과 색감을 지니고 있고, 대리석보다 두께가 얇고 견고해서 고급 인테리어에 자주 사용되는 바닥재 중의 하나다. 타일가격자체는 많이 저렴해졌지만 시공비가 많이 드는 타일은?
① 스크래치 타일
② 보더 타일
③ 폴리싱 타일
④ 클링커 타일

47 저급점토, 목탄가루, 톱밥 등을 혼합하여 성형 후 소성한 것으로 단열과 방음성이 우수한 벽돌은?
① 내화벽돌
② 보통벽돌
③ 중량벽돌
④ 경량벽돌

48 강재 시편의 인장시험 시 나타나는 응력-변형률 곡선에 관한 설명으로 옳지 않은 것은?

① 하위항복점까지 가력한 후 외력을 제거하면 변형은 원상으로 회복된다.
② 인장강도 점에서 응력값이 가장 크게 나타난다.
③ 냉간성형한 강재는 항복점이 명확하지 않다.
④ 상위항복점 이후에 하위항복점이 나타난다.

49 용접성을 개선하여 용접성이 매우 우수하며, 강재의 두께가 증가하더라도 항복강도의 저하가 없도록 강재의 특성을 향상시킨 강재는?

① TMCP강
② 내후성강
③ 스테인레스강
④ 무도장 내후성강

50 유리의 성질에 관한 설명으로 옳지 않은 것은?

① 굴절율은 1.5~1.9 정도이고 납을 함유하면 낮아진다.
② 열전도율 및 열팽창율이 작다.
③ 광선에 대한 성질은 유리의 성분, 두께, 표면의 평활도 등에 따라 다르다.
④ 약한 산에는 침식되지 않지만 염산·황산·질산 등에는 서서히 침식된다.

51 연성(軟性)시멘트 모르타르 미장에 관한 설명으로 옳지 않은 것은?

① 미장 바름을 쉽게 하기 위해 혼화제를 첨가하여 비빈다.
② 경화 후에는 못질이 쉽다.
③ 벽의 졸대붙임 바탕에 쓰인다.
④ 지붕잇기 바탕 등에 쓰인다.

52 할렬인장강도시험에서 재하 하중이 120kN에서 파괴된 지름 100mm, 길이 200mm인 콘크리트 시험체의 인장강도는?

① 약 2.0 MPa   ② 약 2.4 MPa
③ 약 3.0 MPa   ④ 약 3.8 MPa

53 공사원가 구성요소의 하나인 공사원가는 순공사비와 어떤 항목이 포함되어 있는가?

① 자재비
② 노무비
③ 현장경비
④ 일반관리비

54 바탕과의 접착을 주목적으로 하며, 바탕의 요철을 완화시키는 바름공정에 해당되는 것은?

① 정벌바름
② 재벌바름
③ 초벌바름
④ 마감바름

55 이동이 간편한 소형비계로 주로 실내에 사용되는 비계는?

① 외줄비계
② 쌍줄비계
③ 달비계
④ 말비계

56 도장결함 중 주름발생 현상의 방지대책으로 가장 적합한 것은?

① 도료의 점도를 낮춘다.
② 교반을 충분하게 하고 겹칠을 한다.
③ 바탕과 도료와의 심한 온도차를 피한다.
④ 도포 후 즉시 직사광선을 쬐이지 않는다.

57 석고보드에 관한 설명으로 옳지 않은 것은?

① 소석고와 혼화제를 반죽하여 2장의 강인한 보드용 원지 사이에 채워 만든다.
② 내화성 및 차음성은 낮으나 외부충격에 매우 강하다.
③ 벽, 천장, 칸막이 벽 등에 주로 사용된다.
④ 성능에 따라 방수석고보드, 미장석고보드, 방균석고보드 등으로 나뉠 수 있다.

58 컨시스턴시에 의한 작업의 난이도 및 재료의 분리에 저항하는 정도를 나타내는 굳지 않은 콘크리트의 성질을 무엇이라고 하는가?

① 컨시스턴시
② 워커빌리티
③ 플라스티시티
④ 피니셔빌리티

59 고성능 AE 감수제에 관한 설명 중 옳지 않은 것은?

① 기존 감수제에 비해 더 많은 감수가 가능하나 슬럼프 로스가 크다.
② 유동화 콘크리트 제조에 사용된다.
③ 콘크리트의 장시간 및 장거리 운반이 가능하다.
④ 고내구성 콘크리트 제조에 사용될 수 있다.

60 화재 시 가열에 대하여 연소되지 않고 유해한 연기나 가스를 발생하지 않는 불연재료에 해당되지 않는 것은?

① 콘크리트
② 석재
③ 알루미늄
④ 목모시멘트판

4과목 실내디자인 환경

61 중력환기에 관한 설명으로 옳지 않은 것은?

① 환기량은 개구부 면적에 비례하여 증가한다.
② 실내외의 온도차에 의한 공기의 밀도차가 원동력이 된다.
③ 개구부의 전후에 압력차가 있으면 고압측에서 저압측으로 공기가 흐른다.
④ 어떤 경우에서도 중성대의 하부가 공기의 유입측, 상부가 공기의 유출측이 된다.

62 실내 탄산가스 농도를 900ppm으로 유지하기 위한 필요환기량은? (단, 1인당 탄산가스 토출량이 $0.013m^3/h \cdot 인$, 외기 중의 탄산가스 농도는 400ppm이다.)

① $26m^3/h \cdot 인$
② $39m^3/h \cdot 인$
③ $52m^3/h \cdot 인$
④ $65m^3/h \cdot 인$

63 측창채광에 관한 설명으로 옳은 것은?

① 천창채광에 비해 채광량이 많다.
② 천창채광에 비해 비막이에 불리하다.
③ 편측채광의 경우 실내 조도분포가 균일하다.
④ 근린의 상황에 의해 채광을 방해받을 수 있다.

64 같은 주파수 음의 간섭에 의해서 입사음파가 반사음파와 중첩되어 음압의 변동이 고정되는 현상은?

① 마스킹 현상
② 정재파 현상
③ 피드백 현상
④ 플러터 에코 현상

65 개별급탕방식에 관한 설명으로 옳지 않은 것은?

① 배관의 열손실이 적다.
② 시설비가 비교적 싸다.
③ 규모가 큰 건축물에 유리하다.
④ 높은 온도의 물을 수시로 얻을 수 있다.

66 다음 중 축동력이 가장 적게 소요되는 송풍기 풍량 제어 방법은?

① 회전수제어
② 토출댐퍼제어
③ 흡입댐퍼제어
④ 흡입베인제어

67 전기설비용 시설공간(실)의 계획에 관한 설명으로 옳지 않은 것은?

① 변전실은 부하의 중심에 설치한다.
② 발전기실은 변전실에서 최소 15m 이상 떨어진 위치에 배치한다.
③ 변전실은 외부로부터 전력의 수전이 용이한 곳에 설치한다.
④ 전기샤프트는 간선의 배선과 점검·유지보수가 용이한 장소로 한다.

68 건축법령에서 정의하는 다음에 해당하는 용어는?

> 기존 건축물의 전부 또는 일부(내력벽·기둥·보·지붕틀 중 셋 이상이 포함되는 경우를 말한다.)를 철거하고 그 대지에 종전과 같은 규모의 범위에서 건축물을 다시 축조하는 것을 말한다.

① 신축
② 개축
③ 증축
④ 재축

69 층수의 산정 시 (　)안에 알맞은 것은?

> 층의 구분이 명확하지 아니한 건축물은 그 건축물의 높이 (　)마다 하나의 층으로 보고 그 층수를 산정하며, 건축물이 부분에 따라 그 층수가 다른 경우에는 그 중 가장 많은 층수를 그 건축물의 층수로 본다.

① 2m
② 4m
③ 3m
④ 1m

70 건축물의 피난·방화구조 등의 기준에 관한 규칙상 거실의 용도에 따른 조도기준이 높은 것에서 낮은 순서대로 옳게 배열된 것은? (단, 바닥에서 85cm 높이에 있는 수평면의 조도)

① 독서 > 관람 > 설계 > 일반사무
② 독서 > 설계 > 관람 > 일반사무
③ 설계 > 일반사무 > 독서 > 관람
④ 설계 > 독서 > 관람 > 일반사무

71 건축물에 설치하는 회전문의 설치기준으로 옳지 않은 것은?

① 회전문의 위치는 계단이나 에스컬레이터로부터 2m 이상 거리를 둘 것
② 회전문의 회전속도는 분당회전수가 8회를 넘지 아니하도록 할 것
③ 회전문과 문틀사이는 5cm 이상 간격을 확보하고 틈사이를 고무와 고무펠트의 조합체 등을 사용하여 신체나 물건 등에 손상이 없도록 할 것
④ 회전문은 사용에 편리하게 양방향으로 회전할 수 있는 구조로 할 것

72 공동주택과 오피스텔의 난방설비를 개별난방방식으로 하는 경우에 대한 기준으로 옳은 것은?

① 보일러의 연도는 개별연도로 설치한다.
② 보일러실의 공기 흡입구와 배기구는 사용 중이지 않을 경우는 닫힌 구조로 한다.
③ 기름보일러를 설치하는 경우에는 기름저장소를 보일러실 내부에 배치한다.
④ 보일러실과 거실 사이의 경계벽은 출입구를 제외하고는 내화구조의 벽으로 구획한다.

73 다음 중 소방시설의 한 종류인 경보설비에 해당되지 않는 것은?

① 비상방송설비
② 자동화재속보설비
③ 비상콘센트설비
④ 통합감시설비

74 방염성능기준 이상의 실내장식물 등을 설치하여야 하는 특정소방대상물에 해당되지 않는 것은?

① 근린생활시설 중 체력단련장
② 의료시설 중 종합병원
③ 층수가 15층인 아파트
④ 숙박이 가능한 수련시설

75 다음의 옥내소화전설비에 관한 설명 중 ( )안에 알맞은 것은?

> 옥내소화전방수구는 특정소방대상물의 층마다 설치하되, 해당 특정소방대상물의 각 부분으로부터 하나의 옥내소화전방수구까지의 수평거리가 ( )m 이하가 되도록 할 것

① 25
② 30
③ 35
④ 40

76 인터폰 설비의 통화망 구성방식에 따른 분류에 속하지 않는 것은?

① 모자식
② 상호식
③ 교차식
④ 복합식

77 6층 이상의 거실면적의 합계가 2000m^{2}인 건축물 중 승용승강기를 가장 적게 설치할 수 있는 건축물의 용도는? (단, 15인승 승용승강기의 경우)

① 위락시설
② 문화 및 집회시설 중 공연장
③ 판매시설
④ 의료시설

78 건축물을 건축하거나 대수선하는 경우에 있어 국토교통부령으로 정하는 구조기준 등에 따라 구조 안전을 확인한 건축물 중 그 확인 서류를 허가권자에게 제출하여야 하는 경우가 아닌 것은?

① 층수가 2층 이상인 건축물
② 창고, 축사, 작물재배사 및 표준설계도서에 의하여 건축하는 건축물로 연면적 400m^2 이상인 건축물
③ 기둥과 기둥 사이의 거리가 10m 이상인 건축물
④ 국가적 문화유산으로 보존할 가치가 있는 건축물로서 국토교통부령으로 정하는 것

79 국토해양부령이 정하는 내화구조에 해당하는 기준으로 옳은 것은? (단, 벽의 경우)

① 철근콘크리트조 또는 철골철근콘크리트조로서 두께가 5cm 이상인 것
② 철재로 보강된 콘크리트블록조·벽돌조 또는 석조로서 철재에 덮은 콘크리트 블록 등의 두께가 5cm 이상인 것
③ 벽돌조로서 두께가 10cm 이상인 것
④ 고온·고압의 증기로 양생된 경량기포 콘크리트패널 또는 경량기포 콘크리트 블록조로서 두께가 5cm 이상인 것

80 피난 용도로 쓸 수 있는 광장을 옥상에 설치해야 하는 시설 기준에 해당하는 것은?

① 5층 이상인 층이 공동주택의 용도로 쓰는 경우
② 5층 이상인 층이 학교의 용도로 쓰는 경우
③ 5층 이상인 층이 전시장의 용도로 쓰는 경우
④ 5층 이상인 층이 장례시설의 용도로 쓰는 경우

04 | 2024년 실내건축기사 1회

1과목 실내디자인계획

01 다음 중 유기적(organic) 디자인의 포괄적인 의미로 가장 알맞은 것은?

① 천연재료를 사용하는 디자인
② 자연 생명체의 원리와 질서를 적용하는 디자인
③ 자연형태에 가까운 곡선 형태를 많이 사용하는 디자인
④ 나무, 눈의 결정체 등 자연 생명체의 형태를 적용하는 디자인

02 다음 중 실내디자인을 준비하는 과정에서 기본적으로 파악되어야 할 내부적 작용 요소에 해당되는 것은?

① 입지적 조건
② 건축적 조건
③ 설비적 조건
④ 경제적 조건

03 점과 선에 관한 설명으로 옳지 않은 것은?

① 선은 면의 한계, 면들의 교차에서 나타난다.
② 크기가 같은 두 개의 점에는 주의력이 균등하게 작용한다.
③ 곡선은 약동감, 생동감 넘치는 에너지와 속도감을 준다.
④ 배경의 중심에 있는 하나의 점은 시선을 집중시키는 효과가 있다.

04 실내디자인의 원리 중 조화에 관한 설명으로 옳지 않은 것은?

① 복합조화는 동일한 색채와 질감이 자연스럽게 조합되어 만들어진다.
② 유사조화는 시각적으로 성질이 동일한 요소의 조합에 의해 만들어진다.
③ 동일성이 높은 요소들의 결합은 조화를 이루기 쉬우나 무미건조하거나, 지루할 수 있다.
④ 성질이 다른 요소들의 결합에 의한 조화는 구성이 어렵고 질서를 잃기 쉽지만 생동감이 있다.

05 개구부에 대한 설명으로 옳지 않은 것은?

① 문, 창문과 같이 벽의 일부분이 오픈된 부분을 총칭하여 이르는 말이다.
② 실내공간의 성격을 규정하는 요소이다.
③ 프라이버시 확보 역할을 한다.
④ 가구 배치와 동선에 영향을 주지 않는다.

06 벽의 상부에 위치하는 창으로 환기 또는 채광의 목적으로 이용되는 창은?

① 고정창
② 미서기창
③ 천창
④ 고창

07 디자인 원리 중 강조에 관한 설명으로 옳지 않은 것은?
① 힘의 조절로서 전체 조화를 파괴하는 역할을 한다.
② 구성의 구조 안에서 각 요소들의 시각적 계층 관계를 기본으로 한다.
③ 단조로움의 극복, 관심의 초점을 조성하거나 흥분을 유도할 때 적용한다.
④ 강조의 원리가 적용되는 시각적 초점은 주위가 대칭적 균형일 때 더욱 효과적이다.

08 실내공간의 동선에 관한 설명으로 옳지 않은 것은?
① 동선은 사람이나 물건이 움직이는 선을 연결한 것을 말한다.
② 동선은 성격이 다른 동선일지라도 교차시켜서 계획하는 것이 바람직하다.
③ 동선은 짧으면 효율적이지만 공간의 성격에 따라 길게 처리하기도 한다.
④ 동선은 빈도, 속도, 하중의 3요소를 가지며, 이들 요소의 정도에 따라 거리의 장단, 폭의 대소가 결정되어 진다.

09 주택의 현관에 관한 설명 중 옳은 것은?
① 출입구의 폭은 최소 600mm 이상 되도록 한다.
② 남쪽에 현관을 배치하는 것은 가급적 피하는 편이 좋다.
③ 현관문은 외기와의 환기를 위해 거실과 직접 연결되도록 하는 것이 좋다.
④ 전실을 두지 않으며 출입문은 스윙도어(Swing Door)를 사용하는 것이 좋다.

10 주택의 거실에 관한 설명으로 옳지 않은 것은?
① 거실의 가구는 건축적 이미지와 양식의 조화뿐만 아니라 질감과 색채에 있어서도 일관된 조화를 이루어야 한다.
② 거실은 특별히 응접실이 따로 구분되어 있지 않는 한 방문자가 머물러야 하는 공간이므로 현관과 가까이 있는 것이 좋다.
③ 거실은 실내의 각 실과 연계가 용이하도록 통로화 되어야 한다.
④ 거실의 선반가구는 다른 가구들과 조화될 수 있도록 재료와 디자인을 관련시켜서 계획하여야 한다.

11 사무소의 실 단위 계획 중 개방식 배치에 관한 설명으로 옳지 않은 것은?
① 커뮤니케이션에 융통성이 있다.
② 개인 업무 공간의 독립성이 좋아진다.
③ 모든 면적을 유용하게 이용할 수 있다.
④ 실의 길이나 깊이에 변화를 줄 수 있다.

12 상업공간 실내계획의 조건설정 단계에서 고려해야 할 사항으로 옳은 것은?
① 대상 고객층 및 취급 상품의 결정
② 가구 배치 및 동선계획
③ 파사드 이미지 설정
④ 재료 마감과 시공법의 확정

13 다음 설명에 알맞은 극장의 평면형식은?

- 무대와 관람석의 크기, 모양, 배열 등을 필요에 따라 변경할 수 있다.
- 공연작품의 성격에 따라 적합한 공간을 만들어 낼 수 있다.

① 가변형　　② 아레나형
③ 프로시니엄형　　④ 오픈스테이지형

14 실내디자인을 진행하는 과정 중 실시설계의 내용에 대한 설명으로 옳지 않은 것은?
① 내부적, 외부적 요구사항의 계획조건 파악에 의거하여 기본개념과 제한요소를 설정한다.
② 이미 디자인된 가구나 기성 가구 중에서 선택, 결정하여 가구배치도, 가구도 등이 작성된다.
③ 디자인의 경제성, 내구성, 효과 등을 높이기 위해 사용재료 및 설치물의 치수 등을 지정한다.
④ 공사 및 조립 등의 구체적인 근거를 제시한다.

15 다음 중 건축제도 글자 쓰기에 관한 설명 중 잘못된 것은?
① 글자체는 고딕체로 한다.
② 숫자는 로마자를 원칙으로 한다.
③ 문자는 왼쪽에서부터 가로쓰기를 원칙으로 한다.
④ 글자체는 수직 또는 15° 경사로 쓰는 것을 원칙으로 한다.

16 다음 중 서양건축의 변천 과정으로 옳은 것은?
① 이집트→그리스→로마→비잔틴→로마네스크→고딕→르네상스→바로크
② 이집트→로마→그리스→로마네스크→비잔틴→고딕→바로크→르네상스
③ 이집트→그리스→비잔틴→로마→고딕→로마네스크→바로크→르네상스
④ 그리스→이집트→비잔틴→로마→로마네스크→고딕→르네상스→바로크

17 전시공간인 쇼룸(Show Room)의 계획에 대한 설명 중 옳지 않은 것은?
① 관람의 흐름은 막힘이 없어야 한다.
② 입구에는 세심한 디스플레이를 피한다.
③ 관람자가 한 번 지나간 곳을 다시 지나가도록 한다.
④ 관람에 있어 시각적 혼란을 초래하지 않도록 전후좌우를 한꺼번에 다 보게 해서는 안 된다.

18 질감에 대한 설명 중 옳지 않은 것은?
① 어떤 물체 표면상의 특징을 의미하며 시각으로만 지각할 수 있다.
② 실내 공간에서 재료의 질감 대비를 통하여 변화와 다양성, 드라마틱한 분위기를 연출할 수 있다.
③ 효과적인 질감 표현을 위해서는 색채와 조명을 동시에 고려해야 한다.
④ 좁은 실내 공간을 넓게 느껴지도록 하기 위해서는 밝은색을 많이 사용하고, 표면이 곱고 매끄러운 재료를 사용하는 것이 좋다.

19 다음 설명에 알맞은 사무소 건축의 코어 유형은?

- 유효율이 높은 계획이 가능한 형식이다.
- 내진 구조가 가능함으로서 구조적으로 바람직한 형식이다.

① 편심 코어형
② 독립 코어형
③ 중심 코어형
④ 양단 코어형

20 다음 그림은 무엇을 표시하는 평면표시 기호인가?

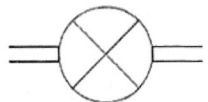

① 쌍여닫이문
② 쌍미닫이문
③ 회전문
④ 접이문

2과목 실내디자인 색채 및 사용자 행태분석

21 색채계획의 과정에서 색채 심리 분석에 해당하지 않는 것은?

① 색채 이미지 측정
② 유행 이미지 측정
③ 상품 이미지 측정
④ 경영 이미지 측정

22 푸르킨예 현상으로 옳은 것은?

① 밝은 곳에서 어두운 곳으로 갈수록 장파장의 감도가 높아진다.
② 밝은 곳에서 어두운 곳으로 갈수록 단파장의 감도가 높아진다.
③ 밝은 곳에서 어두운 곳으로 갈수록 단파장의 색이 먼저 사라진다.
④ 어두운 곳에서 밝은 곳으로 갈수록 장파장과 단파장의 감도가 떨어진다.

23 혼합되는 각각의 색 에너지(energy)가 합쳐져서 더 밝은 색을 나타내는 혼합은?

① 감산혼합
② 중간혼합
③ 가산혼합
④ 색료혼합

24 먼셀 색입체 수직 단면도에서 중심축 양쪽에 있는 두 색상의 관계는?

① 인접색
② 보색
③ 유사색
④ 약보색

25 문·스펜서의 색채 조화론에 대한 설명으로 틀린 것은?

① 먼셀 표색계로 설명이 가능하다.
② 정량적으로 표현이 가능하다.
③ 오메가 공간으로 설정되어 있다.
④ 색채의 면적 관계를 고려하지 않았다.

26 색의 지각과 감정효과에 관한 설명으로 틀린 것은?

① 색의 온도감은 빨강, 주황, 노랑, 연두, 녹색, 파랑, 하양순으로 파장이 긴 쪽이 따뜻하게 지각된다.
② 색의 온도감은 색의 삼속성 중 명도의 영향을 많이 받는다.
③ 난색 계열의 고채도는 심리적 흥분을 유도하나 한색 계열의 저채도는 심리적으로 침정된다.
④ 연두, 녹색, 보라 등은 때로는 차갑게, 때로는 따뜻하게 느껴질 수 있는 중성색이다.

27 색의 시각적 특성에 대한 설명 중 옳은 것은?

① 난색계는 한색계보다 후퇴해 보인다.
② 배경색과 명도차가 적은 어두운색은 진출해 보인다.
③ 저채도의 배경색에 고채도의 색은 후퇴해 보인다.
④ 고명도, 고채도의 색은 진출해 보인다.

28 저드(D. B. Judd)의 색채 조화론에서 '친근성의 원리'를 옳게 설명한 것은?

① 공통점이나 속성이 비슷한 색은 조화된다.
② 자연계의 색으로 쉽게 접하는 색은 조화된다.
③ 규칙적으로 선택된 색들끼리 잘 조화된다.
④ 색의 속성차이가 분명할 때 조화된다.

29 안전색채 사용에 대한 설명이 틀린 것은?
① 제품안전 라벨에 안전 색을 사용하여 주목성을 높인다.
② 초록은 지시의 의미를 가지며 의무실, 비상구, 대피소 등에 사용된다.
③ 안전색채는 다른 물체의 색과 쉽게 식별되어야 한다.
④ 노랑과 검정 대비색 조합 안전표지는 잠재적 위험을 경고하는 의미를 가진다.

30 디지털 색채 체계에 대한 설명 중 옳은 것은?
① RGB 색 공간에서 각 색의 값은 0~100%로 표기한다.
② RGB 색 공간에서 모든 원색을 혼합하면 검정색이 된다.
③ L*a*b* 색 공간에서 L*은 명도를, a*는 빨강과 초록을, b*는 노랑과 파랑을 나타낸다.
④ CMYK 색공간은 RGB 색 공간보다 컬러의 범위가 넓어 RGB 데이터를 CMYK 데이터로 변환하면 컬러가 밝아진다.

31 의자 및 소파에 관한 설명으로 옳지 않은 것은?
① 스툴은 등받이와 팔걸이가 없는 형태의 보조 의자이다.
② 체스터필드는 사용상 안락성이 매우 크고 비교적 크기가 크다.
③ 풀업 체어는 필요에 따라 이동시켜 사용할 수 있는 간이 의자이다.
④ 세티는 고대 로마시대에 음식물을 먹거나 잠을 자기 위해 사용했던 긴 의자이다.

32 다음 중 마르셀 브로이어가 디자인한 의자는?
① 바실리 의자 ② 파이미오 의자
③ 레드블루 의자 ④ 바르셀로나 의자

33 인간이 기계보다 우수한 내용으로 알맞은 것은?
① 큰 힘과 에너지를 낸다.
② 상당한 기간 일할 수 있다.
③ 새로운 해결책을 찾아낸다.
④ 반복적인 작업에 대한 신뢰성이 높다.

34 인간공학에 있어 시스템 설계과정의 주요 단계가 다음과 같은 경우 단계별 순서가 올바르게 나열된 것은?

㉠ 촉진물설계	㉡ 목표 및 성능명세 결정
㉢ 계면설계	㉣ 기본설계
㉤ 시험 및 평가	㉥ 체계의 정의

① ㉡→㉥→㉣→㉢→㉠→㉤
② ㉡→㉣→㉢→㉥→㉤→㉠
③ ㉥→㉢→㉣→㉡→㉠→㉤
④ ㉥→㉣→㉡→㉢→㉤→㉠

35 다음 중 신체반응을 측정하는 데 있어서 그 척도와 방법이 잘못 연결된 것은?
① 골격활동의 척도 - 부정맥
② 정신활동의 척도 - 뇌파 기록
③ 국소적 근육활동의 척도 - 근전도
④ 생리적 부담의 척도 - 맥박수

36 인간의 눈의 구조에 관한 설명으로 옳은 것은?
① 망막의 중심부에는 간상체만 있다.
② 간상체는 색을 구별할 수 있게 한다.
③ 광 수용기는 간상세포와 추상세포로 나눌 수 있다.
④ 수정체는 눈으로 들어오는 빛의 양을 조절한다.

37 다음 중 신체 각 부위의 운동에 대한 설명으로 틀린 것은?

① 굴곡 : 관절에서의 각도가 감소하는 동작
② 신전 : 관절에서의 각도가 증가하는 동작
③ 외전 : 몸의 중심선으로부터의 회전 동작
④ 내선 : 몸의 중심선을 향하여 안쪽으로 회전하는 동작

38 양립성의 종류에 해당되지 않는 것은?

① 운동 양립성
② 공간 양립성
③ 개념 양립성
④ 시간 양립성

39 다음 중 근육에 공급되는 산소량이 부족한 경우 나타나는 현상으로 옳은 것은?

① 당원은 산소 없이 호기성 과정에 의해 젖산으로 축적된다.
② 젖산은 혐기성 과정에 의해 물과 CO_2로 분해되어 열과 에너지로 발산된다.
③ 젖산과 신체활동 수준은 관계가 없다.
④ 혈액 중에 젖산이 축적된다.

40 근력 및 지구력에 관한 설명으로 옳지 않은 것은?

① 지구력이란 근력을 사용하여 특정 힘을 유지할 수 있는 능력이다.
② 신체 부위를 실제로 움직이는 상태일 때의 근력을 등속성 근력이라 한다.
③ 신체 부위를 실제로 움직이지 않으면서 고정 물체에 힘을 가하는 상태일 때의 근력을 등척성 근력이라 한다.
④ 근력이란 여러 번의 수의적인 노력에 의하여 근육이 등척성으로 낼 수 있는 힘의 최대치를 말한다.

3과목 실내디자인 시공 및 재료

41 각재의 마구리 치수가 12cm×12cm, 길이가 240cm, 목재의 건조 전 질량이 25kg, 절대건조 상태가 될 때까지 건조 후 질량이 20kg 이었다면 이 목재의 함수율을 구하면?

① 10% ② 15%
③ 20% ④ 25%

42 조적식 구조에 대한 설명으로 틀린 것은?

① 조적식 구조인 내력벽의 기초 중 기초판은 철근콘크리트구조 또는 무근콘크리트구조로 한다.
② 조적식 구조인 내력벽으로 둘러싸인 부분의 바닥면적은 $80m^2$를 넘을 수 없다.
③ 조적식 구조인 내력벽의 길이는 8m를 넘을 수 없다.
④ 조적식 구조인 내력벽의 두께는 바로 위층의 내력벽의 두께 이상이어야 한다.

43 점토 반죽에 샤모트를 첨가하여 사용하는 경우가 있는데 이 샤모트의 사용 목적은?

① 가소성 조절용
② 용융성 조절용
③ 경화시간 조절용
④ 강도 조절용

44 질이 단단하고 내구성 및 강도가 크며 외관이 수려하나 함유광물의 열팽창계수가 달라 내화성이 약한 석재로 외장, 내장, 구조재, 도로포장재, 콘크리트 골재 등에 사용되는 것은?

① 응회암
② 화강암
③ 화산암
④ 대리석

45 다음 중 알루미늄의 성질에 관한 설명으로 옳지 않은 것은?

① 알루미늄은 비중이 철의 1/3 정도로 경량인 반면, 열·전기전도성이 크고 반사율이 높다.
② 알루미늄의 내식성은 그 표면에 치밀한 산화피막을 형성하기 때문에 부식이 쉽게 일어나지 않으며 알칼리나 해수에도 강하다.
③ 알루미늄의 부식률은 대기 중의 습도와 염분 함유량, 불순물의 양과 질 등에 관계된다.
④ 알루미늄은 상온에서 판, 선으로 압연 가공하면 경도와 인장강도가 증가하고 연신율이 감소한다.

46 유리블록(Glass Block)에 관한 설명으로 옳지 않은 것은?

① 유리블록은 블록모양으로 된 유리제의 중공 블록이다.
② 벽에 사용 시 부드러운 광선이 들어오고 유리창보다 균일한 확산광을 얻는다.
③ 열전도율이 벽돌의 1/4 정도여서 실내의 냉·난방에 효과가 있다.
④ 음향 투과손실은 보통 판유리보다 작다.

47 미장재료의 경화작용에 관한 설명으로 옳지 않은 것은?

① 시멘트 모르타르는 물과 화학반응을 일으켜 경화한다.
② 회반죽은 물과 화학반응을 일으켜 경화한다.
③ 반수석고는 가수 후 20~30분에서 급속 경화하지만, 무수석고는 경화가 늦기 때문에 경화촉진제를 필요로 한다.
④ 돌로마이트 플라스터는 공기 중의 탄산가스와 화학반응을 일으켜 경화한다.

48 유성 에나멜 페인트에 관한 설명으로 옳지 않은 것은?

① 유성 바니시에 안료를 첨가한 것을 말한다.
② 내알칼리성이 우수하여 콘크리트 면에 주로 사용된다.
③ 유성 페인트와 비교하여 건조시간, 도막의 평활 정도가 우수하다.
④ 유성 페인트와 비교하여 광택, 경도가 우수하다.

49 금속재료에 관한 설명으로 옳지 않은 것은?

① 스테인리스강은 내화·내열성이 크며, 녹이 잘 슬지 않는다.
② 동은 화장실 주위와 같이 암모니아가 있는 장소에서는 빨리 부식하기 때문에 주의해야 한다.
③ 알루미늄은 콘크리트에 접할 경우 부식되기 쉬우므로 주의하여야 한다.
④ 청동은 구리와 아연을 주체로 한 합금으로 건축 장식철물 또는 미술공예 재료에 사용된다.

50 수지성형품 중에서 표면경도가 크고 아름다운 광택을 지니면서 착색이 자유롭고 내열성이 우수한 것으로 마감재, 전기부품 등에 활용되는 수지는?

① 멜라민수지   ② 에폭시수지
③ 폴리우레탄수지   ④ 실리콘수지

51 KS 규정에 의한 보통 포틀랜드 시멘트(1종)의 응결시간 기준으로 옳은 것은? [단, 비카시험에 의하며, 초결(이상) - 종결(이하)로 표기한다]

① 60분 - 6시간   ② 45분 - 6시간
③ 60분 - 10시간   ④ 45분 - 10시간

52 다음 시멘트 조성광물 중 수축률이 가장 큰 것은?

① 규산 3석회(C_3S)
② 규산 2석회(C_2S)
③ 알루민산3석회(C_3A)
④ 알루민산철4석회(C_4AF)

53 2장 이상의 판유리 등을 나란히 넣고, 그 틈새에 대기압에 가까운 압력의 건조한 공기를 채우고 그 주변을 밀봉·봉착한 것은?

① 열선흡수유리 ② 배강도유리
③ 강화유리   ④ 복층유리

54 방사선 차단용으로 사용되는 시멘트 모르타르로 옳은 것은?

① 질석 모르타르
② 바라이트 모르타르
③ 아스팔트 모르타르
④ 활석면 모르타르

55 콘크리트 블록쌓기에 관한 설명으로 옳지 않은 것은?

① 블록은 살(Shell)두께가 큰 면을 아래로 하여 쌓는다.
② 줄눈은 일반적으로 막힌줄눈으로 하며 철근으로 보강하는 등 특별한 경우에는 통줄눈으로 한다.
③ 모르타르 접촉면은 적당히 물축이기를 한다.
④ 규준틀에는 수평선을 치고 모서리, 중간요소에 먼저 기준이 되는 블록을 수평실에 맞추어 다림추 등을 써서 정확하게 설치한 다음 중간블록을 쌓는다.

56 콘크리트의 건조수축에 대한 설명으로 옳지 않은 것은?

① 시멘트의 화학성분이나 분말도에 따라 건조수축량은 변화한다.
② 콘크리트의 건조수축을 적게 하기 위해서 배합 시 가능한 한 단위수량을 적게 한다.
③ 사암이나 점판암을 골재로 이용한 콘크리트는 건조수축량이 큰 편이고, 석영, 석회암을 이용한 것은 적은 편이다.
④ 콘크리트의 습윤양생 기간은 건조수축에 크게 영향을 주며 이 기간이 길면 길수록 건조수축은 적어진다.

57 다음은 공사현장에서 이루어지는 업무에 관한 설명이다. 이 업무의 명칭으로 옳은 것은?

> 공사내용을 분석하고 공사관리의 목적을 명확히 제시하여 작업의 순서를 반영하며 실내공사의 작업을 세분화하고 집약시킨다. 공사의 종류에 따라 기술적인 순서와 상호관계를 정리하고 설계도서, 시방서, 물량산출서, 견적서를 기초로 작업에 투여되는 인력, 장비, 자재의 수량을 비교·검토한다.

① 실행예산 편성   ② 공정계획
③ 작업일보 작성   ④ 입찰참가 신청

58 다음 중 QC활동의 도구가 아닌 것은?

① 특성요인도   ② 파레토그램
③ 층별   ④ 기능계통도

59 벽두께 1.5B, 벽 면적 20㎡ 쌓기에 소요되는 기본 벽돌(190×90×57) 의 정미량은?

① 2,240매   ② 3,360매
③ 4,480매   ④ 6,720매

60 건축공사에서 공사원가를 구성하는 직접공사비에 포함되는 항목을 옳게 나열한 것은?

① 자재비, 노무비, 이윤, 일반관리비
② 자재비, 노무비, 이윤, 경비
③ 자재비, 노무비, 외주비, 경비
④ 자재비, 노무비, 외주비, 일반관리비

4과목 실내디자인 환경

61 건물 외벽의 열관류 저항값을 높이는 방법으로 옳지 않은 것은?

① 벽체 내에 공기층을 둔다.
② 벽체에 단열재를 사용한다.
③ 열전도율이 낮은 재료를 사용한다.
④ 외벽의 표면열전달률을 크게 유지한다.

62 자연환기에 관한 설명으로 옳지 않은 것은?

① 개구부 면적이 클수록 환기량은 많아진다.
② 실내외의 온도차가 클수록 환기량은 많아진다.
③ 일반적으로 공기유입구와 유출구 높이 차이가 클수록 환기량은 많아진다.
④ 2개의 창을 한쪽 벽면에 설치하는 것이 양쪽 벽에 대면하여 설치하는 것보다 효과적이다.

63 용적 3,000m³, 잔향시간 1.6초인 실이 있다. 잔향시간을 0.6초로 조정하려고 할 때, 이 실에 추가로 필요한 흡음력은? (단, Sabine의 식을 이용한다.)

① 약 500m²
② 약 600m²
③ 약 700m²
④ 약 800m²

64 실내공기질 관리법령에 따른 신축 공동주택의 실내공기질 측정항목에 속하지 않는 것은?

① 벤젠
② 라돈
③ 자일렌
④ 에틸렌

65 광원의 연색성에 관한 설명으로 옳지 않은 것은?

① 연색성을 수치로 나타낸 것을 연색평가수라고 한다.
② 고압 수은램프의 평균 연색평가수(Ra)는 100이다.
③ 평균 연색평가수(Ra)가 100에 가까울수록 연색성이 좋다.
④ 물체가 광원에 의하여 조명될 때, 그 물체의 색의 보임을 정하는 광원의 성질을 말한다.

66 가로 9m, 세로 9m, 높이가 3.3m인 교실이 있다. 여기에 광속이 3,200lm인 형광등을 설치하여 평균 조도 500lx를 얻고자 할 때 필요한 램프의 개수는? (단, 보수율은 0.8, 조명률은 0.6이다)

① 20개
② 27개
③ 35개
④ 42개

67 온수난방 배관에서 리버스리턴(Reverse Return)방식을 사용하는 주된 이유는?

① 배관길이를 짧게 하기 위해
② 배관의 부식을 방지하기 위해
③ 배관의 신축을 흡수하기 위해
④ 온수의 유량분배를 균일하게 하기 위해

68 공기조화방식 중 팬코일유닛 방식에 관한 설명으로 옳지 않은 것은?

① 덕트 방식에 비해 유닛의 위치 변경이 용이하다.
② 유닛을 창문 밑에 설치하면 콜드 드래프트를 줄일 수 있다.
③ 전공기 방식으로 각 실에 수배관으로 인한 누수의 염려가 없다.
④ 각 실의 유닛은 수동으로도 제어할 수 있고, 개별 제어가 용이하다.

69 통기관의 설치목적과 가장 거리가 먼 것은?

① 배수계통 내의 배수 및 공기의 흐름을 원활히 한다.
② 모세관현상에 의해 트랩 봉수가 파괴되는 것을 방지한다.
③ 사이펀작용에 의해 트랩 봉수가 파괴되는 것을 방지한다.
④ 배수관 계통의 환기를 도모하여 관 내를 청결하게 유지한다.

70 전기설비에서 다음과 같이 정의되는 것은?

> 정상적인 회로조건에서 전류를 보내면서 차단할 수 있고 또한 일정한 시간 동안만 전류를 보낼 수도 있으며, 단락회로와 같은 비정상적인 특별 회로조건에서 전류를 차단시키기 위한 장치

① 단로스위치
② 절환스위치
③ 누전차단기
④ 과전류차단기

71 공동주택의 난방설비를 개별난방방식으로 하는 경우에 관한 기준으로 옳지 않은 것은?

① 보일러를 설치하는 곳과 거실 사이의 경계벽은 출입구를 제외하고는 내화구조의 벽으로 구획할 것
② 보일러실의 윗부분에는 그 면적이 0.3m² 이상의 환기창을 설치할 것
③ 보일러실의 윗부분과 아랫부분에는 각각 지름 10cm 이상의 공기흡입구 및 배기구를 항상 열려 있는 상태로 바깥공기에 접하도록 설치할 것
④ 보일러의 연도는 내화구조로서 공동연도로 설치할 것

72 다음 중 모든 층에 스프링클러를 설치하여야 하는 경우가 아닌 것은?

① 문화 및 집회시설(동·식물원은 제외)로서 수용인원이 100명 이상인 것
② 층수가 11층 이상인 특정소방대상물
③ 판매시설로서 바닥면적의 합계가 1,000m² 이상인 것
④ 노유자시설의 용도로 사용되는 시설의 바닥면적의 합계가 600m² 이상인 것

73 건축물의 피난·방화구조 등의 기준에 관한 규칙에 따른 30분 방화문의 비차열 성능기준으로 옳은 것은?

① 비차열 30분 이상의 성능 확보
② 비차열 40분 이상의 성능 확보
③ 비차열 50분 이상의 성능 확보
④ 비차열 1시간 이상의 성능 확보

74 문화 및 집회시설 중 공연장의 개별관람실 출구의 설치에 관한 기준 내용으로 옳지 않은 것은?(단, 개별관람실의 바닥면적은 300m² 이상이다)

① 관람실별 2개소 이상 설치할 것
② 각 출구의 유효너비는 1.5m 이상으로 할 것
③ 관람실로부터 바깥쪽으로의 출구로 쓰이는 문은 안여닫이로 할 것
④ 개별관람실 출구의 유효너비의 합계는 개별관람실의 바닥면적 100m²마다 0.6m의 비율로 산정한 너비 이상으로 할 것

75 건축물의 피난·방화구조 등의 기준에 관한 규칙에 따라, 다음 중 거실의 용도에 따른 조도 기준이 가장 높은 것은?(단, 바닥에서 85cm의 높이에 있는 수평면의 조도를 기준으로 한다)

① 독서
② 일반 사무
③ 제도
④ 회의

76 30층 호텔을 건축하는 경우에 6층 이상의 거실면적의 합계가 25,000m²이다. 16인승 승용승강기를 설치하는 경우에는 최소 몇 대 이상을 설치하여야 하는가?

① 6대
② 8대
③ 10대
④ 12대

77 소방시설의 종류 중 피난설비에 해당하는 것은?

① 비상조명등
② 자동화재속보설비
③ 가스누설경보기
④ 무선통신보조설비

78 건축주가 건축물의 설계자로부터 구조안전의 확인서류를 받아 착공신고를 하는 때에 그 확인서류를 허가권자에게 제출하여야 하는 경우에 해당되지 않는 것은?

① 높이가 10m인 건축물
② 기둥과 기둥 사이의 거리가 12m인 건축물
③ 층수가 2층인 건축물
④ 처마높이가 10m인 건축물

79 무창층의 정의와 관련한 아래 내용에서 밑줄 친 부분에 해당하는 기준의 내용 중 틀린 것은?

> "무창층"이란 지상층 중 다음 각 목의 요건을 모두 갖춘 개구부의 면적의 합계가 해당 층의 바닥면적의 30분의 1 이하가 되는 층을 말한다.

① 크기는 지름 50cm 이상의 원이 내접할 수 있는 크기 일 것
② 해당 층의 바닥면으로부터 개구부 밑부분까지의 높이가 1.2m 이내일 것
③ 도로 또는 차량이 진입할 수 있는 빈터를 향할 것
④ 내부 또는 외부에서 쉽게 부수거나 열 수 없는 고정창일 것

80 피난 용도로 쓸 수 있는 광장을 옥상에 설치해야 하는 시설 기준에 해당하는 것은?

① 5층 이상인 층이 공동주택의 용도로 쓰는 경우
② 5층 이상인 층이 학교의 용도로 쓰는 경우
③ 5층 이상인 층이 전시장의 용도로 쓰는 경우
④ 5층 이상인 층이 장례시설의 용도로 쓰는 경우

과년도 기출문제

2024년 2회

05 | 2024년 실내건축기사 2회

1과목 실내디자인계획

01 실내디자인의 전개 과정으로 가장 알맞은 것은?

① 프로젝트 기획 - 디자인 계획 - 기본 설계 - 실시 설계
② 디자인 계획 - 프로젝트 기획 - 실시 설계 - 기본 설계
③ 기본 설계 - 프로젝트 기획 - 실시 설계 - 디자인 계획
④ 실시 설계 - 기본 설계 - 디자인 계획 - 프로젝트 기획

02 다음 중 유니버설 공간(Universal Space)의 개념적 설명으로 가장 알맞은 것은?

① 상업공간
② 표준화된 공간
③ 모듈이 적용된 공간
④ 공간의 융통성이 극대화된 공간

03 실내디자인의 요소에 관한 설명으로 옳지 않은 것은?

① 디자인에서 형태는 점, 선, 면, 입체로 구성되어 있다.
② 벽면, 바닥면, 문, 창등은 모두 실내의 면적 요소이다.
③ 수직선이 강조된 실내에서는 아늑하고 안정감이 있으며 평온한 분위기를 느낄 수 있다.
④ 실내공간에서의 선은 상대적으로 가느다란 형태를 나타내므로 폭을 갖는 창틀이나 부피를 갖는 기둥도 선적 요소이다.

04 다음 중 비정형 균형에 대한 설명으로 옳은 것은?

① 좌우대칭, 방사대칭으로 주로 표현된다.
② 대칭의 구성 형식이며, 가장 완전한 균형의 상태이다.
③ 단순하고 엄숙하며 완고하고 변화가 없는 정적인 것이다.
④ 물리적으로는 불균형이지만 시각적으로 힘의 정도에 의해 균형을 이룬 것이다.

05 다음 중 조닝(Zoning)계획 시 고려해야 할 사항과 가장 거리가 먼 것은?

① 행동 반사
② 사용 목적
③ 사용 빈도
④ 지각 심리

06 다음 동선계획에 대한 설명으로 옳은 것은?

① 동선의 빈도가 높은 경우 동선 거리를 연장하고 곡선으로 처리한다.
② 동선의 속도가 빠른 경우 단차이를 두거나 계단을 만들어 준다.
③ 동선의 하중이 큰 경우 통로의 폭을 좁게 하고 쉽게 식별할 수 있도록 한다.
④ 동선이 복잡해질 경우 별도의 통로공간을 두어 동선을 독립시킨다.

07 이질의 각 구성요소들이 전체로서 동일한 이미지를 갖게 하는 것으로, 변화와 함께 모든 조형에 대한 미의 근원이 되는 실내디자인의 구성원리는?

① 대비
② 조화
③ 리듬
④ 통일

08 공간 상호간에는 통행이 가능하며 자유로이 시선이 통과하므로 영역을 표시하거나 경계를 나타내는 상징적 의미의 벽 높이는 최대 어느 정도인가?

① 600mm
② 1,100mm
③ 1,200mm
④ 1,800mm

09 형태의 지각심리에 관한 설명으로 옳지 않은 것은?

① 가까이 있는 것들은 시각적으로 통합되어 무리를 짓는다.
② 사람들은 대상을 될 수 있는 한 간단한 구조로 인식하려 한다.
③ 유사성은 형태, 크기, 위치 및 의미의 유사성으로 구분될 수 있다.
④ 폐쇄되지 않은 형태는 폐쇄된 형태보다 시각적으로 더 안정감이 있다.

10 주거공간을 주행동에 의해 구분할 경우 다음 중 사회적 공간에 속하지 않는 것은?

① 거실
② 식당
③ 서재
④ 응접실

11 주방 작업대의 배치 유형 중 ㄷ자형에 대한 설명으로 옳은 것은?

① 가장 간결하고 기본적인 설계 형태로 길이가 4.5m 이상되면 동선이 비효율적이다.
② 두 벽면을 따라 작업이 전개되는 전통적인 형태이다.
③ 인접한 세벽면에 작업대를 붙여 배치한 형태이다.
④ 작업동선이 길고 조리면적은 좁지만 다수의 인원이 함께 작업할 수 있다.

12 대형 업무용 빌딩에서 공적인 문화공간의 역할을 담당하기에 가장 적절한 공간은?

① 로비 공간
② 회의실 공간
③ 직원 라운지
④ 비즈니스 센터

13 사무소 건물의 엘리베이터 계획에 관한 설명으로 옳지 않은 것은?

① 조닝 영역별 관리 운전의 경우 동일 조닝 내의 서비스 층은 같게 한다.
② 서비스를 균일하게 할 수 있도록 건축물의 중심부에 설치한다.
③ 교통 수요량이 많은 경우 출발 기준층이 2개 층 이상이 되도록 계획한다.
④ 초고층, 대규모 빌딩인 경우는 서비스 그룹을 분할(조닝)하는 것을 검토한다.

14 상점의 판매형식 중 측면 판매에 관한 설명으로 옳지 않은 것은?

① 대면판매에 비해 넓은 진열 면적을 확보할 수 있다.
② 판매원이 고정된 자리 및 위치를 설정하기 어렵다.
③ 소형 고가품인 귀금속, 시계, 화장품 판매점 등에 적합하다.
④ 고객이 직접 진열된 상품을 접촉할 수 있으므로 상품의 선택이 용이하다.

15 배경과 실물의 종합전시에 적합한 전시 방법은?

① 파노라마 전시
② 디오라마 전시
③ 아일랜드 전시
④ 하모니카 전시

16 다음 중 VMD의 목적과 가장 거리가 먼 것은?

① 상품의 이미지를 높인다.
② 차별화 전략으로 활용한다.
③ 매장구성의 개성화를 추구한다.
④ 효율적인 유지보수가 용이하다.

17 건물을 세로로 절단한 후 수평 방향에서 본 도면으로 실내 공간의 바닥, 천장 등의 내부구조를 나타내주는 도면은?

① 입면도   ② 측면도
③ 전개도   ④ 단면도

18 다음 중 척도의 종류에 관한 설명 중 옳지 않은 것은?

① 배척은 물체의 크기를 축소해 나타낸 척도이다.
② 척도의 종류는 실척, 축척, 배척으로 구분한다.
③ 실척은 물체의 크기를 실제 그대로 도면에 나타낸 척도이다.
④ 축척은 물체의 크기를 비율에 맞게 축소한 척도이다.

19 그리스의 오더 중 기단부는 단 사이에 수평 홈이 있으며, 주두는 소용돌이 형태의 나선형으로 구성된 것은?

① 도리아 오더   ② 이오니아 오더
③ 터스칸 오더   ④ 코린트 오더

20 건축제도에서 다음과 같은 재료 구조 표시 기호(단면용)가 의미하는 것은?

① 벽돌   ② 석재
③ 인조석   ④ 치장재

2과목 실내디자인 색채 및 사용자 행태분석

21 다음 유채색과 무채색에 대한 설명 중 잘못된 것은?

① 유채색이란 채도가 있는 색이란 뜻이다.
② 빨강, 노랑 등의 색감을 미세한 정도로 느낄 수 있는 것은 무채색으로 구분한다.
③ 무채색은 검정, 백색을 포함하여 그 사이 색을 말한다.
④ 반사율이 약 85%인 경우는 흰색, 약 30% 정도이면 회색, 약 3% 정도는 검정이다.

22 표면색(Surface Color)에 대한 용어의 정의는?

① 광원에서 나오는 빛의 색
② 빛의 투과에 의해 나타나는 색
③ 물체에 빛이 반사하여 나타나는 색
④ 빛의 회절현상에 의해 나타나는 색

23 먼셀의 색채조화이론 핵심인 균형 원리에서 각 색들이 가장 조화로운 배색을 이루는 평균 명도는?

① N4
② N3
③ N5
④ N2

24 색의 지각으로 고른 감도의 오메가공간을 만들어 조화시킨 색채학자는?

① 오스트발트
② 먼셀
③ 문·스펜서
④ 비렌

25 문·스펜서의 조화분류에서, 미도(美度)를 설명한 것으로 틀린 것은?

① 균형 있게 선택된 무채색의 배색은 아름다움을 나타낸다.
② 동일색상은 조화롭다.
③ 같은 명도의 조화는 미도가 높다.
④ 색상, 채도를 일정하게 하고 명도만 변화시키는 경우 많은 색상 사용 시 보다 미도가 높다.

26 용도별 실내색채에 관한 다음 설명 중 잘못된 것은?

① 한색계의 색채공간은 정신적 활동에 적합하다.
② 병원의 수술실에 가장 많이 쓰이는 색은 녹색이다.
③ 공장에서 안전이 요구되는 부위에는 KS에 규정된 안전 색채를 써야 한다.
④ 사무실 벽은 순백색으로 배색한 것이 눈의 피로를 줄여서 좋다.

27 색채조화론에서 면적의 효과에 대한 설명 중 옳은 것은?

① 작은 면적의 강한 색과 큰 면적의 약한 색은 서로 잘 어울린다.
② 채도가 높고 강한 색은 어떤 면적에도 잘 어울리며 안정감을 준다.
③ 채도가 높고 강한 색을 넓은 면적에 사용하면 좋은 효과를 얻을 수 있다.
④ 배색에 수반되는 감정효과는 균형점의 색상, 명도, 채도와 관계없이 조화된다.

28 컴퓨터 화면상의 이미지와 출력된 인쇄물의 색채가 다르게 나타나는 원인으로 거리가 먼 것은?

① 컴퓨터상에서 RGB로 작업했을 경우 CMYK 방식의 잉크는 표현될 수 없는 색채 범위가 발생한다.
② RGB의 색역이 CMYK의 색역보다 좁기 때문이다.
③ 모니터의 캘리브레이션 상태와 인쇄기, 출력용지에 따라 변수가 발생한다.
④ RGB 데이터를 CMYK 데이터로 변환하면 색상 손상 현상이 나타난다.

29 색의 지각현상에 대한 설명 중 틀린 것은?

① 명시도는 그 색 고유의 특성이라기보다는 배경과의 관계에 의해 결정된다.
② 장파장 쪽의 색상은 진출·팽창해 보이고, 단파장 쪽의 색상은 후퇴·수축해 보인다.
③ 부의 잔상이란 자극을 제거한 후에도 원자극과 동일한 감각 경험을 일으키는 것이다.
④ 고명도, 고채도, 난색이 일반적으로 주목성이 높다.

30 오스트발트의 등색상 삼각형에 있어서 등백색계열을 나타내는 것은?

① pl - pi - pg
② la - na - pa
③ nl - ni - pi
④ lg - ni - pl

31 건축계획 시 함께 계획하여 건축물과 일체화하여 설치되는 가구는?

① 유닛가구
② 붙박이가구
③ 인체계가구
④ 시스템가구

32 미스 반 데어 로에에 의하여 디자인된 의자로 X자로 된 강철파이프 다리 및 가죽으로 된 등받이와 좌석으로 구성되어 있는 것은?

① 바실리 의자
② 체스카 의자
③ 파이미오 의자
④ 바르셀로나 의자

33 인간공학 연구에 사용되는 인간 기준의 척도와 가장 거리가 먼 것은?

① 주관적 반응
② 생리학적 지표
③ 인간성능 척도
④ 기계체계의 성능기준

34 시스템의 설계과정에서 가장 먼저 수행되어야 할 단계는?

① 기본설계 단계
② 시험 및 평가 단계
③ 시스템의 정의 단계
④ 목표 및 성능명세 결정 단계

35 인간의 눈과 카메라의 구조를 유사한 기능으로 비교할 때, 연결이 잘못된 것은?

① 홍채 - 셔터
② 동공 - 조리개
③ 망막 - 필름
④ 수정체 - 렌즈

36 동일한 작업 시 에너지 소비량에 영향을 끼치는 인자가 아닌 것은?

① 심박수
② 작업방법
③ 작업자세
④ 작업속도

37 다음 설명에 해당하는 양립성(Compatibility)의 종류는?

> "냉·온수기의 손잡이 색상 중 빨간색은 뜨거운 물, 파란색은 차가운 물이 나오도록 설계한다".

① 개념 양립성
② 운동 양립성
③ 공간 양립성
④ 지각 양립성

38 팔, 다리 또는 다른 신체 부위의 동작에서 몸의 중심선으로 향하는 이동 동작을 무엇이라고 하는가?

① 신전
② 내전
③ 외전
④ 상향

39 다음 중 지구력에 관한 설명으로 가장 적절한 것은?

① 생성면에 직각으로 작용하는 힘이다.
② 외력에 대하여 저항하는 힘을 상대적으로 나타낸 것이다.
③ 근육을 사용하여 특정한 힘을 유지할 수 있는 시간으로 나타낸다.
④ 신체의 부위를 실제로 움직이는 상태에서 나타낼 수 있는 힘이다.

40 다음 짐을 나르는 경우 중 산소 소비량이 가장 크게 소요되는 것은?

① 머리에 이고 옮기는 경우
② 양 손으로 들고 옮기는 경우
③ 목도를 이용하여 어깨로 옮기는 경우
④ 배낭을 이용하여 어깨로 옮기는 경우

3과목 실내디자인 시공 및 재료

41 목재에 관한 설명으로 옳지 않은 것은?
① 섬유포화점이란 흡착 수분만이 최대 한도로 존재하는 상태를 말하며 그때의 함수율은 약 30% 이다.
② 목재는 섬유포화점 이상의 함수상태에서는 함수율의 증감에 따라 신축하지 않으나 그 이하에서는 함수율에 비례하여 신축한다.
③ 섬유포화점 이상에서는 목재의 강도는 일정하나 그 이하에서는 함수율이 감소하면 강도도 감소한다.
④ 일반적으로 비중이 큰 목재일수록 강도는 커지는 반면 수축의 양은 많아진다.

42 다음 그림 중 제혀쪽매에 해당하는 것은?

43 목구조 벽체의 수평력에 대한 보강 부재로 가장 유효한 것은?
① 가새   ② 토대
③ 통재기둥   ④ 샛기둥

44 석재의 내구성에 관한 설명으로 옳지 않은 것은?
① 조암광물이 미립자일수록 내구성이 크다.
② 흡수율이 큰 다공질일수록 동해를 받기 쉽다.
③ 조암광물 중에 황화물, 철분함유광물, 탄산마그네시아, 탄산칼슘 등은 풍화되기 어렵다.
④ 석재의 내구성은 조직, 조암광물의 종류 등에 따라 달라진다.

45 건축용 세라믹 재료의 특성에 관한 설명으로 옳지 않은 것은?
① 토기 : 흡수율이 높고 강도가 약하다.
② 도기 : 회색이나 백색의 색상을 가지고 있으며 가볍다.
③ 석기 : 소성 후 밝은 백색이 되며, 강도가 크고 유약으로 다양한 색상을 낼 수 있다.
④ 자기 : 흡수성이 거의 없고 매우 높은 강도를 가지고 있다.

46 뒷면은 영식쌓기 또는 화란식쌓기로 하고 표면에는 치장벽돌을 써서 5~6켜는 길이 쌓기로 하며, 다음 1켜는 마구리쌓기로 하여 뒷벽돌에 물려서 쌓는 벽돌쌓기 방식은?
① 영롱쌓기
② 불식쌓기
③ 엇모쌓기
④ 미식쌓기

47 다음 그림과 같은 보강블록조의 평면도에서 x축 방향의 벽량을 구하면? (단, 벽체두께는 150mm이며, 그림의 모든 단위는 mm임)

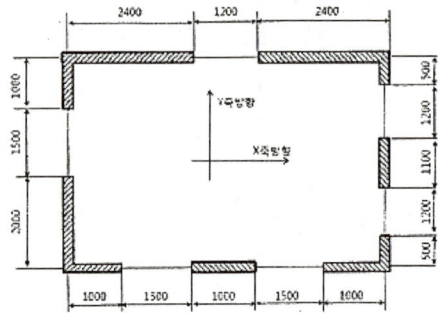

① 23.9cm/m^2
② 28.9cm/m^2
③ 31.9cm/m^2
④ 34.9cm/m^2

48 스팬드럴 유리에 관한 설명으로 옳지 않은 것은?

① 건축물의 외벽 층간이나 내·외부 장식용 유리로 사용한다.
② 판유리 한쪽 면에 세라믹질의 도료를 도장한 후 고온에서 융착, 반강화한 것으로 내구성이 뛰어나다.
③ 색상이 다양하고 중후한 질감을 갖고 있으며 건축물의 모양에 따라 선택의 폭이 넓다.
④ 열깨짐의 위험이 있으므로 유리표면에 페인트도장을 하거나, 종이테이프 등을 부착하지 않는다.

49 판두께가 1.2mm 이하인 얇은 판에 여러 가지 모양으로 도려낸 철판으로서 환기공, 인테리어 벽, 천장 등에 이용되는 금속 성형 가공제품은?

① 익스팬디드메탈
② 펀칭 메탈
③ 키스톤 플레이트
④ 스팬드럴 패널

50 래커(Lacquer)에 관한 설명으로 옳지 않은 것은?

① 도막형성은 주로 용제의 증발에 따른 건조에 의한다.
② 도막이 단단하지 않으며, 에나멜 도막은 내후성이 나쁘다.
③ 건조시간을 지연시킬 목적으로 시너(Thinner)를 첨가하는 경우도 있다.
④ 안료를 배합하지 않은 것을 클리어 래커라 한다.

51 다음 중 미장바탕이 갖추어야 할 조건으로 옳지 않은 것은?

① 바름층과 유해한 화학반응을 하지 않을 것
② 바름층을 지지하는 데 필요한 접착강도를 얻을 수 있을 것
③ 바름층보다 강도, 강성이 크지 않을 것
④ 바름층의 경화, 건조를 방해하지 않을 것

52 콘크리트의 블리딩 현상에 의한 성능저하와 가장 거리가 먼 것은?

① 골재와 페이스트의 부착력 저하
② 철근과 페이스트의 부착력 저하
③ 콘크리트의 수밀성 저하
④ 콘크리트의 응결성 저하

53 일반적인 콘크리트의 열팽창계수로 옳은 것은?

① $1 \times 10^{-4}/℃$ ② $1 \times 10^{-5}/℃$
③ $1 \times 10^{-6}/℃$ ④ $1 \times 10^{-7}/℃$

54 다음 중 시멘트의 수경률을 구하는 식에서 분자에 속하지 않는 것은?

① CaO ② SiO_2
③ Al_2O_3 ④ Fe_2O_3

55 건축재료의 화학조성에 의한 분류 중 무기재료에 포함되지 않는 것은?

① 콘크리트 ② 철강
③ 목재 ④ 석재

56 발포제로서 보드상으로 성형하여 단열재로 널리 사용되며 천장재, 전기용품 등에도 쓰이는 열가소성 수지는?

① 불포화폴리에스테르수지
② 실리콘수지
③ 아크릴수지
④ 폴리스티렌수지

57 아스팔트 방수재료에 관한 설명으로 옳지 않은 것은?

① 아스팔트 루핑은 펠트의 양면에 블론 아스팔트를 피복하고, 그 표면에 가는 모래나 광물질 미분말을 부착한 시트상의 제품이다.
② 개량아스팔트 방수시트는 주로 토치버너의 가열에 의해 공사가 이루어진다.
③ 아스팔트 프라이머는 콘크리트 바탕과 방수시트의 접착을 양호하게 유지하기 위한 바탕조정용 접착제이다.
④ 망상 아스팔트 루핑은 아스팔트의 절연공법에 사용된다.

58 다음과 같은 철근 콘크리트조 건축물에서 쌍줄비계 면적을 산출한 것 중 맞는 것은?

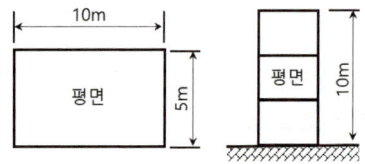

① $300m^3$ ② $336m^3$
③ $372m^3$ ④ $400m^3$

59 현장에서 설계도서, 법령해석, 감리자 의견 등이 서로 상이할 때 일반적으로 최우선순위로 가장 적당한 것은?

① 특기 시방서
② 설계도면
③ 일반시방서, 표준시방서
④ 산출내역서

60 MCX(Minimum Cost eXpending)기법에 의한 공기단축방법에 관한 설명 중 옳지 않은 것은?

① 주공정선(Critical Path)이외의 작업을 단축한다.
② 비용구배가 최소인 작업부터 단축한다.
③ 단축가능한계까지 단축한다.
④ 보조 주공정선(Sub-Critical Path)의 발생을 확인한다.

4과목 실내디자인 환경

61 벽체의 전열에 관한 설명으로 옳은 것은?

① 열전도율은 기체가 가장 크며 고체가 가장 작다.
② 공기층의 단열효과는 그 기밀성과는 관계가 없다.
③ 단열재는 물에 젖어도 단열성능은 변하지 않는다.
④ 일반적으로 벽체에서의 열관류현상은 열전달 - 열전도 - 열전달의 과정을 거친다.

62 다음과 같은 조건에 있는 벽체의 실내 측 표면온도는?

- 외기온도 : -10℃
- 실내공기온도 : 20℃
- 벽체의 열관류율 : 1.5W/㎡·K
- 벽체의 내표면열전달률 : 9W/㎡·K

① 10℃ ② 15℃
③ 20℃ ④ 25℃

63 겨울철 벽체의 표면결로 방지대책으로 옳지 않은 것은?

① 실내의 환기횟수를 줄인다.
② 실내의 발생 수증기량을 줄인다.
③ 벽체의 실내 측 표면온도를 높인다.
④ 벽체의 단열결함 부위와 열교발생 부위를 줄인다.

64 판진동 흡음재에 관한 설명으로 옳지 않은 것은?
① 낮은 주파수 대역에 유효하다.
② 막진동하기 쉬운 얇은 것일수록 흡음률이 작다.
③ 재료의 부착방법과 배후조건에 의해 특성이 달라진다.
④ 판이 두껍거나 배후공기층이 클수록 공명주파수의 범위가 저음역으로 이동한다.

65 작업구역에는 전용의 국부조명방식으로 조명하고, 기타 주변 환경에 대하여는 간접조명과 같은 낮은 조도 레벨로 조명하는 방식은?
① TAL조명방식
② LED조명방식
③ 전반조명방식
④ 건축화조명방식

66 실지수(Room Index)에 관한 설명으로 옳지 않은 것은?
① 실의 형상을 나타내는 지수이다.
② 실지수는 큰 편이 조명의 효율이 좋다.
③ 일반적으로 가로, 세로가 넓은 경우 실지수가 크다.
④ 일반적으로 천장이 높은 경우가 낮은 경우보다 실지수가 크다.

67 환기에 관한 설명으로 옳지 않은 것은?
① 치환환기는 공기의 온도차에 따른 환기력을 이용한 자연환기와 함께 기계환기를 조합한 환기방식이다.
② 건물의 상부와 하부에 개구부가 있을 경우, 실내외 온도차에 의한 환기량은 두 개구부 수직거리의 제곱근에 비례한다.
③ 전반환기는 실 전체의 기류분포를 고려하면서, 실내에서 발생하는 오염공기의 희석, 확산, 배출이 이루어지도록 하는 환기방식이다.
④ 건물의 실내온도가 외기온도보다 높고, 실외에 바람이 없을 경우, 외기는 건물 상부의 개구부로 들어오고, 건물 하부의 개구부로 나가면서 환기가 이루어진다.

68 개별식 급탕방식에 관한 설명으로 옳지 않은 것은?
① 유지관리는 용이하나 배관 중의 열손실이 크다.
② 건물완공 후에도 급탕 개소의 증설이 비교적 쉽다.
③ 급탕개소가 적기 때문에 가열기, 배관 길이 등 설비규모가 작다.
④ 용도에 따라 필요한 개소에서 필요한 온도의 탕을 비교적 간단히 얻을 수 있다.

69 A실의 냉방부하를 계산한 결과 현열부하가 5,000W이다. 취출공기온도를 16℃로 할 경우 송풍량은? (단, 실온은 26℃, 공기의 밀도는 1.2kg/㎥, 공기의 비열은 1.01kJ/kg · K이다)
① 약 825㎡/h
② 약 1,240㎡/h
③ 약 1,485㎡/h
④ 약 2,340㎡/h

70 다음 설명에 알맞은 보일러의 종류는?

> • 수직으로 세운 드럼 내에 연관 또는 수관이 있는 소규모의 패키지형으로 되어 있다.
> • 설치면적이 작고 취급이 용이하나 사용압력이 낮다.

① 입형 보일러
② 수관보일러
③ 관류보일러
④ 주철제보일러

71 호텔의 주방이나 레스토랑의 주방에서 배출되는 배수 중의 유지분을 포집하기 위하여 사용되는 포집기는?

① 헤어 포집기 ② 오일 포집기
③ 그리스 포집기 ④ 플라스터 포집기

72 국토교통부령으로 정하는 기준에 따라 채광을 위하여 거실에 설치하는 창문 등의 면적기준으로 옳은 것은? (단, 단독주택 및 공동주택의 거실인 경우)

① 거실 바닥면적의 5분의 1 이상
② 거실 바닥면적의 10분의 1 이상
③ 거실 바닥면적의 15분의 1 이상
④ 거실 바닥면적의 20분의 1 이상

73 국토교통부령으로 정하는 기준에 따라 건축물로부터 바깥쪽으로 나가는 출구를 설치해야 하는 대상이 아닌 것은?

① 종교시설
② 장례시설
③ 위락시설
④ 문화 및 집회시설 중 전시장

74 손궤의 우려가 있는 토지에 대지를 조성하는 경우의 조치사항에 관한 내용으로 옳지 않은 것은?

① 성토 또는 절토하는 부분의 경사도가 1:1.5 이상으로서 높이가 1m 이상인 부분에는 옹벽을 설치한다.
② 옹벽의 높이가 4m 이상일 경우에만 콘크리트구조를 적용한다.
③ 옹벽의 외벽면에는 이의 지지 또는 배수를 위한 시설외의 구조물이 밖으로 튀어나오지 않게 한다.
④ 건축사에 의하여 해당 토지의 구조안전이 확인된 경우는 조치가 불필요하다.

75 내화구조의 성능기준에 따른 건축물 구성부재의 품질시험을 실시할 경우 내화시간기준이 가장 낮은 구성부재는? (단, 주거시설의 경우이며, 층수/최고높이(m)의 기준은 부재 간 동일 적용)

① 기둥
② 내벽을 구성하는 내력벽
③ 지붕틀
④ 바닥

76 다음 중 헬리포트의 설치기준으로 틀린 것은?

① 헬리포트의 길이와 너비는 각각 22m 이상으로 할 것
② 헬리포트의 중앙부분에는 지름 8m⊕의 표지를 백색으로 설치할 것
③ 헬리포트의 주위 한계선은 노란색으로 하되, 그 선의 너비는 48cm로 할 것
④ 헬리포트의 중심으로부터 반경 1m 이내에는 헬리콥터의 이·착륙에 장애가 되는 장애물, 공작물 또는 난간 등을 설치하지 아니할 것

77 소방시설법에서 정의하는 다음 내용에 해당하는 용어는?

> 소방시설 등을 구성하거나 소방용으로 사용되는 제품 또는 기기로서 대통령령으로 정하는 것을 말한다.

① 특정소방대상물
② 소화용수설비
③ 소화설비
④ 소방용품

78 다음의 소방시설 중 소화활동설비에 속하는 것은?

① 방화복
② 연결살수설비
③ 옥외소화전설비
④ 자동화재속보설비

79 건축허가 등을 할 때 미리 소방본부장 또는 소방서장의 동의를 받아야 하는 건축물의 최소 연면적 기준으로 옳은 것은? (단, 학교시설인 경우)

① 100m² 이상
② 200m² 이상
③ 300m² 이상
④ 400m² 이상

80 상업지역 및 주거지역에서 건축물에 설치하는 냉방시설 및 환기시설의 배기구는 도로면으로부터 몇 m 이상의 높이에 설치해야 하는가?

① 1.8m 이상
② 2m 이상
③ 3m 이상
④ 4.5m 이상

과년도 기출문제

06 | 2024년 실내건축기사 3회

1과목 실내디자인계획

01 POE(Post-Occupancy Evaluation)의 의미로 가장 알맞은 것은?

① 건축물을 사용해 본 후에 평가하는 것이다.
② 낙후 건축물의 이상 유무를 평가하는 것이다.
③ 건축물을 사용하기 전에 성능을 예상하는 것이다.
④ 건축도면 완성 후 건축주가 도면의 적정성을 평가하는 것이다.

02 실내디자인에서 추구하는 목표와 가장 거리가 먼 것은?

① 기능성
② 경제성
③ 주관성
④ 심미성

03 다음의 공간에 대한 설명으로 옳지 않은 것은?

① 내부공간의 형태는 바닥, 벽, 천장의 수직, 수평적 요소에 의해 이루어진다.
② 평면, 입면, 단면의 비례에 의해 내부 공간의 특성이 달라지며, 사람의 심리상태에 따라 다르게 영향을 받는다.
③ 내부 공간의 형태에 따라 가구 유형과 형태, 가구배치 등 실내의 요소들이 달라진다.
④ 불규칙한 형태의 공간은 일반적으로 한 개 이상의 축을 가지며 자연스럽고 대칭적이어서 안정되어 있다.

04 다음의 (   )안에 들어갈 용어로 알맞은 것은?

(㉠)은/는 상대적인 크기, 즉 척도를 말하며 (㉡)은/는 인간의 신체를 기준으로 파악, 측정되는 척도기준이다.

① ㉠ 모듈,   ㉡ 스케일
② ㉠ 스케일, ㉡ 휴먼 스케일
③ ㉠ 모듈,   ㉡ 그리드
④ ㉠ 그리드, ㉡ 황금비

05 고딕건축양식에 관한 설명으로 옳지 않은 것은?

① 플라잉 버트레스를 사용함으로써 구조적인 문제를 해결하였다.
② 반원형 아치를 사용하고 창에는 스테인드글라스로 장식하였다.
③ 독일의 쾰른 대성당과 프랑스의 노트르담 대성당은 대표적인 고딕양식의 건물이다.
④ 독특한 장식적 수법이 발휘된 트레이서리가 발달하였다.

06 점의 조형효과에 대한 설명 중 옳지 않은 것은?

① 점이 연속되면 선으로 느끼게 한다.
② 두 개의 점이 있을 경우 두 점의 크기가 같을 때 주의력은 균등하게 작용한다.
③ 배경의 중심에 있는 하나의 작은 점은 점에 시선을 집중시키고 역동적인 효과를 느끼게 한다.
④ 배경의 중심에서 벗어난 하나의 점은 점을 둘러싼 영역과의 사이에 시각적 긴장감을 생성한다.

07 공간의 레이아웃(Layout)과 가장 밀접한 관계를 가지고 있는 것은?

① 재료계획
② 동선계획
③ 설비계획
④ 색채계획

08 디자인 원리에 대한 설명 중 잘못된 것은?

① 리듬의 효과는 음악적 감각이 조형화된 것으로 청각의 원리가 시각적으로 표현된 것이다.
② 통일은 디자인 대상의 전체가 미적 질서를 부여하는 것으로 모든 형식의 출발점이며 구심점이다.
③ 대칭적인 균형은 안정감과 정적인 표현을 연출한다.
④ 조화에는 유사와 대비로 분류되며 시각적으로 동일한 요소들을 통해 이루어지는 조화방법을 대비조화라고 한다.

09 실내공간의 구성요소인 벽(Wall)에 관한 설명으로 옳지 않은 것은?

① 벽면의 형태는 동선을 유도하는 역할을 담당하기도 한다.
② 벽체는 공간의 폐쇄성과 개방성을 조절하여 공간감을 형성한다.
③ 비내력벽은 건물의 하중을 지지하며 공간과 공간을 분리하는 칸막이 역할을 한다.
④ 낮은 벽은 영역과 영역을 구분하고 높은 벽은 공간의 폐쇄성이 요구되는 곳에 사용된다.

10 다음 설명에 알맞은 블라인드의 종류는?

- 셰이드(shade)라고도 한다.
- 창 이외에 칸막이나 스크린으로도 효과적으로 사용할 수 있다.

① 롤(roll) 블라인드
② 로만(roman) 블라인드
③ 버티컬(vertical) 블라인드
④ 베니션(venetian) 블라인드

11 주택계획에서 LDK(Living Dining Kitchen)형에 관한 설명으로 옳지 않은 것은?

① 동선을 최대한 단축시킬 수 있다.
② 소요 면적이 많아 소규모 주택에서는 도입이 어렵다.
③ 거실, 식당, 부엌을 개방된 하나의 공간에 배치한 것이다.
④ 부엌에서 조리를 하면서 거실이나 식당의 가족과 대화할 수 있는 장점이 있다.

12 노인침실계획에 관한 설명으로 옳지 않은 것은?

① 일조량이 충분하도록 남향에 배치한다.
② 식당이나 화장실, 욕실 등에 가깝게 배치한다.
③ 바닥에 단차이를 두어 공간에 변화를 주는 것이 바람직하다.
④ 소외감을 갖지 않도록 가족 공동공간과의 연결성을 주의한다.

13 오피스랜드스케이프에 대한 설명으로 옳지 않은 것은?

① 밀접한 팀워크가 필요할 때 유리하다.
② 독립성과 쾌적감과 같은 이점이 있다.
③ 작업의 흐름에 따라 자유로운 배치가 기본이다.
④ 유효면적이 크므로 그만큼 경제적이다.

14 상점의 판매형식 중 측면판매에 관한 설명으로 옳지 않은 것은?

① 직원동선의 이동성이 많다.
② 고객이 직접 진열된 상품을 접촉할 수 있다.
③ 대면판매에 비해 넓은 진열면적을 확보할 수 있다.
④ 시계, 귀금속점, 카메라점 등 전문성이 있는 판매에 주로 사용된다.

15 전시공간에서 천장의 처리에 관한 설명으로 옳지 않은 것은?
① 천장 마감재는 흡음 성능이 높은 것이 요구된다.
② 시선을 집중시키기 위해 강한 색채를 사용한다.
③ 조명기구, 공조설비, 화재경보기 등 제반 설비를 설치한다.
④ 이동 스크린이나 전시물을 매달 수 있는 시설을 설치한다.

16 은행의 실내계획에 대한 설명 중 옳지 않은 것은?
① 영업장과 객장의 효율적 배치로 사무 동선을 단순화하여 업무가 신속히 처리되도록 한다.
② 은행 고유의 색채, 심벌마크 등을 실내에 도입하여 이미지를 부각 시킨다.
③ 도난 방지를 위해 고객에게 심리적 긴장감을 주도록 영업장과 객장은 시각적으로 차단시킨다.
④ 객장은 대기공간으로 고객에게 안전하고 편리한 서비스를 제공하는 시설을 구비하도록 한다.

17 다음 중 건축제도 시 도면의 크기에 관한 설명으로 틀린 것은?
① 용지 끝에서 10mm 정도로 하여 테두리선을 그린다.
② A3의 사이즈는 290×420이다.
③ 접은 도면의 크기는 A4의 크기를 원칙으로 한다.
④ 도면을 철하는 경우에는 좌측에 25mm 정도의 여백을 준다.

18 현존하는 한국 목조건축 중 가장 오래된 것은?
① 송광사 국사전
② 봉정사 극락전
③ 청경사 명정전
④ 경북궁 근정전

19 우리나라의 한옥에 관한 설명으로 옳지 않은 것은?
① 창과 문은 좌식생활에 따른 인체치수를 고려하여 만들어졌다.
② 기단을 높여 통풍이 잘 되도록 하여 땅의 습기를 제거하였다.
③ 미닫이문, 들문 등의 사용으로 내부공간의 융통성을 도모하였다.
④ 남부지방의 경우 겨울철 난방을 고려하여 기밀하고 폐쇄적인 내부공간 구성으로 계획하였다.

20 실내디자인 프로세스에서 실시설계에 대한 설명으로 옳지 않은 것은?
① 직접 디자인한 가구나 기성 가구 중에서 선택하여 가구배치도 등을 작성한다.
② 마감재료에 대한 도면 표기는 판매되는 제품 명칭을 정확히 사용하여야 한다.
③ 조명 및 전기 사용계획에 의하여 전기배선도, 적정 조도계산서 등을 작성한다.
④ 실시설계 도서에는 샘플보드, 투시도, 특기 시방서, 내역서 등을 포함한다.

2과목 실내디자인 색채 및 사용자 행태분석

21 다음 중 색에 대한 설명으로 틀린 것은?
① 물체의 색이 눈의 망막에 의해 지각된다.
② 반사, 흡수, 투과를 거쳐 지각된다.
③ 인간의 눈을 통해 지각되는 물리적 현상이다.
④ 연상과 상징 등과 함께 경험되는 심리적 현상과 관계가 없다.

22 색채계획과정을 단계별로 나열한 것 중 가장 합리적인 것은?
① 색채전달계획 → 색채환경분석 → 색채심리분석 → 디자인에 적용
② 색채환경분석 → 색채심리분석 → 색채전달계획 → 디자인에 적용
③ 색채전달계획 → 색채심리분석 → 색채환경분석 → 디자인에 적용
④ 색채환경분석 → 채전달계획 → 색채심리분석 → 디자인에 적용

23 현재 우리나라 KS규격 색표집이며 색채교육용으로 채택된 표색계는?
① 먼셀 표색계
② 오스트발트 표색계
③ 문. 스펜서 표색계
④ 저드 표색계

24 감산혼합에 대한 설명으로 바른 것은?
① 색광의 혼합이다.
② 색료의 혼합이다.
③ 색을 혼합할수록 채도가 높다.
④ 색을 혼합하여도 명도나 채도가 변하지 않는다.

25 비렌의 색채조화론에서 사용되는 색조군에 대한 설명 중 옳은 것은?
① 흰색과 검정이 합쳐진 밝은 색조(Tint)
② 순색과 흰색이 합쳐진 톤(Tone)
③ 순색과 검정이 합쳐진 어두운 색조(Shade)
④ 순색과 흰색, 그리고 검정이 합쳐진 회색조(Gray)

26 가볍게 보이려면 색의 속성을 어떻게 조절해야 하는가?
① 명도를 낮추고, 채도는 높인다.
② 명도를 높인다.
③ 명도와 채도 모두 낮춘다.
④ 채도를 높인다.

27 먼셀 색입체에 관한 설명으로 맞는 것은?
① 모든 색은 흑 + 백 + 순색 = 100%가 되는 혼합비에 의하여 구성되어 있다.
② 먼셀 색상에서 기본색은 빨강, 노랑, 녹색, 파랑, 보라의 5색이다.
③ 먼셀의 색입체는 주판알과 같은 복원추체 모양이다.
④ 무채색 축을 중심으로 34색상을 가진 등색상 삼각형이 배열되어 있다.

28 디지털 색채체계의 유형 중 설명이 틀린 것은?
① HSB : 색의 3가지 기본 특성인 색상, 채도, 명도에 의해 표현하는 방식이다.
② RGB : 컴퓨터 모니터와 스크린 같은 빛의 원리로 컬러를 구현하는 장치에서 사용된다.
③ CMYK : 표현할 수 있는 컬러 범위는 RGB 형식보다 넓다.
④ L*a*b* : CIE가 1976년에 추천하여 지각적으로 거의 균등한 간격을 가진 색 공간에 의한 색상모형이다.

29 실내 색채계획에 관한 설명 중 잘못된 것은?

① 먼저 주조색을 결정한 다음, 그 색과 조화되는 색을 적절한 비율로 선택한다.
② 휴식 공간의 색채는 대비조화, 난색계열, 부드러운 색조가 좋다.
③ 명도와 채도를 점이의 수법으로 변화시켜 배색하면 리듬감이 생긴다.
④ 밝은색은 위로, 어두운색은 아래로 배색하면 안정성이 있다.

30 다음의 가구에 관한 설명 중 (　) 안에 알맞은 용어는?

> (㉠)은 등받이와 팔걸이 없는 형태의 보조의자로 가벼운 작업이나 잠시 걸터앉아 휴식을 취할 때 사용된다. 더 편안한 휴식을 위해 발을 올려놓는 데도 사용되는 (㉠)을 (㉡)이라 한다.

① ㉠ 스툴, ㉡ 오토만
② ㉠ 스툴, ㉡ 카우치
③ ㉠ 오토만, ㉡ 스툴
④ ㉠ 오토만, ㉡ 카우치

31 다음 설명에 알맞은 전통 가구는?

> • 책이나 완성품을 진열할 수 있도록 여러 층의 층널이 있다.
> • 사랑방에 쓰이는 문방가구로 선반이 정방향에 가깝다.

① 서안
② 경축장
③ 반닫이
④ 사방탁자

32 다음 중 디자인 프레젠테이션에 대한 설명과 가장 관계가 먼 것은?

① 디자이너와 고객 간의 긴요한 의사전달 방법이다.
② 2차원, 3차원 도면이나 모델 등을 활용하여 고객의 이해를 돕는다.
③ 디자이너가 1개의 디자인을 결정하여 고객에게 전달하는 과정이다.
④ 컴퓨터나 멀티미디어 등 최신의 표현기법이 점차 일반화되는 경향이다.

33 인간-기계 통합 체계에서 인간 또는 기계에 의해서 수행되는 기본 기능과 가장 거리가 먼 것은?

① 감지기능
② 상호보완기능
③ 정보보관기능
④ 정보처리 및 의사결정 기능

34 인간의 눈에 관한 설명으로 맞는 것은?

① 암순응이 명순응보다 빠르다.
② 원추세포는 색을 구별할 수 있다.
③ 수정체가 두꺼워지면 원시안이 된다.
④ 빛을 감지하는 간상세포는 수정체에 존재한다.

35 다음 중 양립성(Compatibility)에 관한 설명으로 틀린 것은?

① 청색은 정상을 나타내는 것과 같은 연상의 양립성은 개념적 양립성이다.
② 공간적 양립성은 표시장치의 이동방향이 조정장치의 이동방향과 일치할 때를 가리킨다.
③ 표시장치의 이동방향과 조정장치의 이동방향이 다르면 이동방향과 일치할 때를 가리킨다.
④ 양립성이 클수록 자극에 대한 반응속도는 빨라진다.

36 인체의 골격이 하는 주요 기능이 아닌 것은?
① 몸을 지탱하며 그 외형을 지지한다.
② 체강(體腔)을 형성하며 체강 내의 장기를 보호한다.
③ 골격 내부에 골수를 넣어 조혈작용을 한다.
④ 대뇌의 지시에 따라 이완, 수축하여 골격 운동에 기여한다.

37 다음 중 근육의 대사(代謝)에 관한 설명으로 틀린 것은?
① 운동에 의한 산소소비량은 일정 수준 이상 증가하지 않는다.
② 신체 활동 시 산소의 공급이 충분할 때 젖산이 많이 축적된다.
③ 젖산은 유기성 과정에 의하여 물과 CO_2로 분해되어 발산된다.
④ 일정 수준 이상의 활동이 종료된 후에도 일정 기간 동안은 산소가 더 필요하게 된다.

38 다음 중 EMG(electromyography)를 이용하여 측정하는 것은?
① 심장 박동수
② 뇌의 활동량
③ 안구의 초점이동
④ 근육의 활동

39 신체 각 부위의 운동에 대한 설명으로 틀린 것은?
① 굴곡(flection) : 관절에서의 각도가 감소하는 동작
② 신전(extension) : 관절에서의 각도가 증가하는 동작
③ 외전(abduction) : 몸의 중심선으로부터의 회전 동작
④ 내선(medial rotation) : 몸의 중심선을 향하여 안쪽으로 회전하는 동작

40 인체계측 자료의 응용원칙 중 인체계측 변수분포의 1, 5, 10% 등과 같은 하위 백분위 수의 최소 집단치를 위한 설계 시 적용할 수 있는 것과 관계가 깊은 것은?
① 문의 높이
② 선반의 높이
③ 의자의 너비
④ 그네의 중량

3과목 실내디자인 시공 및 재료

41 파티클 보드의 성질에 관한 설명으로 옳지 않은 것은?
① 고습도의 조건에서 사용하기 위해서는 방습 및 방수처리가 필요하다.
② 상판, 칸막이벽, 가구 등에 이용된다.
③ 음 및 열의 차단성이 우수하다.
④ 합판의 비해 면내 강성은 떨어지나 휨강도는 우수하다.

42 중량이 5kg인 목재를 건조하여 전건중량 4kg이 되었다. 건조 전 목재의 함수율은 몇 %인가?
① 20%
② 25%
③ 30%
④ 40%

43 목재의 수분·습기의 변화에 따른 팽창수축을 감소시키는 방법으로 옳지 않은 것은?
① 사용하기 전에 충분히 건조시켜 균일한 함수율이 된 것을 사용할 것
② 가능한 한 곧은결 목재를 사용할 것
③ 가능한 한 저온 처리된 목재를 사용할 것
④ 파라핀·크레오소트 등을 침투시켜 사용할 것

44 목구조의 맞춤에 사용되는 보강철물의 연결이 틀린 것은?

① 띠쇠 - 왕대공과 ㅅ자보
② 감잡이쇠 - 왕대공과 평보
③ 안장쇠 - 큰 보와 작은 보
④ 듀벨 - 샛기둥과 층도리

45 조적조에서 테두리보를 설치하는 이유로 틀린 것은?

① 수직균열을 방지한다.
② 가로철근을 정착시킨다.
③ 벽체에 하중을 균등히 분포시킨다.
④ 집중하중을 받는 부분을 보강한다.

46 점토벽돌에 관한 설명으로 옳지 않은 것은?

① 적색 또는 적갈색을 띠고 있는 것은 점토 내에 포함되어 있는 산화철분에 의한 것이다.
② 1종 점토벽돌의 압축강도 기준은 14.70MPa 이상이다.
③ KS표준에 의한 점토벽돌의 모양에 따른 구분은 일반형과 유공형으로 나뉜다.
④ 2종 점토벽돌의 흡수율 기준은 15.0% 이하이다.

47 연강철선을 전기용접하여 정방형 또는 장방형으로 만든 것으로 블록을 쌓을 때나 보호 콘크리트를 타설할 때 사용하며 균열을 방지하고 교차 부분을 보강하기 위해 사용하는 금속제품은?

① 와이어로프
② 코너비드
③ 와이어메시
④ 메탈폼

48 초고층 인텔리전트 빌딩이나, 핵융합로등과 같이 강력한 자기장이 발생할 가능성이 있는 철골 구조물의 강재나, 철근 콘크리트용 봉강으로 사용되는 것은?

① 초고장력강
② 비정질(Amorphous) 금속
③ 구조용 비자성강
④ 고크롬강

49 인서트(Insert)의 재질로 가장 적합한 것은?

① 주철
② 알루미늄
③ 목재
④ 구리

50 열가소성 수지 중 투광성이 높고 경량이며 내후성과 내약품성, 역학적 성질이 뛰어나기 때문에 유리 대용품으로서 광범위하게 이용되고 있는 것은?

① 염화비닐수지
② 폴리에틸렌수지
③ 메타크릴수지
④ 폴리프로필렌수지

51 10.8cm 각 타일을 줄눈 가로, 세로 6mm로 붙일 때 1㎡당 타일 매수로 옳은 것은?

① 72 매
② 73 매
③ 75 매
④ 77 매

52 다음 중 방청도료에 해당되지 않는 것은?
① 광명단조합페인트
② 클리어 래커
③ 에칭프라이머
④ 징크로메이트 도료

53 무늬유리 및 망유리의 제조방식으로 가장 적합한 것은?
① 프레스방식
② 롤아웃방식
③ 플로트방식
④ 인양방식

54 내화피복재료의 운반, 저장, 취급 시 유의해야 할 사항으로 옳지 않은 것은?
① 내화보드는 운반 및 시공 시 옆으로 세워서 운반하여야 한다.
② 뿜칠재료는 운반 및 저장 시 포장이 터지거나 찢어지지 않도록 하여야 하며, 적재 시 한 번에 100포 정도 쌓도록 한다.
③ 내화피복재료는 현장 야적 시 바닥의 통풍을 고려하여 목재 깔판 등을 사용하여 습기 또는 물에 젖지 않도록 하여야 한다.
④ 내화도료 저장실의 온도는 5℃ 이상~35℃ 이하가 되도록 유지하여야 한다.

55 매스콘크리트에서 발생하는 균열의 제어방법이 아닌 것은?
① 고발열성 시멘트를 사용한다.
② 파이프 쿨링을 실시한다.
③ 포졸란계 혼화재를 사용한다.
④ 온도균열지수에 의한 균열발생을 검토한다.

56 콘크리트 배합 시 시멘트 1㎥, 물 2,000L인 경우 물 – 시멘트비는? (단, 시멘트의 밀도는 3.15g/㎤이다)
① 약 15.7%   ② 약 20.5%
③ 약 50.4%   ④ 약 63.5%

57 표건상태의 잔골재 500g을 건조시켜 기건상태에서 측정한 결과 460g, 절건상태에서 측정한 결과 450g이었다. 이 잔골재의 흡수율은?
① 8%   ② 8.8%
③ 10%   ④ 11.1%

58 네트워크 공정표에서 작업의 상호관계만을 도시하기 위하여 사용하는 화살선을 무엇이라 하는가?
① Dummy   ② Event
③ activity   ④ critical path

59 건물 외부에 낙하물 방지망을 설치할 경우 수평면과의 가장 적절한 각도는?
① 5° 이상, 10° 이하
② 10° 이상, 15° 이하
③ 15° 이상, 20° 이하
④ 20° 이상, 30° 이하

60 건축 표준품셈의 설명으로 옳지 않은것은?
① 타일의 할증률은 3%이다.
② 시멘트의 할증률은 2%이다.
③ 상시 일반적으로 사용하는 일반공구 및 시험용 계측기구류의 공구손료는 인력품의 3%까지 계상한다.
④ 시멘트벽돌의 할증률은 3%이다.

4과목 실내디자인 환경

61 복사에 관한 설명으로 옳지 않은 것은?
① 주위 공기온도의 영향을 받는다.
② 태양으로부터 지구로 전달되는 열은 복사열이다.
③ 열을 전달하는 매질이 없어도 발생하는 현상이다.
④ 물체에서 복사되는 열량은 그 표면의 절대온도의 4승에 비례한다.

62 건축적 채광의 방법 중 측광(Lateral Lighting)에 관한 설명으로 옳은 것은?
① 통풍차열에 불리하다.
② 편·채광의 경우 조도분포가 불균일하다.
③ 구조·시공이 어려우며 비막이가 불리하다.
④ 근린의 상황에 따라 채광을 방해받는 경우가 없다.

63 다음 중 단열의 메커니즘에 속하지 않는 것은?
① 용량형 단열
② 반사형 단열
③ 저항형 단열
④ 투과형 단열

64 습공기를 가습하였을 때의 상태변화로 옳은 것은? (단, 건구온도는 일정하다.)
① 엔탈피가 커진다.
② 노점온도가 낮아진다.
③ 습구온도가 낮아진다.
④ 절대습도가 작아진다.

65 실의 용적이 5,000㎥이고 실내의 총흡음력이 500㎡일 경우, Sabine의 잔향식에 의한 잔향시간은?
① 0.4초
② 1.0초
③ 1.6초
④ 2.2초

66 다음과 같은 조건에서 두께 20cm인 콘크리트벽체를 통과한 손실열량은?

- 실내공기온도 : 20℃
- 외기온도 : 2℃
- 내표면 열전달율 : 11 W/㎡·K
- 외표면 열전달율 : 22 W/㎡·K
- 콘크리트 열전도률 : 1.56 W/m·K

① 약 45 W/㎡
② 약 58 W/㎡
③ 약 68 W/㎡
④ 약 75 W/㎡

67 바닥복사난방에 관한 설명으로 옳지 않은 것은?
① 실내의 쾌적감이 높다.
② 바닥의 이용도가 높다.
③ 방을 개방상태로 하여도 난방효과가 있다.
④ 방열량 조절이 용이하여 간헐난방에 적합하다.

68 공기조화방식에 관한 설명으로 옳지 않은 것은?
① 멀티존 유닛방식은 전공기방식에 속한다.
② 단일덕트방식은 각 실이나 존의 부하변동에 대응이 용이하다.
③ 팬코일유닛방식은 각 실에 수배관으로 인한 누수의 우려가 있다.
④ 이중덕트방식은 냉·온풍의 혼합으로 인한 혼합손실이 있어서 에너지 소비량이 많다.

69 대변기의 세정방식 중 플러시 밸브식에 관한 설명으로 옳은 것은?

① 대변기의 연속사용이 불가능하다.
② 급수관경과 필요수압에 제한이 없어 급수압력이 낮은 곳에서도 사용이 용이하다.
③ 핸들 또는 레버의 조작에 의해 낙차에 의한 수압으로 대변기를 세정하는 방식이다.
④ 소음이 크고 단시간에 다량의 물이 필요하므로 가정용으로는 일반적으로 사용하지 않는다.

70 수용장소의 총전기설비 용량에 대한 최대수용전력의 비율을 백분율로 나타낸 것은?

① 부하율
② 부등률
③ 수용률
④ 감광보상률

71 전기사업법령에 따른 저압의 범위로 옳은 것은?

① 직류 500V 이하, 교류 1,000V 이하
② 직류 1,000V 이하, 교류 500V 이하
③ 직류 600V 이하, 교류 750V 이하
④ 직류 1,500V 이하, 교류 1,000V 이하

72 문화 및 집회시설(전시장 및 동·식물원은 제외)의 용도로 쓰이는 건축물의 관람실 또는 집회실의 반자의 높이는 최소 얼마 이상이어야 하는가? (단, 관람실 또는 집회실로서 그 바닥면적이 200m² 이상인 경우)

① 2.1m
② 2.3m
③ 3m
④ 4m

73 지하 3층, 지상 12층 규모의 전신전화국으로 각 층 바닥면적이 2,000m², 각층 거실면적은 각 층 바닥면적의 80%일 경우 최소로 필요한 승용승강기 대수는? (단, 승용승강기는 15인승이며 각 층의 층고는 4m이다.)

① 3대
② 4대
③ 5대
④ 6대

74 환기 및 채광을 위하여 거실에 설치하는 창문 등의 설비의 설치기준에 관한 설명으로 틀린 것은?

① 채광을 위하여 거실에 설치하는 창문 등의 면적은 그 거실의 바닥면적의 10분의 1 이상이어야 한다.
② 환기를 위하여 거실에 설치하는 창문 등의 면적은 그 거실의 바닥면적의 20분의 1 이상이어야 한다.
③ 거실의 용도에 따라 조도 기준 이상의 조명장치를 설치하는 경우, 채광을 위하여 거실에 설치하는 창문 등의 설치면적을 기준과 달리할 수 있다.
④ 학교 교실의 채광을 위한 창문의 면적은 그 교실의 바닥면적의 5분의 1 이상이어야 한다.

75 판매시설의 용도에 쓰이는 층의 최대 바닥면적이 500m²일 때 피난층에 설치하는 건축물의 바깥쪽으로의 출구의 유효너비 합계는 최소 얼마 이상으로 하여야 하는가?

① 2.5m
② 3m
③ 3.5m
④ 5m

76 다음은 옥내소화전설비를 설치하여야 하는 특정소방대상물에 대한 기준이다. ( )안에 알맞은 것은?

> 건축물의 옥상에 설치된 차고 또는 주차장으로서 차고 또는 주차의 용도로 사용되는 부분의 면적이 ( )이상인 것

① 100m²
② 150m²
③ 180m²
④ 200m²

77 건축물에 설치하는 헬리포트의 설치기준으로 옳지 않은 것은?

① 헬리포트의 길이와 너비는 각각 22m 이상으로 할 것
② 헬리포트의 중심으로부터 반경 12m 이내에는 헬리콥터의 이·착륙에 장애가 되는 건축물, 공작물, 조경시설 또는 난간 등을 설치하지 아니할 것
③ 헬리포트의 주위한계선은 백색으로 하되, 그 선의 너비는 38cm로 할 것
④ 헬리포트 중앙부분에는 지름 6m Ⓗ 표시를 백색으로 할 것

78 지진이 발생할 경우 소방시설이 정상적으로 작동될 수 있도록 소방청장이 정하는 내진설계기준에 맞게 설치하여야 하는 소방시설이 아닌 것은? (단, 내진설계기준의 설정대상시설에 소방시설을 설치하는 경우)

① 옥내소화전설비
② 스프링클러설비
③ 물분무소화설비
④ 무선통신보조설비

79 벽 및 반자의 실내에 접하는 부분의 마감이 불연재료이고, 자동식 소화설비가 설치된 각 층 바닥면적이 1,000㎡인 업무시설의 11층은 최소 몇 개의 영역으로 방화구획하여야 하는가?

① 2개의 영역으로 구획
② 3개의 영역으로 구획
③ 5개의 영역으로 구획
④ 층간 방화구획

80 건축법 시행령에서 노유자시설 중 아동관련시설 또는 노인복지시설과 판매시설 중 도매시장 또는 소매시장을 같은 건축물 안에 함께 설치할 수 없도록 한 이유는?

① 방화에 장애가 되는 용도를 제한하기 위해서
② 설비설치 기준이 상이하므로
③ 차음, 소음 기준을 확보하기 위해서
④ 건축물의 구조안전을 위해서

07 | 2025년 실내건축기사 1회

1과목 실내디자인계획

01 실내디자인의 진행에 대한 다음 설명 중 옳은 것은?

① 실내디자인 프로젝트의 수행을 위해 의뢰인과 직접 접촉하여 요구사항을 파악하고 이를 객관화한다.
② 실내디자인의 프로세스 중 요구조건을 파악하고 실행 가능성의 판단은 기본 설계단계에서 실시한다.
③ 실내디자인 프로세스 중 파악해야 하는 내부적 조건에는 기존건축물의 용도, 법적규정이 있다.
④ 실내디자인 프로세스 중 공간 Layout이란 동선계획에 해당하는 과정으로 사람과 물건의 이동패턴을 대상으로 한다.

02 중세의 건축양식이 시대순으로 바르게 나열된 것은?

① 초기기독교양식 - 르네상스양식 - 비잔틴양식 - 고딕양식
② 초기기독교양식 - 고딕양식 - 르네상스양식 - 비잔틴 양식
③ 초기기독교양식 - 고딕양식 - 비잔틴 양식 - 르네상스양식
④ 초기기독교양식 - 비잔틴양식 - 고딕양식 - 르네상스양식

03 다음 중 유니버셜 공간의 개념적 설명으로 가장 알맞은 것은?

① 상업공간
② 표준화된 공간
③ 모듈이 적용된 공간
④ 공간의 융통성이 극대화된 공간

04 형태 심리학의 지각 원리에 관한 설명으로 옳지 않은 것은?

① 폐쇄성이란 완전한 시각 요소들을 불완전한 것으로 지각하는 성향을 말한다.
② 유사성은 형태, 규모, 색 등의 시각적 요소가 유사할 때 서로 연관되어 보이는 현상이다.
③ 도형과 배경의 법칙은 도형과 배경이 번갈아 보이면서 다른 형태로 지각되는 심리이다.
④ 근접성은 가까이 있는 시각적 요소들을 패턴이나 그룹으로 인지하게 되는 특성을 말한다.

05 모듈러 코디네이션(Modular coordination)의 설명중 부적당한 것은?

① 재료 부품에서 설계 시공에 이르는 건축 생산 전반에 걸친 치수상의 유기적 연계성을 만드는 것이다.
② 실내디자인과는 관계 되지만 설비나 구조계획과는 무관한 설계시스템이다.
③ 설계와 시공을 연결시키는 치수 시스템으로 실내와 가구 분야까지 확장, 적용될 수 있다.
④ 생산의 합리화와 시공비 절감 효과를 유도할 수 있다.

06 디자인 원리 중 통일에 관한 설명으로 가장 알맞은 것은?
① 대립, 변이, 점층 등의 방법이 사용된다.
② 상반된 성격의 결합으로 극적인 분위기를 조성한다.
③ 규칙적인 요소들의 반복으로 시각적인 질서를 이루게 한다.
④ 각각 다른 구성 요소들이 전체로서 동일한 이미지를 이루게 한다.

07 실내공간의 동선에 관한 설명으로 옳지 않은 것은?
① 동선은 사람이나 물건이 움직이는 선을 연결한 것을 말한다.
② 동선은 성격이 다른 동선일지라도 교차시켜서 계획하는 것이 바람직하다.
③ 동선은 짧으면 효율적이지만 공간의 성격에 따라 길게 처리하기도 한다.
④ 동선은 빈도, 속도, 하중의 3요소를 가지며, 이들 요소의 정도에 따라 거리의 장단, 폭의 대소가 결정되어 진다.

08 다음 설명에 알맞은 벽의 높이에 따른 공간 구획 방법은?

> 공간상호 간에는 통행이 용이하며 자유로이 시선이 통과하므로 영역을 표시하거나 경계를 나타낸다.

① 시각적 개방　② 상징적 경계
③ 시각적 차단　④ 칸막이 벽체

09 창문 전체를 커튼으로 처리하지 않고 반 정도만 친 형태를 갖는 커튼의 종류는?
① 새시 커튼　② 글라스 커튼
③ 드로우 커튼　④ 드레퍼리 커튼

10 창(window)에 관한 설명으로 옳은 것은?
① 고정창은 일반적으로 형태에 제약 없이 자유로이 디자인할 수 있다.
② 미서기창은 경사지게 열리므로 비나 눈이 올 때도 창을 열수 있는 장점이 있다.
③ 여닫이창은 2짝 이상의 창문이 좌우로 개폐되며, 개폐에 있어 실내 공간을 고려할 필요가 없다.
④ 윈도우 월(window wall)은 밖으로 창과 함께 평면이 돌출된 형태로 아늑한 구석공간을 형성할 수 있다.

11 주거공간의 리노베이션 계획에 대한 설명 중 옳지 않은 것은?
① 가족전체나 개인에 필요한 사항이나 불만을 수집하여 발전, 개선시켜야 한다.
② 사용하지 않는 것은 과감히 버리는 지혜가 필요하다.
③ 종합적이고 장기적인 계획이어야 한다.
④ 리노베이션이므로 건축법의 적용여부는 고려치 않아도 된다.

12 부엌 작업대의 배치 유형 중 ㄱ자형에 관한 설명으로 옳지 않은 것은?
① 부엌과 식당을 겸할 경우 많이 활용된다.
② 다른 유형에 비해 작업 면이 넓어 작업 효율이 가장 높다.
③ 작업을 위한 동작 범위가 일정한 범위에 놓이므로 편리하다.
④ 한 쪽 면에 싱크대를, 다른 면에 가스레인지를 설치하면 능률적이다.

13 공동주택의 평면형식에 관한 설명으로 옳지 않은 것은?

① 계단실형은 거주의 프라이버시가 높다.
② 중복도형은 엘리베이터 이용 효율이 높다.
③ 편복도형은 거주성이 균일한 배치구성이 가능하다.
④ 집중형은 대지의 이용률은 낮으나 대규모 세대의 집중적 배치가 가능하다.

14 사무소 건축의 실단위 계획 중 개실시스템에 관한 설명으로 옳지 않은 것은?

① 독립성이 우수하다.
② 개방식 배치에 비해 공사비가 높다.
③ 전면적을 유효하게 이용할 수 있어 공간절약상 유리하다.
④ 방 길이에 변화를 줄 수 있지만, 연속된 복도 때문에 방 깊이에는 변화를 줄 수 없다.

15 업무공간의 책상배치 유형에 관한 설명으로 옳지 않은 것은?

① 십자형은 팀 작업이 요구되는 전문직 업무에 적용할 수 있다.
② 좌우대향(대칭)형은 비교적 면적 손실이 크며 커뮤니케이션 형성도 다소 힘들다.
③ 동향형은 책상을 같은 방향으로 배치하는 형태로 비교적 프라이버시의 침해가 적다.
④ 대향형은 커뮤니케이션 형성이 불리하여, 주로 독립성 있는 데이터 처리 업무에 적용된다.

16 상점계획에서 파사드 구성에 요구되는 소비자 구매심리 5단계(AIDMA)에 속하지 않는 것은?

① 욕망(desire)
② 기억(memory)
③ 주의(attention)
④ 유인(attraction)

17 상점의 진열대 배치형식 중 직렬배치형에 관한 설명으로 옳은 것은?

① 고객의 이동 흐름이 늦다는 단점이 있다.
② 고객의 통행량에 따라 부분적으로 통로 폭을 조절하기 어렵다.
③ 진열대 등의 배치와 고객의 동선을 굴절 또는 곡선형으로 구성시킨 형식이다.
④ 주통로 다음의 제2통로를 주통로에 대해 45°가 이루어지도록 진열대를 배치한 형식이다.

18 다음과 같은 특징을 갖는 극장의 평면형은?

- 중앙무대형이라고도 하며 관객이 연기자를 360° 둘러싸고 관람하는 형식이다.
- 무대의 배경을 만들지 않으므로 경제적이지만 무대장치의 설치에 어려움이 따른다.

① 가변형
② 애리나형
③ 프로세니움형
④ 오픈 스테이지형

19 제도 문자 표시에 관한 설명 중 틀린 것은?

① 글자는 수직 또는 15° 경사로 씀을 원칙으로 한다.
② 세로방향의 치수기입은 도면의 좌측일 때 치수선 아래로 가게 해서 쓴다.
③ 글자체는 고딕체로 쓰는 것을 원칙으로 한다.
④ 가로방향의 치수 기입은 치수선 상단 중앙부에 쓴다.

20 여닫이 창의 평면표시 기호는?

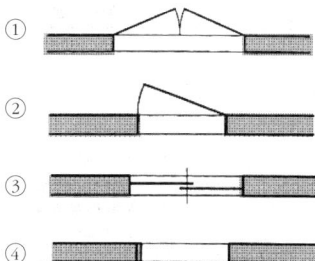

2과목 실내디자인 색채 및 사용자 행태분석

21 프레젠테이션을 위한 드로잉 과정에 대한 설명 중 적합하지 않은 것은?
① 아이디어의 프레젠테이션을 위한 드로잉 과정은 문제의 요구 사항과 복잡성에 따라 몇 가지 단계를 거치게 된다.
② 간단한 스케치는 아이디어를 표현하거나 물체나 환경을 묘사하기 위해 필요한 간단한 선으로 구성된다.
③ 드로잉 진행에서 물체의 중요한 부분이 시각적으로 가장 잘 묘사되기 위해서는 가장 좋은 시점을 선택해야 한다.
④ 렌더링은 내부 개념을 전달하기 위해 주로 사용되며 빠른 평가와 수정이 장점이다.

22 색채판별능력, 색채조절능력을 요구하며 색채계획에서 가장 먼저 진행해야 할 단계는?
① 색채환경분석 ② 색채심리분석
③ 색채전달계획 ④ 디자인에 적용

23 비누 거품이나 전복 껍질 등에서 무지개 같은 색이 나타나는 것은 빛의 어떠한 현상에 의한 것인가?
① 왜곡현상 ② 투과현상
③ 간섭현상 ④ 직진현상

24 먼셀(Munsell)의 색체계에 대한 설명이 틀린 것은?
① 중심축은 무채색으로 명도를 나타낸다.
② 중심부로 갈수록 채도가 높아진다.
③ 색상마다 최고 채도의 위치는 다르다.
④ 중심부에서 하단으로 내려가면 명도는 낮아진다.

25 다음은 가법혼색(색광)의 3원색을 나타낸 것이다 빈칸 A, B, C 순서대로 맞게 나열한 것은?

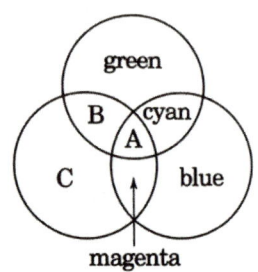

① A : white   B : yellow   C : red
② A : white   B : red   C : yellow
③ A : black   B : yellow   C : red
④ A : black   B : red   C : yellow

26 분광광도계를 이용하여 색편의 분광반사율을 측정했을 때 가장 정확하게 색좌표가 계산되는 색체계는?
① Munsell 색체계 ② Hering 색체계
③ CIE 색체계 ④ Ostwald 색체계

27 다음 중 페일(pale) 톤과 가장 가까운 것은?
① 저명도 저채도의 색
② 강하고 힘 있는 고채도의 색
③ 우아하고 부드러운 고명도와 저채도의 색
④ 탁하고 침울한 저명도와 고채도의 색

28 오스트발트의 등색상 삼각형에 있어서 등백색계열을 나타내는 것은?
① pl - pi - pg
② la - na - pa
③ nl - ni - pi
④ lg - ni - pl

29 문·스펜서의 색상에 대한 균형점(balance point)에서 채도의 경우 자극을 못 느끼는 수치는?
① 3 이하
② 3 이상
③ 7 이하
④ 7 이상

30 우리가 영화 화면을 볼 때 규칙적으로 화면이 연결되어 언제나 지속되어 보이는 것과 관련 있는 것은?
① 정의 잔상
② 부의 잔상
③ 대비 효과
④ 동화 효과

31 디지털 색채 시스템 중 HSB시스템에 대한 설명으로 틀린 것은?
① 먼셀의 색채개념인 색상, 명도, 채도를 중심으로 선택하도록 되어 있다.
② 프로그램 상에서는 H모드, S모드, B모드를 볼 수 있다.
③ H모드는 색상을 선택하는 방법이다.
④ B모드는 채도 즉, 색채의 포화도를 선택하는 방법이다.

32 전통가구에 관한 설명으로 옳지 않은 것은?
① 농(籠)은 각 층이 분리되는 특징이 있다.
② 의걸이장은 보통 2칸으로 구성되며 주로 사랑방에서 사용되었다.
③ 머릿장은 주로 안방에 놓여 여성용품의 수장 기능을 담당하였다.
④ 반닫이는 책을 진열할 수 있도록 여러 층의 층널이 있고 네 면 사방이 트여있는 문방가구이다.

33 시스템 디자인(system design)에 관한 설명으로 옳은 것은?
① 시스템 가구는 형태적 측면에서 고려된 것으로 대량생산과는 관계가 없다.
② 서비스 코어 시스템(Service core system)은 가구나 조명 등 실내 공간을 보조하는 시스템을 말하는 것이다.
③ 디자인에서 시스템 적용은 모듈에 의한 표준화, 조립화와 연결된다.
④ 시스템 키친(System Kitchen)은 주방용기인 그릇 등의 디자인을 통합하는 작업이다.

34 시스템의 설계에서 고려되어야 하는 요소 중 자동차의 핸들을 왼쪽으로 돌리면 자동차도 왼쪽으로 회전하도록 하는 것과 관련이 있는 것은?
① 안전성(safety)
② 양립성(compatibility)
③ 표준성(standardization)
④ 판별성(discriminability)

35 인간공학 연구의 3가지 기준 요건과 거리가 먼 것은?
① 적절성
② 무오염성
③ 진행성
④ 기준척도의 신뢰성

36 인체의 각 기관계와 속하는 기관이 올바르게 짝지어진 것은?
① 순환계 : 심장
② 순환계 : 신경
③ 호흡기계 : 부신
④ 호흡기계 : 림프관

37 근육의 대사(代謝)에 대한 설명으로 옳지 않은 것은?

① 운동에 의한 산소소비량은 일정 수준 이상 증가하지 않는다.
② 젖산은 유기성 과정에 의하여 물과 CO_2로 분해되어 발산된다.
③ 일반적으로 신체활동 시 산소의 공급이 충분할 때 젖산이 많이 축적된다.
④ 일정 수준 이상의 활동이 종료된 후에도 일정 기간 동안 산소가 더 필요하게 된다.

38 신체부위의 동작 유형에서 팔꿈치를 굽히는 것과 같이 신체 부위 간의 각도가 감소하는 동작을 무엇이라 하는가?

① 굴곡(flection)
② 신전(extension)
③ 하향(pronation)
④ 외전(abduction)

39 다음 중 생체역학에 있어 힘과 모멘트에 관한 설명으로 틀린 것은?

① 평형을 이루는 경우 작용하는 모멘트들의 합은 0이 된다.
② 힘의 작용 선상에서 돌아가려는 힘은 거리에 반비례하여 발생한다.
③ 힘의 평형은 각 힘의 작용선에 작용한 힘과 반작용들의 합이 0 이라는 의미이다.
④ 물체가 정적 평형상태를 유지하기 위해서는 힘의 평형과 모멘트의 평형이 충족되어야 한다.

40 인체계측의 방법 중 길이, 무게, 면적 등을 구하는 계측을 무엇이라 하는가?

① 동적계측
② 생리적계측
③ 형태적계측
④ 체육적계측

3과목 실내디자인 시공 및 재료

41 집성목재의 장점이 아닌 것은?

① 목재의 강도를 인공적으로 조절할 수 있다.
② 응력에 따라 필요한 단면을 만들 수 있다.
③ 톱밥, 대팻밥, 나무부스러기를 이용하므로 경제적이다.
④ 길고 단면이 큰 부재를 만들 수 있다.

42 목재의 용적변화 팽창 및 수축에 관한 설명으로 옳지 않은 것은?

① 변재는 심재보다 용적변화가 일반적으로 크다.
② 비중이 클수록 용적변화가 적다.
③ 널결폭이 곧은결 폭보다 크다.
④ 함수율이 섬유포화점보다 크게 되면 함수율이 증가 하여도 용적변화는 거의 없다.

43 석재의 일반적인 성질에 관한 설명으로 옳지 않은 것은?

① 석재 중 석회암·대리석 등은 풍화에 약한편이다.
② 흡수율은 동결과 융해에 대한 내구성이 지표가 된다.
③ 인장강도는 압축강도의 1/10~1/30정도이다.
④ 단위용적질량이 클수록 압축강도는 작고, 공극률이 클수록 내화성이 작다.

44 소성 점토벽돌에 관한 설명으로 옳지 않은 것은?

① 소성온도가 높을수록 흡수율이 적다.
② 붉은벽돌은 점토에 안료를 넣어서 붉게 만든 것이다.
③ 소성이 잘 된 것일수록 맑은 금속성 소리가 난다.
④ 과소품(過燒品)은 소성온도가 지나치게 높아서 질이 견고하고, 흡수율이 낮으나 형상이 일그러져 부정형이다.

45 보강 블록조에서 내력벽 길이의 총합계가 45m이고, 그 층의 건물면적이 300㎡일 경우 내력벽의 벽량은?

① 10cm/㎡
② 15cm/㎡
③ 30cm/㎡
④ 45cm/㎡

46 탄소강의 물리적 성질과 탄소량과의 관계에 관한 설명으로 옳은 것은?

① 탄소량이 일정하면 가공상태나 열처리조건에 따른 물리적 성질의 변화는 없다.
② 탄소강의 비중, 열팽창계수, 열전도도는 탄소량이 증가할수록 증가한다.
③ 탄소강의 비열, 전기저항, 항자력은 탄소량이 증가할수록 증가한다.
④ 탄소강의 내식성은 탄소량이 증가할수록 증가한다.

47 비철금속재료의 특성에 관한 설명으로 옳지 않은 것은?

① 동은 상온의 건조공기 중에서 변화하지 않으나 습기가 있으면 광택을 소실하고 녹청색으로 된다.
② 알루미늄은 비중이 비교적 작고 연질이며 강도도 낮다.
③ 납은 비중이 크고 연질이며 전성, 연성이 풍부하다.
④ 아연은 산 및 알칼리에 강하나 공기중 및 수중에서는 내식성이 작다.

48 방탄유리의 구성과 가장 관련이 깊은 유리는?

① 강화유리
② 복층유리
③ 접합유리
④ 스팬드럴유리

49 다음 각 도료에 관한 설명으로 옳지 않은 것은?

① 유성페인트는 바탕의 재질을 감춰 버린다.
② 에나멜페인트의 도막은 견고하고 광택이 좋다.
③ 광명단은 금속의 방화도료로서 가장 좋다.
④ 바니쉬는 바탕의 재질감을 그대로 표현한다.

50 고온소성의 무수석고를 특별한 화학처리를 한 것으로 킨즈시멘트라고도 불리우는 것은?

① 경석고 플라스터
② 혼합석고 플라스터
③ 보드용 플라스터
④ 돌로마이트 플라스터

51 습윤상태의 모래 780g을 건조로에서 건조시켜 절대 건조상태 720g으로 되었다. 이 모래의 표면수율은? (단, 이 모래의 흡수율은 5%이다)

① 3.08%
② 3.17%
③ 3.33%
④ 3.5%

52 시멘트의 수화반응에서 발생하는 수화열이 가장 낮은 시멘트는?

① 보통포틀랜드시멘트
② 조강포틀랜드시멘트
③ 중용열포틀랜드시멘트
④ 백색포틀랜드시멘트

53 콘크리트 중의 공기량에 관한 설명으로 옳지 않은 것은?

① AE제의 혼입량이 증가하면 공기량도 증가한다.
② 단위시멘트량이 증가하면 공기량도 증가한다.
③ 컨시스턴시가 커지면 공기량도 증가한다.
④ 비빔시간에 따라 처음 1~2분간은 공기량이 급속히 증가한다.

54 스트레이트 아스팔트에 관한 설명으로 옳지 않은 것은?
① 연화점이 비교적 낮고 온도에 의한 변화가 크다.
② 주로 지하실 방수공사에 사용되며, 아스팔트 루핑의 제작에 사용된다.
③ 신장성, 점착성, 방수성이 풍부하다.
④ 아스팔트에 동·식물유지나 광물성 분말등을 혼합하여 만든 것이다.

55 단열재료에 관한 설명으로 옳지 않은 것은?
① 단열재료는 보통 다공질의 재료가 많으며, 열전도율이 낮을수록 단열성능이 좋은 것이라 할 수 있다.
② 암면은 변질되지 않고 내구성이 뛰어나지만, 불에 타고 무겁다는 단점이 있다.
③ 단열재료의 대부분은 흡음성도 우수하므로 흡음재료로도 이용된다.
④ 유리면은 일반적으로 결로수가 부착되면 단열성이 크게 저하되므로 방습성이 있는 시트로 감싼 상태에서 사용된다

56 다음 중 열가소성수지가 아닌 것은?
① 아크릴수지   ② 염화비닐수지
③ 폴리스티렌수지 ④ 페놀수지

57 플라스틱 재료의 열적 성질에 관한 설명으로 옳지 않은 것은?
① 내열온도는 일반적으로 열경화성수지가 열가소성수지보다 크다.
② 열에 의한 팽창 및 수축이 크다.
③ 실리콘수지는 열변형온도가 150℃ 정도이며, 내열성이 낮다.
④ 가열을 심하게 하면 분자간의 재결합이 불가능하여 강도가 현저하게 저하되는 현상이 발생한다.

58 Net Work(네트웍) 공정표의 장점이라고 볼 수 없는 것은?
① 작업 상호간의 관련성 파악이 용이하다.
② 진도 관리를 명확하게 실시할 수 있으며 적절한 조치를 취할 수 있다.
③ 계획관리 면에서 신뢰도가 높고 전산기 이용이 가능하다.
④ 작성 및 검사에 특별한 기능이 필요 없고 경험이 없는 사람도 쉽게 작성할 수 있다.

59 추락에 의한 위험을 방지하기 위한 추락방호망의 설치기준으로 옳지 않은 것은?
① 추락방호망의 설치위치는 가능하면 작업면으로부터 가까운 지점에 설치할 것
② 건축물 등의 바깥쪽으로 설치하는 경우 망의 내민길이는 벽면으로부터 2m 이상이 되도록 할 것
③ 추락방호망은 수평으로 설치하고, 망의 처짐은 짧은 변 길이의 12% 이상이 되도록 할 것
④ 작업면으로부터 망의 설치지점까지의 수직거리는 10m를 초과하지 아니할 것

60 현장에서 설계도서, 법령해석, 감리자 의견 등이 서로 상이할 때 일반적으로 최우선순위로 가장 적당한 것은?
① 특기 시방서
② 설계도면
③ 일반시방서, 표준시방서
④ 산출내역서

4과목 실내디자인 환경

61 열전도율에 관한 설명으로 옳지 않은 것은?

① 기체는 고체보다 열전도율이 작다.
② 액체는 고체보다 열전도율이 작다.
③ 철근콘크리트의 열전도율은 강재보다 작다.
④ 열전도율이 크면 클수록 열전도저항도 커진다

62 급탕설비에 관한 설명으로 옳은 것은?

① 중앙식 급탕방식은 소규모 건물에 유리하다.
② 개별식 급탕방식은 가열기의 설치공간이 필요없다.
③ 중앙식 급탕방식의 간접가열식은 소규모 건물에 주로 사용된다.
④ 중앙식 급탕방식의 직접가열식은 보일러 안에 스케일 부착의 우려가 있다.

63 가로 9m, 세로 12m, 높이 2.7m인 강의실에 32W 형광램프(광속 2560[lm]) 30대가 설치되어 있다. 이 강의실 평균조도를 500[lx]로 하려고 할 때 추가해야 할 32W 형광램프 대수는? (단, 보수율 0.67, 조명률 0.6)

① 5대　　　② 11대
③ 17대　　 ④ 23대

64 결로에 관한 설명으로 옳지 않은 것은?

① 외측단열공법으로 시공하는 경우 내부결로 방지에 효과가 있다.
② 겨울철 결로는 일반적으로 단열성 부족이 원인이 되어 발생한다.
③ 내부결로가 발생할 경우 벽체 내의 함수율은 낮아지며 열전도율은 커진다.
④ 실내에서 발생하는 수증기를 억제할 경우 표면결로 방지에 효과가 있다.

65 다음 설명에 알맞은 화재의 종류는?

> 나무, 섬유, 종이, 고무, 플라스틱류와 같은 일반 가연물이 타고 나서 재가 남는 화재

① A급 화재
② C급 화재
③ B급 화재
④ K급 화재

66 주파수가 150Hz이고, 전파속도가 60m/s인 파동의 파장은?

① 0.25m　　② 0.40m
③ 0.55m　　④ 2.50m

67 A실의 냉방부하를 계산한 결과 현열부하가 5000 W이다. 취출공기온도를 16℃로 할 경우 송풍량은? (단, 실온은 26℃, 공기의 밀도는 1.2kg/㎥, 공기의 비열은 101kJ/kg·K이다.)

① 약 825㎥/h
② 약 1,240㎥/h
③ 약 1,485㎥/h
④ 약 2,340㎥/h

68 마스킹(masking) 효과에 관한 설명으로 옳은 것은?

① 초기 반사음보다 늦게 도래하는 반사음의 효과
② 입사음의 진동수가 벽의 진동수와 일치되어 같은 소리를 내는 현상
③ 어떤 음의 방해로 인하여 다른 음에 대한 가청 임계값이 증가하는 현상
④ 음파가 어떤 매질을 진행할 때 다른 매질의 경계면에 도달하여 진행방향이 변하는 현상

69 두께 10cm의 경량콘크리트벽체의 열관류율은? (단, 경량콘크리트벽체의 열전도율 0.17W/㎡·K, 실내측 표면 열전달률 9.28W/㎡·K, 실외측 표면 열전달률 23.2W/㎡·K 이다.)

① 0.85W/㎡·K
② 1.35W/㎡·K
③ 1.85W/㎡·K
④ 2.15W/㎡·K

70 방화구조가 되기 위한 기준으로 옳지 않은 것은?

① 철망모르타르로서 그 바름두께가 1.5cm 이상인 것
② 석고판 위에 시멘트모르타르 또는 회반죽을 바른 것으로서 그 두께의 합계가 2.5cm 이상인 것
③ 심벽에 흙으로 맞벽치기한 것
④ 시멘트모르타르 위에 타일을 붙인 것으로서 그 두께의 합계가 2.5cm 이상인 것

71 건축물 내부 피난계단의 설치기준으로 옳지 않은 것은?

① 계단실은 창문·출입구 기타 개구부를 제외한 당해 건축물의 다른 부분과 내화구조의 벽으로 구획할 것
② 계단실의 실내에 접하는 부분의 마감은 난연재료로 할 것
③ 계단실에는 예비전원에 의한 조명설비를 할 것
④ 계단실의 바깥쪽과 접하는 창문 등은 당해 건축물의 다른 부분에 설치하는 창문 등으로부터 2m 이상의 거리를 두고 설치할 것

72 다음은 「건축물의 피난·방화구조 등의 기준에 관한 규칙」중 내화시험에 따른 방화문의 성능기준에 관한 사항이다. ( )안에 들어갈 내용으로 옳은 것은?

> 1. 갑종방화문 : 다음 각목의 성능을 모두 확보할 것
>   가. 비차열(非遮熱) : (A) 이상
>   나. 차열(遮熱) : (B) 이상
>   (영 제46조 제4항에 따라 아파트 발코니에 설치하는 대피공간의 갑종방화문만 해당된다.)

① A : 1시간, B : 50분
② A : 1시간, B : 30분
③ A : 2시간, B : 50분
④ A : 2시간, B : 30분

73 건축물 내부 피난계단의 설치기준으로 옳지 않은 것은?

① 계단실은 창문·출입구 기타 개구부를 제외한 당해 건축물의 다른 부분과 내화구조의 벽으로 구획할 것
② 계단실의 실내에 접하는 부분의 마감은 난연재료로 할 것
③ 계단실에는 예비전원에 의한 조명설비를 할 것
④ 계단실의 바깥쪽과 접하는 창문 등은 당해 건축물의 다른 부분에 설치하는 창문 등으로부터 2m 이상의 거리를 두고 설치할 것

74 장애인·노인·임산부 등의 편의증진보장에 관한 법률상 불특정 다수인이 이용하는 공공 및 공중 이용시설에 해당하지 않는 것은?

① 제2종 근린생활시설
② 문화 및 집회시설
③ 공동주택
④ 공장

75 30층 호텔을 건축하는 경우에 6층 이상의 거실면적의 합계가 25,000㎡ 이다. 16인승 승용승강기로 설치하는 경우에는 최소 몇 대 이상을 설치하여야 하는가?

① 6대　　② 8대
③ 10대　　④ 12대

76 30층 호텔을 건축하는 경우에 6층 이상의 거실면적의 합계가 25,000m² 이다. 16인승 승용승강기를 설치하는 경우에는 최소 몇 대 이상을 설치하여야 하는가?

① 6대　　② 8대
③ 10대　　④ 12대

77 다음 중 소방시설의 한 종류인 경보설비에 해당되지 않는 것은?

① 비상방송설비
② 자동화재속보설비
③ 비상콘센트설비
④ 통합감시설비

78 건축물에 설계자가 건축물에 대한 구조의 안전을 확인하는 경우에 건축구조기술사의 협력을 받아야 하는 경우에 해당되지 않는 것은?

① 층수가 7층인 건축물
② 연면적이 3,000㎡인 건축물
③ 기둥과 기둥사이의 거리가 40m인 건축물
④ 다중이용건축물

79 다음은 소방시설법령상 옥내 소화전설비를 설치해야 할 특정소방대상물의 기준이다. ( ) 안에 들어갈 내용으로 옳은 것은?

> 연면적 (　)㎡ 이상(지하가 중 터널은 제외한다.) 이거나 지하층·무창층(축사는 제외한다.) 또는 층수가 4층 이상인 것 중 바닥면적이 600㎡ 이상인 층이 있는 모든 층

① 500
② 1000
③ 1500
④ 3000

80 상점 쇼윈도의 눈부심 방지 방법으로 옳지 않은 것은?

① 곡면유리를 사용한다.
② 쇼윈도 상부에 차양을 설치하여 햇빛을 차단한다.
③ 내부 조도를 외부 도로면의 조도보다 어둡게 처리한다.
④ 유리를 경사지게 처리하여 외부영상이 시야에 들어오지 않게 한다.

과년도 기출문제

2025년 2회

08 | 2025년 실내건축기사 2회

1과목 실내디자인계획

01 실내디자인의 영역에 관한 설명으로 옳은 것은?

① 실내디자인의 영역은 건축물의 실내공간을 주 대상으로 하며, 도시환경이나 가로공간에서도 발견된다.
② 실내디자인은 인간의 물리적 조건, 환경적 조건, 기능적 조건을 충족함을 목표로 하며, 정서적 조건은 전적으로 의뢰인의 몫이다.
③ 실내디자인은 건축공간의 심리적 문제해결이나 독자적인 표현을 대상으로 하며 건축물의 매스나 형태의 디자인을 주 영역으로 한다.
④ 실내디자인은 인간생활에 적합한 환경을 구성함에 있어 건축공간의 기능적 측면은 건축의 영역에 해당되므로 이를 고려할 필요는 없다.

02 실내디자인의 계획조건을 외부적 조건과 내부적 조건으로 구분할 경우, 다음 중 외부적 조건에 속하지 않는 것은?

① 입지적 조건
② 경제적 조건
③ 건축적 조건
④ 설비적 조건

03 한국의 전통건축에서 주두의 일반적인 기능과 가장 거리가 먼 것은?

① 구조적 불안정의 교정
② 조형미의 교정
③ 시각적 불안감의 교정
④ 권위성의 교정

04 아라베스크(Arabesque) 장식문양과 거리가 먼 내용은?

① 식물의 잎, 꽃, 열매 등이 우아한 곡선으로 연결된 장식문양
② 이슬람 건축이나 공예품이 특징인 환상적인 분위기를 형성하는 장식요소
③ 괴기스러울 정도로 복잡하게 조립한 부자연스러운 장식요소
④ 아라비아 풍의 장식요소

05 디자인 요소로서 선에 관한 설명으로 옳지 않은 것은?

① 어떤 형상을 규정하거나 한정하고 면적을 분할한다.
② 점이 이동한 궤적이며 면의 한계, 교차에서 나타난다.
③ 기하학적인 관점에서 길이의 개념은 있으나 폭과 부피의 개념은 없다.
④ 선은 수직선, 수평선, 사선, 곡선이 있으며 이 중에서 사선이 가장 안정적 이다.

06 다음 중 다의도형 착시의 사례로 가장 알맞은 것은?

① 루빈의 항아리
② 펜로즈의 삼각형
③ 쾨니히의 목걸이
④ 포겐도르프 도형

07 리듬의 유형 중 어떠한 조형요소가 시간적 또는 공간적인 간격을 두고 다른 형태로 변해가는 과정적인 의미를 지닌 것은?

① 반복
② 교체
③ 점이
④ 회전

08 균형의 원리에 관한 설명으로 옳지 않은 것은?

① 크기가 큰 것이 작은 것보다 시각적 중량감이 크다.
② 불규칙적인 형태가 기하학적 형태보다 시각적 중량감이 크다.
③ 복잡하고 거친 질감이 단순하고 부드러운 것보다 시각적 중량감이 크다.
④ 색의 명도가 같을 경우, 고채도의 색이 저채도의 색보다 시각적 중량감이 크다.

09 다음 중 공간의 레이아웃에 관한 설명으로 가장 알맞은 것은?

① 조형적 아름다움을 부각하는 작업이다.
② 생활행위를 분석해서 분류하는 작업이다.
③ 공간에서의 이동패턴을 계획하는 동선 계획이다.
④ 공간을 형성하는 부분과 설치되는 물체의 평면상 배치 계획이다

10 다음 중 실내 공간에서 단면의 비례를 결정하는데 가장 기본적으로 고려하여야 하는 요소는?

① 개구부와 가구의 폭
② 인간의 시점과 천장고
③ 가구의 높이와 이용도
④ 공간의 가로 세로 비율

11 실내공간을 형성하는 기본 구성요소에 관한 설명으로 옳지 않은 것은?

① 개구부는 벽체를 대신하여 건축 구조 요소로 사용된다.
② 벽은 공간을 에워싸는 수직적 요소로 수평방향을 차단하여 공간을 형성하는 기능을 갖는다.
③ 천장은 시각적 흐름이 최종적으로 멈추는 곳으로 내부 공간 요소 중 조형적으로 가장 자유롭다.
④ 바닥은 천장과 함께 공간을 구성하는 수평적 요소이며 고저 차로써 공간의 영역을 조정할 수 있다.

12 창(window)에 관한 설명으로 옳은 것은?

① 고정창은 일반적으로 형태에 제약 없이 자유로이 디자인할 수 있다.
② 미서기창은 경사지게 열리므로 비나 눈이 올 때도 창을 열수 있는 장점이 있다.
③ 여닫이창은 2짝 이상의 창문이 좌우로 개폐되며, 개폐에 있어 실내 공간을 고려할 필요가 없다.
④ 윈도우 월(window wall)은 밖으로 창과 함께 평면이 돌출된 형태로 아늑한 구석 공간을 형성할 수 있다.

13 공통주택의 단면형식 중 메조넷 형에 관한 설명으로 옳지 않은 것은?

① 다양한 평면구성이 가능하다.
② 주로 소규모 주택에 적용된다.
③ 각 세대의 프라이버시 확보가 용이하다.
④ 통로 면적이 감소되어 유효면적이 증가된다.

14 다음 중 주거공간의 효율을 높이고, 데드 스페이스(dead space)를 줄이는 방법과 가장 거리가 먼 것은?

① 플랫폼 가구를 활용한다.
② 기능과 목적에 따라 독립된 실로 계획한다.
③ 침대, 계단 밑 등을 수납공간으로 활용한다.
④ 가구와 공간의 치수 체계를 통합하여 계획한다.

15 사무소 건축의 코어에 관한 설명으로 옳은 것은?

① 양단코어 형은 2방향 피난에 이상적인 관계로 방재상 유리하다.
② 편심코어 형은 기준층 바닥 면적이 작은 경우에 적용이 불가능하다.
③ 독립코어 형은 고층, 초고층의 대규모 사무소 건축에 주로 사용된다.
④ 중심코어 형은 외 코어라고도 하며 코어를 업무 공간에서 별도로 분리시킨 유형이다.

16 사무소 공간 구성 중 아트리움(atrium)에 관한 설명으로 옳지 않은 것은?

① 실내 조경을 통해 자연 요소의 도입이 가능하다.
② 빛 환경의 관점에서 전력 에너지의 절약이 이루어진다.
③ 개방형 업무공간으로 작업중심의 레이아웃으로 구성된다.
④ 내부 공간의 긴장감을 이완시키는 지각적 카타르시스가 가능하다.

17 상점의 공간구성 중 판매부분에 속하지 않는 것은?

① 통로공간
② 서비스공간
③ 상품관리공간
④ 상품전시공간

18 백화점 실내공간의 색채계획에 관한 설명으로 옳지 않은 것은?

① 색상은 조명효과와 고객의 시각 심리를 함께 고려하여 정한다.
② 구매 욕구를 북돋우기 위해 악센트 색을 넓은 면적에 적용한다.
③ 밝은 색조를 사용하면 어두운 색보다 공간의 크기가 확장되어 보인다.
④ 다양한 상품색이 혼합되어 있는 곳에서는 중채도의 색을 위주로 한 배색을 한다.

19 전시공간의 평면 형태에 관한 설명으로 옳지 않은 것은?

① 직사각형은 공간 형태가 단순하고 분명한 성격을 지니기 때문에 지각이 쉽다.
② 부채꼴형은 관람자의 자유로운 선택이 가능하므로 대규모 전시공간에 적합하다.
③ 원형은 고정된 축이 없어 안정된 상태에서 지각이 어려워 방향감각을 잃을 수도 있다.
④ 자유형은 형태가 복잡하여 전체를 파악하기 곤란하므로 큰 규모의 전시공간에는 부적당하다.

20 다음중 철근 콘크리트 단면 표시 기호는?

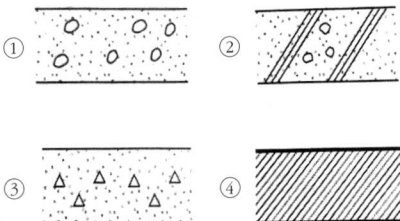

2과목 실내디자인 색채 및 사용자 행태분석

21 프레젠테이션 디자인의 4대 원리에 해당되지 않는 것은?

① 명확성(Clarity)
② 반복성(Repetitive)
③ 애니메이션(Animation)
④ 관련성(Reference)

22 스펙트럼(Spectrum)에 관한 설명으로 틀린 것은?

① 파장이 길면 굴절률도 크고 파장이 짧으면 굴절률도 적다.
② 스펙트럼은 1666년 Newton이 프리즘으로 실험하여 광학적으로 증명하였다.
③ 스펙트럼이란 무지개의 색과 같이 연속된 색의 띠를 말한다.
④ 모든 발광체의 스펙트럼은 모두 같지 않으며, 그 빛의 성질에 따라 파장의 범위를 지닌다.

23 터널의 출입구 부분에 조명이 집중되어 있고, 중심부에 갈수록 광원의 수가 적어지며 조도수준이 낮아지고 있다
이것은 어떤 순응을 고려한 설계인가?

① 색순응
② 명순응
③ 암순응
④ 무채순응

24 색의 속성에 관한 설명 중 틀린 것은?

① 빨강, 파랑, 노랑 등 다른 색과 구별되는 그 색만의 고유한 성질을 색상이라고 한다.
② 무채색 이외의 모든 색은 유채색이다.
③ 무채색은 채도가 0인 상태인 것을 말한다.
④ 물체색에는 백색, 회색, 흑색이 없다.

25 오스트발트 색입체를 명도를 축으로 하여 수직으로 절단했을 때의 단면 모양은?

① 삼각형
② 타원형
③ 직사각형
④ 마름모형

26 텔레비전의 모니터나 액정모니터 등과 같이 R, G, B로 색을 표현하는 혼색방법은?

① 동시감법 혼색
② 계시가법 혼색
③ 병치가법 혼색
④ 색료감법 혼색

27 문·스펜서의 조화분류에서, 미도(美度)를 설명한 것으로 틀린 것은?

① 균형 있게 선택된 무채색의 배색은 아름다움을 나타낸다.
② 동일색상은 조화롭다.
③ 같은 명도의 조화는 미도가 높다.
④ 색상, 채도를 일정하게 하고 명도만 변화시키는 경우 많은 색상 사용 시 보다 미도가 높다.

28 동일 색상 내에서 톤의 차이를 두어 배색하는 방법이며 명도 그라데이션을 주로 활용하는 배색 기법은?

① 톤온톤(Tone on Tone) 배색
② 톤인톤(Tone in Tone) 배색
③ 리피티션(Repetition) 배색
④ 세퍼레이션(Separation)

29 색채의 시간성과 속도감에 대한 설명 중 옳은 것은?
① 3속성 중 명도가 주로 큰 영향을 미친다.
② 장파장의 색은 시간이 길게 느껴진다.
③ 단파장의 색은 속도가 빠르게 느껴진다.
④ 저명도의 색은 속도가 빠르게 느껴진다.

30 다음 중 색채조절의 목적에 해당하는 것은?
① 수익증대를 주 목적으로 한다.
② 작업의 활동적인 의욕을 높인다.
③ 주변 환경과의 조화를 무엇보다 우선시한다.
④ 심미적인 조화를 우선적으로 고려한다.

31 컬러 매니지먼트에 대한 설명 중 틀린 것은?
① 화상이나 그래픽의 컬러를 정확하게 재현하게끔 데이터를 변환하기 위해서 그와 관련되는 모든 주변기기의 컬러공간을 조정하는 것이다.
② 하나의 출력 프로세스를 다른 출력 장치 상에서 볼 수 있게끔 하는 것이다.
③ 컬러 매니지먼트 시스템에 의해서 컬러 재현의 반복 및 예측이 가능한 것은 아니다.
④ 컬러 매니지먼트 시스템은 초심자라도 쉽게 이용 할 수 있도록 간단해야 한다.

32 다음 중 가구 디자이너와의 연결이 옳지 않은 것은?
① 마르셀 브로이어(Marcel Breuer) - 단위가구 창안
② 미스 반 데 로에(Mies Van der Rohe) - 강철관 가구 제작
③ 르 꼬르뷔제(Le Corbusier) - 곡목, 강철관, 경금속 이용
④ 알바 알토(Alvar Aalto) - 합판 사용 개척

33 다음 설명에 알맞은 가구의 종류는?

> 고대 로마시대 음식물을 먹거나 잠을 자기위해 사용했던 긴 의자로 몸을 기댈 수 있도록 좌판의 한쪽 끝이 올라간 형태이다.

① 세티(settee)
② 카우치(couch)
③ 체스터필드(chesterfield)
④ 라운지 소파(lounge sofa)

34 인간-기계 통합 체계에서 인간 또는 기계에 의해서 수행되는 기본 기능과 가장 거리가 먼 것은?
① 감지기능
② 상호보완기능
③ 정보보관기능
④ 정보처리 및 의사결정 기능

35 인간공학 연구의 3가지 기준 요건과 거리가 먼 것은?
① 적절성
② 무오염성
③ 진행성
④ 기준척도의 신뢰성

36 인간의 눈과 카메라의 구조를 유사한 기능으로 비교할 때, 연결이 잘못된 것은?
① 홍채 - 셔터
② 동공 - 조리개
③ 망막 - 필름
④ 수정체 - 렌즈

37 호흡계(respiratory system)에 관한 설명으로 옳지 않은 것은?

① 호흡계는 산소를 공급하고, 이산화탄소를 제거하는 일을 수행한다.
② 호흡계는 비강, 후두 등의 전도부와 폐포, 폐포관 등의 호흡부로 이루어진다.
③ 허파에서 공기와 혈액 사이에 일어나는 기체 교환을 내호흡 또는 조직호흡이라 한다.
④ 호흡이란 생명현상을 유지하기 위하여 산소를 섭취하고 이산화탄소를 배출하는 일련의 과정을 말한다.

38 생리적 활동 척도에 해당하지 않는 것은?

① 혈압
② 점멸 융합주파수
③ 분당 호흡용량
④ 최대 산소 소비능력

39 근력 및 지구력에 관한 설명으로 옳지 않은 것은?

① 지구력이란 근력을 사용하여 특정 힘을 유지할 수 있는 능력이다.
② 신체 부위를 실제로 움직이는 상태일 때의 근력을 등속성 근력이라 한다.
③ 신체 부위를 실제로 움직이지 않으면서 고정 물체에 힘을 가하는 상태일 때의 근력을 등척성 근력이라 한다.
④ 근력이란 여러 번의 수의적인 노력에 의하여 근육이 등속성으로 낼 수 있는 힘의 최대치를 말한다.

40 인체 계측치를 응용할 때 주의할 점으로 적합하지 않은 것은?

① 사람은 항상 움직이므로 여유 있는 치수를 설정해야 한다.
② 일반적으로 신체 각 부위의 너비와 두께는 체중과 반비례 관계이다.
③ 모든 신체 치수가 평균치에 속하는 사람이 매우 적음을 유의해야 한다.
④ 조절식 또는 극단치의 적용이 부적절한 경우에는 평균치를 기준으로 설계한다.

3과목 실내디자인 시공 및 재료

41 고성능 AE감수제에 관한 설명 중 옳지 않은 것은?

① 기존 감수제에 비해 더 많은 감수가 가능하나 슬럼프 로스가 크다.
② 유동화 콘크리트 제조에 사용된다.
③ 콘크리트의 장시간 및 장거리 운반이 가능하다.
④ 고내구성 콘크리트 제조에 사용될 수 있다.

42 각재의 마구리 치수가 12cm×12cm, 길이가 240cm, 목재의 건조 전 질량이 25kg, 절대건조 상태가 될 때까지 건조 후 질량이 20kg 이었다면 이 목재의 함수율을 구하면?

① 10%   ② 15%
③ 20%   ④ 25%

43 한 켜는 길이쌓기로 하고 다음은 마구리쌓기로 하며 모서리 또는 끝에 칠오토막을 써서 마무리하는 벽돌쌓기법은?

① 영식쌓기   ② 화란식쌓기
③ 영롱쌓기   ④ 미식쌓기

44 도료상태의 방수재를 바탕면에 여러 번 칠하여 얇은 수지피막을 만들어 방수효과를 얻는 것으로 에멀션형, 용제형, 에폭시계 형태의 방수공법은?

① 시트방수
② 도막방수
③ 침투성 도포방수
④ 시멘트 모르타르 방수

45 실내건축공사 시 주로 사용되는 이동식비계의 안전조치에 관한 설명으로 옳지 않은 것은?

① 갑작스런 이동 및 전도를 방지하기 위하여 아웃트리거(outrigger)를 설치한다.
② 작업발판 위에서 사다리를 안전하게 사용할 수 있도록 작업발판은 항상 수평을 유지한다.
③ 작업발판의 최대적재하중은 250킬로그램을 초과하지 않도록 한다.
④ 비계의 최상부에서 작업을 하는 경우에는 안전난간을 설치한다.

46 보통포틀랜드 시멘트의 주성분 중 함유량이 가장 적은 것은?

① SiO_2
② CaO
③ Al_2O_3
④ Fe_2O_3

47 목재의 이음과 맞춤에 관한 설명으로 옳지 않은 것은?

① 이음과 맞춤의 단면은 응력의 방향에 평행으로 하여야 한다.
② 각 부재의 이음과 맞춤은 응력이 가장 적게 작용하는 곳에 만든다.
③ 공작이 간단한 것을 쓰고 모양에 치중하지 않는다.
④ 맞춤면은 정확히 가공하여 서로 밀착되어 빈틈이 없게 한다.

48 내화벽돌로 인정받기 위하여 필요한 내화도(SK)의 기준은 최소 얼마 이상인가? (단, 내화벽돌의 종류별 등급 중 7종 기준)

① SK 20 이상
② SK 26 이상
③ SK 30 이상
④ SK 34 이상

49 재료에 외력을 가할 때 작은 변형만 나타나도 파괴되는 성질은?

① 연성
② 취성
③ 인성
④ 탄성

50 초고층 인텔리전트 빌딩이나, 핵융합로 등과 같이 강력한 자기장이 발생할 가능성이 있는 철골구조물의 강재나, 철근 콘크리트용 봉강으로 사용되는 것은?

① 초고장력강
② 비정질(Amorphous)금속
③ 구조용 비자성강
④ 고크롬강

51 각종 금속제품에 대한 설명으로 틀린 것은?

① 메탈라스는 금속제 창호로서 내화성, 수밀성, 기밀성이 있다.
② 와이어라스는 아연도금한 연강선을 마름모꼴, 갑형, 둥근형 등으로 한 미장 바탕용 철망이다.
③ 펀칭메탈은 금속판에 무늬 구멍을 낸 것으로 환기구, 각종 커버 등에 쓰인다.
④ 논슬립은 계단 모서리 끝 부분의 보강 및 미끄럼막이를 목적으로 사용한다.

52 금속제 용수철과 완충유리와의 조합작용으로 열린문이 자동으로 닫혀지게 하는 것으로 바닥에 설치되며, 일반적으로 무게가 큰 중량창호에 사용되는 것은?
① 레버터리 힌지 ② 플로어 힌지
③ 체인록 ④ 피봇힌지

53 석재의 내구성에 관한 설명으로 옳지 않은 것은?
① 조암광물이 미립자일수록 내구성이 크다.
② 흡수율이 큰 다공질일수록 동해를 받기 쉽다.
③ 조암광물 중에 황화물, 철분함유광물, 탄산마그네시아, 탄산칼슘 등은 풍화되기 어렵다.
④ 석재의 내구성은 조직, 조암광물의 종류 등에 따라 달라진다.

54 내산·내알칼리성이 우수하고 내마모성이 좋아 콘크리트 및 모르타르 바탕면 등에 사용되는 합성수지 도료는?
① 요소수지 도료
② 에폭시수지 도료
③ 알키드수지 도료
④ 멜라민수지 도료

55 스팬드럴 유리에 관한 설명으로 옳지 않은 것은?
① 건축물의 외벽 층간이나 내·외부 장식용 유리로 사용한다.
② 판유리 한쪽면에 세라믹질의 도료를 도장한 후 고온에서 융착, 반강화한 것으로 내구성이 뛰어나다.
③ 색상이 다양하고 중후한 질감을 갖고 있으며 건축물의 모양에 따라 선택의 폭이 넓다.
④ 열깨짐의 위험이 있으므로 유리표면에 페인트도장을 하거나, 종이 테이프 등을 부착하지 않는다.

56 미장공사의 바탕조건으로 옳지 않은 것은?
① 미장층보다 강도는 크지만 강성은 작을 것
② 미장층과 유해한 화학반응을 하지 않을 것
③ 미장층의 경화, 건조에 지장을 주지 않을 것
④ 미장층의 시공에 적합한 흡수성을 가질 것

57 점토소성제품에 관한 설명으로 옳지 않은 것은?
① 보통 토기, 도기, 자기 및 석기 등으로 나뉘는데, 이들은 원료 및 소성온도에 따라 분류된다.
② 토기는 주로 마루타일 또는 클링커 타일로 활용된다.
③ 도기의 흡수성은 자기에 비하여 크다.
④ 자기는 조직이 치밀하고 견고하여 주로 타일 및 위생 도기로 많이 사용된다.

58 내화피복 재료의 운반, 저장, 취급 시 유의해야 할 사항으로 옳지 않은 것은?
① 내화보드는 운반 및 시공 시 옆으로 세워서 운반하여야 한다.
② 뿜칠재료는 운반 및 저장 시 포장이 터지거나 찢어지지 않도록 하여야 하며, 적재 시 한 번에 100포 정도 쌓도록 한다.
③ 내화피복재료는 현장 야적 시 바닥의 통풍을 고려하여 목재 깔판 등을 사용하여 습기 또는 물에 젖지 않도록 하여야 한다.
④ 내화도료 저장실의 온도는 5℃ 이상, 35℃ 이하가 되도록 유지하여야 한다.

59 관리 사이클의 단계를 바르게 나열한 것은?
① Plan - Check - Do - Action
② Plan - Do - Check - Action
③ Plan - Do - Action - Check
④ Plan - Action - Do - Check

60 건축 표준품셈의 설명으로 옳지 않은것은?

① 타일의 할증률은 3%이다.
② 시멘트의 할증률은 2%이다.
③ 상시 일반적으로 사용하는 일반공구 및 시험용 계측기구류의 공구손료는 인력품의 3%까지 계상한다.
④ 시멘트벽돌의 할증률은 3%이다.

4과목 실내디자인 환경

61 인체의 열적 쾌적감에 영향을 미치는 물리적 온열 4요소에 속하는 것은?

① 관류열   ② 복사열
③ 열용량   ④ 대사량

62 열교현상에 관한 설명으로 옳지 않은 것은?

① 열교현상이 발생하면 구조체 전체의 단열성이 저하된다.
② 열교현상이 발생하는 부위는 표면온도가 높아지므로 표면결로의 발생이 억제된다.
③ 조적조 건물의 경우 외단열이 내단열에 비해 열교현상 방지에 효과적이다.
④ 벽이나 바닥, 지붕 등의 건물부위에 단열이 연속되지 않은 부분이 있을 때 발생한다.

63 다음의 설명에 알맞은 급수방식은?

- 설치비가 저렴하다.
- 수질오염의 염려가 적다.
- 수도관 내의 수압을 이용하며 필요기기까지 급수하는 방식이다.

① 고가탱크방식   ② 수도직결방식
③ 압력탱크방식   ④ 펌프직송방식

64 수직벽면을 빛으로 쓸어 내리는 듯한 효과를 주기 위해 비대칭 배광방식의 조명기구를 사용하여, 수직벽면에 균일한 조도의 빛을 비추는 기법은?

① 스파클(sparkle) 기법
② 글레이징(glazing) 기법
③ 월워싱(wall washing) 기법
④ 실루엣(silhouette) 기법

65 눈부심(glare)에 관한 설명으로 옳지 않은 것은?

① 광원의 휘도가 높을수록 눈부시다.
② 광원이 시선에 가까울수록 눈부시다.
③ 빛나는 면의 크기가 작을수록 눈부시다.
④ 눈에 입사하는 광속이 과다할수록 눈부시다.

66 다음과 같은 조건을 가진 실의 잔향시간은?

- 실의 용적 : 10,000㎥
- 실내 총표면적 : 3,000㎡
- 실내 평균흡음률 : 0.35
- Sabine의 잔향시간 계산식 이용

① 약 1초
② 약 1.5초
③ 약 2초
④ 약 2.5초

67 기계적 에너지가 아닌 열에너지에 의해 냉동 효과를 얻는 냉동효과를 얻는 냉동기는?

① 터보식 냉동기
② 흡수식 냉동기
③ 스크류식 냉동기
④ 왕복동식 냉동기

68 전기설비용 시설공간(실)의 계획에 관한 설명으로 옳지 않은 것은?

① 변전실은 부하의 중심에 설치한다.
② 발전기실은 변전실에서 최소 15m 이상 떨어진 위치에 배치한다.
③ 변전실은 외부로부터 전력의 수전이 용이한 곳에 설치한다.
④ 전기샤프트는 간선의 배선과 점검·유지보수가 용이한 장소로 한다.

69 다음 중 주요구조부를 내화구조로 하여야 하는 건축물은?

① 주점영업의 용도로 쓰는 건축물로서 집회실의 바닥면적의 합계가 $100m^2$인 건축물
② 전시장의 용도로 쓰는 건축물로서 그 용도로 쓰는 바닥면적의 합계가 $300m^2$인 건축물
③ 판매시설의 용도로 쓰는 건축물로서 그 용도로 쓰는 바닥면적의 합계가 $500m^2$인 건축물
④ 공장의 용도로 쓰는 건축물로서 그 용도로 쓰는 바닥면적의 합계가 $1000m^2$인 건축물

70 전기설비에서 다음과 같이 정의되는 것은?

> 정상적인 회로조건에서 전류를 보내면서 차단할 수 있고, 또한 일정한 시간동안만 전류를 보낼 수 도 있으며, 단락회로와 같은 비정상적인 특별회로조건에서 전류를 차단시키기 위한 장치

① 단로스위치
② 절환스위치
③ 누전차단기
④ 과전류차단기

71 건축물의 피난시설 설치 관련하여 국토교통부령이 정하는 기준에 따라 건축물로부터 바깥쪽으로 나가는 출구를 설치하여야 하는 대상이 아닌 것은?

① 위락시설
② 교육연구시설 중 학교
③ 연면적이 $3,000m^2$인 창고시설
④ 업무시설 중 국가 또는 지방자치단체의 청사

72 대수선의 범위에 관한 기준으로 옳지 않은 것은?

① 내력벽을 증설 또는 해체하거나 그 벽면적을 $30m^2$ 이상 수선 또는 변경하는 것
② 기둥을 증설 또는 해체하거나 세 개 이상 수선 또는 변경하는 것
③ 보를 증설 또는 해체하거나 두 개 이상 수선 또는 변경하는 것
④ 방화벽 또는 방화구획을 위한 바닥 또는 벽을 증설 또는 해체하거나 수선 또는 변경하는 것

73 지진이 발생할 경우 소방시설이 정상적으로 작동될 수 있도록 소방청장이 정하는 내진설계기준에 맞게 설치하여야 하는 소방시설이 아닌 것은? (단, 내진설계기준의 설정 대상 시설에 소방시설을 설치하는 경우)

① 옥내소화전설비
② 스프링클러설비
③ 물분무등소화설비
④ 무선통신보조설비

74 6층 이상인 건축물로서 배연설비를 설치하여야 하는 대상이 아닌 것은?

① 수련시설 중 유스호스텔
② 운동시설
③ 의료시설 중 정신병원
④ 관광휴게시설

75 피난용승강기 승강장의 구조 기준으로 옳지 않은 것은?

① 승강장의 출입구를 제외한 부분은 해당 건축물의 다른 부분과 내화구조의 바닥 및 벽으로 구획할 것
② 승강장은 각 층의 내부와 연결될 수 있도록 하되, 그 출입구에는 60+방화문 또는 60분 방화문을 설치할 것
③ 배연설비를 설치할 것
④ 실내에 접하는 부분(바닥 및 반자 등 실내에 면한 모든 부분을 말한다)의 마감(마감을 위한 바탕을 포함한다)은 난연재료로 할 것

76 방염대상물품의 방염 성능기준에서 불꽃에 의하여 완전히 녹을 때까지 불꽃의 접촉 횟수는 최소 몇 회 이상인가? (단, 소방청장이 정하여 고시하는 사항은 고려하지 않는다.)

① 2회
② 3회
③ 5회
④ 7회

77 소방시설법령에서 정의하고 있는 "무창층"을 구성하는 개구부의 최소 여건에 해당되지 않는 것은?

① 크기는 지름 60cm 이상의 원이 내접할 수 있는 크기일 것
② 해당 층의 바닥면으로부터 개구부 밑부분까지의 높이가 1.2m 이내일 것
③ 내부 또는 외부에서 쉽게 부수거나 열 수 있을 것
④ 도로 또는 차량이 진입할 수 있는 빈터를 향할 것

78 특정소방대상물의 소방시설 설치의 면제 기준과 관련한 아래의 내용에서 ( )에 들어갈 내용으로 옳은 것은?

> 물분무등소화설비를 설치하여야 하는 차고·주차장에 ( )를 화재안전기준에 적합하게 설치한 경우에는 그 설비의 유효범위에서 설치가 면제된다.

① 옥내소화전설비
② 연결송수관설비
③ 자동화재탐지설비
④ 스프링클러설비

79 소방시설의 종류 및 각각에 해당하는 기계·기구 또는 설비의 연결이 잘못 짝지어진 것은?

① 소화설비 - 스프링클러설비
② 경보설비 - 자동화재탐지설비
③ 피난구조설비 - 방열복, 방화복
④ 소화활동설비 - 옥내소화전설비

80 광원의 연색성에 관한 설명으로 옳지 않은 것은?

① 연색성을 수치로 나타낸 것을 연색평가수라고 한다.
② 고압수은램프의 평균 연색평가수(Ra)는 100이다.
③ 평균 연색평가수(Ra)가 100에 가까울수록 연색성이 좋다.
④ 물체가 광원에 의하여 조명될 때, 그 물체의 색의 보임을 정하는 광원의 성질을 말한다.

09 | 2025년 실내건축기사 3회

1과목 실내디자인계획

01 다음 중 실내디자인에 대한 설명으로 가장 부적절한 것은?
① 실내디자인은 사용자의 다양한 요구를 반영하여야 한다.
② 실내디자인 작업은 건축계획의 초기 단계에서부터 병행하는 것이 바람직하다.
③ 인간에게 적합한 환경, 즉 생활공간의 쾌적성을 추구하고자 하는 것이 실내디자인의 과제이다.
④ 도시 가로와의 연계성, 건물 진입시 효과, 건물 전체의 형태 등은 건축계획의 영역으로 실내디자인에서는 고려하지 않는다.

02 실내디자인의 계획 조건을 외부적 조건과 내부적 조건으로 구분할 경우, 다음 중 내부적 조건에 속하는 것은?
① 일조 조건
② 개구부의 위치
③ 소화설비의 위치
④ 의뢰인의 공사예산

03 르네상스(Renaissance) 건축을 시작한 대표적인 건축가는?
① 미켈란젤로(Michelangelo)
② 팔라디오(Palladio)
③ 퓨진(A.W.Pugin)
④ 브루넬레스키(Brunelleschi)

04 다음 중 유기적(organic) 디자인의 포괄적인 의미로 가장 알맞은 것은?
① 천연재료를 사용하는 디자인
② 자연 생명체의 원리와 질서를 적용하는 디자인
③ 자연형태에 가까운 곡선 형태를 많이 사용하는 디자인
④ 나무, 눈의 결정체 등 자연생명체의 형태를 적용하는 디자인

05 선의 종류별 조형효과에 관한 설명으로 옳은 것은?
① 사선은 약동감, 생동감의 느낌을 준다.
② 수평선은 상승감, 존엄성의 느낌을 준다.
③ 곡선은 미묘함, 불명료함 등 남성적인 느낌을 준다.
④ 수직선은 평화, 침착, 고요 등 주로 정적인 느낌을 준다.

06 착시 현상의 사례 중 분트 도형의 내용으로 옳은 것은?
① 같은 길이의 수직선이 수평선보다 길어 보인다.
② 같은 길이의 직선이 화살표에 의해 길이가 다르게 보인다.
③ 사선이 2개 이상의 평행선으로 중단되며 서로 어긋나 보인다.
④ 같은 크기의 2개의 부채꼴에서 아래쪽의 것이 위의 것보다 커 보인다.

07 균형의 원리에 관한 설명으로 옳지 않은 것은?
① 크기가 큰 것이 작은 것보다 시각적 중량감이 크다.
② 색의 중량감은 색의 속성 중 명도, 채도에 영향을 받는다.
③ 불규칙적인 형태가 기하학적 형태보다 시각적 중량감이 크다.
④ 단순하고 부드러운 질감이 복잡하고 거친 질감보다 시각적 중량감이 크다.

08 공간의 레이아웃(lay-out) 과정에서 고려하여야 할 사항과 가장 거리가 먼 것은?
① 가구의 크기와 점유면적
② 공간별 그룹핑
③ 동선
④ 재료의 마감과 색채계획

09 질감에 관한 설명으로 옳은 것은?
① 재료표면이 빛을 흡수하는 정도는 질감에 영향을 미치지 않는다.
② 시각으로 인식되는 질감과 촉각으로 인식되는 질감에는 차이가 없다.
③ 효과적인 질감 표현을 위해서는 색채와 조명을 동시에 고려해야 한다.
④ 질감은 재료의 표면 상태에 대한 느낌으로 흡음성과는 상관관계가 없다.

10 다음 설명에 알맞은 창의 종류는?

> 벽면 전체를 창으로 처리하는 것으로 어떤 창보다도 큰 조망과 더 많은 투과 광량을 얻는다.

① 윈도우 월(window wall)
② 보우 윈도우(보우 window)
③ 베이 윈도우(bay window)
④ 픽쳐 윈도우(picture window)

11 주거공간을 주 행동에 따라 개인 공간, 작업 공간, 사회적 공간으로 구분할 때, 다음 중 개인공간에 속하는 것은?
① 부엌 ② 서재
③ 창고 ④ 식당

12 부엌의 작업의 흐름에 맞는 작업대 배치 순서는?
① 준비대 - 개수대 - 조리대 - 가열대 - 배선대
② 준비대 - 조리대 - 개수대 - 가열대 - 배선대
③ 준비대 - 조리대 - 개수대 - 배선대 - 가열대
④ 준비대 - 개수대 - 조리대 - 배선대 - 가열대

13 아파트의 평면형식 중 중복도형에 관한 설명으로 옳지 않은 것은?
① 부지의 이용률이 높다.
② 프라이버시가 좋지 않다.
③ 각 주호의 일조 조건이 동일하다.
④ 도심지 내의 독신자용 아파트에 적용된다.

14 다음 설명에 알맞은 사무소 건축의 코어 유형은?

> • 유효율이 높은 계획이 가능한 형식이다.
> • 내진 구조가 가능함으로써 구조적으로 바람직한 형식이다.

① 편심 코어형 ② 독립 코어형
③ 중심 코어형 ④ 양단 코어형

15 오피스 랜드스케이프(office landscape)에 관한 설명으로 옳지 않은 것은?
① 소음이 발생하기 쉽다.
② 공간의 독립성 확보가 용이하다.
③ 고정된 칸막이를 사용하지 않고 이동식을 사용한다.
④ 변화하는 업무의 흐름이나 작업 패턴에 신속하게 대응할 수 있다.

16 백화점의 공간구성을 고객권, 종업원권, 상품권, 판매권으로 구분할 때, 다음 설명 중 옳은 것은?
① 고객권은 백화점의 경영을 좌우하는 가장 중요한 부분으로 상품을 전시하여 판매, 영업하는 장소이다.
② 종업원권은 고객을 맞이하는 현관, 매장내 고객용 교통부분인 통로, 계단, 엘리베이터, 에스컬레이터 등으로 구성되어 있다.
③ 상품권은 판매권과 접하며 고객권과는 분리된다.
④ 판매권은 상품의 반입, 보관, 배달, 발송을 위한 부분이다.

17 상품의 유효진열 범위 내에서 고객의 시선이 가장 편하게 머물고 손으로 잡기에도 가장 편안한 높이인 골든 스페이스의 범위로 가장 알맞은 것은?
① 450 ~ 850mm
② 850 ~ 1,250mm
③ 1,300 ~ 1,500mm
④ 1,500 ~ 1,700mm

18 쇼룸의 실내계획에 관한 설명으로 옳지 않은 것은?
① 동선계획 시 관람자가 한 번 지났던 곳은 다시 지나지 않도록 한다.
② 전시상품에 대한 정보를 알리거나 관람자를 안내하기 위한 서비스 공간이 필요하다.
③ 입구에는 관람자의 시선을 끌기 위해 많은 양의 전시물과 세심한 디스플레이를 한다.
④ 파사드는 실내에 대한 기대감과 기업 및 상품에 대한 첫인상을 좌우하는 곳이므로 강한 이미지를 줄 수 있도록 한다.

19 설계도에 나타내기 어려운 시공내용을 문장으로 표현한 것은?
① 시방서 ② 견적서
③ 설명서 ④ 계획서

20 다음의 재료표시기호에서 목재의 구조재 표시 기호는?

① ▨ ② ☐
③ ▨ ④ ▨

2과목 실내디자인 색채 및 사용자 행태분석

21 다음 중 디자인 프레젠테이션에 대한 설명과 가장 관계가 먼 것은?
① 디자이너와 고객 간의 긴요한 의사전달 방법이다.
② 2차원, 3차원 도면이나 모델 등을 활용하여 고객의 이해를 돕는다.
③ 디자이너가 1개의 디자인을 결정하여 고객에게 전달하는 과정이다.
④ 컴퓨터나 멀티미디어 등 최신의 표현기법이 점차 일반화되는 경향이다.

22 색채계획의 과정에서 색채 심리 분석에 해당하지 않는 것은?
① 색채 이미지 측정
② 유행 이미지 측정
③ 상품 이미지 측정
④ 경영 이미지 측정

23 채도에 관한 설명 중 옳은 것은?
① 채도는 흰색을 섞으면 높아지고 검정색을 섞으면 낮아진다.
② 채도는 색의 선명도를 나타낸 것으로 무채색을 섞으면 낮아진다.
③ 채도는 색의 밝은 정도를 말하는 것이며, 유채색끼리 섞으면 높아진다.
④ 채도는 그림물감을 칠했을 때 나타나는 효과이며, 흰색을 섞으면 높아진다.

24 혼합되는 각각의 색 에너지(energy)가 합쳐져서 더 밝은 색을 나타내는 혼합은?
① 감산혼합   ② 중간혼합
③ 가산혼합   ④ 색료혼합

25 다음 중 먼셀 색입체에 관한 설명으로 옳은 것은?
① 무채색 축을 중심으로 수직 절단하면, 좌우면에 유사색상을 가진 두 가지의 동일 색상면이 보인다.
② 색의 3요소에서 색상은 방사선으로 명도는 수직, 채도는 원으로 배열한 것이다.
③ 색의 4가지 속성을 3차원 공간에다 계통적으로 배열한 것이다.
④ 색입체에서의 명도는 위로 갈수록 높고 아래로 갈수록 낮다.

26 CIE 표색방법에 관한 설명 중 옳은 것은?
① 적, 녹, 청의 3색광을 혼합하여 3자 극치에 따른 표색방법
② 색 필터의 중심으로 인한 다른 색상의 표색방법
③ 일정한 원색을 혼합하여 얻는 방법
④ 주관적인 색채 표시방법

27 저드(D. B Judd)의 색채 조화론 에서 '친근성의 원리'를 옳게 설명한 것은?
① 공통점이나 속성이 비슷한 색은 조화된다.
② 자연계의 색으로 쉽게 접하는 색은 조화된다.
③ 규칙적으로 선택된 색들끼리 잘 조화된다.
④ 색의 속성차이가 분명할 때 조화된다.

28 어떤 색이 같은 색상의 선명한 색 위에 위치하면 원래의 색보다 훨씬 탁한 색으로 보이고 무채색 위에 위치하면 원래의 색보다 맑은 색으로 보이는 대비현상은?
① 명도대비
② 채도대비
③ 색상대비
④ 연변대비

29 다음 중 가장 가벼운 느낌을 주는 배색은?
① 녹색 - 검정
② 주황 - 노랑
③ 빨강 - 파랑
④ 청록 - 녹색

30 안전색채 사용에 대한 설명이 틀린 것은?
① 제품안전 라벨에 안전 색을 사용하여 주목성을 높인다.
② 초록은 지시의 의미를 가지며 의무실, 비상구, 대피소 등에 사용된다.
③ 안전색채는 다른 물체의 색과 쉽게 식별되어야 한다.
④ 노랑과 검정 대비색 조합 안전표지는 잠재적 위험을 경고하는 의미를 가진다.

31 디지털 색채 체계에 대한 설명 중 옳은 것은?
① RGB 색 공간에서 각 색의 값은 0 ~ 100%로 표기한다.
② RGB 색 공간에서 모든 원색을 혼합하면 검정색이 된다.
③ L*a*b* 색 공간에서 L*은 명도를, a*는 빨강과 초록을, b*는 노랑과 파랑을 나타낸다.
④ CMYK 색공간은 RGB 색 공간보다 컬러의 범위가 넓어 RGB 데이터를 CMYK 데이터로 변환하면 컬러가 밝아진다.

32 한국의 전통가구 중 장에 관한 설명으로 옳지 않은 것은?
① 단층장은 머릿장이라고도 불린다.
② 이층장이나 삼층장은 보통 남성공간인 사랑방에서 사용되었다.
③ 이불장은 금침과 베개를 겹겹이 쌓아두는 장으로 보통 2층으로 된 것이 많다.
④ 의걸이장은 외관의장에 따라 만살의걸이, 평의걸이, 지장의걸이로 구분할 수 있다.

33 의자에 관한 설명으로 옳지 않은 것은?
① 스툴(stool)은 등받이와 팔걸이가 없는 형태의 보조의자이다.
② 오토만(Ottoman)은 좀 더 편안한 휴식을 위해 발을 올려놓는 데도 사용된다.
③ 풀업체어(Pull-up chair)는 필요에 따라 이동시켜 사용할 수 있는 간이의자이다.
④ 라운지 체어(Lounge chair)은 오래 전부터 식탁과 함께 사용되어온 식사를 위한 의자로 다이닝 체어라고도 한다.

34 다음 중 생체역학에 있어 힘과 모멘트에 관한 설명으로 틀린 것은?
① 평형을 이루는 경우 착용하는 모멘트들의 합은 0이 된다.
② 힘의 작용선상에서 돌아가려는 힘은 거리에 반비례하여 발생한다.
③ 힘의 평형은 각 힘의 작용선에 작용한 힘과 반작용들의 합이 0이라는 의미이다.
④ 물체가 정적 평형상태를 유지하기 위해서는 힘의 평형과 모멘트의 평형이 충족되어야 한다.

35 인간공학 연구에 사용되는 인간 기준의 척도와 가장 거리가 먼 것은?
① 주관적 반응
② 생리학적 지표
③ 인간성능 척도
④ 기계체계의 성능기준

36 인간의 눈의 구조에 관한 설명으로 옳은 것은?
① 망막의 중심부에는 간상체만 있다.
② 간상체는 색을 구별할 수 있게 한다.
③ 광 수용기는 간상세포와 추상세포로 나눌 수 있다.
④ 수정체는 눈으로 들어오는 빛의 양을 조절한다.

37 근육에 공급되는 산소량이 부족한 경우 나타나는 현상으로 옳은 것은?
① 당원은 산소 없이 호기성(aerobic) 과정에 의해 젖산으로 축적된다.
② 젖산은 혐기성(anaerobic) 과정에 의해 물과 CO_2로 분해되어 열과 에너지로 발산된다.
③ 젖산과 신체의 활동 수준은 관계가 없다.
④ 혈액 중에 젖산이 축적된다.

38 다음 중 신체반응을 측정하는 데 있어서 그 척도와 방법이 잘못 연결된 것은?

① 골격활동의 척도 - 부정맥
② 정신활동의 척도 - 뇌파 기록
③ 국소적 근육활동의 척도 - 근전도
④ 생리적 부담의 척도 - 맥박수

39 신체 각 부위의 운동에 대한 설명으로 틀린 것은?

① 굴곡(flection) : 관절에서의 각도가 감소하는 동작
② 신전(extension) : 관절에서의 각도가 증가하는 동작
③ 외전(abduction) : 몸의 중심선으로부터의 회전 동작
④ 내선(medial rotation) : 몸의 중심선을 향하여 안쪽으로 회전하는 동작

40 인체측정치의 최대 집단치를 적용하는 대상으로 적절하지 않은 것은?

① 탈출구의 넓이
② 출입문의 높이
③ 그네의 지지 하중
④ 버스의 손잡이 높이

3과목 실내디자인 시공 및 재료

41 다음 시멘트 중 안전성이 좋고 발열량이 적으며 내침식성, 내구성이 좋아 댐공사, 방사능차폐용 등으로 사용되는 것은?

① 조강 포틀랜드 시멘트
② 보통 포틀랜드 시멘트
③ 알루미나 시멘트
④ 중용열 포틀랜드 시멘트

42 방수재료 중 아스팔트방수층을 시공할 때 제일 먼저 사용되는 재료는?

① 아스팔트
② 아스팔트 프라이머
③ 아스팔트 루핑
④ 아스팔트 펠트

43 미장재료 중 간수($MgCl_2$)와 혼합하여 응결 경화성이 생기는 것은?

① 킨스 시멘트
② 소석고
③ 소석회
④ 마그네시아 시멘트

44 다음 목재의 강도 중 가장 큰 것은?

① 응력방향이 섬유방향에 평행한 경우의 압축강도
② 응력방향이 섬유방향에 평행한 경우의 인장강도
③ 응력방향이 섬유방향에 평행한 경우의 전단강도
④ 응력방향이 섬유방향에 직각인 경우의 압축강도

45 소규모 건축물에 해당하는 조적식구조에 대한 기준으로 옳지 않은 것은?

① 조적식구조인 건축물 중 2층 건축물에 있어서 2층 내력벽의 높이는 5m를 넘을 수 없다.
② 조적식구조인 내력벽의 길이는 10m를 넘을 수 없다.
③ 조적식구조인 내력벽으로 둘러싸인 부분의 바닥면적은 $80m^2$를 넘을 수 없다.
④ 조적식구조인 내력벽의 기초는 연속기초로 하여야 한다.

46 석재의 각종 성질에 대한 설명으로 옳지 않은 것은?
① 인장, 전단-휨강도가 압축강도에 비해 매우 작다.
② 마모저항성 시험에는 로스엔젤레스 시험기가 사용된다.
③ 내구성은 석재의 조직, 조암광물의 조직에 따라 다르다.
④ 고온에서 석재가 파괴되는 이유는 조암광물의 팽창계수가 서로 같기 때문이다.

47 금속의 부식방지를 위한 관리대책으로 볼 수 없는 것은?
① 표면을 평활하고 깨끗이 하며 가능한 한 습윤상태를 유지할 것
② 가능한 한 이종 금속을 인접 또는 접촉시켜 사용하지 말 것
③ 부분적으로 녹이 나면 즉시 제거할 것
④ 큰 변형을 준 것은 가능한 한 풀림하여 사용할 것

48 동과 그 합금에 대한 설명으로 옳은 것은?
① 황동은 구리와 아연을 주성분으로 한다.
② 청동은 구리와 니켈을 주성분으로 한다.
③ 구리는 녹청색으로 부식이 발생되므로 내식성이 우수하지 않다.
④ 암모니아나 해수에 강하다.

49 KS F 3113(구조용 합판)에 따른 구조용 합판의 품질기준에 해당하지 않는 항목은?
① 접착성
② 함수율
③ 비중
④ 휨강도

50 강화유리에 관한 설명으로 틀린 것은?
① 유리 표면에 강한 압축응력층을 만들어 파괴강도를 증가시킨 것이다.
② 강도는 플로트 판유리에 비해 3~5배 정도이다.
③ 주로 출입문이나 계단 난간, 안전성이 요구되는 칸막이 등에 사용된다.
④ 깨어질 때는 판유리 전체가 파편으로 잘게 부서지지 않는다.

51 MCX(Minimumcost Expending) 기법에 의한 공사기간 단축방법에서 아무리 비용을 투자해도 그 이상 공기를 단축할 수 없는 한계점은?
① 특급점(crash point)
② 표준점(normal point)
③ 포화점
④ 경제 속도점

52 건물 외부에 낙하물 방지망을 설치할 경우 수평면과의 가장 적절한 각도는?
① 5° 이상, 10° 이하
② 10° 이상, 15° 이하
③ 15° 이상, 20° 이하
④ 20° 이상, 30° 이하

53 점토벽돌 1종의 압축강도는 최소 얼마 이상인가?
① 17.85MPa
② 19.53MPa
③ 20.59MPa
④ 24.50MPa

54 다음 그림과 같은 보강블록조의 평면도에서 x축 방향의 벽량을 구하면? (단, 벽체두께는 150mm 이며, 그림의 모든 단위는 mm임)

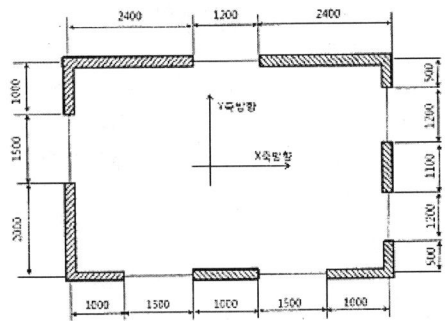

① 23.9cm/㎡
② 28.9cm/㎡
③ 31.9cm/㎡
④ 34.9cm/㎡

55 질이 단단하고 내구성 및 강도가 크며 외관이 수려하나 함유광물의 열팽창계수가 달라 내화성이 약한 석재로 외장, 내장, 구조재, 도로포장재, 콘크리트 골재 등에 사용되는 것은?

① 응회암　　② 화강암
③ 화산암　　④ 대리석

56 연질타일계 바닥재에 대한 설명 중 옳지 않은 것은?

① 고무계 타일은 내마모성이 우수하고 내수성이 있다.
② 리놀륨계 타일은 내유성이 우수하고 탄력성이 있으나 내알칼리성, 내마모성, 내수성이 약하다.
③ 전도성 타일은 정전기 발생이 우려되는 반도체, 전기전자제품의 생산장소에 주로 사용된다.
④ 아스팔트 타일은 내마모성과 내유성이 우수하며 실내주차장 바닥재로 많이 사용된다.

57 지하실과 같이 공기의 유통이 원활하지 않은 장소의 미장공사에 적당한 재료는?

① 시멘트 모르타르
② 회반죽
③ 돌로마이트 플라스터
④ 회사벽

58 도장결함 중 주름발생 현상의 방지대책으로 가장 적합한 것은?

① 도료의 점도를 낮춘다.
② 교반을 충분하게 하고 겹칠을 한다.
③ 바탕과 도료와의 심한 온도차를 피한다.
④ 도포 후 즉시 직사광선을 쬐이지 않는다.

59 발포제로서 보드상으로 성형하여 단열재로 널리 사용되며 건축물의 천장재, 블라인드 등에도 널리 쓰이는 열가소성 수지는?

① 알키드 수지
② 요소 수지
③ 폴리스티렌 수지
④ 실리콘 수지

60 벽두께 1.0B, 벽면적 30㎡ 쌓기에 소요되는 벽돌의 정미량은? (단, 기본벽돌[190×90×57] 사용)

① 3,900 매
② 4,095 매
③ 4,470 매
④ 4,604 매

4과목 실내디자인 환경

61 온열환경지표 중 유효온도에 관한 설명으로 옳은 것은?

① 실내 습도는 유효온도에 영향을 미치지 않는다.
② 실내 거주자의 착의량 및 대사량에 의해 영향을 받는 지표이다.
③ 실내 주위 벽면과의 복사열교환에 의한 영향을 고려한 지표이다.
④ 다수의 피험자의 실제 체감에서 구한 것이며 계측기에 의한 것이 아니다.

62 배수수직관 내의 압력변화를 방지 또는 완화 하기 위해, 배수수직관으로부터 분기·입상하여 통기수직관에 접속하는 통기관은?

① 각개통기관
② 루프통기관
③ 결합통기관
④ 신정통기관

63 호텔의 조명계획에 관한 설명으로 옳지 않은 것은?

① 객실의 욕실조명은 거울 위나 옆쪽에 설치한다.
② 복도에는 50~100Lux 정도로 균일한 조명을 설치한다.
③ 프런트데스크의 조명은 프런트 직원과 고객의 표정이 서로 확실히 보이도록 밝게 하는 것이 좋다.
④ 객실에서 천장의 전체조명은 직접조명방식으로 하고, 탁상스탠드, 플로어스탠드, 벽부 등과 같은 국부조명을 사용한다.

64 다음과 같은 조건에 있는 벽체의 실내측 표면 온도는?

- 외기온도 : −10℃
- 실내공기온도 : 20℃
- 벽체의 열관류율 : 1.5 W/m²·K
- 벽체의 내표면 열전달률 : 9 W/m²·K

① 10℃
② 15℃
③ 20℃
④ 25℃

65 채광방식 중 측창채광에 관한 설명으로 옳지 않은 것은?

① 천창채광에 비해 비막이에 유리하다.
② 근린의 상황에 의한 채광 방해의 우려가 있다.
③ 편측채광의 경우 실내 조도분포가 불균일하다.
④ 동일 면적의 천창채광에 비해 채광량이 3배 정도 많다.

66 실내에 1000[cd]의 전등이 있을 때, 이 전등으로부터 4m 떨어진 곳의 직각면 조도는?

① 62.5[lx]
② 125[lx]
③ 250[lx]
④ 500[lx]

67 공기조화방식 중 팬코일 유닛 방식에 관한 설명으로 옳지 않은 것은?

① 덕트 샤프트나 스페이스가 필요없거나 작아도 된다.
② 전공기 방식이므로 수배관으로 인한 누수의 우려가 없다.
③ 유닛을 창문 밑에 설치하면 콜드 드래프트를 줄일 수 있다.
④ 각 실의 유닛은 수동으로도 제어할 수 있고, 개별 제어가 쉽다.

68 용적 3000㎥, 잔향시간 1.6초인 실이 있다. 잔향시간을 0.6초로 조정하려고 할 때, 이 실에 추가로 필요한 흡음력은? (단, sabine의 식을 이용)

① 약 500㎡   ② 약 600㎡
③ 약 700㎡   ④ 약 800㎡

69 다음 중 헬리포트의 설치기준으로 틀린 것은?

① 헬리포트의 길이와 너비는 각각 22m 이상으로 할 것
② 헬리포트의 중앙부분에는 지름 8m의 ⒣표지를 백색으로 설치 할 것
③ 헬리포트의 주위 한계선은 노란색으로 하되, 그 선의 너비는 48cm로 할 것
④ 헬리포트의 중심으로부터 반경 12m 이내에는 헬리콥터의 이·착륙에 장애가 되는 장애물, 공작물 또는 난간 등을 설치하지 아니할 것

70 내화구조의 성능기준에 따른 건축물 구성부재의 품질 시험을 실시할 경우 내화시간기준이 가장 낮은 구성부재는? (단, 주거시설의 경우)

① 기둥
② 내벽을 구성하는 내력벽
③ 지붕틀
④ 바닥

71 건축물에 설치하는 경계벽이 소리를 차단하는데 장애가 되는 부분이 없도록 하여야 하는 구조 기준으로 옳지 않은 것은?

① 철근콘크리트조로서 두께가 10cm 이상인 것
② 무근콘크리트조로서 두께가 10cm 이상인 것
③ 콘크리트블록조로서 두께가 19cm 이상인 것
④ 벽돌조로서 두께가 15cm 이상인 것

72 건축허가 등을 할 때 미리 소방본부장 또는 소방서장의 동의를 받아야 하는 건축물 등의 범위 기준으로 옳지 않은 것은?

① 노유자시설 및 수련시설로서 연면적이 200㎡ 이상인 것
② 차고·주차장으로 사용되는 바닥면적이 200㎡ 이상인 층이 있는 건축물이나 주차시설
③ 승강기 등 기계장치에 의한 주차시설로서 자동차 15대 이상을 주차할 수 있는 시설
④ 지하층 또는 무창층이 있는 건축물로서 바닥면적이 150㎡ 이상인 층이 있는 것

73 건축물의 피난층 외의 층에서 피난층 또는 지상으로 통하는 직통계단은 거실의 각 부분으로부터 계단에 이르는 보행거리가 최대 얼마 이하가 되도록 설치하여야 하는가? (단, 주요구조부가 내화구조 또는 불연재료로 된 건축물)

① 30m   ② 40m
③ 50m   ④ 60m

74 25층의 병원을 건축하는 경우에 6층 이상의 거실면적의 합계가 20,000㎡라고 한다면 최소 몇 대 이상의 승용승강기를 설치하여야 하는가? (단, 8인승 승용승강기이다.)

① 9대   ② 10대
③ 11대   ④ 12대

75 장애인·노인·임산부 등의 편의 증진보장에 관한 법률에서 규정하고 있는 편의시설을 설치하여야 하는 대상시설이 아닌 것은?

① 300㎡ 이상인 수퍼마켓
② 500㎡ 이상인 한의원
③ 20객실수 이상인 일반숙박시설
④ 10세대 이상인 연립주택

76 배연설비설치와 관련하여 배연창의 유효면적은 1㎡ 이상으로서 그 면적의 합계가 건축물 바닥면적의 최소 얼마 이상으로 하여야 하는가?

① 1/10 이상
② 1/20 이상
③ 1/100 이상
④ 1/200 이상

77 소방시설은 소화설비, 경보설비, 피난구조설비, 소화용수설비, 소화활동설비로 구분할 수 있다. 다음 중 소화활동설비에 속하는 것은?

① 제연설비
② 비상방송설비
③ 스프링클러설비
④ 자동화재탐지설비

78 건축물에 설치하는 지하층의 비상탈출구에 관한 기준으로 옳지 않은 것은?

① 비상탈출구에서 피난층 또는 지상으로 통하는 복도나 직통계단까지 이르는 피난통로의 유효너비는 최소 0.9m 이상으로 할 것
② 비상탈출구의 문은 피난방향으로 열리도록 할 것
③ 비상탈출구는 출입구로부터 3m 이상 떨어진 곳에 설치할 것
④ 비상탈출구의 유효너비는 0.75m 이상으로 하고, 유효 높이는 1.5m 이상으로 할 것

79 공동주택의 난방설비를 개별난방방식으로 하는 경우에 관한 기준으로 옳지 않은 것은?

① 보일러를 설치하는 곳과 거실사이의 경계벽은 출입구를 제외하고는 내화구조의 벽으로 구획할 것
② 보일러실의 윗부분에는 그 면적이 $0.3m^2$ 이상의 환기창을 설치할 것
③ 보일러실의 윗부분과 아랫부분에는 각각 지름 10cm 이상의 공기흡입구 및 배기구를 항상 열려 있는 상태로 바깥공기에 접하도록 설치할 것
④ 보일러의 연도는 내화구조로서 공동연도로 설치할 것

80 건축화조명에 관한 설명으로 옳지 않은 것은?

① 캐노피조명은 카운터 상부, 욕실의 세면대 상부 등에 설치된다.
② 광창조명은 광원을 넓은 면적의 벽면에 매입하여 비스타(vista)적인 효과를 낼 수 있다.
③ 코니스조명은 벽면의 상부에 위치하여 모든 빛이 아래로 직사하도록 하는 조명방식이다.
④ 코브조명은 창이나 벽의 상부에 부설된 조명으로 하향일 경우 벽이나 커튼을 강조하는 역할을 한다.

과년도 기출문제 정답 및 해설

01 | 2023년 실내건축기사 1회

1과목 | 실내디자인계획

01 ②

해설 | 점진(점이 : gradation)
공간, 형태, 색상 등의 점차적인 변화로 생기는 리듬, 어떠한 조형요소가 시간적 또는 공간적인 간격을 두고 다른 형태로 변해가는 과정적인 의미.

02 ④

해설 | 장식물의 기능과 역할
㉠ 계절에 따른 변화를 시도할 수 있는 여지를 남긴다.
㉡ 여러 장식품들이 서로 균형을 유지하도록 배치한다.
㉢ 형태, 스타일, 생상 등이 실내공간과 어울리도록 한다.
㉣ 실 사용자의 개성을 표현하는 자기표현의 수단이 될 수 있다.
㉤ 공간을 강조하고 흥미를 높여 주는 효과가 있다.
㉥ 주변 물건들과의 조화 등을 고려하여 선택한다.

03 ③

해설 | 연속순회 형식
㉠ 긴 직사각형 또는 다각형 평면의 전시실이 연속적으로 연결된 형식
㉡ 전시 벽면이 최대화되고 공간 절약 효과가 있다.
㉢ 관람객은 연속적으로 이어진 동선을 따라 관람하게 된다.
㉣ 비교적 동선이 단순하며 다소 지루하고 피곤한 느낌을 줄 수 있다.

04 ①

해설 | 거실의 위치
㉠ 통로에 의해 실이 분할되지 않는 곳
㉡ 남향, 남동향, 남서향으로서 일조, 통풍이 좋은 곳
㉢ 침실과 대칭되는 곳
㉣ 다른 방의 중심적 위치가 되는 곳
㉤ 다른 한쪽 방과 접속하게 되면 유리함

05 ②

해설 | 아르누보 특징
㉠ 19세기말의 절충주의와 고전주의에 대한 반작용으로 생긴 아르누보 건축은 자연물의 형체에서 볼 수 있는 길고 굽어진 선이 특징
㉡ 아르누보는 유기적 건축이론에서 영향을 받음
㉢ 철과 유리를 건축 표현수단으로 사용
㉣ 정직한 디자인과 장인정신 강조
㉤ 색감이 풍부한 일본 예술의 영향
㉥ 바로크의 조형적 형태와 로코코의 비대칭원리 적용

06 ④

해설 | 실내디자인 영역은 순수한 실내 내부 공간 뿐 아니라 인간이 점유하는 광범위한 공간, 건축물의 주변 환경까지 포함한다.

07 ③

해설 | 글자
㉠ 글자의 크기는 각 도면의 상황에 맞추어 알아보기 쉬운 크기로 한다.
㉡ 문장은 왼쪽에서부터 가로쓰기를 원칙으로 한다.
㉢ 글자는 수직 또는 15° 경사의 고딕체로 쓰는 것을 원칙으로 한다.
㉣ 글자의 크기는 높이로 표시된다.
㉤ 숫자는 아라비아 숫자를 원칙으로 한다.
㉥ 4자 이상의 숫자는 3자리마다 자릿점을 찍든지 간격을 두어야 한다. 다만 4자리 이하는 이에 따르지 않아도 된다.

08 ③

해설 | 형태의 지각심리
㉠ 접근성 : 가까이 있는 지각요소들을 패턴이나 그룹으로 인지하게 되는 지각심리.
㉡ 유사성 : 형태와 색깔, 크기 등이 유사할 경우 함께 모여있는 것처럼 보이는 지각심리.
㉢ 연속성 : 점들의 연속이 선으로 지각되어 형태를 만드는 지각심리.
㉣ 폐쇄성 : 불완전한 시각요소들을 완전한 형태로 지각하려는 심리.

ⓜ 단순화 : 어떤 형태를 접했을 때, 복잡한 형태보다는 단순화 형태로 지각하려는 심리.
ⓗ 도형과 배경의 법칙 : 도형과 배경이 순간적으로 번갈아 보이면서 다른 형태로 지각되는 심리

09 ④

해설 | 생활공간에 의한 분류
㉠ 개인 생활공간 : 침실, 자녀실, 노인실, 서재
㉡ 가사 노동 공간 : 주방, 가사실, 다용도실
㉢ 사회 공간 : 거실, 식당
㉣ 보건, 위생 공간 : 욕실, 화장실

10 ①

해설 | 실내디자인 프로세스에 있어서의 아이디어 창출기법
㉠ 브레인스토밍(Brainstorming) : 문제 해결을 위하여 다양한 아이디어를 자유롭게 제시하고, 이러한 아이디어들을 취합하고 수정, 보완하여 독창적인 아이디어를 얻는 방법이다.
㉡ 시네틱스(Synectics) : 서로 관련이 없어 보이는 것들을 조합하여 새로운 것을 도출해내는 집단 아이디어 발상법
㉢ 버즈 세션(Buzz session) : 전체 구성원을 4~6명의 소그룹으로 나누고 각각의 소그룹이 개별적인 토의를 벌인 후 각 그룹의 결론을 패널 형식으로 토론 후 전체적인 결론을 내리는 토의법이다. 많은 사람이 짧은 시간에 토론이나 회의를 할 때 사용하는 방법이다.
㉣ 롤플레잉(role-playing) : 역할 연기법이라 하며 등장인물에 일정한 역할을 주어 일상적인 장면으로 연기를 한다. 롤플레잉이 끝난 뒤 자유롭게 토론하도록 하거나, 녹화한 비디오를 보여주면 기술을 빨리 습득할 수 있다.

11 ③

해설 | 공간의 레이아웃(layout)
생활행위를 분석하여 공간배분계획에 따라 배치하는 것으로 실내디자인의 기본 요소인 바닥, 벽, 천장과 가구, 집기들의 위치를 결정하는 것을 말한다.
㉠ 공간 상호 간의 연계성(zoning)
㉡ 출입 형식
㉢ 동선체계와 시선계획 고려
㉣ 인체공학적 치수와 가구 설치

12 ②

해설 | 선(line)
㉠ 길이와 위치, 방향성을 갖고 있으며 폭과 부피는 갖지 않는다.
㉡ 점이 이동한 궤적을 선이라 할 수 있는데, 이것을 포지티브(Positive)선이라 하며 많은 선의 근접은 면으로 지각되는 효과가 있다.
㉢ 선은 길이와 위치만 있고, 폭과 부피는 없다. 점이 이동한 궤적이며 면의 한계, 교차에서 나타난다.
㉣ 선은 어떤 형상을 규정하거나 한정하고 면적을 분할한다.
ⓜ 운동감, 속도감, 방향 등을 나타낸다.
ⓗ 선은 점이 이동된 궤적으로 점이 확장되어 선이 된다. 선을 나란히 놓으면 면으로 지각된다.

13 ④

해설 | 독립 코어 형(외코어형)
㉠ 편심 코어 형에서 발전된 형이며, 편심 코어 형과 거의 같은 특징을 가진다.
㉡ 자유로운 사무실 공간을 코어와 관계없이 마련할 수 있다.
㉢ 설비 덕트나 배관을 코어로부터 사무실까지 끌어내는데 제약이 있다.
㉣ 방재상 불리하고 바닥 면적이 커지면 피난 시설을 포함한 서브 코어가 필요해진다.
ⓜ 코어의 접합부 변형이 과대해지지 않도록 계획할 필요가 있다.
ⓗ 사무실 부분의 내진 벽은 외주부에서만 하게 되는 경우가 많다.
ⓢ 코어 부분은 그 형태에 맞는 구조 방식을 취할 수 있다.
ⓞ 내진 구조에는 불리하다.

14 ④

해설 | 부엌(kitchen)
㉠ 위치
 • 남쪽 또는 동쪽 모퉁이 부분으로 외기에 접할 수 있도록 배치
 • 일사가 긴 서쪽은 음식물이 부패하기 쉬우므로 피해야 함
㉡ 크기
 • 보통 건축 연면적의 8 ~ 12% 정도 필요함
 • 주택의 규모가 큰 경우(100m² 이상)는 7% 이하도 가능함
㉢ 부엌의 크기 결정 요인
 • 작업대의 면적
 • 작업인(주부)의 동작에 필요한 공간
 • 수납공간(식기, 식품, 조리용 기구)
 • 연료의 종류와 공급 방법
 • 주택의 연면적, 가족 수, 평균 작업인 수, 경제 수준

15 ③

해설 | 벽의 개념 및 기능
㉠ 공간을 에워싸는 수직적 요소로 수평방향을 차단하여 공간을 형성한다.
㉡ 천장과 바닥에 대해 구조적인 지지역할을 하고 있다.
㉢ 시각적 대상물이 되거나 공간에 초점적요소가 된다.
㉣ 벽의 높이에 따라 시각적, 심리적으로 다른 효과를 준다.
㉤ 인간의 시선이나 동선을 차단한다.
㉥ 공기의 움직임, 소리의 전파, 열의 이동을 제어한다.
㉦ 외부로부터의 방어와 프라이버시 확보의 기능을 한다.
㉧ 가구, 조명 등 실내에 놓이는 설치물에 대해 배경적 요소가 된다.

16 ②

해설 | 실시 설계
결정된 설계도로 시공 및 제작을 위한 도면을 작성 하는 단계로 단면, 천장, 입면, 전개도, 재료 마감표, 상세도, 창호도, 사인, 그래픽 등과 설비 설계도 및 난방 부하도, 시방서를 작성한다.

17 ③

해설 | 사람의 시각적 특성은 좌측에서 우측으로 이동한다.

18 ②

해설 | 통일
㉠ 이질(異質)의 각 구성요소들이 전체로서 동일한 이미지를 갖게 하는 것으로, 변화와 함께 모든 조형에 대한 미의 근원이 되는 원리
㉡ 대비인 통일과 변화는 상반되는 성질을 지니고 있으면서도 서로 긴밀한 유기적 관계를 유지
㉢ 정적 통일(교육 공간, 기념 공간), 동적 통일(상업 시설, 레저 시설), 양식통일(휴양 공간, 교통 공간) 등이 있다.
㉣ 디자인에 미적 질서를 주는 기본 원리로 모든 디자인 원리의 구심점이 된다.
㉤ 강하고 분명한 자극을 주는 디자인에서 느껴진다.
㉥ 동일성이나 반복성·유사성 등의 방법에 의해 연출되어 진다.

19 ④

해설 | 오피스 랜드스케이프(office landscape)
계급, 서열에 의한 획일적인 배치에 대한 반성으로서 사무의 흐름이나 작업의 성격을 중시하여 능률적으로 배치한 방법
㉠ 소음이 발생하기 쉽다.
㉡ 공간의 독립성 확보가 어렵다.
㉢ 고정된 칸막이를 사용하지 않고 이동식을 사용한다.
㉣ 변화하는 업무의 흐름이나 작업 패턴에 신속하게 대응할 수 있다.
㉤ 개방식에 속하며 공간의 절약, 공사비(칸막이 벽, 공조, 소화 설비, 조명 설비 등) 절약이 가능하다.

20 ①

해설 |

구조재　　　　　치장재

2과목 실내디자인 색채 및 사용자 행태분석

21 ②

해설 | 오스트발트 표색계
㉠ 오스트발트의 색체계는 E.헤링의 4원색 이론을 기초로 한다.
㉡ 황(Yellow), 적(Red), 녹(Sea Green), 청(Ultramarine Blue)의 헤링 색상을 기초로 하여 중간색은 주황(Orange), 연두(Leaf Green), 청록(Turquoise), 보라(Purple)를 배치하였다.
㉢ 8가지 주요 색상이 3분할되어 24색상환이 된다.
㉣ 24색상환의 보색은 반드시 12번째 색이다.
㉤ 순색량이 있는 유채색은 B + W + C = 100%로 표시되고, 완전 무채색은 B + W = 100%로 구성된다.

22 ④

해설 | 색채 디자인의 목적
㉠ 상품의 이미지를 보다 효과적으로 만들어 낸다.
㉡ 사용자의 감성적 요구를 반영하여 상품 구매율을 높인다.
㉢ 색채의 체계적인 사용을 통하여 상품의 부가가치를 높인다.

23 ③

해설 | 색약
색 분별 능력이 정상보다 부족한 증상을 말한다. 망막 추상체가 손상되거나 시각 경로의 이상으로 정상적인 색 분별 능력이 부족하다. 밝은 곳에서 채도가 높은 색을 볼 때에는 정상인과 차이가 없으나, 채도가 낮은 경우에는 식별을 못 하거나 단시간의 색 분별이 어렵다.

24 ②

해설 | 가산혼합(가법혼색, 색광혼합)
  ㉠ 빨강(R), 초록(G), 파랑(B)의 3원색으로 이루어진다. 물감의 혼색과는 반대로 더욱 밝아지고 맑아지므로 가법혼색 또는 플러스 현상이라 한다.
  ㉡ 빛의 색을 서로 더해서 빛이 점점 밝아지는 원리를 이용하는 것으로, 색을 더할수록 점점 밝아지는 방법으로 이들 색을 모두 혼합하면 백색광이 된다. 색광 혼합은 명도가 높아진다.
  ㉢ 무대조명처럼 빛으로 색을 표현하는 매체에 주로 해당하는 원리이다.
  ㉣ 혼합된 색(2차색)의 명도는 혼합하려는 색의 명도보다 높아지며, 보색끼리의 혼합은 무채색이 된다.

25 ①

해설 | ② 색채 조화에서 명도는 중요하다.
  ③ 유사 조화는 부드러운 느낌을 준다.
  ④ 보색 배색은 강렬한 느낌을 준다.

26 ①

해설 | 동화 현상
인접한 주위의 색과 가깝게 느껴지거나 비슷해 보이는 현상을 말하며, 색을 직접 섞지 않고 색 점을 섞어 배열함으로써 전체 색조를 변화시키는 효과로 문양이나 선의 색이 배경색에 혼합되어 보이는 것으로 회색 배경 위에 검정의 문양을 그리면 회색 배경은 실제보다 더 검게 보인다. 색의 전파효과, 혼색효과라고도 부른다. 또는 줄눈과 같이 가늘게 형성되었을 때 뚜렷이 나타난다고 하여 줄눈효과라고도 부른다.

27 ④

해설 | 슈브뢸(M.E. Chevreul)의 색채 조화론
  ㉠ 인접색의 조화,
  ㉡ 보색 배색(두 색을 원색의 강한 대비로 성격을 강하게 표현하면 조화된다.),
  ㉢ 근접 보색의 조화, 도미넌트 컬러(전체를 주도하는 색이 있음으로 조화된다.),
  ㉣ 세퍼레이션 컬러(선명한 윤곽이 있음으로 조화된다.)

28 ④

해설 | 검정색은 죽음, 공포, 암흑을 연상시켜 공업제품의 색으로도 많이 사용 된다.

29 ②

해설 | ㉠ 연색성 : 조명에 의한 물체색의 보이는 상태 및 물체색의 보이는 상태를 결정하는 광원의 성질을 말한다.
  ㉡ 색순응(色順應 : chromatic adaption) : 물체를 비추는 빛의 종류에 따라 반사되는 빛의 성질은 많이 달라진다. 같은 물건이라도 태양빛에서 볼 때와 전등 밑에서 볼 때 각각 다른 색을 띠지만 시간이 지나면 그 물건의 색은 원상태로 보인다.
  ㉢ 박명시 : 날이 저물어 옅은 어둠이 되면 추상체와 간상체의 양쪽이 작용하는데, 이때는 상이 흐릿하여 보기 어려운 현상의 상태이다.
  ㉣ 푸르킨예 현상 : 명소시에서 암소시 상태로 옮겨질 때 물체색의 밝기가 어떻게 변하는가를 살펴보면 빨강 계통의 색은 어둡게 보이게 되고, 파랑 계통의 색은 반대로 시감도가 높아져서 밝게 보이기 시작하는 현상을 말한다.

30 ③

해설 | 디지털 색채체계
  ㉠ RGB는 컴퓨터 모니터와 스크린 같은 빛의 원리로 컬러를 구현하는 장치에서 사용된다.
  ㉡ CMYK(감산 혼합)는 인쇄와 사진에서의 색 재현에 사용된다. 주로 옵셋 인쇄에 쓰이는 4가지 색을 이용한 잉크체계를 뜻하며, 각각 시안(Cyan), 마젠타(Magenta), 옐로(Yellow), 블랙(Black)을 나타낸다. RGB나 HSB(HSV)보다 표현 가능한 색이 적다.
  ㉢ CIE 표준 표색계(XYZ 표색계)에서 혼색계는 색광을 표시하는 표색계로 심리적이고 물리적인 빛의 혼색 실험에 의하여 기초를 두는 것으로 현재 측색 학의 근본을 이루고 있다.
  ㉣ HSB 형식 : 색의 3가지 기본 특성인 색상, 채도, 명도에 의해 표현하는 방식이다.

31 ②

해설 | 장
  ㉠ 단층장은 머릿장이라고도 함
  ㉡ 이층장이나 삼층장은 보통 안방에서 사용
  ㉢ 이불장은 금침과 베개를 겹겹이 쌓아두는 장으로 보통 2층으로 된 것이 많다.
  ㉣ 의걸이장은 외관의장에 따라 만살의걸이, 평의걸이, 지장의걸이로 구분

32 ④

해설 | 유닛 가구(unit furniture) : 조립, 분해가 가능하며, 필요에 따라 가구의 형태를 고정, 이동으로 변경이 가능한 가구.

33 ①
해설 |

[인간-기계 통합시스템의 인간 또는 기계에 의해서 수행되는 기본기능의 유형]

34 ②
해설 | 양립성(兩立性 : compatibility)
인간공학에 있어 자극들 간의 관계, 반응들 사이, 또는 자극-반응의 조합관계가 인간의 기대와 모순되지 않도록 하는 것을 말한다.
㉠ 공간적 양립성 : 표시장치나 조정장치에서 물리적 형태나 공간적인 배치의 양립성(오른쪽 버튼을 누르면 오른쪽 기계가 작동하고, 왼쪽 버튼을 누르면 왼쪽 기계가 작동하는 경우)
㉡ 운동의 양립성 : 표시장치, 조정장치, 체계반응의 운동 방향의 양립성(자동차의 핸들을 우측으로 돌리면 자동차가 우측으로 회전하는 경우)
㉢ 개념적 양립성 : 사람들이 가지고 있는 개념적 연상의 양립성(냉온수기 버튼의 경우, 빨간색은 온수 파란색은 냉수가 나오도록 하는 경우)

35 ④
해설 | 근력과 지구력
㉠ 근력이란 한 번의 수의적(voluntary)인 노력에 의해서 근육이 등척적으로 낼 수 있는 힘의 최대치
㉡ 근력은 근육의 단면적에 비례한다.
㉢ 등속성 근력(동적 근력) : 신체 부위를 실제로 움직이는 상태일 때의 근력
㉣ 등척성 근력(정적 근력) : 신체 부위를 실제로 움직이지 않으면서 고정 물체에 힘을 가하는 상태일 때의 근력
㉤ 지구력이란 근력을 사용하여 특정 힘을 유지할 수 있는 시간으로 부하와 근력의 비 함수.
㉥ 인간은 단시간 동안만 최대 근력을 유지할 수 있다.
㉦ 정적 근력은 최대 근력의 20% 정도, 동적 근력은 30% 정도까지 발휘하여 유지될 수 있다.

36 ④
해설 | 호흡계
㉠ 생명유지를 위해 산소를 공급하고, 이산화탄소를 제거하는 일을 수행한다.
㉡ 비강, 후두 등의 전도부와 폐포, 폐포관 등의 호흡부로 이루어진다.
㉢ 폐포와 혈액 사이의 기체교환은 외호흡(폐호흡)이며, 혈액과 조직 세포와의 기체 교환은 내호흡이다.

37 ④
해설 | ㉠ 원추세포는 색을 구분할 수 있다.
㉡ 원추세포의 수는 간상세포의 수보다 적다.
㉢ 간상세포는 명암만을 구분할 수 있다.

38 ②
해설 | 생리적 부담척도
㉠ 근전도(EMG : electromyogram)
㉡ 심박과 심전도(ECG)
㉢ 산소 소비량

39 ④
해설 | ㉠ 굴곡(flection) : 관절이 만드는 각도가 감소하는 신체 동작, 팔꿈치 굽히기 동작
㉡ 신전(extension) : 관절이 만드는 각도가 증가하는 동작. 굽힌 팔꿈치 펴기 동작
㉢ 외전(abduction) : 몸의 중심선으로부터 멀어지게 하는 동작.

40 ③
해설 | 인체 계측 데이터의 적용 시 최대 설계 기준(여유 공간에 관련된 설계)
문, 탈출구, 통로와 같은 여유 공간에 관련된 것들은 95퍼센타일을 사용한다. 보다 많은 사람을 만족시킬 수 있는 설계가 되는 것이다.

3과목 실내디자인 시공 및 재료

41 ④
해설 | MDF는 무게가 무겁고 습기에 약하다.

42 ④
해설 | 맞춤에 사용되는 보강철물
• 띠쇠 : ㅅ자보와 왕대공, 기둥과 층도리
• 감잡이쇠 : 평보와 왕대공
• ㄱ자쇠 : 모서리 기둥과 층도리
• 안장쇠 : 큰 보와 작은 보
• 양나사 볼트 : 차마도리와 깔도리
• 주걱볼트 : 보와 처마도리

43 ①
해설 | PCP 방부제
방부성 가장 우수, 고가, 도료칠 가능, 무색, 악취

44 ③
해설 | 석재의 내구성
- 흡수율이 큰 다공질일수록 동해를 받기 쉽다.
- 조암광물이 미립자일수록 내구성이 크다.
- 조암광물 중에 황화물, 철분함유광물, 탄산마그네시아, 탄산칼슘 등은 풍화되기 쉽다.

45 ③
해설 | 백화현상 방지법 (Point)
  ※ 흡수율을 낮추고, 빗물은 가급적 차단
  ㉠ 흡수성이 낮은 점토제품 사용한다.
  ㉡ 줄눈 모르타르에 방수제를 혼합하여 밀실 하게 시공

46 ①
해설 | 금속의 부식예방법
  ㉠ 가능한 이종 금속을 인접 또는 접촉시켜 사용금지
  ㉡ 표면이 균질하고 청결한것을 사용하며 사용 시 큰 변형금지
  ㉢ 표면이 평활하고 가능한 한 건조한 상태를 유지할것
  ㉣ 가공 중 변형이 생긴 것은 열처리방법(풀림, 뜨임질) 으로 제거하고 사용
  ㉤ 내식성이 큰 도료를 피복하여 표면을 보호한다.

47 ②
해설 | 형판유리는 무늬유리로 욕실, 화장실, 현관문 등에 사용된다. 진열용 창으로는 주로 자와선 차단 유리가 사용된다.

48 ①
해설 | ㉠ 가소성(plasticity)
  외부로부터 힘이나 열과 같이 자극을 받으면 그 형상이 변하는 변형을 일으킨다. 물체는 외부로부터 자극을 받으면 변형에 저항하려는 성질(탄성)과 변형을 그대로 유지하려는 성질(가소성)을 나타낸다.
  ㉡ 점토의 가소성(plasticity)
  점토입자가 미세하고, 양질의 점토일수록 가소성이 좋고, 가소성이 너무 클 때는 모래 또는 샤모테 (구운 점토분말)를 섞어서 조절한다.

49 ④
해설 | 표준형
  ㉠ 0.5B : 90mm
  ㉡ 1.0B : 190mm
  ㉢ 1.5B : 190+10(줄눈너비)+90=290mm
  ㉣ 2.0B : 190+10+190=390mm

50 ①
해설 | 내력벽의 높이와 길이
  ㉠ 내력벽으로 둘러싸인 실의 면적은 $80m^2$를 초과하지 않도록 한다.
  ㉡ 내력벽의 길이는 10m 이하로 하고, 10m 이상일 경우에는 부축벽으로 보강하거나 벽붙힘 두께를 증가시킨다.
  ㉢ 2층 건축물에 있어서 2층 내력벽의 높이는 4m를 넘을 수 없다.
  ㉣ 각 층의 내력벽이 평면상으로 동일한 위치에 오도록 배치한다.
  ㉤ 내력벽이 이중벽인 경우에는 이중벽 중 하나의 벽만 내력벽으로 인정한다.

51 ④
해설 | 청동
  ㉠ 구리+주석(4~12%)을 첨가하여 만든 합금
  ㉡ 아름다운 청록색의 광택이 나며 내식성이 크고 주조하기 쉽다.
  ㉢ 용도 : 장식, 공예·미술재료 등에 사용된다.

52 ①
해설 | 안전은 위험을 제어하는 기술

53 ①
해설 |
- 주공정선(critical path)
  전체 공기를 지배하는, 소요일수가 가장 많은, 여유시간을 갖지 않는 작업경로로 굵은 실선으로 표시한다.
- 더미(dummy)
  정성적으로 표현할 수 없는 작업 상호관계를 연결시키는 점선 화살표, 명목상 작업으로 실제 작업이나 시간적 요소는 없다.
- 플로우트(float)
  공사가 종료되는 데 지장을 주지 않는 범위 내에서의 잔여시간

54 ④
해설 | 낙하물 방지망
낙하물방지망은 미관도 고려하여 설치하는 것이 좋다.

55 ④

해설 | 빠른 경화와 조기강도 실현으로 수화열이 커서 냉한지 및 긴급공사, 해수공사에 사용

56 ①

해설 | 분말이 미세할수록 비표면적이 크다.

57 ②

해설 | 뿜칠재료는 운반 및 저장 시 포장이 터지거나 찢어지지 않도록 하여야 하며, 적재 시 한번에 20포 이상 쌓지 않도록 한다.

58 ④

해설 | 폴리싱타일
자기질계의 대형 타일로 흡수율과 휨강도를 증가시켜 대형 바닥 타일 제조가 가능하며 표면을 연마하여 고광택을 유지하도록 만든 시유타일로 천연화강석의 색깔과 무늬가 표면에 나타난다.

59 ③

해설 | 열가소성수지
가열하면 연화되어 변형되나 냉각시키면 그대로 굳어지며 연화점은 60~80℃로, 2차 성형이 가능하다.
아크릴수지, 염화비닐수지(PVC), 초산비닐수지, 폴리스티렌수지, 폴리에틸렌수지, 메탈 크릴수지, 폴리아미드수지, ABS 수지, 불소수지, 셀룰로이드

60 ③

해설 | 동물성 단백질계
㉠ 카세인, 아교, 알부민 등
㉡ 동물질 아교는 비교적 접착력이 크고 취급하기 용이하나 내수성이 부족하다.
㉢ 주로 합판, 목재창호, 가구 접착용으로 사용된다.
※ 카세인, 아교의 주성분은 우유

4과목 실내디자인 환경

61 ②

해설 | 열전도 (벽체 내의 열의 흐름)
고체 자체 내에서의 열이동, 즉, 벽체 내부에서 열이 이동하는 현상이다.
㉠ 열전도율의 단위 : λ [W/m · K]
㉡ 공극이 많은 재료일수록 열전도율은 작고 비중과 열전도율 비례하다.
㉢ 기체 < 액체 < 고체 순으로 열전도율이 크다.
㉣ 열전도율이 크면 클수록 열전도저항은 작아진다.

62 ①

해설 | 벽체의 열관류열량과 실내측 표면 열전달량은 같다. 열통과량과 벽체 표면 열전달량은 같으므로 다음과 같은 평행식을 세울수 있다.
열관류량 $(Q) = k \cdot A \cdot \Delta t (W)$
$Q = 2 \times 1 \times (20 - (-10)) = 60$

열전달량 $(Q_v) = \alpha \cdot A \cdot \Delta t (W)$
$= 10 \times 1 \times (20 - t)$
∴ $60 = 10 \times 1 \times (20 - t)$, $t = 14$ ℃

63 ②

해설 | 제2종 환기(압입식)
㉠ 실내압력 정압(+)/송풍기(급기팬)/자연배기
㉡ 가장 일반적으로 사용하며 다른실에서 공기 침입이 없다.
㉢ 수술실, 반도체 공장, 무균실

64 ③

빛나는 면의 크기가 클수록 눈부심이 크다.

65 ②

해설 | 측창채광
㉠ 조도가 불균일하여 실 깊이에 제한을 받는다.
㉡ 주변 상황에 따라 채광에 방해 받을 수 있다.

66 ③

해설 | 음파(sound wave)
공기 속을 전파하는 압력 변동으로서 매질입자가 전파방향과 같은 방향으로 운동하는 종파(세로, 수직방향)이며, 음의 크기는 청각의 감각량으로 음 크기 레벨의 단위는 폰(phon)을 사용한다.

67 ②

해설 | 팬코일 유닛(FCU) – 전수방식(물)
소형 송풍기와 냉·온수 코일 및 필터 등을 구비한 소형 공조기를 각 실에 설치하여 중앙기계실로부터 냉·온수를 공급하여 공기조화를 하는 방식이다. 외기의 공급 없이 실내공기가 반복적으로 팬코일 유닛에 순환되어 환기가 불가능하다.

68 ①

해설 | 압력탱크방식(단점)
㉠ 급수압이 일정하지 않다.
㉡ 높은 압력에 견딜 수 있는 시설과 펌프의 양정이 길어 시설비, 설비비가 고가이다.
㉢ 에어컴프레서(공기압축기)를 설치하여 수시로 공기를 보급하여야 한다.
㉣ 단수 시에는 어느 정도 급수가 가능하나 고장이나 정전 시 즉시 급수가 중단된다.

69 ②

해설 | 트랩 봉수파괴 방지대책

원인	방지대책
자기사이펀 작용, 유인 사이펀작용, 분출 작용	통기관 설치
모세관 작용	머리카락, 실, 천조각 제거
운동량에 의한 관성	격자쇠 설치
증발	기름을 몇방울 떨어뜨린다.

70 ②

해설 | 소요램프 수, $N = \dfrac{E \cdot A}{F \cdot U \cdot M}$ (개)

$= \dfrac{500 \times (9 \times 9)}{5000 \times 0.6 \times 0.8} = \dfrac{40,500}{2,400} = 16.87\text{EA}$

N : 램프의 개수(?), F : 램프 1개당 광속(5000lm),
E : 평균수평면조도(500lx), A : 실면적(9×9㎡),
U : 조명률(0.6), M : 보수율(0.8)

71 ④

해설 | 전선관의 굵기 산정 결정 3요소
전선의 허용전류(안전전류), 전압강하, 기계적 강도

72 ②

해설 | [참고]
- 증축 : 기존 건축물이 있는 대지 안에서 건축물의 규모 증가(건축면적, 연면적, 층수, 높이 등)
- 재축 : 건축물이 자연재해로 멸실된 경우에 그 대지 안에 종전과 동일한 규모의 범위 안에서 다시 축조하는 행위

73 ④

해설 | 개별난방설비
㉠ 보일러의 연도(굴뚝)은 내화구조로서 공동연도로 설치할 것
㉡ 위, 아랫부분에 각각 지름 10cm 이상의 공기흡입구 및 배기구를 항상 열려 있는 상태로 바깥공기에 접하도록 설치
㉢ 기름보일러의 기름저장소는 보일러실 외의 다른 곳에 설치할 것

74 ④

해설 | 건축물의 용도 분류
주택
㉠ 단독주택 [단독주택의 형태를 갖춘 가정어린이집
  - 공동생활가정
  - 지역아동센터 및 노인복지시설(노인복지주택은 제외)을 포함]
  - 단독주택
  - 다중주택(연면적 330㎡ 이하, 3층 이하)
  - 다가구주택 (바닥면적합계 660㎡ 이하, 3개층 이하, 19세대 이하)
  - 공관
㉡ 공동주택 [공동주택의 형태를 갖춘 가정어린이집·공동생활가정·지역아동센터 및 노인복지시설(노인복지주택은 제외)·주택법시행령에 따른 원룸형 주택을 포함]
  - 다세대주택 : 4개층 이하, 동당 연면적 660㎡ 이하
  - 연립주택 : 4개층 이하, 동당 연면적 660㎡ 초과
  - 아파트 : 5개층 이상
  - 기숙사
※ 다세대주택과 연립주택은 연면적으로 구분
※ 연립주택과 아파트는 층 수로 구분

75 ②

해설 | 옥외피난계단의 설치기준
- 문화 및 집회시설 (공연장에 한함) : 300㎡ 이상
- 위락시설 (주점영업에 한함) : 300㎡ 이상
- 문화 및 집회시설 (집회장에 한함) : 1,000㎡ 이상

76 ②

해설 | 승강장의 바닥면적은 비상용승강기 1대에 대하여 6m² 이상이어야 한다. 다만, 옥외에 승강장을 설치하는 경우에는 그러하지 아니하다.

77 ①

해설 | 유효너비는 0.75m 이상, 유효높이는 1.5m 이상으로 할 것

78 ④

해설 | 비상조명등
- ㉠ 지하층을 포함 층수가 5층 이상 : 연면적 3,000m² 이상
- ㉡ 지하층, 무창층 : 바닥면적이 450m² 이상
- ㉢ 지하가 중 터널 : 길이가 500m 이상

79 ①

해설 | 무창층
지상층 개구부로 건축물의 채광, 환기, 통풍을 위하여 만든 창으로 출입구 면적의 합계가 당해 층의 바닥면적의 1/30 이하가 되는 층을 말한다.
내부 또는 외부에서 쉽게 부수거나 열 수 있을 것

80 ③

해설 | 소화활동설비
- 제연설비
- 연결송수관설비
- 연결살수설비
- 비상콘센트설비
- 무선통신보조설비
- 연소방지설비

과년도 기출문제 정답 및 해설

02 | 2023년 실내건축기사 2회

1과목 실내디자인계획

01 ③

해설 | 리듬의 특징
㉠ 규칙적인 요소들의 반복에 의해 통제된 운동감이다.
㉡ 디자인에 시각적인 질서를 부여하며, 음악적 감각인 청각적 원리를 시각적으로 표현하는 것으로 리듬의 원리는 반복, 점이, 대립, 변이, 방사로 이루어진다.

02 ①

해설 | 데드 스페이스(dead space)를 줄이기 위해서는 기능과 목적이 유사한 실은 근접시키거나 통합하여 가변적인 공간 활용을 하는 것이 바람직하다.

03 ①

해설 | 후기 모더니즘 특징
㉠ 근대건축의 구조, 기능, 기술 등의 합리적 해결방식을 받아들여 현대의 기술과 함께 극도로 발전시킴으로써 새로운 미학을 창조하려는 건축 사조
㉡ 기계미학
㉢ 공업기술을 바탕으로 하며 기술적 이미지를 과장되게 표현함.
㉣ 미래파, 풀러(B. Fuller), 아키그램(Archigram) 등의 영향을 받음
㉤ 규격화, 표준화, 공업화되고 극단적으로 분절된 부재를 사용함.
㉥ 유리, 반사 금속판 등으로 건물을 피복함으로써 기술적 이미지를 과장함.
㉦ 대표적인 건축가로 시저 벨리, 리처드 마이어, 노먼 포스터, 리처드 로저스, 아라타 이소자키 등이 있다.

04 ④

해설 | 형태학
인간의 지각, 심리, 행동의 특징을 파악하고 인간의 신체의 해부학적 특징을 알고 이를 디자인에 적용시키기 위해 연구하는 학문으로 다양한 인간의 행동에 따른 습성 등을 공간의 설계에 응용하는 분야이다.

05 ①

해설 | 부엌의 유형
㉠ 독립형 : 부엌이 일실로 독립된 형태로 다른 유형에 비해 부엌의 기능성과 청결함을 크게 할 수 있다. 음식을 식탁까지 운반해야 하는 불편이 있으며 주부가 작업 할 때 가족 간의 대화가 단절되기 쉽다.
㉡ 반 독립형 : 부엌이 인접한 거실이나 식사공간과 겸하는 LK, DK 형식이 해당된다. 작업동선이 짧으며 좁은 공간에 효율적이다.
㉢ 오픈키친 : 칸막이 구획이 없이 완전히 개방된 형식이다. 여러 기능이 한곳에 모아지므로 환기, 통풍, 난방, 부엌의 설비에 유의한다.
㉣ 아일랜드키친 : 취사용 작업대가 하나의 섬처럼 실내에 설치되는 형태
㉤ 키친네트 : 작업대 길이가 2m 정도인 소형 주방가구가 배치된 간이 부엌 형식이다. 사무실이나 독신자 아파트에 주로 설치된다.
㉥ 클로젯 키친 : 단일 가구 형태로 통합된 주방 시스템

06 ③

해설 | 이념적 형태(negative form)
인간의 지각, 즉, 시각과 촉각 등으로는 직접 느낄 수 없고 개념적으로만 제시될 수 있는 형태로서 상징적 형태라고도 한다.

07 ②

해설 | 통일
㉠ 이질(異質)의 각 구성요소들이 전체로서 동일한 이미지를 갖게 하는 것으로, 변화와 함께 모든 조형에 대한 미의 근원이 되는 원리.
㉡ 대비인 통일과 변화는 상반되는 성질을 지니고 있으면서도 서로 긴밀한 유기적 관계를 유지
㉢ 정적 통일(교육 공간, 기념 공간), 동적 통일(상업 시설, 레저 시설), 양식통일(휴양 공간, 교통 공간) 등이 있다.
㉣ 디자인에 미적 질서를 주는 기본 원리로 모든 디자인 원리의 구심점이 된다.
㉤ 강하고 분명한 자극을 주는 디자인에서 느껴진다.
㉥ 동일성이나 반복성·유사성 등의 방법에 의해 연출되어 진다.

08 ②

해설 | 명도가 낮은 것이 배경으로 인식되기 쉽다.

09 ②

해설 | 책상배치 유형
- ㉠ 동향형
  책상을 같은 방향으로 배치하는 형태로 비교적 프라이버시의 침해가 적다.
- ㉡ 대향형
  책상을 마주보도록 배치하는 형태로 면적 효율이 좋고 각종 배선의 처리가 용이하며, 커뮤니케이션 형성에 유리하여 공동작업의 형태로 업무가 이루어지는 영업 관리에 적합하나 대면 시선에 의해 프라이버시를 침해할 우려가 있다.
- ㉢ 좌우대향형(좌우대칭형)
  ⓐ 조직의 화합을 도모하기 쉽고 정보처리나 집무동작에 효율이 높기 때문에 생산관리 업무, 독립성 있는 데이터 처리 업무에 적합하다.
  ⓑ 비교적 면적 손실이 크며 커뮤니케이션 형성도 다소 힘들다.
- ㉣ 십자형
  ⓐ 일반적으로 4개의 책상이 맞물려 십자를 이루도록 배치하는 형태
  ⓑ 팀 작업이 요구되는 전문직 업무에 적용할 수 있다.
- ㉤ 자유형
  개개인의 작업을 위하여 한 사람의 독립된 영역이 주어지는 형태로 독립성이 요구되는 전문 직종 혹은 중간 간부급에 많이 적용된다.

10 ③

해설 | 판매부분 : 도입 공간, 상품전시공간, 통로 공간, 서비스 공간
- ㉠ 도입 공간 : 외부에서 판매 공간까지 진입하는 부분으로서 공공 공간으로 개방시키며 상품전시나 서비스 공간으로도 사용 될 수 있다.
- ㉡ 통로 공간 : 판매부분 가운데 고객 또는 종업원의 통행공간이다.
- ㉢ 상품 전시 공간 : 상품이 전시되는 부분과 판매되는 부분으로 구성
- ㉣ 서비스 공간 : 안내카운터, 고객화장실, 포장대, 응접실 등 고객에게 서비스를 제공하는 부분

11 ④

해설 | 치수
- ㉠ 치수의 단위는 mm로 하고, 기호는 붙이지 않는다.
- ㉡ 각도의 단위는 °(도)로 나타내며 필요에 따라 분, 초를 함께 사용한다.
- ㉢ 보는 사람의 입장에서 명확한 치수를 기입한다.
- ㉣ 필요한 치수의 기재가 누락되는 일이 없도록 한다.
- ㉤ 치수는 필요한 것은 충분하게 기입하고 중복을 피한다.
- ㉥ 치수의 기입은 원칙적으로 치수선에 따라 도면에 평행하게 쓴다.
- ㉦ 치수는 도면의 아래로부터 위로, 또는 왼쪽에서 오른쪽으로 읽을 수 있도록 한다.
- ㉧ 치수를 기입할 여백이 없을 때에는 인출선을 그어 수평선을 긋고 그 위에 치수를 기입한다.
- ㉨ 치수는 특별히 명시하지 않는 한 마무리 치수를 표시한다.
- ㉩ 치수 기입은 항상 치수선 중앙 윗부분에 기입하는 것이 원칙이다.
- ㉪ 전체 치수는 바깥쪽에, 부분 치수는 안쪽에 기입한다.

12 ①

해설 | 거실의 위치
- ㉠ 통로에 의해 실이 분할되지 않는 곳
- ㉡ 남향, 남동향, 남서향으로서 일조, 통풍이 좋은 곳
- ㉢ 침실과 대칭되는 곳
- ㉣ 다른 방의 중심적 위치가 되는 곳
- ㉤ 다른 한쪽 방과 접속하게 되면 유리함

13 ①

해설 | 상점 내 진열장 배치계획에서 가장 우선적으로 고려하여야 할 사항은 동선의 흐름이다.

14 ③

해설 | 고정창
열리지 않고 빛만 유입되는 기능으로 크기와 형태에 제약 없이 자유롭게 디자인 할 수 있다.
- ㉠ 픽처 윈도우 : 바닥부터 천장까지 닿은 커다란 창문으로 베란다 창이 있다
- ㉡ 윈도우 월 : 벽면 전체를 창으로 처리해 개방감이 아주 좋다.
- ㉢ 고창 : 천장 가까이 있는 벽에 위치하며, 좁고 긴 창문으로 지하실의 창 또는 미술관에 설치한다.
- ㉣ 베이 윈도우 : 일명 돌출 창으로 벽면보다 돌출된 형태의 창을 말한다.

15 ③

해설 | 한국 건축의 조형 의장적 특징
㉠ 자연과의 조화
ⓐ 배치 : 풍수지리설(환경과의 조화)
ⓑ 목재의 사용 : 자연적으로 휘어지고 구부러진 목재를 자연 그대로의 모습으로 사용.
㉡ 친근감을 주는 인간적 척도
㉢ 시각적 착시 현상 교정 기법
ⓐ 기둥 – 배흘림, 안쏠림(오금법), 우주(隅柱)의 귀솟음
ⓑ 처마 – 안허리(후림), 앙곡(조로)
㉣ 비대칭적 평면구성

16 ①

해설 | 커튼
① 글라스 커튼 : 유리 바로 앞에 치는 투명한 얇은 천으로 실내에 들어오는 빛을 부드럽게 하며 프라이버시를 제공 한다
② 새시 커튼 : 창문 전체를 커튼으로 처리하지 않고 반 정도만 친 형태를 갖는 커튼을 말한다.
③ 드로우 커튼 : 반투명하거나 불투명한 직물로 창문 위에 설치하는 일반적인 형태를 말한다.
④ 드레퍼리 커튼 : 창문에 느슨하게 걸려 있는 중량감 있는 무거운 커튼을 말한다.

17 ①

해설 | 단면도에 표시하여야 할 사항
㉠ 건물의 높이
㉡ 층높이
㉢ 처마높이
㉣ 창턱높이, 창높이
㉤ 지반에서 1층바닥 까지의 높이
㉥ 계단치수
㉦ 지붕물매

18 ④

해설 | 블라인드
㉠ 베니션 블라인드(venetian blind) : 수평 블라인드
㉡ 버티컬 블라인드(vertical blind) : 수직 블라인드
㉢ 롤 블라인드(roll blind) : 천을 감아올리는 블라인드
㉣ 로만 블라인드(roman blind) : 상부의 줄을 당기면 단이 생기면서 접히는 형식의 블라인드.

19 ①

해설 | 전시공간의 평면 형태
㉠ 부채꼴형
• 형태가 복잡하여 한눈에 전체를 파악하는 것이 어려우며 일반적으로 전체적인 조망이 가능한 규모에 적합하다.
• 많은 관람객이 밀집할 경우 입구에서 병목 현상이 발생 할 수 있다.
㉡ 사각형
일반적인 형태로 공간형태가 단순하고 분명한 성격을 지니고 있기 때문에 지각이 쉽고 명쾌하여 변화 있는 전시계획이 시도 될 수 있다.
㉢ 원형
• 고정된 축이 없이 안정된 상태에서 지각하기 어려움
• 방향감각을 잃어버리기 쉬움
• 중앙에 핵이 되는 전시물을 중심으로 주변에 그와 관련되거나 유사한 성격의 전시물 전시로 극복
㉣ 자유형
• 형태가 복잡하여 한눈에 전체를 파악하기 어려워 큰 규모의 전시공간에는 부적합
• 전체적인 조망이 가능한 한정된 공간에 적합, 예각이 생기는 것을 피함

20 ④

해설 | 아트리움(atrium)
㉠ 고대 로마 건축의 실내에 넓은 마당 또는 주위에 건물이 둘러 있는 안마당을 의미 한다.
㉡ 실내 조경을 통해 자연 요소의 도입이 가능하다.
㉢ 빛 환경의 관점에서 전력 에너지의 절약이 이루어진다.
㉣ 내부 공간의 긴장감을 이완시키는 지각적 카타르시스가 가능하다.

2과목 실내디자인 색채 및 사용자 행태분석

21 ④

해설 | 색채 조절 (color conditioning) 목적
㉠ 사고, 재해를 감소시키고 능률을 향상시킨다.
㉡ 작업의 활동적인 의욕을 높인다.

22 ①

해설 | 먼셀 표색계
㉠ 미국의 화가 먼셀(Munsell)에 의해 1905년에 창안되었다.
㉡ 우리나라는 한국산업규격(KS)에서 색채표기법으로 채택하고 있다.
㉢ 적(R), 황(Y), 녹(G), 청(B), 자(P)가 기본 5색이다.
㉣ 현색계에 속한다.

23 ③

해설 | ㉠ 한색(차가운 느낌)
- 파랑, 청록, 남색 등의 단파장 색상
- 무채색 중 고명도색
- 수축성, 후퇴성, 긴장감

㉡ 난색(따뜻한 느낌)
- 빨강, 주황, 노랑 등의 장파장 색상
- 무채색 중 저명도색
- 팽창성, 진출성, 느슨함, 여유

24 ②

해설 | 색순응
㉠ 자극의 정도에 따라 감각 기관이 변화되는 상태를 순응이라고 한다.
㉡ 색순응 : 눈이 조명에 대해 익숙해가면서 순응해지는 상태.
㉢ 명순응 : 밝은 장소에서 강한 빛에 반응하여 정상적인 감각을 가지는 것.
㉣ 암순응 : 어두운 곳에서 시각적으로 사물을 관찰할 수 있도록 빛을 감지하는 능력.

25 ④

해설 | 색상환에서 반대편에 있는 색을 보색이라 하며 보색끼리의 혼합은 무채색이 된다.
빨강(Red) – 청록(Cyan), 파랑(Blue) – 노랑(Yellow), 녹색(Green) – 자주(Magenta)의 관계는 서로 보색 관계이며 혼합하면 무채색인 회색이나 검정색이 된다.

26 ③

해설 | 문·스펜서의 색채조화론은 기하학적 관계, 색채에 따른 면적 관계, 색채 조화에 적응되는 심미, 지각적으로 고른 감동의 오메가 공간, 3속성의 조화 이론을 주장하였다.

27 ②

해설 | 안전색채
㉠ 빨강 : 방화(소화기·소화전), 금지(바리케이드), 정지(긴급 정지버튼)
㉡ 주황 : 위험(위험표지, 기계 안전커버 내면)
㉢ 노랑 : 주의(장애물, 과속 방지턱), 명시(출구)
㉣ 검정 : 노랑과 주황을 눈에 잘 띄게 하는 배경, 보호색으로 사용
㉤ 녹색 : 안전(안전 깃발), 구급(구급상자, 보호구상자), 피난(비상구)
㉥ 파랑 : 지시(주차 방향, 소재 표시), 주의(수리 중)
㉦ 자주 : 방사능

28 ①

해설 | 디바이스 색 체계
㉠ 디바이스 종속 색 체계 : 인간의 시 감각이 아니라 특정 전자장비에 필요한 디지털 색 데이터의 수치화에 사용하는 색 체계를 말한다. RGB, HSV, CMY 등이 해당된다.
㉡ 디바이스 독립 색 체계 : 인간의 시 감각으로 감지할 수 있는 모든 색의 영역을 100% 사용하여 정의할 수 있는 색채공간을 말한다. CIE XYZ 색체계가 해당된다.

29 ④

해설 | 색채 조절의 효과
㉠ 마음의 안정을 찾는다.
㉡ 일의 능률을 향상시킨다.
㉢ 눈과 정신의 피로를 완화시킨다.
㉣ 보다 빠른 판단을 할 수 있다.
㉤ 사고나 재해를 감소시킨다.

30 ①

해설 | 유행색은 상업적 입장에서 경제적 이익을 주며 대중에게도 좋은 영향을 준다.

31 ④

해설 | 라운지 체어(Lonuge chair)
안락의자로서 기대기, 흔들거리기, 회전등의 여러 가지 행위에 사용될 수 있다.

32 ③

해설 | 가구는 인간의 행위를 보다 편안하고 능률적으로 향상시키기 위한 도구로 사용되며 보관, 정리, 진열 등 수납의 기능과 장식적 요소로 사용된다.

33 ③

해설 | 인간 – 기계 인터페이스 영향 요인
㉠ 사용 환경 요인 : 온도, 소음, 습도, 조명, 공간 규모 등
㉡ 사회 환경 요인 : 지역 특성, 문화 수준, 유행, 경제수준, 라이프스타일
㉢ 민족성 요인 : 생활습관, 전통성, 민족성
㉣ 거주환경 요인 : 거주자 수, 인간관계, 거주형태, 생활양식
㉤ 인간적 요인 : 연령, 성별, 학력, 지식, 가치관
㉥ 기계적 요인 : 편리성, 신뢰성, 품질, 기능, 가격

34 ①

해설 | 심한 운동을 할 때나 산소가 부족한 환경에서는 산소 공급이 불충분하므로 젖산 처리가 빠르게 이루어지지 않아 근육 중에 축적되고, 이것이 혈액 중에도 나타나서 혈중 젖산 농도가 높아진다.

35 ③

해설 | 근력
- ㉠ 근력이란 한 번의 수의적(voluntary)인 노력에 의해서 근육이 등척적으로 낼 수 있는 힘의 최대치
- ㉡ 근력은 근육의 단면적에 비례한다.
- ㉢ 인간은 단시간 동안만 최대 근력을 유지할 수 있다.
- ㉣ 정적 근력은 최대 근력의 20% 정도, 동적 근은 30% 정도까지 발휘하여 유지될 수 있다.
- ㉤ 등척성 활동(isometric action)
  정적(static)운동, 등척성 활동은 일반적으로 신체의 자세를 유지하기 위해 정적인 신체위치를 유지하기 위한 근활동 형태이다. 예를 들어 팔꿈치를 살짝 구부린 상태에서 덤벨을 들고 움직임의 변화없이 버티기 위해서는 힘은 들어가지만 근육 길이의 변화는 없는 형태이다.
- ㉥ 등장성 활동(isotonic action)
  동적(dynamic)운동 등척성운동과 반대로 아령을 들어 올리고 내릴 때와 같이 근육 내 장력의 증가와 함께 관절의 변화도 함께 일어나는 경우이다. 단축성 활동(concentric action)덤벨을 들어 올릴 때의 위팔 두 갈래 근의 작용 같은 신체의 움직임과 함께 근육의 길이가 짧아지는 활동

36 ②

해설 | 점멸융합주파수는 심리적 척도이다.
점멸 융합 주파수(CFF : Critical Flicker Fusion Frequency)
- ㉠ 정신적 부담이 대뇌피질의 활동수준에 미치고 있는 영향을 측정한 값
- ㉡ 시각 또는 청각에 계속 점멸 되는 자극들이 점멸하는 것 같이 보이지 않고 연속적으로 느껴지는 주파수로 중추신경에 피로(정신 피로)의 척도로 사용된다.
- ㉢ 점멸되는 빛이 연속으로 보이는 정도는 피곤할수록 느려지게 된다.
- ㉣ 잘 때나 멍할 때의 CFF는 낮고, 긴장하거나 정신이 맑을 때의 CFF는 높다.

37 ④

해설 | 시스템 체계 설계의 주요 단계
목표 및 성능 명세 결정→체계의 정의→기본설계→계면(인터페이스)설계→촉진물 설계→시험 및 평가

38 ②

해설 | 인간 – 기계 시스템의 기본기능
- ㉠ 감각(정보의 수용)기능 : 인간은 시각, 청각, 촉각 등 여러 감각을 통해서, 기계는 전기적·기계적 자극 등을 통해서 감각기능을 수행한다.
- ㉡ 정보저장기능 : 인간의 기억과 유사한 기능으로 여러 가지 방법에 의해 기록된다. 코드화나 상징화된 형태로 저장된다.
- ㉢ 정보처리기능 및 의사결정기능 : 인간의 정보 처리 과정은 행동에 대한 결정으로 이루어지며, 기계는 정해진 절차에 의해 입력에 대한 예정된 반응으로 결정이 이루어진다.
- ㉣ 행동기능 : 시스템에서의 행동기능은 결정 후의 행동을 말한다.

39 ③

해설 | ㉠ 안구의 가장 바깥쪽 표면에 있어서 눈에서 제일 먼저 빛이 통과하는 부분이다.(각막)
㉡ 안구벽의 가장 안쪽에 위치하고, 수정체에서 굴절되어 온 상이 생기는 부분이다.(망막)
㉢ 안구벽의 중간층을 형성하는 막으로 모양체근이 있어 원근조절에 관여하는 부분이다.(맥락막)
㉣ 안구의 대부분을 싸고 있는 흰색의 막으로 안구의 움직임을 조절하는 근육이 부착되어 있는 부분이다.(공막)

40 ②

해설 | 인체 측정 치수
- ㉠ 구조적(정적) 치수 : 표준 자세에서 움직이지 않는 피 측정자의 인체를 측정하는 치수
- ㉡ 기능적(역동적) 치수 : 움직이는 자세의 피측정자의 인체를 측정하는 치수로 인체 각 구조의 운동 기능으로부터 생활현상까지 관찰하는 것

3과목 실내디자인 시공 및 재료

41 ②

해설 | 목재의 함수율 계산

함수율 = $(\dfrac{건조전중량 - 절대건조시중량}{절대건조시중량}) \times 100\%$

※ 절대건조시 중량 = 비중 × 부피
= $0.5 \times (200cm \times 10cm \times 10cm) = 10,000g = 10kg$
= $\dfrac{14kg - 10kg}{10kg} \times 100(\%) = 40\%$

42 ④

해설 | 목재의 흠
- ⊙ 옹이(knot) : 줄기세포와 가지세포가 교차되는 곳에서 발생
- ⊙ 갈라짐(crack) : 건조나 수축에 의해 생기며 주로 노목에서 발생
- ⊙ 입피(껍질박이) : 외상(外傷)으로 인해 수피가 말려 들어간 것으로 활엽수에 많다.
- ⊙ 부패(썩음) : 주로 균에 의해 국부 또는 전체가 부패되며 강도 저하의 원인이 된다.

43 ③

해설 |

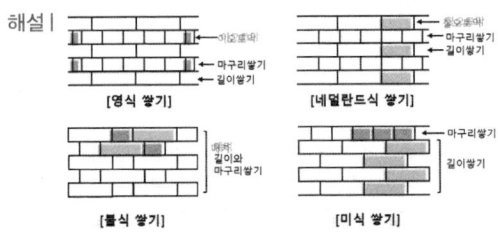

44 ④

해설 | 조암광물
암석을 구성하는 석영, 운모, 장석, 사문석, 방해석 등을 조암광물이라 한다. 그 중 석영은 산·알칼리에 강하며 팽창계수가 작다.

45 ②

해설 | autoclave(가압처리기)에서 고온, 고압으로 양생하여 만든 다공질의 경량기포콘크리트로 다공질로 인하여 습기에 약하고 강도가 낮아 구조재로 사용은 부적합하다.

46 ④

해설 | 흡수성 크기
토기 > 도기 > 석기 > 자기

47 ②

해설 | 타일 붙이기
① 바탕의 청소와 물축임은 타일 붙이기 직전에 실시한다.
② 모르타르 배합비는 경질타일 1 : 2, 연질타일 1 : 3로 한다.
③ 내벽 타일은 아래에서 위로 붙인다.
④ 하루 붙임 높이는 1.2~1.5m 정도로 한다.(대형은 0.7~0.9m)
⑤ 모르타르는 건비빔 후 3시간 이내, 물부어 반죽한 후 1시간 이내에 사용한다.
⑥ 벽타일 붙이기는 밑에서 위로 줄눈파기는 세로에서 가로방향으로 한다.

48 ④

해설 | 낙하물 방지망
- ⊙ 낙하물방지망 설치높이는 10m 이내 또는 3개 층마다 설치한다.
- ⊙ 그물코 크기는 20mm 이하가 추락 방호망에 적합
- ⊙ 내민길이는 비계 또는 구조체의 외측에서 수평거리 2m 이상으로 설치한다.
- ⊙ 수평면과의 경사각도는 20°~30°로 설치한다.
- ⊙ 낙하물방지망과 비계 또는 구조체와의 간격은 250mm 이하로 설치한다.
- ⊙ 낙하물방지망의 이음은 150mm 이상 겹쳐 이음

49 ①

해설 | 소석회
기경성인 회반죽의 주원료로 공기 중 이산화탄소(탄산가스)와 반응하여 굳어지는 미장재료

50 ④

해설 | 블리딩(bleeding)
일종의 재료분리 현상으로 콘크리트 타설 후 시멘트, 골재입자 등의 침하에 따라 물이 분리, 상승되어 콘크리트 표면 위로 떠오르는 현상이다.
발생 원인
- ⊙ 물-시멘트비가 클수록
- ⊙ 단위수량이 많을수록
- ⊙ 분말도가 낮은 시멘트를 사용할수록
- ⊙ 부재의 단면치수가 클수록

51 ②

해설 | 물-시멘트비(W/C) = $\frac{물의 중량}{시멘트 중량} \times 100(\%)$

※ 시멘트중량 = 시멘트비중 × 부피 = 3.14 × 100 = 314

∴ $\frac{150}{314} \times 100\% = 47.7 ≒ 48\%$

52 ②

해설 | 경석고 플라스터는 산성으로 철제를 녹슬게 하는 단점

53 ④

해설 | 강화유리
파손시 파편이 콩알모양으로 깨지고 예리하지 않은 파편으로 부서져 위험성이 적다.

54 ③

해설 | 알루미늄
열팽창이 철의 약 2배로 크고, 공기중에 산화피막이 생겨 내식성이 크다.

55 ④

해설 | 염화비닐수지(PVC)
전기전열성, 내약품성이 우수하나 고온, 저온에 약하다. 필름, 시트, 파이프 등의 성형품, 도료 및 접착제로 사용

56 ①

해설 | 강(탄소강)의 응력 – 변형률곡선

A : 비례한도	비례한도 외력을 가하면 응력은 어느 일정한 값에 도달하기까지는 정비례하여 커지는데, 이때 응력과 비례하여 성립되는 최대한도
B : 탄성한도	외력의 제거 시 응력과 변형이 0으로 돌아가는 최대한도
C : 상위 항복점 D : 하위 항복점	외력의 작용 시 상위 항복점이 변형되면 응력은 별로 증가하지 않으나 변형은 증가하여 하위 항복점에 도달
E : 최대응력	응력과 변형이 비례하지 않는 상태
F : 파괴점	응력이 증가하지 않아도 스스로 변형이 커져서 파괴되는 상태
※ 항복비 : 항복점과 인장강도의 비	

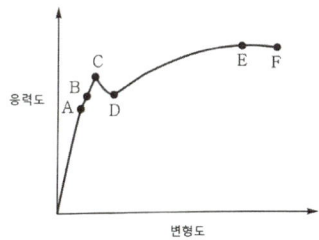

- 하위항복점까지 가력한 후 외력을 제거하면 변형은 유지된다.
- 탄성한도(B) : 외력의 제거 시 응력과 변형이 0으로 돌아가는 최대한도

57 ①

해설 | 설계도서 해석의 우선순위
설계도서, 법령해석, 감리자 의견 등이 서로 상이할 때 일반적인 우선순위는 아래와 같다.
㉠ 특기 시방서
㉡ 설계도면
㉢ 일반시방서, 표준시방서
㉣ 산출내역서
㉤ 승인된 시공도면
㉥ 관계법령의 유권해석
㉦ 감리자의 지시사항

58 ③

해설 | 쌍줄비계면적 $A = H(L + 8 \times 0.9) = (L + 7.2m) \times H$
$H = 10m$, $L = (10m+5m) \times 2 = 30m$
∴ $A = H(L + 8 \times 0.9)$
   $= 10 \times (30+7.2) = 372m^2$

59 ②

해설 | 암면
암석(안산암, 현무암, 사문암)을 용융시켜 급랭한 후에 광물섬유를 이용하여 만든 단열재로 주로 보온재, 절연재, 철골 내화피복재와 같은 차단재로 사용된다. 불에 타지 않으며 가볍다.

60 ①

해설 | 히스토그램(Histogram)
분석한 데이터가 어떤 분포로 되어 있는지 막대그래프 형식으로 작성

4과목 실내디자인 환경

61 ①

해설 | 습공기를 가습하였을 때?
상대습도, 절대습도는 증가, 습구온도 상승, 노점온도와 엔탈피, 수증기분압, 비체적은 높아진다. (건구온도만 상태값이 증가하지 않는다.)

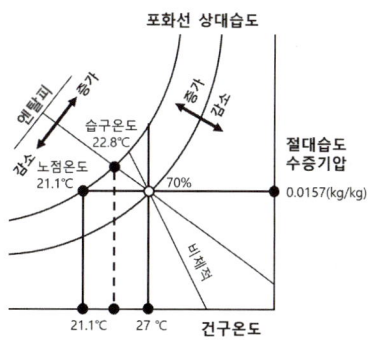

62 ④

해설 | 열관류율(K) = $\dfrac{1}{\dfrac{1}{a_0} + \sum \dfrac{d}{\lambda} + \dfrac{1}{a_i}}$

$= 1 / \dfrac{1}{8.3} + (\dfrac{0.19}{0.84} + \dfrac{0.05}{0.05}) + \dfrac{1}{16.6}$

$= 0.71 m^2 \cdot K/W$

63 ④

해설 | 중성대 (공기의 유출입이 없는 지점)
건물 내의 실내 공기는 밀도가 작고 부력으로 상승하므로 상층부는 실내의 공기압이 실외보다 크고 하층부는 그 반대이다. 그 중간지점이 '0'의 지대가 형성되는데 이를 중성대라 한다.

64 ③

해설 | 마스킹 효과
어느 음을 듣고자 할 때, 다른 음에 의하여 듣고자 하는 음이 작게 들리거나 아예 들리지 않는 현상으로 음파의 간섭에 의해 일어난다.

65 ③

해설 | 코브(cove) 조명(천장면 상향간접조명)
천장, 벽의 구조체에 의해 광원의 빛이 천장 또는 벽면으로 가려지게 하여 반사광으로 간접조명하는 방식이다.
㉠ 천장고가 높거나 현장 높이가 변화하는 실내에 적합하다.
㉡ 높이에 대한 느낌을 표현할 수 있으며 빛이 부드럽고 균등하며 눈부심이 없어 보조조명으로 많이 사용된다.

66 ②

해설 | 배관의 구배
급수관은 수리를 위해 관속에 물을 완전히 빼낼수 있고 또한 공기가 정체 하지 않도록 구배를 주어 배관한다.

67 ③

해설 | 저집기 (intercepter)
㉠ 그리스 저집기 : 호텔 주방의 조리실 바닥, 기름기가 많은 배수용
㉡ 가솔린 저집기 : 주 차장, 세차장, 차고
㉢ 플라스터 저집기 : 치과 기공실, 정형외과 기브스실
㉣ 헤어 저집기 : 이발소, 미용실
㉤ 샌드 저집기 : 모래나 진흙이 다량으로 포함되는 곳

68 ①

해설 | 온수난방은 증기난방에 비하여 열용량이 커서 예열시간이 길다.

69 ②

해설 | 약전설비
인터폰설비, 전화교환설비, 전기시계설비, 안테나 설비

70 ②

해설 | 정온식(금속팽창식)
㉠ 주위 온도가 일정 온도 이상이 되면 작동
㉡ 보일러실, 주방 등 다량의 열 발생 장소에 이용된다.

71 ①

해설 | 연결송수관설비
㉠ 층수가 5층 이상 : 연면적 6천m^2 이상
㉡ 특정소방대상물로 지하층의 층수가 3개 층 이상 : 지하층의 바닥면적 합계가 1,000m^2 이상
㉢ 지하가 중 터널 : 길이 1,000m 이상

72 ②

해설 | 구분을 교육시설이 아닌 교육연구시설로 한다.

73 ①

해설 | 거실 반자의 높이

거실의 종류	반자높이
• 일반 용도의 거실	2.1m 이상
• 문화 및 집회 시설(전시장, 동식물원 제외) • 종교시설 • 장례시설 또는 유흥주점의 용도로 쓰이는 건축물의 관람실 또는 집회실로서 바닥면적이 200m^2 이상인 것	4.0m 이상 (노대 아랫부분은 2.7m 이상)

74 ③

해설 | 낙뢰의 우려가 있는 건축물과 높이 20m 이상의 건축물 또는 높이 20m 이상인 공작물(건축물에 공작물을 설치하여 그 전체 높이가 20m 이상인 것을 포함)

75 ④

해설 | 경계벽 차음구조의 기준

벽체의 구조	두께 기준
철근콘크리트조, 철골철근콘크리트조	10cm 이상
무근콘크리트조, 석조 (시멘모르타르, 회반죽 또는 석고 플라스터의 바름두께 포함)	10cm 이상
콘크리트 블록조, 벽돌조	19cm 이상

76 ②

해설 | 옥상광장 설치
5층 이상의 층,
㉠ 문화 및 집회시설(전시장 및 동·식물원은 제외)
㉡ 바닥면적의 합계가 각각 300m² 이상인 공연장, 종교집회장
㉢ 종교시설, 판매시설
㉣ 위락시설 중 주점영업
㉤ 장례시설

77 ②

해설 | 배기구 높이
상업지역 및 주거지역에서 건축물에 설치하는 냉방시설 및 환기시설의 배기구는 도로면으로부터 2m 이상의 높이에 설치해야 한다.

78 ③

해설 | 문화 및 집회시설, 판매시설, 의료시설
2대에 3,000m²를 초과하는 경우에는 그 초과하는 매 2,000m²이내마다 1대를 더한 대수

$2 + \dfrac{A - 3,000m^2}{2,000m^2} = 2 + \dfrac{35,000 - 3,000}{2,000}$

$= 18대 \div 2 = 9대$

∴ 8인승 이상 15인승 이하의 승강기는 1대의 승강기로 보고, 16인승 이상의 승강기는 2대의 승강기로 산정한다.

79 ②

해설 | 경보설비 – 자동화재속보설비

80 ②

해설 | 불꽃에 의하여 완전히 녹을 때까지 불꽃의 접촉횟수는 3회 이상

과년도 기출문제 정답 및 해설

03 | 2023년 실내건축기사 3회

1과목 실내디자인계획

01 ②

해설 | 벽의 개념 및 기능
㉠ 공간을 에워싸는 수직적 요소로 수평방향을 차단하여 공간을 형성한다.
㉡ 천장과 바닥에 대해 구조적인 지지역할을 하고 있다.
㉢ 시각적 대상물이 되거나 공간에 초점적 요소가 된다.
㉣ 벽의 높이에 따라 시각적, 심리적으로 다른 효과를 준다.
㉤ 인간의 시선이나 동선을 차단한다.
㉥ 공기의 움직임, 소리의 전파, 열의 이동을 제어한다.
㉦ 외부로부터의 방어와 프라이버시 확보의 기능을 한다.
㉧ 가구, 조명 등 실내에 놓이는 설치물에 대해 배경적 요소가 된다.

02 ③

해설 | 미스 반데로에(Mies van der Rohe, 1886-1969)
㉠ less is more : 적을수록 더 많은 것이다.(장식을 배제한 단순성 강조)
㉡ 유니버설 공간(Universal space) : 보편적 공간 개념, 다목적 공간 사용(내부 공간 구획을 파티션으로 자유롭게 구획하여 사용)
㉢ 철과 유리만 사용.
㉣ 구조적 요소와 비구조적 요소들을 명확하게 구분하여 설계. 요소들 사이에 있는 조화로운 질서를 유지
㉤ 주요작품
바르셀로나 파빌리온, 투겐하트 주택, 시그램 빌딩, 베를린 국립박물관

03 ③

해설 | 천장이 모아지는 삼각형의 공간은 방향성과 속도감, 긴장감을 준다.

04 ③

해설 | 개구부
㉠ 개구부는 출입구와 창문을 말한다.
㉡ 동선과 가구배치에 영향을 준다.
㉢ 개구부의 기능은 공간과 인접된 공간을 연결시킨다.
㉣ 채광, 통풍이 가능하게 한다.
㉤ 전망과 프라이버시를 확보한다.

05 ①

해설 | 거주 후 평가(POE : Post Occupancy Evaluation)
① 거주 후 평가의 개념
인터뷰, 현지답사, 관찰 등의 방법을 이용하여 사용자들의 반응을 연구하고, 사용 중인 건물을 평가하여 향후 디자인 작업에 도움을 줄 수 있으며, 또한 건물을 개조하거나 유사한 건물을 신축 할 때 중요한 지침이 될 수 있다. 이러한 최적 환경을 창출하기위해 연구하는 과정을 거주 후 평가라 한다.
② 목적
㉠ 유사 건물의 건축 계획에 직접적인 지침 제공
㉡ 앞으로의 건축 계획 및 평가에 필요한 이론 및 정보를 제공
③ 거주 후 평가 요소
환경장치, 사용자, 주변 환경, 디자인 활동

06 ④

해설 | 선(line)
㉠ 길이와 위치, 방향성을 갖고 있으며 폭과 부피는 갖지 않는다.
㉡ 점이 이동한 궤적을 선이라 할 수 있는데, 이것을 포지티브(Positive)선이라 하며 많은 선의 근접은 면으로 지각되는 효과가 있다.
㉢ 선은 길이와 위치만 있고, 폭과 부피는 없다. 점이 이동한 궤적이며 면의 한계, 교차에서 나타난다.
㉣ 선은 어떤 형상을 규정하거나 한정하고 면적을 분할한다.
㉤ 운동감, 속도감, 방향 등을 나타낸다.
㉥ 선은 점이 이동된 궤적으로 점이 확장되어 선이 된다. 선을 나란히 놓으면 면으로 지각된다.

07 ①

해설 | 블라인드
㉠ 베니션 블라인드(venetian blind) : 수평 블라인드
㉡ 버티컬 블라인드(vertical blind) : 수직 블라인드
㉢ 롤 블라인드(roll blind) : 천을 감아올리는 블라인드
㉣ 로만 블라인드(roman blind) : 상부의 줄을 당기면 단이 생기면서 접히는 형식의 블라인드.

08 ③

해설 | 쇼윈도의 눈부심 방지법
㉠ 쇼윈도우의 내부 조도를 외부보다 더 밝게 한다.
㉡ 차양을 설치하여 외부에 그늘을 만든다.
㉢ 유리면을 경사지게 하고 특수한 곡면 유리를 사용한다.
㉣ 가로수를 심어 건너편의 건물이 비치는 것을 방지한다.
㉤ 야간에는 광원을 감추고, 눈에 입사하는 광속을 적게 한다.

09 ①

해설 | 중심코어형(중앙코어형)
바닥 면저이 큰 고층, 초고층 사무소에 적합하다.

10 ①

해설 | 주거공간의 조닝은 생활공간, 주 행동에 의한 구분, 사용시간에 의한 구분, 프라이버시 정도에 따른 구분, 사용 빈도에 의한 분류 등으로 구분한다.

11 ④

해설 | 대비
㉠ 질적, 양적으로 전혀 다른 둘 이상의 요소가 동시적 혹은 계속적으로 배열될 때 상호의 특징이 한층 강하게 느껴지는 통일적 현상.
㉡ 상반되는 요소가 인접될수록 대비효과는 커진다.
㉢ 디자인에서는 절대적 통일성이 필요하나 대비를 통해서 강력함, 남성적인 성격을 갖게 된다.
㉣ 조형 요소로서의 대비 개념에는 직선과 곡선, 대소, 장단, 무거움과 가벼움, 딱딱함과 부드러움, 투명과 불투명 등이 있다.

12 ①

해설 | 회전문
회전문의 너비는 0.8～1m 가 적당하며 문짝을 + 자로 만들어 회전하는 문이다.
㉠ 출입 인원 조절이 가능하며 많은 사람이 출입하는 곳에는 적당하지 않으며, 외풍과 먼지, 기류 등을 막는 데 유리하다.
㉡ 호텔이나 은행 등 사람의 출입이 많은 장소에 설치된다.

13 ②

해설 | 세면기의 높이는 700～750mm 정도로 한다.

14 ④

해설 | 직렬배치형(직각 배치형)
㉠ 진열대 등을 입구부터 안을 향해 직선적으로 구성하는 형식이다.
㉡ 통로가 직선으로 구성되므로 고객의 이동 흐름이 빠른 반면 고객의 통행량에 따라 부분적으로 통로 폭을 조절하기 어렵다.
㉢ 진열대의 설치가 간단하여 경제적이고 판매대의 매장면적을 최대로 확보하여 이용할 수 있는 반면 매장이 단조롭거나 국부적인 혼란을 일으킬 우려가 있다.

15 ②

해설 | 척도
① 실제 크기에 대한 도면의 비율로서 도면 작성시 반드시 기재하여야 한다. 표시방법은 1/10, 1 : 10 등으로 표시한다.
② 치수에 비례하지 않을 경우 "N.S"(None Scale)로 표시한다.
③ 종류
  ㉠ 실척 : 실물과 같은 크기로 그리는 것(1/1)
  ㉡ 축척 : 실물을 일정한 비율로 축소하는 것(1/2, 1/30, 1/50, 1/100, …)
  ㉢ 배척 : 실물을 일정한 비율로 확대하는 것(건축 제도에서는 사용 안함.)
④ 척도가 다른 도면을 1장에 기입할 경우 각각 기재하고 표제란에도 기입한다.

16 ③

해설 | 파노라마전시
㉠ 벽면전시와 입체물을 병행하여 실감을 보는듯한 감각을 주는 기법
㉡ 단일 정황을 파노라마로 연출
㉢ 시간의 연속성을 가지고 선형으로 중심주제 연출
㉣ 사건 인물의 맥락전시 연출

17 ①

해설 | 파선
물체의 보이지 않는 부분의 외곽이나 절단면 이외의 상부나 좌우 면의 외부 모양을 나타낼 때 사용하는 선

18 ④

해설 | 게슈탈트(Gestalt) 법칙
㉠ 접근성 : 가까이 있는 지각요소들을 패턴이나 그룹으로 인지하게 되는 지각심리.
㉡ 유사성 : 형태와 색깔, 크기 등이 유사할 경우 함께 모여있는 것처럼 보이는 지각심리.

ⓒ 연속성 : 점들의 연속이 선으로 지각되어 형태를 만드는 지각심리.
　　ⓔ 폐쇄성 : 불완전한 시각요소들을 완전한 형태로 지각하려는 심리.
　　ⓜ 단순화 : 어떤 형태를 접했을 때, 복잡한 형태보다는 단순화 형태로 지각하려는 심리.
　　ⓗ 도형과 배경의 법칙 : 도형과 배경이 순간적으로 번갈아 보이면서 다른 형태로 지각되는 심리

19 ④

해설 | ④는 이념적 형태이다.
이념적 형태(negative form) : 인간의 지각, 즉, 시각과 촉각 등으로는 직접 느낄 수 없고 개념적으로만 제시될 수 있는 형태로서 상징적 형태라고도 한다.

20 ②

해설 | 그리스 주범양식(Order Style)
　ⓐ 도릭 오더(Doric Order) : 가장 오래된 주범양식, 가장 단순하고 간단한 양식으로 직선적이고 장중하며 남성적인 느낌
　ⓑ 이오닉 오더(Ionic Order) : 우아, 경쾌, 유연성가지며 곡선과 여성적인 소용돌이 형상의 주두와 소용돌이 눈에 보석이나 색 대리석으로 장식
　ⓒ 코린티안 오더(Corinthian Order) : 주두를 아칸더스 나뭇잎 형상으로 장식, 세 가지 주범양식 중 가장 장식적이고 화려한 느낌

2과목 실내디자인 색채 및 사용자 행태분석

21 ②

해설 | 노랑색은 색료의 혼합으로 얻을 수 없는 기본 색이다.

22 ①

해설 | 오스트발트 색체계에서 3색 이상의 회색은 명도가 등간격이면 조화롭다.

23 ②

해설 | 대합실이나 병원 내부의 벽은 지루하지 않게 하기 위하여 시간의 경과가 짧게 느껴지게 하는 단파장 계통의 한색 계통으로 칠하는 것이 좋다.

24 ④

해설 | 슈브뢸(M.E. Chevreul)의 색채 조화론
　ⓐ 인접색의 조화,
　ⓑ 보색 배색(두 색을 원색의 강한 대비로 성격을 강하게 표현하면 조화된다.),
　ⓒ 근접 보색의 조화, 도미넌트 컬러(전체를 주도하는 색이 있음으로 조화된다.),
　ⓓ 세퍼레이션 컬러(선명한 윤곽이 있으므로 조화된다.)

25 ③

해설 | 주택의 색채조절
주택의 색채조절은 조명이 가장 밝아야 하는 부엌공간이다. 부엌은 음식을 조리해야 하는 장소로 특히 기능성이 강조된 밝고 환한 조명이 우선시 된다.

26 ①

해설 | 색채 디자인 프로세스
　ⓐ 색채 환경 분석 : 대상공간의 입지 분석, 건축적 환경, 빛 환경, 실내 구성 요소 분석
　ⓑ 색채심리분석 : 사용자의 행태분석을 통하여 심리적・물리적 색채 기능 데이터의 상관성을 조사, 분석한다. 기업, 상품, 유행 이미지를 측정한다.
　ⓒ 색채전달계획 : 대상공간과 연계되는 전통, 관습, 스타일, 지역이나 기업의 이미지, 색채, 상품색, 광고색 등을 분석하고 색채 계획을 한다.
　ⓓ 디자인의 적용 : 색채의 규격과 시방서의 작성 및 컬러 매뉴얼 작성을 한다. 아트 디렉션의 능력이 요구 된다.

27 ④

해설 | $L^*a^*b^*$ 색 공간에서 L^*은 명도를, a^*는 빨강과 초록을, b^*는 노랑과 파랑을 나타낸다.

28 ③

해설 | 빨간 성냥불을 어두운 곳에서 돌리면 길고 선명한 원이 생기는 것은 정의 잔상이다.

29 ②

해설 | 영・헬름홀츠의 3원색설은 색각의 기본이 되는 색은 3종류라 하고, 눈의 구조 중 망막 조직에는 빨강, 녹색, 파랑의 색각 세포와 색광을 감지하는 시신경 섬유가 있다는 가설

30 ③

해설 | 업무공간의 색채계획
  ㉠ 벽면의 색은 반사로 인한 눈부심과 눈의 피로가 발생하지 않아야 하고, 무광택의 색채 계획이 바람직하다.
  ㉡ 주조색은 안정적 이면서도 작업의 능률을 높이는 중·고명도의 그레이나 중성색 계통을 사용한다.
  ㉢ 작업 표면은 사용자의 시각에서 표면 밝기가 중간 명도로 하는 것이 좋다.

31 ③

해설 | ㉠ 카우치(Couch) : 고대 로마시대에 음식을 먹거나 취침을 위해 사용한 긴 의자에서 유래된 것으로, 한쪽만 팔걸이가 있고 등받이가 낮은 소파 또는 좌판 한쪽을 올려 몸을 기대거나 침대로 겸용할 수 있도록 한 형태를 갖는다.
  ㉡ 이지 체어(Easy chair) : 라운지 체어와 비슷하거나 크기가 작으며 기계장치가 없다.
  ㉢ 체스터필드(Chesterfield) : 속을 아주 많이 넣고 천으로 씌운 커다란 전형적인 소파

32 ②

해설 | 특정한 사용 목적이나 많은 물품을 수납하기 위해 건축화된 가구는 붙박이 가구 이다.

33 ③

해설 | 신체 측정치에 영향을 끼칠 수 있는 변수(variability) : 인종, 나이, 성별, 직업 등의 차이 외에 지역 차 또는 장기간의 근로조건, 스포츠의 경험에 따라서도 차이가 있다.

34 ④

해설 | 인간-기계시스템의 기본체계
  ① 인간-기계가 목적을 달성하기 위해 환경으로부터 입력된 다양한 정보는 감지(정보수용)→정보처리(의사결정) → 행동기능(제어)과 같은 4가지 기본 기능이 필요하다.
  ② 출력은 피드백 루프를 통해 다시 정보가 입력된다.

35 ①

해설 | ㉠ EEG : 뇌의 기능 상태를 알아보기 위한 뇌파 검사
  ㉡ EMG : 근전도 검사
  ㉢ ECG : 심박과 심전도 검사
  ㉣ EOG : 눈동자의 움직임을 알아보기 위한 안구 측정 검사

36 ③

해설 | ① 호흡계
  ㉠ 생명유지를 위해 산소를 공급하고, 이산화탄소를 제거하는 일을 수행한다.
  ㉡ 비강, 후두 등의 전도부와 폐포, 폐포관 등의 호흡부로 이루어진다.
  ㉢ 폐포와 혈액 사이의 기체교환은 외호흡(폐호흡)이며, 혈액과 조직 세포와의 기체 교환은 내호흡이다.
  ② 순환계
  ㉠ 심장, 혈액, 혈관, 림프, 림프관, 비장, 흉선 등으로 구성되며, 영양분과 가스 및 노폐물 등을 운반하고, 림프구 및 항체의 생산으로 인체의 방어 작용을 담당한다.
  ㉡ 신체의 필수적인 물질을 온몸에 전달하는 수송 업무를 담당한다.

37 ③

해설 | ㉠ 내선(medial rotation) : 몸의 중심선 쪽으로 회전하는 동작
  ㉡ 외선(lateral rotation) : 몸의 중심선 바깥쪽으로 회전하는 동작
  ㉢ 외전(abduction) : 몸의 중심선으로부터 멀어지게 하는 동작
  ㉣ 내전(adduction) : 몸의 중심선상으로의 이동

38 ②

해설 | 기초 대사량
  ㉠ 체온 유지, 호흡, 심장 박동 등 생명유지에 필요한 단위시간당 에너지양
  ㉡ 안정 대사량은 보통 식사 후 두 시간 이상 경과 시 대사량으로 기초 대사량 보다 20%정도 증가한다.
  ㉢ 깨어 있는 상태의 최저 수준 에너지 대사로 신체 표면적에 비례한다.

39 ④

해설 | 그네의 줄 강도는 최대치를 적용 한다.
  최소치 설계
  ㉠ 대상 집단에 대해 관련 인체측정 변수의 하위 백분위 수를 기준으로 하며 보통 1%, 5% 또는 10%치가 사용된다.
  ㉡ 조작자와 제어 버튼 사이의 거리, 선반의 높이, 조작에 필요한 힘 등을 정할 때 사용된다.

40 ④

해설 | 근력과 지구력
　㉠ 근력이란 한 번의 수의적(voluntary)인 노력에 의해서 근육이 등척적으로 낼 수 있는 힘의 최대치
　㉡ 근력은 근육의 단면적에 비례한다.
　㉢ 지구력이란 근력을 사용하여 특정 힘을 유지할 수 있는 시간으로 부하와 근력의 비 함수
　㉣ 인간은 단시간 동안만 최대 근력을 유지할 수 있다.
　㉤ 정적 근력은 최대 근력의 20% 정도, 동적 근력은 30% 정도까지 발휘하여 유지될 수 있다.
　㉥ 등속성 근력(동적 근력, isokinetic strength) : 신체 부위를 실제로 움직이는 상태일 때의 근력
　㉦ 등척성 근력(정적 근력), isometric strength) : 신체 부위를 실제로 움직이지 않으면서 고정 물체에 힘을 가하는 상태일 때의 근력

3과목　실내디자인 시공 및 재료

41 ①

해설 | 빗이음
장선, 띠장, 서까래에 사용 볼트, 못보다 뒤틀림에 강하다.

42 ④

해설 | 목재 접합의 일반적인 원칙
　㉠ 응력이 균등하게 전달되게 한다.
　㉡ 이음과 맞춤은 응력이 작은 곳에서 실시하고, 응력 방향은 직각으로 한다.
　㉢ 접합면은 단순한 모양으로 틈 없이 완전 밀착시킨다.
　㉣ 트러스, 평보는 왕대공 가까이에서 이음한다.
　㉤ 큰 응력을 받을 경우 이음, 맞춤 시 보강철물을 사용한다.
　㉥ 모양에 치중하지 않으며, 공작이 간단한 것이 좋다.

43 ④

해설 | 수성암 : 점판암, 응회암, 석회석, 사암 등

44 ①

해설 | 포도벽돌
경질벽돌로 마멸이나 충격에 강하고, 흡수율이 작아 도로의 포장이나 바닥용으로 사용된다.

45 ②

해설 | ・제조공정
원료조합 → 반죽 → 숙성 → 성형 → 건조 → 소성 → 시유
・시유작업은 점토제품에 유약을 바르는 작업이며 착색을 위해 청자유, 백자유, 흑유, 코발크유 등이 사용된다.

46 ③

해설 | 폴리싱 타일
표면을 연마하여 고광택을 유지하도록 만든 시유타일로 대형 타일에 많이 사용되며, 천연화강석의 색깔과 무늬가 표면에 나타나게 만든 타일이다.

47 ④

해설 | 경량벽돌
가벼운 골재를 사용하여 만든 벽돌로 소리와 열 차단성이 우수하고 흡수율이 크다.
저급점토, 목탄가루, 톱밥 등을 혼합하여 성형 후 소성한 것으로 속이 비어있는 중공 벽돌과 무수한 공간이 있는 다공질 벽돌로 구분한다.

48 ①

해설 | 강(탄소강)의 응력-변형률곡선

A : 비례한도	비례한도 외력을 가하면 응력은 어느 일정한 값에 도달하기까지는 정비례하여 커지는데, 이때 응력과 비례하여 성립되는 최대한도
B : 탄성한도	외력의 제거 시 응력과 변형이 0으로 돌아가는 최대한도
C : 상위 항복점 D : 하위 항복점	외력의 작용 시 상위 항복점이 변형되면 응력은 별로 증가하지 않으나 변형은 증가하여 하위 항복점에 도달
E : 최대응력	응력과 변형이 비례하지 않는 상태
F : 파괴점	응력이 증가하지 않아도 스스로 변형이 커져서 파괴되는 상태
※ 항복비 : 항복점과 인장강도의 비	

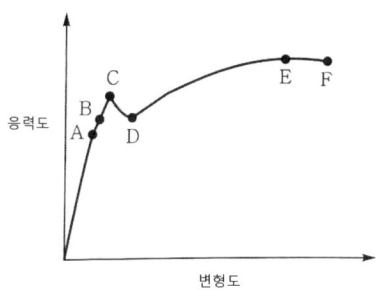

- 하위항복점까지 가력한 후 외력을 제거하면 변형은 유지된다.
- 탄성한도(B) : 외력의 제거 시 응력과 변형이 0으로 돌아가는 최대한도

49 ①

해설 | TMCP강
(Thermo-Mechanical Control Process steel)
용접성을 개선하여 용접성이 매우 우수하며, 강재의 두께가 증가하더라도 항복강도의 저하가 없도록 강재의 특성을 향상시킨 고강도, 고인성의 강재로서 제어압연을 기본으로 하고, 급랭에 의한 가속냉각법을 이용하여 필요한 성질을 확보한다.

50 ①

해설 | 유리의 굴절율
굴절율은 1.5~1.9 정도이고 납을 함유하면 높아진다.

51 ①

해설 | 연성(軟性)
하중을 받을 때 파괴되기 전까지 늘어나는 성질로 연성시멘트 모르타르는 자체적으로 시공연도가 우수하여 미장바름을 쉽게 하기 위하여 혼화제를 사용하지 않는다.

52 ④

해설 | 인장강도(F_1) = $\dfrac{2P}{\pi dl}$

= $\dfrac{2 \times 120 \times 10^3 N}{3.14 \times 100mm \times 200mm}$ = 3.82N/mm²

※ 1kN = 1,000N = 10^3 N
1MPa = 1N/mm²

53 ③

해설 | 공사원가 = 순공사비 + 현장경비

54 ③

해설 | 초벌바름
바탕과의 접착을 주목적으로 하며, 바탕의 요철을 완화시키는 바름공정

55 ④

해설 | 말비계
이동이 간편한 소형비계로 주로 실내에 사용되는 비계로 우마라고도 한다.

56 ④

해설 | 주름발생현상
㉠ 도포 후 즉시 직사광선을 쬐였을 때나 급격한 가열
㉡ 너무 두껍게 도포하거나 겹칠을 하였을 때
㉢ 바탕면과 도료가 적당하지 않을 때
㉣ 너무 두껍게 도포하지 않는다.
㉤ 도료에 맞는 용제를 사용한다.
㉥ 산성가스와 도막과의 접촉을 방지한다.

57 ②

해설 | 석고보드(plaster board)
1) 장점
㉠ 내화성·단열성이 높고 경량이다.
㉡ 저렴하고 가공이 용이하다.(공기 단축)
㉢ 방화성, 차음성, 보온성이 우수하다.
㉣ 설치 후 도료로 도포할 수 있다.
㉤ 부식이 안되고 충해를 받지 않는다.
㉥ 수축·팽창·변형이 적다.
2) 단점
㉠ 충격에 약하다.
㉡ 흡수로 인해 강도가 현저하게 저하된다.
(습기가 많은 장소 사용 시 특수 방수처리된 방수보드 사용)

58 ②

해설 | 시공연도(workability), 워커빌리티
반죽 질기 여하에 따른 작업의 난이도 및 재료의 분리에 저항하는 정도를 나타내는 경화 전 콘크리트 성질

59 ①

해설 | 고성능 AE감수제
㉠ 유동화 콘크리트 제조에 사용된다.
㉡ 기존 감수제에 비해 더 많은 감수가 가능하고 슬럼프의 손실이 적다.
㉢ 기존 감수제에 비해 콘크리트 운반거리 및 시간에 상대적으로 유리하여 고내구성 콘크리트 제조에 사용된다.

60 ④

해설 | 목모시멘트판
좁고 길게 리본상으로 오린(木毛) 대패밥을 시멘트로 교착하여 가압성형한 넓은 판의 제품으로 주로 천장, 벽의 바탕 및 치장용으로 사용된다.

4과목 실내디자인 환경

61 ④

해설 | 중성대 (공기의 유출입이 없는 지점)
건물 내의 실내 공기는 밀도가 작고 부력으로 상승하므로 상층부는 실내의 공기압이 실외보다 크고 하층부는 그 반대이다. 그 중간지점이 '0'의 지대가 형성되는데 이를 중성대라 한다.

62 ①

해설 | CO_2 허용치에 따른 필요환기량 $Q = \dfrac{k}{P_i - P_0}$ (m³/h)

$Q = \dfrac{0.013}{0.0009 - 0.0004} = \dfrac{0.013}{0.0005} ≒ 26 m^3/h$

Q : 필요 환기량(m³/h), k : 유해가스 발생량(m³/h),
P_i : 실내 CO_2 허용농도 (m³/m³)
P_0 : 외기 CO^2농도(m³/m³)

※ ppm → 변환
1ppm = 10^{-6}m³ = 1/1,000,000m³ = 0.000001m³
10ppm = 0.00001m³
100ppm = 0.0001m³
1000ppm = 0.001m³

63 ④

해설 | 측창채광
㉠ 조도가 불균일하여 실 깊이에 제한을 받는다.
㉡ 주변 상황에 따라 채광에 방해 받을 수 있다.

64 ②

해설 | 정재파 현상
같은 주파수 음의 간섭에 의해서 입사음파가 반사음파와 중첩되어 음압의 변동이 고정되어 실내에 머물러 있는 상태를 말한다.

65 ③

해설 | 국소식(개별식) 급탕방식
온수가 필요한 곳에 탕비기를 설치하여 온수를 공급하는 방법으로 소규모 급탕에 적합하다.

66 ①

해설 | 축동력 소요가 많은 순서
토출댐퍼 제어 > 흡입댐퍼 제어 > 흡입베인 제어 > 회전수 제어
㉠ 토출댐퍼 제어 : 가장 일반적 방식이며 설치 비용은 적게 드나 축동력 소요가 많다.
㉡ 회전수 제어 : 송풍기의 회전수를 조정하여 풍량을 변화시키는 방식으로 축동력이 대폭 감소되는 방식

67 ②

해설 | 발전기실은 변전실에서 가급적 가까이 위치에 배치한다.

68 ②

해설 | 참고
• 증축 : 기존 건축물이 있는 대지 안에서 건축물의 규모 증가 (건축면적, 연면적, 층수, 높이 등)
• 재축 : 건축물이 자연재해로 멸실된 경우에 그 대지 안에 종전과 동일한 규모의 범위 안에서 다시 축조하는 행위

69 ②

해설 | 층수
㉠ 지하층은 층수에 산입하지 않는다.
㉡ 층의 구분이 명확하지 않을 때는 4m마다 하나의 층으로 산정한다.
㉢ 건축물의 부분에 따라 그 층수가 다를 경우 가장 많은 층수로 한다.
㉣ 승강기탑, 계단탑, 옥탑 건축물이 건축면적의 1/8 초과 시 층수에 가산한다.

70 ③

해설 | 설계(700lx) > 일반사무(300lx) > 독서(150lx) > 관람(70lx)

71 ④

해설 | 회전문은 사용에 편리하게 일정한 방향으로 회전할 수 있는 구조로 할 것

72 ④

해설 | 개별난방설비
  ㉠ 보일러의 연도(굴뚝)는 내화구조로서 공동연도로 설치할 것
  ㉡ 위, 아랫부분에 각각 지름 10cm 이상의 공기흡입구 및 배기구를 항상 열려 있는 상태로 바깥공기에 접하도록 설치
  ㉢ 기름보일러의 기름저장소는 보일러실 외의 다른 곳에 설치할 것

73 ③

해설 | 비상콘센트설비 – 소화활동설비
  경보설비
  • 단독경보형 감지기
  • 비상경보설비 : 비상벨, 자동식사이렌설비
  • 비상방송설비
  • 자동화재탐지설비, 시각경보기
  • 자동화재속보설비
  • 가스누설경보기
  • 통합감시시설
  • 누전경보기

74 ③

해설 | 층수(건축법 시행령에 따라 산정한 층수)가 11층 이상인 것 중 아파트는 제외

75 ①

해설 | 옥내소화전설비는 해당 건물 각 층 각 부분에서 옥내소화전방수구까지의 수평거리가 25m 이내로 한다.

76 ③

해설 | 인터폰 설비
  ① 상호식 : 상호간에 상대를 호출, 통화하는 방식
  ② 모자식 : 1대의 모기에 여러 대의 자기를 접속하는 방식
  ③ 복합식 : 모자식과 상호식을 복합한 방식

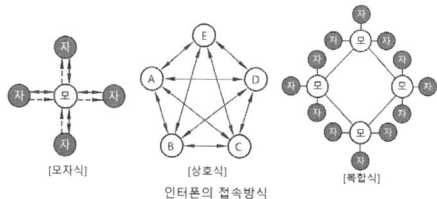
[모자식] [상호식] [복합식]
인터폰의 접속방식

77 ①

해설 | 3,000㎡ 이하일때
  • 위락시설 : 1대
  • 문화 및 집회시설 중 공연장, 판매시설, 의료시설 : 2대

78 ②

해설 | 연면적 200㎡ 이상 (목구조 건축물의 경우 500㎡ 이상)
  [제외] 창고, 축사, 작물재배사 및 표준설계도에 따라 건축하는 건축물

79 ②

해설 | 내화구조 기준(벽)

구조	기준두께
( ) 안은 외벽 중 비내력벽 기준임	
철근콘크리트조 또는 철골철근콘크리트조	10cm(7cm) 이상
골구를 철골조로 하고 그 양면을 철망모르타르 덮은 것	4cm(3cm) 이상

구조	기준두께
( ) 안은 외벽 중 비내력벽 기준임	
골구를 철골조로 하고 그 양면을 콘크리트블록 벽돌 또는 석재로 덮은 것	5cm(4cm) 이상
철재로 보강된 콘크리트블록조·벽돌조 또는 석조로서 철재에 덮은 콘크리트블록	5cm(4cm) 이상
고온·고압의 증기로 양생된 경량기포 콘크리트패널 또는 경량기포 콘크리트블록조	10cm 이상
벽돌조	19cm 이상
무근콘크리트조·콘크리트블록조·벽돌조 또는 석조(외벽 중 비내력벽)	7cm 이상

80 ④

해설 | 옥상광장 설치
  5층 이상의 층,
  ㉠ 문화 및 집회시설(전시장 및 동·식물원은 제외)
  ㉡ 바닥면적의 합계가 각각 300㎡ 이상인 공연장, 종교집회장
  ㉢ 종교시설, 판매시설
  ㉣ 위락시설 중 주점영업
  ㉤ 장례시설

과년도 기출문제 정답 및 해설

04 | 2024년 실내건축기사 1회

1과목 실내디자인계획

01 ②

해설 | 유기적(organic) 디자인
  ㉠ 19세기 후반 매킨토쉬(Charles Rennie Mackintosh)와 프랭크 로이드 라이트(Frank Lloyd Wright)에 의해 건축에서 처음으로 시도된 유기적인 디자인(Organic Design)은 자연의 영감으로부터 무언가 얻기를 바라며, 전체론적이고 인간적인 접근을 근간으로 한다.
  ㉡ 자연과의 내부 관련성과 그 정신은 유기적 건축에 있어 가장 중심에 있는 사상이다.
  ㉢ 유기적 디자이너는 알바 알토(Alvar Aalto), 에로 사리넨, 안토니오 가우디
  ㉣ 자연 생명체의 원리와 질서를 적용하는 디자인

02 ④

해설 | ㉠ 내부적 조건: 고객의 요구 사항, 고객의 경제적 조건, 설계 대상의 계획 목적, 사용자의 행위 및 개성 조건 등
  ㉡ 외부적 조건: 입지적 조건, 건축적 조건, 설비적 조건, 법규적 조건 등

03 ③

해설 | ㉠ 곡선은 유연, 복잡, 동적, 부드러움, 경쾌하며 여성적인 느낌을 들게 한다.
  ㉡ 사선은 약동감, 생동감 넘치는 에너지와 속도감을 준다.

04 ①

해설 | 복합조화는 다양한 주제와 이미지들이 요구될 때 주로 사용하는 방식으로, 일반적으로 다양한 요소를 사용하므로 풍부한 감성과 다양한 경험을 줄 수 있다.

05 ④

해설 | 개구부
  ㉠ 개구부는 출입구와 창문을 말한다.
  ㉡ 동선과 가구배치에 영향을 준다.
  ㉢ 개구부의 기능은 공간과 인접된 공간을 연결시킨다.
  ㉣ 채광, 통풍이 가능하게 한다.
  ㉤ 전망과 프라이버시를 확보한다.

06 ④

해설 | 고창
천장 가까이 있는 벽에 위치하는 창으로 천장면과 가깝고 높은 곳에 위치하여 주로 환기 및 채광을 목적으로 설치한다.

07 ①

해설 | 강조
  ㉠ 디자인 일부에 주어진 초점이나 의도적인 변화이다.
  ㉡ 균형과 리듬이 만들어지는 과정에서 강조가 필요하므로 강조는 균형과 리듬의 기초가 된다.
  ㉢ 구성의 구조 안에서 각 요소들의 시각적 계층 관계를 기본으로 한다.
  ㉣ 단조로움의 극복, 관심의 초점을 조성하거나 흥분을 유도할 때 적용한다.
  ㉤ 강조의 원리가 적용되는 시각적 초점은 주위가 대칭적 균형일 때 더욱 효과적이다.
  ㉥ 시각적 중량감이나 지배적인 시각적 힘 등에 의해서 강조되는 정도를 측정 한다.
  ㉦ 공간에서 색채나 형태를 강조함으로써 전체의 성격을 명백하게 규정하며, 강한 통일감을 준다.

08 ②

해설 | 동선 계획
  ㉠ 동선은 가능한 간단하고 직선 처리 한다.
  ㉡ 동선은 가능한 분리시키고 교차를 피한다.
  ㉢ 동선이 짧으면 효과적이지만 공간의 성격에 따라 길게 처리하기도 한다.
  ㉣ 성격이 다른 동선은 서로 교차시키지 말아야 한다.
  ㉤ 동선이 복잡해 질 경우 별도의 통로공간을 두어 동선을 독립시킨다.
  ㉥ 동선은 통행량, 동선의 방향, 차 및 이동시의 동작 등을 고려하여 계획한다.

09 ②

해설 | 주택의 현관 배치는 동쪽이나 북쪽에 현관을 배치하고 남쪽에 주요 실을 배치하는 것이 유리하다.

10 ③

해설 | 거실
거실의 위치는 가족이 쉽게 모일 수 있는 주택의 중심이 좋으며 옥내·외 생활공간의 접속점, 각 실을 연결하는 동선의 분기점 역할을 하도록 해야 한다. 또한 각 실로 통하는 통로로 사용되지 않도록 주의해야 한다.

11 ②

해설 | 개방형(오픈 오피스)
개방된 큰 방으로 설계하고 중역들을 위해 분리된 작은 방을 두는 방법
㉠ 자연채광에 인공조명이 필요하다.
㉡ 전면적을 유효하게 이용할 수 있다.
㉢ 방의 길이나 깊이에 변화를 줄 수 있다.
㉣ 개인의 프라이버시가 결여되기 쉽다.
㉤ 칸막이벽이 없는 관계로 공사비가 낮다.

12 ①

해설 | 상업공간 실내계획의 조건설정 단계에서는 시장조사와 트렌드 파악, 주변상권 및 교통 분석, 대상 고객층 및 취급 상품의 결정을 한다.

13 ①

해설 | 가변형(Adaptable Stage)
공연 작품의 성격에 따라 무대와 관람석의 크기, 모양, 배열 등을 필요에 따라 변경할 수 있다.

14 ①

해설 | 실시설계
설계 이후의 후속 작업과 시공을 위해 기본적인 시공 치수 방법, 재료, 상세도와 시방서, 공정표 등 도면을 작성하는 단계이다.

15 ②

해설 | 숫자는 아라비아 숫자를 원칙으로 한다.

16 ①

해설 | 서양건축의 변천과정
이집트 → 그리스 → 로마 → 비잔틴 → 로마네스크 → 고딕 → 르네상스 → 바로크

17 ③

해설 | 쇼룸(Show Room)
기업체가 자사 제품을 홍보, 판매촉진 등을 위해 제품 및 기업에 관한 자료를 소비자에게 직접 호소하여 제품의 우위성을 인식시키는 전시공간이므로 관람동선의 흐름에 막힘이 없도록 관람자가 한 번 지나간 곳을 다시 지나가지 않도록 한다.

18 ①

해설 | 질감(texture)
㉠ 모든 물체가 갖고 있는 촉각 또는 시각으로 지각되는 물체 표면상의 특징을 말한다.
㉡ 매끄러운 질감은 빛을 반사하는 특성이 있고, 거친 질감은 반대로 흡수하는 특성을 갖는다.
㉢ 목재와 같은 자연재료의 질감은 따뜻함과 친근감을 부여한다.
㉣ 질감의 성격에 따라 공간의 통일성을 살릴 수도 있고 파괴시킬 수도 있으므로 공간에서의 영향력이 있으며, 재료의 질감대비를 통해 실내공간의 변화와 다양성을 꾀할 수 있다.
㉤ 질감 선택 시 고려해야 할 사항은 스케일, 빛의 반사와 흡수, 촉감이다.

19 ③

해설 | 중심 코어형(중앙 코어)
㉠ 유효율이 높은 계획이 가능한 형식이다.
㉡ 내진 구조가 가능하므로 바닥 면적이 큰 고층, 초고층 사무소에 적합하다.

20 ③

해설 | chapter 04 – 02 실시설계도면 작성의 출입구 평면 표시 참조

2과목 실내디자인 색채 및 사용자 행태분석

21 ④

해설 | 색채심리 분석
㉠ 공간의 특성과 사용 목적에 따라 요구되는 색채의 기능적, 심리적 효과에 대해 조사·분석한다.
㉡ 사용자의 사회적 특성(성별, 나이, 교육 수준 등)과 라이프스타일을 분석 하고 이를 토대로 색채 이미지를 추출한다.
㉢ 사용자의 행태분석을 통하여 심리적·물리적 색채 기능 데이터의 상관성을 조사, 분석한다.
㉣ 기업, 상품, 유행 이미지를 측정한다.

22 ②

해설 | 푸르킨예(Purkinje) 현상
㉠ 눈의 추상체가 낮에만 반응하기 때문에 생기는 현상이다.
㉡ 밝은 곳에서 어두운 곳으로 갈수록 단파장의 감도가 높아진다.
㉢ '명소시에서 암소시'로 옮겨갈 때 붉은색은 어둡게 보이고, 녹색과 황색은 상대적으로 밝게 변화되는 현상이다.
㉣ 조명이 어두워지면 청색보다 적색이 먼저 사라지므로 비상구 표시 등은 파란색 계통이 붉은색 계통보다 식별이 용이하다.
㉤ 빨강 → 주황 → 노랑 → 초록 → 파랑 → 청색 순으로 사라진다.

23 ③

해설 | 가산혼합(가법혼색, 색광혼합)
㉠ 빨강(R), 초록(G), 파랑(B)의 3원색으로 이루어진다. 물감의 혼색과는 반대로 더욱 밝아지고 맑아지므로 가법혼색 또는 플러스 현상이라 한다.
㉡ 빛의 색을 서로 더해서 빛이 점점 밝아지는 원리를 이용하는 것으로, 색을 더할수록 점점 밝아지는 방법으로 이들 색을 모두 혼합하면 백색광이 된다. 색광혼합은 명도가 높아진다.

24 ②

해설 | 먼셀 색입체의 구조
먼셀의 색입체를 수직으로 절단하면 동일 색상면이 나타나는데, 보색은 중심축을 기준으로 양쪽에서 서로 마주 보는 색상이다.

25 ④

해설 | 문·스펜서의 면적효과
㉠ 작은 면적의 강한 색과 큰 면적의 약한 색은 잘 어울린다.
㉡ 무채색의 중간 지점이 되는 N5를 순응점으로 한다.
㉢ 색의 균형점으로 배색의 심미적 효과를 결정한다.
㉣ 순응점으로 부터 지정된 색까지의 입체적 거리는 스칼라 모멘트이다.

26 ②

해설 | 색의 온도감은 색의 삼속성 중 색상의 영향을 많이 받는다.

27 ④

해설 | ㉠ 난색계는 한색계보다 진출해 보인다.
㉡ 배경색과 명도차가 큰 밝은색은 진출해 보인다.
㉢ 저채도의 배경색에 고채도의 색은 진출해 보인다.

28 ②

해설 | 저드(D.B. Judd)의 색채 조화론
㉠ 질서의 원리 : 질서 있는 계획에 따라 선택될 때 색채는 조화된다.
㉡ 친근성(숙지)의 원리 : 관찰자에게 잘 알려져 있는 배색이 조화를 이룬다. 자연계의 색으로 쉽게 접하는 색은 조화된다.
㉢ 동류(유사)의 원리 : 두 색이 부조화한 색일 경우, 공통의 양상과 성질을 가진 것으로 배색하면 조화한다. 색상이 같으면 공통성이 가장 뚜렷해진다. 공통성은 실용상 네 가지 원리 가운데 가장 기본적인 것
㉣ 비모호성(명료성)의 원리 : 색채조화는 두색 이상의 배색에 있어서 애매하지 않은 명료한 배색에서만 조화롭다.

29 ②

해설 | 초록은 안전의 의미를 가지며 의무실, 비상구, 대피소 등에 사용된다.

30 ③

해설 | CIELAB형식
CIE가 1976년에 추천하여 지각적으로 거의 균등한 간격을 가진 색 공간에 의한 색상모형이다.
L*a*b* 색 공간에서 L*은 명도를, a*는 빨강과 초록을, b*는 노랑과 파랑을 나타낸다.

31 ④

해설 | ㉠ 세티(settee) : 동일한 두 개의 의자를 나란히 합해 2인이 앉을 수 있도록 한 의자이다.
㉡ 카우치(couch) : 고대 로마시대에 음식을 먹거나 취침을 위해 사용한 긴 의자에서 유래된 것으로, 한쪽만 팔걸이가 있고 등받이가 낮은 소파 또는 좌판 한쪽을 올려 몸을 기대거나 침대로 겸용할 수 있도록 한 형태를 갖는다.

32 ①

해설 | ㉠ 바실리 의자 : 마르셀 브로이어
㉡ 파이미오 의자 : 알바알토
㉢ 레드블루 의자 : 게리트 리트벨트
㉣ 바르셀로나 의자 : 미스 반 데어 로에

33 ③

해설 | 인간-기계 체계 능력

인간의 우수성	㉠ 주위에 이상하거나 예기치 못한 사건들을 감지한다. ㉡ 다양한 경험을 토대로 하여 의사를 결정한다. ㉢ 완전히 새로운 해결책을 찾아낸다. ㉣ 문제 해결을 위한 독창력이 요구되는 작업 가능 ㉤ 판단이 요구되는 창조적인 작업 가능 ㉥ 유형을 인지하고 보편화하는 작업 가능 ㉦ 개념으로부터 결론을 유추하는 작업 가능 ㉧ 귀납적 추론 작업 가능 ㉨ 감시 작업 가능
기계의 우수성	㉠ 반복적인 작업을 신뢰성 있게 수행한다. ㉡ 장시간에 걸친 처리 능력 가능 ㉢ 정보의 신속한 처리 능력 가능 ㉣ 정밀도 높은 작업 가능 ㉤ 제어장치 신호에 신속 대처 기능 ㉥ 다량의 정보를 단기간에 기억, 재생 가능 ㉦ 큰 부하가 걸린 상황에서도 효율적으로 작동한다. ㉧ 연역적 추리를 한다.

34 ①

해설 | 목표 및 성능 명세의 결정 → 시스템(체계)의 정의 → 기본설계 → 계면(인터페이스)설계 → 촉진물설계 → 시험 및 평가

35 ①

해설 | 골격활동의 척도 - 근전도(EMG)

36 ③

해설 | ㉠ 간상체는 눈의 망막에 있는 세포의 일종으로 주로 명암을 식별하는 작용을 하며, 어두운 곳에서 작용을 하는 색각 및 시력에 관계한다.
㉡ 수정체는 눈 안의 앞부분에 있는 구조물로서 양면이 볼록한 렌즈 모양의 무색 투명한 구조이고 빛을 모아주는 역할을 함.
㉢ 광 수용기는 간상세포와 원추세포(추상세포)로 나눌 수 있다.

37 ③

해설 | 외전
몸(신체)의 중심선으로부터 멀어지는 이동 동작

38 ④

해설 | 양립성(兩立性 : compatibility)
인간공학에 있어 자극들 간의 관계, 반응들 사이, 또는 자극-반응의 조합관계가 인간의 기대와 모순되지 않도록 하는 것을 말한다.
㉠ 공간적 양립성 : 표시장치나 조정장치에서 물리적 형태나 공간적인 배치의 양립성
(오른쪽 버튼을 누르면 오른쪽 기계가 작동하고, 왼쪽 버튼을 누르면 왼쪽 기계가 작동하는 경우)
㉡ 운동의 양립성 : 표시장치, 조정장치, 체계반응의 운동 방향의 양립성
(자동차의 핸들을 우측으로 돌리면 자동차가 우측으로 회전하는 경우)
㉢ 개념적 양립성 : 사람들이 가지고 있는 개념적 연상의 양립성
(냉온수기 버튼의 경우, 빨간색은 온수 파란색은 냉수가 나오도록 하는 경우)

39 ④

해설 | 젖산의 축적
산소공급이 충분할 때에는 젖산은 축적되지 않지만, 평상시의 혈액순환으로 공급되는 산소 이상을 필요로 하는 때에는 호흡수와 맥박수를 증가시켜 산소 수요를 충족시킨다. 또한 신체활동 수준이 너무 높아 근육에 공급되는 산소량이 부족한 경우에는 혈액 중에 젖산이 축적된다.

40 ④

해설 | 근력과 지구력
㉠ 근력이란 한 번의 수의적(voluntary)인 노력에 의해서 근육이 등척적으로 낼 수 있는 힘의 최대치
㉡ 근력은 근육의 단면적에 비례한다.
㉢ 등속성 근력(동적 근력) : 신체 부위를 실제로 움직이는 상태일 때의 근력
㉣ 등척성 근력(정적 근력) : 신체 부위를 실제로 움직이지 않으면서 고정 물체에 힘을 가하는 상태일 때의 근력
㉤ 지구력이란 근력을 사용하여 특정 힘을 유지할 수 있는 시간으로 부하와 근력의 비 함수.
㉥ 인간은 단시간 동안만 최대 근력을 유지할 수 있다.
㉦ 정적 근력은 최대 근력의 20% 정도, 동적 근력은 30% 정도까지 발휘하여 유지될 수 있다.

3과목 실내디자인 시공 및 재료

41 ④
해설 | 목재의 함수율 계산
$$함수율 = \frac{25kg - 20kg}{20kg} \times 100(\%) = 25\%$$

42 ③
해설 | 조적식 구조인 내력벽의 길이는 10m를 넘을 수 없다.

43 ①
해설 | 샤모트(Chamotte)
가소성이 너무 클 때는 모래 또는 샤모테 (구운 점토분말)를 섞어서 조절한다.

44 ②
해설 | 화강암
- 주성분은 석영, 장석, 운모 등이다.
- 압축강도가 높아서(1,600kg/cm²), 석질이 견고하여 구조재로도 쓰이며 대형 구조재로 사용할 수 있다.
- 내마모성·내구성이 우수하고, 흡수성은 낮다.
- 내화도가 낮아서 고열을 받는 곳에는 부적당하다.
- 가공성이 용이하여 구조용이나 장식재료로 사용되나 세밀한 가공(조각)이 어려운 단점이다.

45 ②
해설 | 산과 알칼리, 해수에 약하므로 접촉면은 반드시 방식처리를 해야 한다.

46 ④
해설 | 유리블록은 음의 투과성이 낮으므로, 보통 판유리보다 투과되지 않고 투과손실이 크다.

47 ②
해설 | 기경성 재료
공기 중 이산화탄소(탄산가스)와 반응하여 굳어지는 미장재료(수축성)이며 종류에는 진흙, 회반죽, 회사벽, 돌로마이트플라스터 등이 있다.

48 ②
해설 | 유성 에나멜 페인트는 알칼리에 부식되는 특성이 있어 콘크리트면보다는 금속면, 목재면 등에 적용된다.

49 ④
해설 | 청동은 구리 + 주석(4~12%)을 첨가하여 만든 합금

50 ①
해설 | 멜라민수지
- 요소수지보다 성능이 높다.
- 표면경도가 크고 아름다운 광택을 지니면서 착색이 자유롭고 내열성이 우수한 것으로 마감재, 전기부품 등에 활용된다.

51 ③
해설 | 초결 60분(이상) - 종결 10시간(이하)으로 규정된다. (KS 규정)

52 ③
해설 | 수화열, 조기강도 및 수축률 크기
알루민산 3석회 > 규산 3석회 > 규산 2석회

53 ④
해설 | 복층유리(Pair Glass)
2장 또는 3장의 유리를 일정한 간격을 두고 그 틈새에 대기압에 가까운 건조한 공기를 채우고 그 주변을 밀봉한 유리로 이중유리, 겹유리라고도 한다.
단열, 방음, 방서 효과가 크고, 유리창 결로 방지용으로 우수하다.

54 ②
해설 | 바라이트 모르타르
시멘트, 모래, 바라이트(중정석)를 주재료로 한 모르타르로서 비중이 큰 바라이트 성분 때문에 방사선 차단용으로 사용한다.

55 ①
해설 | 블록은 살(Shell)두께가 작은 면을 아래로 하여 쌓는다.

56 ④
해설 | 양생을 충분히 할수록 건조수축이 적게 발생(단 습윤상태에서 양생기간의 장단은 건조수축에 그다지 큰 영향을 주지 않는다.)

57 ②
해설 | 공정계획(공정관리)
공정관리(공정계획)란 건축물을 지정된 공사기간 내에

공사예산에 맞추어 정밀도가 높은 우수한 질의 시공을 위하여 작성하는 계획이다.

58 ④

해설 | QC(품질관리)활동 도구
히스토그램, 특성요인도, 파레토도, 체크시트, 그래프, 산점도, 층별

59 ③

해설 | 1.5B 정미량 = 벽면적 × 단위수량
= 20 × 224 = 4,480매

※ 벽돌쌓기의 벽돌량

	0.5B(매)	1.0B(매)	1.5B(매)
기존형(재래형)	65	130	195
표준형(기본형)	75	149	224
할증율	붉은벽돌(3%), 시멘트벽돌(5%)		

60 ③

해설 | 직접공사비 = 재료비+노무비+외주비+경비

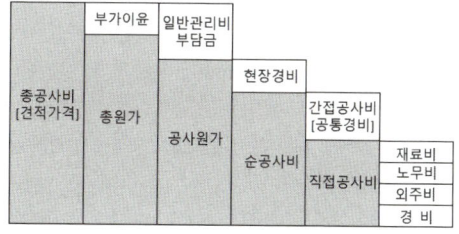

4과목 실내디자인 환경

61 ④

해설 | 외벽의 열관류 저항값을 높다는 것은 재료를 통과하는 열이 흐르지 못한다는 의미로 저항값이 크면 열 차단이 잘되고 단열성능이 우수하다.
외벽의 표면 열전달율을 크게 하면 저항값이 낮아진다.

62 ④

해설 | 자연환기
㉠ 중력환기량은 개구부 면적이 크면 클수록 증가한다.
㉡ 풍력환기량은 벽면으로 불어오는 바람의 속도에 비례한다.
㉢ 많은 환기량을 요하는 실에는 자연환기를 사용하지 않고 기계환기를 사용하여야 한다.
㉣ 한 공간에 2개소 이상, 2개의 창은 같은 벽에 설치하기 보다는 다른 벽으로 분리시키는 것이 더 효과적이다.

63 ①

해설 | $RT = 0.16 \dfrac{V}{A}$

㉠ 잔향시간 $1.6초 = 0.162 \times \dfrac{3,000}{x} = 1.6초$

$x = \dfrac{0.16 \times 3,000}{1.6} = 300㎡$

㉡ 잔향시간 $0.6초 = 0.162 \times \dfrac{3,000}{y} = 0.6초$

$y = \dfrac{0.16 \times 3,000}{0.6} = 800㎡$

∴ 800−300=500㎡ 추가 흡입력 필요

64 ④

해설 | 다중이용시설 실내공기질관리법령
미세먼지, 이산화탄소, 포름알데히드, 일산화탄소, 이산화질소, 석면, 휘발성 유기화합물(라돈, 벤젠, 자일렌, 스틸렌, 톨루엔)

65 ②

해설 | 연색평가수(Ra)
0에 가까울수록 연색성이 나쁘다. 고압수은등은 연색성이 가장 나쁘기 때문에 연색성평가수는 0에 가깝다.

66 ②

해설 | 소요램프수

$N = \dfrac{E \cdot A}{F \cdot U \cdot M}(개) = \dfrac{500 \times (9 \times 9)}{3200 \times 0.6 \times 0.8}$

$= \dfrac{40,500}{1,536} = 26.4EA ≒ 27EA$

N : 램프의 개수(?), F : 램프 1개당 광속(3200lm),
E : 평균수평면조도(500lx), A : 실면적(9×9㎡),
U : 조명률(0.6), M : 보수율(0.8)

67 ④

해설 | 리버스리턴(Reverse Return) 방식
보일러와 가장 가까운 방열기는 공급관이 가장 짧고 환수관은 가장 길게 배관한 것으로 각 방열기의 공급관과 환수관의 합은 각각 동일하게 되며, 동일저항으로 온수가 순환하므로 방열기에 온수를 균등히 공급할 수 있는 방식이다. (역환수방식)

68 ③

해설 | 팬코일 유닛 (FCU)
소형 송풍기와 냉·온수 코일 및 필터 등을 구비한 소형 공조기를 각 실에 설치하여 중앙기계실로부터 냉·온수를 공급하여 공기조화를 하는 방식이다. 외기의 공급 없이 실내공기가 반복적으로 팬코일 유닛에 순환되어 환기가 불가능하다.
㉠ 각 실에 배관으로 인한 누수의 우려가 있다.
㉡ 각 유닛마다 개별조절이 가능하다.

69 ②

해설 | 통기관의 설치 목적
㉠ 사이폰 작용에 의해 트랩 봉수가 파괴되는 것을 방지한다.
㉡ 배수관 내의 배수 흐름 원활하게 한다.
㉢ 신선한 공기를 유통시켜 배수관 내의 환기를 도모하여 관내를 청결하게 유지한다.
㉣ 배수관 내의 기압을 일정하게 유지한다.

70 ④

해설 | 과전류차단기는 과부하전류 및 단락전류를 자동차단하는 기능을 갖고 있다.

71 ②

해설 | 보일러실의 윗부분에는 0.5m² 이상의 환기창을 설치해야 한다.

72 ③

해설 | 판매시설로서 바닥면적의 합계가 5,000m² 이상이거나, 수용인원이 500명 이상인 경우 모든 층에 설치하여야 한다.

73 ①

해설 | 30분 방화문
연기 및 불꽃을 차단할 수 있는 시간이 30분 이상 60분 미만인 방화문
㉠ 차열 : 화재로 인한 열도 견디는 것
㉡ 비차열 : 화재로 인한 열은 막지 못하지만 화염을 막을 수 있는 것

74 ③

해설 | 건축물의 관람실 또는 집회실로부터 바깥쪽으로의 출구로 쓰이는 문은 밖 여닫이로 해야 한다.

75 ③

해설 | ① 독서 : 150lux ② 일반 사무 : 300lux
③ 제도 : 700lux ④ 회의 : 300lux

76 ①

해설 | 업무시설, 숙박시설, 위락시설
1대에 3,000m²를 초과하는 경우에는 그 초과하는 매 2,000m² 이내마다 1대를 더한 대수
$$1 + \frac{A - 3,000m^2}{2,000m^2} = 1 + \frac{25,000 - 3,000}{2,000}$$
$$= 12대 \div 2 = 6대 \text{ (16인승 이상)}$$

77 ①

해설 | ②, ③ → 경보설비
④ → 소화활동설비

78 ①

해설 | ① 높이가 13m 이상인 건축물
② 기둥과 기둥 사이의 거리가 10m 이상인 건축물
③ 층수가 2층 이상인 건축물
④ 처마높이가 9m 이상인 건축물

79 ④

해설 | 무창층의 개구부는 내부 또는 외부에서 쉽게 부수거나 열 수 있어야 한다.

80 ④

해설 | 옥상광장 설치
5층 이상의 층
㉠ 문화 및 집회시설(전시장 및 동·식물원은 제외)
㉡ 바닥면적의 합계가 각각 300m² 이상인 공연장, 종교집회장
㉢ 종교시설, 판매시설
㉣ 위락시설 중 주점영업
㉤ 장례시설

과년도 기출문제 정답 및 해설

05 | 2024년 실내건축기사 2회

1과목 실내디자인계획

01 ①

해설 | 실내디자인의 전개과정
프로젝트 기획 – 디자인 계획 – 기본 설계 – 실시 설계

02 ④

해설 | 유니버설 공간(Universal Space)
㉠ 유니버설 디자인 이란 장애나 연령에 상관없이 우리가 접하는 제품, 가구, 실내 공간, 정보시스템 등을 누구나 쉽게 사용할 수 있도록 디자인하는 것이다.
㉡ 모든 사용자를 고려하여 보편적으로 디자인해야 한다는 개념
㉢ 유니버설 디자인 목표는 지원성, 적응성, 접근성, 안전성이다.

03 ③

해설 | 수직선
㉠ 수직선이 강조된 실내에서 구조적 높이감을 주며 심리적으로 강한 의지의 느낌을 준다.
㉡ 수직선은 엄격성, 위엄성, 절대, 위험, 단정, 남성성, 엄숙, 의지, 신앙, 상승 등의 느낌을 준다.

04 ④

해설 | 비정형 균형(비대칭적 균형)
㉠ 자연스러우며 풍부한 개성을 표현할 수 있어 능동의 균형이라고도 한다.
㉡ 비정형균형, 신비의 균형, 대칭균형보다 자연스럽다.
㉢ 균형의 중심점으로부터 양측은 가능한 모든 배열이 다르게 배치된다.
㉣ 시각적인 결합에 의해 동적인 안정감과 변화가 풍부한 개성 있는 형태를 준다.
㉤ 물리적으로는 불균형이지만 시각 상으로는 균형을 이루는 것으로 흥미로움을 주며 율동감, 역진감이 있다.

05 ④

해설 | 조닝이란 단의 공간 사용자의 특성, 사용 목적, 사용 시간, 사용빈도, 행위의 연결 등을 고려하여 전체 공간을 몇 개의 행동권으로 구분하는 것을 말한다.

06 ④

해설 | 동선계획
㉠ 동선의 속도가 빠른 경우 단 차이를 두거나 계단을 두면 위험 하다.
㉡ 동선의 빈도가 높은 경우 동선 거리를 짧게 하고 직선으로 처리한다.
㉢ 동선의 하중이 큰 경우 통로의 폭을 넓게 하고 쉽게 식별할 수 있도록 한다.

07 ④

해설 | 통일
㉠ 이질(異質)의 각 구성요소들이 전체로서 동일한 이미지를 갖게 하는 것으로, 변화와 함께 모든 조형에 대한 미의 근원이 되는 원리.
㉡ 대비인 통일과 변화는 상반되는 성질을 지니고 있으면서도 서로 긴밀한 유기적 관계를 유지
㉢ 정적 통일(교육 공간, 기념 공간), 동적 통일(상업시설, 레저 시설), 양식통일(휴양 공간, 교통 공간) 등이 있다.
㉣ 디자인에 미적 질서를 주는 기본 원리로 모든 디자인 원리의 구심점이 된다.
㉤ 강하고 분명한 자극을 주는 디자인에서 느껴진다.
㉥ 동일성이나 반복성·유사성 등의 방법에 의해 연출되어 진다.

08 ①

해설 | 벽높이에 따른 종류
㉠ 상징적 벽체 : 600mm 이하로 통행과 시선이 자유롭다. 영역표시나 경계표시 등으로 사용한다.
㉡ 개방적 벽체 : 1,200mm 이상, 1,500mm 이하로 공간을 감싸는 분위기 조성과 시선의 개방 및 프라이버시를 제공하는 데 유효하다.
㉢ 차단적 벽체 : 1,800mm 이상으로 공간의 영역이 완전히 차단되는 높이로 프라이버시를 유지할 수 있다.

09 ④

해설 | 폐쇄되지 않은 형태는 폐쇄된 형태처럼 완전한 하나의 형태로 그룹되어 지각된다.

10 ③

해설 | 생활공간에 의한 분류
㉠ 개인 생활공간 : 침실, 자녀실, 노인실, 서재
㉡ 가사 노동 공간 : 주방, 가사실
㉢ 사회 공간 : 거실, 식당
㉣ 보건, 위생 공간 : 욕실, 화장실

11 ③

해설 | ㄷ자형(U자형)
벽면을 이용하여 작업대를 배치한 형식으로 작업 면이 넓어 작업 효율이 가장 좋다. 인접한 세 벽면에 작업대를 붙여 배치한 형태이다. ㄷ자형의 작업대의 통로 폭은 1200~1500mm가 적당하다. 평면계획상 부엌에서 외부로 통하는 출입구의 설치가 곤란하다.

12 ①

해설 | 로비(Lobby)
㉠ 로비는 근무자, 방문자 등을 처음 맞이하는 공간으로 내외부를 유기적으로 연결해주며 공적인 문화공간의 역할을 담당한다. 또한 기업의 이미지 표현에서 중요한 공간이다.
㉡ 개방감, 기업의 이미지 표현이 중요한 부분이다.
㉢ 도로와의 관계, 건물의 평면, 코어의 위치 등을 고려하여 계획하여야 한다.

13 ③

해설 | 엘리베이터 계획
교통 수요량이 많은 경우 출발 기준층이 1개 층이 되도록 계획한다.

14 ③

해설 | ㉠ 측면 판매 : 진열상품을 같은 방향으로 보며 판매하는 형식으로 서적, 의류, 침구, 운동용품, 문방구류, 전기제품판매점에 적합하다.
㉡ 대면 판매 : 소형 고가품인 귀금속, 시계, 화장품 판매점 등에 적합하다.

15 ②

해설 | 특수 전시
㉠ 디오라마전시
ⓐ 하나의 사실 도는 주체의 시간 상황을 고정시켜 연출시키는 형식
ⓑ 단순히 현장매체로 현장감 있게 입체적으로 공간속에 전시
ⓒ 사실을 모형으로 연출, 관람시키는 방법
ⓓ 현장 모형으로 재현하되 보조매체로 게시판 설명 부착시키는 방법
㉡ 파노라마전시
ⓐ 벽면전시와 입체물을 병행하여 실감을 보는듯한 감각을 주는 기법
ⓑ 단일 정황을 파노라마로 연출
ⓒ 시간의 연속성을 가지고 선형으로 중심주제 연출
ⓓ 사건 인물의 맥락전시 연출
㉢ 아일랜드전시
ⓐ 사방에서 감상할 필요가 있는 조각물이나 모형을 전시하기 위해 벽면에서 띄워서 전시하는 기법
ⓑ 관람동선이 전시물 사이를 지나갈 수 있도록 한다.
ⓒ 동선은 계획된 회로로서 전시 내용의 순서와 맥락을 유도 한다.
ⓓ 보존은 쇼 케이스화 하거나 노출
ⓔ 전시물 그룹 핑 맥락은 밀도에 따라 배치
㉣ 하모니카전시
ⓐ 통일된 주제의 전시 내용이 규칙적 혹은 반복적으로 배치되는 기법
ⓑ 사각형, 평면 기본, 45°, 135° 사각구성
ⓒ 경량 파티션으로 벽 구획
ⓓ 공간의 한계성에 따라 개방, 반개방, 폐쇄방법

16 ④

해설 | VMD의 개념
㉠ VMD는 V(Visual : 전달 기술로서의 시각화)와 MD(Merchandising : 상품 계획)의 조합
㉡ 상점 구성의 기본이 되는 상품 계획을 시각적으로 구체화시켜 상점 이미지를 경영 전략적 차원에서 고객에게 인식시키는 표현전략
㉢ 상점의 이미지 형성, 다른 상점과의 차별화, 당해 상점의 이미지 주장 과정으로 전개된다.

17 ④

해설 | 단면도
단면도는 건물을 수직으로 절단한 모양을 나타낸 도면으로 천장의 반자부분과 바닥, 벽의 단면상태를 나타내주므로 내부구조를 보여주는 도면이다.

18 ①

해설 | 배척
물체의 크기를 확대해 나타낸 척도이다.

19 ②

해설 | 그리스 주범양식(Order Style)
- ㉠ 도릭 오더(Doric Order) : 가장 오래된 주범양식, 가장 단순하고 간단한 양식으로 직선적이고 장중하며 남성적인 느낌
- ㉡ 이오닉 오더(Ionic Order) : 우아, 경쾌, 유연성가지며 곡선과 여성적인 소용돌이 형상의 주두와 소용돌이 눈에 보석이나 색 대리석으로 장식
- ㉢ 코린티안 오더(Corinthian Order) : 주두를 아칸더스 나뭇잎 형상으로 장식, 세 가지 주범양식 중 가장 장식적이고 화려한 느낌

※ 이오닉 오더(Ionic Order)

20 ②

해설 | chapter04-02 실시설계도면 작성의 재료 단면 표시 기호 참조

2과목　실내디자인 색채 및 사용자 행태분석

21 ②

해설 | ① 무채색(achromatic color)
- ㉠ 흰색, 회색 및 검정색을 통틀어 무채색이라 한다.
- ㉡ 흰색, 회색, 검정 등 색상이나 채도가 없고 명도만 있는 색이다.
- ㉢ 반사율이 약 85%인 경우 흰색이고, 약 30% 정도면 회색, 약 3% 정도는 검정색이다.
② 유채색(chromatic color)
- ㉠ 순수한 무채색을 제외한, 색감을 가지고 있는 모든 색을 말한다.
- ㉡ 빨강, 주황, 노랑, 녹색, 파랑, 보라색 등과 그 중간색은 물론, 이러한 색들의 색감을 조금이라도 가지고 있으면 모두 유채색이라 한다.

22 ③

해설 | 표면색
물체색으로 스스로 빛을 내는 것이 아니라 물체의 표면에서 빛이 반사되어 나타나는 물체 표면의 색으로 사물의 질감이나 상태를 알 수 있도록 한다.

23 ③

해설 | 명도(V, Value)
무채색임을 나타내기 위해 Neutral의 머리글자인 N에 숫자를 붙여 나타낸다. 중간 명도의 회색 N5은 균형의 중심점으로 배색을 이루는 각색의 평균 명도가 N5가 될 때 그 배색은 조화를 이룬다.

24 ③

해설 | 오메가공간
문. 스펜서는 색을 지각적으로 고른 강도의 오메가공간을 만들어 조화를 이루는 색채와 그렇지 않은 색채라는 두 종류로 나누었다. 이러한 오메가공간은 먼셀의 색입체와 같은 개념으로 먼셀 표색계의 속성에 대응될 수 있으며 H, V, C단위로 설명하였다.

25 ③

해설 | 미도에 의한 조화론
- ㉠ 균형 있게 잘 선택된 무채색의 배색은 유채색의 배색에 비해 뒤떨어지지 않는 미도의 값을 나타낸다.
- ㉡ 등색상의 조화는 매우 쾌적한 경향이 있다.
- ㉢ 등명도의 배색은 미도가 낮다.
- ㉣ 등색상 및 등채도의 단순한 디자인은 색상을 많이 사용한 복잡한 디자인보다 더 아름답다.
- ㉤ 대비 관계도 중요한 요소가 된다.

26 ④

해설 | 사무실 벽을 순백색의 고명도로 배색한 것은 눈을 피로하게 한다.

27 ①

해설 | ㉠ 색이 적용되는 면적이 넓을수록 자극이 적은 색을 사용하는 것이 좋다.
㉡ 채도가 낮은 색은 어떤 면적에도 잘 어울리며 안정감을 준다.
㉢ 채도가 높고 강한 색을 작은 면적에 사용하면 좋은 효과를 얻을 수 있다.
㉣ 배색에 수반되는 감정효과는 균형점의 색상, 명도, 채도에 따라 달라진다.

28 ②

해설 | CMYK는 색료 혼합방식으로 보통 인쇄 또는 출력 시 사용된다. 특히 잉크를 기본바탕으로 표현되는 색상이다. 색역은 RGB가 CMYK보다 넓다.

29 ③

해설 | 부의 잔상(음성잔상)
잔상이 원자극의 형상과 닮았지만 밝기는 원자극의 반대이다.
(예) 검정 원을 한참 보다가 벽을 보면 흰 원이 나타나 보이고, 흰 원을 한참 보다가 벽을 보면 검정 원이 나타나 보인다.)

30 ①

해설 | 등백색(Isotint) 계열의 조화
  ㉠ 등색 상 3각형 속에서 등백 계열 선상의 색은 조화한다
  ㉡ 백색량이 같다고 하는 공통점으로 질서가 생긴다. 앞의 문자가 같은 기호 색 선택
    (예) i – ie – ia, ni – ne – na

31 ②

해설 | 붙박이가구
건물과 일체화시킨 가구로 공간 활용 및 효율성을 높일 수 있다.

32 ④

해설 | 바르셀로나 의자
미스반 데어 로에가 디자인하였고 X자로 된 강철 파이프 다리 및 가죽으로 된 등받이와 좌석으로 구성되어 있다.

33 ④

해설 | 인간공학 연구에 사용되는 인간 기준(human criteria)의 척도
  ㉠ 생리학적 지표(physiological index) : 육체적, 정신적 작업과 환경의 영향에 따라 발생하는 심박 수, 혈압, 호흡률, 산소 소비량, 시력, 청력 등을 통해 인간의 스트레스 측정에 사용
  ㉡ 주관적 반응(subjective response) : 기준을 측정할 때 실험 참가자의 의견, 평가, 판단 등을 기초로 의자의 안락감, 컴퓨터 시스템의 편리성, 마우스의 선호도 등을 주관적 응답을 통해 얻을 수 있다.
  ㉢ 인간성능 척도(performance measure) : 빈도 척도, 강도 척도, 지연성 척도, 지속성 척도 등을 조합하여 사용

34 ④

해설 | 인간 – 기계 시스템의 설계과정
목표 및 성능명세 결정→시스템의 정의→기본설계→인터페이스 설계→촉진물 설계→시험 및 평가

35 ①

해설 | 홍채 동공은 조리개 역할을 한다.

36 ①

해설 | 동일한 작업 시 에너지 소비량에 영향을 끼치는 요소는 작업시간, 작업자세, 작업방법, 작업조건, 작업속도이다.

37 ①

해설 | 양립성(兩立性 : compatibility)
인간공학에 있어 자극들 간의 관계, 반응들 사이, 또는 자극–반응의 조합관계가 인간의 기대와 모순되지 않도록 하는 것을 말한다.
  ㉠ 공간적 양립성 : 표시장치나 조정장치에서 물리적 형태나 공간적인 배치의 양립성(오른쪽 버튼을 누르면 오른쪽 기계가 작동하고, 왼쪽 버튼을 누르면 왼쪽 기계가 작동하는 경우)
  ㉡ 운동의 양립성 : 표시장치, 조정장치, 체계반응의 운동 방향의 양립성(자동차의 핸들을 우측으로 돌리면 자동차가 우측으로 회전하는 경우)
  ㉢ 개념적 양립성 : 사람들이 가지고 있는 개념적 연상의 양립성(냉온수기 버튼의 경우, 빨간색은 온수 파란색은 냉수가 나오도록 하는 경우)

38 ②

해설 | ㉠ 신전 : 관절에서의(부위 간) 각도가 증가하는 동작
  ㉡ 내전 : 몸(신체)의 중심선으로 향하는 이동 동작
  ㉢ 외전 : 몸(신체)의 중심선으로부터 멀어지는 이동 동작
  ㉣ 상향 : 몸(신체) 또는 손바닥을 위로 향하는 회전

39 ③

해설 | 지구력
  ㉠ 사람이 근육을 사용하여 특정한 힘을 유지할 수 있는 시간은 부하와 근력의 비의 함수이다.
  ㉡ 사람은 자기의 최대 근력을 잠시 동안만 낼 수 있으며 근력의 15% 이하의 힘은 상당히 오래 유지할 수 있다.

40 ②

해설 | 짐을 나르는 방법에 따른 에너지 소비량(산소 소비량) 등, 가슴 < 머리 < 배낭 < 이마 < 쌀자루 < 목도 < 양손의 순으로 짐을 나르는 데 힘이 더 들어간다.

3과목 실내디자인 시공 및 재료

41 ③

해설 | ㉠ 섬유포화점 이하에서는 목재의 수축과 팽창이 일어나고 함수율이 감소하면 강도는 증가하고 탄성은 감소한다.
㉡ 섬유포화점 이상에서는 수축, 팽창, 강도 변화가 없다.

42 ④

해설 | 제혀쪽매
널 한쪽에는 홈을 파고 다른 쪽에는 혀를 내어 물리게 한 것을 말한다.

43 ①

해설 | 가새(brace)
㉠ 가새의 경사는 45°에 가까울수록 유리하다.
㉡ 가새는 수평력이 작용하는 방향에 따라 압축력 또는 인장력을 받는다.
㉢ 가새는 대칭으로 배치하는 것이 구조내력상 유리
토대, 샛기둥
- 통재기둥은 압축력(수직력)에 저항하는 부재

44 ③

해설 | 칼슘이온과 탄산이온은 풍화의 주원인 성분으로서 탄산마그네시아, 탄산칼슘 등은 풍화의 가능성이 높다.

45 ③

해설 | 석기
소성 후 유색, 불투명하고 바닥타일, 클링커 타일에 사용된다.

46 ④

해설 |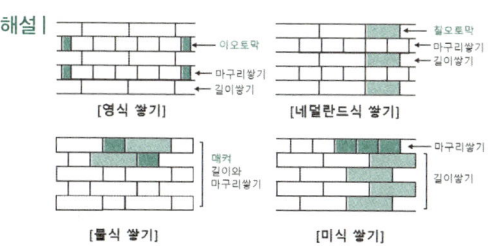

47 ②

해설 | 벽량 $= \dfrac{(2.4+2.4+1+1+1)m}{(4.5 \times 6)m} = \dfrac{7.8}{27}$
$= \dfrac{780}{27} = 28.9 cm/m^2$

48 ④

해설 | 스팬드럴 유리
판유리 한쪽 면에 세라믹질의 도료를 도장한 후 고온에서 융착, 반강화한 것으로 내구성이 뛰어나며 일반유리보다 2~3배의 강도를 가진다. 이때 발생할 수 있는 열깨짐의 위험을 최소화하기 위해 배강도 이상의 강도를 가진 유리를 적용하고 있다.

49 ②

해설 | 펀칭 메탈(Punching Metal)
얇은 판에 여러 가지 모양으로 도려낸 철물로서 환기구 · 라디에이터 커버 등에 이용한다.

50 ②

해설 | 에나멜 래커(enamel Lacquer)
• 뉴트로셀룰로오스 등의 천연수지를 이용
• 도막이 얇고 견고하며, 기계적 성질도 우수하다.
• 닦으면 광택이 나는 불투명 도료이다.

51 ③

해설 | 바탕층은 바름층보다 강도, 강성이 클 것

52 ④

해설 | 블리딩(bleeding)
일종의 재료분리 현상으로 콘크리트 타설 후 시멘트, 골재입자 등의 침하에 따라 물이 분리, 상승되어 콘크리트 표면 위로 떠오르는 현상이다.
발생 원인
㉠ 물 – 시멘트비가 클수록
㉡ 단위수량이 많을수록
㉢ 분말도가 낮은 시멘트를 사용할수록
㉣ 부재의 단면치수가 클수록

53 ②

해설 | 콘크리트의 열팽창계수 : $1 \times 10^{-5} /℃$

54 ①

해설 | 시멘트의 수경률
포틀랜드시멘트의 화학 조성과 성질을 관련시키기 위해 산출하는 계수의 하나
CaO(%) / SiO₂ + Al₂O₃ + Fe₂O₃ (%)로 나타낸다.

55 ③

해설 | 목재는 탄소(C)원소를 포함한 유기재료이다.

56 ④

해설 | 폴리스티렌수지(PS)
- 무색 투명한 액체로 유기용제에 침해되기 쉽다.
- 내수, 내화, 전기절연성, 내수성, 가공성이 좋다.
- 스티로폼, 벽타일, 천정재, 블라인드, 발포 보온판

57 ④

해설 | 망상 아스팔트 루핑은 절연공법에 적용하는 것이 아니고, 시공 시 방수지 역할을 한다.

58 ③

해설 | 쌍줄비계면적 A = H(L + 8 × 0.9) = (L + 7.2m) × H
H = 10m, L = (10m + 5m) × 2 = 30m
∴ A = H(L + 8 × 0.9) = 10 × (30 + 7.2) = 372m²

59 ①

해설 | 설계도서 해석의 우선순위
설계도서, 법령해석, 감리자 의견 등이 서로 상이할 때 일반적인 우선순위는 아래와 같다.
㉠ 특기 시방서
㉡ 설계도면
㉢ 일반시방서, 표준시방서
㉣ 산출내역서
㉤ 승인된 시공도면
㉥ 관계법령의 유권해석
㉦ 감리자의 지시사항

60 ①

해설 | MCX(Minimum Cost eXpending)기법
㉠ 최소 비용으로 최적의 공기를 찾아 공정을 수행하는 공기단축 기법
㉡ 네트워크 공정표 작성 후 주공정선(CP)을 구하고 각 작업의 비용구배를 구한다.
㉢ 주공정선(CP)의 작업에서 비용구배가 최소한 작업부터 단축 가능일수 범위 내에서 단축한다.
㉣ 주의한 점은 주공정선(CP)이 바뀌지 않도록 해야한다.

4과목 실내디자인 환경

61 ④

해설 | 열관류(열통과) : 열전달과 열전도의 총합

62 ②

해설 | 벽체의 열관류열량과 실내측 표면 열전달량은 같다. 열통과량과 벽체 표면 열전달량은 같으므로 다음과 같은 평행식을 세울 수 있다.
열관류량 $(Q) = k \cdot A \cdot \Delta t(W)$
$Q = 1.5 × 1 × [20 - (-10)] = 45$
열전달량 $(Q_v) = \alpha \cdot A \cdot \Delta t(w)$
$= 9 × 1 × (20 - t)$
∴ $45 = 9 × 1 × (20 - t)$, $t = 15℃$

63 ①

해설 | 환기량이 적으면 실내 습도가 높아져 표면결로 발생 가능성이 높아진다.

64 ②

해설 | 흡음판이 막진동하기 쉬운 얇은 것일수록 흡음률이 크다.

65 ①

해설 | TAL 조명방식(Task & Ambient Lighting)
㉠ 작업구역(Task)에는 전용의 국부조명방식으로 조명하고, 기타 주변(Ambient)환경에 대하여는 간접조명과 같은 낮은 조도레벨로 조명하는 방식
㉡ 실내의 전체적인 밝기를 낮게 억제할 수 있기 때문에 에너지 소비적인 측면에서는 유리하지만 초기설치 비용이 증가하며, 필요한 장소만 밝히기 때문에 실내가 전체적으로 어두워지는 단점도 발생한다.

66 ④

해설 | 실지수(방지수, Room Index)
광원에서 작업면에 직접 도달하는 빛은 실의 바닥면적에 대하여 천장의 높이가 낮을 때는 많아 효율이 좋고, 천장이 높을 때는 적어진다. 일반적으로 천장이 낮은 경우 실지수가 크다.

67 ④

해설 | 굴뚝효과(stack effect)
건축물 내외부의 온도차에 의해 공기가 움직이는 현상으로 내부온도가 외부온도보다 높으면 아래쪽에서 위쪽으로 흐르고 그와 반대가 되면 위쪽에서 아래쪽으로 흐른다.

68 ①

해설 | 개별식은 난방부하 있는 곳에 개별적으로 설치되어 있으므로, 설치 개소가 많아져 유지관리가 난해하고, 배관의 길이가 짧아져 배관 중의 열손실은 적다.

69 ③

해설 | 송풍량
1W = 1 J/s = 3600 J/h = 3.6 kJ/h (답안의 단위가 시간당 송풍량으로 시간을 초로 환산 3,600)
∴ 5,000W = 5,000W × 3.6 kJ/h

$$Q = \frac{q_s}{\gamma \cdot C \cdot \Delta t}$$

$$= \frac{5,000W \times 3.6}{1.2 kg/m^3 \times 1.01 kJ \cdot k \times (26-16)}$$

= 1,485.14 ㎥/h ≒ 1,485 ㎥/h

70 ①

해설 | 입형 보일러 (수직형 보일러)
㉠ 수직으로 세운 드럼 내에 연관 또는 수관이 있는 소규모의 패키지형 보일러
㉡ 설치면적이 작고 취급이 간단하며 사용압력이 낮다.

71 ③

해설 | 그리스 포집기(Grease Trap)
주방 등에서 기름기가 많은 배수로부터 기름기를 제거, 분리하는 장치이다.

72 ②

해설 | ㉠ 채광을 위한 창문면적 : 거실 바닥면적의 1/10 이상
㉡ 환기를 위한 창문면적 : 거실 바닥면적의 1/20 이상

73 ④

해설 | 문화 및 집회시설 중 전시장 및 동·식물원은 제외한다.

74 ②

해설 | 손궤의 우려가 있는 토지에 대지를 조성하는 경우 옹벽의 높이가 2m 이상인 경우에는 이를 콘크리트구조로 해야 한다.

75 ③

해설 | 주거시설 내화구조의 성능기준에 따른 내화시간기준 : 기둥(3h) > 내력벽(2h) > 바닥(2h) > 지붕틀(1h)

76 ③

해설 | 헬리포트 주위 한계선은 너비 38cm의 백색 선으로 한다.

77 ④

해설 | 소방용품은 소방제품 또는 기기를 포함하고 있다.

78 ②

해설 | ① 방화복 → 피난구조설비
③ 옥외소화전설비 → 소화설비
④ 자동화재속보설비 → 경보설비

79 ①

해설 | 연면적이 100㎡ 이상인 학교시설

80 ②

해설 | 배기구 높이
상업지역 및 주거지역에서 건축물에 설치하는 냉방시설 및 환기시설의 배기구는 도로 면으로부터 2m 이상의 높이에 설치해야 한다.

과년도 기출문제 정답 및 해설

06 | 2024년 실내건축기사 3회

1과목 실내디자인계획

01 ①

해설 | 거주 후 평가(POE : Post Occupancy Evaluation)
㉠ 거주 후 평가의 개념
인터뷰, 현지답사, 관찰 등의 방법을 이용하여 사용자들의 반응을 연구하고, 사용 중인 건물을 평가하여 향후 디자인 작업에 도움을 줄 수 있으며, 또한 건물을 개조하거나 유사한 건물을 신축할 때 중요한 지침이 될 수 있다. 이러한 최적 환경을 창출하기 위해 연구하는 과정을 거주 후 평가라 한다.
㉡ 목적
ⓐ 유사 건물의 건축 계획에 직접적인 지침 제공
ⓑ 앞으로의 건축 계획 및 평가에 필요한 이론 및 정보를 제공
㉢ 거주 후 평가 요소
환경장치, 사용자, 주변 환경, 디자인 활동

02 ③

해설 | 실내디자인의 목표
㉠ 인간에게 적합한 환경을 추구한다.
㉡ 인간을 존중하고 인간 생활환경의 질을 향상시킨다.
㉢ 인간의 생활 기능(작업, 휴식, 취침, 취식)을 충족시킨다.
㉣ 기능성, 경제성, 심미성, 독창성을 함께 고려해야 한다

03 ④

해설 | 불규칙한 형태의 공간은 한 개 이상의 축을 가지기 때문에 비대칭적인 것이 특징이다.

04 ②

해설 | ㉠ 척도(스케일) : 물체와 인간의 상호관계를 말하며 관측 대상의 속성을 측정하여 그 값을 숫자로 나타나도록 일정한 규칙을 정하여 바꾸는 도구이다.
㉡ 휴먼스케일 : 인간의 신체를 기준으로 파악하고 측정되는 척도 기준이다. 생활 속의 모든 스케일 개념은 인간중심으로 결정되어야 한다. 휴먼스케일이 잘 적용된 실내는 안정되고 안락한 느낌을 준다.

05 ②

해설 | 고딕건축양식에서는 첨두형 아치를 사용하였다.

06 ③

해설 | 배경의 중심에 있는 점은 시선을 집중시키고 정적인 효과를 느끼게 한다.

07 ②

해설 | 실내 공간의 레이아웃에서 가장 우선적으로 고려해야 할 사항은 공간의 동선계획이다.

08 ④

해설 | 조화는 유사와 대비로 분류되며, 시각적으로 동일한 요소들을 통해 이루어지는 조화방법을 유사조화라고 한다.

09 ③

해설 | 비내력벽
벽 자체만의 하중만 받는 벽체이기 때문에 공간과 공간을 분리하는 칸막이 역할을 한다.

10 ①

해설 | 블라인드
㉠ 베니션 블라인드(venetian blind) : 수평 블라인드
㉡ 버티컬 블라인드(vertical blind) : 수직 블라인드
㉢ 롤 블라인드(roll blind) : 천을 감아올리는 블라인드
㉣ 로만 블라인드(roman blind) : 상부의 줄을 당기면 단이 생기면서 접히는 형식의 블라인드

11 ②

해설 | 리빙다이닝 키친(LDK: Living Dining Kitchen)거실과 부엌, 식탁을 한 공간에 집중시킨 경우로 소규모 주거공간에서 사용된다. 최대한 면적을 줄일 수 있고 공간의 활용도가 높다.

12 ③

해설 | 노인침실계획
바닥에 단 차이가 없도록 해야 하며, 특히 문턱 제거, 미끄럼방지 등 노인의 활동에 편리하게 배치해야 한다.

13 ②

해설 | 오피스 랜드스케이프
㉠ 시각적인 프라이버시 확보가 어렵고, 소음상의 문제가 발생할 수 있다.
㉡ 산만하고 인위적인 분위기를 정리하기 위해 고정된 칸막이벽으로 구획한다.
㉢ 오피스 작업을 사람의 흐름과 정보의 흐름을 매체로 효율적인 네트워크가 되도록 배치하는 방법이다.
㉣ 사무공간의 능률향상을 위한 배려와 개방공간에서의 근무자의 심리적 상태를 고려한 사무 공간 계획 방식이다.

14 ④

해설 | ㉠ 측면판매:진열상품을 같은 방향으로 보며 판매하는 형식으로 상품에 직접 접촉하므로 선택이 용이하여 상품에 친근감을 느낄 수 있다(대규모 상점, 의류, 가구, 전자제품 등).
㉡ 대면판매:시계, 귀금속점, 카메라점 등 전문성이 있는 판매에 주로 사용된다.

15 ②

해설 | 전시공간의 천장은 조명 및 설비기기가 눈에 잘 띄지 않도록 시각적으로 편안함을 주는 색채 및 마감재를 사용한다.

16 ③

해설 | 은행의 영업장은 점포 고유의 기능과 사무 고유의 기능을 동시에 갖는 은행 내에서 가장 중요한 부분으로 실내 전체가 보이도록 하는 것이 이상적이다.

17 ②

해설 | 도면의 크기
A3의 사이즈는 297 × 420이다.

18 ②

해설 | 봉정사 극락전은 고려시대의 건축으로 현존하는 목조 건축 중 가장 오래된 건축물이다.

19 ④

해설 | 북부지방의 경우 겨울철 난방을 고려하여 기밀하고 폐쇄적인 내부공간 구성으로 계획하였다.

20 ②

해설 | 실시설계는 디자인을 실현시키기 위한 구체적인 설계 도서를 작성하는 단계로 설계도, 시방서, 견적서 등을 작성하는 단계이다. 마감재료에 대한 도면 표기시에 판매되는 제품 명칭까지 정확히 사용할 필요는 없다.

2과목 실내디자인 색채 및 사용자 행태분석

21 ④

해설 | 색 지각은 색 연상과 상징 등과 함께 경험되는 심리적 현상과 관계가 많다.

22 ②

해설 | 색채계획과정
색채환경분석 → 색채심리분석 → 색채전달계획 → 디자인에 적용

23 ①

해설 | 먼셀 색체계
한국공업규격으로 1965년 한국산업표준 KS규격(KS A 0062)으로 채택하고 있고, 교육용으로는 교육부 고시 312호로 지정해 사용하고 있다.

24 ②

해설 | 감산혼합(감법혼색, 색료혼합)
색료혼합으로 시안(Cyan), 마젠타(Magenta), 노랑(Yellow)이 기본색이며, 색료를 혼합하면 명도와 채도가 낮아져 어두워지고 탁해진다.

25 ③

해설 | 파버 비렌의 색채조화론
㉠ Tint(틴트) : 순색과 흰색이 합쳐진 밝은 색조
㉡ Tone(톤) : 순색과 흰색 그리고 검정이 합쳐진 톤
㉢ Shade(색조) : 순색과 검정이 합쳐진 어두운 농담
㉣ Gray(회색) : 흰색과 검정이 합쳐진 회색조

26 ②

해설 | 고명도 색상은 가벼운 색으로 느껴지며 저명도의 색상은 무거운 색으로 느껴진다.

27 ②

해설 | 먼셀 색체계
색상은 적(R), 황(Y), 녹(G), 청(B), 자(P) 5가지 기본색으로 보색을 추가하여 10색상을 나누어 척도화하였다.

28 ③

해설 | ㉠ RGB는 컴퓨터 모니터와 스크린 같은 빛의 원리로 컬러를 구현하는 장치에서 사용된다.
㉡ CMYK(감산 혼합)는 인쇄와 사진에서의 색 재현에 사용된다. 주로 옵셋 인쇄에 쓰이는 4가지 색을 이용한 잉크체계를 뜻하며, 각각 시안(Cyan), 마젠타(Magenta), 옐로(Yellow), 블랙(Black)을 나타낸다. RGB나 HSB(HSV)보다 표현 가능한 색이 적다.
㉢ CIE 표준 표색계(XYZ 표색계)에서 혼색계는 색광을 표시하는 표색계로 심리적이고 물리적인 빛의 혼색 실험에 의하여 기초를 두는 것으로 현재 측색 학의 근본을 이루고 있다.
㉣ HSB 형식 : 색의 3가지 기본 특성인 색상, 채도, 명도에 의해 표현하는 방식이다.

29 ②

해설 | 휴식 공간에는 대비가 강한 색상이나 강렬한 톤을 사용하면 오히려 긴장감을 유발할 수 있다.

30 ①

해설 | 의자의 종류
㉠ 스툴 : 등받이와 팔걸이가 없고 다리만 있는 형태의 보조 의자이다.
㉡ 오토만 : 등받이와 팔걸이가 없는 형태로 발을 올려놓는 보조 의자이다.

31 ④

해설 | 사방탁자
각 층의 넓은 판재(층널)를 가는 기둥만으로 연결하여 사방이 트이게 만든 가구로 책이나 문방용품, 즐겨 감상하는 물건 등을 올려놓거나 장식하는 기능을 하였다.

32 ③

해설 | 프리젠테이션
㉠ 디자이너와 고객 간의 긴요한 의사전달 방법이다.
㉡ 2차원, 3차원 도면이나 모델 등을 활용하여 고객의 이해를 돕는다.
㉢ 디자이너가 2~3개의 디자인을 결정하여 고객에게 전달하는 과정이다.
㉣ 컴퓨터나 멀티미디어 등 최신의 표현기법이 점차 일반화되는 경향이다.

33 ②

해설 | 인간 – 기계 시스템의 기본기능
㉠ 감각(정보의 수용)기능 : 인간은 시각, 청각, 촉각 등 여러 감각을 통해서, 기계는 전기적·기계적 자극 등을 통해서 감각기능을 수행한다.
㉡ 정보저장기능 : 인간의 기억과 유사한 기능으로 여러 가지 방법에 의해 기록된다. 코드화나 상징화된 형태로 저장된다.
㉢ 정보처리기능 및 의사결정기능 : 인간의 정보 처리 과정은 행동에 대한 결정으로 이루어지며, 기계는 정해진 절차에 의해 입력에 대한 예정된 반응으로 결정이 이루어진다.
㉣ 행동기능 : 시스템에서의 행동기능은 결정 후의 행동을 말한다.

34 ②

해설 | 원추세포
망막의 감각세포에서 모양과 색을 인식하며, 노랑색에 가장 예민하다.

35 ②

해설 | 공간적 양립성
조정장치와 해당하는 표시장치의 공간적 배열을 나타내는 양립성이다(오른쪽 버튼 누르면, 오른쪽 기계 작동).

36 ④

해설 | 인체 내 골격
㉠ 골격의 기능 : 신체의 지지 및 형상유지, 조혈작용, 체내의 장기 보호,무기질 저장, 가동성 연결을 한다.
㉡ 근육의 기능 : 뇌의 명령에 따라 수축과 이완을 통해 몸을 미세하게 조절하고 움직이는 역할을 한다.

37 ②

해설 | 신체 활동 수준이 너무 높아 근육에 공급되는 산소량이 부족한 경우에는 혈액 중에 젖산이 축적된다.

38 ④

해설 | ㉠ 심장 박동수 – ECG
㉡ 뇌의 활동량 – EEG
㉢ 안구의 초점이동 – EOG
㉣ 근육의 활동 – EMG

39 ③

해설 | 외전(abduction)
신체의 중앙이나 신체의 부분이 붙어있는 부위에서 멀어지는 방향으로 움직이는 동작. 팔을 수평으로 드는 동작

40 ②

해설 | 최소 집단 설계
관련 인체 측정 변수 분포의 1%, 5%, 10% 등과 같은 하위 백분위수를 기준으로 한다. 선반의 높이, 조정 장치까지의 거리, 비상벨의 위치설계 등을 정할 때 사용된다.

3과목 실내디자인 시공 및 재료

41 ④

해설 | 파티클보드
㉠ 방향성이 없고 변형이 극히 적다.
㉡ 방부제, 방화제를 첨가함에 따라 방부성, 방화성을 높일 수 있다.
㉢ 흡음성, 열차단성이 좋다.
㉣ 강도가 크다(선반, 마룻널, 칸막이 가구 등에 쓰임).
㉤ 경량으로 가공이 용이하나 합판에 비해 강도 및 내수성이 약하다.
㉥ 보드 사이즈를 자유로이 만들 수 있으며, 상판, 칸막이벽, 가구 등에 주로 사용된다.

42 ②

해설 | 함수율 = $\left(\dfrac{건조전중량 - 절대건조시중량}{절대건조시중량}\right) \times 100\%$

$= \dfrac{5kg - 4kg}{4kg} \times 100(\%) = 25\%$

43 ③

해설 | 저온처리될 경우 결로 등에 의해 수분이 생성되고 이에 따른 팽창수축이 일어날 가능성이 높아지게 된다.

44 ④

해설 | 맞춤에 사용되는 보강철물
• 띠쇠 : ㅅ자보와 왕대공, 기둥과 층도리
• 감잡이쇠 : 평보와 왕대공
• ㄱ자쇠 : 모서리 기둥과 층도리
• 안장쇠 : 큰 보와 작은 보
• 양나사 볼트 : 차마도리와 깔도리
• 주걱볼트 : 보와 처마도리

45 ②

해설 | 테두리보는 세로철근을 정착시키는 역할을 한다.

46 ②

해설 | 1종 점토벽돌의 압축강도 기준은 24.50MPa 이상이다.

47 ③

해설 | 와이어 메시(Wire Mesh)는 콘크리트 균열방지용으로 주로 사용된다.

48 ③

해설 | 구조용 비자성강(Non-magnetic Steels)
금속계 신재료로 강력한 자기장이 발생할 가능성이 있는 철골 구조물의 강재나, 철근 콘크리트용 봉강으로 초고층 인텔리전트 빌딩이나, 핵융합로 등에 사용된다.

49 ①

해설 | 인서트(Insert)
슬래브 구조체 부분과 천장마감재 등을 연결해주는 부재로서 강성이 큰 주철을 많이 적용한다.

50 ③

해설 | 메타크릴수지
• 투명도가 매우 높아 항공기의 방품유리 및 일반 유리 대용품으로 많이 사용됨
• 강인성, 내약품성, 내후성이 우수하다.

51 ④

해설 | 타일장수 = $\dfrac{시공면적(m^2)}{줄눈포함 타일 1장면적(m^2)}$

타일 정미량 = $\dfrac{100cm}{10.8 + 0.6} \times \dfrac{100cm}{10.8 + 0.6}$

$= 76.9$ 매 ≒ 77 매

52 ②

해설 | 클리어 래커
래커의 한 종류로서 목재면의 투명도장에 사용된다.

53 ②

해설 | 롤아웃(Roll-out)방식
롤 사이에 유리를 흘려보내면서 압연하는 방식으로 무늬유리 및 망입유리 등을 가공한다.

54 ②

해설 | 뿜칠재료는 운반 및 저장 시 포장이 터지거나 찢어지지 않도록 하여야 하며, 적재 시 20포 이상 쌓지 않아야 한다.

55 ①

해설 | 고발열성 시멘트를 쓸 경우 내부발열이 증가하고, 콘크리트 내부와 외부 간의 온도차가 많이 발생하게 되어 온도균열이 증대될 수 있다.

56 ④

해설 | 물 − 시멘트비(W/C) = $\dfrac{\text{물의 중량}}{\text{시멘트 중량}} \times 100(\%)$

※ 비중 = $\dfrac{\text{중량}}{\text{부피}}$, 중량 = 비중(밀도) × 부피,

시멘트중량 = 시멘트 비중 × 부피 = $3.15\text{g/cm}^3 \times 1\text{m}^3$

∴ $\dfrac{2}{3.15} \times 100\% = 63.49 ≒ 63.5\%$

57 ④

해설 | 골재의 흡수율

= $\dfrac{\text{표면건조상태} - \text{절대건조상태}}{\text{절대건조상태}} \times 100(\%)$

= $\dfrac{500 - 450}{450} \times 100(\%) = 11.1\%$

58 ①

해설 | 더미(dummy)
정성적으로 표현할 수 없는 작업 상호관계를 연결시키는 점선 화살표, 명목상 작업으로 실제 작업이나 시간적 요소는 없다.

59 ④

해설 | 낙하물 방지망
㉠ 낙하물방지망 설치높이는 10m 이내 또는 3개 층마다 설치한다.
㉡ 그물코 크기는 20mm 이하가 추락 방호망에 적합
㉢ 내민길이는 비계 또는 구조체의 외측에서 수평거리 2m 이상으로 설치한다.
㉣ 수평면과의 경사각도는 20° ~ 30°로 설치한다.
㉤ 낙하물방지망과 비계 또는 구조체와의 간격은 250mm 이하로 설치한다.
㉥ 낙하물방지망의 이음은 150mm 이상 겹쳐 이음

60 ④

해설 | 붉은벽돌(3%), 시멘트벽돌(5%)

4과목 실내디자인 환경

61 ①

해설 | 열복사
고온의 물체 표면에서 저온의 물체 표면을 공간을 통해 전자파에 의해 열이 전달되는 형태를 말한다.
주변의 공기온도는 열복사에 영향을 주지 않는다.
㉠ 복사열의 반사나 흡수하는 열은 물체 표면의 성질과 온도에 따라 달라진다.
㉡ 거칠고 어두운 검은색 표면은 복사열에 대해 최상의 흡수체이며 방사체이다.
㉢ 열 방사량은 물체의 온도가 올라가면 같이 증가 한다.
㉣ 완전흑체의 복사율은 1이다.
㉤ 복사에너지는 표면 절대온도의 4승에 비례한다. (Stefan-Boltzmann 법칙)

62 ②

해설 | • 천창에 비해 통풍, 차열에 유리하다.
• 천창에 비해 구조·시공이 간편하며 비막이에 비교적 유리하다.
• 근린의 상황에 따라 채광을 방해받는 경우가 있다.

63 ④

해설 | 단열형태별 종류
용량형 단열(열저항), 반사형 단열(저방사), 저항형 단열(열용량)

64 ①

해설 | 습공기를 가습하였을 때
상대습도, 절대습도는 증가, 습구온도 상승, 노점온도와 엔탈피, 수증기분압, 비체적은 높아진다.(건구온도만 상태값이 증가하지 않는다.)

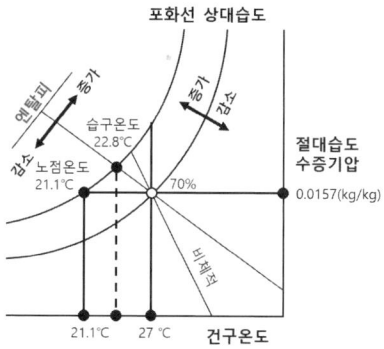

65 ③

해설 | Sabine의 잔향식
$$RT = 0.16\frac{V}{A} = 0.162 \times \frac{5,000}{500} = 1.62 ≒ 1.6초$$
A : 실내의 흡음력(m²)
   = $\bar{\alpha}$(평균 흡음률) × S(실내표면적)m²
흡음률에 대한 보기가 없을때는 1로 본다.

66 ③

해설 | 먼저 열관류율(k)을 구하고 관류열량을 계산한다.
㉠ 열관류율(k) = $\dfrac{1}{\dfrac{1}{a_0} + \sum\dfrac{d}{\lambda} + \dfrac{1}{a_i}}$

= $\dfrac{1}{\dfrac{1}{11} + \dfrac{0.2}{1.56} + \dfrac{1}{22}}$ = 3.8W/m²·K

a : 열전달률(W/m²·K), λ : 열전도율(W/m²·K),
d : 두께(m)
㉡ 관류열량 (Q) = $k \cdot A \cdot \Delta t (W)$
= 3.8 × 1 × (20 − 2) = 68.4W/m²

67 ④

해설 | 바닥복사난방은 외기온도 급변에 따른 방열량 조절이 난해하며, 주택과 같은 지속난방이 필요한 곳에 적합하다.

68 ②

해설 | 단일덕트방식은 각 실, 각 층의 온도조절이 곤란하다.

69 ④

해설 | ① 대변기의 연속사용이 가능하다.
② 급수관경과 필요수압에 제한이 있어 일정 이상의 급수압력이 필요하다.
③ 하이탱크 세정식에 대한 설명이다.

70 ③

해설 | 수용률(demend factor)
최대수요전력을 구하기 위한 것으로 최대수요전력의 총부하량에 대한 비율을 백분율로 표시한 것이다.

$$수용률 = \frac{최대수용전력}{부하설비용량} \times 100\%$$

71 ④

해설 |

구분	직류(DC)	교류(AC)
저압	1,500V 이하	1,000V 이하
고압	1,500V 초과 7,000V 이하	1,000V 초과 7,000V 이하
특별고압	7,000V 초과	7,000V 초과

72 ④

해설 | 거실 반자의 높이

거실의 종류	반자높이
• 일반 용도의 거실	2.1m 이상
• 문화 및 집회 시설(전시장, 동식물원 제외) • 종교시설 • 장례시설 또는 유흥주점의 용도로 쓰이는 건축물의 관람실 또는 집회실로서 바닥면적이 200m² 이상인 것	4.0m 이상 (노대 아랫부분은 2.7m 이상)

73 ②

해설 | 공동주택, 교육연구시설, 노유자시설, 기타시설(전신전화국)의 경우 1대에 3,000m²를 초과하는 경우에는 그 초과하는 매 3,000 m² 이내마다 1대를 더한 대수
$$1 + \frac{A - 3,000m^2}{3,000m^2} = 1 + \frac{(2,000 \times 7) \times 0.8 - 3,000}{3,000}$$
= 3.7대 ≒ 4대

74 ④

해설 | 채광을 위한 창문의 면적은 그 교실의 바닥면적의 10분의 1 이상이어야 한다.

75 ②

해설 | 건축물의 바깥쪽으로의 출구의 유효너비의 합계는 해당 용도에 쓰이는 바닥면적이 최대인 층의 해당 용도의 바닥면적 100㎡마다 0.6m의 비율로 산정한 너비 이상으로 설치해야 함

$$\therefore \frac{500m^2}{100m^2} \times 0.6 = 3m$$

76 ④

해설 | 건축물의 옥상에 설치된 차고·주차장으로서 사용되는 면적이 200㎡ 이상인 경우 해당 부분

77 ④

해설 | ⓗ 표지 : 지름 8m (백색)

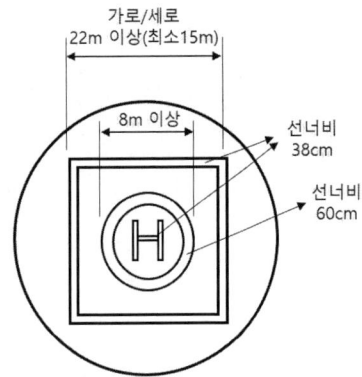

78 ④

해설 | 내진설계기준에 맞게 설치하여야 하는 소방시설 옥내소화전설비, 스프링클러설비, 물분무소화설비

79 ④

해설 | 각층 바닥면적이 1,000㎡인 업무시설 11층은 자동식 소화설비가 설치된 경우 1,500㎡ 이내마다 구획해야 하므로 층간 방화구역으로 한다.

80 ①

해설 | 화재 시 방화와 화재 진압, 피난 등에 장애를 일으킬 수 있으므로 같은 건축물 안에 설치할 수 없도록 용도를 제한한 것이다.

과년도 기출문제 정답 및 해설

07 | 2025년 실내건축기사 1회

1과목 실내디자인계획

01 ①

해설 | ② 실내디자인의 프로세스 중 요구조건을 파악하고 실행 가능성의 판단은 기회 및 조건 설정 단계에서 실시한다.
③ 실내디자인 프로세스 중 파악해야 하는 내부적 조건에는 고객의 요구 사항, 고객의 경제적 조건, 설계 대상의 계획 목적, 사용자의 행위 및 개성 조건, 주변 환경 등이 있다.
④ 실내디자인 프로세스 중 공간 Layout이란 공간 배분 계획에 따른 배치를 말한다.

02 ④

해설 | 중세 건축 양식 흐름
초기기독교양식 – 비잔틴양식 – 고딕양식 – 르네상스양식

03 ④

해설 | 유니버설 디자인
㉠ 유니버설 디자인 이란 장애나 연령에 상관없이 누구나 쉽게 사용할 수 있도록 디자인 하는 것이다. 범용디자인 공용 디자인이라 할 수 있다.
㉡ 모든 사용자를 고려하여 보편적으로 디자인해야 한다는 개념.
㉢ 유니버설 디자인 목표는 지원성, 적응성, 접근성, 안전성이다.

04 ①

해설 | 폐쇄성
폐쇄성이란 불완전한 시각 요소들을 완전한 것으로 지각하는 성향을 말한다.

05 ②

해설 | 모듈러 코디네이션(Modular coordination)
㉠ 설계 작업이 단순해지고 간편해진다.
㉡ 현장작업이 단순해지고 공기가 단축된다.
㉢ 대량생산이 가능하며 생산비가 낮아진다.
㉣ 다양한 형태에 따른 개성 있는 디자인, 인간성 상실의 우려가 있다.

06 ④

해설 | 통일
㉠ 이질(異質)의 각 구성요소들이 전체로서 동일한 이미지를 갖게 하는 것으로, 변화와 함께 모든 조형에 대한 미의 근원이 되는 원리.
㉡ 대비인 통일과 변화는 상반되는 성질을 지니고 있으면서도 서로 긴밀한 유기적 관계를 유지
㉢ 정적 통일(교육 공간, 기념 공간), 동적 통일(상업 시설, 레저 시설), 양식통일(휴양 공간, 교통 공간) 등이 있다.
㉣ 디자인에 미적 질서를 주는 기본 원리로 모든 디자인 원리의 구심점이 된다.
㉤ 강하고 분명한 자극을 주는 디자인에서 느껴진다.
㉥ 동일성이나 반복성·유사성 등의 방법에 의해 연출되어 진다.

07 ②

해설 | 동선 계획
㉠ 동선은 가능한 간단하고 직선 처리한다.
㉡ 동선은 가능한 분리시키고 교차를 피한다.
㉢ 동선이 짧으면 효과적이지만 공간의 성격에 따라 길게 처리하기도 한다.
㉣ 성격이 다른 동선은 서로 교차시키지 말아야 한다.
㉤ 동선이 복잡해질 경우 별도의 통로공간을 두어 동선을 독립시킨다.
㉥ 동선은 통행량, 동선의 방향, 차 및 이동시의 동작 등을 고려하여 계획한다.

08 ②

해설 | 벽 높이에 따른 종류
㉠ 600mm 정도의 벽 : 상징적 경계로 통행과 시선이 자유롭다. 단, 영역표시나 경계 표시 등으로 사용한다.
㉡ 1,200mm 정도의 벽 : 시각적 개방으로 주변 공간에 시각적 연속성을 부여한다.
㉢ 1,500mm 정도의 벽 : 한 공간이 다른 공간과 차단적으로 분할되기 시작하는 높이로 인체 기준으로 보았을 때 눈높이 정도를 의미한다.

ⓔ 1,800mm 정도의 벽 : 심리적인 영향을 주는데, 공간의 영역이 완전히 차단되는 높이로 프라이버시를 유지할 수 있다.

09 ①

해설 | 커튼
ⓐ 글라스 커튼 : 유리 바로 앞에 치는 투명한 얇은 천으로 실내에 들어오는 빛을 부드럽게 하며 프라이버시를 제공 한다
ⓑ 새시 커튼 : 창문 전체를 커튼으로 처리하지 않고 반 정도만 친 형태를 갖는 커튼을 말한다.
ⓒ 드로우 커튼 : 반투명하거나 불투명한 직물로 창문 위에 설치하는 일반적인 형태를 말한다.
ⓓ 드레퍼리 커튼 : 창문에 느슨하게 걸려 있는 중량감 있는 무거운 커튼을 말한다.

10 ①

해설 | ⓐ 고정창 : 열리지 않고 빛만 유입되는 기능으로 크기와 형태에 제약 없이 자유롭게 디자인 할 수 있다.
ⓑ 들창 : 경사지게 열리므로 비나 눈이 올 때도 창을 열수 있는 장점이 있다.
ⓒ 미서기창 : 2짝 이상의 창문이 좌우로 개폐되며, 개폐에 있어 실내 공간을 고려할 필요가 없다.
ⓓ 베이 윈도우 : 밖으로 창과 함께 평면이 돌출된 형태로 아늑한 구석 공간을 형성할 수 있다.

11 ④

해설 | 주거 공간의 리노베이션(Renovation, 개보수) 계획시 고려 사항
ⓐ 종합적이고 장기적인 계획이어야 하며 경제성을 검토한다.
ⓑ 실측과 검사를 통해 기존 공간의 실체를 명확하게 파악해야 한다.
ⓒ 가족 전체나 개인의 요구 사항 또는 불만을 수집하여 발전 개선 시켜야 한다.
ⓓ 사용하지 않는 것은 과감히 버리는 지혜가 필요하다.
ⓔ 증개축의 경우 관계 건축법의 적용 여부를 확인하여야 한다.

12 ②

해설 | L자형(ㄱ자형)
ⓐ 한 쪽 면에 싱크대를, 다른 면에 가스레인지를 설치하면 능률적이다.
ⓑ 작업을 위한 동작 범위가 일정한 범위에 놓이므로 편리하다.
ⓒ 부엌과 식당을 겸할 경우 많이 활용된다.

13 ④

해설 | 집중형
계단실과 엘리베이터를 중심으로 다수의 주호를 배치한 형식
ⓐ 부지의 이용률이 가장 높다.
ⓑ 많은 주호를 집중시킬 수 있다.
ⓒ 세대별 규모 변화가 가능
ⓓ 프라이버시가 가장 나쁘다.
ⓔ 통풍 채광상 극히 불리하다.
ⓕ 복도 부분의 환기 등의 문제점 : 고도의 설비 시설이 필요

14 ③

해설 | 개실 시스템
복도에 의해 각 층의 여러 부분으로 들어가는 방식
ⓐ 독립성과 쾌적성 및 자연 채광이 우수하다.
ⓑ 개방식 배치에 비해 공사비가 높다.
ⓒ 방 길이에 변화를 줄 수 있지만, 연속된 복도 때문에 방 깊이에는 변화를 줄 수 없다.

15 ④

해설 | 책상배치 유형
ⓐ 동향형
책상을 같은 방향으로 배치하는 형태로 비교적 프라이버시의 침해가 적다.
ⓑ 대향형
책상을 마주 보도록 배치하는 형태로 면적 효율이 좋고 각종 배선의 처리가 용이하며, 커뮤니케이션 형성에 유리하여 공동작업의 형태로 업무가 이루어지는 영업 관리에 적합하나 대면 시선에 의해 프라이버시를 침해할 우려가 있다.
ⓒ 좌우대향형(좌우대칭형)
ⓐ 조직의 화합을 도모하기 쉽고 정보처리나 집무 동작에 효율이 높기 때문에 생산관리 업무, 독립성 있는 데이터 처리 업무에 적합하다.
ⓑ 비교적 면적 손실이 크며 커뮤니케이션 형성도 다소 힘들다.
ⓓ 십자형
ⓐ 일반적으로 4개의 책상이 맞물려 십자를 이루도록 배치하는 형태
ⓑ 팀 작업이 요구되는 전문직 업무에 적용할 수 있다.
ⓔ 자유형
개개인의 작업을 위하여 한 사람의 독립된 영역이 주어지는 형태로 독립성이 요구되는 전문 직종 혹은 중간 간부급에 많이 적용된다.

16 ④

해설 | 소비자의 구매심리 5단계
- A (주의, Attention) : 주목시킬 수 있는 배려
- I (흥미, Interest) : 공감을 주는 호소력
- D (욕망, Desire) : 욕구를 일으키는 연상
- M (기억, Memory) : 인상적인 변화
- A (행동, Action) : 구매동기, 행동을 불러일으키는 구성

17 ②

해설 | 직렬배치형(직각 배치형) : 침구점, 실용 의복점, 가전점, 식기점, 서점 등
㉠ 진열대 등을 입구부터 안을 향해 직선적으로 구성하는 형식이다.
㉡ 통로가 직선으로 구성되므로 고객의 이동 흐름이 빠른 반면 고객의 통행량에 따라 부분적으로 통로 폭을 조절하기 어렵다.
㉢ 진열대의 설치가 간단하여 경제적이고 판매대의 매장 면적을 최대로 확보하여 이용할 수 있는 반면 매장이 단조롭거나 국부적인 혼란을 일으킬 우려가 있다.

18 ②

해설 | 애리나 형(Arena Stage)
㉠ 중앙무대(센트럴 스테이지 : central stage)형이라고도 하며 관객이 연기자를 360°둘러싸고 관람하는 형식이다.
㉡ 무대와 가까운 거리에서 관람할 수 있으며, 가장 많은 관객을 수용할 수 있다.
㉢ 관람석과 무대가 하나의 공간으로 형성되므로 관객에게는 친근감을 연기자에게는 긴장감을 주는 공간을 형성한다.
㉣ 무대의 배경을 만들지 않으므로 경제적이지만 무대 장치의 설치에 어려움이 따른다. 평면의 특성상 무대 장치나 소품은 주로 낮은 것으로 구성한다.
㉤ 관객이 무대를 둘러앉기 때문에 시점(視點)이 현저하게 다르게 되고, 연기자가 전체적인 통일 효과를 얻기 위한 극을 구성하기가 곤란하다.
㉥ 관객이 무대 주위를 둘러싸기 때문에 연기자를 가리게 되는 단점이 있다.

19 ②

해설 | 세로방향의 치수기입은 도면의 좌측일 때 치수선 위로 가게 해서 쓴다.

20 ②

해설 | ① 쌍여닫이 창
② 여닫이 창
③ 미서기창
④ 미닫이 창

2과목 실내디자인 색채 및 사용자 행태분석

21 ④

해설 | 렌더링(rendering)이란 표현, 묘사, 연출 이라는 뜻으로 디자인한 대상물의 완성을 예측하여 실물처럼 충실히 표현한 것으로 2차원의 화상을 3차원의 화상으로 만드는 과정이다.

22 ①

해설 | 색채 계획 시 필요 능력 사항
㉠ 색채 환경 분석 : 색채 예측 데이터의 수집 능력, 색채의 변별, 조색 능력 요구됨
㉡ 색채심리분석 : 심리조사 능력, 색채구성 능력 요구 됨
㉢ 색채전달계획 : 타사 제품과 차별화시키는 마케팅 능력과 컬러 컨설턴트 능력 요구됨
㉣ 디자인의 적용 : 아트디렉션의 능력 요구됨

23 ③

해설 | 간섭현상
비누 거품이나 수면에 뜬 기름, 전복 껍데기 등에서 무지개 같은 색처럼 나타나는 색으로 빛을 받아 반사나 투과에 의해서 생기는 현상.

24 ②

해설 | 먼셀 색입체
색을 색상. 명도 채도의 3가지 속성 또는 기본 차원에 따라 공간적으로 배열하고 기호 또는 번호로 표시한 입체도라 한다.
㉠ 색입체를 무채색 축을 중심으로 수직으로 자르면 무채색 축 좌우에 보색 관계를 가진 2가지 동일한 색상 면이 보인다.(등색 단면)
㉡ 채도는 무채색에 축에 들어가면 저채도, 바깥 둘레로 나오면 고채도가 되도록 배열한 것을 말한다. (중심부로 갈수록 채도가 낮아진다.)

ⓒ 빨강(5R 4/14)을 기준으로 세로로 자르면 반대편은 청록(5BG 5/10)이 된다.
ⓓ 동일 색상의 명도, 채도의 변화를 한눈에 볼 수 있는 장점이 있다.
ⓔ 각 색상 중 가장 바깥의 색은 순색이다.

25 ①

해설 | 가산혼합(가법혼색, 색광혼합)
ⓐ 빨강(R), 초록(G), 파랑(B)의 3원색으로 이루어진다.
ⓑ 빛의 색을 서로 더해서 빛이 점점 밝아지는 원리를 이용하는 것으로, 색을 더할수록 점점 밝아지는 방법으로 이들 색을 모두 혼합하면 백색광이 된다.
ⓒ Red + Green = Yellow

26 ③

해설 | 분광 광도계는 분광 반사율을 측정하여 색채 값고 1931년 이후부터 CIE 표준 표색계에 의하여 그 단위와 체계가 완전히 정립하여 색광을 표시하는 표색계로 현재 측색학의 근본을 이루며 오늘날은 CIE 표준 표색계를 사용한다.

27 ③

해설 | ⓐ 저명도 저채도의 색 : dark
ⓑ 강하고 힘 있는 고채도의 색 : vivid
ⓒ 우아하고 부드러운 고명도와 저채도의 색 : pale
ⓓ 탁하고 침울한 저명도와 고채도의 색 : deep

28 ①

해설 | 등백색(Isotint) 계열의 조화
ⓐ 등색 상 3각형 속에서 등백 계열 선상의 색은 조화한다
ⓑ 백색량이 같다고 하는 공통점으로 질서가 생긴다. 앞의 문자가 같은 기호 색 선택
예) i – ie – ia, ni – ne – na

29 ①

해설 | 문·스펜서의 색상에 대한 균형점(balance point)
문·스펜서는 배색된 색을 면적 비에 따라 원판 위에 놓고 회전 혼색할 때 나타나는 색을 균형점이라 하였다. 이 색에 의하여 배색이 심리적 효과가 결정되는데, 이에 따르면 채도 1~3 차이는 자극을 못 느끼는 제1부조화에 해당한다.

30 ①

해설 | 잔상
색의 대비중 계시대비와 밀접한 관련이 있는 것으로 잔상의 현상이 있다. 잔상이란 자극을 주어 색각이 생긴 후, 자극을 제거하면 제거한 후에도 그 흥분이 남아서 원자극과 동질, 또는 이질의 감각 경험을 일으키는 것을 말한다.
ⓐ 부의 잔상
잔상이 원자극의 형상과 닮았지만 밝기는 원자극의 반대이다.
예 검정 원을 한참 보다가 벽을 보면 흰 원이 나타나 보이고, 흰 원을 한참 보다가 벽을 보면 검정 원이 나타나 보인다.
ⓑ 정의 잔상
망막의 흥분상태의 지속성에 의한 것으로 이는 자극 후에도 그 충동이 시신경에 계속되고 있기 때문에 앞서 지각된 이미지가 계속되는 현상
예 영화, 팽이 등

31 ④

해설 | HSB시스템
먼셀의 색채개념인 색상, 명도, 채도를 중심으로 선택하도록 되어 있다. 프로그램 상에서는 H모드, S모드, B모드를 볼 수 있다.
ⓐ H모드는 색상을 선택하는 방법이다. 0 ~ 360°로 표시
ⓑ S모드 : 채도, 즉, 색채의 포화도를 선택하는 방법
ⓒ B모드 : 명도를 선택하는 방법

32 ④

해설 | 반닫이
한국 전통주거의 가구에서 문갑·농·궤·반닫이는 수납계 가구로 분류된다.
ⓐ 반닫이는 우리나라 전역에 걸쳐서 사용되었다.
ⓑ 전면 상반부를 문짝으로 만들어 상하로 여는 가구이다.
ⓒ 반닫이는 주로 서민층에서 장이나 농 대신에 사용하던 가구이다.
ⓓ 반닫이 안에는 의복, 책, 제기 등을 보관하였고, 위에는 이불을 얹거나 항아리, 소품 등을 얹어 두었다.

33 ③

해설 | 시스템 가구(system furniture)
모듈러 계획의 일종으로 대량생산이 용이하고 시공기간을 단축 하고 공사비 절감의 효과를 가진 가구이다.
ⓐ 규격화된 단위 구성재의 결합으로 가구의 통일과 조화를 도모할 수 있다.
ⓑ 기능에 따라 여러 가지 형태로 조립, 해체가 가능하여 배치의 합리성과 공간의 융통성을 가진다.

ⓒ 모듈계획을 근간으로 규격화된 부품을 구성하여 시공기간 단축 등의 효과를 가져 올 수 있다.
ⓓ 안정성 있고 가벼워 이동에 편리하도록 한다.
ⓔ 부엌가구, 사무용가구, 수납가구들에 적용된다.

34 ②

해설 | 양립성(兩立性 : compatibility)
인간공학에 있어 자극들 간의 관계, 반응들 사이, 또는 자극-반응의 조합 관계가 인간의 기대와 모순되지 않도록 하는 것을 말한다.
ⓐ 공간적 양립성 : 표시장치나 조정장치에서 물리적 형태나 공간적인 배치의 양립성
(오른쪽 버튼을 누르면 오른쪽 기계가 작동하고, 왼쪽 버튼을 누르면 왼쪽 기계가 작동하는 경우)
ⓑ 운동의 양립성 : 표시장치, 조정장치, 체계 반응의 운동 방향의 양립성
(자동차의 핸들을 우측으로 돌리면 자동차가 우측으로 회전하는 경우)
ⓒ 개념적 양립성 : 사람들이 가지고 있는 개념적 연상의 양립성
(냉온수기 버튼의 경우, 빨간색은 온수 파란색은 냉수가 나오도록 하는 경우)

35 ③

해설 | 인간공학 연구 기준 요건
① 무오염성 : 측정하고자 하는 변수 외의 다른 변수들의 영향을 받아서는 안 된다.
② 적절성 : 연구 방법, 수단의 적합도
③ 신뢰성(반복성) : 검사 응답의 일관성, 즉, 반복성을 말하는 것이다.
④ 민감도 : 피 실험자 사이에서 볼 수 있는 예상 차이점에 비례하는 단위로 측정해야 하는 것
⑤ 객관성 : 검사 결과를 채점하는 과정에서 채점자의 편견이나 주관성이 배제되어 어떤 사람이 채점하여도 동일한 결과를 얻어야 한다.
⑥ 타당성 : 측정하고자 하는 것을 실제로 측정하는 것을 타당성이라 한다.
⑦ 표준화 : 검사를 위한 조건과 검사 절차의 일관성과 통일성을 표준화한다.

36 ①

해설 | 순환계 : 심장, 혈액, 혈관, 림프, 림프관, 비장, 흉선 등으로 구성되며, 영양분과 가스 및 노폐물 등을 운반하고, 림프구 및 항체의 생산으로 인체의 방어 작용을 담당한다.

37 ③

해설 | 산소 공급이 충분하지 않을 때 젖산이 축적된다.

38 ①

해설 | 굴곡(flection) : 관절이 만드는 각도가 감소하는 신체동작, 팔꿈치 굽히기 동작

39 ②

해설 | 모멘트의 크기는 회전축(원점)으로부터의 거리와 힘의 크기에 비례한다.

40 ③

해설 | 인체계측의 방법
ⓐ 형태적 계측 : 길이, 무게. 면적 등을 구하는 계측
ⓑ 생리적 계측 : 발한 근력 등을 구하는 계측
ⓒ 체육적 계측 : 관절의 운동, 동작분석 등을 구하는 계측

3과목 실내디자인 시공 및 재료

41 ③

해설 | 파티클보드
칩 보드라고도 하며, 톱밥, 나무부스러기 등의 목재 소편(Particle)을 합성수지계 접착제를 섞어서 만든다.

42 ②

해설 | 수축률
ⓐ 변재 > 심재, 추재 > 춘재, 활엽수 > 침엽수
ⓑ 함수율 30%(섬유포화점) 이하에서는 함수율에 비례하여 수축 팽창 발생
ⓒ 비중이 크면 공극률은 작고 용적변화가 크다.

43 ④

해설 | 석재의 강도
• 압축강도가 매우 크며 인장강도는 압축강도의 1/10~1/40 정도
• 압축강도는 단위용적 질량이 높을수록 크다.
• 압축강도는 공극률이 작을수록 크다.
• 압축강도는 함수율이 높을수록 적다.

44 ②

해설 | 붉은벽돌
진흙을 빚어 소성한 적색 또는 적갈색의 벽돌이다. 붉은 색을 결정하는 가장 중요한 원료는 점토 중에 포함 되어 있는 산화철 때문이다.

45 ②

해설 | 벽량(cm/㎡) = $\dfrac{\text{내력벽의 길이}(cm)}{\text{바닥면적}(m^2)}$
$= \dfrac{45m}{300m^2} = \dfrac{4500cm}{300m^2} = 15cm/m^2$

46 ③

해설 | 탄소강의 물리적 성질
- 탄소의 양이 증가하면 비열, 전기저항, 내식성, 항복강도, 인장강도, 경도 등은 증가하고, 비중, 열전도율, 열팽창계수, 연신율, 단면 수축률, 신도 등은 감소한다.
- 강은 탄소함유량이 적을수록 연질이고, 강도는 작아지나 신장률은 커진다.
- 강의 열팽창계수는 콘크리트와 비슷하여 철근콘크리트 구조로 많이 사용됨.

47 ④

해설 | 아연
㉠ 청백색의 금속으로. 강도가 크고 연성 및 내식성이 우수하여 부식을 방지하는 도금재료 및 합금재료로 사용된다.
㉡ 건조 공기 중에서는 거의 산화되지 않으며, 습기나 탄산가스가 있으면 염기성 탄산아연 보호막이 생성되어 내부 산화를 막는다.
㉢ 용도 : 아연도금 강판, 지붕재료, 피복재 등

48 ③

해설 | 접합유리
㉠ 안전유리의 일종으로 2장 이상의 판유리 사이에 폴리비닐을 넣고 고열로 접합하여 파손시 파편이 튀지 않고 붙어 있는 특성이 있다.
㉡ 삽입한 필름의 인장력으로 인한 충격흡수력이 높으며, 방탄유리 제조와 유사점이 있다.

49 ③

해설 | 녹막이칠(방청페인트)
㉠ 광명단 (철제)
㉡ 징크크로메이트(알루미늄)
㉢ 역청질 도료
㉣ 산화철 녹막이 도료
㉤ 아연분말 도료
㉥ 알루미늄 도료

50 ①

해설 | 경석고 플라스터 (킨즈 시멘트, keen`s cement)
㉠ 고온소성의 무수석고를 특별한 화학처리하여 제조
㉡ 응결과 경화의 속도가 소석고에 비하여 매우 늦어 경화 촉진제로 화학처리하여 사용
㉢ 경화 후 강도와 경도가 높고 수축균열이 작다.
㉣ 산성으로 철제를 녹슬게 하는 단점
㉤ 은은한 붉은빛을 띠는 흰색의 마감 광택
㉥ 벽 및 바닥 바름에도 쓰이며 킨즈 시멘트라고도 부른다.

51 ②

해설 | 골재의 표면수율
$= \dfrac{\text{습윤상태} - \text{표면건조상태}}{\text{표면건조상태}} \times 100(\%) = \dfrac{780 - 756}{756}$
$= 3.17\%$
※ 표면건조상태 = 절대건조상태 × 모래의 흡수율
$= 720 \times 1.05 = 756g$

52 ③

해설 | 중용열 포틀랜드시멘트
㉠ 시멘트의 발열량을 저감시킬 목적으로 제조한 시멘트
㉡ 보통 포틀랜드시멘트에 비해 수화열이 작고 조기강도는 낮으나 장기강도가 높다.
㉢ 건조수축이 작고, 화학저항성이 일반적으로 크다.
㉣ 내침식성 및 내구성이 좋으며 내산성이 우수하다.
㉤ 주로 댐 공사, 방사능 차폐용, 매스콘크리트용으로 사용된다.

53 ②

해설 | 시멘트 분말도, 단위시멘트량이 증가하면 공기량이 감소한다.

54 ④

해설 | 아스팔트 컴파운드(asphalt compound)
㉠ 블로운 아스팔트에 동식물성 기름이나 광물질 분말을 혼입하여 품질 개량을 한것이다.
㉡ 연화점이 높고 신축성이 가장 큰 최고 제품이다.

55 ②

해설 | 암면
암석(안산암, 현무암, 사문암)을 용융시켜 급랭한 후에 광물섬유를 이용하여 만든 단열재로 주로 보온재, 절연

재, 철골 내화피복재와 같은 차단재로 사용된다. 불에 타지 않으며 가볍다.

56 ④
해설 | 페놀수지-열경화성수지

57 ③
해설 | 실리콘수지
-60 ~ 260℃의 범위에서 안정하고 탄성을 가지며 내화학성이 우수하여 접착제와 도료에 쓰이는 고가의 합성수지로 합성수지 중 내열성이 가장 우수하다.

58 ④
해설 | 네트워크 공정표 단점
- 공정표 자체 작성시간이 오래 걸린다.
- 작성 및 검사에 특별한 지식이 필요하다.
- 기법의 표현상 세분화에 한계가 있다.
- 공정표 수정이 어렵다.

59 ②
해설 | 추락방호망
① 작업면으로부터 가까운 지점에 수평으로 설치
② 건축물 등의 바깥쪽으로 설치하는 경우 내민 길이는 벽면으로부터 3m 이상
③ 망의 처짐은 짧은 변 길이의 12% 이상이 되도록 할 것
④ 작업면으로부터 망의 설치 지점까지의 수직거리(H)는 10m를 초과 금지

60 ①
해설 | 설계도서 해석의 우선순위
설계도서, 법령해석, 감리자 의견 등이 서로 상이할 때 일반적인 우선순위는 아래와 같다.
㉠ 특기 시방서
㉡ 설계도면
㉢ 일반시방서, 표준시방서
㉣ 산출내역서
㉤ 승인된 시공도면
㉥ 관계법령의 유권해석
㉦ 감리자의 지시사항

4과목 실내디자인 환경

61 ④
해설 | 열전도율이 크면 클수록 열전도저항은 작아진다.

62 ④
해설 | ㉠ 중앙식 급탕방식은 대규모 건물에 유리하다.
㉡ 개별식 급탕방식은 가열기의 설치공간이 필요하다.
㉢ 중앙식 급탕방식의 간접가열식은 대규모 건물에 주로 사용된다.

63 ④
해설 | 소요램프 수
$$N = \frac{E \cdot A}{F \cdot U \cdot M}(개)$$
$$= \frac{500 \times (9 \times 12)}{2560 \times 0.6 \times 0.67} = \frac{54,000}{1,029} = 52.47EA$$
∴ 53개-30대(기존 설치대수) = 23대
N : 램프의 개수(?), F : 램프 1개당 광속(2560lm),
E : 평균수평면조도(500lx), A : 실면적(9×12㎡),
U : 조명률(0.6), M : 보수율(0.67)

64 ③
해설 | 내부결로가 발생할 경우 벽체 내의 함수율은 증가하여 열전도율은 커진다.

65 ①
해설 | 일반화재 (A급 화재 : 백색)
연소 후 재를 남기는 화재. 나무, 섬유, 종이 등

66 ②
해설 | $\lambda(m) = \frac{C(m/s)}{f(Hz)} = \frac{60}{150} = 0.4m$,
[음의 파장(λ), 음속(C), 주파수(f)]

67 ③
해설 | 송풍량
1W=1J/s=3600J/h=3.6kJ/h (답안의 단위가 시간당 송풍량으로 시간을 초로 환산 3,600)
∴ 5,000W=5,000W × 3.6kJ/h

$$Q = \frac{q_s}{\gamma \cdot C \cdot \Delta t}$$
$$= \frac{5,000\,W \times 3.6}{1.2\,kg/m^3 \times 1.01\,kJ \cdot k \times (26-16)}$$
$$= 1,485.14\,m^3/h$$

68 ③

해설 | 마스킹 효과
어느 음을 듣고자 할 때, 다른 음에 의하여 듣고자 하는 음이 작게 들리거나 아예 들리지 않는 현상으로 음파의 간섭에 의해 일어난다.

69 ②

해설 | 열관류율(K) $= \dfrac{1}{\dfrac{1}{a_0} + \sum \dfrac{d}{\lambda} + \dfrac{1}{a_i}}$

$= 1 / \dfrac{1}{9.28} + \dfrac{0.1}{0.17} + \dfrac{1}{23.2}$

$= 1.35\,m^2 \cdot K/W$

70 ①

해설 |

구조부분	방화구조의 기준
• 철망모르타르 바르기	바름두께가 2cm 이상
• 석고판 위에 시멘트모르타르 또는 회반죽을 바른 것 • 시멘트모르타르 위에 타일을 붙인 것	두께의 합계가 2.5cm 이상
• 심벽에 흙으로 맞벽치기 한 것	두께에 관계없이 인정
• 한국산업표준규격이 정하는 바에 따라 시험한 결과 방화 2급 이상에 해당하는 것	

71 ②

해설 | 실내에 접하는 부분은 불연재료로 할 것

72 ②

해설 | ㉠ 비차열(1시간 이상) : 화재로 인한 열은 막지 못하지만 화염을 막을 수 있는 것
㉡ 차열(30분 이상) : 화재로 인한 열도 견디는 것

73 ②

해설 | 실내에 접하는 부분은 불연재료로 할 것

74 ③

해설 | 공공 및 공중이용시설
불특정 다수가 이용하는 건축물, 시설 및 그 부대시설로서 다음의 건물과 시설,
① 제1종 근린생활시설 및 제2종 근린생활시설
② 문화 및 집회시설
③ 판매시설 ④ 의료시설
⑤ 종교시설 ⑥ 교육연구시설 ⑦ 공장
⑧ 수련시설 ⑨ 운동시설 ⑩ 업무시설
⑪ 숙박시설 ⑫ 노유자시설 ⑬ 자동차관련시설
⑭ 교정시설 ⑮ 방송통신시설
⑯ 묘지관련시설 및 관광휴게시설

75 ①

해설 | 업무시설, 숙박시설, 위락시설
1대에 3,000m²를 초과하는 경우에는 그 초과하는 매 2,000m² 이내마다 1대를 더한 대수
$1 + \dfrac{A - 3,000\,m^2}{2,000\,m^2} = 1 + \dfrac{25,000 - 3,000}{2,000}$

76 ②

해설 | 불꽃에 의하여 완전히 녹을 때까지 불꽃의 접촉횟수는 3회 이상

77 ③

해설 | 비상콘센트설비 – 소화활동설비
경보설비
• 단독경보형 감지기
• 비상경보설비 : 비상벨, 자동식사이렌설비
• 비상방송설비
• 자동화재탐지설비, 시각경보기
• 자동화재속보설비
• 가스누설경보기
• 통합감시시설
• 누전경보기

78 ②

해설 | 건축구조기술자의 협력을 받아야 하는 건축물
• 6층 이상인 건축물
• 특수구조 건축물
• 다중이용 건축물
• 준다중이용 건축물
• 3층 이상의 필로티 형식 건축물
• 연면적 10,000m² 이상인 건축물(창고시설은 제외)

79 ④

해설 | 옥내 소화전설비
소방대상물(지하가 중 터널 제외) – 연면적 3,000m² 이상

80 ③

해설 | 상점 쇼윈도 눈부심(glare) 방지계획
㉠ 곡면유리를 사용한다.
㉡ 쇼윈도 상부에 차양을 설치하여 햇빛을 차단한다.
㉢ 내부 조도를 외부 도로면의 조도보다 밝게 처리한다.
㉣ 유리를 경사지게 처리하여 외부영상이 시야에 들어오지 않게 한다.

과년도 기출문제 정답 및 해설

08 | 2025년 실내건축기사 2회

1과목 실내디자인계획

01 ①
해설 | 실내디자인 영역은 순수한 실내 내부공간 뿐 아니라 인간이 점유하는 광범위한 공간, 건축물의 주변 환경까지 포함한다.

02 ②
해설 | 외부적 조건
입지적 조건, 건축적 조건, 설비적 조건, 개구부의 위치와 치수, 교통수단, 소화 설비의 위치와 방화 구획

03 ④
해설 | 한국전통 목조건축 주두의 기능
㉠ 구조적 불안정의 교정
㉡ 조형미의 교정
㉢ 시각적 불안감의 교정

04 ③
해설 | 괴기스러울 정도로 복잡하게 조립한 부자연스러운 장식요소는 바로크 양식이다.

05 ④
해설 | 선(line)
㉠ 길이와 위치, 방향성을 갖고 있으며 폭과 부피는 갖지 않는다.
㉡ 점이 이동한 궤적을 선이라 할 수 있는데, 이것을 포지티브(Positive)선이라 하며 많은 선의 근접은 면으로 지각되는 효과가 있다.
㉢ 선은 길이와 위치만 있고, 폭과 부피는 없다. 점이 이동한 궤적이며 면의 한계, 교차에서 나타난다.
㉣ 선은 어떤 형상을 규정하거나 한정하고 면적을 분할한다.
㉤ 운동감, 속도감, 방향 등을 나타낸다.
㉥ 선은 점이 이동된 궤적으로 점이 확장되어 선이 된다. 선을 나란히 놓으면 면으로 지각된다.

06 ①
해설 | 다의도형 착시 (루빈의 항아리)

07 ③
해설 | 점진(점이 : gradation) : 공간, 형태, 색상 등의 점차적인 변화로 생기는 리듬, 어떠한 조형요소가 시간적 또는 공간적인 간격을 두고 다른 형태로 변해가는 과정적인 의미.

08 ④
해설 | 색의 중량감은 명도가 낮은 경우 무겁게 느껴지고 높을수록 가볍게 느껴진다. 명도가 같을 경우 고채도의 색이 저채도의 색보다 시각적 중량감이 작다.

09 ④
해설 | 공간의 레이아웃(lay-out)
평면상의 배치 계획으로서 기능적 공간의 배분계획을 통칭하여 공간의 레이아웃(lay-out)이라 한다.
㉠ 실내공간의 구성 요소를 구분하면 공간을 형성하는 바닥, 벽, 천장 부분과 가구, 기구 등 설치되는 물체가 있는데 이것들의 위치를 정하는 단계이다.
㉡ 공간을 구성하는 요소의 배치는 공간 상호간의 연계성, 출입형식 및 동선체계, 인체공학적 치수와 가구 설치 등을 고려한다.
㉢ 실내공간의 레이아웃(lay-out)에서 가장 우선 고려해야 할 사항은 공간의 동선계획이다.
㉣ 동선계획의 원칙은 동선의 형은 가능한 한 단순하며 명쾌하게 한다. 동선이 짧으면 효율적이지만 공간의 성격에 따라 길게 처리하기도 한다.

10 ②
해설 | 평면, 입면, 단면의 비례에 의해 내부 공간의 특성이 달라지며 사람은 심리적으로 다르게 영향을 받는다. 내부 공간의 형태에 따라 가구 유형과 형태, 가구 배치 등 실내의 제 요소들이 달라진다. 실내 공간에서 단면의 비례를 결정하는데 가장 기본이 되는 요소는 인간의 시점과 천장 고가 된다.

11 ①
해설 | 개구부는 구조적 부담을 받지 않아야 한다.

12 ①
해설 | ㉠ 고정창 : 열리지 않고 빛만 유입되는 기능으로 크기와 형태에 제약 없이 자유롭게 디자인 할 수 있다.
㉡ 들창 : 경사지게 열리므로 비나 눈이 올 때도 창을 열수 있는 장점이 있다.
㉢ 미서기창 : 2짝 이상의 창문이 좌우로 개폐되며, 개폐에 있어 실내 공간을 고려할 필요가 없다.
㉣ 베이 윈도우 : 밖으로 창과 함께 평면이 돌출된 형태로 아늑한 구석공간을 형성할 수 있다.

13 ②
해설 | 메조넷(복층)형(duplex, maisonnette) : 한 주호가 2개 층 이상에 걸쳐 구성되는 형식
㉠ 엘리베이터의 정지 층수를 적게 할 수 있다.(효율적이고 경제적)
㉡ 다양한 평면구성이 가능하다.
㉢ 소규모 주택에서는 비경제적이다.
㉣ 각 세대의 프라이버시 확보가 용이하다.
㉤ 통로면적이 감소되어 유효면적이 증가된다.
㉥ 복도가 없는 층은 남, 북면이 트여 채광 유리
㉦ 복도가 없는 층은 피난 상 불리
㉧ 스킵 플로어형 계획시 구조 및 설비 상 복잡하고, 설계가 어려움

14 ②
해설 | 데드 스페이스(dead space)를 줄이기 위해서는 기능과 목적이 유사한 실은 근접시키거나 통합하여 가변적인 공간 활용을 하는 것이 바람직하다.

15 ①
해설 | 양단코어 형(분리코어 형)
한 개의 대 공간을 필요로 하는 전용 사무소에 적합하며, 2방향 피난에 이상적이며, 방재상 유리하다.

16 ③
해설 | 아트리움(atrium)
㉠ 고대 로마 건축의 실내에 넓은 마당 또는 주위에 건물이 둘러 있는 안마당을 의미 한다.
㉡ 실내 조경을 통해 자연 요소의 도입이 가능하다.
㉢ 빛 환경의 관점에서 전력 에너지의 절약이 이루어진다.
㉣ 내부 공간의 긴장감을 이완시키는 지각적 카타르시스가 가능하다.

17 ③
해설 | 상점의 판매 공간 : 도입공간,상품전시공간,통로 공간, 서비스 공간

18 ②
해설 | 전체 색의 배분은 주조색이 60%, 보조색이 30%,구매 욕구를 북돋우기 위해 악센트 색을 10%정도 적용한다.

19 ②
해설 | 부채꼴형
㉠ 형태가 복잡하여 한눈에 전체를 파악하는 것이 어려우며 일반적으로 전체적인 조망이 가능한 규모에 적합하다.
㉡ 많은 관람객이 밀집할 경우 입구에서 병목 현상이 발생 할 수 있다.

20 ②
해설 | ① 콘크리트(강자갈)
② 철근 콘크리트
③ 콘크리트(깬자갈)
④ 철근배근

2과목 실내디자인 색채 및 사용자 행태분석

21 ②
해설 | 프레젠테이션 디자인의 4대 원리
㉠ 명확성(Clarity)
㉡ 관련성(Reference)
㉢ 애니메이션(Animation)
㉣ 플롯(Plot)

22 ①
해설 | 스펙트럼
㉠ 스펙트럼은 1666년 Newton이 프리즘으로 실험하여 광학적으로 증명하였다.
㉡ 스펙트럼이란 무지개의 색과 같이 연속된 색의 띠를 말한다.
㉢ 모든 발광체의 스펙트럼은 모두 같지 않으며, 그 빛의 성질에 따라 파장의 범위를 지닌다.

     ㉣ 파장이 길면 굴절률은 작고 파장이 짧을수록 굴절률은 크다.
     ㉤ 장파장이 적색 광이고 단파장이 자색광이다.

23 ③

해설 | ㉠ 명순응 : 밝은 장소에서 강한 빛에 반응하여 정상적인 감각을 가지는 것
㉡ 암순응 : 어두운 곳에서 시각적으로 사물을 관찰할 수 있도록 빛을 감지하는 능력

24 ④

해설 | 무채색(achromatic color)
㉠ 흰색, 회색 및 검정색을 통틀어 무채색이라 한다.
㉡ 흰색, 회색, 검정 등 색상이나 채도가 없고 명도만 있는 색이다.
㉢ 반사율이 약 85%인 경우 흰색이고, 약 30% 정도면 회색, 약 3% 정도는 검정색이다.

25 ④

해설 | 오스트발트의 색입체는 수직, 수평의 배치를 가지고 있는 먼셀의 색입체와는 달리, 정 삼각구도의 사선배치로 이루어져 전체적으로 복원추체의 마름모 형태로 구성되어 있다.

26 ③

해설 | 병치혼합
㉠ 작은 색 점을 섬세하게 병치시키는 방법으로 적(Red), 청(Blue), 녹(Green) 3색의 작은 점들을 멀리 떨어져서 보면 혼색되어 보이는 현상
㉡ 화면에 빨간 점과 파란 점을 무수히 많이 찍으면 멀리서 보라색으로 보인다.
㉢ 신인상파 화가인 쇠라와 시냑이 점묘화를 통해 표현한 방식이다.
㉣ 빛의 혼색 : 컬러 TV혼색
㉤ 색료의 혼색 : 직물의 컬러 인쇄

27 ③

해설 | 같은 명도의 조화는 미도가 낮다.

28 ①

해설 | ㉠ 톤 인 톤(Tone in Tone) 배색
비슷한 톤의 조합에 의한 배색으로, 색상은 동일한 톤을 원칙으로 하여 인접 또는 유사색상의 범위 내에서 선택한다.
㉡ 반복(Repetition) 배색
두 색의 배색을 하나의 유닛 단위로 하여 그것을 되풀이하면서 조화의 효과를 내는 배색기법이다. 리듬감이 느껴지는 배색
㉢ 분리(Separation) 배색
색상과 톤이 비슷할 때나 전체 배색에서 희미하고 애매한 인상이 들 때 접합된 색과 색 사이에 분리색 한 가지를 삽입함으로써 조화시키는 기법이다. 분리 색으로 주로 무채색 사용

29 ②

해설 | 시간의 장단(파버 비렌의 이론)
㉠ 장파장 계통(적색 계통) : 시간의 경과가 길게 느껴진다.
㉡ 단파장 계통(청색 계통) : 시간이 경과하는 느낌이 짧게 느껴진다.
㉢ 빠른 속도감 : 고명도, 고채도, 난색, 장파장 색
㉣ 느린 속도감 : 저명도, 저채도, 한색, 단파장 색

30 ②

해설 | 색채 조절(color conditioning) 목적
㉠ 사고, 재해를 감소시키고 능률을 향상시킨다.
㉡ 작업의 활동적인 의욕을 높인다.

31 ③

해설 | 컬러 매니지먼트
㉠ 화상이나 그래픽의 컬러를 정확하게 재현하게끔 데이터를 변환하기 위해서 그와 관련되는 모든 주변기기의 컬러 공간을 조정하는 것이다.
㉡ 컬러로 된 그래픽의 작성이나 화상의 준비에 각종 프로그램과의 호환성을 필요로 한다.
㉢ 하나의 출력 프로세스를 다른 출력 장치 상에서 볼 수 있게끔 하는 것이다.
㉣ 컬러 매니지먼트 시스템에 의해서 컬러 재현의 반복 및 예측이 가능하다.
㉤ 컬러 매니지먼트 시스템은 초심자라도 쉽게 이용할 수 있도록 간단해야 한다.

32 ①

해설 | ㉠ 미스 반 데 로에(Mies Van der Rohe) : 바르셀로나 의자(Barcelona chair)
㉡ 마르셀 브로이어(Marcel Breuer) : 체스카 의자 바실리 의자 - 스틸파이프를 휘어서 골조를 만들고 좌판, 등받이, 팔걸이는 가죽으로 만들었다.
㉢ 르 꼬르뷔제(Le Corbusier) : 곡목, 강철관, 경금속 이용
㉣ 알바 알토(Alvar Aalto) : 합판의 휘는 기술을 사용함. 파이미오 의자

33 ②

해설 | ⊙ 세티(settee) : 동일한 두 개의 의자를 나란히 합해 2인이 앉을 수 있도록 한 의자이다.
　　⊙ 체스터필드(chesterfield) : 소파의 골격에 쿠션성이 좋도록 솜, 스펀지 등의 속을 많이 채워 넣고 천으로 감싼 소파로, 구조, 형태 및 사용상 안락성이 매우 크다.
　　⊙ 라운지 소파(lounge sofa) : 편히 누울 수 있도록 쿠션이 좋으며 머리와 어깨를 받칠 수 있도록 한쪽 부분이 경사져 있다.

34 ②

해설 | 인간-기계 시스템의 기본기능
　　⊙ 감각(정보의 수용)기능 : 인간은 시각, 청각, 촉각 등 여러 감각을 통해서, 기계는 전기적·기계적 자극 등을 통해서 감각기능을 수행한다.
　　⊙ 정보저장기능 : 인간의 기억과 유사한 기능으로 여러 가지 방법에 의해 기록된다. 코드화나 상징화된 형태로 저장된다.
　　⊙ 정보처리기능 및 의사결정기능 : 인간의 정보 처리 과정은 행동에 대한 결정으로 이루어지며, 기계는 정해진 절차에 의해 입력에 대한 예정된 반응으로 결정이 이루어진다.
　　⊙ 행동기능 : 시스템에서의 행동기능은 결정 후의 행동을 말한다.

35 ③

해설 | 인간공학 연구 기준요건
　　⊙ 무오염성 : 측정하고자 하는 변수 외의 다른 변수들의 영향을 받아서는 안 된다.
　　⊙ 적절성 : 연구방법, 수단의 적합도
　　⊙ 신뢰성(반복성) : 검사응답의 일관성, 즉, 반복성을 말하는 것이다.
　　⊙ 민감도 : 피 실험자 사이에서 볼 수 있는 예상 차이점에 비례하는 단위로 측정해야 하는 것
　　⊙ 객관성 : 검사결과를 채점하는 과정에서 채점자의 편견이나 주관성이 배제되어 어떤 사람이 채점하여도 동일한 결과를 얻어야 한다.
　　⊙ 타당성 : 측정하고자 하는 것을 실제로 측정하는 것을 타당성이라 한다.
　　⊙ 표준화 : 검사를 위한 조건과 검사 절차의 일관성과 통일성을 표준화 한다.

36 ①

해설 | 홍채, 동공은 조리개 역할을 한다.

37 ③

해설 | 호흡계
　　⊙ 생명유지를 위해 산소를 공급하고, 이산화탄소를 제거하는 일을 수행한다.
　　⊙ 비강, 후두 등의 전도부와 폐포, 폐포관 등의 호흡부로 이루어진다.
　　⊙ 폐포와 혈액 사이의 기체교환은 외호흡(폐호흡)이며, 혈액과 조직 세포와의 기체 교환은 내호흡이다.

38 ②

해설 | 점멸 융합 주파수는 심리적 척도이다.

39 ④

해설 | 근력과 지구력
　　⊙ 근력이란 한 번의 수의적(voluntary)인 노력에 의해서 근육이 등척적으로 낼 수 있는 힘의 최대치
　　⊙ 근력은 근육의 단면적에 비례한다.
　　⊙ 지구력이란 근력을 사용하여 특정 힘을 유지할 수 있는 시간으로 부하와 근력의 비 함수
　　⊙ 인간은 단시간 동안만 최대 근력을 유지할 수 있다.
　　⊙ 정적 근력은 최대 근력의 20% 정도, 동적 근력은 30% 정도까지 발휘하여 유지될 수 있다.

40 ②

해설 | 인체계측 시 주의 사항
　　⊙ 사람은 움직이므로 치수를 여유 있게 잡는다.
　　⊙ 평균치 설계는 대다수의 사람에게는 부적합하게 된다.
　　⊙ 의자의 길이, 기울기, 높이에 필요한 수치에 대해 쿠션의 변형을 고려한다.
　　⊙ 신체 각부의 너비, 두께는 체중과 정비례하는 것으로 본다.

3과목 실내디자인 시공 및 재료

41 ①
해설 | 고성능 AE감수제
   ㉠ 유동화 콘크리트 제조에 사용된다.
   ㉡ 기존 감수제에 비해 더 많은 감수가 가능하고 슬럼프의 손실이 적다.
   ㉢ 기존 감수제에 비해 콘크리트 운반거리 및 시간에 상대적으로 유리하여 고내구성 콘크리트 제조에 사용된다.

42 ④
해설 | 목재의 함수율 계산
함수율 = $\dfrac{25kg - 20kg}{20kg} \times 100(\%) = 25\%$

43 ②
해설 |

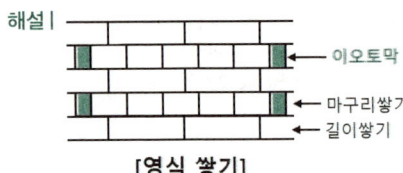

[영식 쌓기]

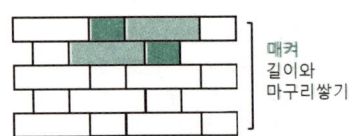

[불식 쌓기]

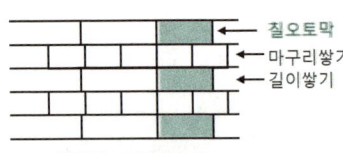

[네덜란드식 쌓기]

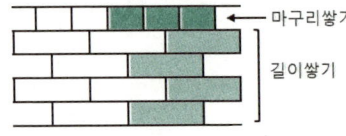

[미식 쌓기]

44 ②
해설 | 도막 방수
   ㉠ 액상의 재료로 복잡한 장소에 시공이 용이하다.
   ㉡ 경량이며 내후성과 내약품성이 우수하다.
   ㉢ 에멀션형, 용제형, 에폭시계 형태로 사용됨

45 ②
해설 | 이동식비계의 안전조치
안전난간 설치, 작업발판 수평유지, 발판위 사다리 사용 금지, 브레이크 쐐기(outrigger) 등으로 바퀴고정, 최대 적재하중은 250kg 초과금지

46 ④
해설 | 주성분
CaO(생석회 65%), SiO_2(실리카 22%), Al_2O_3(산화알루미늄 5.5%), Fe_2O_3(산화철 3%), MgO(마그네시아 2.5%), SO_3(아황산 2%)

47 ①
해설 | 이음과 맞춤은 응력이 작은 곳에서 실시하고, 응력 방향은 직각으로 한다.

48 ②
해설 | 내화점토
S.K(내화도) 26 ~ 42(1,580 ~ 2,000℃)로 소성한 벽돌(주원료 광물 : 납석)

49 ②
해설 | 취성(취약성, brittleness)
어떤 재료에 외력을 가하였을 때, 작은 변형만 나타내도 곧 파괴되는 성질

50 ③
해설 | 구조용 비자성강
금속계 신재료로 강력한 자기장이 발생할 가능성이 있는 철골 구조물의 강재나, 철근 콘크리트용 봉강으로 초고층 인텔리전트 빌딩이나, 핵융합로 등에 사용된다.

51 ①
해설 | 메탈라스 (metal lath)
0.4 ~ 0.8mm의 연강판에 그물코 모양을 내어 옆으로 길게 늘려서 만든 것이다. 천장, 벽 등의 모르타르 바름 바탕시 부착을 좋게 하기 위하여 사용된다.

52 ②

해설 | 플로어 힌지(floor hinge)
사람의 출입이 많은 중량의 자재문에 사용되며, 촉과 소켓을 붙이고 중심축의 작용을 하게 한 장치이다.
피벗 힌지 (pivot hinge)
정첩 대신 용수철이 없는 힌지를 사용하여 무거운 여닫이문을 회전시키는 장치이다.

53 ③

해설 | 석재의 내구성
- 흡수율이 큰 다공질일수록 동해를 받기 쉽다.
- 조암광물이 미립자일수록 내구성이 크다.
- 조암광물 중에 황화물, 철분함유광물, 탄산마그네시아, 탄산칼슘 등은 풍화되기 쉽다.

54 ②

해설 | 에폭시 수지도료
내산, 내알칼리성이 우수하고 내마모성이 좋아 콘크리트 및 모르타르 바탕면 등에 사용되며 내수, 내해수를 목적으로 사용할 때 2액형 타르 에폭시 도료를 사용한다.

55 ④

해설 | 스팬드럴 유리(spandrel glass)
판유리 한쪽 면에 세라믹질의 도료를 도장한 후 고온에서 융착, 반강화한 것으로 내구성이 뛰어나며 일반유리보다 2~3배의 강도를 가진다.

56 ①

해설 | 미장 바름층 바탕의 일반적인 조건
㉠ 바름층과 유해한 화학반응을 하지 않을 것
㉡ 바름층을 지지하는데 필요한 접착강도를 얻을 수 있을 것
㉢ 바름층보다 강도, 강성이 클 것
㉣ 바름층의 경화, 건조를 방해하지 않을 것
㉤ 미장층의 시공에 적합한 흡수성을 가질 것

57 ②

해설 | 토기 : 기와, 벽돌, 토관
석기 : 바닥타일, 클링커 타일

58 ②

해설 | 뿜칠재료는 운반 및 저장 시 포장이 터지거나 찢어지지 않도록 하여야 하며, 적재 시 한번에 20포 이상 쌓지 않도록 한다.

59 ②

해설 | 품질관리 순서 4단계
PDCA cycle, 데밍의 cycle.

60 ④

해설 | 붉은벽돌(3%), 시멘트벽돌(5%)

4과목 실내디자인 환경

61 ②

해설 | 열환경 4요소(물리적 요소)
기온, 습도, 기류, 복사열로 인체의 열 쾌적에 영향을 미치는 요소를 말한다.

62 ②

해설 | 열교 현상이 발생되면 표면 온도가 낮아지며 결로가 발생되기 쉽다.

63 ②

해설 | 수도직결방식
도로에 매설된 수도본관에서 수도관을 연결하여 건물 내로 직접 직수하는 방식으로 일반적으로 상향급수 배관방식을 사용한다.
㉠ 1~2층 정도 소규모 건물에 쓰인다.
㉡ 물의 오염 가능성이 가장 적다.
㉢ 정전시일 때도 급수가 가능하다.
㉣ 단수시일 때는 급수가 불가능하다.
㉤ 일정한 수압 유지가 어렵다.
㉥ 기계실이 필요없어 설비비 및 유지관리비용이 저렴하다.

64 ③

해설 | 월 워싱(wall washing)
벽면의 표면 연출을 극대화하기 위해 수직벽면을 빛으로 쓸어 내리는 듯한 효과를 주기 위해 비대칭 배광방식의 조명기구를 사용하여, 수직벽면에 균일한 조도의 빛을 비추는 기법

65 ③

해설 | 빛나는 면의 크기가 클수록 눈부심이 크다.

66 ②

해설 | $RT = 0.16 \dfrac{V}{A} = 0.162 \times \dfrac{10,000}{3,000 \times 0.35}$
       $= 1.54 ≒ 1.5초$

67 ②

해설 | 흡수식 냉동기
㉠ 증발기 → 흡수기 → 재생기 → 응축기 4가지 주요 요소로 구성
㉡ 기계적 에너지가 아닌 열에너지에 의해 냉동 효과를 얻는 냉동기

68 ②

해설 | 발전기실은 변전실에서 가급적 가까이 위치에 배치한다.

69 ③

해설 | 문화 및 집회시설 중 전시장 또는 동·식물원, 판매시설 : 500㎡ 이상

70 ④

해설 | 과전류 차단기
정상적인 회로 조건에서 과전류가 흐르면 자동적으로 전로를 차단하는 것으로 퓨즈브레이커, 서킷브레이커 등이 있다.

71 ③

해설 | 연면적 5,000㎡ 이상의 창고시설

72 ③

해설 | 기둥, 보, 지붕틀(대수선 범위)
증설, 해체하거나 각각 3개 이상 수선 또는 변경

73 ④

해설 | 내진설계 기준 설비
㉠ 옥내소화전설비
㉡ 스프링클러설비
㉢ 물분무등소화설비

74 ③

해설 | 6층 이상인 건축물_설치 제외 대상
• 의료시설(요양병원 및 정신병원은 제외)
• 노유자시설 중 노인복지시설(노인요양시설은 제외)

75 ④

해설 | 피난용승강기
• 설치대상 : 고층건축물 [예외] 준초고층건축물 중 공동주택은 제외
• 구조기준 : 갑종방화문, 내화구조, 불연재료

76 ②

해설 | 불꽃에 의하여 완전히 녹을 때까지 불꽃의 접촉횟수는 3회 이상

77 ①

해설 | 개구부의 크기가 지름 50cm 이상의 원이 내접할 수 있을 것

78 ④

해설 | 스프링클러설비 – 물분무등 소화설비

79 ④

해설 | 소화설비-옥내소화전설비

80 ②

해설 | 연색평가수(Ra)
0에 가까울수록 연색성이 나쁘다. 고압수은등은 연색성이 가장 나쁘기 때문에 연색성평가수는 0에 가깝다.

과년도 기출문제 정답 및 해설

09 | 2025년 실내건축기사 3회

1과목 실내디자인계획

01 ④

해설 | 실내디자인 개념
실내디자인은 인간이 생활하는 실내공간을 보다 아름답고 능률적이며 쾌적한 환경으로 창조하는 디자인 행위 일체를 말한다.
㉠ 실내디자인은 내부공간에 대한 계획 및 실행과정이며 그 결과이다.
㉡ 실내디자인은 목적을 위한 행위로 그 자체가 목적이 아니라 특정한 효과를 얻기 위한 수단이다.
㉢ 실내디자인은 실내공간의 사용 효율을 증대시킨다.
㉣ 실내디자인은 건축 및 환경과의 상호성을 고려하여 계획한다.
㉤ 디자인 요소를 반영하여 인간 환경을 구축하는 작업이다.
그러므로 도시 가로와의 연계성, 건물 진입시 효과, 건물 전체의 형태 등은 건축계획의 영역으로 실내디자인에서는 고려되어야 한다.

02 ④

해설 | 조건 설정의 요소
기존 공간의 제반 사항 및 주변 환경, 고객의 요구 사항, 고객의 예산
㉠ 내부적 조건 : 고객의 요구 사항, 고객의 경제적 조건, 설계 대상의 계획 목적, 사용자의 행위 및 개성 조건, 주변 환경 등
㉡ 외부적 조건 : 입지적 조건, 건축적 조건, 설비적 조건, 법규적 조건 등

03 ④

해설 | 브루넬레스키(Filippo Brunelleschi, 1377~1446년)
㉠ 르네상스 최초의 건축가로서 초기에 르네상스 건축양식을 정립
㉡ 건축에 이전시대의 고전적 요소들을 도입
㉢ 원근법 / 투시도법 창안
㉣ 주요작품은 플로렌스 성당의 돔, 파찌 예배당

04 ②

해설 | 유기적 디자인
① 19세기 후반 매킨토쉬(Charles Rennie Mackintosh)와 프랭크 로이드 라이트(Frank Lloyd Wright)에 의해 건축에서 처음으로 시도된 유기적인 디자인(Organic Design)은 자연의 영감으로부터 무언가 얻기를 바라며, 전체론적이고 인간적인 접근을 근간으로 한다.
② 자연과의 내부관련성과 그 정신은 유기적 건축에 있어 가장 중심에 있는 사상이다.
③ 유기적 디자이너는 알바 알토(Alvar Aalto), 에로 사리넨, 안토니오 가우디
④ 자연 생명체의 원리와 질서를 적용하는 디자인

05 ①

해설 | 선의조형 심리적 효과
㉠ 수직선은 심리적으로 상승감, 엄숙함, 존엄성 등의 느낌을 준다.
㉡ 수평선은 영원, 안정, 무한 등 주로 정적인 느낌을 준다.
㉢ 사선은 운동감, 속도감 등의 느낌을 준다.(불안, 변화하는 활동적 느낌)
㉣ 곡선은 유연, 복잡, 동적, 부드러움, 경쾌하며 여성적인 느낌을 들게 한다.

06 ①

해설 | 분트 도형
같은 길이의 수직선이 수평선보다 길어 보인다.

07 ④

해설 | 균형의 원리
㉠ 디자인 요소들의 상호작용이 하나의 지점에서 역학적으로 평형을 갖거나 전체의 그룹 안에서 서로 균등함을 이루고 있는 상태를 말한다.
㉡ 시각적 무게의 평행상태로 실내에서 감지되는 시각적 무게의 균형을 말한다.
㉢ 기하학적 형태는 불규칙한 형태보다 가볍게 느껴진다.
㉣ 작은 것은 큰 것보다 가볍게 느껴진다.
㉤ 부드럽고 단순한 것은 거칠거나 복잡한 것보다 가볍게 느껴진다.

08 ④

해설 | 공간의 레이아웃(lay-out)
평면상의 배치 계획으로서 기능적 공간의 배분계획을 통칭하여 공간의 레이아웃(lay-out)이라 한다.
㉠ 실내공간의 구성 요소를 구분하면 공간을 형성하는 바닥, 벽, 천장 부분과 가구, 기구 등 설치되는 물체가 있는데 이것들의 위치를 정하는 단계이다.
㉡ 공간을 구성하는 요소의 배치는 공간 상호간의 연계성, 출입형식 및 동선체계, 인체공학적 치수나 가구설치 등을 고려한다.
㉢ 실내공간의 레이아웃(lay-out)에서 가장 우선 고려해야 할 사항은 공간의 동선계획이다.
㉣ 동선계획의 원칙은 동선의 형은 가능한 한 단순하며 명쾌하게 한다. 동선이 짧으면 효율적이지만 공간의 성격에 따라 길게 처리하기도 한다.

09 ③

해설 | 질감(texture)
㉠ 모든 물체가 갖고 있는 촉각 또는 시각으로 지각되는 물체 표면상의 특징을 말한다.
㉡ 매끄러운 질감은 빛을 반사하는 특성이 있고, 거친 질감은 반대로 흡수하는 특성을 갖는다.
㉢ 목재와 같은 자연재료의 질감은 따뜻함과 친근감을 부여한다.
㉣ 질감의 성격에 따라 공간의 통일성을 살릴 수도 있고 파괴시킬 수도 있으므로 공간에서의 영향력이 있으며, 재료의 질감대비를 통해 실내공간의 변화와 다양성을 꾀할 수 있다.
㉤ 질감 선택 시 고려해야 할 사항은 스케일, 빛의 반사와 흡수, 촉감이다.

10 ①

해설 | ㉠ 윈도우 월 : 벽면 전체를 창으로 처리해 개방감이 아주 좋다.
㉡ 보우 윈도우 : 돌출창 (활 모양의 창)
㉢ 베이 윈도우 : 평면이 도출된 형태의 창으로 장식품을 두거나 간이 휴식 공간을 마련 할 수 있는 창
㉣ 픽처 윈도우 : 바닥부터 천장까지 닿은 커다란 창문으로 베란다 창이 있다

11 ②

해설 | 생활공간에 의한 분류
㉠ 개인 생활공간 : 침실, 자녀실, 노인실, 서재
㉡ 가사 노동 공간 : 주방, 가사실
㉢ 사회 공간 : 거실, 식당
㉣ 보건, 위생 공간 : 욕실, 화장실

12 ①

해설 | 작업대는 부엌에서 취사가 행해지는 곳으로 준비대→개수대→조리대→가열대→배선대 순서로 연결된다.

13 ③

해설 | 중복도(속복도)형(middle corridor system)
복도 양측에 각 주호를 배치된 형식
㉠ 고층·고밀도 아파트에 가장 유리
㉡ 엘리베이터 이용 효율이 높다.
㉢ 도심지 내의 독신자용 공동주택에 주로 사용된다.
㉣ 부지의 이용률이 높다.
㉤ 프라이버시가 나쁘고 소음이 많다.
㉥ 통풍, 채광 상 불리하다.
㉦ 복도의 면적이 넓어진다.

14 ③

해설 | 중심 코어형(중앙 코어)
㉠ 유효율이 높은 계획이 가능한 형식이다.
㉡ 내진 구조가 가능하므로 바닥 면적이 큰 고층, 초고층 사무소에 적합하다.

15 ②

해설 | 오피스 랜드스케이프
㉠ 시각적인 프라이버시 확보가 어렵고, 소음상의 문제가 발생할 수 있다.
㉡ 산만하고 인위적인 분위기를 정리하기 위해 고정된 칸막이벽으로 구획한다.
㉢ 오피스 작업을 사람의 흐름과 정보의 흐름을 매체로 효율적인 네트워크가 되도록 배치하는 방법이다.
㉣ 사무공간의 능률향상을 위한 배려와 개방공간에서의 근무자의 심리적 상태를 고려한 사무 공간 계획 방식이다.

16 ③

해설 | 백화점의 공간 구성
① 고객부분
㉠ 쇼윈도우, 고객용 출입구, 에스컬레이터, 통로, 계단, 휴게실, 식당 등의 서비스부분을 말한다.
㉡ 대부분은 판매부분과 결합하며 그 종류에 따라 종업원부분과도 접하게 된다.
② 판매부분
㉠ 백화점의 가장 중요한 부분인 매장, 즉, 상품을 진열·판매하는 공간이다.
㉡ 고객의 구매욕과 동시에 종업원의 영업 능률이 좋은 환경으로 계획한다.

③ 상품부분
  ㉠ 상품의 반입, 검수, 가격표시, 보관, 운반, 발송, 배달이 이루어지는 부분이다.
  ㉡ 판매부분과 접하며 고객부분과는 반드시 분리시킨다.
④ 종업원부분
  ㉠ 종업원의 출입구, 출퇴근 관리 공간, 통로, 계단, 사무실, 화장실, 식당 및 휴식 공간 등이 이에 속한다.
  ㉡ 고객부분과는 별개의 계통으로 독립되고 매장 내에 접하고 있어야 하며 상품부분과도 접하도록 한다.

17 ②

해설 | 상품진열 유효 범위
  ㉠ 눈높이 1,500mm기준으로 시야 범위는 상향 10°에서 하향 20° 사이가 가장 좋다.
  ㉡ 상품의 진열 범위는 바닥에서 600~2,100mm이지만 가장 편안한 높이는 850~1,250mm이며 이 범위를 골든 스페이스(golden space)라고 한다.

18 ③

해설 | 입구에서 관람자를 쇼룸 내부로 유도하고 관람객의 시선을 끌어 전시에 흥미를 갖게 하는 공간이며 동선에 방해가 되는 많은 양의 전시물은 피한다.

19 ①

해설 | 시방서
시공 상세도, 시공계획서, 시방서 등 공사를 진행하는 데 필요한 도면으로 설계도에 나타내기 어려운 시공내용을 문장으로 표현한 것으로 시공자에 의해 작성된다.

20

해설 |
 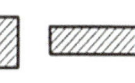
구조재　　　　　치장재

2과목 실내디자인 색채 및 사용자 행태분석

21 ③

해설 | 프리젠테이션
  ㉠ 디자이너와 고객 간의 긴요한 의사전달 방법이다.
  ㉡ 2차원, 3차원 도면이나 모델 등을 활용하여 고객의 이해를 돕는다.
  ㉢ 디자이너가 2~3개의 디자인을 결정하여 고객에게 전달하는 과정이다.
  ㉣ 컴퓨터나 멀티미디어 등 최신의 표현기법이 점차 일반화되는 경향이다.

22 ④

해설 | 색채심리 분석
  ㉠ 공간의 특성과 사용 목적에 따라 요구되는 색채의 기능적, 심리적 효과에 대해 조사·분석한다.
  ㉡ 사용자의 사회적 특성(성별, 나이, 교육 수준 등)과 라이프스타일을 분석 하고 이를 토대로 색채 이미지를 추출한다.
  ㉢ 사용자의 행태분석을 통하여 심리적·물리적 색채 기능 데이터의 상관성을 조사, 분석한다.
  ㉣ 기업, 상품, 유행 이미지를 측정한다.

23 ②

해설 | 채도(chroma, saturation)
  ㉠ 색의 탁하고 선명한 강약의 정도를 나타내는 척도이다.
  ㉡ 채도 단계는 1~14단계로 되어 있다.
  ㉢ 순색으로 반사율이 높은 색이 채도가 높다.
  ㉣ 색의 강약에 따라 순색, 청색, 탁색으로 분류된다.
  ㉤ 순색에 가까울수록 채도는 높아지고, 색이 혼합되면 채도는 낮아진다.
    예 순색에 흰색, 검정을 섞으면 채도가 낮아진다. 순색에 회색을 섞으면 탁색이 된다.
  ㉥ 순색에 무채색이 많을수록 채도는 낮아지고, 무채색이 적을수록 채도는 높아진다.
  ㉦ 색의 채도가 높으면 명도는 낮게, 채도가 낮으면 명도를 높게 하는 것이 좋다.

24 ③

해설 | 가산혼합(가법혼색, 색광혼합)
  ㉠ 빨강(R), 초록(G), 파랑(B)의 3원색으로 이루어진다. 물감의 혼색과는 반대로 더욱 밝아지고 맑아지므로 가법혼색 또는 플러스 현상이라 한다.

ⓒ 빛의 색을 서로 더해서 빛이 점점 밝아지는 원리를 이용하는 것으로, 색을 더할수록 점점 밝아지는 방법으로 이들 색을 모두 혼합하면 백색광이 된다. 명도뿐만 아니라 채도도 높아진다.

25 ④

해설 | 먼셀(Munsell)의 색입체
색의 3속성인 색상, 명도, 채도에 의해 색을 조직적으로 배열하여 한눈에 알아볼 수 있도록 입체적으로 만든 구조체
ⓐ 색상(Hue) : 원의 형태로 무채색을 중심으로 배열된다.
ⓑ 명도(Value) : 수직선 방향으로 아래에서 위로 갈수록 명도가 높아진다.
ⓒ 채도(Chroma) : 방사형의 형태로 안쪽에서 밖으로 나올수록 높아진다.

26 ①

해설 | CIE 표준 표색계(XYZ 표색계)에서 혼색계는 색광을 표시하는 표색계로 심리적이고 물리적인 빛의 혼색 실험에 의하여 기초를 두는 것으로 현재 측색학의 근본을 이루고 있다. 빛의 3원색인 R(적)/G(녹)/B(청)를 X/Y/Z의 양으로 나타낸다. 이중에서 X와 Y를 각각 X축, Y축으로 하여 도표로 만든 것이 색도도(色度圖)이다.

27 ②

해설 | 저드(D.B. Judd)의 색채 조화론
ⓐ 질서의 원리 : 질서 있는 계획에 따라 선택될 때 색채는 조화된다.
ⓑ 친근성(숙지)의 원리 : 관찰자에게 잘 알려져 있는 배색이 조화를 이룬다. 자연계의 색으로 쉽게 접하는 색은 조화된다.
ⓒ 동류(유사)의 원리 : 두 색이 부조화한 색일 경우, 공통의 양상과 성질을 가진 것으로 배색하면 조화한다. 색상이 같으면 공통성이 가장 뚜렷해진다. 공통성은 실용상 네 가지 원리 가운데 가장 기본적인 것
ⓓ 비모호성(명료성)의 원리 : 색채조화는 두색 이상의 배색에 있어서 애매하지 않은 명료한 배색에서만 조화롭다.

28 ②

해설 | 채도대비
ⓐ 어떤 색의 주위에 그것보다 선명한 색이 있으면 그 색의 채도가 원래 가지고 있는 채도보다 낮게 보이는 현상
ⓑ 배경색의 채도가 낮으면 도형의 색이 더욱 선명해 보인다.

29 ②

해설 | 중량감
ⓐ 무게감은 색의 명도에 의해 좌우된다.
ⓑ 고명도일수록 가볍게, 저명도일수록 무겁게 느껴진다.
ⓒ 색상, 채도의 영향은 작은 편이나, 난색은 비교적 가볍고 한색은 비교적 무겁게 느껴진다.
ⓓ 밝은 색의 팽창색은 가벼운 느낌의 색이고, 어두운 색의 수축색은 무거운 느낌의 색이다. 흑, 청, 적, 자, 주황, 녹색, 황, 백의 순으로 가볍게 느껴진다.

30 ②

해설 | 안전색채의 조건
① 제품안전 라벨에 안전색을 사용하여 주목성을 높인다.
② 초록은 안전의 의미를 가지며 의무실, 비상구, 대피소 등에 사용된다.
③ 안전색채는 다른 물체의 색과 쉽게 식별되어야 한다.
④ 노랑과 검정 대비 색 조합 안전표지는 잠재적 위험을 경고하는 의미를 가진다.

31 ③

해설 | CIE가 1976년에 추천하여 지각적으로 거의 균등한 간격을 가진 색 공간에 의한 색상모형이다.
L*a*b* 색 공간에서 L*은 명도를, a*는 빨강과 초록을, b*는 노랑과 파랑을 나타낸다.

32 ②

해설 | 이층장이나 삼층장은 주로 안방에서 사용하였다.

33 ④

해설 | 라운지 체어(Lounge chair)
안락의자로서 기대기, 흔들거리기, 회전등의 여러 가지 행위에 사용될 수 있다.

34 ②

해설 | 힘의 작용선상에서 돌아가려는 힘은 거리에 비례하여 발생한다.

35 ④

해설 | 인간공학 연구에 사용되는 인간 기준(human criteria)의 척도
ⓐ 생리학적 지표(physiological index) : 육체적, 정신적 작업과 환경의 영향에 따라 발생하는 심박 수,

혈압, 호흡률, 산소 소비량, 시력, 청력 등을 통해 인간의 스트레스 측정에 사용
ⓒ 주관적 반응(subjective response) : 기준을 측정할 때 실험 참가자의 의견, 평가, 판단 등을 기초로 의자의 안락감, 컴퓨터 시스템의 편리성, 마우스의 선호도 등을 주관적 응답을 통해 얻을 수 있다.
ⓒ 인간성능 척도(performance measure) : 빈도 척도, 강도 척도, 지연성 척도, 지속성 척도 등을 조합하여 사용

36 ③

해설 | ㉠ 간상체는 눈의 망막에 있는 세포의 일종으로 주로 명암을 식별하는 작용을 하며, 어두운 곳에서 작용을 하는 색각 및 시력에 관계한다.
ⓒ 수정체는 눈 안의 앞부분에 있는 구조물로서 양면이 볼록한 렌즈 모양의 무색 투명한 구조이고 빛을 모아주는 역할을 함.

37 ④

해설 | 산소 부채(oxygen debt)
활동이 끝난 후에 체내에 쌓인 젖산을 제거하기위해 필요한 산소량
산소 부족으로 인해 작업 종료 후에도 증가됐던 맥박과 호흡이 휴식상태의 수준으로 바로 돌아오지 않고 서서히 감소하게 된다.
산소 부족으로 혈액 중에 젖산이 축적된다.

38 ①

해설 | 심장활동의 척도-부정맥

39 ③

해설 | 외전(abduction) : 신체의 중앙이나 신체의 부분이 붙어있는 부위에서 멀어지는 방향으로 움직이는 동작. 팔을 수평으로 드는 동작.

40 ④

해설 | 최대 집단치 설계(여유 공간에 관련된 설계)문, 비상탈출구, 통로와 같은 여유 공간에 관련된 것들은 95퍼센타일을 사용한다. 보다 많은 사람을 만족시킬 수 있는 설계가 되는 것이다.
버스의 손잡이 높이는 최소 집단치를 적용한다.

3과목 실내디자인 시공 및 재료

41 ④

해설 | 중용열 포틀랜드시멘트
㉠ 시멘트의 발열량을 저감시킬 목적으로 제조한 시멘트
ⓒ 보통 포틀랜드시멘트에 비해 수화열이 작고 조기강도는 낮으나 장기강도가 높다.
ⓒ 건조수축이 작고, 화학저항성이 일반적으로 크다.
ⓔ 내침식성 및 내구성이 좋으며 내산성이 우수하다.
ⓜ 주로 댐 공사, 방사능 차폐용, 매스콘크리트용으로 사용된다.

42 ②

해설 | 아스팔트 프라이머(asphalt primer)는 아스팔트와 휘발성 용제를 혼합하여 만든 아스팔트로 콘크리트 표면에 도포하여 바탕면에 펠트가 잘 붙게 하기 위해 사용

43 ④

해설 | 마그네시아 시멘트
㉠ 주원료가 리그노이드이며 주로 바닥마감재로 사용
ⓒ 물대신 간수(염화마그네슘 : $MgCl_2$)와 혼합하여 응결 경화시킨다.
ⓒ 착색이 용이하고 물을 가해도 굳어지지 않는다.
ⓔ 산성으로 철을 녹슬게 한다.

44 ②

해설 | 목재의 역학적 강도 순서 :
㉠ 인장강도 > 휨강도 > 압축강도 > 전단강도
ⓒ 섬유의 평행 방향 > 섬유의 직각 방향

45 ①

해설 | 내력벽의 높이와 길이
㉠ 내력벽으로 둘러싸인 실의 면적은 80㎡를 초과하지 않도록 한다.
ⓒ 내력벽의 길이는 10m 이하로 하고, 10m 이상일 경우에는 부축벽으로 보강하거나 벽붙임 두께를 증가시킨다.
ⓒ 2층 건축물에 있어서 2층 내력벽의 높이는 4m를 넘을 수 없다.
ⓔ 각 층의 내력벽이 평면상으로 동일한 위치에 오도록 배치한다.
ⓜ 내력벽이 이중벽인 경우에는 이중벽 중 하나의 벽만 내력벽으로 인정한다.

46 ④
해설 | 석재의 역학적 성질
석재는 조암광물의 비율, 특성, 공극률에 따라 역학적 성질이 달라지며 팽창계수 또한 서로 달라 고온에서 파괴된다.

47 ①
해설 | 금속의 부식예방법
㉠ 가능한 이종 금속을 인접 또는 접촉시켜 사용금지
㉡ 표면이 균질하고 청결한것을 사용하며 사용 시 큰 변형금지
㉢ 표면이 평활하고 가능한 한 건조한 상태를 유지할것
㉣ 가공 중 변형이 생긴 것은 열처리방법(풀림, 뜨임질)으로 제거하고 사용
㉤ 내식성이 큰 도료를 피복하여 표면을 보호한다.

48 ①
해설 | ㉠ 청동은 구리와 주석을 주성분으로 내식성이 크고 내구성이 좋아 창호철물로 사용된다
㉡ 구리는 내식성은 크나 산·알칼리에 약하여 암모니아에 침식된다.
㉢ 암모니아나 해수에 약하다.

49 ③
해설 | KS F 3113(구조용 합판)품질기준
접착성, 함수율, 휨강도

50 ④
해설 | 강화유리
파손시 파편이 콩알모양으로 깨지고 예리하지 않은 파편으로 부서져 위험성이 적다.

51 ①
해설 | 특급점(crash point)
공사기간 단축방법에서 아무리 비용을 투자해도 그 이상 공기를 단축할 수 없는 절대공기(불가능한 시간) 한계점을 말한다.

52 ④
해설 | 낙하물 방지망
㉠ 낙하물방지망 설치높이는 10m 이내 또는 3개 층마다 설치한다.
㉡ 그물코 크기는 20mm 이하가 추락 방호망에 적합
㉢ 내민길이는 비계 또는 구조체의 외측에서 수평거리 2m 이상으로 설치한다.
㉣ 수평면과의 경사각도는 20°~30°로 설치한다.
㉤ 낙하물방지망과 비계 또는 구조체와의 간격은 250mm 이하로 설치한다.
㉥ 낙하물방지망의 이음은 150mm 이상 겹쳐 이음

53 ④
해설 | 벽돌의 품질 기준 (KSL 4201)
• 1종벽돌 : 압축강도 24.5 N/mm² 이상, 흡수율 10% 이하
• 2종벽돌 : 압축강도 14.79 N/mm² 이상, 흡수율 15% 이하

54 ②
해설 | 벽량 $= \dfrac{(2.4+2.4+1+1+1)m}{(4.5\times 6)m}$
$= \dfrac{7.8m}{27m^2} = \dfrac{780cm}{27m^2} = 28.9 cm/m^2$

55 ②
해설 | 화강암
• 주성분은 석영(30%), 장석(65%) 등이다.
• 압축강도가 높아서(1,600kg/cm²)로, 석질이 견고하여 구조재로도 쓰이며 대형 구조재로 사용할 수 있다.
• 내마모성·내구성이 우수하고, 흡수성은 낮다.
• 내화도가 낮아서 고열을 받는 곳에는 부적당하다.
• 가공성이 용이하여 구조용이나 장식재료로 사용되나 세밀한 가공(조각)이 어려운 단점이다.

56 ④
해설 | 아스팔트타일
내유성, 내산성은 우수 하나 내알칼리성이 약하다.

57 ①
해설 | 공기의 유통이 원활하지 않은 장소에서는 물과 반응하여 굳어지는 수경성재료를 사용한다. 수경성 재료로는 시멘트 모르타르, 석고플라스터, 무수석고(경석고 플라스터, 킨즈시멘트), 인조석 바름, 테라조 현장 바름 등이 있다.

58 ④
해설 | 주름발생현상
㉠ 도포 후 즉시 직사광선을 쬐였을 때나 급격한 가열
㉡ 너무 두껍게 도포하거나 겹칠을 하였을 때
㉢ 바탕면과 도료가 적당하지 않을 때
㉣ 너무 두껍게 도포하지 않는다.

59 ③

해설 | 폴리스티렌 수지(PS)
발포제(거품이 나는 제품)로 보드상으로 성형하여 스티로폼, 벽타일, 천정재, 블라인드, 발포 보온판 등으로 사용된다.

60 ③

해설 | 벽돌량 산출
1.0B = 30 × 149 = 4,470매

4과목 실내디자인 환경

61 ④

해설 | 유효온도(ET, 체감온도, 감각온도)
㉠ 실내 습도는 유효온도에 영향을 미친다.
㉡ 실내 거주자의 착의량 및 대사량에 의해 영향을 받지 않는다.
㉢ 실내 주위 벽면과의 복사열교환에 의한 영향을 고려되지 않는 지표이다.

62 ③

해설 | 결합 통기관
㉠ 배수수직관 내의 압력변화를 방지 또는 완화하기 위해, 배수수직관으로부터 분기·입상하여 통기수직관에 접속하는 통기관
㉡ 5개 층마다 설치하여 통기 촉진
㉢ 관경 : 최소 50mm 이상

63 ④

해설 | 객실에서 천장의 전체조명은 간접조명방식으로 하고, 탁상스탠드, 플로어스탠드, 벽부등과 같은 국부조명을 사용한다.

64 ②

해설 | 벽체의 열관류열량과 실내측 표면 열전달량은 같다. 열통과량과 벽체 표면 열전달량은 같으므로 다음과 같은 평행식을 세울 수 있다.
열관류량$(Q) = k \cdot A \cdot \triangle t(W)$
$Q = 1.5 \times 1 \times (20 - (-10)) = 45$
열전달량$(Q_v) = \alpha \cdot A \cdot \triangle t(w)$
$= 9 \times 1 \times (20 - t)$
∴ $5 = 9 \times 1 \times (20 - t)$, $t = 15°C$

65 ④

해설 | 천창은 동일 창면적일 때 채광량이 측창의 3배가 많다.

66 ①

해설 | 빛이 수직으로 입사시 조도 계산
조도 = $\dfrac{광도}{거리^2}$ (m)
여기서, 광도 = 1,000cd 거리 = 4m
∴ 조도 $\dfrac{1,000}{4^2}$ =62.5 lx

67 ②

해설 | 팬코일 유닛 (FCU) − 전수방식(물)
소형 송풍기와 냉·온수 코일 및 필터 등을 구비한 소형 공조기를 각 실에 설치하여 중앙기계실로부터 냉·온수를 공급하여 공기조화를 하는 방식이다. 외기의 공급 없이 실내공기가 반복적으로 팬코일 유닛에 순환되어 환기가 불가능하다.

68 ①

해설 | $RT = 0.16 \dfrac{V}{A}$

㉠ 잔향시간 1.6초 = $0.162 \times \dfrac{3,000}{x}$ = 1.6초
$x = \dfrac{0.16 \times 3,000}{1.6} = 300㎡$

㉡ 잔향시간 0.6초 = $0.162 \times \dfrac{3,000}{y}$ = 0.6초
$y = \dfrac{0.16 \times 3,000}{0.6} = 800㎡$

∴ $800 - 300 = 500㎡$ 추가 흡입력 필요

69 ③

해설 | 착륙대 주위 한계선의 너비 : 38cm (백색)

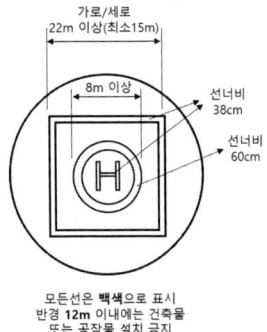

70 ③

해설 | 주거시설 내화구조의 성능기준에 따른 내화시간기준 : 기둥(3h) > 내력벽(2h) > 바닥(2h) > 지붕틀(1h)

71 ④

해설 | 경계벽 차음구조의 기준

벽체의 구조	두께 기준
철근콘크리트조, 철골철근콘크리트조	10cm 이상
무근콘크리트조, 석조 (시멘트모르타르, 회반죽 또는 석고 플라스터의 바름두께 포함)	10cm 이상
콘크리트 블록조, 벽돌조	19cm 이상

72 ③

해설 | 차고, 주차장 또는 주차용도로 사용되는 시설
㉠ 차고, 주차장으로 사용되는 층 중 바닥면적이 200m² 이상인 층이 있는 시설
㉡ 승강기 등 기계장치에 의한 주차시설로서 자동차 20대 이상을 주차할 수 있는 시설

73 ③

해설 | 거실의 각 부분으로부터 계단까지 30m 이하
(주요구조부가 내화구조, 불연재료일 경우 50m 이하)

74 ③

해설 | $2 + \dfrac{A - 3,000m^2}{2,000m^2} = 2 + \dfrac{20,000 - 3,000}{2,000}$
$= 10.5대 ≒ 11대$

75 ③

해설 | 편의시설 설치대상
1. 제1종 근린생활시설
   ① 수퍼마켓 : 300m² ~ 1,000m² 미만
   ② 의원·한의원 : 500m² 이상
   ③ 지역아동센터 : 300m² 이상
2. 제2종 근린생활시설
   ① 음식점 : 300m² 이상
   ② 안마시술소 : 500m² 이상
3. 종교시설 : 500m² 이상
4. 숙박시설
   ① 일반숙박시설 : 객실수 30실 이상
   ② 관광숙박시설
5. 공동주택
   ① 아파트
   ② 연립주택·다세대주택 : 세대수 10세대 이상
   ③ 기숙사 : 30인 이상

76 ③

해설 | 배연창 유효면적
㉠ 면적이 1m² 이상으로서 그 면적의 합계가 당해 건축물의 바닥면적의 1/100 이상일 것.
[예외] 바닥면적의 산정에 있어서 거실 바닥면적의 20분의 1 이상으로 환기창을 설치한 거실의 면적은 이에 산입하지 아니함

77 ①

해설 | 소화활동설비
제연설비, 연결송수관설비, 연결살수설비, 무선통신보조설비, 비상콘센트설비

78 ①

해설 | 유효너비는 0.75m 이상, 유효높이는 1.5m 이상으로 할 것

79 ②

해설 | 윗부분에 면적 0.5m² 이상의 환기창을 설치

80 ④

해설 | 코브(cove) 조명은 천장면 상향간접조명

www.epasskorea.com

저자소개

한석우

- 중앙대학교, 대학원 실내건축과 석사 졸업
- 실내건축기사 1급 자격증 취득 (1994)
- 실내디자인 3급 교사 자격증 (1999)
- 한국 실내디자인학회 정회원 (KIID)
- 한국 실내건축가협회 정회원 (KOSID)

약력

- (주) Bontte DesignCDO
- (주) 다원디자인 : 설계본부 상무
- (주) 이노디자인 (국내 종합디자인 1위) : 디자인 디렉터
- (주) 금강오길비 (舊 금강기획) : 크리에이티브팀
- (주) LG화학 : 디자인 기획팀
- 삼성에버랜드 (주) 중앙디자인 : 설계본부
- 경문직업전문학교, LG화학 데코빌 리모델링 아카데미 전임강사
- 성신여자대학교 공예과, 대림대학 실내건축과, 한성대 학점은행 강사

인기 유튜브 채널 운영자
채널명 : #공간살롱
"한소장의 실내디자이너로 자라기 시리즈"

soban@naver.com

강혜진

- 연세대학교 대학원 건축공학과 박사 졸업
- 중앙대학교 대학원 실내건축과 석사 졸업
- 광운대학교 건축공학과 졸업
- 건축기사 1급 자격증 취득 (1993)
- 실내디자인 3급 교사 자격증 (1999)
- 건축 분야 특급 기술자 (2020)
- 한국 실내디자인학회 정회원 (KIID)
- 한국 건축 학회 정회원

약력

- 인하공업 전문대학 겸임교수
- 김포대학, 인덕대학, 한양대학교 실내건축과, 한성대학교 디자인아트 평생교육원, 서경대학교 예술교육원 강사
- (주) 쏨니엄 디자인 : 설계본부
- (주) 금강오길비 (舊 금강기획) : 크리에이티브팀
- (주) 참 공간 디자인 연구소 : 디자인 기획팀

저서

- 2014년 함께 만드는 건축 역사 교과서 / 구미서관

2026 실내건축기사 필기

개정2판 1쇄 인쇄 | 2025년 10월 13일
개정2판 1쇄 발행 | 2025년 10월 27일

지 은 이 | 한석우, 강혜진
발 행 인 | 이재남
발 행 처 | (주)이패스코리아
　　　　　　서울시 영등포구 경인로 775 에이스하이테크시티 2동 10층
　　　　　　전화 1600-0522　팩스 02-6345-6701
　　　　　　홈페이지 www.epasskorea.com
　　　　　　이메일 book@epasskorea.com
등록번호 | 제318-2003-000119호(2003년 10월 15일)

※ 잘못된 책은 교환해 드립니다.
※ 이책은 저작권법에 의해 보호를 받는 저작물이므로 무단전재와 복제를 금합니다.
　본 교재의 저작권은 이패스코리아에 있습니다.